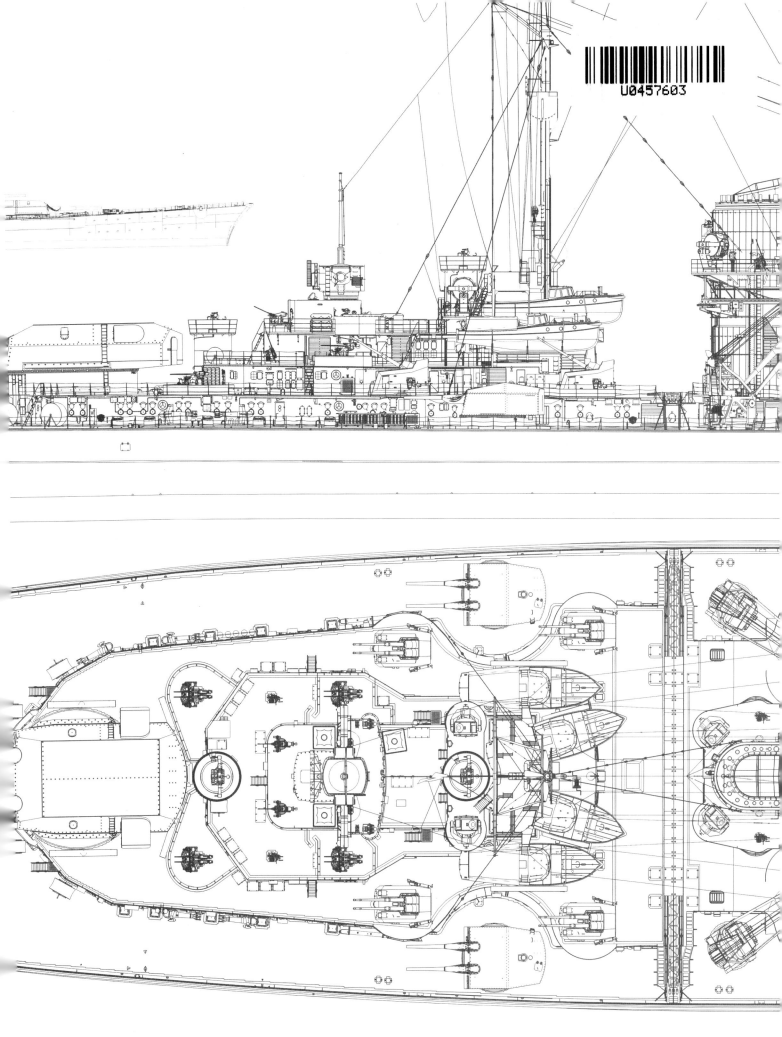

THE ENCYCLOPEDIA OF
WARSHIPS

战舰百科全书

从第二次世界大战到当代

〔英〕罗伯特·杰克逊〔Robert Jackson〕 主编 张国良 西 风 译 徐玉辉 审校

ZHEJIANG UNIVERSITY PRESS
浙江大学出版社
·杭州·

目 录
CONTENTS

引言 /001

第二次世界大战时期 /005

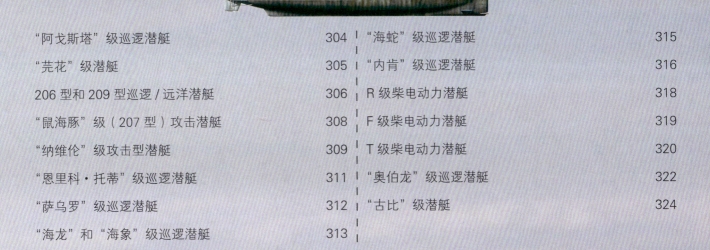

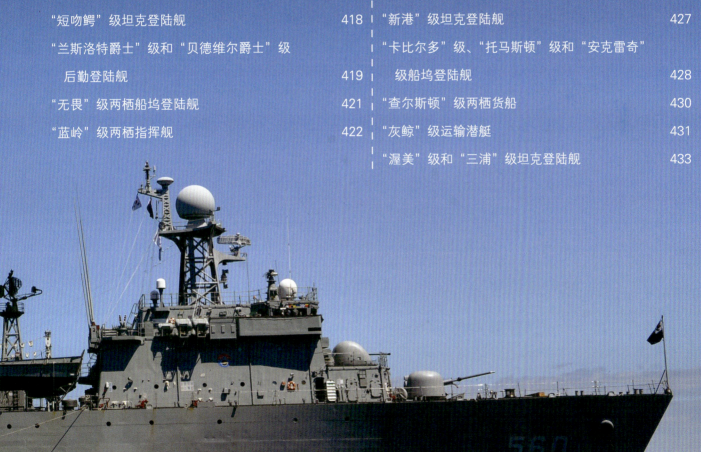

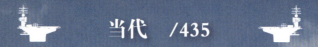

引言

现代海军舰艇虽然已经与第二次世界大战期间使用的舰艇在火力和性能方面存在巨大差异，但在服役舰艇种类方面却并无太大区别。所有舰型中仅有大型战列舰不复存在了，最后一批战列舰在 20 世纪最后 10 年中的少数几场冲突中完成了最后一次主炮发射，如今已经成为博物馆中的藏品。

上图：1艘经典的战列舰——英国皇家海军的"英王乔治五世号"是1941年5月围歼并击沉德军"俾斯麦号"战列舰的英军战列舰分队的一员

很早以前，战列舰作为海军首要的主力舰的地位就被航空母舰取代了，后者作为一种战争武器的效力于1940年11月首次由英国皇家海军予以证明，当时装备鱼雷的舰载机在塔兰托摧毁了意大利的战列舰部队，并确立了英国海军在至关重要的地中海战场上的制海权。

日本联合舰队司令山本五十六海军大将充分汲取了此战中的经验，仅仅1年之后，他的航空母舰就在珍珠港重复了更大规模的类似行动。

如今的核动力超级航母除了核反应堆带来的几乎无限的高速续航能力，还为航空燃油和军械提供了更多的装载空间。例如，美国海军的"尼米兹"级航空母舰满载时排水量超过96000吨，长度超过305米，可以容纳6000人和超过100架的飞机和直升机。凭借其舰载机，核动力航空母舰成为一支可怕的打击力量。

专业角色

巡洋舰，最初设计时是一种装备中型火炮的快速战舰，用于追踪敌方水面舰艇，而成为海军作战舰艇力量的中坚，在联合海上特混舰队中扮演着重要角色。这些舰船参与多种任务——空中作战（AW），水下作战（USW）以及水面作战（SUW），水面战斗舰艇能够支援航空母舰战斗群、两栖部队，或者独自行动，充当海面作战舰队的旗舰。巡航导弹给予了它们额外的远程打击能力。

自二战以来，驱逐舰从一种装备鱼雷的海上作战舰艇演变成了一种专业的防空或反潜舰艇，能够短时间内独立行动，也能在特混舰队中担当护航舰。美制"斯普鲁恩斯"级曾是当时最先进的现代化驱逐舰，专门为反潜作战进行了优化。"基德"级驱逐舰是基于防空能力的需求对"斯普鲁恩斯"级进行改造的结果，该级舰在刚服役时一度是世界上最强大的常规动力驱逐舰。

自18世纪诞生以来，护卫舰就一直是各国海军中的一个非常重要的元素，最初的护卫舰主要用于侦察和破坏海上交通线。如今的护卫舰范畴则更为广阔，从非常昂贵的高度专业化的反潜舰船——如英国皇家海军的22型，到便宜得多的舰船——如美国海军的"诺克斯"级，设计用于护卫护航队和两栖作战特遣部队，后者的核心就是突袭舰。1940年，两栖作战的理念也经历了一次变革，英国成立了世界上第1支两栖突击部队，并研制了专门将突击部队送上滩头的两栖舰艇。

改装的快速货船变成了突击运输船，此外还诞生了突击登陆艇，一些用于运载士兵，另一些用于运载坦克和重型支援车辆。第二次世界大战中诺曼底登陆的艰辛和太平洋战场上的教训促进了今天强大的两栖特遣部队的诞生，它们同时具备强大的空中支援力量和进攻火力。

潜艇战

二战期间，德国潜艇的活动让英国人濒临崩溃，并把大西洋变成了至关重要的战场。这些教训没有被遗忘，到20世纪50年代晚期时，潜艇被视为一种能够决定在公海中进行的非核战争结果的关键海军装备。

就潜艇产量而言，美国比不上苏联，但在技术方面美国更胜一筹。1954年，美国海军正式投入使用他们的第1艘核动力潜艇——"鹦鹉螺号"，3年之内，他们又试验了潜艇发射的弹道导弹。能发射弹道导弹的潜艇成为这个超级大国的新型主力舰；弹道导弹核潜艇的出现也促使了新一代的攻击型核潜艇的诞生，其主要任务就是追踪并摧毁敌方核潜艇。

《战舰百科全书》包含所有主要舰船类型和型号的条目，介绍了从第二次世界大战到现在世界范围内主要战舰的发展状况，并给出了适时的提醒：制海权仍然是维护世界和平的决定性因素。

罗伯特·杰克逊

下图：1995年12月，"尼米兹"级航空母舰"西奥多·罗斯福号"在弗吉尼亚州沿岸从干货补给舰"圣巴巴拉号"接受弹药。如今的航空母舰具备相当强大的作战能力，其自身便能成为一支关键的打击力量

夕阳映照下的美国海军"艾奥瓦号"战列舰。它从 1952 年到 1958 年一直在美国大西洋舰队服役,成为北约海军力量的重要组成部分

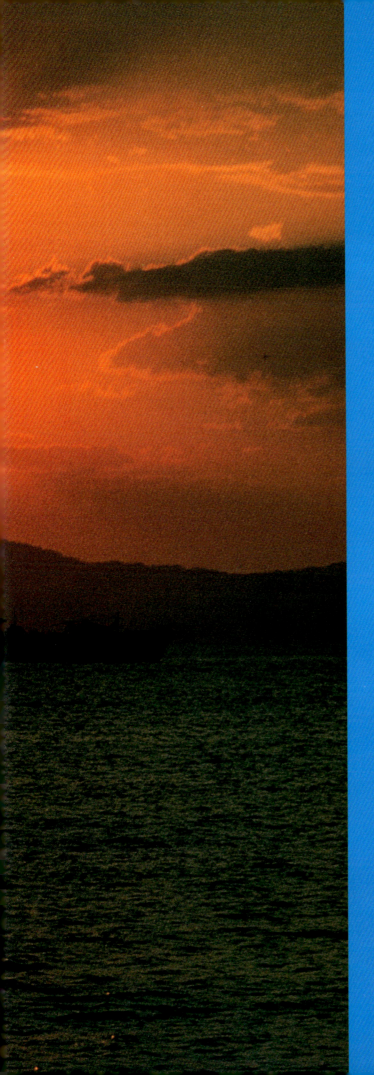

第二次世界大战时期

航空母舰在二战中扮演了主要角色，特别是在太平洋战场上。到 20 世纪 30 年代时，它们成为当时世界上海洋大国海军的显著特征。只有德国专注于潜艇和新一代战列舰的建造，他们没有意识到航空母舰的重要性，虽然他们在战前已经开始建造一艘航空母舰，但最终没有完工。

然而，在战争的前几年里，技术娴熟和勇敢的船员手中的潜艇武器让同盟国损失惨重，由此也产生了一整套针对潜艇的应对措施。另一方面，德国的新型战列舰独自行动，而不是与特遣部队一起行动，随着战争的发展，它们被一艘接一艘地消灭。

在世界的另一侧，日本人也充分认识到了海上制空权的决定性作用，因为他们最强大的战列舰被美国海军穷追猛打直至摧毁，美国海军在珍珠港事件之后进行了重建，并成为世界上最强大的海军力量。

KRUPP

BATTLESHIP

战列舰

"厌战号"战列舰
HMS Warspite Battleship

与活跃在第二次世界大战中的大多数战列舰一样，英国海军"厌战号"战列舰也经历过第一次世界大战的洗礼。"厌战号"是"伊丽莎白女王"级战列舰的第4艘舰，1912年10月开始建造，1913年11月下水，1915年3月竣工。该舰在第一次世界大战的绝大部分时间内隶属英国海军大舰队，在1916年5月的日德兰海战中，该舰加入了由贝蒂海军中将指挥的战列巡洋舰编队。

在这次海战中，"厌战号"遭到炮击，操舵装置被击伤，失去了航行能力，其间遭到7艘德国军舰的猛烈攻击，所幸没有受到致命损伤。

2次现代化改装

20世纪20年代初期，"厌战号"接受了第1次现代化改装，增加了鱼雷防护装甲，增设高射炮，并对烟囱进行了改造。1934年，该舰又实施了更大规模的改装，改装完成后的"厌战号"成为此后英国所有主力战舰的"样本"。该舰安装了新型蒸汽轮机，用6台新型锅炉替换了原来的24台旧锅炉，从而把锅炉的总重量由3690吨减少至2300吨。此外，还增加了甲板装甲，把380毫米舰炮的仰角从20度提升到30度，从而使射程从21395米增加到29445米。舰艇外形也发生了较大变化，只剩下一根烟囱，巨大的上层建筑容纳了所有的控制舱室。

技 术 参 数
"厌战号"战列舰
排水量：标准排水量31372吨，满载排水量36450吨
尺寸：长195米，宽31.7米，吃水深度9.37米
动力装置：齿轮传动蒸汽轮机，功率80000马力（59656千瓦），4轴推进
航速：23节（43千米/时）
装甲：舷侧102～330毫米，甲板32～104毫米，炮塔127～330毫米，指挥塔280毫米
武器装备：4座（8门）380毫米双联装主炮，8门152毫米舰炮，8门102毫米高射炮，32门40毫米"砰砰"防空机关炮，16挺12.7毫米高射机枪
舰载机：2架"旗鱼"鱼雷攻击机
人员编制：1120人

战斗功绩

除了日德兰海战中取得的成果，"厌战号"战列舰从那以后又立下了13次战功。1940年4月，该舰在纳尔维克击沉了德国驱逐舰。同年5月，该舰成为地中海舰队司令坎宁安海军上将的旗舰，活跃在海战的最前线。

在1940年7月卡拉布里亚半岛海战中，"厌战号"从约23775米（26000码）距离上发射的炮弹命中意大利的"朱利奥·凯撒号"战列舰，这是航行中的军舰炮击另一艘航行中的军舰并命中的最远距离。在1941年3月的马塔潘角海战中，"厌战号""巴勒

下图："厌战号"是20世纪30年代英国最早进行现代化改装的主力战舰，反映出了当时的新式设计构想和技术进步。它采用的新型推进装置实现了大幅度轻型化，从而把节省出来的重量分配给了甲板装甲、高射炮和飞机机库

姆号"和"勇士号"一起击沉了3艘意大利重型巡洋舰。但是在2个月后的克里特岛撤退作战中遭到敌方空中袭击，受到重创。

在美国修理之后，"厌战号"于1942年加入远东舰队，1943年又返回了地中海。1943年9月，该舰在萨勒诺湾遭到空袭，险些沉没，修好后又于1944年6月参加了诺曼底登陆战。尽管被水雷炸伤，该舰后来仍然执行了多次炮击任务，直到1945年6月退役。1946年，"厌战号"被作为废品出售，后来在康沃尔郡海岸搁浅。

R 级战列舰
R Class Battleships

R级战列舰的建造源于当时英国第一海务大臣费舍尔的构想，于1916年亦即费舍尔重新回海军部任职之后开始服役。该级舰共建造了5艘，即"拉米利斯号""复仇号""决心号""皇权号"和"皇家橡树号"。

在早期设计阶段，原本还计划再建造"抵抗号""声望号""反击号"3艘，但是"抵抗号"根本就没有建造，而"声望号"和"反击号"则大幅变更了设计，最后被建造成战列巡洋舰。这2艘战列巡洋舰都参加了两次世界大战。

R级战列舰的速度较慢，在第一次世界大战中没有突出的表现。20世纪30年代，一部分该级战列舰接受了改装，增设了飞机仓库和飞机弹射装置，从而具备了海上巡逻和侦察能力。对R级战列舰实施的另外一项主要改良是为了防御德国空军的空袭而

技 术 参 数
R 级战列舰
排水量： 标准排水量29150吨
尺寸： 长187米，宽31.2米，吃水深度9.2米
动力装置： 齿轮传动蒸汽轮机，功率40000马力（29828千瓦），4轴推进
航速： 23节（43千米／时）
装甲： 舷侧101～330毫米，甲板76毫米，炮塔254毫米，指挥塔280毫米
武器装备： 4座（8门）380毫米双联装主炮，12门152毫米舰炮，8门102毫米高射炮，16门40毫米"砰砰"炮，4具533毫米鱼雷发射管
人员编制： 1146人

改进了防空高射炮炮塔。

R级战列舰也参加了第二次世界大战，但主要任务是为船队护航。1939年10月14日，"皇家橡树号"在英国北海舰队基地的斯卡帕湾遭到鱼雷攻击，被击沉。其他的R级战列舰在第二次世界大战中都幸免于难，于战后相继报废。

下图："拉米利斯号"参加了1940年8月的巴比迪亚炮击，其表现颇为引人注目

"声望号"战列巡洋舰
HMS Renown Battlecruiser

"声望号"战列巡洋舰及其姊妹舰"反击号"都起源于 R 级战列舰，2 舰于 1915 年 1 月 25 日同时开工建造，"反击号"于 1916 年 8 月、"声望号"于 1916 年 9 月相继服役。2 舰都装备 3 座（6 门）380 毫米双联装主炮，敷设轻型装甲。它们最大的优点在于航速较高，通过 4 轴推进的"帕森斯"齿轮传动蒸汽轮机，最高速度可达 30 节（56 千米/时）以上。这是它们与第二次世界大战前夕处于相同级别的其他低速、旧式战列舰的最大区别。这 2 艘舰都参加了第一次世界大战，在第二次世界大战中亦辗转各地参战。

技术参数
"声望号"战列巡洋舰
排水量：标准排水量 30750 吨，满载排水量 36080 吨
尺寸：长 242 米，宽 27.4 米，吃水深度 14.4 米
动力装置：齿轮传动蒸汽轮机，功率 10800 马力（8054 千瓦），4 轴推进
航速：30 节（56 千米 / 时）
装甲：舷侧 229 毫米，甲板 51～102 毫米，炮塔 178～229 毫米
武器装备：（1944 年）3 座（6 门）380 毫米双联装主炮，10 座（20 门）114 毫米双联装主炮，28 门 40 毫米"砰砰"炮，64 门 20 毫米高射机关炮，8 具 533 毫米鱼雷发射管
舰载机：2 架超级马林公司的"海象"水上飞机
人员编制：1200 人

大战间隙完成的现代化改装

第一次世界大战结束后，"声望号"于 1923—1926 年接受了改装。为了提升防护性能，该舰追加

下图："声望号"战列巡洋舰接受了全面改装，在第二次世界大战中负责为高速航空母舰护航，转战大西洋、地中海和远东地区

敷设了装甲，舰体舷侧敷设的装甲从原来的 152 毫米增加到 229 毫米，另外还更换了副炮。这些改装完成后，该舰的排水量增加了 31000 吨。

全面改装

从 1936 年起，"声望号"再次接受了全面的现代化改装。这次改装历时 3 年，直到第二次世界大战爆发前夕的 1939 年 9 月 2 日才宣告结束。

改造完成后的"声望号"以全新的姿态驶出朴次茅斯造船厂。该舰增加了锅炉，改进了推进装置和发电机。上层建筑和舰桥亦焕然一新。另外还增加了装甲，整艘舰彻底改头换面。3 座 380 毫米双联装主炮的仰角增加到 30 度，此外还新增了 10 座（20 门）114 毫米双联装主炮、3 座 8 管"乒乓"炮、4 座（16 挺）4 联装 12.7 毫米机枪等新式防空武器。

由于推进装置的重量得以减轻，甲板装甲得到了增强，在弹药库上部和机械室上部分别增设了 102 毫米、51 毫米厚的装甲。利用节省下来的重量，舰上还安装了飞机弹射装置和可容纳 2 架水陆两栖飞机的大型机库。

改装后的"声望号"承担了为航空母舰高速护航的任务，并与新型航母"皇家方舟号"组成编队，长期并肩作战。

1939 年 11 月，"声望号"在南大西洋参加猎杀德国的"格拉夫·施佩海军上将号"袖珍战列舰，之后回国并成为患特沃思中将的旗舰，参加了挪威战役。

辉煌战果

1940 年 4 月 9 日清晨，"声望号"战列巡洋舰与 9 艘驱逐舰一起航行到罗弗敦群岛以西约 130 千米处时，发现了德国的"沙恩霍斯特号"和"格奈森瑙号"战列巡洋舰。利用有利的光照条件，4 时 17 分，"声望号"发射的炮弹命中"格奈森瑙号"的主火控装置，并且在 2 艘德国军舰逃走之前又射中了 2 发炮弹。"声望号"也身中 2～3 发 280 毫米炮弹，但是损伤甚微。

同年 8 月，"声望号"与"皇家方舟号"航母一起加入 H 舰队开赴直布罗陀海峡，第 2 年 10 月返回本国海域。后来，该舰参加了北非登陆作战；之后将丘吉尔首相送到加拿大；再后来又加入了在东印度群岛作战的远东舰队。

"声望号"于 1945 年 3 月回国后被编入预备役，1948 年报废。该舰服役长达 30 多年，参加了英国海军在所有主要战场上的战斗。

"声望号"的姊妹舰"反击号"就没有它这么幸运了。1941 年 12 月 10 日，"反击号"在马来湾海战中被日本海军的攻击机击沉。

"胡德号"战列巡洋舰
HMS Hood Battlecruiser

第一次世界大战期间以及战后，世界各国展开了激烈的军舰建造竞争，由此诞生了英国"胡德号"战列巡洋舰。"胡德号"是当时世界上第一流的战略平台，在航空母舰和战略轰炸机出现以前，"胡德号"这样的军舰是唯一拥有强大火力并能够在短时间内展开的攻击手段。

"胡德号"于 1920 年 3 月在苏格兰克莱德班克造船厂建造完成，在之后的 20 年里，它一直是世界

上图："胡德号"战列巡洋舰曾一度是世界上最大的军舰，但是于1941年被击沉

上最大的军舰，堪称"大舰巨炮"时代海军力量的典型代表。"胡德号"设计上以"伊丽莎白女王号"战列舰为原型，尤其考虑到了与德国"马肯森号"战列巡洋舰进行对抗的情况。

1920—1939年，"胡德号"多次在欧洲周边及其他地区执行航海和巡逻任务。1920年，"胡德号"首先远航斯堪的纳维亚，后来还访问了巴西和西印度群岛的港口。1923年，它与较小型的战列巡洋舰"反击号"以及几艘轻型巡洋舰一起进行了为期11个月的环球航行。1925年先后被编入大西洋及本土舰队。

技术参数
"胡德号"战列巡洋舰
排水量：满载排水量45200吨
尺寸：长262.30米，宽32米，吃水深度9.6米
动力装置：齿轮传动蒸汽轮机，功率144000马力（107381千瓦），4轴推进
航速：32节（59千米/时）
装甲：舷侧和炮塔127～305毫米，炮塔279～380毫米，指挥塔229～279毫米，甲板26～76毫米
武器装备：4座（8门）380毫米双联装主炮，12门140毫米副炮，4门102毫米高射炮，6具533毫米鱼雷发射管
人员编制：1477人

1936—1939年，西班牙内战期间，"胡德号"被派往地中海执行巡逻任务。

悲壮的最后时刻

从1939年起，"胡德号"编入英国海军本土舰队。第二次世界大战初期，"胡德号"在北大西洋和北海活动，它的第一项重要任务就是防御英国、爱尔兰和法罗群岛之间的海域，这项任务对英国来说生死攸关，具有极高的战略重要性。1939年9月26日，"胡德号"遇到德军空袭，遭受轻微损伤。1940年6—7月，"胡德号"重新回到地中海。为了防止法国舰艇落入德军手中，英国海军击沉了停泊在阿尔及利亚米尔斯克比尔军港内的法国军舰，"胡德号"是这次行动中英国舰队的旗舰。

1941年5月，"胡德号"迎来了最后一场战斗。5月24日早上，正与英国海军的另外2艘军舰一起在爱尔兰西海岸巡逻的"胡德号"与德国的"俾斯麦号"战列舰和"欧根亲王号"巡洋舰遭遇，双方展开猛烈交火。战斗开始后不久，"俾斯麦号"的380毫米炮弹击中"胡德号"舰舯的弹药库，"胡德号"发生大爆炸，舰体被炸成两截。随后，"胡德号"沉没，除3人外，舰上的1400多名舰员全部阵亡。

"纳尔逊"级战列舰
Nelson Class Battleship

"纳尔逊号"战列舰与其姊妹舰"罗德尼号"是第二次世界大战爆发时英国最先进的现役战列舰。在 1927 年极其严峻的条件下建造完成的这 2 艘军舰是《限制海军军备条约》仅有的准许英国海军建造的主力战列舰。但是，所有军舰的标准排水量必须保持在 35000 吨以内。不过 2 舰依然配备有 406 毫米主炮和坚固的装甲。

设计特点

在设计时，为了符合条约的规定，"纳尔逊"级采用了"足够或没有"（All or Nothing）防护理念，舰体布局也与此前的战列舰差别巨大，如 3 座 406 毫米炮塔全部配置在艏部，152 毫米炮全部配置在艉部。该舰的另一大特色就是将水线下的水下防护隔舱布置于舰体内部，因此直到第二次世界大战爆发

下图："纳尔逊号"战列舰采用了与以前不同的布局，结果却被认为是不合理的设计。装甲防护加厚了，但内部装甲排列变得复杂了，因此，不仅费用高，而且修理也很困难

技术参数
"纳尔逊"级战列舰
排水量：标准排水量 33313 吨，满载排水量 38400 吨
尺寸：长 216.40 米，宽 32.30 米，最大吃水深度 8.50 米
动力系统：锅炉推进蒸汽轮机，功率 45000 马力（33556 千瓦），双轴推进
航速：23 节（43 千米／时）
装甲：舷侧 330～356 毫米，甲板 95～159 毫米，炮塔 380～406 毫米
武器系统：3 座 406 毫米 3 联装主炮（9 门），6 座 152 毫米双联装副炮（12 门），6 门 120 毫米单管高射炮，2 座 8 管"乒乓"炮（16 门），8 挺 12.7 毫米高射机枪，2 具 622 毫米鱼雷发射管
舰载机：平时不搭载，需要时可以用第 3 炮塔上的飞机起重机起飞 1 架水上飞机
人员编制：1314 人

后该舰的舰体侧舷轮廓依然没有太大变化。

1939 年 12 月，"纳尔逊号"战列舰在进入英格兰默里湾时，遭到磁性水雷重创，一直修理到 1940 年 8 月。1941 年 9 月，该舰加入 H 舰队为马耳他岛周边的运输船队护航。9 月 27 日，该舰虽然被意大利的机载鱼雷击中舰体前部，但仍能安全返回直布罗陀。在对北非、西西里岛及意大利本土的登陆作战中，"纳尔逊号"战列舰负责提供火力支援，1943 年 9 月 29 日，意大利和盟军代表在马耳他岛停泊的"纳尔逊号"战列舰上签署了停战协议。

现代化改造

1944 年，在美国大修后的"纳尔逊号"战列舰，作为东印度洋舰队的旗舰在东印度洋海域一带活动。战争结束后，"纳尔逊号"战列舰回国，代替在斯卡帕湾的"罗德尼号"战列舰成为本土舰队的旗舰。1946 年，编入波特兰训练舰队，1948 年与"罗德尼号"战列舰一起留在英福斯湾，作为航空轰炸的靶舰使用，后被作为废铁出售。

"罗德尼号"战列舰在战争的大部分时间内，都与本土舰队一起行动，主要为重要船队护航。1941

左图："纳尔逊号"战列舰和"罗德尼号"战列舰主要用于为大西洋船队护航

下图：406毫米Mk 1火炮通过采用较轻的弹重获取较高的初速，但该设计也使得身管寿命锐减到180发

年5月，同"英王乔治五世号"战列舰一道击沉了德军"俾斯麦号"战列舰。在地中海短暂停留后，"罗德尼号"战列舰返回英国担当本土舰队旗舰。一直保留到战争结束后的"罗德尼号"战列舰，于1948年报废出售。

专家对于"纳尔逊号"战列舰和"罗德尼号"战列舰的评价相当低，但在1939年，2舰与同时代其他国家海军的舰艇相比，可以说是当时在役舰艇中火力最强的战列舰。2舰具有许多超前的先进特征。

左图："纳尔逊"级战列舰装载的406毫米主炮与此前英军战列舰装载的380毫米主炮相比，可靠性及精确度都比较低。而且，3座炮塔在使用炮弹方面非常复杂。每门炮的射速为45秒1发，而380毫米炮的射速则为25秒1发

下图：1942年6月，正在印度洋行动的"纳尔逊号"战列舰。虽然航速较慢，但"纳尔逊号"与"罗德尼号"战列舰是英国海军中战斗力最强的战列舰

"威尔士亲王号"战列舰
HMS Prince of Wales Battleship

1937 年 1 月开始建造，1939 年 5 月下水，1941年 3 月底完工的"威尔士亲王号"是第 2 艘"英王乔治五世"级战列舰。1941 年 5 月 22 日，该舰同英国海军舰队旗舰"胡德号"及 6 艘驱逐舰一起，从斯卡帕湾出击，参加对德国战列舰"俾斯麦号"的战斗。

当时"威尔士亲王号"还存在一些故障：356 毫米炮小故障不断，10 门炮中只有 1 门发射过 1 发炮弹，新型的 284 型射控雷达尚未调试完毕，紧急配置的舰员操作还不熟练，在艉部 4 联装 356 毫米炮塔装填训练时出错，出现了将炮塔卡死的严重后果。因此，直到出击前一天（5 月 21 日），该舰还在做维修和调试工作。

与"俾斯麦号"的作战

5 月 24 日，英国舰队在斯卡帕湾海与"俾斯麦

下图：1941 年 12 月 2 日，"威尔士亲王号"到达新加坡。8 天后，这艘不幸的新型战列舰与"反击号"战列巡洋舰一起，被日本海军的飞机炸沉在马来半岛海域

技术参数	
"威尔士亲王号"战列舰	
排水量：标准排水量 38000 吨，满载排水量 42350 吨	
尺寸：长 227 米，宽 31.40 米，吃水深度 8.50 米	
动力系统：锅炉推进蒸汽轮机，功率 110000 马力（82027 千瓦），4 轴推进	
航速：28 节（52 千米／时）	
装甲：舷侧 281～356 毫米，甲板 127～152 毫米，炮塔 305 毫米	
武器系统：2 座 4 联装 356 毫米主炮（8 门），1 座双联装 356 毫米主炮（2 门），8 座双联装 133 毫米高平两用炮（16 门），4 座 2/b 8 管"乒乓"炮（32 门），4 座 12.7 毫米 4 管高射机枪（16 挺）	
舰载机：水陆两用飞机 2 架	
人员编制：1422 人	

号"及"欧根亲王号"重型巡洋舰相遇。"俾斯麦号"主炮齐射，击沉了"胡德号"，之后"威尔士亲王号"独自承受德国 2 艘完好战舰的轰击，依然取得不错的战果。"威尔士亲王号"使用已有的 281 型雷达实现测距，对"俾斯麦号"形成跨射，有 2 发或 3 发炮弹击中水线以下部位，其中 1 发击伤德国战舰燃油舱，另 1 发使"俾斯麦号"的速度降低了 2 节（3700 米/时）。

7 发炮弹击中了"威尔士亲王号"，其中 3 发爆炸，舰体只受到了轻微的损伤，但有 1 发跳弹击中了罗经平台，造成了 13 名舰员死伤。

上图：第二次世界大战开始时，"英王乔治五世"级战列舰尚在建造之中。受《限制海军军备条约》所限，该舰的排水量设计为 35000 吨，并用 10 门射速更快的 356 毫米炮取代了"纳尔逊"级装备的火力强大但射速较慢的 406 毫米炮

葬身马来亚海域

1941 年 8 月，"威尔士亲王号"载着英国首相丘吉尔横渡大西洋到达加拿大的纽芬兰，与美国罗斯福总统进行关于《大西洋宪章》的谈判。10 月，该舰编入汤姆·菲利普将军指挥的远东舰队；10 月 25 日，该舰与"反击号"战列巡洋舰一起前往新加坡，2 舰作为远东舰队的 Z 编队展开，12 月 2 日到达新加坡。8 天后，在马来亚海域，2 舰双双被日本飞机击沉。

"威尔士亲王号"艉部左舷被一枚鱼雷击中，左舷外侧的螺旋桨轴严重弯曲，由于没有及时分离，高速旋转的螺旋桨将后部隔舱击穿；在舰体附近爆炸的炸弹的冲击波让 8 台发电机中的 5 台停止了工作；同时油泵及高射炮也失去作用；操作舵渐渐失灵，无法再躲避源源不断的鱼雷的袭击。"威尔士亲王号"从最初受到攻击到完全沉没，共计 1 小时 20 分。舰队司令菲利普和里奇舰长随该舰一起沉没。

"沙恩霍斯特号" 重型巡洋舰
KMS Scharnhorst Heavy Cruiser

"沙恩霍斯特号"是德国法西斯计划建造的 6 艘"小型战列舰"中的第 4 艘，但是到 1933 年，"小型战列舰"的弱点已暴露出来，为了能与法国海军的"敦刻尔克"级战列舰对抗，希特勒改变了德国海军的计划，决定建造排水量为 26000 吨的大型战舰。

新型战列巡洋舰原计划安装 3 座 380 毫米双联装炮，为了缩短建造时间，改为安装 3 座 280 毫米 3 联装火炮。设计的标准排水量是 26000 吨，可实际上达到了 32000 吨，但德国海军仍对外宣称排水量

为 26000 吨。

海峡突破作战

"沙恩霍斯特号"服役期间，和姊妹舰"格奈森瑙号"并肩作战。1940—1941 年，在北大西洋一带活动。1940 年 6 月，在向英国海军"光荣号"航空母舰发起攻击时，被英国驱逐舰发射的鱼雷击中，遭受重创。

1941 年，这 2 艘战列舰停泊在布雷斯特港内，

下图：排水量 32000 吨的"沙恩霍斯特号"战列巡洋舰在德国威廉港始建，1936 年 10 月下水，1939 年 1 月服役

技 术 参 数
"沙恩霍斯特号"战列巡洋舰
排水量： 标准排水量 32000 吨，满载排水量 38900 吨
尺寸： 长 234.90 米，宽 30.00 米，吃水深度 9.10 米
动力系统： 蒸汽发动机，功率 160000 马力（119312 千瓦），3 轴推进
航速： 32 节（59 千米/时）
装甲： 舷侧 330 毫米，甲板 50～110 毫米，炮塔 355 毫米
武器系统： 280 毫米 3 联装炮 3 座（9 门），150 毫米双联装炮 6 座（12 门），105 毫米双联装炮 7 座（14 门），37 毫米双联装高射炮 8 座（16 门），533 毫米鱼雷发射管 6 具
搭载机： 水上飞机 2 架
人员编制： 1840 人（军官和士兵）

上图："沙恩霍斯特号"服役期间，几乎都与其姊妹舰"格奈森瑙号"一起行动

使英国感受到极大的威胁，但希特勒却认为容易受到英国空军的攻击，于是命令 2 舰回国。1942 年 2 月，这 2 艘战列巡洋舰和"欧根亲王号"重巡洋舰，趁英国人不备，发动突然袭击，无论英国空军还是海军，都未能实施有效拦截，让德舰大白天顺利突破了英吉利海峡。希特勒对这次作战非常满意。"沙恩霍斯特号"只是在最后阶段才受到水雷轻微的损伤。这成为英国人的最大耻辱。

攻击护航运输队

1942 年夏，大修后的"沙恩霍斯特号"被派往挪威，参加了 1943 年 9 月的斯匹次卑尔根海战。随后就远离挪威海峡待命，于 1943 年 12 月奉邓尼茨将军的命令，攻击英国护航运输队。

这次作战计划不够完善，"沙恩霍斯特号"只是对护卫运输船队的驱逐舰和巡洋舰造成了轻微损伤就败下阵来。由于空中侦察不力，"沙恩霍斯特号"没有发现高速逼近的英国"约克公爵号"新型战列舰，被 356 毫米炮弹击中。"沙恩霍斯特号"不得不退出战斗，英军与挪威驱逐舰的鱼雷攻击使得该舰的航速再度下降，故而再次被"约克公爵号"击中，最终被英国巡洋舰"谢菲尔德号"和"牙买加号"发射的鱼雷击沉，几乎所有的舰员与战舰一起沉入大海。2000 年，挪威海军潜水调查队确定了"沙恩霍斯特号"沉没的位置，并拍摄了它的残骸照片。

左图：准备部署到大西洋的"沙恩霍斯特号"

"提尔皮茨号"战列舰
KMS Tirpitz Battleship

　　"提尔皮茨号"是法西斯德国海军战列舰，于1936年10月动工，1939年4月1日下水，1941年2月底开始试航。"提尔皮茨号"与其姊妹舰"俾斯麦号"基本相同，但加装了2具4联装鱼雷发射管和飞机起飞设备。

长时间准备

　　在波罗的海进行了系统的训练和充分的准备之后，"提尔皮茨号"于1941年9月开始执行作战任务。最初是在芬兰湾封锁苏联波罗的海舰队。为了攻击驶往摩尔曼斯克的盟军运输船队，它又被派到挪威的特隆赫姆，但没有找到目标。1942年3月9日，该舰遭到了从英国海军"胜利号"航空母舰上起飞的

技 术 参 数
"提尔皮茨号"战列舰
排水量：标准排水量42900吨，满载排水量52600吨
尺寸：长250.50米，宽36.00米，吃水深度11.00米
动力系统：蒸汽轮机，功率138000马力（102906.6千瓦），3轴推进
航速：29节（54千米/时）
装甲：舷侧320毫米，甲板50～120毫米，炮塔230～355毫米
武器系统：380毫米双联装主炮4座（8门），150毫米双联装炮8座（12门），105毫米双联装炮座（16门），37毫米双联装高射炮8座（16门），20毫米高射炮70门，533毫米鱼雷发射管8具
搭载飞机：阿拉道Ar 196水上飞机4架
人员编制：2530人（军官和士兵）

下图："提尔皮茨号"实际上没有与盟军舰艇进行过大规模正面交战，只是在1943年9月进攻斯匹茨卑尔根时进行了对岸炮击

上图：阿拉道 Ar196A-3 侦察机，从"提尔皮茨号"弹射器上被弹射出来，飞机弹出速度为 112 千米／时

上图：因为"提尔皮茨号"部署在挪威海岸，迫使很多英国军舰被牵制在大西洋。否则这些战舰肯定能发挥很大的作用

下图："提尔皮茨号"由于受到反复空袭而受损，最后在 1944 年 11 月 12 日的"问答集"行动中，被英国空军轰炸机炸沉

"大青花鱼"鱼雷机的攻击，但没有受到严重破坏。

此后，"提尔皮茨号"改变了停泊地点，盟军方面情报有误，以为该舰出港，因此发出指令，分散了盟军输送船队 PQ-17，结果，24 艘商船被潜艇及轰炸机击沉。

盟军的特殊作战

其后，英国海军为了防备"提尔皮茨号"出动，不得不在本国近海配备 2 艘主力战列舰和 1 艘航空母舰。盟军为了对付"提尔皮茨号"，破坏其战斗力，长时间反复进行各种试验。英军最初打算在 1942 年 10 月使用从战斗机上投放的"战车"（Chariot）鱼雷攻击"提尔皮茨号"，但因鱼雷故障而失败。

1943 年 9 月，"提尔皮茨号"再次出海，对斯匹次卑尔根实施轰炸。9 月末，2 艘英军的 X 型袖珍潜艇突破了德国布设的防潜网，在"提尔皮茨号"的底部安放了 2 吨炸药，此次爆炸使"提尔皮茨号"的 380 毫米炮塔和主机遭到严重破坏。

"提尔皮茨号"一直大修到 1944 年春。4 月 3 日，已恢复作战能力的"提尔皮茨号"又遭到从英国航空母舰上飞来的 40 架"梭鱼"俯冲轰炸机的轰炸，这次轰炸使"提尔皮茨号"损失很大。其后，在 7 月和 8 月，英国空军又实施了 2 次空袭，因挪威海岸的坡度很陡峭，轰炸不准确，使该舰损伤较轻。9 月 15 日，英国空军轰炸机，投下了 5443 千克的"高脚柜"炸弹，重创"提尔皮茨号"。"提尔皮茨号"奉命转移到更南方的特隆赫姆峡湾进行维修，但再次遭到英军"兰开斯特"轰炸机的袭击。11 月 12 日，"提尔皮茨号"被 3 枚 5443 千克"高脚柜"炸弹命中而翻沉，1000 名舰员和战舰一起沉入海底。

"俾斯麦号"战列舰
KMS Bismarck Battleship

20 世纪 30 年代，野心勃勃的德国海军提出"Z 计划"，"俾斯麦号"战列舰与其姊妹舰"提尔皮茨号"都是该计划中首批落实的项目。"俾斯麦号"也是第一次世界大战后德国建造的第 1 艘战列舰。这 2 艘战列舰号称"希特勒舰队的骄傲"，给英国的海上生命线——大西洋补给线构成巨大威胁，因此英国决心不惜一切代价击沉它们。这就注定了"俾斯麦号"战列舰灭亡的命运。

技 术 参 数
"俾斯麦号"战列舰
排水量： 标准排水量 41676 吨，满载排水量 50153 吨
尺寸： 长 251 米，宽 36 米，最大吃水深度 9.3 米
动力系统： 蒸汽轮机，功率 150000 马力（111855 千瓦），3 轴推进
航速： 29 节（54 千米 / 时）
航程： 以 16 节（29.5 千米 / 时）的速度可航行 17196 千米，以 28 节（52 千米 / 时）的速度可航行 8338 千米
防护装甲： 舰舷装甲厚度为 320 毫米，甲板装甲厚度为 50 ～ 120 毫米，炮塔及炮塔区装甲厚度为 230 ～ 355 毫米
武器系统： 380 毫米双联装主炮 4 座（8 门），150 毫米双联装舰炮 6 座（12 门），105 毫米双联装舰炮 8 座（16 门），37 毫米双联装舰炮 8 座（16 门），20 毫米单管对空炮 10 门，20 毫米 4 管对空炮 2 座（共计 18 门）
射击指挥： 基线长 10.50 米的测距仪 5 台，基线长 1.70 米的测距仪 1 台，基线长 6.50 米的测距仪 2 台，基线长 4.40 米的对空测距仪 1 台
搭载飞机： 阿拉道 Ar 196 水上飞机
人员编制： 2192 人（军官与水兵）

上图：这是一张 1939 年 12 月 10—15 日，在德国汉堡布洛姆·菲斯造船厂拍摄到的照片，可以清晰地看见炮塔后的上层建筑。照片中正在给"俾斯麦号"进行舾装，在左舷前部安装 150 毫米双联装炮

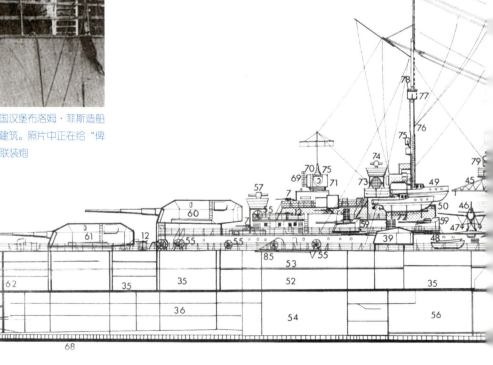

"俾斯麦号"战列舰

1941 年 5 月

内部透视图序号及名称

1. 雷达
2. 测距仪
3. 装甲司令塔
4. 司令部舰桥
5. 探照灯
6. 昼间舰桥
7. 37 毫米火炮
8. 测距仪
9. 雷达
10. 安装在万向支架上的回转
　　罗盘稳定式对空方位盘
11. 防空指挥室
12. 20 毫米火炮
13. 装甲司令塔
14. 航海舰桥
15. 舰桥悬翼
16. 380 毫米火炮 B 炮塔
17. 380 毫米火炮 A 炮塔
18. 排气通风管
19. 望远式火炮瞄准镜
20. 炮尾
21. 弹架
22. 俯仰机构

23. 旋转架
24. 弹药升降机构
25. 水压泵
26. 机械舱
27. 待发发射药筒
28. 炮塔座圈装甲
29. 推弹机
30. 舰员居住舱
31. 起锚机
32. 蓄电池甲板
33. 仓库
34. 前部装甲隔壁
35. 装甲下甲板
36. 装甲甲板下的分舱隔壁
37. B 炮塔室
38. 工作室
39. 150 毫米炮塔
40. 救生艇
41. 桥形通道
42. 交通艇
43. 起重机
44. 烟路
45. 交通艇专用的起重机
46. 阿拉道 Ar196 水上飞机
47. 飞机弹射装置
48. 救生艇
49. 交通艇
50. 机库
51. 机械车间（原图未标出）
52. 仓库
53. 住舱

54. 减速装置室
55. 放水软管卷框
56. 锅炉舱与轮机舱
57. 防空战指挥室
58. 舰艉旗杆
59. 105 毫米炮塔
60. 380 毫米火炮 C 炮塔
61. 380 毫米火炮 D 炮塔
62. 后部装甲隔壁
63. 卷扬机室
64. 仓库
65. 起锚装置
66. 舵
67. 螺旋桨轴（共 3 根）
68. 双重船底
69. 雷达
70. 后部上层建筑
71. 装甲后指挥塔
72. 交通艇的收放架
73. 探照灯
74. 防空指挥室
75. 信号灯
76. 主桅
77. 弹着点观测所
78. 舵向指示器
79. 遥控探照灯
80. 烟囱
81. 探照灯（对侧位置还有一对）
82. 前部桅杆（前樯）
83. 无线天线
84. 吃水线
85. 舰桥（2）
86. 小艇吊艇杆

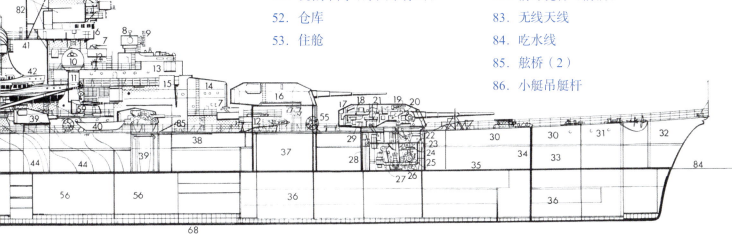

左图：将海上巨无霸"俾斯麦号"战列舰送入海底的致命一击，是英国巡洋舰"多塞特郡号"发射的鱼雷。在收到在这一海域有潜艇活动的消息后，英军中止了对幸存者的救援行动，因而舰上2000多名官兵只有少数人幸存

下图：1941年5月24日早晨，"俾斯麦号"战列舰与"欧根亲王号"巡洋舰在丹麦海峡合力击沉"胡德号"战列巡洋舰。交战中"俾斯麦号"也遭到损伤，因而舰艏下埋。这是从"欧根亲王号"上拍摄的"俾斯麦号"战列舰的照片

下图："俾斯麦号"战列舰的双联装炮塔非常庞大，每座重达1000多吨；有8门380毫米47倍径主炮，是当时威力最强大的火炮；该炮依靠其高初速而拥有较低的弹道，最大仰角30度，可以将800千克炮弹发射到40000米的距离

上图：这是1940—1941年从舰艏拍摄的"俾斯麦号"战列舰。照片中可以清晰地看到收起的艉锚和折叠螺旋桨、舷装甲带等舰体及旁边的上层建筑

"俾斯麦号"
KMS Bismarck

根据 1935 年《英德海军协定》，德国建造的战列舰标准排水量不能超过 35000 吨，但 20 世纪 30 年代德国海军大部分舰船的排水量都大大超过了国际条约的限制。第一次世界大战后建造的第 1 艘德国战列舰"俾斯麦号"的基本排水量超过标准近 10000 吨，满载排水量超过 50000 吨。这艘巨型战列舰于 1940 年 8 月完工，装备了当时世界上最先进的火炮和防护系统，在波罗的海操练娴熟后，于 1941 年 5 月经大西洋出击，5 月 24 日击沉英国"胡德号"战列巡洋舰。5 月 27 日，"俾斯麦号"遭英军战舰围攻沉入大海。

上图：这是 1940 年 8 月在"俾斯麦号"战列舰锚泊地拍摄的宣传照片，于 1941 年初刊登在西班牙的一家刊物上。当时它完工不久，还没有完成舾装，正在等待厂方在其舰桥、指挥塔上安装测距仪

设计
"俾斯麦号"战列舰的内部构造是在"德意志"级袖珍战列舰和"沙恩霍斯特"级战列巡洋舰的基础上重新设计的，舰内防护系统颇具规模，与德意志帝国海军时代的最后战列舰相当，但防护设计不及英美的新式战舰

雷达
当时德国已经研制出了雷达，因此"俾斯麦号"分别在舰桥、前桅杆及后部指挥室内装备了 3 部 FuMo23 雷达装置，频率为 368MHz，常规有效探测距离为 25000 米

涂饰
"俾斯麦号"战列舰原本是灰色的，后来从波罗的海出击时改为了浅色的眩目迷彩。尽管在挪威海域对这些图案进行了处理，但这样巨型的战舰企图在大西洋行驶而不被发现是不可能的。"俾斯麦号"由此路上了不归路

舰体

按照德国提尔皮茨元帅"新战舰的重点不是安装重装备，而是加强舰体的稳定性和舰内防护"的指示，德军新建的战列舰在任何气象条件下都很稳定。"俾斯麦号"舰体很宽，设计中将德国先进的光学射击指挥仪与稳定的船身融为一体，因此是优良的炮术平台

主炮

"俾斯麦号"战列舰上的炮塔从舰艏到舰艉按罗马字母的顺序依次命名为安东（Anton）、布鲁诺（Bruno）、凯撒（Ceasar）、多拉（Dora），其380毫米火炮与同时代的法国及意大利的火炮性能相近，是1934年设计的。其穿甲弹性能一般，均为双联装炮

推进系统

在"俾斯麦号"战列舰上，布洛姆和沃斯造船厂生产的3台蒸汽轮机分布在舰体的不同区域，提供蒸汽的12个高压蒸汽锅炉安装在舰体中央的6个密封舱内；其推进装置功率达138000马力（102907千瓦），驱动的三叶螺旋桨，直径为4.80米。整个动力推进系统占舰体总重的9%

射击指挥

德国海军装备的射击指挥系统是相当先进的。与英国"胡德号"战列巡洋舰交战时，"俾斯麦号"及伴随护航的"欧根亲王号"重型巡洋舰发射的炮弹很快就击沉了"胡德号"

飞机

"俾斯麦号"战列舰装载4架侦察、警戒用阿拉道Ar 196水上飞机，最大载机数为6架。这些单发飞机结实却笨重，2架放在主桅杆下的机库内，另2架分别放在舰体中部烟囱两侧的机库内

装甲

战列舰必须在持续的炮火攻击下保持战斗力，因此装甲的防护性能尤为重要。"俾斯麦号"战列舰侧舷、甲板、炮塔、水线处都有装甲，防护装甲占到了设计重量的40%

副炮

"俾斯麦号"战列舰在设计上注重水面战斗力，而对空中威胁考量不足。该舰在舰舷两侧各安装6座双联装150毫米炮塔式副炮，可以对敌军水面舰艇，尤其是驱逐舰，构成巨大威胁，但是对空作战武器只有8座16门双联装105毫米高射炮和不多的37毫米及20毫米机关炮。与"俾斯麦号"不同，英美新设计的战列舰的所有副炮都为反舰、防空两用型

"亚利桑那号"战列舰
USS Arizona Battleship

　　美国军舰"亚利桑那号"（BB-39）于1914年3月开建，1915年6月下水，1916年10月开始服役。第一次世界大战期间，它在英国大舰队的第6中队服役，随后又参加了美国士兵从法国复员的行动。1929—1931年，它进行了现代化改造；1941年12月7日，加入美国太平洋舰队，停泊在珍珠港的战舰编队之中。

和平时期的服役

　　"亚利桑那号"在和平时期的服役没有特别之处。

1919 年 4 月—7 月，该舰向地中海出航了一次，随后返回东海岸。1921 年，它又转移到太平洋舰队，这一次在太平洋舰队服役了 8 年。1929 年，它返回到诺福克港进行现代化改造，重新服役后曾载着胡佛总统前往西印度群岛，随后又返回太平洋舰队。

珍珠港

　　1941 年 12 月 7 日，第一批抵达珍珠港的日本飞机很容易就识别出了它们的目标，战舰编队共有 7 艘舰船："俄克拉荷马号""弗吉尼亚号"、停在外线上的修理船"女灶神号""马里兰号""田纳西号""亚利桑那号"，以及停在内线的"内华达号"。1 发鱼雷和 8 枚炸弹击中了"亚利桑那号"，舰船因此而着火，随后开始下沉。1 枚 725 千克的炸弹造成的损害最大，当日上午 8 时 10 分该弹命中舰体，导致前弹药库发生爆炸。该舰在泊位上翻沉，共计 1104 人死亡，其中包括海军少将基德和舰长瓦尔肯堡。

　　救援小组试图打捞船体，但船体受损严重而无法再修理。"亚利桑那号"的 2 个 3 联 356 毫米炮塔被找回了，一同找回的舰炮后被安装在岸防阵地上。"亚利桑那号"的船体后来成为美国的国家历史遗迹，以此纪念这次袭击中死亡的人员和损失的舰船。今天，"亚利桑那号"残骸上方建立了一个混凝土纪念碑，水面浮油表明它的油箱仍然在泄漏燃油。

　　袭击发生时，"亚利桑那号"的姊妹舰——"宾夕法尼亚号"（BB-38）正在干船坞中，该舰仅被 1 枚炸弹命中，损伤轻微。经过修理和现代化改造之后，它重新加入太平洋舰队，并在整个太平洋上服役作战，直至 1945 年 8 月日本投降。

　　战争结束时，"宾夕法尼亚号"被 1 枚飞机发射的鱼雷击中，但它存活了下来，并在 1946 年的比基尼核试验中成为靶舰。

技术参数
"亚利桑那号"战列舰（BB-39）
排水量： 标准排水量 32600 吨，满载排水量 36500 吨
尺寸： 长 185.32 米，宽 29.56 米，吃水深度 8.76 米
动力系统： 齿轮传动式汽轮机，功率 33500 马力（24981 千瓦），4 轴推进
航速： 21 节（38.89 千米 / 小时）
装甲： 侧舷 356 毫米，甲板 203 毫米，炮塔 229 ~ 457 毫米
武器系统： 12 门 356 毫米主炮，12 门 127 毫米副炮，12 门 127 毫米高射炮；8 门 12.7 毫米高射炮
飞机： 3 艘水上飞机
人员编制： 2290 人

上图："亚利桑那号"（图）和"宾夕法尼亚号"刚诞生时是世界上最强大的战列舰。两者均在 20 世纪 20 年代晚期进行了现代化改造

上图：前部的 356 毫米炮弹弹药库殉爆后，"亚利桑那号"的三脚樯杆缓慢地向左侧倾倒

下图：1939 年 9 月，美国军舰"亚利桑那号"。在现代化改造过程中，它的"笼子"樯杆被换成了巨大的三脚樯杆

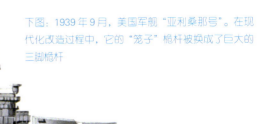

"新墨西哥号" 战列舰
USS New Mexico Battleship

美国军舰"新墨西哥号"（BB-40）的龙骨于1915年10月14日在纽约州的纽约海军船厂铺设。它于1917年4月13日完工，是3艘"新墨西哥"级战列舰的首舰。"密西西比号"（BB-41）和"爱达荷号"（BB-42）分别于1917年1月和6月完工。

"新墨西哥号"融合了上一级舰船的很多特征，包括先前的"宾夕法尼亚"级的12门355毫米主炮。"新墨西哥"级采用了"飞剪艏"，这极大地提高了舰船的适航性。"新墨西哥"级的副炮包括14门127毫米火炮，它们均安装在上层结构中，而不是潮湿的舰艏和舰艉位置。

"新墨西哥号"的首次重要航行是护送"乔治·华盛顿号"邮轮，后者当时正运载刚参加完凡尔

技术参数	
"新墨西哥号"战列舰（BB-40）	
排水量：32000吨	
尺寸：长190米，宽32.3米，吃水深度9.1米	
航速：21节（38.89千米/时）	
武器系统：12门356毫米主炮；14门127毫米副炮；4门76毫米高射炮和2个533毫米鱼雷发射管	
人员编制：1084人	

赛和平大会的伍德罗·威尔逊总统从法国返回美国。1919年7月，"新墨西哥号"成为美国太平洋舰队的旗舰。接下来的12年中，它环绕太平洋、加勒比海和南美洲进行了多次巡航。

1931年3月至1933年1月期间，"新墨西哥号"在费城进行了一次重大改装，随后又返回太平洋舰队。这次现代化改造极大地改变了舰船的外貌。原始的位于舰船中部的"笼子"桅杆被拆除，转而换成了更现代化的塔楼式上层结构。此外，船体也增

下图："新墨西哥号"的前火炮正在向右舷方向发射。1945年1月，在登陆吕宋岛期间，"新墨西哥号"被"神风特攻队"击中，但舰船所有的火炮仍然可以使用

加了额外的鱼雷防护装甲，船体中部的"凸出部分"增宽到32.3米，这也使得排水量增加了1000吨。

上图："新墨西哥号"的火炮点亮了太平洋夜晚的天空，它参与了轰炸吉斯卡岛和关岛的行动

战时服役

1940年，随着美国和日本之间政治局面的恶化，"新墨西哥号"被派遣到珍珠港。然而，随着德国人进一步巩固他们在欧洲的战果，占领了多个关键的欧洲大西洋港口，"新墨西哥号"跟随大西洋舰队重新分配去进行中立巡逻，从弗吉尼亚州的诺福克起航。

1941年12月，日本人袭击珍珠港之后，"新墨西哥号"被重新分配到太平洋舰队；1942年8月1日，它从旧金山起航前往夏威夷，开始在太平洋上的巡逻。1942年期间，"新墨西哥号"辅助封锁阿图岛和轰炸吉斯卡岛，两者均在太平洋北部，随后"新墨西哥号"返回华盛顿的普吉特海湾海军船厂进行整修。从1943年10月开始，它又重新开始在太平洋巡逻，最终回到珍珠港。它为运输护航队和航母战斗群提供护航，同时也防御日军的空中袭击。1944年6月19日至20

左图："新墨西哥号"的主武器是其12门巨大的356毫米火炮，其火力配置与上一代的"宾夕法尼亚"级战列舰相同

日，它参与了菲律宾海海战，随后它于 7 月 12 日轰炸了日本阵地，后来又在 7 月 21 日参与了进攻关岛的行动，最终它一直在关岛袭击敌人的阵地，直至 7 月 30 日。

全面大修

1944 年 8 月至 10 月期间，"新墨西哥号"在华盛顿的布雷默顿进行了全面大修。1945 年 1 月 6 日，在进攻菲律宾吕宋岛期间，它被 1 架"神风特攻队"

的飞机命中，导致舰长 R.W. 弗莱明和另外 29 名船员阵亡，87 人受伤。1945 年 5 月 12 日，它又遭到 2 次自杀式袭击，当时它停泊在冲绳近海的渡具知湾。舰船着火后，54 名船员阵亡，119 人受伤。1945 年 8 月 28 日，它从菲律宾海的塞班岛出发前往日本东京湾，见证了 9 月 2 日的日本投降。它于 1946 年 7 月 19 日退役，随后被卖给纽约城的利普塞特公司。"新墨西哥号"在二战期间的服役中共获得 6 枚战役之星。

"华盛顿"级战列舰
USS Washington Battleship

《限制海军军备条约》规定的战列舰停建 15 年在 1937 年到期时，美国海军计划尽可能快地开建 2 艘现代化主力战舰。35000 吨的限制依然存在，但 1936 年的《伦敦海军条约》将火炮口径从 406 毫米减小到了 356 毫米。因此美军的新型战列舰初始技术参数与英国皇家海军的"英王乔治五世"级的原始设计方案相似，安装了 3 个 4 联 356 毫米炮塔，设计速度为 28 节（52 千米 / 时）。然而，与英国人不同的是，美国人等不起，日本人拒绝批准 1936 年的条约后，美国海军宣布他们将恢复装备 406 毫米火炮的权利。按照新设计方案的尺寸，只可能安装 3 个 3 联装炮塔，防护设计无法加强，只能沿用原来的标准，即抵御 356 毫米炮弹标准。

"北卡罗来纳"级

"华盛顿号"（BB-56）是 2 艘"北卡罗来纳"级舰船中的第 2 艘。它于 1938 年 6 月开建，1941 年 5 月完工，1942 年进入本土舰队。1942 年 5 月 1 日，该舰被"英王乔治五世号"撞沉的英军"旁遮普号"驱

技 术 参 数
"华盛顿"级战列舰（BB-56）
排水量：标准排水量 36900 吨，满载排水量 44800 吨
尺寸：长 222.12 米，宽 33 米，吃水深度 10.82 米
动力系统：齿轮传动式汽轮机，功率 121000 马力（90230 千瓦），4 轴推进
航速：27 节（50 千米 / 时）
装甲：侧舷 165 ～ 305 毫米，甲板 38 ～ 140 毫米，炮塔 178 ～ 406 毫米
武器系统：9 门 406 毫米火炮；20 门 127 毫米火炮；16 门 28 毫米高射炮和 12 挺 12.7 毫米高射机枪
飞机：3 架沃特"翠鸟"水上飞机
人员编制：1880 人

逐舰上搭载的深水炸弹炸伤。1942 年 9 月，它返回太平洋，加入了在所罗门群岛作战的第 17 特混舰队。

1942 年 11 月 14 日至 15 日夜间，"华盛顿号"和"南达科他号"正在追踪一支试图轰炸亨德森机场的日军特混舰队，但就在美国舰船开火之前，1 枚 127 毫米炮弹的爆炸导致"南达科他号"的电气系统瘫痪。幸运的是，"华盛顿号"还没有开启它的探照灯，日本人因集中火力进攻"南达科他号"而没有注意到"华盛顿号"。

拯救"南达科他号"

　　"华盛顿号"从距日舰队大约7315米的距离处靠近到大约1830米的距离处才开始开火；它在7分钟内发射了75发406毫米和几百发127毫米的炮弹，9发炮弹击中日军的"雾岛号"战列舰，使其遭到严重损坏。"华盛顿号"的介入拯救了"南达科他号"，使其免受严重损坏，并且不仅击沉了"雾岛号"，还重创了2艘重型巡洋舰，最后还保护了亨德森机场免受攻击。

　　1944年2月1日，"华盛顿号"因与"印第安纳号"发生碰撞而严重受损，但及时得到修理，并参加了当年6月的菲律宾海海战，以及对冲绳岛和日本本土的最后战斗。"华盛顿号"于1947年6月退役，1960年报废出售。

下图："华盛顿"级和"北卡罗来纳"级是1922年《限制海军军备条约》失效后美国建造的第1批战列舰。它们本计划装备356毫米火炮，但最终安装的是406毫米3联炮塔

"南达科他"级战列舰
USS South Dakota Battleship

　　1931年，美国海军急需能抵御406毫米炮弹攻击的战列舰，但同时排水量又不超过《限制海军军备条约》（又称《华盛顿条约》）所限的35000吨。设计者们为此真是绞尽脑汁，比如为了减轻舰艇重量而缩短了水线长；但由于装甲的重量增加，又不得不增加了舰艇宽度。

　　上述这些设计无疑增大了航行阻力，要达到28节（52千米/时）以上的速度就需要更大的动力。可是由于缩短了船体长度，主机放置不下。最终，只得更改主机的设计。

技术参数
"南达科他"级战列舰（BB-57）
排水量： 标准排水量38000吨，满载排水量44374吨
尺寸： 长207.3米，宽33.0米，吃水深度11.1米
动力系统： 齿轮传动蒸汽轮机，功率130000马力（96941千瓦），4轴推进
航速： 28节（52千米/时）
装甲： 舷侧311毫米，甲板38～127毫米，炮塔457毫米
武器系统： 3座（9门）3联装406毫米炮；8座（16门）双联装127毫米炮；10座（40门）4联装40毫米高射炮，40门20毫米厄利空高射机关炮
舰载飞机： 3架沃特"翠鸟"水上飞机
人员编制： 2354人

下图："南达科他"级战列舰虽然加强了对406毫米炮弹的防御能力，但是并没有大幅增加排水量，因此该级舰的全长比之前建造的"华盛顿"级还要短

结果也造就了"南达科他"级战列舰较高的效费比。

该级舰的船体较短，机动性能好，对火炮、炸弹、鱼雷的防御能力也是同时代、同排水量级别舰艇中最好的。与"英王乔治五世"级战列舰一样，"南达科他"级战列舰建成后排水量仅为38000吨，比法国、德国、意大利的同时代战列舰都轻。

服役与战果

首舰"南达科他号"（BB-57）于1939年7月开工建造，1941年6月下水，1942年3月服役。服役

下图："南达科他号"具有较高的航速、坚固的装甲和强大的武器，可能是35000吨级别战列舰中性能最高的

训练后立即驶入了太平洋战场，但是不慎搁浅受损。经过修理后，"南达科他号"参加了南太平洋海战，并于1942年10月26日在圣克鲁斯群岛海战中击落了26架日本飞机。取得这样的战果在一定程度上也要归功于"南达科他号"上首次使用的带有新型近炸引信弹药的127毫米炮。

该舰的第二次会战是1942年11月14—15日进行的第3次所罗门群岛海战，"南达科他号"没有取得上次那样辉煌的战果。当时，"南达科他号"与"华盛顿号"一起接近日本舰队战斗编队，但是不幸被日军炮弹爆炸产生的冲击波波及配电系统，舰上所有的电力系统都陷入瘫痪。在雷达、射击指挥、照明和航海系统都不能使用的情况下，"南达科他号"驶入距敌军4570米的地方，被多枚炮弹击中，

包括 1 枚 356 毫米炮弹、18 枚 203 毫米炮弹、6 枚 155 毫米炮弹、1 枚 127 毫米炮弹和 1 枚口径不明的炮弹，炮弹碎片导致 38 人死亡，60 人负伤。

横渡太平洋

1943 年，"南达科他号"与其姊妹舰"阿拉巴马号"一起驶回本土。但是当年年底"南达科他号"又返回了太平洋战场，与其他 3 艘姊妹舰一起，参加了 1945 年 8 月日本投降以前的所有登陆作战。1947年，"南达科他号"退役，1962 年报废。

下图：在南太平洋海战中与日本鱼雷轰炸机交战的"南达科他号"战列舰。带近炸引信的高射炮弹发挥非常出色，共击落 26 架敌机

"艾奥瓦"级战列舰
USS Iowa Battleship

1937 年初，考虑到日本有可能拒绝继续执行《限制海军军备条约》中有关限制军舰吨位的规定，美国海军未雨绸缪，着手设计 45000 吨级的战列舰。设计中的战列舰具备强大的火力（12 门 406 毫米炮）和坚固的防御能力，速度为 27 节（50 千米 / 时）。到 1938 年 1 月，设计者按军方要求把速度提高到 30 节（56 千米 / 时），因为当时美国海军的"埃塞克斯"级航母的设计已经定型，急需具备同等航速的护卫舰艇。

技 术 参 数
"艾奥瓦号"战列舰（BB-61）
排水量： 标准排水量 48500 吨，满载排水量 57450 吨
尺寸： 长 270.43 米、宽 32.97 米、吃水深度 11.58 米
动力系统： 齿轮传动蒸汽轮机，功率 212000 马力（158088 千瓦），4 轴推进
航速： 33 节（61 千米 / 时）
装甲： 舷侧 310 毫米，甲板 38 ～ 120 毫米，炮塔 457 毫米
武器系统： 3 座（9 门）3 联装 406 毫米炮；10 座（20 门）双联装 127 毫米炮；15 座（60 门）4 联装 40 毫米高射炮；60 门 20 毫米机关炮
舰载飞机： 3 艘"翠鸟"水上飞机
人员编制： 1921 人

左图：当新锐的"艾奥瓦"级战列舰投入战斗时，其主要承担的任务是对岸炮击和对空防御。图中是"艾奥瓦"级中的1艘正在对日军滩头工事开火

提升速度

　　建造完成的"艾奥瓦"级战列舰最终以牺牲舰炮和防御为代价，将速度提高到了33节（61千米/

时）。尽管有消息称日本的新型战列舰装备了460毫米舰炮，但是航母的舰载机完全可以将日本的巨舰遏止在该炮的射程以外，因此"艾奥瓦"级不太可能与其直接展开炮战。"艾奥瓦"级舰艇的基本设计与其说是战列舰，更像是战列巡洋舰，而且，建成舰艇也更接近于巡洋舰最初的概念，但美国海军始终没有将其归类为战列巡洋舰。

下图：虽然航空母舰逐渐取代了战列舰在舰队中的核心地位，但是象征第二次世界大战结束的仪式仍然是在"艾奥瓦"级战列舰上举行的。道格拉斯·麦克阿瑟将军在"艾奥瓦"级第3艘舰"密苏里号"的主甲板上接受了日本投降

服役

"艾奥瓦号"（BB-61）于 1940 年 6 月开工建造，1942 年 8 月下水，1943 年 2 月服役。同年 8 月，该舰为从纽芬兰出发的船队护航，后又送罗斯福总统驶往北非。之后，该舰赶赴太平洋，编入第 5 舰队。1944 年，该舰参加了马绍尔群岛登陆作战，被日军岸炮击中，轻微受损。

在莱特湾海战中，"艾奥瓦号"隶属威廉·哈尔西中将的高速航母编队，并参加了冲绳登陆作战。1945 年 7 月，该舰炮击北海道和本州的陆上目标。日本投降时，该舰停泊于日本东京湾内。

战后的任务

1949 年，"艾奥瓦号"退役封存。1951 年，该舰返回现役参加朝鲜战争，对沿岸目标进行了多次炮击。1953 年，该舰再次退役。正当人们以为"艾奥瓦号"即将报废时，1981 年它又被拖到新奥尔良，准备再次服役。该舰新装备了大量"鱼叉"反舰导弹和"战斧"巡航导弹，成为水面打击部队的核心舰艇。它的 406 毫米舰炮也为实施炮火支援而被保留下来。

上图：第二次世界大战以后，一度沉寂的"艾奥瓦"级战列舰又重新披挂上阵，图中是 1969 初在航行中的"艾奥瓦"级第 2 艘舰"新泽西号"

"雾岛号"战列巡洋舰
IJN Kirishima Battlecruiser

1912—1915 年，日本海军建造了 4 艘"金刚"级战列巡洋舰，分别为："金刚号""榛名号""比睿号"和"雾岛号"。1913 年 12 月下水，1915 年 4 月竣工的"雾岛号"是第 4 艘。

与同级姊妹舰一样，"雾岛号"分别于 1927—1930 年、1934—1936 年进行了 2 次现代化改造，第 1 次将烟囱由 3 个减至 2 个；第 2 次将前桅杆变成了

典型的"桅楼"，动力输出增至原来的 2 倍，航速由 26 节（48 千米/时）增至 30 节（56 千米/时），并且加强了防空火力。经过改装的 4 艘"金刚"级战列巡洋舰演变成了用于航母护航的快速战列舰。

1941 年 12 月，太平洋战争爆发，4 艘"金刚"级快速战列舰被编成第 3 战队，"比睿号"和"雾岛号"还加入了偷袭珍珠港的机动编队。1942 年 6 月，

技术参数

"雾岛号"战列巡洋舰（第2次改装后）

排水量： 标准排水量31980吨，满载排水量36600吨

尺寸： 长222.0米，宽31.0米，吃水深度9.7米

动力系统： 齿轮传动蒸汽轮机，功率136000马力（101415千瓦），4轴推进

航速： 30节（56千米/时）

装甲： 舷侧76～203毫米，甲板121毫米，炮塔280毫米

武器系统： 356毫米双联装主炮4座（8门），152毫米炮14门，127毫米双联装高射炮4座（8门），25毫米机关炮20门

舰载机： 水上飞机3架

人员编制： 1440人（包括军官及士兵）

中途岛海战中，"雾岛号"因空中打击而受轻伤。

1942年11月12日至13日夜里，"雾岛号"与"比睿号"一起攻击了瓜达尔卡纳尔岛的美军，在与美军巡洋舰的近距离混战中击沉了"亚特兰大号"巡洋舰和"伯顿号""拉菲特号"驱逐舰，击伤了"洛杉矶号""朱诺号""海伦娜号""波特兰号"巡洋舰。

伏击

2天后，日军又向瓜岛运送物资并炮击亨德森机场，再次与美军海军相遇。当时美军有2艘现代战舰"南达科他号"和"华盛顿号"装备了雷达，但是日本凭借高超的夜战战略策划了伏击，引美军驱逐舰上钩。轻型巡洋舰"长良号"的探照灯捕捉到"南达科他号"后，"雾岛号"立即用356毫米主炮对其猛轰。混战中，日军未能发现从7300米外驶近的"华盛顿号"；午夜0时5分，"华盛顿号"向"雾岛号"开火，406毫米主炮齐射攻击，据估计有9发406毫米炮弹和40发127毫米炮弹击中了"雾岛号"。7分钟后，被大火吞噬的"雾岛号"失去了动力，船体严重受损，快速进水。

舰队司令官近藤信竹命令驱逐舰"朝云号""照月号"和"五月雨号"立即搭救幸存舰员，同时放弃对"雾岛号"舰体的救援。凌晨3时23分，"雾岛号"沉没于萨沃岛西北方11千米处。

下图：改装后，"雾岛号"及其3艘同级战列巡洋舰的动力输出功率约增加了1倍，速度也增加了4节（7400米/时）

上图：20世纪30年代，原本作为战列巡洋舰建造的"雾岛号"被改装成快速战列舰

"扶桑"级"无畏"战列舰
IJN Fuso Class Japan's First Dreadnought

日本海军的"无畏"战列舰属于"扶桑"级，该级首舰"扶桑号"由吴海军造船厂建造，1912年开工，1914年下水，1915年11月服役。第2艘舰"山城号"于1915年在横须贺海军造船厂下水，1917年服役。

"扶桑"级战舰具备当时世界最高水平的海军战舰水准，战斗能力极强。"扶桑"级在"金刚"级巡洋舰的设计基础上放大了吨位，加强了防御措施和战斗力，装甲比"金刚"级厚约25%，356毫米双联装主炮也比"金刚"级多了2座，是当之无愧的超级无畏舰。"扶桑"级采用蒸汽轮机4轴推进，但从最大速度看来，其动力输出功率要低于战列巡洋舰。

改装

第一次世界大战结束后，"扶桑号"与"山城号"的前桅上增添了工作平台，进行舰载战斗机飞行试验。1927年，2舰都装备了3架战斗机。"扶桑号"

技术参数
"扶桑"级战列舰
排水量： 标准排水量30600吨（改装后为34700吨），满载排水量35900吨（改装后为38530吨）
尺寸： 长202.7米（改装后为212.7米），宽28.7米（改装后为30.8米），吃水深度8.6米（改装后为9.4米）
动力系统： 锅炉24台，柯蒂斯齿轮传动涡轮机4台，功率40000马力（29828千瓦）[改装后有锅炉6台，舰本式齿轮传动蒸汽轮机4台，功率75000马力（55927千瓦）]，4轴推进
航速： 22.9节（42千米/时）（改装后24.7节，即46千米/时）
航程： 以14节（26千米/时）的速度可航行14820千米
装甲： 舷侧305毫米；艏部和艉部89毫米；甲板最薄处33毫米，最厚处76毫米（改装后增加到120毫米/169毫米）；炮塔正面305毫米，侧面152毫米；指挥塔330毫米
武器系统： 356毫米双联装主炮6座（12门）；152毫米炮16门（改装后减为14门）；140毫米炮4门（改装后为127毫米炮8门）；20世纪20年代增加了4门76毫米高射炮，改装后又追加了16门25毫米高射机关炮，战时可将25毫米炮增至38门以上；533毫米水下鱼雷发射管6具
舰载飞机： 中岛95式水上侦察机3架
人员编制： 建造时1193人，战时1400人

下图：由于采用双联炮塔导致舰体较长，"扶桑"级的速度超过了日军最初提出的指标，而舰体长度则大幅超过安装同样数量主炮的长度，但使用3联装炮塔的美国标准战列舰

上的战斗机从船体中部的第 3 炮塔上起飞，而"山城号"则通过后甲板的弹射机弹射起飞。

20 世纪 30 年代，"扶桑"级战列舰进行改造，前桅杆被改造成了"塔状桅楼"，加长船体，加装了防鱼雷凸出部和防空武器，配备了新锅炉和新的齿轮传动蒸汽轮机，排水量从之前的 30000 吨增加至 34700 吨。改造后的"扶桑号"的防御能力及速度提高明显，"山城号"的改装大致类似。

第二次世界大战中，"扶桑号"和"山城号"都没有出色表现。1944 年 10 月，莱特湾海战中，这 2 艘战列舰在苏里高海峡被美国鱼雷艇和驱逐舰的鱼雷攻击，在与美国旧式战列舰的战斗中被击沉。

"伊势"级战列舰 / 航空战列舰
IJN Ise Class Battleship and Battleship/ Carrier

"伊势"级是"扶桑"级战列舰的改进型，首舰"伊势号"由神户的川崎造船厂建造，1915 年开工，1916 年底下水，1 年后竣工。第 2 艘舰"日向号"由长崎三菱造船厂建造，1917 年 1 月下水，1918 年春服役。

"伊势"级主要装甲与"扶桑"级相同，为防止舰员被弹片杀伤，增加了 1000 吨的装甲，并提高了锅炉的工作效率，使舰艇动力输出得以增加。为了减轻炮弹重量，"伊势"级的副炮没有使用"扶桑"级的 150 毫米副炮，改用 140 毫米炮，以方便身材矮小的日本水兵操控；还有一点与"扶桑"级不同：

下图：日本海军的航母编队在中途岛海战中遭到毁灭性打击，因此"伊势"级战列舰被改装成兼具战列舰和航空母舰功能的"航空战列舰"，不过它们均未能在实战中发挥其设计功能

"伊势"级的356毫米主炮成对背负式布置，这样更有利于射击指挥。

上图：20世纪30年代，所有日本战列舰都接受了大规模改造，加强了装甲，增大了动力输出。"伊势"级是"扶桑"级战列舰的后续舰，也接受了改造。2艘"伊势"级军舰均于1945年7月在吴港外沉没，1946—1947年被分解处理

改造成航空战列舰

20世纪30年代，与其他舰艇一样，"伊势"级战列舰也被大规模改造。由于日本海军在中途岛海战中惨败，"伊势"级于1942年接受了更大规模的改造。它和"日向号"战列舰一道，将后部炮塔改为机库和飞行甲板，成了"航空战列舰"。舰上搭载22架专用舰载轰炸机，通过弹射器弹射起飞，降落到海面后用起重机收回。这次改造于1943年下半年完成，但两者都未携带飞机参战。

1944年10月，莱特湾海战中，"伊势号"和"日向号"曾被用作诱饵；战争末期，两舰因缺乏燃料无法移动，受到美国海军舰载飞机的猛烈攻击，在吴港外的浅海沉没。

技术参数

"伊势"级战列舰／航空战列舰

排水量： 标准排水量29900吨（改装成航空战列舰后33800吨），满载排水量35900吨（改装成航空战列舰后39680吨）

尺寸： 长208.2米（改装后219.6米），宽28.7米（改装后33.8米），吃水深度8.7米（改装后9.0米）

动力系统： 锅炉24台，齿轮传动涡轮机2台，功率45000马力（33556千瓦）[改装后锅炉8台，舰本式齿轮传动蒸汽轮机4台，功率80000马力（59656千瓦）]，4轴推进

航速： 23节（43千米／时）（改装后25.6节，即47千米／时）

航程： 以14节（26千米／时）的速度可航行17900千米

装甲： 与"扶桑"级战列舰相同

武器系统： 356毫米双联装主炮6座（12门，改造成航空战列舰时，拆除了4门）；140毫米炮20门（改造后为16门）；20世纪20年代增设了76毫米高射炮4门；30年代改装时增设了127毫米双联高射炮4座（8门），增设25毫米机关炮20门；1942年25毫米机关炮增至57门，1944年后期又增至104门；533毫米鱼雷发射管6具

舰载飞机： 作为战列舰搭载中岛95式水上侦察机3架；作为航空战列舰，计划搭载"彗星"21型舰上轰炸机及爱知"瑞云"型水上侦察机共22架

人员编制： 建造时1360人，战时1476人

"长门"级战列舰
IJN Nagato Battleship

20 世纪初期，日本竭力扩充海军实力，使此前只有一些弱小近海兵力的日本海军一跃成为当时世界上主要舰队之一。第一次世界大战期间，日本制定了野心勃勃的舰船建造计划，打算建造 8 艘大型战列舰和 8 艘巡洋舰，并于 20 年代中期以前服役。虽然 1922 年签订的《限制海军军备条约》限制了日本海军的扩张计划，但是放过了该国此前建造的 2 艘战列舰即"长门号"和"陆奥号"。"长门号"和"陆奥号"分别于 1919 年、1920 年在吴船厂、横须贺船厂下水，堪称当时世界上最强的战列舰。它们拥有比同时代战列舰更快的速度、更坚固的装甲，且是世界上最早装备 400 毫米级主炮的战列舰。

联合舰队旗舰

1934—1936 年，"长门号"和"陆奥号"接受了大规模改装：加长了船体；为提高稳定性附加了防雷突出部；拆除了前烟囱；配备了大型塔状舰桥和桅杆。另外，还增加了装甲，装甲总重量从 10400 吨增加到了 13000 吨。虽然更换了效率更高的锅炉，但是燃气轮机仍保持原样，排水量的增加导致了速度的下降。

技术参数

"长门"级战列舰

排水量： 标准排水量 32720 吨（20 世纪 30 年代改装后 39130 吨），满载排水量 38625 吨（20 世纪 30 年代改装后 43580 吨）

尺寸： 长 213.40 米（改装后为 224.92 米），宽 29.00 米（改装后为 34.60 米），吃水深度 9.10 米（改装后为 9.49 米）

动力系统： 21 台舰本式锅炉（改装后为 10 台），4 台布朗－柯蒂斯齿轮传动蒸汽轮机，功率 80000 马力（59656 千瓦）〔改装后为 82000 马力（61147 千瓦）〕，4 轴推进

航速： 26.5 节（49 千米／时）（改装后 25 节，即 46 千米／时）

装甲： 舷侧 305 毫米；舰艏与舰艉 89 毫米；甲板 41～76 毫米（改装后为 119～185 毫米）；炮塔正面 356 毫米，炮塔侧面 203 毫米；炮廓 292 毫米；指挥塔 356 毫米

武器系统： 4 座（8 门）410 毫米双联装主炮；20 门 140 毫米单管副炮（改装后减为 18 门）；4 座（8 门）127 毫米双联装高射炮（改装时追加）；2 座（4 门）76 毫米双联装高射炮；10 座（20 门）25 毫米双联装机关炮（改装时追加，第二次世界大战中又增加到 98 门）；8 挺 13 毫米机枪（1944 年 3 月拆除）；8 具 533 毫米水雷发射管（水线上和水线下各 4 具）

舰载飞机： 3 架水上飞机

人员编制： 建造时 1333 人，战时 1480 人

"长门号"长期担任联合舰队的旗舰。在 1940 年 2 月 11 日举行的纪念神武天皇即位 2600 年特别观礼仪式上，"长门号"升起山本五十六大将的将旗，率领参阅部队接受了昭和天皇的检阅。1 年后，山本五十六在该舰上指挥了偷袭珍珠港的行动。

下图：20 世纪 20 年代建造完成时，装备 410 毫米舰炮的"长门号"是当时世界上火力最强的战列舰。30 年代，该舰接受了大规模改装，采用了新型锅炉，并追加了约 3000 吨的防护装甲

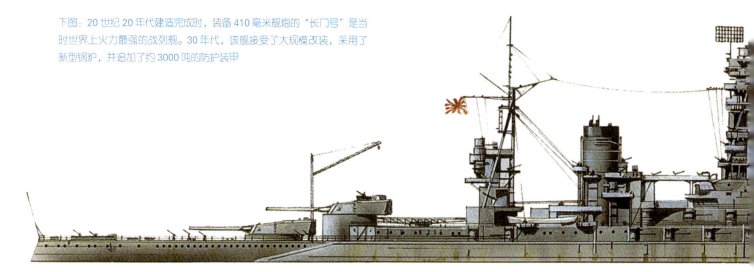

上图：装备410毫米舰炮的"长门号"是当时世界上火力最强的战列舰

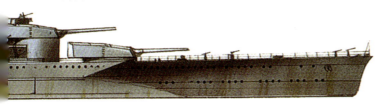

唯一幸存的战列舰

　　2艘"长门"级战列舰在第二次世界大战中发挥了巨大作用。在中途岛海战中，2舰与新建的"大和号"战列舰一同编入了第1战队，后来又转入"扶桑号"和"山城号"战列舰所在的第2战队。在1942年8月的所罗门群岛海战中，这些战列舰组成了支援舰队群。

　　1943年6月8日，停泊在广岛湾内的"陆奥号"的弹药库发生大爆炸，舰体被炸为两段，沉入海底。日本海军事后进行了调查，认为是因被怀疑有盗窃行为而心生不满的水兵（已在爆炸中死亡）所为，但

是事故的真相已经成为永远的谜团。

　　1943年，"长门号"在西南太平洋地区作战，1944年初驶入新加坡。在马里亚纳湾海战中，该舰负责为小泽冶三郎中将的机动（航母）舰队提供掩护；在莱特湾海战中，该舰隶属栗田健男中将的第1打击部队。

　　在锡布延海，"长门号"遭遇美军航母舰载机的攻击，严重受损，但是仍然与"大和号"一起参加了萨马尔岛近海作战。在这次战斗中被美军航母舰载机击伤的"长门号"不得不驶回日本，成为横须贺港的浮动炮台。

　　"长门号"是二战结束时日本海军唯一幸存的主力战列舰。战后，"长门号"被美军接管，成为美国核试验的靶舰，在比基尼环礁核试验场沉没。

"大和" 级战列舰
IJN Yamato Battleship

为了凭借舰艇质量来对抗美国海军的数量优势，日本海军从1934年开始研制性能最强的战舰。该舰将具有更快的速度和坚固的装甲，装备射程更远的舰炮。当然，为了实现这一目的，就不得不违反当时的《限制海军军备条约》。

超大型战列舰

为了满足要求，日本设计了历史上最大、最强的战列舰。该舰排水量为64000吨，装备9门射程为41千米的460毫米舰炮，防御能力极强，拥有410毫米厚的装甲带，炮塔正面装甲厚达650毫米。

为了避免被美国和英国发现，该舰的建造极其隐秘。在日本看来，如果在1936年否决下一次海军军备限制条约，建造军舰就完全不受吨位限制了。在1940年以前建成巨舰，谁也无法指责日本违反条约。并且，如果新舰的宽度不超出巴拿马运河的通行限制，美国海军就绝对无法造出能够与之匹敌的军舰。

技术参数

"大和" 级战列舰

排水量： 标准排水量64000吨，满载排水量72809吨

尺寸： 长263.2米，宽38.9米，吃水深度10.4米

动力系统： 蒸汽轮机，功率15万马力（11万千瓦），4轴推进

航速： 27节（50千米/时）

装甲： 舷侧100～410毫米；隔舱300～350毫米；甲板200～230毫米；炮塔380～560毫米；炮塔190～650毫米；指挥塔75～500毫米

武器系统： 3座（9门）3联装460毫米炮；4座（12门）3联装155毫米两用炮（1943年减为6门）；6座（12门）127毫米双联装高射炮（1943年增加到24门）；8座（24门）3联装25毫米机关炮（1944年增加到130门）

舰载飞机： 6架水上飞机

人员编制： 约2500人

也就是说，如果美国想要在太平洋与日本舰队对抗，就必须耗费巨大的资金和时间来拓宽巴拿马运河以便让其新造的大型军舰通过，除此以外别无他法。

下图：1944年10月，"大和号""武藏号""长门号"和6艘重型巡洋舰一起从文莱出发，在莱特湾参加日本联合舰队最后一次大规模海战

下图：作为人类历史上吨位最大、战斗力最强的战列舰，"大和"级从未实现设计者对其的希冀。"巨舰大炮"的时代已经成为过去，该级舰未能与英美战列舰展开想象中的正面交锋，而是先后命丧于航母舰载机之手

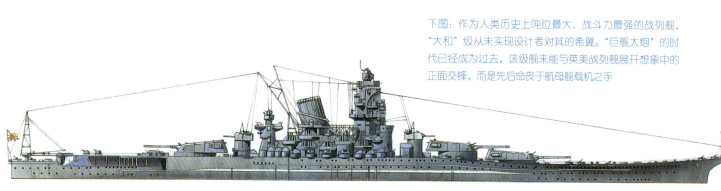

上图：1945年4月，"大和号"在冲绳特攻作战中迎来了最后时刻。在该图片拍摄以后不久，这艘历史上最大的战列舰发生了大爆炸，缓慢沉入海底

中途岛海战

"大和"级新型战列舰共建造了2艘，即"大和号"和"武藏号"。"大和号"于1937年11月开工，1940年8月下水，1941年12月16日竣工；"武藏号"于1942年8月5日竣工。原为"大和"级第3艘的"信浓号"被建成了大型航空母舰，第4艘则还未待建成就于1942年停工，后被拆解。

在中途岛海战中，"大和号"是日本联合舰队司令官山本五十六的旗舰，但是还没等美国海军航母进入它主炮的射程就返回了日本。1944年2月，该舰遭到美国潜艇的鱼雷攻击，经过短期修理后，于同年6月作为第1突击舰队的先头部队参加了马里亚纳湾海战。

在莱特湾海战中，"大和号""武藏号"和"长门号"是栗田中将率领的第1突击舰队的主力战舰，"大和号"最先对美国的轻型航母和护卫舰发动炮击。但是由于视线太差，该舰装备的巨炮未能充分发挥作用。返航时日本舰队遭到美国航母舰载机的无情打击，"武藏号"身中20枚鱼雷和17枚炸弹后沉没。

冲绳特攻作战

1945年4月，"大和号"由本土前往冲绳，目的是驶上海岸充当防御敌方舰队进攻的炮塔，这无疑是一种"自杀行为"。该舰在距离冲绳尚很遥远的鹿儿岛县德之岛近海即遭到大量美军飞机的攻击，身中10枚鱼雷和6枚炸弹，随后爆炸，这艘空前的超大型战列舰就这样沉入海底。

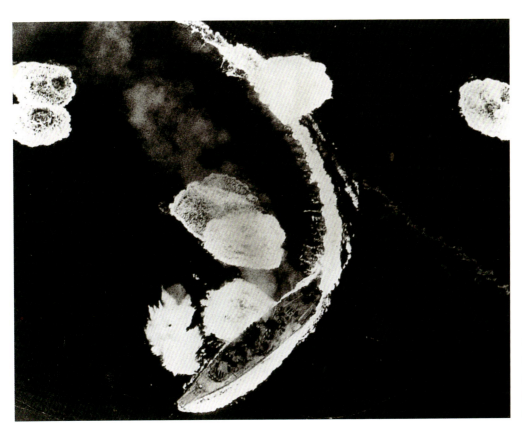

左图：在莱特湾海战中，一边躲避轰炸一边在锡布廷海航行的"大和号"战列舰。"大和号"仅受轻微损伤，"武藏号"却在美军空中打击下受伤沉没

"黎塞留"级战列舰
Richelieu Class Battleships

法国海军为了保持其在地中海和东大西洋的海上优势，于1935年决定建造2艘名为"黎塞留"和"让·巴尔"的35000吨级新型战列舰。这2艘战列舰以26000吨级巡洋舰为基础，装备了火力更强大的武器和更厚的装甲。

"黎塞留"级战列舰安装了2座4联装炮塔，其唯一的缺点就是续航力小，因此只能在地中海附近活动。

命运多舛

"黎塞留号"战列舰的命运非常不幸，1940年6月法国沦陷时逃往北非，英国海军为了阻止该舰落入德军手中对其进行了数次攻击，但是该舰侥幸逃脱。7月8日早晨，该舰后部被鱼雷命中，因舱内进水于港内搁浅。9月，在英军和自由法国部队发动攻击时，该舰虽然不能移动，且有3门主炮不能使用，但是剩余尚能作战的380毫米主炮一起发射，击退了敌军。1942年，"黎塞留号"战列舰被移交给盟军，同英国舰队会合后，担任护航任务，开始大显身手。1944年3月，"黎塞留号"战列舰离开英国，加入英国远东舰队前往斯里兰卡，虽在该地区没有进行过大规模战斗，但是参加了数次炮击作战，也多次遭到飞机的攻击。从1944年10月到1945年1月，在卡萨布兰卡接受短期维修。1945年10月，起航前往印度支那到达东印度半岛。随后于1956年退役，1968年被拆解。

技术参数	
"黎塞留"级战列舰	
排水量： 标准排水量41000吨，满载排水量47500吨	
尺寸： 长247.90米，宽33.00米，吃水深度9.70米	
动力系统： 蒸汽轮机，功率150000马力（111855千瓦），4轴推进	
航速： 30节（56千米/时）	
装甲防护： 两舷343毫米，甲板50～170毫米，炮塔170～445毫米	
武器系统： 2座4联装380毫米主炮（8门），3座3联装152毫米副炮（9门），6座双联装100毫米高射炮（12门），8座双联装37毫米高射炮（16门），2座4管13.2毫米高射机枪（8挺）	
搭载飞机： 3架水上飞机	
人员编制： 1550人	

上图：1942年未完工的，"让·巴尔号"遭到飞机和美国老式战列舰的攻击而受损。直到第二次世界大战结束10年后，这艘战列舰才最终得以完工

下图：与英国的"纳尔逊"级战列舰一样，"黎塞留"级战列舰也将主炮全部布置在前甲板，由于比"纳尔逊"级排水量大，因此装备了火力更强的副炮

"让·巴尔号"在法国投降时还没有完工，1942 年于北非登陆作战时，遭到盟军炮火的攻击而受损。1955 年完工，第 2 年参加了英法发动的苏伊士运河战争。"让·巴尔号"一直服役到 20 世纪 60 年代，于 1970 年被拆解。

右图：1940 年 6 月，"黎塞留号"战列舰由于受到英军攻击而受损，战后退役的"黎塞留号"战列舰于 1968 年在意大利被拆解

"敦刻尔克"级快速战列舰
Dunkerque Class Fast Battleships

希特勒就任德国总理后，加速扩军备战，这给法国政界带来了极大的恐慌。法国海军担心"德意志"级战列舰会给其庞大的商船船队带来威胁。

为了应对这一威胁，海军建议建造"敦刻尔克"和"斯特拉斯堡"2 艘快速战列舰，同时为了抵御"德意志"级战列舰上的 280 毫米炮而略微增加了装甲防护，由此导致两舰的航速并未达到太高水平。"敦刻尔克"级战列舰是当时世界上新一代高速战列舰，设计理念与战列巡洋舰非常相近。

按照计划，"敦刻尔克号"战列舰于 1931 年在布雷斯特海军造船厂开工建造，该舰外形美观，采用与英国海军"纳尔逊"级战列舰相同的全前置主炮布局。"敦刻尔克号"战列舰装备的主炮采用了口径居中的 330 毫米，副炮是 5 座共 16 门 130 毫米高平两用火炮，其中 3 座为 4 联装，2 座为双联装，3 座 4 联装副炮布置在舰艉机库上方，2 座双联装副炮布置在舰桥与烟囱之间的侧舷上。最初设计航速为 29 节（54 千米 / 时），在试航时"敦刻尔克"轻易地突破了这一数字。

1939 年第二次世界大战爆发，对于"敦刻尔克号"和"斯特拉斯堡号"2 艘战列舰来说，这是一个

技术参数
"敦刻尔克"级快速战列舰
排水量： 标准排水量 26500 吨，满载排水量 35500 吨
尺寸： 长 209.00 米，宽 31.08 米，吃水深度 8.70 米
动力系统： 蒸汽轮机，功率 112500 马力（83891 千瓦），4 轴推进
航速： 30 节（56 千米 / 时）
装甲防护： 两舷 146 ~ 248 毫米，甲板 38 ~ 127 毫米，炮塔 152 ~ 336 毫米
武器系统： 2 座 4 联装 330 毫米主炮（8 门），3 座 4 联装 130 毫米两用炮（12 门），5 座 37 毫米双联装高射炮（10 门），8 座 4 管 13.2 毫米高射机枪（32 挺）
搭载飞机： 2 架水上飞机
人员编制： 1431 人

证明自身能力的大好时机。"敦刻尔克号"战列舰作为法国海军的主力军舰，第二次世界大战之初站在盟军一方，与意大利海空军在地中海作战。法国沦陷后，盟军害怕法国军舰落入轴心国之手，转而对法国舰队发动攻击，于 1942 年 11 月 27 日将"敦刻尔克号"和"斯特拉斯堡号"上的火炮、涡轮机和无线电等重要设备拆除后将其沉入大海，后来意大利海军分别将其打捞上来，并进行修理，该舰后来在盟军轰炸机的轮番轰炸下再次沉没。1945 年，法国海军占领土伦后，其残骸被打捞上来，1958 年被拆解。

"加富尔伯爵"级战列舰
Conte di Cavour Modernized Battleship

"加富尔伯爵号"原本是第一次世界大战时期的战列舰，1933年10月，经过大规模的重建和改造后，于1937年6月再次服役。首次参战是1940年7月同英国海军"厌战号"和"君权号"的对决。8月和9月攻击前往马耳他的船队，但是没能取得什么战果。

1940年11月，"加富尔伯爵号"战列舰遭到了英国海军"光辉号"航空母舰舰载机的攻击。在这次战斗中，"加富尔伯爵号"战列舰被鱼雷击中，在港中坐沉。1941年7月，被打捞并拖回塔兰托造船厂，1943年开始进行大修，其后被迫中止，同年10月沉入大海。德军将其打捞上来，但在1945年2月25日又遭美军飞机轰炸而再次沉入海底。

同一级别的还有"莱昂纳多·达·芬奇号"（第一次世界大战后退役）、"朱利奥·恺撒号"。后者于二战后被划归苏联并更名为"新罗西斯克号"，1955年因发生爆炸而沉没。

技术参数	
"加富尔伯爵"级战列舰	
排水量： 标准排水量23619吨，满载排水量29100吨	
尺寸： 长186.00米，宽28.00米，最大吃水深度10.40米	
航速： 28节（52千米／时）	
装甲： 两舷102～248毫米，甲板279毫米，炮塔319毫米	
武器系统： 2座3联装320毫米主炮（6门），2座双联装320毫米主炮（4门），6座双联装120毫米副炮（12门），4座双联装100毫米高射炮（8门），8座双联装37毫米高射炮（16门），12门20毫米高射炮	
人员编制： 1236人	

右图：1940年7月，在克里特拍摄到的"加富尔伯爵号"战列舰的姊妹舰"朱利奥·恺撒号"。"朱利奥·恺撒号"创下了海上最远距离被命中的不良纪录，在1940年被英国"厌战号"从约24000米外远距离发射的炮弹命中

"维托里奥·维内托号"战列舰
Vittorio Veneto Battleship

同属"利托里奥"级的"利托里奥号""维托里奥·维内托号"及改进型"罗马号"战列舰在第二次世界大战爆发时是意大利海军的核心。这些战列舰以塔兰托为基地，意大利海军希望通过其速度快和火力猛的优势来打击英国地中海舰队。

"利托里奥号"和"维托里奥·维内托号"多次出动与英国海军作战。1940年11月，英国航母舰载机对塔兰托港进行了空袭，幸运的是"维托里奥·维内托号"没有受到损伤。但是，在1941年3月的马塔潘角海战中，意大利海军处于劣势，"维托里奥·维内托号"遭英国海军鱼雷机攻击，被空投鱼雷击伤。1941年3月28日15时21分，"维托里奥·维内托号"所在的舰队遭到英国皇家海军舰载机的攻击，其右舷被1架"剑鱼"鱼雷机投下的炸弹击中，仅仅10分钟后该舰就发生严重倾斜并失去了航行能力。

返回塔兰托

经过全体舰员的拼死抢救，20时34分，"维托里奥·维内托号"恢复到了19节（35千米/时）的航速，返回塔兰托进行修理。1941年12月，"维托里奥·维内托号"又被英国潜艇发射的1枚鱼雷击中，不得不又进行了长达3个月的维修。1942年6月中旬，为了同英国舰队作战，"维托里奥·维内托

技术参数	
"维托里奥·维内托号"战列舰	
排水量：	标准排水量41700吨，满载排水量45460吨
尺寸：	长237.80米，宽32.90米，吃水深度10.50米
动力系统：	蒸汽轮机，功率128000马力（95450千瓦），4轴推进
航速：	30节（56千米/时）
装甲：	两舷60～345毫米，甲板165毫米，座圈和炮塔200～340毫米
武器系统：	3座3联装381毫米炮（9门），4座3联装152毫米炮（12门），12门90毫米单管高射炮，10座37毫米双联装高射炮（20门），8门20毫米双联装高射机枪（16挺）
搭载飞机：	3架水上飞机
人员编制：	1872人

号"与"利托里奥号"会合，但是当时的意大利已经失去了战争主动权，因此塔兰托港不断遭到空袭，无奈之下"维托里奥·维内托号"只好转移。1943年6月5日，该舰遭盟军轰炸机的轰炸而受损。

盟军就意大利海军舰船的未来进行讨论时，"维托里奥·维内托号"被扣留在亚历山大港。讨论的结果决定将这两艘"利托里奥"级战列舰改装成太平洋上的快速航母护航舰在热带地区使用，但是其续航力却不能满足要求。这两艘战列舰虽然于1946年返回了意大利，但是战后不允许意大利海军使用，便于1951年被拆解。

下图：在意大利战列舰中，"维托里奥·维内托号"表现得最为活跃，被鱼雷击中2次、炸弹命中1次。1941年3月28日，被英国航母舰载机空投的1枚鱼雷击中

在 2 艘拖船的陪伴下，完成改装的美国海军"新泽西号"战列舰出现在海上

2

航空母舰

"列克星敦号" 航空母舰
USS Lexington Aircraft Carrier

根据《限制海军军备条约》的最后条款，美国海军获准将 4 艘排水量为 33000 吨的未建成的战列巡洋舰中的 2 艘改装成为航空母舰，它们就是"列克星敦号"和"萨拉托加号"，分别由位于昆西的前河造船厂和位于卡姆登的纽约造船厂制造，这是一个将 1919 年以来那些被取消的航空母舰建造计划进行整合的大好机会。"列克星敦号"航空母舰于 1925 年 10 月下水，这是 1 艘非同寻常的战舰，庞大的岛形上层建筑位于舰的右舷，在前后两侧分别装备了 2 座 203 毫米口径双联装炮塔。该舰还具备其他一些显著特征：装甲船体，全通式飞行甲板，甲板下有开口用于投放和回收小艇，双层机库，2 部中央升降机用于飞行甲板和机库甲板间飞机的运送，1 个前置飞机弹射器。该舰保持了原来的涡轮 - 电力推进装置，4 台涡轮发电机为 8 台电动机提供能量，每 2 台电动机并联在 1 根传动轴上。

躲过一劫

日本偷袭珍珠港的事件发生时，"列克星敦号"航空母舰已离开珍珠港驶向中途岛，为驻守在那里的美国海军陆战队运送飞机，因此逃过一劫。之后，"列克星敦号"匆匆进行了改装，拆除了笨重的 203 毫米和 4 座 127 毫米口径火炮，加装了少量的"厄利空" 20 毫米口径单管高射炮，用来补充其薄弱的

技术参数
"列克星敦号"航空母舰（CV-2）
排水量： 标准排水量 36000 吨，满载排水量 47700 吨
尺寸： 长 270.66 米，飞行甲板宽 39.62 米，吃水深度 9.75 米
动力系统： 4 台通用电力公司研制的涡轮发电机，功率 210000 马力（156597 千瓦），4 轴推进
航速： 34 节（63 千米 / 时）
防护装甲厚度： 水线处的装甲带 152 毫米，飞行甲板 25 毫米，主甲板 51 毫米，下甲板 25 ~ 76 毫米，炮塔 38 ~ 76 毫米，炮塔座圈 152 毫米
武器系统：（1942 年）127 毫米高射炮 8 座，20 毫米高射炮 30 座，4 联 28 毫米高射炮 6 座
舰载机：（1942 年）22 架战斗机，36 架俯冲轰炸机，12 架鱼雷轰炸机
人员编制： 2951 人

近程防空装备。珍珠港事件后，"列克星敦号"奉命参加了第一场军事行动——增援威克岛，但没有获得成功。1942 年 1 月底，"列克星敦号"在马绍尔群岛为美军进攻提供掩护，此后在西南太平洋地区参加了一些零零星星的战斗。直到 1942 年 3 月新型航空母舰"约克城号"加入之后，"列克星敦号"才开始真正显示出威力来。

反击

"列克星敦号"在珍珠港经过简单改装后返回珊瑚海，当时，日本航空母舰正在这里攻击新几内亚的莫尔兹比港。5 月 8 日，"列克星敦号"起飞

下图：美国海军"列克星敦号"航空母舰，可以搭载 70 余架舰载机

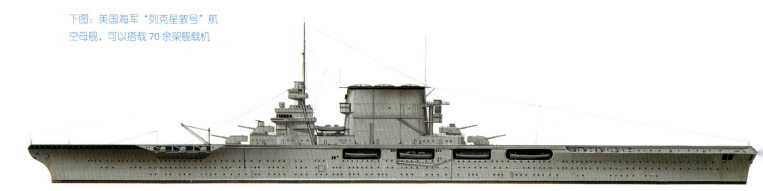

SBD "无畏" 俯冲轰炸机，前去攻击日本海军的 "翔鹤号" 和 "瑞鹤号" 航空母舰，但未能命中。不幸的是，"列克星敦号" 在这次进攻中被日本海军的 2 枚鱼雷击中左舷，此外还被 3 枚炸弹击中。击中船体的弹片引爆了航空汽油舱，尽管火势一度得到控制，但燃油蒸气还是不断渗漏到整个舰上。约 1 小时后，因被攻击而产生的火花引燃了舰上的燃油蒸汽，"列克星敦号" 因连环殉爆而受损严重。在第 1 次受创的 6 小时后，"列克星敦号" 接到弃舰命令，在驱逐舰尽可能多地营救舰上人员后，该舰残骸由己方

上图：美国海军 "列克星敦号" 和 "萨拉托加号" 航空母舰为了围住 16 台锅炉的上升烟道，每艘舰上都安装了高大的烟囱。它们均在第二次世界大战爆发前夕拆除了原来的 203 毫米口径火炮。但到 1945 年时，"萨拉托加号" 在外观上几乎与战前截然不同

鱼雷炸沉，2951 名舰员中有 216 人失踪。"列克星敦号" 在其短暂的战斗生涯中，未能给敌人以沉重打击，导致这个结果的主要原因是航空大队的经验不足和美国海军战术上的失误。损失这样 1 艘重型航空母舰，对于珊瑚海海战的胜利来说是个巨大的代价。

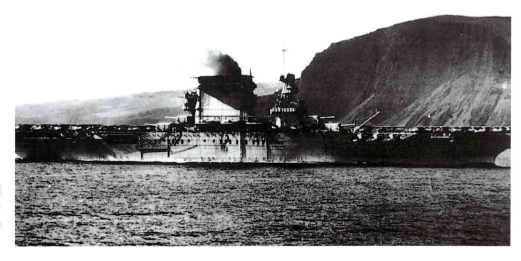

右图："列克星敦号" 航空母舰与众不同的烟囱装置，为 1941 年间装备的先进雷达提供了必要的高度

"萨拉托加号" 航空母舰
USS Saratoga Aircraft Carrier

美国海军"列克星敦号"航空母舰于1921年1月在伯利恒造船厂（即前河选船厂）开工建造，1925年10月下水，1927年12月14日正式服役。而美国海军"萨拉托加号"（CV-3）航空母舰与其姊妹舰一样，从1艘未建成的战列巡洋舰改装而成，在纽约造船厂制造，于1925年4月下水，1927年11月16日正式服役。如同姊妹舰一样，"萨拉托加号"在美国海军的"快速特混舰队"概念发展中发挥了主要作用。从1928年开始，这2艘航空母舰均参加了太平洋舰队的年度"舰队问题"演习。太平洋舰队就像是这2艘大型航空母舰的理想"父母"，这2艘航空母舰具备的舰体规模、航程以及舰载机力量（到1936年，其舰载机从90架减少到18架战斗机、40架轰炸机和5架通用飞机），对于未来太平洋地区的任何军事行动都将发挥决定性作用。

当建造完成时，这2艘航空母舰的主要武器装备是8门203毫米双联装火炮，在岛形上层建筑和烟囱结合部的前后分别配备4门。它们最初曾计划配备152毫米口径的火炮，之所以改为更大口径的火炮，可能是基于《限制海军军备条约》有关巡洋舰最高可配备203毫米口径火炮的限制。

珍珠港事件爆发时，"萨拉托加号"已经返回美

国西海岸的圣迭戈港，正在进行短期维修。修复工作结束后，它很快出航，与"列克星敦号"航空母舰一起参加了增援威克岛的任务，但这项行动未能获得成功。"萨拉托加号"拆除了它的4门双联装203毫米口径火炮，在原来的位置装备了4门双联装127毫米L/38型高平两用炮，它们由两个高低角组合的指挥塔进行控制。同时，该舰上原来的副炮——12门127毫米口径L/25型平射炮也被8座127毫米口

技术参数

"萨拉托加号"航空母舰（CV-3）

排水量： 标准排水量36000吨，满载排水量47700吨

尺寸： 长270.66米，船体宽32.2米，吃水深度9.75米

动力系统： 蒸汽轮机电传动，功率210000马力（156597千瓦），4轴推进

航速： 34节（63千米/时）

防护装甲： 水线处的装甲带152毫米，飞行甲板25毫米，主甲板51毫米，下甲板25~76毫米，炮塔座圈152毫米

武器系统：（1945年）4座双联装和8座单装127毫米平高两用单射炮，24座4联40毫米"博福斯"高射炮，2座双联装40毫米"博福斯"高射炮，16门20毫米高射炮

舰载机：（1945年）57架战斗机，18架鱼雷轰炸机

人员编制：（1945年）3373名

下图：第二次世界大战期间的"萨拉托加号"航空母舰。它在太平洋战争中发挥了重要作用，但随着现代化航空母舰的出现，它的局限性逐渐显露出来，其船体规模决定了它只能执行并不十分重要的任务

上图：1932 年 3 月，美国海军"萨拉托加号"航空母舰（CV-3）以及停放在飞行甲板前端的大部分的航空联队飞机。该舰和它的姊妹舰在每次年度演习中相互"为敌"，演练战略战术

径 L/38 型高平两用炮代替。需要指出的是，"列克星敦号"也曾拆除了 203 毫米口径火炮，但并没有安装 127 毫米口径火炮作为替代武器。

1942 年 1 月 11 日，美国海军"萨拉托加号"航空母舰在夏威夷外海被日本潜艇发射的鱼雷击中，需要进行 4 个月的维修。在修理期间，"萨拉托加号"将其飞行甲板由原来的 270.66 米加长至 274.7 米，将宽度增至 39.62 米。当时，"萨拉托加号"因加装了包括轻型高射炮在内的大量武器装备，降低了服役所要求的标准浮力，于是又装备了一个左舷深水凸出部分，用来帮助恢复舰船的浮力。增加的轻型高射炮包括 100 门（25 座）40 毫米口径 4 联装火炮，配置在飞行甲板侧面；16 门 20 毫米口径单射炮，装备在飞行甲板后端。其他改装还包括提升了舰桥高度，用信号桅杆替换了原来的三脚桅杆，加装了预警和火炮射击控制雷达。

瓜达尔卡纳尔岛海战

"萨拉托加号"由于运送增援飞机前往中太平洋，所以错过了具

有历史意义的中途岛海战。然而，在 1942 年 6 月 8 日美国海军"约克城号"沉没后，"萨拉托加号"很快成为一支战场急需的增强力量。1942 年 8 月 7 日，就在美国海军陆战队进行大规模两栖登陆之前，"萨拉托加号"的舰载战斗机和俯冲轰炸机奉命提前出动，执行削弱瓜达尔卡纳尔岛防御火力的任务。

日本海军进行了激烈的反击，8 月 20 日，日军一支强大的航空母舰特混舰队逼近东所罗门群岛，美国海军"萨拉托加号""企业号"和"黄蜂号"航空母舰全力迎战，这就是东所罗门群岛海战。"萨拉托加号"在 8 月 31 日拂晓时分被日本潜艇 I-68 号发射的鱼雷击中，一间锅炉舱进水被淹，另一间部分被淹，随后发生的停电很快使舰上机械停止运作，但"萨拉托加号"并没有遭到重创。2 小时后，舰上恢复了部分动力，返回珍珠港。6 天后，该舰进入为期 6 个星期的维修期。

1943—1944 年，"萨拉托加号"在整个太平洋地区参加了重大的"跳岛作战"。1944 年，它被派往东印度群岛，与英国和"自由法国"军队合作，共同打击日军在爪哇岛和苏门答腊岛的军事力量。1945 年 2 月 21 日，"萨拉托加号"在支援硫黄岛登陆作战时，被日军"神风特攻队"的飞机击中。经过修理之后，它的能力只限于在珍珠港执行训练任务。由于"萨拉托加号"是从战列巡洋舰改建而来，这导致它虽然比"埃塞克斯"级航空母舰的体形要大，但搭载的飞机要少很多。

1946 年 7 月 25 日，"萨拉托加号"伤痕累累的船体在美国早期核弹试验中被当作试验品，炸沉在比基尼岛海域。

右图：1944 年 9 月的"萨拉托加号"航空母舰。从图上可以看出，双联装的 127 毫米口径舰炮和轻型高射炮此时已替换了原有的 203 毫米口径火炮。服役多年的"萨拉托加号"虽然尺寸仍然不小，但是战斗力已经不再拔尖

"约克城号" 航空母舰
USS Yorktown Aircraft Carrier

"约克城号"是美国罗斯福政府的联邦失业救济署公共建筑局批准建造的新一级航空母舰的首舰。"约克城号"和它的姊妹舰"企业号"（CV-6）均在1933年获准建造，时隔5年后，"大黄蜂号"（CV-8）也开始建造。该级航空母舰的设计是"突击者号"航空母舰设计的发展，没有使用"列克星敦号"和"萨拉托加号"的封闭式机库，而是采用了开放式机库，载机数量高达80架。这种设计被证实非常成功，它奠定了下一级航空母舰——"埃塞克斯"级的发展基础。

珊瑚海海战

"约克城号"航空母舰于1937年9月正式服役，

技术参数
"约克城号"航空母舰（CV-5）
排水量：标准排水量19800吨，满载排水量27500吨
尺寸：长246.7米，宽25.3米，吃水深度8.5米
动力系统：蒸汽轮机，功率120000马力（89484千瓦），4轴推进
航速：33节（61千米/时）
防护装甲：水线处的装甲带102毫米，主甲板76毫米，下甲板25～76毫米
武器系统：（1942年）8座127毫米高射炮，4座4联28毫米高射炮，16挺12.7毫米机枪
舰载机：（1942年）20架战斗机，38架俯冲轰炸机和13架鱼雷轰炸机
人员编制：2919名军官和士兵

下图：在"约克城号"的岛形上层建筑前部可见8座127毫米高射炮中的4座，在甲板前端还可见到"约克城号"上搭载的SB2C"地狱俯冲者"俯冲轰炸机中队的部分飞机

下图："约克城号"航空母舰（CV 5）及其姊妹舰是成功的"埃塞克斯"级航空母舰的原型舰。虽然"约克城"级比"列克星敦"级航空母舰略小，却能搭载更多的飞机

在珍珠港遭到偷袭后被匆匆派往太平洋战区。在弗兰克·J.弗莱彻少将的指挥下，该舰于1942年春季前往西南太平洋参加珊瑚海海战。其舰载的第5航空大队由20架格鲁曼F4F"野猫"战斗机、38架道格拉斯SBD-5"无畏"俯冲轰炸机和13架道格拉斯TBD"蹂躏者"鱼雷轰炸机组成，在战斗中发挥了重要作用，创造了在10分钟内击沉日本轻型航空母舰"祥凤号"的辉煌战绩。1942年5月8日，"约克城号"的俯冲轰炸机击中了日本航空母舰"瑞鹤号"，但日本B5N"凯蒂"鱼雷轰炸机和D3A"瓦尔"俯冲轰炸机穿过美军战斗机和火炮的密集扫射，彻底摧毁了"约克城号"的飞行甲板，炸弹穿过3层甲板后爆炸，燃起熊熊大火。舰上损管控制住了火势，"约克城号"得以返回珍珠港进行维修。

上图：停靠在船坞中的"约克城号"航空母舰，正准备从珍珠港出航。此后不久，该舰在珊瑚海海战中沉没

决战中途岛

经过维修人员的抢修，4天后，"约克城号"恢复了作战能力，恰好赶上1942年6月的中途岛海战。在战斗的紧要关头，"约克城号"的舰载俯冲轰炸机参加了对日本航空母舰的打击行动，它们是唯一能够执行搜寻日本幸存的航空母舰"飞龙号"任务的飞机。"约克城号"即使遭到3枚250千克重的炸弹重创后，仍然能够起降舰载机，直到最终遭受了2枚鱼雷的袭击后，才完全丧失了战斗力。

在珊瑚海海战中，"约克城号"虽然遭到沉重打击，但仍然幸存了下来。6月6日，抢救人员扑灭了大火，抽干了船舱里的海水，第一次恢复供电。然而，后又被日本I-168号潜艇发现并被其又发射的2枚鱼雷击中，第2天清晨，"约克城号"最终倾覆沉没。

左图："约克城号"上搭载的SB2C"地狱俯冲者"俯冲轰炸机最终还是被道格拉斯公司的SBD-5"无畏"俯冲轰炸机所代替，原因是前者的性能令人不太满意

"企业号"航空母舰
USS Enterprise Aircraft Carrier

幸运的"大E"（Big E）是太平洋战争中最为著名的航空母舰，为美国海军赢得战争胜利发挥了关键作用。"企业号"航空母舰（CV-6）是"约克城"级的第2艘，1938年编入太平洋舰队。1941年12月7日，日军袭击珍珠港时，它和太平洋舰队另外2艘航空母舰幸运地躲过了此劫。

战将"企业号"

1942年，它们一返回瓦胡岛就被推到了前线，这是因为美国海军太平洋舰队此时的战列舰力量已经不复存在。3天后，"企业号"的舰载机击沉了日本潜艇I-170号，这是日本海军被击沉的第1艘潜艇。

1942年4月，"企业号"为执行空袭东京任务的姊妹舰"大黄蜂号"提供护航，不过没有搭载B-25轰炸机。接下来的几个月，这2艘航空母舰没有来得及支援珊瑚海海战，而是与"约克城号"一起参加了

技术参数
"企业号"航空母舰（CV-6）
排水量：标准排水量19800吨，满载排水量25500吨
尺寸：长246.74米，飞行甲板宽34.75米，吃水深度8.84米
动力系统：蒸汽轮机，功率120000马力（89484千瓦），4轴推进
航速：33节（61千米/时）
防护装甲厚度：水线处的装甲带102毫米，主甲板76毫米，下甲板25～76毫米
武器系统：（1942年）8门127毫米高射炮，4门4联28毫米高射炮，16挺12.7毫米机枪
舰载机：（1942年）27架战斗机，37架俯冲轰炸机和15架鱼雷轰炸机
人员编制：2919名军官和士兵

6月的中途岛海战。在中途岛海战中，"企业号"上的道格拉斯SBD-5"无畏"俯冲轰炸机炸沉了日本航空母舰"加贺号"和"赤城号"，"约克城号"上的"无畏"俯冲轰炸机与"企业号"的俯冲轰炸机大队并肩作战，击沉了日本"飞龙号"航空母舰。2天后，"企业号"的俯冲轰炸机炸沉了日本重型巡洋舰"三隈号"，重创巡洋舰"最上号"和2艘驱逐舰。

1942年8月，"企业号"掩护美军进行瓜达尔卡纳尔岛登陆战，其舰载机在2天内击落日军17架飞

下图：在拖船的帮助下，"企业号"航空母舰（CV-6）进入纽约港。尽管有关保留"企业号"的努力最终未能奏效，但它却是"约克城"级航空母舰中最为功勋卓著的传奇军舰。"约克城"级为"埃塞克斯"级航空母舰的发展奠定了基础

TBF"复仇者"鱼雷轰炸机击沉了受损的日本"比睿号"驱逐舰。第2天，"企业号"又仅用26枚炸弹和6枚鱼雷，摧毁了由11艘舰组成的日军护航编队。

"射火鸡"

接下来，"企业号"航空母舰在美国本土进行了长期修理，直到1943年中期才返回太平洋战区。1943年11月25日，"企业号"上的1架"复仇者"鱼雷轰炸机成功进行了世界上第1次夜间雷达引导对海攻击。1944年2月，"企业号"参加了对特鲁克的大规模空袭行动。6月，它又在菲律宾海海战中参加了著名的"马里亚纳射火鸡"作战。直到1945年，"企业号"一直在接连不断地参加各种军事行动，2次在日本"神风特攻队"的袭击中幸免于难。5月14日，第3次"神风特攻队"的攻击最终使得"企业号"的战斗生涯走到了尽头，它不得不返回美国进行大修。

战争结束时，美国海军"企业号"是所有盟国战舰中拥有最辉煌战绩的军舰之一，几乎参加了太平洋上的所有重要海战，多次幸免于难。"企业号"总共获得19枚"战役之星"勋章，有关将其保存下来留作纪念的努力最终未能奏效，它于1958年被拆解，但是美国海军的第1艘核动力航空母舰继承了其舰名。

上图：舰载机停放在后方甲板的"企业号"航空母舰，参加了从中途岛到菲律宾海的太平洋上所有的重要海战

机。在8月24日的东所罗门群岛海战中，"企业号"被3枚炸弹击中，返回珍珠港维修，维修工作持续了大约2个月。在10月26日的圣克鲁兹海战中，"企业号"又遭受3次损伤，但仍然能够起降舰载机。当时，作为美国海军唯一参战的航空母舰，它必须坚持在战区作战。11月13日，"企业号"上的

下图：船体更大的"企业号"和"约克城号"拥有比前一代航空母舰——"突击者号"更加出色的航海性能，航速提高了4节（7400米/时）

"突击者号"轻型舰队航空母舰
USS Ranger Light Fleet Aircraft Carrier

美国海军之所以设计建造"突击者号"航空母舰（CV-4），是因为想要将其作为几乎没有任何航空母舰作战经验的美国海军的实验对象。根据《限制海军军备条约》的规定，新建航空母舰的总吨位不得超过69000吨，单舰吨位不得超出22000吨。这艘新建的航空母舰设计时必须考虑到吨位上限，因此必须在有限的吨位内配备尽可能多的舰载机。因此"突击者号"的舰体设计只得让位于其航空母舰功能需求，与其他国家的航空母舰相比，"突击者号"的航速慢，武器装备欠佳且防护能力弱，尽管该舰的吨位不大，却搭载了大批舰载机。"突击者号"航空母舰的舷侧没有安装装甲，其上建有一座机库和飞行甲板，这种设计并未增加船体本身的结构强度。"突击者号"

下图：1942年拍摄的"突击者号"航空母舰。作为全通式飞行甲板航空母舰进行建造的"突击者号"，在建造过程中增建了一座小型岛形上层建筑

技术参数
"突击者号"航空母舰（CV-4）
排水量： 标准排水量14575吨，满载排水量17577吨
尺寸： 长234.39米，飞行甲板宽33.37米，吃水深度6.83米
动力系统： 蒸汽轮机，功率53493马力（39890千瓦），双轴推进
航速： 29.25节（54千米／时）
防护装甲： 甲板厚度25毫米，舱壁和侧壁装甲51毫米
武器系统：（1941年）装备8门127毫米高射炮，24门28毫米高射炮和24门12.7毫米高射炮；（1943年）装备8门127毫米高射炮，24门40毫米高射炮和46门20毫米高射炮
舰载机： 可运输飞机76架或86架
人员编制： 1788名军官和士兵（战时2000名）

航空母舰最初计划建造一条全通式甲板，但在建造过程中认识到，必须在甲板上建造岛形上层建筑。加之其他方面的设计变更，船体的吨位超出了原定13800吨的设计。在全通式飞行甲板设计理念的指导下，"突击者号"所使用的6座铰链式烟囱成为一个

上图：1945 年 6 月，3 架 SB2C "地狱俯冲者" 飞机在太平洋上空为 "突击者号" 航空母舰实施空中掩护。事实证明，该艘航空母舰无法在气象条件欠佳的情况下进行航空作战

显著特征，船舷两侧各分布 3 座，这些烟囱在甲板上进行舰载机运作时可以被放置成水平状态。"突击者号" 的防护装甲十分薄弱，主要包括 25 毫米厚度的飞行甲板装甲和沿着吃水线在动力机舱上方外覆的 51 毫米厚的防护装甲。除了这些被动的防护措施外，舰上还加装 8 门 127 毫米口径高射炮。该舰最初设计搭载战斗机和轰炸机各 36 架，以及 4 架多用途飞机。舰载机操作设备包括：机库与飞行甲板之间的一部升降机、建在飞行甲板前端的一部弹射器，以及船舷两侧各 3 座负责回收和投放水上飞机的起重机（同时也负责吊起舰上小艇）。同时，该舰还装载了支持空中作战所需的 51420 升的航空燃料。

主要经历

"突击者号" 航空母舰于 1931 年 9 月在纽波特纽斯港开始建造，1933 年 2 月下水，1934 年加入现役。在排水量 16169 吨、动力 54620 马力（40730 千瓦）的条件下，"突击者号" 在试航期间的航速纪录为 29.2 节（54 千米/时）。但 "突击者号" 航空母舰的

设计和使用并不十分成功，1939 年，该舰舰长报告称船体的经常性震颤十分严重，以至于无法进行甲板起飞。"突击者号" 的武器装备和防护措施十分落后，无法加入一线航空母舰的序列。第二次世界大战初期，"突击者号" 作为 1 艘后备航空母舰，与英国皇家海军本土舰队一起参加了 1942 年 11 月的北非战役和 1943 年挪威海域的航空母舰作战。此后，"突击者号" 拆除了 127 毫米口径火炮，加装了新的雷达系统，转作训练航空母舰使用。

空中早期预警试验

1945 年，"突击者号" 航空母舰参与了空中早期预警机的首次试验。当时，该舰仅仅装备 46 门 20 毫米防空高射炮。1947 年 1 月，该舰出售后被拆解用作零部件。

"大黄蜂号" 舰队航空母舰
USS Hornet Fleet Aircraft Carrier

尽管"大黄蜂号"航空母舰是第3艘"约克城"级航空母舰，但它要比同级姊妹舰晚几年服役。"大黄蜂号"航空母舰于1941年10月20日，也就是珍珠港事件发生前7周服役。1942年1月，"大黄蜂号"航空母舰及其舰载机大队在加勒比海进行试航后，搭载北美公司出品的B-25型双发动机轰炸机执行了著名的"杜利特空袭东京"行动。经过2个月的强化训练和试验，1942年4月2日，"大黄蜂号"航空母舰搭载了16架B-25型"米切尔"轰炸机赴太平洋地区部署。

技术参数

"大黄蜂号"航空母舰（CV-8）

排水量： 标准排水量19000吨，满载排水量29100吨

尺寸： 长252.2米，飞行甲板宽34.8米，吃水深度8.84米

动力系统： 蒸汽轮机，功率120000马力（89484千瓦），4轴推进

航速： 33节（61千米／时）

防护装甲： 水线处甲板厚度64～102毫米，主甲板厚度76毫米，下层甲板厚度25～76毫米

武器系统：（1942年）8门127毫米高射炮，4门28毫米高射炮，30门20毫米高射炮和9挺12.7毫米机枪

飞机：（1942年）36架战斗机、36架俯冲轰炸机和15架鱼雷轰炸机

人员编制： 2919名军官和士兵

下图：1941年，新建成的航空母舰"大黄蜂号"进行海上试航。该舰在珍珠港事件发生前几周服役，1942年3月离开母港赴太平洋地区执勤

突然袭击

美国海军在 4 月 18 日对日本东京发起空袭，日本人此前几乎一无所知，大多数参与行动的轰炸机最终安全飞抵中国境内降落。"大黄蜂号"航空母舰下一个作战任务是参加 1942 年 6 月 4—6 日的中途岛海战。尽管在一次不成功的打击行动中，"大黄蜂号"航空母舰的舰载机大队损失了全部的道格拉斯 TBD"蹂躏者"鱼雷轰炸机和 5 架格鲁曼 TBF"复仇者"鱼雷机，在第 2 次轰炸中，又未能摧毁日军"飞龙号"航空母舰，但在战斗的最后 1 天，该舰的舰载机炸沉了受损的日本重型巡洋舰"三隈号"，重创了其姊妹舰"最上号"。

1942 年 8 月，瓜达尔卡纳尔岛登陆战役期间，"大黄蜂号"航空母舰负责护送美国海军陆战队员。登陆后，"大黄蜂号"航空母舰的舰载机和"黄蜂号""萨拉托加号"航空母舰的舰载机一起为登陆部队提供空中掩护。为了避免被日本潜艇击沉，"大黄蜂号"航空母舰暂时后撤至圣埃斯皮里图角。10 月初，"大黄蜂号"航空母舰出动舰载机对日军目标实施攻击。10 月 25 日，"大黄蜂号"航空母舰在圣德克鲁斯海战中再次与日本航空母舰遭遇。

最后的攻击

10 月 26 日，交战双方互相发现对方，美国海军参战的 2 艘航空母舰对日本海军航空母舰实施了第 1 波空袭（总计 158 架飞机），与此同时，日本航空母舰也出动了 207 架舰载机中的大部分对美国航空母舰实施空袭。但是，当"大黄蜂号"航空母舰的鱼雷轰炸机和俯冲轰炸机飞往日舰上空之际，27 架日军攻击机突破美军战斗机的防线，"大黄蜂号"随即被日军 6 枚炸弹和 2 枚鱼雷命中。"大黄蜂号"的官兵们奋力扑灭了大火，使航空母舰恢复了航行。但 4 个小时后，"大黄蜂号"航空母舰再次遭受空袭，被 1 枚鱼雷和 2 枚以上的炸弹命中。至此，美国海军驱逐舰看到"大黄蜂号"所处的位置非常暴露，日本人也正在黑暗中到处搜索，于是决定将"大黄蜂号"击沉。让美国人沮丧的是，几枚鱼雷都未能击沉"大黄蜂"，多达 430 枚的 127 毫米口径炮弹对于航空母舰的轰击也未能起到预期的效果。美军最终放弃了船舱里灌满水的"大黄蜂号"。日军也发现该舰无法拖走，于是在 10 月 27 日凌晨时分，2 艘日本驱逐舰最终将其击沉。

"黄蜂号"轻型舰队航空母舰
USS Wasp Light Fleet Aircraft Carrier

根据《限制海军军备条约》，美国海军的航空母舰总吨位被限制在 135000 吨之内，在"列克星敦号""萨拉托加号""突击者号""约克城号"和"企业号"航空母舰建成后，可利用的航空母舰吨位只剩下 14700 吨。在这种情况下，1935 年"突击者号"的改进型航空母舰开始订购，它具备了适度的航速、轻型武器装备和舰载机容量大等特点。此次改进彻底根除了"突击者号"的最大弊端，适当放大了岛形上层建筑的体积并设置有较为完善的水密隔舱布局。

"黄蜂号"航空母舰于 1941 年 4 月服役，从当年秋季开始在大西洋海域执行训练任务。1942 年 3 月底，它前往地中海运送英国皇家空军的"喷火"战斗机到马耳他。同年秋初，它离开圣迭戈赴太平洋地区，参加瓜达尔卡纳尔岛登陆战，在这次战役期

下图：泊港的"黄蜂号"航空母舰剪影。高耸的烟囱使得它在美军航空母舰之中显得与众不同。"黄蜂号"航空母舰作为1艘小型航空母舰，其设计目的是用尽《限制海军军备条约》分配给美国航空母舰的剩余吨位

技术参数

"黄蜂号"航空母舰（CV-7）

排水量： 标准排水量14700吨，满载排水量20500吨

尺寸： 长225.93米，飞行甲板宽24.61米，吃水深度8.53米

动力系统： 蒸汽轮机，功率75000马力（55927千瓦），双轴推进

航速： 29.5节（55千米/时）

防护装甲厚度： 水线处装甲102毫米，下甲板装甲38毫米

武器系统：（1942年）8门127毫米口径高射炮，4门4联28毫米高射炮以及30门20毫米高射炮

舰载机：（1942年）29架战斗机，36架俯冲轰炸机和15架鱼雷轰炸机

人员编制： 2367名军官和士兵

间共起飞舰载机300多个架次。"黄蜂号"因奉命返航加油，所以未能参加接下来的东所罗门群岛海战。它返回努美阿之后，开始给瓜达尔卡纳尔岛的美国海军陆战队运送战斗机。

遭到重创

1942年9月15日午后，"黄蜂号"航空母舰在其舰载战斗机起飞后不久，就遭到了日本潜艇I-19号的3枚鱼雷的袭击，其中2枚击中了左舷靠近航空燃料舱的地方，第3枚击中更高的地方，破坏了已经破裂的供油系统。"黄蜂号"发生大火，殉爆导致舰体内部结构受到重创。

在鱼雷炸裂了主要的消防水管后，它已经不可能再维持下去了。大约半小时后，"黄蜂号"收到了弃舰的命令，但它又持续燃烧了3.5小时。最后，美国海军驱逐舰"兰斯多恩号"发射4枚鱼雷将其击沉。

"黄蜂号"的损失给未来航空母舰发展提供了一个重要教训，经过调查核实，大部分的损毁是由第3枚鱼雷造成，前2枚鱼雷并未造成动力装置和辅助电力系统的损毁。但是，爆炸的冲击波和船体的"震荡"却破坏了配电盘和损管部门。因此，炸弹、鱼雷、弹药和航空燃料舱等一系列接踵而至的爆炸彻底使其支离破碎。

下图：1942年8月8日，美国海军"黄蜂号"（CV-7）航空母舰停泊在珍珠港。仅仅1个月后该舰被击沉。该舰的水下防护能力比"约克城号"还要薄弱

"埃塞克斯号"航空母舰
USS Essex Aircraft Carrier

"埃塞克斯"级航空母舰可以称得上是美国海军所建航空母舰之中最有效和最成功的一种。1939年6月公布的技术参数显示，它是"约克城"级航空母舰的改进型，排水量增加了7000吨，可提供更加强大的防御火力、更厚实的装甲、更高的搭载量以及更多的航空燃料。此外，它所储备的6300多吨的燃料，可以使其以20节（37千米/时）的航速，持续航行27360千米。690吨的航空汽油和220吨的弹药储量，可以使航空母舰舰载机中队的战斗力大幅度提升，增加飞机起降的次数。除此之外，它还可以搭载标准数量的飞机，而实际上，它可以搭载更多的飞机：尽管标准架数是82架，但到1945年时，多达108架的最新一代飞机都可以搭载在"埃塞克斯号"航空母舰上。1940年，美国海军订购了11艘

下图：1943年，"埃塞克斯号"能够搭载美国海军第二次世界大战时所有类型的舰载战斗机，在舰载机中队开始起飞执行任务之前，飞行甲板上停满了飞机

技术参数
"埃塞克斯号"航空母舰（CV-9）
排水量： 标准排水量27100吨，满载排水量33000吨
尺寸： 长267.21米，飞行甲板宽45米，吃水深度8.69米
动力系统： 蒸汽轮机，机械传动，功率150000马力（111855千瓦），4轴推进
航速： 33节（61千米/时）
武器系统：（1943年）12门127毫米高射炮，11门4联40毫米"博福斯"高射炮，44门20毫米高射炮
防护装甲厚度： 水线处的装甲带64～102毫米；飞行甲板38毫米；机库甲板76毫米；主甲板38毫米；炮塔和炮座装甲38毫米
舰载机：（1943年）36架战斗机，36架俯冲轰炸机和18架鱼雷轰炸机
人员编制： 3240名

"埃塞克斯"级航空母舰，第二次世界大战期间又建造了13艘，建造所用的时间很短。"埃塞克斯号"（CV-9）在20个月内建成，而在战时，1艘"埃塞克斯"级航空母舰的平均建造时间缩短到17个半月。

上图：大型、坚固、快速以及除本身可观的机库设施外，还可以贮备更多的飞机燃料和弹药，这些特点使得"埃塞克斯号"完美地具备了第二次世界大战后期美国快速航空母舰作战的特性

参战

　　"埃塞克斯号"是"埃塞克斯"级航空母舰的首舰，它于1943年5月抵达太平洋地区。那个时候，美国海军最棘手的问题已经解决，它与快速航空母舰特混舰队一起参加了真正重要的大型海战。在美国海军的快速航空母舰特混舰队之中，还有"企业号""萨拉托加号"以及"独立"级轻型舰队航空母舰。1944年春，"埃塞克斯号"撤离战场，进行了短暂改装，后加入第12.1特混大队参加了马尔库斯岛袭击战。"埃塞克斯号"后来编入著名的第38.3特混大队，隶属于第38特混舰队。1944年11月25日，"埃塞克斯号"支援莱特湾海战，但不幸被日本1架"神风特攻队"飞机击中左舷，舰上15人死亡，44人受伤，不得不撤出战场，回港维修。仅仅3个星期后，它再次返回前线参加战斗。

　　1945年，"埃塞克斯号"返回第38特混舰队，参加了仁牙因湾登陆战、先岛群岛海战和冲绳海战。它还和第58特混舰队一起参加了对日本的最后攻击。1945年8月，日本投降时，作为庞大舰队之中的一名成员，"埃塞克斯号"与其他航空母舰一道停泊在日本东京湾岸边。回港后，这艘饱经战事的航空母舰开始第一次全面整修，并转入预备役。

战斗力和生存能力

　　美国海军"埃塞克斯号"航空母舰的戎马生涯，充分证明了其设计在太平洋战争中是非常成功的：它具备了适航能力和远程作战所需的续航力，这对航空母舰本身及其舰载机来讲非常关键。尽管是"开放式"机库，但该级航空母舰总体上显示出了惊人的生存能力。在战争最后的14个月内，该级航空母舰中有3艘被敌军击伤；除了战后才完成维修的"富兰克林号"（CV-13）航空母舰外，所有在战斗中遭受重创的该级航空母舰，经过维修后又都返回了战场。

"普林斯顿号"航空母舰和"独立"级轻型航空母舰

USS Princeton and Independence Class Light Carriers

美国海军为了弥补珍珠港事件后航空母舰的严重不足，决定将9艘"克利夫兰"级轻巡洋舰改建为航空母舰。这样一来，轻巡洋舰"阿姆斯特丹号"（CL-59）、"塔拉哈西号"（CL-61）、"纽黑文号"（CL-76）、"亨廷顿号"（CL-77）、"戴顿号"（CL-78）、"法戈号"（CL-85）、"威明顿号"（CL-79）、"布法罗号"（CL-99）和"纽瓦克号"（CL-100），就改名成了轻型航空母舰"独立号"（CVL-22）、"普林斯顿号"（CVL-23）、"贝劳伍德号"（CVL-24）、"考彭斯号"（CVL-25）、"蒙特里号"（CVL-26）、"兰利号"（CVL-27）、"卡伯特号"（CVL-28）、"巴丹号"（CVL-29）和"圣哈辛托号"（CVL-30）。

"独立"级

尽管进行了精心的改造，但结果却令人失望。长65.5米、宽17.7米的小机库只能容纳33架舰载机，而不是计划中的45架，这比"桑加蒙"级护航航空

技 术 参 数
"普林斯顿号"航空母舰（CVL-23）
排水量： 标准排水量11000吨，满载排水量14300吨
尺寸： 长189.74米，飞行甲板宽33.3米，吃水深度7.92米
动力系统： 蒸汽轮机，机械传动，功率100000马力（74570千瓦），4轴推进
航速： 31.5节（58千米/时）
武器系统：（1943年）2门127毫米高射炮，2门4联40毫米"博福斯"高射炮，9门双联装40毫米"博福斯"高射炮，12门20毫米高射炮
防护装甲厚度： 水线处的装甲带38～127毫米，主甲板76毫米，下甲板51毫米
舰载机：（1943年）24架F4F"野猫"战斗机，9架TBF"复仇者"鱼雷轰炸机
人员编制： 1569名

母舰更少。但"独立"级的航速却可以赶上快速航空母舰，这使得该型舰能够活跃在战斗的最前线。

"普林斯顿号"航空母舰于1943年2月正式服役，比首舰"独立号"服役仅仅晚了一个多月。它于1943年8月抵达珍珠港，开始与新型的"埃塞克

下图：1945年3月，从"独立号"航空母舰（CVL-22）上可以看到，"兰利"正乘风破浪前往攻击日本本土。后方护航的轻型巡洋舰负责为航空母舰抵御日军的空中打击

下图："普林斯顿号"航空母舰由轻型巡洋舰"塔拉哈西号"的船体改建而成，尽管该舰空间有点狭小，但航速很快，可以跟上快速航空母舰大队。后来，它们还可以夜间起降舰载机

斯号"和"约克城号"航空母舰一起进行训练和演习。9月1日，它们发动了对马尔库斯岛的首次攻击。5个星期后，"普林斯顿号"又和其他2艘轻型航空母舰参加了对威克岛的成功袭击。

莱特湾海战

在莱特湾海战中，"普林斯顿号"编入快速航空母舰大队中的第38.3特混大队。1944年10月24日清晨，日本1架D4Y型俯冲轰炸机突然冲出云雾，向"普林斯顿号"航空母舰的飞行甲板投下2枚250千克重的炸弹。炸弹穿透3层甲板后爆炸，迅速引发机库大火，6架挂弹完毕的"复仇者"轰炸机着火，机上鱼雷爆炸，加大了受创程度和范围。上午10时10分，日军飞机攻击结束大约一个半小时后，"普林斯顿号"旁边的其他舰船接到命令，除基本消防人员和损坏管制人员外，全部撤离。

在"普林斯顿号"旁边的"伯明翰号"和"里诺号"轻巡洋舰在辅助抽水的同时，也为舰上的抽水泵供电。当时，盟军所有的舰船和飞机一起击退了日军的空袭。14时45分，大火已经扑灭，但在15时23分，"普林斯顿号"突然发生大爆炸，冲击波席卷了"伯明翰号"航空母舰拥挤的甲板，导致229人死亡和420人受伤。"普林斯顿号"本身也有100多人死亡和190人受伤。不可思议的是，支离破碎的"普林斯顿号"仍然可以漂浮在水上。16时，"普林斯顿号"被下令放弃，驱逐舰"欧文号"用了4枚鱼雷仍然未能将它击沉，最后巡洋舰"里诺号"又用2枚鱼雷才炸沉了它。

左图：1艘"独立"级航空母舰正在抛锚停泊。战争初期，当"埃塞克斯"级航空母舰在数量上无法满足作战需要时，"独立"级航空母舰曾作出了巨大贡献

"无畏号"航空母舰
USS Intrepid

　　美国海军"无畏号"航空母舰是第3艘"埃塞克斯"级航空母舰，该级舰不仅是美国海军建造数量最多的一级主力战舰，而且是最具战斗效能的军舰。"无畏号"及其4艘姊妹舰被列入1940财年的建造规划，第1批中的另外6艘在1941财年订购，另外15艘在战争期间开工建造。第二次世界大战期间共有17艘该级航空母舰被编入美国海军战斗序列。"无畏号"在1943年4月26日驶出建造码头，在不到4个月后的8月16日加入现役，这就是航空母舰在战时的建造速度，开工建造后仅20个月就服役了。"无畏号"的第一项任务就是完成海上试航以及让原舰员"适应新环境"，当舰上组织机构准备就绪后，航空母舰开始搭载舰载机大队。到1943年底，美国的飞行学校数量剧增，飞行学员们需要进行更为广泛的海上训练。战斗实践已经体现出了战争对于新战术的需求，特别是在防空作战中，而这些新战术只能在舰载航空大队中加以演练。

近距离高射炮

日本在太平洋战区的高强度空袭，导致了美国航空母舰上20毫米"厄利空号"火炮数量的持续增加，只要有充足的甲板空间，就可以看到这种20毫米"厄利空"火炮的单管炮座。第二次世界大战结束时，"无畏号"配备了52门这样的火炮，作为40毫米"博福斯"式高射炮的补充，建立了一道真正的低空弹幕火网。日本"神风特攻队"的自杀飞机在抵近之前，必须首先穿过这道弹幕

基本设计

"埃塞克斯"级航空母舰的设计没有受到任何条约的限制，因此它们完全满足了美国海军航空母舰作战理念的需求，其在设计上没有采用英国航空母舰将飞行甲板建为船体一部分的方案，而是将机库和飞行甲板作为上层建筑建造，这也使得上层建筑和机库无法为舰体结构强度作出贡献

"无畏号"的舰体上喷涂的是32/A型迷彩，这身迷彩从其1944年6月结束维修返回太平洋时就已经完成。在为期3个月的干船坞维修中，"无畏号"在岛形上层建筑下部加装了3座4联装40毫米"博福斯"炮座，重新调整了另外2座40毫米"博福斯"炮座的位置，以改善对空射界

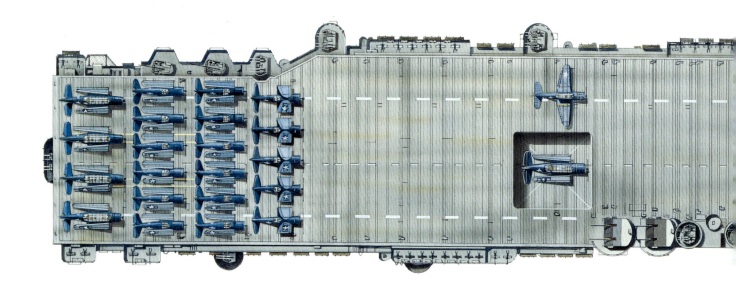

飞行甲板

"无畏号"航空母舰全长267米，船体宽28.35米，飞行甲板宽44.96米。在"埃塞克斯"级航空母舰的设计方案中，原计划配备3台飞机弹射器，2台纵向弹射器装备在飞机甲板上，1台双横向弹射器装备在机库甲板。出于重量的考虑，第1批航空母舰建成时仅配备了1台安装在飞行甲板上的飞机弹射器，横向弹射器被实践证明没有什么使用价值，便很快被放弃了，于是第2台弹射器也安装到了飞行甲板上

中程高射炮

"无畏号"建成时，装备了8门4联装40毫米口径"博福斯"高射炮。但是到了战争后期，随着日军空袭的不断增强，美军不得不大幅增加小口径高射炮的数量。其中，"无畏号"在战争结束前的副炮数量增加到了17门4联装"博福斯"式高射炮

航空大队

"埃塞克斯"级航空母舰的航空大队纸面编制为80架飞机。1943年的航空大队规模要稍大一些，91架舰载机中包括36架格鲁曼F4F"野猫"战斗机、37架道格拉斯SBD"无畏"俯冲轰炸机和18架格鲁曼TBF"复仇者"鱼雷轰炸机。这些飞机的强大战斗力通过大量的弹药贮备和908500升的航空燃料来保证

动力系统

"埃塞克斯"级航空母舰的动力配置是8台巴布科克－威尔科克斯公司的燃油锅炉蒸汽驱动4台威斯丁豪斯蒸汽轮机，4台轮机带动4叶片推进装置。包括"无畏号"在内的早期舰船，它们的涡轮是齿轮传动的，而其他航空母舰的涡轮则是直接驱动型。"埃塞克斯"级的第1批航空母舰，以及"汉科克号"和"提康德罗加号"航空母舰的贮油量都是6161吨，第2批13艘航空母舰中除"伦道夫号"的贮油量达到6251吨外，其他航空母舰都将贮油量增加到了6331吨

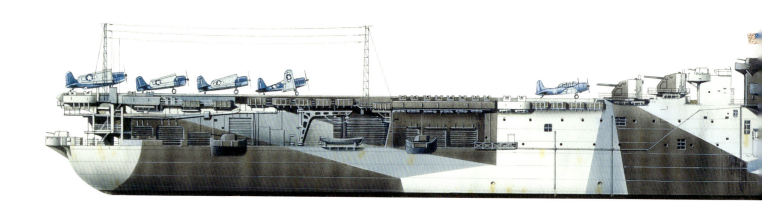

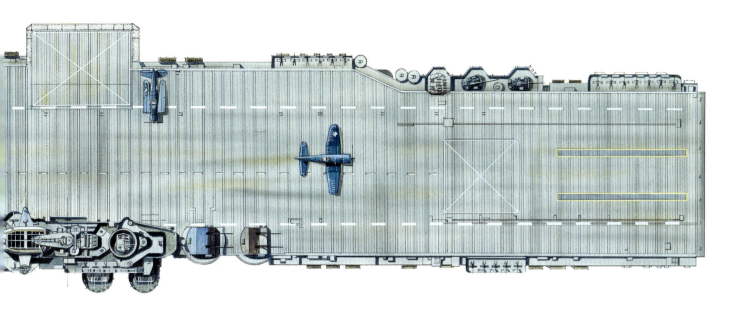

飞机升降机

"无畏号"采用木制飞行甲板而非钢制甲板。"埃塞克斯"级其他舰船的机库甲板由3台飞机升降机相连接，其中的2台处在飞行甲板前部和岛形上层建筑后部的"标准"位置，第3台飞机升降机首次在"黄蜂号"上安装，配备在飞行甲板左侧。最后1台升降机的配置，在后来的采访中许多战时高级舰上航空军官中证明是很成功的，以致前置升降机后来均改为类似的配置形式

防护

实战证明，"埃塞克斯"级航空母舰是建造精良、坚固的舰船。该级舰中的某些舰只在战争中虽屡遭重创，但没有1艘被击沉，即使受到损伤也可以很快修复完好。主防护装甲钢板的底部和顶部厚度分别是63.5毫米和102毫米，舱壁装甲厚度为51~76毫米，飞行甲板、主甲板和炮座的装甲厚度均为38毫米，机库甲板厚度为76毫米

岛形上层建筑

"无畏号"的指挥和控制舱与舰桥和岛形上层建筑内的其他隔舱分开设置，在飞行甲板的右侧，锅炉舱的筒形排烟道直通舰体后部。在岛形上层建筑前后的4座双联装炮座上装备的是8门127毫米L38高平两用炮，其他4门单管炮座安装在左侧飞行甲板下面。岛形上层建筑上装备有搜索雷达天线和2部为127毫米炮配备的雷达指挥仪

无线电设备

舰载的无线电设备主要由2根格子桅杆和水平电线组成，位于飞行甲板正前方、右舷侧外部，构成了舰载远程无线电设备天线组。在几乎所有能够利用的甲板空间上，布满了舰船的二等和三等防空武器——40毫米口径的"博福斯"火炮和20毫米口径的"厄利空"火炮

战斗中的"无畏号"航空母舰
USS Intrepid In Action

战斗中的"无畏号"

"无畏号"航空母舰最高航速可达 32.7 节（61 千米 / 时），航速保持 15 节（28 千米 / 时）时的续航力可达 27800 千米。该舰伴随有强大的护航舰艇编队，庞大的舰载机大队拥有熟练的飞行员和先进的飞机，加上大量贮备的弹药和航空燃料，使其成为能够将战事推至日本乃至整个太平洋纵深战区的强大战舰。"无畏号"的舰载机曾多次摧毁日本海军和航空基地，并炸沉和重创多艘日本舰船，支持了美军的两栖作战行动。在被日本"神风特攻队"击伤之后，"无畏号"返回美国西海岸进行了必要的维修。制造精良的"无畏号"经过整修后，作出了更大的贡献。

上图：美国海军"无畏号"被日本"神风特攻队"飞机击中后冒起了黑烟。该舰总共被"神风"飞机击中 3 次，鱼雷击中 1 次，但仍然幸存了下来

下图：美国海军"无畏号"对日本本土目标发动攻击。照相机拍摄到 1 架"复仇者"鱼雷轰炸机正从左侧弹射器上弹射起飞，同时 3 架机翼折叠的"地狱俯冲者"战斗机也在等待起飞。照片拍摄于 1945 年 3 月 19 日

左图：1945 年春游弋于太平洋上的美国海军"无畏号"航空母舰。图中可见 4 座 127 毫米口径 L38 高平两用火炮中的 2 座，这是舰炮系统中最重要的组成部分

CVS-11：重获新生的"无畏号"

"无畏号"于 1947 年退役，1952—1954 年经过了大规模升级改装，重新服役时已经装备了强有力的飞机弹射器、坚固飞行甲板和新式岛形上层建筑的"无畏号"（CVA-11）攻击航空母舰。1962 年，

在重新定编为担任反潜作战任务的"无畏号"（CVS-11）之前，它已经改造成为封闭式舰艏和斜角飞行甲板的航空母舰。它主要在欧洲海域服役。越南战争时，它作为"特种攻击航空母舰"搭载了一支轻型攻击战斗机大队。1974 年，"无畏号"退役，成为一座海上博物馆。

"无畏号"航空母舰

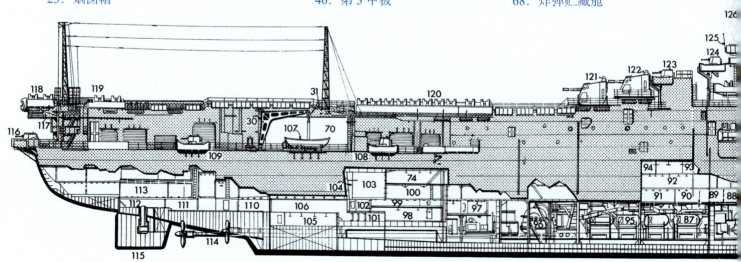

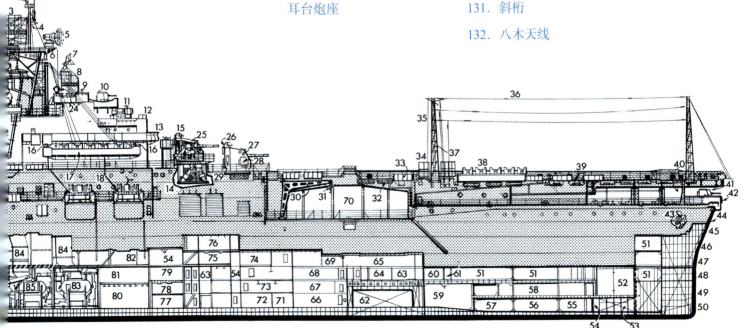

"博格号" 护航航空母舰
USS Bogue Escort Carrier

为了解决大西洋战场上护航编队急需的空中掩护问题，美英两国将大批商船改造成为小型航空母舰。1941年夏季，英国和美国都开始尝试将商船改造成试验型护航航空母舰。在试验证明可行后，美国造船厂接到了21艘护航航空母舰中的第1艘生产订单。该级除了11艘交付给英国皇家海军外，其余均留在美国海军中使用。交付英国使用的该级护航航空母舰被称为"攻击者"级，美国的则称为"博格"级。由于从部分完成的船体上改造而来，"博格"级航空母舰进行了大规模改装，机库空间扩大，升降机增加为2台。"博格号"和它的姊妹舰"卡德号""科尔号"甚至增加了2个飞机弹射器，可以搭载28架飞机。"博格号"航空母舰于1942年1月下水，装备有空中警戒雷达，甲板空间比较大，这使得它成为1942年秋成立的反潜支援大队的旗舰。"博格号"和它的支援

下图：护航航空母舰"博格号"（CVE-9）以及停放在木制飞行甲板上的"复仇者"鱼雷轰炸机

技术参数

"博格号" 航空母舰（CVE-9）

排水量： 标准排水量11000吨，满载排水量15400吨

尺寸： 长151.1米，飞行甲板宽34米，吃水深度7.92米

动力系统： 蒸汽轮机，机械传动，功率8500马力（6338千瓦），单轴推进

航速： 18节（33千米/时）

防护装甲： 无

武器系统： （1943年）2座127毫米高射炮，4座双联装40毫米"博福斯"高射炮，12门20毫米高射炮

舰载机： （1943年）12架F4F"野猫"战斗机，12架TBF"复仇者"鱼雷轰炸机

人员编制： 890名军官和士兵

大队击沉了不少于13艘的德国潜艇。

当大西洋战争陷入危机时，"博格号"航空母舰于1943年2月加入大西洋舰队。它在第4次穿越大西洋时，其舰载机击沉了德军1艘潜艇，在接下来的出航中又击沉了2艘。1943年7月，"博格号"第7次执行巡航任务，其舰载机击沉1艘潜艇，1艘护航驱逐舰击沉了另1艘。

战争的危急时刻已经过去，盟国海军的作战重点开始转入打击德军潜艇。反潜支援大队开始将针对潜艇的攻势作战推进到大西洋深处，1943年底，"博格号"航空母舰和它的反潜支援大队击沉了3艘潜艇。1944年初，在运送飞机到英国并做了短暂休整后，"博格号"又返回反潜战场，于3月击沉了U-575号潜艇。1944年9月，"博格号"在返回美国进入训练期间，又击沉了3艘德军潜艇。"博格号"的最后一次反潜任务是在1945年4月，它击沉了13艘潜艇中的最后1艘。

战争进入尾声阶段后，"博格号"被派往太平洋，运送飞机和物资到前线。随着日本的战败投降，"博格号"又奉命参加"魔毯"行动，运送战俘和复员军人返回美国。

"桑加蒙"级护航航空母舰
Sangamon Class Escort Carrier

改建护航航空母舰是美国海军1942年的重中之重，但由于可用的大型船体数量有限，此类舰艇的服役速度受到了严重影响。美国海军新建造的4艘油船："桑加蒙号"（AO-28）、"桑提号"（AO-29）、"切南戈号"（AO-31）和"苏万尼号"（AO-33）在1942年1月没有编入现役，于是重新定级为飞机运输船，经过6~8个月的改造，拆除了上层结构和装备，就成了"桑加蒙"级护航航空母舰。该级航空母舰虽然经改制而成，但船体大、航速快，比早期护航航空母舰更加成功。作为油船，它们的动力装置正好布置在舰艉，这样一来，小型烟道与飞行作业之间的相互干扰相对减少了许多。第1艘舰上装备了2个飞机弹射器，而第2艘舰直到1944年还没有装备，舷侧的大型开口也为机库提供了良好的通风条件。

"桑提号"（AVG-29，后改为CVE-29）是第1艘服役的"桑加蒙"级航空母舰，1942年8月24日，

技术参数
"桑加蒙号"航空母舰（CVE-26）
排水量： 标准排水量10500吨，满载排水量23875吨
尺寸： 长168.71米，飞行甲板宽34.82米，吃水深度9.32米
动力系统： 蒸汽轮机，机械传动，功率8500马力（6338千瓦），单轴推进
航速： 18节（33千米/时）
防护装甲： 无
武器系统： 2座127毫米高射炮，2座4联装40毫米"博福斯"高射炮，7座双联装40毫米"博福斯"高射炮和21门20毫米高射炮
舰载机： （1942年）12架F4F"野猫"战斗机，9架SBD"无畏"俯冲轰炸机和9架TBF"复仇者"鱼雷轰炸机
人员编制： 1100名军官和士兵

下图："桑加蒙号"航空母舰的左舷侧视图，可以看出其作为基础的油船船型。"桑加蒙号"航空母舰因船体大和速度快，成为所有护航航空母舰改造中最成功的一类

在它服役仅仅 1 天后，"桑加蒙号"也加入现役。"苏万尼号"于 9 月 24 日编入现役，5 天后，"切南戈号"也开始服役。1942 年底和 1943 年初，航空母舰出现严重不足，"桑加蒙"级新型航空母舰具备了航速快、载机多的特点，与其他护航航空母舰相比，很快成为主力舰只，经常进行联合作战。

4 艘"桑加蒙"级护航航空母舰均参加了 1942 年 10 月和 11 月的北非登陆作战，后转入太平洋战区，在南太平洋海域作战。"桑提号"于 1943 年 3 月返回大西洋战区，与反潜支援大队在亚速尔群岛南部和巴西外海协同作战。1944 年 2 月，"桑提号"与该级其他舰船汇合于太平洋，参加著名的"跳岛作战"。

莱特湾海战

4 艘"桑加蒙"级护航航空母舰全部参加了莱特湾海战，隶属于第 77.4 特混大队。10 月 25 日，"桑提号"被日本 1 架"神风特攻队"飞机重创，不久后又被 I-56 号潜艇的 1 颗鱼雷击中，但仍然幸存了下来。紧接着，"苏万尼号"被 1 架没击中"桑加蒙号"的"神风特攻队"的飞机撞击。尽管受到这些创伤，但在 1945 年春，其中的 3 艘仍然辗转于各个战场之间。1945 年 5 月 4 日，"桑加蒙号"在冲绳外海被日本"神风特攻队"的飞机重创，舰员 11 人死亡，21 人重伤，25 人失踪，但正如它的姊妹舰一样，再次返回战场证明了它足够坚固。

"圣洛号"护航航空母舰
USS St LÔ Escort Carrier

护航航空母舰的改造成功激发了新的航空母舰改造计划，美国人开始以商船为基础改造护航航空母舰，而不是使用放在船台上的船体进行改造。1942 年底，共有 50 艘"卡萨布兰卡"级（CVE-55 到 CVE-104）航空母舰获准建造。该级航空母舰的飞行甲板相对狭小（长 152.4 米，宽 32.9 米）；装备了 2 台升降机和 1 台飞机弹射器，采用双轴驱动，比单轴驱动具备了更好的机动性。为了提高舰船速度，选用了三胀式蒸汽机。"卡萨布兰卡"级护航航空母舰在设计上汲取了"桑加蒙"级、"博格号"和"普林斯顿"级的优点，获得了巨大的成功。

加入现役

"圣洛号"（CVE-63）于 1943 年 1 月在美国凯泽造船公司温哥华造船厂以"查普林号"（AVG-63）的名字开工建造。4 月，为了纪念新近进行的战斗，

技术参数
"圣洛号"航空母舰（CVE-63）
排水量： 标准排水量 7800 吨，满载排水量 10400 吨
尺寸： 长 156.13 米，飞行甲板宽 39.92 米，吃水深度 6.86 米
动力系统： 立式三胀蒸汽机，功率 9000 马力（6711 千瓦），双轴推进
航速： 19 节（35 千米 / 时）
防护装甲： 无
武器系统： 1 座 127 毫米高射炮，8 座双联装 40 毫米"博福斯"高射炮和 20 毫米高射炮
舰载机： （1944 年 10 月）17 架 F4F"野猫"战斗机，12 架 TBF"复仇者"鱼雷轰炸机
人员编制： 860 名军官和士兵

该舰更名为"中途岛号"，1943 年 10 月以"中途岛"的名字编入现役。后来，考虑到这个名字很重要，命名给这样 1 艘小型战舰不太合适，于是将"中途岛"的名字给了另外 1 艘大型航空母舰。1944 年 9 月 15 日，CVE-63 更名为"圣洛号"。这艘小型航空母舰此时已经进行了 2 次远至太平洋的航渡，支

援了美军在塞班岛、埃尼威托克岛、提尼安岛以及莫罗太岛的两栖登陆作战。1944年10月，"圣洛号"编入托马斯·斯普拉格少将指挥的舰队，参加了莱特湾海战。1944年10月25日上午，在大约3个小时的时间内，"圣洛号"遭受了日本水面战舰的猛烈炮轰。约1个小时的暂停后，日本"神风特攻队"开始了低空攻击，5架A6M"零"式战斗机低空飞来，突然爬升到1525米的高空，然后直接撞向飞行甲板，

上图：新建造的护航航空母舰"中途岛号"（CVE-63）后来更名为"圣洛号"，"中途岛号"这一舰名留给了更大型的新锐航空母舰。"圣洛号"是美国海军第1艘被日本"神风特攻队"的飞机炸沉的舰船

战斗机下悬挂的2枚炸弹引爆了机库内的汽油、炸弹和军火，重创这艘航空母舰。"圣罗号"遭受"神风特攻队"攻击是在10时53分，5分钟后的一次大爆炸彻底将该舰摧毁。"圣洛号"大约在1个小时后沉没，舰上100人死亡，多人受伤。

下图："卡萨布兰卡"级航空母舰的左侧剖面图；该级舰是"博格"级的改进型，航速得到大幅度提高

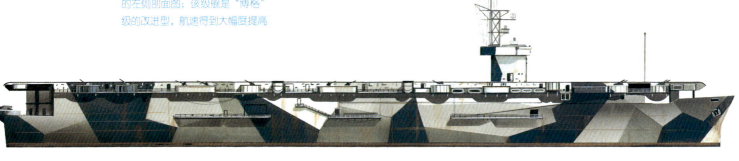

"兰利号" 航空母舰
USS Langley Aircraft Transport

对于海军航空兵的潜在需求在第一次世界大战结束时就突显出来，美国海军希望将其研究和发展工作置于航空母舰的建造之前。要想获得新舰船建造前的实践经验，最根本的做法就是进行实验，最快速和最简便的方法就是对现有舰船进行改装。大型舰队运煤船"木星号"于1920年3月开始改装，1个月后更名为"兰利号"，1922年7月开始试航。当时它是平甲板，在左舷有2个铰链式烟囱。之前的煤舱被改造成为工作室、宿舍和贮藏室，上甲板改造成了机库。"兰利号"最大的缺点就是速度低，7150马力（5332千瓦）的涡轮发电机的动力明显不足。服役时，"兰利号"的航速只有14节（26千米/时），比作战舰队的航速低了7节（13千米/时）。尽管"兰利号"存在这些不足，但该舰还是作为航空母舰使用了5年，直到1928年后才被"列克星敦号"和"萨拉托加号"替代。

技术参数
"兰利号"航空母舰（CV-1）
排水量： 标准排水量11050吨，满载排水量14700吨
尺寸： 长165.3米，飞行甲板宽19.96米，吃水深度7.32米
动力系统： 蒸汽轮机电传动，功率7150马力（5332千瓦），单轴推进
航速： 14节（26千米/时）
防护装甲： 无
武器系统： 4门127毫米口径高射炮
舰载机：（1923年）30架战斗机
人员编制： 410名军官和士兵

尽管最初的设计只是搭载24架飞机，但宽敞的机库最多可以容纳33架。"兰利号"服役后一直用于飞行训练，直到1936年，它又被改装成为水上飞机母舰，舷号重新划为AV-3。1937年4月，"兰利号"经过改装，飞行甲板的前部分被拆除，缩短了飞行甲板。

实验船

"兰利号"对于美国海军航空兵发展所作出的最重要的贡献，就是测试了各种不同的着舰阻拦系统。

下图：1936年，"兰利号"的飞行甲板前部被拆除，改装成为水上飞机母舰。在其短暂的战斗生涯中，作为美国海军第1艘航空母舰，它一直承担着运输飞机的任务，直到1942年2月被日本轰炸机炸沉

最初服役时，"兰利号"装备的是英制纵向钢缆，旨在钩住飞机起落架上的吊钩，防止飞机左右摇摆。美国海军增加了一个横向钢缆备用系统，实践证明该系统（后称为液压阻拦系统）的效果更佳，最终发展成为现代航空母舰飞机着舰系统的基础。另一项创新技术就是在飞行甲板上装备一对平装式蒸汽弹射器，用于帮助水上飞机起飞。这种弹射器后来

被证明可以加大传统飞机的起飞速度。像阻拦装置一样，直到今天，蒸汽弹射器仍然是使用频率最高的航空母舰装备之一。这艘经验丰富的"敞篷马车"作为飞机运输船，参加战争的时间很短。1942年2月27日，"兰利号"在前往爪哇岛的芝拉扎港的途中，遭遇从巴厘岛飞回的日本海军轰炸机，被5枚炸弹击沉。

"暴怒号"舰队航空母舰
HMS Furious Fleet Carrier

英国皇家海军"暴怒号"的几次舰体改造反映出从"航空战舰"到真正航空母舰的过渡阶段。"暴怒号"作为费希尔海军上将亲自下令建造的第3艘的战列巡洋舰（1915年开工），在1916年8月下水，但由于要在舰艏和舰艉各装备1座当时海军最大的457毫米口径火炮，所以竣工日期推迟。1917年3月，"暴怒号"最终建成，它的前部主炮被拆除，加装了长69.5米的前部略倾斜的飞行甲板。飞行甲板下的机库可容纳10架飞机（水上飞机和有轮战斗机）。1917年7月，改造后的"暴怒号"很快就暴露出了局限性，舰载机在起飞后不能返回舰上。1917年11月，"暴怒号"又进行了改装，拆除了后主炮，在第2机库上加装了长86.5米的降落甲板，上层建筑的大部分仍然保留。高速运转的蒸汽机产生的气流在甲板上形成了严重的涡流，导致舰载机着舰事

技术参数	
"暴怒号"航空母舰	
排水量：	标准排水量22500吨，满载排水量28500吨
尺寸：	长239.5米，宽27.4米，吃水深度7.3米
动力系统：	蒸汽轮机，功率90000马力（67113千瓦），4轴推进
航速：	31.5节（58千米/时）
防护装甲：	水线处的装甲带51～76毫米，机库甲板38毫米
武器系统：	6座双联装102毫米高射炮，3座8联装40毫米高射炮，多挺小口径高射机枪
舰载机：	33架飞机
人员编制：	750名（不包括航空人员）

故率高到令人无法接受。就舰载机而言，"暴怒号"具备了第1艘真正航空母舰所搭载的空中打击力量，1918年7月19日，其7架索普维斯"骆驼"战斗机摧毁了位于腾登（Tondern）的2艘德军"齐柏林"飞艇及艇库。随着全通式飞行甲板的需求日趋明显，"百眼巨人号"改装为全通式飞行甲板，"暴怒号"在

下图：第二次世界大战时喷涂的伪装迷彩并不能掩饰"暴怒号"航空母舰的战列巡洋舰的原形。直到1939年，它才加装了岛形上层建筑

上图：在"暴怒号"前甲板上降落是一件非常危险的事：1917年8月，英国皇家海军中队队长邓宁少校驾驶"幼犬"战斗机进行降落时，飞机侧翻坠入海中，邓宁不幸殉职。1917年11月，457.2毫米的后甲板主炮被拆除，加装了降落甲板

1921—1925年也进行了这方面的改装。即使经过此次改装，"暴怒号"仍然属于一种过渡型设计，没有岛形上层建筑。直到战前进行的最后一次改装，才勉强增加了1座岛形上层建筑。该舰低矮的桅杆上布置有1部巨大的无线电归航信标。

服役

虽然"暴怒号"老旧而且属于轻型航空母舰，但它先后编入大西洋反潜大队和护航船队，参加了挪威海战和北非登陆战。它在1944年9月转入预备役之前执行的最后一次任务，是攻击躲在挪威峡湾的德国海军"提尔皮茨号"战列舰。

下图：英国皇家海军"暴怒号"是第1艘在战争中起飞舰载机进行攻击的舰船。英国人建造该舰的最初目的，是遵照费希尔海军上将的指令，计划在第一次世界大战期间用来进攻德国波罗的海沿岸的军事设施

"鹰号"舰队航空母舰
HMS Eagle Fleet Carrier

第一次世界大战前夕，智利向英国阿姆斯特朗埃尔斯威克造船厂订购了2艘加长的"铁公爵"级战列舰。然而，其中只有"海军上将拉托·雷号"于1914年8月按照战列舰规格得到良好的改进，在1915年建成时被英国海军部强行购买，编入英国皇家海军，命名为"加拿大号"。其未下水的姊妹舰"海军上将科克伦号"（1913年开工建造）因两国之间的矛盾中途停工，鉴于该舰已经开始建造，于是英国人将其改建成为航空母舰，命名为"鹰号"。和"竞技神号"航空母舰一样，"鹰号"由于建成的时间太晚，未能参加第一次世界大战。1918年6月，"鹰号"下水，1920年编入现役进行试航。

在英国皇家海军"百眼巨人号"航空母舰尝试建造岛形上层建筑后，"鹰号"也开始尝试岛形上层建筑的几种形式，此举使得它在1920—1923年的大部分时间内一直停留在造船厂，而"竞技神号"此时已经开始服役。"鹰号"最后建成的岛形上层建筑较长且偏矮，2座烟囱保持了与以往姊妹舰同等的比例。该舰由于从战列舰改装而来，其航速远远低于重巡洋舰，但具备较好的稳定性。"鹰号"虽然引入了双层机库，但实际上只有搭载1层飞机的能力。

技术参数

"鹰号"航空母舰

排水量： 标准排水量22600吨，满载排水量26500吨

尺寸： 长203.3米，宽32.1米，吃水深度7.3米

动力系统： 蒸汽轮机，功率50000马力（37285千瓦），4轴推进

航速： 24节（44千米/时）

防护装甲厚度： 水线处的装甲带102~178毫米，飞行甲板25毫米，机库甲板102毫米，护板25毫米

武器系统： 9座152毫米火炮，4座102毫米高射炮，8座40毫米高射炮

舰载机： 21架

人员编制： 除航空人员外共计750名

服役

"鹰号"航空母舰第二次世界大战前的大部分时间都在远东服役，1939年9月驶入印度洋，后来到达地中海，替换英国皇家海军"光荣号"航空母舰。在利比亚的托布鲁克空袭意大利舰船后，"鹰号"在意大利卡拉布里亚外海的战斗中遭炸弹重创，最终未能参加塔兰托袭击战。在返回英国进行改装前，"鹰号"在红海和南大西洋又参加了更多的战事。1942年初，"鹰号"返回地中海，参加了著名的"八月护航"（"支座"行动）。1942年8月11日，"鹰号"遭受灭顶之灾，被德国海军U—73号潜艇发射的4枚鱼雷击沉。

下图：英国皇家海军"鹰号"航空母舰在服役生涯的大部分时间内驻扎在远东地区，1940年春季返回地中海。最终在阿尔及利亚北部被德国潜艇击沉，舰上260人丧生

"竞技神号" 轻型航空母舰
HMS Hermes Light Carrier

英国皇家海军"百眼巨人号"的设计在1918年初看起来显然令人满意，在它建成之前，"竞技神号"的龙骨已经开始铺设。"竞技神号"的设计工作没有得到任何实践经验的帮助。由于缺乏先例，设计者们将它设计得太小，这也使得日本人在其自己的航空母舰"凤翔号"上重犯了这一错误，"凤翔号"在第2年也开工建造。随着第一次世界大战的结束，"竞技神号"的建造工作进行得不紧不慢，1919年9月下水，拖到1923年才彻底完工。"竞技神号"服役时，正在改装的"鹰号"已开始建造相对较大的岛形上层建筑。和"鹰号"一样，"竞技神号"的岛形上层建筑同样显得过大，6门140毫米火炮安装了测距仪；早期的航空母舰只用于击退轻型水面战舰的攻击，舰载机的潜能并没有被充分地认识到，防护装甲也比较轻薄。相比"百眼巨人号"，"竞技神

号"的另一大重要特点就是动力输出提升了一倍之多，航速提高了4节（7400米/时）以上。并且"竞技神号"的飞行甲板后部轻微隆起，旨在使着舰飞机减速。这也被日本人模仿采用。然而，两支海军都没有发现这种设计能带来什么优势，于是它最终被放弃了。

重大贡献

虽然第二次世界大战时的"竞技神号"已经有些

技术参数	
"竞技神号"航空母舰	
排水量：标准排水量10850吨，满载排水量12950吨	
尺寸：长182.3米，宽21.4米，吃水深度6.9米	
动力系统：蒸汽轮机，功率40000马力（29828千瓦），双轴推进	
航速：25节（46千米/时）	
防护装甲厚度：水线处的装甲带51～76毫米，机库甲板25毫米，护板25毫米	
武器系统：6座140毫米炮，3座102毫米高射炮	
舰载机：约20架	
人员编制：除航空人员外660名	

下图："竞技神号"大部分的服役生涯是在远东地区度过的。从这幅照片可以清晰地看出，该舰的岛形上层建筑异乎寻常的庞大。它是专门按照航空母舰设计建造的军舰，其舰载机数量同"鹰号"一样多，但"鹰号"的排水量是它的两倍。至少该舰的排水量在仅有日本"苍龙号""赤城"级和"飞龙号"的一半的情况下拥有与其相差不大的载机量

下图：这是英国皇家海军第1艘航空母舰"竞技神号"的侧面轮廓图（日本海军"凤翔号"实际上要早于该舰1年服役），它借鉴了轻型巡洋舰的设计进行建造，舰上装备了6门140毫米口径火炮，这是因为当时的人们不相信舰载机能够独立力击退敌军水面舰艇攻击

陈旧，但它在低威胁区域仍然作出了重大贡献：在大西洋海域搜索德国的海上袭击舰；针对法国维希政府在西非的行动和在红海对意大利的打击行动中执行校射侦察任务；在镇压1941年伊拉克叛乱的行动中提供海岸火力支援；保卫印度洋的海上航运线。

1942年4月，"竞技神号"在与日本航空母舰的激战中被击沉于锡兰外海，但它充分验证了在一个没有其他航空兵力存在的战区，拥有1艘哪怕只有小型飞行甲板的航空母舰，也仍然具有非常重大的意义。

"勇敢"级舰队航空母舰
Courageous Class Fleet Carrier

为了实现海军大臣费希尔极力倡导的，在距离柏林仅130千米的德国东北部波罗的海沿岸登陆的战略构想，英军着手建造了3艘轻型战列巡洋舰，出于政治原因这3艘舰也被称为"大型轻巡洋舰"，它们是用于登陆德国的600艘浅吃水舰队的组成部分。

1915年，费舍尔海军元帅离开海军部，这项计划随之搁浅。然而，作为这项异常大胆却不完善的计划的产物——轻型战列巡洋舰——却已建造完成，其中的前2艘"勇敢号"和"光荣号"（分别于1915

技术参数
"勇敢"级舰队航空母舰
排水量： 标准排水量22500吨，满载排水量26500吨
尺寸： 长239.5米，宽27.6米，吃水深度7.3米
动力系统： 蒸汽轮机，功率90000马力（67113千瓦），4轴推进
航速： 30节（56千米／时）
防护装甲厚度： 水线处的装甲带38～76毫米，机库甲板25～76毫米
武器系统： 16门120毫米高射炮，4座40毫米高射炮
舰载机： 约48架
人员编制： 包括航空人员在内共计1215名

下图：英国的"勇敢"级航空母舰"勇敢号"和"光荣号"的舰载机大队包括16架"管鼻鹱"战斗机、16架侦察机和16架"剑鱼"鱼雷轰炸机

上图：与"勇敢号"航空母舰相比，"光荣号"更显著的特征是其更长的舰艇飞行甲板。其舰载机在1940年的挪威上空战斗表现出色，但在撤退途中遭遇德国"格奈森瑙号"和"沙恩霍斯特号"战列巡洋舰，被其舰炮击沉

年3月和5月开工建造，1916年2月和4月下水）在1917年1月同时开始服役，后来证明这种舰只在实战中难以使用，仅76毫米厚的装甲防护带无法提供哪怕最基本的防御能力，航速也较慢，主炮只是2座双联装381毫米火炮；副炮是6座3联装102毫米口径火炮。"勇敢号"和"光荣号"唯一遇到的战事是在1917年11月17日，在第二次黑尔戈兰岛海战中与德国公海舰队的常规轻巡洋舰进行激战。它们在战斗中伤痕累累，却没有给对方造成太大的杀伤。

虽然缺乏武器装备和防护能力，但这2艘舰的航速可达32节（59千米/时），动力装置是18台"亚罗"燃油锅炉，4轴推进，输出功率90000马力（67113千瓦）。根据《限制海军军备条约》，"勇敢号"和"光荣号"被允许改造成航空母舰。重建工作在1924年展开，并分别于1928年和1930年建造完工。它们的半姊妹舰"暴怒号"建成时装备2座单管457毫米火炮，而不是4门381毫米口径火炮。在1922年的改造中，"暴怒号"采用了同样的建造模板，包括没有岛形上层建筑，锅炉上风口从机库空间移出导向舰艉。后两项改造对"竞技神号"和"鹰号"航空母舰的发展起到了作用，采用一体化舰岛和烟囱设计非常有利于增强舰艇的航空能力。

双层飞行甲板

"勇敢号"和"光荣号"都有相似的前飞行甲板，从舰艏向后延伸到舰长的20%处。机库甲板在前甲板的水平位置向前延伸，小型和轻型飞机（舰载战斗机）在合适条件下可以从下方飞行甲板起飞。这让2舰极大地增强了稳定性。1935—1936年，前飞行甲板被拆除，主飞行甲板两侧加装了弹射器，能够将3629千克重的飞机以56节（104千米/时）的航速弹射起飞，或者将重4536千克的飞机以52节（96千米/时）的速度弹射起飞。每艘舰上都有2层长167.64米的机库甲板，机库和飞行甲板间由2台中央升降机连接，每台升降机长14.02米，宽14.63米。每艘舰上的飞机燃料贮藏舱可贮备156835升燃油。

"勇敢号"是英国皇家海军在第二次世界大战中损失的第1艘航空母舰，1939年9月，仅在开战两个星期后就被击沉了。"勇敢号"沉没后，"光荣号"从地中海调回本土舰队进行替代，但仅仅9个月后的1940年6月，该舰在从挪威海域撤退的途中也被击沉了。

"皇家方舟号" 舰队航空母舰
HMS Ark Royal Fleet Carrier

"皇家方舟号" 舰队航空母舰于 1938 年建成，是英国皇家海军第 1 艘 "现代" 航空母舰。它是海军在预算紧张和舰队航空力量装备薄弱的情况下，继 1930 年改装的 "光荣号" 之后，第 1 艘加入舰队作战序列的航空母舰。"皇家方舟号" 计划建造之前拥有充足的论证时间，这使得该舰在 1935 年开工建造时具备了精心的设计模型和合理的布局。1937 年，"皇家方舟号" 下水。虽然在舰体尺寸和排水量上与 "光荣号" 相近，但新航空母舰看起来更显大一些，拥有高度充裕的两层机库，舰上虽然设置有 3 座升降机，但是如果该舰的服役寿命更长一些，可能面临升降机尺寸过小的问题：舰艇两侧加装了 2 套飞机弹射器（或称 "加速器"）。

"皇家方舟号" 最重要的创新之处在于其坚固的防护装甲，该舰引入了装甲飞行甲板和机库甲板，机库侧壁是主船体的一部分。尽管这种结构限制了机库容积，但可以装载远远多于 "光荣号" 的舰载

技 术 参 数
"皇家方舟号" 舰队航空母舰
排水量：标准排水量 22000 吨，满载排水量 27720 吨
尺寸：长 243.8 米，宽 28.9 米，吃水深度 6.9 米
动力系统：蒸汽轮机，功率 102000 马力（76061 千瓦），3 轴推进
航速：31 节（57 千米 / 时）
防护装甲厚度：水线处的装甲带 114 毫米，甲板 64 毫米
武器系统：8 座双联装 114 毫米高射炮，4 座 8 联装 40 毫米高射炮（口径为 40 毫米，即 "砰砰" 炮），8 座 4 联装 12.7 毫米高射机枪
舰载机：约 65 架
人员编制：包括航空人员共计 1580 名

机。该舰拥有高达 31 节（57 千米 / 时）的航速，与早期舰船一样快。

早期改造的航空母舰装备有 16 门中等口径的火炮，但它们的射界有限，只能防御敌人的水面进攻。"皇家方舟号" 安装有 8 座双联装 114 毫米口径的驱逐舰型的炮塔，高仰角赋予其真正的高平两用性能。

左图：照片上是英国皇家海军 "皇家方舟号" 航空母舰、"声望号" 战列巡洋舰和 "谢菲尔德号" 巡洋舰。在追击德国海军 "俾斯麦号" 战列舰时，"皇家方舟号" 上的 "剑鱼" 鱼雷攻击机误炸了 "谢菲尔德号"，但这一错误通过在恶劣天气条件下大胆使用鱼雷攻击，最终打断 "俾斯麦号" 的船舵而得到了补救

下图：英国皇家海军"皇家方舟号"航空母舰装备了114毫米厚的装甲防护带。飞行甲板的防护装甲厚63毫米，起重机偏置。两座114毫米高射炮配置在飞行甲板边缘，这为它们提供了最佳的射界

上图：英国皇家海军"皇家方舟号"在运送飞机到马耳他，返回直布罗陀途中，遭到德国U-81号潜艇的攻击，1枚鱼雷击中了右舷，船体开始发生倾斜

下图：英国皇家海军"皇家方舟号"航空母舰在地中海海域击退了德军的空袭。1941年，"皇家方舟号"面对敌军的猛烈轰炸和鱼雷攻击，运载了大约170架"飓风"战斗机增援驻守马耳他的盟军部队。然而，就在这一次完成运送任务返航途中，"皇家方舟号"被德国U-81号潜艇击沉

炮塔放置在舰体两侧飞行甲板边缘，每侧4座，提供了很好的射界。此外，设计者们还注意到空袭的巨大危险性，于是为航空母舰加装了多座小口径自动高射炮。相比较而言，美国和日本的航空母舰很多被飞机所击沉，但英国皇家海军所损失的航空母舰大部分被潜艇击沉，其中"皇家方舟"就在1941年11月14日被德国潜艇U-81发射的1枚鱼雷所击沉。

"光辉"级航空母舰
Illustrious Class Aircraft Carrier

"皇家方舟号"更像是英国皇家海军后续航空母舰的原型舰，它将航速和日益提升的作战能力和防护能力综合起来。在它下水的时候，4艘"光辉"级航空母舰也在1937年为应对日趋紧张的局势而开工。因此，"皇家方舟号"的经验并没有对后一种型号的航空母舰的建造产生什么影响。"皇家方舟号"在机库的水平和垂直舱壁上加装了114毫米厚的防护钢板，这样一来，容易遭受攻击的飞机停放舱就变成了一个装甲"盒子"。但由于装甲重量的限制，它只能安装1层机库。所以，"光辉号""胜利号"和"可畏号"在1939年下水时，都不比"皇家方舟号"小

技术参数	
"光辉"级航空母舰	
类型： 舰队航空母舰	
排水量： 标准排水量23000吨，满载排水量25500吨	
尺寸： 长229.7米，宽29.2米，吃水深度7.3米	
动力系统： 3轴推进，蒸汽轮机，功率110000马力（82027千瓦）	
航速： 31节（57千米/时）	
防护装甲厚度： 除了"不屈号"是38毫米外，其他该级舰水线处装甲防护带和机库装甲板均为114毫米；甲板76毫米	
武器系统： 8座双联装114毫米高射炮，6座8联装40毫米高射炮，8门20毫米高射炮	
舰载机： 除了"不屈号"约65架外，该级其他舰约为45架	
人员编制： 包括航空人员在内1400名	

上图：尽管防护装甲要比姊妹舰相对轻薄，但"不屈号"却承受住了很多打击。在"支座"行动中，它在遭到2枚500千克炸弹重创之后幸存。1943年，在西西里岛外海躲避了1枚鱼雷的袭击，在远东海域躲过几次"神风"战斗机的攻击

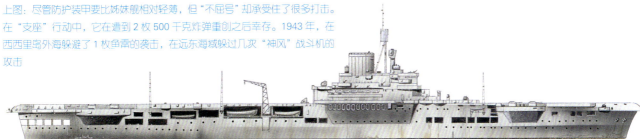

上图："卓越"级航空母舰可能是第二次世界大战时最坚固的航空母舰了，其厚重的装甲能够防御重磅炸弹攻击，但在拥有这种防护能力的同时，它们不得不大幅减少舰载机的数量

左图："卓越号"航空母舰于1940年8月编入舰队赴地中海作战，其舰载航空大队击沉2艘意大利驱逐舰。此外，"卓越号"还参加了支援北非的战役

多少，但舰载机数量却要少很多。"不挠号"于1940年下水，是"光辉"级的最后1艘舰，它和随后建造的2艘"怨仇"级舰，都削弱了装甲防护，并增设1座下层机库。

"光辉"级航空母舰具有强大的战斗力，当它们开始投入战场时，战争的焦点已经从反潜作战转为防空作战。在塔兰托海战后不久，"光辉号"所幸躲过了一次由俯冲轰炸机发起的猛烈进攻。同样的一幕又在马塔潘角海战后的"可畏号"航空母舰身上重演。太平洋海战期间，它们之中的大多数都经受了日本"神风特攻队"发起的一次甚至两次的猛烈攻击，而没有退出战场，这主要归功于它们的水平防护装甲。相比之下，这些战舰的垂直防护装甲在战争中的表现却不尽如人意。

4艘"光辉"级航空母舰分别于1956年、1969年、1955年和1963年被拆解。

上图：航行中的"光辉号"航空母舰

"怨仇"级航空母舰
Implacable Class Aircraft Carrier

4艘"光辉"级航空母舰建成大约30个月后，2艘"怨仇"级航空母舰也相继完工，它们与原型舰"皇家方舟号"极为相似，机库侧壁装甲减薄为38毫米，节省下来的排水量可以用来增加舰船的其他重要设施，其中包括非常重要的下机库。该级舰相对稍长一些，但比它们的半姊妹舰看起来体积大出很多，它们的大型船体内安装了第4套动力推进装置，这为它们提供了超常的速度，使其在太平洋战争中可以赶上美国的"埃塞克斯"级航空母舰。当然，它们在舰船尺寸小于美国航母，舰载机数量上也依然少于美国航母。

技术参数
"怨仇"级航空母舰
类型：舰队航空母舰
排水量：标准排水量26000吨，满载排水量31100吨
尺寸：长233.4米，宽29.2米，吃水深度7.9米
动力系统：蒸汽轮机，功率110000马力（82027千瓦），4轴推进
航速：32.5节（60千米／时）
防护装甲厚度：水线处装甲带114毫米，机库装甲38毫米，甲板76毫米
武器系统：8座双联装114毫米高射炮，6座8联装40毫米高射炮，38门20毫米口径高射炮
舰载机：约70架
人员编制：包括航空人员在内1800名

延时完工

"怨仇号"和"不倦号"于 1939 年开工建造，在 1942 年 12 月才同时下水，后来分别于 1944 年 8 月和 5 月建造完工。它们的工期一再延迟，主要是由于造船厂的优先建造项目一再发生改变，因此在最需要航空母舰的时刻它们尚未竣工。完工之后，这两艘航空母舰在较短时间内加入了战斗。"不倦号"参加了在挪威海域进行的航空母舰围歼德国海军"俾斯麦号"战列舰的战斗，重创该舰并使其陷入长期维修状态。然而，当时的舰载机仍是航空母舰上最薄弱的战斗环节，直到后来被更先进的机型代替。1944 年 3 月，德·哈维兰公司生产的"蚊"式双发动机轰炸机首次降落在"不倦号"的甲板上。作为新舰的"不倦号"很快投入东部战场，编入迅速扩大的英国太平洋舰队。该级航空母舰抵达战区以后，成为英国太平洋舰队进攻主力，参加已经注定胜局的战争。当然，在这些战争中，英国人的到来并不是处处受到欢迎。

第二次世界大战后，该级舰主要执行训练任务，并于 1955 年和 1956 年相继退役。这主要是基于英国官方的决定，认为改造这些舰船的巨大开支不如全部用来建造"胜利号"航空母舰。

机库容量

"怨仇"级航空母舰飞行甲板的可用长度是 231.65 米，安装在满载吃水线以上 15.2 米处。飞行甲板前端只装有 1 部飞机弹射器，2 台飞机升降机将飞机提升到起飞高度，而后由弹射器将 7258 千克重的

下图："怨仇"级比"光辉"级航空母舰的航速快、载机量大，图中是它在 1945 年返航澳大利亚悉尼时的场景

飞机以 66 节（122 千米/时）的速度从弹射器上弹射起飞，或将重 9072 千克的飞机以 56 节（104 千米/时）的速度弹射起飞。每台起重机可吊起 9072 千克重的飞机，前一部起重机长 13.72 米，宽 10.06 米；后一部起重机长 13.72 米，宽 6.71 米。舰上有 2 层机库，下层机库在舰艉，长 63.4 米，宽 18.9 米，高 4.27 米。

上图：图中所示的"不惧号"正通过苏伊士运河，它将加入日益壮大的英国皇家海军太平洋舰队，参加对日本的最后反击作战

上层机库与下层机库拥有相同的宽度和高度，但要长 139.6 米。不过该舰的机库高度太低，无法搭载先进的"海盗"战斗轰炸机。该级舰的另一个不足之处在于飞机燃料舱：仅可装载 430280 升的燃油。

"百眼巨人号" 航空母舰
HMS Argus Aircraft Carrier

建造 1 艘具有全通式飞行甲板的航空母舰，以便进行战斗机的起飞和回收，这个建议在第一次世界大战前就被提了出来，但当时的英国皇家海军只能暂时使用临时改装的水上飞机母舰。直到 1916 年，比尔德莫尔商业造船厂才接到合同，将未完成的 1

艘意大利客轮作为航空母舰进行改建。这艘原名"卡吉士号"的意大利客轮在 1914 年开工建造，具备了改建为航空母舰的适当尺寸，其高高的干舷也是成为航空母舰的必要条件。1917 年 12 月底，"百眼巨人号"水上飞机母舰正式下水。最初，设计师们打

上图：1942年11月，"百眼巨人号"航空母舰航行在北非海岸。它参加了"火炬"行动，到1943年它转入训练用航空母舰的行列

算在航空母舰中线上建一个烟囱将前后甲板分隔开，但他们吸取了"暴怒号"的教训，在"百眼巨人号"上采用了完全的平甲板设计，这样，烟就能从通向舰艉甲板下面的管道中释放出去。这一系列的改造花了许多时间，直至1918年9月，"百眼巨人号"航空母舰才正式编入舰队服役。

执行侦察任务

从"百眼巨人号"的名字（在希腊神话中"百眼巨人"阿古斯是一个长着100只眼睛可以洞悉一切的巨人）可以看出，英国人意图将其设计为可以执行侦察任务的航空母舰。对于英国人而言，这种能力在战争中非常重要，例如在日德兰海战中，英军就因为缺乏准确情报而功败垂成。"百眼巨人号"在1918年11月停战前几周才编入海军战斗序列，仅搭载了一支普通的索普维斯"杜鹃"式鱼雷机中队。

20世纪20年代，"百眼巨人号"一直忙于提高

技术参数
"百眼巨人号"航空母舰
类型：训练、飞机运输和辅助航空母舰
排水量：标准排水量14000吨，满载排水量15750吨
尺寸：长172.2米，宽20.7米，吃水深度7.3米
动力系统：蒸汽轮机，功率21000马力（15660千瓦），4轴推进
航速：20.5节（38千米/时）
防护装甲：无
武器系统：6座102毫米高射炮，几座小口径高射炮，38门20毫米高射炮
舰载机：约20架
人员编制：包括舰员370人

稳定性和防御鱼雷攻击。在更大型的舰队航空母舰建成之后，它开始担任训练舰和靶舰，1939年该舰再度投入现役。

与第二次世界大战时的航空母舰相比，"百眼巨人号"舰体小，航速慢，但它在运载战斗机到直布罗陀、马耳他和塔科拉迪（到达埃及的前站）的行动中作出了重大贡献。虽然缺乏舰载机，但它有时也参加作战行动，著名的战斗有北极护航和支援北非登陆。1943年中期后，它只在本土执行训练任务，1944年转入预备役，1947年被拆解。

下图：因为速度慢的缺陷，"百眼巨人号"航空母舰在20世纪30年代从一线舰队撤出。但在"皇家方舟号"被击沉后，该舰被作为临时替补编入H舰队

"大胆号"护航航空母舰
HMS Audacity Escort Carrier

早在第二次世界大战之前，就有人建议将商船改造成为辅助航空母舰，第1艘选择改造的船体是"汉诺威号"，它是1940年2月在圣多明哥外海被英国皇家海军俘获的1艘几乎全新的德国商船。改装后的这艘新航空母舰于1941年6月加入现役，被命名为"大胆号"，可搭载战斗机，应对德国远程海上飞机的威胁。如果需要，"剑鱼"鱼雷机还可执行反潜战任务。该舰的舰体采用常规布局，长140米的高架飞行甲板从前甲板一直延伸至舰艉，舰桥结构在前甲板的下面。该舰装备2根阻拦索和1套阻拦网。因为没有机库，所以没有安装升降机。甲板上停放有6架飞机，飞行作业需要大量人工操作。鉴于霍克飞机公司的"海飓风"战斗机数量不足，"大胆号"在皇家海军之中率先搭载格鲁曼公司的"欧洲燕"战斗机出海参战。

战斗经历

1941年9月，"大胆号"第1次出航，参加了从英国驶往直布罗陀的OG41护航运输船队。在德国潜艇和飞机的猛烈攻击下，该护航运输队有6艘船只沉没。幸亏有"大胆号"上的舰载机的英勇作战，才避免了更大的损失。这些舰载机迫使几艘潜艇潜入水下，失去与运输队的接触；此外还击落1架Fw

> **技术参数**
>
> **"大胆号"护航航空母舰**
>
> **类型：** 护航航空母舰
> **排水量：** 标准排水量5540吨
> **尺寸：** 长144.7米，宽17.1米，吃水深度8.3米
> **动力系统：** 柴油机，功率4750马力（3542千瓦），双轴推进
> **航速：** 15节（28千米/时）
> **防护装甲：** 无
> **武器系统：** 1座102毫米火炮和一些小口径火炮
> **舰载机：** 6架
> **人员编制：** 不详

200C型"秃鹰"侦察机，驱离了数架来袭飞机。

1941年12月中旬，"大胆号"又参加了HG76运输船队的另一次护航。在4天不间断的战斗中，运输船队损失了2艘商船，敌方损失了5艘潜艇。在雷达的指引下，"大胆号"击沉了另外2艘潜艇，扰乱了潜艇的各种进攻。12月21日，它被3枚潜射鱼雷击中，即便如此，该舰仍然出色地发挥了护航航空母舰的作用。

下图："大胆号"航空母舰每次出航所搭载的舰载机数量的多少，往往关系到本次护航任务的成功与否。1941年12月，"大胆号"在执行进出直布罗陀的护航任务时，在葡萄牙海域遭到德国U–751号潜艇发射的鱼雷重创

英国建造的护航航空母舰（CVE）
British-Built Escort Carriers

英国造船厂建造的护航航空母舰数量不多，这是因为他们更注重特种舰船的建造工作，而护航航空母舰的批量生产主要由美国造船厂来完成。同样可以理解的是，在严重缺乏护航运输队的时期，英国不愿意对那些具有较大载货吨位的商船进行改装。这样一来，英国建造服役的护航航空母舰仅有5艘，分别为"文德克斯号""奈拉纳号"，小型的"活动号"，大型的"坎帕尼亚号"和曾为客轮的"比勒陀利亚城堡号"。

美国护航航空母舰都是基于类似的舰体建造的，而英国护航航空母舰与此不同，而且相互之间也有差别，飞行甲板一般长而窄。此外，每艘舰的机库仅配置1部升降机，承担的任务比较繁重。但是，英国建造的护航航空母舰比美国建造的护航航空母舰稍微坚固一些，机库采用钢架结构，飞行甲板也为钢制甲板。一般情况下，每艘舰可容纳15～18架飞机，机型构成大致为每2架"剑鱼"攻击机搭配1架战斗机（"海飓风""欧洲燕""野猫"或"管鼻䴕"）。"活动号"航空母舰搭载的飞机较少，而较大的"比勒陀利亚城堡号"的排水量为19650吨，其大部分时间都在从事试验和训练。此外，英军还从一家货运公司征用了4艘快速货轮，改装成小型护航航空母舰，它们配备1台柴油机和2台螺旋桨推进器，这些舰只在战时主要供海军使用，战争结束后仍然作为商船使用。

技术参数

"活动号"护航航空母舰
排水量：标准排水量11800吨，满载排水量14250吨
尺寸：长156.06米，宽20.24米，吃水深度7.65米
动力系统：柴油发动机，功率12000马力（8948千瓦），双轴推进
航速：18节（33千米／时）
武器系统：2门102毫米口径高射炮和10座双联装20毫米高射炮
舰载机：11架
人员编制：700人

技术参数

"比勒陀利亚城堡"级护航航空母舰
排水量：标准排水量17400吨，满载排水量23450吨
尺寸：长180.44米，宽23.27米，吃水深度8.89米
动力系统：柴油发动机，功率16000马力（11931千瓦），双轴推进
航速：16节（30千米／时）
武器系统：2座双联装102毫米口径高射炮，4座4联装40毫米高射炮，10座双联装20毫米口径高射炮
舰载机：15架
人员编制：不详

"文德克斯号"和"奈拉纳号"从功能不完善的快速货运商船改装而成，于1943年12月改装完毕。它们与美国建造的护航航空母舰非常相似，满载排水量达17000吨，飞行甲板的有效长度为150.88米。飞行甲板上有1台13.72×10.36米的升降机，可搭载18架飞机。其他武器装备包括2门102毫米口径的火炮，16门40毫米多联装对空速射炮和16门20毫米口径高射炮。

护航任务

英国护航航空母舰在大部分时间内与运输船队一起来往于直布罗陀海峡之间。这些舰只每 2 艘 1 组，有效地执行反潜任务。舰上的"剑鱼"战斗机装备有搜索雷达，再加上舰载的 ASDIC 反潜搜索声呐，这些装备使得航空母舰能够与专业反潜猎杀部队并肩作战。后来，这些舰只还参加了北极护航运输作战，在执行这些极度危险的任务时，它们悬挂着高级海军指挥官的旗帜，充分显示了它们的重要性。然而，在北极海域的恶劣的自然条件下，这些护航航空母舰的作用发挥得不太理想，由于船体长度不足极易发生剧烈纵摇，严重影响了舰载机的飞行作战。

美国建造的护航航空母舰
American-Built Escort Carriers

与英国一样，美国人早在战前就考虑把商船改装成为辅助航空母舰。早在 1941 年，2 艘 C3 型商船的船体就进行了此类改装，其中的第 1 艘在 3 个月内建成，作为"长岛号"（AVG-1）编入美国海军开始服役，比英国航空母舰"大胆号"服役晚了仅仅数天。从概念上讲，美国改装的航空母舰适航性好，有 1 座机库和 1 部升降机。但就总体而言，这种改装对于空间的利用率较差。早期的飞机护航舰设计有 1 座机库，位于舰艉或甲板下面，前面有一处同样大小的空间用于停放飞机，这个地方本来应当设在货舱下面。飞行甲板前半部分以下的舱室是开放的，顶部用架子支撑。美国建造的护航航空母舰安装 1 台弹射器。

"长岛号"的第 1 艘姊妹舰直到 1941 年 11 月才完成，后来转让给英国，命名为"射手号"，接下来

技术参数
"攻击者"级护航航空母舰
排水量： 标准排水量 10200 吨，满载排水量 14170 吨
尺寸： 长 150 米，宽 21.2 米，吃水深度 7.3 米
动力系统： 齿轮蒸汽轮机传动，功率 9350 马力（6972 千瓦），单轴推进
航速： 17 节（31 千米/时）
武器系统： 2 门 102 毫米高射炮，4 门双联装 40 毫米的高射炮，10～35 门 20 毫米高射炮
飞机： 18～24 架
人员编制： 646 人

又有 3 艘"射手"级航空母舰加入。美国人大张旗鼓地建造护航航空母舰，英国皇家海军从美国人手中先后接收了 8 艘"攻击者"级和 26 艘"统治者"级航空母舰。这两种级别的航空母舰均有标准长度的机库，后一种稍作了改进。根据早期获得的建造经验，英国需要拥有比美国更高标准的燃料和消防设施，这促使英国采取颇受争议的"镀金"技术。美

下图：英国从美国手中接收了 8 艘"攻击者"级和 26 艘"统治者"级护航航空母舰。这两种级别的护航航空母舰既执行护航任务又参与反潜作战，而且在地中海的几次两栖攻击登陆行动中提供空中支援

左图：在恶劣海况条件下航行的"复仇者号"和"欺骗者号"护航航空母舰，它们均属于"射手"级护航航空母舰

国造船厂提供的早期航空母舰是由柴油机提供动力，但后来开始转用蒸汽机动力，这是因为美国海军急速扩张的潜艇部队对于柴油机的需求量很大，而航空母舰所需要的蒸汽机容易制造，这样一来就减轻了柴油机生产商的压力。上述两种级别的航空母舰均遭遇了一定程度的机械系统问题。

由于缺乏灵活性，护航航空母舰一般用来执行特定任务，进行护航或攻击支援，保持适当的组织机构和飞机编制。在护航航空母舰数量较多的情况下，护航航空母舰直接参与反潜作战，它们经常配合主力部队作战，其中5艘参加了盟军在意大利萨勒诺的登陆行动，9艘参加了在法国南部的登陆行动，但有些护航航空母舰从未参加过作战行动，主要执行飞机运输任务。战后，全部护航航空母舰都被改装回了商船。

"射手"级护航航空母舰由5艘组成，即"射手号""复仇者号""欺骗者号""袭击者号"与"冲击者号"。其中，"袭击者号"作为CVE-30号被美国海军保留，用于在美国海域训练英国的机组人员。"攻击者"级护航航空母舰体形较大，包括"攻击者号""战斗者号""追击者号""剑击者号""追赶者号""阔步者号""打击者号"和"追踪者号"。"统治者"级护航航空母舰包括"巡逻者号""穿孔者号""破坏者号""收割者号""搜索者号""投石者号""打击者号""演说者号""跟踪者号""痛打者号""吹奏者号""亲王号""裁决者号""王储号""公主号""皇帝号""皇后号""埃及总督号""富翁号""首相号""女王号""印度君主号""印度女王号""统治者号""波斯王号"和"贵族号"。

技术参数

"统治者"级护航航空母舰

排水量： 标准排水量11400吨，满载排水量15390吨

尺寸： 长150米，宽21.2米，吃水深度7.7米

动力系统： 齿轮蒸汽轮机，功率9350马力（6972千瓦），单轴推进

航速： 17节（31千米/时）

武器系统： 2门102毫米高射炮，8门双联装40毫米高射炮，27～35门20毫米高射炮

飞机： 18～24架

人员编制： 646人

技术参数

"射手"级护航航空母舰

排水量： 标准排水量10366吨（"射手号"为10220吨），满载排水量为15125吨（"射手号"为12860吨）

尺寸： 长150米，宽20.2米，吃水深度7.1米

动力系统： 柴油机推进，功率8500马力（6338千瓦），单轴推进["射手号"的功率9000马力（6711千瓦）]

航速： 16.5节（30.6千米/时）（"射手号"为17节，即31千米/时）

武器系统： 3门102毫米高射炮和15门20毫米高射炮

舰载机： 15架

人员编制： 555人

"珀尔修斯号"与"先锋号"飞机修理舰
HMS Perseus and HMS Pioneer Aircraft maintenance ships

英国很快意识到他们需要在远东展开对日本的海战，这样一来就无法依靠固定的基地与保养基地的支援，需要进行远程飞机输送。

在这些海战中，飞机的磨损率很高，要保持前线航空母舰部队全力作战，最好的方法是对这些舰载机进行维修而非替代。不久，经验表明护航航空母舰非常适合承担飞机输送任务，因此它们作为轮换舰船被广泛使用。

轻微损坏的飞机和例行性的保养任务可以在舰队航空母舰上进行。由于缺少所需的空间和时间，任何复杂的耗时耗量的维护任务需要在外面完成，但由于战争是在一个缺少岸基基地的地区进行，这种维护设施就需要建立在海上。

替换舰

由于唯一的专业维修舰"独角兽号"长期执行作战任务，英国开始使用2艘新型"巨人"级轻型舰队航空母舰作为替代舰。尽管缺少"独角兽号"多余的机库，但该级舰船的航速相对较快，甲板边缘的固定装置使其看起来好像还"未完工"。

"珀尔修斯号"与"先锋号"飞机修理舰分别于1942年6月和12月由维克斯—阿姆斯特朗公司开工建造，于1944年3月和5月相继下水，1945年2月和10月完工。最终，只有"先锋号"搭载第11舰载机中队成功抵达远东战区，正好赶上日本投降。

非常荒谬的是，这些舰船本来应该在战争中使用，像"独角兽号"一样执行作战任务，但最终时运不济，几乎无用武之地。由于战后很少使用，"先锋号"在1954年被拆解。原来想把这些舰只改装成定期客轮已经不可能，这种想法没有实现很可能是因为出于成本考虑及公众对此类舰船需求的减少，当时的人们更

技术参数

"珀尔修斯号"与"先锋号"飞机修理舰

排水量： 标准排水量 13300 吨，满载排水量 18040 吨

尺寸： 长 211.84 米，宽 24.38 米，吃水 5.59 米

推进装置： 齿轮蒸汽轮机，输出功率 42000 轴马力（31319 千瓦），双轴推进

航速： 25 节（46 千米／时）

防护装甲： 最小限度

武器装备： 3 门 4 联装 2 磅高射炮和 10 座 20 毫米口径高射炮

舰载机： 无

人员编制： 不详

愿意尝试空中旅行。"先锋号"航空母舰在1956年的苏伊士运河战争中重新服役，但在1958年被拆解。

其他8艘"巨人"级轻型舰队航空母舰为"巨人号""荣耀号""海洋号""庄严号""复仇号""特修斯号""凯旋号"和"勇士号"，它们在1942年6月至1943年1月分别在7家造船厂开工建造（哈尔兰德与沃尔夫船厂建造其中的2艘），在1944年全部下水，但仅有3艘及时完工并在第二次世界大战中使用，剩余5艘舰船在战后完工。在8艘舰船中，有4艘（"勇士号""复仇号""巨人号"和"庄严号"）被转让：1艘在1958年更名为"独立号"卖给了阿根廷，1艘作为"米纳斯·格雷斯号"在1956年被卖给巴西，1艘作为"阿罗芒什号"在1946年卖给法国，1艘作为第2艘"卡罗尔·多尔曼号"在1948年被卖给荷兰。其他4艘仍然保留在英国，"复仇号"于1952—1955年租借给澳大利亚，"勇士号"在1946—1948年租借给加拿大。"荣耀号""海洋号"与"特修斯号"于20世纪60年代早期被拆解，"凯旋号"被改装成为修理舰继续服役。

"巨人"级航空母舰的飞行甲板长210.31米（690英尺），宽24.38米（80英尺），配置1座大型机库，1台弹射器和2台升降机，搭载37架飞机。

"凤翔号" 轻型航空母舰
IJN Hosho Light Carrier

与许多航空母舰一样，日本海军建造的第 1 艘航空母舰也是改装而成的航空母舰。海军油船"飞龙号"于 1919 年晚些时候开工建造，1921 年被海军接管后改建为航空母舰，更名为"凤翔号"，并于第 2 年年底开始服役。该艘航空母舰大部分的设计采用英国技术，许多技术与英国皇家海军航空母舰"竞技神号"相同，舰载机也是仿制自英制"布谷鸟"鱼雷轰炸机。

涡轮机动力

在"凤翔号"航空母舰上，原来使用的三胀蒸汽机被驱逐舰上使用的蒸汽轮机所替代，可以提供 25 节（46 千米 / 时）的航速。与美国"兰利号"航空母舰一样，该艘轻型航空母舰通过三折叠式烟囱向外排烟，舰载机飞行时烟道转移到下面。起初，该艘航空母舰有一个岛形的导航舰桥，但它不受飞行员们的欢迎，因而在 1923 年被拆除。

与早期多数航空母舰相同，"凤翔号"的体形较小，舰体稳定性不足，不能装载全部的武器装备和满编的飞机。到第二次世界大战爆发时，该艘航空母舰的航空大队所拥有的飞机已由 21 架缩减到 12 架，原来安装的所有火炮已经被轻型防空武器所替代。

即使这样，"凤翔号"航空母舰也为"赤城号"和"加贺号"的改装及"龙骧号"的设计提供了非常宝贵的经验。"龙骧号"是日本第 1 艘从铺设龙骨开始就明确作为航空母舰建造的舰艇。20 世纪 30 年代晚期，该艘航空母舰结束作战使命，开始执行训练任务。

下图：与日本大多数早期航空母舰一样，"凤翔号"采用的是平甲板设计

技术参数

"凤翔号" 轻型航空母舰

舰种： 轻型航空母舰

排水量： 标准排水量 7470 吨，满载排水量 10000 吨

尺寸： 长 168.1 米，宽 18 米，吃水深度 6.2 米

动力系统： 蒸汽轮机，功率 30000 马力（22371 千瓦），双轴推进

航速： 25 节（46 千米 / 时）

防护装甲： 不详

武器系统： 4 门 140 毫米口径火炮，2 门 80 毫米口径高射炮（1941 年），8 门双联装 25 毫米口径高射炮

飞机：（1942 年）11 架 97 式鱼雷轰炸机

人员编制： 550 人

投入战斗

尽管存在一些缺陷，但这艘服役时间较长的训练用航空母舰从 1941 年 12 月开始就与"瑞凤号"一起加入第 3 航空战队服役，在帕劳群岛执行了 4 个月的任务后，返回日本执行训练任务。中途岛海战开始后，它又恢复执行作战任务。战斗中，它搭载 11 架中岛 B5N 型轰炸机为山本五十六的战列舰部队提供侦察服务。

"凤翔号"航空母舰最后于 1942 年 6 月从前线撤回，此后不再执行任何具有危险性的任务。1944 年，该舰发生搁浅后受损，在吴港又被美军炸弹击中 2 次，但在战争结束时，该舰仍然航行能力。最终，由于缺乏能够驾驶舰载机的飞行员，该航空母舰在 1945 年 4 月被封存，因而成为日本投降时仍然幸存的为数不多的航空母舰之一。

幸存者

此后，"凤翔号"航空母舰再次被启用，作为运输船从远东各地遣返日本军人，这项任务一直持续到 1946 年 8 月。经过将近 25 年的服役后，该舰最终于 1947 年被拆除。

"赤城号" 舰队航空母舰
IJN Akagi Fleet Carrier

根据第一次世界大战后签署的《限制海军军备条约》，日本海军需要拆解多艘尚未完工的大型水面舰艇。当美英宣布打算把类似的舰船改装成为航空母舰时，日本海军省根据建造"凤翔号"航空母舰的经验，决定改装两艘类似的航空母舰，这样一来，战列巡洋舰"赤城号"和"天城号"就成了改装的候选对象。日本海军决定把这 2 艘舰改装成为排水量 40000 吨、速度 30 节（56 千米/时）的航空母舰。

大地震

改装工作始于 1923 年，但"天城号"的舰体在 9 月的关东大地震期间受到严重损坏，因而被拆除。"赤城号"于 1927 年 3 月完成改装工作，这是 1 艘拥有平甲板的舰船，在飞行甲板右舷一侧设置了 2 个烟道，舰艏设置有 3 条起飞甲板，配备了 10 门 200 毫米口径的火炮，其中 6 门配置在舰艉后部下层的炮郭内。

10 年后，该舰被重新改装，在左舷建造了 1 座

小型的岛形上层建筑和 1 条标准长度的飞行甲板。这个左舷岛形上层建筑便于该舰与其他航空母舰并肩作战，但与右舷岛形上层建筑相比，左舷布置会导致更多的着舰事故。

下图："赤城号"是日本曾经建造的几艘具有左舷导航岛形上层建筑的航空母舰之一，此举是为了与有右舷岛形上层建筑的"加贺号"协同配合

技术参数

"赤城号" 舰队航空母舰

舰种： 舰队航空母舰

排水量： 1941 年时标准排水量 36500 吨，满载排水量 42000 吨

尺寸： 长 260.6 米，宽 31.3 米，吃水深度 8.6 米

动力系统： 4 轴推进，蒸汽轮机，功率 133000 马力（99178 千瓦）

装甲厚度： 15 厘米的水线装甲带，7.9 厘米的装甲甲板（主甲板，位于双机库甲板之下）

武器系统： 10 门 200 毫米主炮，6 座双联装 120 毫米高射炮，在 1935 年和 1938 年期间又增加了 14 座双联装 25 毫米的高射炮

舰载机： 1942 年 6 月，21 架"三菱"A6M"零"式战斗机，21 架"爱知"D3A"瓦尔"型俯冲轰炸机和 B5N 97 式鱼雷轰炸机

人员编制： 1340 名官兵

旗舰

"赤城号"与姊妹舰"加贺号"组成第1航空战队。"赤城号"作为南云海军中将的旗舰，领导了对美国海军太平洋舰队基地珍珠港的袭击。接下来，"赤城号"率领其他航空母舰在东印度群岛到印度洋之间发起了一系列袭击，这支舰队击沉了英国航空母舰"竞技神号"，把盟军赶出爪哇岛和苏门答腊岛，甚至驱赶到澳大利亚北部的达尔文港。

命丧中途岛

在1942年6月4日的中途岛海战中，"赤城号"的航空大队攻击了中途岛。一大早，1架岸基鱼雷轰炸机撞到甲板上，该舰受到轻微损伤。但在10点22分，该舰受到来自美国"企业号"航空母舰上的飞机的攻击，遭受了更严重的损害。

"赤城号"航空母舰共被击中2次，1枚454千克的炸弹投进机库，造成机库内储存的鱼雷殉爆。大火遇到了从出现裂缝的管道中喷溅出来的航空燃料，火势更加猛烈。第2枚炸弹有227千克，造成停放在甲板上的飞机开始起火燃烧。

30分钟之后，大火完全失去控制。南云海军中将被迫率领部下转移到1艘轻型巡洋舰上。"赤城号"被弃置后又燃烧了9个多小时。在经过多次努力仍然无法登上该舰后，它被1艘驱逐舰用鱼雷击沉。

"加贺号"舰队航空母舰
IJN Kaga Fleet Carrier

日本"加贺号"航空母舰于1918年开工建造，1921年11月下水。然而，根据1922年签署的《限制海军军备条约》的要求，日本海军计划将尚未完工的该舰舰体拆解。

但是，就在1923年9月，一场剧烈的地震席卷了日本东京地区。这场地震对停泊在船坞内的战列巡洋舰"天城号"造成严重损害，当时该舰刚刚计划改装成为1艘航空母舰。这样一来，吨位更小的"加贺号"被选作"天城号"的替代品。

经过4年半的改装工作，"加贺号"成为1艘与原来的"赤城号"相类似的航空母舰。它有1条平甲板，前面有2条较短的飞行甲板。与"赤城号"不同的是，"加贺号"的烟道被设置在右舷。

相对而言，该舰的改装工作还算比较成功，在进行了为期2年的海试之后，该舰才开始投入使用。1934年，在投入使用4年后，日本人对它进行了现代化改造。

技术参数
"加贺号"舰队航空母舰
舰种：舰队航空母舰
排水量：1941年标准排水量38200吨，满载排水量43650吨
尺寸：长247.6米，飞行甲板以上宽32.5米，吃水深度9.5米
动力系统：蒸汽轮机，功率127400马力（95002千瓦），4轴推进
航速：28节（52千米/时）
装甲防护：15.2厘米装甲带，3.8厘米的装甲甲板（主甲板，位于机库以下）
武器系统：10门200毫米和12门120毫米的高射炮，后安装的高射炮为16门127毫米的高平两用炮和11门双联装25毫米的高射炮
舰载机：90架战斗机、俯冲轰炸机和鱼雷轰炸机
人员编制：2016人

升级改造

重新改进的"加贺号"的性能得到很大提升，舰载机由原来的60架增加到90架，有一个小型的岛

下图：与其姊妹舰航空母舰"赤城号"一样，"加贺号"航空母舰的飞行甲板较短，前面有2个起飞甲板，这增加了航空母舰的复杂性。在20世纪30年代中期的一次改装中，该舰重新设置为1条全通平甲板并增设1座舰岛

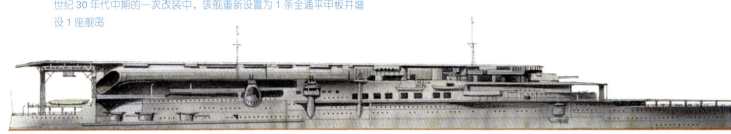

形上层建筑。但与西方航空母舰不同的是，它仍然有一个大型的向下斜伸的烟道，位于飞行甲板边缘下面。由于其标准排水量已扩大到38200吨，换装动力系统之后功率更大，续航能力也得到提高。该舰原来存在的许多问题改装后都得到了解决。

"加贺号"航空母舰是1941年12月7日偷袭珍珠港的6艘日本航空母舰之一，当时舰上起飞了26架中岛B5N 97式鱼雷轰炸机，随后起飞的还有18架三菱A6M"零"式战斗机和26架爱知D3A"瓦尔"俯冲轰炸机。后来，该舰与姊妹舰"赤城号"编成第1航空战队，在1942年上半年参加了在东印度群岛、南太平洋和印度洋的一系列袭击行动，摧毁了大批盟军的军事力量。

命丧中途岛

1942年6月4日在中途岛，在成功击退美国鱼雷轰炸机来袭的2小时后，"加贺号"被来自美国海军"企业号"航空母舰上的"无畏"俯冲轰炸机投掷的4枚炸弹击中。接下来又有5枚炸弹在附近爆炸，燃料管道破裂，燃料飞溅到正在燃烧的挂弹完毕、满载燃料的待命飞机上。30分钟后，这艘排水量38200吨的航空母舰不得不被放弃。该舰又持续燃烧了9小时，黄昏时分大火燃烧到弹药库，该舰发生爆炸后很快沉没。800多名舰员随舰同沉，另有许多人被大火烧死，还有一些人被爆炸的冲击波震死。

"龙骧号"轻型舰队航空母舰
IJN Ryujo Light Fleet Carrier

根据《限制海军军备条约》，日本只能拥有80000吨排水量的航空母舰，但由于该条约对于10000吨以下的航空母舰没有作出限制，日本海军参谋部决定另建1艘在此限度内的航空母舰。

最初设计的航空母舰排水量为8000吨，舰上搭载24架飞机，但日本海军参谋部决定增加第2座机库，使飞机的搭载量翻倍。这种做法使得该艘航空母舰的排水量超过限度150吨，但日本人对条约其

他签署国只字未提，这是日本第1次严重违背该项条约，而且也绝不会是最后1次。

因为超过了规定的吨位，这艘被称为"龙骧号"的轻型航空母舰在1933年完工后才发现有些"头重脚轻"。此后又进行了2次重建，增加了舷侧凸出部，撤走了一些火炮，抬升了前甲板，但此时该舰的实际排水量已增加到了12000吨。

臭名昭著

可以想象，"龙骧号"并不受舰队的欢迎。除了不稳定外，该舰飞行甲板太小，所搭载的飞机也太少，难以发挥较大作用。由于甲板上比较拥挤，该舰起飞和降落飞机所用的时间比其他航空母舰要长。但是，失败是成功之母，日本利用建造该舰的经验成功设计出"飞龙"级和"翔鹤"级航空母舰。

"龙骧号"并不是攻击珍珠港的主力航空母舰，但它支援了在菲律宾进行的两栖登陆作战。1942年4月，该舰攻击了盟军的运输船队。2个月后，它参加了进攻阿留申群岛的战斗。然而，该舰唯一的重大作战行动，也是最后1次重大作战行动，就是参与了东所罗门群岛海战。

瓜达尔卡纳尔岛

日本海军把"龙骧号"作为开路先锋，加强对瓜达尔卡纳尔岛的防御。在1艘重巡洋舰和2艘驱逐舰的护航下，该舰作为诱饵企图诱使美国航空母舰脱离其主力部队。一切似乎进行得很顺利，但在1942年8月24日9时5分，美军飞机从空中发现了日军这艘航空母舰，其他侦察机也发现了"翔鹤号"

技术参数	
"龙骧号"航空母舰	
舰种：	轻型航空母舰
排水量：	标准排水量10600吨，满载排水量14000吨
尺寸：	长180米，宽20.8米，吃水深度7.1米
动力系统：	蒸汽轮机，功率65000马力（48470千瓦），双轴推进
航速：	29节（53千米/时）
装甲防护：	实际上未安装
武器系统：	6门双联装127毫米的高射炮，后改为4门双联装127毫米、两门双联装25毫米和6门3联装25毫米的火炮
飞机：	24架三菱A6M"零"式战斗机和12架中岛B5N 97式轰炸机
人员编制：	924人

和"瑞鹤号"航空母舰。下午，"龙骧号"遭到了美国海军"企业号"和"萨拉托加号"航空母舰舰载机的猛烈攻击。在一次非常成功的攻击中，美国海军的俯冲轰炸机和鱼雷轰炸机几乎使这艘日本航空母舰没有任何反抗的机会，可能有10枚炸弹和2枚鱼雷击中了该舰。日方记载说只有1枚鱼雷击中"龙骧号"，但也足以使航空母舰整个燃烧起来，该舰很快便失去了机动能力。

仅有300名幸存者逃离该艘航空母舰，其中包括舰长加藤唯雄，该舰大约4小时后沉没。

下图：相对于"龙骧号"航空母舰的纤长的巡洋舰舰体而言，它的双机库看起来有些过于庞大。事实上，此类临时改装的轻型航空母舰在总体设计方面，始终无法克服"头重脚轻"的不稳定性问题

"飞龙号" 舰队航空母舰
IJN Hiryu Fleet Carrier

"飞龙号"航空母舰是根据此前建造排水量为10600吨的"龙骧号"轻型航空母舰和排水量为15900吨的"苍龙号"航空母舰的经验建造的，于1941年下水，舰上的机械装置与以前的航空母舰相似。航空母舰的舰体较宽，可以增加舰上的贮油设施，航程因此增加4790千米。

"飞龙号"有几个非常有趣的设计特点。它拥有1座左舷岛形上层建筑，这可以使它与排水量36500吨的大型航空母舰"赤城号"配合作战。"飞龙号"航空母舰上的舰载机可以逆时针巡飞，而"赤城号"由于采取传统的右舷岛形上层建筑，飞机可以顺时针巡飞，这样一来就可以为其他舰队力量提供空中保护。但是，这种飞行方式从未被付诸实践过。

作为1艘航空母舰，"飞龙号"航空母舰相对较轻，尤其与西方国家的航空母舰相比更是如此。例如，美国航空母舰"列克星敦号"的标准排水量为36000吨，"埃塞克斯号"航空母舰的标准排水量为27100吨，而"飞龙号"航空母舰的标准排水量仅有17300吨。

技术参数
"飞龙号" 舰队航空母舰
排水量： 标准排水量17300吨，满载排水量21900吨
尺寸： 长227.4米，宽22.3米，吃水深度7.8米
动力系统： 齿轮蒸汽轮机，功率152000马力（113346千瓦），4轴推进
航速： 34.4节（63.7千米/时）
武器系统： 6门双联装127毫米口径高射炮，7门3联装25毫米和5门双联装25毫米高射炮
舰载机： 64架
人员编制： 包括航空联队在内1100人

气流干扰

"飞龙号"航空母舰在设计上存在多处缺陷。舰上的烟囱位于右舷一侧，发动机所产生的高温废气从烟囱处排放出来，与飞行甲板上的气流混合产生扰流，这给在航空母舰上进行降落与起飞的飞机带来一定的危险。

然而"飞龙号"航空母舰的航程却得以提高，与以前的"龙骧号"航空母舰相比，该舰加宽的舰体加装了1400吨压舱物，大大提高了航空母舰的稳定性。

左图：1941年12月7日黎明，1架装有800千克鱼雷的B5N 97式鱼雷轰炸机从"飞龙号"航空母舰上起飞。日军偷袭珍珠港使得美军陷入极度混乱。当时，美军正在进行早餐，日军发起了对珍珠港的第1轮轰炸

"飞龙号"航空母舰在服役期间，参加过第1航空舰队所属第2航空战队的部署行动。1941年12月7日，该舰与"加贺号""苍龙号""翔鹤号"和"瑞鹤号"一起参加了对珍珠港的偷袭。在清晨6时发起的第1波袭击中，"飞龙号"起飞了18架中岛B5N97式鱼雷轰炸机和9架三菱A6M"零"式战斗机。

"飞龙号"此后继续放飞舰载机以发起攻击，在第2波次的袭击中，该舰放飞了18架D3A型"瓦尔"俯冲轰炸机和另外9架"零"式战斗机。在整个偷袭过程中，该舰出动了54架飞机，只损失了5架。

从偷袭珍珠港开始，"飞龙号"航空母舰在同月开赴太平洋中部的威克岛，进攻当地的美国驻军。后来，在1942年1月，该舰入侵帕劳群岛，为侵占摩鹿加群岛的日军部队提供空中保护。此次行动发生在对荷属东印度群岛的占领之前。

1942年3月，"飞龙号"负责对盟军在爪哇周边海域的运输船队进行拦截。在对圣克鲁斯的攻击中，该舰击沉荷兰货船"波劳·布拉斯号"。

C号作战

1942年2月下旬，日本在印度洋展开了一场激烈的战斗，这是对位于印度洋的英国皇家海军发起的最具破坏性的攻击之一。日本的航空母舰舰载机猛烈轰炸了澳大利亚西北部港口达尔文和布鲁姆，击沉了12艘舰船，使周围大部分城镇一片狼藉。在攻击中，日军航空母舰仅仅损失了2架飞机。

1942年4月，"飞龙号"航空母舰参加了对印度洋英国皇家海军舰队的戏剧性攻击。在这次代号为C的作战行动中，日本攻击了英国皇家海军位于锡兰（今天的斯里兰卡）科伦坡的英国皇家海军基地。在这次进攻中，航空母舰上的舰载机击沉了英国皇家海军重型巡洋舰"康沃尔号"和"多塞特郡号"。

与偷袭珍珠港一样，日本人决定在星期日早饭前发起进攻。英国皇家空军的岸基雷达跟踪到了来袭的日本机群，于是匆忙应战。然而，该港口虽然有防空武器，但在短时间难以为舰船提供保护。英国皇家空军的战斗机虽然在一定程度上遏制了日本机群的袭击，但其大部分的努力未能取得成功。例如，大约40架英国皇家空军战机升空拦截日军，但未能打散日军空袭队形。英国皇家空军损失了近一半的飞机，而日军仅损失了7架。这次战斗持续了30分钟，日本飞机频繁出击，但未对该港口造成实质性的破坏。

然而，指挥此次攻击行动的南云忠一海军中将手中还有另外一张王牌，此时他还有以"龙骧号"为核心的第2攻击波次。当时，该艘航空母舰由于速

右图：作为中途岛海战中4艘日本航空母舰之一，"飞龙号"后来在1942年6月4日被美国SBD"无畏"式俯冲轰炸机击中，舰上燃起大火，飞行甲板垮塌，日本人最后不得不放弃和炸毁这艘航空母舰，大约12小时后，该舰最终于6月5日沉没

度太慢，未能参加第1波次的袭击。后续的攻击部队还包括4月1日从缅甸赶来的"飞龙号"航空母舰，日本人早在1942年1月就占领了缅甸。

混战

日军试图借助第2波进攻，进一步加剧由第一波袭击造成的混乱局面。当日最成功的一次行动是"飞龙号"航空母舰摧毁了英国皇家海军"竞技神号"航空母舰。当时，"竞技神号"航空母舰在日军第1波次的袭击中驶出港口，此时极易遭受攻击。更为糟糕的是，"竞技神号"此时由于舰载航空大队被调往别处而根本没有搭载舰载战斗机。

此外，"竞技神号"航空母舰在呼叫岸基航空兵提供空中支援时遭遇到通信问题。就这样，该舰遭到了日军85架俯冲轰炸机的猛烈攻击，炸弹铺天盖地而来。先后有40枚250千克炸弹击中"竞技神号"，致使该舰发生倾覆，数分钟内沉没。此次袭击之后，日军又获得了成功，击沉了英国大约145000吨的运输船队。

上图：与"苍龙号"航空母舰不同，"飞龙号"的舰体进行了加宽，可以携带更多的燃油，续航力增加了4828千米。该舰增强了防护性能，通过增加舰楼高度获得了良好的适航性

"飞龙号"航空母舰

1. 飞行甲板
2. 机库
3. 救生艇甲板
4. 舰员食宿区、小卖部等
5. 贮藏室
6. 无线天线
7. 吊艇起重机
8. 平衡舵
9. 螺旋桨
10. 大轴
11. 安全网
12. 贮藏室的通道门等
13. 双联装127毫米L40高平两用炮
14. 弹药升降机
15. 机械修理间
16. 辅助轮机室
17. 薄侧舷防护装甲
18. 涡轮减速齿轮
19. 蒸汽轮机
20. 锅炉舱
21. 一对舰本式锅炉（4×2）
22. 锅炉内的水管

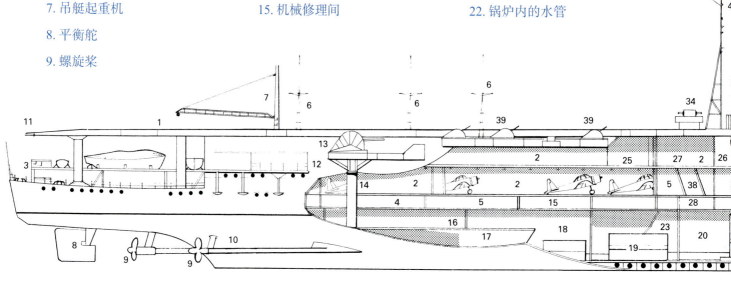

1942 年 6 月 4 日，"飞龙号"在中途岛海战中遭到致命一击。该舰与"赤城号""苍龙号"和"加贺号"航空母舰，外加 2 艘战列舰和 3 艘巡洋舰一起，编入南云指挥的第 1 航空母舰打击部队。

日军第 1 航空母舰打击部队计划在 6 月 4 日抵达中途岛海岸，猛烈轰炸美国的机场，这样可以确保日军舰队主力和运输船团在 6 月 6 日前顺利到达。

在黎明时分发起的这次袭击中，"飞龙号"起飞了 18 架 97 式鱼雷轰炸机和 9 架"零"式战斗机。"飞龙号"航空母舰的运气不错，设法躲过了美军空袭中投掷的炸弹，而其他 3 艘日本航空母舰却没有这种好运。

10 时 30 分，日军 4 艘航空母舰之中有 3 艘燃起大火。"飞龙号"已损失了 8 架 97 式鱼雷轰炸机和 2 架"零"式战斗机。但在中午时分，"飞龙号"的舰载机 3 次直接命中美舰"约克城号"，导致后者丧失了战斗力。

14 点 45 分，"飞龙号"继续进攻，1 枚鱼雷对"约克城号"造成致命一击。"飞龙号"在第 2 次袭击中损失了大多数的飞机，但仍然有足够的飞机返回航空母舰，准备发起第 3 次袭击。

然而，这艘日本航空母舰的末日即将到来。在对美舰"约克城号"发起第 2 次袭击时，美国航空母舰已经起飞了 10 架 SBD "无畏"俯冲轰炸机，开始对"飞龙号"航空母舰进行搜索并准备发起攻击。从"企业号"航空母舰上起飞的 2 架飞机，在塞缪尔·亚当斯和哈兰·迪克森海军上尉的驾驶下，发现了这艘日本航空母舰。16 时，24 架俯冲轰炸机，包括 10 架来自"约克城号"航空母舰的"避难飞机"，已经升空。

17 时刚过，这些飞机发现了"飞龙号"航空母舰，该舰当时正准备依靠剩余的 4 架鱼雷轰炸机和 5 架俯冲轰炸机对"约克城号"发起第 3 轮袭击。

美国海军陆战队飞机沿着"飞龙号"航空母舰飞行甲板的中轴线投下了 4 枚炸弹，全部落在飞行甲板的前方区域。紧接着，从中途岛和夏威夷机场

23. 分隔轮机舱的防水壁

24. 分隔锅炉舱的防水壁

25. 机库的通风门

26. 防火帘

27. 升降机

28. 升降机装置

29. 烟囱衬套

30. 烟囱进气口

31. 舰桥

32. 指挥中心

33. 主测距仪

34. 舰艉火炮测距仪

35. 高射炮测距仪

36. 航行驾驶台

37. 航空指挥舰桥

38. 飞机备件库

39. 25 毫米高射炮

40. 主桅

41. 军官住舱 / 办公室

42. 航空燃油

43. 燃油

44. 飞行甲板舰员掩体

45. 锚

46. 吃水线

47. 双层底

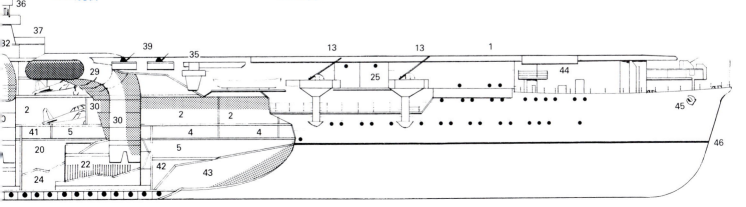

赶来的 B-17 型轰炸机对"飞龙号"航空母舰进行了更猛烈的轰炸。

B-17 的轰炸使得"飞龙号"起火燃烧，但并未阻止该舰往西回撤，不过最后，火势失去控制，该舰很快沉没。

日军驱逐舰从航空母舰上救起幸存者，根据命令，"飞龙号"航空母舰被日军用鱼雷摧毁。但这艘航空母舰却"顽强地"拒绝沉没，一直漂浮到 6 月 5 日 9 时。山本五十六海军大将麾下的"凤翔号"航空母舰起飞 1 架飞机对该舰进行了拍照，该机发现这艘航空母舰上当时仍有一些存活者，于是派出驱逐舰"谷风号"前往查看，看能否对这些幸存者进行救援。然而，该艘驱逐舰什么也没发现，在结束调查后返回主力舰队，途中遭遇美国海军 50 架飞机的猛烈轰炸。令人不可思议的是，该舰居然死里逃生。

"飞龙号"的启示

"飞龙号"航空母舰的设计可能有些古怪，但其许多设计特点仍然被应用在以后的航空母舰设计之中。"云龙号"航空母舰就是完全根据"飞龙号"航空母舰设计的，其唯一不同之处在于岛形上层建筑被转移到右舷，这种设计的航空母舰容易建造且成本低廉。日本建造的 6 艘航空母舰在中途岛海战后，有的被完全摧毁，有的遭到重创。这些航空母舰易受攻击的重要原因在于炸弹能够击穿航空母舰的飞行甲板，引爆下面的机库，因而造成更重大的损伤。

"苍龙号" 舰队航空母舰
IJN Soryu Fleet Carrier

根据建造 2 艘大型航空母舰和 1 艘小型航空母舰及"凤翔号"航空母舰的经验，日本海军参谋部对于建造具有标准设计的未来航空母舰充满信心。按照 1934 年制订的《第 2 次海军扩张案》，新型航空母舰的首舰"苍龙"于当年开工建造，1937 年底下水。不过，设计师们在建造该舰时，还是受到了《限制海军军备条约》有关不能建造超大吨位军舰的限制。当时，在建造了"龙骧号"航空母舰之后，日本可

下图：日本海军"苍龙号"从一开始就是完全按照航空母舰设计而建造的，而非从其他舰船改装而来。舰内的机库高度较低

技术参数
"苍龙号"舰队航空母舰
舰种： 舰队航空母舰
排水量： 标准排水量 15900 吨，满载排水量 19800 吨
尺寸： 长 227.50 米，宽 21.30 米，吃水深度 7.60 米
动力系统： 蒸汽轮机，功率 152000 马力（113346 千瓦），4 轴推进
航速： 34.5 节（64 千米 / 时）
防护装甲： 不详
武器系统： 6 门双联装 127 毫米和 4 门双联装 25 毫米口径高射炮
飞机： 21 架三菱 A6M "零"式战斗机，21 架爱知 D3A "瓦尔"俯冲轰炸机和 21 架 97 式鱼雷轰炸机
人员编制： 1100 名官兵

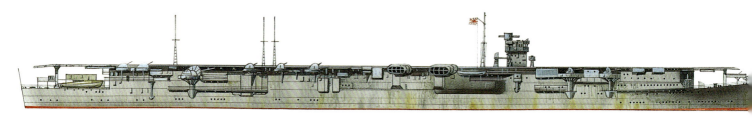

以建造的航空母舰吨位仅剩下 20000 吨了。按照日本人的说法，"苍龙号"新式航空母舰的排水量达到了 16000 吨，但实际排水量超出 2000 吨。为了建造第 2 艘新式航空母舰，日本不久后通知裁军条约签署国，自 1936 年 12 月起自己不再承担条约规定的任何责任。

狭长的低舰体

"苍龙号"有 1 个右舷岛形上层建筑，与早期航空母舰一样，废气通过飞行甲板边缘下面的一对向下弯曲的烟囱向外排放。对于"苍龙号"这种吨位的航空母舰而言，舰身有些太高。该型航空母舰选择了巡洋舰使用的动力装置，因此航速极快。为了增加飞机的容量，航空母舰的防护能力被降低。但是，超长的低舰体使得 2 个机库的高度很低，上层机库高 4.60 米，下层机库高 4.30 米。3 部中央升降机为这些机库提供服务，2 座机库可容纳 63 架飞机。

威克岛海战

"苍龙号"与其姊妹舰"飞龙号"一起组成第 2

航空战队，参加了对珍珠港的偷袭。此后，它与其他快速航空母舰一起，在 6 个月的作战行动中，确立了日本对于太平洋海域的制海权。该艘航空母舰的舰载机攻击了威克岛、荷属东印度群岛、达尔文和锡兰（现为斯里兰卡）。接着，该舰参加了山本五十六海军大将指挥的日本联合舰队，于 1942 年 6 月奉命占领中途岛。

6 月 4 日 10 点 26 分，来自美国海军"约克城号"航空母舰上的 17 架 SBD"无畏"俯冲轰炸机对"苍龙号"航空母舰实施了攻击。3 枚炸弹击中飞行甲板中央。第 1 枚 454 千克的炸弹在上层机库爆炸，炸飞了前面的升降机。第 2 枚炸弹在飞行甲板上停放的攻击机机群中发生爆炸。第 3 枚炸弹穿透下层机库，在中央与后面的升降机之间发生爆炸，燃油管道发生破裂，引爆了满载炸弹的飞机，很快导致该舰成为人间地狱。仅仅 20 分钟后，日本人就不得不放弃这艘航空母舰。此后，这艘熊熊燃烧的废船又漂浮了 8 小时，黄昏时分，舰上的弹药库发生爆炸。该舰最终沉于大海。

"瑞鹤号"舰队航空母舰
IJN Zuikaku Fleet Carrier

"瑞鹤号"为"翔鹤"级的第2艘航空母舰，于1938年开工建造，1941年9月开始服役。该航空母舰与其姊妹舰"翔鹤号"一起加入第5航空战队，在接下来的3年中，这2艘航空母舰可谓形影不离。由于第5航空战队的飞行员缺少经验，在偷袭珍珠港时，这艘航空母舰仅仅充当支援角色。但在第5航空战队开始对驻锡兰（今斯里兰卡）的英军进行破坏性袭击前，这2艘航空母舰已经全方位调动起来。接着，这2艘舰离开航空母舰主力部队前往特鲁克，1942年5月1日，它们掩护日军部队进攻了莫尔兹比港。

珊瑚海海战

在接下来进行的珊瑚海海战中，第5航空战队

下图：莱特湾海战中，"瑞鹤号"航空母舰在恩加诺角遭到致命攻击，当该舰开始下沉时，舰上人员面对降下的海军军旗行举手礼

技术参数	
"瑞鹤号"舰队航空母舰	
舰种：	舰队航空母舰
排水量：	标准排水量25675吨，满载排水量32000吨
尺寸：	长257.50米，宽26米，吃水深度8.90米
动力系统：	蒸汽轮机，功率160000马力（119312千瓦），4轴推进
航速：	34.2节（63千米/时）
防护装甲：	最厚处215毫米的装甲带，装甲甲板170毫米
武器系统：	8门双联装127毫米的高平两用炮和12座3联装25毫米高射炮
舰载飞机：	27架战斗机，27架俯冲轰炸机和18架鱼雷轰炸机
人员编制：	1600名官兵

以"翔凤号"轻型航空母舰为代价，击沉美国海军"列克星敦号"航空母舰，赢得一次战术上的胜利。在这场海战中，日本航空母舰为击沉美国1艘驱逐舰和1艘舰队油船浪费了大量精力，它们误把这2艘船当作了1艘巡洋舰和1艘航空母舰。日本航空

上图：与美国和英国航空母舰一样，"瑞鹤号"航空母舰也进行了战时改装，包括升级对空防御系统。1943年，该艘航空母舰还安装了13型对空警戒雷达系统与21型对空/水面警戒雷达系统（21号电探）

母舰上的24架97式和36架D3A"瓦尔"轰炸机未能穿透美军航空母舰的防空掩护。5月8日，暴雨如注，美军发起了类似的攻击，但没发现日军"瑞鹤号"航空母舰。尽管"瑞鹤号"航空母舰未受到损害，但舰上训练有素的飞行员队伍却损失惨重。这艘航空母舰与其姊妹舰不得不返回日本，重新对舰载机飞行员进行训练。这样一来，第5航空战队未能参加

中途岛海战。中途岛海战后的1个月，"瑞鹤号"航空母舰被编入新的第1航空战队。在接下来的1个月，它赶赴所罗门群岛攻击驻瓜达尔卡纳尔岛的美军，但由于战时飞机严重短缺，航空母舰上搭载的飞机远远达不到满编的数量。

1942年8月24日，在东所罗门群岛海战中，"瑞鹤号"重创美国"企业号"航空母舰，但自身也付出了相当高的代价。1944年6月，在菲律宾海海战中，"瑞鹤号"遭到重创，但舰上人员设法扑灭了即将吞没航空母舰的大火。随后，舰上人员用混凝土重新加固了航空母舰的燃料箱，排空了周围的空气。1944年10月，该艘航空母舰被编入第3航空战队，作为诱饵吸引支援莱特岛登陆的美国航空母舰。10月24日，"瑞鹤号"最后1次发起对美军的空袭，其所有舰载机均被击落。第2天，在恩加诺角海战中，美军飞行员击沉了全部4艘日军航空母舰。"瑞鹤号"成为首要袭击目标，在美机的2轮袭击中毫无招架之力，先是被1枚鱼雷击中，接着被第6枚和第7枚炸弹击中。在这样空前猛烈的打击下，"瑞鹤号"航空母舰很快便发生倾覆，沉入大海。

"翔鹤号"舰队航空母舰
IJN Shokaku Fleet Carrier

日本在1936年底退出限制战舰吨位的国际条约后，设计者开始设计建造能够满足需求的航空母舰。按照1937年的强军计划，日本将再建造2艘航空母舰，其基本与"飞龙号"类似，但必须足够庞大，以便满足需求。

经验教训
在建造"翔鹤号"航空母舰时，过去存在的所

有缺点都得到了纠正。舰上配备了2台飞机弹射器，有1座较大的机库，飞机容量从63架提高到了75架。该舰的动力系统也得到了相当大的提高（安装了日军战舰上有史以来功率最大的动力系统），在搭载5000吨燃油的情况下，航程可达到16000千米。同样重要的是，该级航空母舰与以前的航空母舰相比，配备有更重型的防空武器。从许多方面来讲，它们是世界上最先进的航空母舰，只有后来的"埃塞克斯"

技术参数
"翔鹤号"舰队航空母舰
舰种：舰队航空母舰
排水量：标准排水量25675吨，满载排水量32000吨
尺寸：长257.50米，宽26米，吃水深度8.90米
动力系统：4轴推进齿轮蒸汽轮机，功率160000马力（119312千瓦）
航速：34.2节（63千米/时）
防护装甲：最厚处215毫米的装甲带，总厚度170毫米的多层装甲甲板
武器系统：8门双联装127毫米高平两用炮和12座3联装25毫米高射炮
舰载飞机：27架战斗机，27架俯冲轰炸机和18架鱼雷轰炸机
人员编制：1600名官兵

级航空母舰才能超越它们。该级舰的一个重大缺陷是飞行甲板较轻，2座完全封闭且未加防护的机库使得这一缺陷更加突出。此外，与日本所有航空母舰一样，该级航空母舰的燃料系统易受攻击。不仅仅是通往机库的燃油管道和飞行甲板容易被附近发生的爆炸炸裂，贮油罐也容易受到冲击震动。

参战

　　"翔鹤号"航空母舰于1937年底开工建造，1941年8月下水，此时距离偷袭珍珠港只有几个月，尽管该艘航空母舰也参加了对于珍珠港的袭击，但舰上的飞行员们毫无经验，只是往瓦胡岛机场投下了一些炸弹。"翔鹤号"与其姊妹舰组建了第5航空战队，在1942年参加了在锡兰（今斯里兰卡）和新几内亚的战斗。

　　在珊瑚海海战中，"翔鹤号"遭到美国"约克城号"航空母舰的重创。该舰发生大火，却幸存下来，但不得不返回日本修理。这次海战中，该舰遭到的最严重的伤害是损失了86架飞机和大部分飞行员。这样一来，"翔鹤号"与"瑞鹤号"未能参加中途岛海战。7月14日，它们与轻型航空母舰"瑞凤号"一起被编入重建第1航空战队。在东所罗门群岛海战中，它们重创美国海军"企业号"航空母舰，但却损失了最宝贵的飞行员和飞机。10月26日，"翔鹤号"遭到美国航空母舰"大黄蜂号"上的1架俯冲轰炸机的袭击，而被重创。

　　在1944年6月19日的菲律宾海海战中，"翔鹤号"航空母舰被美国潜艇"竹荚鱼号"发射的3枚鱼雷击中，破裂的航空燃料箱发生爆炸，最后沉没。

上图：1944年6月19日，正在参加菲律宾海海战的"翔鹤号"航空母舰。该艘航空母舰在设计时综合了"飞龙号"和"苍龙号"航空母舰的建造经验，在不降低航行速度的前提下拥有了强大的防护装甲

下图：设计完美的"翔鹤号"航空母舰拥有强大的高射炮系统，但其燃料系统很容易遭到攻击

"瑞凤号"轻型航空母舰
IJN Zuiho Light Carrier

为了解决航空母舰数量的不足，日本海军参谋部决定把一些舰队的大型辅助舰，例如潜艇修理供应船，快速改装为战时使用的航空母舰。根据1934年通过的《第2次海军扩张案》，对"鹤崎号"高速油船进行了改装，舰体得到了特别的加固，在1939年开始服役。然而，其姊妹舰"高崎号"此时仍然没有完工，在造船厂逗留了将近4年时间，直到1940年1月才开始改装为1艘航空母舰，被命名为"瑞凤号"航空母舰。

"瑞凤号"航空母舰的改装

"瑞凤号"除了用蒸汽轮机替代了性能不可靠的柴油机外，原来的舰体尽可能被保留下来。该舰有1座最多可容纳30架飞机的机库，2部中央升降机，2台飞机弹射器，但没有岛形上层建筑。为了保持航空母舰的快速度和续航力，该舰没有安装计划中的装甲。"瑞凤号"的改装工作进行了1年之后，于1941年1月加入混合舰队。它与老式的"凤翔号"（来自第3航空战队）一道在同年秋季被派往帕劳群岛参加对菲律宾的进攻。接下来，在参加春季进攻东印度群岛之前，该舰返回日本进行修理。

突袭

幸运的是，"瑞凤号"航空母舰在中途岛与支援部队在一起，躲过了日军航空母舰主力部队被摧毁的命运。它在圣克鲁斯群岛海战中，被编入南云忠一海军上将指挥的航空母舰攻击部队。1942年10月25日7点40分，来自美国海军"企业号"航空母舰上的1架俯冲轰炸机发动了低空袭击，向"瑞凤号"航空母舰飞行甲板的中央投放炸弹，在甲板上炸出一个15米直径的弹坑，这就使得该舰无法降落舰载机，因此在放飞所有舰载机后，"瑞凤号"返回基地。

充当诱饵

1944年2月，"瑞凤号"重新加入第3航空战队，参加了菲律宾海海战。当时，其舰载机击中了美国海军"南达科他号"战列舰。在莱特湾的战斗中，"瑞凤号"作为诱饵引诱美军。在恩加诺角附近的战斗中，有2枚炸弹击中了"瑞凤号"的甲板，另有6枚近失弹。"瑞凤号"燃起了大火，海水也涌入船舱，但该舰仍然航行了6小时。此后日军其他航空母舰纷纷被命中，最后轮到了"瑞凤号"，在美军发起的3轮攻击之下，这艘航空母舰终于沉入了海底。

下图："瑞凤号"和姊妹舰"翔凤号"的前身是采用柴油动力的潜艇支援舰，在改装为航空母舰的过程中换装了蒸汽轮机，配备1座机库，可搭载舰载机30架

技术参数
"瑞凤号"航空母舰
排水量：标准排水量11262吨，满载排水量14200吨
尺寸：长204.8米，宽18.2米，吃水深度6.6米
动力系统：蒸汽轮机，功率52000马力（38776千瓦），双轴推进
航速：28.2节（52千米/时）
防护装甲：无
武器系统：4座联装127毫米高平两用炮和4座双联装25毫米高射炮
飞机：30架
人员编制：785名官兵

"翔凤号" 轻型航空母舰
IJN Shoho Light Carrier

1939—1940 年，潜艇支援船"鹤崎号"曾经加入日本联合舰队服役，但在姊妹舰"高崎号"于 1940 年被改装成为航空母舰后，它也进行了同样的改装，1942 年 1 月作为轻型航空母舰"翔凤号"重新服役。直到 1942 年春，"翔凤号"才真正开始参加作战行动，编入由五藤存知海军少将指挥的支援部队，掩护日本陆军进攻莫尔兹比港。正是此次入侵行动导致了珊瑚海海战的爆发，这是历史上的首次航空母舰大战。

轰炸

1942 年 5 月 6 日，"翔凤号"驶往莫尔兹比港。10 点 30 分，在布干维尔岛南部 100 千米处，它被美军 4 架 B-17 型轰炸机发现。这 4 架美机企图对该艘航空母舰实施高空轰炸，但未对其造成任何损伤。接下来，双方均不知对方的位置。为了搜寻美国航空母舰的行踪，第 2 天黎明时分，日本海军派出侦察机进行扫描式侦察。7 点 30 分，侦察机报告说发现了 1 艘航空母舰和 1 艘巡洋舰，"翔鹤号"和"瑞鹤号"

技术参数
"翔凤号" 轻型航空母舰
排水量： 标准排水量 11262 吨，满载排水量 14200 吨
尺寸： 长 204.8 米，宽 18.2 米，吃水深度 6.6 米
动力系统： 蒸汽轮机，功率 52000 马力（38776 千瓦），双轴推进
航速： 28.2 节（52 千米 / 时）
装甲防护： 无
武器系统： 4 门双联装 127 毫米高平两用炮和 4 门双联装 25 毫米高射炮
飞机： 30 架
人员编制： 785 名官兵

立刻起飞舰载机发起猛烈攻袭。不幸的是，这支所谓的"特混舰队"事实上是美国海军油船"尼尔肖号"以及担任护航任务的驱逐舰"西姆斯号"。这是一个致命的错误，因为正当日军进攻这 2 艘美舰时，错过了发现美军第 17 特混舰队的机会，从而使得美军有时间发现"翔凤号"航空母舰大队。

血战

日本海军命令倒霉的"翔凤号"航空母舰起飞全部飞机攻击美国航空母舰。9 点 50 分，美军"列克星敦号"航空母舰打击大队发现"翔凤号"航空母舰正在逆风转弯，日军未对美军的攻击进行任何抵抗。在第 1 轮的袭击中，美军没有击中目标，但 1

下图："翔凤号"航空母舰 1942 年 1 月开始服役，但与"瑞凤号"不同，它的作战生涯极其短暂。尤其不幸的是，"翔凤号"成为日本在战争中损失的第 1 艘航空母舰，在 1942 年 5 月 7 日的珊瑚海海战中被美国海军"约克城号"航空母舰击沉

枚差点击中舰体的炸弹炸飞了"翔凤号"甲板上的5架飞机。10点25分，第2轮攻击开始，此次是由美军"约克城号"航空母舰发起的。在此次袭击中，虽然"翔凤号"的护航舰已启动了防空火力，但仍有2枚454千克的炸弹击中了飞行甲板，"翔凤号"被炸得左右摇晃，速度慢了下来。接下来，更多的炸弹和鱼雷落到了"翔凤号"航空母舰之上。根据日本方面的记载，共有11枚炸弹和7枚鱼雷击中"翔凤号"航空母舰，后者随即陷入一片火海。

日军的损失

大约6分钟后，最后1架美军飞机结束攻击任务。10点35分，熊熊燃烧的"翔凤号"舰体发生倾覆，很快沉入大海。全舰800名官兵之中，只有255人获救。"翔凤号"是日本在战争中损失的第1艘航空母舰。

"隼鹰"级改装航空母舰
Junyo Class Aircraft Carrier Conversions

与先前的3艘"大鹰"级航空母舰一样，"隼鹰号"及其姊妹舰"飞鹰号"航空母舰均是由日本邮船株式会社的班轮改装而来，在最初设计时，这2艘日本邮船株式会社的舰艇就有改装为军舰的设计。后来，"大鹰"级邮船被日本军方接收进行改装，2艘舰均在1941年6月下水，此时距离太平洋战争爆发还有5个月。这2艘舰在1942年中期改装完毕。

宽敞的航空母舰

由于"隼鹰"级的前身是客轮，因此能够在舰上建设2座机库。它们的飞行甲板面积很大，为210.2米×27.3米。舰上有2部中央升降机。但该级航空母舰的速度较慢，也没有安装飞机弹射器。

附加装备

这2艘舰是第1批将烟囱作为上层建筑一部分安装的日本航空母舰，不过上层建筑布置仍显得怪异——呈锐角向外倾斜。除了未完工的意大利航空母舰"天鹰座号"之外，这2艘日本航空母舰是最大的从商船改装成的航空母舰。

"隼鹰号"航空母舰上搭载的53架飞机本来可

技术参数
"隼鹰"级改装航空母舰
排水量：标准排水量24500吨，满载排水量26960吨
尺寸：长219.2米，宽26.7米，吃水深度8.2米
动力系统：齿轮蒸汽轮机，功率56000马力（41759千瓦），双轴推进
航速：25节（46千米/时）
装甲防护：无
武器系统：12门127毫米高平两用炮和24座25毫米高射炮
舰载机飞机：53架
人员编制：1220人

以在中途岛海战中发挥决定性作用，但该舰却参加了毫无结果的阿留申群岛牵制战。在1942年的圣克鲁斯海战中，"隼鹰号"上的舰载机击伤了美国海军"南达科他号"战列舰和1艘巡洋舰，并在击沉美国航空母舰"大黄蜂号"中发挥了重要作用。这2艘航空母舰被编入角田觉治指挥的第2航空战队并肩作战。然而，在菲律宾海海战中，小泽治三郎率领的舰队遭遇米切尔率领的第58特混舰队，2艘舰被迫分开。其中，"隼鹰号"在战斗中被炸成重伤，"飞鹰号"在爆炸后沉没。当时，"飞鹰号"曾被2枚鱼雷击中，很可能是因为汽油箱泄漏后聚集的燃油蒸汽发生爆炸，最终导致其葬身海底。

退役

"隼鹰号"航空母舰刚一结束维修，便在1944年12月遭到鱼雷袭击，虽然未被击沉，但从此再也没有服役过，成为为数极少的落入美军手中的日军舰船。

下图："隼鹰"级航空母舰拥有宽敞的班轮舱体，配备2座机库，但速度较慢。由于没有安装飞机弹射器，飞机作战受到影响。该级的2艘航空母舰均参加了菲律宾海海战，其中，"隼鹰号"遭到重创，"飞鹰号"被击沉

"大凤号"舰队航空母舰
IJN Taiho Fleet Carrier

从技术上说，作为日本最先进的航空母舰，"大凤号"航空母舰在许多方面都是独一无二的。1939年，日本情报机构获悉英国"卓越"级航空母舰将安装装甲飞行甲板，根据《第4次海军扩张案》（"丸四"案），日本也决定建造新型的装甲航空母舰。中途岛海战进一步展示了装甲飞行甲板的重要意义。于是，日本在1942年又订购了2艘装甲航空母舰。

日本人的设计理念与英国的"盒式机库"概念十分不同，英国航空母舰仅有飞行甲板受到75毫米的装甲保护，此外，仅在升降机之间有一些装甲保护，而日本航空母舰配置2层机库，低层机库采用35毫米的装甲保护，水线也配置有防护装甲，而且保护得更充分。舰上的弹药库加装了150毫米厚的防护装甲，动力系统也安装了55毫米的防护装甲。

超重带来的恶果

全方位的装甲防护使得舰船头重脚轻，为了保

技术参数
"大凤号"舰队航空母舰
排水量： 标准排水量29300吨，满载排水量37270吨
尺寸： 长260.5米，宽27.7米，吃水深度9.6米
动力系统： 蒸汽轮机，功率180000马力（134226千瓦），4轴推进
航速： 33节（61千米/时）
装甲防护： 见文中
武器系统： 6座双联装100毫米口径高射炮和15座3联装25毫米高射炮
飞机： 30架D4Y"彗星"俯冲轰炸机，27架A6M"零"式战斗机和18架B6N"天山"鱼雷轰炸机
人员编制： 2150人

持舰船的稳定性，设计者被迫减少了吃水线上的一层甲板。这意味着低部的机库甲板刚好位于吃水线之上，而升降机井道底部位于吃水线之下。

该型航空母舰安装了高射速的100毫米口径98型双联装火炮，这是当时最先进的高射炮，此外还首次安装了空中警戒雷达。该舰原计划搭载84架飞机，但完工后仅能搭载75架。事实上，日本可以满足该

下图：作为日本最先进的航空母舰，"大凤号"航空母舰配置有1条装甲飞行甲板、封闭的舰艏，以及最先进的防空设备（包括首次安装的1部空中警戒雷达）"大凤号"在菲律宾海海战时葬身海底

艘航空母舰所需的飞机数量，但无法提供足够数量的训练有素的飞行员。

遭遇鱼雷攻击

　　这艘新型航空母舰被称为"大凤号"，于1941年7月开工建造，1944年3月下水。随后就被编入第1航空战队，并与"翔鹤号"和"瑞鹤号"一起被派往新加坡。在第1航空战队的航空大队训练完毕后，被派往菲律宾南部加入第1机动舰队作战。6月19日，在菲律宾海海战中，"大凤号"航空母舰上的

飞机刚一起飞，美军潜艇"大青花鱼号"就发射了6枚533毫米口径鱼雷，其中1枚命中该艘航空母舰。"大凤号"的燃料箱破裂，但速度仅仅略微降低，舰上人员在拥挤的前部升降机上铺设木板，试图继续起降飞机。然而，致命的燃油蒸汽从舰上蔓延开来，在遭到鱼雷攻击5小时后，一场巨大的爆炸发生了，这次爆炸很可能是由电泵上的开关短路引起的。"大凤号"的装甲飞行甲板被扯裂，机库四周出现爆裂，大约90分钟后，"大凤号"葬身海底。

"云龙"级舰队航空母舰
IJN Unryu Class Fleet Carrier

　　与美国一样，日本认为在急需航空母舰的战争时期，批量生产采用标准化设计的舰船是得到足够数量的高质量航空母舰的唯一方法。出于这一目的，日本对"飞龙号"航空母舰的基础设计进行了改进，并根据1941—1942年的战争计划向不同的造船厂订购。日本原计划订购17艘"云龙"级航空母舰，尽管其中一些已经在中途岛海战之前开工建造，但航空母舰所遭受的惨重损失，使得日本认为短期最好的解决办法就是进行改装。于是，"云龙号"的建造计划被放慢下来，最终因为缺少材料而终止。在这项计划中，仅有3艘完工，另有3艘下水。

技术参数
"云龙"级舰队航空母舰
排水量：标准排水量17250吨，满载排水量22550吨
尺寸：长227.2米，宽22米，吃水深度7.8米
动力系统：蒸汽轮机，"云龙号"功率152000马力（113346千瓦）；"阿苏号"和"葛城号"功率104000马力（77553千瓦），4轴推进
航速："云龙号"34节（63千米/时），"阿苏号"和"葛城号"32节（59千米/时）
装甲防护：25～150毫米装甲带，55毫米装甲甲板
武器系统：12门127毫米高平两用炮及51～89门25毫米高射炮
飞机：64架
人员编制：1450人

生产

3艘完工的航空母舰为"天城号"（1944年8月）、"葛城号"（1944年10月）和"云龙号"。另外3艘下水的航空母舰为"阿苏号""生驹号"和"笠置号"。"云龙"级航空母舰与"飞龙"级航空母舰在设计上的主要区别在于"云龙"级少一部升降机，并改变了主要的武器装备的配置。尽管这2级航空母舰长度大致相同，但"云龙"级由于宽度加大，稳定性较好。但不知出于什么原因，"云龙"级航空母舰的飞机容量较小。"云龙"级航空母舰的要害部位均得到了很好的保护，与所有大型"常规"航空母舰一样，

"云龙"级也有很高的速度，与后期建造的重型巡洋舰拥有相同的动力设备。由于器材严重短缺，有2艘下水的航空母舰不得不安装了几套驱逐舰上使用的动力装置。第3艘航空母舰的输出功率有所降低，但航速仅降低几节。"云龙号"在1944年12月被1艘美国潜艇击沉，"天城号"于1945年7月在吴港的空袭中沉没，"葛城号"侥幸存活下来并投降（1947年拆解）。

下图："云龙"级采用标准设计与批量建造。尽管计划建造17艘，但这款基于"飞龙号"设计的航空母舰仅完成3艘，且只有"云龙号"在完工后参加了战斗

"信浓号"舰队航空母舰
IJN Shinano Fleet Carrier

中途岛海战中，来自美国航空母舰上的舰载机击沉日军4艘航空母舰，这次惨重损失使得日本人确信航空母舰比战列舰的价值更大，急需增加航空母舰的数量。

日本许多雄心勃勃的航空母舰改装计划均基于这一看法，表现最突出的是"信浓号"航空母舰的改装。"信浓号"航空母舰由尚未彻底建成的第3艘"大和"级战列舰改装而来，其满载排水量接近72000吨，直到战后美国建成超级航空母舰之后，其吨位才被超越。该舰装备了200毫米厚的装甲甲板，舰体宽度进一步加大，从而可以铺设1条80毫米厚的装甲飞行甲板。

技 术 参 数
"信浓号"舰队航空母舰
排水量： 标准排水量 64000 吨，满载排水量 71900 吨
尺寸： 长 265.8 米，宽 36.3 米，吃水深度 10.3 米，飞行甲板 255.9 米 ×40.1 米
动力系统： 蒸汽轮机，功率 150000 马力（111855 千瓦），4 轴推进
航速： 27 节（50 千米 / 时）
装甲防护： 舰体装甲 205 毫米，飞行甲板 80 毫米，机库甲板 200 毫米
武器系统： 16 门 127 毫米高平两用炮，145 门 25 毫米的高射炮和 12 座 28 管防空火箭发射器
飞机： 18 架，后为 47 架
人员编制： 2400 人

"信浓号"航空母舰的体积很大，舰体比排水量不到它一半的"大凤号"航空母舰宽出许多，但在长度方面却比"大凤号"短了1米多。"信浓号"的速度太慢，不能用作攻击型航空母舰，它甚至没有安装飞机弹射器。该舰计划搭载一支由18架飞机组成的小型舰载机载机编队，但在完工后搭载了47架飞机，尽管如此仍然未能达到满编的飞机数。该艘航空母舰拥有庞大的存储空间，主要用来为常规航空母舰的舰载机提供维修与补给。

下图："信浓号"航空母舰的前身是第3艘"大和"级战列舰，是当时最大吨位的航空母舰。由于飞机容量不大，再加上速度较慢，它最后只能作为前线航空母舰的维修与补给基地。即便如此，它的这种任务也是注定无法完成的

短暂的生涯

与"大凤号"一样，"信浓号"航空母舰配置有一体化的烟囱和岛形上层建筑。在改装过程中，"信浓号"所存在的缺点仅仅是理论上的。1944年10月，当日本舰队在莱特湾遭受毁灭性打击时，"信浓号"的改装工作还未全部完成。该舰从横须贺转移到吴港进行最后的舾装，途中被从1艘美国潜艇发射的6枚鱼雷击中，由于其水密舱当时尚未完全建成，海水毫无控制地涌进舱内。11月29日，该航空母舰沉没。

"大鹰"级护航航空母舰
IJN Taiyo Class Escort Carrier

航空母舰除了为日本作战舰队使用之外，还有着其他的用途。首先，日本迫切需要保护海上航线的安全。很多日本人缺少实践经验，而且认为战争不会持续太久，这使得航空母舰的护航功能在战前被严重忽视。其次，航空母舰上需要训练大批参加航空母舰作战的飞行员，这是一项无法省略的任务。最后，航空母舰被用于向新占领的广大地域运送飞机，这项任务十分必要，因为那里的机场距日本本土往往很远。

与西方国家海军舰队一样，日本海军把一些具有优质吨位的商船改装成为辅助航空母舰，尤其是

技术参数
"大鹰"级护航航空母舰
排水量：标准排水量17850吨
尺寸：长180.1米，宽22.5米，吃水深度8米，飞行甲板171.9米×23.5米
动力系统：蒸汽轮机，功率25200马力（18792千瓦），双轴推进
装甲防护：无
武器系统：8门127毫米两用途高射炮（除"大鹰号"外）和8门（后为22门）25毫米高射炮
飞机：27架
人员编制：800人

上图：日本3艘"大鹰"级护航航空母舰主要用于飞机运输和训练。舰上的重型高射炮形同虚设。这3艘航空母舰全部被美国海军潜艇所击沉，其中，"大鹰号"被"红石鱼号"潜艇击沉，"云鹰号"被"石首鱼号"潜艇击沉，"冲鹰号"被"旗鱼号"潜艇击沉

日本邮船会社的舰船，政府在这一过程中没有进行过多干预。"大鹰号"就是这样1艘航空母舰，1941年在太平洋战争爆发前由"春日号"邮船改装而来，成为"大鹰"级航空母舰的首舰。

经过几个月的论证，邮船"八幡丸号"和"新田丸号"被改装成为"云鹰号"和"冲鹰号"航空母舰。

这2艘航空母舰比西方国家的护航航空母舰体积要大，但均未装备着舰拦阻装置或飞机弹射器。再加上速度较低，使得飞机的起降非常困难。这样一来，这些飞机只能执行一些辅助性的任务。在1943年12月至1944年9月的10个月里，这2艘航空母舰全部被潜艇鱼雷击沉。

也许受到所能够安装的武器系统的限制，第1艘"大鹰"级航空母舰装备了120毫米口径的火炮，这些火炮很可能是从老式的驱逐舰上拆卸而来的。

3 の SUBMARINE 潜艇

RO-100 和 RO-35 级近海潜艇
RO-100 and RO-35 Classes Coastal Submarines

小型或中型潜艇在日本帝国海军中被称为"ロ"（片假名，即日语平假名中的"ろ"，罗马音为Ro）型。RO-100 也被叫作"海小"或 KS 型。这些潜艇于 1941—1943 年在吴市海军船厂建造，它们在设计时定位于在日本本土沿海附近使用的续航能力有限的舰船。正是由于这个原因，其实际使用深度被削减到 75 米。然而，这些潜艇也被用于保护众多岛屿，这些岛屿对于保护新设立的"外层国防圈"非常重要。这些岛屿大多被很深的水域围绕，这对 RO-100 潜艇是非常不利的。潜入水下后，它们过小的声呐轮廓无法弥补操作性的不足，该级别的 18 艘潜艇都沉没了，仅有 2 艘是被飞机击沉的。该级别中不少于 5 艘是被护航驱逐舰"英格兰号"在仅仅 8 天之内击沉的。

续航性

1 艘 RO-100 潜艇在印度东海岸附近沉没，该型艇的续航力问题可见一斑。设计中续航能力比更早期的 RO-33 级更小，与英国的 U 级相似。所以，它们不适合进攻被认定为潜艇首要目标的战舰。但是，虽然该型艇的性能足以有效打击商船，但由于日军潜艇部队高层缺乏想象力，部队未能取得出彩的战果。

> **技术参数**
>
> **RO-100 级近海潜艇**
>
> **排水量：** 水面 601 吨，水下 782 吨
>
> **尺寸：** 长 60.9 米，宽 6.1 米，吃水深度 3.5 米
>
> **动力系统：** 水面使用柴油机，功率 1100 马力（820 千瓦）；水下使用电动机，功率 760 马力（567 千瓦）；双轴推进
>
> **航速：** 水面 14 节（26 千米/时），水下 8 节（15 千米/时）
>
> **航程：** 水面以 14 节（26 千米/时）的速度可航行 6500 千米，水下以 3 节（5560 米/时）的速度可航行 110 千米
>
> **武器系统：** 1 门 76 毫米火炮（通常都被拆除），4 具 533 毫米鱼雷发射管（全部朝向前方），另携带有 8 枚鱼雷
>
> **人员编制：** 38 人

平行的级别

RO-18 级在战前被订购，但直到 1944 年 5 月才完成，还有 9 艘被取消了。

平行的 RO 级——RO-35 级（"海中"或 K6 型）吨位更大，是日本帝国海军建造的最后一批中型潜艇。建造的 18 艘中仅有 1 艘在战争中存活下来。在战争中，RO-35 和 RO-100 仅击沉了 4 艘小型舰艇和 6 艘商船，糟糕的战果也导致另外 60 艘 RO-35 潜艇建造计划被取消。

下图：与英国的 U 级潜艇相比，RO-100 在性能和尺寸方面更胜一筹，但事实证明其操纵性并不尽如人意

I-15 级远洋潜艇
I-15 Class Ocean-Going Submarine

I（平假名イ）是《伊吕波歌》中的第一个假名，相当于英语字母表中的 A，因此被用于指代更大型的潜艇，用于跟随舰队行动或巡航行动。这两项功能在该级别的潜艇上合二为一，日军的"舰队潜艇"是旧有战术理念的遗存，旨在利用水面航行性能出色的大型潜艇为水面舰艇部队提供近距离支援，但该理念在实战中的表现并不成功。

设计影响

I-15 级在设计时受到以前的两种设计方案的影响。第 1 种是 20 世纪 30 年代中期的舰队潜艇——KD 型，该潜艇的海面航行速度能达到 23 节（43 千米 / 时），航程足以跨越太平洋完成岸对岸往返航行。另 1 种是稍晚一些的"巡洋"型，自带有封闭式水上飞机库。该级别中的 1 艘——I-25 首次放飞 1 架横须贺 E14Y1 飞机对美国大陆发动了攻击。1942 年 9 月 9 日，藤田信雄飞行曹长驾驶飞机从潜艇上起飞，在俄勒冈森林上空投下 4 枚 77 千克含磷燃烧弹，试图引燃森林。这次进攻失败了，尽管曾进行过这样的轰炸袭击，但这些飞机似乎主要还是用于增强潜艇的侦察能力，而不是用于进攻。

第 1 批 I-15 级潜艇——B1 型总共建造了 20 艘。机库位于一个从指挥塔中伸出（朝向前方）的 1 个很低的流线型结构上。干舷的位置更高，目的是改善飞机在波涛汹涌的海面上的操纵性，1 个倾斜的弹射轨道让飞机的位置进一步提高了。此外还设有回收

技术参数	
I-15 级远洋潜艇	
排水量：	水面 2590 吨，水下 3655 吨
尺寸：	长 108.6 米，宽 9.3 米，吃水深度 5.1 米
动力系统：	水面使用柴油机，功率 12400 马力（9247 千瓦）；水下使用电动机，功率 2000 马力（1491 千瓦）；双轴推进
航速：	水面 23.5 节（44 千米 / 时），水下 8 节（15 千米 / 时）
航程：	水面以 16 节（30 千米 / 时）的速度可航行 26000 千米，水下以 3 节（5560 米 / 时）的速度可航行 185 千米
武器系统：	1 门 140 毫米火炮，2 门 25 毫米高射炮，1 架横须贺 E14Y1 飞机，6 具 533 毫米鱼雷发射管（全部朝向前方），共配备 17 枚鱼雷
人员编制：	100 人

飞机用的弯臂吊车。1 门 140 毫米火炮安装在一个坚固的平台上。在实际使用中，事实证明飞机及其装备遇到的困难超过其所带来的价值，一些潜艇拆除了飞机的位置，并安装第 2 门火炮以增强进攻能力。就其本身而言，这些潜艇是日军潜艇中最成功的，据记录它们击沉了 8 艘战舰（包括 I-19 击沉的美军航母"黄蜂号"）和共计大约 40 万吨的 59 艘商船。

I-15 潜艇的损失也是灾难性的，主要原因就是它们糟糕的水下性能，另一个因素就是它们携带的鱼雷只够齐射 3 次。日本投降时，建造的 20 艘中仅有 1 艘存活下来。相似的 B2 型为 I-40 级（共完工 6 艘），B3 型则为 I-45 级（共完工 3 艘）。

下图：I-15 级在设计时是为了把飞机放进潜艇之中。几艘该级别的潜艇，外加相似的 B2 型和 B3 型，都被改装以搭载"回天"自杀式小型潜艇

I-361、I-373 和 I-351 级补给潜艇
I-361, I-373 and I-351 Classes Supply Submarines

通往瓜达尔卡纳尔岛的"东京快车"这一壮举似乎让人们忽略了一个事实，即日本人还有其他岛屿驻地需要支援和补给。美国人的反击在 1943 年开始取得进展之后，这些岛屿中很多都被绕过了，因为它们的战略意义不大。随着美军坚定地跨过他们的供给线，日本海面部队（虽然还可调用）几乎没有机会存活下来了，所以 1942 年补加的建造计划包括 12 艘专门用于运载货物的潜艇，名字为 D1 型或 I-361 级。虽然体形不大，但这些潜艇看起来很笨拙，它们高高的外壳造型使其可以在指挥塔后方装载 2 艘 13 米的登陆艇。这些登陆艇可以抵御 60 米深的水压，并可以通过调整潜艇的浮潜深度进行收放。潜艇外部可装载约 20 吨货物，另可在艇体内装载 60 吨货物和 2 艘大型橡皮艇。该艇也可以仅搭载 110 名全副武装的士兵进行短途航渡。

按照日本人的标准，这些潜艇的水下续航能力是不错的。然而，它们的数量不足，因为补给的范围超过了这些潜艇的航程，因而需要更多数量的该级别潜艇。该型艇安装有 1 门 140 毫米火炮，但没有鱼雷发射管，早期潜艇上安装的 2 个发射管被拆除了，以改善潜艇糟糕的操纵性能。

下图：I-68 尺寸上与 I-361 级潜艇相似，一些 KD6a 级进攻型潜艇被改装用于运输，火炮被拆除，以前放置鱼雷的位置换成了 1 艘 13 米的登陆艇。I-68（后来编号更改为 I-168）于 1943 年 5 月被击沉

技术参数

I-361 级补给潜艇

排水量：水面 1440 吨，水下 2215 吨

尺寸：长 73.4 米，宽 8.9 米，吃水深度 4.7 米

动力系统：水面使用柴油机，功率 1850 马力（1380 千瓦），水下使用两轴电动机，功率 1200 马力（895 千瓦）

航速：水面 13 节（24 千米/时），水下 6.5 节（12 千米/时）

航程：水面以 10 节（18.5 千米/时）的速度可航行 27900 千米，水下以 3 节（5560 米/时）的速度可航行 220 千米

武器系统：1 门 140 毫米火炮，2 门 25 毫米高射炮

人员编制：70 人

自杀式潜艇

一旦被发现，这些补给潜艇就极易遭受敌人的攻击，该级别潜艇共计损失了 9 艘。D2 型或 I-373 级牺牲续航能力以换取装载能力，但该级别仅生产出两艘。D1 型中的 5 艘被改装以用于运载"回天"人工操作鱼雷（自杀式小型潜艇）。

更有野心的是 3 艘 I-351 级潜艇，更广为人知的名字是 SH 型（即"潜补"——"补给型潜水舰"的缩写）。这些潜艇的长度为 111 米，相当于德国的 XIV 型"奶牛"（Milchkuhe）潜艇。它们拥有 3 个船体，其中 2 个可以装载约 600 吨航空汽油，用于为远程水上飞机补充燃料。内侧可以装载各种货物、军械，甚至是轮换机组。该级别潜艇最终仅完工 1 艘。

I-400 型潜水航母
I-400 Class Aircraft-Carrying Submarine

日本海军为了对美国西海岸的战略目标进行有效的攻击，构想了能够搭载 2 架水上攻击机的潜艇。为了能够搭载 2 架飞机并获得所需的续航力，艇体必须足够大。长度暂且不说，为了将飞机起飞时对艇体的摇晃程度降到最低，充足的宽度是十分必要的。大体积的艇体可以增加搭载飞机的数量，这些飞机也可以作为侦察机使用，因此其在正式场合被称为"特殊潜艇"，简称"潜特型"（STo 型）。I-400 型潜艇可以同时执行警戒、攻击以及侦察等多种任务。

艇体全长约 122 米，由 1 个圆筒壳体构成，为了获得适当的长宽比例，艇体的形深超过了允许范围。因此，为了确保 100 米的实用下潜深度，耐压壳体在水平方向上分 8 个区建造。机库是从艇体独立出来的耐压圆筒，也可以从艇体内进入机库。I-400 型潜艇完工时可以搭载 3 架飞机，由于机库位于潜艇的中轴线，因此舰桥靠近左舷。日本海军潜艇的潜航性能并不是特别好，此外由于只考虑在美国大陆沿岸海域进行作战，潜艇只装备了原始的固定式通气管装置。

技 术 参 数
I-400 型潜水航母
类型： 巡洋型潜艇
排水量： 水面 5223 吨，水下 6560 吨
尺寸： 长 121.90 米，宽 12.00 米，吃水深度 7.00 米
动力系统： 水面使用柴油机，功率 7750 马力（5779 千瓦），水下使用电动机，功率 2400 马力（1790 千瓦），双轴推进
航速： 水面 19 节（35 千米／时），水下 7 节（13 千米／时）
航程： 水面以 14 节（26 千米／时）的速度可航行 7000 千米，水下以 3 节（5560 米／时）的速度可航行 110 千米
武器系统： 1 门 140 毫米甲板炮，10 挺 25 毫米高射机枪，3 架爱知"晴岚"攻击机（可携带鱼雷和炸弹），8 具 533 毫米艇艏鱼雷发射管（鱼雷 20 枚）
人员编制： 140 人（包括飞行人员）

右图：日本投降后，2 艘"I-400"与体形小得多"I-15"并排停靠在一起等待拆解。图中可以很清楚地看到这些潜艇的机库，弹射滑轨和舰桥

下图：日本的 I-400 型潜艇作战效能十分低下，在某种意义上来讲发挥不了多大作用，并且由于潜艇的体积大，特别容易受到攻击，能够执行的任务也很少，因此只有 3 艘 I-400 型潜艇建造完工

不走运的潜艇

I-400 型潜艇的壳体比较宽敞，因此采用了并联 2 台柴油机，共用 1 部齿轮箱的设计。I-400 型过大的艇体使得该舰在下潜时十分笨拙。

同 I-13 型潜艇一样，该级别潜艇建造的数量也很少，I-400 型仅仅完成了 3 艘就被迫停产，另 2 艘一直没有完工。这些潜艇并没有什么突出的表现，战后全部落入美军手中。

Ha-201 型快速近岸潜艇
Ha-201 Class Fast Coastal Submarine

日本海军的潜艇按大小可分为 I、Ro、Ha 三类，排水量不足 500 吨的潜艇被命名为 Ha 型潜艇。

在日本设计的众多潜艇中，技术含量最高的 Ha-201 型小型潜艇与全长 78 米的 I-201 型互为补充，分别相当于德国快速潜艇 XXIII 型和 XXI 型。

1943 年，随着美军一步步逼近，日本本土的压力不断增大，日本海军也把主要目标定在追踪水面舰船上，他们开始意识到现有的潜艇已经落后了。为了能夺回战略主动权，日本开始使用现有的潜艇集中对商船展开攻击，还希望以自杀式的方法攻击敌舰以保护本土，因此开发研制了航速快而且机动性能优良的 Ha-201 型小型快速潜艇。但是与德国潜艇一样，需要花费大量时间进行操作训练，因此美国方面完全占有优势。

战前，日本对全长 43 米的"第 71 号型"试验潜艇进行试验，根据获得的数据，计划尽快生产 90 艘。为了最大限度地进行生产，对 5 个地方的 5 家造船厂进行了总动员，但是只生产了 10 艘左右，并且在实战中没有突出表现的机会。

技术参数
Ha-201 型快速近岸潜艇
类型：近岸型潜艇
排水量：水面 377 吨，水下 440 吨
尺寸：长 53.00 米，宽 4.00 米，吃水深度 3.40 米
动力系统：水面使用柴油机，功率 400 马力（298 千瓦），水下使用电动机，功率 1250 马力（932 千瓦），单轴推进
航速：水面 10.5 节（19 千米 / 时），水下 13 节（24 千米 / 时）
航程：水面以 10.5 节（19 千米 / 时）的速度可航行 5600 千米，水下以 2 节（3700 米 / 时）的速度可航行 185 千米
武器系统：1 挺 7.7 毫米机枪，2 具 533 毫米艇艏鱼雷发射管（鱼雷 4 枚）
人员编制：22 人

流线型艇体

Ha-201 型潜艇的外部尽可能地没有突出部位。为了使仅有的 2 具鱼雷发射管发射的鱼雷能够命中目标，人们必须在近距离进行发射。此外，Ha-201 型潜艇在下潜过程中能在短时间内达到高速。

Ha-201 型潜艇的单轴驱动螺旋桨位于船体中心轴上的十字形舵后部，同现代潜艇十分相似。但

下图：Ha-201 型类似于德国小型快速 XXIII 型潜艇，但是比 XXIII 型艇体大而且续航力也较强，虽然预定进行生产，但是完工太迟，因此没有在战争中使用

是，自给力十分有限，搭载 22 名艇员时只能航行 15 天时间。为了延长潜航时间装备了一种通气管装置，但是在美军完全掌握制空权的时候，通气管依然未能投入使用。Ha-201 型潜艇同先进的德国潜艇一样，为战后美国海军的潜艇研制计划提供了宝贵的数据资料。

II 型近岸潜艇
Type II Coastal Submarine

1935 年，德国撕毁了禁止使用潜艇的《凡尔赛和约》，强行同英国签订了《英德双边海军条约》。该条约规定，德国海军可以按英国海军潜艇总吨位的 45% 的比例拥有潜艇。

德国潜艇部队司令官根据这些数据，分析、计算出能够满足战争需要的潜艇的种类和数量。第一次世界大战期间 UB 系列小艇在英国沿岸作战中曾取得巨大的成功，因此德国决定将与 UB 系列具有同等性能的小型潜艇改装成近岸型潜艇。

利用《凡尔赛和约》的漏洞，德国通过出口潜艇设计技术来建造自己的潜艇。1933 年，IIA 型的原型艇经德国设计，在芬兰建造。

大量建造

IIA 型迅速大量建造。这种级别的潜艇机动性能良好，有"划艇"的绰号，25 秒内就可以快速潜入水下。但它的排水量小，设计的续航力十分有限，为了增加其载油量，后期设计延长了艇体，依次出现了 IIB 型、IIC 型、IID 型等衍生型。IIB 型增大了燃料箱容量和艇体直径，IIC 型以 IIB 型为模板，使用了功率

技术参数
IID 型近岸潜艇
类型： 近岸型潜艇
排水量： 水面 314 吨，水下 364 吨
尺寸： 长 43.95 米，宽 4.87 米，吃水深度 3.90 米
动力系统： 水面使用柴油机，功率 700 马力（522 千瓦），水下使用电动机，功率 410 马力（306 千瓦），双轴推进
航速： 水面 13 节（24 千米 / 时），水下 7.5 节（14 千米 / 时）
航程： 水面以 12 节（22 千米 / 时）的速度可航行 6500 千米，水下以 4 节（7400 米 / 时）的速度可航行 105 千米
武器系统： 1 门 20 毫米高射炮（以后又增加了 4 门，3 具 533 毫米艇艏鱼雷发射管（鱼雷 6 枚）
人员编制： 25 人

更大的发动机，IID 型设置了调整水舱。II 型潜艇在耐压艇体的艏艉两端设有平衡水舱，采用内部配置速潜水舱的单壳体。由于仅有 3 具鱼雷发射管，再次填装的鱼雷数量也有限，因此又追加了水雷作为替代武器。

随着海战的重点转移到公海，II 型潜艇的建造于 1941 年结束，之后主要用于训练和试验。二战前及二战期间，II 型潜艇建造的总数为 IIA 型 6 艘、IIB 型 20 艘、IIC 型 8 艘、IID 型 16 艘。

下图：由于续航力不足，II 型近岸潜艇自 1941 年以后就不再建造了

VII 型潜艇
Type VII U-boat

VII 型远洋潜艇的设计与 II 型一样，保持了 1930—1931 年在芬兰建造的"维特西伦"系列潜艇的原型，其形状可追溯到为了在最大基准排水量内建造最大的潜水艇，10 艘 VIIA 型潜水艇（626/745吨）的尺寸是被严格控制的。为了使性能和攻击力达到最强，在艇外安装了艇艉鱼雷发射管（再装填只能在水上进行）。备用鱼雷也在艇外放置，以确保艇内的活动空间。

燃料的追加

VIIA 型唯一的缺点是贮藏燃料太少。因此，VIIB 型在外部加设了一个油罐，能装载 33 吨燃料，以 10 节（18.5 千米 / 时）的速度可航行 4633 千米。此外，VIIB 型潜艇发动机的功率要比 VIIA 型大一些，速度也稍快些。VIIA 型潜艇只有 1 个舵，而VIIB 以及以后所有潜艇均改为 2 个舵，这提高了潜艇的机动性能。

增大艇内空间

从 VIIC 型潜艇开始，此类潜艇加长了壳体，增大了内部空间，可安装更大功率的柴油发动机，这在水面航行时非常重要。改进后的 VII 型（包括各种小批次派生型）到第二次世界大战结束时共建造了近700 艘。后期改进的重点是，提高潜艇的常规最大下潜深度，加强指挥台的结构，以及加强防空武器和使用潜艇通气管等装备。这所有的一切都能反映出盟军反潜作战能力的提高，尤其是取消甲板炮体现出潜艇已经基本丧失从水面发动攻击的能力。

所有的德国潜艇都能够用标准的 533 毫米鱼雷发射管布设水雷。为了携带最大的捆绑式水雷，6 艘VII 型潜艇将船体中央部分延长了 10 米，安装了 5具垂直式水雷安装筒，每个筒内能装 3 枚水雷。这些安装筒穿过 1 号甲板延伸到指挥塔位置。1939—

技术参数

VIIC 型潜艇

类型： 远洋型潜艇

排水量： 水面 769 吨，水下 871 吨

尺寸： 长 66.50 米，宽 6.20 米，吃水深度 4.75 米

动力系统： 水面使用柴油机，功率 2800 马力（2088 千瓦），水下使用发电机，功率 750 马力（559 千瓦），双轴推进

航速： 水面 17.5 节（32.4 千米 / 时），水下 7.5 节（14 千米 / 时）

最大航程： 水面以 10 节（18.5 千米 / 时）的速度可航行 15750 千米，水下以 4 节（7400 米 / 时）的速度可航行 150 千米

武器系统： 88 毫米炮 1 门，37 毫米高射炮 1 门，20 毫米高射炮 2门（以后是 8 门），553 毫米的鱼雷发射管 5 具（艏部 4 具，艉部 1 具），鱼雷 14 枚

人员编制： 44 人

上图：在大西洋作战的潜艇多半是 VII 型。原来的 VIIA 型仅建造了 10 艘，紧接着 VIIB 型就诞生了

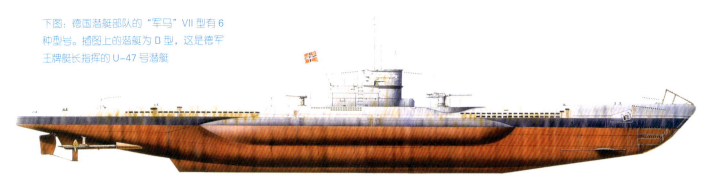

下图：德国潜艇部队的"军马"VII 型有 6 种型号。插图上的潜艇为 D 型，这是德军王牌艇长指挥的 U-47 号潜艇

1940 年的这种型号是 VIID 型，该艇被认为是现代大型导弹潜艇的鼻祖。

此外有 4 艘艇和 VIIF 型潜艇一样延长了壳体。扩大的空间最多能放 25 枚备用鱼雷，曾经计划让该艇为其他的潜艇输送鱼雷，以延长作战时间。但是即便是在双方静止的情况下，在水面上进行鱼雷装填也是非常困难的，这一计划最终被中止。VIIE 型计划实施推进系统的改良，但仅停留在研究阶段，没有实质进展。

IX 型潜艇
Type IX U-boat

IX 型潜艇是为远洋作战而设计的。其原型是小型的 II 型，不同的是它有 2 层壳体，燃料和压载水柜都在外壳。这样艇内可利用空间扩大了，外壳也能缓冲来自外界的冲击力，延长了内部耐压壳体的寿命，提高了潜艇的水面作战能力。为了延长巡航时间，艇内的居住条件也得到改善。装载鱼雷 22 枚，比 VIIC 型增加了约 50%，将甲板炮的口径从 88 毫米换成了 105 毫米。常规下潜深度为 100 米，最大下潜深度为 200 米。很多潜艇下潜到更深的深度也能幸存下来。IX 型艇的水上机舱和舵的构造与 VIIC 型艇相同。潜望镜 1 部在指挥舱（IXC 型以后取消了），2 部在指挥塔围壳上。

设计的发展

随着战争的发展，潜艇也在不断改进。从艇体长度上看就很清楚，最初的 IXA 型及 VIIA 型艇分别

技术参数
IXC 型潜艇
类型：远洋型潜艇
排水量： 水面 1120 吨，水下 1232 吨
尺寸： 长 76.70 米，宽 6.75 米，吃水深度 4.70 米
动力系统： 水面使用柴油机，功率 4400 马力（3281 千瓦），水下使用电动机，功率 1000 马力（746 千瓦），双轴推进
航速： 水面 18.2 节（34 千米／时），水下 7.5 节（14 千米／时）
航程： 水面以 10 节（18.5 千米／时）的速度可航行 25000 千米，水下以 4 节（7400 米／时）的速度可航行 115 千米
武器系统： 105 毫米炮 1 门，37 毫米高射炮 1 门，20 毫米高射炮 1 门，533 毫米鱼雷发射管 6 具（艇艏 4 具，艇艉 2 具），鱼雷 22 枚
人员编制： 48 人

是 76.5 米和 64.5 米，后来的 IXD 型及 VIIF 型艇延长到 87.5 米和 77.6 米。

对 IX 型艇改进的目的，提高攻击力在其次，更重要的是延长续航力。8 艘 IXA 型潜艇，在水面以 10 节（18.5 千米／时）速度航行时，可持续航行

上图：U-38号潜艇1938年10月服役，于1945年5月5日自沉。照片是出击2个月后从战场上归来

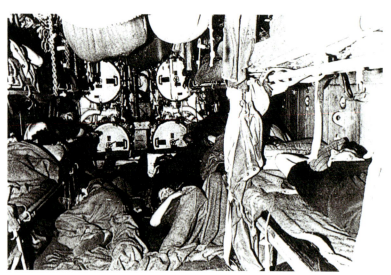

上图：潜艇的乘员生活。舱内空间狭小、潮湿且不卫生，条件非常艰苦，热起来很热，冷起来很冷，没有比这更恶劣的环境了

下图：1944年2月服役的U-805号潜艇，只出击过一次。从1945年3月开始执行巡逻任务，没有战绩。于1945年5月14日在美国的新罕布什尔港被俘

19500千米。1939年9月，IXB型最初的14艘潜艇续航力达到了22250千米。称得上是所有潜艇中最成功的，各艇的平均击沉吨位达到10万吨。IXB型艇装载23枚鱼雷，具有强大的攻击力，夜以继日地追猎着盟军的运输船队。

水雷布设艇

IXC型潜艇是最大型的一种，载油量增加，以10节（18.5千米/时）的速度持续航行25000千米。这一系列的潜艇，已经废除了指挥舱内的潜望镜，只在指挥塔围壳上有2部。

IXC型潜艇主要用于布雷，能容纳锚雷44枚，沉底水雷66枚。从外表上看，IXC型和IXC 40型相同，其实它能多带一些燃料，因此排水量稍大。

活跃在大西洋

IX型潜艇从战争一开始就在西大西洋及南大西洋一带活动。希特勒向美国宣战之后，直到盟军正式组建护航船队之前，IX型潜艇作为VIIC型潜艇的补充，一直沿美国东海岸南下到加勒比海，攻击过往船只。

1940年初，将艇体再延长10.8米的IXD型潜艇出现了。建造了2艘IXD1型，但没有装备武器，却装载了给其他潜艇补给用的燃料250吨。接着建造的29艘IXD2型艇的续航力达到了58400千米。该艇在印度洋各处作战，活动范围竟到达了日本。为了扩大目视搜索范围，该型潜艇配备有用于牵引单人无动力旋翼风筝的小型桅杆。通过对IXD2型艇的总结研究，德国又建造了IXD2-42型艇，但只建造了1艘。由于新式柴油发动机的出现，IXD1型艇的水面速度可达21节（39千米/时）。

但是这种发动机可靠性不高，因此没有继续使用。

X 型和 XI 型布雷和远程巡航潜艇
Type X and Type XI Minelayer and Long-Range Cruiser Submarines

在战前德军参谋部要求的 5 种潜艇中，近程、中程和远程潜艇分别是 II 型、VII 型和 IX 型。另外两种分别是"小型"布雷潜艇和一种远程巡航潜艇，即 X 型和 XI 型。

主要的变型型号

XI 型一共仅建造了 3 艘，它们是长度为 115 米的大型船型，水面排水量为 3140 吨。它们是能潜入水中的海面突袭船，其海面航行速度可达到 23 节（43 千米/时），上层结构中可以容纳 1 架小型侦察水上飞机，同时艇体前后方各布置有 1 座双联 105 毫米火炮炮塔。

布雷舰设计

实际上，XA 型是一种布雷艇设计方案，但该型号还在设计阶段就被 XB 型取代了。这 8 艘潜艇体形更小，采用圆形截面的耐压船体，两侧是细长而平坦的外壳。在艇体中心线上，设有 6 具从龙骨一直延伸至艇体顶部的水雷装填圆筒，每个圆筒内可

技术参数

XB 型潜艇

类型： 布雷型潜艇

排水量： 水面 1763 吨，水下 2177 吨

尺寸： 长 89.8 米，宽 9.2 米，吃水深度 4.1 米

动力系统： 水面使用柴油机，功率 4200 马力（3132 千瓦），水下使用电动机，功率 1100 马力（820 千瓦）双轴推进

航速： 水面 16.5 节（31 千米/时），水下 7 节（13 千米/时）

航程： 水面以 10 节（18.5 千米/时）的速度可航行 34400 千米，水下以 4 节（7400 米/时）的速度可航行 175 千米

武器系统： 1 门 105 毫米火炮（后来被拆除了）；1 门 37 毫米高射炮；1 门（后来增加至 4 门）20 毫米高射炮；2 具 533 毫米鱼雷发射管（都朝向后方），15 枚鱼雷；66 枚水雷

人员编制： 52 人

以装填 3 枚水雷。在两侧的两层艇体之间还各设有 1 个更短的容器，内部可装载 2 枚水雷。

因此，该型艇的单艇水雷携带量达到 66 枚。由于在建造时考虑尽可能避免发生交战，XB 型仅安装了 2 个鱼雷发射管。

下图：由于在设计时更大型的巡航潜艇概念非常流行，XI 型没有优先权，最终仅建造了 3 艘。建造出来的 4 艘（U–112/–115）长度为 115 米，它们能以 12 节（22 千米/时）的速度航行 25430 千米

XVII 型近岸潜艇
Type XVII Coastal Submarine

反潜飞机和反潜雷达的组合逐渐使得潜艇利用其较高的水面航行速度发动进攻的优势消失了，其作为合适的进攻平台现在也面临生存问题，潜艇必须充分利用其水下的性能。不依赖于海面空气的机械系统，外加一个简洁的船体，只有这种组合才能满足潜艇水下性能的要求，而 XVII 型在这方面迈出了一大步。

设计激进的动力平台

这一概念的关键是沃尔特闭循环推进系统，其主要依赖于浓缩的过氧化氢在催化剂的作用下近乎爆炸性的分解。该反应会产生高温的蒸汽和游离氧气的混合体，燃料喷射进来后点火，进而产生高压气体推动常规的涡轮机。不幸的是，几乎任何杂质都会成为催化剂，导致该过程灾难性地提前。

舰船原型

事实表明，2 种原型船的机械装置都可以正常使用，该系统也用在了 XVII 型号上。一个不足之处是该系统的动力不足，只能驱动单螺旋桨的小型潜艇。对于远洋潜艇，动力系统还是采用常规的柴油 / 电动组合装置，耦合进来的沃尔特系统只能在交战时起到辅助作用。

艇体非常简洁，没有火炮，突出部件也几乎没有。耐压舱为 8 字形，由 2 个上下叠加的圆形耐压壳体组成，2 个壳体的直径并不相同。实际上，船体长宽比太大了，结果导致舰船的前进非常吃力，所以 XVIIA 型从来没有达到理论上 25 节（46 千米 / 时）

技术参数
XVIIB 型潜艇
类型：近岸型潜艇
排水量：水面 312 吨，水下 357 吨
尺寸：长 41.5 米，宽 3.4 米，吃水深度 4.3 米
动力系统：水面使用柴油机，功率 210 马力（157 千瓦）；水下使用沃尔特闭循环发动机，功率 2500 马力（1864 千瓦），或单轴电动机，功率 77 马力（57 千瓦）
航速：水面 9 节（17 千米 / 时），水下 21.5 节（40 千米 / 时）（使用沃尔特发动机），或 5 节（9 千米 / 时）（使用电动机）
航程：水面以 9 节（17 千米 / 时）的速度可航行 5550 千米，水下可航行 210 千米（使用沃尔特发动机）/75 千米（使用电动机）
武器系统：2 具 533 毫米鱼雷发射管（都朝向前方），每个发射管配备 4 枚鱼雷
人员编制：19 人

的速度，该型号可能是 2 个涡轮机共用 1 个传动轴。由于涡轮机共用传动轴，该型号仅建造出了 4 艘，修改的 XVIIB 型（建造了 3 艘）仅有 1 个涡轮机。船体内的空间仅能安装 2 个鱼雷发射管，每个鱼雷发射管各配有 1 枚备用鱼雷，鱼雷数量的不足随着鱼雷威力的显著提升而得到弥补。

后来计划的 XVIIK 型放弃了不稳定的沃尔特系统，转而采用了常规的柴油动力系统，并且使用储存在艇内的纯氧。

XVII 型的潜力

XVII 型的发展开始于海军力量的平衡向同盟国一方倾斜的时候。如果不是由于资源不足，该型号外加 XXI 型和 XXIII 型，也许可以使德国夺回海上控制权。

XXI 型远洋潜艇
Type XXI Ocean-Going Submarine

在德国海军潜艇发展历史上，最具影响力的一款设计当数 XXI 型远洋潜艇，它甚至确定了它所在时代的潜艇设计标准，并且一直持续到 10 年以后出现的核潜艇设计，可以说是现代潜艇的奠基者。由于采用了低阻力艇体和高能密度电池，该型潜艇首次实现了水下航速超过水面航速的突破。为了实现静音机动，主推进器还配备了低功率辅助动力系统。

双壳耐压艇体

与 XVII 型潜艇一样，XXI 型潜艇采用了双壳耐压艇体设计，整个艇体分为 8 段，在不同工厂进行建造，而后在位于汉堡的布洛姆 – 沃斯造船厂进行最后阶段的整合和组装。根据德国人的想法，这样的建造模式可以极大地缩短建造周期，从而达到每周 3 艘的建造效率，最终实现生产 1500 艘（U–2500 号到 U–4000 号）的目标。然而，这一目标最终未能实现，由于生产能力受限，绝大多数的建造计划最终被迫取消。

XXI 型远洋潜艇能够实现巡航期间全程水下航行，配备有供柴油发电机进行电池充电的水下通气管。此外，潜艇居住条件得到了大幅度改进，安装

技术参数
XXIA 型潜艇
类型： 远洋潜艇
排水量： 水面 1621 吨，水下 1819 吨
舰艇尺寸： 长 76.7 米，宽 6.6 米，吃水深度 6.2 米
动力系统： 水面使用柴油机，功率 4000 马力（2985 千瓦），水下使用电动机，功率 5000 马力（3730 千瓦），双轴推进
航速： 水面 15.5 节（29 千米／时），水下 16 节（30 千米／时）（主电动机推进）
航程： 水面航行 28800 千米，水下以 6 节（11 千米／时）的速度可航行 525 千米
武器系统： 4 门 30 毫米或 20 毫米口径高射炮，6 具 533 毫米口径鱼雷发射管（全部装在艇艏），配备 23 枚鱼雷
人员编制： 57 人

了空调系统和空气净化装置。该艇的鱼雷发射管都能够发射自导鱼雷，且通过艇载的主被动声呐系统，发动鱼雷攻击时无需潜望镜便可获得攻击诸元。

根据计划，德国人还打算研制 2 种改进型潜艇——XXIB 型和 XXIC 型，通过插入艇体延长段将鱼雷发射管数量从 6 具增加至 12 或 18 具。对于盟军来说，幸运的是，该型潜艇从来未能完全形成战斗力，有几艘被盟军飞机击沉在德国本土海域。

下图：与早期型号的潜艇相比，XXI 型潜艇有着极其优越的水下性能，不需要配备任何类型的甲板火炮，主被动声呐比较显眼。第一艘该型潜艇服役以后部署在挪威，但它的时运非常不济

XXIII 型高速近岸潜艇
Type XXIII High-Speed Coastal Submarine

1943 年，德国海军开始建造 XXIII 型潜艇，同 XXI 型艇一样，XXIII 型艇也采用了分段建造（分为 4 段）的模式，同样有着双层耐压艇体。为了便于快速大批量生产，XXIII 型潜艇在设计之初就尽量简化结构，只保留了少量必需的艇上装备。XXIII 型高速近岸潜艇的体形较小、机动灵活，主要用于浅水海域作战行动，这一点与它的同门兄弟 XXI 型潜艇如出一辙，它还有着非常强大的高容量电池组，可以获取最大的水下航速。

快速下潜

该型潜艇排水量较小，仅为 256 吨（水下），乘员 14 人。其水面航程 2500 千米（航速为 8 节，即 15 千米 / 时），水下航程仅为 325 千米（航速为 4 节，即 7 千米 / 时），水下最大航速为 12.5 节（23 千米 / 时），最大下潜深度为 180 米。由于空间有限，该型潜艇没有配备任何火炮，只能携带 2 枚鱼雷，而且必须在出港前的干船坞上事先装填进位于艇艏的鱼雷舱。由于设计独特，该型艇具有极强的快速紧急

技术参数
XXIII 型潜艇
类型：近岸型潜艇
排水量：水面 232 吨，水下 256 吨
尺寸：长 34.1 米，宽 3 米，吃水深度 3.8 米
动力系统：水面使用柴油机，功率 580 马力（433 千瓦），水下使用电动机，功率 600 马力（447 千瓦）或 35 马力（26 千瓦），单轴推进
航速：水面 10 节（18.5 千米 / 时），水下 12.5 节（23 千米 / 时）（主电动机推进）
航程：水面航行 2500 千米，水下以 4 节（7400 米 / 时）的速度可航行 325 千米
武器系统：2 具 533 毫米口径鱼雷发射管（全装于艇艏），配备 2 枚鱼雷
人员编制：14 人

下潜能力，最短记录为 10 秒钟。在对敌发起攻击时，必须从近距离上采取隐蔽而又快速的行动。

德国海军的 XXIII 型潜艇在实际作战中取得了很好的效果。1944 年 4 月 17 日，首艇 U-2321 号在德国汉堡下水；1945 年 1 月底，XXIII 型潜艇首次参加实战，包括 U-2321 号艇在内的 6 艘 XXIII 型潜艇奉命前往不列颠群岛以东海域执行战斗巡逻任务。

同年 5 月 7 日，U-2336 号潜艇在佛斯峡湾击沉英国护航运输队的 2 艘货船，这也是第二次世界大战期间被击沉的最后 2 艘运输船。此次行动中，参战的 6 艘 XXIII 型艇无一损失。作为一种在近海海域执行短距离作战任务的潜艇，XXIII 型潜艇在战斗中的优秀表现，充分证明了该型艇设计思路颇为成功的一面。

共有 62 艘 XXIII 型潜艇编入德国海军服役，其损失均由盟军飞机造成。

左图：1945 年 5 月，德国海军 U-2326 号潜艇在码头停靠，从周边背景可以清晰地识别出 XXIII 型潜艇的轮廓。令人吃惊的是，该艇仅仅装备了 2 具艇艏鱼雷发射管

"塞莱纳"级、"贝拉"级、"阿杜瓦"级和"碳钢"级远洋潜艇

Sirena, Perla, Adua and Acciaio Classes Sea-Going Submarines

作为意大利海军潜艇部队大幅扩张时期的一项成果，12艘"塞莱纳"级潜艇也被称为600型潜艇，这个数字名称的来源于它在浮航状态下的排水量，当然，其最终生产型号潜艇的排水量超过了这个数字。"塞莱纳"级潜艇的设计很大程度上受到了前面的"船蛸"级潜艇的影响，但由于它们早在后者服役之前就已经铺设了龙骨，因此在建造经验方面并没有得到多大的益处。由于设计简单且坚固耐用，该级潜艇被广泛应用，也因此遭受了惨重的损失，在1943年9月停战协定签署时，仅有1艘得以幸存下来。

"贝拉"级潜艇

紧随其后的"贝拉"级潜艇与"塞莱纳"级潜艇几乎完全相同，其中的2艘"埃里德号"和"玉石号"参加了西班牙内战。在第二次世界大战期间，"埃里德号"和"琥珀号"潜艇进行了改进，可以搭载SLC人工操作鱼雷。其中，后者在马塔潘角海战结束后2天，击沉了英国皇家海军"波拿文都号"巡洋舰。

1942年12月，"琥珀号"再次进行改装，对阿尔及尔港口进行袭击，重创盟国船只4艘，总吨位达到2万吨。

技术参数
"塞莱纳"级潜艇
排水量： 水面679～701吨，水下842～860吨
尺寸： 长60.18米，宽6.45米，吃水深度4.7米
动力系统： 水面使用柴油机，功率1200马力（895千瓦），水下使用电动机，功率800马力（597千瓦），双轴推进
航速： 水面14节（26千米/时），潜航：8节（15千米/时）
航程： 水面以8节（15千米/时）的速度可航行9000千米，水下以4节（7400米/时）的速度可航行135千米
武器系统： 1门100毫米火炮，2挺（后来增加到4挺）13.2毫米口径机枪，6具533毫米口径鱼雷发射管（4具安装在艇艏，2具安装在艇艉），配备12枚鱼雷
人员编制： 45人

上图：1942年，意大利海军潜艇"贝拉号"被俘后停靠在贝鲁特港口

下图：作为"阿杜瓦"和"贝拉"级潜艇的升级型潜艇，以"碳钢号"潜艇为首艇的13艘潜艇性能非常强大。1943年7月13日，"碳钢号"潜艇被英国皇家海军"不羁号"潜艇击沉

下图：作为专门用于地中海海域作战的潜艇，17艘"阿杜瓦"级潜艇使用意大利在北非的殖民地名字进行命名，该级潜艇经过改进后可携带人工操作鱼雷

不过，还有一级相似型号的潜艇在1936—1938年间下水，它们就是17艘"阿杜瓦"级潜艇，其中2艘经过改建，可以携带人工操作鱼雷进行作战。其中，"斯基尔号"的表现尤其成功，先后4次对英军的直布罗陀基地发起攻击，在1941年9月的攻击行动中击沉2艘舰船，其中就有辅助油船"邓贝戴尔号"。不过，该艇最辉煌的一次胜利是在1941年12月取得的，它用3枚人工操作鱼雷将英国皇家海军"伊丽莎白女王号"和"勇敢号"战列舰以及1艘油船击伤，使其在亚历山大港搁浅。1942年8月，"斯基尔号"被"艾莱号"反潜巡逻艇击沉在海法港外。

意大利海军600型潜艇的最后一批改进型艇，是建于1941—1942年的13艘"碳钢"级潜艇。

"卡尼"级远洋潜艇
Cagni Class Ocean-Going Submarine

对于意大利海军而言，他们很少在地中海以外的海域作战，所以很难评价他们发展远洋作战潜艇的意义何在。意大利的海上航运业向来非常发达，却无法拥有一支能在全球范围内保护其航行自由的水面舰队，加之其舰船普遍存在续航力低下的缺陷，在护航作战方面，甚至连对抗邻居法国的战斗力都没有。即便如此，4艘"卡尼"级潜艇还是在1939年9—10月开始铺设龙骨，此时正值德国和英法盟国之间爆发战争。鉴于这些潜艇主要用来进行远距离商船袭击作战，人们可以想象，它们早晚将会陷入与其他海军强国的海上战争。

技术参数
"卡尼"级远洋潜艇
排水量：水面 1680吨，水下 2170吨
尺寸：长87.9米，宽7.76米，吃水深度5.72米
动力系统：水面使用柴油机，功率4370马力（3260千瓦），水下使用电动机，功率1800马力（1345千瓦），双轴推进
航速：水面 17节（31千米/时），水下 8.5节（16千米/时）
航程：水面以12节（22千米/时）的速度可航行20000千米，水下以3.5节（6千米/时）的速度可航行200千米
武器系统：2门100毫米火炮，4挺13.2毫米机枪，14具450毫米口径鱼雷发射管（8具安装在艇艏，6具安装在艇艉），配备36枚鱼雷
人员编制：82人

右图：意大利海军"卡尼号"潜艇从海上归来，从照片上可以看出，艇上配备了强大的火力系统，2门100毫米口径火炮和4挺13.2毫米口径机枪。另外，该艘潜艇典型地反映出那个时代意大利海军潜艇设计的外部特征

大型潜艇

"卡尼"级潜艇是意大利海军建造的体型最大的攻击型潜艇，采用450毫米口径鱼雷，可以搭载一个200千克弹头，比通常的110千克弹头要大出许多，但与533毫米口径鱼雷的270千克弹头相比，仍然要逊色许多。由于射程较近，这些弹头主要用来进攻一些"软"目标。该级潜艇的最大优势在于可以携带36枚鱼雷，其中，艇艏配置8具发射管，艇艉配置6具，以最大限度地确保攻击的成功率。它的一个与众不同的优势在于，这些鱼雷可以从潜艇的一端传输到另一端。此外，为了进一步配合和增强鱼雷攻击力，该级艇还配置了2门甲板火炮。

根据意大利政府的战略规划，他们进行地中海战争的目的在于确保北非航线畅通无阻，因此，在其海军水面舰队遭受重大损失之后，不得不把这些大型潜艇投入战场。在完成15批次护航任务之后，4艘中有3艘在短短3个月内被盟军相继击沉。只有该级潜艇的首艇"卡尼号"完成了2次远程巡逻，但仅仅击沉不到1万吨的商船。

下图：作为"卡尼"级潜艇的命名艇和唯一幸存者，"卡尼号"配置了1座经过改进的颇具德国风格的潜艇指挥塔，极大地减少了潜艇的雷达反射面

"阿基米德" 级远洋潜艇
Archimede Class Ocean-Going Submarine

4艘"阿基米德"级潜艇是其前身"塞特布里尼"级潜艇的放大版，为了适应远洋作战的角色，又加装了1门火炮。该级全部4艘潜艇均于1934年下水，为了支持西班牙内战中的佛朗哥将军麾下的国民军，意大利人将其中2艘送给了西班牙，它们分别是"阿基米德号"和"托里切利号"。为了掩盖这次秘密行动，随后的2艘潜艇继承了它们的名字。上述3级潜艇组成了一个联系非常紧密的潜艇部队，广泛应用于在殖民地的战争行动。

作战行动

1940年6月，驻扎在红海海域的意大利海军部分兵力，被英国认为是对苏伊士运河的重要威胁，于是英军将其团团包围起来，切断其与本土的联系。当时，就在双方开战后不到1周，意大利海军"伽利略号"潜艇就击沉了1艘挪威油轮，紧接着2天后，又拦截了1艘中立国商船进行检查。不过，就在此事发生后的第2天，该艇就被英国皇家海军反潜巡逻艇"月长石号"发现，并击成重伤，导致艇内积聚大量有毒气体。由于无法下潜，该艇不得不浮出

技术参数

"阿基米德"级远洋潜艇

排水量： 水面 985 吨，水下 1259 吨

尺寸： 长 70.5 米，宽 6.83 米，吃水深度 4.1 米

动力系统： 水面使用柴油机，功率 3000 马力（2235 千瓦），水下使用电动机，功率 1300 马力（970 千瓦），双轴推进

航速： 水面 17 节（31 千米/时），水下 8 节（15 千米/时）

航程： 水面以 8 节（15 千米/时）的速度可航行 19000 千米，水下以 3 节（5560 米/时）的速度可航行 195 千米

武器系统： 2 门 100 毫米口径火炮，2 挺 13.2 毫米口径机枪，8 具 533 毫米口径鱼雷发射管（4 具安装在艇艏，4 具安装在艇艉），配备 16 枚鱼雷

人员编制： 55 人

水面。如果不是由于"月长石号"用炮火击毙了潜艇上的操炮手，就凭"伽利略号"的吨位、体形、速度和武器装备，肯定不会束手就擒。由于大多数军官已经阵亡，剩余艇员丧失了战斗意志，不得不投降。英国人俘虏该艇以后，将其更名为 P711 号，一直使用到 1946 年解体为止。

替代者

"伽利略号"潜艇的替代者是"托里切利号"，后来也被英国皇家海军俘获。当时，该艇在丕林岛附近被迫浮出水面，并与英国 3 艘 K 级驱逐舰和 1 艘巡逻艇进行激烈炮战，并将"喀土穆号"驱逐舰击成重伤。

下图：意大利海军"阿基米德"级潜艇"伽利略号"被英国海军"坎大哈号"驱逐舰拖离战场。当时，该艘潜艇里面充满了有毒气体，迫使其不得不上浮缴械投降

"绿宝石" 级布雷潜艇
Saphir Class Minelayer

跟英国皇家海军一样，法国海军也拥有 6 艘布雷潜艇，被称为"绿宝石"级，于 1925 年到 1995 年间建造。这些潜艇并没有英国皇家海军潜艇的体形大，主要用于在地中海海域作战。在当时，由于通过鱼雷发射管布设水雷的技术还没有得到发展，所以布雷潜艇的艇体设计很大程度上受制于水雷储存舱室。在这方面，最早的设计商是久负盛名的诺曼潜艇制造厂，他们使用了英国人在 1914—1918 年的布雷潜艇设计作为基础。

在"绿宝石"级上，水雷被放置在潜艇耐压壳体外面的 4 组垂直井形容器内，每组有 4 个容器，每个容器内可上下放置 2 枚水雷。4 组容器对称地布置在中央压载水柜的前后。潜艇总共可以携带 32 枚水雷。装载时水雷通过垂直轨道进入井形容器，并由制动部件锁定。布放时由艇员操纵气压装置将水雷放出。水雷的定深可在布放前完成，布放前潜艇应处于正确的深度上，并通过机械设备启动水雷上的水压装置。由于艇上的水雷实际上分为上下 2 层，因此在布放时还需要相应地调整潜艇所处的深度。对水雷布放时引起的潜艇重量和重心的变化，则通过以相应的流量向 4 个补偿水柜注水来予以消除。采用上述布雷系统产生的一个问题是潜艇只能使用与容器相适应的专用水雷，对后勤保障有一定影响。

"翡翠" 级

4 艘后续的加长版潜艇继续沿用了"宝石"的名号，计划于 1937—1938 年建成下水。与其先驱者相

技术参数	
"绿宝石"级布雷潜艇	
排水量：	水面 761 吨，水下 925 吨
尺寸：	长 65.9 米，宽 7.12 米，吃水深度 4.3 米
动力系统：	水面使用 2 台柴油机，功率 1300 马力（969.4 千瓦），水下使用 2 台电动机，功率 1100 马力（820.3 千瓦），双轴推进
航速：	水面 12 节（22 千米 / 时），水下 9 节（17 千米 / 时）
航程：	水面以 7.5 节（14 千米 / 时）的速度可航行 12970 千米，水下以 4 节（7400 米 / 时）的速度可航行 148 千米
武器系统：	1 门 75 毫米火炮，3 具 550 毫米口径鱼雷发射管（2 具安装在艇艏，1 具安装在艇艉），2 具 400 毫米口径鱼雷发射管，配备 32 枚水雷
人员编制：	42 人

比，艇身设计加长 7 米，携带水雷量预计增加 25%。不过，最终只有首艘命名潜艇得以铺设龙骨，但最终被毁。

在"绿宝石"级潜艇中，有 3 艘（"鹦鹉螺号""绿宝石号"和"绿松石号"）在突尼斯港口比塞达被敌军俘获，"钻石号"在土伦港口被凿沉，"红宝石号"和"珍珠号"则在"自由法国"军队中服役，参加了整场战争，其中后者在 1944 年 7 月被英军飞机错误击沉。从 1940 年 4 月起，"红宝石号"随同英国本土舰队开始在挪威海域进行布雷作战。从那时起直到 1944 年底，该艇先后执行了 22 次成功的布雷作战行动，极大地破坏了敌方的海上商船航线，共击沉了对方 15 艘船只，其中包括几艘运输德国货物的挪威商船、1 艘扫雷艇和 4 艘小型反潜巡逻艇。此外，还用鱼雷击沉了 1 艘芬兰船只。

下图：作为第二次世界大战期间最成功的布雷潜艇，法国海军"红宝石号"先后执行了 22 次布雷巡逻任务，击沉了至少 15 艘各型船只，其中包括 5 艘军舰以及一些往德国运送铁矿石的商船

"絮库夫"级巡洋潜艇
Surcouf Class Cruiser Submarine

绝大多数的海洋大国在某个时期都曾经有过发展巡洋潜艇的想法，或者直接进行过实验。根据普遍设计，此类潜艇的体形较大，有着强大的武器系统和作战半径，有些甚至搭载1架飞机，以更大幅度地增加搜索作战半径。不过，在所有此类设计中，唯一集中上述所有设计特点于一身的潜艇就是法国海军"絮库夫"级巡洋潜艇。

根据1926年出台的一项建造计划，法国人原打算建造3艘巡洋潜艇，"絮库夫号"是其中的第1艘。尽管它的长度没有美国的"独角鲸"级和日本的A级潜艇长，但就排水量而言，绝对堪称当时世界上最大吨位的潜艇。

在《限制海军军备条约》出台之前，英国皇家海军的M1号到M3号潜艇有着305毫米口径火炮。因此，为了防止在潜艇领域出现无限制的军备竞赛，《限制海军军备条约》特别规定，未来的潜艇火炮口径只能限定在203毫米之内。不过，只有法国人在潜艇上安装了此种规格的1组双联装火炮。在此基础上，该艘潜艇还搭载了1架"贝松"MB411型水上飞机，在潜艇上进行飞机起降操作不但费时费力，而且还冒着很大的风险。虽然在1926年建成时配备了水上飞机，但在1939—1945年的战争期间却并没有配备。

该型潜艇共配置8具550毫米口径鱼雷发射管，其中，艇艏4具，艇艉4具，此外还有400毫米口径鱼雷发射管4具。有关如何在作战中使用该型潜艇，

技术参数
"絮库夫"级巡洋潜艇
排水量： 水面 3270 吨，水下 4250 吨
尺寸： 长 110 米，宽 9 米，吃水深度 9.07 米
动力系统： 水面使用功率 7600 马力（5667.3 千瓦）的 2 台柴油机；水下使用输出 3400 马力（2535.4 千瓦）的 2 台电动机（双轴推进）
航速： 水面 18 节（33 千米／时），水下 8.5 节（16 千米／时）
航程： 水面以 10 节（18.5 千米／时）的速度可航行 18531 千米，水下以 5 节（9 千米／时）的速度可航行 111 千米
武器系统： 2 门 203 毫米口径火炮，2 挺 37 毫米口径机枪，8 具 550 毫米口径鱼雷发射管（4 具安装在艇艏，4 具安装艇艉），4 具 400 毫米口径鱼雷发射管
人员编制： 118 人

上图：停靠在克莱德河入口处的法国"絮库夫号"潜艇，是两次世界大战期间世界各国海军发展"巡洋潜艇"的产物，从技术层面上讲，该型潜艇设计比较成功，但就实战价值而言，表现却非常平庸，几乎没有机会对敌人的商业航线发起攻击

一直存在着各种各样的争议，但始终没有具体明确的方案。因为堆砌技术且缺乏行之有效的实践经验，"絮库夫号"乃至此后的该类潜艇，在实战中并没有发挥其预期作用。自从1940年7月在普利茅斯港被扣押，该艘潜艇随后被"自由法国"军队使用，先后执行了几次大西洋巡航作战任务。1941年12月，该艇参加了进攻维希法国统治下的圣皮埃尔和密克隆岛。1942年2月，该艇在加勒比海的一次撞船事故中沉没，艇员全部遇难。

下图：在同时代的大型潜艇之中，"絮库夫"级巡洋潜艇比较特殊，拥有2门203毫米口径火炮，还搭载了1架专门设计的"贝松"水上飞机

老式 S 级近岸潜艇
Old S Class Coastal Submarine

当美国人在 1941 年 12 月参加第二次世界大战的时候，和 O 级、R 级潜艇一样，第一次世界大战期间设计的 S 级潜艇在美国海军中仍然广泛存在。其中，至少有 64 艘潜艇能够正常使用，在以往大部分时间里，它们仅仅用作训练。不过，美国海军最初在设计这些潜艇的时候，只是把它们当作本土防御武器，加之在 1914—1918 年时的日本曾经是美国的盟友，最终导致所有此类潜艇都无法用于远洋作战，缺乏前往太平洋的续航能力。

O 级、R 级潜艇配备的是 457 毫米口径鱼雷发射管，续航力低下，随后改进的 S 级潜艇的性能指标进行了提升，用来与其他型号潜艇进行竞争。当时，美国潜艇制造业主要被霍兰公司和莱克公司所控制，此外还有朴次茅斯海军造船厂。起初，总共建造了 3 艘原型潜艇，莱克公司建造的 S2 号潜艇并不令人满意。最终，霍兰公司建造的 S-1 级潜艇于 1918—1922 年下水，紧随其后的是 6 艘经过改进的 S-3 级潜艇，S-2 级潜艇建造了 15 艘（其中一些由莱克公司建造），改进型的 S-4 级建造了 4 艘。上述所有 4 型潜艇均有着同样的航速、武器装备和人员编制，都采用双层艇体设计，但在规格和吨位上却差别很大，续航力也有很大的不同。其中，有 1 艘潜艇曾

经搭载一架水上飞机进行试验，有 4 艘潜艇在艇艉加装了 1 具鱼雷发射管。

在战争期间，6 艘潜艇交给英国皇家海军使用，其中 1 艘又被转交给了波兰。1942 年，"加斯特扎布号"潜艇在一次护航行动中被英国人自己错误地击沉了。在远东，美国海军绝大多数的 S 级潜艇在 1943 年底前被新型潜艇所取代，也有一些该级潜艇取得了不凡的战果。例如，在萨沃岛海战中，S38 号潜艇发现来袭的三川军一指挥的日本帝国海军舰队，S44 号潜艇击沉了"加古号"重巡洋舰。1943 年 10 月，S44 号这个老兵的好运走到了尽头，在堪察加半岛附近海域被击沉。

技术参数
老式 S 级近岸潜艇
排水量： 水面 854 吨，水下 1065 吨
尺寸： 长 66.83 米，宽 6.3 米，吃水深度 4.72 米
动力系统： 水面使用功率 1200 马力（894.8 千瓦）的 2 台柴油机；水下使用输出 1500 马力（1118.6 千瓦）的 2 台电动机，双轴推进
航速： 水面 14.5 节（27 千米／时），水下 10 节（18.5 千米／时）
航程： 水面以 10 节（18.5 千米／时）的速度可航行 9270 千米
武器系统： 1 门 100 毫米或 76 毫米口径火炮，4 或 5 具 533 毫米口径鱼雷发射管（全部安装艇艏，或者 4 具安装在艇艏，1 具安装艇艉），水雷 12 枚
人员编制： 42 人

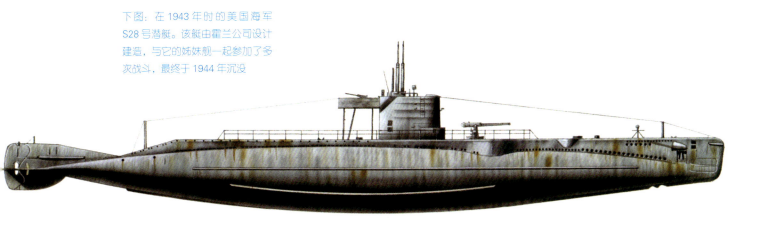

下图：在 1943 年时的美国海军 S28 号潜艇。该艇由霍兰公司设计建造，与它的姊妹舰一起参加了多次战斗，最终于 1944 年沉没

"独角鲸"级巡洋潜艇
Narwhal Class Cruiser Submarine

美国海军的 2 艘"独角鲸"级巡洋潜艇——"独角鲸号"和"鹦鹉螺号"，完全可以与它们之前的"舡鱼号"归为一类。第一次世界大战期间，在美国东海岸活动的德国大型运输潜艇，给美国人留下了深刻的印象，于是在 20 世纪 20 年代早期，美国人设计出了 1 艘布雷潜艇 V-4 号，即后来的"舡鱼号"，以及 2 艘巡洋潜艇"独角鲸号"（V-5）和"鹦鹉螺号"（V-6）。上述这些设计都要比法国的巨无霸潜艇"絮库夫"级艇身更长，尺寸更大。

作为布雷潜艇，V-4 号能够携带和投放 60 枚水雷，通过艇身正下方的 2 具布雷管进行投放。在水雷舱的后面，布置了 2 具鱼雷发射管，最多可以搭载 36 枚鱼雷。此外，还配置了 2 门 152 毫米口径的甲板火炮，这是美军潜艇配备的、口径最大的火炮。

根据美国人的标准，上述 3 艘潜艇的航速无一例外过低，需改进其动力系统。但是，直到战争爆发，仅有"鹦鹉螺号"进行了现代化改进，增加了 2 具鱼雷发射管。另外 2 艘潜艇分别增加了 4 具鱼雷发射管，2 具朝前，2 具朝后。

秘密任务

美国海军在 1942 年非常缺乏潜艇兵力，但是，上述几艘潜艇航速慢、易于受损，并不适于执行作战巡逻任务，于是被用来执行人员和物资输送等秘密任务。"鹦鹉螺号"配备有可以给远程水上飞机进行燃油补给的设备，但从没在实战中应用过。这些潜艇主要在西澳大利亚和菲律宾群岛之间执行任务。中途岛海战后，"鹦鹉螺号"击沉了日本航空母舰"苍龙号"，向塔拉瓦岛附近的一处无人岛输送人员，修建了一条秘密跑道。"独角鲸号"在 1943 年沉没。

技术参数		
"独角鲸"级巡洋潜艇		
排水量： 水面 2730 吨，水下 3900 吨		
尺寸： 长 112.95 米，宽 10.13 米，吃水深度 4.8 米		
动力系统： 混合动力推进，功率 5400 马力（4026.8 千瓦）的 4 台柴油机；2540 马力（1894.1 千瓦）的 2 台电动机，双轴推进		
航速： 水面 17 节（31 千米／时），水下 8 节（15 千米／时）		
航程： 水面以 10 节（18.5 千米／时）的速度可航行 33354 千米，水下以 5 节（9 千米／时）的速度可航行 93 千米		
武器系统： 2 门 152 毫米口径单管火炮，6 具 533 毫米口径鱼雷发射管（4 具安装在艇艏，2 具安装艇艉），后来增加到 10 具 533 毫米口径鱼雷发射管，备用鱼雷 40 枚		
人员编制： 89 人		

上图："独角鲸"及其姊妹艇是美国海军最大型的潜艇，这一纪录一直保持到 20 世纪 50 年代，直到核动力潜艇的出现才被打破。如图，"独角鲸号"拖着 1 架发动机出现故障的水上飞机准备返回珍珠港

下图：战前的美国海军"鹦鹉螺号"潜艇。在战争期间，2 艘"独角鲸"级潜艇因为速度太慢，不适于执行舰队作战任务，而被用来执行输送人员和物资等秘密任务。不过，在中途岛海战结束后，正是"鹦鹉螺号"潜艇将受伤严重的日本帝国海军"苍龙号"航空母舰击沉的

新型 S 级舰队潜艇
New S Class Fleet Submarine

这些潜艇之所以被称为新型 S 级潜艇，是因为它们与当时仍在服役的老式 S 级潜艇外观非常相似，容易被混淆。它们还被称为"鲑"或"重牙鲷"级潜艇，其设计与此前排水量 1320 吨的 R 级潜艇有着千丝万缕的联系，最明显的区别之处在于拥有 1 个更深长更大型的艇艏，可容纳 4 具鱼雷发射管，R 级潜艇则是 2 具发射管。

R 级和 S 级潜艇是美国海军第 1 批全焊接艇体潜艇，尽管这批潜艇的技术水平比较平庸，焊接工艺却相当出色，最能证明这一点的是美国"鲑号"（SS-182）潜艇的死里逃生。当时，该艇在日本九州附近海域用鱼雷攻击了一艘油船，结果被日本人发现，该艇随即遭到日军 4 艘护卫舰的猛烈攻击，被深水炸弹炸成重伤，在剧烈震荡和超高压强之下，艇体严重变形，最后却成功地逃回母港，其双层艇体发挥了重要作用。

其中一些潜艇上安装了混合动力系统，前动力舱的 2 台柴油发动机驱动发电机，后动力舱的 2 台柴油发动机则通过变速箱直接连接推进轴。在实战中，这套混合动力系统的总体表现令人满意。

技术参数

新型 S 级舰队潜艇

排水量： 水面 1440 吨，水下 2200 吨

尺寸： 长 93.88 米，宽 7.98 米，吃水深度 4.34 米

动力系统： 混合动力，4 台功率 5500 马力（4104.4 千瓦）的柴油机，4 台 2660 马力（1983.6 千瓦）的电动机（双轴推进）

航速： 水面 21 节（39 千米／时），水下 9 节（17 千米／时）

航程： 水面以 10 节（18.5 千米／时）的速度可航行 18532 千米，水下以 5 节（9 千米／时）的速度可航行 158 千米

武器系统： 1 门 76 毫米甲板炮（后来大多升级为 1 门 100 毫米口径火炮），8 具 533 毫米口径鱼雷发射管（4 具安装在艇艏，4 具安装在艇艉），携带 24 枚鱼雷（后改为携带 20 枚）

人员编制： 75 人

鱼雷武器

12 枚备用鱼雷放置在耐压艇体内，另有 4 枚放置在外层存储间，这种设计使得潜艇在遭到深水炸弹攻击时非常脆弱。每条鱼雷可携带 2 枚水雷，通过发射管进行投放。随着战争的爆发，在大多数潜艇上，原有的 76 毫米口径甲板炮被改为 102 毫米口径。

在由新型 S 级潜艇组成的第 2 大队中，就有美国海军"角鲨号"（SS-192）潜艇，该艇在试航期间因为送水阀故障导致沉没。被打捞起来经过重新维修，更名为"旗鱼号"，并且在战争中最终幸存下来。美国海军"剑鱼号"（SS-193）在战争爆发 1 周后，成功击沉了第 1 艘日本商船。

"小鲨鱼"级舰队潜艇
Gato Class Fleet Submarine

根据新型 S 级潜艇的设计，美国人发展出了 T 级潜艇，大概在 1940 年前后，共有 12 艘 T 级潜艇在短短 13 个月内下水。这些潜艇与其前辈的主要区别在于，艇艏位置多增加 2 具鱼雷发射管（总数增加至 10 具），后来又将早期的甲板火炮口径从 76 毫米或 102 毫米升级到 127 毫米。这些循序渐进的改进工作卓有成效，为美国海军在太平洋战争爆发之际提供了一大批性能可靠的潜艇兵力。与欧洲战场不同，太平洋战场海域辽阔，执行战斗巡逻任务的美军潜艇最需要的是强大的续航力和自持力，以及能在前沿执行作战部署的庞大数量。

改进型的 T 级潜艇

这样一来，"小鲨鱼"级就成为一款改进型的 T 级潜艇，并得到了大批量生产。其中，首艇"黄花鱼号"（SS-228）在战争爆发前夕建成。尽管设计下潜深度为 91 米，但出于作战需要，它们往往下潜得更深。早期的"小鲨鱼"级潜艇往往有着一座巨大的上层建筑，但随着战事的持续，这种局面很快进行了改进，在降低上层建筑高度的同时，又兼顾了安装潜望镜的需要。后来，这些潜艇还加装了各种各样的自动武器系统，包括常规和非常规系统，为此，搭建了各种样式的平台进行支撑。到了最后，就连大口径的甲板火炮也出现了，但往往会挤占 24 枚备用鱼雷的储存空间。

技术参数	
"小剑鱼"级舰队潜艇	
排水量：水面 1525 吨，水下 2415 吨	
尺寸：长 95.02 米，宽 8.31 米，吃水深度 4.65 米	
动力系统：4 台功率 5400 马力（4026.8 千瓦）的柴油机，4 台 2740 马力（2043.2 千瓦）的电动机，双轴推进	
航速：水面 21 节（39 千米 / 时），水下 9 节（17 千米 / 时）	
航程：水面以 10 节（18.5 千米 / 时）的速度可航行 21316 千米，水下以 5 节（9 千米 / 时）的速度可航行 175 千米	
武器系统：1 门 127 毫米口径甲板火炮，10 具 533 毫米口径鱼雷发射管（6 具安装在艇艏，4 具安装艇艉），携带 24 枚鱼雷	
人员编制：80 人	

在建造了 73 艘该级潜艇之后，美国人又对其进行了技术改进，采用更高级的 HT 型钢材和部件，从而将设计下潜深度增加到了 122 米。接下来，美国海军又订购了 256 艘该级潜艇，它们被习惯性地称为"白鱼"级，但只有 122 艘最终建成，有 10 艘在艇体建成后就被拆解了。

整个第二次世界大战期间，以上 2 种级别的潜艇构成了美国海军潜艇部队的主体，并取得了辉煌

上图：莱特湾海战期间，美国海军"海鲗号"潜艇搁浅在蓬勃暗沙海域。在此前一天的海战中，"海鲗号"击沉了日本海军"爱宕号"重巡洋舰，并击伤"高雄号"重巡洋舰。由于自身受损严重，"海鲗号"于（1944 年）10 月 24 日自行凿沉

下图：这是 1 艘 1942 年晚些时候的"小剑鱼"级潜艇。截至此时，美国人以每月 3 艘潜艇的建造速度同时在 3 家工厂开工生产。结合战争中获得的实际经验，该级潜艇的上层建筑被压缩规模，加装了大量的武器系统进行水面作战

的战绩，不过，有 29 艘该型潜艇在战争中被击沉或损毁。在欧洲战场上，美军潜艇部队的作战行动非常有限，只是在 1943 年早些时候，有少数潜艇在北非海域执行了海岸侦察和支援任务。战后，美国海军又对大多数的该级潜艇进行了现代化改进，作为主力一直服役到核潜艇出现为止。

"丁鲷" 级舰队潜艇
Tench Class Fleet Submarine

在基于 P 级潜艇设计而成的潜艇中，作为其终极改进型的"丁鲷"级与"白鱼"级潜艇在外观上如出一辙，正因为如此，一些后期的"白鱼"级潜艇建造合同被直接改成了"丁鲷"级。

截至战争结束前，"丁鲷"级潜艇总共建成了25 艘，它们中的大多数在本国海域活动，参加战争的只有十多艘，且无一损失。1944—1946 年，美国海军共建造了 33 艘"丁鲷"级潜艇，另外 101 艘的建造计划被取消，或潜艇在未建成的时候被直接拆解了。

技术参数
"丁鲷"级舰队潜艇
排水量： 水面 1570 吨，水下 2415 吨
尺寸： 长 95 米，宽 8.31 米，吃水深度 4.65 米
动力系统： 4 台柴油机，功率为 5400 马力（4026.8 千瓦）；2 台电动机，功率为 2740 马力（2043.2 千瓦），双轴推进
航速： 水面 20 节（37 千米／时），水下 9 节（17 千米／时）
航程： 水面以 10 节（18.5 千米／时）的速度可航行 21316 千米，水下以 4 节（7400 米／时）的速度可航行 204 千米
武器系统： 1～2 门 127 毫米口径甲板火炮，10 具 533 毫米口径鱼雷发射管（6 具安装在艇艏，4 具安装艇艉），携带 28 枚鱼雷
人员编制： 81 人

新型机械系统

"丁鲷"级潜艇与其前身"白鱼"级相比，区别虽然不是很明显，却很重要。首先，就在于机械系统。在"白鱼"级潜艇的设计上，4 台柴油机分别驱动 1 台直联式发电机，这些发电机在浮航状态下为电池充电，并驱动电动机工作。每轴配置 2 台电动机，通过减速齿轮连接。高速电动机和减速齿轮的噪声非常大（幸运的是，当时日本海军的反潜技术和装备比太过落后，这才没有使美国潜艇面临太大威胁），另外，减速齿轮装置价格昂贵，性能不稳定，又极容易损坏，使得美国人在发展该型潜艇上犹豫不决。后来，发展出了一种低转速直联式大型电动机，这才解决了问题。

上图：美国海军"梭鱼号"潜艇跃出海面。这艘建造于战争后期的潜艇，经过代价昂贵的现代化升级改进后，在 1972 年卖给了意大利海军，更名为"吉安弗朗科·加萨纳·普里亚洛吉亚号"，一直服役到 1981 年

上图：1 艘正在水面航行的"丁鲷"级潜艇。这幅照片拍摄于 1945 年 6—7 月，对于这型性能超级优异的潜艇来说，已经没有什么有价值目标可以攻击，因为这时候的日本海军舰船已经从大海上消失得无影无踪了

内部改进

为了实现潜艇性能最佳化，"丁鲷"级潜艇在内部构造上进行了几方面的改进：一是对燃油舱和压载舱进行重新布置，二是对远距离航行中的物资配比进行了优化，三是对雷达和火控计算机进行升级改进，四是对以往的 55～60 秒的平均下潜速度进行了针对性优化。

O、P 和 R 级远洋潜艇
O, P and R Class Ocean-Going Submarine

英国 O 级潜艇（后来被更名为"奥伯龙"级）主要用来替代第一次世界大战期间的 L 级远洋潜艇，被官方定义为"远海潜艇"。需要指出的是，尽管英国人与日本人在第一次世界大战期间是盟友，但早在 1922 年的概念发展阶段，他们就已经开始考虑要发展一种远航程的潜艇，用来对付未来可能与日本人的海上战争。1924 年，首艇"奥伯龙号"开始在查塔姆造船厂铺设龙骨，紧随其后的是另外两艘潜艇——"奥特维号"和"奥克斯利号"，它们中的一项主要设计特征在于配置了 8 具鱼雷发射管，其中 6 具在艇艏，2 具在艇艉，每具发射管均配置了 2 枚鱼雷。此外，与 L 级潜艇一样，在指挥塔围壳前部的平台上配置了 1 门 102 毫米口径火炮，依靠较高的火炮平台高度，确保火炮能在恶劣海况条件下继续进行作战。

O 级潜艇由于武器舱和燃料舱空间大，导致整个艇身过于庞大，实战应用中不便操作。后来，英国人虽然也采取了一些必要的改进措施，但仍然无法使潜艇达到设计中的水面和水下航速。

技术参数

"奥丁"级远洋潜艇

排水量： 水面 1781 吨，水下 2038 吨

尺寸： 长 84.61 米，宽 9.12 米，吃水深度 4.17 米

动力系统： 2 台功率 4400 马力（3281 千瓦）的柴油机，2 台 1320 马力（984 千瓦）的电动机，双轴推进

航速： 水面 17.5 节（32 千米／时），水下 9 节（17 千米／时）

航程： 水面以 8 节（15 千米／时）的速度可航行 21123 千米，水下以 4 节（7400 米／时）的速度可航行 97 千米

武器系统： 1 门 100 毫米口径甲板火炮，8 具 533 毫米口径鱼雷发射管（6 具安装在艇艏，2 具安装艇艉），携带 16 枚鱼雷

人员编制： 53 人

燃油渗漏

"奥伯龙"级潜艇设计上还存在一个巨大问题，那就是燃油经常从铆钉接头处渗漏，再加上航速低等种种问题，让英国皇家海军的艇员们很是反感。接下来，英国人又推出了改进型的"奥丁"级潜艇，艇身加长，能容纳更大更强劲的机械系统，更宽的艇身增强了水面航行的稳定性。该批潜艇于 1928—1929 年建成，主要有"奥丁号""奥林匹斯号""俄

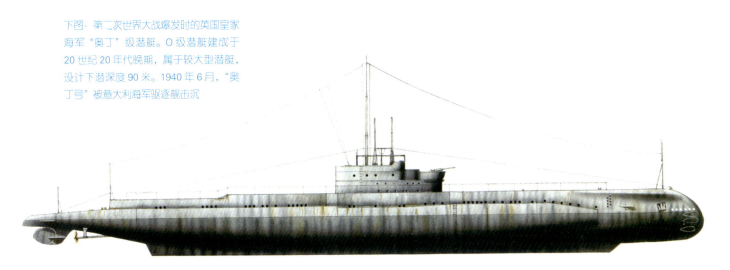

下图：第二次世界大战爆发时的英国皇家海军"奥丁"级潜艇。O级潜艇建成于20世纪20年代晚期，属于较大型潜艇，设计下潜深度90米。1940年6月，"奥丁号"被意大利海军驱逐舰击沉

耳甫斯号""奥西里斯号""奥斯瓦德号"和"奥托斯号"，但它们仍然饱受燃油渗漏的困扰。不过，设计人员在生活舱室方面进行了大力改进，改善了艇员们长时间作战巡逻的生活舒适度。

"帕提亚"级和"彩虹"级实质上是"奥丁"级的翻版，英军总计订购了6艘，2个型号间的区别仅仅在细节方面。最终，2艘"彩虹"级的订购被取消。1929—1930年，相继有"帕提亚号""珀尔修斯号""菲尼克斯号""波塞冬号""普罗透斯号""潘多拉号""彩虹号""摄政王号""雷古拉斯号"和"流浪者号"建成下水。

1939年9月，第二次世界大战爆发，英国皇家海军绝大多数的O级潜艇此时都在远东海域活动，仅有1艘潜艇"奥克斯利号"在本土水域，结果却被另外1艘英军潜艇"海王星号"用鱼雷误击沉没，成为英国在战争中损失的第1艘潜艇。1940年底之前，18艘潜艇损失了12艘，它们中的大多数是在地中海海域被击沉的，因为那片海域并不适合潜艇作战。

"海豚"级布雷潜艇
Porpoise Class Minelaying Submarine

基于"帕提亚"级潜艇的设计经验，英国人又推出了"海豚"级潜艇，主要用来执行布雷作战任务。与德国人习惯于在潜艇耐压壳体内布置近似垂直的水雷滑轨相比，英国人更喜欢将水雷储存在艇身外部的吊舱内，但这种设计容易受到过深的水压和深水炸弹的攻击，导致潜艇面临极大风险。

英国人利用潜艇进行布雷作战的观念来源于第一次世界大战，第1批执行该项任务的是6艘E级潜艇。根据从战争中获得的成功经验，英国人又对一些基础设计进行了升级改进，推出了新型布雷潜艇，其中首批2艘潜艇为E57号和E58号，后来更名为L1号和L2号潜艇，属于新型L级潜艇。

最终，英国人发展出了4大类的布雷潜艇：从L1号到L8号为第1类，每艘均配置6具457毫米

技术参数

"虎鲸"级潜艇
排水量： 水面 1810 吨，水下 2157 吨
尺寸： 长 89.3 米，宽 7.77 米，吃水深度 5.13 米
动力系统： 2 台功率 3300 马力（2461 千瓦）的柴油机，2 台 1630 马力（1215 千瓦）的电动机，双轴推进
航速： 水面 17.5 节（32 千米/时），水下 9 节（17 千米/时）
航程： 水面以 15.75 节（29 千米/时）的速度可航行 21308 千米，水下以 4 节（7400 米/时）的速度可航行 122 千米
武器系统： 1 门 100 毫米口径甲板火炮，6 具 533 毫米口径鱼雷发射管（全部装在艇艏），携带 12 枚鱼雷
人员编制： 59 人

口径的鱼雷发射管（4 具部署在艇艏，2 具部署在艇体舯部）；从 L9 号到 L33 号加长了 2.3 米，用来配置 6 具 533 毫米口径的鱼雷发射管（4 具部署在艇艏，2 具部署在艇体舯部），另有 6 艘布雷潜艇并没有鱼雷发射管，而是在鱼雷发射管的位置改装了水雷投放滑轨；从 L52 号潜艇开始，鱼雷发射管都部署在艇艏前部。与早期潜艇普遍存在的水面航速过低相比，L 级潜艇基本上都能够达到 17 节（31 千米/时）。此外，虽然与 E 级潜艇有着同样的马鞍状水箱，但与前者 61 米的设计下潜深度相比，L 级却能够下潜到 76 米的深度，而在实际作战中，它们下潜的深度至少超过设计深度的 40%。

增加水雷载荷

E 级和 L 级潜艇在马鞍形水箱两侧均配置有水雷舱，但在 1927 年对 M3 号的改进中，将水雷滑轨挪到了艇体上方。当潜艇向前缓慢移动时，传送带将水雷输送到艇身右后方的投放出口。实质上，这套系统是"海豚"级潜艇的设计特色，可以将潜艇的水雷载荷增加 54 吨。但是，在恶劣海况下，满载水雷进行首次上浮时潜艇将非常危险。

下图：英国皇家海军"海豚"级潜艇的外观酷似"帕提亚"级潜艇，能携带和布设 50 枚水雷，该艇 1945 年 1 月被日军飞机击沉

皇家海军"海豚号"

"海豚号"潜艇由英国威克斯－阿姆斯特朗公司建造，1932 年 8 月建成下水。配置 1 门 120 毫米口径的 QF9 型甲板火炮，在 1934 年被更换为 1 门 102 毫米口径 QF12 型火炮。配置 6 具鱼雷发射管，携带 12 枚鱼雷。后来，鉴于该艘潜艇的角色转换，鱼雷被按照一对一的原则，更换成了 M2 型鱼雷管发射水雷。

适度改进

另外 5 艘"海豚"级潜艇在 1935 年 8 月至 1938 年 9 月间下水，俗称"虎鲸"级，它们分别是由查塔姆造船厂建造的"虎鲸号"和"海豹号"，由威克斯－阿姆斯特朗公司建造的"独角鲸号"和"长须鲸号"，由斯考茨造船厂建造的"抹香鲸号"。1941 年，英国人还从斯考茨造船厂订购了 3 艘初步编号为 P411 到 P413 的潜艇，但在同年 9 月取消了建造合同。

"海豚"级和"虎鲸"级潜艇采用了功率较小的柴油发动机，航速较低。为了避免因燃油渗漏被敌人发现，"虎鲸"级潜艇采用了 1 个完全内置的燃油舱，这样一来，就有必要向下加大耐压艇体的深度，这却使得艇身看起来显得极为古怪，这种怪异的造型和设计，直接影响到了潜艇的下潜深度。与"帕提亚"级的 152 米下潜深度相比，"虎鲸"级仅有 91 米，这一点和"海豚"级一样。实际上，"海豚"级和"虎鲸"级潜艇的试验潜深仅有 61 米。

损失惨重

"海豚"级和"虎鲸"级潜艇的主要功能就是通过传统的鱼雷发射管投放水雷，它们在实战中布设的水雷达到 2600 枚之多，并在马耳他战役中充分证明了自身的重要价值。它们甚至与 O 级潜艇相互配

合，向马耳他岛输送了大量人员和物资。

在卡特加特海峡，"海豹号"潜艇被 1 枚水雷击伤后无法下潜，被迫向 2 架德军"阿拉道"水上飞机投降。德国人在对其进行维修后重新投入使用，更名为 UB-A 号潜艇，但并未用于作战行动。

"虎鲸号"和"抹香鲸号"潜艇分别在 1940 年 6 月和 1941 年 7 月被意大利海军驱逐舰击沉，而"独角鲸号"有可能是在 1940 年 7 月被德国空军所击沉。这样一来，本级潜艇唯一的幸存者就是"长须鲸号"，它后来进行了装备改进，加装了 1 门 20 毫米高射炮，用来对付德国人的飞机。该艇一直服役到战争结束，由于过于破旧不堪，在 1946 年被拆解。

"泰晤士河"级远洋潜艇
Thames Class Ocean-Going Submarine

在采用蒸汽动力驱动的 K 级潜艇和 X1 号实验型潜艇的基础上，英国皇家海军试图发展一种能配合水面舰艇行动的潜艇，但不幸的是，K 级潜艇各种问题层出不穷，而 X1 号潜艇也只是属于一次性设计方案，根本无法满足舰队的作战需求。在当时，英国皇家海军急需一种能够履行使命，同时又能避免 O 级潜艇的技术和作战弱点的潜艇。由于受《日内瓦公约》的限制，英国海军部最终决定建造一款数量为 20 艘的潜艇，最大排水量不超过公约所规定的 1800 吨，同时还能协同舰队作战并执行远距离海上巡逻任务。

最终，随着英国皇家海军水面战舰的航速越来越快，有关的潜艇设计方案也一再修改，1932—1934 年，仅仅建成 3 艘"泰晤士河"级潜艇——"泰晤士河号""塞文河号"和"克莱德河号"，这些潜艇比庞然大物的 K 级潜艇艇身仅仅短 1.83 米，艇身看起来有点窄，但实际宽度却不相上下。与 K 级潜艇不同，"泰晤士河"级的燃油舱配置在压载舱的正上方。

如今，随着柴油发动机型号和功率等技术的迅速发展，终于使得"泰晤士河"级潜艇在航速上能与 K 级潜艇的 23.5 节（44 千米／时）蒸汽动力航速相匹敌了。这款新型发动机研发工作由英国海军部主

技 术 参 数
"泰晤士河"级远洋潜艇
排水量： 水面 2206 吨，水下 2723 吨
尺寸： 长 105.16 米，宽 8.61 米，吃水深度 4.76 米
动力系统： 2 台功率 10000 马力（7456 千瓦）的柴油机，2 台 2500 马力（1864 千瓦）的电动机，双轴推进
航速： 水面 22.5 节（42 千米／时），水下 10.5 节（19 千米／时）
航程： 水面以 8 节（15 千米／时）的速度可航行 18532 千米，水下以 4 节（7400 米／时）的速度可航行 219 千米
武器系统： 1 门 100 毫米口径甲板火炮，6 具 533 毫米口径鱼雷发射管（全部装在艇艏），携带 12 枚鱼雷
人员编制： 61 人

持，最终研制出的产品重量比预想方案要轻出许多，这对于"泰晤士河"级潜艇来说是幸运的，因为该级潜艇所面临的主要问题就是吨位太大。举例来说，该级潜艇通常携带 41 吨纯净水和蒸馏水，仅仅占到潜艇水面排水量的 2%。根据相关公约规定，英国人用 100 毫米口径火炮替换下了 120 毫米口径火炮，节省出了 6 吨的排水量。此外，通过采用低密度燃油，又节省出了 8 吨的载荷。

成功的作战经历

在 1940 年挪威战役期间，"泰晤士河号"潜艇触上水雷沉没，"克莱德河号"则用鱼雷重创了德国

海军"格奈森瑙号"战列巡洋舰。此外，"克莱德河号"还向被围困的马耳他岛输送了1200吨的物资补给，在直布罗陀海峡周边击沉了敌人几艘商船。"塞文河号"潜艇在鲜为人知的"黎凡特"作战中表现勇敢积极。

最终，"克莱德河号"和"塞文河号"潜艇均在战争中幸存下来，在1946年被拆解。

右图：英国皇家海军油船正在给"黛朵"级巡洋舰"赫尔迈厄尼号"进行海上加油，"泰晤士河"级潜艇"克莱德河号"在附近海域为其担任警戒任务。"泰晤士河"级大型潜艇性能非常优异，英国人在20世纪30年代曾计划建造20艘此类潜艇

S 级远航程潜艇
S Class Long-Range Submarine

英国皇家海军S级潜艇的发展渊源可以上溯到1928年，虽然发展历史悠久，却在第二次世界大战期间取得了巨大成功。该级潜艇总共建成了62艘，是英国皇家海军最多产的潜艇。从表面上看，S级潜艇用来替代H级潜艇，却在战争期间取得了辉煌的战绩，这一点远远超出了它的前任，在地中海和波罗的海海域所向披靡。

S级潜艇有着非常紧凑的艇体，600吨左右的水面排水量，使它成为一款机动灵活、性能出色的小型潜艇，作战半径达805千米，可在巡逻区域连续滞留10个昼夜。但是，它一旦超出805千米的作战半径，就必须装备更大功率的无线电设备。后来，上述技术性能又得到了大幅提升，在航速不低于9节（17千米/时）的情况下，作战半径达到了1930千米，能在水下持续作战8个昼夜。

技术参数
S 级远程潜艇
排水量： 水面 860 吨，水下 990 吨
尺寸： 长 66.14 米，宽 7.16 米，吃水深度 3.2 米
动力系统： 2 台功率 1900 马力（1416.8 千瓦）的柴油机，2 台 1300 马力（969 千瓦）的电动机，双轴推进
航速： 水面 15 节（28 千米/时），水下 9 节（17 千米/时）
航程： 水面以 10 节（18.5 千米/时）的速度可航行 13896 千米
武器系统： 1 门 100 毫米口径或 76 毫米口径甲板火炮，6 或 7 具 533 毫米口径鱼雷发射管
人员编制： 44 人

增加建造数量

起初，英国皇家海军订购了 4 艘"剑鱼"级潜艇，由查塔姆造船厂建造，在 1931—1933 年下水。设计人员进行了各种努力，试图对其整体排水量进行控制，但还是达到了 640 吨。后来，皇家海军降低标准，将排水量放宽到了 670 吨，艇身加长，这就是 1934—1937 年建造出的 8 艘"剑鱼"级潜艇。英国人最初曾计划将该级潜艇的总数控制在 12 艘，但随着战争阴云日益加重，不得不对该级潜艇设计进行进一步的升级改进，放宽标准，开始进行系列化生产。

武器装备

为了降低潜艇的重量，S 级潜艇配备了 1 门 76 毫米口径的甲板火炮，但考虑到富余出来的艇身长度，有些潜艇艉部又加装了 1 具鱼雷发射管。此外，还有一些潜艇上加装了 1 门 100 毫米甲板火炮，对于仅仅携带了 12～13 枚鱼雷的该型潜艇而言，这门火炮对于攻击一些"软"目标非常有用。早期型号的潜艇在压载舱壳内配置了燃油舱，但后来进行了技术改进，从而使其能够在更远海域，甚至远东地区执行作战任务。

有趣的是，在最初建造的 12 艘潜艇中，8 艘潜艇在战争中损失。在接下来的 50 艘潜艇中，损失的数量竟然也是 8 艘。首批损失的所有 8 艘潜艇，均发生在 1941 年 2 月之前，而第 2 批潜艇中的首艘潜艇直到 1941 年 10 月才下水，中间的断档期长达 8 个月。在欧洲战争最初几个月，潜艇作战极其激烈，损失也极为惨重。

T 级巡逻潜艇
T Class Patrol Submarine

从其稀奇古怪的曲柄状艇体，就可以一眼判断出是不是 T 级巡逻潜艇。作为英国皇家海军在第二次世界大战期间最标准的潜艇，在 1937 年 10 月到 1945 年 11 月，该级潜艇从"海神号"到"战袍号"总共建成下水了 54 艘。当时，鉴于"泰晤士河"级潜艇的设计方案被放弃，同时又亟须对不尽如人意的 O 级潜艇进行替代，英国人急需发展一款新型潜艇，一来对现有潜艇的缺陷进行改进，二来还要满足相关国际条约的限制。根据《伦敦海军条约》有关潜艇总吨位的规定，为了获取最大数量的潜艇，英国人决定建造一级排水量 1000 吨的潜艇，自持力达到 42 昼夜，还要有稳定可靠的作战性能。

低航速

鉴于种种受限制的技术参数，T 级潜艇只能配置较小规格的柴油发动机，因而只能具备较低的水面航速。与之形成鲜明对比的是，它们却配备了多达 10—11 具的鱼雷发射管，大多安装在艇艏或中间位置，从而实现一次多达 10 枚鱼雷的向前齐射效果。不过，这种配置模式，却使得潜艇的艇身轮廓高出许多。

这种布局方案应用在第二次世界大战爆发前所建造的 22 艘潜艇之上，后来的潜艇进行了适当程度的改进，将艇身中部的鱼雷发射管转移到了艇艉，且调转了发射方向，并在艇身右后方加装了 1 具发射管。

技术参数
T 级巡逻潜艇
排水量：水面 1325 吨，水下 1570 吨
尺寸：长 83.82 米，宽 8.1 米，吃水深度 4.5 米
动力系统：2 台功率 2500 马力（1864.3 千瓦）的柴油机，2 台 1450 马力（1081.3 千瓦）的电动机，双轴推进
航速：水面 15.25 节（28 千米／时），水下 9 节（17 千米／时）
航程：水面以 10 节（18.5 千米／时）的速度可航行 20382 千米
武器系统：1 门 100 毫米口径甲板火炮，10 或 11 具 533 毫米口径鱼雷发射管（在首批潜艇中，10 具全部装在艇艏；在第二批潜艇中，8 具在艇艏，3 具在艇艉）
人员编制：56 人（第 1 批）或 61 人（第 2 批）

战争期间建造的 T 级潜艇也进行了必要的改进，燃油携带能力几乎翻了一番，这样一来，潜艇的续航能力甚至超过了艇员和物资所能承受的限度。

战前建造的 T 级潜艇主要在地中海海域作战，有 14 艘在战争中损失。战争期间建造的潜艇大多

上图：1945 年 1 月，英国皇家海军"扇贝号"潜艇通过苏伊士运河前往远东海域作战。在当时，来自德国海军的威胁已经不复存在，大批英国皇家海军兵力得以释放出来，前往远东地区打击日军

下图：1940 年的 T 级潜艇虽然航速较低，排水量较小，但持续作战能力较强，可靠性很高

在地中海战役结束后建成，因此仅有 1 艘在战斗中损失。

第二次世界大战结束后，大多数的 T 级潜艇被出售他国，剩余一些进行了必要的现代化改进，通过艇身流线型改造，获取了更大的水下航速，与后继者 A 级潜艇一起，一直服役到 20 世纪 60 年代后期。有 4 艘潜艇在建造过程中停工，还有 1 艘仅进行了建造规划，但没有动工。

上图：英国皇家海军"底格里斯号"潜艇停靠在 1 艘补给船旁边。该艇是早期的 T 级潜艇，1939 年 10 月下水，但在 1943 年 3 月沉没，据推断有可能是被水雷炸沉的。请注意该艇艇身前部和艉部的鱼雷发射管，以及其与众不同的艇身轮廓

U 和 V 级近岸潜艇
U and V Classes Coastal Submarines

作为一款取得高度成功的单艇体潜艇，U 级潜艇最初只是设计用来替代 H 级潜艇，只不过艇身稍大一些，并不打算携带鱼雷等武器装备。但是，当首批 3 艘开工建造之后，英国皇家海军却发现可以对该型潜艇进行改造，将其建成一款现代化的近岸潜艇，从而弥补英国人在这个领域的空白。于是，他们在艇艏位置加装了鱼雷发射管，由于艇艉过短，不便于部署武器，所有武器装备均布置在艇艏。但这样一来，又给设计潜望镜高度等技术指标造成了困难，影响到潜艇上浮、下潜等战术动作。

第二次世界大战爆发时，英国人又订购了 12 艘该级潜艇，为了改善性能，艇身加长了 1.6 米，不过，这些潜艇中的大多数仅有 4 具鱼雷发射管。接下来，英国人又订购了 34 艘该级潜艇，同样也进行了技术改进。U 级潜艇虽然取得了高度的成功，在下潜深度和水下航速方面却明显不足。

右图：英国皇家海军"极限号"潜艇正停靠在 1 艘补给船旁边，与其一起的还有 S 级潜艇"海狼号"。"极限号"此时刚从地中海战场载誉而归，它在那里用鱼雷击伤了意大利海军"的里雅斯特号"重巡洋舰，击沉了大量补给船，还执行了一些秘密作战任务

技术参数
V 级近岸潜艇
排水量: 水面 670 吨，水下 740 吨
尺寸: 长 62.79 米，宽 4.88 米，吃水深度 4.72 米
动力系统: 2 台功率 800 马力（596.6 千瓦）的柴油机，2 台 760 马力（566.7 千瓦）的电动机，双轴推进
航速: 水面 12.5 节（23 千米 / 时），水下 9 节（17 千米 / 时）
航程: 水面以 10 节（18.5 千米 / 时）的速度可航行 8175 千米
武器系统: 1 门 76 毫米口径甲板火炮，4 具 533 毫米口径鱼雷发射管（全部装在艇艏），携带 8 枚鱼雷
人员编制: 37 人

升级改进

有鉴于此，英国人对该级潜艇的设计再次进行升级改进，增加了中部舱室，用来容纳经过升级的机械设备，艇体也进行了加固，从而能够下潜到 91 米深处，而不是原来的 60 米。同时，为了提高建造速度，采取了模块化全焊接建造工艺。这种后期型号的潜艇被称为 V 级，英国皇家海军订购了 33 艘，最终只建成了 21 艘。需要指出的是，除了 2 艘早期型号的潜艇由查塔姆造船厂建造之外，其余 81 艘潜艇全部由威克斯 – 阿姆斯特朗公司旗下的两家造船厂负责建成。

U 和 V 级潜艇非常适合于在地中海和北海等浅海海域作战，即便如此，还是损失了 19 艘。地中海

战役结束后，它们开始变得毫无用武之地，要么被移交他国，要么用来从事训练工作。不过，训练工作虽然没有抛头露面的出彩机会，却极为重要。

上图：英国皇家海军"喧嚣号"潜艇展现出了 U 级潜艇短小精悍的艇身轮廓。在距离本土不是很远的海域作战，例如地中海和北海海域，潜艇续航力的高低远不及机动性重要，U 级潜艇充分证明了这一点，尽管其在最初设计时是用来执行训练任务，而非参加作战行动的

下图：英国皇家海军 U 级潜艇在地中海战役中取得了巨大的成功，它们先后在马耳他岛和北非沿岸，给德国和意大利军队的补给线造成极大的破坏

X 型袖珍潜艇
X Craft British Midget Submarines

发展袖珍潜艇的做法在其他国家比较风行，但战前的英国皇家海军对此却没有任何的认知。只有到了 1942 年，当德国海军巨型战舰对盟国的北极航线造成越来越大的威胁，盟军却对那些停泊在锚地

里并受到严密保护的对手束手无策的时候，袖珍潜艇的概念才开始进入英国决策层的视野。

在此情况下，英国人迅速建造了 2 艘 X 型袖珍潜艇的原型艇——X3 号和 X4 号，紧随其后生产出

了 6 艘，从 X5 号一直到 X10 号，它们通常搭载 4 名艇员，能在海上活动几个昼夜。袖珍潜艇与其他潜艇相比，最明显的区别之处在于它们所携带的武器装备并非鱼雷，而是 2 枚巨型炸弹。它们通常停放在攻击目标下方的海床上，或在足够深的海域，直接贴在攻击目标的下方，而后，艇员们进出舱门，通过操作和引爆炸弹，对目标造成杀伤。

英国皇家海军总共建成 12 艘 X 型袖珍潜艇（包括 XT1 号到 XT6 号训练潜艇），有 7 艘潜艇在战斗中损毁。紧随其后的是一种稍微大型的 XE 型潜艇，英国皇家海军总共订购 12 艘（XE1 号到 XE12 号），只有 11 艘建成，它们主要被派往远东战场作战。其中，1 艘袖珍潜艇在狭窄水浅的柔佛海峡成功击沉了日本海军"高雄号"重巡洋舰，这是其他潜艇所无法完成的任务。在诺曼底登陆期间，一些 X 型袖珍潜艇还为盟军部队提供了导航支援。此外，袖珍潜艇还在卑尔根海域击沉了敌军 1 个浮动船坞，在远东海域切断了敌人的海底电缆。

技术参数
X 级袖珍潜艇
排水量： 水面 27 吨，水下 29.5 吨
尺寸： 长 15.62 米，宽 1.75 米，吃水深度 2.26 米
动力系统： 1 台功率 42 马力（31.3 千瓦）的柴油机，2 台 30 马力（22.4 千瓦）的电动机，单轴推进
航速： 水面 6.5 节（12 千米 / 时），水下 5 节（9 千米 / 时）
航程： 水面以 4 节（7400 米 / 时）的速度可航行 2776 千米，水下以 2 节（3700 米 / 时）的速度可航行 148 千米
武器系统： 2 枚 2 吨重炸弹或吸附式水雷
人员编制： 4 人

上图：英国皇家海军 X 型袖珍潜艇在执行攻击任务时，被母艇拖往挪威北部海域

攻击"提尔皮茨号"战列舰

从 1942 年 1 月开始，直到 1944 年 11 月被彻底炸沉，"提尔皮茨号"战列舰几乎一直在挪威海域保持存在，它尽管很少出动，仍然给盟国的北极航线构成了巨大威胁。尤其当北极地区的夏天来临后，夜色的掩护逐渐消退，盟国甚至不得不暂时停止对苏联的护航运输行动。迫于这种形势，盟国急需找到一种铲除"提尔皮茨号"的方法。1943 年 8 月，英国制定出利用 X 型袖珍潜艇（乘员 4 人）袭击"提尔皮茨号"的方案：首先，这些袖珍潜艇将在专门改建的母艇的拖带下穿越北海，在最后阶段，它们

下图：X 型袖珍潜艇尽管具备 2776 千米的独立续航能力，但英国人习惯用母艇将其拖曳到目标海区实施攻击

将依靠自身动力向敌方战列舰接近，并将炸药放置到舰体下面。

1943 年 4 月，6 艘 X 型袖珍潜艇开始在苏格拉西部某基地开展密集训练，练习如何突破德军潜艇防护网，利用蛙人将重达 2 吨的炸弹安放在"提尔皮茨号""沙恩霍斯特号"和"吕佐夫号"的舰体下方，而后引爆。当时，上述 3 艘德舰均停泊在阿尔屯峡湾锚地。

最终，1943 年 9 月初，英国海军部决定发起代号为"资源"行动的袖珍潜艇袭击行动。9 月 11 日到 12 日夜间，6 艘潜艇拖着 6 艘 X 型袖珍潜艇向着北部海域出发了。在 X 型袖珍潜艇被拖往目标海域的过程中，X9 号因拖曳绳断裂而沉没，X8 号因潜艇进水而被迫自行凿沉；X5 号音讯全无——可能在通过雷区时触雷沉没，但德国人却声称是他们击沉了该艇；X10 号由于机械故障被迫放弃攻击随后返航，最后自行凿沉。

经过 9 天的漫长航行，剩余艇只终于抵达目的

地海域，穿过岸边的雷区，进入漫长的峡湾。最终，只有 X6 号（艇长 D. 卡梅伦中尉）和 X7 号（艇长 B.G.C. 普莱斯中尉）成功突入"提尔皮茨号"的锚地，将炸药放置到舰体之下。随后，卡梅伦艇长将艇凿沉，他和艇员在离艇之后被俘。

上图：1944 年 2 月，在圣湖港附近的补给船"福斯号"旁边，英国皇家海军潜艇部队司令官 C.B.B. 巴里少将亲自下到 1 艘新型袖珍潜艇内部

猛烈爆炸

德国人在抓捕了 X6 号的艇员之后，立即准备离港出航，但在发现 X7 号潜艇之后，决定继续待在防雷网里。这时候，X7 号潜艇的普莱斯艇长试图强行穿过"提尔皮茨号"的防雷网沿原路返回，但直到炸弹爆炸，X7 号仍然没能摆脱防雷网的缠绕，该艇随即失去控制沉没，普莱斯与 1 名艇员逃了出来，另外 2 人随艇沉入海底。

9 月 22 日 8 时 12 分，炸弹准时爆炸。"提尔皮茨号"航海日志记载："2 次巨大的爆炸在不到 1/10 秒内接连发生，舰体先是出现剧烈的上下颤动，随后在锚链之间轻微摇摆。"当时，"提尔皮茨号"被爆炸的巨浪掀离水面数英尺，落入水中之后便出现轻微倾斜，所有照明灯全部熄灭，水密门严重破损，舰员们刹那间开始骚动起来。这次袭击给"提尔皮茨号"战列舰造成严重损坏：1 台涡轮机从基座上脱落下来；由于爆炸直接发生在 C 号炮塔下面，这个重达 2032 吨的庞然大物瞬间便被炸飞，接着重重落下来被摔坏；几乎所有的测距仪和火控装置失灵。除 C 号炮塔之外，所有受损部件均可以修复，但需要花费很长时间。

在付出了 6 艘 X 型袖珍潜艇和 10 条生命的情况下，"提尔皮茨号"战列舰被重创，从此再也未能恢复元气，直到最后被英国皇家空军所击沉。

下图：在攻击"提尔皮茨号"战列舰的 6 艘 X 型袖珍潜艇中，X5 号的运气最差，出航没多久便失去联系，下落不明

轴心国（意大利、日本和德国）海军袖珍潜艇

Axis Midget Submarines Italian, Japanese and German Craft

第二次世界大战期间，所有轴心国集团中的大国海军均拥有袖珍潜艇，就它们取得的战绩而言，实在与轴心国在其设计和建造上的巨大投入不成比例。

意大利的袖珍潜艇

与英国人一样，意大利人也将袖珍潜艇视为一种攻击停靠在港湾里的敌军舰船的有效手段，或者将其用来投送蛙人部队执行特种作战任务。与英国袖珍潜艇一样，意大利海军的 CB 型袖珍潜艇同样编制了 4 名艇员，其中一些在 1942 年被送往黑海海域，参与对苏联海军基地塞瓦斯托波尔的封锁行动，甚至击沉了 2 艘苏联潜艇。除此之外，并没有其他任何像模像样的战绩可供记录。

与 CB 型袖珍潜艇相比，吨位更小的 CA 型潜艇（艇身长度 10 米）能够携带鱼雷和蛙人。在此基础上，意大利人又建造了艇身达到 33 米的 CC 型和 CM 型袖珍潜艇的原型艇，但从来没有进行过批量生产。

下图：1944 年 8 月，在日本吴港，日军一艘 C 型袖珍潜艇正在装船运载

上图：1944 年 8 月，在盟军空袭行动中，德军一辆 SDKFZ 履带式车辆拉着一艘"海狸"级袖珍潜艇，从诺曼底前线往后方撤退

在袖珍潜艇的使用上，日本人有着一种更加野心勃勃的想法，他们打算用水面舰船或舰队潜艇搭载袖珍潜艇，参与各种作战行动。不过，由于受到航速慢、续航力低下等不利因素影响，这些袖珍潜艇只能执行特种作战和抗登陆作战等任务。日本人总共建造了各种型号袖珍潜艇 400 艘左右，但只有艇身长 24 米的 A 型袖珍潜艇（"甲标的"型）比较出色，排水量 46 吨，艇员编制 2 人，它们甚至参加了珍珠港偷袭行动。1941 年，日本帝国海军大约拥有 40 艘 A 型袖珍潜艇，参加偷袭珍珠港行动的 5 艘袖珍潜艇最后全部葬身海底。

就在英国人占领马达加斯加大约 6 个月后，日军水上飞机侦察发现了英国皇家海军舰队。接下来，在 1 架水上飞机的协助下，3 艘日军 A 型袖珍潜艇对英军舰队发起了攻击，英国皇家海军"拉米利斯号"战列舰和一艘油船被鱼雷击中，前者虽然幸存下来，却受伤严重。仅仅一天后，日军又动用袖珍潜艇对悉尼发起了一次不成功的攻击。此外，在菲律宾海海战期间，日军还动用了艇身 25 米、排水量 50 吨的 C 型袖珍潜艇，和 A 型袖珍潜艇一道参加战斗，但毫无战果。

上图：1艘"回天"级潜艇正从1艘轻巡洋舰上进行投放

上图：1943年11月，1艘CB型袖珍潜艇在塔兰托港口靠泊。意大利曾经计划利用袖珍潜艇攻击纽约港口，在1943年投降后，这一企图无果而终

随着战争形势对自身越来越不利，日本人制造出了一款自杀式袖珍潜艇，称为"回天"级，并加以大量使用，主要借助水面舰船和潜艇进行投送。除此之外，还有一款自杀式袖珍潜艇——"海龙"级，艇身长17米，排水量19吨，乘员2人，携带炸药或者鱼雷进行攻击。

德国袖珍潜艇

德国人建造了一系列可以携带鱼雷的袖珍潜艇，主要用来对登陆舰队发起攻击。其中，"黑人"级和"貂"级各自配置1具533毫米口径鱼雷发射管，"海狸"级配置2具同样口径的鱼雷发射管，后者甚至可以携带鱼雷以6节（11千米/时）航速航行240千米。

乘员1人的"海狸"级袖珍潜艇排水量仅有6.5吨，除鱼雷之外，还可以携带2枚水雷。艇艏位置有一处拖曳挂钩，可以确保潜艇被拖到作战海域附近。"海狸"级袖珍潜艇设计存在一个重大隐患，那就是柴油发动机散发出来的一氧化碳气体会使乘员窒息而死。不过，即便如此，它们还是在1944年被

派到斯凯尔特河口执行封锁任务，试图阻滞盟国的海上航运。由于建造数量众多，且被运输到海外作战，有许多该型潜艇参加了安齐奥和诺曼底登陆作战，但根本对付不了数量众多、攻势凌厉的盟军舰艇，这些艇中有些已经全无下落，不知所终。

几款性能可靠的袖珍潜艇

相比之下，XXVIIA型和XXVIIB型潜艇的性能更加可靠，它们的艇身分别长10.5米和12米。两型潜艇携带着2枚鱼雷，续航力达到560千米，采用柴油发动机，航速可达6~7节（11~13千米/时），于1944年编入现役，主要在英吉利海峡、泰晤士河河口和斯凯尔特河口执行阻击任务，它们甚至可以到达英国东海岸，但除了偶尔击沉1~2艘商船外，并没有其他斩获。在盟军反潜兵力面前，它们所有的尝试最终以失败告终。

"蝾螈"级袖珍潜艇长10米，排水量11吨，也可携带2枚鱼雷，1944年6月诺曼底登陆作战开始后，被用来攻击盟军的海上航线。此外，该级潜艇也被用在斯凯尔特河口执行阻滞作战任务。

下图：1941年12月，在夏威夷瓦胡岛附近，在美军"赫尔姆斯号"驱逐舰的追逐下，1艘日军A型双人袖珍潜艇被迫浮出水面投降。当珍珠港事件发生时，"赫尔姆斯号"是美军唯一正在执行海上巡逻任务的舰船

4 CRUISER
巡洋舰

"德意志"级袖珍战列舰
Deutschland Class Pocket Battleships

直到 1934 年之前，德国因为受到《凡尔赛和约》的限制，不能建造排水量超过 10000 吨的战舰。为了在条约规定的框架内最大限度地发展出一款性能优异的战舰，德国设计师们绞尽脑汁，在航速、武器装备、续航力和装甲防护方面找到了一个最佳的平衡点，最终设计建造出了 3 艘"德意志"级战列舰，每艘配置了 8 台柴油发动机，双轴推进，从而获得了机动灵活且经济高效的舰艇动力。

"德意志"级袖珍战列舰的首舰为"德意志号"（后改名为"吕佐夫号"），排水量 11888 吨，接下来是"舍尔海军上将号"和"施佩伯爵海军上将号"。从一开始，该级战列舰就按照装甲巡洋舰的目标进行设计，在航速上要比任何一艘战列舰都快，在火力上要比任何一艘巡洋舰都更猛。但是，像所有的装甲巡洋舰一样，它们在战列巡洋舰面前往往不堪一击。

为了取得巨大且又经济适用的活动半径［以 19 节（35 千米 / 时）的巡航速度实现 16677 千米的续航力］，德国人应用了电焊和柴油发动机技术，前者用于减轻战舰重量，后者可保证战舰兼具高速度和远航程。其中，与以往的铆接技术相比，电焊技术节省出了 15% 的排水量，从而可以装备更好的防护装甲和更多的武器。即便如此，所有 3 艘战舰均超过了条约所限制的排水量，在第二次世界大战爆发的时候全部服役，这种所谓的"高航速巡洋舰"能够截击那些速度为 26 节（48 千米 / 时）的巡洋舰。

由于"袖珍战列舰"航速高达 28.5 节（53 千米 / 时），足以使其在面临强敌的时候从容逃脱。该级战列舰装备 280 毫米口径主炮 6 门、150 毫米口径副炮 8 门、105 毫米口径高射炮 6 门、

技术参数
"德意志"级（"施佩伯爵海军上将号"）袖珍战列舰
同级战舰（下水时间）："德意志号"（1931 年）、"舍尔海军上将号"（1933 年），"施佩伯爵海军上将号"（1934 年）
排水量：标准排水量 12100 吨，满载排水量 16200 吨
尺寸：长 186 米，宽 21.3 米，吃水深度 5.8 米
动力系统：8 台功率 56000 马力（41760 千瓦）的柴油机，双轴推进
航速：28.5 节（53 千米 / 时）
防护装甲：水线处 80 毫米，甲板 45 毫米，炮塔 85 ~ 140 毫米，炮座 100 毫米
武器系统：6 门 280 毫米口径火炮，8 门 150 毫米火炮，6 门 105 毫米高射炮，8 门 37 毫米口径高射炮，10 门 20 毫米口径高射炮，8 具 533 毫米口径鱼雷发射管
飞机：2 架水上飞机
人员编制：1150 人

下图：1940 年 1 月的"德意志号"，该舰次月就被更名为"吕佐夫号"，随后于 1940 年 9 月入侵挪威期间遭受重创

下图："吕佐夫号"（原"德意志号"）在 1945 年时的状态。该舰的前倾式舰艏安装于 1940 年，加高的烟囱盖则安装于 1941 年。该舰在 1945 年 5 月被英国皇家空军投掷的重达 5443 千克的"高脚柜"炸弹近炸重伤后自沉

37毫米口径高射炮8门、20毫米口径高射炮10门（后来改为28门），以及8具533毫米口径鱼雷发射管，舰员编制1150人。

官方的定义

直到1940年，该级战舰仍然被德国官方定义为"装甲巡洋舰"，但英法等国则对其心知肚明，称它们

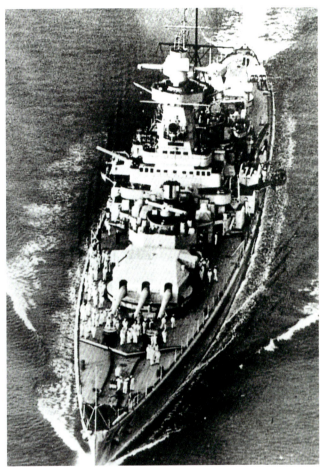

是"袖珍战列舰"。在"施佩伯爵海军上将号"袖珍战列舰在南美洲蒙得维的亚港被迫自沉之后，剩余的2艘被重新定级为重巡洋舰。其中，"舍尔海军上将号"作为商船袭击舰，曾经有过一个短暂的辉煌期，击沉了英国人的"杰维斯湾号"武装商船，作战区域甚至远达印度洋，不但牵制了英国皇家海军大量的猎杀兵力，还阻滞了盟国海上商船运输队的行动。

"德意志号"在"施佩伯爵号"沉没之后，更名为"吕佐夫号"，因为在两次战斗中曾被鱼雷击伤，大部分时间在港口里进行维修。1942年12月30日到31日，"吕佐夫号"参加了北角海战，表现比较出色。即便如此，它和姊妹舰"舍尔海军上将号"均在欧洲战争即将结束时被英国皇家空军重型轰炸机所击沉。

上图及下图：两图分别是在挪威外海（下图）和1939年4月经过英吉利海峡（上图），准备在战争爆发后发动破交行动的"施佩伯爵海军上将号"。在与英国皇家海军的"阿贾克斯号""阿基里斯号"和"埃克塞斯号"巡洋舰与普拉特河河口爆发海战并遭受损伤后，该舰最终于1939年12月13日在蒙特维的亚外海自沉

上图："施佩伯爵海军上将号"同样是"德意志"级，该舰通过结合柴油机和电焊减重舰体获得了优秀的续航力

"希佩尔海军上将"级重巡洋舰
Hipper Class Heavy Cruiser

20世纪30年代中期，德国海军又开始建造新一级重巡洋舰，该级战舰共5艘，其中1艘被出售给苏联。首舰"希佩尔海军上将号"在1937年2月下水，其排水量相当于日本帝国海军的重巡洋舰。由于火力系统只有8门主炮，德国人开始考虑加强其装甲防护能力。4舰均于1937—1939年建成下水，航速高达32节（59千米/时），其武备系统由8门203毫米主炮、12门105毫米口径和12门37毫米口径的高射炮，以及8挺（后改为28挺）20毫米高射炮组成，还装备12具533毫米口径鱼雷发射管，每舰搭载3架侦察机，舰员1450人。

表现出色

在该级重巡洋舰中，"希佩尔海军上将号"的作战表现最为出色。在1940年的挪威战役期间，它遭到英国皇家海军驱逐舰"萤火虫号"的决死撞击而受伤。1940—1941年，它作为商船袭击舰在大西洋海域活动，但由于续航力所限，无法进行持久作战。1942年7月，它被派往挪威海域，曾经对盟国PQ17号护航运输队造成极大的杀伤。在同年的最后一天，它与袖珍战列舰"吕佐夫号"和另外一艘驱逐舰一道，在北角外海攻击了JW51B号护航运输队。不过，

技 术 参 数	
"希佩尔海军上将"重巡洋舰级（"欧根亲王号"）	
同级战舰（下水时间）：	"希佩尔海军上将号"（1937年）、"布吕歇尔号"（1937年）、"欧根亲王号"（1938年）
排水量：	标准排水量14475吨，满载排水量18400吨
尺寸：	长210.4米，宽21.9米，吃水深度7.9米
动力系统：	布朗勃法瑞公司生产的蒸汽轮机，功率132000马力（98430千瓦），3轴推进
航速：	33.4节（62千米/时）
防护装甲：	水线处70～80毫米，甲板12～50毫米，炮塔70～105毫米
武器系统：	8门203毫米口径火炮，12门105毫米火炮，12门37毫米口径高射炮，24门20毫米高射炮，12具533毫米口径鱼雷发射管
人员编制：	1450人

在数量上占据优势的英军护航驱逐舰队，将这支德国商船袭击舰队围困了3个小时之久，直到最后才被一支紧急赶到的巡洋舰舰队解围。希特勒获悉此事后，第一反应就是下令封存所有的重巡洋舰，"希佩尔海军上将号"也因此得以存活到1945年。

同样陷入困境的还有"欧根亲王号"战列巡洋舰，该舰曾于1941年5月与"俾斯麦号"战列舰并

下图：1941年5月，德国海军"欧根亲王号"战舰在布雷斯特港。该舰此前曾经跟随"俾斯麦号"战列舰在大西洋海域击沉了英国皇家海军的"胡德号"战舰

肩作战。1942年2月，与"沙恩霍斯特号""格奈森瑙号"战列巡洋舰共同创造了一项史诗般的壮举——从法国布雷斯特港突围，冲破英国皇家海军对于英吉利海峡的封锁，顺利抵达德国北部港口。

1940年4月，"布吕歇尔号"战列巡洋舰搭载着一支登陆兵力向挪威海岸进发，在遭到岸防火力的猛烈打击后沉没，与其一起葬身海底的还有大量的士兵。"吕佐夫号"尚未完全建成，就在1940年卖给了苏联人，这个名字后来被"德意志号"所使用。

上图：在逃过了类似"俾斯麦号"1941年在大西洋上的悲惨命运之后，"欧根亲王号"得以存活到战争结束，最后成为美军在太平洋上进行的原子弹爆炸试验中的靶标

最后一艘该级战舰"塞特利兹号"，试图改建成为一艘航空母舰，最终未能建成。总体而言，体形过于庞大、操作过于复杂，加之机械系统性能不稳定，使得"希佩尔海军上将"级成为战争中最不成功的一级巡洋舰。

下图：尽管受到《限制海军军备条约》有关排水量不得超过10000吨的规定的限制，"希佩尔海军上将"级的吨位却从14000吨发展到17000吨，最后满载排水量甚至达到了20000吨。图中展示的是1941年4月正在卑尔根海域活动的"欧根亲王号"，舰体上突兀的折线迷彩是后来喷涂上去的

上图："希佩尔海军上将号"战列巡洋舰仅仅参加了两次大规模战斗，一是入侵挪威，二是袭击盟国JW51B号护航运输队，后于1943年被勒令退役

"扎拉"级重巡洋舰
Zara Class Heavy Cruiser

就在《限制海军军备条约》签署后不久，法国和意大利之间就展开了激烈的海军军备竞赛，法国人刚刚决定建造 2 艘"迪凯纳"级巡洋舰，意大利人就立即决定建造防护能力更强的"特伦托"级巡洋舰。然而，还没等到该级舰船建成下水，法国人就又开始建造 4 艘"絮弗伦"级巡洋舰，作为回应，意大利人在 3 年后开工建造 4 艘"扎拉"级巡洋舰。总体而言，意大利人建造的"扎拉"级巡洋舰性能比较优异，采用新的动力系统，双轴推进，且防护能力更强。

就在地中海战役打响后 1 个月，该级战舰中的 3 艘组成第 1 巡洋舰分队，参加了卡拉布里亚海战，意大利海军舰队在战斗中蒙受较重大损失，甚至连旗舰"凯撒号"战列舰也被英军击成重伤。

上图：意大利海军"扎拉"级重巡洋舰正在地中海上巡逻。该级战舰建造于 20 世纪 30 年代早期，主要设计用来对付法国新型战舰，总体建造工艺水平较高，配置合理，但排水量比《限制海军军备条约》所规定的最大吨位要大

技术参数

"扎拉"级重巡洋舰

同级战舰（下水时间）： "扎拉号"（1930 年）、"阜姆号"（1930 年）、"戈里齐亚号"（1930 年）、"波拉号"（1931 年）

排水量： 标准排水量 11545 ～ 11680 吨，满载排水量 13945 ～ 14330 吨

尺寸： 长 182.8 米，宽 20.62 米，吃水深度 5.9 米

动力系统： 帕森斯蒸汽轮机，功率 108000 马力（80535 千瓦），双轴推进

航速： 32 节（59 千米 / 时）

防护装甲： 水线处 100 ～ 150 毫米，甲板 70 毫米，炮塔 120 ～ 140 毫米，炮塔圈座 140 ～ 150 毫米

武器系统： 4 座双联装 203 毫米口径火炮，8 座双联装 100 毫米火炮，8 门 37 毫米口径高射炮

飞机： 2 架水上飞机

人员编制： 841 人

最后的战斗

下一场重要战斗实际上也是他们所参加的最后的战斗。在 1941 年 3 月底，意大利海军一支混合编队前去截击克里特岛附近的一支英国运输队。英国人获悉该情报后，立即布设了一个埋伏圈。为了击沉意大利人的"维托里奥·维内托号"战列舰，英国皇家海军出动"可畏号"航空母舰舰载机对其实施空袭，迫使其放慢速度，以便己方的重型战舰对其贴近攻击。不过，仅有第 1 分舰队的"波拉号"被拦截下来，见到这种情况，它的姊妹舰"扎拉号"和"阜姆号"以及 2 艘驱逐舰也留下来，与其并肩作战。坎宁安海军上将指挥英国战列舰对这些舰船进行了猛烈攻击，当天晚上，"阜姆号""扎拉号"和"波拉"被英军战舰"阿贾克斯号"上的雷达发现，仅仅数分钟之后便遭到了英国战列舰"厌战号"和"勇敢号"的攻击。"阜姆号"和"扎拉号"中弹后起火燃烧，最后被鱼雷击沉。此外，起初受到重创的"波拉号"重巡洋舰以及护卫她的 2 艘驱逐舰，也在天亮前被英军击沉。这就是著名的马塔潘角海战，创造了 3 艘重巡洋舰在一次战斗中全部葬身海底的纪录。

下图：与其前身"特伦托"级相比，"扎拉"级重巡洋舰为了获取更好的装甲防护牺牲了高航速。1941 年 3 月，"扎拉号"和它的 2 艘姊妹舰在马塔潘角附近海域，全部丧命于英国皇家海军地中海舰队的炮口之下

最后 1 艘"扎拉"级重巡洋舰是"戈里齐亚号"，1930 年 12 月 28 日下水。与 3 艘在战争中被摧毁的姊妹舰不同，她的战斗生涯一直持续到 1943 年 9 月意大利与盟国签署停战协定为止。从一开始，她就从事着攻击英国运输队的任务，但战果寥寥。马塔潘角海战之后，意大利海军进行了重组，"戈里齐亚号"与重巡洋舰"特伦托号""的里雅斯特号"一起被编入第 3 分舰队服役，首要任务是护航作战。1943 年 9 月 8 日，就在意大利与盟国签署停战协定之后，"戈里齐亚号"被凿沉在拉马达莱娜基地，后来，被德国人打捞出水并拖到了拉斯佩齐亚港口。1944 年 6 月 26 日，"戈里齐亚号"在意大利与盟军停战后，被意军驾驶的人工操作鱼雷击沉在拉斯佩齐亚港内。

"雇佣兵队长"级轻巡洋舰
Condottieri Class Light Cruiser

意大利人建造了大量性能优异的巡洋舰，但由于缺乏进攻性的战争策略，使得这些战舰很少有机会得到实战检验。12 艘"雇佣兵队长"级轻巡洋舰构成了意大利海军巡洋舰部队的中流砥柱，其中，"加里波第号"及其姊妹舰"阿布鲁兹公爵号"成为该级战舰之中最后下水但性能最出色的一对，排水量接近 10000 吨的条约上限。

作为意大利海军"基萨诺"级轻巡洋舰（1928 年开工建造的首批 4 艘"雇佣兵队长"级轻巡洋舰）用来进行衡量和比较的标杆，法国海军"迪盖·特鲁安"级轻巡洋舰早在 2 年前就已经建成下水。这

技 术 参 数
"雇佣兵队长"级轻巡洋舰（第 5 批）
排水量：标准排水量 9440 吨，满载排水量 11575 吨
尺寸：长 187 米，宽 18.9 米，吃水深度 5.2 米
动力系统：帕森斯蒸汽轮机，功率 102000 马力（76060 千瓦），双轴推进
航速：33.5 节（62 千米/时）
防护装甲：水线处 130 毫米，甲板 40 毫米，炮塔 135 毫米
武器系统：2 座双联装 152 毫米口径火炮，2 座 3 联装 152 毫米火炮，4 座双联装 100 毫米口径高射炮，4 座双联装 37 毫米口径高射炮，10 门 20 毫米高射炮，6 具 533 毫米口径鱼雷发射管
飞机：2 架水上飞机
人员编制：640 人

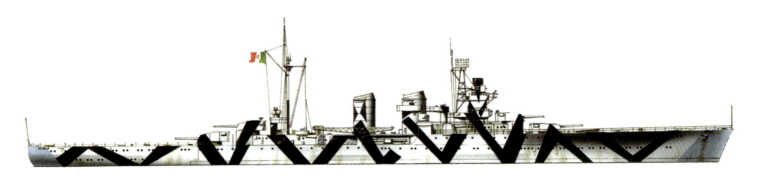

两级巡洋舰均配置了4座双联装炮塔，虽然意大利巡洋舰比法国巡洋舰的航速稍快，但二者在装甲防护上都没有受到足够的重视。

另外，意大利海军的"雇佣兵队长"级轻巡洋舰，还与同一时期的法国"加利索尼埃"级巡洋舰进行角力。鉴于法国战舰加强了防护措施，意大利人随即做出反应，为己方战舰加大舰体尺寸和发动机动力，同时提升战损后的生存能力。

该级战舰最后一项改进就是加大舰宽、吃水深度和排水量，利用扩大出来的空间又增加了2门火炮（A号和Y号炮塔改为3联装），并提升了装甲防护性能。意大利人还有一项政策上的改变，那就是开始接受低航速的现实，但也只是局限在与法国同级对手的比较上。

意大利海军"加里波第号"轻巡洋舰的作战任务主要是护航作战，保护从意大利到北非战场的海上交通线。1941年7月，它被英国皇家海军"支持者号"潜艇鱼雷击中，

上图：最后一批"雇佣兵队长"级轻巡洋舰加大舰体尺寸，提升装甲防护能力，但在一定程度上牺牲了速度和其他能力。图中是"阿布鲁兹公爵号"在1942年涂抹伪装条纹的照片，该舰在战争中幸存下来，一直服役到1961年

受伤严重。

战后，2艘姊妹舰均编入舰队服役，其中，"加里波第号"一直服役到20世纪70年代，最后被改建成为1艘导弹巡洋舰原型舰，配备新型舰对空导弹。"阿布鲁兹公爵号"在1961年退役。

上图：为了对付法国海军轻巡洋舰的稳步发展，以"奥斯塔公爵号"为代表的意大利海军"雇佣兵队长"级轻巡洋舰先后建造了5个批次

左图：意大利海军对其最后2艘"雇佣兵队长"级轻巡洋舰的舰体尺寸和排水量进行大幅提升，从而为其增加了2门152毫米口径主炮，分别安装在舰艏和舰艉的3联装炮塔上。"加里波第号"就是其中之一，它虽然在战争中负伤，却幸存下来，一直服役到20世纪70年代

"罗马领袖"级轻巡洋舰
Capitani Romani' Class Light Cruiser

英国人曾经在第一次世界大战期间最先提出了小型巡洋舰的造舰概念，这一概念先是在20世纪20年代被日本人加以仿效，接下来是法国人，他们开始研制"莫加多尔"级巡洋舰。

超级驱逐舰

"莫加多尔"级巡洋舰从外观上看起来更像超级驱逐舰，满载排水量将近4000吨，火力甚至超过了诸如英国"黛朵"级这样的轻巡洋舰。其动力输出92000马力（68605千瓦），航速高达40节（47千米/时）。

受到法国对手的强烈刺激，意大利人担心未来有可能在地中海上遭遇强敌，于是决定加速建造"罗马领袖"级轻巡洋舰，在短短6个月里开工建造了12艘该级战舰，但由于在战争中失败，最终仅有4艘建成——"伟大的庞培号""阿蒂利乌斯·雷古鲁斯号""阿非利加征服者西庇阿号"和"盖乌斯·日耳曼尼库斯号"。

"罗马领袖"级比"莫加多尔"级的舰身长5米，看起来就像小型巡洋舰，它们较宽的舰身使其得以配置动力更强劲的机械系统，输出功率高达125050马力（93250千瓦），相当于排水量4倍于己的美国

技术参数
"罗马领袖"级轻巡洋舰
同级战舰（下水时间）： "伟大的庞培号"（1941年）、"阿蒂利乌斯·雷古鲁斯号"（1940年）、"阿非利加征服者西庇阿号"（1941年)和"盖乌斯·日耳曼尼库斯号"（1941年）
排水量： 标准排水量3685吨，满载排水量5335吨
尺寸： 长142.9米，宽14.4米，吃水深度4.1米
动力系统： 汽轮机，功率110000马力（82015千瓦），双轴推进
航速： 40节（74千米/时）
武器系统： 4座双联装135毫米口径火炮，8门37毫米口径高射炮，8门20毫米防空机关炮，8具533毫米口径鱼雷发射管
人员编制： 418人

"萨勒姆"级重巡洋舰，确保了高达43节（80千米/时）的航速。不过，该级战舰几乎没有采用任何装甲防护措施。在武器系统方面，该级战舰配备了8具鱼雷发射管，并能够携带水雷。

战后，在上述提及的轻巡洋舰中，法国和意大利各有1艘在军中继续服役。其中，意大利战舰是"圣乔治号"（前"盖乌斯·日耳曼尼库斯号"），重新升级改进后服役到1971年。上述4艘战舰中，没有1艘配备其最初的武器系统，出于多方面考虑，意大利战舰采用了美国制造的127毫米口径L/38型火炮，法国人则采用了二战期间德国制造的105毫米口径火炮。

左图：意大利海军轻巡洋舰"阿非利加征服者西庇阿号"。虽然意大利人打算建造12艘"罗马领袖"级轻巡洋舰，但截至1943年9月，仅有3艘编入舰队服役

"那智"级重巡洋舰
Nachi Class Heavy Cruiser

与其前身"青叶"级重巡洋舰相比，日本帝国海军4艘"那智"级重巡洋舰的舰体长度多出10%，具备了未来10年日本巡洋舰建造的基本特征。

强大的火力

"那智"级重巡洋舰配备10门203毫米口径主炮，有着加强型的防护装甲，在西方人眼里，这种类似怪胎一样的舰船，却有着强大的火力和抗毁伤能力，很难将其击沉。与同时期许多巡洋舰一样，为了满足《限制海军军备条约》所限定的吨位标准，"那智"级巡洋舰借助先进的舰船设计和建造工艺，在最大限度地安装武器装备的同时，最大可能地实现了高航速。在后来进行的太平洋战争中，这些战舰在海上横冲直撞，所向披靡。

强大的鱼雷武器

就在第二次世界大战爆发前夕，为了与进攻性的海军战略相适应，日本人迅速地对"那智"级重巡洋舰的武器系统进行升级，将610毫米口径鱼雷发射管增加到了16具，这在当时世界各国是极其少见的。

与大多数的日本巡洋舰一样，"那智"级在战争中同样损失惨重。比较少见的是，其中2艘居然被英国皇家海军击沉："羽黑号"在1945年5月被英国皇

技术参数
"那智"级重巡洋舰
同级战舰（下水时间）： "那智号"（1927年）、"妙高号"（1927年）、"羽黑号"（1928年）和"足柄号"（1928年）
排水量： 满载排水量13380吨
尺寸： 长201.7米，宽20.7米，吃水深度6.3米
动力系统： 蒸汽轮机，功率130000马力（96940千瓦），4轴推进
航速： 33.5节（62千米/时）
装甲防护： 水线处100毫米，甲板65～125毫米，炮塔40毫米
武器系统： 10门203毫米口径主炮，8门127毫米高平两用炮火炮，8门25毫米口径高射炮，16具610毫米口径鱼雷发射管
人员编制： 780人

上图：1941年夏季，日本帝国海军第2艘"那智"级重巡洋舰"妙高号"以33节（61千米/时）的最高航速全力驶过某海域

上图：1944年11月5日，日本帝国海军"那智号"重巡洋舰在马尼拉湾左冲右突，试图逃出美国海军俯冲轰炸机的包围圈，但最终徒劳无益，被多次击中后沉没

左图：在战争后期，涂着伪装色的"妙高号"与2艘潜艇停靠在一起。在1944年10月的莱特湾海战中，"妙高号"被鱼雷击伤，2个月后再次被鱼雷击中，最后逃到了新加坡，没有进行任何维修，在那里一直滞留到战争结束

家海军驱逐舰击沉在马来西亚槟榔屿附近海域；"足柄号"于1945年6月被英国皇家海军潜艇"锋利号"击沉在印度尼西亚邦加海峡。1944年11月，"那智号"被美军飞机击沉在马尼拉湾；1944年10月24日，盟军发起收复菲律宾的战役，"妙高号"在战斗中被美国海军航空母舰的舰载机发射的鱼雷击沉。

下图：日本帝国海军巡洋舰最初携带的防空火力极为有限，后来，为了对付美国海军航母舰载机的威胁，迅速加装了8门25毫米高射炮，到战争结束时，残存下来的巡洋舰安装的25毫米炮的数量最多达到了50门

战争牺牲品

"羽黑号"曾经先后在爪哇海、巽他海峡等地作战，参加过中途岛海战、第二次所罗门群岛海战等，每次都侥幸逃脱，因此引起英国皇家海军太平洋舰队的格外关注。1945年5月，当它从安达曼群岛经由马六甲海峡向后方撤运人员时，被英国皇家海军第26分舰队发现，5艘英军驱逐舰将其击沉在马来西亚槟榔屿附近海域。

"最上"级轻 / 重巡洋舰
Mogami Class Light/Heavy Cruisers

日本帝国海军出于模仿美国人建造"布鲁克林"级巡洋舰，设计建造了4艘"最上"级巡洋舰，在1930年《伦敦海军条约》所限定的吨位上最大限度地装备武器系统——15门155毫米口径火炮，并为此安装了5座3联装炮塔，舰体采用电焊工艺进行建造以降低重量，试图达到37节（69千米/时）的航速。然而，海上试航证明该级巡洋舰的性能不够稳定，它们之中的前2艘舰"最上号"和"三隈号"不得不因此退出现役进行改造。

重新加装武器系统

1939年，《伦敦海军条约》等相关的国际海军条约失效，日本人对"最上"级进行升级改建，将原来的155毫米口径3联装炮塔换成203毫米口径双联装炮塔，舰体尺寸也进行扩展，这样一来，速度

技术参数
"最上"级轻 / 重巡洋舰
同级战舰（下水时间）： "最上号"（1934年）、"三隈号"（1934年）、"铃谷号"（1934年）和"熊野号"（1936年）
排水量： 12400吨
尺寸： 长203.9米，宽20.2米，吃水深度5.8米
动力系统： 蒸汽轮机，功率150000马力（111855千瓦），4轴推进
航速： 最初37节（69千米/时），改建后34节（63千米/时）
装甲防护： 水线处100毫米，甲板35毫米，炮塔25毫米
武器系统： 15门155毫米口径主炮，后来替换为10门203毫米口径主炮，8门127毫米高平两用炮，8门25毫米口径高射炮，12具610毫米口径鱼雷发射管
飞机： 3架水上飞机
人员编制： 780人

勉强达到34节（63千米/时），与美国海军的"布鲁克林"级相当，但在动力功率上比对方多50%。

第二次世界大战期间，"最上"级构成了第7巡

洋战队的主力，接受栗田海军少将的指挥。在爪哇海战结束后，"最上号"和姊妹舰"三隈号"参与了击沉美国海军"休斯敦号"和澳大利亚皇家海军"珀斯号"的战斗。后来，作为中途岛海战中的牵制兵力，这2艘巡洋舰为了躲避美国航母舰载机的攻击，相互发生碰撞，"三隈号"最后沉没，300人葬身海底。在混乱之中，"最上号"侥幸逃脱战场。

受伤

1943年11月，作为一支日军大型舰队的成员，"最上号"在拉包尔遭到美军空袭，在遭到重创甚至起火燃烧的情况下，该舰竟然再次侥幸逃生。

接下来，它又再次在菲律宾海海战中成功逃生。不过，它的运气在苏里高海峡战役中走到头了，在遭受严重炮击的情况下，它与己方的"那智号"重巡洋舰发生碰撞，第二日又遭到美军飞机轰炸，最后被日军发射的鱼雷击沉。

在"最上"级巡洋舰中，没有1艘战舰能够在战争中幸存下来。其中，"铃谷号"在莱特湾海战中被美军航母舰载机击沉，而"熊野号"在此战中则被美军潜艇用鱼雷击伤，1个月后被美军飞机彻底摧毁。

上图：1933年，正在进行海上试航的日本帝国海军"最上号"巡洋舰。起初，该舰曾经作为"轻型"巡洋舰进行建造，配备的是15门155毫米口径火炮。随着《限制海军军备条约》的终结，"最上号"及其姊妹舰进行了升级改建，火力系统改成了10门203毫米口径主炮，成为1艘"重型"巡洋舰

上图：在中途岛海战中，"最上号"在遭受了空中打击以及发生碰撞事故后起火燃烧，几乎成为废铁。1943年底，该舰被拖回修理厂进行大修，2座舰艉炮塔被拆除，腾出来的空间用来停放11架水上飞机

下图："最上号"巡洋舰在1940—1941年进行了首次改建，由于饱受舰体超重等问题的困扰，在加装防空火力的同时，不得不首先将鱼雷系统拆除

上图：日本海军"最上"级重巡洋舰3号舰"铃谷号"正在将航速加速至37节（69千米/时），尽管此时它在名义上仍然属于一款"轻型"巡洋舰，但其装备的15门152毫米口径火炮，足以使任何水面对手望而生畏

"高雄"级重巡洋舰
Takao Class Heavy Cruiser

　　作为第二次世界大战期间给人印象最深刻的重巡洋舰，"高雄"级有些类似于"妙高"级，但尺寸更大，装甲防护更强，舰桥也更加高大。第2个明显特征在于副烟囱垂直向上，而非向后倾斜设计。起初，"高雄"级在建造时原计划比"妙高"级的排水量略小，但由于设计人员执意为其增加更厚的防护装甲以及改进型的火炮，使得其吨位大幅增加。其中，弹药库的防护装甲达到了125毫米，203毫米主炮的仰角甚至达到了70度（"摩耶号"除外，仅有55度），这一点与英国皇家海军"郡"级巡洋舰相似。

下图：1938年6月，在横须贺停靠的日本海军"鸟海号"重巡洋舰。同一时期的美国海军战舰在装甲防护设计上较为低效，对日军炮弹的较差防护能力是导致美舰在所罗门群岛海战中损失惨重的重要原因之一

技术参数
"高雄"级重巡洋舰
同级战舰（下水时间）："高雄号"（1930年）、"爱宕号"（1930年）、"摩耶号"（1930年）和"鸟海号"（1931年）
排水量：标准排水量9850吨，海上试航时达到12781吨；经过改建后，"高雄号"达到13400吨，"爱宕号"达到14600吨
尺寸：长203.76米，宽18.03米，吃水深度6.11米
动力系统：蒸汽轮机，功率130000马力（96941千瓦），4轴推进
航速：35.5节（66千米/时）
装甲防护：水线处100毫米，弹药舱127毫米，甲板35毫米，炮塔25毫米
武器系统：10门203毫米口径火炮，4门120毫米口径主炮，1942年，经过改装后增加了16挺13毫米口径机枪，8～12门25毫米口径高射炮，4具4联装610毫米口径鱼雷发射管
飞机：3架
人员编制：773人

上图：在日本东京湾外的日军"高雄号"巡洋舰。该舰在 1938—1940 年进行了现代化改建。1944 年 10 月 23 日，在菲律宾巴拉望西北海域，"高雄"遭到美国海军"海鲫号"潜艇的鱼雷攻击，受重伤后逃往新加坡，最后被英国皇家海军袖珍潜艇 XE-3 号击沉

不过，这种令人畏惧的 203 毫米口径主炮并不适于防空作战，根本对付不了来自飞机的威胁。另外，虽然美国海军重巡洋舰的炮塔上加装了厚重的防护装甲，但日本人仿效了英国人的做法，仅仅为炮塔布置了 25 毫米厚的防护装甲。

与早期的"妙高"级一样，"高雄"级在建成后的几年内继续进行多项升级改进。其中，"高雄号"和"爱宕号"在 1939—1940 年，继续增加防护装甲，鱼雷携带量增加一倍。在 1942 年又将 120 毫米口径副炮更换为 127 毫米高平两用炮火炮，排水量增加到了 13400 吨（其中 18% 的排水量用于提升防护能力），航速降到了 34 节（63 千米/时）。由于战争爆发，"摩耶号"和"鸟海号"来不及进行改建和升级便仓促参战了，不过它们还是拆下了老式的 120 毫米口径副炮，代之以性能更强大的 127 毫米口径高平两用炮。另外，它们在战争早期未能装备 610 毫米口径的"长矛"鱼雷。

1943 年 11 月，"摩耶号"在拉包尔遭到美国轰炸机的重创，C 号炮塔被摧毁，但没有更换。相反，该舰后来被改建成为 1 艘防空巡洋舰，加装了 4 门 127 毫米口径平高两用火炮以及 30 门 25 毫米口径高射炮。1944 年 10 月，在莱特湾海战中，"摩耶号"与美国海军"鲦鱼号"潜艇遭遇，被后者击中 4 枚鱼雷后沉没。

同样，"鸟海号"也进行了防空巡洋舰的改建，但这项工作未能完成。在萨马岛海战中，该舰与美国海军一支护航航母编队遭遇，被美军舰载机击沉。"爱宕号"在莱特湾海战早期，被美国海军"海鲫号"潜艇击沉。"高雄号"也被"海鲫号"潜艇的 2 枚鱼雷击中，负伤逃往新加坡。1945 年 7 月 31 日，"高雄号"在锚泊时，被英国皇家海军袖珍潜艇 XE-3 号击沉，战后残骸被打捞上来。

下图：1939 年 8 月，完成现代化改造的"爱宕号"以 34 节（63 千米/时）的高速驶出馆山。"高雄"级以其强大的火力在 1942 年 8 月的萨沃岛海战中立下汗马功劳

"利根"级轻/重巡洋舰
Tone Class Light/Heavy Cruiser

日本人在建造"利根"级巡洋舰的时候，将"最上"级巡洋舰的武器系统——12门155毫米口径火炮（安装在4座3联装炮塔上）——成功地配置到这艘仅有8500吨排水量的战舰之上。因为这是有成功先例的，此前建造的"最上"级巡洋舰，原定9500吨的排水量，建成后超过了11000吨。从这一点可以看出，日本当局在建造所有作战舰船时，都决意最大限度地钻国际社会有关限制海军军备条约的空子。

在建造"利根"级的时候，日本政府起初打算将其建成1艘"侦察巡洋舰"，计划搭载8架水上侦察飞机。不过，就像当初建造"最上"级时不断地加大火力系统那样，"利根"级在建成时配置的是203毫米口径火炮。由于日本人未能为这些火炮设计出3联装炮塔，所以"利根"级的8门火炮只能配置在4座双联装炮塔上。这种设计思路，其实也体现出日本人轻防守、重进攻的作战理念，通过加强水面火力和防空火力的密集程度，一定程度上可以抵消因装甲防护水平低产生的不利影响。

由于舰艉没有布置炮塔座圈，"利根"级战舰居住的舱室空间要比日军其他型号的巡洋舰宽敞许多，因此受到舰员们的普遍欢迎。然而，日本帝国海军最高统帅部却将其视为一种设计缺陷，因此放弃了"侦察巡洋舰"的概念。最终，该级战舰搭载的飞机数量没有达到8架，实际搭载的最大数量是6架，

技术参数
"利根"级轻/重巡洋舰
同级战舰（下水时间）： "利根号"（1937年）、"筑摩号"（1938年）
排水量： 标准排水量10500吨，满载排水量15000吨
尺寸： 长201.5米，宽19.4米，吃水深度10.9米
动力系统： 蒸汽轮机，功率90000马力（97113千瓦），4轴推进
航速： 33节（61千米/时）
装甲防护： 舰体100毫米，弹药库145毫米，甲板31毫米，炮塔25毫米
武器系统： 原计划安装15门155毫米口径主炮，建成后为8门203毫米口径主炮，8门127毫米高平两用炮火炮，8~12门25毫米口径高射炮，12具610毫米口径鱼雷发射管
飞机： 5架
人员编制： 850人

但最常见的是5架，到了1944年仅剩下2~3架——甚至不超过1艘普通巡洋舰所能搭载的数量。

颇具讽刺意味的是，正是因为"利根号"上的侦察机的工作失误，才导致了日本帝国海军在中途岛海战中被美军先行发现，进而实施先发制人的打击，日军舰队最终遭受惨败。"利根号"的姊妹舰"筑摩号"在所罗门群岛海域遭到美军轰炸机的重创，接着又在莱特湾海战中被击成重伤、动弹不得，最终于1944年10月25日被日本人自己的驱逐舰击沉。

1945年7月24日，盟军空袭吴港，"利根号"被击中4弹坐沉海底。战后被美军打捞，于1947年拆解。

日军轻巡洋舰
Japanese Light Cruisers

20 世纪 20 年代，日本人在致力于建造配备 203 毫米口径主炮的重巡洋舰之前，曾经建造了一些轻巡洋舰。其中，在第二次世界大战爆发之前，日本帝国海军订购了 4 艘"香取"级训练舰，或者叫作潜艇部队旗舰，主要用作轻巡洋舰。但是，美国人和英国人的巡洋舰舰队不同，日军配备 152 毫米口径主炮的轻巡洋舰比例并不高。

1922 年，日本帝国海军 4 艘"川内"级轻巡洋舰开始铺设龙骨，跟英国人在第一次世界大战末期建造的轻巡洋舰比较相似。为了适应《限制海军军备条约》的限制性条款，"加古号"在建造期间被取消，舰体在船台上被拆解。剩余 3 艘舰的 7 门 140 毫米口径火炮分别单独配置在 7 座炮塔上，此外，还有 5% 的排水量用来增加足够强大的防护装甲，足以防御当时美国驱逐舰的 102 毫米口径炮弹。不过，美国驱逐舰的火力系统非常强大，日舰"川内号"和"神通号"正是在战斗中被美军驱逐舰和巡洋舰击沉的。"那珂号"比较例外，它是被美国空军飞机击沉的。

第一次世界大战期间建造的 3 级轻巡洋舰一直服役到 1941 年，它们分别是"天龙"级（2 艘）、"球磨"级（5 艘）和"长良"级（6 艘）。其中，"天龙"

下图：1943 年 6 月，日军"阿贺野"级巡洋舰"能代号"。该级战舰配备的防护装甲比较薄，武器系统也不强大。根据最初计划，本应在 X 炮位再配置一座炮塔，但后来被取消，代之以更多的鱼雷发射管（计划建 6 具，最终为 8 具），以及更多的飞机起降设施

技术参数
"川内"级巡洋舰
同级战舰（下水时间）： "川内号"（1923 年）、"神通号"（1925 年）
排水量： 标准排水量 5195 吨，满载排水量 7100 吨
尺寸： 长 163 米，宽 14.17 米，吃水深度 4.91 米
动力系统： 蒸汽轮机，功率 90000 马力（97113 千瓦），4 轴推进
航速： 35 节（65 千米／时）
装甲防护： 水线处 63 毫米，甲板 28 毫米
武器系统： 7 门 140 毫米口径主炮，2 门 76 毫米火炮，8 具 610 毫米口径鱼雷发射管，80 枚水雷
飞机： 1 架

级排水量 3200 吨，装备 4 门 140 毫米炮和 6 具 533 毫米口径鱼雷发射管，但这 2 艘舰均在太平洋战争中被美军潜艇击沉。5500 吨的"球磨"级有着和"川内"级同样的武器系统，在 1940 年又装备了"长矛"鱼雷。在该级战舰中，"北上号"和"大井号"后来被重建为鱼雷巡洋舰，各携带 40 枚 610 毫米口径鱼雷，不过，这 2 艘舰却从来没有机会使用它们的鱼雷："北上号"在 1943 年又被改建成为 1 艘快速运输舰，"大井号"被美国海军"松鲷号"潜艇击沉。"长良"级巡洋舰除了装备"长矛"鱼雷外，还在战争期间再次装备了 7 门 140 毫米口径火炮。1942 年 10 月，"由良号"在瓜达尔卡纳尔岛附近海域被美国海军陆战队飞机重创，最后自沉。还有 2 艘姊妹舰在莱特湾海战中沉没，另有 3 艘在 1944—1945 年被潜艇击沉。

1939年，日本人又开工建造4艘"阿贺野"级现代化轻巡洋舰，排水量6652吨，6门152毫米口径主炮配置在3座双联装炮塔上，此外还有8具610毫米口径鱼雷发射管。作为驱逐舰领舰，它们航速高达35节（65千米/时），但防护能力却很低下，只能防护127毫米口径的炮弹。其中，"矢矧号"轻巡洋舰在1945年4月伴随超级战列舰"大和号"执行最后一次自杀式突击时被击沉。

下图：作为"阿贺野"级巡洋舰的放大版和改进版，"大淀"级巡洋舰最初计划用作潜艇和飞机攻击群的指挥舰

下图：1937年中国抗日战争期间，日军"长良"级巡洋舰"由良号"入侵上海。该级战舰最初安装有机库

唯一的"大淀"级巡洋舰是"阿贺野"级的放大和改进版，旨在作为引导旗舰，指挥潜艇和飞机实施攻击作战。日本人将甲板后方的152毫米口径火炮拆除，从而腾出空间建设一个大型机库，用来容纳6架大型高速侦察轰炸机。不过，这种大型飞机从来没有建成，"大淀号"搭载了2架标准型的侦察机。作为舰队的旗舰，该舰一直没有参加过战斗。

"郡"级重巡洋舰
County Class Heavy Cruiser

《限制海军军备条约》正是根据英国皇家海军新型"霍金斯"级巡洋舰的技战术指标——将近10000吨排水量以及配备190毫米口径火炮，才确定了国际通用的巡洋舰标准。接下来，根据这一标准，英国人建造了A级巡洋舰，也称之为"郡"级，主要将其用来执行海外商业航行保护任务，因此，它们在速度、装甲防护和武器装备上，均有不俗的表现。它们的外观比较有特点，该级舰具有很大的干舷高

下图：1943年，英国皇家海军"诺福克号"巡洋舰。"郡"级重巡洋舰属于一种折中的产品，主要设计用来保护海外漫长的商业航线，有着非常出色的续航能力，很受舰员们青睐

技术参数

"郡"级重巡洋舰

同级战舰（下水时间）："贝里克号"（1926年）、"康沃尔号"（1926年）、"坎伯兰号"（1926年）、"肯特郡号"（1926年）、"萨福克号"（1926年）、"澳大利亚号"（1927年）、"堪培拉号"（1927年）、"德文郡号"（1928年）、"萨塞克斯号"（1928年）、"多塞特郡号"（1929年）、"诺福克号"（1928年）

排水量：标准排水量9825吨，满载排水量14000吨

尺寸：长193.3米，宽20.2米，吃水深度6.6米

动力系统：蒸汽轮机，功率80000马力（59655千瓦），4轴推进

航速：32节（59千米/时）

装甲防护：舰体76～127毫米，甲板38～102毫米，炮塔39毫米，炮塔座圈25毫米

武器系统：8门203毫米口径主炮，8门102毫米口径高射炮，8具533毫米口径鱼雷发射管

飞机：2～3架水上飞机

人员编制：660人

度，3根高耸的烟囱，无论在任何地方都能被一下子识别出来。出色的续航能力和优异的稳定性，使得它们格外受人欢迎。不过，就在这些建造项目正在建设时，《伦敦海军条约》生效了，英国人不得不取消了另外5艘计划建造项目。

"郡"级又建成3种不同的子级别——"肯特"级（7艘）、"伦敦"级（4艘）和"诺福克"级（2艘），它们在总体上比较相似。20世纪30年代，这些舰只进行了现代化改进升级，又产生了许多的差别。其中，有4艘的舰艉上层建筑进行了扩建以容纳机库。在此基础上，又加装了改进型的防空火力系统。所有这些努力，使得该级战舰从外观看起来，就像放大版的"斐济"级巡洋舰。

在实际的水面作战中，"郡"级重巡洋舰的总体表现比较突出，但却容易成为敌人空中飞机攻击下

左图：在印度洋上，英国皇家海军"郡"级重巡洋舰"德文郡号"正与"毛里求斯号"相互靠近，2舰之间准备进行物资或人员的转移

的牺牲品。也许所有人都没有想到，它们对于战争的最大贡献在于保护商船运输队免遭袭击舰的攻击，在这类任务中英勇战沉的英军重巡洋舰有"堪培拉号""多塞特郡号"和"康沃尔号"。

上图：1941 年 5 月，在追歼德国海军"俾斯麦号"战列舰的战斗中，英国皇家海军"郡"级重巡洋舰"萨福克号"上的雷达探测设备发挥了重要作用。请注意，该舰舯部搭载了"海象"水上飞机。

"阿瑞图萨"级轻巡洋舰
Arethusa Class Light Cruiser

1930 年签订《伦敦海军条约》，英国正在建造第一次世界大战后设计的首批 152 毫米口径火炮巡洋舰，计划用来替换早期的 C 级和 D 级小型巡洋舰。其中，最早 1 批 5 艘巡洋舰被称为"利安得"级，配置 8 门火炮，采用了英国皇家海军"雄心号"战舰上的双联装火炮。接下来，英国人又在"利安得"级的基础上建造出了 3 艘"安菲翁"级巡洋舰，它们与前者的主要区别在于通过调整机械系统的布局，为烟囱系统腾出了更宽敞的空间。

随着《伦敦海军条约》的实施，英国人获准建造的舰船吨位受到了严格限制，有鉴于此，英国海军部决定建造缩小版的轻巡洋舰，配置 6 门火炮，这就是众所周知的"阿瑞图萨"级。就其吨位而言，4 艘"阿瑞图萨"级相当于 3 艘"利安得"级战舰，由于吨位太小，英国人只建造了 4 艘该级轻巡洋舰。

"阿瑞图萨"级的吨位和体形虽然不够大，却在地中海战场上大显身手。其中，最负盛名的是皇家海军"奥罗拉号"和"珀涅罗珀号"巡洋舰，它们作

技术参数
"阿瑞图萨"级轻巡洋舰
同级舰船下水时间： "阿瑞图萨号"（1934 年），"加拉提亚号"（1934 年），"珀涅罗珀号"（1935 年），"奥罗拉号"（1936 年）
排水量： 5250 吨
尺寸： 长 154.2 米，宽 15.5 米，吃水深度 4.2 米
动力系统： 蒸汽轮机，功率 64000 马力（47725 千瓦），4 轴推进
航速： 32.25 节（60 千米 / 时）
装甲防护： 水线处 51 毫米，甲板 51 毫米，炮塔 25 毫米，指挥塔 25 毫米
武器系统： 6 门 152 毫米口径火炮，8 门 102 毫米口径高射炮，6 具 533 毫米鱼雷发射管
舰载机： 1 架水上飞机（不包括"奥罗拉号"）
人员编制： 470 人

为 K 舰队的主力战舰，在 1941 年的马耳他战役中发挥了重要作用，有力地袭扰了意大利的海上运输线，直接导致在北非作战的轴心国军队的后勤补给陷入困境。不过，由于 K 舰队在夜间误入水雷区几乎全军覆没，这 2 艘舰也受到重创。

接下来，"珀涅罗珀号"巡洋舰经过维修后重新

上图：由于受到《限制海军军备条约》的限制，配备6门火炮的"阿瑞图萨"级轻巡洋舰被普遍认为火力太弱、吨位太小。不过，它们在地中海战役中的出色表现，令人叹为观止。图中是1艘"阿瑞图萨"级轻巡洋舰，这是从英国皇家海军"乔治五世号"战列舰上拍摄的

下图：1944年6月，英国皇家海军舰队正向诺曼底海滩进发，准备实施对岸火力支援。从图中可以看出，英国皇家海军三代轻型巡洋舰均参加了战斗，"阿瑞图萨号"轻巡洋舰的后面是1918年建成的"达娜厄号"轻巡洋舰，以及1941年建成的"斐济"级巡洋舰"毛里求斯号"

返回血雨腥风的战场，继续参加在马耳他周边海域的护航作战，甚至参加了1942年3月的第二次苏尔特湾海战，但在战斗中负伤严重。

没过多久，"珀涅罗珀号"巡洋舰再次与姊妹舰"奥罗拉号"并肩作战，相继参加了北非战役、西西里岛战役和萨莱诺战役，它们目睹了轴心国军队从不可一世走向失败的历史进程。最后，在爱琴海海域，伤痕累累的"珀涅罗珀号"巡洋舰参加了平生最后一次战斗——安齐奥战役。1944年2月，它在返回那不勒斯的途中，被德国海军U–410号潜艇发射的1枚鱼雷击沉。同样在战争中被击沉的还有"加拉提亚号"巡洋舰，它是1941年12月在亚历山大港以西被德国海军U–577号潜艇发射鱼雷击沉的。

"约克"级重巡洋舰
York Class Heavy Cruiser

20世纪20年代中期，英国海军部逐步认识到，皇家海军急需装备一大批体形较小的重巡洋舰。

"约克"级巡洋舰主要用来执行护航运输任务，因此，设计人员大幅削减了以往覆盖在机械系统上的防护装甲，从而确保它们能够获得更高的航速。

其中，"埃克塞特号"和"约克号"巡洋舰在设计上颇为相似，但不同之处在于前者的舰桥高度较低。此外，为了提升航行的稳定性，设计人员还对该级舰进行了加宽处理。

普拉特河海战

1939 年 8 月 25 日，就在普拉特河海战爆发的前夕，"埃克塞特号"巡洋舰出航驶往拉丁美洲，前去追击在大西洋上疯狂猎杀盟军运输船队的德国海军袖珍战列舰"施佩伯爵号"。据统计，截至同年 12 月 7 日，"施佩伯爵号"已经先后击沉了盟国 9 艘舰船，总量达 50000 吨，但它自身也走到了山穷水尽的境地。

当时，"埃克塞特号"率领由新西兰皇家海军"阿基里斯号"轻巡洋舰和英国皇家海军"阿贾克斯号"组成的特混舰队，对"施佩伯爵号"穷追不舍。12 月 13 日早晨 6 时 08 分，英军发现了"施佩伯爵号"，随后将其团团包围，并进行猛烈炮击。不过，"施佩伯爵号"用其自先进的水面警戒雷达发现了"埃克塞特号"，随即对其猛烈轰击，先后有数发 280 毫米炮弹击中目标。"埃克塞特号"也毫不示弱，用其 203 毫米口径火炮猛烈还击，给对手造成很大损伤。最终，"施佩伯爵号"不得不逃出战场，进入中立国乌拉圭港口蒙得维的亚试图避难。由于外交斡旋失败，该舰被迫于 12 月 17 日自行凿沉。3 天后，舰长汉斯·朗斯多夫海军上校自杀身亡。

接下来的几个月里，"埃克塞特号"重巡洋舰在马尔维纳斯群岛（英称福克兰群岛，下同）进行了紧急维修，而后返回英国本土进一步维修改装。1941 年 3 月，在参与了对德国海军"俾斯麦号"战列舰的追击之后，"埃克塞特号"开始驶向新加坡。

1942 年 2 月，在爪哇海战中，"埃克塞特号"遭受重创。2 月 27 日到 28 日，该舰在爪哇的苏腊巴亚进行维修，但由于日军日益逼近，不得不紧急躲避。然而，却被日本帝国海军重巡洋舰"那智号""羽黑号""足柄号"和"妙高号"包围和重创，最后不得不于 1942 年 3 月 1 日自沉。

技术参数
"约克"级重巡洋舰
同级舰船下水时间："约克号"（1928 年），"埃克塞特号"（1929 年）
排水量："约克号"8250 吨，"埃克塞特号"8390 吨
尺寸："埃克塞特号"长 164.9 米，宽 18 米，吃水深度 6.2 米；"约克号"长 164.9 米，宽 17.4 米，吃水深度 6.2 米
动力系统：蒸汽轮机，功率 80000 马力（59656 千瓦），4 轴推进
航速：32 节（59 千米 / 时）
装甲防护：水线处 51 ~ 76 毫米，甲板 51 毫米，炮塔 38-51 毫米
武器系统：6 门 203 毫米口径主炮，8 门 102 毫米口径高射炮，6 具 533 毫米鱼雷发射管
舰载机：2 架水上飞机
人员编制：630 人

下图：作为"郡"级巡洋舰的缩小版，"埃克塞特号"巡洋舰经历了大量的战斗，先后参与猎杀"施佩伯爵号"袖珍战列舰、护航运输和巡逻作战，以及最后前往东印度群岛执行任务

"城"级重巡洋舰
Town Class Heavy Cruiser

8 艘"南安普敦"级重巡洋舰（或称"城"级重巡洋舰）是英国人在战前按照条约限制所建造的最后 1 批巡洋舰。当时，为了对付日本人的"最上"级巡洋舰，美国人研制了"布鲁克林"级。受此影响，英国海军部认为亟须发展一种配备 152 毫米口径火炮的强大战舰进行应对，其目的不仅仅满足于护航作战，而是直接编入舰队作战，就像"利安得"级及其后继者那样。

1936—1937 年，"城"级重巡洋舰赶在第二次世界大战爆发之前相继建成下水。在武器系统方面，配置了 12 门火力强劲的火炮，采用了 3 联装炮塔进行全新的布局。海上最高航速可达 32 节（59 千米 / 时）。这些战舰主要部署在欧洲海域，有 3 艘（"南安普敦号""曼彻斯特号"和"格洛斯特号"）在地中海战场上损失，其中，2 艘在 1941 年损失，1 艘损失于 1942 年，但没有 1 艘是在常规的水面交火中损毁的。

3 艘第 2 批次"城"级重巡洋舰（"利物浦号""曼彻斯特号"和"格洛斯特号"）在建成前，进行了一定程度的改进，舰宽增加 0.15 米，排水量增加 300

技 术 参 数
"城"级 III 型重巡洋舰
同级舰船（下水时间）：
I 型或"南安普敦"级： "纽卡斯尔"（1936 年）、"南安普敦号"（1936 年）、"伯明翰号"（1936 年）、"谢菲尔德号"（1936 年）、"格拉斯哥"（1936 年）
II 型或"利物浦"级： "利物浦号"（1937 年）、"曼彻斯特号"（1937 年）、"格洛斯特号"（1937 年）
III 型或"贝尔法斯特"级： "贝尔法斯特号"（1938 年）、"爱丁堡号"（1938 年）
排水量： 标准排水量 10550 吨，满载排水量 13175 吨
尺寸： 长 187 米，宽 19.3 米，吃水深度 5.3 米
动力系统： 蒸汽轮机，功率 82500 马力（61520 千瓦），4 轴推进
航速： 32 节（59 千米 / 时）
装甲防护： 水线处 114 毫米，甲板 51 毫米，炮塔 25 ～ 63.5 毫米，指挥塔 102 毫米
武器系统： 12 门 152 毫米口径火炮，8 门 102 毫米口径高射炮，8 或 16 门 40 毫米高射炮，6 具 533 毫米鱼雷发射管
舰载机： 3 架水上飞机
人员编制： 850 人

右图：从"城"级巡洋舰发展而来的"殖民地"级重巡洋舰"肯尼亚号"参加多次战斗，与其前辈们相比，这些战舰舰身较短、航速更高，有着更出色的副炮系统

下图："城"级重巡洋舰以及其后续的舰型设计均衡，综合性能优秀。本图摄于"贝尔法斯特号"（HMS Belfast）在完成巡逻任务后回港途中，该舰是"城"级第 3 批次的 2 艘舰中的 1 艘

吨，对 X 炮塔进行拆除，在此基础上增加了防空火力。

1938 年，又下水了 2 艘经过改进的该级战舰——"贝尔法斯特号"和"爱丁堡号"，它们与前辈们有着同样的武器系统，但排水量更大，防护能力更加出色，机械系统更加强劲。所有的"城"级重巡洋舰的建造工艺都非常出色，至少能够保证 30 年的有效服役寿命。

从"城"级巡洋舰发展而来的是"斐济"

级，或称"殖民地"级，共有 11 艘，它们的第一种改进型是"快捷"级（6 艘）。与其前身相比，它们体形更小但速度更快，属于一种应急造舰项目，实战表现也颇为出色。唯一不尽如人意的地方在于内部建造工艺较差，直接导致服役期很短。

右图：正在执行护航任务的"谢菲尔德号"巡洋舰。该舰隶属于"郡"级 I 型巡洋舰，主要用来对付日军"最上"级巡洋舰

"黛朵"级轻巡洋舰
Dido Class Light Cruiser

第二次世界大战爆发之前，人们在进行舰船设计的时候，越来越认识到未来的威胁有可能来自空中攻击。因此除了将一些老旧舰船改建为防空战舰之外，英国皇家海军订购了 2 批 16 艘"黛朵"级轻巡洋舰，用于近距离防空作战。该级战舰比"阿瑞图萨"级稍大一些，其中，首批 11 艘没有配备副炮火力，其主要火力是 10 门 133 毫米口径两用炮，该型火炮同时也是"英王乔治五世"级战列舰上的副炮。

第 2 批 5 艘战舰为改进型的"黛朵"级，它们一开始就配备了 8 门火炮，有着较短的垂直烟囱和更加坚固的桅杆。这些改进对于战舰外观没有太大的影响，却使得它们能够到达更远的海域，甚至北

极地区执行护航任务，而此前的舰船主要在地中海海域执行作战任务。就性能而言，这些战舰比较出色，即便如此，仍然有 1 艘在安齐奥战役中被 1 枚滑翔制导炸弹击沉，除此之外，没有 1 艘被敌军飞机炸沉。

"黛朵"级轻巡洋舰的 133 毫米口径火炮并非一种理想的两用火炮，它们用来对付敌人的重装防护战舰显得过轻，对于攻击飞机来说又显得过重，速度太慢，不够灵活。战后，"黛朵"级对于英国皇家海军的建设发展几乎毫无用处，绝大多数在 20 世纪 50 年代后期被拆解。

在战争中战沉的该级巡洋舰有"卡律布迪斯号"（1943 年在法国北海岸被鱼雷击沉）、"赫尔迈厄尼

技术参数

"黛朵"级 II 型轻巡洋舰

同级舰船（下水时间）："黛朵号"（1939年）、"欧亚鲁斯号"（1939年）、"水中仙女号"（1939年）、"月神号"（1939年）、"天狼星号"（1939年）、"波拿文都号"（1939年）、"赫尔迈厄尼号"（1939年）、"卡律布迪斯号"（1940年）、"克利奥帕特拉号"（1940年）、"斯库拉号"（1940年）、"亚尔古英雄号"（1941年）

II型："贝娄娜号"（1942年）、"黑太子号"（1942年）、"斯巴达号"（1942年）、"保皇党人号"（1942年）、"王冠号"（1942年）

排水量：标准排水量5710吨，满载排水量6970吨

尺寸：长156.3米，宽15.4米，吃水深度5.3米

动力系统：帕森斯蒸汽轮机，功率64000马力（47725千瓦），4轴推进

航速：32.25节（60千米/时）

装甲防护：水线处76毫米，甲板51毫米，炮塔25～38毫米，炮塔座圈13～19毫米，指挥塔25毫米

武器系统：8门133毫米口径高平两用炮，8门或12门高射炮，12挺20毫米高射炮，6具533毫米鱼雷发射管

人员编制：535人

号"（1942年在东地中海被鱼雷击沉）、"波拿文都号"（1941年在东地中海被鱼雷击沉）以及"斯巴达号"（1944年在安齐奥海滩被滑翔炸弹击沉）。

上图：英国皇家海军"黛朵号"轻巡洋舰正在加埃塔湾海域执行对意大利军事打击的火力支援任务。该级战舰上的双联装两用火炮炮塔最初设计用作"英王乔治五世"级战列舰的副炮

上图：从主要武器系统配置上可以看出，"黛朵"级轻巡洋舰的主要任务是防空作战，10门133毫米口径两用炮安装在5座背负式炮塔之上。本图中是"黛朵"级I型轻巡洋舰"亚尔古英雄号"

下图：图中是"黛朵"级II型轻巡洋舰"黑太子号"。该级战舰的防空和反舰能力较为有限，但其总体布局搭配相对合理

"加里索尼埃" 级轻巡洋舰
La Galissonnière Class Light Cruiser

为了与意大利海军的"雇佣兵队长"级轻巡洋舰一决高低，法国人研发出了"加里索尼埃"级轻巡洋舰，其在整体作战性能上比前者稍高一筹。由于该舰配备了152毫米口径的3联装炮塔，设计师们想方设法在其7600吨排水量上面做文章，以求实现火炮与排水量的最佳结合和平衡。

法国人的该级轻巡洋舰采用3联装炮塔，拥有9门火炮，不但比意大利人的轻巡洋舰多出1门火炮，同时，也在舰体重量、舰身长度和需要装甲防护的面积等方面要比对手更加经济实用。虽然意大利战舰能够输出120000马力（89485千瓦）的功率，而法国战舰仅有84000马力（62639千瓦），但二者在航速上，差距微乎其微。

比较有趣的是，法国人在舰体上采用了较宽的舰艉，这种设计在今天的舰船上比较普遍，但在当时却是一种新颖的设计观念，此举降低了航行阻力，提高了舰船的适航性。其次，法国人还使用了一种比较独到的飞机回收方法，他们在舰艉伸出一个斜坡状的钢制网状平台，返航飞机首先停在上面，而后用舰艉起重机回收上来。

机械系统问题

法国人总共建造了6艘"加里索尼埃"级轻巡洋舰，但由于法国政局动荡，这些舰船的命运也跌宕起伏。在1940年6月法国与德国签订停战协定后，

技 术 参 数
"加里索尼埃"级轻巡洋舰

同级舰船（下水时间）： "加里索尼埃号"（1933年），"让·德·维埃纳号"（1935年）、"马赛号"（1935年）、"光荣号"（1935年）、"蒙特卡姆号"（1935年）、"乔治·莱格号"（1936年）

排水量： 标准排水量7600吨，满载排水量9120吨

尺寸： 长179米，宽17.5米，吃水深度5.3米

动力系统： 帕森斯蒸汽轮机，功率84000马力（63639千瓦），4轴推进

航速： 35.7节（66千米/时）

装甲防护： 水线处75～120毫米，甲板51毫米，炮塔75～130毫米

武器系统： 9门152毫米口径火炮，8门90毫米口径双用途火炮和8挺13.2毫米口径高射机枪，4具550毫米口径鱼雷发射管

飞机： 2架水上飞机

人员编制： 540人

法属塞内加尔殖民地局势的发展走向不明朗，于是，英国人决定对达喀尔发起攻击，"光荣号""蒙特卡姆号"和"乔治斯·莱格号"一起从土伦起航前去实施支援，但由于机械系统发生故障，"光荣号"进入卡萨布兰卡，另外2艘抵达了达喀尔。

战争期间，达喀尔港尽管严格保持中立，但在1942年11月轴心国军队最终占领维希法国之后，盟国迅速控制了该港，上述3艘巡洋舰也因此归入盟军麾下。在德国占领法国之后，法国海军舰队剩余的主力战舰基本上自沉了，其中就包括另外的3艘该级轻巡洋舰。不过，意大利人打捞了其中的2艘，后来在1943年被盟军炸沉。在盟军收编的舰船中，"光荣号"参加了安齐奥战役，"蒙特卡姆号"参加了诺曼底战役。

左图："光荣号"是第二次世界大战前法国海军最成功的巡洋舰设计。照片上，该舰已经完成了在美国的改建工作，加装了雷达和更先进的高射炮。该级另外2艘后来也进行了类似的升级改进

"北安普敦"级重巡洋舰
Northampton Class Heavy Cruiser

1929年，美国海军根据《限制海军军备条约》规定建造了2艘"彭萨科拉"级重巡洋舰，它们均在第二次世界大战中有着非常出色的表现，但就基本设计而言是不太成功的，其吃水线过深，10门主炮分别配置在2座3联装和2座双联装炮塔上，这种配置方案比较少见。

其实，早在上述2舰尚未建成之前，一种经过较大幅度改进的重巡洋舰——"北安普敦"级的设计方案就已经充分成熟了，重新对主炮系统进行部署，9门主炮配置在3座3联装炮塔之上，舰体长度增加了4.4米，增加一个抬升了高度的前甲板水手舱，从而增强了适航能力。

在6艘"北安普敦"级重巡洋舰中，"休斯敦号"于1942年在爪哇岛附近与日本帝国海军的激战中被击沉，"芝加哥号"于1942年8月在萨沃岛海战中被日军鱼雷击中，舰艏几乎整个被炸断，但却意外地幸存下来。在瓜达尔卡纳尔岛登陆战中，经过维修的"芝加哥号"再次参战，掩护美军向该岛运送补给物资，但在伦内尔岛附近，被日军飞机发射的鱼雷击沉。

美国海军"北安普敦号"等5艘巡洋舰和6艘驱逐舰组成的一支编队，也参加了当天晚上在塔萨法隆格附近发生的激战，它们与日军所谓的"东京快车"舰队意外地狭路相逢。当时，后者正满载着兵员

和物资向目的地进发，突然遭遇美国舰队使得他们极度惊恐，不过，它们迅速调整了战斗队形，以极大的勇气和超高速度，充分利用其训练有素的夜战技能，对美国海军舰队发起了猛烈的致命鱼雷攻击。

美军5艘巡洋舰中有4艘被击中，但只有"北安普敦号"沉没，幸存下来的3艘——也被称为"切斯特"级巡洋舰——一直服役到1960年。到了1945年，美国海军对它们进行了防空火力升级，加装了16门40毫米口径高射炮，安装在4座4联装炮座上，又增加了27门20毫米口径高射炮。

技术参数	
"北安普敦"级重巡洋舰	
同级舰船（下水时间）：	"北安普敦号"（1929年），"切斯特号"（1929年）、"路易斯维尔号"（1930年）、"芝加哥号"（1930年）、"休斯敦号"（1929年）、"奥古斯塔"（1930年）
排水量：	标准排水量9050～9300吨，满载排水量12350吨
尺寸：	长183米，宽20.1米，吃水深度4.95米
动力系统：	帕森斯蒸汽轮机，功率107000马力（79790千瓦），4轴推进
航速：	32.5节（60千米/时）
装甲防护：	水线处76毫米，甲板51毫米，炮塔38～64毫米，炮塔座圈38毫米，指挥塔203毫米
武器系统：	配备9门203毫米口径火炮，8门127毫米口径高射炮，2门1.4千克火炮，8挺12.7毫米高射机枪
飞机：	4架水上飞机
人员编制：	1200人

下图：美国海军"北安普敦"级重巡洋舰从"彭萨科拉"级改进而来，但在日本人的203毫米口径炮弹面前不堪一击，纵然在远距离上也是如此。1942年下半年，"北安普敦号"在瓜达尔卡纳尔岛附近海域与日本人的激战中沉没

"新奥尔良""威奇托"和"巴尔的摩"级重巡洋舰

New Orleans, Wichita and Baltimore Classes Heavy Cruisers

1933—1936 年，美国海军下水了 7 艘"新奥尔良"级巡洋舰，它们成为连接"威奇托"级和第二次世界大战期间所建造的重巡洋舰的纽带。到 20 世纪 20 年代末期，人们对于当时在建的重巡洋舰的防护能力日益担忧，它们虽然配置了 203 毫米口径火炮，航速和航程也很出色，但装甲防护性能低下始终是个缺陷。海军舰船修造局坚持认为，这种排水量仅有 10000 吨的高速巡洋舰，在配备了 203 毫米口径火炮之后，无法同时得到更强的装甲防护能力。当时，第 1 批根据《限制海军军备条约》建造的美国巡洋舰，建成后的排水量比最高上限还低了 1000 吨。

新型巡洋舰

1929 年，美国海军启动了一个总数达 15 艘的新型巡洋舰造船项目，并先后分 3 批进行建造，分别是 CL32-37 号、CL37-41 号和 CL42-46 号。接下来，受到 1930 年达成的《伦敦海军条约》和紧随其后的经济"大萧条"的影响，这项造舰计划被迫中断。不过，在 1929 年，一项关于建造 5 艘类似于早期"北安普敦"级那种设计的造舰计划获得批准，编号为 CA32-36 号，总共有 5 艘。这时候，在美国海军内部，有关加强舰船装甲防护能力的呼声日益高涨，面对这种压力，美国海军舰船修造局勉强认为，通过压缩舰船内部空间可以实现较好的防护效果。与此同时，美国弹药军械研究局也说服总审计局，将装甲防护的技术标准进行了调整，使其更有利于性能的提升。

<table>
<tr><th colspan="2">技 术 参 数</th></tr>
<tr><td colspan="2">"新奥尔良"级重巡洋舰</td></tr>
<tr><td>同级舰船（下水时间）：</td><td>"新奥尔良号"（1933 年）、"阿斯托里亚号"（1933 年）、"明尼阿波利斯号"（1933 年）、"塔斯卡卢萨号"（1933 年）、"圣弗朗西斯科号"（1933 年）、"昆西号"（1935 年）、"文森斯号"（1936 年）</td></tr>
<tr><td>排水量：</td><td>标准排水量 10136 吨，满载排水量 12463 吨</td></tr>
<tr><td>尺寸：</td><td>长 179.22 米，宽 18.82 米，吃水深度 9.93 米</td></tr>
<tr><td>动力系统：</td><td>蒸汽轮机，功率 107000 马力（79780 千瓦），4 轴推进</td></tr>
<tr><td>航速：</td><td>32.7 节（61 千米 / 时）</td></tr>
<tr><td>装甲防护：</td><td>水线处 127～83 毫米，弹药库上方甲板 57 毫米，炮塔座圈 127 毫米，炮塔 152 毫米</td></tr>
<tr><td>武器系统：</td><td>9 门 203 毫米口径火炮，8 门 127 毫米口径高射炮，8 挺 12.7 毫米口径高射机枪</td></tr>
<tr><td>飞机：</td><td>4 架飞机</td></tr>
<tr><td>人员编制：</td><td>868 人</td></tr>
</table>

右图：这幅照片拍摄于 1942 年，这是美国海军"新奥尔良"级重巡洋舰中的最后 1 艘——"文森斯号"（CA-44）

右图：1942 年 12 月，在瓜达尔卡纳尔岛附近海域，在战斗中遍体鳞伤的美国海军"新奥尔良"级重巡洋舰"旧金山号"

起初，新设计仅仅应用在 CA-37 号到 CA-41 号巡洋舰之上。但是，由于此前的 5 艘舰船中有 3 艘（CA-32、CA-34、CA-36）在海军造船厂建造，其造价实现了大幅节省，于是得以应用上了新的设计技术。CA-33 和 CA-35 号按照原定计划建造，但增加了额外的防护装甲。在下一批舰船中，CA-37 和 CA-38 又进行了改进，并换装新型 203.2 毫米主炮。

就在这些即将被称为"新奥尔良"级的新型舰船开始铺设龙骨时，它们的排水量可以预见已经逼近条约所规定的上限。当下一艘 CA-39 号打算安装 28 毫米口径 4 联装高射炮的时候，建造部门不得不想办法在重量上进行削减，其中包括降低装甲防护的水平。最后 1 艘该级战舰是 CA-44 号，它实质上是 CA-39 号的翻版。海试期间，该级战舰的首舰——"新奥尔良号"在排水量 11179 吨的情况下，以 110488 马力（82391 千瓦）的输出功率，产生了 32.47 节（60 千米／时）的航速。

战斗生存能力

1942 年 8 月 8 日，在瓜达尔卡纳尔岛附近海域进行的海战中，美国海军"埃斯托利亚号""昆西号"和"文森斯号"巡洋舰在很短时间内被相继击沉，作为在设计时特别重视高生存性能的战舰，这一结果着实令造舰部门万分尴尬。不过，在该级战舰中，其他一些舰只倒是展现出很强大的生存性能。

在第二次世界大战进行期间，美国海军仍然不忘对这些巡洋舰进行小规模的改进，例如拆除指挥塔，增加 1 座开放式舰桥，配置 1 台起重机，后来还增加了 1 台弹射器，并加强了防空火力。截至 1945 年 8 月，4 艘在战争中幸存下来的战舰，均配置有 6 座 4 联装 40 毫米口径高射炮，还有数量不等的 20 毫米口径高射炮：CA-32 号有 14 座双联装，CA-36 号有 8 座双联装，CA-37 号有 28 座单装，CA-38 号有 26 座单装。上述 4 艘战舰在 20 世纪 50—60 年代初被陆续拆解。

作为唯一的"威奇托"级重巡洋舰，美国海军"威奇托号"（CA-45）巡洋舰是"布鲁克林"级轻巡洋舰的重型版本，同时又是"巴尔的摩"级巡洋舰的先驱。

下图：在萨沃岛海战中，美国海军"新奥尔良"级巡洋舰曾经创造了在一场战斗中损失 3 艘的不光彩纪录。图中展示的是其中的"明尼阿波利斯号"，但该舰并没有参加萨沃岛海战

《伦敦海军条约》

根据《伦敦海军条约》的规定，美国海军可以在 1934—1935 年分别开建 1 艘重型巡洋舰，其中，1934 年开工的是"文森斯号"。到了 1935 年，美国人决定在"布鲁克林"级轻巡洋舰的设计基础上，建造一种具备更大吨位、更强火力、更厚装甲的重巡洋舰，这就是"威奇托"级。

与"布鲁克林"级致力于在舰体舯部部署飞机的做法不同，"威奇托"级将载机转移至舰艉，以便在舯部布置更强的副炮火力，同时增强舰体的稳定性和干舷高度，增加作战半径。另外，鉴于该级战舰在采用了和"昆西"级相同的 76 毫米甲板装甲之后，仍然剩余 200 吨的可允许吨位，可用来进一步增加防护性能。不过，充分利用"富余"吨位的做法，使得"威奇托"级接近 10000 吨的排水量上限，因此当它在 1939 年 2 月服役的时候，除了安装 203 毫米口径 3 联装炮塔之外，还有 2 门 127 毫米口径副炮未能安装在舰上。事实上，这种 127 毫米口径 L/38 型火炮是专门为该级战舰设计的，但由于该舰无法安装双联装炮塔的座圈，所以原计划安装的 8 门副炮，最终只能安装 6 门，且只能布置在单管炮塔内。到了建造"巴尔的摩"级的时候，这种情况得到了改善，在"威奇托"级配置副炮的地方安装了双联装炮塔，所有 8 门副炮得以配置到位，腾出的空间配置了 2 台飞机弹射器。

装甲防护

与"文森斯"级采用 140 毫米厚的 B 型装甲相比，"威奇托"采用了 163 毫米厚的 A 型装甲，从而能够经得起在 9145 米距离上以 90 度角入射 203 毫米口

径穿甲弹的攻击，这要比前者的 14995 米安全防护距离提升了许多。不过，在对付 203 毫米口径穿甲弹方面，这 2 级战舰的水平装甲在 20115 米的距离上均能被击穿。1939 年，美国军械弹药局研发出了一种新型穿甲弹，能在 14355 米距离上击穿"威奇托号"的舰体装甲，在 16460 米的距离上击穿"文森斯号"的装甲。不过，为了延长炮管的使用寿命，这种穿

技术参数	
"巴尔的摩"级重巡洋舰	
同级舰船（下水时间）：	"巴尔的摩号"（1942 年）、"波士顿号"（1942 年）、"堪培拉号"（前"匹兹堡号"）（1943 年）、"昆西号"（前"圣保罗号"）(1943 年)、"匹兹堡号"（前"阿尔巴尼号"）（1944 年）、"圣保罗号"（前"罗彻斯特号"）（1944 年）、"哥伦布号"（1944 年）、"海伦娜号"（1944 年）、"俄勒冈城号"（1945 年）、"阿尔巴尼号"(1945 年)、"罗彻斯特号"（1945 年）、"北安普敦号"（1951 年）、"布里默顿号"（1944 年）、"福尔里弗号"（1944 年）、"梅肯号"（1944 年）、"托莱多号"（1945 年）、"洛杉矶号"（1944 年）、"芝加哥号"（1944 年）
排水量：	标准排水量 14472 吨，满载排水量 17031 吨
尺寸：	长 205.26 米，宽 21.59 米，吃水深度 7.32 米
动力系统：	通用电气蒸汽轮机，功率 120000 马力（89484 千瓦），4 轴推进
航速：	33 节（61 千米 / 时）
装甲防护：	水线处 152 ～ 102 毫米，甲板 64 毫米，炮塔座圈 160 毫米，炮塔 203 毫米，指挥塔 152 毫米
武器系统：	9 门 203 毫米口径火炮，12 门 127 毫米口径高平两用炮，48 门 40 毫米口径高射炮，24 门 20 毫米口径高射炮
飞机：	4 架飞机
人员编制：	1142 人

下图：美国海军"巴尔的摩"级巡洋舰"芝加哥号"（CA-136）。1958 年，该舰和另外 4 艘同级战舰被改建成导弹巡洋舰，一直服役到 20 世纪 70 年代末到 80 年代初

甲弹的初速度设计得比较低。

1945 年 8 月，"威奇托号"重巡洋舰进行了防空火力升级改进，加装了 4 座 4 联装和 2 座双联装 40 毫米口径高射炮，以及 18 门 20 毫米单管口径高射炮。不过，在战争期间，该舰并没有进行过任何改进，后来于 1959 年拆解。

"巴尔的摩"级战舰是美国海军在第二次世界大战期间建造数量最多的重巡洋舰，它与早期的"克利夫兰"级轻巡洋舰有着很多的相似之处，但舰体比前者长 19.8 米，宽 1.2 米，配置了 203 毫米口径 3 联装火炮，而非前者的 152 毫米口径火炮。起初，人们普遍认为"巴尔的摩"级是"威奇托"级的改进型，但随着设计过程中的不断修改完善，最终发展成为一款舰体庞大的重型战舰。总体而言，"巴尔的摩"级的装甲防护能力在"威奇托"级的基础上稍有增强，所增加吨位的大部分用来加强舰体强度、稳定性以及增加配置高平两用炮和防空火力。该级战舰的抗毁伤能力比较强大，能够在 14355～21945 米的远距离上防护 228 千克炮弹的 90 度着角命中。随着研制工作的继续进行，美国弹药军械局研发出了更加重型的炮弹，其中用在 203 毫米口径火炮上的炮弹竟然重达 152 千克，据估算，针对这种炮弹的有效抗毁伤距离至少需要在 17920 米。不过，美国人并没有对此予以太多的关注，因为 1940 年的美国海军最急需的是建造更多的新型军舰投入现役，而不是在装甲防护上下太多功夫。

1942 年，在"巴尔的摩"级战舰设计的基础上，美国海军又推出了一款改进型的战舰——"俄勒冈城"级。首批该级战舰从 CA-68 号到 CA-75 号，接下来是第 2 批完全相同的 7 艘（CA-130 号到 CA-136 号）。后来，CA-134 号被重新认定为"纽波特纽斯"级新型战舰的首舰，装备了 203 毫米口径速射炮。CA-122 号到 CA-124 号属于"俄勒冈城"级，CA-126 号到 CA-129 号、CA-137 号到 CA-138 号的建造计划在战争末期被取消。而"北安普敦号"（CA-125 号）则改建成为 1 艘舰队旗舰的原型舰。

在进行海试的时候，排水量 16570 吨的"波士顿号"在输出功率 118520 马力（88380 千瓦）的情况下，创造了 32.85 节（61 千米 / 时）的最高航速纪录。不同批次的"俄勒冈城"级巡洋舰在防空火力配置上稍有区别，CA-68 号到 CA-71 号配备 12 门 4 联装 40 毫米口径高射炮，CA-72 号到 CA-75 号则配备 22 门 20 毫米口径火炮，CA-130 到 CA-133 号配备 28 门 20 毫米口径火炮，而 CA-135 号和 CA-136 号则配备了 14 门双联装 20 毫米口径火炮，CA-122 号到 CA-144 号配备了 10 门双联装 20 毫米口径火炮。上述战舰均配备 2 台飞机弹射器，除了 CA-68 号到 CA-71 号之外，所有战舰均搭载 2 架飞机。

"巴尔的摩"级巡洋舰在第二次世界大战结束以后继续服役，有几艘甚至参加了越南战争。

"亚特兰大"级轻巡洋舰
Atlanta Class Light Cruiser

1940 年春天，4 艘"亚特兰大"级战舰（CL-51 到 CL-54 号）开工建造，根据设计方案，这些战舰将建成多用途战舰。根据《伦敦海军条约》关于 1936 年的条款，美国政府同意对重巡洋舰进行限制，这种做法在一定程度上影响了"亚特兰大"级战舰的设计工作，如何在中型舰船上配置强大的火力，成为一个令设计师们感到十分棘手的问题。

"亚特兰大"级的主炮可谓史无前例，16 门 127

上图：1942年2月，美国海军"亚特兰大"级防空巡洋舰"朱诺号"在锚泊。短短9个月后，该舰在战斗中被日军击沉。1945年，美国海军下水了第2艘和"朱诺号"有着同样名字且属于同一舰级的战舰——CL-119号，并成为一个拥有3艘战舰分舰级的首舰，一直服役到1956年

毫米口径平高两用火炮，配置在8座炮塔之上，其中，6座炮塔布置在舰艇中线上（舰艏、舰艉各3座），另外2座布置在舰体两舷。美国设计师们配置如此多的火炮，是为了将足够强大的火力倾泻到敌人的飞机和驱逐舰之上。然而，舰上仅有2套Mk 37型火控系统，这一情况限制了火炮系统同时攻击多个目标的能力。

反潜火力

　　"亚特兰大"级巡洋舰同样也配备了强大的鱼雷武器系统，2座4联装533毫米口径鱼雷发射管，加上1套声呐系统，以及数量不少的深水炸弹，可以说，这种强大的武器配置方案在美国各级巡洋舰中也是独一无二的。因为，美国人早在参加战争之前，就已经开始设计一种能够用来保护航空母舰免遭各种威胁的战舰，专门用来对付那些威胁航空母舰安全的敌军潜艇和飞机。

　　最终，根据这种设计方案建造出来的战舰，在吨位上也达到了极致，尤其是它们携带了如此众多的高射炮，导致其机动能力低下。就拿"里诺号"为例，该舰居然配置了16门40毫米口径高射炮和16门20毫米口径高射炮，导致其航速太低，在1944年

技术参数
"亚特兰大"级轻巡洋舰
同级战舰（"亚特兰大"级）： "亚特兰大号""朱诺号""圣迭戈号""圣胡安号""奥克兰号""里诺号""弗林特号""图森号""朱诺II号""弗雷斯诺号"和"斯波坎号"
排水量： 标准排水量6718吨，满载排水量8340吨
尺寸： 长165米，宽16.21米，吃水深度6.25米
动力系统： 2台蒸汽轮机，功率75000马力（55927千瓦），双轴推进
航速： 32节（59千米/时）
装甲防护： 水线处和舰艏95毫米，甲板和炮塔32毫米
武器系统： 16门127毫米口径双用途火炮，4座4联装28毫米口径火炮（1943年更换为6门40毫米口径火炮和14门20毫米火炮），2座533毫米口径4联装鱼雷发射管
人员编制： 623人

下图：1942年10月26日，美国海军"朱诺号"巡洋舰在圣克鲁斯群岛海战中奋勇作战。战争中幸存下来的2艘"亚特兰大"级战舰在1946年退役，而"朱诺"级一直服役到20世纪50年代

上图：1942年10月，美国海军"亚特兰大号"巡洋舰在海上活动。"亚特兰大"级配置的主炮火力为16门Mk 12型127毫米口径火炮，安装在8座双联装炮塔上。其最初的副炮火力为28毫米口径Mk 1型火炮，在1943年被替换为6门40毫米口径高射炮和14门20毫米高射炮

11月被日本海军潜艇用鱼雷击中，几乎沉没。1945年，该级战舰中的几艘不得不卸载了所携带的鱼雷武器，以便提升战舰的稳定性和适航性。

随着战争形势日益严峻，作为海军大规模扩建项目的一部分，美国海军下水了CL-95号到CL98号巡洋舰。因为到了这个时候，大批量建造现有舰型设计的做法，最为符合战争形势发展的需要，因此，政府造船部门对于有关该级战舰的一些批评性意见基本上充耳不闻。人们习惯称呼以上4艘战舰为"奥克兰"级，它们有着开放式的舰桥设计以及防破片装甲，此外还拆除了侧翼的2座炮塔，用来加装更多的防空武器系统。

1944年，美国海军又订购了CL-119号到CL-121号等3艘战舰，具体原因不详。它们在建成之后，并没有配备鱼雷发射管系统，只是在甲板上加装了第2和第5座炮塔。其中，"弗雷斯诺号"和"斯波坎号"在1946年开始服役，但在1949年和1950年被相继封存起来。最终，除了"朱诺II号"之外，所有该级战舰均在1950年之前退役。"朱诺II号"在1956年被击沉，因为随着舰对空导弹的问世，装备高射炮的巡洋舰已经变得老旧过时，毫无用武之地。

战损的"亚特兰大"级

有2艘"亚特兰大"级巡洋舰在战争中损失，其中之一就是"亚特兰大号"，1942年11月13日夜间，该舰在瓜达尔卡纳尔岛附近海域，先后被49发炮弹和1枚"长矛"鱼雷击中（其中，19发来自美国海军自己的"旧金山号"战舰），6座炮塔被摧毁，20分钟后海水灌进船舱，动力系统完全瘫痪。即便如此，舰员们仍然想方设法让该舰漂浮了12个小时，直到最后不得不自沉。相比之下，"朱诺号"就没有那么幸运，它在同一场战斗中被日军1枚"长矛"鱼雷击中，航速一下子下降到13节（24千米/时），紧接着，1艘日军潜艇对它发射了第2枚鱼雷，几乎击中同一个地方，导致该舰在短短几秒钟之内沉没，除了10名舰员逃生外，其余人随同"亚特兰大号"一起沉入了海底。

左图：航行中的美国海军"亚特兰大号"轻巡洋舰。该级战舰最初定义为轻巡洋舰，其中2艘在战后被重新定义为防空巡洋舰。在战争中损失的2艘该级舰包括首舰"亚特兰大号"和"朱诺号"，它们均在1942年11月的瓜达尔卡纳尔岛海战中被日军战舰击沉

"克利夫兰"级轻巡洋舰
Cleveland Class Light Cruiser

美国海军在 20 世纪 30 年代建造了 9 艘配备 15 门火炮的"布鲁克林"级巡洋舰，在此基础上，作为重要的战时造舰项目之一，美国人又推出了配置 12 门火炮的新型巡洋舰——"克利夫兰"级，与其前身相比，副炮火力和防空火力均得到加强，在保持同样舰身长度的前提下，舰身得到了加宽，装甲防护能力也得到提升。1940 年 7 月，首舰"克利夫兰号"开始铺设龙骨，5 年后，该级战舰达到 26 艘之多，另有 9 艘舰体后来改建为"独立"级快速轻巡洋舰，3 艘在建造中途被取消，第 4 艘被建成导弹巡洋舰。这样一来，"克利夫兰"级的总数达到了 39 艘，成为美国海军巡洋舰中建造数量最多的一级。

在"克利夫兰"级轻巡洋舰的基础上，美国人也曾进行过改建，对舰体布局进行重新设计，只保留 1 根大型烟囱，这就是所谓的"法戈"级，由于战争结束，加之全自动的 152 毫米口径火炮开始服役，该级战舰仅仅建成 2 艘。新型武器系统配置在一座全新的双联装炮塔之内，并且有着当时条件下非常高的射速。即便如此，美国海军仍然要求发展一款配置 12 门火炮、6 座炮塔的新型舰船，这就是后来的"伍斯特"级，舰身长度要比其前身多出 21.7 米，动力至少高出 20%。

与同时代所有型号的火炮一样，这种 152 毫米口径自动火炮出现得太晚了，最终被导弹所取代。只有 2 艘"伍斯特"级巡洋舰得以建成，后来被改建成导弹巡洋舰，配备"黄铜骑士"远程舰对空导弹。

技术参数

"克利夫兰"级轻巡洋舰

排水量：标准排水量 10000 吨，满载排水量 13775 吨

尺寸：长 185.9 米，宽 20.3 米，吃水深度 7.6 米

动力系统：通用动力蒸汽轮机，功率 100000 马力（74570 千瓦），4 轴推进

航速：33 节（61 千米 / 时）

装甲防护：水线处 38～127 毫米，甲板 76 毫米，炮塔 76～127 毫米，炮塔座圈 127 毫米，指挥塔 165 毫米

武器系统：12 门 152 毫米口径火炮，12 门 127 毫米口径双用途火炮，8 门（首批 2 艘）或 24 门（8 艘）或 28 门（其他舰只）40 毫米口径高射炮，10～21 门 20 毫米高射机关炮

飞机：4 架水上飞机

人员编制：1425 人

上图：第二次世界大战期间，26 艘"克利夫兰"级巡洋舰进入美国海军服役，其中，图中的"比洛克西号"于 1943 年 8 月服役，1962 年解体

这些战舰服役到 1958 年，由于自身不合理的舱室空间设计以及其他落后于时代的配置，它们在海军部队中不很受人欢迎。不过，在整个第二次世界大战期间，美国海军没有损失 1 艘"克利夫兰"级。

下图："克利夫兰"级轻巡洋舰从"布鲁克林"级发展而来，但有着更宽的舰体，配置了 12 门 3 联装 152 毫米口径火炮。据统计，"克利夫兰"级是美国海军建造数量最多的一型巡洋舰，数量达到 39 艘之多

"空想"级和"莫加多尔"级快速轻巡洋舰

Le Fantasque and Mogador Classes Fast Light Cruiser

在确定法国海军"超级驱逐舰"标准的所有舰型中，"空想"级是倒数第2款建成的型号，也是实战表现亮眼的型号之一。

法国人在1921—1922年建造的3艘"里昂"级驱逐舰，开始刺激意大利人奋起直追，他们仿效法国人大规模造舰的做法，迅速建造了6艘"豺狼"级进行回应，这些战舰就连名字也都与法国人的战舰极为接近。该级战舰拥有着令人吃惊的输出动力——马力50000（37283千瓦），而且还在不断增加，到了1927年建造"猎豹"级战舰的时候，动力已经增强至64000马力（47725千瓦），由于极为庞大的锅炉系统，也促生了4座尺寸夸张的大型烟囱。

作为对法国人造舰的回应，意大利人还建造了12艘1950吨的"航海家"级驱逐舰，但是，等到这些战舰在1931年建成的时候，法国人已经开始着手建造12艘"鹰"级和"沃克兰"级战舰。从这些战舰之中，产生了"空想"级战舰——"鲁莽号""空想号""恶毒号""可怖号""凯旋号"和"倔强号"。

上述6艘驱逐舰有着非常迷人的外观、很高的干舷高度，以及多出3米的舰身长度，从而得以配置第5门火炮以及3座3联装鱼雷发射管。4座锅炉被分为2组，它们的官方功率为74000马力（55182千瓦），但实际上至少超过了10%，因为所有舰船在特殊

技术参数

"空想"级快速轻巡洋舰

排水量： 标准排水量2570吨，满载排水量3350吨

尺寸： 长132.4米，宽12.45米，吃水深度5.01米

动力系统： 2台蒸汽轮机，功率74000马力（55182千瓦），双轴推进

航速： 37节（69千米/时）

武器系统： 5门139毫米口径火炮，2门双联装37毫米高射炮，3座3联装550毫米口径鱼雷发射管

人员编制： 210人

情况下都能达到43节（80千米/时）航速，更为重要的是，在恶劣海况下，它们都能保持住37节（69千米/时）的航速。

仅有2艘战舰的"莫加多尔"级驱逐舰，将吨位与火力继续向前推进了一大截，它们的137.5米舰体配置了8门139毫米口径火炮和10具鱼雷发射管。在概念和外观上，它们仍然属于非常强大的超级驱逐舰，实质上却是对于意大利海军驱逐舰"罗马领袖"级侦察巡洋舰的直接回应。

接下来，法国海军最后的2级驱逐舰被重新定级为轻巡洋舰，其首要任务是击败敌人的驱逐舰。它们中的6艘在战争中幸存下来，经过现代化改进后，重新加入法国海军舰队，一直服役到20世纪50年代。

右图：1939年，法国海军"空想号"快速轻巡洋舰经过重新改进后露面。这种外观漂亮的超级驱逐舰的问世，源于法国和意大利人之间在地中海上的激烈竞争，它们最终被定义为轻巡洋舰

5

DESTROYER

驱逐舰

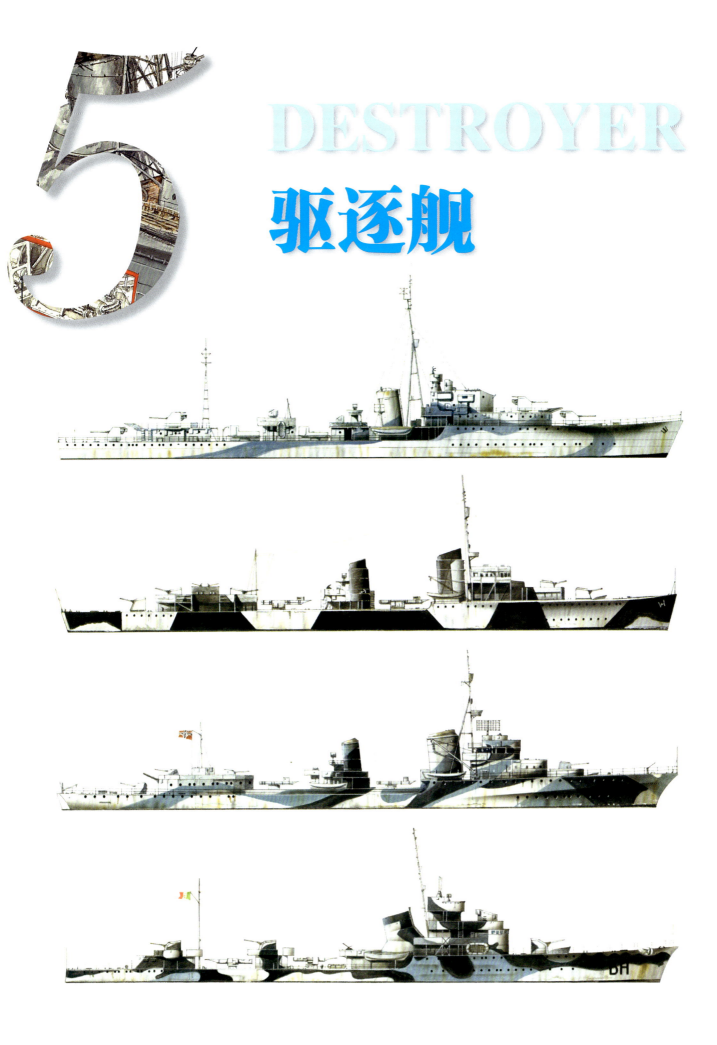

"布拉斯克"级、"灵巧"级和"勇敢"级鱼雷驱逐舰

Bourrasque, L'Adroit and Le Hardi Classes Torpedo Boat Destroyers

与英国皇家海军舰队的驱逐舰相对应，法国海军的鱼雷驱逐舰介于鱼雷艇和超级驱逐舰之间。截至 1940 年，共有 3 个不同级别共 34 艘这样的战舰在法国海军舰队服役，其中，"布拉斯克"级最早始于 1922 年的造船项目，均以"风"的名字进行命名，这 12 艘战舰长 105.77 米，3 根烟囱直接布置在 3 台大型锅炉顶部，这种布置方式比较少见。该级战舰火力系统包括 4 门 130 毫米口径慢射速火炮和 6 具鱼雷发射管，与同时代的同级战舰相比仍然稍显薄弱。例如美国海军"格里德利"级，在几乎同样尺寸的舰体上，配置了 16 具鱼雷发射管。

"布拉斯克"级战舰主要有"布拉风号""龙卷风号""西北风号""暴风雨号""暴风号""西蒙风号""非洲热风号""风暴""狂风号""野风号""特隆贝号"和"台风号"。

早在"布拉斯克"级战舰 1928 年建成之前，首批 14 艘"灵巧"级驱逐舰就已经在建造之中，配备了射速仍然较低的重型火炮，在尺寸和排水量上都比前者有小幅度放大，不过仍然保留了原来的单烟囱布置方案。该级战舰主要有"灵巧号""幸运号""棕榈号""翠鸟号""火星号""布隆人号""布

雷斯特人号""波尔多人号""巴斯克人号""弗尔本号""暴躁号""霹雳号"和"好战号"。

在 1931 年完成第 2 批舰船建造计划之后，中间产生了 5 年的"休假期"，法国紧接着又展开了 12 艘"勇敢"级驱逐舰的建造工程，在 1770 吨排水量的基础上，主炮增加至 6 门，布置在双联装炮塔之上，以及同样数量的鱼雷发射管。尤其重要的是，它们还有着较强大的续航能力。这批战舰包括"勇敢号""无刃号""长剑号""头盔号""雇佣兵号""海盗号""鲁莽号""顽固号""无畏号"和"冒险号"等。

法国海军该级中型战舰最终的失败命运，也反

技术参数

"灵巧号"级鱼雷驱逐舰

排水量： 标准排水量 1378 吨，满载排水量 1900 吨

尺寸： 长 107.2 米，宽 9.84 米，吃水深度 4.3 米

动力系统： 2 台蒸汽轮机，功率 33500 马力（24981 千瓦），双轴推进

航速： 33 节（61 千米/时）

航程： 以 15 节（28 千米/时）的速度可航行 2125 千米

武器系统： 4 门 130 毫米口径火炮，1 门 75 毫米口径高射炮，2 座 3 联装 550 毫米口径鱼雷发射管

人员编制： 140 人

下图：作为法国在 1918 年以后建造的第 1 级驱逐舰"布拉斯克"级的改进型，"灵巧号"等 13 艘驱逐舰于 20 世纪 20 年代晚期相继建成。"灵巧号"于 1940 年被击沉

映出了它们所属国家不同时期的政治生态演变。在"布拉斯克"级中，有 4 艘在 1940 年的敦刻尔克大撤退中损失，3 艘于 1942 年英军在奥兰湾登陆时被其击沉，还有 1 艘于 1942 年 11 月纳粹德国占领维希法国时自沉。在"灵巧"级中，2 艘在敦刻尔克战役中被德国人击沉，4 艘参加了在卡萨布兰卡的军事行动，其中 3 艘在土伦港口自沉。

在"勇敢"级中，当时只有首舰可以参战，却处于在达喀尔的法国维希政权的控制之下。后来那些战舰分别被德国人和意大利人继续建造完成，编入舰队服役，但有关它们的作战情况并没有任何记载。

"特隆姆普"级驱逐舰
Tromp Class Destroyer

就吨位和火力系统而言，荷兰海军"特隆姆普"级驱逐舰中的 2 艘战舰——"特隆姆普号"和"范·希姆斯柯克号"，与其说是驱逐舰，不如说是一种"袖珍巡洋舰"，这就是典型的荷兰人的设计习惯。"特隆姆普号"所携带的武器数量，与德国人计划建造的"侦察巡洋舰"不相上下，此外，它们还计划携带比普通驱逐舰多出许多的鱼雷，但真正制约它们快速发展的是缺乏足够的速度。即便如此，出色的海上适航能力仍使其可以长时间保持 32.5 节（60千米／时）的中高航速行驶。

技术参数

"特隆姆普"级驱逐舰

排水量： 标准排水量 4200 吨，满载排水量 4900 吨

尺寸： 长 132 米，宽 12.4 米，吃水深度 4.2 米

动力系统： 2 台蒸汽轮机，功率 56000 马力（41759 千瓦），双轴推进

航速： 32.5 节（60 千米／时）

武器系统： 3 座双联装 150 毫米口径火炮，4 门 75 毫米口径高射炮，2 座双联装和 4 门单管 40 毫米口径高射炮，2 座 3 联装 533 毫米口径鱼雷发射管（12 枚鱼雷）

防护装甲： 甲板 35 毫米，舰身 25 毫米

人员编制： 295 人

驱逐舰领舰

不过，"特隆姆普号"和"范·希姆斯柯克号"战舰还真的有着驱逐舰的血缘渊源，它们实际上是放大版的驱逐舰，采用全焊接和铝合金技术，最大限度地降低了重量。它们在荷属东印度群岛服役期间，舰上曾经搭载 1 架福克公司的 CXI-W 型水上飞机和相关设施。

下图：荷兰沦陷后，"特隆姆普号"驱逐舰想方设法逃离荷兰，编入盟军舰队服役，先后参加了多场战斗。在远东战场负伤后，该舰进行了紧急维修而后继续战斗。第二次世界大战结束后，荷兰海军进行重建，该舰也成为核心主力

在"特隆姆普号"于 1938 年 8 月建成后，荷兰人随即开始铺设"范·希姆斯柯克号"的龙骨。当德国 1940 年入侵荷兰的时候，该舰想方设法逃到了英国，在那里完成了最后阶段的建造。当时，该舰所装备的武器系统，尤其是先进的防空火控雷达，以及仰角高达 60 度的 150 毫米口径主炮，让英国人赞叹不已。

在对日战争的初期阶段，作为美、英、荷、澳四国联合舰队中的一员，"特隆姆普号"在阻击日本人进攻巴厘岛的战斗中英勇负伤，被送到澳大利亚进行紧急维修，而后再次编入在远东的盟军舰队，参加了在沙璜和巴厘巴板港的激战。

V 和 W 级驱逐舰
V and W Classes Destroyers

从"一粗一细"2 根高度不同的烟囱可以识别出 V 和 W 级驱逐舰，这两级战舰服役了 1/4 个世纪。它们从 1916 年订购的 5 艘编队领舰发展而来，艏艉均布置背负式主炮，加长的舰体和高干舷等设计特点，提升了该级战舰的适航性。它们的局限性在于仅仅配备了 4 具鱼雷发射管，同时，继续采用 R 级驱逐舰的机械系统，虽然动力稍显不足，但稳定可靠。尽管如此，V 级驱逐舰的首舰"女战神号"在 1917 年 6 月进行首次试航的时候，还是达到了将近 35 节（65 千米 / 时）的高航速。当时，鉴于不断有吨位更大的编队领舰出现，首批 5 艘 V 级驱逐舰（"吸血鬼号""瓦伦丁号""瓦尔哈拉号""勇敢号""女战神号"）被用作分队领舰。

技术参数
改进型的 V 和 W 级驱逐舰
排水量： 标准排水量 1120 吨，满载排水量 1505 吨
尺寸： 长 95.1 米，宽 8.99 米，吃水深度 3.28 米
动力系统： 2 台蒸汽轮机，功率 27000 马力（20134 千瓦），双轴推进
航速： 34 节（63 千米 / 时）
航程： 以 15 节（28 千米 / 时）的速度可航行 6437 千米
武器系统： 4 门 120 毫米口径火炮，1 门 76 毫米口径火炮，2 座 3 联装 533 毫米口径鱼雷发射管
人员编制： 134 人

增产量

英国人在证明了舰船设计切实可行后，尤其在得知德国人正在建造一种大型驱逐舰的时候，随即决定订购 25 艘 V 级驱逐舰和 23 艘 W 级驱逐舰。其中，V 级和 W 级的主要区别在于，后者配备了 2 座

下图：英国皇家海军"竞走者号"驱逐舰正在前方航行，这是该舰尚未改成远程护航舰之前的照片。作为第二次世界大战期间最成功的潜艇的"猎杀者"，该舰和"沃克斯号"一起，成功击沉了德国海军 U–99 号和 U–100 号潜艇

右图：1946 年，英国皇家海军"看守者号"被改建成为 1 艘远程护航舰，前部锅炉和烟囱被拆除，以便携带更多的燃料；原来的 A 号火炮被拆除，更换了 1 座"刺猬"反潜迫击炮发射装置。由于燃料储备大幅增加，该级战舰此时具备了跨越大西洋的作战能力

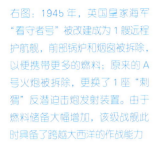

3 联装的鱼雷发射管。

在确认舰船的稳定性没有问题后，英国人又开始研发改进型的 V 和 W 级驱逐舰，取消了早期的 120 毫米口径火炮，代之以性能更加优异的 120 毫米口径火炮，炮弹质量达到 22.7 千克，与以前的 15.9 千克相比增加了 1/3。1918 年 11 月，第一次世界大战正式停战，大部分该级战舰的订单被取消，仅有"范西塔特号""恶毒号""老兵号""志愿兵号""流浪者号""白厅号""野天鹅号""女巫号""毒蛇号""狼獾号""伍斯特号"等 15 艘建成，正在建造的是"鹡鸰号"。在这些战舰中，仅有 1 艘在第一次世界大战期间损失，另有 2 艘在 1919 年干涉俄国布尔什维克革命期间在波罗的海被击沉。

剩余该级战舰构成了英国皇家海军驱逐舰部队主力，且一直服役到 20 世纪 30 年代，除了 5 艘战舰外，剩余战舰接着参加了第二次世界大战。

改建

在 1938—1941 年，共有 16 艘各类驱逐舰被改建成为"陶器"级"防空护航驱逐舰"，用 2 座双联装 102 毫米高射炮和 1 座 4 联装 40 毫米火炮，替换了原来的火力系统。另外 20 艘驱逐舰则按照"远程护航舰"的标准进行改建，拆除了舰身前部的锅炉和烟囱并将此处改建为住舱，进而提升战舰的续航能力。更换原来的武器系统，代之以"刺猬"前置式深弹发射器和深水炸弹。改装以后的战舰虽然航速仅有 25 节（46 千米/时）左右，却能够顺利横渡大西洋，中途不需要进行燃料补充。

还有大部分的驱逐舰，由于不适宜进行这种类似的改建，于是就按照"短程护航舰"的标准进行改进，在保持原有机械系统不变的前提下，加装了各类武器系统。有 3 艘此类战舰在第二次世界大战中损失。

左图：英国皇家海军"看守者号"护航舰，近处是"可畏号"航空母舰的甲板

A 级驱逐舰
A Class Destroyer

直到 20 世纪 20 年代中期，英国海军部才决定建造新型驱逐舰，并订购了 2 艘原型舰——"亚马逊河号"和"伏击号"，希望用来替代第一次世界大战期间建造的那些老式驱逐舰。

"亚马逊河"和"伏击号"原型舰主要基于改进型的 V 级和 W 级驱逐舰进行设计研发，它们安装了海军部的新型锅炉系统和蒸汽系统，使得航速达到了 37 节（69 千米／时）。经过进一步的现代化改进之后，这 2 艘原型舰成为 8 艘 A 级驱逐舰和 1 艘领舰（"科德林顿号"，1940 年被击沉）的设计基础，英国海军部在 1927 年订购了这批 A 级驱逐舰，在 1929—1930 年相继建成。接下来，英国海军部下大力气，以每年一个编队的速度进行建造，在此期间几乎没有进行任何形式的升级改进，一直持续到 1935 年的 I 级驱逐舰出现才停止。可以说，A 级驱逐舰是一款非常出色的舰船设计，简单而实用，它们甚至影响到了其他国家的造船设计。

与以往的驱逐舰相比，A 级驱逐舰不但舰体庞大，而且能力非凡，它们采取小规模编组作战，每个编队通常由 1 艘领舰率领。领舰通常排水量更大，用来搭载指挥官及其参谋机构，且在 2 座烟囱间加装了 1 门舰炮，不过实际意义聊胜于无。与原型舰相比，A 级驱逐舰的火力得到了加强，火炮仰角大幅提升，原来的 3 联装鱼雷发射管升级成了 4 联装。为了改善战时的舰体重量，Y 号火炮也被拆除，烟囱后的舰体高度也削低了 2 米多，原来较高的主桅也换成了较短的桅杆。

技术参数

A 级驱逐舰

排水量： 标准排水量 1330 吨（领舰 1520 吨），满载排水量 1770 吨

尺寸： 长 98.45 米，宽 9.83 米，吃水深度 2.16 米

动力系统： 蒸汽轮机，功率 34000 马力（25354 千瓦），双轴推进

航速： 35 节（65 千米／时），

航程： 以 15 节（28 千米／时）的速度可航行 8851 千米

武器系统： 4 门 120 毫米口径火炮，2 门 40 毫米高射炮，2 座 4 联装 533 毫米口径鱼雷发射管

人员编制： 138 人

1940 年 6 月，在挪威海域，为了保护英国皇家海军"光荣号"航空母舰，"热心号"和"阿卡斯塔号"驱逐舰与德军的"沙恩霍斯特号"和"格奈森瑙号"战列巡洋舰展开激战，最后壮烈战沉。"战友号"驱逐舰也在挪威附近海域触雷负伤，舰体前部不得不维修和重新更换。不过，就在 1942 年的最后一天，执行护航任务的"战友号"，在北角附近海域遭遇德军重型战舰。当时，该舰与另外 4 艘 A 级驱逐舰，被德军一支强大的舰队——1 艘袖珍战列舰、1 艘重巡洋舰和 6 艘大型驱逐舰团团包围，"战友号"一边战斗一边释放烟幕，掩护运输队撤离，自己却被德军的 203 毫米口径舰炮重创。最后，幸亏 2 艘配备 152 毫米口径火炮的英国巡洋舰及时赶到，运输队才得以化险为夷。另外几艘 A 级驱逐舰分别是"冥府号"（1940 年被击沉）、"活跃号""羚羊号""安东尼号"和"箭号"。

J、K 和 N 级驱逐舰
J, K and N Classes Destroyers

英国皇家海军在 20 世纪 30 年代建造的 16 艘"部族"级驱逐舰，不但是对外国驱逐舰不断增长吨位和动力的直接回应，同时也反映出皇家海军对于大型多用途舰队驱逐舰的迫切需求。在此背景下，在经历了从 A 级到 I 级驱逐舰的漫长发展之后，一款新型驱逐舰问世了。

技术参数	
J、K 和 N 级驱逐舰	
排水量： 标准排水量 1690 吨（领舰 1695 吨），满载排水量 2330 吨	
尺寸： 长 108.66 米，宽 10.87 米，吃水深度 2.74 米	
动力系统： 蒸汽轮机，功率 40000 马力（29828 千瓦），双轴推进	
航速： 36 节（67 千米/时）	
航程： 以 15 节（28 千米/时）的速度可航行 10139 千米	
武器系统： 3 座双联装 120 毫米口径火炮，1 座 4 联装 40 毫米高射炮，2 座 5 联装 533 毫米口径鱼雷发射管	
人员编制： 183 人	

设计上的告别

从视觉上而言，新型驱逐舰是对早期设计实践的一种告别：用 2 台锅炉取代了以往的 3 台，烟囱只保留了 1 根，采用了 3 座"部族"级驱逐舰上使用的 120 毫米口径双联装炮塔，配置了第 2 套以往 I 级驱逐舰上所使用的 4 联装鱼雷发射管系统。这种重型鱼雷火力配置模式，反映出海军决策部门对于进攻战略的重视，但实际上，这些鱼雷很少在实战中被使用。

尽管主炮的仰角得到了提升，但首要的防空武器仍然是 4 联装 40 毫米高射炮。与以往驱逐舰相比，新型驱逐舰将高射炮系统安装在烟囱后面，获得了比以往更好的射界，但仍然存在盲区。1937 年，英国海军部订购了 8 艘 J 级和 8 艘 K 级驱逐舰，接下来又在 1939 年订购了 8 艘类似的 N 级驱逐舰，而 L

级和 M 级已经在建造之中。在全部 24 艘战舰之中，至少有 13 艘在第二次世界大战期间损失，其中 8 艘被飞机击沉，这是由它们的防空火力过于薄弱所致。

在 N 级驱逐舰中，有 5 艘由澳大利亚人操作，2 艘被荷兰人使用，1 艘由波兰人负责操作。实践证明，这些战舰建造工艺非常优秀：就拿"标枪号"为例，它先是经受了一次剧烈撞击事故，接下来被敌军鱼雷炸掉了舰艏和舰艉，即便如此，仍然存活下来。3 艘首舰分别是"杰维斯号""凯利号"和"纳皮尔号"，其余 21 艘舰只分别是"标枪号""豺狼号""美洲虎号""两面神号""杰西号""朱诺号""朱庇特号""坎大哈号""克什米尔号""凯尔文号""喀土穆号""金伯利号""金斯顿号""吉卜林号""尼里莎号""内斯特号""尼扎姆号""诺贝尔号""无上号""诺曼号"和"尼泊尔号"。

左图：英国皇家海军"标枪号"驱逐舰在进行编队航行。尽管在战斗中不止一次身负重伤，但该舰却是 2 艘硕果仅存的 J 级驱逐舰中的 1 艘。在英国皇家海军 24 艘 J、K 和 N 级驱逐舰之中，有 13 艘在战争中损失

O 到 Z 级舰队驱逐舰
O to Z Class Fleet Destroyers

根据有关的战时应急造船计划，英国人建造出了112艘舰队驱逐舰，O级和P级是其中最早的一批，分别建造了8艘。这些排水量1540吨的驱逐舰，深受"狩猎"级护航驱逐舰设计思想的影响，仅装备了102毫米口径火炮，没有采用更现代化的双联，而是纯粹的单管炮布局。有4艘O级驱逐舰进行了必要的改建，用来执行布雷作战任务。有5艘P级驱逐舰在战争中沉没。

接下来，英国人成功推出的1705吨级的Q级驱逐舰，基本是从J级驱逐舰的设计发展而来，但在火炮配置上并没有采用前者的双联装布局，而是配置了4门120毫米口径单管火炮。英国人之所以从双联装火炮重新返回单管火炮布局，很大程度上是因为性能优异的20毫米口径"厄利空"高射炮系统。此外，为了进一步节省重量，该级战舰还采用了4联

技术参数
Q 级舰队驱逐舰
排水量：标准排水量 1705 吨（首舰 1725 吨），满载排水量 2425 吨
尺寸：长 109.19 米，宽 10.87 米，吃水深度 2.9 米
动力系统：2 台蒸汽轮机，功率 40000 马力（29828 千瓦），双轴推进
航速：36 节（67 千米／时）
航程：以 20 节（37 千米／时）的速度可航行 8690 千米
武器系统：4 门 120 毫米口径单管火炮，1 座 4 联装 40 毫米高射炮，3 座双联装 20 毫米口径高射炮，2 座 4 联装 533 毫米口径鱼雷发射管
人员编制：175 人

装鱼雷发射管系统。在 8 艘 Q 级驱逐舰中，有 2 艘在战争中损失。

R 级驱逐舰

就像 O 级驱逐舰受到广泛好评一样，紧随其后的 R 级也不例外，同样属于一款比较成功的舰船设计。唯一引起争议的地方在于，该级战舰采取了人员四等分的做法，把军官和士兵们平均地部署在舰艏和舰艉，此举可以确保在任何天气条件下都可以

下图：1945 年时的英国皇家海军"斑马号"驱逐舰。英国战时紧急建造的大批驱逐舰，大都从 J 级驱逐舰发展而来，在较小的舰体上部署了同样的机械系统。"斑马号"除了高射炮外，还装备了新型的 114 毫米口径舰炮

上图：1945年早些时候，英国皇家海军"袭击者号"作为护航航母编队中的一员，在东印度群岛海域执行任务。1949年，"袭击者号"被卖给印度海军，更名为"拉吉普特号"

迅速投入战斗。理论上虽然如此，实际效果却一般，并不像设计师们设想得那么成功。不过，该级驱逐舰在战争中倒是没有损失1艘舰船，算是一款比较善始善终的战舰。

S级驱逐舰也建造了8艘，它们是第1批安装40毫米口径"博福斯"式高射炮和全套"厄利空"对空速射炮的驱逐舰，与此同时，它们的主炮也进行了仰角提升改进，以便执行对空射击任务。有2艘该级战舰在战争中损失。

随着雷达系统和天线设备等系统的日益发展，早期驱逐舰上原有的三角桅已经无法满足承载的需求，于是从T级驱逐舰（建造了8艘）开始，引进了新型的格形桅设计。接下来建造的U、V、W和Z级驱逐舰（每级均建造了8艘）也装备了同样的格形桅。最后建造的是C级驱逐舰，分为Ca、Ch、Cr和Co等4个分舰级共32艘。总体而言，在这些战时应急建造的驱逐舰之中，有许多由于工期仓促，使用的材质低劣，服役寿命很短，也有一些该型舰在战后被划为15型和16型护卫舰，成为连接当今这个护卫舰主导舰队时代的纽带。

下图：1943年，英国皇家海军"萨缪号"驱逐舰参与执行了北极海域运输队护航任务，该舰后来率领第26驱逐舰编队参加登诺曼底登陆日作战行动

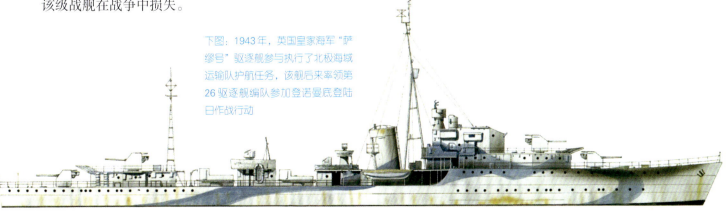

"部族"级舰队驱逐舰
Tribal Class Fleet Destroyer

在英国皇家海军所有性能优异的驱逐舰中，16艘"部族"级最为出色，也最受到潜在敌手的关注。该级舰的主炮从T级的4门单装120毫米炮升级为4座双联120毫米炮，因此全舰吨位也增加了36%。另外，尽管只有1套鱼雷管系统，但也占到了舰身长度的1/6。

在通常情况下，人们将"部族"级战舰视为装备火炮的"超级驱逐舰"，但在它们的准确定义和分级上仍然存在许多的分歧。实际上，在最初的设计方案中，还曾打算在后甲板室前方布置1门火炮，但后来取消了，安装了1座4联装高射炮。即便如此，还是有5艘该级战舰最后被飞机击沉。

新型火炮

无论根据任何标准，该级驱逐舰都是一款外观设计精美的战舰，它们的舰体轮廓与干舷高度实现了完美搭配，也提升了在恶劣海况下的作战性能。战争期间进行的改装还包括：将X号炮塔更换成为1套双联装102毫米的，压缩了主桅杆的高度。"部族"级驱逐舰1937年下水，到1942年底，16艘之中仅有4艘仍在服役，它们均加装了格形桅，但对于提升作战性能用途不大。

技术参数

"部族"级舰队驱逐舰

排水量：标准排水量1870吨，满载排水量1975吨

尺寸：长115.1米，宽11.13米，吃水深度2.74米

动力系统：2台蒸汽轮机，功率44000马力（32811千瓦），双轴推进

航速：36节（67千米/时）

航程：以15节（28千米/时）的速度可航行10541千米

装甲防护：水线处76～127毫米，甲板38～102毫米，炮塔39毫米，炮塔座圈25毫米

武器系统：4座双联装120毫米口径主炮，1座4联装高射炮，1座4联装533毫米口径鱼雷发射管

人员编制：190人

"部族"级出口

除了装备英国皇家海军，"部族"级驱逐舰还装备了澳大利亚皇家海军（3艘）和加拿大皇家海军（8艘），这些战舰均参加了大量的战斗。其中，最著名的有"'阿尔特马克号'事件"，英国皇家海军驱逐舰"哥萨克人号"强行进入挪威海域，抓捕了德国海军供应舰"阿尔特马克号"，解救了被俘的大量英国商船船员。后来，在追猎德国海军"俾斯麦号"战列舰的战斗中，4艘"部族"级驱逐舰和

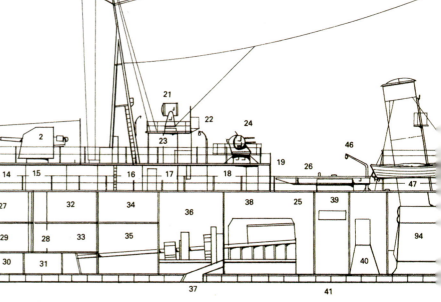

"部落"级驱逐舰

1. 舰艉导航灯
2. 双联装 120 毫米炮
3. 防护挡板
4. 船舵隔间
5. 储备物资舱
6. 弹药升降机
7. 吃水线
8. 平衡舵
9. 双螺旋桨
10. 传动轴
11. 军官起居室
12. 仓库
13. 舰长浴室
14. 舰长卧室
15. 舰长接待舱
16. 舰长餐厅
17. 医务室
18. 机械工作间

19. 舰艉上层建筑甲板
20. 主桅杆
21. 102 厘米探照灯
22. 探照灯平台
23. 通风设备
24. Mk 4 型 40 毫米 双联装 机关炮
25. 上层甲板
26. 533 毫米 4 联装鱼雷发射管
27. 军官住舱
28. 上层弹药处理区
29. 炮手住舱
30. 炮弹室
31. 120 毫米火炮弹药舱
32. 舰员住舱
33. 鱼雷存储室
34. 轮机部门住舱
35. 油料舱
36. 传动舱
37. 主送风管
38. 发动机舱
39. 鱼雷转盘隔间
40. 预备补给存储舱
41. 双层船底
42. 1 号锅炉舱
43. 2 号锅炉舱

44. 3 号锅炉舱
45. 烟囱
46. 鱼雷起重机
47. 7.62 米摩托艇
48. 8.22 米划艇
49. 锅炉舱通风孔
50. 无线电天线
51. 前桅杆
52. 眺望台
53. 无线电和对空联络控制台
54. 射击指挥仪
55. 舰桥
56. 指南针平台
57. 旗手平台
58. 51 厘米探照灯
59. 40 毫米机关炮射击指挥仪
60. 舰长临时住舱
61. 声呐室
62. 舵手室
63. 操舰平台
64. 海图室
65. 干燥室
66. 厨房
67. 军士备餐间
68. 轮机长住舱
69. 船员食堂

70. 通信甲板
71. 鱼雷存放舱
72. 厕所
73. 士官洗手间
74. 马铃薯仓库
75. 小卖部
76. 电文收发室
77. 水手舱
78. 船艏甲板
79. 涂料室
80. 绞盘
81. 锚
82. 船艏
83. 挡浪板
84. 缆绳室
85. 干货仓库 / 储备物资
86. 声呐室
87. 下层甲板
88. 货舱
89. 发电机房
90. 柴油仓库
91. 龙骨
92. 龙骨前段
93. 通信舱
94. 锅炉

下图：与此前多级英国驱逐舰不同，"部族"级是对诸如日本"吹雪"级重装驱逐舰的回应，并参加了多次激烈的战斗，蒙受了惨重的损失，16 艘战舰中竟然有 12 艘在战争中损毁

1 艘波兰驱逐舰整整追击了一个晚上，直到最后将其击沉。在战斗中损失的英国皇家海军"部族"级战舰中，"锡克人号"和"祖鲁人号"在托布鲁克附近的袭击战中被击沉，"旁遮普人号"因与战列舰"英王乔治五世号"发生碰撞而沉没，因为前者携带的深水炸弹发生爆炸，"英王乔治五世号"也遭到重创。该级其他战舰还有"阿弗里迪人号""阿善堤人号""贝都因人号""爱斯基摩人号""廓尔喀人号""马绍那人号""毛利人号""马塔贝列人号""莫霍克人号""努比亚人号""索马里人号"和"鞑靼人号"等。

"战斗"级驱逐舰
Battle Class Destroyer

当"战斗"级驱逐舰在 20 世纪 60 年代仍处于现役状态的时候，人们往往会忘记这其实是一款建造于第二次世界大战期间的战舰。事实上，该级战舰的发展史最早可以上溯到 1941 年 3 月的马塔潘角海战，当时的英国皇家海军曾经绞尽脑汁，考虑如何对付在 20 世纪 30 年代被严重低估了的空中威胁。最终，经过无数次惨痛的失败，英国人发现，对付俯冲轰炸机的最好方法，就是发展一款新型的驱逐舰，上面配置大量的高射炮和高射机枪等武器。但在当时条件下，火炮仰角只能达到 40 度到 55 度，无法满足作战需求。根据英国人的设想，这款新型战舰的火炮仰角应该达到 85 度，还有着很高的射速，战舰本身的稳定性很高，从而确保很高的射击精度，方向舵能够快速反应，应对来袭的敌军飞机。然而，

技术参数	
"战斗"级驱逐舰	
排水量：	标准排水量 2380 吨，满载排水量 3290 吨
尺寸：	长 115.52 米，宽 12.34 米，吃水深度 4.67 米
动力系统：	2 台蒸汽轮机，功率 50000 马力（37285 千瓦），双轴推进
航速：	35.5 节（66 千米／时）
航程：	以 20 节（37 千米／时）的速度可航行 8047 千米
武器系统：	2 座双联装 114 毫米口径高平两用炮，1 门 114 毫米口径高平两用炮，2 座双联装 40 毫米口径高射炮，2 门单管 40 毫米口径高射炮，2 座 4 联装 533 毫米口径鱼雷发射管
人员编制：	232 人

当技术规格最终确定下来时，太平洋战争还没有结束，人们也没有时间去建造这款新型战舰，于是有关工作就搁置下来了。

右图：结合战争中的经验教训设计出的"战斗"级，成为英国皇家海军第一款配备仰角85度的主炮系统和雷达射击指挥仪的驱逐舰，在加装了6门40毫米口径高射炮之后，成为一个非常强大的防空武器平台

威力强大的战舰

英国人努力的结果，就是一级威力强大的战舰问世了，这就是声名显赫的"战斗"级驱逐舰，它有着超远的作战航程，舰体前方配置2座双联装炮塔，烟囱后面配置1座单管114毫米炮，在宽敞的舰艉上层建筑上配置2座双联装40毫米口径火炮。其中，主炮采用了Mk 6型"绿房子"指挥仪以及美制275型火控雷达，这是一个比较突出的特征。

起初，英国皇家海军订购了16艘"战斗"级驱逐舰，俗称为"1942型"，接下来又订购了可供3个8舰编队使用的24艘改进型——"1943型"。后来，又增加了1门114毫米口径火炮，配置在舰体中部。鱼雷管的数量也从8具增加到了10具，火炮控制雷达也整合进了新型的Mk 37型指挥塔里。

在战争结束时，仅有少数几艘"战斗"级驱逐舰得以建成。最终建成的驱逐舰数量为24艘，有16艘舰体在中途被拆解。

"兵器"级驱逐舰
Weapon Class Destroyer

第二次世界大战残酷的战争实践，充分暴露出驱逐舰作为一种反潜武器平台的诸多局限性。即便如此，英国皇家海军舰队方面仍然需要发展一种能够快速反潜战舰，它们不但能够自保，还能够继续承担特混舰队的防空作战任务，以便航空母舰舰载机能够全力以赴地执行攻击任务，而不必分出精力从事防御。另外，欧洲战场和远东战场截然不同的作战模式，也使得设计师们在研制新型的"兵器"级驱逐舰方面有了全新的设计思路，最终促成了该级战舰的诞生。

该级驱逐舰采用了高仰角的102毫米口径主炮，其14千克炮弹甚至能够在仰角为80度的情况下进

下图："兵器"级驱逐舰最初主要作为舰队反潜作战平台进行设计，但后来加强了防空作战能力

技术参数

"兵器"级驱逐舰

排水量： 标准排水量 1980 吨，满载排水量 2825 吨

尺寸： 长 111.25 米，宽 11.58 米，吃水深度 4.47 米

动力系统： 2 台蒸汽轮机，功率 40000 马力（29828 千瓦），双轴推进

航速： 35 节（65 千米 / 时）

武器系统： 2 座双联装 102 毫米口径高平两用炮，2 座双联装 40 毫米口径高射炮，2 门单管 40 毫米口径高射炮，2 座 5 联装 533 毫米口径鱼雷发射管

人员编制： 255 人

行快速发射。不过，由于受长度所限，该级战舰只够安装 2 座双联装炮塔，原定的第 3 座炮塔被取消，节省出来的空间用来安装 3 管反潜迫击炮，这种迫击炮既可以安装在舰艏，也可以在舰艉。与此同时，为了增强近距离防空能力，还加装了 2 座 40 毫米口径双联装高射炮，以及 2 门 40 毫米口径单管高射炮，后者用来保护舰桥侧翼的安全。鉴于从太平洋战争

中汲取的经验教训，该级战舰还配备了 2 座 5 联装鱼雷发射管。

然而，在对水面目标发起鱼雷攻击时，缺乏协同支援的"兵器"级驱逐舰由于自身火炮口径很小，很容易遭到敌人的重创。为了克服这一弱点，英国人计划再建造 8 艘 G 级驱逐舰，它们总体上与"兵器"级相差无几，但配置了 114 毫米口径双联装平高两用火炮。不过，在 20 艘"兵器"级驱逐舰中，除了 4 艘得以建成之外，其余 16 艘和 G 级驱逐舰一样最终被取消了。在 1947—1948 年建成的 4 艘分别是"战斧号""砍刀号""弩号"和"弯刀号"，另外 3 艘舰体在下水后被拆解。

在设计"兵器"级驱逐舰的时候，为了提升舰船的损管能力，设计师们又对锅炉和机械系统进行了重新布置，烟囱保留了 2 根。

"四烟囱"型驱逐舰
Four-Piper Type Destroyers

如同英国人的 V 和 W 级驱逐舰一样，在两次世界大战中幸存下来的一大批美国驱逐舰，被习惯性地称为"四烟囱"型或"平甲板"型驱逐舰。第一次世界大战期间，美国海军不断地扩充军备，最终

于 1917 年参加战争，它们直接从 12 艘"塔克"级驱逐舰上汲取设计灵感，研制出了所谓的"四烟囱"型驱逐舰。该型驱逐舰和其前身有着同样的排水量和大致的舰体尺寸，不同之处在于它们有着欧洲风

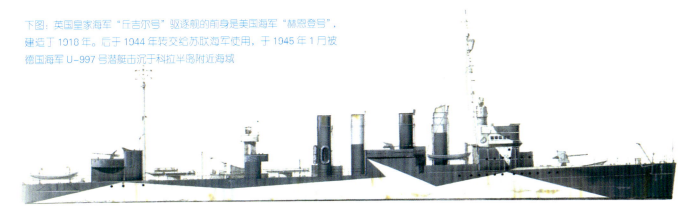

下图：英国皇家海军"丘吉尔号"驱逐舰的前身是美国海军"赫恩登号"，建造于1918年。后于1944年转交给苏联海军使用，于1945年1月被德国海军U-997号潜艇击沉于科拉半岛附近海域

格的高舰艏，舰体中部配置2门102毫米口径火炮。

就本质而言，"四烟囱"型驱逐舰的前身是第一次世界大战期间建造的"考德威尔"级，美国海军购买了6艘"考德威尔"级作为原型舰，加长了原来舰体的长度，加装了12具鱼雷发射管，分别配置在舰体中部两侧的4座3联装发射架上。

作为"四烟囱"型驱逐舰的主要舰级，111艘"威克斯"级和156艘"克莱门森"级基本保留了这些设计特征，但配置了功率更强大的动力系统，航速高达35节（65千米/时），在1918—1921年下水。

根据《伦敦海军条约》的规定，上述战舰中有93艘在20世纪30年代初期被拆解。1940年7月，就在敦刻尔克大撤退几周后，英国皇家海军严重短缺各类护航舰船，英国政府以出租给美国人使用英国在西半球的航空和海军基地99年为条件，换取了美国海军50艘老旧过时的"四烟囱"型驱逐舰，虽然这些舰艇中有许多舰况并不良好，但仍相当实用。

1941年10月，正在为盟国运输队担任护航任务的2艘美国海军驱逐舰被鱼雷击中，"鲁本·詹姆斯号"就是其中之一，这一事件也成为导致美国参加欧洲战争的导火索之一。1941年12月，12

技术参数
"克莱门森"级驱逐舰
排水量：标准排水量1190吨，满载排水量1308吨
尺寸：长95.8米，宽9.4米，吃水深度3米
动力系统：2台蒸汽轮机，功率27500马力（20507千瓦），双轴推进
航速：35节（65千米/时）
航程：6345千米
武器系统：4门102毫米口径火炮，1门76毫米口径高射炮，4座双联装533毫米口径鱼雷发射管
人员编制：135人

艘"四烟囱"型驱逐舰是美国在远东地区部署的唯一力量，有5艘战舰编入"美英荷澳多国联合部队"（ABDA舰队），并相继在战斗中被击沉。也有许多在战争中幸存下来，被改建成为护航舰、布雷舰、扫雷舰或者小型辅助船，它们在1945年时的典型武器系统配置是1门102毫米口径火炮、1门4.23毫米高射炮、3或4门20毫米高射机关炮、3具533毫米口径鱼雷发射管以及60~80枚深水炸弹。

右图：1942年，英国皇家海军"威克斯"级驱逐舰"威尔斯号"在释放烟幕。在敦刻尔克大撤退以后，这些来自美国的老式军舰在英国皇家海军手里发挥了重要作用

"法拉格特"级、"马汉"级、"波特"级和"索墨斯"级驱逐舰

Farragut, Mahan, Porter & Somers Classes Destroyers

由于有着数量足够多的第一次世界大战期间建造的战舰，美国海军直到20世纪30年代都没有建造新型驱逐舰。不过，由于受到当时英国皇家海军大批量建造战舰的影响，美国人才于1934—1935年下水了8艘"法拉格特"级驱逐舰，装备有强大的舰炮。

由于装备了更加现代化的动力系统，使得烟囱的数量只需保留2根即可，这样一来节省出来的中线甲板空间，刚好可以用来部署2座4联装鱼雷发射管，携带鱼雷8枚，可在甲板两侧自由发射，这一点与早期驱逐舰只能在一侧发射相比有了很大的改进。此外，该级战舰搭载着最新型的127毫米口径舰炮。

台风的牺牲品

虽然有着诸多的现代化改进项目，但在1944年12月，美国海军第3舰队意外遭遇了太平洋台风的袭击，有2艘"法拉格特"级战舰在台风中倾覆。美国海军先后建造的"法拉格特"级驱逐舰有："法拉格特号"（DD-348）、"杜威号"（DD-349）、"哈尔号"（DD-350）、"麦克唐纳号"（DD-351）、"沃登

技术参数
"法拉格特"级驱逐舰
排水量： 标准排水量1395吨
尺寸： 长104.01米，宽10.41米，吃水深度2.69米
动力系统： 2台蒸汽轮机，功率42800马力（31916千瓦），双轴推进
航速： 36.5节（68千米/时）
武器系统： 5门127毫米口径单管高平两用炮，4挺机枪，2座4联装533毫米口径鱼雷发射管
人员编制： 250人

号"（DD-352）、"戴尔号"（DD-353）、"莫纳根号"（DD-354）和"埃尔温号"（DD-355）。

"法拉格特"级与紧随其后的"马汉"级有紧密的设计联系，排水量1500吨，舰宽增加了38.1厘米，动力也进行了提升。原来的火炮系统保留下来，同时又增加了1座4联装鱼雷发射管。珍珠港事件时停泊在珍珠港的18艘"马汉"级驱逐舰中，"肖号"（DD-373）爆炸沉没，"卡森号"（DD-372）和"唐斯号"（DD-375）被炸成废铁。

1934—1935年，同时开建的还有8艘加大型的1800吨级驱逐舰，人们习惯性地称之为"波特"级。

左图：美国海军"南达科他号"战列舰的庞大舰体，让2艘停靠在旁边的"马汉"级驱逐舰"邓拉普号"和"范宁号"相形见绌。从前后甲板配置的火炮造型可以判断出"马汉"级驱逐舰。请注意，里侧那艘驱逐舰的舰艏在一次碰撞事故中损毁

虽然这种英国风格的战舰比原来的舰长多出了 12.2 米，舰宽也多出一些，但却容纳不下 4 座新型的双联装炮塔。后来，在 1937—1938 年，设计师们又推出

了"索姆斯"级驱逐舰，配备 8 门火炮和第 3 座 4 联装鱼雷发射管。在太平洋战场上，美国驱逐舰远比它们的英国同行舰体大出很多，续航力也更为强大。

"格里德利"级和"西姆斯"级驱逐舰
Gridley and Sims Classes Destroyers

在建造"索墨斯"级驱逐舰的同时，美国海军还建造了 22 艘"格里德利"级驱逐舰，它们的舰体更小，配置更加均衡。与"索墨斯"级相比，主炮数量从 8 门（127 毫米口径 L/38 型火炮）减少到了 4 门，节省出的空间用来配置 16 具鱼雷发射管，这是一种前所未有的做法。4 座 4 联装鱼雷发射器配置在上甲板之上，每侧各有 2 座。

"格里德利"级驱逐舰及其后来的衍生舰型——12 艘 1570 吨级的"西姆斯"驱逐舰——有一个共同的显著特征，那就是一个超级巨大的烟囱配置在 2 台锅炉旁边。在"西姆斯"级驱逐舰上，1 座 4 联装鱼雷发射器被拆除，节省出的空间加装了 1 门 127 毫米口径火炮。舰体也增加了 1.98 米，增加出来的排水量用于携带更多的燃料。上述两级驱逐舰均有着强大的动力系统，"西姆斯"级驱逐舰的航速要比"格里德利"级快出 1 节（1.85 千米 / 时）。巧合的是，在战争期间，这 2 级驱逐舰的战损数量均为 5 艘。

技术参数
"格里德利"级驱逐舰
排水量： 标准排水量 1500 吨
尺寸： 长 104.11 米，宽 10.97 米，吃水深度 2.97 米
动力系统： 2 台蒸汽轮机，功率 49000 马力（36539 千瓦），双轴推进
航速： 36.5 节（68 千米 / 时）
武器系统： 4 门 127 毫米口径单管高平两用炮，5 挺机枪，4 座 4 联装 533 毫米口径鱼雷发射管
人员编制： 250 人

萨沃岛战役

6 艘"格里德利"级驱逐舰出现在超级混乱的萨沃岛战场上，但它们的巨大潜力却被美国海军指挥官们的错误战术给浪费了。例如，当时它们总共携带了 96 枚鱼雷，但仅仅发射出了 8 枚。另外，"布鲁号"（DD-387）和"拉尔夫·塔尔伯特号"（DD-390）驱逐舰当时负责雷达警戒任务，但由于它们的

右图：1940 年，美国海军"贝纳姆"级驱逐舰"特里普号"离开珍珠港。"贝纳姆"级的前身是美国海军造船厂建造的"格里德利"级。1948 年，"特里普号"在比基尼岛核试验场被用作核试验的靶船，完成了它的历史使命

疏忽大意，使得三川军一指挥的日军巡洋舰部队成功突入海峡。

在"西姆斯"级驱逐舰中，"西姆斯号"（DD-409）在珊瑚海海战中被击沉。

1945年8月以后，所有战前建造的上述2级驱逐舰均被拆解，还有11艘被美军用于在比基尼岛核试验场进行的核爆炸试验中。

"本森"和"利弗莫尔"级驱逐舰
Benson and Livermore Classes Destroyers

1939年10月的某一天，美国波士顿海军造船厂同时下水了4艘驱逐舰，它们分别是最后2艘"西姆斯"级和首批2艘"本森"级驱逐舰。尽管使用了同样的船体和机械系统，后者却对原来的锅炉空间进行了分割，用来提升舰船的损管能力，这样一来又回到了双烟囱配置的模式。一种比较现实可行的武器配置方案是5门127毫米口径舰炮和2套4联装鱼雷发射管。不过，仅有首批24艘战舰在建成时，完全按照设计的武器方案进行了配备。

"利弗莫尔"级驱逐舰

该级驱逐舰设计方案，是在美国海军快速走向又一场战争的情况下出现的。1939—1943年建造的96艘"本森"级驱逐舰中（最后64艘被习惯性地称

技术参数
"本森"和"利弗莫尔"级驱逐舰
排水量： 标准排水量1620吨
尺寸： 长105.99米，宽11.05米，吃水深度3.12米
动力系统： 2台蒸汽轮机，功率50000马力（37285千瓦），双轴推进
航速： 37节（69千米/时）
武器系统： 5门127毫米口径单管高平两用炮，5挺机枪，2座双联装533毫米口径鱼雷发射管
人员编制： 250人

为"利弗莫尔"级），彼此间的区别非常细微，一个主要区别在于后者的排水量比前者稍大一些。与此同时，该级驱逐舰还是美国海军中最后一批有着欧洲高艉楼设计风格的驱逐舰，这使得该级战舰的干舷高比较宽裕，但也对战舰的鱼雷发射管系统和武器系统配置产生了极大影响。

下图：在珍珠港事件前夕的美国海军"本森号"驱逐舰。该级战舰最初设计排水量1600吨，到了战争末期已经达到2400吨。1954年，"本森号"更名为"洛阳号"，一直服役到1975年

上图：从美国海军航母"黄蜂号"（CV-8）上拍摄的"法伦霍尔特号"驱逐舰（DD-491），当时该舰正在进行补给作业。"法伦霍尔特号"在所罗门群岛的激战中幸运地存活下来，但"黄蜂号"就没有这种好运气，就在这张照片拍摄后仅3周，"黄蜂号"在瓜达尔卡纳尔岛以南海域被日军鱼雷击沉

1941年4月10日，"尼布拉克号"（DD-424）战舰成为第二次世界大战期间第1艘用深水炸弹击中敌人潜艇的美国海军驱逐舰。在接下来的10月，美国海军"奇尔尼号"（DD-432）成为第1艘被鱼雷击中的美军战舰。

在后期的"本森"级驱逐舰中，许多后来被改建成为快速运输舰或扫雷舰，为实现这一点，美国海军经过反复论证研究，决定将1门火炮和剩余的鱼雷发射管拆除。

上图：1942年6月，美国海军"布坎南号"（DD-484）驱逐舰正在从"黄蜂号"上进行再补给。"布坎南号"在战争中幸存下来，后来被卖给了土耳其，更名为"盖利博卢号"。从照片可以看出，该舰拆除了1门主炮，原来的轻型高射炮被更换成了4门76毫米口径火炮

"弗莱彻"级驱逐舰
Fletcher Class Destroyer

"本森"级驱逐舰成功地完成了将美国海军驱逐舰的建造工业推进到战争阶段的目标，但其自身无论在续航能力还是武器系统方面，都有着诸多先天性的设计缺陷。因此，早在"本森"级造舰项目尚未完全结束之前，第1艘改进型驱逐舰就已经下水试航了，它们就是声名显赫的"弗莱彻"级驱逐舰。1942年2月，首批2艘"弗莱彻"级驱逐舰下水，1944年9月，最后1批4艘"弗莱彻"级战舰在皮

上图：1942 年 12 月，美国海军"史蒂文斯号"（DD-479）驱逐舰在完成海上试验后，离开查尔斯顿。此时，距离珍珠港事件发生已经一周年，美国的战争工业已经完全开动并高速运转起来，其中，"弗莱彻"级驱逐舰的建造速度竟然达到每月 4 艘

吉特湾海军造船厂下水，至此，该级战舰总共建造了 175 艘。

与"本森"级驱逐舰相比，"弗莱彻"级的舰体长度多出了 8.53 米，舰宽多出 0.91 米。"本森"级的武器系统几乎被完全照搬到了"弗莱彻"级之上，唯一改进的地方是用 20 和 40 毫米口径的高射炮取代了原来的 12.7 毫米高射机枪。出于对舰体总体布局的考虑，降低了烟囱的高度，并因此加了向后方倾斜的导烟罩。在早期进行的不太成功的试验中，有 4 艘该级战舰将其 3 号炮塔和舰艉鱼雷发射管拆除，代之以 1 台弹射器和 1 架侦察飞机。

"弗莱彻"级战舰主要在美国大西洋沿岸造船厂进行建造，它们在建成以后被迅速派往太平洋参加战斗，表现颇为出色。例如，早期的 2 艘驱逐舰"弗莱彻号"和"奥班农号"奉命前往向风海峡（位于西

技术参数

"弗莱彻"级驱逐舰

排水量： 标准排水量 2050 吨

尺寸： 长 114.76 米，宽 12.04 米，吃水深度 5.41 米

动力系统： 2 台蒸汽轮机，功率 60000 马力（44742 千瓦），双轴推进

航速： 37 节（69 千米 / 时）

武器系统： 4 门 127 毫米口径单管高平两用炮，3 座双联装 40 毫米口径高射炮和 4 门单管 20 毫米口径高射炮，2 座 4 联装 533 毫米口径鱼雷发射管

人员编制： 295 人

印度群岛中古巴岛与伊斯帕尼奥拉岛之间），为两支遭到德国潜艇跟踪和袭击的运输队进行护航。当时，为这些运输队提供护航的是英国皇家海军"丘吉尔号"战舰（从 1 艘美国平甲板船改建而来）。不过，即使护航兵力得到了加强，也有 5 艘商船被德国人击沉。"奥班农号"还参加了韦拉拉韦拉岛附近海域的夜战，当时，参加战斗的 6 艘美国海军驱逐舰之中有 4 艘"弗莱彻"级，到后来，有 3 艘驱逐舰跟 6 艘日军驱逐舰缠斗在一起，事后发现，美国人的这种做法非常不明智。在激烈的战斗中，美国海军"希瓦利埃号"驱逐舰被击中断成两截，"奥班农号"紧接着也撞上了这艘舰，而后沉没。

战后，"弗莱彻"级驱逐舰被相继出售或转让给其他一些国家和地区，其中，阿根廷得到 5 艘，巴西 8 艘，智利 2 艘，哥伦比亚 1 艘，联邦德国 5 艘，希腊 7 艘，意大利 3 艘，日本 2 艘，韩国 3 艘，墨西哥 2 艘，秘鲁 2 艘，西班牙 5 艘，土耳其 5 艘。除此之外，剩余的该级战舰在 20 世纪 70 年代早期退役。

下图：作为太平洋战争期间美国海军驱逐舰部队的中流砥柱，"弗莱彻"级有着强大的火力系统，完全可以胜任与对手日本海军的任何战斗

"艾伦·萨姆纳"级和"基林"级驱逐舰
Allen M. Sumner and Gearing Classes Destroyers

为了加装更强的防空火力，后期型"弗莱彻"级驱逐舰甚至必须降低射击指挥仪安装高度来抵消增重。因此美军在下一款驱逐舰的设计中加宽了舰体45.7厘米，并换装新型的127毫米38倍径双联装炮塔。3座双联炮塔所占据的轴向尺寸甚至要小于"弗莱彻"级上的单装炮塔，同时增加的重量也微乎其微。对于空间的需求降低，使得舰艉主炮被挪至最后方，从而改善了舰体的重量分布，节省下的舰舯空间则被用于加装3座4联装40毫米高射炮。这款高效率的高射炮是首次安装于驱逐舰上，且具备良好的射界，并且通过减小舰体晃动提升了火炮精度，这便是"艾伦·萨姆纳"级。

该级战舰共建造了58艘，其中12艘在建造过程中改为快速布雷舰，将其原有的2套鱼雷发射管系统拆除，用来携带100枚水雷。还有一些战舰升级改造成为雷达警戒舰，负责为航母舰队主力部队站岗放哨，防范来袭的日军"神风特攻队"，但它们自身往往成为"神风特攻队"的目标和牺牲品。其中，"阿伦伍德号"在冲绳遭到5架"神风特攻队"飞机的自杀式攻击，最终被击沉。相比之下，"拉菲号"就比较幸运，它在遭受6架

技术参数
"艾伦·萨姆纳"级驱逐舰
排水量： 标准排水量2200吨
尺寸： 长114.8米，宽12.5米，吃水深度5.79米
动力系统： 2台蒸汽轮机，功率60000马力（44742千瓦），双轴推进
航速： 36.5节（68千米/时）
武器系统： 3座双联装127毫米口径高平两用炮，3座4联装40毫米口径高射炮，2座4联装533毫米口径鱼雷发射管
人员编制： 350人

"神风特攻队"飞机的攻击后，竟然幸免于难，奇迹般地存活了下来。

在"艾伦·萨姆纳"级驱逐舰之中，有3艘是在战后才完工的。20世纪60年代初，33艘进行了现代化改装，可搭载反潜直升机。1975年，该级战舰全部退役，一大部分转入其他国家的海军。

为了追求更大的空间和更远的航程，美国人在"萨姆纳"级驱逐舰的基础上进行了加强，舰体长度增加了4.27米，这就是所谓的"基林"级驱逐舰。从外观上看，它们的烟囱布局更加开阔，很容易识别出来。到了1945年的时候，美军舰队所面临的威

右图：巴西海军"北里奥格兰德号"驱逐舰正在参加美国－巴西联合军事演习。据悉，该舰的前身是美国海军"萨姆纳"级驱逐舰"斯特朗号"，于1973年卖给巴西。巴西海军从美国购买了5艘"萨姆纳"级、2艘"基林"级和3艘"弗莱彻"级驱逐舰，它们一直服役到20世纪80年代早期

胁主要来自空中的日军自杀式攻击，而非其水面舰队，因此，"基林"级驱逐舰拆除了1套鱼雷发射装置，代之以1部侦察监视雷达天线，又增配了1套4联装40毫米口径高射炮系统。

升级改建

第二次世界大战结束后，为了适应新的形势发展需要，美国海军启动了一项装备改建计划，将一部分"基林"级驱逐舰改建成为快速反潜护航舰，这种功能在以往一直被忽略。在这次改建项目中，"基林"级还增加了DASH无人直升机、新型Mk 32型鱼雷发射管以及"阿斯洛克"火箭发射器。

上图：美国海军"基林"级驱逐舰"帕金斯号"和许多同级战舰一样，在战后进行了现代化改建，成为航母舰队下属的高速反潜驱逐舰。1973年，"帕金斯号"被卖给阿根廷海军，后来参加了与英国人进行的马尔维纳斯群岛战争

下图：美国海军"基林号"驱逐舰建成于1945年5月，是"萨姆纳"级驱逐舰的加长版，成为美国战时驱逐舰的巅峰之作，一些该级战舰在美国海军预备役舰队一直服役到20世纪80年代

34型或"马斯"级驱逐舰
Type 34 or Maass Class Destroyer

德国人在1934年晚些时候开始建造34型驱逐舰（后来也称之为"马斯"级）的时候，实际上并没有任何现成的造舰经验可言，因为自第一次世界大战结束以来，他们并没有建造过任何类型的驱逐舰。这种缺乏连贯性的技术研发活动，导致德国人在造舰的时候缺乏经过实践检验的技术，尤其在锅炉设备和机械系统方面更是如此，最终导致他们建造出来的34型驱逐舰落下一个性能极不可靠的名声。

首先，34型驱逐舰的海上适航性很差，它们与大多数的德国舰艇一样，在迎浪时会浸入大量海

上图："卡尔·加尔斯特号"是德国海军第6艘36型驱逐舰，属于34型驱逐舰的轻度改进版。"卡尔·加尔斯特号"的所有5艘姊妹舰均在纳尔维克战役中被盟军击沉，唯独Z20号幸存下来，战后在苏联海军波罗的海舰队服役，最后于20世纪50年代被拆解

水，从而使得舰艇前主炮失效。另外，该型号驱逐舰在结构上也存在缺点：舰体在海浪中容易发生横摇，还伴随着发动机产生的巨大震动，导致震颤严重。高压蒸汽轮机在服役过程中产生很多问题，导致航程大幅度缩短。德国人本来的设计想法是将新设计的高压蒸汽轮机配备到这些驱逐舰上，因为这种新的动力系统要比一般的蒸汽轮机有更多优点。虽然岸上的测试结果令人很满意，但当这些发动机安装到驱逐舰上时，发动机舱变得非常拥挤，船体难以保持平衡。此外，为了赶上法国舰炮的炮弹重量，德国人又选择了新型的127毫米口径舰炮，而非经过实践检验的性能优异的105毫米口径。这种新型舰炮虽然性能比较可靠，却并非高平两用火炮，且只能单管安装，3门布置在舰艏，2门布置在舰艉，每组都有着一部独立的测距仪和射击指挥仪。

在此基础上，34型驱逐舰上还加装了2座4联装533毫米口径鱼雷发射管，这是因为德国人和日本人一样，特别青睐鱼雷，在有条件时会不遗余力地加装鱼雷。此外，舰上还配备了2条上甲板水雷投放导轨，可携带水雷60枚。

技术参数

34型驱逐舰

排水量： 标准排水量2230吨，满载排水量3160吨

尺寸： 长119.3米，宽11.3米，吃水深度4米

动力系统： 蒸汽轮机，功率70000马力（52199千瓦），双轴推进

航速： 38节（70千米/时）

航程： 以19节（35千米/时）的速度可航行8150千米

武器系统： 5门127毫米口径火炮，2座双联装37毫米口径高射炮，6门20毫米口径高射炮，2座4联装533毫米口径鱼雷发射管，水雷60枚

人员编制： 315人

同类设计

德国人总共建造了22艘这种看起来设计相同的驱逐舰，但如果详细划分，仅有首批4艘属于34型，接下来的16艘属于34A型，剩余的则属于36型，它们从外观上看起来几乎没有区别，不过，最后4艘的舰体长度要比最早4艘多出6米，这在一定程度上改善了它们的适航性。

在服役的34型驱逐舰中，10艘在纳尔维克战役中损失，应当归咎于指挥不当。另外5艘在接下来的战斗中损失。在战争爆发后的最初2个月里，这

下图：德国海军"莱伯勒希特·马斯号"在建成后不久就对舰体防护装甲进行了加强

些驱逐舰参加了在英国东海岸的布雷作战，给英国皇家海军造成极大的牵制和消耗。

该级战舰舷号从 Z1 号一直编到 Z22 号，它们分别是"莱伯勒希特·马斯号""乔治·蒂勒号""马克思·舒尔茨号""理查德·贝特森号""保罗·雅克布号""西多尔·雷德尔号""赫尔曼·舒曼号""布鲁诺·海因曼号""沃尔冈·岑克尔号""汉斯·劳迪号""伯德·冯·阿尼姆号""埃里希·吉斯号""埃里希·孔克尔号""弗雷德里希·伊恩号""埃里希·斯泰因布林克号""弗雷德里希·埃克尔德特号""伯迪特尔·冯·罗德号""汉斯·吕德曼号""赫尔曼·库恩号""卡尔·加尔斯特号""威廉·海德卡姆号"和"安顿·施密特号"。

36 型或 Z23 级驱逐舰
Type 36A or Z23 Class Destroyer

德国海军 36A 型驱逐舰建造于战争期间，在 1940—1942 年下水。当时，德国海军希望能够获得一款源于 34 型驱逐舰的设计，但舰体规格要比前者大出许多的新舰型，于是就产生了 36 型驱逐舰。不过，新建成的 36 型驱逐舰的改进幅度并不是很大，它与 34 型驱逐舰的主要区别之处在于装备的火炮口径增加到了 150 毫米，炮弹重量增加了 60%，射程也更远，但实际操作中手动装填起来非常困难。

在整体布局方面，原来舰艇采用背负式布局的 2 门大口径舰炮被改为 1 座双联装炮塔，尽管如此，它们的实际使用效果仍然乏善可陈。许多该级战舰在服役的时候，舰艉只有 1 门火炮，不过，这在一定

技术参数
36 型驱逐舰
排水量：标准排水量 2600 吨，满载排水量 3600 吨
尺寸：长 127 米，宽 12 米，吃水深度 3.92 米
动力系统：蒸汽轮机，功率 70000 马力（52199 千瓦），双轴推进
航速：36 节（67 千米/时）
航程：以 19 节（35 千米/时）的速度可航行 10935 千米
武器系统：3 门 150 毫米口径单管火炮，1 座双联装 150 毫米口径高射炮，2 座双联装 37 毫米口径高射炮，5 门 20 毫米口径高射炮，2 座 4 联装 533 毫米口径鱼雷发射管，水雷 60 枚
人员编制：321 人

程度上增强了舰船的适航能力。相反，那些配置了双联装炮塔的战舰，在恶劣海况下会遭遇很多问题，快速机动能力也很低下。因此，总体而言，36A 型驱逐舰并不受德国海军舰员们的欢迎。

最初的订单

德国海军最初订购了 8 艘 36 型驱逐舰，从 Z23 号一直到 Z28 号，后来又订购了 Z31 号到 Z34 号、Z37 号到 Z39 号 2 个批次。它们没有正式的官方命名，但被人们俗称为"纳尔维克"级，这在某种程度上是为了纪念 1940 年 4 月挪威战役期间，那些在纳尔

下图：1945 年，英国皇家海军俘获了德国海军 Z39 号驱逐舰，后来将其转交给了美国，最终又被法国海军获得并使用

维克附近海域被盟军击沉的德国驱逐舰。

令人不可思议的是，在 15 艘 36A 型驱逐舰中，仅有 6 艘在战争中损失。战后，在幸存下来的该级战舰中，有 2 艘在法国海军中服役了十多年。另外 1 艘战舰 Z38 号，战后更名为"极品号"，编入英国皇家海军，专门执行机械系统评估和特种试验任务。1942 年 3 月，Z26 号在攻击盟国 PQ13 号护航运输队

的时候被击沉。当时，为了击沉这艘德舰，英国皇家海军"特立尼达号"曾经对其进行了鱼雷齐射，但无一命中。

SP1 级或 Z41 级侦察巡洋舰或重型驱逐舰
SP1 or Z41 Class Scout Cruiser/Heavy Destroyer

出于对法国大型驱逐舰的潜在火力的警惕和担忧，德国人推出了"侦察巡洋舰"的设计概念。然而，第二次世界大战的最初阶段，由于优先发展其他舰型，导致德国海军驱逐舰的数量寥寥无几。在被击沉的 5 艘 36A 型驱逐舰之中，有 3 艘曾经在建造阶段暂时停工，后于 1941 年恢复。

与此前的驱逐舰相比，新推出的"侦察巡洋舰"有着更好的巡航能力和作战半径，这是因为它们采用了 3 轴推进系统布局。其中，侧翼轴采用蒸汽轮机推进，中轴使用柴油机推进。在舰体尺寸上，它们要比同时代的意大利"罗马领袖"级长出 10 米，这使得它们能够安装更加稳定可靠的火炮系统——150 毫米口径主炮，其他一些改良项目还包括经过升级的鱼雷发射管系统和水雷系统。

下图：德国海军 Z40 号驱逐舰。Z40 号到 Z42 号均是 36A 型驱逐舰，建造中途被取消，后来又在 1941 年重新恢复建造，被称为 Z41 型。该级战舰的庞大舰体，使得它们成为一种可以承载 150 毫米口径舰炮的稳定平台，所携带的鱼雷数量也增加了

柴油动力

在侦察巡洋舰之后，德国人还研发了两种全部柴油动力设计的舰船。这种多台柴油发动机设计方案非常时尚，这是因为轻质燃油的稳定性要比重油好得多，而且不需要依赖进口。42 型驱逐舰仅有一艘编号 Z51 号的原型舰，标准排水量仅有 2050 吨，配置 4 门 127 毫米口径火炮。后来，由于缺少燃料，这种 6 台柴油机加 3 轴推进的驱逐舰布局，改成了 4 台柴油机加单轴推进的布局。然而，该舰建成后，在 1945 年被盟军轰炸机击沉。

技术参数
SP1 级驱逐舰
排水量： 标准排水量 4540 吨
尺寸： 长 152 米，宽 14.5 米，吃水深度 4.6 米
动力系统： 2 套蒸汽轮机，功率 77500 马力（57792 千瓦），推进两侧推进轴；1 台柴油动力发动机，推进中推进轴
航速： 36 节（67 千米 / 时）
武器系统： 3 座双联装 150 毫米口径火炮，1 座双联装 88 毫米口径高平两用炮，4 座双联装 37 毫米高射炮，3 座 4 联装 20 毫米口径高射炮，2 座 4 联装 533 毫米口径鱼雷发射管，水雷 140 枚
人员编制： 538 人

T22 型或"埃尔宾"级轻驱逐舰
T22 or Elbing Class Light Destroyers

在两次世界大战期间，德国人均操作过所谓的"雷击舰"，这种舰船与驱逐舰类似，虽然体型稍小，却可以携带和驱逐舰同样的武器装备，在舰队中发挥着几乎相同的作用。

在 20 世纪 20 年代，德国人建造了十几艘"信天翁"级和"伊利斯"级雷击舰，它们不但携带鱼雷，还配备了 3 门 105 毫米口径火炮。在它们之后，是 21 艘 35 型和 37 型驱逐舰，不过此类舰艇的武器太弱，相当于继承了 S 型远洋鱼雷艇的所有缺点，但却没有汲取任何优点。

技术参数
T22 型轻驱逐舰
排水量： 标准排水量 1295 吨，满载排水量 1755 吨
尺寸： 长 102 米，宽 10 米，吃水深度 2.6 米
动力系统： 2 套蒸汽轮机，功率 32000 马力（23862 千瓦），双轴推进
航速： 33.5 节（62 千米 / 时）
航程： 以 19 节（35 千米 / 时）的速度可航行 9300 千米
武器系统： 4 门 105 毫米单管火炮，2 座双联装 37 毫米高射炮，6 门 20 毫米口径单管高射炮，2 座 3 联装 533 毫米口径鱼雷发射管，水雷 50 枚
人员编制： 198 人

有效且受欢迎的舰型

　　紧随其后的是 39 型驱逐舰，其中，有 15 艘在埃尔宾进行建造，它们的编号是从 T22 号到 T36 号，这就是著名的"埃尔宾"级轻驱逐舰，德国人称之为鱼雷攻击舰。

　　"埃尔宾"级轻驱逐舰下水于 1942—1944 年，舰体比其前身增加了 17 米，重新采用了双烟囱布局，沿中轴线部署了 4 门 105 毫米口径火炮，以及 2 座 3 联装鱼雷发射管。因为外观轮廓等因素，它们经常被人们误以为是护卫舰。

　　"埃尔宾"级驱逐舰广泛应用在法国海域，T27 号和 T29 号均在 1944 年 4 月被击沉，T24 号则击沉了加拿大皇家海军"阿撒巴斯坎人号"战舰。1943 年 12 月，有 11 艘德国战舰在比斯开湾因恶劣海况受困，遭到 2 艘英国巡洋舰的猛烈攻击。T25 号和 T26 在这场战斗中被击沉。

上图：1944 年 8 月，在吉伦特河河口，德国海军 T24 号驱逐舰遭到英国皇家空军"英俊战士"战斗机的火箭弹攻击后起火燃烧，随后沉没。它的同伴 Z24 号驱逐舰设法逃回了港口，但没过多久就被盟军俘获

"将军"级轻驱逐舰
Generale Class Light Destroyers

　　和德国人一样，意大利人也发展出一支颇具规模的轻型驱逐舰兵力，用来与他们的主力舰队并肩作战。德意两国海军都比较倾向于将这种轻型驱逐舰称为"雷击舰"，因为这样做可以迷惑那些不明就里的局外人。不过，在他们的共同对手英国皇家海军的舰艇行列里，与上述战舰最为接近的舰型是"狩猎"级驱逐舰，它们威力强大，但航速较低。

　　意大利人先后建造了 4 种级别相似的舰长 73 米的驱逐舰，6 艘"将军"级战舰是它们中的最后一级，也是 1914—1915 年建造的 8 艘"皮洛"级战舰的前身。舰体狭窄的"将军"级战舰是其所在时代的典型的驱逐舰，它们之所以被降级为鱼雷艇，是因为

技术参数
"将军"级轻驱逐舰
排水量：标准排水量 635 吨，满载排水量 890 吨
尺寸：长 73.5 米，宽 7.33 米，吃水深度 2.5 米
动力系统：2 套蒸汽轮机，功率 15000 马力（11186 千瓦），双轴推进
航速：最大航速 30 节（56 千米 / 时）
航程：以 19 节（35 千米 / 时）的速度可航行 9300 千米
武器系统：3 门 102 毫米口径单管火炮，2 门 76 毫米口径高射炮，2 座 3 联装 450 毫米口径鱼雷发射管，水雷 18 枚
人员编制：105 人

　　在两次世界大战之间，有许多大型驱逐舰相继服役，这使得它们相形见绌。不过，就"将军"级驱逐舰的短小紧凑型的舰体而言，它们所装备的武器系统

显然过于强大，与其自身体形不成比例。其武器系统主要是 5 门 102 毫米口径单管火炮和 2 座双联装 440 毫米口径鱼雷发射管，结构布局极不合理，舰艇 1 门 102 毫米口径火炮，中部舰体两侧各部署 1 门，舰艉甲板部署 2 门。

在前者的基础上，"西尔托里"级驱逐舰硬是在业已拥挤不堪的空间里，额外增加了 1 门火炮。在 1917—1919 年，意大利人又建了 8 艘"拉马萨"级战舰，将原有的火炮系统拆除，只保留了 4 门火炮。1919—1920 年，新建成的"帕莱斯托罗"级舰长增加到了 82 米，多出来的空间用来升级舰船的动力系统。

所有 6 艘"将军"级轻型驱逐舰均在 1921—1922 年下水，它们分别是"安东尼奥·卡托雷将军号""安东尼奥·卡西诺号""安东尼奥·基诺托号""卡洛·蒙塔纳里号""阿基利·帕帕号""马尔切洛·普雷斯蒂纳里号"。它们与早期雷击舰相比有着几乎相同大小的舰体，但仅安装 3 门火炮。在这些老旧过时的小型战舰之中，没有一艘参加过一线的战斗，但却都成为战争的牺牲品：有 3 艘触雷沉没，其中就有"安东尼奥·基诺托号"，该舰在执行巡逻任务时，被英国皇家海军潜艇"须鲸号"击沉。该艇在西西里岛西部布设的水雷同样也炸沉了 2 艘商船，与此同时，该潜艇还用鱼雷击沉一艘战舰，用鱼雷击沉了意大利的潜艇。

"旋风"级驱逐舰
Turbine Class Destroyers

在 1927—1928 年下水的 8 艘"旋风"级驱逐舰（"北风号""朔风号""雨云号""和风号""欧洲风号""西风号""南风号""旋风号"），几乎与其前面的"萨乌罗"级驱逐舰完全一样，它们之间最主要的区别在于后者舰体长出了 3 米，用于容纳功率增加 11% 的动力系统。两种舰型的共同特征就是安装在全封闭舰桥上的装甲指挥塔，它们是意大利海军最后一批配置低射速 45 倍径 120 毫米口径舰炮的战舰，同时又是首批为舰艉火炮配置第 2 套指挥仪的战舰。

技 术 参 数
"旋风"级驱逐舰
排水量： 标准排水量 1090 吨，满载排水量 1700 吨
尺寸： 长 92.65 米，宽 9.2 米，吃水深度 2.9 米
动力系统： 2 套蒸汽轮机，功率 29828 千瓦
航速： 最大作战航速 33 节（61 千米／时）
武器系统： 2 座双联装 120 毫米口径火炮，2 门 40 毫米口径单管高射炮，2 座 3 联装 533 毫米口径鱼雷发射管，水雷 52 枚
人员编制： 180 人

下图：意大利海军驱逐舰"旋风号"在战争后期被德国人俘获，1944 年在萨拉米斯附近被美军飞机击沉

战争期间，4艘"萨乌罗"级驱逐舰作为红海分舰队的组成部分，被相继摧毁。在此基础上，有不少于6艘的"旋风"级驱逐舰在1940年被击沉。以上2级驱逐舰均能够携带50枚以上的水雷，它们之中有4艘战舰参加了对托布鲁克海域的水雷封锁行动。1940年6月28日，"西风号"成为第一个战争牺牲品，被澳大利亚皇家海军"悉尼号"击沉（该舰3周后在斯巴达角海域击沉了意军巡洋舰"巴托洛米奥·科里尼号"）。接下来，"和风号"以及另外1艘护卫舰被英国皇家海军"鹰号"航母编队的战舰击沉。7月初，"欧洲风号"在托布鲁克港口内部遭到重创。2周后，"南风号"和"雨云号"以及1艘护卫舰在邦巴湾附近被英军击沉。

1941年4月，英军驻扎在苏丹港附近基地的岸基飞机，击沉了位于红海活动的2艘意大利"萨乌罗"级驱逐舰。9月16日到17日，英国皇家海军"光辉号"航母编队闪击班加西港口，舰载机编队摧毁了另外2艘"萨乌罗"级战舰。意大利投降后，为了防止意大利武器装备落入盟军之手，德军出动轰炸机轰炸意大利海军舰队，"欧洲风号"被击沉。"旋风号"被德国人俘虏，最后于1944年9月被美国飞机击沉。

"航海家"级驱逐舰
Navigatore Class Destroyer

在"狮"级驱逐舰建造工程结束4年后，意大利人在1928—1930年下水了"航海家"级驱逐舰，分别命名为"阿尔维塞·达莫斯托号""安东尼奥·达诺利号""安东尼奥托·乌塞迪马雷号""安东尼奥·皮加费塔号""埃曼努埃尔·佩萨格诺号""乔万尼·达委拉查诺号""累沃内·潘卡尔德""朗泽罗托·马洛切洛号""卢卡·塔里戈号""乌戈里尼·维瓦尔迪号""尼科洛索·达雷科号""尼科洛·泽诺号"和"乌戈里尼·维瓦尔迪号"。与"狮"级相比，它们的舰体规格比较小，排水量却大出许多，这是因为它们配置了强大的机械系统［能够产生高达60000马力（44742千瓦）的输出功率］，并在2组

技术参数	
"航海家"级驱逐舰	
排水量：	标准排水量1945吨，满载排水量2580吨
尺寸：	长107.75米，宽10.2米，吃水深度3.5米
动力系统：	2套蒸汽轮机，功率50000马力（37285千瓦），双轴推进
航速：	38节（70千米/时）
武器系统：	3座双联装120毫米口径火炮，3门37毫米口径单管高射炮，2座双联装或3联装533毫米口径鱼雷发射管，水雷54枚
人员编制：	225人

下图：意大利海军"航海家"级驱逐舰在设计时首要考虑的就是航速问题。为了追求高航速，该级战舰甚至不惜牺牲武器装备和适航能力，主要用来对付法国的"美洲虎"型等高速驱逐舰，但最终却发现实际作战环境与设想中完全不符

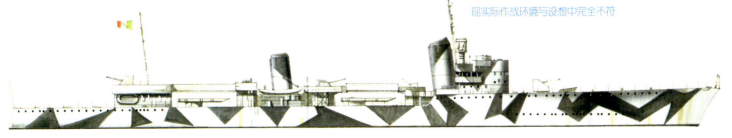

鱼雷发射管中间安装了第3座双联装120毫米口径火炮炮塔。

高航速

在建造"航海家"级驱逐舰的过程中，航速问题始终困扰着意大利人的神经。为了追求高航速，意大利设计师们千方百计地降低吨位，甚至打算将其533毫米口径的鱼雷发射管更换成为450毫米口径的。不过，这种做法的实际效果不明显。

作战经历

"航海家"级驱逐舰的坎坷命运，一定程度上反映出意大利人在战争中前后矛盾的态度。12艘战舰中，有11艘被击沉——其中，6艘被英国人直接击沉，1艘触水雷沉没，2艘被德国人击沉，1艘自沉，最后1艘被1艘意大利潜艇错误击沉。其中，"累沃内·潘卡尔德号"是第1艘损失的驱逐舰，在结束了卡拉布里亚海战之后，被英国皇家海军"鹰号"航空母舰舰载机击沉于奥古斯特港口之外。该舰后来打捞上来，经过维修后继续服役，1943年4月再次被英国皇家海军舰载机击沉于邦角海域。另外1艘战舰"安东尼奥·皮加费塔号"同样也被击沉过两次，其中，第1次在阜姆附近自沉，被德军打捞上来后继续服役，改名为TA.44号，1945年2月在的里雅斯特被盟军飞机炸沉。

"白羊座"级雷击舰
Ariete Class Torpedo Boat

随着32艘"角宿一"级鱼雷艇在1936—1938年相继下水，意大利人开始采用配置了单烟囱的艇身设计方案，希望能达到与以前的"科塔托尼"级相同的航行速度。它们的艇身轮廓与同时代的"奥利亚尼"级舰队驱逐舰相似，主要区别之处在于后者的烟囱系统占据了更大空间，这是因为采用了双锅炉配置模式。"角宿一"级配备了3门100毫米口径火炮，这些火炮仰角可以达到45度，射速约8发

技术参数
"白羊座"级雷击舰
排水量： 标准排水量800吨，满载排水量1125吨
尺寸： 长82.25米，宽8.6米，吃水深度2.8米
动力系统： 2套蒸汽轮机，功率22000马力（16405千瓦），双轴推进
航速： 31节（57千米／时）
武器系统： 2门单管100毫米口径火炮，2门37毫米口径单管高射炮，2座3联装450毫米口径鱼雷发射管，水雷28枚
人员编制： 155人

下图：在"白羊座"级鱼雷艇中，"白羊座号"是唯一始终在意大利海军舰队服役的鱼雷艇，其余艇只尚未建成便于1943年9月被德国人悉数俘获。"白羊座"级是"角宿一"级的改进型，主要用来保护运输队免遭敌军水面舰只的威胁。在战争期间，"角宿一"级逐渐发展成为一款表现非常出色的布雷舰

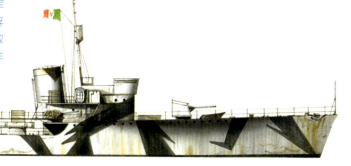

/ 分，主要用来对付较大型的水面战舰。令人无法理解的是，它们仅仅配置了 4 具 450 毫米鱼雷发射管，采取单管安装模式，每侧艇身只能配置 2 具。

"白羊座"级雷击舰设计实质上是改进型的"角宿一"级，鉴于艇身加宽、吨位增加，功率增加15%。在原有 4 具 450 毫米口径鱼雷发射管的基础上，又额外增加了 2 具同样口径的鱼雷发射管，这也使得重量增加不少。不过，再次令人不解的是，意大利人似乎对 450 毫米口径鱼雷发射管情有独钟，从未考虑将其升级为更加有效的 533 毫米鱼雷发射管。水雷的携带量也从 20 枚增加到了 28 枚，深水炸弹携带数量也得到了同样的提升。在实际中，意大利人更广泛、更有效地将该级战舰用于布雷作战，而非鱼雷攻击作战。

直到 1942 年，意大利才开始开工建造"白羊座"级雷击舰，他们曾计划在 3 家工厂同时开工建造 40艘，但最终仅有 16 艘（"阿拉巴尔达号""白羊座号""阿图罗号""奥里加号""巴勒斯特拉号""达加号""德拉戈尼号""埃里达诺号""斐昂达号""格莱迪奥号""朗西亚号""普戈纳尔号""雷格尔号""斯巴达号""角宿一号"和"北极星号"）得以建成，其中，仅有该级鱼雷艇的命名艇——"白羊座号"真正交付意大利海军舰队服役，但此时距离意大利投降仅剩下 1 个月了。

当时，剩余未建成的雷击舰悉数落入德国人之手，有 13 艘后来编入舰队执行作战任务。最后，在战争中幸存下来的仅有 2 艘雷击舰——"白羊座号"和"巴勒斯特拉号"，它们战后被南斯拉夫海军接收。

"索尔达托""霹雳""西北风"和"奥利亚尼"级驱逐舰
Soldato, Folgore, Maestrale and Oriani Classes Destroyers

自 1930—1932 年建造 4 艘"达多"级驱逐舰以来，"索尔达托"级是意大利人所设计的一系列驱逐舰中的终极作品，它们充分有效地利用了甲板空间，将锅炉系统和烟囱系统完美地整合起来。该级驱逐舰装备了 4 门 120 毫米口径火炮，配置在 2 座双联装炮塔之上，节省了甲板空间，降低了舰体的总重量。

"索尔达托"级驱逐舰的动力非常强大，这是意大利人一贯比较看重的目标。此外，除了鱼雷系统外，他们对于其他武器系统从来不怎么重视。"霹

下图：作为意大利海军订购数量最多的一款驱逐舰，"索尔达托"级将其锅炉系统与烟囱系统有效地整合在一起，形成一种与众不同的独到的舰体轮廓。在该级战舰身上再次体现出了强大的动力，其航速竟然高达 39 节（72 千米 / 时）

左图：与大多数的意大利驱逐舰一样，"索尔达托"级不惜以损失武器系统和舰体强度为代价，片面地追求高航速。图中是"枪骑兵号"驱逐舰，它重蹈了"非洲热风号"的覆辙，在海上风暴中发生倾覆后沉没。就发展渊源而言，"索尔达托"级的设计基础是"西北风"级驱逐舰

技术参数

"索尔达托"级驱逐舰

排水量：标准排水量 1830 吨，满载排水量 2460 吨

尺寸：长 106.75 米，宽 10.15 米，吃水深度 3.6 米

动力系统：2 套蒸汽轮机，功率 48000 马力（35794 千瓦），双轴推进

航速：39 节（72 千米／时）

武器系统：4 或 5 门 120 毫米口径火炮，1 门 37 毫米口径高射炮，2 座 3 联装 533 毫米口径鱼雷发射管，水雷 48 枚

人员编制：219 人

霉"级沿用了"索尔达托"级的别具一格的舰体轮廓，二者的主要区别在于后者为每组火炮各配置了 1 部指挥仪，从而可以同时攻击两个目标。

增加动力

为了提高适航能力，增强作战性能，意大利设计师们在 1934 年将 4 艘"西北风"级驱逐舰分别加长了 10 米，舰宽也按比例进行了加宽。1936 年建造的 4 艘"奥利亚尼"级驱逐舰可以视作"西北风"级驱逐舰的翻版，不同之处在于后者的动力得到了提升。

追加订单

随着欧洲战争日益迫近，意大利海军大力扩充军备，又追加了 12 艘"奥利亚尼"级驱逐舰的订单，它们均在 1937—1938 年下水。其中，有 4 艘配置了第 5 门 120 毫米口径火炮，安装在 2 座鱼雷发射管中间。

上述战舰中，"枪骑兵号"和"非洲热风号"在一次海上风暴中倾覆沉没。战后，在幸存下来的舰只中，有 2 艘被赔偿给苏联海军，3 艘赔偿给法国海军。

"峰风"和"神风"级驱逐舰
Minekaze and Kamikaze Classes Destroyers

21 艘"枞"级和 15 艘"峰风"级驱逐舰是日本海军最早一批驱逐舰，其中，"峰风"级全部在 1919—1922 年下水。

上述 2 级驱逐舰均装备了 533 毫米口径鱼雷发射管，其中，"枞"级采用的是双联装发射管，"峰风"级则采用了 3 联装布置。在此基础上，它们均配备了

下图：日本帝国海军"峰风"级驱逐舰在1919—1922年下水，参加了第二次世界大战的整个过程。鉴于对手通常不会再是与自己等级相同的驱逐舰，加之面临美国潜艇的严重威胁，它们中的大多数拆除了原来的武器系统，代之以深水炸弹发射器和轻型高射炮。1944年早些时候，该级战舰的命名舰"峰风号"被美国海军"步鱼号"潜艇击沉

左图："神风"级驱逐舰是"峰风"级的后续舰型，采用120毫米主炮，该级战舰实质上是对英国皇家海军相关舰船设计思路的模仿

120毫米口径火炮，分别安装在前甲板和后甲板舱的上方。

　　第二次世界大战期间，日本人在护航力量上严重不足的缺陷，被美国海军潜艇充分利用，给日本造成了惨重的损失。为了对付美国潜艇，大多数的"峰风"级驱逐舰进行了紧急改造，拆掉了扫雷装置和一半的主炮，仅留下一对鱼雷发射管，把节省出的空间安装了深水炸弹发射器，以便携带更多的反潜弹药。

　　有4艘"峰风"级被改建成为护航舰，其中，"泽风号"安装了1座前射式9管火箭发射器。不过到战争结束时，已经有9艘该级战舰被美国海军潜艇击沉。

技术参数
"峰风"级驱逐舰
排水量： 标准排水量1215吨，满载排水量1650吨
尺寸： 长102.5米，宽9米，吃水深度2.89米
动力系统： 2套蒸汽轮机，功率38500马力（28709千瓦），双轴推进
航速： 39节（72千米／时）
武器系统： 4门120毫米口径单管火炮，2挺机枪，2座3联装533毫米口径鱼雷发射管，水雷20枚
人员编制： 148人

下图：图中是这艘"神风"级驱逐舰于1944年晚些时候的状态，该舰此时已被改建成为1艘可携带"回天"自杀式微型潜艇／鱼雷的母舰。总体而言，自杀式微型潜艇／鱼雷攻击战果远不及自杀式飞机，这让已经疯狂的日本人颇为绝望

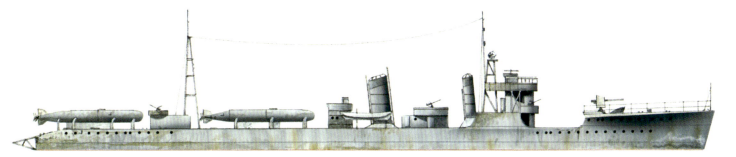

"吹雪"级驱逐舰
Fubuki Class Destroyers

从某种程度上讲，日军的 20 艘"吹雪"级驱逐舰（1927—1931 年下水）是造舰标准的制定者，在它们之前是 12 艘有着强烈的盎格鲁－日耳曼血统的"睦月"级驱逐舰，这一点曾经影响了"神风"级的设计建造。但是，从"吹雪"级开始，日本人走上了自己的道路，设计出了一款在 15 年后仍然令人生畏的战舰，甚至影响到后来所有舰级的设计。

"吹雪"级驱逐舰在设计上的革新之处主要有：增加了舰体尺寸，以便配置更先进的系统；提高干舷高度，加强舰桥结构，降低海水腐蚀的影响，配备 3 座 3 联装 610 毫米鱼雷发射管系统，额外备用鱼雷 9 枚。另外一项重要革新在于将火炮口径升级到了127 毫米，并将其配置在全封闭双联装炮塔内，主炮塔 1 座安装在舰艏，另外 2 座安装在舰艉。在 1929 年以后下水的驱逐舰上，主炮的仰角增加到了 70 度，空前的大仰角赋予了舰炮高平两用能力。同时，"吹雪"级还是高机动性战舰，50000 马力（37285 千瓦）的动力输出使得航速达到了 37 节（69 千米／时）。

舰体弱点

"吹雪"级驱逐舰的最大缺陷是舰体强度不够，这个问题在整个 20 世纪 30 年代比较突出，日本人不得不对其进行了强化和加固，这样一来却额外增加了 400 吨的排水量，导致航速降低了 4 节（7400 米／时）。后来，为了减少重量，就不再携带备用的

技术参数

"吹雪"级驱逐舰

排水量：标准排水量 2090 吨

尺寸：长 118.35 米，宽 10.36 米，吃水深度 3.2 米

动力系统：2 套蒸汽轮机，功率 50000 马力（37285 千瓦），双轴推进

航速：37 节（69 千米／时）

航程：以 15 节（28 千米／时）的速度可航行 8700 千米

武器系统：3 座 3 联装 127 毫米口径火炮，2 挺机枪，3 座 3 联装 610 毫米口径鱼雷发射管，备用鱼雷 9 枚，水雷 18 枚

人员编制：197 人

鱼雷，并对火力系统做了调整。

该级驱逐舰参加了所有日军在战区的作战行动，仅有 1 艘在战争中幸存下来。这些战舰主要有："吹雪号""白雪号""初雪号""深雪号""丛云号""东云号""薄云号""白云号""矶波号""浦波号""绫波号""敷波号""朝雾号""夕雾号""天雾号""狭雾号""胧号""曙号""涟号"和"潮号"。

"吹雪号"在 1942 年所罗门群岛战役中被击沉。

上图："吹雪"级驱逐舰大幅增加舰体尺寸，提高适航能力，加装了强大的火力系统——6 门 127 毫米口径火炮和 9 具610 毫米口径鱼雷发射管，从而推动了日本驱逐舰设计的革命性创新

下图：鉴于美国飞机日益成为一个重大威胁，日本人从 1943 年开始，将剩余的"吹雪"级驱逐舰上的 X 号炮塔拆除，代之以更多的轻型高射炮，从最初的 2 挺 13 毫米口径高射机枪，增加到了 4 挺 13 毫米口径高射机枪和 14 门 25 毫米口径高射炮

"友鹤"级和"鸿"级岸防驱逐舰
Tomodzura and Ootori Classes Coastal Destroyers

军舰的设计很少会在一定的排水量限制下最大化舰船的尺寸，但是《限制海军军备条约》却使日本不得不如此设计。

20 世纪 20 年代中期之前，日本只装备了一种级别的雷击舰，直到 1931 年订购了 4 艘"友鹤"级雷击舰。这种大型鱼雷艇标准排水量只有 650 吨，却装备了 1 座单装 127 毫米炮、1 座双联装 127 毫米炮和 2 部双联装 533 毫米鱼雷发射管，并且航速可达 30 节（56 千米/时），动力 11000 马力（8203 千瓦）。

细长的船体比例

1934 年，"友鹤号"在高海况下的翻沉事件暴露了设计上的缺陷。剩余的"友鹤"级舰艇都进行了减重改装后才再次服役。

后来的"鸿"级在下订购时及时吸取了这一教训，日本海军减少了武器装备，仅装备了 2 座 120 毫米炮和一部双联装鱼雷发射管。

16 艘订单中的 8 艘后来取消了，建成的几艘

技术参数
"鸿"级岸防驱逐舰（已建成的）
排水量：标准排水量 840 吨，满载排水量 1050 吨
尺寸：长 88.35 米，宽 8.2 米，吃水深度 2.84 米
动力系统：2 座舰本式蒸汽轮机，功率 19000 马力（14168 千瓦），双轴推进
航速：30 节（56 千米/时）
航程：以 14 节（26 千米/时）的速度可航行 7400 千米
武器系统：2 座 120 毫米单装舰炮，1 座单装 40 毫米高射炮和 1 部双联装 533 毫米鱼雷发射装置
人员编制：112 人

（"鸠号""隼号""鹎号""雁号""鹊号""雉号""鸿号"和"鹜号"，全部于 1935—1937 年下水）据称也用作运输船。"鹜号"和"鹎号"于 1944 年被美军潜艇"锦鳚号"击沉，"鸿号"于 1944 年在塞班岛被击沉。

下图："友鹤"级的第 2 艘"千鸟号"，于 1934 年在舞鹤港外被拍到，同年，因为设计者在有限的排水量下过度加装武器装备，"友鹤号"在航行试验中翻沉

"晓"级、"阳炎"级特型驱逐舰和巡洋型驱逐舰

Akatsuki and Kagero Classes Special-Type and Cruiser-Type Destroyers

在"吹雪"级上，日本人将驱逐舰的各项技术规格发展到了极限，远远超过了十几年后的英国J级驱逐舰。这种激进的设计革新带来了一系列的问题，最终在后面几级战舰中相继暴露出来。

1931—1933年的4艘"晓"级特型驱逐舰，在同样短小紧凑的舰体上，保持了几乎同样的布局设计。与之前的20艘"吹雪"级相比，"晓"级减少1座锅炉，前烟囱变细（只有1根烟道）。另外，为了减轻重量，还减少了深水炸弹的携带量，降低了主桅杆的高度。其中，"响号"是日本海军第1艘采用全焊接舰体的军舰，此举也是为了减轻重量。

"第4舰队事件"后，"晓"级进行了改善复原性和结构强度的改造。4艘本级舰中有3艘损失于岛屿争夺战中，唯一幸存的"响号"在战争中3次被美机和潜艇炸掉舰艉（从侧面反映了其设计上存在的缺陷），但3次均成功脱险并修复，最后在战后赔偿给了苏联，更名"信赖号"，作为训练舰一直使用到1963年才拆解。

技术参数

"阳炎"级驱逐舰（建成时）

排水量： 标准排水量2035吨，满载排水量2490吨

尺寸： 长118.5米，宽10.8米，吃水深度3.76米

动力系统： 2座舰本式蒸汽轮机，功率52000马力（38776千瓦），双轴推进

航速： 35节（65千米/时）

航程： 以15节（28千米/时）的速度可航行9250千米

武器系统： 2座双联装127毫米舰炮，2座双联装25毫米高射炮和2部4联装610毫米鱼雷发射装置

人员编制： 240人

由于《伦敦海军条约》的限制，后来建造的"初春"级驱逐舰中的6艘的舰长进一步缩减，并且减少了1座127毫米炮和1部可再填装的鱼雷发射管，船速和动力也降低了。他们后来又建造了10艘"白露"级驱逐舰，舰长也缩减了，但是增强了鱼雷发射装置，可以发射8枚610毫米鱼雷，共用1套再填装设备。1937年的10艘"朝潮"级驱逐舰则无视条约限制，与10年前建造的"吹雪"级驱逐舰拥有一样的尺寸和武器装备。

左图：在阿留申群岛遭到美军潜艇发射的鱼雷重创后，勉强返回舞鹤海军造船厂船坞的"不知火号"驱逐舰的情形并不令人乐观。日本海军的驱逐舰主要针对反舰作战设计，因此在转而执行防空和反潜任务时必须进行大量仓促改装

下图："响号"是日本第1艘焊接型军舰，也是第二次世界大战后唯一幸存的"晓"级驱逐舰，X炮塔也于1942年替换成轻型高射炮

为满足战争需要，1938—1941年，日本又建造了18艘"阳炎"级驱逐舰，与之前建造的驱逐舰类似，只不过加宽了船体。该级舰与"吹雪"级驱逐舰类似，又有火力超强的舰艉两座双联炮塔，舰艏的炮塔安装在舰桥下方掏空的空间内，射界非常宽阔。1941—1943年，日军又建造了20艘类似的"夕云"级驱逐舰。战后只有1艘"阳炎"级驱逐舰幸存下来。

"秋月"级舰队护航 / 反潜驱逐舰
Akitsuki Class Fleet Escort/ASW Destroyer

同之前已经大量建造的日军驱逐舰不同，"秋月"级与英国的"黛朵"级以及美国的"亚特兰大"级防空巡洋舰一样，设计初衷便是防空护航，但"秋月"级无疑是更为廉价的应对方案。其装备的98式100毫米高平两用炮比射速更慢的英制133毫米和美制127毫米高平两用炮的性能更加优良，但由于驱逐舰尺寸的限制，"秋月"级只能安装8门火炮，其安装的鱼雷管从事后角度考虑也没有必要。

最早尚未认识到空袭的毁灭性威力的日军仅在该级舰上安装了4门25毫米轻型高射机关炮。随着

技术参数
"秋月"级舰队护航 / 反潜驱逐舰
排水量： 标准排水量 2700 吨，满载排水量 3700 吨
尺寸： 长 134.2 米，宽 11.6 米
动力系统： 2 台 52000 马力（38776 千瓦）的齿轮传动蒸汽机，双轴推进
航速： 33 节（61 千米 / 时）
航程： 以 18 节（33 千米 / 时）的速度可航行 14825 千米
武器系统： 4 座 100 毫米口径双联装火炮，2 座 25 毫米口径双联装高射炮，1 座 4 联装 610 毫米口径鱼雷发射装管
人员编制： 285 人

下图：晓级驱逐舰是跟随航母大队活动的防空护卫舰船

上图：日本海军"秋月"级驱逐舰只安装了1座防空机关炮和4具鱼雷发射管，因此能够携带更多的轻型防空火力。直到1945年还在服役的"秋月"级驱逐舰上都加装了40～50门25毫米高射炮

战事的推进，不断付出代价的日军到战争结束前已经在现存（已有6条沉没）的"秋月"级上安装超过50门25毫米高射炮。

1941—1944年，下水的该型舰包括"秋月号""冬月号""花月号""春月号""初月号""夏月号""新月号""霜月号""凉月号""照月号""若月号"和"宵月号"。

"秋月"级驱逐舰最大的一个特点就是采用了单烟囱，烟道合流设计。烟囱远离舰桥，解决了烟雾问题，极大地改善了舰桥的观察能力；由于只有一根烟囱，设计人员可以在原本安装烟囱的平台上布置更多的防空武器。

之前建造的日本海军驱逐舰的桅杆都很轻，"秋月"级驱逐舰是首款进行桅杆加粗以适应22型搜索雷达（22号电探）天线重量的驱逐舰。受制于船体尺寸的限制，该级舰只能安装较少的武器以及少量的鱼雷，这使得其上部重量较此前的日本驱逐舰轻了很多，这种改进使得其深水炸弹携带量大大增加。日本海军当时已制定了将近40艘两种改进型"秋月"级驱逐舰的建造计划，却没来得及完成。

"松"级护航舰
Matsu Class Escort Destroyer

虽然缺乏舰船，但日本人一直抱着舰队决战的作战思想。基本上没有实施护航作战（实际上，护航体系本身都没有建立），战前的驱逐舰大量损毁，很快又能被同级别的舰船取代。想法虽然是美好的，但日本没有时间和能力去建造这么多舰船，最后使用的设计方案是一种快速量产型设计方案。如果只看那两个又长又宽的烟囱，会让人觉得"松"级驱逐舰很大，但实际上，不管是从尺寸还是排水量上来看，"松"级驱逐舰都很小，这是日军从第一次世界大战以来建造的最小的驱逐舰。

"松"级驱逐舰的武器装备还是正常大小，因此相比舰船本身要大一些。甲板前部安装了1门完全由人力操作的127毫米单管炮，并配有护板，而开放式结构的舰艉则安装了一组双联装127毫米炮。动力系

技术参数
"松"级驱护舰
排水量： 标准排水量1260吨，满载排水量1530吨
尺寸： 长100米，宽9.35米，吃水深度3.3米
动力系统： 2台19000马力（14168千瓦）齿轮传动蒸汽机，双轴推进
航速： 27.5节（51千米/时）
航程： 以16节（30千米/时）的速度可航行8350千米
武器系统： 1座单管和1座双联装127毫米口径炮，4座3联装和12门单管25毫米口径高射炮，1座4联装610毫米口径鱼雷发射器
人员编制： 150人

统也小得多，功率只有普通驱逐舰的1/3，但是"松"级驱逐舰仍能达到大约28节（52千米/时）的航速，完全能够适应护航任务。

半自动高射炮

　　"松"级驱逐舰安装了24门25毫米口径半自动高射炮，大部分都是单装的，且两侧对称地安装在船体边缘。右侧船中安装了1部4联装610毫米鱼雷发射器，计划安装的新设计的6联装鱼雷发射器最终也没有实装。但是考虑到"松"级驱逐舰的大小和航速，鱼雷发射器主要用来防御，当然，即便如此也在鱼雷发射管处敷设了防破片装甲，保障鱼雷安全使用。

　　这样的设计以及封闭式的舰桥结构，与英国舰船的简约结构理念完全不同，他们并不是在遵循"更轻"的舰船建造趋势，也不认为"船员舒适性越高，

上图：作为快速批量生产型舰船的"松"级驱逐舰，该级舰的动力只有常规驱逐舰的1/3，但仍能达到28节（52千米/时）的航速。"松"级驱逐舰拥有2个独立的动力系统单元，以提高抗毁能力

作战表现越好"。

　　"松"级驱逐舰原计划建造28艘，实际上只建造了17艘，都是在1944—1945年建造的，之后被一种设计更加简洁的1290吨的"橘"级改型舰取代，这种驱逐舰计划建造90艘，实际只建造了30艘（其中13艘采用了更加简洁的设计）。

　　由于这些驱逐舰是在第二次世界大战后期建造的，并且一直在二线执行任务，幸存率非常高，仅损失了11艘。

"狼"级和"海鸥"级鱼雷驱逐舰
Wolf and Möwe Classes Torpedo Boat-Destroyers

　　德国海上运输船队需要军舰的保护，但为了不影响和束缚海军主力舰队的作战行动，则使用潜艇和水雷对海岸实施封锁。

　　6艘"海鸥"级（也叫23型）鱼雷驱逐舰是德国海军建造的小型舰船，其实它属于一种雷击舰，

装备2部3联装鱼雷发射装置。按照设计目的，该型舰艇并非用来执行舰队任务，安装的3台锅炉需要配备2根粗烟囱，装备3门105毫米火炮，还有鱼雷装置。

"狼"级（完工时）鱼雷驱逐舰

排水量：标准排水量 933 吨，满载排水量 1320 吨

尺寸：长 92.6 米，宽 8.65 米，吃水深度 2.83 米

动力系统：2 台齿轮蒸汽轮机，功率 23000 马力（17150 千瓦），双轴推进

航速：33 节（61 千米／时）

航程：以 17 节（31 千米／时）的速度可航行 5750 千米

武器系统：2 门 105 或 127 毫米火炮，4 门 20 毫米机关炮，2 具 3 联装 533 毫米鱼雷发射装置

人员编制：129 人

改进武器系统

当"海鸥"级还在建造时，德国海军就订购了改进后的第 2 批 6 艘鱼雷驱逐舰，即放大版的"狼"级（24 型）鱼雷驱逐舰。

这种舰船能够抵近近海水域，配备了轻型的自动武器，部分该级舰为了加装轻型高射炮而拆除了 1 部鱼雷发射管。后来，德军又研制了更大型的雷击舰和更小型的鱼雷艇（S 艇）。但它们都不是理想的护航舰船，最终都不得不给 F 级护卫舰让路。所有的 23 型和 24 型鱼雷驱逐舰都在战争中损失了。

下图：最初被定义为驱逐舰的德国海军 23 型鱼雷艇主要在北海和英吉利海峡服役，遂行水面作战行动，是为魏玛德国海军建造的小型舰队舰船

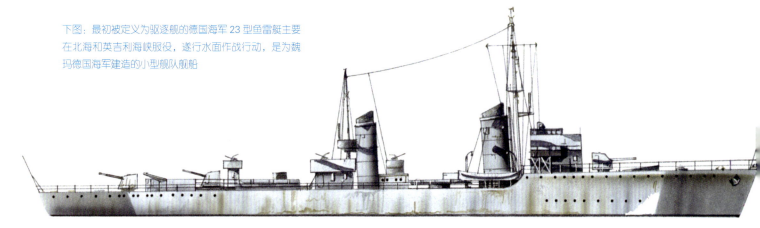

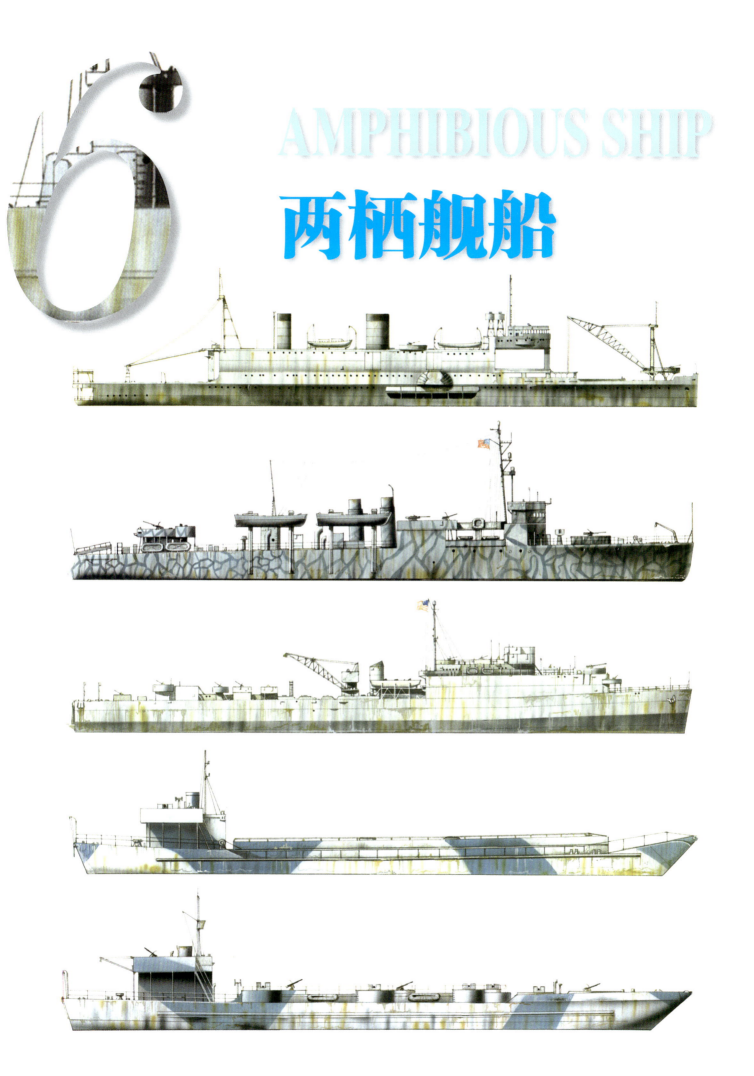

6

AMPHIBIOUS SHIP

两栖舰船

轴心国的攻击舰和登陆艇
Axis Assault Vessels Landing Craft

德国入侵英国的想法由来已久，但直到 1940 年夏季，德国还从没有着手解决大规模两栖作战中会遇到的问题。与之相反，日本在很早之前就从太平洋中星罗棋布的岛屿中意识到两栖作战在未来战争中的重要作用。

挪威战役

德国和日本都建造了各种各样可用于两栖作战的装备，这与英国和美国的装备形成鲜明对比。长久以来，德国唯一进行的大规模登陆作战就是 1940 年 4 月对挪威发动的进攻，通过舰船运送分遣队发起大规模登陆作战。

一旦占领了港口，部队就可以通过这些港口运输援兵、物资和装备。

之后再占领滩头，后续部队的运送就主要靠 2000 艘内河驳船，但这并非驳船的正确使用方式，因此不能很好地适应近海的作战环境。驳船的干舷很低，舱口仅仅覆盖了脆弱的木头，还有很多孔。船舱内也是畅通无阻，船内既没有双层底结构，船体两侧也没有蜂窝状结构。

船头很适合卸载军队，而艉门另有他用。艉门将通向水位线以下的"坦克甲板"。一旦出现漏洞，驳船很快就会沉没，因此，依靠这样的船只实施的攻击必须取得完全的制空权。此外，对英国发起的任何攻击都需要事先调开皇家海军，并且要对英国海岸的大量基地造成威胁，这是很重要的。随着"海狮"行动被放弃，德国此后彻底失去了对登陆行动的需求。德国唯一真正意义上的登陆舰也是在同盟国的坦克登陆舰的基础上改造而成的。为了取代速度太慢的登陆舰，德国喜欢将前锋部队装载在木制的"冲锋舟"中，船长 6 米或者 14.5 米。其中最大的船能以 25 节（46 千米／时）的航速运送 40 名全副武装的军人。

F 艇

有两种型号的运输船被广泛用作多用途艇。海上型号是 MFP，或者叫作"海军码头驳船"。同盟国一般称之为 F 艇，在地中海经常见到这种登陆艇。

在战场上，MFP 被拆散运输然后再重新组装使用。长 50 米，但干舷只有 1.5 米。F 艇的上层结构极为低矮，四周都有围板，可以通过

左图：1944 年 3 月，T149 被发现正在进行海试。据说，这些两栖舰船是德国参照同盟国的舰船照片研制的，在早期的地中海两栖作战行动中，同盟国就开始使用这种类型的舰船了

跳板出入。MFP装备了一门88毫米口径高射炮，以及大量轻型半自动武器。在爱琴海和亚得里亚海，F艇兼任货船和护卫艇，同盟国的海岸巡逻艇必须小心应对，因为F艇的火力充足，并且极浅的吃水线让它基本可以不用担心鱼雷攻击。严格来说，河流型多用途艇——"西贝渡轮"也会出现在受到保护的开放性水域。该艇由2台动力舟桥拼接而成，采用双体船结构，其上布置有一块27米×14.5米的车辆甲板。这种船非常实用，但是航速很慢，在良好的航行环境下也只能以9节（17千米/时）的航速运送100吨的人员或物资。该型船的典型武器装备是2座4联装20毫米机关炮，此外，由于它装运的装甲车和舰艇一般都安装了重型武器，因此敌人在考虑它的实际火力时都要额外加上这些重型武器。与F艇一样，"西贝渡轮"也给MGB（英军"摩托炮艇"的简称）带来很多困难。

第二次世界大战之前，作为海洋国家的日本就拥有巨大的野心，致力于通过海洋运输陆军。最早的成功案例就是广泛使用的"大发"驳船，一种平底驳船，船头有斜坡，从舷弧线可以明显看出渔船的痕迹。这种驳船的长度从10～17米不等，与盟国的轻型登陆艇和机械化登陆艇相当。14米长的驳船总共建造了1140艘，足够装下1辆轻型装甲车，10吨物资或者70名武装人员。17米长的驳船总共有163

艘。由于动力系统是各种类型的柴油和汽油发动机，这些驳船适合以7～8节（13～15千米/时）的航速行驶，它们执行的繁重工作对于日本在岛屿上的驻军的生存来说必不可少。战时，它们为了安全地执行勤务，必须白天隐蔽，日落后出动，无穷无尽的运输线遭到了美军的强力绞杀，但从来没有彻底断绝过。

早在1935年，日本就已经造出了外形古怪的"神州丸号"以及各种衍生型舰艇，这是世界上第1艘专门用来大规模运送登陆艇的舰船。它每次能够运输20艘"大发"驳船，从船腹的货舱门装载，从舰艉的斜坡上驶出。尽管原始的设计概念使得"神州丸"在对抗性登陆作战中起不到什么作用，但是在入侵中国的战争中，以及在第二次世界大战前期，由于日本占有绝对优势，它们的使用还是很成功的。

1941年12月13日，日本从越南金兰湾出发入侵英属婆罗洲。10艘运输船运送了日本第35步兵旅团司令部、第18师团的124步兵团、横须贺第2海军陆战队和第4海军工兵小队。在这次行动中，日本海军使用了登陆驳船。然而，事实证明在恶劣天气状况下使用登陆艇存在很大问题，因为人员和补给物资都必须先从运输船转移到驳船上。日本向太平洋南部扩张时，占领了太平洋上的很多岛屿，日本帝国海军通过征用当地的渔船和内河船只运送部队和物资，实现了后勤的充分保障。为了巩固对英属婆罗洲四周岛屿的控制，日本在这些岛屿上也采取相同的策略。

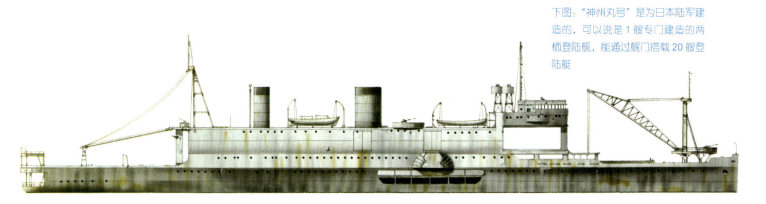

下图："神州丸号"是为日本陆军建造的，可以说是 1 艘专门建造的两栖登陆舰，能通过艉门搭载 20 艘登陆艇

坦克运输舰

　　日本最开始建造的坦克登陆舰是 22 号 "SS"，也就是 "蛟龙丸" 级，与 63 米长、后置发动机的近岸货船类似，不同的是，设有艏门以装载 4 辆中型坦克和 1 个分遣队。按照传统的船体线型设计，但是由于吃水太深，逐渐被外观奇特的分别安装柴油机和蒸汽机的 T101 和 T103 级坦克登陆舰取代。这两款登陆舰的船长只有 80.5 米，比同盟国的坦克登陆舰要短一些，但是动力系统和上层建筑的空间设计得都很大。这些登陆舰一部分划归陆军，一部分划归海军。但是 1944—1945 年的建造计划对于战争来说已经太晚了，无法用来支援任何重要的两栖作战，因为当时日本已经失去了空中和海上优势。这些舰船 16 节（30 千米 / 时）的航速使得它们可以很好地用来为日本众多的岛屿运送补给物资和轮换人员，但是当时大部分用于此途的坦克登陆舰都被美国的飞机和水面舰艇击沉了。

　　同盟国唯一没有的运输船就是 T1 级快速运输船，该级运输船计划建造 46 艘，实际建成 22 艘，排水量 1800 吨，总长 96 米，船舯部的侧甲板比普通舰船要宽得多，与空旷的后甲板相连，后甲板有一个封闭的斜坡通往水中，没有传统意义上的舰艉。即使在行进中，货舱甲板装载的 "大发" 驳船、两栖坦克和微型潜艇也能够很方便地驶入海中。同样地，这类运输船的设计只适合小规模作战，但日本当时已经失去战略主动权。

两栖指挥舰和两栖部队旗舰
LSH and AGC Landing Ship, Headquarters and Amphibious Force Flagship

　　两栖作战是极其复杂的，不管计划如何周密，考虑了多少可能的突发情况，该出错的时候仍会出错。指挥舰位于滩头外海，指挥作战行动，直到在合适的地点建立岸上指挥所，之后也可以继续待在海上随时为海军提供支援。最开始是指派 1 艘大型舰船充当指挥舰，但是适合的舰船很少，这些船上几乎没有足够的空间，并且充当指挥舰参加战斗也不安全。直到 1942 年开始采用专用舰艇：中型商船

（有大量的空间可以进行改造）加装通信天线后立刻就能担任指挥舰。这些舰船能够处理极大数量的信号传输，指挥人员能够在问题出现的第一时间做出决策。有时两栖指挥舰也可以充当飞机的指挥平台，不过由于这项任务需要大量专用人员设备，一般都是由专门的战斗机指挥舰执行，才能更好地完成指挥任务。在大型登陆作战中，需要部署不止 1 艘两栖指挥舰，不管怎样，都应该预先准备好备份指挥舰，尤其是因为敌人会发现指挥舰的重要性，并将指挥舰标记为重点目标。

两栖指挥舰的改造

"布洛洛号"是典型英国改造型指挥舰，开始是 1 艘武装商船，之后作为两栖步兵运输舰，改造成指

挥舰之后，先后在阿尔及尔、黎凡特、安齐奥参战，最后在诺曼底登陆期间被炸弹击伤。其他改造成指挥舰的大型英国舰船还有"希拉里号""拉格斯号"和"锡安号"。美国的两栖指挥舰叫作"两栖部队旗舰"，由 C2 和 C3 型货轮改造而成，前者达到 17 艘。为了执行小规模登陆行动，英军改装了 8 艘护卫舰和炮艇作为指挥舰，而美军则青睐海岸警卫队的高自持力巡逻舰，其更加适合执行此类任务，且海岸警卫队在战争期间会接受海军的指挥。

左图："希拉里号"，建造于 1931 年，起初是 1 艘货运班轮，战争开始后成了远洋运输船。1943 年，被改造成指挥舰，加装了指挥两栖作战需要的复杂通信系统

（大型）两栖步兵运输舰和突击运输舰
LSI（L）and AP Landing Ship，Infantry（Large）and Transport

（大型）两栖步兵运输舰需要长距离运送大量的人员和物资，大部分运输船是由货船或者游轮改造而成，其他的是专门建造的。例如 3 艘"格伦"系列舰船（"格伦涅恩号""格伦吉尔号"和"格伦罗伊号"）就是在 1941 年改造成了运输船，之前是货船和突击船。船上加装了额外的吊架，以装载 12 艘

突击登陆艇，甲板上装载了 2 艘更大一些的机械化登陆艇。这些运输舰火力强大，起初是 8 座 40 毫米高射炮，之后是 6 座 102 毫米高射炮和 4 座 40 毫米高射炮，随后又加装 8 门 20 毫米高射机关炮。虽然先后在克里特岛、叙利亚、马耳他和迪耶普执行了多次任务，但是没有 1 艘被击沉。

上图："帝国火枪号"是依据大型海洋委托项目在美国建造的，然后由美国租借给英国。它与美国海军的"将军"级和"海军上将"级运输船有很多相似的地方，都被用作步兵运输船

技术参数

"格伦"级运输舰

排水量： 标准排水量 9800 吨

尺寸： 长 155.7 米，宽 20.3 米，吃水深度 8.5 米

动力系统： 2 台 12000 马力（8948 千瓦）柴油发动机，双轴气动

航速： 18 节（33 千米／时）

航程： 以 14 节（26 千米／时）的速度可航行 22250 千米

武器系统： 3 座双联装 102 毫米高射炮，4 座单装或双联装 40 毫米高射炮，以及 8～12 门 20 毫米高射炮

载重： 2 艘机械化登陆艇，12 艘突击登陆艇，232 名登陆艇艇员和 1087 名军人

人员编制： 291 人

马耳他围城

"格伦"级 3 号舰"布雷克诺克号"在保卫马耳他岛的运输行动中战沉。"格伦加里号"是第 4 艘格伦级运输舰，是在德国入侵丹麦时在丹麦建造的。

这艘船后来被改造成辅助巡逻船"梅尔郡号"，最终免于被战火损毁。最后 1 艘是"忒勒马科斯号"，后来被改造成护卫运输船"敏捷号"。

AP 是美军的常规人员运输舰，而 APA 指的是专门的突击运输舰，其中最著名的就是 11500 吨的"将军"级运输船和 12700 吨的"海军上将"级运输船。

（中型）两栖步兵运输舰和高速运输船
LSI（M）and APD Landing Ship, Infantry（Medium）and High-Speed Transport

海峡渡船航速很快，并且具有巨大的改造潜力，德国入侵低地国家时，很多船体良好的比利时和荷兰舰船逃往英国加入盟军，当然也有英国和法国的船只。"艾玛女王号"和"贝娅特丽克丝公主号"在战事来临之前几个月才刚刚建成，拥有很小的发动机舱室和巨大的商用舱。它们被改造成小规模登陆使用的中型两栖步兵运输舰，载员 600 人。这些兵力通过装载在吊架上的 6 艘突击登陆艇运送到岸边。

2 艘机械化登陆艇也安装在吊架上，但是需要事先通过起重机装载。所有这些船都运送了大量兵力参加迪耶普突击战，并且全部安全返回。

高速运输船

虽然美国没有相同功能的舰船，但是美国经常使用的是 APD，也叫作高速运输船。最初的 1 批是 32 艘平甲板驱逐舰，拆除前部的发动机舱后，可以

下图：两栖步兵运输舰侧视图

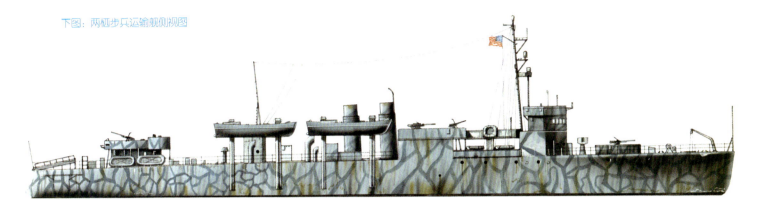

容纳 150 名士兵。甲板上前部有 2 个烟囱，鱼雷发射管全部被拆卸，4 艘人员登陆艇（橡皮登陆艇）也安在吊架上，每艘登陆艇最多可装载 36 人。这批驱逐舰之后是近 10 艘接受改装的护航驱逐舰，拥有相同的大小和速度。这些舰船可以携带 4 艘车辆人员登陆艇，在西太平洋上的岛屿争夺战中发挥了重要作用。

> **技术参数**
>
> **"艾玛女王"级运输舰**
>
> **排水量：** 标准排水量 4140 吨
>
> **尺寸：** 长 115.8 米，宽 14.4 米，吃水深度 4.6 米
>
> **动力系统：** 2 台柴油发动机，13000 马力（9694 千瓦），双轴推进
>
> **航速：** 22 节（41 千米／时）
>
> **航程：** 以 13 节（24 千米／时）的速度可航行 12979 千米
>
> **武器装备：** 2 座单装 76 毫米高射炮，2 座单装 40 毫米机关炮和 6 门 20 毫米机关炮
>
> **载重：** 2 艘坦克登陆艇，6 艘突击登陆艇，60 名登陆艇艇员和 372 名军人
>
> **人员编制：** 167 人

Mk 1 型坦克登陆舰，"马拉开波"型 LST（1）
Landing Ship, Tank Mk 1, Maracaibo Type

早在 1940 年，丘吉尔就考虑到未来海上反攻的问题，并预见到会需要一种舰船，以便将武器、车辆从海岸边运送到世界各地。英国可以重新设计并建造这样的舰船，但是在当时，进行舰船改造也是可行的。问题是，一个优良的具有一定坡度的，适合登陆作战的海湾通常都很浅。这就需要舰船足够大以适应海洋上的航行，同时载重空间要够大，吃水线还要够浅以便抵达浅滩。即便如此舰船离岸边

> **技术参数**
>
> **Mk 1 型坦克登陆舰，"马拉开波"型**
>
> **排水量：** 标准排水量 4890 吨
>
> **尺寸：** 长 116.5 米，宽 19.5 米，吃水深度 4.6 米，冲滩时的前部吃水深度 1.3 米
>
> **航速：** 11 节（20 千米／时）
>
> **航程：** 以 10 节（18.5 千米／时）的速度可航行 12045 千米
>
> **武器系统：** 2 座 102 毫米舰炮，发烟迫击炮，4 座单装 40 毫米高射炮，以及 6 挺单装 20 毫米高射炮
>
> **载重：** 两艘坦克登陆艇，20 辆 25 吨级坦克，以及 207 名搭载兵员
>
> **人员编制：** 98 人（"塔萨赫拉号"要相对小一点）

还会有一定距离，艉门还要有足够长的跳板。

明显可以看出改造痕迹的舰船包括"巴查克罗号""米索瓦号"和"塔萨赫拉号"，1937—1938年下水，在不列颠战役中，负责从委内瑞拉的马拉开波运回原油，因此吃水深度只有3米，原设计中的舰船布置有1块炮座甲板，舰舯在2条露天甲板中有1条下置很深的货舱。

艉跳板设计

由于这些舰船的长宽比只有6比1，侧甲板铺上钢板之后就有了很大的甲板空间。缺点就是坦克甲板在水位线之上，艉门跳板的设计更加麻烦。事实

上，陡峭的船艏安装了一扇普通的舱门，但是底部延长了一部分。这样，由两部分组成的跳板在绞车的牵引下就能连上船内部的坡道。21.6米长的跳板能延长16.5米，能够支持30吨重的坦克进行干着陆，这也需要很大的内部空间。"马拉开波号"可以说是第一艘坦克登陆舰，虽然不是很理想，尤其在航速方面。这些坦克登陆舰证明了，按照一定的方法在海滩上展开行动的可行性，以及货物分类存放和优秀压舱物的价值。最后要说的是，坦克登陆舰只能适应世界上不超过17%的海滩，即使是美国的气垫登陆船也只能适应不超过70%的海滩。

Mk 2 和 Mk 3 型坦克登陆舰
LST（2），LST（3）
Landing Ship，Tank Mks 2 and 3

甚至在3艘Mk 1型坦克登陆舰刚开始进行改造时，早在美国还未参战之前，同盟国就意识到在反攻欧洲时需要大量的大型坦克登陆舰。只有依靠美国的租借条约才能建造如此多的登陆舰，但是Mk 2和Mk 3型坦克登陆舰的概念却是由英国提出的，1941年冬天，华盛顿的英国代表团给出了2型和3型坦克登陆舰的详细建造概念，第1艘登陆舰的订单于1942年2月签订。

主要区别

2型和3型坦克登陆舰与1型的主要区别有：采用后置发动机设计，长宽比缩小，最大航速调整为10节（18.5千米/时）。2型舰采用2台性能够用的柴油发动机，高度也正好，坦克甲板也延伸到发动机舱上面，这样坦克甲板就和船体一样长了。由于

技术参数
2 型坦克登陆舰
排水量：标准排水量 1490 吨，满载排水量 2160 吨
尺寸：长 100 米，宽 15.2 米，吃水深度 0.9 米 /2.9 米
动力系统：2 台双轴 1800 马力（1341 千瓦）柴油发动机
航速：10.5 节（19 千米 / 时）
航程：以 9 节（17 千米 / 时）的速度可航行 11120 千米
武器系统：1 座 127 毫米或者 76 毫米高平两用炮，当携带 2 座双联装或者 4 座单装 40 米高射炮和 12 门 20 毫米机关炮时，两用炮可以被拆除
载重：2 艘车辆人员登陆艇，18 辆重型坦克、27 辆卡车或者 1 艘坦克登陆艇、163 名军人
人员编制：211 人

采用了肥型船艏、宽船身的船体结构，满载时的吃水深度减少了，因此在海上航行时需要添加压舱物，进入前海或海滩时，通过船体倾斜减少前部吃水深度，登陆舰能够抵达离岸边更近的地方，因此在艉门也只需要安装很短的跳板就行了。但是在最小坡

上图：1944 年，安齐奥滩头，盟军正从 2 型坦克登陆舰上卸载装备

度只有 1:50 的海滩，坦克和战车仍需要驶过很长一段水域，因此人们开始研究如何提升坦克的涉水性能。但是，1943 年的时候，只能用大量平底船拼接形成一个从登陆舰直到岸边的坡道来解决这个问题。

多亏了舱门以及升降梯（或小型跳板）的设计，上层甲板的空间更大了，能够搭载一艘 5 型或者 6 型坦克登陆艇。重型吊架上可以装挂最多 6 艘车辆人员登陆艇，既可以当作救生艇，也可以作为多用途登陆艇。

2 型坦克登陆舰，作为标准的攻击型登陆舰，在各地战场上都发挥了重要作用，在 1942—1945 年间建造了 1077 艘。

英 – 加坦克登陆舰

美国的 2 型坦克登陆舰发挥了超乎寻常的作用，但是，英国自己却没有能力改造足够数量的坦克登陆舰。由于总共需要 80 艘坦克登陆舰，英国最后决定采用合作建造的方案，英国负责建造其中的 45 艘，剩余的则由加拿大建造。

建造 3 型坦克登陆舰花费的时间更长，并且采用了护卫舰使用的往复式蒸汽机，这种发动机十分笨重。船体使用率也很低，船身特别长，以便容纳笨重的蒸汽机，尽管动力提高了 3 倍，但是 3 型坦克登陆舰的航速也仅比 2 型坦克登陆舰快了 3 节（5560 米 / 时）。

由于 3 型坦克登陆舰的吃水深度更深，登陆时离岸边的距离更远，船艏跳板不得不加长，变成由两块跳板组合而成。

3 型坦克登陆舰的设计非常优秀，能够在吊架上悬挂突击登陆艇，或者在上甲板装载 7 艘机械化登陆艇（7 型）。这些船都通过舰桥前部左舷吊杆柱上的 30 吨级起重器吊载上舰，另有 1 台 15 吨级的起重机从旁协助。

虽然有少量的订单最后被取消了，但是英国的 44 艘和加拿大的 28 艘坦克登陆舰最终都服役了 20 年，当然大部分是在战后服役的。

两栖船坞登陆舰
Landing Ship，Dock LSD

虽然美国人设计和建造了大量的船坞登陆舰以及各种衍生型的舰船，但人们往往会忘记这一舰船概念最开始被美国海军给否决了。事实上，有关的登陆舰图纸是在英国设计的，最初的设想是建造最大型的坦克登陆艇的运输舰。但是，直到1941年9月，适合海上航行的坦克登陆艇还没设计出来，而坦克登陆艇又不适合在海上航行。然而，如果要像登陆支援舰那样用来搭载大型装备，坦克登陆艇明显无法胜任这一任务。因此，让坦克登陆艇浮在水上，进出可以自动航行的漂浮船坞的设想被最终提了出来。根据《战时租借法案》，图纸被送往美国进行完善并着手建造。本来只需建造7艘，但美国人自己又建造了20艘，27艘船坞登陆舰均是在1942—1946年下水的。

它们都是围绕一个能够装载2艘坦克登陆艇的平甲板（或者浮坞甲板）进行设计的。四周用船坞墙围起来，以舰艉下缘为轴安装了一个全宽的旋转门。从船坞的前面看，它们就是正常的舰船。所有船坞登陆舰都采用了蒸汽动力，只不过前8艘是单流往复式蒸汽机，后8艘是传统的蒸汽轮机。后期批次更受欢迎，因为蒸汽机和锅炉都布置在平甲板下面，高度也不是很高。进气口和烟囱都在侧面，也不会影响船坞的空间。

后来，又增加了1条临时甲板，横跨在船坞上，用来装载车辆或货物，并通过起重机将其转运到船上。

技术参数

两栖船坞登陆舰

排水量: 标准排水量4270吨，满载排水量7950吨

尺寸: 长139.5米，宽22米，吃水深度5.3米

动力系统: （前8艘）2台往复式蒸汽机，功率11000马力（8203千瓦），双轴推进；或者是2台齿轮汽轮机，功率7500马力（5593千瓦），双轴推进

航速: 17节（31千米/时，前8艘）或者15.5节（29千米/时，其后舰只）

航程: 以15节（28千米/时）的速度可航行14830千米

武器系统: 1座127毫米或者76毫米（英舰）高平两用炮，6座双联装40米高射炮或16门20毫米机关炮

载重: 2艘坦克登陆艇（3型或4型），或者3艘坦克登陆艇（5型），或者36艘机械化登陆艇，艇员（数量随登陆艇携带人员数量而变化）以及263名军人

人员编制: 254人

注水

事实证明，船坞登陆舰十分稳定，水位线以下部分深深沉入水中，不需要大量的压舱物就能保持舰船平衡。这样一来，倒也节省出了大量的压舱物空间，但事实上空间还是不够用。注水需要一个半小时，即使每分钟抽水量达到69650升，排干仍然需要两个半小时。起初该型舰还在平甲板上开设有排水孔，但预期的涌流（浴缸排水效应）并没有出现。

下图："贝尔格罗夫号"是美国第1种船坞登陆舰中的第2艘，使用"斯金纳"单流往复式蒸汽机，后来被装备蒸汽轮机的后续型号所取代。战时的船坞登陆舰是建造现代滚装货船的设计基础

坦克登陆艇（1至4型）
LCT（1-4）
Landing Craft，Tank Mks 1 to 4

第二次世界大战之前，没有人会想方设法把轮式战车和履带式战车运送到海滩上，因为根本没有人觉得需要这样做，直到敦刻尔克大撤退行动才彻底改变了人们的观念，于是开始研究建造能够装载3辆40吨级坦克，并且可在水深不足1米、坡度1比35的浅滩上登陆的船只，最终诞生了坦克登陆艇（1型），这是世界上第1种坦克登陆艇。强化过的坦克甲板在双层船体的上部，船体被间隔成密闭的压舱物舱室、平衡水舱、燃料存储舱和货物存储舱。在可供坦克停放的甲板上，用栏板隔开，可以盖上很轻的防水油布，一直覆盖到舱口横梁上。单扇的艇艏跳板不能防水，因此后方有一对较矮的水密门。大部分的坦克登陆艇（1型）是在1940—1941年分为4个部分建造的。

建造坦克登陆艇（2型）之前，坦克登陆艇（1型）总计建造了30艘。2型坦克登陆艇的尺寸稍有增加，能装载两排的较轻型的坦克，航程从1665千米增加到5000千米。坦克登陆艇（3型）配备有3台发动机，能够安装汽油机和柴油机。为了增加载重能力，加装了第5个中部船体，可装载5辆重型坦克或者11辆中型坦克。

新型

对于法国海滩来说，1至3型的坦克登陆艇吃水仍然显得太深了，因此在1941年10月，建造了更小

技术参数

坦克登陆艇（4型）

排水量： 轻载排水量200吨，满载排水量586吨（强化后611吨）

尺寸： 长57.07米，宽11.79米，吃水深度1.07米/1.42米

动力系统： 2台920马力（686千瓦）柴油机，双轴推进

航速： 9节（17千米/时）

航程： 以8节（15千米/时）的速度可航行2035千米

武器系统： 2门20毫米火炮

载重： 6辆重型坦克或9辆中型坦克

人员编制： 12人

尺寸的坦克登陆艇（4型）。新型坦克登陆艇长度变短，艇体宽度比3型坦克登陆艇有所增加，吃水变浅，采用一样的发动机，航速却变慢了。坦克甲板上能够装载6辆重型坦克（2排，每排3辆）或者9辆中型坦克（3排）。装载坦克之后，该型艇能够抵达坡度比为1:150的海滩，将坦克下放到水深76厘米的海滩上。

1942年秋天，这种坦克登陆艇开始服役，但纵向强度不够。因此，后来在远东地区服役时，为了适应海上航行，艇体电镀层一直上升到了围栏的高度，增加的深度有一格箱子那么高。这些措施使得它们能够适应印度洋的环境。还有一些坦克登陆艇被改造成高射炮登陆艇（4型），加装4座40毫米速射炮或8门20毫米对空速射炮；或者改造成火炮登陆艇（4型），加装2门120毫米炮和12门20毫米火炮。

下图：引入3轴坦克登陆艇之前，双轴坦克登陆艇仅建造了30艘。坦克甲板侧面的下方，船坞登陆舰的双层船壳被间隔成压舱物舱室、平衡水舱、燃料存储舱和货物存储舱

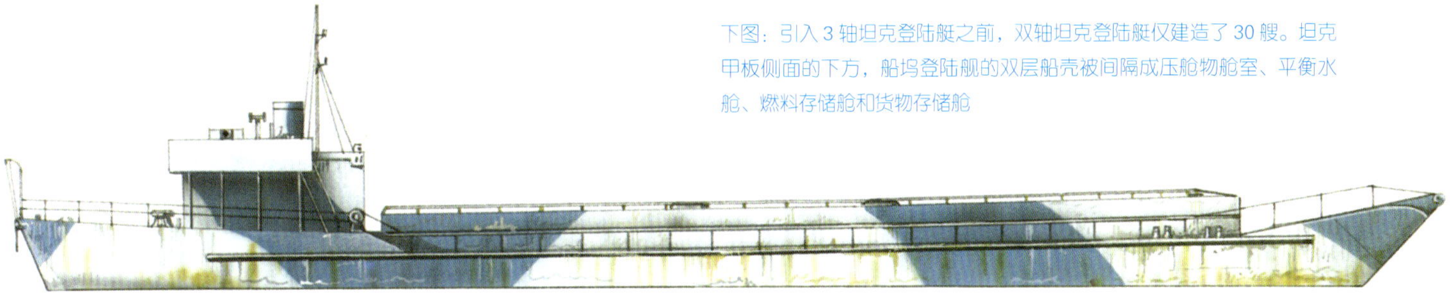

坦克登陆艇（5 至 8 型）
LCT（5-8）
Landing Craft，Tank Mks 5 to 8

随着第二次世界大战的进行，在某些特定情况下，吃水深度问题限制了坦克登陆舰的使用，英国人主张建造更小吨位的车辆运输艇，使其能够将战车从坦克登陆舰运送到岸边，或者组成连接海岸和坦克登陆舰的临时浮桥。根据这一设想，最终研发出了坦克登陆艇（5 型），它可以拆分成几部分，然后在水上组装，或者整个装载在坦克登陆舰的上层甲板上，使用的时候滑放到水中。坦克登陆艇（5型）是一种短船体的小艇，在美国建造了将近 500 艘。随后投产的坦克登陆艇（6 型）尺寸更小，右舷加装了横桥，从而能够更好地输送车辆。3 轴动力系统也提升了登陆艇的应变能力。

给英国制造的一些坦克登陆艇（5 型和 6 型）加长了大约 12 米。几乎同时，1943 年，美国人设计出了大型登陆艇，它有段时间被称作坦克登陆艇（7型），后来被定级为中型登陆舰（LSM），介于坦克登陆舰和坦克登陆艇之间。虽然它要比坦克登陆艇（3 型）大得多，却拥有良好的流线型船体和舰艏，以及垂直铰链门，能够以 12 节（22 千米 / 时）的速

技术参数
坦克登陆艇（7 型）或中型登陆舰
排水量： 标准排水量 513 吨，满载排水量 900 吨
尺寸： 长 62.03 米，宽 10.36 米，吃水深度 1.07 米 /2.13 米
动力系统： 2 台 2320 马力（2088 千瓦）的柴油发动机，双轴推进
航速： 13 节（24 千米 / 时）
航程： 以 11 节（20 千米 / 时）的速度可航行 6485 千米
武器系统： 2 门 40 毫米火炮，4 或 6 门 20 毫米火炮
人员编制： 60 人

度在海上航行。不过，该型艇的载重能力下降，只能装载 3 辆重型坦克或者 5 辆中型坦克，吃水深度也增加了。

最终型号

中型两栖登陆艇不太适合英国人使用，于是他们按照同样的想法建造了属于自己的最终型坦克登陆舰，即坦克登陆艇（8 型）。这种坦克登陆舰能装载 8 辆中型坦克，由于所需的建造材料供应受限，直到战争末期才建造出来。

下图：坦克登陆艇（6 型）是一种长度更短、宽度增加的车辆运输船，在坦克登陆舰因吃水深度所不能抵达的浅滩，该型艇却能够将战车从坦克登陆舰运送到岸上，或者在需要时组成临时浮桥

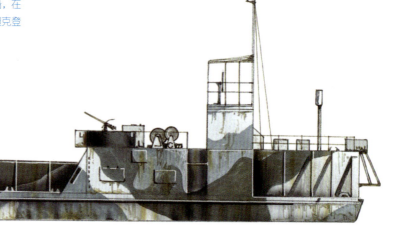

大型和小型步兵登陆艇
Landing Craft, Infantry Large and Small LCI（L）and（S）

大型步兵登陆艇，开始称为巨型突击登陆艇，设计载员 210 人，可在海上持续航行 48 小时。最初的设计理念在 1942 年被提出来，目的是突袭被德国人占领的欧洲海岸。为了将士兵们快速输送上岸，艇艏需要搭载一个跳板。跳板放下后，士兵们下到足够浅的海水中，而后涉水上岸。这就要求登陆艇的前部吃水深度足够浅，钢材要比木质结构好得多。大型步兵登陆艇虽然是在美国建造的，却是为了满足英国的需要。

艇艏跳板

从 LCI（L）–351 开始，后面的大型步兵登陆艇都采取了在艇艏中线布置跳板门的做法，这为士兵们提供了更好的保护，但跳板门的机械设备容易受到攻击。由于不必装载战车，大型步兵登陆艇相对来说容易建造。推进系统是战时的独创性设计，使用了 8 台普通卡车用的柴油发动机，通过橡胶摩擦传动装置驱动双轴传动。虽然舷号排到了 LCI（L）–1139，但舷号超过 900 的船只几乎没有完工的。超过 300 艘登陆艇被用于其他特殊用途，160 艘加装武器

技术参数
大型步兵登陆艇
排水量： 轻载 194 吨至 209 吨
尺寸： 长 48.31 米，宽 7.21 米，吃水深度 0.81 米 /1.52 米
动力系统： 2 台柴油机，功率 2320 马力（1730 千瓦），双轴推进
航速： 14 节（26 千米 / 时）
航程： 以 12 节（22 千米 / 时）的速度可航行 14822 千米
武器系统： 4 或 5 门 20 毫米机关炮
载重： 188 ～ 209 名士兵，或者 75 吨物资
人员编制： 24 ～ 29 人

后改造成为近海火力支援艇。这些艇虽然被称作步兵登陆炮艇，大部分加装的却是 127 毫米火箭炮或迫击炮。为了配合大型步兵登陆艇，人们还设计研发了小型步兵登陆艇，承担突击任务，只携带不到一半数量的兵员。设计工作由曾经建造了大量近海武装船的费尔米尔公司负责，他们重新采用了最初的木质结构设计，这些小型步兵登陆艇外部用十字交叉的胶合板固定，加装 6.4 毫米厚的 HT 钢板，即便如此，在登陆作战时仍然出现了大量伤亡。该艇的推进系统是一对可靠的"霍尔–斯科特"汽油发动机，加装涡轮增压机后，LCI 的航速能够达到 15 节（28 千米 / 时）。

下图：这是 1 艘美军大型步兵登陆艇。这些步兵登陆艇的航速要比两栖登陆艇快些，在 1942 年可用来搭载 200 名士兵执行快速突击任务。该型登陆艇在美国建造，由英国人使用，鉴于它们所面临的较浅的海滩水深，艇艏部位必须使用钢材，而不是木质结构

机械化登陆艇（1至7型）
LCM（1-7）
Landing Craft，Mechanized Mks 1 to 7

早在1926年，英国就开始实验机械化登陆艇，最早的是MLC10号艇，直到1929年才建成。这种12.8米长的登陆艇可将12吨级坦克送抵海滩。喷水推进系统能让登陆艇的吃水更浅，但这种推进系统在当时的功率太低，只能勉强提供5节（9千米/时）的航速。

1940年初，英国桑尼克罗夫特公司建成首艘36吨级的机械化登陆艇，即1型机械化登陆艇，艇长14.78米，比原型登陆艇稍长一些，能搭载1辆16吨级坦克或者100名士兵。由于采用了螺旋桨推进系统，该型艇的航速提高了50%。

敦刻尔克大撤退

设计者们将这种艇称作"装有舷墙的有动力浮舟"，能在搭载物资装备或人员的情况下，直接用起

技术参数
机械化登陆艇（3型）
排水量：轻载排水量23.2吨，满载排水量52吨
尺寸：长15.24米，宽4.29米，吃水深度0.91米/1.22米
动力系统：2台柴油发动机，220/450马力（164/336千瓦），双轴推进
航速：8.5节（16千米/时）
航程：以6节（11千米/时）的速度可航行1557千米
武器系统：1挺双联装12.7毫米机枪
载重：1辆中型坦克，或者26.8吨物资，或者60名士兵
人员编制：4人

重机吊放到吊艇架上。当试验还没全面完成时，由于敦刻尔克大撤退的需要，英国政府紧急订购了24艘该型登陆艇。截至1944年，总共建造了大约600艘1型机械化登陆艇。

与此同时，美国海军陆战队也拥有自己特制的机械化登陆艇。艇体使用了吃水位较浅的江河拖船，

上图：1940年，桑尼克罗夫特公司建造了第1艘机械化登陆艇，被称作"装有舷墙的动力浮舟"，可装载16吨级轻型坦克，在搭载装备或人员的情况下，能直接用起重机吊放到吊艇架上

左图：美国的机械化登陆艇（2型）是以吃水较浅的江河拖船为基础进行设计的。1945年3月的莱茵河战役中，第30步兵师使用就是这种登陆艇

该艇被称作 2 型机械化登陆艇，载重和性能与英国的机械化登陆艇相类似。在建造了大约 150 艘之后，美国人对其进行改进，长度增加到 15.24 米，载重从 1 辆 16 吨级坦克加强为 1 辆 30 吨级坦克，这就是 3 型机械化登陆艇，在 1942—1945 年总共建造了 8631 艘。

4 型和 6 型机械化登陆艇从本质来讲属于同一种登陆艇，是在 3 型的基础上，在艇体中部加长了 1.83 米，增加装载空间，总共建造了 2700 艘。

美国设计的 5 型机械化登陆艇建造计划最终流产了，但英国设计的 7 型机械化登陆艇在 1944 年底问世，它们事实上也是 3 型的放大型，原计划用于远东地区作战行动。艇长 18.29 米，额外增加的装载空间适于执行多用途战术任务，因此 7 型登陆艇经常充当多类型炮艇用于火力支援。其实，这也是登陆艇所执行的非常规任务，之前经常被用作高射炮和火箭炮炮艇。

高射炮登陆艇和支援登陆艇
Landing Craft，Flak and Landing Craft，Support LCF and LCS

并非所有的登陆艇都用来运送人员或装备，有大量的登陆艇被改造成为辅助船，还有些甚至被直接改作战斗艇。例如，高射炮登陆艇能为登陆部队提供防空能力，因为常规海军的防空能力有可能出现不足。支援登陆艇则能够直接抵达近海，为滩头作战的突击部队提供有效支援。

1941 年底，以 2 型坦克登陆艇的艇体为基础，建造了 2 种型号的高射炮登陆艇的原型船，1 艘是"罗尔斯－罗伊斯号"，安装了 2 座双联装 102 毫米高射炮。此外，很多护航舰船也需要大量的此类装置。不过，坦克登陆艇的结构天生脆弱，航向的精确度也很低。

技术参数
3 型高射炮登陆艇
排水量：轻载排水量 420 吨，满载排水量 515 吨
尺寸：长 58.1 米，宽 9.4 米，吃水深度 1.1 米 /2.1 米
动力系统：2 台柴油机，1000 马力（746 千瓦），双轴推进
航速：9.5 节（18 千米 / 时）
航程：以 8.5 节（16 千米 / 时）的速度可航行 2688 千米
武器系统：8 座单装 40 毫米火炮，4 门 20 毫米机关炮
人员编制：68 人

武器装备

更加务实的改装是在 2 型坦克登陆艇上安装了 8 座单装 40 毫米火炮和 4 门 20 毫米火炮。这些武器装备极容易获得，不仅具有强大的防空火力，也能

左图：支援登陆艇主要用来为滩头部队提供近距离支援。其中，LCS（L）2 型支援登陆艇安装了"瓦伦丁"步兵坦克的旋转炮塔，配备 2 门 20 毫米火炮和 1 门 114 毫米发烟迫击炮

对岸上守敌造成巨大杀伤。接下来，3型和4型高射炮登陆艇则分别以3型和4型坦克登陆艇的船体进行建造，艇艏跳板得到了良好的防护，围板也增加了甲板强化结构。

更进一步的改良就是支援登陆艇，携带中型口径武器对付敌军的装甲车，或者配备迫击炮对付敌方步兵。这是因为，敌人经常隐蔽在海岸高地背后

上图：高射炮登陆艇的自动武器给人们留下了深刻印象，它们主要是40毫米机关炮和20毫米机关炮

的壕沟里，低弹道的武器威胁不到他们。

事实上，这些小型支援登陆艇是从木质的快速小型步兵登陆艇改造而来的，装备了英制坦克的旋转炮塔。

下图：高射炮登陆艇（3型）是坦克登陆艇（3型）改造成的防空高射炮平台，配备多达8门单管高射炮和4门20毫米机关炮，或者4门高射炮和8门20毫米机关炮

突击登陆艇
Landing Craft, Assault LCA

战时，登陆艇的方形船体是为了装载更多的登陆士兵。

1938年，英国两栖登陆艇设计委员会确定了突击

登陆艇的详细设计规格，据此建造出了大量的突击登陆艇，它们是投入作战使用的最小型舰艇之一。根据该委员会的介绍，这是一种载重在10吨以下、能够放

上图：在任何海域，突击登陆艇都无法航行太远的距离，必须依赖其他船只的牵引。在理想情况下，它们的航速可达 7 节（13 千米 / 时）

在吊艇架上的小型艇，可运送 1 个排的全副武装的士兵，并且能把他们输送到不超过 50 厘米深的水域。英国人共建造了两种类型的突击登陆艇，一种采用了铝质结构，一种是加装了防护的木质结构。后者的木质结构造成了很多困扰，例如，坐在小艇两侧的士兵可免于最糟糕的事情，但中间的一排士兵则不得不忍受潮湿和晕船。

在海上，突击登陆艇在没有船只牵引的情况下不能航行太长时间和路程。艇舵安装在前端靠近右舷的地方，正面安装有一扇对开装甲门，用于防止艇跳板漏水，同时在向海滩行进时保护艇内士兵免于敌人的火力伤害。

突击登陆艇有一种很有意思的衍生型登陆艇，

技术参数

突击登陆艇

排水量：轻载排水量 10 吨，满载排水量 13 吨

尺寸：长 12.6 米，宽 3 米，吃水深度 0.5 米 /0.7 米

动力系统：2 台汽油发动机，功率 130 马力（97 千瓦），双轴推进

航速：7 节（13 千米 / 时）

航程：95 ～ 150 千米，视海况而变化

武器系统：2 ～ 3 挺机枪

载重：35 名士兵以及 362 千克装备物资

人员编制：4 人

叫作"篱笆"突击登陆艇，就是在船上装 4 排的 6 门迫击炮（共 24 门），向通往海滩的航道上发射炮弹，摧毁敌人布设的水雷。

突击登陆艇基本很少进行设计调整，因为该型艇已经能够很好地保护登陆士兵的生命。美国设计的同类型小艇叫作车辆登陆艇和人员车辆登陆艇。

登陆炮艇和火箭炮坦克登陆艇
Landing Craft, Gun and Landing Craft, Tank（Rocket）LCG and LCT（R）

大型登陆炮艇参考了高射炮登陆艇的成功改造经验，有 23 艘坦克登陆艇（3 型）加装了 2 门 120 毫米口径火炮，为登陆作战提供近距离火力支援。

这些武器装备来自驱逐舰之上，安装在 1 条全新的上层甲板上，有着很高的防护挡板。测距装置十分简陋，炮艇在距离海滩一定范围内进行支援作战时，首先用火炮测试下弹道点，确保自身在敌军火力覆盖范围之外（尤其是迫击炮射程之外）。

这些改造而成的大型登陆炮艇在欧洲战场上表现优秀，因此，有 10 艘坦克登陆艇（4 型）也进行了改造。更宽的船体使得炮艇更加稳定，又加装了轻型装甲。不过，仅有 1 艘及时改造成功，参加了远东地区的作战行动。

中型登陆炮艇设计是另外一种极端，它们在一个旋转炮塔上安装了 2 门陆军用的"25 磅炮"或者"11 磅炮"，可提供相当可观的中口径火力，它们的

技术参数
大型登陆炮艇（3 型）
排水量：满载排水量 495 吨
尺寸：长 58.5 米，宽 9.4 米，吃水深度 1.1 米 /1.8 米
动力系统：2 台柴油发动机，功率 1000 马力（746 千瓦），双轴推进
航速：10 节（18.5 千米 / 时）
航程：以 8.5 节（16 千米 / 时）的速度可航行 2688 千米
武器系统：2 门 120 毫米火炮，1 ～ 2 门 20 毫米机关炮
人员编制：47 人

主要任务是突进敌区，尽可能地降低干舷，触底之后进行精确射击。

还有一种坦克登陆艇的改造型舰艇，被称作火箭炮坦克登陆艇，2 型和 3 型坦克登陆艇都有被改造的例子，可携带和发射 792 枚～1064 枚的 127 毫米口径火箭弹。火箭弹发射时，每一波次发射 24 枚，间隔 9.1 秒。携带的一整套火箭弹发射完之后，该艇还可以充当渡船。

右图：由坦克登陆艇（3 型和 4 型）改造而来的大型登陆炮艇是为了向两栖登陆提供近距离火力支援，装备了 2 门 120 毫米口径火炮

下图：火箭炮坦克登陆艇（3 型）携带了超过 1000 枚火箭弹，一次发射 24 枚。任何在覆盖区之内（685 米×145 米）的敌人都将面对将近 17 吨的炸药在他们周围爆炸

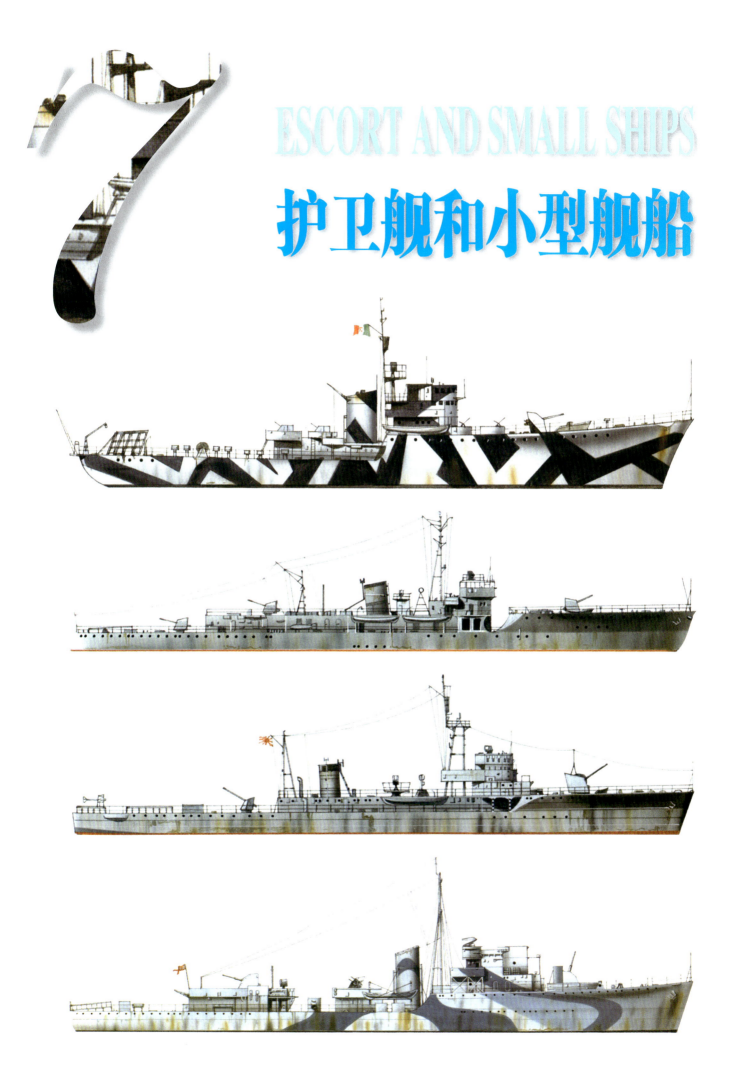

ESCORT AND SMALL SHIPS

护卫舰和小型舰船

F 级护卫舰
F Class Escort

　　F 级护卫舰包括 1935—1936 年完工的 10 艘 "追赶者" 护卫舰，和平时期的主要使命是完成波罗的海的训练任务以及一般的远海任务，战时主要是在远海为大型军舰护航，航速和船形比例都与驱逐舰一样，但外形看起来更漂亮，也比德国其他更大型的驱逐舰更适合逆风行驶，前部干舷很高，有着倾角的舰桥结构一直延伸到船舷的防护板。艉部干舷很低，后置的 105 毫米火炮被安装在与艉楼同等高度的甲板室内。该级舰配备有多艘小艇以遂行和平时期的任务，不过这些小艇都是通过桅桁吊车收放，而没有设置吊艇柱。

设计改变

　　尽管还是新型舰船，但 F 级仍然有很大改进的余地，F1 至 F4 号以及 F6 都进行了舰体加长，舰艉倾斜改造。F2 和 F4 号用作辅助船。F1、F3 和 F6 号的艉楼一直延伸至舰体右后侧以保持甲板连贯，从

技 术 参 数
F 级护卫舰
排水量： 标准排水量 712 吨，满载排水量 833 吨
尺寸： 长 76 米，宽 8.8 米，吃水深度 2.59 米
动力系统： 2 台齿轮蒸汽轮机，功率 14000 马力（10440 千瓦），双轴推进
航速： 28 节（52 千米 / 时）
航程： 以 20 节（37 千米 / 时）的速度可航行 2780 千米
武器系统： 2 门 105 毫米火炮，2 门双联装 37 毫米机关炮和 4 门 20 毫米机关炮
人员编制： 121 人

而设置更多住舱，这 3 艘驱逐舰分别被命名为 "猎户号" "海号" 和 "路易斯国王号"，具有布雷能力，但这些舰一般都作为扫雷艇中队的指挥舰。在战争中，有 4 艘被击沉。

　　总共 24 艘加大版的 "追赶者"（G1 至 G24 号）计划在德国和荷兰的船厂进行建造，但只有 G1 号下水，但在 1943 年空袭中被摧毁。与 F 级舰船一样，它们的航速适中，没有鱼雷发射管，配备有更强力的枪炮，可携带 50 枚水雷。需要特别指出的是，G1 号还有一个直升机停机位。

下图：F2 号 "追赶者" 级护卫舰在 1938 年面世，有着先进的推进系统，外形像驱逐舰，部分的 F 型护卫舰艉楼加长，舰艉改进成倾斜结构

"角宿一"级雷击舰
Spica Class Torpedo Boat

与德国同行一样，意大利海军比较青睐体型较小的驱逐舰型的护航战舰，也就是通常所说的"雷击舰"。1934—1937 年，意大利海军建造了 32 艘深受"西北风"级驱逐舰设计影响的"角宿一"级雷击舰，配备 3 门 100 毫米口径的主炮，射程 16000 米，采用常规配置方式，舰艏 1 门，舰艉 2 门。与以往鱼雷艇配备 533 毫米口径鱼雷发射管不同，"角宿一"级配备的是 450 毫米口径鱼雷发射管，无论射程还是威力都大不如前者。另外，该级鱼雷艇还可以布雷，同样也适合执行高速扫雷任务。

新的舰级

意大利人计划再建造 42 艘改进型的"角宿一"级雷击舰，但最终仅有 16 艘得以开工建造，也就是众所周知的"白羊座"级，但其中的大多数最终是由德国人建成的，这是因为 1943 年意大利投降以后，这些舰船全部被德国人掳走。

技术参数
"角宿一"级雷击舰
排水量： 标准排水量 795 吨，满载排水量 1020 吨
尺寸： 长 82 米，宽 8.2 米，吃水深度 2.82 米
动力系统： 2 台蒸汽轮机，功率 19000 马力（14170 千瓦），双轴推进
航速： 34 节（63 千米／时）
武器系统： 3 门 100 毫米口径单管火炮，4 座双联装和 2 门单管 20 毫米口径高射炮，2 挺 13.2 毫米口径高射机枪，4 具单管或 2 座双联装 450 毫米口径鱼雷发射管，20 枚水雷
人员编制： 116 人

1940 年 10 月，在马耳他海域，意大利雷击舰"白鹭号"和"阿里埃尔号"在攻击一支为运输队护航的英军巡洋舰部队时，被英国人击沉。1 年后就在雅典湾，另外一组雷击舰"毕宿五号"和"牵牛星号"，闯入英国潜艇"长须鲸号"布设的水雷区时被炸沉。

下图：意大利海军"角宿一"级战舰最初设计用作鱼雷艇，但最终却成为一款反潜护航舰

"加比亚诺"级护卫舰
Gabbiano Class Corvette

1942年，鉴于英国潜艇严重袭扰意大利到北非的海上航线，意大利政府开始启动建造"加比亚诺"级护卫舰的项目。对于意大利舰队而言这是一种全新的舰型，类似于英国的"花"级护卫舰。

由于有着研制生产小型柴油和汽油发动机的工业基础，意大利设计师们对于发展"加比亚诺"级护卫舰比较得心应手。他们为该级战舰配备了双轴推进系统，一来可以充分利用成熟发动机的技术优势，二来也进一步增强了舰船的机动性能。不过，为了在水深较浅、水雷密布的地中海上，在螺旋桨选择上，意大利人遭遇了一个技术难题，高转速发动机驱动下的高转速螺旋桨成为一个巨大的噪声源，如何克服这个问题，是一件代价高昂的工程。于是，意大利人最后找到了一个不错的折中办法，那就是当护卫舰在即将接近攻击的潜艇目标时，改由电动机驱动螺旋桨，这种设计不但保证了护卫舰在静音

条件下的机动能力，还使得舰船声呐系统免受自身噪声的干扰。意大利人最初计划建造60艘该级战舰，最终在1942—1943年下水的舰船中，仅有42艘建成。其中，由意大利人自己建成的很少，大多都是德国人所建成，这是当时战争发展变化的结果。该级战舰中，有20艘在战争中被击沉。

技术参数

"加比亚诺"级护卫舰

排水量： 标准排水量670吨，满载排水量740吨

尺寸： 长64.35米，宽8.71米，吃水深度2.53米

动力系统： 2台柴油发动机和2台电动机，功率分别为4300马力（3205千瓦）和150马力（112千瓦），双轴推进

航速： 18节（33千米/时）

武器系统： 1门100毫米口径单管火炮，7门单管20毫米口径高射炮，4具450毫米口径鱼雷发射管

人员编制： 108人

下图：使用柴油动力的"加比亚诺"级护卫舰有一个与众不同的设计特点，那就是安装了1部电动机，用于对潜艇发起静音条件下的攻击行动，为此，该级战舰还配置了多达10部的深水炸弹发射器

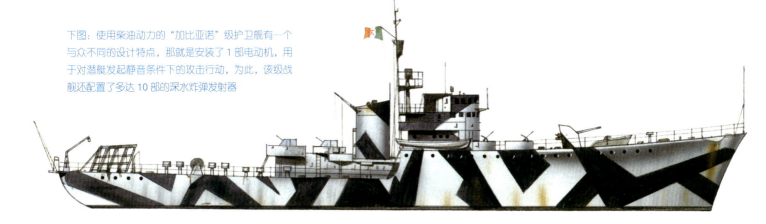

A 型和 B 型海防舰
Kaibokan Type A and Type B Escorts

"海防舰"一词是日军对于护航舰船的统称，但从这一名称就可以看出，这种舰艇预想中的主要任务是近海防御而非护航。

基本限制

由于受到 1930 年《伦敦海军条约》的限制，有关该级别护航舰艇的技术参数的基本规定主要是：排水量在 600～2000 吨之间，所携带火炮口径不得超过 155 毫米，或者不得携带 4 门超过 76 毫米口径的火炮，不得配置鱼雷发射管，航速不得超过 20 节（37 千米 / 时）。

原型船

直到 1937 年，日本人才订购了 4 艘 A 型海防舰的原型舰，该型舰只的技术规格被大幅度降低，它们的功能作用被局限在渔业保护、扫雷和护航，建造工艺相对简单，技术含量也较低。

海防舰在舰艏安装有 1 门 120 毫米平射炮，舰艉安装有 2 门。这 4 艘舰船建造于 1938—1941 年，其中 3 艘在战争中损失。在战争期间，出于作战的实际需要，它们携带的深水炸弹数量不断增加，1942 年从 12 枚增加到了 24 枚，1943 年增加到了 60 枚，防空火力也得到了大幅提升，在 1943 年增加到了 15 门

技术参数
A 型海防舰
排水量： 标准排水量 860 吨，满载排水量 1020 吨
尺寸： 长 77.72 米，宽 9.1 米，吃水深度 3.05 米
动力系统： 2 台柴油发动机，功率 4200 马力（3130 千瓦），双轴推进
航速： 19.5 节（36 千米 / 时）
航程： 以 16 节（30 千米 / 时）的速度可航行 14825 千米
武器系统： 3 门 120 毫米口径单管火炮，2 座双联装 25 毫米口径高射炮，12 枚深水炸弹

25 毫米口径高射炮。

接下来，日本人订购了 30 艘该级战舰，其中 14 艘属于"改进 A 型"，16 艘放大版属于 B 型。改进 A 型和 A 型有着类似的火炮系统，但携带了更多的深水炸弹，并且进行了反潜和防空能力升级。B 型在建造方面比"改进 A 型"相对简单了许多，这样缩短了建造工期。B 型舰配备 3 门 120 毫米口径高平两用炮，其中 2 门部署在 1 座双联装炮塔上，1 门单管配置。另外，它们所携带的深水炸弹数量从 36 枚增加到了 120 枚，从这一点可以看出，相比较其他一些功能，它们更加看重反潜作战能力。

1942—1944 年，共有 8 艘该级战舰建成，随着来自空中的威胁越来越多，它们也因此加载了越来越多的防空火力，其中，仅仅 25 毫米口径高射炮就从 4 门增加到了 18 门。有 5 艘该级战舰在战争中沉没。

下图：1944 年 12 月，日军"改进 B 型"战舰"四阪号"离开大阪。与前辈们相比，此类战舰做工简单、航速快、火力强大，图中这艘战舰战后被赔偿给了中国，更名为"惠安号"，一直服役到 1986 年

左图：1940 年 7 月，首艘多用途海防舰"占守号"建成下水，它是第二次世界大战期间日本帝国海军所有护卫舰的原型舰。与它众多的后继者不同，该舰最终在战争中幸存下来，在 1947 年赔偿给了苏联

后来，日军又订购了 33 艘"改进 B 型"舰船，这些建造于 1944—1945 年的船只施工更加简单，旨在节省一半的建造时间。在以往火力配置的基础上，又加强了防空火力。在该级战舰中，共有 9 艘在战争中化为乌有。

下图：A 型海防舰起初仅仅作为轻型舰船进行火力配置，到了 1944 年，深水炸弹已经从 12 枚增加到 60 枚，防空火力增加到了 15 门左右的 25 毫米口径高射炮

C 型和 D 型海防舰
Kaibokan Type C and Type D Escorts

C 型海防舰和"改进 B 型"战舰在建造的时候几乎是同步进行的，这一点充分反映出日本当局越来越认识到，保护海上交通线的畅通无阻，确保钢铁、石油等资源和能源充分安全补给，是海上作战的重中之重。

C 型战舰的体形较小，设计简单粗糙，采用焊接结构，因此小型造船厂就可以承担建造任务。不过，动力系统是个问题，因为早期型号的柴油发动机如

技术参数
C 型海防舰
排水量： 标准排水量 745 吨，满载排水量 810 吨
尺寸： 长 67.5 米，宽 8.4 米，吃水深度 2.9 米
动力系统： 2 台柴油发动机，功率 1900 马力（1417 千瓦），双轴推进
航速： 16.5 节（31 千米 / 时）
航程： 以 14 节（26 千米 / 时）的速度可航行 12045 千米
武器系统： 2 门 120 毫米口径单管火炮，2 座 3 联装 25 毫米口径高射炮，120 枚深水炸弹
人员编制： 136 人

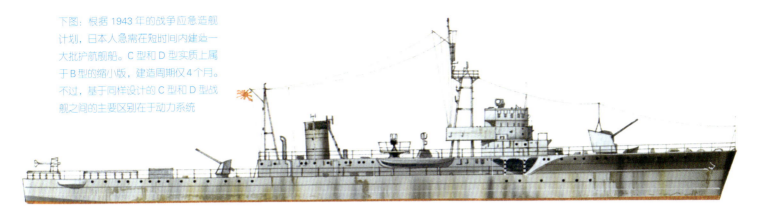

下图：根据 1943 年的战争应急造舰计划，日本人急需在短时间内建造一大批护航舰船。C 型和 D 型实质上属于 B 型的缩小版，建造周期仅 4 个月。不过，基于同样设计的 C 型和 D 型战舰之间的主要区别在于动力系统

今无法进行批量生产，于是不得不用动力仅有前者一半的发动机进行替代，即便如此，还是能够产生让人可以接受的 16 节（30 千米／时）的航速。日本人曾经订购了 132 艘该级舰船，但只有 53 艘得以建成，有 30 艘在战争中损失。

D 型海防舰

　　鉴于 C 型战舰在建造上遭遇了柴油发动机的量产问题，日本人在设计排水量 925 吨的 D 型海防舰的时候，改用了蒸汽轮机，输出功率 2500 马力（1865 千瓦），双锅炉，单轴推进，产生的航速为 17.5 节（32 千米／时），仅比 C 型提高了一点。蒸汽动力系统比柴油动力系统的燃油经济效益差，且比较占用空间，因此，D 型战舰的吨位要比 C 型稍大，但续航力却比前者逊色很多。

　　根据规划，D 型战舰的建造工期为 4～6 个月，然而，这些战舰还未来得及服役，就遭遇了燃油短缺的问题，最后不得不改成燃煤动力，紧接着又遭遇了燃油运输保障方面的困难。尤其当美国海军潜艇部队切断了前往东印度群岛的海上交通线之后，日本人更是走投无路了。

　　这时候，战争已经临近尾声，在战场上节节败退的日本人的造舰工作也停止下来，转而开始建造小型艇只，专门用来防卫本土岛屿。

　　据统计，日本人总共订购了 143 艘 D 型海防舰，仅有 63 艘建成，有 27 艘在战争中被击沉。

下图：1944 年，在长崎外海的 D 型护卫舰 8 号。作为 C 型的蒸汽轮机版本，D 型航速较高，但航程很短。许多该级战舰最初使用燃油，但是，随着前往东印度群岛油田的航线被美军潜艇切断，不得不进行改建，开始用煤做燃料

"花"级护卫舰
Flower Class Corvette

1940—1942 年下水的"花"级护卫舰（145 艘建于英国，113 艘建于加拿大）被视为最早的现代护卫舰，尽管它们在大西洋海战中战绩颇丰，但就其本质而言，它们并不适合执行护航任务，而适宜于执行近海扫雷作战。

海上作战任务

正是由于北大西洋海域护航作战的迅速发展，以及缺乏相应的护航作战舰船，才使得此类小型舰船被迅速投入海上护航作战之中。由于吨位体形太小，续航能力低下，使得它们在远洋作战行动中极不适应，舰员们也苦不堪言。所有这些缺陷使得英国海军部逐渐认识到，只有发展大型护卫舰才是解决问题的关键。

鉴于早期的"花"级护卫舰诸多缺陷，在 1942—1944 年，英国人又发展出了改进型的"花"级护卫舰，增加了舱室居住空间，提升了远海航行的适航能力。该级战舰在机械系统设计上简易明了，便于新舰员们操作使用。

所有该级战舰均沿用了老式的 102 毫米舰炮布置方式，但最初的高射机枪被更换成了 40 毫米高射炮，并加装了尽可能多的 20 毫米口径"厄利空"高射炮系统。

上述两级战舰建成以后，先后在包括美国在内的盟国服役，共有 31 艘在战争中损失。

技术参数
"花"级护卫舰（最初的规格）
排水量：标准排水量 940 吨，满载排水量 1160 吨
尺寸：长 62.5 米，宽 10.1 米，吃水深度 3.5 米
动力系统：1 台蒸汽发动机，功率 2750 马力（2051 千瓦），单轴推进
航速：16 节（30 千米 / 时）
航程：以 12 节（22 千米 / 时）的速度可航行 6400 千米
武器系统：1 门 120 毫米口径单管火炮，1 座 4 联装 12.7 毫米口径高射机枪，深水炸弹
人员编制：最多 85 人

上图：英国皇家海军"勿忘我号"护卫舰参加了大西洋海战。基于商业捕鲸船船体改进而来的"花"级护卫舰，填补了英国在战争初期护航能力的缺陷，后来被新型护卫舰所替代

左图：英国皇家海军"莲花号"护卫舰，后来于 1942 年移交给自由法国军队。该舰的首要任务是执行海岸防御任务，后来加装了大量的扫雷装置，担负起扫雷作战任务。只有在北大西洋航线急缺远洋护航舰艇时，"花"级才被用作护航主力

"群岛"级和"城堡"级反潜拖网渔船和护卫舰

Isles and Castle Classes ASW Trawler and Corvette

1939 年时的英国大型渔船队，为皇家海军提供了一支数量稳定、训练有素的护航力量，尤其是在战争初期护航兵力严重缺乏的时候，这支力量更是发挥了举足轻重的作用。

拖网渔船改建

根据在 1914—1918 年间积累的实战经验，英国海军部在第二次世界大战爆发之前就已经制定出了拖网渔船改造方案。其中，"小山"级、"军事"级和"鱼"级共计 27 艘均由同一家造船公司生产。在史密斯造船厂生产的 12 艘反潜拖网渔船中，至少有一半是纯粹的捕鲸船。在几乎未作任何改动的情况下，该型舰船开始进行大规模量产，主要分为"树"级、"莎士比亚"级和"舞蹈"级，以及后来的"群岛"级，上述 4 级 218 艘拖网渔船战舰之中，最著名的就是 168 艘"群岛"级，主要建于 1940—1945 年期间。

最后 1 艘"花"级护卫舰在 1942 年早些时候下水，至此，人们逐渐认识到，小型护卫舰已经走到了尽头，现在迫切需要发展的是那种作战性能出色的大型护卫舰。然而，在当时，能够建造大型护卫舰的厂家少之又少，仅有史密斯造船厂一家能够建

技术参数

"群岛"级反潜拖网渔船（建成时）

排水量： 标准排水量 545 吨

尺寸： 长 44.2 米，宽 8.4 米，吃水深度 3.2 米

动力系统： 1 台蒸汽发动机，功率 850 马力（634 千瓦），单轴推进

航速： 12 节（22 千米 / 时）

武器系统： 1 门"12 磅炮"，3 门 20 毫米口径高射炮，深水炸弹

人员编制： 40 人

技术参数

"城堡"级护卫舰

排水量： 标准排水量 1060 吨，满载排水量 1630 吨

尺寸： 长 76.81 米，宽 11.18 米，吃水深度 3.05 米

动力系统： 1 台蒸汽发动机，功率 2950 马力（2200 千瓦），单轴推进

航速： 16.5 节（31 千米 / 时）

航程： 以 15 节（28 千米 / 时）的速度可航行 6910 千米

武器系统： 1 门 102 毫米口径高平两用炮，2 座双联装和 6 门单管 20 毫米口径高射炮，1 座"乌贼"深水炸弹发射器

人员编制： 120 人

下图：英国皇家海军"城堡"级护卫舰安装了"乌贼"反潜迫击炮，安装在舰炮和舰桥之间，大大减少了所携带的深水炸弹数量。与携带 72 枚深水炸弹的"花"级护卫舰相比，"城堡"级仅仅携带了 15 枚

造介于"花"级和"江河"级护卫舰之间的"城堡"级护卫舰，在1943—1944年下水了44艘。

宽敞的舰桥

"城堡"级护卫舰有着和当代护卫舰几乎同样宽敞的舰桥，并配置了网格状桅杆，可以安装各种各样的早期雷达。它们最重要的优势在于配置了"乌贼"反潜迫击炮，可以对潜航的目标周边一次性投射3枚重型深水炸弹。在此基础上，该级战舰还配置了102毫米口径舰炮。

由于该级战舰安装的是单台蒸汽发动机，其性能无法与同时代其他的护卫舰相提并论，因此更多地用来执行护航作战任务，并且一直持续到战争结束。

"黑天鹅"轻型护卫舰
Black Swan Class Sloop

13艘"黑天鹅"级轻型护卫舰舰体小巧，性能强大，配备了扫雷装置。在此基础上发展而来的24艘"改进型黑天鹅"级轻型护卫舰则加装了反潜装置，并因而成为一款性能强大的专业反潜兵器。

"黑天鹅"级轻型护卫舰的前身可以追溯到1934年下水的"女巫号"战舰，该舰不但具备扫雷能力，而且装备了可以和舰队驱逐舰相媲美的舰炮，该级战舰中的第3艘舰"麻鸦号"建成于1938年，配备了3门新型高仰角102毫米口径火炮，加装1套稳定鳍系统。此外，"黑天鹅"级轻型护卫舰则将Y炮位的火炮替换为1套实用的4联装40毫米高射炮，不过随后这门高射炮又被拆除以改善后甲板布局，随后该级舰改用更容易获得的20毫米和40毫米高射炮。

上层建筑

"黑天鹅"级轻型护卫舰给人的第一印象就是其庞大复杂的上层建筑，从中可以看出英国皇家海军希望将其建成一个强大的防空作战平台的强烈愿望。然而，它们在防空作战中的表现实在糟糕，在损失

的5艘该级战舰中，有4艘是被敌军飞机炸沉的。究其原因非常简单，因为它们航速太慢，机动能力太差，无法同与其有着相似武器装备的"狩猎"级相提并论。正因为此，它们很少被用到地中海海域作战。1945年，大批该级战舰被派往远东海域执行任务。

在"黑天鹅"级战舰中，最负盛名的是约翰·沃克舰长指挥的"史塔林号"，先后猎杀了大量的德国潜艇。此外，最为人熟知的是"紫石英号"，它在1949年的"扬子江事件"中，被中国人民解放军岸上炮火重创，狼狈逃出长江口。

技术参数
"黑天鹅"级轻型护卫舰
排水量：标准排水量1300吨，满载排水量1945吨
尺寸：长91.29米，宽11.43米，吃水深度2.59米
动力系统：蒸汽轮机，功率3600马力（2685千瓦），双轴推进
航速：19.5节（36千米/时）
航程：以12节（22千米/时）的速度可航行14825千米
武器系统：3座双联装102毫米口径高平两用炮，1座4联装40毫米高射炮，6座双联装20毫米口径高射炮，深水炸弹
人员编制：180人

"狩猎"级护航驱逐舰
Hunt Class Destroyer Escort

1938年，英国海军部意识到缺少护卫舰，就设计了一种快速护卫舰船，以执行防空护卫和反潜作战任务，这样就不需要舰队驱逐舰来执行这些任务了。最初的设计考虑到了各种需要，包括速度、声呐接触和快速投入战斗，并不特别注重续航能力。这类舰船被视为真正的护卫舰船，就像数量很少的"黑天鹅"级一样。为了改善舰炮射击条件，减摇鳍系统成为"狩猎"级的标配，但由于糟糕的使用表现和较高的用电需求，该系统非常不受欢迎，因此后续舰艇陆续将减摇鳍拆除，将其空间改为额外的住舱，从而改善远航居住性。

尽管"狩猎"级在服役之前被定义为驱逐舰，但实际上与德国和意大利的雷击舰相当，只是不携带大量的鱼雷。这是因为在这样吨位的舰船上无法安装6座102毫米高射炮和2部或4部鱼雷发射管。再加上设计时的计算错误，使得该级舰船的首舰"阿瑟斯顿号"稳定性十分差。因此造船厂去掉了鱼雷发射管，并把1座双联装102毫米高射炮替换成1座4

技术参数
"狩猎"级3型护航驱逐舰
排水量：标准排水量1050吨，满载排水量1590吨
尺寸：长85.34米，宽9.6米，吃水深度3.73米
动力系统：2座齿轮蒸汽轮机，功率19000马力（14170千瓦），双轴推进
航速：27节（50千米/时）
航程：以20节（37千米/时）的速度可航行4819千米
武器系统：2座双联装102毫米高射炮，1座4联装40毫米砰砰炮，1座双联装20毫米机关炮或者4座单装20毫米机关炮，和2部533毫米鱼雷发射管，70个深水炸弹
电子系统：290/272型雷达，285型雷达，1部船体声呐
人员编制：168人

联装40毫米砰砰炮。更进一步的减重措施最终形成了狩猎级1型舰船，共建造了18艘。

建造之初，船体是纵向分成两部分的，然后用76厘米长的梁连接起来，从技术上讲，可以加装第3座102毫米高射炮，也就形成了狩猎级2型舰船，该类舰船总共建造了30艘，由于船上加装了武器，速度相对变慢了。狩猎级3型则是在2座102毫米

高射炮的基础上，加装了1部双联装鱼雷发射装置，3型总共建造了20艘。1943年，又建造了2艘装备3座双联装102毫米高射炮的"狩猎"级4型舰船。

事实证明，火炮是更加有效的武器装备，"狩猎"级驱护舰在地中海的行动中表现优异，也很好地保护了英国东部和南部沿海。"狩猎"级在第二次世界大战中总共损失了21艘，但其中只有3艘毁于空袭。

上图：狩猎级2型装备了3座而不是2座双联装102毫米高射炮。首舰"雅芳谷号"后来移交给了希腊

左图："狩猎"级1型驱逐舰"南丘羊号"在英国东部沿海港口系泊。这种体型较小但火力强大的舰船无法驰骋于大西洋，但是它们强大的火力使得它们在地中海和英国北海表现优异

下图："狩猎"级3型与2型最大的不同就是在原X炮塔的位置安装了双联装鱼雷发射管，武器装备更加全面和平衡。3型舰船几乎是/1艘"狩猎"级驱逐舰中最后建造的一批舰船，其中28艘参加第二次世界大战，剩余的几艘是在战后交付海军的

"江河"级护卫舰
River Class Frigate

考虑到"花"级轻型护卫舰表现出来的缺点，英国海军部立刻设计生产了一种"双轴轻型护卫舰"，也就是大家熟知的"江河"级护卫舰，当然，"护卫舰"这一概念直到1942年才提出。总的来说，"江河"级要比"花"级具有更好的耐波性、更大的油舱、更强的动力和武器装备。1942—1944年，"江河"级

护卫舰总共在英国建造了57艘，在加拿大建造了70艘，澳大利亚建造了12艘。

该舰的上层建筑一直延伸至舰艉，且后甲板高度降低，以安装深水炸弹装置和扫雷设备。它们是第一批以"刺猬"超口径反潜迫击炮和声呐装置作为标配的舰船，能够快速而准确地发动攻击。早期批

次的"刺猬弹"直接布置在前甲板上处于暴露状态，后期批次则在更高一层甲板的102毫米高射炮后方两侧各布置了1部12联装发射器。更强的续航能力也意味着更多的深水炸弹携带量，总共可以携带200枚，而"花"级最多只能携带70枚。

"江河"级护卫舰尽管不是由商船改造的，但是也是商用标准，因此建造速度很快。由于采用了水平横梁，即便舰艉没有使用复杂的传统曲面，船体的流体动力性能也表现不错。

技术参数

"江河"级（1943—1944年标准）护卫舰

排水量： 标准排水量1445吨，满载排水量2180吨

尺寸： 长91.84米，宽11.18米，吃水深度3.89米

动力系统： 2座三胀蒸汽机，功率5500马力（4100千瓦），双轴推进

航速： 20节（37千米/时）

航程： 以12节（22千米/时）的速度可航行12970千米

武器系统： 2座双联装102毫米高射炮，1座4联装40毫米"砰砰"炮，2门20毫米机关炮（后来增加到16座），1部刺猬迫击炮，200个深水炸弹

电子系统： 单装271型和286型雷达，242型雷达，1部船体声呐

人员编制： 140人

外国建造

值得注意的是，超过一半的"江河"级护卫舰是在加拿大建造的（还有一些在澳大利亚建造）。而加拿大造船厂和加拿大皇家海军对取得大西洋战役胜利的贡献却被忽视了。大部分在加拿大建造的"江河"级护卫舰，都在舰艏装备了1座双联装102毫米高射炮，舰艉都装备了1座单装"12磅炮"。他们还在船上安装了14门20毫米口径机关炮，而在英国建造的护卫舰则很少安装。"江河"级护卫舰的动力装置只是简单地将"花"级护卫舰的加倍，只有4艘换成了蒸汽轮机，正是由于这一结构缺陷，尽管"江河"级护卫舰在第二次世界大战中表现优异，但是战后幸存的（第二次世界大战中只损失了8艘）"江河"级护卫舰到20世纪50年代中期时都退役了。

上图：1944年2月，在一次艰苦的典型大西洋护航任务中，"斯佩河号"正在航行，该舰2月18日和19日分别击沉了VIIC型潜艇U-406号和U-386号

"江河"级护卫舰的改造型

美国在"江河"级护卫舰的基础上进行简单改造，建造了满载排水量1450吨、船长92.66米的PF型护卫舰，采用功率5498马力（4100千瓦）的三胀蒸汽机，双传动轴，航速达20节（37千米/时），起始装备是3座76毫米火炮，1部"刺猬"迫击炮，2部深水炸弹投掷器和2个深水炸弹投放轨道，这些护卫舰中的21艘在英国皇家海军服役，并被称作"殖民地"级，第二次世界大战中没有1艘被击沉。

下图："江河"级护卫舰是作为护卫舰来设计的，续航能力达12970千米，但是最初装备了扫雷装置。后来移除了扫雷设备，燃油储备从440吨增加到646吨，续航力得到加强

DE 型护航驱逐舰
DE Type Destroyer Escort

第二次世界大战之前，美国还没有建造护卫舰这样的防卫型舰船需求，第二次世界大战初期，只有不适用的平甲板驱逐舰。反而是英国皇家海军发现需要应对潜艇威胁，建造了符合大西洋护航标准的舰船，后来又订购了300艘，于1941年11月至1942年1月转交给美国。很快，本土也大量需要这种被称作护航驱逐舰（DE型）的舰船，尽管最早交付的一批也建成得太晚了，没有避免"后院屠杀"，也就是德军潜艇部队所说的"欢乐时光"的发生。

优良的武器装备

DE型建造得很像美国的舰队驱逐舰，拥有水平甲板和几乎垂直的船舷。重点装备了各种火炮，舰艏背负式安装2门76毫米舰炮，舰艉1座单装舰炮，此外还有很多各种口径的火炮，大部分是20毫米口径的。舰艉还有1部"刺猬"迫击炮，英国皇家海军的同类型舰船舰艉就太过狭窄了，甲板深度加倍，还在两侧加装了配载架，这样才能携带200枚深水炸弹，英国海军称其为"上尉"级。

建造速度

虽然建造数量多达565艘，但DE型驱逐舰的建造速度十分惊人，仅在1943年4月至1944年4月至少有425艘该型舰船交付现役。这些舰船根据动力系

技术参数
"巴克利"级护航驱逐舰
排水量：标准排水量1400吨，满载排水量1825吨
尺寸：长93.27米，宽11.28米，吃水深度3.43米
动力系统：2台蒸汽轮机，2台电机，功率12000马力（8948千瓦），双轴推进
航速：24节（44千米/时）
武器系统：3座76毫米高射炮，6门40毫米机关炮，2座双联装和4座单装20毫米机关炮，3部533毫米鱼雷发射管，1部"刺猬"迫击炮，大量深水炸弹
人员编制：220人

上图：这是为美国海军建造的565艘DE型驱护舰中首批建造中的1艘。尽管有6个不同级别，但是主要设计是相同的，只不过采用了不同的动力系统

统不同可分为几个级别，包括柴油动力的"埃兹尔"级85艘，柴电动力的"艾瓦茨"级97艘和"坎农"级76艘，涡轮电力联合驱动的"巴克利"级152艘、"巴特勒"级74艘和"特拉罗"级81艘。所有的混合柴油动力舰船都存在动力不足问题，因为其采用的柴油机其实是为登陆艇准备的。

下图：DE型没有装备大量威力强大的重武器，而是装备了更多的小型武器。深水炸弹通过8部投掷器和2个轨道投放装置

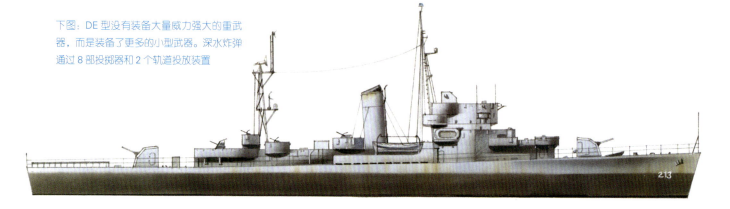

PC 型和 PCE 型巡逻艇
PC and PCE Types Patrol Craft

美国在太平洋和大西洋都拥有很长的海岸线，在加勒比海还有很多重要的航线（到巴拿马运河和委内瑞拉石油码头），第二次世界大战中美国不得不面对保护沿海航运安全的问题，1942 年初期德国潜水艇彻底暴露了美国东海岸海运的脆弱性，但是这一问题早已被预见到了，因此在加入第二次世界大战之前美国已经建造了 3 艘 53.26 米长的 PC 型巡逻艇原型艇。

由于是在近海航行，船体比较纤细。为了快速补充护航舰队的力量，美国立刻就开始着手 PC 型巡逻艇的设计和建造工作，最终建造了 350 余艘。1943 年中期才开始引入 PCE 型。船长加长 3 米，船宽也加宽 3 米。根据英国护卫舰的经验采用了高干舷长艏楼设计。最初建造的几批没有烟囱，柴油机的废气直接从船壳排出，后来建造的都加装了短粗的烟筒，最后建造的几批则是带有弯曲管帽的烟囱垛。总共

技术参数
PCE 型巡逻艇
排水量： 标准排水量 795 吨，满载排水量 850 吨
尺寸： 长 56.24 米，宽 10.08 米，吃水深度 2.74 米
动力系统： 2 台柴油机，功率 1900 马力（1417 千瓦），双轴推进
航速： 16 节（30 千米／时）
武器系统： 1 座 76 毫米高射炮，2 座和 3 座 40 毫米炮，4 门 20 毫米机关炮，1 部"刺猬"迫击炮，深水炸弹
人员编制： 100 人

建造了大约 78 艘。武器装备包括 1 座 76 毫米高射炮，1 部"刺猬"迫击炮，2 座或 3 座 40 毫米炮，5 门 20 毫米机关炮，舰艉还有深水炸弹。英国皇家海军服役的 15 艘被称作"基尔"级巡逻艇，最初是在直布罗陀和塞拉利昂沿海执行巡逻任务。"基尔马诺克号"是唯一被潜水艇击沉的该级别巡逻艇——1944 年 5 月于丹吉尔港外被 U–731 击沉。

下图：与尺寸较小的 PC 型巡逻艇不一样，PCE 型是由扫雷艇改造成的，只是临时用于海岸护航，因此后来建造了更多的 PC 型巡逻艇

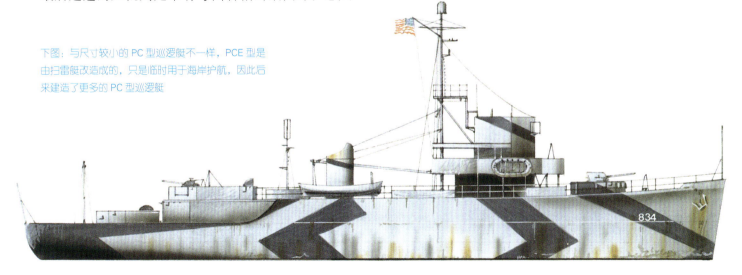

"埃兰"级扫雷舰
Elan Class Sloop

第二次世界大战初期，法国海军的防卫型舰船力量十分薄弱，能够使用的都是原来用于殖民的舰船。由于战争中需要反潜作战，自由法国依靠的是英国皇家海军和美国海军提供的驱逐舰、护卫舰和驱护舰。

新的改进

法国在1939—1940年建造了13艘加强版"埃兰"级扫雷舰。船长78.3米，宽8.7米，与一同服役的英国"花"级（船长62.5米，宽10.1米）相比更加合理，最重要的是航速的增加。

虽然船体细长，但是动力较差的双轴柴油机使得"埃兰"级的航速只有20节（37千米/时）。而较好的续航力则证明了柴油机的经济实惠。最初的一批看起来非常奇怪，因为前甲板太低了。这是不是设计者本来的意图就很难说了，但是船体潮湿却是可以预见的，因此舰桥设置在一座较高的甲板室的上方。前甲板没有布置武器以避免受到海水侵蚀，环绕的侧舷厚板增加了舰体长度，同时也能减轻舰体在高海况航行时所承受的压力。该舰能够安装2门

技术参数	
"埃兰"级（建成后）扫雷舰	
排水量： 标准排水量630吨，满载排水量740吨	
尺寸： 长78.3米，宽8.7米，吃水深度3.28米	
动力系统： 2台柴油机，功率4000马力（2982千瓦），双轴推进	
航速： 20节（37千米/时）	
航程： 以14节（26千米/时）的速度可航行16675千米	
武器系统： 2座100毫米舰炮，2座双联装或4座单装13.2毫米机枪	
人员编制： 106人	

100毫米炮，其中1门安装于后部甲板室顶部。

当有人对这些船表示担忧时，人们就会说"如果它看起来很好，那它就很好"。这种对话一直被人提起，接下来建造的9艘"岩羚羊"级也采用了同样的设计，后来都在战争中损失，2个型号唯一不同的是舰桥部位改得更高了，更人性化了。它们的职业生涯十分丰富，例如，"鲁莽号"首先是在土伦港被法军凿沉，后来被意大利打捞起来，然后又被德军俘获，最终又在马赛再次被凿沉了。还有3艘在战争中沉没。

下图：英国的"埃兰"级扫雷艇及法国后来的扫雷艇都把1座原装的双联100毫米舰炮替换成英国的102毫米高射炮。"埃兰"级扫雷艇从来没被用来执行扫雷任务

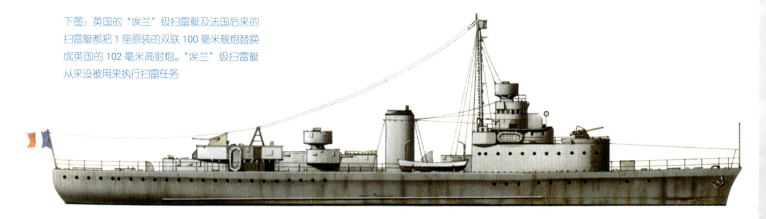

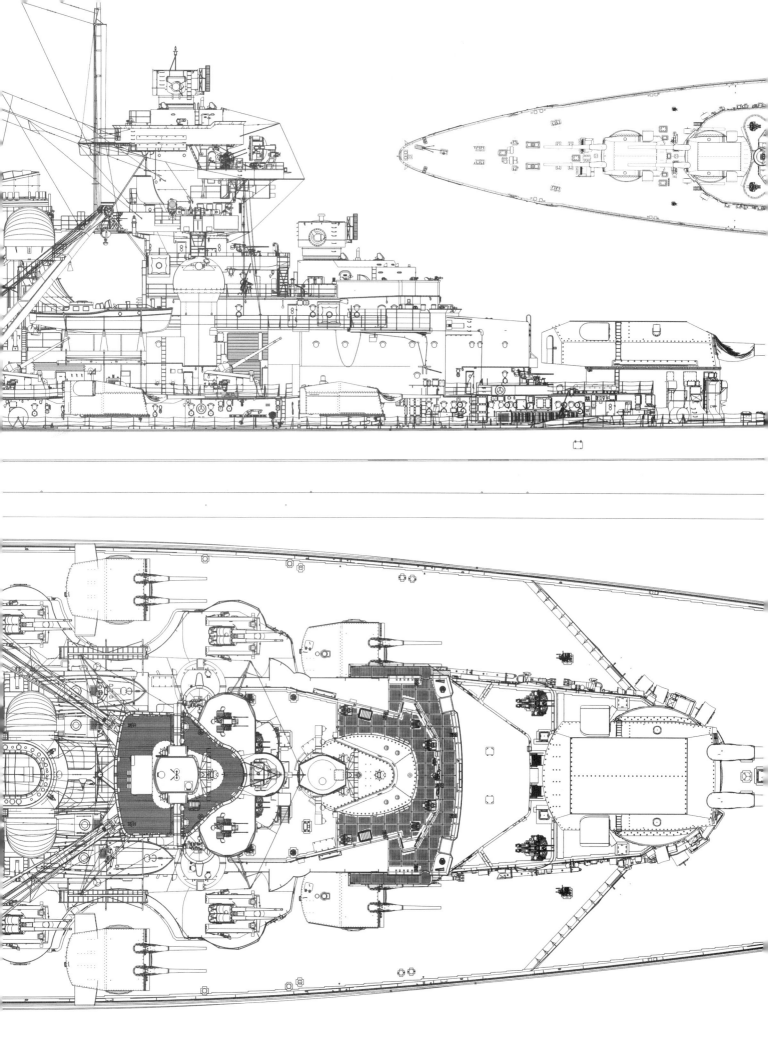

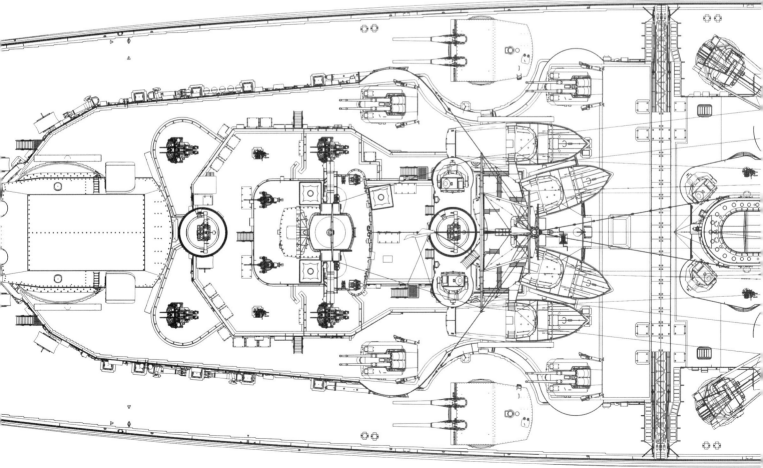

THE ENCYCLOPEDIA OF
WARSHIPS

战舰百科全书

从第二次世界大战到当代

〔英〕罗伯特·杰克逊〔Robert Jackson〕 主编

张国良　西　风　译　徐玉辉　审校

ZHEJIANG UNIVERSITY PRESS
浙江大学出版社
·杭州·

1989 年，美国军舰"德怀特·D.艾森豪威尔号"（CVN-69）穿过苏伊士运河。更重型喷气式战斗机的出现驱动了美国海军超级航空母舰的发展，因为战机需要更长的飞行甲板

冷战

20世纪60年代苏联在海事活动中的标志性发展，主要涉及新的舰船建造和更加大胆的舰队政策。在此之前，按照苏联的军事理念，海军战略主要基于保卫国土安全。除了偶尔在波罗的海舰队和北方舰队之间的部队转移，苏联战舰很少出现在公海。

一切在1961年之后开始发生变化，当时苏联在本土水域之外进行了第一次重大的海军演习。在接下来的几年里，"蓝色水域"演习规模越来越大，战舰越来越强大，作战经验也越来越丰富。这才是冷战真正的开端——与美国海军争夺制海权——竞争受到弹道导弹核潜艇的驱动，它们足以从北极圈冰层下方的隐蔽处给世界造成毁灭性的后果。追踪并摧毁装备导弹的快速潜艇加速了接下来几十年内海军建设的进程。

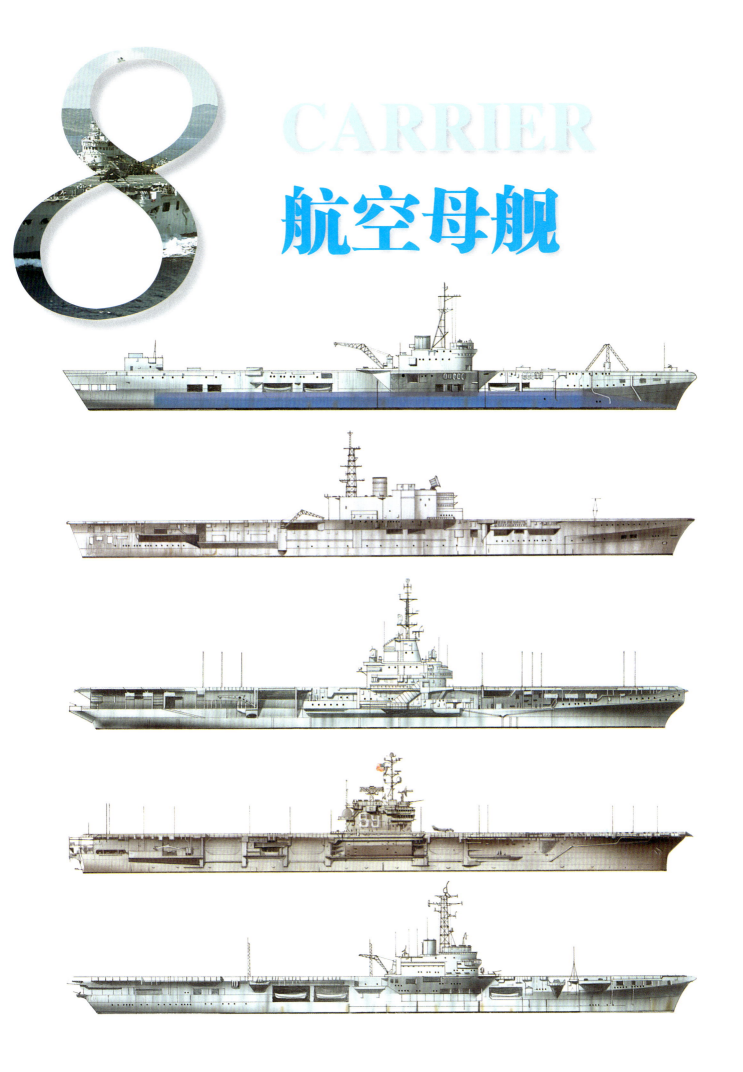

8 CARRIER 航空母舰

"巨像"级轻型航空母舰
Colossus Class Light Fleet Carrier

"巨像"级航空母舰是第二次世界大战时期建造的，在很大程度上类似于"光辉"级航空母舰。但"巨像"级航空母舰只有一层机库，配备有轻型高射炮，没有布置装甲。该艘航空母舰上的动力系统是巡洋舰动力系统的改进型，但锅炉与轮机舱采取错开布置，以便降低炸弹或鱼雷对甲板以下部位的损伤程度。英国共建造了 10 艘"巨像"级航空母舰，其中大多数编入英国皇家海军服役。"巨像号"航空母舰于 1942 年建造，参加过太平洋战争，于 1946 年被租借给法国海军，更名为"阿罗芒什号"。后来，该舰被卖给法国，而"先锋号"和"珀尔修斯号"航空母舰在完工后作为飞机修理舰使用，这 2 艘舰一直服役到 1954 和 1958 年被拆毁为止。

技术参数
"巨像"级航空母舰
排水量：标准排水量 13190 吨，满载排水量 18040 吨
尺寸：长 211.84 米，宽 24.38 米，吃水深度 7.16 米，飞行甲板宽 24.38 米
动力系统：双轴推进，蒸汽轮机，功率 40000 马力（29828 千瓦）
航速：25 节（46 千米／时）
火力：早期的舰只配备 24 门 40 毫米高射炮和 38～60 门 20 毫米高射炮，后期的舰只配备 17 门 40 毫米高射炮；修理舰为 16 门 40 毫米火炮和 2 门 20 毫米（后为 40 毫米）高射炮
电子系统：281 型对空搜索雷达，后来装备了 277 型测高雷达和 293 型对海搜索雷达
飞机：48 架

国外服役

在其他"巨像"级航空母舰之中，"可敬号"于 1948 年卖给荷兰，更名为"卡雷尔·多尔曼号"；"勇士号"租借给加拿大海军，后来返回英国海军服役，于 1958 年被卖给阿根廷，更名为"独立号"；"复仇号"航空母舰在 1952 年和 1955 年租借给澳大利

左图：英国皇家海军"海洋号"航空母舰与巡洋舰"贝尔法斯特号"。"海洋号"声名显赫，是世界上第 1 艘进行喷气式飞机着舰的航空母舰，1945 年 12 月 3 日，第 3 架"吸血鬼"喷气式飞机的原型机在该舰的飞行甲板上成功降落

下图："先锋号"航空母舰在 1945 年完工，当时是 1 艘修理舰。该舰在战斗中无法起降飞机，仅能够借助起重机把飞机吊到甲板上。"先锋号"与姊妹舰"雅典王子号"到 20 世纪 50 年代时仍在作为修理舰使用

亚海军，后转入预备役，于 1957 年被卖给巴西，更名为"米纳斯·吉拉斯号"。

"巨像"级航空母舰配备有"海火"F.Mk 47、"海怒"FB.Mk 11 型战斗机和"萤火虫"飞机。1945 年 12 月，"海洋号"航空母舰成为第 1 艘进行喷气式飞机着舰的航空母舰，着舰喷气机为"吸血鬼"飞机。"荣耀号""海洋号"与"特修斯号"均于 1961—1962 年被拆解，"凯旋号"经过 7 年的改装后成为 1 艘重型修理舰。20 世纪 60 年代，"凯旋号"参加了

上图：1952 年春季，"巨像"级航空母舰"海洋号"与美国"埃塞克斯"级航空母舰"奥利斯坎尼号"共同出现在日本佐世保海域，"海洋号"当时正准备赶赴朝鲜战场。在朝鲜战争期间，除了"勇士号"作为飞机运输舰参战之外，"海洋号"是 5 艘"巨像"级航空母舰之中唯一参加了朝鲜战争的

在贝拉海域（莫桑比克）的巡逻行动，1975 年转入预备役，在马尔维纳斯群岛（英称福克兰群岛，下略）战争爆发前的 1981—1982 年被拆毁，而马尔维纳斯群岛战争十分依赖海空力量，急需"凯旋号"这样的航空母舰。

"半人马座号" 轻型舰队航空母舰
HMS Centaur Light Fleet Carrier

"半人马座号"航空母舰（R06）的历史起源于"竞技神"级航空母舰。1943 年，英国人开工建造 8 艘"竞技神"级航空母舰，这些航空母舰类似于"巨像"级航空母舰，但性能有了极大提升。第二次世界大战结束时，英国已经开工建造了 4 艘"竞技神"

级航空母舰。它们成为战后新型舰队的主力，其中 3 艘在设计上吸收了战时的经验教训，分别是"半人马座号""海神之子号"和"堡垒号"，1947—1948 年下水，6 年后才最终完工。事实上，"半人马座号"在完工后的性能比其他 2 艘航空母舰稍差一些，因

技术参数
"半人马座号"航空母舰
排水量： 标准排水量 22000 吨，满载排水量 27000 吨
尺寸： 长 224.64 米，宽 27.43 米，吃水深度 8.23 米，飞行甲板宽 30.48 米
动力系统： 双轴推进，蒸汽轮机，功率 78000 马力（58165 千瓦）
航速： 29.5 节（55 千米 / 时）
武器系统： 原有 32 门 40 毫米高射炮（2 门 6 联装，8 门双联装和 4 门单管火炮），后为 20 门 40 毫米高射炮（8 门双联装和 4 门单管火炮）
电子系统： 1 部 982 型对空搜索雷达，1 部 960 型对空搜索雷达，1 部 983 型测高雷达，1 部 277Q 型战斗机引导雷达，1 部 974 型导航雷达和 1 部 275 型火控雷达
飞机： 原为 42 架，后为 29 架（见正文）
人员编制： 1390 人

上图：1 架"海雌狐"Mk 1 型全天候战斗机从"半人马座号"航空母舰新安装的蒸汽飞机弹射器上升空。"半人马座号"与"胜利号"航空母舰在 1958 年 11 月进行飞机试验，其最终搭载的舰载机包括"海雌狐""弯刀"和"塘鹅"Mk 3 型空中预警机

为它的着舰区仅画有 1 条 5 度的线条用来模拟 1 个斜角飞行甲板。该舰计划配备 16 架"海鹰"战斗机、16 架"萤火虫"和 4 架"复仇者"Mk 1 型空中预警机。

20 年代 50 年代后期，"半人马座号"航空母舰装备了 1 对蒸汽弹射器，但不久就被发现"半人马座号"及其同级航空母舰体型太小，不能起降海军航空兵的新一代飞机。在服役期间，"半人马座号"航空母舰主要在地中海和远东执勤，包括在 1960—1964 年为在亚丁海岸的英国陆军部队提供支援。1964 年 1 月，"半人马座号"输送了皇家海军陆战队第 45 突击营和皇家空军"望景楼"直升机，前去镇压坦噶尼喀的叛乱活动。

补给舰

1966 年，"半人马座号"成为 1 艘补给舰，在 1971 年退出舰队，并于第 2 年开始进行拆解。该艘航空母舰最后的航空兵大队配备 21 架舰载机，其中包括"海雌狐"全天候战斗机、"弯刀"攻击战斗机和"塘鹅"空中预警机在内的固定翼飞机，此外还搭载了 8 架"旋风"直升机用于执行反潜和搜救任务。

上图：20 世纪 50 年代的"半人马座号"航空母舰，甲板上停放的是其航空编队。该舰在其笔直的飞行甲板上画有一条 5 度斜角的直线，用来模拟斜角飞行甲板，但该舰从未改装成为具有斜角飞行甲板的大型航空母舰

下图：图中是出现于 20 世纪 60 年代中期的"竞技神号"航空母舰，它是"人马座"级航空母舰中最先进的 1 艘，比另外 3 艘"人马座"级航空母舰多用了 5 年的建造时间。"竞技神号"航空母舰的性能更加优越，在设计中吸收了 20 世纪 50 年代出现的许多先进技术

"海神之子号"和"堡垒号"轻型舰队航空母舰／直升机突击母舰

HMS Albion and Bulwark Light Fleet/Commando Carriers

作为"半人马座号"的姊妹舰航空母舰，"海神之子号"（R07）和"堡垒号"（R08）在完工时装备了 1 条临时性的 5.75 度斜角飞行甲板和 2 台液压弹射器。然而，为了安装这种新式飞行甲板，该舰从左舷拆除了 3 座双联装 40 毫米口径"博福斯"高射炮。经过改装之后，这 2 艘航空母舰参加了 1956 年的苏伊士运河战争，执行登陆作战任务。"海神之子号"为战斗机航空母舰，上面搭载有"海鹰"和"海毒液"喷气式战斗机，"天袭者"空中预警机及"无花果"通用／搜救直升机，而"堡垒号"搭载有"海鹰"战斗机与"复仇者"反潜轰炸机。

运送突击队员

鉴于"海洋号"和"特修斯号"在苏伊士运河战争中成功进行直升机攻击作战的经验，再加上该级航空母舰难以起降新一代喷气式战斗机，英国决定把"堡垒号"航空母舰改装成为 1 艘运送陆战队的航空母舰。有关改装工作在 1959 年 1 月到 1960 年 1 月展开，拆除了飞机弹射器、飞机着舰拦阻装置和大部分的高射炮，安装了可搭载 733 名陆战队突击队员的设施、16 架"旋风"直升机所需设备和 4 艘车辆人员登陆艇所需的吊艇柱。尽管"堡垒号"的此次改装是为了执行突击队员运送任务，但该舰仍然具备反潜能力。

1961—1962 年，"海神之子号"航空母舰进行了类似改装，可搭载 900 名突击队员和 16 架"威塞克斯"直升机。1963 年，"堡垒号"也进行了这种改装。"海神之子号"主要在远东执行任务，参加了 1966 年的印度尼西亚战争和后来的亚丁撤退行动。行动结

技术参数
"海神之子号"和"堡垒号"轻型舰队航空母舰／直升机突击母舰
排水量： 标准排水量 22300 吨，满载排水量 27705 吨
尺寸： 长 224.9 米，宽 27.4 米，吃水深度 8.5 米，飞行甲板宽 37.6 米
动力系统： 双轴推进，蒸汽轮机，功率 78000 马力（58165 千瓦）
武器系统：（"海神之子号"）4 门单管 40 毫米高射炮或（"堡垒号"）3 门双联装和 2 门单管 40 毫米高射炮
电子系统：（"海神之子号"）1 部 965 型或（"堡垒号"）982 型对空搜索雷达，1 部 293 型对空搜索雷达（2 舰皆有），1 部 983 型测高雷达（"海神之子号"），1 部 974 型导航雷达（2 舰皆有）和 1 部 275 型火控雷达（2 舰皆有）
飞机： 20 架直升机

束后，"海神之子号"被移交预备役，于 1972 年退出舰队并拆毁。与此同时，"堡垒号"在地中海和远东执行任务，参加了印度尼西亚和亚丁的危机处理行动。

下图：1965 年，经过改装的"海神之子号"航空母舰可以同时允许 2 架"威塞克斯"Mk 5 型直升机着舰。"海神之子号"大部分的时间是在远东执行任务。就在这幅照片拍摄几个月后，该舰参加了印度尼西亚危机行动

上图：结束在远东婆罗洲海域的部署任务后，"海神之子号"奉命为亚丁撤军行动提供突击队员运送支援。20世纪70年代初，"海神之子号"与"堡垒号"被移交预备役，但在1972年被拆毁

临时反潜任务

"堡垒号"于1976年移交预备役，1977年被重新改装成为可执行临时反潜任务的航空母舰，于1979年重新服役，接替"竞技神号"航空母舰执行两栖作战任务。随着1980年"无敌号"航空母舰的服役，"堡垒号"再次移交预备役，于1981年被售出，计划用于拆解。在1982年的马尔维纳斯群岛战争期间，英国政府曾经打算让该艘航空母舰再次服役，但调查后发现该舰状态不佳，于是很快放弃了这种想法。最后，该艘航空母舰被出售并于1984年最终拆解。

"埃塞克斯"级 SCB–27A/C 和 SCB–125 改装型舰队航空母舰
Essex Class SCB-27A/C and SCB-125 Reconstructions Fleet Carriers

到1945年第二次世界大战结束时，美国海军的航空母舰部队实际上已经过时，这是因为它们无法搭载新一代的喷气式飞机。美国海军在1946年虽然完成了后继航空母舰的设计，但由于没有开工建造，美国海军决定改装已经封存起来的"埃塞克斯"级航空母舰。第1个改装项目称为SCB–27A计划，实

际上是对未完工的"奥里斯坎尼号"航空母舰的舰体进行改造。该舰在最初建造时，飞行甲板上并没有安装以往那种舰炮，却安装有强大的液压弹射器。在改造过程中，该舰的飞行甲板本身得到了加固，岛形上层建筑被改装以改善雷达视野，上层建筑内部也进行了重大调整，改善了居住条件，提高了抗打击能力。另外8艘同级航空母舰——"埃塞克斯号"（CV-9）、"约克城号"（CV-10）、"大黄蜂号"（CV-12）、"伦道夫号"（CV-15）、"黄蜂号"（CV-18）、"本宁顿号"（CV-20）、"基尔萨奇号"（CV-33）和"张伯伦湖号"（CV-39）——也按这一标准进行了改装。后来，除了"张伯伦湖号"外，其余航空母舰全部采用了斜角飞行甲板和封闭式舰首。

多年后，大部分的舰炮被拆除了，雷达系统也进行了更新换代。改装后，每艘航空母舰可装载1135620升航空燃油和725吨机载弹药（包括125吨的核武器）。随着更先进的航空母舰加入现役，SCB-27A型航空母舰被改装成为反潜战航空母舰，主要搭载S-2"搜索者"反潜机。多艘该型舰只（CV-9、10、12、15、18、20和33）在20世纪60年代进行了现代化的反潜战改装，安装了SQS-23型舰艏声呐和半自动化的反潜情报指挥中心。

越战期间，有几艘此类反潜航空母舰在越南沿海海域活动，为攻击部队提供保护。它们所搭载的航空大队通常由30架固定翼飞机和16～18架"海

技术参数

埃塞克斯SCB-27A级舰队航空母舰

排水量：标准排水量28404吨，满载排水量40600吨

尺寸：长273.8米，宽30.9米，吃水深度9.1米，飞行甲板宽（斜角）59.7米

动力系统：齿轮蒸汽轮机，功率150000马力（111855千瓦）

航速：30节（56千米/时）

武器系统：8门127毫米和14座双联装76毫米口径舰炮

电子装置：SPS-6型（后来是SPS-12型，再后来是SPS-29型）对空搜索雷达、SPS-8型（后来是SPS-30型）测高雷达、SPS-10型对海搜索雷达、SQS-23型舰艏声呐

飞机：45～80架

人员编制：2900人

技术参数

埃塞克斯SCB-27C级舰队航空母舰

排水量：标准排水量30580吨，满载排水量43060吨

尺寸：长272.6米，宽31.4米，吃水深度9.2米，飞行甲板宽58.5米

动力系统：蒸汽轮机，4轴推进，功率150000马力（111855千瓦）

航速：29节（54千米/时）

武器系统：4门127毫米舰炮

电子装置：1部SPS-8型（后来换成SPS-37A和SPS-30）测高雷达，1部SPS-12型对海搜索雷达和1套电子支援系统

飞机：70～80架

人员编制：3545人

王"反潜直升机组成。此外，在朝鲜半岛战争期间，"埃塞克斯号""基尔萨奇号""奥里斯坎尼号"和"张伯伦湖号"还曾被部署到朝鲜沿海，执行常规的攻击任务。

SCB-27A 计划

很明显，随着SCB-27A计划开始实施，舰载机技术也在不断提高，因此SCB-27C计划也就随之出台了。1951—

左图：20世纪50年代后期，根据SCB-27A计划改装的"张伯伦湖号"航空母舰及其搭载的HSS-1"海蝙蝠"反潜直升机。经过改装后，该舰拆除了飞行甲板上的127毫米口径舰炮

上图：这是 1971 年的美国海军大西洋舰队的反潜航空母舰 "无畏号"。该舰在第二次世界大战期间曾经多次遭受 "神风特攻队" 飞机的自杀式攻击。经过改装之后，该舰在 1974 年退役前曾先后 3 次赴越南部署，目前停泊于纽约，成为 1 艘博物馆船

1954 年，"无畏号"（CV-11）、"提康德罗加号"（CV-14）和 "汉考克号"（CV-19）航空母舰改装了 2 台蒸汽弹射器、飞机升降机和着舰拦阻装置。随后改装的 "列克星敦号"（CV-16）、"好人理查德号"（CV-31）和 "香格里拉号"（CV-38）航空母舰执行的是后来的 SCB-125 标准，飞行甲板也加装了斜

角式着舰区，岛形上层建筑也进行了重新设计，这 3 艘舰于 1955 年改装完工。此时，除了执行 SCB-27A 计划标准的 "张伯伦湖号" 和 "奥里斯坎尼号" 外，所有 SCB-27C 系列的航空母舰进行了类似的改装。在 SCB-27C 计划中，"无畏号" 被改装成反潜航空母舰，在 20 世纪 60 年代中期又进行了现代化改装，而 "提康德罗加号" 在越战初期作为攻击航空母舰第 1 次部署在越南沿海，返回本土后也进行了类似的改装。"汉考克号""奥里斯坎尼号""香格里拉号" 和 "好人理查德号" 也被部署到越南沿海执行战斗巡逻任务，其间出动了各型战斗机和攻击机。

所剩无几

到了 20 世纪 80 年代中期，上述改进型 "埃塞克斯" 级仅剩 5 艘在役，其中的 "列克星敦号" 是唯一现役航空母舰（大西洋舰队的训练航空母舰，部署于墨西哥湾），其他 4 艘列入太平洋舰队后备役。"好人理查德号" 和 "奥里斯坎尼号" 分别担任攻击型航空母舰和舰载机航空母舰，"大黄蜂号" 和 "本宁顿号" 为反潜支援航空母舰。如今，上述所有航空母舰均已退役。

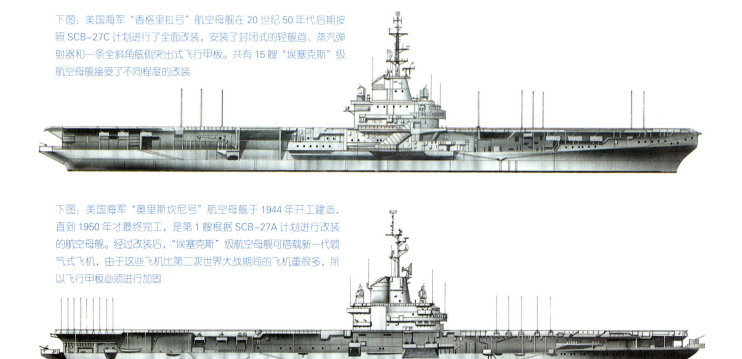

下图：美国海军 "香格里拉号" 航空母舰在 20 世纪 50 年代后期按照 SCB-27C 计划进行了全面改装，安装了封闭式的轻舰首、蒸汽弹射器和一条全斜角舷侧突出式飞行甲板。共有 15 艘 "埃塞克斯" 级航空母舰接受了不同程度的改装

下图：美国海军 "奥里斯坎尼号" 航空母舰于 1944 年开工建造，直到 1950 年才最终完工，是第 1 艘根据 SCB-27A 计划进行改装的航空母舰。经过改装后，"埃塞克斯" 级航空母舰可搭载新一代喷气式飞机，由于这些飞机比第二次世界大战期间的飞机重很多，所以飞行甲板必须进行加固

"汉考克"和"无畏"级攻击 / 反潜航空母舰

Hancock and Intrepid Classes Attack Carriers/ASW Carriers

在美国海军 24 艘"埃塞克斯"级航空母舰之中，其中有 5 艘可以归入"汉考克"和"无畏"级攻击 / 反潜航空母舰，它们在 20 世纪 50 年代进行了大规模的改造：安装了封闭式舰艏、防护装甲和斜角飞行甲板，改进了飞机升降机，加大了燃料储存量，安装了新型蒸汽弹射器。到了 20 世纪 80 年代中期，该级航空母舰减少到了 3 艘，即"列克星敦号"（CVT-16）、"好人理查德号"（CVA-31）和"奥里斯坎尼号"（CV-34），它们分别于 1943 年 2 月、1944 年 11 月和 1950 年 9 月服役。

在该级舰中，只有"列克星敦号"作为甲板着舰训练用航空母舰，为美国海军大西洋舰队现役舰船。另外 2 艘编入太平洋舰队后备役，在 20 世纪 80 年代退役。其中，"奥里斯坎尼号"的机库在 1966 年 10 月发生过重大火灾，曾在 1981 年和"新泽西号"战列舰一起被列入重新启用计划，但由于只能搭载老式飞机（如 F-8"十字军战士"和 A-4"天鹰"攻击机），最终启用计划被国会否决。"列克星敦号"服役到 1999 年，其训练任务由当时退出前沿部署的"福莱斯特号"接替。"列克星敦号"的实际航空弹药储备量约为 750 吨，航空燃料储备量大约为 1135620 升。

技 术 参 数
"汉考克"和"无畏"级攻击 / 反潜航空母舰

排水量：（前 2 艘）标准排水量 29660 吨，满载排水量 41900 吨；（第 3 艘）标准排水量 28200 吨，满载排水量 40600 吨

尺寸：（第 1 艘）长 270.9 米，（另 2 艘）长 274 米；宽（前 2 艘）31.4 米，（第 3 艘）宽 32.5 米；吃水深度 9.5 米；飞行甲板宽（第 1 艘）58.5 米，（第 2 艘）52.4 米和（第 3 艘）59.5 米

动力系统：蒸汽轮机，功率 150000 马力（111855 千瓦）

航速：29 节（54 千米 / 时）

航程：以 15 节（28 千米 / 时）的速度可航行 27800 千米

武器系统：2 门或（CV-34）4 门 127 毫米口径舰炮

电子装置：1 部 SPS-10 型对海搜索雷达和导航雷达，1 部 SPS-30 型或（CVT-16）SPS-12 型对空搜索雷达，1 部 SPS-43A 型或（CV-34）SPS-37 型对空搜索雷达，1 套 SPN-10 和 1 套 SPN 型飞机着舰辅助系统，几部 Mk 25/35 型火控雷达（CVT-16 号上没有配置），1 套 URN-20"塔康"系统

飞机：60 ～ 70 架

人员编制：2090 人，加上 1185 名航空人员或 1440 名航空人员（CVT-16 号）

右图：美国海军"无畏号"航空母舰在其服役生涯的最后几年用作反潜航空母舰。与其同级的最后 1 艘服役战舰是"列克星敦号"，该舰在墨西哥湾用作训练航空母舰，并一直服役至 20 世纪 90 年代

"合众国号" 攻击航空母舰
USS United States Attack Carrier

　　"合众国号"（CVA-58）于 1949 年 4 月开始建造，虽然 9 天后被取消，但由于它是"福莱斯特"级航空母舰的前身，所以在这里也应当提及。该舰设计先进，对于未来航空母舰的发展将会产生很大的影响力。根据设计，"合众国号"能够搭载新型的美国海军战略轰炸机（25～45 吨级）及其护航战斗机。因为轰炸机的尺寸庞大，飞行甲板需要加大到能够停放和起降该型机，美国海军最后选择了装甲全通式甲板结构，安装 4 台弹射器（两台在舰艏，左舷和右舷舯部各 1 台）。"合众国号"是自"兰利号"以来的第 1 艘大型航空母舰，甲板上没有导航舰桥，安装有 4 台甲板边缘升降机（左舷 1 台，右舷 2 台，舰艉 1 台）。航空燃料容量最大约为 1892700 升，载弹量为 2000 吨。美国海军曾经计划建造 4 艘"合众国"级航空母

技术参数
"合众国号" 攻击航空母舰
排水量：标准排水量 66850 吨，满载排水量 83249 吨
尺寸：长 331.6 米，宽 38.1 米，吃水深度 10.5 米，飞行甲板宽 57.9 米
动力系统：4 台蒸汽涡轮，功率 280000 马力（209000 千瓦）
航速：33 节（61 千米／时）
武器系统：8 门单管 127 毫米口径舰炮、8 门双联装 76 毫米高射炮和 20 门 20 毫米高射炮
电子装置：1 部 SPS-6 型对空搜索雷达和 1 部 SPS-8 型测高雷达
飞机：18 架轰炸机和 54 架 F2H "女妖"战斗机
人员编制：4127 人

舰，后面几艘采用核动力装置。这些航空母舰不打算安装大型电子装置，而是把这项任务交由承担护航任务的附属战舰。美国政府取消建造该级战舰的主要原因是其投送能力，因为美国空军当时极力反对海军重复承担其战略任务，主张将资金划拨给美国空军，加强其轰炸机群的建设。

下图："合众国号"航空母舰惊人的轮廓设计是因为早期的原子弹需要大型飞机携带和投送，因此需要大量的航空燃料。最终，"合众国号"为了这些飞机及其护航战斗机而"献身"——被取消建造计划

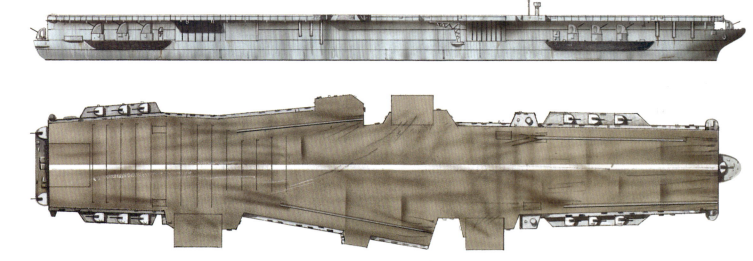

"福莱斯特"级攻击航空母舰
Forrestal Class Attack Carrier

最初，4艘"福莱斯特"级航空母舰计划被视为时运不济的"合众国"级"战略航空母舰"的缩小版，配置4台飞机弹射器和一条平直飞行甲板，没有岛形上层建筑。然而，经过重新设计之后，它们实际上与战后第1批专门搭载喷气式飞机的航空母舰完全一样，配置一座传统的岛形上层建筑、1条斜角飞行甲板和4台弹射器。该级航空母舰分别是"福莱斯特号""萨拉托加号""突击者号"和"独立号"，先后于1955年10月、1956年4月、1957年8月和1959年4月入役，载弹量大约为1650吨，供舰载机联队使用的AVGAS型航空燃料284万升，JP5航空燃料299万升。在每艘舰最初搭载的90架飞机中，包括2个F2H或F9F战斗机中队、2个AD和A4D轻型攻击机中队以及支援侦察、电子战和搜索与救援飞机。"福莱斯特号"和"突击者号"在20世纪50年代还

下图：美国海军"突击者号"航空母舰正在波斯湾为荷兰海军导弹护卫舰"雅各布·范·赫姆斯科克号"进行补给。该艘航空母舰于1991年1月驶入波斯湾海域参加"沙漠盾牌"和"沙漠风暴"行动

技术参数

"福莱斯特"级攻击航空母舰

下水时间： "福莱斯特号"1954年、"萨拉托加号"1955年、"突击者号"1956年，"独立号"1958年

排水量： （前2艘）标准排水量59060吨，满载排水量75900吨；（后2艘）标准排水量60000吨，满载排水量79300吨

尺寸： （第1艘）长331米，（第2艘）长324米，（第3艘）长326.4米和（第4艘）长326.1米；宽39.5米，吃水深度11.3米；飞行甲板宽76.8米

动力系统： 蒸汽轮机，"福莱斯特号"功率260000马力（193880千瓦）；其余舰功率280000马力（209000千瓦），4轴推进

航速： 33节（61千米/时）（"福莱斯特号"）或34节（63千米/时）

武器系统： 3套8联装Mk 29"海麻雀"舰空导弹发射装置，3套20毫米"密集阵"近防武器系统

电子装置： 1部LN66型导航雷达，1部SPS-10型对海搜索雷达，1部SPS-48C 3D型雷达，1部SPS-58型对空搜索雷达（"突击者号"除外），2套SPN-42型和1套SPM-43A型飞机着舰辅助装置，2部Mk 91型火控雷达（前2艘舰装有3部），1套URN-20"塔康"系统，1套SLQ-29型电子对抗设备和3套Mk 36 SRBOC干扰弹发射装置

舰载机： 84架，包括2个F-14和2个F/A-18中队，1个A-6/KA-6和E-2中队，以及EA-6B、S-3和SH-3支援飞机

人员编制： 2790名舰员和2150名航空人员

上图：美国海军"福莱斯特"级航空母舰能够搭载各型飞机80多架，是第1批真正意义上的"超级航空母舰"。本图是20世纪80年代的某个时候，"福莱斯特"级航空母舰的首舰"福莱斯特号"上的第11和31战斗机中队的F-14"雄猫"战斗机正准备从舰艏弹射器上起飞

配备有"天狮星I"型导弹。"福莱斯特号"仅仅执行了一次战区部署任务，就在1967年8月遭受了一场重大火灾，导致134名舰员死亡。在1983年入侵格林纳达期间，"独立号"为美国海军陆战队和美国陆军"游骑兵"特种部队提供空中掩护和攻击支援，同时执行反潜任务。1985—1986年，"萨拉托加号"参加了针对利比亚的小规模军事打击。

"延长使用期计划"

4艘"福莱斯特"级航空母舰的飞行甲板上配置有4台标准的飞机升降机。其中3艘在20世纪80年代进行了"延长使用期计划"改装（依次为"萨拉托加号""福莱斯特号"和"独立号"），从而能够服役到20世纪90年代。为了提高作战性能，"延长使用期计划"改进了居住条件，用防弹钢板封闭了关键的机舱和电子设备舱，改进了海军战术数据系统，加装了战术旗舰指挥中心设施，替换了弹射器，对雷达配套设备进行了升级，防空武器加装了"海麻雀"导弹和"密集阵"近防武器系统。在最初建造时，"福莱斯特"级航空母舰曾经配置了8门127毫米舰炮，分别安装在前后甲板两侧的舷台。这些设备在20世纪60—70年代相继被拆除，取而代之的是Mk 25型（后来替换为Mk 29型）"海麻雀"舰空导弹发射装置。

在服役生涯的最后几年，"福莱斯特号"编为AVT-59，接替"列克星敦号"成为美国海军彭萨科拉基地的1艘训练航空母舰。其余3艘执行前沿部署任务的"福莱斯特"级航空母舰曾经参与"沙漠

盾牌"和"沙漠风暴"行动，其中，"萨拉托加号"
驶入战区仅用了7天时间，就成为跨大西洋航行最
快的航空母舰，其舰载机联队共计出动12664架次，
这是"萨拉托加号"的最后1次作战行动，该舰于
1994年退出现役。"独立号"在退出现役前，接替
"中途岛号"长期部署在日本横须贺港，后被"小鹰
号"航空母舰接替。"独立号"最终于1998年9月退
出现役，是最后1艘退役的"福莱斯特"级航空母舰。
就这样，"福莱斯特"级被随后陆续编入现役的"尼
米兹"级新型航空母舰所代替。

上图：这是20世纪80年代的美国海军"萨拉托加号"航空母舰，它隶
属于大西洋舰队，是第1艘实施"延长使用期计划"的"福莱斯特"级航
空母舰。"福莱斯特"级是第1批将机库和飞行甲板与舰体设计整合在一
起的航空母舰，舰炮安装在舷台。在"尼米兹"级航空母舰加入现役后，
"福莱斯特"级陆续退出现役

下图：美国海军"福莱斯特"级航空母舰（图中所示是其中的首舰）设
计用来起降A3D"天空武士"轰炸机，其尺寸比"中途岛"级庞大许多，
机库甲板高7.2米

"巨像"级航空母舰"米纳斯·吉拉斯号"
Minas Gerais Colossus Class Carrier

　　"米纳斯·吉拉斯号"是阿根廷海军"5月25日号"的姊妹舰，它的前身是"复仇号"航空母舰，1945年开始编入英国皇家海军服役，3年后赴北极海域执行试验巡航任务，1953年租借给澳大利亚海军使用，1955年返回英国皇家海军，1956年12月以"米纳斯·吉拉斯号"的名字卖给巴西海军。接下来，该舰被送到荷兰，在1957—1960年进行了大规模改装，加装了1台弹射能力达13365千克的蒸汽弹射器、1条8.5度的斜角飞行甲板、1套光学助降透镜系统、新式岛形上层建筑以及新型美国雷达和2台中轴线飞机升降机。机库长135.6米、宽15.8米、高5.3米。1976—1981年，该艘航空母舰再次进行改装，安装了数据链系统，可与巴西海军的"尼泰罗伊"级护卫舰进行通信协调。此外，SPS-40B型二坐标搜

技术参数

"米纳斯·吉拉斯号"航空母舰

排水量： 标准排水量15890吨，满载排水量19890吨

尺寸： 长211.8米，宽24.4米，吃水深度7.5米，飞行甲板宽37米

动力系统： 双轴推进，蒸汽轮机，功率40000马力（29830千瓦）

航速： 25.3节（47千米/时）

武器系统： 2门4联装40毫米口径高射炮，1门双联装40毫米口径高射炮

电子装置： 1部SPS-40B型对空搜索雷达，1部SPS-4型对海搜索雷达，1部SPS-8B型战斗机指挥雷达，1部SPS-8A型空中控制雷达，1部雷声公司生产的1402型导航雷达，2部SPG-34型火控雷达

人员编制： 加上航空人员共1300人

下图："米纳斯·吉拉斯号"搭载航空大队的飞机包括巴西空军的P-16"搜索者"反潜机

索雷达代替了陈旧的美国 SPS-12 型雷达。该舰在巴西海军服役期间主要担负反潜作战任务，自 20 世纪 70 年代晚期，搭载的航空大队包括 8 架 S-2（P-16）"搜索者"反潜机（隶属巴西空军，巴西海军没有固定翼飞机）、4 架海军的 SH-3/ASH-3 "海王"反潜直升机、2 架 UH-12/ UH-13 型直升机和 2 架 206B 型通用直升机。"米纳斯·吉拉斯号"于 2001 年退出现役。

左图："米纳斯·吉拉斯号"在 2001 年 2 月完成最后一次巡航，巡航期间曾与新采购的 A-4KU "天鹰"攻击机（巴西编号为 AF-1 型机）联合行动，目前该型机搭载在新采购的"克莱蒙梭"级航空母舰"圣保罗号"上

"克莱蒙梭"级航空母舰
Clémenceau Class Aircraft Carrier

　　"克莱蒙梭号"航空母舰是法国设计的第 1 艘航空母舰，于 20 世纪 50 年代晚期建造，1961 年 11 月服役。该舰采用了 20 世纪 50 年代航空母舰设计的所有先进技术，安装 1 条斜角飞行甲板、1 套光学助降系统和 1 部综合性对空搜索、跟踪和控制雷达。飞行甲板长 165.5 米、宽 29.5 米，与舰的中轴线成 8 度角；2 台升降能力为 2036 千克的飞机升降机，其中 1 台在甲板边缘舰艉部，另 1 台在右舷舰桥正前方；2 台蒸汽弹射器，其中 1 台在舰首左舷，另 1 台在斜角甲板上；机库长 152 米，宽 24 米，高 7 米；燃料容量为 1200 立方米的 JP5 型航空燃料和 400 立方米的航空汽油（姊妹舰"福煦号"于 1963 年 7 月服役，

技术参数
"圣保罗号"航空母舰
排水量： 标准排水量 27032 吨，满载排水量 32780 吨
尺寸： 长 265 米，宽 51.2 米，吃水深度 8.6 米
动力系统： 双轴推进，蒸汽轮机，功率 126000 马力（93960 千瓦）
航速： 32 节（59 千米 / 时）
武器系统： 12.7 毫米机枪
电子装置： 1 部 DRBV 23B 型对空搜索雷达，1 部 DRBV 15 型对空 / 海搜索雷达，2 部 DRBI 10 型测高雷达，1 部 1226 型导航雷达，1 部 NRBA 51 型飞机着舰辅助装置，1 套 NRBP 2B "塔康"系统，1 套 SICONTA Mk 1 型战术数据系统（计划安装）、2 套 AMBL 2A 型干扰弹发射装置
飞机： 15 架 AF-1 "天鹰"战斗机、4～6 架 ASH-3 "海王"直升机、3 架 UH-12/UH-13 "军旗"战斗机、2 架 UH-14 "超级美洲豹"直升机、206B 型教练机
人员编制： 1202 人（包括 358 名航空人员）

燃料容量分别为1800立方米和109立方米）。

1977年9月至1978年11月期间，"克莱蒙梭号"进行了一次大规模改装。"福煦号"紧随其后，于1980年7月至1981年7月也进行了改装。改装后，这2艘舰均可搭载"超级军旗"战斗机，为此航空母舰的弹药库装载了AN52型战术核炸弹（当量15千吨）。舰上还安装了SENIT2型自动战术信息处理系统，属于指挥与控制中心系统的一个组成部分。改装后，这2艘航空母舰搭载的飞机包括16架"超级军旗"战斗机、3架"军旗IV"P型侦察机、10架"十字军战士"战斗机、7架"贸易风"反潜机、2架"超级黄蜂"反潜直升机和2架"云雀III"通用直升机。必要时，该艘航空母舰还可用作直升机航空母舰，

根据不同机型可搭载30~40架直升机。

1983年，黎巴嫩危机期间，法国派遣1艘航空母舰支援维和部队，起飞"超级军旗"对几处袭击法军部队的炮兵阵地发起攻击。1985—1988年，"福煦号"和"克莱蒙梭号"再次进行改装，用"响尾蛇"导弹发射装置代替了2门100毫米口径舰炮，装载了ASMP核导弹。1992—1993年，"福煦号"的前部弹射器上安装了1条1.5度的可以拆卸的小型跳板。1993—1994年，"阵风M"战斗机进行了起降试验。1995—1997年，"福煦号"进一步改装，可以起降"阵风M"战斗机，同时还安装了2座6管"萨德拉尔"导弹发射装置，用来发射"西北风"舰空导弹。

"福煦号"经过法国船舶制造公司改装后加入巴

下图：根据计划，2艘"克莱蒙梭"级航空母舰经过现代化改装后，可在法国海军服役到20世纪90年代，"克莱蒙梭号"于1990年3月退出现役，"福煦号"于2000年11月退出现役。"克莱蒙梭号"偶尔担任两栖作战的直升机航空母舰，搭载SA330"美洲豹"、AS532"美洲狮"和SA342"小羚羊"等型号的飞机。在1990年海湾部署行动期间，"克莱蒙梭号"将30架"小羚羊"和12架"美洲豹"飞机运往沙特阿拉伯

西海军服役，改名为"圣保罗号"，搭载的舰载机是1998年从科威特购买的A-4"天鹰"攻击机。"圣保罗号"接替了"米纳斯·吉拉斯号"航空母舰，该舰拆除了所有舰炮和导弹，仅剩下几挺机枪，目前没有任何自卫系统。然而，在阿根廷海军的"5月25日号"航空母舰退出现役后，"圣保罗号"是唯一活动在南美洲海域的航空母舰，成为在该地区享有大国地位的象征。早在20世纪初期，巴西、智利和阿根廷等国都曾不顾自身的实际情况，不惜花重金从欧洲购买大型战舰，用于寻求心理满足。

下图：在20世纪80年代初，法国海军"福煦号"航空母舰正在驶进法国尼斯港，舰上搭载的是"超级军旗"战斗机、"军旗IV"P型侦察机、"贸易风"反潜机、"大山猫"反潜直升机和"超级黄蜂"反潜直升机。1983年，该艘航空母舰和"克莱蒙梭号"一起为在黎巴嫩执行任务的法国军队提供空中支援

"墨尔本号"与"悉尼号"轻型航空母舰

HMAS Melbourne and HMAS Sydney Light Fleet Carriers

第二次世界大战结束后，英国皇家海军终止了建造全部6艘"尊严"级航空母舰的工作。然而，为了满足澳大利亚和加拿大皇家海军购买英国航空母舰的愿望，2艘"尊严"级航空母舰继续进行建造。1艘为"可怖号"，被澳大利亚皇家海军购买后更名为"悉尼号"；另1艘为"尊严号"，租借给加拿大后保留了原来的名字。1948年，英国开始建造第3艘"尊严"级航空母舰，并对其结构进行了较大程度的改装。该艘航空母舰装备了25门40毫米口径的高射炮，1条5.5度角的着舰甲板，1套新型着舰拦阻装置、助降透镜设备以及1部蒸汽飞机弹射器。舰上还安装了改进型的雷达设备、3套277Q型测高雷达、1台293型对海搜索雷达和1台978型导航雷达。

1955年10月，"尊严号"航空母舰被澳大利亚海军更名为"墨尔本号"后重新服役，搭载了一支由8架"海毒液"战斗机、12架"塘鹅"反潜机和2架"无花果"搜救直升机组成的航空兵大队。1963—1967年，"墨尔本号"担任澳大利亚海军的旗舰，其舰载机缩减为4架"海毒液"、6架"塘鹅"和10架HAS Mk 31B型搜救直升机。1967年，该艘航空母舰进入造船厂，对甲板、升降机、飞机弹射器与着舰拦阻设备进行加固，安装了新的雷达和通信设备，减少了舰载高射炮的数量。经过重新改装

技 术 参 数
"墨尔本号"航空母舰
排水量：标准排水量16000吨，满载排水量20320吨
尺寸：长213.82米，宽24.38米，吃水深度7.62米，飞行甲板宽32米
动力系统：齿轮蒸汽轮机，双轴推进，功率42000马力（31319千瓦）
航速：23节（43千米/时）
武器系统：4门双联装和4门单管40毫米高射炮
电子系统：1台LW-02型对空搜索雷达，1台293Q型对海搜索雷达，1台978型导航雷达，1台SPN-35型着舰辅助雷达，1套"塔康"系统和1套电子对抗系统
飞机：27架（见文中）
人员编制：1425人（旗舰）

上图：1958年6月，皇家澳大利亚海军"墨尔本号"航空母舰正在进入珍珠港。当时这艘航母上的舰载机联队搭载有27架飞机，包括"海毒液"战斗机和"塘鹅"反潜机。该舰作为澳大利亚海军的旗舰服役多年，直到1982年才退出现役

下图："墨尔本号"的前身是英国"尊严"级轻型舰队航空母舰的首舰"尊严号"，在1949年由澳大利亚购进。1965年，该舰安装了高大的格形桅杆，桅杆上安装了LW系列搜索雷达

之后，该艘航空母舰可以搭载 A-4G "天鹰" 攻击机和 S-2E "追踪者" 反潜机。新安装的雷达系统由荷兰或美国制造，此外还安装了老式的 293 型和 978 型雷达设备。新的舰载机兵力包括 4 架 "天鹰" 攻击机、6 架 "追踪者" 反潜机和 10 架 "威塞克斯" 直升机。从 1972 年开始，它再次进行改装，搭载 8 架 "天鹰" 攻击机、6 架 "追踪者" 反潜机和 10 架 "海王" Mk 50 型反潜直升机及 2~3 架执行搜救以及飞机护航任务的 "威塞克斯" 直升机。经过 1976 年的最后改装后，"墨尔本号" 可以服役到 1985 年，但由于财政紧张，该舰于 1982 年 6 月转入预备役，1984 年被出售拆解。澳大利亚海军曾经计划建造 1 艘航空母舰用来接替 "墨尔本号"，但最终不了了之，因为其所有的固定翼飞机均被出售或移交给了澳大利亚空军。

"悉尼号" 航空母舰

1948 年 12 月 16 日，"悉尼号" 航空母舰进入澳大利亚海军服役，最初混合搭载有 "海上复仇女神" "萤火虫" 和 "海獭" 飞机。该舰虽然略小于 "墨尔本号"，但搭载 37 架飞机，多于 "墨尔本号"。"悉尼号" 是第 1 艘参战的澳大利亚海军舰船，于 1951 年 10 月轮换下了英国皇家海军 "光荣号" 航空母舰。这艘航空母舰执行了 7 次作战巡逻任务，舰载机联队共起飞 2366 架次。1958 年 5 月，该舰转入预备役，但在 1962 年 3 月重新编入现役使用。1965—1972 年，该舰出动 4 架 "威塞克斯" 直升机在战区间往返 22 次，执行反潜护航任务。"悉尼号" 航空母舰在 1973 年 11 月退役，1975 年被卖掉拆解。

"巨像" 级轻型舰队航空母舰 "独立号"
Independencia Colossus Class Light Fleet Carrier

阿根廷海军的 "独立号" 轻型航空母舰于 1944 年 5 月下水，它的前身是英国皇家海军 "巨像" 级航空母舰 "勇士号"。"勇士号" 于 1944 年 5 月 20 日在贝尔法斯特的哈兰德和沃尔夫船厂下水，在 1945 年完工后被租借给加拿大海军，租期 2 年，直到加拿大海军的 "宏伟号" 航空母舰开始服役。从加拿大返回后，"勇士号" 航空母舰被英国皇家海军用作甲板着舰试验。1948—1949 年，该舰安装了灵活着舰甲板，使得带有滑跃式起落架的喷气式战斗机能够进行软着舰。1952—1953 年，该舰安装了 1 座加大的新型舰桥和 1 根格式前桅。1955 年，这艘航空母舰又装备了 1 条 5 度角的斜角甲板以及功能更强大的着舰拦阻装置。

技术参数
"独立号" 轻型舰队航空母舰
排水量: 标准排水量 14000 吨，满载排水量 19540 吨
尺寸: 长 211.84 米，宽 24.38 米，吃水深度 7.16 米，飞行甲板宽 22.86 米
动力系统: 双轴推进，蒸汽轮机，功率 40000 马力（29828 千瓦）
航速: 24 节（44 千米／时）
武器系统: 1 座 4 联装和 9 座双联装 40 毫米口径高射炮（1970 年被拆除）
飞机: 24 架
人员编制: 1575 人

"格斗" 行动

英国皇家海军用这艘新改装的航空母舰进行了更多的甲板着舰试验。1957 年，该舰作为指挥舰参加了在太平洋上的圣诞岛进行的 "格斗" 行动（英国

上图：阿根廷海军航空母舰"独立号"原为英国皇家海军的"巨像"级航空母舰"勇士号"，其服役生涯丰富多彩，曾经参加过朝鲜战争，在1958年被阿根廷购买之前曾被租借给加拿大海军使用。该航空母舰上装备的飞机有F4U"海盗"战斗／攻击机和S-2A"追踪者"反潜机

氢弹试验计划），返回后经过几轮谈判，英国在1958年夏季与阿根廷签署协议，"勇士号"在1958年11月11日被正式移交给阿根廷。当年12月，该舰被阿根廷重新命名为"独立号"，成为阿根廷海军首艘航空母舰。该舰在最初转让时仅装备12门40毫米口径高射炮，不久后又缩减为8门高射炮。但在1962年5月，该艘航空母舰安装了新的舰炮炮组，由1门4联装和9门双联装的40毫米高射炮组成。1963年，

该艘航空母舰开始搭载F4U-5"海盗"和TF-9J"美洲狮"教练机。其中，F4U-5"海盗"教练机是航空母舰最重要的装备，"非洲狐"教练机也是"独立号"航空母舰上常见的装备。尽管理论上该航空母舰可以装备喷气式战斗机，却从未装备过能够执行作战任务的F9F"黑豹"战斗机。20世纪60年代后期，在该艘航空母舰服役期届满之前，舰上的航空大队由6架S-2A"追踪者"反潜机（1962年被装备到航空母舰上）和14架"非洲狐"教练机组成。1970年，在购买了"5月25日号"航空母舰后，"独立号"转入预备役，最终在1971年3月被售出拆解。

"巨像"级轻型舰队航空母舰"阿罗芒什号"
Arromanches Colossus Class Light Fleet Carrier

　　英国皇家海军"巨像"级航空母舰"巨像号"于1942年6月开工，1943年在维克斯·阿姆斯特朗有限责任公司的纽卡斯尔船厂下水。该艘航空母舰

在远东服役10个月后，于1946年8月租给法国海军使用，租期5年。第二次世界大战期间，盟军于登陆日在阿罗芒什海滩输送了一些装备和补给物资，

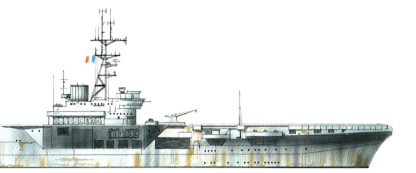

下图："阿罗芒什号"航空母舰于1946年进入法国海军服役，其前身为英国皇家海军的"巨像号"航空母舰

该舰于是被命名为"阿罗芒什号"。

"阿罗芒什号"航空母舰曾经两度被派往东南亚参加作战行动，在第1次作战部署期间，该舰起飞了SBD"无畏"式飞机和"海火"Mk XV型飞机。在第2次任务期间，该舰搭载了24架F6F"地狱猫"和SB2C"地狱俯冲者"飞机。在租赁期满后的1951年，法国海军直接将该舰买下。1954年，在法国战败前，该舰又2次被派到印度支那参加战争。接下来，"阿罗芒什号"航空母舰被派往地中海，在1956年参加了英法联军的苏伊士运河战争，其间起飞了F4U"海盗"和TBM"复仇者"飞机，用于攻击塞得港周围的目标。此外，该舰还参加了法国在阿尔及利亚的军事行动。

1957—1958年，"阿罗芒什号"航空母舰进行了全面改装，加装了1条4度坡角的飞行甲板和1套光学助降系统，在防空火力配置方面用43门40毫米口径火炮替代了原来的24门40毫米机关炮和19门40毫米口径火炮。20世纪60年代早期，该艘航空母舰上的40毫米口径火炮被全部拆除，成为1艘训练航空母舰。该舰搭载有反潜机和喷气式教练机，专门为新型航空母舰"福煦号"和"克莱蒙梭号"培训航空人员。1962年，该艘航空母舰开始搭载来自第33F航空分队的HSS-1型直升机，再次执行攻击任务。1968年，该艘航空母舰再次改装，开始搭载由24架直升机组成的航空兵大队，因而成为1艘直升机航空母舰，专门执行反潜、运输、训练和干预任务。

在英法两国海军连续服役了30年后，"阿罗芒什号"航空母舰最终于1974年退出现役，1978年在土伦港被拆解。

技术参数

"阿罗芒什号"轻型舰队航空母舰

排水量： 标准排水量14000吨，满载排水量19600吨

尺寸： 长211.84米，宽24.38米，吃水深度7.16米，飞行甲板宽36米

动力系统： 双轴推进，蒸汽轮机，功率40000马力（29828千瓦）

航速： 25节（46千米/时）

武器系统： 见正文

电子系统： 1部DRBV 22A型对空搜索雷达，各式法国、美国与英国产的雷达和飞机着舰辅助装置

飞机： 24架（见正文）

人员编制： 1400人

上图：1953年在远东执行部署任务的"阿罗芒什号"航空母舰，甲板上是部分F6F"悍妇"战斗机和SB2C型俯冲轰炸机。法国在奠边府战役后从远东撤军，该艘航空母舰在塞得港附近参加了苏伊士运河登陆作战

"尊严"级航空母舰"维克兰特号"
Vikrant Majestic Class Carrier

"维克兰特号"的前身为英国"尊严"级轻型航空母舰"大力神号"，从1946年5月就开始建造，但一直未能完工。1957年1月，该舰被印度购买，重新命名为"维克兰特号"（意为"英勇"）。1957年4月，"维克兰特号"航空母舰被送往贝尔法斯特造船厂进行最后的组装，装备1座单层机库、2部电动飞机升降机、1条斜角飞行甲板和蒸汽式飞机弹射器。为了能够在热带海域进行活动，该艘航空母舰还安装了空调系统。1961年，该舰正式开始服役。

1962年，"维克兰特号"航空母舰的舰载机被派往泰米尔纳德邦作战。1965年，印巴冲突期间，印度正在对"维克兰特号"航空母舰进行改装，即便如此，该舰的舰载机还是从岸上基地起飞参加了作战。

1971年的印巴冲突期间，"维克兰特号"航空母舰上的16架"海鹰"战斗轰炸机和4架"贸易风"反潜机组成混合航空兵大队，在东巴基斯坦（今孟加拉国）附近海域作战。老式的"海鹰"战斗轰炸机的表现比较出色，成功攻击了沿岸大量的港口、机

技术参数

"维克兰特号"航空母舰

排水量： 标准排水量15700吨，满载排水量19500吨

尺寸： 长213.4米，宽24.4米，吃水深度7.3米，飞行甲板宽39米

动力系统： 双轴推进，蒸汽轮机，功率40000马力（29830千瓦）

航速： 24.5节（45千米／时）

武器系统： 9门单装的40毫米高射炮

电子系统： 1部LW-05对空搜索雷达，1部ZW-06对海搜索雷达，1部LW-10战术搜索雷达，1部LW-11战术搜索雷达，1部Type 963舰载进近指挥雷达

飞机： 见正文

人员编制： 和平时期包括航空兵大队在内1075人，战时包括航空兵大队在内1345人

场和舰艇，阻止了巴基斯坦军队的人员与物资输送。

重大改进

1971年，为了执行反潜任务，"维克兰特号"航空母舰上的"贸易风"反潜机被"海王"Mk 42型直升机替代。但直到1987年，最后1架"贸易风"才被退出现役。1979年1月，"维克兰特号"在孟买进行了一项服役期延长改进工程。1982年1月，该项工程实施完毕，舰上装备了"海鹞"FRS.Mk 51型飞机。此外，该舰还建造了1条9.75度斜角的滑跃式跑道，安装了新式的锅炉和发动机，以及荷兰制造的新式雷达，装备了新的指挥控制系统，并于1990年3月起飞了首架"海鹞"FRS.Mk 51型飞机。该艘航空母舰新的航空兵大队包括6～8架"海鹞"飞机、6～8架"贸易风"反潜机、6架"海王"Mk 42反潜／反舰导弹飞机和"云雀Ⅲ"型通用直升机。

经过长时间服役后，"维克兰特号"航空母舰于1994年最后一次出海活动。3年后，该舰退出现役。

左图："维克兰特号"航空母舰在1971年的印巴冲突期间被广泛应用，是印度海军负责对东巴基斯坦（今孟加拉国）进行封锁的一支重要力量，由"贸易风"反潜机和"海鹰"战斗轰炸机组成的舰载机大队击沉了巴基斯坦大量的舰艇和商船

"独立"级航空母舰"迷宫号"
Dédalo Independence Class Carrier

"迷宫号"的前身是美国"独立"级航空母舰"卡伯特号"，在第二次世界大战期间建造，原为美国海军的航空运输舰，在费城海军造船厂进行改装后开始使用。由于西班牙拒绝购买"埃塞克斯"级航空母舰，也不同意对意大利巡洋舰"的里雅斯特号"进行改装，该艘航空母舰于1967年8月30日被租借给西班牙，为期5年。1973年，"迷宫号"被西班牙直接买下，担任西班牙海军舰队的旗舰。该艘航空母舰的飞行甲板长166米，宽32.9米，机库可容纳18架"海王"直升机，飞行甲板上可停放6架。在通常情况下，"迷宫号"的舰载机联队由4个舰载机分队组成，其中，第1个分队装备8架AV-8S"斗牛士"垂直/短距起降战斗机，第2个分队装备4架SH-3D/G"海王"反潜战直升机，第3个分队配置4架AB212反潜和电子战直升机，第4个分队根据任务需求也配置4架直升机。该艘航空母舰最多可搭载7个配备4架飞机的航空兵分队。1989年8月，"迷宫号"退出现役。在服役期间，该艘航空母舰的航程达804650千米，进行了50000架次舰载机起降。

技 术 参 数
"迷宫号"航空母舰
排水量: 标准排水量13000吨，满载排水量16416吨
尺寸: 长189.9米，宽21.8米，吃水深度7.9米
动力系统: 4轴推进，蒸汽轮机，功率100000马力（74570千瓦）
航速: 24节（44千米/时）
武器系统: 1门4联装40毫米高射炮，9门双联装40毫米高射炮
电子系统: 1部SPS-83D雷达，1部SPS-6和1部SPS-40对空搜索雷达，1部SPS-10对海搜索雷达/战术雷达，2套Mk 29和2套Mk 28火控系统，2部导航雷达，1套URN-22"塔康号"系统，1套WLR-1电子对抗系统
飞机: 见正文
人员编制: 不包括航空兵大队在内1112人

上图：前身为美国海军"卡伯特号"的"迷宫号"航空母舰在莱特湾海战中，躲过了"神风特攻队"的自杀式飞机的攻击。它为西班牙海军的航空母舰舰载机部队作出了巨大贡献，在西班牙舰队服役20年

左图：西班牙"迷宫号"航空母舰由美国第二次世界大战时期的"卡伯特号"航空母舰改装而来，该舰曾经担任过西班牙海军的旗舰，后被"阿斯图里亚斯王子号"所替代

"光辉"级航空母舰"胜利号"
HMS Victorious Illustrious Class Carrier

经过第二次世界大战的洗礼之后，1950—1957年，"胜利号"航空母舰在英国朴次茅斯船厂进行了全面改建，改建范围从机库一直延伸到甲板以上。在这次现代化改装过程中，航空母舰舰体被加宽、加深和加长，并对机械装置和锅炉设备进行了全面的更新，装备了蒸汽飞机弹射器、新的着舰拦阻装备和带有助降透镜的 1 个 8.75 度的斜角飞行甲板，以及新的飞机升降机和雷达系统等。"胜利号"航空母舰计划配备 35 架固定翼飞机，但即使加上 8 架直升机，该舰的舰载机也从未超过 28 架。

1958 年，该艘航空母舰重新服役，搭载了"弯刀""海毒液""天袭者"以及"旋风"飞机。1960 年，又用"海雌狐"代替了"海毒液"战斗机。1962—1968 年，该艘航空母舰再次进行改装，但在改装完成前发生了火灾。英国政府以这一事件为借口，要求在第 2 年将该舰作为 1966 年出台的航空母舰裁减

技术参数
"胜利号"航空母舰
排水量：标准排水量 30500 吨，满载排水量 35500 吨
尺寸：长 238 米，宽 31.5 米，吃水深度 9.4 米，飞行甲板宽 47.8 米
动力系统：3 轴推进，齿轮蒸汽轮机，功率 110000 马力（82027 千瓦）
航速：31 节（57 千米／时）
武器系统：6 门双联装 76 毫米 Mk 33 型高射炮和 1 门 6 联装 40 毫米口径高射炮
电子系统：1 部 984-3D 型雷达，1 部 293Q 型测高雷达，1 部 974 型对海搜索雷达，1 套 CCA 型飞机着舰辅助设备
飞机：35 架（见正文）
人员编制：2400 人

右图：这是 1 张拍摄于 20 世纪 60 年代的照片，图中是英国皇家海军的 4 艘斜角飞行甲板航空母舰之中的 3 艘，只有"鹰号"航空母舰不在场。在本图中，"胜利号"航空母舰位于"竞技神号"和"皇家方舟号"的后面，该舰与当初攻击"俾斯麦号"战列舰时的面貌相比已经发生了巨大的变化

下图："胜利号"航空母舰是 20 世纪 50 年代经过全面现代化改装的唯一一艘战时舰队航空母舰，图中是该航空母舰即将进行长期改装之前的照片。8 年后，"胜利号"航空母舰完成了从机库到甲板的全面改建，能够起降包括"掠夺者"在内的重达 18145 千克的飞机

计划的一部分将其拆解。航空母舰上的航空兵大队最后只剩下 8 架"海盗"Mk 1 型、8 架"海雌狐"、2 架"塘鹅"Mk 3 型空中预警机和 5 架"威塞克斯"直升机。1964 年，在印度尼西亚进行的战事中，"胜利号"航空母舰携带上述飞机参加了作战行动。

作为英国皇家海军舰队和北约航空母舰打击大队的组成部分，"胜利号"航空母舰及其搭载的"掠夺者"攻击机可以携带海军版的 0.5～2 万吨可变当量的"红胡子"战术核炸弹。

"邦那文彻号"航空母舰
HMCS Bonaventure Majestic Class Carrier

英国皇家海军"庄严"级航空母舰"力量号"于 1943 年 11 月开工建造，1945 年 2 月下水时尚未彻底完工。1952 年，该艘航空母舰的舰身被加拿大皇家海军购买，更名为"邦那文彻号"航空母舰。加拿大人对这艘航空母舰进行了重新设计，安装了 1 条 8 度斜角的飞行甲板、1 台蒸汽飞机弹射器、1 部现代化的着舰拦阻装置和 1 部固定助降透镜。此外，在舰侧的 4 个舷台装备 4 门双联装 76 毫米口径高射炮，重新构建了岛形上层建筑，在原来架设三角桅的地方竖起 1 根高大的装有美式雷达的格子桅杆。

"邦那文彻号"航空母舰于 1957 年正式编入加

技术参数
"邦那文彻号"航空母舰
排水量： 标准排水量 16000 吨，满载排水量 20000 吨
尺寸： 长 219.5 米，宽 24.38 米，吃水深度 7.62 米，飞行甲板宽 32 米
动力系统： 双轴推进，齿轮蒸汽轮机，功率 40000 马力（29828 千瓦）
航速： 24.5 节（45 千米 / 时）
武器系统： 4 门（后为 2 门）双联装 76 毫米 Mk 33 型高射炮
电子系统：（1967—1968 年改装前）1 部 SPS-12 型对空搜索雷达，1 部 SPS-8 型测高雷达和 1 部 SPS-10 型对海搜索雷达
飞机： 21～24 架（见正文）
人员编制： 1370 人

左图："邦那文彻号"航空母舰能够搭载包括"追踪者"反潜机在内的新一代舰载机，执行反潜作战任务

下图："庄严"级航空母舰"力量号"尚未建成就被卖给了加拿大海军，完工后更名为"邦那文彻号"。该舰最初装备 F2H"女妖"喷气战斗机。1961 年，该艘航空母舰成为 1 艘专业的反潜航空母舰。1968 年，该舰装备了新式雷达，提高了耐波能力

拿大海军舰队服役，航空大队最初包括 16 架 F2H-3"女妖"喷气战斗机和 8 架加拿大制造的 CS2F"追踪者"反潜机。1961 年，该舰的舰载机全部改为反潜机，有 8 架"追踪者"和 13 架 HO4S-3"旋风"直升机。在 CHSS-2"海王"直升机投入使用后又用它替代了 HO4S-3"旋风"直升机。1966—1967 年，在对"邦那文彻号"航空母舰进行的大规模中期改

进中，装备了新型雷达和"菲涅耳"着舰助降透镜，拆除了舰体前部的两座舷台，以便提高航空母舰的耐波性。此外，航空母舰的舱室配置、飞机操控和防放射性沾染设施也进行了改进。1970 年，由于保留该艘航空母舰的成本较高，加拿大海军决定将其处理掉。最后，该艘航空母舰被卖出拆毁。

"皇家方舟号"舰队航空母舰
HMS Ark Royal Fleet Carrier

　　作为"鹰号"航空母舰的姊妹舰，"皇家方舟号"（R09）于 1955 年完工，舰船设计更加现代化，配置有 1 对蒸汽飞机弹射器，安装 1 条 5.5 度斜角的飞行甲板以及 1 套助降透镜设备，在左舷甲板安装了 1 部升降机仅供上层机库使用。该艘航空母舰最初的航空兵大队配备 50 架飞机，包括"海鹰"战斗轰炸机、"海毒液"战斗机、"塘鹅"反潜机和"天袭者"空中预警机以及几架通用直升机。20 世纪 50 年代后期，该舰的航空大队又增加了"飞龙"攻击机。1956 年，该舰右舷侧的 114 毫米口径炮塔被拆除，1959 年又拆掉了甲板另一侧的升降机。

技术参数
"皇家方舟号"舰队航空母舰
排水量：标准排水量 43060 吨，满载排水量 50786 吨
尺寸：长 275.6 米，宽 34.4 米，吃水深度 11 米，飞行甲板宽 50.1 米
动力系统：4 轴推进，蒸汽轮机，功率 152000 马力（113346 千瓦）
航速：31.5 节（58 千米/时）
武器系统：4 座 4 联装 GWS22"海猫"舰对空导弹发射架
电子系统：2 台 965M 型对空搜索雷达，2 台 982 型对空搜索雷达，2 台 983 型测高雷达，1 台 993 型对海搜索雷达，1 部 SPN-35 型飞机着舰装置，1 台 974 型导航雷达和 1 套电子对抗系统
飞机：39 架（见正文）
人员编制：2637 人

左图：1957年10月，"皇家方舟号"在与美国海军"萨拉托加号"航空母舰的联合作战中，起降第61战斗机中队的F3H"恶魔"战斗机。本图中，在"恶魔"战斗机起飞后，"海鹰号"正准备从1台BS4型蒸汽弹射器上起飞。背景中的2架"天袭者"Mk 1型预警机正准备自由起飞

下图：这是1张"皇家方舟号"在1978年的剖面图，与20世纪50年代的舰船结构有着许多不同之处：岛形上层建筑后面的圆形天线罩下面安装有航空母舰控制着舰雷达系统（CCA），1套自动着舰装置、大量的桅杆及天线表明了航空母舰电子设备的复杂性

"皇家方舟号"这个历史悠久的舰名要追溯到"无敌舰队"的时代，该艘航空母舰在20世纪70年代退出现役，不再起降"鬼怪"和"掠夺者"飞机。尽管多次出现机械问题，但该舰仍然是当时世界上战斗力最强的航空母舰之一

左图："皇家方舟号"航空母舰在1955年建成后，配备有16门114毫米火炮和大量的40毫米"博福斯"高射炮。在构成航空母舰航空大队的50架飞机之中，有"海鹰""塘鹅""天袭者"战斗机以及直升机

1960年，"皇家方舟号"重返海上服役，其舰载机联队增加了"弯刀""海雌狐"和"塘鹅"飞机。1964年，该舰艉附近的2门114毫米舰炮被拆除，炮塔却保留下来。在1967—1970年的改装中，最后几门40毫米口径的"博福斯"高射炮也被拆除了。经过这样的改装之后，该艘航空母舰可以起降"鬼怪"战斗机。此外，该艘航空母舰还安装了1条8.5度斜角的飞行甲板、新的飞机弹射器和飞机着舰拦阻装置，重新构造了岛形上层建筑，在对老式雷达进行改进的同时，还补充了新型雷达。

"皇家方舟号"舰载机大队所配置的飞机数量从48架减少到了39架，此后这个数字一直保持不变。在通常情况下，这39架飞机包括12架"鬼怪"Mk 1型战斗机、14架"掠夺者"Mk 2型攻击机、4架"塘鹅"Mk 3型空中预警机、6架"海王"Mk 1型

（后为Mk 2型）反潜直升机、2架"威塞克斯"Mk 1型搜索与救援直升机和1架"塘鹅"舰载运输飞机（COD）。"掠夺者"不仅拥有更大的载油量，而且还可以携带伙伴加油吊舱，并作为远程照相侦察机增加了1套炸弹舱照相设备。至少有1架"掠夺者"飞机会做好随时作为远程照相侦察机的准备。

退役

尽管在服役期间多次出现机械故障，但"皇家方舟号"作为英国皇家海军的常规动力航空母舰直到1978年才退出现役。在对"皇家方舟号"的未来进行了多次讨论之后，该舰最终于1980年从德文郡被拖走实施拆解。与其姊妹舰一样，"皇家方舟号"曾于20世纪60年代进行改装，可以携带"红胡子"以及后来的"绿鹦鹉"战术核炸弹。

"鹰号"舰队航空母舰
HMS Eagle Fleet Carrier

"鹰号"航空母舰的原名为"大胆号"，为4艘改进型"不挠"级航空母舰之中的1艘。鉴于该舰的设计在第二次世界大战结束时非常先进，所以英国皇家海军完全按照原设计进行建造。1946年1月，该舰更名为"鹰号"（R06）。从逻辑上讲，英国皇家

海军"鹰号"航空母舰应当是战时的"不挠"级航空母舰的延续，但在20世纪50年代兴起的航空母舰设计和改装热潮中，"鹰号"进行了大量的改进。作为英国皇家海军的先头部队，"鹰号"航空母舰参加过20世纪60年代的苏伊士运河战争和印度洋上的

技术参数

"鹰号"舰队航空母舰

排水量： 标准排水量 44100 吨，满载排水量 45100 吨

尺寸： 长 247.4 米，宽 34.4 米，吃水深度 11 米，飞行甲板宽 52.1 米

动力系统： 4 轴推进，蒸汽轮机，功率 152000 马力（113346 千瓦）

航速： 31.5 节（58 千米／时）

武器系统： 4 门双联装 114 毫米两用火炮，6 门 4 联装 GWS22"海猫"舰对空导弹发射架

电子系统： 1 部 9843D 型雷达，1 部 965 型对空搜索雷达，1 部 963 CCA 型着舰辅助设备，1 部 974 型导航雷达和 1 套电子对抗系统

飞机： 36 ～ 60 架（见正文）

人员编制： 2750 人

上图：1956 年 10 月，"鹰号"航空母舰作为曼雷·帕维尔海军中将的旗舰，率领"堡垒号"和"海神之子号"参加在马耳他附近海域举行的演习。仅仅数周后，这些航空母舰就将参加苏伊士运河登陆作战

作战行动。尽管后来被姊妹舰"皇家方舟号"赶超，但多年来"鹰号"一直是英国皇家海军重要的攻击航空母舰。

1951 年，"鹰号"航空母舰建成，与最初的设计相比，其武器装备减少到 4 座双联装 114 毫米口径两用火炮以及 8 门 6 联装、2 门双联装和 9 门单管 40 毫米口径"博福斯"高射炮，安装了更先进的搜索雷达和多达 12 台美制 Mk 37 型雷达火炮指挥仪。航空母舰航空兵大队最初配备有"海火"战斗机，"萤火虫"和"复仇者"飞机，后来又配备了"海黄蜂"和"天袭者"Mk 1 型空中预警机。该舰总共可搭载 60 架固定翼飞机（这个数字在 1954 年是 59 架），主要有"海鹰"战斗机，"复仇者""天袭者"攻击机和"蜻蜓"搜救直升机。

从 1954 年中期到 1955 年早期，"鹰号"航空母舰进行了现代化改装，建造了 1 条 5.5 度的斜角甲板，安装了助降透镜，拆除了 3 门单管和 1 座 6 联装"博福斯"高射炮炮座。1956 年，在苏伊士运河登陆作战中，该舰编入英法航空母舰部队，搭载一个由"海鹰""天袭者""飞龙""海毒液"飞机组成的混合航空兵大队，执行打击任务。从 1969 年中期到 1964 年中期，"鹰号"在德文郡造船厂进行了全面改装，舰

右图：20 世纪 60 年代晚期，"鹰号"航空母舰正在驶离新西兰惠灵顿港。"鹰号"与"皇家方舟号"航空母舰的最大不同之处在于舰桥顶端有 1 部巨大的 984 型雷达，没有安装弹射器挡焰板

舰架设的 114 毫米火炮炮架和 40 毫米火炮全部拆除，安装了 1 条 5.5 度斜角的飞行甲板，雷达设备也进行了现代化改进，安装了 6 座 4 联装"海猫"近程防空导弹发射架。航空兵大队的飞机数量减少到了 35 架固定翼飞机和 10 架旋翼机，主要为"海雌狐""弯刀""塘鹅"飞机和"威塞克斯"直升机。

20世纪60年代后期的"鹰号"航空母舰的航空联队

就战术而言，"鹰号"航空母舰上的"掠夺者"攻击机能够避开敌军对空搜索雷达的探测，以较高的亚音速接近目标投放弹药，或者携带"红胡子"战术核武器进行甩投，或者通过更常规的俯冲 / 低空平飞轰炸方式投放 227 千克和 454 千克的高爆炸弹、51 毫米或 76 毫米口径的非制导火箭。此外，"掠夺者"攻击机还可以利用翼载无线电制导的 AGM–12B "小斗犬"空地导弹实施攻击，利用配置在炸弹舱内的特制照相器材进行照相侦察。

"海雌狐"双座全天候战斗机的主要武器装备包括 2 个伸缩式吊舱，分别容纳 14 枚 50.8 毫米口径的非制导火箭，在 4 个翼下外挂点上有各式武器，如"红顶"红外制导空空导弹，1 个可容纳 24 枚 50.8 毫米口径火箭的火箭吊舱，1 枚 227 千克的高爆炸弹和 6 枚 76 毫米口径火箭。2 个大型的外挂点通常携载 682 升的副油箱，在需要的情况下，可以替换为 1 枚 454 千克的高爆炸弹或 1 枚 AGM–12A "小斗犬"空地导弹。

战斗中的"鹰号"航空母舰

20 世纪 60 年代中期，"鹰号"航空母舰进行了改装，可以起降最新型的"掠夺者"攻击机。1966 年春季，"鹰号"前往东非执行巡逻任务，对罗得西亚（今津巴布韦）进行石油封锁。第 2 年，在英军回撤期间，"鹰号"被派往亚丁水域执行部署，与其他航空母舰——"竞技神号"和"胜利号"，突击航空母舰"海神之子号"和"堡垒号"，以及攻击航空母舰"无恐号"和"不惧号"，组成了英国皇家海军在苏伊士运河以东集结的规模最大的舰队。除"掠夺者"外，"鹰号"的航空兵大队还配备了 1 个中队的"海雌狐"Mk 2 型飞机。早期的预警力量由"塘鹅"Mk 3 型空中预警机组成的飞行小队担任，1 个由少量的"弯刀"Mk 1 型飞机组成的飞行小队利用外挂式油舱提供空中加油支援。此外，"鹰号"还搭载了 2 架直升机执行搜救任务。

"鬼怪"战斗机时代

从远东返回后，"鹰号"航空母舰进行了改装，可以起降"鬼怪"Mk 1 型战斗机，并在 1969 年 3—6 月期间，搭载该型机进行了大量试验。然而，尽管"鹰号"的性能更加可靠，舰体状况也不错，经过 1964 年的改装后还安装了比较先进的传感器系统，但英国皇家海军最终还是对"皇家方舟号"航空母舰进行了全面改装，以起降"鬼怪"战斗机。此外，"鹰号"航空母舰在 1968 年的改装中，还安装了能够弹射"鬼怪"战斗机的弹射装备。

防空火力

在苏伊士运河危机期间，"鹰号"航空母舰继续保留着重型火炮，这些装备后来在 1959—1964 年的重大改装中被拆除，安装了 1 条斜角甲板。此次改装后，"鹰号"装备了 6 套专门用于对空防御的"海猫"防空导弹系统。

下图：20 世纪 60 年代晚期，2 架"掠夺者"飞机从"鹰号"航空母舰上空飞过。"鹰号"服役了 20 年，在该舰服役生涯的最后阶段，其排水量从 1951 年的 45720 吨增加到最大时的 54100 吨

早期任务

"鹰号"航空母舰（原为"大胆号"）属于"不屈"级航空母舰的改进型设计，在服役之初就布置了斜角甲板，用来对各型新式飞机的原型机进行试验，例如"海毒液""塘鹅""海鹰"舰载机。该艘航空母舰的第一支航空大队于1952年9月登舰，配备"喷火""萤火虫""复仇者"战斗机，后来又配备了"海黄蜂"和"天袭者"战斗机。

作战经历

1964年，"鹰号"航空母舰奉命前往远东和印度尼西亚执行部署。1966年，该舰前往罗得西亚和贝拉港执行巡逻任务，防止石油通过莫桑比克抵达这个国家。1967年，该舰前往亚丁掩护英军从这一叛乱地区撤出。在上述作战间隙进行的1次改装中，"鹰号"被改装成可搭载"掠夺者"飞机的形式，安装了1台飞机弹射器。1969年，在远东的另外1次部署行动期间，"鹰号"被英国皇家海军用来试验"鬼怪"战斗机。第2年，该舰搭载了第1个反潜直升机中队。20世纪70年代初期，"鹰号"航空母舰中止服役，因为政府认为把该舰改装成为可全天候起降"鬼怪"战斗机的成本太高（事实上只需轻微改动即可，该舰成为1966年上台的工党政府的另一个政治牺牲品）。"鹰号"航空母舰在1972年退出现役，成为"皇家方舟号"的"浮动"的零部件备用平台，最后于1978年被拖走拆除。在退出现役前，"鹰号"的航空兵大队再次削减到30架固定翼飞机和6架旋转翼飞机，其中包括"掠夺者"和"海雌狐"飞机、"塘鹅"Mk 3型空中预警机和"威塞克斯"直升机。

"竞技神号"航空母舰/突击直升机母舰
HMS Hermes Aircraft Carrier and Commando Carrier

战后的"竞技神号"原为第6艘"半人马座"级航空母舰，但在1945年10月，该舰的建造计划被取消，其舰名给了同级的"大象号"航空母舰使用。接下来，英国人重新设计了"竞技神号"，该舰于1959年11月编入现役，装备1条6.5度斜角的飞行甲板，1部位于甲板一侧的升降机和1套3D雷达系统。

1964—1966年，新的"竞技神号"航空母舰重新装备了2套4联装"海猫"舰对空导弹系统，替换了原来的5门双联装40毫米"博福斯"高射炮，重建了岛形上层建筑。在1971年进行的另一次改装中，9843D型雷达被965型"床架"系统所取代。

突击直升机母舰

"竞技神号"航空母舰在被改装成为1艘突击航空母舰后，安装了1套甲板着舰灯光系统，但仅能搭载28架飞机，包括"海毒液""掠夺者"和"塘鹅"固定翼飞机，但不能起降现代化的"鬼怪"战斗机。

在这次改装中，"竞技神号"还拆掉了飞机着舰制动索和弹射器，但可搭载一个配备"威塞克斯"突击直升机中队的满编的海军陆战队突击队。1977年，"竞技神号"再次被改装为1艘反潜航空母舰，但仍然具有突击运送能力，搭载了9架"海王"反潜机和4架"威塞克斯"Mk 5型通用直升机。

技术参数
"竞技神号"航空母舰
排水量： 标准排水量 23900 吨，满载排水量 28700 吨
尺寸： 长 226.9 米，宽 27.4 米，吃水深度 8.7 米，飞行甲板宽 48.8 米
动力系统： 双轴推进，蒸汽轮机，功率 76000 马力（56675 千瓦）
航速： 28 节（52 千米／时）
武器系统： 2 座 4 联装"海猫"舰对空导弹发射架（约携带 40 枚导弹）
电子系统： 1 部 965 型对空搜索雷达，1 部 993 型对海搜索雷达，1 部 1006 型导航雷达，2 套 GWS 22"海猫"制导系统，1 套"塔康"系统，1 部 184 型声呐，几套主动与被动电子对抗系统，2 台"乌鸦座"诱饵发射架
飞机： 一般为 5 架（后增加到 6 架）"海鹞"和 9 架"海王"反潜直升机，具体参看正文
人员编制： 包括航空兵大队在内 1350 人（舰上的 4 艘车辆人员登陆艇还可搭载 750 名全副武装的陆战队突击队员）

1980 年，"竞技神号"航空母舰开始第 3 次重大改装，任务再次发生改变，其飞行甲板得到加强，舰艇上方安装了 1 条 7.5 度滑跃跑道，可起降 5 架"海鹞"垂直／短距起落飞机，代替了原来的"威塞克斯"直升机。1982 年，由于舰上安装了大量的通信设备且飞机运载能力大大提升，"竞技神号"成为英军在马尔维纳斯群岛特遣部队的旗舰。

马尔维纳斯航空联队

在马尔维纳斯群岛战争中，"竞技神号"的航空兵大队原有 12 架"海鹞"、9 架"海王"Mk 5 型直升机和 9 架"海王"Mk 4 型直升机。随着战事的

上图：在一个风大浪高的日子里，英国皇家海军"竞技神号"航空母舰正与 1 艘 22 型护卫舰并肩航行在海面上。这艘 22 型护卫舰利用"竞技神号"上所缺乏的"海狼"舰对空导弹系统为该艘航空母舰提供必要的近程防空和反导弹防御保护。"竞技神号"航空母舰装备有 2 套"海猫"导弹发射架

下图：20 世纪 70 年代早期，"竞技神号"航空母舰丧失了搭载固定翼飞机的能力，其任务转变为反潜作战，同时担任突击运送支援任务。后来，该艘航空母舰又可搭载固定翼飞机，装备了 1 条 7.5 度角的滑跃式跳板

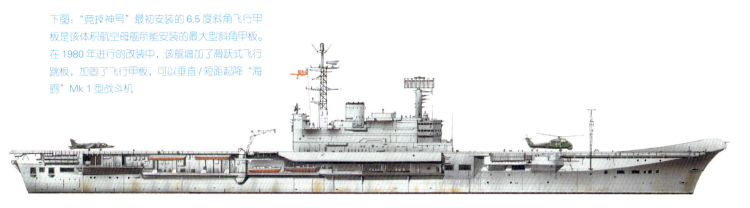

下图："竞技神号"最初安装的 6.5 度斜角飞行甲板是该体积航空母舰所能安装的最大型斜角甲板。在 1980 年进行的改装中，该舰增加了滑跃式飞行跳板，加固了飞行甲板，可以垂直／短距起降"海鹞" Mk 1 型战斗机

持续，该舰的舰载机进行了调整，可搭载 15 架"海鹞"、6 架"鹞" Mk 3 型、5 架"海王"反潜机和 2 架"山猫"直升机（其中，"山猫"直升机主要用来诱骗阿根廷军队的"飞鱼"导弹）。马尔维纳斯群岛战争后，该舰在 1983 年又参加了一系列的战斗部署，接下来，从 1984 年 1 月开始又进行了为期 4 个月的改装。此次改装后，"竞技神号"被用作港内训练舰，这是因为英国皇家海军认为该舰耗费人力，而且不能使用皇家海军专用的柴油燃料。

与"无敌"级航空母舰一样，冷战时期的"竞技神号"航空母舰上的直升机携带有核深水炸弹，"海鹞"携带有战术自由落体核炸弹。与美国航空母舰相比，英国航空母舰上携带的核武器数量约为 15 枚，其中 10 枚用于反潜战。

1986 年，"竞技神号"航空母舰被印度买下，更名为"维拉特号"，并于第 2 年 5 月编入印度海军服役。

"企业号" 核动力航空母舰
USS Enterprise Nuclear-Powered Aircraft Carrier

美国最早对于核动力航空母舰的研究可以追溯到 1949 年，当时正在规划中的"福莱斯特"级航空母舰就准备采用核动力，但最后还是采用了常规动力。核动力的主要优点在于续航力近乎无限，靠港补给时间更短，且不会产生化石燃料废物排放。

早在"企业号"（CVAN–65）的研制期间，美国肯尼迪政府内部就该艘航空母舰的未来作用展开过激烈的争论，时任国防部部长的麦克纳马拉质疑这艘标价 4.51 亿美元大船的舰载机的调整。鉴于这一局面，美国政府最终取消了建造另外 5 艘该级航空母舰的计划。

建造

"企业号"航空母舰于 1958 年 2 月开工建造，1960 年 9 月下水，1961 年 11 月完工并服役，是世界上第 2 艘编入现役的核动力战舰，第 1 艘核动力战舰是 1959 年 7 月 14 日下水的"长滩号"巡洋舰。后来，"企业号"和"长滩号"一起编入"企业号"航空母

上图：乔治·塔利中校驾驶 1 架 F8U-1 "十字军战士" 飞机首次在 "企业号" 航空母舰的飞行甲板上降落。"十字军战士" 飞机的进场速度太快，因此在这艘早期的 "埃塞克斯" 级航空母舰上进行降落非常困难

舰战斗群。

1969 年 2 月，舰上的 1 枚火箭弹发生爆炸事故，导致该舰严重受损，27 名舰员死亡，344 人受伤。经过彻底整修后，该舰于 1974 年成为第 1 艘搭载 F-14 "雄猫" 战斗机的航空母舰。

"企业号" 是世界上第 1 艘超级航空母舰，安装了庞大的核动力装置，航速高达 35 节（65 千米/时）。虽然核动力装置的体积很大，但由于免除了舰上的排气设备和燃油贮藏区，节省出来的一部分空间可用于贮存航空燃料。

"企业号" 的核动力装置有 8 座 A2W 型反应堆，驱动 4 台齿轮转动蒸汽轮机，输出功率达 280000 马力（209000 千瓦）。该舰下水后 6 个月，即 1960 年 12 月 2 日，反应堆进入临界状态。在接下来的 11 个月内，所有 8 座反应堆全部产生蒸气，供给 32 个热交换器。核动力装置使得 "企业号" 在重新填充燃料

上图："企业号" 最初设计的箱式上层建筑可安装 SPS-32/33 型雷达系统

前，能够以 20 节（37 千米／时）的航速行程 740740
千米。1964 年，该舰同"长滩号"和"班布里奇
号"进行了一次环球巡航，展示了核动力装置的强
大能力。

　　然而，尽管"企业号"的核动力装置具备了强
大的自给能力，但该舰搭载的由 80 架飞机组成的航
空联队和 5500 名舰员仍然需要定期补给军需物资和
食物。必须强调的一点是，"企业号"的所需补给次
数比常规动力航空母舰要少。

　　"企业号"飞行甲板的设计汲取了"福莱斯特"
级的经验教训，右舷配有 3 台甲板升降机，左舷配
有 1 台升降机。虽然该舰航空联队通常由 86 架飞机
组成，但甲板下方的机库可容纳 96 架飞机。

　　"企业号"的上层建筑与众不同，外观看上去就
像一个大箱子。舰桥上安装有传感器和雷达，包括
SPS-32/33 型平板相控阵雷达系统，唯一安装该系统

技术参数
"企业号"（CVAN-65）核动力航空母舰
排水量： 标准排水量 75700 吨，满载排水量 89600 吨
尺寸： 长 342.3 米，宽 40.5 米，吃水深度 11.9 米，飞行甲板宽 76.8 米
动力系统： 4 轴推进，西屋 A2W 型核反应堆，4 台蒸汽轮机，功率 280000 马力（209000 千瓦）
航速： 巡航速度 20 节（37 千米／时），最高速度 35 节（65 千米／时）
武器系统： 3 座 Mk 25 型 8 联装"海麻雀"防空导弹发射装置（自 1967 年开始）
电子装置： SPS-32/33 型固定相控阵雷达系统，包括对空搜索雷达、对海搜索雷达、导航雷达和火控雷达
飞机： 85 架；1973 年 12 月的航空联队包括 1 个 F-14A 战斗机中队、1 个 A-7A 攻击机中队、A-6A/B、RA-5C、E-2B 和 EA-6B 中队各 1 个和 1 个 SH-3D 直升机分队
人员编制： 3325 人，另加 1891 名航空联队人员

的舰只是美国海军的核动力巡洋舰"长滩号"。然而，
由于该系统维修困难，性能并不出众，因此"企业
号"在 1980 年进行重大改装时拆除了这一系统。

左图：图中的"企业号"航空母舰正由越南战场返回母港旧金山，在其搭载的舰载机联队之中就有执行侦察任务的 RA-5C "民团团员"侦察机

"中途岛"级航空母舰
Midway Class Aircraft Carrier

"中途岛"级航空母舰最初计划建造 6 艘（但后来取消了 3 艘），是战争结束时唯一不用改装就能够搭载新一代重型攻击机的航空母舰。"中途岛"级是第二次世界大战期间美国海军建造的性能强大的航空母舰，旨在起降战后新一代装备核武器的重型战机。然而，到了 20 世纪 50 年代后期，为了适应航空母舰的新型技术，该级舰仍然需要进行改装。

改装

3 艘"中途岛"级航空母舰全部进行现代化改装，"中途岛号"（1945 年 9 月加入现役）和"富兰克林·罗斯福号"（1945 年 10 月加入现役）实施 SCB-110 改装计划，加装蒸汽弹射器、SCB-27C 计划中的斜角飞行甲板和轻型舰艏，而最后 1 艘"珊瑚海号"（1974 年 10 月加入现役）进行的是 SCB-110A 改装计划，在舰体舯部增装了第 3 台蒸汽弹射器。20 世纪 60 年代中期，这 3 艘舰又进行了一次改装，"中途岛号"进行的是 SCB-101.66 标准的改装，以搭载最新式的舰载机。由于费用过高，"富兰克林·罗斯福号"在 1968 年只进行了 SCB-101.66 标准的简单改装，"珊瑚海号"由于曾经实施过 SCB-110A 改装计划，能够继续服役。

第1艘退役舰

由于舰体状态太差，"富兰克林·罗斯福号"于 1977 年退出了现役。这 3 艘航空母舰都曾参加过越南战争，根据 SCB-110/110A 改装计划，这些舰只可以装载弹药 1376 吨，航空燃料 134760 升，JP5 型飞机燃料 2271240 升。

技术参数

"中途岛号"与"珊瑚海号"航空母舰

排水量： "中途岛号"，标准排水量 51000 吨，满载排水量 64000 吨；"珊瑚海号"，标准排水量 52500 吨，满载排水量 63800 吨

尺寸： 长 298.4 米，宽 36.9 米，吃水深度 10.8 米，飞行甲板宽 72.5 米

动力系统： 4 台蒸汽轮机，212000 马力（158088 千瓦），4 轴推进

航速： 30.6 节（57 千米 / 时）

武器系统： 2 座"海麻雀"防空导弹倾斜发射架（无再装填设备）（仅"中途岛号"配备），3 门 20 毫米"密集阵"近防武器系统（两舰均配备）

电子系统： （"中途岛号"）LN66 导航雷达，SPS-65V 对空 / 对海搜索雷达，SPS-43C 对空搜索雷达，SPS-49 对空搜索雷达，SPS-48C 三坐标雷达，1 部 SPN-035A，2 部 SPN-42 和 1 部 SPN-44 飞机助降系统，2 部 Mk 115 火控雷达，URN-29"塔康"系统，SLQ-29 电子支援套件，4 部干扰弹发射器；（"珊瑚海号"）LN66 导航雷达，SPS-10 对海搜索 / 导航雷达，SPS-43C 对空搜索雷达，SPS-30 对空搜索雷达，1 部 SPN-43A 飞机助降系统，URN-20"塔康"系统，SLQ-29 电子支援套件，4 部 SRBOC 干扰弹发射器

舰载机： 见正文

人员编制： "中途岛号"，2165 名舰员，1800 名航空人员；"珊瑚海号"，2710 名舰员，1800 名航空人员

右图：美国海军"中途岛号"航空母舰。由于 2 艘"中途岛"级航空母舰的用途较为广泛，因此一直服役到 20 世纪 80 年代

"珊瑚海号"（20世纪60年代）

1. CPO 区
2. 船舵
3. 操舵舱
4. 航空备件舱 / 修理所
5. 螺旋桨
6. 127 毫米口径高平两用炮
7. 吃水线
8. 127 毫米舰炮火控系统
9. 空勤人员住舱
10. 仓库
11. 弹药
12. 航空汽油
13. Mk 7 型着舰拦阻装置系统

14. 舰员区
15. 轮机舱
16. 锅炉舱
17. 舰用涡轮发电机
18. 泵舱
19. 辅助机舱
20. 双层底
21. 装甲带以前的位置
22. 舰上着舰镜
23. 53 吨甲板边缘升降机
24. 飞机升降机
25. 舰桥
26. 通道平台

27. 桅杆
28. 烟囱
29. SPS-43 型雷达
30. SPS-30 型雷达
31. 空防位置
32. 航海舰桥
33. 指挥舰桥
34. 控制中心
35. 空调机
36. 飞行甲板
37. 机库
38. 航空兵联队舱
39. 油箱

40. C11 型弹射器
41. 缆索管
42. 起锚机
43. 锚
44. 系锚环
45. 系缆卷车
46. 锚链舱
47. 龙骨前端部
48. 军官宿舍
49. 通道
50. 弹药库

20 世纪 80 年代，只有"中途岛号"和"珊瑚海号"在服现役，前者编入太平洋舰队，母港设在日本横须贺，后者作为大西洋舰队的前沿部署航空母舰。

缩编航空联队

因为舰体较小，"中途岛"级航空母舰只能搭载 F-4N/S "鬼怪 II" 型战斗机，而不是 F-14A "雄猫" 战斗机，同样也没有搭载 S-3A "北欧海盗" 反潜机。"中途岛号"和"珊瑚海号"均安装有 3 台甲板边缘飞机升降机，"中途岛号"有 2 台弹射器，"珊瑚海号"有 3 台弹射器。在服役生涯的最后几年，每艘舰可装载 1210 吨的航空弹药以及 JP5 型航空燃料 449 万升。"中途岛号"在 1966 年进行了大规模改装。这 2 艘舰在 20 世纪 80 年代后期均被淘汰，其中，"珊瑚海号"在 1990 年退役，"中途岛号" 2 年后也退出现役。

上图："珊瑚海号"是美国海军第 1 艘具备核打击能力的航空母舰，搭载 AJ "野人" 攻击机。这幅图片拍摄于 20 世纪 80 年代，当时该舰参与了针对利比亚的空袭行动

下图：20 世纪 50 年代后期，美国海军第 211 战斗机中队的 F8U-1 "十字军战士" 飞机正飞越"中途岛号"航空母舰，甲板上停放的飞机有 A3D "天空武士"、1 架 AD "天袭者" 攻击机、FJ-4 "愤怒" 战斗机和前甲板上的 1 架 HUP "猎狗" 直升机

下图：因为体型较小，2 艘"中途岛"级航空母舰搭载的舰载机数量远远少于美国海军其他航空母舰。这 2 艘舰的舰载机不包含反潜机或直升机，主要采用 F-4 "鬼怪 II" 型战斗机代替重型的 F-14 "雄猫" 战斗机执行拦截任务

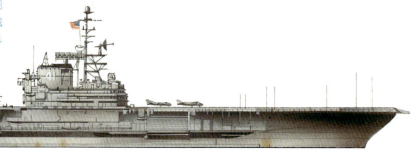

9

SUBMARINE

潜艇

"阿戈斯塔"级巡逻潜艇
Agosta Class Patrol Submarine

"阿戈斯塔"A90级潜艇由法国海军建造委员会设计，静音性能优异，专门用来在地中海海域作战。每艘潜艇在艇艏位置装备4具鱼雷发射管，这种全新设计的鱼雷发射管利用空气压缩快速装填系统，能够在潜艇所能下潜的任何深度进行快速射击。

作为最后一批常规动力潜艇，法国海军4艘"阿戈斯塔"级潜艇——"阿戈斯塔号""贝弗齐尔斯号""拉普雷亚号"和"韦桑岛号"——服役到21世纪初期，它们均在1970—1975年的海军发展计划中被定级为"芫花"级近岸潜艇的继任者。

20世纪80年代早期，西班牙海军接收了4艘本土建造的"阿戈斯塔"级潜艇，分别命名为"西北风号""非洲热风号"和"地中海西北风号"及"朔风号"，同时装备了法国制造的电子系统和武器系统——L5、F17和E18型鱼雷。1978年中期，巴基斯坦从法国购买了2艘"阿戈斯塔"级潜艇（最初

为南非建造，但在交付前被取消），并将其分别命名为"哈什马特号"和"胡尔马特号"。1994年，巴基斯坦再次订购了3艘改进型的"阿戈斯塔"A90B型潜艇，与早期的"阿戈斯塔"级潜艇相比，各种性能均得到了提升。

20世纪80年代，法国海军对"阿戈斯塔"级潜艇进行技术改进，使其能够携带和发射SM.39型"飞鱼"潜射反舰导弹。而巴基斯坦海军则把目光放到了大西洋的对岸，希望能够从美国购买UGM-84型"鱼叉"潜射反舰导弹。

上图："阿戈斯塔"级潜艇是法国海军最后1批常规动力潜艇，"阿戈斯塔号"是其中的第1艘潜艇。该级潜艇在服役后期均进行了改装，从而能够发射SM39型"飞鱼"潜射反舰导弹。"阿戈斯塔"级潜艇在浅水海域有着相当强大的反舰作战能力，最后1艘该级潜艇"韦桑岛号"于2001年退出现役

技术参数
"阿戈斯塔"A90级巡逻潜艇
排水量：水面1480吨，水下1760吨
尺寸：长67.6米，宽6.8米，吃水深度5.4米
动力系统：2台SEMT-"皮尔斯迪克"柴油机功率3600马力（2685千瓦），1台电动机功率2950马力（2200千瓦），单轴推进
航速：水面12.5节（23千米/时），水下20.5节（38千米/时）
下潜深度：作战潜深300米，最大潜深500米
武器系统：4具550毫米口径或533毫米口径鱼雷发射管，配备23枚4具550毫米口径或533毫米口径反潜和反舰鱼雷，或携带46枚感应沉底水雷；该级法国潜艇携带SM39型"飞鱼"潜射反舰导弹，巴基斯坦潜艇携带UGM-84型潜射"鱼叉"反舰导弹
电子装置：1部DRUA 23型对海搜索雷达，1部DUUA 2A型声呐，1部DUUA 1D型声呐，1部DUUX 2A型声呐，1部DSUV 2H型声呐，1套ARUR电子支援系统，1部ARUD电子支援系统，1部鱼雷火控/战斗信息系统
人员编制：54人

右图：现已退役的"阿戈斯塔"级曾为法国海军提供了较强的浅水水域作战能力，最后1艘服役于法国海军的该级艇，"韦桑岛号"已于2001年退役

"芫花"级潜艇
Daphné Class Patrol Submarine

1952年，法国海军要求发展出一种二级远洋潜艇，从而弥补"纳尔瓦"级大型潜艇的不足，"芫花"级潜艇应运而生。为了获取更大的下潜深度和更强大的火力，"芫花"级刻意牺牲了一定的速度。为了减轻艇员们的工作压力，设计师们直接将12枚鱼雷装填在12具鱼雷管中（8具置于艇艏，4具置于艇艉），在节省艇内空间的同时，省去了装填鱼雷的麻烦。为了尽可能地减少艇员数量，该级潜艇在维修保养方面还采用了模块化替换系统。此外，设计师们采用了双层艇体建筑技术，上层均匀地划分为前舱和后舱2个部分，下层作为作战和攻击中心。法国海军总共建造了11艘"芫花"级潜艇，它们分别是："芫花号""黛安号""桃瑞丝号""尤里蒂斯号""花神号""加拉蒂号""梅内尔弗号""朱诺号""幽灵号""塞彻号"和"西莱尼号"，于1964—1970年服役。上述潜艇中，有2艘潜艇先后在地中海海域失事，所有艇员无一幸免（"梅内尔弗号"于1968年失事，"尤里蒂斯号"于1970年失事）。鉴于这种情况，剩余潜艇从1970年开始全部进行了电子系统和武器系统的现代化改进。此外，法国还建造了另外10艘"芫花"级潜艇用于出口，葡萄牙海军购买了其中的"青花鱼号""梭鱼号""白鳍豚号"和"抹香鲸号"（"抹香鲸号"在1975年转卖给巴基斯坦，更名为"伊斯兰勇士号"），"青花鱼号"和"白鳍豚号"一直服役到2003年。巴基斯坦也从法国购买了"剑鱼号""舒舒克号"和"曼格罗号"，它们均装备了潜射"鱼叉"反舰导弹。南非于1967年订购了3

艘该级潜艇，并且实现了顺利接收，3艘潜艇分别是"玛利亚·冯·利贝克号""艾米莉·霍布豪斯号"和"约翰娜·冯·德尔·默维号"，其中2艘一直服役到2003年，更名为"阿姆宏托号"和"阿瑟加伊号"。1988—1990年，上述潜艇进行了包括声呐在内的一系列武器系统升级，并且改善了潜艇的居住条件。除此之外，还有另外4艘潜艇"白鳍豚号""金枪鱼号""抹香鲸号"和"一角鲸号"以许可证的方式在西班牙建造，并于1971—1981年进行了和法国潜艇相类似的升级工作。在1971年印巴冲突期间，巴基斯坦潜艇"剑鱼号"击沉了印度海军"库克里号"护卫舰，这是第二次世界大战结束以来首次潜艇攻击行动。

技术参数

"芫花"级潜艇

排水量： 水面 869吨，水下 1043吨

尺寸： 长57.8米，宽6.8米，吃水深度4.6米

动力系统： 2台SEMT型柴油电动机，2台电动机，功率2600马力（1940千瓦），双轴推进

航速： 水面 13.5节（25千米/时），水下 16节（30千米/时）

下潜深度： 作战潜深300米，最大潜深575米

武器系统： 12具550毫米口径鱼雷管（8具位于艇艏，4具位于艇艉），发射12枚反舰和反潜鱼雷或者感应沉底水雷

电子装置： 1部"卡里普索II"型对海搜索雷达，1部DUUX 2型声呐，1部DSUV 2型声呐，1部DUUA 1型和2型声呐，1套鱼雷火控/战斗信息系统

人员编制： 54人

206 型和 209 型巡逻 / 远洋潜艇
Type 206 and Type 209 Classes Patrol/Ocean-Going Submarines

1962 年，联邦德国 IKL 公司开始设计 205 型潜艇的后续型号——206 型，该级潜艇采用高张力的非磁性钢材建造，主要用来进行近岸作战，同时还要遵守有关国际条约对于联邦德国海军潜艇最高吨位的限制。该级潜艇安装了新型的艇员安全装置，并在武器库中增加了新型有线制导鱼雷。最终的设计方案获得批准后，IKL 公司于 1966—1968 年开始制订有关建造计划，第一份该级潜艇的购买合同随即于 1969 年签订。206 型潜艇总共生产了 18 艘，截至 1975 年，从 U-13 号到 U-30 号潜艇全部服役。从那时开始，该级潜艇又进行了武器系统升级，在原有的鱼雷装备的基础上，又增加了 24 枚沉底水雷，放置在 2 个外置的玻璃钢容器中。从 1988 年开始，12 艘该级潜艇进行了新型电子装置和鱼雷改进，从而升级成为 206A 型潜艇。截至 2003 年，上述 12 艘潜艇仍旧在德国海军舰队中服役。

20 世纪 60 年代中期，IKL 公司开始设计用于出口的新型潜艇，并于 1967 年研制成功，这就是所谓的 209 型潜艇，专门用于远洋作战。然而，由于艇身相对较短，该级潜艇在近岸水域的作战表现也相当成功。实践证明，209 型潜艇及其各种改型的性能比较出色，先后有 12 个外国客户订购了 50 艘该级潜艇。

下图：在 209 型潜艇的一系列改型潜艇中，640 型潜艇的吨位最小。以色列从英国维克斯造船厂购买了 3 艘 640 型潜艇，均于 1977 年编入现役

技术参数

209/1200 型潜艇

排水量：水面 1185 吨，水下 1290 吨

尺寸：长 56 米，宽 6.2 米，吃水深度 5.5 米

动力系统：4 台西门子 MTU 柴油电动机功率 5070 马力（3730 千瓦），1 台西门子电动机功率 3600 马力（2685 千瓦），单轴推进

航速：水面 11 节（20 千米 / 时），水下 21.5 节（40 千米 / 时）

下潜深度：作战潜深 300 米，最大潜深 500 米

武器系统：8 具 533 毫米口径鱼雷管（全部位于艇艏），发射 14 枚 AEG SST Mod 4 型和 AEG SUT 型反舰和反潜鱼雷（典型配置）

电子装置：1 部 "加里普索" 对海搜索雷达，1 部 CSU3 型声呐，1 部 DUUX2C 型声呐或 PRS3 型声呐，1 部电子支援系统，1 套 "瑟帕" Mk 3 型或 "辛巴德" M8/24 型鱼雷火控 / 战斗信息系统

人员编制：31 ~ 35 人

上图：德国 206 型潜艇的基本设计造型非常通用，外国客户可以根据自身的实际需要，选择不同的艇身长度、排水量、武器装备和电子系统。照片中这艘潜艇是德国海军的 U-24 号潜艇

下图：1975 1983 年，秘鲁海军先后分 3 批接收了 6 艘 209/1200 型潜艇，其中的"安加诺斯号"（原"卡斯马号"，舷号为 SS31）携带了 14 枚美国制造的 NT-37C 型反舰 / 反潜鱼雷，以此来取代该艘潜艇上最初配备的德制武器

主要的改型

209 型潜艇的 6 种主要改型分别为：艇身 54.3 米的 209/1100 型（水面排水量 960 吨，水下排水量 1105 吨），艇身 56 米的 209/1200 型（水面排水量 980 吨，水下排水量 1185 吨），艇身 59.5 米的 209/1300 型（水面排水量 1000 吨，水下排水量 1285 吨），艇身 62 米的 209/1400 型（水面排水量 1454 吨，水下排水量 1586 吨），艇身 64.4 米的 209/1500 型（水面排水量 1660 吨，水下排水量 1850 吨），以及艇身 45 米的 640 型近岸作战潜艇（水面排水量 420 吨，水下排水量 600 吨）。

购买上述潜艇的国家主要有希腊（4 艘 209/1100 型 和 4 艘 209/1200 型）、阿根廷（2 艘 209/1200 型）、秘鲁（6 艘 209/1200 型）、哥伦比亚（2 艘 209/1200 型）、韩国（9 艘 209/1200 型）、土耳其（6

艘 209/1200 型和 8 艘 209/1400 型，其中大部分是在德国专家的帮助下在本土建造的）、委内瑞拉（2 艘 209/1300 型）、智利（2 艘 209/1400 型）、厄瓜多尔（2 艘 209/1300 型）、印度尼西亚（2 艘 209/1300 型）、巴西（5 艘 209/1400 型）、印度（4 艘 209/1500 型，2 艘正在建造之中）、南非（3 艘 209/1400 型）和以色列（3 艘 640 型），每个国家根据自身的实际需要选择装备规格和艇员规模。

在 1982 年马尔维纳斯群岛战争期间，阿根廷海军 209/1200 型潜艇"圣路易斯号"对英国特混舰队进行了 3 次成功的鱼雷攻击。与此同时，为了猎捕该艘阿根廷潜艇，英国不得不出动大批战舰和飞机四处寻找，原本有限的作战资源也因此被牵制了许多。

下图：图中这艘潜艇是巴西海军的 209/1400 型潜艇"图皮人号"，潜艇指挥塔上的声呐和天线桅杆清晰可见

"鼠海豚"级（207型）攻击潜艇
Tumleren Class (Type 207) Attack Submarine

1959年，挪威国防部从联邦德国埃姆登北海造船厂订购了15艘207型的近岸潜艇，该潜艇来源于联邦德国海军的205型潜艇，但其船体被加固，以获得更好的水下性能，购买该型艇一定程度上是因为美国决定为挪威翻新岸防装备提供50%以上的资金，同时美国还提供了包括Mk 37线导重型鱼雷在内的装备。这些"科本"级潜艇于1964—1967年开始服役。挪威还从德国借了1艘潜艇用于训练，并把他们自己的1艘进行了改装以用于艇长的训练，即把船体长度增加了1米并增加了第2个潜望镜。

6艘潜艇在1989—1991年进行了升级改造，安装了更多现代化的电子设备和射击控制装备。这些潜艇后来重新进入丹麦服役，替换了4艘"海豚"级潜艇。在1986年的合同中，丹麦又购买了3艘，分别是"乌特瓦尔号""乌泰于格号"和"斯塔德特号"。

在丹麦服役期间，这3艘潜艇分别成为"鼠海豚"级潜艇的"鼠海豚号"，"塞伦号"和"斯普林格伦号"。它们在位于卑尔根市的同一家挪威船厂——尤里瓦尔造船厂进行升级改造之后，分别于1989年10月、1990年10月和1991年10月重新进入丹麦海军服役。升级主要表现为船体的长度增加了1.6米，按照挪威的数据，标准排水量和满载排水量分别增加到370吨和530吨。

1990年12月，"塞伦号"在卡特加特海峡进行无人拖曳时沉没了，但最终被重新找到，并进行了整修和升级，部分配件来自原挪威潜艇"考拉号"。后者于1991年10月被移交给丹麦，并被拆解，这也促使"塞伦号"于1993年8月重新进入丹麦服役。

在正式进入丹麦服役之前，这3艘潜艇再次进行了调整，包括对推进系统的全面检修，电子设备方

技术参数

"鼠海豚"级攻击潜艇

排水量：水面 459吨，水下 524吨

尺寸：长47.4米，宽4.6米，吃水深度4.3米

动力系统：2台MTU 12V493 AZ80柴油机，功率1210马力（902千瓦）；1台单轴电动机，功率1705马力（1270千瓦）

航速：水面 12节（22千米/时），水下 18节（33千米/时）

航程：以8节（15千米/时）的速度可航行9250千米

潜水深度：实际使用中为200米

鱼雷发射管：8具533毫米发射管（全部在艇艏），每个发射管配备1枚Tp 613有线制导被动搜索式鱼雷

电子系统：1套吉野805海面搜索雷达，1套PSU NU被动搜索和攻击声呐，1套战术射击控制系统，1套"海狮"电子支援系统

人员编制：24人

上图："鼠海豚"级潜艇的一个显著特征就是潜艇指挥塔围壳，其前端有一个向后的倾角，翼侧的整流罩也向后方延伸

下图："鼠海豚"级近岸常规动力潜艇艇艏上方的圆柱形整流罩内是被动探测装置和攻击声呐

左图："鼠海豚号"浮出水面时正好被相机拍到。3 艘"鼠海豚"级潜艇可能会一直服役到新建的潜艇替换它们，替换潜艇可能是丹麦、挪威和瑞典在"维京"项目中考虑的型号

面增加了新型的更智能的射击控制设备、电子支援设备、导航设备和通信设备。1992—1993 年，又进行了进一步改进，使用新型的 PSUNU 被动搜索和攻击声呐替代了原先的声呐设备。另一处改进——在丹麦的潜艇上第一眼看起来非常奇怪——是于 1990 年在"塞伦号"上安装的空调系统和电池冷却系统，但这反映出丹麦海军曾做出的承诺，即提供 1 艘潜艇用于北大西洋公约组织（以下简称北约）在地中海上的行动。

在丹麦服役期间，这些潜艇主要用于进攻，而不是巡逻。对于进攻的角色，它们首要的探测目标的传感器是声呐和皮尔金顿光电 CK 34 搜索潜望镜。发现目标之后，该型艇将利用瑞典 FFV Tp 513 反舰鱼雷发动攻击。

这种鱼雷能以 30 节（56 千米 / 时）的速度将其装填有 240 千克的高爆弹头最远送到 25 千米远的地方，通过牺牲射程可以让鱼雷的最大速度达到 45 节（83 千米 / 时）。Tp 513 是有线制导的，并配备有被动声呐导引头。

"纳维伦" 级攻击型潜艇
Narhvalen Class Attack Submarine

由于需要一种沿岸攻击型潜艇补充自主设计的"海豚"级潜艇（共计 4 艘，在 1958—1964 年相继服役，最后 1 艘是美国资助的），丹麦获取了联邦德国潜艇设计公司 IKL 许可证，以建造一种已经在联邦德国海军服役的 205 型潜艇的改进型号。该设计方案后来又进行了修改以满足丹麦的特殊要求，后来该方案被哥本哈根的皇家造船厂使用，并据此建造了 2 艘"纳维伦"级潜艇。这 2 艘潜艇分别叫"纳维伦号"和"诺德卡普伦号"，均于 1965—1966 年开建，1968—1969 年下水，最终分别于 1970 年 2 月和 12 月开始服役。

技术参数

"纳维伦"级攻击型潜艇

排水量： 水面 420 吨，水下 450 吨

尺寸： 长 44 米，宽 4.55 米，吃水深度 3.98 米

动力系统： 2 台 MTU 12V493 TY7 柴油发动机，功率 2250 马力（1678 千瓦）；
1 台电动机，功率 1200 马力（895 千瓦）

航速： 水面 12 节（22 千米 / 时），水下 17 节（31 千米 / 时）

潜水深度： 实际使用时为 200 米

鱼雷发射管： 8 具 533 毫米的发射管（全部布置于艇艏），每个发射管配备 8 枚
Tp 613 有线制导的被动式寻的鱼雷

电子系统： 1 套吉野 805 海面搜索雷达，1 套 PSUNU 被动搜索和攻击声呐，1 套
战术射击控制系统，以及 1 套 "海狮" 电子支援系统

人员编制： 24 人

左图：现在已经退役的 "纳维伦" 级潜艇在丹麦海军中长期服役，并发挥了重要作用，当时基本按照 "鼠海豚" 级潜艇的标准进行了改造

推进系统

在早期型号中，这 2 艘潜艇使用 2 艘柴油机和 1 台电动机，这套柴油电动混合推进系统可提供 1510 马力（11126 千瓦）的功率，潜艇浮出水面和潜入水下的速度分别达到 12 节（22 千米 / 时）和 17 节（31 千米 / 时）。它们拥有主动式和被动式的声呐，潜艇定员为 22 人。丹麦在 1986 年购买了 3 艘挪威海军已经不需要的 "科本" 级近岸潜艇，因此丹麦决定升级 2 艘 "纳维伦" 级潜艇。"纳维伦" 级潜艇的升级工作开始于 1993 年下半年，完成于 1995 年 2 月；同一个项目也在 1995 年中到 1998 年中用到了 "诺德卡普伦" 级潜艇上。升级主要包括推进系统的全面整修，新型的潜望镜，来自法国萨基姆公司的光电桅杆，来自英国雷卡尔公司的 1 套升级的电子支援系统，雷达的常规改进，以及来自德国阿特拉斯公司的 1 套现代化声呐系统。

这 2 艘潜艇在 2000 年 "克伦堡" 级（前瑞典的 "纳肯" 级）潜艇的到来之后转为辅助角色，最终于 2002 年退役。

"恩里科·托蒂"级巡逻潜艇
Enrico Toti Class Patrol Submarine

20世纪50年代中期，美国提议北约国家发展一种小型反潜战潜艇，"恩里科·托蒂"级潜艇就这样应运而生了，它同时还是自第二次世界大战以来完全由意大利人设计和建造的第一种潜艇。1968—1969年，"巴格奥里尼号""恩里科·托蒂号""恩里科·丹多罗号""拉扎罗·墨切尼戈号"等4艘"恩里科·托蒂"级潜艇先后编入现役，较小的艇体尺寸以及极小的声呐横截面，为它们在地中海中部和东部反潜条件比较恶劣的海域执行任务提供了便利条件。这些潜艇最终在1991—1993年陆续退役。

"恩里科·托蒂"级潜艇最初装备4枚"坎古鲁"反潜鱼雷和4枚反舰鱼雷，后来对武器系统进行了改装，换装6枚533毫米口径"怀特黑德"A184型有线制导反潜和反舰两用鱼雷。这些鱼雷配置了主动/被动音响自动寻的装置和增强型电子反干扰装置，能够有效地识别和对付目标所投放或者拖曳的诱饵。"怀特黑德"A184型有线制导反潜和反舰两用鱼雷重1300千克，射程20千米，利用电力驱动，能被潜伏在天然"阻塞点"的"恩里科·托蒂"级潜艇用来攻击吨位比自身大得多的对手，例如苏联的核动力攻击潜艇和核动力导弹潜艇。

技术参数
"恩里科·托蒂"级巡逻潜艇
排水量：水面 535 吨，水下 591 吨
尺寸：长 46.2 米，宽 4.7 米，吃水深度 4 米
动力系统：2 台柴油发动机和 1 台电动机，功率 2200 马力（1641 千瓦），单轴推进
航速：水面 14 节（26 千米／时），水下 15 节（28 千米／时）
航程：以 5 节（9 千米／时）的速度可航行 5550 千米
下潜深度：作战潜深 180 米，最大潜深 300 米
武器系统：4 具 533 毫米口径鱼雷发射管（全部位于艇艏），发射 6 枚 A184 型反舰和反潜两用鱼雷，或者 12 枚感应沉底水雷
电子装置：1 部 3RM 20/SMG 型对海搜索雷达，1 部 IPD 64 型声呐，1 部 MD64 型声呐或 PRS-3 型声呐，1 套电子支援系统，1 套鱼雷火控／战斗信息系统
人员编制：26 人

上图：意大利海军的第 3 艘"恩里科·托蒂"级潜艇是"恩里科·丹多罗号"，在艇艏位置配置了非常醒目的 IPD 64 型主动声呐系统。在这艘相对较小的潜艇上，配置了 4 名军官和 22 名士兵

下图："恩里科·托蒂"级潜艇专门设计用于意大利周边海域浅水区的作战行动，艇艏位置安装了 4 具鱼雷发射管，可发射 A184 重型有线制导鱼雷。4 艘该级潜艇的水下最大速度可达 20 节（37 千米／时），但通常只能维持 15 节（28 千米／时）的航速

"萨乌罗"级巡逻潜艇
Sauro Class Patrol Submarine

20世纪70年代早期，意大利海军越发清晰地认识到，急需发展出一种能够在本土水域执行抗击两栖登陆、反潜作战和反船运作战的潜艇。于是，意大利芬坎泰里公司开发出了"萨乌罗"级潜艇。在解决电池问题之后，首批2艘该级潜艇"费西亚迪·科萨托号"和"纳扎里奥·萨乌罗号"分别于1979年和1980年服役。另外2艘潜艇"里奥纳多·达·芬奇号"和"古列尼莫·马可尼号"也于1981年和1982年相继服役。"萨乌罗"级潜艇采用单层耐压艇体，在艇艏和艇艉各安装1个外置式压载水舱，指挥塔内部安装1个浮力水舱。其中，耐压艇体采用的是美国生产的HY-80型钢材，它能够提供比"恩里科·托蒂"级潜艇更深的下潜深度。该级潜艇主要的武器装备是A184型有线制导反潜/反舰两用鱼雷。"萨乌罗号"和"马可尼号"分别于2001年和2002年退役。

右图：意大利海军"萨乌罗"级潜艇采用美国生产的HY-80型高张力钢材进行建造，因此拥有比早期的"恩里科·托蒂"级潜艇更优异的下潜深度。本图中的潜艇是"纳扎里奥·萨乌罗号"，2001年退出现役

下图："里奥纳多·达·芬奇号"潜艇在1993年进行了现代化升级，加装了一组能量更大的新型电池，潜艇的生活条件也得到大幅度改善。"费西亚迪·科萨托号"潜艇也于1990年进行了类似的升级

技术参数	
"萨乌罗"级巡逻潜艇	
排水量：	水面 1456吨，水下 1631吨
尺寸：	长63.9米，宽6.8米，吃水深度5.7米
动力系统：	3台柴油发动机，功率3256马力（2395千瓦）；1台电动机，功率3700马力（2720千瓦）；单轴推进
航速：	水面 12节（22千米/时），水下 20节（37千米/时）
航程：	水面以11节（20千米/时）的速度可航行20385千米，水下以4节（7400米/时）的速度可航行465千米
下潜深度：	作战潜深250米，最大潜深410米
武器系统：	6具533毫米口径鱼雷管（全部位于艇艏），发射12枚A184型反舰和反潜两用鱼雷，或者12枚沉底水雷
电子装置：	1部BPS 704型对海搜索雷达，1部IPD 70型声呐，1部"汤姆森"声呐，1套电子支援系统，1套火控/战斗信息系统
人员编制：	45人

1983 年 3 月和 1988 年 7 月，意大利海军又从芬坎泰里公司订购了 4 艘改进型"萨乌罗"级潜艇，它们分别于 1988—1989 年和 1994—1995 年交付，被命名为"萨尔瓦托雷·佩罗希号""朱利亚诺·普里尼号""伦巴德王子号"和"普里亚罗戈基亚号"，首批 2 艘潜艇的水面排水量 1476 吨，水下排水量 1662 吨，艇长 64.4 米。第 2 批 2 艘潜艇水面排水量 1653

上图：照片中的"萨尔瓦托雷·佩罗希号"潜艇是 4 艘改进型"萨乌罗"级潜艇之一。该级潜艇之中的最后 2 艘有可能装备"鱼叉"或"飞鱼"反舰导弹。它们目前的武器系统仅限于 6 具 533 毫米口径的艇艏鱼雷发射管和 12 枚"怀特黑德"A184 型反舰 / 反潜两用鱼雷以及可以拖曳的水雷

吨，水下排水量 1862 吨，艇身长 66.4 米。推进系统经过升级后，可达到 11 节（20 千米 / 时）的水面航速和 19 节（35 千米 / 时）的水下航速。

"海龙"和"海象"级巡逻潜艇
Zwaardvis & Walrus Classes Patrol Submarines

在美国海军泪滴形艇体的"白鱼"级常规动力潜艇的基础上，荷兰海军研发出了"海龙"级潜艇，并于 20 世纪 60 年代订购了首批 2 艘潜艇——"海龙号"和"海虎号"。上述 2 艘潜艇于 1972 年编入荷兰海军服役，于 1994—1995 年退出现役。后来，荷兰方面想出售给其他国家。

与此同时，设计一种新型潜艇用来取代老式的"海豚"级和"抹香鲸"级的需求日益高涨，最终促生了"海象"级潜艇。该级潜艇以"海龙"级潜艇的艇体造型为基础，在尺寸和轮廓上和前者非常近似，

但采用了大量的自动控制装置和更多的现代化电子系统，可以大幅度减少艇员的数量。此外，该级潜艇采用法国生产的高张力钢材进行建造，可增加 50% 的最大下潜深度。

1979 年，首艇"海象号"开始在鹿特丹（所有该级潜艇均在此建造）铺设龙骨，1986 年正式服役。紧接着，第 2 艘潜艇"海狮号"于 1987 年编入舰队服役。另外 2 艘潜艇——"海豚号"和"海熊号"，分别于 1986 年和 1988 年开工建造，并于 1993 年和 1994 年相继服役。

技 术 参 数

"海龙"级巡逻潜艇

排水量：水面 2350 吨，水下 2640 吨

尺寸：长 66 米，宽 8.4 米，吃水深度 7.1 米

动力系统：3 台柴油发动机，功率 4256 马力（3130 千瓦）；1 台电动机，功率 4452 马力（3725 千瓦）；单轴推进

航速：水面 13 节（24 千米/时），水下 20 节（37 千米/时）

下潜深度：作战潜深 300 米，最大潜深 500 米

武器系统：6 具 533 毫米口径鱼雷管（全部位于艇艏），发射 20 枚 Mk 37C 型反舰和反潜两用有线制导鱼雷，或 40 枚感应沉底水雷

电子装置：1 部 1001 型对海搜索雷达，1 部低频声呐，1 部中频声呐，1 套 WM-8 型鱼雷火控/战斗信息系统，1 套电子支援系统

人员编制：67 人

技 术 参 数

"海象"级巡逻潜艇

排水量：水面 2390 吨，水下 2740 吨

尺寸：长 67.7 米，宽 8.4 米，吃水深度 6.6 米

动力系统：3 台柴油发动机，功率 6390 马力（4700 千瓦）；1 台电动机，功率 7000 马力（5150 千瓦）；单轴推进

航速：水面 13 节（24 千米/时），水下 20 节（37 千米/时）

航程：以 9 节（17 千米/时）的速度可航行 18500 千米

下潜深度：作战潜深 450 米，最大潜深 620 米

武器系统：4 具 533 毫米口径鱼雷管（全部位于艇艏），发射 20 枚 Mk 48 型反舰和反潜两用有线制导鱼雷，或 40 枚沉底水雷，或"鱼叉"潜射反舰导弹

电子装置：1 部 ZW-07 型对海搜索雷达，1 部 TSM 2272 型"章鱼"主动/被动艇艏声呐，1 部 2026 型拖曳阵列被动声呐，1 部 DUUX 5 型被动式测距和拦截声呐，1 套 GTHW 鱼雷/导弹火控系统，1 部"吉卜赛人"数据系统，1 套 SEWACO Ⅷ型战斗信息系统，1 套 ARGOS 700 电子支援系统

人员编制：52 人

左图：在当时，"海龙"级常规动力潜艇属于一种非常称职的潜艇，能够很好地满足荷兰海军进行近海防御作战的需要。1988—1990 年，这 2 艘"海龙"级潜艇均进行了升级改进

下图："海象"级潜艇在设计上尽管可以装备潜射型的"鱼叉"反舰导弹，但实际上并不搭载这种武器。本图中是该级潜艇的首艇"海象号"

下图：荷兰海军在 20 世纪 70 年代晚期订购的 2 艘"海象"级潜艇，在很大程度上属于"海龙"级潜艇的改进版本，只不过装备了更多的现代化电子系统和自动控制装置，艇员人数大幅度减少

"海蛇"级巡逻潜艇
Sjöormen Class Patrol Submarine

20世纪60年代早期，考库姆和卡尔斯克鲁纳2家公司建造的5艘"海蛇"级潜艇（前者建造3艘潜艇，后者建造2艘），成为瑞典海军的第1批现代化潜艇，它们分别是"海蛇号""海狮号""海狗号""海熊号"和"海马号"。为了获取速度优势，该级潜艇采用了"青花鱼"型艇体和双甲板设计。由于出色的机动能力和静音性能，它们被广泛应用在水深相对较浅的波罗的海海域，为瑞典海军的反潜作战提供支援。此外，该级潜艇还安装了非常便利的操作界面和水平舵，这些先进设计特征使得该级潜艇拥有了其他潜艇无法媲美的适航能力和机动能力。譬如，在水下7节（13千米/时）航速的条件下，该级潜艇只需5分钟就可以在直径230米的圆形区域内实现360度的转弯。如果航速增加到15节（28千米/时）的话，同样角度的转弯动作只需要2.5分钟就可以完成。该级潜艇的这种能力意味着，它们可以轻易地甩掉在波罗的海海域遭遇到的绝大多数反潜舰艇。事实上，对于瑞典海军这种性能优异的潜艇，即使是绝大多数北约国家的反潜护航舰艇也难以望其项背。

1996—1997年，"海熊号"潜艇进行了适应热带海域作战条件的升级改进工作，在1997年9月26日再度下水时更名为"挑战者号"，成为新加坡海军购买的4艘"挑战者"级潜艇之中的一员。另外3艘潜艇分别是"百夫长号"（原"海蛇号"）、"征服者号"（原"海狮号"）和"酋长号"（原"海狗号"），它们

技术参数

"海蛇"级巡逻潜艇

排水量: 水面 1125吨，水下 1400吨

尺寸: 长 51米，宽 6.1米，吃水深度 5.8米

动力系统: 4台柴油发动机，功率2130马力（1566千瓦）；1台电动机；单轴推进

航速: 水面 15节（28千米/时），水下 20节（37千米/时）

下潜深度: 作战潜深 150米，最大潜深 250米

武器系统: 4具 533毫米口径鱼雷管（全部置于艇艏），2具 400毫米口径鱼雷管（置于艇艏）

基本战斗载荷: 10枚 533毫米口径有线制导反舰鱼雷或者 16枚感应沉底水雷，4枚 431型有线制导反潜鱼雷

电子装置: 1部"特尔玛"对海搜索雷达，1部低频声呐，1套鱼雷火控/战斗信息系统，1套电子支援系统

人员编制: 18人

上图：瑞典海军"海蛇"级潜艇"海狮号"正在波罗的海海域的潜艇作战区内航行。对于潜艇来说，由于这一海域的海水深度相对较浅，与潜艇的下潜深度相比，航速和机动能力显得更为重要

下图：瑞典海军的5艘"海蛇"级潜艇被设计师们定义为A12型潜艇，它们所安装的X形艇艉水平舵能够极大地增加潜艇的机动能力，配置4具533毫米口径反舰鱼雷发射管和2具400毫米反潜鱼雷发射管。如今，4艘该级潜艇经过改装后被出售给新加坡海军

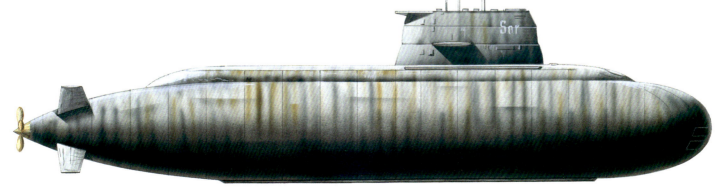

将与"挑战者号"共同组成新加坡海军第 171 潜艇中队。计划用来装备这些改装型潜艇的武器系统有 FFV 613 型反舰鱼雷（每艘配备 10 枚）和 FFV 431 型反潜鱼雷（每艘配备 4 枚）。

左图：安装在瑞典海军"海蛇号"潜艇指挥塔的水平舵，极大地提升了该级潜艇的水下机动能力。在水下中速航行时，该级潜艇能够轻而易举地甩掉在波罗的海海域遭遇的绝大多数华约国家的反潜舰艇，即使是西方国家的反潜舰艇也不例外

"内肯"级巡逻潜艇
Näcken Class Patrol Submarine

自从第二次世界大战结束以来，瑞典海军一直渴望拥有一支小型而高效的常规潜艇部队，保护其绵长的海岸线免遭来自其他国家水面和水下部队的侦察、袭扰或者入侵。20 世纪 50 年代，在德国"XXI"型潜艇的设计基础上，发展出了 6 艘"哈金"级潜艇，它们成为瑞典海军战后装备的第 1 批潜艇。早在 1945 年 5 月 8 日，纳粹德国海军 U3503 号潜艇在哥德堡附近海域被艇员们凿沉，瑞典人后来将该艇打捞出水，根据该艇的设计数据建造出了本国的"哈金"级潜艇。

从 1956 年开始，瑞典人又自行建造了 6 艘"德雷肯"级潜艇。1961 年，瑞典政府批准了建造 5 艘更加先进的 A12 型潜艇的计划，这就是后来出现的拥有泪滴形艇体、双层甲板和 X 形艇艉舵的"海蛇"级潜艇。

技术参数

"内肯"级巡逻潜艇（改进型）

排水量：水面 1015 吨，水下 1085 吨

尺寸：长 57.5 米，宽 5.7 米，吃水深度 5.5 米

动力系统：1 台 MTU 16V652 MB80 型柴油发动机，功率 1754 马力（1290 千瓦）；2 台"斯特灵"发动机，1 台施奈德公司制造的电动机，功率 1822 马力（1340 千瓦）；单轴推进

航速：水面 10 节（18.5 千米 / 时），水下 20 节（37 千米 / 时）

下潜深度：作战潜深 150 米

武器系统：4 具 533 毫米口径鱼雷管和 2 具 400 毫米口径鱼雷管（全部置于艇艏），分别配备 8 枚和 4 枚鱼雷；在外置式吊舱内携带 48 枚水雷

电子装置：1 部"特尔玛"导航雷达，1 套 IPS-17（"瑟萨普"900C）型火控系统，1 套 AR700-S5 型电子支援系统，1 部"汤姆森 - 辛特拉"艇艏被动声呐

人员编制：27 人

"海蛇"级潜艇的继任者

瑞典海军认为常规潜艇的有效使用期限为10年，因此在20世纪70年代初期提出了发展一种新型潜艇的要求，并希望该级潜艇能够在70年代晚期编入舰队，以便接替"海蛇"级潜艇服役。1972年，瑞典政府批准了这项要求。然后，瑞典国防部于1973年3月与考库姆公司（2艘）和卡尔斯克鲁纳造船厂（1艘）签订合同建造3艘A14型潜艇，该批潜艇也被称为"内肯"级柴电动力潜艇。上述3艘潜艇均于1976年开工建造，在1978年4月到1979年8月期间下水，并于1980年4月和1981年6月分别服役，分别被命名为"内肯号""内普敦号"和"内加德号"。

由于瑞典海军潜艇部队的主要作战海域——波罗的海的水深较浅，"内肯"级潜艇的下潜深度只有150米。该级潜艇与"海蛇"级有着相同的泪滴形艇体，还装备了美国制造的"科尔摩根"潜望镜，以及萨布公司研制的NEDPS联合舰艇控制与战斗信息系统。

1987—1988年，"内肯号"潜艇艇身加长了8米，用来安装2个液态氧箱、2台V4-275型闭合循环发动机和相关控制系统组成的"不依赖空气动力系统"，

上图：按照当时的标准，瑞典海军"内肯"级潜艇属于一种性能极其优异的潜艇，它们所携带的有线制导鱼雷能够提供非常强大的反潜和反舰能力。本图展示的是该级潜艇的首艇"内肯号"

上图："内肯"级潜艇是一款比较典型的柴电动力潜艇，水下续航能力非常有限。随着首艇"内肯号"安装AIP系统，这种情况才有所改变。照片中这2艘潜艇分别是"内普敦号"和"内加德号"，它们停靠在卡尔斯克罗纳港口

右图：瑞典海军"内肯"级潜艇属于一种性能极其优异的潜艇，"内肯"级潜艇在水下连续航行14天，从而成为1艘真正意义上的潜艇

该系统可使"内肯"级潜艇在水下连续航行14天，从而成为1艘真正意义上的潜艇，而不仅仅是1艘高级潜水器而已。

编入丹麦海军服役

从20世纪90年代起，瑞典海军开始按照"西约特兰"级潜艇的标准对"内肯"级的电子系统进行升级，但这项努力最后还是放弃了。2001年8月，

在该级潜艇中，仅剩余的1艘潜艇"内肯号"经过考库姆公司改建后，被转交给丹麦海军，更名为"克隆堡号"。

"克隆堡号"潜艇装备533毫米口径的613型有线制导反舰鱼雷，航速45节（83千米/时），射程20千米。此外，该艘潜艇还装备了口径400毫米的431型主动/被动反潜鱼雷，航速25节（46千米/时），射程20千米。

R 级柴电动力潜艇
Romeo Class Diesel-Electric Submarine

1958年，苏联在高尔基造船厂建造出了第1批R（"罗密欧"）级柴电动力潜艇（633型），将其作为W级（Whiskey）潜艇的改进型。然而，几乎就在同时，苏联潜艇核动力推进系统的研发工作也取得了成功。在此情况下，苏联开始大幅度减少柴电动力潜艇的建造数量，原计划建造的560艘R级潜艇最终只建造了20艘。

苏联建造的所有R级潜艇，均于1987年之前退役。1982—1983年，苏联将2艘R级潜艇借给阿尔及利亚作为教练潜艇，使用期5年，此举是为了向阿尔及利亚出售更多的"基洛"级现代化潜艇做准备。

技术参数
R（"罗密欧"）级柴电动力潜艇
排水量： 水面1475吨，水下1830吨
尺寸： 长76.6米，宽6.7米，吃水深度5.2米
动力系统： 2台柴油发动机，功率3997马力（2940千瓦）；2台电动机；双轴推进
航速： 水面15.2节（28千米/时），水下13节（24千米/时）
航程： 水面以9节（17千米/时）的速度可航行14484千米
武器系统： 8具533毫米口径鱼雷发射管，其中6具置于艇艏、2具置于艇艉
基本战斗载荷： 15枚533毫米口径反舰或反潜鱼雷，或者28枚水雷
电子装置： 1部"魔板/魔盘"对海搜索雷达，1部"汤姆森－辛特拉"拦截声呐（有些潜艇配备），1部高频主动/被动搜索和攻击声呐
人员编制： 54人（军官10人）

左图：苏联海军只留下少数R级潜艇供自己使用，而将剩余的潜艇出售或者出借给阿尔及利亚、保加利亚、埃及和叙利亚等国。其中，出借给阿尔及利亚的潜艇主要用来训练海军人员进行潜艇作战，为向该国出售"基洛"级潜艇创造条件

下图：苏联海军只留下少数 R 级潜艇

F 级柴电动力潜艇
Foxtrot Class Diesel-Electric Submarine

实践证明，分别于 1958—1968 年（45 艘）和 1971—1974 年（17 艘）建造的 F（"狐步"）级柴电动力潜艇（641 型），是苏联战后设计最成功的常规动力潜艇。据统计，先后共有 62 艘 F 级潜艇被编入苏联海军服役，其中有 2 艘在事故中损毁。1970 年 1 月 10 日，上述 2 艘潜艇中的 1 艘在那不勒斯湾海域与意大利班轮"安戈里诺·拉乌罗号"发生碰撞，不久后，人们在摩洛哥海岸附近的一个苏联海军停泊地见到该潜艇，发现在艇艏位置有 8 米长的舱体不知去向。苏联海军 4 支舰队全部装备了 F 级潜艇，其中，地中海中队和印度洋中队每次出动时均配置该级潜艇，将其作为不可缺少的水下兵力加以运用。

第 1 个购买 F 级潜艇的外国客户是印度，1968—1975 年总共购买了 8 艘全新的潜艇，但如今仅剩下 2 艘在服役。紧随印度之后的国家是利比亚，该国在 1976—1983 年先后从苏联购买

技 术 参 数
F（"狐步"）级柴电动力潜艇
排水量：水面 1952 吨，水下 2475 吨
尺寸：长 91.3 米，宽 7.5 米，吃水深度 6 米
动力系统：3 台 37-D 型柴油发动机，功率 5980 马力（4400 千瓦）；3 台电动机；3 轴推进
航速：水面 16 节（30 千米 / 时），水下 15 节（28 千米 / 时）
航程：水面以 8 节（15 千米 / 时）的速度可航行 32186 千米，水下以 2 节（3700 米 / 时）的速度可航行 612 千米
武器系统：10 具 533 毫米口径鱼雷发射管，其中 6 具置于艇艏、4 具置于艇艉
基本战斗载荷：22 枚 533 毫米口径反舰或反潜鱼雷，或者 32 枚水雷
电子装置：1 部对海搜索雷达，1 套电子支援系统，1 部高频主动 / 被动搜索和攻击声呐
人员编制：75 人（军官 12 人）

下图：从 1958 年开始，各种类型的 F 级潜艇总共建造了 79 艘。令人惊奇的是，即使是过了这一时期之后，基本型号的 F 级潜艇仍在建造并出口到印度、利比亚和古巴（1979—1984 年接收了 3 艘）等国，当然，这些用于出口的潜艇所装备的电子系统性能并不出色

上图：在编入苏联海军服役的 62 艘 F 级潜艇中，至本世纪初仅剩下照片中这艘潜艇继续在俄罗斯海军服役，它主要用来进行基础性的反潜训练。另外 4 艘 F 级潜艇在 1997 年被划归乌克兰海军

了 6 艘 F 级潜艇，目前仍在服役的还有 2 艘。波兰决定将其 2 艘 F 级潜艇"威尔克号"和"德齐克号"使用到 2003 年。就规格而言，虽然印度海军 8 艘 F 级潜艇（于 1968—1975 年接收）与苏联海军该级潜艇相比几乎毫无二致，但加装了出口型的电子装置和武器系统。

与苏联所有的常规动力潜艇和核动力潜艇一样，F 级潜艇可携带爆炸当量 15000 吨的苏制反舰核鱼雷，但不适合携载 400 毫米口径的反潜鱼雷。苏联 F 级潜艇有 3 个不同的子型号，它们之间唯一的区别之处在于推进系统。其中，有人认为最后一类潜艇可能成了接下来的 T 级潜艇的原型艇。在极低航速（2～3 节，即 4～6 千米 / 时）和非通气管潜航的条件下，该级潜艇估计能够在水下滞留 5～7 天。

T 级柴电动力潜艇
Tango Class Diesel-Electric Submarine

1972 年，作为黑海和北海舰队 F 级潜艇的后继者——过渡型远程潜艇，第 1 艘 T（"探戈"）级潜艇（641B 型）在高尔基造船厂建成。苏联海军共建造了 18 艘该级潜艇，分为两种不同的类型，两者之间存在细微的区别。其中，后者比前者稍长数米，这种设计也许是为了安装反潜导弹。该级潜艇的艇艏声呐装置与同时期的核动力攻击潜艇上的声呐设备类似，而推进系统则与在最后一类 F 级潜艇上试

上图：航行中的苏联海军 T 级潜艇

上图：1973 年 7 月，苏联海军 T 级潜艇的原型艇在黑海海域举行的"塞瓦斯托波尔海军阅兵式"上首次露面，在它的正前面是 1 艘 W 级潜艇

技术参数

T（"探戈"）级柴电动力潜艇

排水量： 水面 3100 吨，水下 3800 吨

尺寸： 长 91 米，宽 9.1 米，吃水深度 7.2 米

动力系统： 3 台柴油发动机，功率 4.6 兆瓦；3 台电动机；3 轴推进

航速： 水面 13 节（24 千米 / 时），水下 16 节（30 千米 / 时）

下潜深度： 250 米作战潜深，300 米最大潜深

武器系统： 6 具 533 毫米口径鱼雷发射管（置于艇艏）

基本战斗载荷： 24 枚 533 毫米口径反舰和反潜鱼雷，或者相同数量的水雷

电子装置： 1 部"魔盘"对海搜索雷达，1 部中频主动 / 被动搜索和攻击声呐，1 套"鱿鱼群"电子支援系统，1 部高频主动攻击声呐

人员编制： 62 人（军官 12 人）

验的推进系统完全相同。由于采用了性能更加优异的耐压艇体，T 级潜艇的蓄电池能力比以往任何一种苏联常规潜艇都要强，从而使得潜艇的水下续航力超过 1 个星期，而不需要借助通气管进行通气。新型武器系统与传感器装置的完美结合，使得 T 级潜艇非常适于在一些天然的"阻击点"对西方国家的核动力潜艇进行"伏击"。该级潜艇已经停建，但仍有 4 艘潜艇在服役。这些从苏联海军那里继承下来的潜艇，目前由俄罗斯海军北海舰队负责管理，母港设在波利阿尼（Polyarny）。关于 4 艘潜艇的现状，外界知之甚少。

下图：T 级潜艇的建造工作于 1982 年全部完成。该级潜艇在设计时继承了 F 级潜艇的优点，具备更强的蓄电能力和更先进的电子系统。此外，T 级在艇体设计上比 F 级先进，更适于进行水下作战

"奥伯龙" 级巡逻潜艇
Oberon Class Patrol Submarine

建造于 20 世纪 50 年代晚期至 60 年代中期的"奥伯龙"级潜艇是"鼠海豚"级潜艇的第二代型号，"奥伯龙"级潜艇在外形上与其前任是相同的，但内部存在很大差异。其中包括所有设备无声运行所用的隔音材料，还有为了获得更大潜水深度而在艇体上使用的更高级的钢材。1960—1967 年，共有 13 艘该型艇进入英国皇家海军服役，分别是"奥伯龙号""奥丁号""俄耳甫斯号""奥林匹斯号""奥里西斯号""猛攻号""水獭号""祭司号""虎猫号""奥托斯号""负鼠号""适宜号"及"玛瑙号"。"奥伯龙号"后来经过改造，增加了船体深度以装载核潜艇舰队船员初始训练所需的装备，另外几艘也处于此目的而进行了改装。"负鼠号"后来装备了一种新型的 GRP（玻璃强化塑料）艇艏声呐导流罩，并被

技术参数
"奥伯龙"级巡逻潜艇
排水量： 水面 2030 吨，水下 2410 吨
尺寸： 长 90 米，宽 8.1 米，吃水深度 5.5 米
动力系统： 2 台柴油机，功率 3680 马力（2744 千瓦），2 台电动机，功率 6000 马力（4474 千瓦）
航速： 水面 12 节（22 千米／时），水下 17.5 节（32 千米／时）
潜水深度： 实际使用时为 200 米，理论上最大为 340 米
武器系统： 8 具 533 毫米发射管（6 具在艇艏，2 具在艇艉），备雷 22 枚，英军潜艇备雷 18 枚
电子系统： 1 部 1006 型海面搜索雷达，1 部 187 型声呐，1 部 2007 型声呐，1 部 186 型声呐，1 部鱼雷射击控制／作战信息系统，以及 1 套电子支援系统
人员编制： 69 人

下图：与放弃了柴油电动混合潜艇的美国海军不同，英国皇家海军认为常规动力潜艇非常有价值，例如在格陵兰—冰岛—英国沿线用作猎潜舰角色的"奥伯龙"级潜艇，它们也在秘密的间谍活动中使用

下图："奥伯龙"级潜艇可以被认为是英国历史上最好的常规动力潜艇，它作为训练舰船在英国皇家海军中一直服役到 20 世纪 20 年代

右图：澳大利亚的舰队包含6艘"奥伯龙"级潜艇。加拿大和澳大利亚的潜艇现代化升级的标准高于英国皇家海军的潜艇

下图：皇家海军舰艇"奥林匹斯号"的背景是挪威海湾的一处冰山。"奥伯龙"级潜艇最适合在此类浅水域中使用

用作综合作战中心的试验舰船，当时这款作战中心系统正在研制，此后被安装到了后续的潜艇上。"俄耳甫斯号"也安装了一个特殊的可以容纳5个人的可出舱潜水的潜水舱，目的是用于秘密行动，英军特别舟艇中队（SBS）和特别空勤团（SAS）曾在训练中使用过这种潜艇。马尔维纳斯群岛战争期间，"爪甲号"在南大西洋服役，主要用于潜望镜海滩侦察行动，以及供登陆的特种部队使用，而"爪甲号"在执行这些任务时撞上了一块岩石，导致1枚安装作战鱼雷头的鱼雷卡在艏鱼雷发射管中。"爪甲号"返回朴次茅斯的干船坞后，这个鱼雷才从鱼雷管中被卸出。2个缩短的533毫米艇艉发射管——专为Mk 20S反潜鱼雷而设计——后来也被拆除以携带额外的物品。

　　"奥伯龙"级的设计方案也被卖给了其他海军。智利购买了"奥布里安号"和"海特号"，巴西购买了"乌梅达号""托内雷洛号"和"里亚舒耶罗号"，加拿大购买了"奥吉布瓦号""奥内达加号"和"奥肯那根号"，澳大利亚购买了"奥克斯利号""奥特韦号""翁斯洛号""俄里翁号"和"奥文斯号"。该型号过时之后，所有潜艇都退役了。"奥布里安号"是该级艇中服役最久的1艘，直到2004年才退役。

"古比" 级潜艇
Guppy Class Patrol Submarine

第二次世界大战末期，纳粹德国随时准备引入一支新的潜艇舰队。XXI 型是潜在的革命性潜艇型号。标准的潜艇在本质上是潜水器，而不是真正的水下武器平台；它们较多在水面活动，因为它们水下航行速度非常慢，甚至比很多它们试图击沉的笨拙的商船还慢。XXI 型潜艇的水下航行速度比水上快，它们甚至能超过很多追捕它们的战舰。由于建造时间太晚，再加上极其糟糕的制造标准，它们对战争没有产生影响。然而，同盟国对它们的潜力产生了深刻的印象；一些同盟国海军将俘获的 XXI 型潜艇投入使用，并且它们的设计元素也纳入很多战后的潜艇。

技术参数
"古比 IIA" 级潜艇
排水量： 水面 1848 吨，水下 2440 吨
尺寸： 长 93.6 米，宽 8.2 米，吃水深度 5.2 米
动力系统： 莫尔斯公司的柴油发动机，功率 3430 马力（2557 千瓦）；2 台双轴电动机，功率 4800 马力（3579 千瓦）
航速： 水面 16 节（30 千米/时），水下 18 节（33 千米/时）
武器系统： BQR-2，BQS-3 和 SQR-3 声呐；1 部 1006 型海面搜索雷达，1 部 187 型声呐，1 部 2007 型声呐，1 部 186 型声呐，1 套鱼雷射击控制/作战信息系统，以及 1 套电子支援系统
人员编制： 85 人

下二图：加装通气管的 "古比" 级潜艇是为了与苏军争夺制海权而急剧扩张的美军水下舰队的一部分。这种潜艇可以连续巡航 2 个月，航行 22240 千米而无须补充燃料。在上方和下方的分别是 "梭子鱼号" 和 "笛鲷号"

美国海军启动了"GUPPY"计划（Greater Underwater Propulsive Power，更大水卜推进功率），这个改装计划为当时的潜艇换上了更大容量的蓄电池组（代价是卸掉了4枚鱼雷、几个淡水箱以及弹药库），并采用了流线型干舷部，重新构造了上层结构，并拆除了火炮。虽然"古比I"级潜艇没有安装换气装置，但美国潜艇"奥戴克斯号"和"波姆顿号"，以及后来所有的改造型号都安装了换气装置。在试验中，"波姆顿号"潜艇达到了18.2节（34千米/时）的水下速度。流线型设计产生了巨大的影响，装备换气装置的"古比II"级潜艇只需要当时主力潜艇最大动力输出的44%就可以达到10节（18.5千米/时）的水下速度。1947年，美国批准了12艘"古比II"级潜艇，1951年又批准了12艘"古比IA"级潜艇（包括给芬兰建造的2艘），以及16艘没有额外装备的"舰队通气"潜艇，后者的船体没有变化，但原始的上部结构换成了装有换气装置的"古比"级潜艇指挥塔。截至此时，潜艇的反潜训练角色已经被传统的进攻型潜艇功能所掩盖。

装备换气装置的舰队潜艇能很容易地通过艇艏被识别出来，然而，"古比"级潜艇的艇艏是圆形的；在水下，它们无法达到舰队潜艇10节（18.5千米/时）的速度，虽然它们用水下通气管潜航能达到6.5节（12千米/时）的速度["古比IA"和"古比II"级潜艇能分别达到7.5节（14千米/时）和9.5节（18千米/时）]。

在1952年的计划中，16艘舰队潜艇被改进为"古比IIA"。它们拥有性能更先进的声呐，1台主发动机被拆除以重新安置辅助机械装置，目的是使其远离声呐换能器。"古比IIA"级潜艇中的2艘被用

下图：1967年5月，墨西哥湾，1架洛克希德公司的P-3"猎户座"巡逻飞机正与1艘"古比"级潜艇开展演习。这艘潜艇是"斧头号"，这是1艘"古比IA"级潜艇，最初于1945年下水，当时是属于"巴劳鱵"级潜艇

上图：1962年6月，一支美国潜艇中队访问朴次茅斯。前排潜艇包括"古比 II"级的"星鲨号""鱼篋科鱼号""飞刀鱼号"以及"坦奇 C1"级的"鳕鱼号"。第2排包括"裸盖鱼号"（"巴拉奥"级），"鳟鱼号"（"古比 IIA"级），"森尼特号"（"巴拉奥"级）以及"艾瑞克斯号"（"坦奇"级）

作水下测试靶标，但它们很容易就能回归到"古比 IIA"级潜艇的标准。在 FRAM（Fleet Rehabilitation And Modernization，舰队复原与现代化）计划中，9 艘"古比 II"级潜艇按照"古比 III"级的标准进行了重建，长度增加了 3.05 米，进而在潜艇中增加了

1 个测绘室，指挥塔也有所加长，另外还为 Mk 45 核反潜鱼雷装备了新型的射击控制系统。它们还装上了与核潜艇相似的新型塑料材质背鳍。20 世纪 60 年代，美军改装了几艘舰队潜艇（包括一些已经转让给海外的），即利用塑料背鳍实现最新的"舰队换气筒"布局。

"古比"级改装潜艇被转交或出售给多个国家和地区：南美洲的阿根廷、巴西、秘鲁和委内瑞拉，欧洲的希腊、意大利、西班牙和土耳其。

10 CRUISER

巡洋舰

"科尔伯特"级巡洋舰
Colbert Class Cruiser

战前的"德格拉斯"级设计方案采用缩短的方形艉，这样可以提供更好的稳定性和更大的宽度，另外还在船体前部增加了一节分段，同时改用新式装甲防护体系，"科尔伯特"级（C 611）正是对该设计方案的延伸发展，它于 1953 年 12 月在布雷斯特造船厂开建，1956 年 3 月 24 日下水，1959 年 5 月 5 日投入使用。

该级舰显著增强了法国海军的水面舰艇力量，对于法国舰船而言，该级舰相对较新的一个特征是在舰船更宽的舰艉上增加了一个直升机平台。鉴于其主要任务是负责舰队防空，该舰的主武器和辅助武器分别是 8 座双联装 100 毫米炮塔与 10 座 57 毫米双联装炮塔。与"德格拉斯"级相似，该舰也布置有作为旗舰和指挥舰所需的配备，并可在紧急情况下运输 2400 名士兵。此外该级舰还改变了动力系统的布局，2 个隔舱内各安装有 2 台锅炉和 1 套齿轮传动蒸汽轮机，隔舱间由长 18 米的防水隔舱壁隔开，

技术参数
"科尔伯特"级巡洋舰
排水量： 标准排水量 8500 吨，满载排水量 11300 吨
尺寸： 长 180 米，宽 20.2 米，吃水深度 7.9 米
动力系统： 双轴齿轮减速式汽轮机，功率 86000 马力（64130 千瓦）
航速： 31.5 节（58 千米 / 时）
武器系统： 4 具 MM 38 "飞鱼"反舰导弹发射器，配备 4 枚导弹；1 部"玛舒卡"舰对空导弹发射器，配备 48 枚导弹；2 门 100 毫米高平两用炮，以及 6 门双联装 57 毫米防空炮
电子系统： 1 部 DRBV 23C 防空雷达，1 部 DRBI 10D 测高雷达，1 部 DRBV 50 战术雷达，1 部台卡 RM 416 导航雷达，2 部 DRBR 51 舰对空导弹射击控制雷达，1 部 DRBR 32C 火炮射击控制雷达，2 部 DRBC 31100 毫米射击控制雷达，1 套 URN-20 塔康导航系统，1 套 SENIT1 作战信息系统，1 部被动式电子支援系统，以及 2 部塞莱克斯箔条发射器
飞机： 虽然舰船上有 1 个直升机平台，但没有机库
人员编制： 562 人

烟囱的位置也后移了，在其前方设置 1 座格子桅，舰桥结构因此更为简化。

重大升级

1970 年 4 月至 1972 年 10 月，"科尔伯特"级进行了一次重大升级，为执行舰队防空任务安装了"玛

下图："科尔伯特号"在 1981—1982 年一直充当法国地中海舰队的旗舰，随后它进行了一次重大整修，将其服役生涯延长到了 1995 年。这次整修包括升级"玛舒卡"舰对空导弹系统以应对苏联轰炸机和反舰导弹的威胁

舒卡"区域防空舰对空导弹系统。最初的升级计划包括拆除所有的 100 毫米和 57 毫米火炮以安装"玛舒卡"系统，6 座 100 毫米单炮炮塔采用"背负式"布局，一对朝前，船体两侧各有 2 座。由于财政方面的阻力，原始的改装计划不得不修改，只能在 4 座 100 毫米侧舷火炮的位置上保留 6 座 57 毫米的炮塔。

舰桥结构被重建，其前方增加了平台以便在未来增加"飞鱼"反舰导弹，整个舰船中都安装了空调，舰船定员削减至 560 人。雷达设备也进行了升级，以更有效地使用"玛舒卡"舰对空导弹系统，为了应对这些和其他系统的引进而增加的动力需求，发电机系统的输出功率提高到了 6705 马力（5000 千瓦）。舰船上还安装了 1 套现代化的电子套装，作战室中安装了 SENIT1 作战信息系统以保证"科尔伯特号"可以充当法国地中海舰队的旗舰，它以这个角色一直服役到 1970 年，随后进行了整修。

1981 年 8 月至 1982 年 11 月，"科尔伯特号"进行了第 2 次重大整修，将其服役生涯延长到了 20 世纪 90 年代。在第 2 次整修期间，它安装了 1 套卫星通信系统，通过将原始的 Mk 2 Mod 2 波束导引导弹换成 Mk 2 Mod 3 雷达半主动导弹，"玛舒卡"系统的有效射程增加至 60 千米，导弹的射高上下限则为 30～22500 米。"科尔伯特号"于 1991 年 5 月退役。

"维托利奥·维内托"级直升机巡洋舰
Vittorio Veneto Class Helicopter Cruiser

最初本来是第 3 艘"安德里亚·多利亚"级巡洋舰的"维托利奥·维内托号"（C 550）是一款直升机巡洋舰，舰艉区域专门用于主要的反潜功能，舰艏的导弹则实现了区域防空能力，其中一些导弹可以换成 RUR-5"阿斯洛克"反潜火箭，这些反潜火箭的载荷是制导鱼雷。

当人们意识到最初的 2 艘舰船过小时，"维托利奥·维内托号"在基本设计上进行了更改。因此它比"安德里亚·多利亚"级舰船大出一倍，其舰艉有 1 个升高的 40 米 ×18.5 米的飞行甲板，甲板下方是 1 个机库，机库的甲板尺寸为 27.5 米 ×15.3 米。该机库可以容纳多达 9 架 AB.204A 或 AB.212 反潜直升机，或者是 6 架 SH-3D"海王"反潜直升机，不过 2 台 18 米 ×5.3 米的飞机升降机尺寸太小，"海王"直升

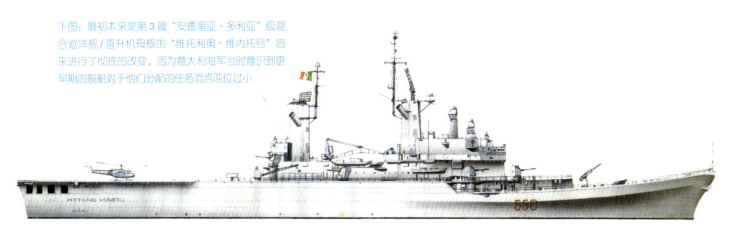

下图：最初本来是第 3 艘"安德里亚·多利亚"级混合巡洋舰／直升机母舰的"维托利奥·维内托号"后来进行了彻底的改变，因为意大利海军当时意识到更早期的舰船对于他们分配的任务而言吨位过小

技术参数

"维托利奥·维内托"级直升机巡洋舰

排水量：标准排水量7500吨，满载排水量9500吨

尺寸：长179.6米，宽19.4米，吃水深度6米

动力系统：双轴齿轮减速式汽轮机，功率73000马力（54435千瓦）

航速：30.5节（56千米／时）

武器系统：1部Mk 10 Mod 9双臂式发射架，正常装载40枚标准SM1-ER导弹和20枚"阿斯洛克"导弹（火箭）；4部"泰塞奥"Mk 2舰对舰导弹发射器，装备4枚"奥托马特"导弹；8门奥托－梅莱拉公司的76毫米高平两用炮，3座双联布雷达40毫米CIWS炮塔，以及2座3联Mk 32 324毫米反潜鱼雷发射管（Mk 46和A244鱼雷）

电子系统：1部SPS-52C 3D雷达，1部SPS-40空中搜索雷达，1部SPS-70海面搜索雷达，2部SPG-55C舰空导弹射击控制雷达，4部RTN10X 76毫米火炮射击控制雷达，2部达尔多近防武器系统射击控制雷达，3部RM 7导航系统，1套"教堂山"被动式电子支援系统，2部SCLAR照明弹／箔条发射器，以及1部SQS-23声呐

飞机：6～9架AB.212反潜或6架SH-3D"海王"反潜和空对海直升机

人员编制：565人

机无法进入机库。

前部额外的空间允许安装1套美国Mk 20舰对空／反潜导弹发射器系统，这套系统取代了"安德里亚·多利亚"级舰船上使用的Mk 10。最初该发射器拥有3个转鼓，其中可以装载40枚舰对空导弹和20枚"阿斯洛克"反潜火箭，作战中心根据敌方威胁性质切换弹药种类。在1981—1983年的整修中，"维托利奥·维内托号"被改造以使用标准SM1-ER舰对空导弹，此外还安装了4座"特塞奥"发射器以发射"奥托马特"反舰导弹，最后还增加了2套"达多"近防武器系统，其中包括3座40毫米"布雷达"双联炮塔。"维托利奥·维内托号"于1967年2月5日投入使用，并一直担任意大利海军的旗舰，直到20世纪80年代后期。随着新型的"安德里亚·多利亚"级航空母舰的到来，"维托利奥·维内托号"在2006年退役。

左图："维托利奥·维内托号"是意大利海军的旗舰，直至它被"朱塞佩·加里波第号"所取代。它的飞行甲板上可以停放多达9架AB.212反潜直升机或6架SH-3D"海王"直升机，同时其上层建筑的前端还装有导弹

"德·鲁伊特尔"级巡洋舰／直升机巡洋舰
De Ruyter Class Cruiser/Helicopter Cruiser

　　"德·鲁伊特尔"级于 1939 年 9 月 5 日开建，这是应对日本占领太平洋上荷兰殖民地带来的威胁而开启的建造计划的一部分。这批舰船都是常规的巡洋舰，计划用于跟随下一年将建造的类似于"沙恩霍斯特"风格的战列巡洋舰一起作战。但德国于 1940 年 5 月进攻并占领了荷兰。当时已经有 1 艘名叫"德·鲁伊特尔号"的在役巡洋舰了，但该舰船在 1942 年早期与日军交战时被击沉了。新的"德·鲁伊特尔号"于 1944 年 12 月离开船台，正式下水。其 1 艘姊妹舰于 1939 年 5 月开建，但直到 1950 年才下水。用于保护殖民地的巡洋舰与随即的战后时代几乎没有关联。然而，这 2 艘巡洋舰在 1953 年底完工并投入使用，然后在荷兰皇家海军中服役了 20 年。

技术参数
"德·鲁伊特尔"级（直升机）巡洋舰
排水量：满载排水量 12165 吨
尺寸：长 190.3 米，宽 17.3 米，吃水深度 6.7 米
动力系统：双轴推进，2 台蒸汽轮机，功率 85000 马力（63410 千瓦）
航速：32 节（59 千米／时）
武器系统：8 枚奥托马特"特塞奥"Mk 2 反舰导弹（"格劳号"），1 部"信天翁"8 联发射器，发射"阿斯派德"防空导弹（"格劳号"），8 门 152 毫米"博福斯"式高射炮（"阿吉雷号"上为 4 门），6 门 57 毫米"博福斯"高射炮（"格劳号"上拆除了），6 门 40 毫米"博福斯"高射炮（"阿吉雷号"上为 4 门），2 部深水炸弹滑轨；2 部 CSEE"达盖"和 1 部"萨盖"箔条发射器（整修后的"格劳号"）
电子系统：希格诺尔"西沃科"卫星通信系统，希格诺尔 LW-08 空中搜索雷达，希格诺尔 DA08 海面搜索／目标指示雷达，希格诺尔 WM-25（152 毫米）和希格诺尔 STIR 射击控制雷达
人员编制：953 人（包括 49 名军官）

下图："德·鲁伊特尔"级的 2 艘巡洋舰在指挥塔前部的 A 和 B 炮位处安装了 2 个双联 152 毫米炮塔，后甲板上的 X 和 Y 位置处也有 2 个相似的炮塔。"阿吉雷号"被装改为直升机巡洋舰后，X 和 Y 处的炮塔被拆除了

火炮过时

20 世纪 60 年代，反舰导弹的发展导致巡洋舰的 152 毫米火炮被淘汰。然而，南美洲国家对这种火炮很感兴趣，当时对于作战力量薄弱的国家而言，大量第二次世界大战遗留下来的武器仍然具有强有力的象征意义。"贝尔格拉诺将军号"在南大西洋冲突中的表现，让阿根廷发现了其中的差别。

秘鲁对荷兰的巡洋舰表现出强烈的兴趣，"德·鲁伊特尔号"于 1973 年 3 月进入秘鲁海军服役，并更名为"格劳海军上将号"。该船于 1958—1988 年返回荷兰（在此期间它更为人所知的名字是"01 专案"）进行全面的现代化升级，其中包括安装奥托马特"泰塞奥"Mk 2 反舰导弹。这种导弹携带 1 个 210 千克弹头，它们是主动雷达导引掠海导弹，射程大约为 160 千米。随后又有计划以"飞鱼"反舰导弹取代"奥托马特"反舰导弹，但最终没有实现。"格

劳海军上将号"最后增加的防空能力来自"阿斯派德"雷达半主动舰空导弹，该导弹由 1 个 8 联装的塞莱尼亚 – 埃尔萨格"信天翁"发射器发射。

秘鲁在 1976 年 8 月得到了第 2 艘舰船——"德·泽文·普洛文思号"，并将其改装成了 1 艘直升机母舰。该船被改名为"阿吉雷号"，并一直服役到 1992 年，随后转为后备舰船。1977 年，"阿吉雷号"被改装为 1 艘直升机巡洋舰，其原装的"小猎犬"舰空导弹系统以及后炮塔被拆除，并换成了 1 个 20.4 米 ×16.5 米的机库，舰船舯部和艉部之间建造了 1 个飞行甲板，机库顶部设置了第 2 个着陆点。在这种新的配置结构中，该舰船可以搭载 3 架携带 AM 39"飞鱼"反舰导弹的 SH-3D"海王"直升机。该舰船于 1994 年重新开始服役，最终于 1999 年退役。而"格劳海军上将号"一直在秘鲁海军中服役到 2002 年。

"莱希"级和"班布里奇"级导弹巡洋舰
Leahy and Bainbridge Classes Guided-Missile Cruisers

"莱希"级是美国第一代以导弹为首要武器的战舰。该舰在舯艉各布置了 1 座 Mk 10 双臂式导弹发射架，其中前部发射架在高海况下依旧可以得到船体的保护，这是以往美军舰艇上所没有的新特征。

反潜设备

该型的反潜装备很有限，因为首要任务是防空作战防御。9 艘舰船包括"莱希号"（CG 16）、"哈利·E.雅纳尔号"（CG 17）、"沃登号"（CG 18）、"戴尔号"（CG 19）、"里士满·K.特纳号"（CG 20）、

"格里德利号"（CG 21）、"英格兰号"（CG 22）、"哈尔西号"（CG 23）和"里夫斯号"（CG 24），它们在 1962—1964 年服役，并都在此期间进行了现代化改造。它们安装了 1 套海军战术数据系统（NTDS），升级了导弹射击控制系统以使用标准的 SM1-ER（以及后来的 SM2-ER）导弹，还装备了 2 座 4 联装"鱼叉"导弹发射器，76 毫米炮的炮塔被换成了 2 门 20 毫米的"密集阵"近防系统。

在建造"莱希"级巡洋舰的同时，一种核动力变体船型也被建造，即"班布里奇号"（CGN 25）。

右图：美国军舰"英格兰号"的前部装有1部 Mk 10 双联导弹发射器，从发射器中可以看到1对速度可达马赫数为2.5的"标准"防空导弹。另一个 Mk 16"阿斯洛克"8联反潜（火箭）发射器位于前部的导弹发射器和主甲板上的指挥塔之间

技术参数	技术参数
"莱希"级导弹巡洋舰	**"班布里奇"级导弹巡洋舰**
排水量： 标准排水量 5670 吨，满载排水量 8203 吨	**排水量：** 标准排水量 7804 吨，满载排水量 8592 吨
尺寸： 长 162.5 米，宽 16.7 米，吃水深度 7.9 米	**尺寸：** 长 172.3 米，宽 17.6 米，吃水深度 9.5 米
动力系统： 双轴推进，齿轮减速蒸汽轮机，功率 85000 马力（63385 千瓦）	**动力系统：** 通用电气公司的 D2G 压水冷却反应器为双轴齿轮减速式涡轮机提供动力，功率 70000 马力（52199 千瓦）
航速： 32.7 节（61 千米／时）	**航速：** 超过 30 节（56 千米／时）
武器系统： 2部4联装"鱼叉"反舰导弹发射器，每部配备8枚导弹；2部双联的标准 SM2-ER 舰空导弹发射器，配备80枚导弹；1部8联的"阿斯洛克"反潜导弹／火箭发射器，配备8枚导弹；2部20毫米的"密集阵"近防系统炮塔；2部324毫米 Mk 32 反潜鱼雷发射管，配备6枚 Mk 46 鱼雷	**武器系统：** 2部4联装"鱼叉"反舰导弹发射器，配备8枚导弹；2部双联的标准 SM2-ER 舰空导弹发射器，配备80枚导弹；1部8联的"阿斯洛克"反潜导弹／火箭发射器，配备8枚导弹／火箭；2部20毫米"密集阵"近防系统炮塔；2部324毫米 Mk 32 反潜鱼雷旋转发射管，配备6枚 Mk 46 鱼雷
电子系统： 1部 SPS-48E 3D 空中搜索雷达，1部 SPS-49 空中搜索雷达，1部 SPS-1OF 海面搜索雷达，4部 SPG-55C 标准射击控制雷达，1套 URN-25"塔康"空中战术导航系统，1套 SLQ-32（V）3 电子支援系统，4部 Mk 36 SRB0C 干扰丝／箔条发射器，1部 SLQ-25"女水精"拖曳式鱼雷诱饵，以及1部 SQS-23B 主动式搜索／攻击声呐	**电子系统：** 1部 SPS-48C 3D 空中搜索雷达，1部 SPS-49 空中搜索雷达，1部 SPS-67 海面搜索雷达，4部 SPG-55C 标准射击控制雷达，1部 URN-25"塔康"战术导航系统，1套 SLQ-32（V）3 电子支援系统，4部 Mk 36 SRB0C 干扰丝／箔条发射器，1部 Mk 6"号角"拖曳式鱼雷诱饵，以及1部 SQQ-23 声呐
飞机： 有直升机平台，但没有舰载机	**飞机：** 没有舰载机
人员编制： 423人（包括26名军官）	**人员编制：** 558人（包括42名军官）

下图："莱希"级巡洋舰"哈利·E. 雅纳尔号"（CG 17）。这些舰船的首要任务是防空作战，为此它们安装了2座双臂式发射器，共计配备80枚标准 SM2-ER 舰空导弹。该型导弹的射高达 24390 米，射程达 140 千米

两者设计基本相似，但后者尺寸更大，排水量也更大，以搭载核动力系统。到 20 世纪 90 年代中期时，整个"莱希"级巡洋舰舰队和"班布里奇号"从美国海军退役。

左图：核动力的美国军舰"班布里奇号"正转舵向左航行。"班布里奇号"与"莱希"级巡洋舰相似，但它的尺寸和重量都更大，以容纳 2 个通用电气公司的 D2G 压水式核反应堆，该反应堆使得舰船的速度超过 30 节（56 千米 / 时）

"贝尔纳普"级和"特鲁斯顿"级导弹巡洋舰
Belknap and Truxtun Classes Guided Missile Cruisers

即使按照美国的标准，"贝尔纳普"级也经历了漫长而曲折的发展历程，随着成本的逐渐增加，它进行了多次重新设计。它的设计最终稳定下来——舰艇安装 1 部导弹发射器，有供反潜直升机使用的机库设施，舰艉装有 1 门 127 毫米高平两用炮。该级别的 9 艘舰船分别是"贝尔纳普号"（CG 26）、"约瑟夫斯·丹尼尔斯号"（CG 27）、"温赖特号"（CG 28）、"朱厄特号"（CG 29）、"霍恩号"（CG 30）、"斯特雷号"（CG 31）、"威廉·H. 斯坦德利号"（CG 32）、"福克斯号"（CG 33）和"比德尔号"（CG 34）。

下图：1975 年，"贝尔纳普号"（CG 26）在西西里岛沿岸与"约翰·F. 肯尼迪号"航空母舰发生碰撞后遭到灾难性火灾损失，随后不得不重建。20 世纪 60 年代，"贝尔纳普"级的"比德尔号"和"斯特雷号"在 2 次独立的行动中击落了 4 架米格飞机和 1 枚"冥河"反舰导弹

<table>
<tr><td colspan="2">技术参数</td></tr>
</table>

"贝尔纳普"级导弹巡洋舰

排水量： 标准排水量6570吨，满载排水量8065～8575吨之间（取决于舰船）

尺寸： 长166.7米，宽16.7米，吃水深度8.8米

动力系统： 双轴推进，2台齿轮减速蒸汽轮机，功率85000马力（63385千瓦）

航速： 32.5节（60千米/时）

武器系统： 2部4联装"鱼叉"反舰导弹发射器，配备8枚鱼雷；1部双联的标准SM2-ER舰空导弹/反潜导弹发射器，配备40枚标准舰空导弹和20枚反潜弹/火箭；1门127毫米高平两用炮，2部20毫米"密集阵"近防系统炮塔；以及2部3联的324毫米Mk 32反潜鱼雷发射管，配备6枚Mk 46鱼雷

电子系统： 1部SPS-48C/E 3D空中搜索雷达，1部SPS-40F（CG 31-34）或SPS-49（V）3/5（CG 26-30）空中搜索雷达，1部SPS-67海面搜索雷达，1部LN66导航雷达，2部SPG-55D标准射击控制雷达，1部SPG-53F火炮射击控制雷达，1套URN-25"塔康"战术空中导航系统，1套海军战术数据系统，1套SLQ-32（V）23电子支援系统，4部Mk 36 SRBOC干扰丝/箔条发射器，1部SLQ-25"女水精"拖曳式鱼雷诱饵，以及1部SQS-26BX或SQS-53C（CG 26）声呐

飞机： 1架SH-2F"海妖"LAMPS I直升机

人员编制： 479人（包括26名军官）

<table>
<tr><td colspan="2">技术参数</td></tr>
</table>

"特鲁斯顿"级导弹巡洋舰

排水量： 标准排水量8200吨，满载排水量9127吨

尺寸： 长171.9米，宽17.7米，吃水深度9.4米

动力系统： 2台通用电气公司的D2G压水反应堆驱动2台齿轮减速蒸汽轮机，双轴推进，功率70000马力（52199千瓦）

航速： 30节（56千米/时）

武器系统： 2部4联装"鱼叉"反舰导弹发射器，配备8枚导弹；1部双联的标准SM2-ER舰空导弹/反潜导弹发射器，配备40枚标准舰空导弹和20枚反潜导弹/火箭；1门127毫米高平两用炮，2部20毫米"密集阵"近防系统炮塔；以及2部双联的324毫米Mk 32反潜鱼雷发射管，配备4枚Mk 46鱼雷

电子系统： 1部SPS-48E 3D空中搜索雷达，1部SPS-49空中搜索雷达，1部SPS-67海面搜索雷达，1部LN66导航雷达，2部SPG-55C标准射击控制雷达，1部Mk 68火炮射击控制系统，1套URN-205"塔康"战术空中导航系统，1套海军战术数据系统，1套SLQ-32（V）3电子支援系统，四部Mk 36 SRBOC干扰丝/箔条发射器，1部SLQ-25"女水精"拖曳式鱼雷诱饵，以及1部装于舰艏的SQS-26主动搜索/进攻雷达

飞机： 1架SH-2F"海妖"LAMPS I直升机

人员编制： 561人（包括39名军官）

试验船

1964—1967年，该级别的舰船完工后，被当作众多新系统的试验船：例如，"温赖特号"首次试验了整合海军数据链系统与标准SM2-ER导弹的射击指挥系统，而"狐狸号"则测试了"战斧"巡航导弹发射器。1975年11月22日，"贝尔纳普号"在地中海与"肯尼迪号"航空母舰发生碰撞，并遭到严重的火灾损失，然后不得不拖回美国进行维修。在那之前，"贝尔纳普号"的几艘姊妹舰已经在越南战争中积累了大量作战经验，既充当战斗空中巡逻战斗机指挥舰，也充当防空舰船。1972年以及随后美军对越南的轰炸导致美国舰队遭受了2次空袭，其中涉及了"贝尔纳普号"舰船。第1次发生于1972年4月19日，在1次海空联合炮火支援行动中，该舰发射的"小猎犬"防空导弹击落了1枚"冥河"反舰导弹（舰空导弹首次在战斗中用于摧毁反舰巡航导弹）和2架米格式飞机（1架是在9千米处，另1架是在27.5千米处）。

后来，7月19日，"比德尔号"遭到5架米格飞机的突袭，这些飞机试图在夜间袭击第77特混舰队，其"泰里耶"导弹在大约32千米处击落了2架

上图："贝尔纳普"级舰船唯一的核动力版本是"特鲁斯顿号"（CGN 35）。它主要在美国太平洋舰队中充当"班布里奇号"的搭档，共同护卫1艘核动力航空母舰。虽然源自"贝尔纳普"级，"特鲁斯顿号"的火炮/导弹发射器布置与同级别的非核动力版本完全不同

下图："贝尔纳普"级舰船，该级舰除首舰外均可以搭载1架SH-2F "海妖"LAMPS I直升机。美国军舰"贝尔纳普号"是第6舰队的旗舰

米格飞机，其余敌机随后撤退。与"莱希"级相似，后来又建造了一种更大的核动力版本的"贝尔纳普"级舰船——"特鲁斯顿号"（CGN 35），武器和电子设备方面基本上相似。该级别的发展路径与"莱希"级舰船相似，太平洋舰队中的核动力舰船充当"班布里奇号"舰船的搭档。该级别的所有舰船均在20世纪90年代中期退役。

"长滩号"核动力巡洋舰
USS Long Beach Nuclear-Powered Cruiser

美国第1艘核动力水面舰艇——"长滩号"（CGN 9）本计划是1艘护卫舰规模大小的舰船。然而，该舰的设计方案在频繁调整中最终被放大到了与重巡洋舰相当。

"长滩号"是美军在第二次世界大战结束后除航空母舰外最大的新建水面作战舰艇，同时也是战后美国海军唯一真正具备巡洋舰吨位的水面作战舰艇。

"长滩号"的核反应堆与"企业号"（CVAN 65）的相似。它于1961年7月6日首次实现核动力航行。1965年8月至1966年2月，它完成了191716千米的航行，并首次更换了核燃料。

"长滩号"装备了2套双联的远程"黄铜骑士"

技术参数	
"长滩号"核动力巡洋舰	
排水量： 标准排水量15540吨，满载排水量17525吨	
尺寸： 长219.8米，宽22.3米，吃水深度9.5米	
动力系统： 2座西屋C1W压水核反应堆，驱动齿轮减速式蒸汽轮机，功率80000马力（59655千瓦），双轴推进	
航速： 36节（67千米/时）	
武器系统（1981年的整修之后）： 2部4联装"鱼叉"反舰导弹发射器，配备8枚导弹；2部Mk 10双联标准SM2-ER舰空导弹发射器，配备120枚导弹；1部Mk 16 8联"阿斯洛克"反潜导弹/火箭发射器，配备20枚导弹；2门127毫米高平两用炮；2部20毫米"密集阵"近防系统；以及2部3联的324毫米Mk 22反潜鱼雷发射管，配备6枚Mk 46鱼雷	
电子系统（1981年的整修之后）： 1部SPS-48C 3D雷达，1部SPS-10海面搜索雷达，1部SPS-49B空中搜索雷达，4部SPG-55A标准射击控制雷达，2门SPG-49火炮，2部SPW-2射击控制雷达，1套海军战术数据系统，1套电子支援系统，1部Mk 36干扰弹发射器，以及1对SQQ-23B搜索声呐和攻击声呐	
飞机： 虽然有直升机平台，但没有舰载机	
人员编制： 1160人，其中包括68名军官	

左图："长滩号"（CGN 9）装备了"黄铜骑士"防空导弹系统，配备射程为185千米的RIM-8J舰空导弹。这种导弹可以携带1个130千克的常规弹头，或者1个2500吨当量的W-30核弹头。战争的实战经验证明常规弹头型"黄铜骑士"相当成功

舰空导弹系统（配备 52 枚鱼雷），2 套"小猎犬"中程舰空导弹系统（配备 120 枚导弹），此外还装备了 1 套当时属于革命性的 SPS-32/33 相控阵空中搜索雷达系统，以及 1 套早期版本的海军战术数据系统（NTDS）。

越南上空的米格飞机

　　虽然母港在圣地亚哥，但"长滩号"还是在越南战争中长期服役。1967—1968 年，米格飞机在越南北方深处飞行时，"长滩号"利用"黄铜骑士"防空导弹系统对其进行了攻击，发射次数多达 7 次，并在超过 120 千米的距离处击落了 2 架米格飞机（1968 年 5 月和 6 月）。鉴于战争的经验，"长滩号"在 1968 年安装了 1 部常规的 SPS-12 空中搜索雷达，以此作为相控阵的补充，随后在 1970 年又增加了 1 套敌我识别系统和数字化"黄铜骑士"射击控制系统。

　　到 1979 年时，"黄铜骑士"防空导弹系统已经过时了，发射器和雷达也随即被拆除。与此同时，舰船上增加了 2 座 4 联装"鱼叉"反舰导弹发射器。第 2 年，性能已经落后的相控阵雷达系统被拆除，转而换成了 SPS-48 和 SPS-49 雷达，上层结构中原始的平面阵列面板换成了装甲板。舰船上增加了 2 门 20

上图：舰体细长的"长滩号"上部结构中安装了 SPS-32/33 空中搜索雷达，该型雷达在 1980 年被拆除。上部结构的外观几乎没有变化，仅增加 1 部 SPS-48C 空中搜索雷达和 SPS-49 远程空中搜索雷达

毫米"密集阵"近防系统，声呐也得以改进以提高其被动探测性能。1981 年，标准 SM2-ER 导弹替换了 SM1-ER 导弹，后者自 20 世纪 70 年代晚期就一直在使用。在 1984—1985 年的重大改装中，"长滩号"增加了 1 座战术指挥中心并敷设凯夫拉装甲。

"战斧"巡航导弹

　　美国海军长期依靠其航母舰载机承担对地打击任务，但随着舰射巡航导弹的出现，其他水面舰艇也进行了改装以具备对陆攻击能力。1985 年 1 月至 10 月，"长滩号"安装了"战斧"巡航导弹反舰 / 对陆进攻系统。1986 年，"长滩号"成为自远东战争以来第 1 个部署于西太平洋区域的战舰战斗群的一部分，它与"沃巴什号""梅里尔号""格雷号""萨奇号"以及战列舰"新泽西州号"组成特遣小组一起启航。"长滩号"本计划在 20 世纪 90 年代进行一次重大整修，但最终被搁置了，该船最后于 1994 年 7 月 2 日在诺福克军港退役，1995 年 5 月 1 日在布雷默顿报废。

"加利福尼亚"级导弹巡洋舰
California Class Guided Missile Cruiser

"加利福尼亚"级最初计划包含 5 艘核动力的导弹护卫舰，而这些护卫舰设计均来自 1966 财年计划中的糟糕的常规动力导弹驱逐舰设计方案，但这些舰船被削减至 2 艘——"加利福尼亚号"（CGN 36）和"南卡罗来纳号"（CGN 37）而且建造成了巡洋舰。节省下来的经费用到了后继的"弗吉尼亚"级上。

"加利福尼亚"级是首型预计进行批量建造的核动力水面作战舰艇，该级舰的设计方案基本就是 20 世纪 60 年代提出的常规动力导弹舰艇的核动力化。

多功能

核动力导弹巡洋舰旨在应对来自空中、海面以及水下的威胁，它们可以独自行动，也可以护卫战斗群。核动力平台使得舰船可以快速地完成远程部

下图：2 艘"加利福尼亚"级（距离相机最近的 2 艘）和 4 艘"弗吉尼亚"级核动力导弹巡洋舰一起航行。2 个级别舰船之间的差异是很明显的，后者的舰艉安装的是双臂导弹发射器

技术参数
"加利福尼号"（改造后的）导弹巡洋舰
排水量： 标准排水量 9561 吨，满载排水量 11100 吨（CGN 36）或 10473 吨（CGN 37）
尺寸： 长 181.7 米，宽 18.6 米，吃水深度 9.6 米
动力系统： 2 座通用电气公司的 D2G 压水冷却反应堆，推动双轴的齿轮减速蒸汽轮机，功率 60000 马力（44740 千瓦）
航速： 39 节（72 千米／时）
武器系统： 2 部 4 联装"鱼叉"反舰导弹发射器，配备 8 枚导弹；2 部单联 Mk 13 发射器，配备 80 枚标准 SM2-MR 导弹；1 部 8 联的 Mk 16 反潜导弹发射器，配备 24 枚导弹；2 门 Mk 45 127 毫米高平两用炮；2 部 Mk 15 20 毫米"密集阵"近防系统炮塔；4 挺 12.7 毫米机枪；以及 2 部 Mk 32 双联 324 毫米反潜鱼雷发射管，配备 16 枚 Mk 46 Mod 5 鱼雷
电子系统： 1 部 AN/SPS-48 3D 雷达，1 部 AN/SPS-49 空中搜索雷达，1 部 LN66 导航雷达，1 部 AN/SPS-10 海面搜索雷达，4 部 AN/SPG-51 D 标准射击控制雷达，1 部 AN/SPQ-9A 射击控制雷达，1 套 URN-25"塔康"战术导航系统，1 套 AN/SLQ-32 电子支援系统，1 套海军战术数据系统，1 部 AN/SQS-26CX 声呐，4 部 Mk 36 SRBOC 干扰丝／箔条发射器，以及 1 套卫星通信系统（SATCOM）
飞机： 虽然有直升机平台，但没有舰载机
人员编制： 563 人

署和长时间作战。

　　"加利福尼亚号"于1974年开始服役，而"南卡罗来纳号"则于1975年开始服役。它们是第一代装备改进型D2G反应堆的战舰，其堆芯寿期是"班布里奇号"（CGN 25）和"特鲁斯顿号"（CGN 35）这2艘导弹巡洋舰原始核动力平台的3倍。

　　舰船上还有1个直升机着陆平台，但没有机库和维修设施。舰舯安装了Mk 48重型反潜鱼雷的发射管，但后来被拆除，最初该型舰采用的是Mk 42型127毫米舰炮，它被换成了1对Mk 45轻量级127毫米舰炮。舰船的武器系统也得到加强，增加了快速数据处理和控制设备，该设备充当力量倍增器。2艘"加利福尼亚"级舰船一起在大西洋舰队服役，充当航空母舰的护卫舰。"加利福尼亚"级配备8枚"鱼叉"导弹，射程130千米。

导弹武器

　　升级之后，主要的防空武器系统包括2部单臂Mk 13发射器，以及SPG-51 D数字射击控制雷达；配用标准SM2-ER雷达半主动导弹（必要的发射器和射击控制系统升级之后替换了SM1-MR导弹）。主要的反潜武器是1部可重复装填的联装Mk 16 ASDOC发射器，以及24枚Mk 46 Mod 5改进型鱼雷/Mk 50鱼雷。

　　1993年，"加利福尼亚号"进行了1次重大升级。舰船上部结构的主要部分增加了凯夫拉装甲。此外，原先的SPS-40空中搜索目标追踪雷达换成了AN/SPS-49系统。1992—1993年，

上图："南卡罗来纳号"的舰艏视图展示了位于正前方的锚点，图中还能看到位于吃水线之下的SQS-26CX声呐导流罩

它与其姊妹舰——"南卡罗来纳号"一起为反应堆更换了燃料棒。

　　1998年，"南卡罗来纳号"进入弗吉尼亚州的诺福克海军造船厂，开始了正式退役的进程，"加利福尼亚号"随后进入相同的流程。

右图："加利福尼亚号"的舰部侧视图展示出其重大升级之前的天线阵列，包括SPS-48（在前部支撑塔的顶部）和SPS-40（舰部支撑塔）空中搜索雷达和SPS-10海面搜索雷达（安装在前部支撑塔的桅杆上）

"弗吉尼亚"级核动力导弹巡洋舰
Virginia Class Nuclear-Powered Missile Cruisser

美国海军"弗吉尼亚号"（CGN 38），"得克萨斯号"（CGN 40）和"阿肯色号"（CGN 41）原计划是作为"斯普鲁恩斯"级驱逐舰建造的，后来发展成了"加利福尼亚"级的改型产品。

跟大多数美国海军导弹护卫舰（DLG 或 DLGN）一样，"弗吉尼亚"级战舰（包括"密西西比号"）在 1975 年被重新指派为核动力导弹巡洋舰（CGN）。这 4 艘新式巡洋舰在 1976—1980 年编入现役，预计将服役 40 年，第 5 艘列入计划。

它们比"加利福尼亚"级战舰短 3.35 米，装备有 2 套多用途的 Mk 26 发射器系统。这些发射器系统可以发射远射程的"标准"SM1 舰对空导弹和"阿斯洛克"反潜火箭，如果需要，也可发射"鱼叉"舰对舰导弹。"弗吉尼亚"级战舰竣工时，它们的扇形艉飞行甲板下面带有直升机库，可容纳 1 架卡曼 SH-2 型"海妖"直升机。半埋式机库在恶劣海况下会出现严重漏水的情况。

"弗吉尼亚"级战舰的常规任务是作为核动力航空母舰的快速区域防空护航舰。它们是成对部署的，

技术参数
"弗吉尼亚"级（现代化改进型核动力导弹）巡洋舰
排水量： 标准排水量 8623 吨，满载排水量 10420 吨
尺寸： 长 177.3 米，宽 19.2 米，吃水深度 9.5 米
动力系统： 2 个通用电气公司 D2G 型压水核反应堆为汽轮机提供动力 70000 马力（52200 千瓦）（双轴）
航速： 40 节（74 千米／时）
人员编制： 519 人
武器系统： 2 座 4 联装"鱼叉"舰对舰导弹发射器，备弹 8 枚；2 座 4 联装"战斧"舰对舰导弹发射器，备弹 8 枚；2 套双联装"标准"SM2-ER/"阿斯洛克"反潜火箭发射器，备有 50 枚"标准"/20 枚"阿斯洛克"导弹和 2 枚试验弹
电子装置： 1 台 SPS-51 D 型对海搜索雷达；1 台 SPS-40B 型对空搜索雷达；1 台 SPS-48A 型雷达或 SPS-48C 型雷达；2 台 SPG-51 D 型火控雷达；1 套 S PQ-9A 型火控系统；1 套 URN-20 型"塔康"战术空中导航系统；1 套 SLQ-32（V）3 电子战系统；4 套 Mk 36 SRBOC 型干扰火箭发射装置；1 套海军战术数据系统；1 套通信卫星系统和 1 套 SQS-53A 型声呐系统
舰载飞机： 1 架卡曼 SH-2D"海妖"多功能直升机（可以再载 1 架）
人员编制： 519 人

下图：美国海军"阿肯色号"是最后 1 艘退役的"弗吉尼亚"级巡洋舰。对美国海军来说，这种防空性能极好的核动力巡洋舰更换燃料和维修的费用太昂贵了

上图：6 艘核动力巡洋舰在一起航行是非比寻常的场面。这 4 艘"弗吉尼亚"级战舰和 2 艘"加利福尼亚"级战舰通常成对为航空母舰战斗群护航，图中显示它们一起航行，参加 1981 年在加勒比海上举行的代号为 READEX 1 的演习

2 艘分配到大西洋舰队，另 2 艘分配到太平洋。

升级

　　20 世纪 80 年代，所有 4 艘战舰都进行了现代化改装。它们安装了"密集阵"近防武器系统，采用舰对空导弹系统发射超远射程的"标准"SM2-ER 导弹，在指挥舱和机械舱室等脆弱部位安装了凯夫拉装甲，增加了 8 枚装在集装箱发射器里的"战斧"巡航导弹，还有 2 台 4 联装"鱼叉"舰对舰导弹发射器。

　　集装箱式发射器安装在舰艉，该型舰因此丧失直升机反潜能力。因为该舰固有高噪反应堆机械系统而没有安装先进的 SQR 19 战术拖曳声呐系统。

　　在 20 世纪 90 年代，如果经费到位，该战舰本应安装"宙斯盾"系统的，也会建造一艘改进型"弗吉尼亚"级战舰。然而，由于核部件的维护费用过于昂贵，原定在 20 世纪 90 年代更换核燃料的计划都取消了，这 4 艘战舰也"光荣下岗"了。"得克萨斯号"于 1993 年退役，"弗吉尼亚号"于 1994 年退役，"密西西比号"和"阿肯色号"都在 1997 年退役。这些战舰服役年限只有建造者估计的一半。

右图：在装备导弹垂直发射系统之前，"弗吉尼亚号"巡洋舰携带的 Mk 26 导弹发射器是美国海军所使用的速度最快、用途最多的导弹发射系统

"艾奥瓦"级（现代化改造）战列舰
Iowa Class Modernized Battleship

虽然"艾奥瓦"级4艘战列舰的建造目的是在第二次世界大战中服役，但在战后仍继续使用了相当长的一段时间。除了日本的"大和号"和"武藏号"战列舰之外，美国海军"艾奥瓦号"（BB61）、"新泽西号"（BB62）、"密苏里号"（BB63）和"威斯康星号"（BB64）是当时同类型战列舰中最大的。第二次世界大战一结束，"密苏里号"作为训练舰继续服役，而其他3艘则被封存。

越南

1967年4月6日，"新泽西号"第2次被启用投入现役，参加了越南战争。在部署在越南中部和南部沿海期间，该舰载120天内，向目标发射了5688发406毫米炮弹和14891发127毫米炮弹。1969年，该舰因经费削减而退出现役，第3次被封存。到20世纪70年代，这4艘战列舰几乎被视为过去时代的纪念物，但是，20世纪80年代美国出现了扩充水面舰艇部队以抗衡苏联新式战舰的需求，这导致国会批准拨款按现代化要求重振战列舰部队。经过激烈辩论，"新泽西号"于1982年12月27日重新编入现役，1983年3月随太平洋舰队进行作战部署，在尼加拉瓜海域执行任务。当年年底，它火速驶往地中海黎巴嫩海域，支援岸上的美国海军陆战队，用主炮轰击了向美军舰载机开炮的叙利亚防空阵地。

升级

"艾奥瓦"级的现代化改进方案包括升级电子系统，换装改烧海军标准舰用柴油的锅炉、安装作战指挥中心。武器装备升级拆除了4座双联装127毫米火炮，增加"鱼叉"反舰导弹，"战斧"巡航导弹和"密集阵"近防系统。

最后，这几艘战列舰返回舰队服役，时间分别是："艾奥瓦号"于1984年，"密苏里号"于1986年，

技术参数
"艾奥瓦"级（现代化改造）战列舰

标准排水量： 45000吨（BB61）

满载排水量： 57450吨（BB61和BB63），59000吨（BB62），57216吨（BB64）

尺寸： 长270.4米，宽33米，吃水深度11.6米

动力系统： 4轴212000马力（158090千瓦）

航速： 32.5节（60千米/时）[BB63号限于27.5节（51千米/时）]

武器系统： 8座4联装"战斧"舰对舰导弹发射器，备弹32枚；4座4联装"鱼叉"舰对舰导弹发射器，备弹16枚；3门3管406毫米舰炮；6门双联装127毫米DP舰炮和4台20毫米"密集阵"近防武器系统

电子装置： 1台SPS-10F型对海搜索雷达；1台SPS-49型对空搜索雷达；1台LN66型导航雷达；2套Mk 38型火炮火控系统；4套Mk 37型舰炮火控系统；1台Mk 40型火炮射击指挥仪；1台Mk 51型火炮射击指挥仪；1套SLQ-32电子支援系统；8台Mk 36超级SRBOC型干扰火箭发射装置；1套导航卫星系统和1套卫星通信系统

飞机： 扇形舰艇停机区可停放4架卡曼SH-2型多功能"海妖"直升机

人员编制： 1571人

上图：1968年，在越南海域部署期间，美国海军"新泽西号"的一次侧舷齐射。它是唯一因解决亚洲军事冲突启用的战列舰

上图：1983年，经过现代化改造的"新泽西号"向黎巴嫩民兵阵地开炮，因为他们威胁到美国海军飞机的飞行任务

"威斯康星号"于1988年。根据预定方案，它们的任务是跟战斗群一起作战，在有空中掩护或无空中掩护情况下为美国两栖部队提供急需的强大火力支援。1991年，"密苏里号"和"威斯康星号"在科威特海域执行任务，为岸上的海军陆战队提供火力支援，对伊拉克的纵深目标发射"战斧"导弹。

重新启用这4艘战列舰的主要目的是填补美国海军兵力的临时空缺，但从没有人指望它们长期服役。1990年10月，"艾奥瓦号"最后1次退出现役。1991年，"新泽西号"和"威斯康星号"随后退出现役。1992年，"密苏里号"退出现役。"新泽西号"和"威斯康星号"作为展品保留下来，而"艾奥瓦号"和"密苏里号"继续封存，直到美国海军具有足够的火力支持能力，不再需要老式战列舰的时候为止。

"虎"级巡洋舰 / 直升机巡洋舰
Tiger Class Cruiser/Hellicopter Cruiser

3艘"虎"级巡洋舰是英国皇家海军装备的最后3艘巡洋舰。该级舰在第二次世界大战期间开始建造，当时是"敏捷"级巡洋舰的最后3艘：装备9门Mk XXIII 152毫米速射舰炮的11000吨级轻型巡洋舰。该舰的水冷主炮可以自动装填，每分钟可发射20发炮弹。这些舰船可以碾压任何遇到的德国或日本巡洋舰。新的船体在1944—1945年离开船台之后，舰船的建造工作被搁置了，并且直到海军部在1951年作出一个备受批评的决定之后才重新开始，当时海军部希望舰船按照一种更先进的设计方案完工，即安装2座152毫米Mk 26两用炮塔（前后各1座），并在B炮位和舰艉部烟囱并列的位置安装3座76毫米防空炮塔。

技术参数
"虎"级（直升机）巡洋舰
排水量： 标准排水量9500吨，满载排水量12080吨
尺寸： 长169.32米，宽19.51米，吃水深度5.48米
动力系统： "帕森斯"4轴齿轮减速式蒸汽轮机，功率80000马力（59680千瓦）
航速： 31.5节（58千米/时）
武器系统： 2门152毫米Mk 26高平两用炮，装于1座双联炮塔中；2门76毫米Mk 6高平两用炮，装于1座双联炮塔中；2座GWS22"海猫"舰空导弹发射器
电子系统： 1部965型空中侦察雷达，1部992Q海面/低空搜索雷达，1部278型测高雷达，以及2部903型射击雷达
飞机： 4架"海王"反潜直升机
人员编制： 885人

上图：展示了皇家海军舰艇"狮号"的前部截面，A 炮位安装了 2 门 152 毫米高平两用炮，B 炮位安装了 1 座双联装 76 毫米防空炮。"狮号"是该级别第 1 艘完工的舰船，从 1972 年开始被用作提供零部件的浮动船壳

上图：图中"虎号"正在离开马耳他的瓦莱塔港口。"虎"级拥有同期射速最快的大口径主炮

迟到的完工

"虎号"最终于 1959 年完工，"布莱克号"和"狮号"分别于 1960 年和 1961 年完工。"狮号"仅仅服役 4 年就退出现役进行改装了，1964—1972 年一直留在预备队，最终于 1975 年被拆解。第二次世界大战时期的巡洋舰——即使装备自动射击的 152 毫米火炮——在战后几乎没有生存空间了，因为当时主要的威胁变成了苏联的潜艇。

"虎号"出名的原因是在罗得西亚命途多舛的单方面独立投票前夕被选作哈罗德·威尔逊与伊恩·史密斯之间"老虎会谈"的场所。这艘船当时正在地中海巡逻，在船员没有接到任何通知的情况下抵达直布罗陀进行这次会谈。

后来决定将另外 2 艘舰船按照反潜直升机母舰进行改造。"布莱克号"于 1965—1969 年在朴次茅斯进行改造。"虎号"则于 1968—1972 年在德文波特进行相似的改造。改装包括拆除舰艉的 152 毫米炮塔，并安装 1 个飞行甲板和机库。大部分装甲都被拆除了，与烟囱并列的 76 毫米火炮被换成了"海猫"舰空导弹发射器。另外船上增加了 4 架"海王"或"威塞克斯"反潜直升机。

在国防开支不断削减的时代，这些重巡洋舰是英国皇家海军难以承受的奢侈品。在原始的设计方案中，每艘舰船的船员都超过 700 人，但直升机母舰将近需要 900 人。舰船没有存在很长时间。"虎号"服役了 6 年之后就退出现役进行改装了，1980 年进入废弃处置的名单，最终于 1986 年被拆解。"布莱克号"于 1979 年 12 月停工（使其成为在英国皇家海军服役的最后 1 艘巡洋舰），1982 年被拆解。

左图：展示的是英国皇家海军最后 1 艘活跃的巡洋舰——"布莱克号"，这也是它在 1970 年 9 月所确定的反潜直升机巡洋舰最终配置

"斯维尔德洛夫"级轻型巡洋舰/指挥舰
Sverdlov Class Light Cruiser/Command Ship

第二次世界大战之后，苏联海军试图将自身打造为一支远洋海军，原计划建造24艘的"斯维尔德洛夫"级（或68bis计划）巡洋舰最终只完成了20艘的船体，其中只有17艘下水，这17艘中又有3艘没有最终完工，而是搁置在涅瓦河的列宁格勒（今圣彼得堡），多年之后被废弃。

剩下的14艘在1951—1955年完工，大体上分为两种略有差别的形式，虽然所有的舰船实际上都是按照改进的"恰巴耶夫"级（68K级）标准建造的。更早的"恰巴耶夫"级是在第二次世界大战之前开工的，并在1950—1951年服役。

出口舰船

"斯维尔德洛夫"级巡洋舰中仅有1艘——"奥尔忠尼启则号"在1962年被移交给印度尼西亚，当时称之为"伊里安号"（由于长期的配件问题于1972年报废）。20世纪50年代晚期，"奥尔忠尼启则号"被改装成了1艘试验性舰空导弹巡洋舰，并用"沃尔

上图：展示的是舰空导弹试验舰船——"捷尔任斯基号"，其艉部安装了1部双臂式发射架

霍夫"（SA-N-2"瞄准线"）舰对空导弹系统取代了'X'位置处安装的152毫米炮塔。事实证明这次改装是不成功的，到20世纪70年代晚期时，该船进入黑海舰队充当后备舰船。"海军上将纳西莫夫号"也在大约同一时间被改装成P-1"梭子鱼"（SS-N-1"扫帚"）反舰导弹系统的试验船，但最终于1961年报废。在剩下的舰船中，2艘（"海军上将谢尔尼温号"和"日丹诺夫号"）在1971—1972年被改装成指挥

左图：1艘"恰巴耶夫"级（68K级）轻型巡洋舰，该级别舰船奠定了"斯维尔德洛夫"级巡洋舰的基础，它们于1939年首次开建，但计划的17艘中仅有5艘在第二次世界大战之后完工

下图："斯维尔德洛夫"级巡洋舰——"捷尔任斯基号"。由于增加了"沃尔霍夫"舰空导弹系统，该舰船也被叫作"68E项目"巡洋舰

技术参数

"斯维尔德洛夫"级轻型巡洋舰／指挥舰

排水量： 标准排水量12900吨，满载排水量17200吨

尺寸： 长210米，宽22米，吃水深度72米

动力系统： 双轴推进，齿轮减速式蒸汽轮机，功率110000马力（82025千瓦）

航速： 32.5节（60千米／时）

武器系统： 1座双发"沃尔霍夫"（SA-N-2"制导"）舰对空导弹发射器，配备8枚导弹（"捷尔任斯基号"），或者1座双联装"奥莎M"（SA-N-4"壁虎"）舰空导弹发射器，配备18枚导弹（"海军上将谢尔尼温号"和"日丹诺夫号"），4座3联152毫米火炮（"捷尔任斯基号"和"日丹诺夫号"上安装了3座3联炮塔，"海军上将谢尔尼温号"上安装了2座），6座双联装100毫米高平两用炮，16门双联装37毫米防空炮（1977—1979年的改造船型中安装了14座双联炮塔，"捷尔任斯基号""海军上将谢尔尼温号"和"日丹诺夫号"上安装了8座双联炮塔），4座双联装30毫米防空炮（仅在"日丹诺夫号"上，"海军上将谢尔尼温号"和1977—1979年改装船型上安装了8座双联炮塔），以及多达200枚水雷（"海军上将谢尔尼温号"和"日丹诺夫号"上没有）

电子系统（"捷尔任斯基号"）： 1部"大网"空中搜索雷达，1部"低筛"空中搜索雷达，1部"细网"空中搜索雷达，1部"扇歌-E"SA-N-2导弹射击控制雷达，2部"防晒板"152毫米射击控制雷达，1部"顶弯"射击控制雷达，以及1部"海王星"导航雷达

电子系统（"海军上将谢尔尼温号"和"日丹诺夫号"）： 1部"顶槽"空中搜索雷达，1部"流行乐队"SA-N-4射击控制雷达，1部"防晒板"152毫米射击控制雷达，2部"顶弯"152毫米射击控制雷达，4部"德拉姆·蒂尔特"30毫米高射炮射击控制雷达（"日丹诺夫号"上仅有两部），以及6部"蛋杯"火炮射击控制雷达

电子系统（其他）： 1部"大网"或"顶槽"空中搜索雷达，1部"高筛"或"低筛"空中搜索雷达，1部"织网"空中搜索雷达（仅在某些舰船上有），1部"细网"空中搜索雷达，1部"顿河2"或"海王星"导航雷达，2部"防晒板"射击控制雷达，2部"顶弯"152毫米射击控制雷达，8部"蛋杯"火炮射击控制雷达，以及1套"看门狗"电子支援系统

飞机： 1架卡莫夫Ka-25PS"激素C"多用途直升机（仅在"海军上将谢尔尼温号"上）

人员编制： 1010人

舰船：前者成为太平洋舰队的旗舰，后者则成为黑海舰队的旗舰。

火力支援角色

该级的其余9艘分别为"海军上将拉扎耶夫号""海军上将乌沙科夫号""亚历山大·涅夫斯基号""亚历山大·苏沃洛夫号""德米特里·波扎斯基号""米哈伊尔·库图佐夫号""莫洛托夫斯克号""摩尔曼斯克号"，以及"斯维尔德洛夫号"。它们都是常规型巡洋舰（苏军称之为KR型），3艘进入太平洋舰队（1艘不久之后就进入后备舰队），黑海舰队、波罗的海舰队和北方舰队各有2艘。这些舰船中的3艘——"海军上将乌沙科夫号"（黑海舰队），"亚历山大·苏沃洛夫号"（太平洋舰队）和"莫洛托夫斯克号"（波罗的海舰队）在1977—1979年进行了整修，其中包括扩展了艉部的上层建筑结构，安装了8门双联30毫米防空炮以及4部"歪鼓"射击控制雷达，拆除了主炮塔上的100毫米火炮射击控制雷达。到20世纪90年代时，这些舰船的首要任务是利用它们的主武器和辅助武器支援苏联华沙条约组织的陆军和海军步兵部队对北约和其他西方目标国家发动的两栖进攻行动和地面进攻行动。除了美国之外，北约任何其他国家海军都比不上这些舰船的火力支援能力，唯一能够与之匹敌的是"艾奥瓦"级战列舰。该级别的所有舰船都在1992年退役。

下图：1981年7月，英国皇家海军的"郡"级驱逐舰——"诺福克号"正在监视停泊在设得兰群岛沿岸的1艘波罗的海舰队的"斯维尔德洛夫"级轻型巡洋舰

"肯达"级导弹巡洋舰
Kynda Class Rocket Cruiser

被北约称作"肯达"级的"格罗兹尼"级巡洋舰共4艘，1961—1964年在列宁格勒（今圣彼得堡）日丹诺夫造船厂陆续下水。该级巡洋舰的首舰"格罗兹尼号"曾先后在北方舰队、黑海舰队和波罗的海舰队服役，1991年退役，1993年报废；2号舰"福金号"隶属太平洋舰队，1994年报废；3号舰"戈洛夫科号"1968年从北方舰队调至黑海舰队，1995年成为舰队旗舰，1997年退役后报废，据说2001年又被改装；4号舰"瓦良格号"隶属太平洋舰队，1994年报废。

该级巡洋舰是苏联海军中最早具有棱锥形上层建筑的舰艇，上层建筑装备了雷达及电子支援设备，装备了2座旋转式4联装P-35"前进"（SS-N-3B"柚子"）反舰导弹发射装置。发射装置后面上层建筑里的弹舱内储有备用导弹，但是导弹的再装填作业程序复杂，耗时较长，且必须在海况相对平静的情况下才能进行。

苏联称其为导弹巡洋舰，而西方则把它看作用来对抗美国航母的反舰水面舰艇。

有限的防空武器

"肯达"级导弹巡洋舰的动力装置是一组齿轮减速蒸汽轮机，废烟通过2座巨大的烟囱排出。装备的防空武器十分有限，只有舰艏的1座双联装"波浪"（SA-N-1"果阿"）舰空导弹发射装置和舰艉的2座76毫米双联装主炮。反潜武器只装备了2座RBU 6000火箭深弹投射器和2具3联装鱼雷发射管。RBU 6000发射器发射的高爆火箭深弹装有定深引信或磁感应引信，重75千克；鱼雷发射管使用533

技术参数
"肯达"级导弹巡洋舰
排水量：标准排水量4400吨，满载排水量5600吨
尺寸：长141.7米，宽16.0米，吃水深度5.3米
动力系统：功率100000马力（74570千瓦）的蒸汽轮机，双轴推进
航速：35节（65千米/时）
武器系统：2座4联装P-35"前进"（SS-N-3B"柚子"）反舰导弹发射装置，备弹16枚；1座双联装"波浪"（SA-N-1"果阿"）舰空导弹发射装置，备弹16枚；2门76毫米双联装主炮；4座30毫米ADG6-30近防火炮（只有"瓦良格号"装备）；2座12管PBU 6000火箭深弹投射装置；2具3联装533毫米鱼雷发射管
电子系统：2部"头网A"对空搜索雷达（"格罗兹尼号"和"戈洛夫科号"），或1部"头网A"对空搜索雷达加1部"头网C"对空搜索雷达（"弗金号"），或2部"头网C"对空搜索雷达（"瓦良格号"）；2部"柱网"对海搜索雷达（"戈洛夫科号"未装备）；2部"顿河2"导航雷达；1部"鸢鸣"76毫米炮火控雷达；1部"果皮群"舰空导弹火控雷达；2部"双木勺"反舰导弹火控雷达；2部"低音帐篷"C1WS火控雷达（只有"瓦良格号"装备）；"打钟""敲钟""击钟"电子干扰装置各1部，1部"高杆"电子干扰装置；1部高频舰壳声呐
舰载机：无
人员编制：375人

毫米音响制导鱼雷。

舰艇不搭载飞机，后甲板上只有简单的直升机着舰装置，因此反舰巡航导弹的中继制导只能依赖于外部目标指示，如海军航空兵的图-95RTA"熊"D海上侦察机等。

右图："肯达"级导弹巡洋舰隶属苏联太平洋舰队，是为了对抗美国海军的航空母舰而设计制造的

"金雕 I" 级、"金雕 II" 级导弹 / 反潜巡洋舰

Kresta I and Kresta II Classes Rocke/ASW Cruisers

"金雕 I" 级

1967 年，"金雕 I" 级 BPK（俄语"大型反潜舰"的缩写，后来红海军又将其改称为 RKR，即导弹巡洋舰）。外界认为该级舰的设计目的介于反舰用的"肯达"级和反潜用的"金雕 II"级之间。

该级舰共 4 艘："佐祖利亚号""符拉迪沃斯托克（海参崴）号""德罗兹德号"和"塞瓦斯托波尔号"。首舰在列宁格勒（今圣彼得堡）日丹诺夫造船厂竣工，1967—1969 年相继服役，20 世纪 90 年代初全部退役，并于 1995 年作为废品出售。

"金雕 I"级巡洋舰的舰体比"肯达"级大，外形也不同；装备的 P-35 "前进"（SS-N-3B "柚子"）反舰导弹发射装置只有"肯达"级的一半（并且不能再次装弹）。但它的防空作战能力明显提高：该级舰搭载了 1 架卡莫夫 Ka-25K "激素 B"直升机用于

上图："金雕 I"级巡洋舰是"肯达"级的后续舰型，是苏联海军舰艇中最先设置直升机机库的舰艇，配备 1 架用于导弹中继制导的 Ka-25K 直升机，被归类为导弹巡洋舰，该级舰舰体较大，耐波性和适航性好，与"肯达"级巡洋舰一样，也在舰桥两侧装备了 P-35 "前进"反舰巡航导弹发射装置

技 术 参 数
"金雕 I"级导弹 / 反潜巡洋舰
排水量：标准排水量 6000 吨，满载排水量 7600 吨
尺寸：长 155.5 米，宽 17.0 米，吃水深度 6.0 米
动力系统：功率 100000 马力（74570 千瓦）的蒸汽轮机，双轴推进
航速：34 节（63 千米 / 时）
武器系统：2 座双联装 P-35 "前进"（SS-N-3B "柚子"）反舰导弹发射装置，备弹 4 枚；2 座双联装"波浪"（SA-N-1 "果阿"）舰空导弹发射装置，备弹 32 枚；2 门 57 毫米双联装主炮；4 座 30 毫米 AK630 近防系统（只装备在"德罗兹德号"）；2 座 12 管 RBU 6000 反潜火箭发射器；2 座 6 管 RBU 1000 反潜火箭发射器；2 具 5 联装 533 毫米鱼雷发射管
电子系统：1 部"大网"对空搜索雷达；1 部"头网"三坐标雷达；2 部"果皮群"舰空导弹制导雷达，2 部"圈套筒"57 毫米炮炮瞄雷达；"低音帐篷"C1WS 火控雷达（只装备在"德罗兹德号"）；2 部"柱网"对海搜索雷达；2 部"顿河 2"导航雷达；1 部"双铲"反舰导弹制导雷达；1 部"边球"电子对抗仪；"打钟""敲钟""击钟"电子干扰装置；1 部高频舰壳声呐
舰载机：1 架卡莫夫 Ka-25K "激素 B"反潜直升机
人员编制：380 人

技 术 参 数
"金雕 II"级巡洋舰
排水量：标准排水量 6000 吨，满载排水量 7600 吨
尺寸：长 158.6 米，宽 17.0 米，吃水深度 6.0 米
动力系统：功率 100000 马力（74570 千瓦）的蒸汽轮机，双轴推进
航速：34 节（63 千米 / 时）
武器系统：2 座 4 联装 SS-N-14 "石英"反潜导弹发射装置，备弹 8 枚；2 座双联装 SA-N-3 "酒杯"舰空导弹发射装置，备弹 48 枚；2 门 57 毫米双联装主炮；4 座 30 毫米 AK630 近防系统；2 座 12 管 RBU 6000 反潜火箭发射器；2 座 6 管 RBU 1000 反潜火箭发射器；2 具 5 联装 533 毫米鱼雷发射管
电子系统：1 部"头网 C"三坐标雷达；1 部"中帆"三坐标雷达；2 部"前灯"舰空导弹制导雷达；2 部"圈套筒"57 毫米炮炮瞄雷达；2 部"低音帐篷"CIWS 火控雷达；2 部"顿河 K"导航雷达；2 部"顿河 2"导航雷达；1 台"边球"电子对抗仪；"打钟""敲钟""击钟"电子干扰装置；1 部中频舰壳声呐
舰载飞机：1 架卡莫夫 Ka-25BSh "激素 A"反潜直升机
人员编制：400 人

反舰导弹的中继制导，是苏联海军最早搭载飞机的水面战斗舰艇；其中2艘曾被改装，"德罗兹德号"上也加装了2部"低音帐篷"火控雷达和4座30毫米警方火炮。舰上装备的"波浪"（SA-N-1"果阿"）舰空导弹通常携带60千克高能弹头，可换成10千吨当量核弹头，具备对舰攻击能力。

"金雕II"级

最后1艘"金雕I"级巡洋舰完工后，苏联立即开始了"金雕II"级的建造。该两级舰艇设计类似，机库布局与"金雕I"级相同，搭载1架卡莫夫Ka-25BSh"激素A"反潜直升机，但在舰空导弹、反潜武器及电子设备几方面却存在明显差异，"金雕II"级主要侧重于反潜作战，用2座4联装SS-N-14"石英"反潜导弹发射架取代了SS-N-3B"柚子"反舰导弹发射装置（但在数年后才配备首枚反潜导弹），还用SA-N-3"酒杯"导弹系统替换了SA-N-1"果阿"防空导弹系统。为了能在恶劣气象条件下使用，"金雕II"级还配备了减摇装置。

"金雕II"级共建造了10艘，即"喀琅施塔得号""伊沙钦科夫海军上将号""纳希莫夫海军上将号""马卡罗夫海军上将号""伏罗希洛夫元帅号""奥克加勃尔斯基海军上将号""伊萨科夫海军上将号""夏伯阳号""尤马舍夫海军上将号"和"铁木辛格元帅号"，相继于1970—1978年分别在北方舰队、波罗的海舰队和太平洋舰队服役；1990—1994年，该级舰艇全部退役，被当作废品卖到印度及其他国家。

下图："金雕II"级的舰桥两侧装备了2座4联装SS-N-14"石英"反潜导弹发射装置。"石英"导弹和SA-N-3"酒杯"舰空导弹都具备强大的反舰作战能力。"酒杯"导弹还可以携带25千吨当量核弹头取代原本的高能炸药弹头

"莫斯科"级反潜巡洋舰
Moskva Class ASW Cruiser

"莫斯科"级舰被苏联称为反潜巡洋舰（PKR），实际上它兼具直升机航母与导弹巡洋舰的功能，是为了对抗在近海区域活动的西方国家的战略导弹潜艇而设计和制造的，主要在地中海活动，有时也会被派往北大西洋、北海、波罗的海和印度洋，加入正在那里执行任务的舰艇编队。

该级"莫斯科号"和"列宁格勒号"分别于1967年、1968年在尼古拉耶夫造船厂竣工，苏联意识到这些舰艇无论是在数量上还是在战斗力上都无法与敌方的战略导弹潜艇对抗，于是中止了建造计划。"列宁格勒号"和"莫斯科号"都于20世纪90年代退役，分别于1995年、1997年被作为废品出售。

直升机的应用

从正前方看，"莫斯科"级更像是导弹巡洋舰，上层建筑的前部呈阶梯状排列着各种防空及反潜武器系统，后部是蒸汽轮机的排气烟囱及多部雷达的桅杆，整体呈悬崖状。

舰艇后部有 86 米 ×34 米的甲板飞行起降点，可容 5 架直升机起降；2 部 16.5 米 ×4.5 米的升降机负责在机库与飞行甲板之间输送直升机。机库内最多能容纳 18 架卡莫夫 Ka-25BSh "激素 A" 反潜直升机，通常携带 14 架。1973 年，第 4 次中东战争结束后，"列宁格勒号"在苏伊士运河南部海域执行扫雷任务，据传飞行甲板上停放着 2 架用于扫雷的米 -8T "河马 C" 直升机。

反潜武器

"莫斯科号"巡洋舰装备了作为指挥舰所需的各种设备，装备有 2 座射程 6000 米、口径 250 毫米的自动装弹火箭发射器，1 座双联装 SU-W-N1 "果阿" 发射器，能发射射程 30 千米、可携带 15 千吨当量核弹头的 FRAS-1 反潜火箭。"激素 A" 反潜直升机可携带吊放式声呐、无线电声呐浮标和 450 毫米反潜鱼雷（使用常规炸药弹头或核弹头），在距离母舰 55 千米~74 千米的范围内进行反潜巡逻。

下图："莫斯科"级反潜巡洋舰兼具直升机航母和导弹巡洋舰的功能，是为对抗在苏联近海活动的西方弹道导弹潜艇而设计制造的，通常搭载 14 架卡莫夫 Ka-25BSh "激素 A" 反潜直升机，每 4 架编为一个战术群，在任务海域内执行搜潜巡逻任务

技术参数

"莫斯科"级反潜巡洋舰

排水量： 标准排水量 11200 吨，满载排水量 19200 吨

尺寸： 长 189.0 米，宽 25.9 米，吃水深度 8.5 米

动力系统： 功率 100000 马力（74570 千瓦）的蒸汽轮机，双轴推进

航速： 31 节（57 千米 / 时）

武器系统： 8 座双联装 SA-N-3 "酒杯" 舰空导弹发射装置，备弹 48 枚；2 门 57 毫米双联装主炮；1 座双联装 SU-W-N1"果阿"反潜火箭发射器，FRAS-1 火箭弹 20 发；2 座 12 管 RBU 6000 反潜火箭发射器

电子系统： 1 部 "中帆" 三坐标雷达；1 部 "前灯" 三坐标雷达；2 部 "前灯" 舰空导弹制导雷达；2 部 "圈套筒" 57 毫米炮瞄雷达；3 部 "顿河 2" 导航雷达；1 部 "边球" 电子对抗仪；"打钟""敲钟""击钟"电子干扰装置各 2 部；2 部金属箔 / 红外诱饵干扰弹发射器；1 部低频舰壳声呐；1 部中频可变深声呐

舰载飞机： 14 ~ 18 架卡莫夫 Ka-25BSh "激素 A" 反潜直升机

人员编制： 850 人

下图："莫斯科"级反潜巡洋舰具备强大的指挥反潜舰艇群与海上巡逻机（包括舰艇自身搭载的反潜直升机）协同行动的能力，以确保近海规定海域内的安全

11
DESTROYER
驱逐舰

"圣劳伦"级和"雷斯蒂古什"级护航驱逐舰/直升机驱逐舰
St Laurent and Restigouche Classes DDE/DDH

1949年，加拿大宣布建造7艘新型反潜护卫舰——"圣劳伦"级，这也是在加拿大设计和建造的第1批专用的反潜舰船。它们是当时最复杂的驱逐舰。该级别的第1艘——加拿大皇家海军舰艇"圣劳伦号"于1955年开始服役。该级舰的新设计要素包括空调系统和1套防核生化水幕喷淋系统。

20世纪50年代后期，该级舰进行了搭载直升机所需的改造，主要增加了机库、飞行甲板和维护设施，使用的机型是CHSS-2"海王"直升机。原始的单烟囱改成了双烟囱，艉部的76毫米Mk 33双联炮塔以及"地狱"Mk 10反潜迫击炮换成了舰船中部的直升机和机库。舰上增设了可变深声呐、减摇鳍装置以及一套直升机回收系统，因此舰船排水量突破3000吨。该级首舰为"阿西尼玻河号"，它于1963年6月再次投入使用。为了突出该级舰的载机能力，其分类由护航驱逐舰改成了直升机驱逐舰。

DELEX计划

该级别舰船的下一个里程碑是在20世纪70年

技术参数
"圣劳伦"级护航驱逐舰/直升机驱逐舰
排水量：满载排水量2800吨（护航驱逐舰），或满载排水量3050吨（直升机驱逐舰）
尺寸：长113.1米，宽12.8米，吃水深度4.2米
动力系统：双轴齿轮减速式蒸汽轮机，功率30000马力（22370千瓦）
航速：28节（52千米/时）
武器系统：2座双联装76毫米Mk 33火炮（直升机驱逐舰改装中拆掉了艉部的炮塔）；2门Mk 10"林博"反潜迫击炮（直升机驱逐舰改装中拆除了1门）；2门40毫米博福斯火炮（直升机驱逐舰改装中拆除了）；以及2门3联的324毫米Mk 32发射管，配备Mk 44或Mk 46反潜鱼雷（直升机驱逐舰改装中增加的）
电子系统：1部SPS-12空中搜索雷达，1部SPS-10海面搜索雷达，1部导航雷达，安装于火炮炮塔上的SPG-48射击控制雷达，SQS-501、SQS-502、SQS-503、SQS-504声呐以及可变深度声呐
飞机：1架CHSS-2/CH124（直升机驱逐舰）
人员编制：290人

代，当时的"驱逐舰寿命延长计划"（DELEX计划）升级了大部分舰载系统，使得舰船作为水面战斗舰艇一直服役到20世纪80年代。首舰"圣劳伦号"是唯一没有参与DELEX升级计划的船只，最终于

左图：加拿大皇家海军舰艇"特拉-诺瓦号"是由维多利亚机械厂建造的，于1959年6月投入使用。它是4艘"雷斯蒂古什"级舰船中的1艘，该级别的舰船在艉部安装了反潜火箭发射器，并装备了可变深度声呐，前枪换成了格架桅杆

1974 年退役。

　　"弗雷泽号"在 2 个烟囱之间安装了 1 个格架桅杆，其上搭载着"塔康"战术空中导航系统天线。"弗雷泽号"也被用作"女水精"鱼雷诱饵系统和试验型拖曳线阵声呐的测试平台。几十年的服役之后，该级别的所有舰船（其他几艘是"沙格奈河号""斯基纳河号""渥太华号"和"马加里号"）到 1994 年时都退役了。

　　1952 年，加拿大又订购了相似的 7 艘"雷斯蒂古什"级护航驱逐舰，这几艘在 1958—1959 年投入使用。它们与"圣劳伦"级的区别在于，前部的主炮换成了 2 门 76 毫米 Mk 6 火炮。20 世纪 60 年代晚期，"加蒂诺号""雷斯蒂古什号""库特奈号"以及"特拉 – 诺瓦号"都安装了高耸的格架桅杆，反潜火箭发射器和 1 套可变深度声呐。20 世纪 80 年代，它们又进行了 DELEX 升级。

上图：加拿大皇家海军舰艇"弗雷泽号"正在恶劣的天气条件下航行，它与"圣劳伦"级舰船存在细微的差别。它是该级别舰船中唯一装备"塔康"天线的舰船

　　从 1991 年海湾战争开始，加拿大对"雷斯蒂古什号"和"特拉 – 诺瓦号"进行了升级，为它们装备了"鱼叉"导弹、"密集阵"近防系统、1 座双联 40 毫米博福斯舰炮，以及"吹管"肩扛式防空导弹。"特拉 – 诺瓦号"是服役时间最长的 1 艘，最终于 1997 年退役。

"絮库夫"级护航 / 防空 / 反潜驱逐舰
Surcouf Class Destroyer Escort/Air Defence / ASW Ship

　　"絮库夫"级或 T47 级驱逐舰建造计划在 1949—1952 年获得批准，它们比当时欧洲所有其他的驱逐舰都要大，计划作为护航舰中队中的中坚力量，被设计用于针对新型航空母舰和舰队其他战舰提供防空保护。该级舰主炮为 127 毫米口径火炮，并配备多座 57 毫米双联装防空炮。

　　1955—1957 年完工的 12 艘舰船分别是"絮库夫号""凯尔桑号""卡萨尔号""布韦号""图阿尔号""保罗骑士号""迈勒·布雷泽号""沃克兰号""埃斯特雷号""杜·查耶拉号""卡萨布兰卡号"以及"盖普拉特号"。计划还要求在反潜行动中携带

尽可能少的物资，当然除了深水炸弹，最终在舰船两侧沿着甲板边缘各安装了 4 座 3 联装发射管：前方的一对发射 L3 反潜鱼雷（共携带了 12 枚），后方的一对发射 L3 反潜鱼雷或 K2 反舰鱼雷。该级舰采用了法国设计的船体声呐，为了应对与日俱增的空中威胁，后来又安装了新一代的法国雷达，并为主副炮配备有雷达指挥仪。作为舰队航空母舰的护卫舰，它们需要很高的速度。早在 20 世纪 60 年代，"絮库夫号""卡萨尔号"和"保罗骑士号"拆除了它们前部的 57 毫米炮塔以扩大舰桥体积，为指挥所腾出空间。

技 术 参 数
"絮库夫"级（建造时）护航／防空／反潜驱逐舰
排水量： 标准排水量 2500 吨，满载排水量 3740 吨
尺寸： 长 128.6 米，宽 12.7 米，吃水深度 5.4 米
动力系统： 双轴齿轮减速式蒸汽轮机，功率 63000 马力（46975 千瓦）
航速： 34 节（63 千米／时）
航程： 以 18 节（33 千米／时）的速度可航行 9250 千米
武器系统： 3 座双联装 127 毫米高平两用炮；3 座双联装 57 毫米防空炮；3 门 40 毫米火炮；4 个 3 联 550 毫米发射管，配备反舰鱼雷和反潜鱼雷（见正文）
电子系统： 1 部 DRBV 20A 空中监视雷达，1 部 DRBV 11 空中／海面搜索雷达，1 部 DRBC 11 主炮射击控制雷达，1 部 DRBC 30 副炮射击控制雷达，1 部 DUBV 1 声呐，以及 1 部 DUBA 1 声呐
飞机： 无
人员编制： 347 人

上图："埃斯特雷号"是"絮库夫"级驱逐舰中的 1 艘，该级别的舰船在其职业生涯后期成为一种专业的反潜驱逐舰，并安装了"马拉丰"导弹系统。其他的反潜武器包括 1 门 6 联的博福斯反潜迫击炮，2 套发射 L3 鱼雷的 3 联发射管。反潜改装船型更为人知的名字是"埃斯特雷"级

1962—1965 年，"图阿尔号""凯尔桑号""布韦号"和"杜·查耶拉号"进行了改装，将舰艉的一对 127 毫米炮塔换成了 Mk 13 单臂发射器，用于发射美国"鞑靼人"舰空导弹（从 20 世纪 70 年代开始换成了"标准"SM1-MR 导弹），艉部的 2 个 57 毫米炮塔之间升高的甲板室上安装了 2 套配套的 SPG-51 追踪／照射雷达。前部的 127 毫米炮塔也被换成了 6 联的 375 毫米博福斯式反潜火箭发射器，另外反舰鱼雷发射管也被拆除了。加高了桅杆和烟囱，SPS-39A 3D 雷达的天线替换为主桅杆顶端的 DRBV 11 雷达的天线。

从 1968 年开始，那些定员为 227 人的改装船型（"杜·查耶拉"级）都进行了升级，装备了更强大的电子设备，该级别的所有 4 艘舰船都在 1991 年报废了。

"玛拉丰"改装船型

早在 20 世纪 60 年代，"埃斯特雷"级就试验性地安装了舰艏声呐和可变深度声呐，经过确认之后，5 艘舰船按照反潜的标准进行了改装，替换了整套武器装备和传感器设备。舰艏安装了 1 个发射器和弹药库，用于发射 13 枚"马拉丰"反潜导弹，另外艏艉各安装了 1 门 100 毫米火炮（由 1 个 DRBC 32A 射击指挥仪引导），B 炮位处安装了 1 座 6 联的博福斯式火箭发射器。只有前部的 2 套发射管保留下来了，单独的三脚架前桅杆顶端换成了 DRBV 22A 空中搜索雷达的天线，其下方是 1 个 DRBV 50 空中／海面搜索雷达。传感器是 DUBV 23 和 DUBC 43 声呐，新型的舰艏声呐要求舰船更换为飞剪式舰艏，舰船总长度因此达到 132.5 米，船员减少到 260 人，住宿环境因而得到改善。

这些舰船一直服役到 20 世纪 80 年代中期，并被"乔治·莱格"级反潜驱逐舰取代。最后 1 艘于 1985 年报废。

"絮弗伦"级导弹驱逐舰
Suffren Class Guided-Missile Destroyer

最初被划为轻巡洋舰的"絮弗伦号"和"迪凯纳号"后来被重新划入"絮弗伦"级驱逐舰。实际上，这些舰船是专门设计用于区域防空作战和反潜作战的，属于保护法国海军的 2 艘"克莱蒙梭"级航空母舰的水面舰艇。最初的设计草图完成时，建造计划要求建造 3 艘，当国家的财政资源允许时再建造更多，但最终仅有 2 艘开建并完工。"絮弗伦"级是由布雷斯特造船厂建造的，它们于 1962 年 11 月开建，1965 年 5 月下水，1967 年 7 月开始服役。而"迪凯纳"级是由洛里昂造船厂建造的，于 1964 年 11 月开建，1966 年 2 月下水，1970 年 4 月开始服役。

容易分辨的舰船

这 2 艘舰船的武器和传感器几乎全是法国国产，它们也是法国海军第 1 批从设计之初就以防空导弹为主要武器的舰艇，事实证明，装备了 3 对陀螺仪控制的不可伸缩稳定鳍之后，舰船是非常稳定的导弹平台。它们在法国海军在役的舰船中非常容易被辨别出来，因为舰船中部有 1 个很高的独立的"橡胶雨衣"（组合的桅杆和烟囱），其前面是独具特色的雷达天线罩，里面安装的是 DRBI 233D 监视和追踪雷达（只有该级别的 2 艘舰船安装了这种雷达）。舰船上的传感器收集的所有数据都输送到了 SENIT1 战术数据系统，这也是舰船协调指挥作战的一部分，

技术参数	
"絮弗伦"级导弹驱逐舰	
排水量：	标准排水量 5090 吨，满载排水量 6090 吨
尺寸：	长 157.6 米，宽 15.54 米，吃水深度 7.25 米
动力系统：	双轴齿轮减速式蒸汽轮机，功率 72500 马力（54065 千瓦）
航速：	34 节（63 千米/时）
航程：	以 18 节（33 千米/时）的速度可航行 9450 千米
武器系统：	4 座 MM 38"飞鱼"反舰导弹发射器；1 座双臂式"玛舒卡"舰空导弹发射器，配备 48 枚导弹；2 门 100 毫米高平两用炮；4 门 20 毫米防空炮；1 座"马拉丰"反潜导弹发射器，配备 13 枚导弹（1997 年之后不再使用）；4 座 533 毫米 L 5 反潜鱼雷，配备 10 枚鱼雷
电子系统：	1 部 DRBI 23 空中搜索和目标识别雷达，1 部 DRBV 50 海面搜索雷达，2 部 DRBR 51 舰空导弹控制雷达，1 部 DRBC 32A 射击控制雷达，1 部 DRBN 32 导航雷达，1 套 SENIT1 战术数据系统，1 套电子支援系统，2 部"达盖"干扰丝/箔条发射器，1 部 DUBV 23 船体声呐，以及 1 部 DUBV 43 可变深度声呐
飞机：	无
人员编制：	355 人

上图："絮弗伦"在其母港土伦——此处也是法国海军地中海舰队的主要基地。该型驱逐舰主要用于护卫法军的航空母舰，使其免遭敌军潜艇袭击。"迪凯纳号"服役至 2007 年

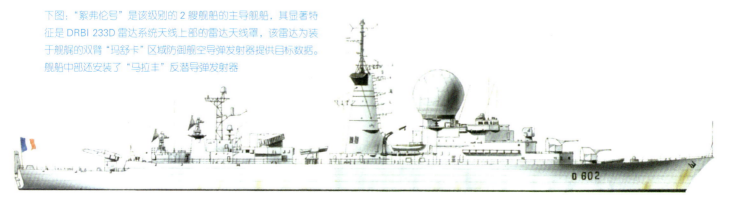

下图："絮弗伦号"是该级别的 2 艘舰船的主导舰船，其显著特征是 DRBI 233D 雷达系统天线上部的雷达天线罩，该雷达为装于舰艉的双臂"玛舒卡"区域防御舰空导弹发射器提供目标数据。舰船中部还安装了"马拉丰"反潜导弹发射器

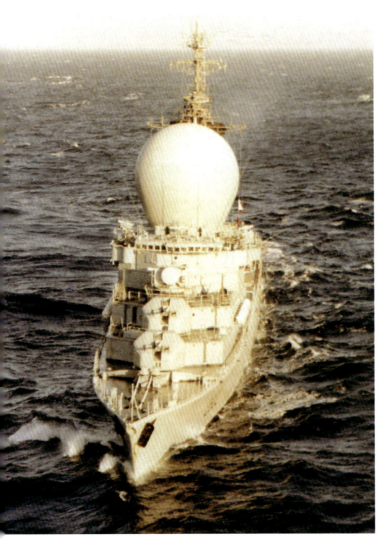

目的是以舰船传感器所感知的最大范围内的数据为基础建立完整的战术态势感知体系。

防空升级

20 世纪 70 年代中期，这些舰船进行了升级，安装了新型的武器，并改进了局部防御的舰空导弹系统，仅适用"玛舒卡"Mk 2 中程防空导弹，由早期的乘波制导改进为雷达半主动制导。

2 艘舰船都在 1975 年转移到了地中海，然后在以土伦为基地的地中海舰队中服役，充当航空母舰的护卫舰。

对于区域防御反潜作战的角色而言，舰船携带的武器是"马拉丰"导弹——1500 千克的指令制导助飞段，最大射程为 13 千米。该导弹由 2 级固体推进剂助推火箭发射，导弹的有效载荷是 533 毫米 L4 反潜鱼雷，鱼雷装备了自动 / 被动声导系统，鱼雷重量为 540 千克，速度为 30 节（56 千米 / 时），能将 104 千克弹头发射到大约 5.5 千米远的地方。这些舰船利用装备自动 / 被动声导系统的 1000 千克 L5 鱼雷进行自卫。"絮弗伦"级最终于 2001 年报废。

左图："絮弗伦"级舰船最初被划分为轻型巡洋舰，后来又被划为驱逐舰及导弹护卫舰（FLM），它们是第 1 批从一开始就以导弹为主武器的法国战舰

"图维尔"级导弹驱逐舰
Tourville Class Guided-Missile Destroyer

1973 年，法国海军 C65 级驱逐舰"阿克尼特号"服役，并以此为原型舰建造新一级的护航舰艇，专门用于北大西洋海域的反潜作战。该舰长 127 米，单轴推进，航速 27 节（50 千米 / 时）。然而，就在"阿克尼特号"建造期间，人们开始清楚地认识到，该级驱逐舰体形太小，性能有限。在此情况下，后继的 F67 级（或称"图维尔"级驱逐舰）则非常适合，舰体尺寸较大，在标准排水量的基础上能够增加 1350 吨排水量，2 套动力装置，采用双轴推进，机库能够停放 2 架维斯特兰公司的"大山猫"直升机，通过

加装"飞鱼"导弹还提升了该舰的反舰能力。

　　1974—1977 年，罗连安特海军造船所建成 3 艘驱逐舰，服役后分别命名为"图维尔号""迪盖·特鲁安号"和"德·格拉斯号"。前 2 艘舰均装备 3 门 100 毫米口径火炮，而"德·格拉斯号"上只在舰艏装备 2 门火炮，因为法国海军当时已经决定，在该舰机库顶部安装 1 座"响尾蛇"防空导弹发射架（配备 26 枚导弹）。

　　3 艘驱逐舰原计划装备与"阿克尼特号"相同的电子系统，但在建造过程中又发生了变化，最终决定采用一系列更具现代化、性能更好的电子系统，其中包括 DRBV 26 型对空监视雷达、DRBV 50 型（后来为 DRBV 51B 型）目标指示雷达和轻型 DRBC 32 火控雷达，但"阿克尼特号"的 SENIT3 战术数据系统最终保留了下来。

　　这些驱逐舰安装 2 套非收缩式稳定装置，通过在飞行平台上加装 1 个收帆索系统以及为 2 个机库加装 1 套"细腰蜂"（SPHEX）旋转系统，提高了直

技术参数
"图维尔"级导弹驱逐舰
排水量： 标准排水量 4580 吨，满载排水量 5950 吨
尺寸： 长 152.5 米，宽 15.3 米，吃水深度 6.5 米
动力系统： 齿轮传动蒸汽轮机，功率 54400 马力（40560 千瓦），双轴推进
航速： 31 节（57 千米／时）
航程： 以 18 节（33 千米／时）的速度可航行 9250 千米
武器系统： 2 座 MM 38 型"飞鱼"反舰导弹 3 联发射装置；2 门 100 毫米口径火炮；1 座"响尾蛇"防空导弹发射装置，配备 26 枚 R.440 型近程防空导弹；1 座"马拉丰"火箭助飞鱼雷发射器，配备火箭 13 枚
电子系统： 1 部 DRBV26 型对海搜索雷达，1 部 DRBV 51B 型对空／对海搜索雷达，2 部导航雷达，1 部 DRBC 32D 型火控雷达，1 部 SENIT3 战术数据系统，1 部 DUBV 23 船体声呐，1 部 DUBV 43 可变深度声呐
舰载飞机： 2 架"大山猫"直升机
人员编制： 282 人

升机的战斗性能。该级驱逐舰的舱内居住环境比先前的战舰改善许多，虽然直到 20 世纪 90 年代才拆除了"马拉丰"系统，但电子系统性能（特别是声呐）已经改进许多。"图维尔号"和"德·格拉斯号"战舰至本书完成时仍在服役。

左图与下图："图维尔"级导弹驱逐舰（照片中的是"德·格拉斯号"）通过"马拉丰"火箭发射鱼雷系统和两个舰载直升机执行海洋反潜任务

"汉堡"级导弹驱逐舰
Hamburg Class Guided Missile Destroyer

1945 年，德国在第二次世界大战中战败，被禁止发展军事力量。20 世纪 50 年代，在西欧联盟以及后来的北约的帮助下，联邦德国政府获准着手创建陆海空三军执行国家防御任务。1956 年，联邦德国新组建的海军开始训练兵员。1958 年，在美国的《共同防御援助计划》实施期间，联邦德国获得了第 1 批主战舰——6 艘第二次世界大战期间制造的、已经过时的"弗莱彻"级驱逐舰，这批驱逐舰由美军出借，租借期为 5 年。这些战舰在移交前已经进行了现代化改进，联邦德国用来进行军事训练以提高作战能力。1968—1982 年，这些舰只逐步退出联邦德国海军现役舰队。

联邦德国海军使用的新型驱逐舰是在国内设计并建造的，但其武器系统和传感器是从其他几个欧洲国家购买的。

"汉堡"级驱逐舰的另一种称呼为 101 型驱逐舰，1957 年 8 月开始订购，最初只允许发展 12 艘。根据规定，任何 1 艘联邦德国战舰都不能超过 2500 吨的排水量，虽然西欧联盟后来将这种限制放宽到了 6000 吨，但联邦德国当时还是选择建造了 4 艘同一级别的战舰，每艘的标准排水量在规定范围内的 3350 吨。

在德国建造

1959—1961 年，4 艘驱逐舰由汉堡的斯道肯造船厂开始建造，1960—1963 年下水，1964—1968 年服役，分别命名为"汉堡号""石勒苏益格－荷尔斯泰因号""拜恩号"和"黑森号"。从概念上讲，这些战舰类似于第二次世界大战末期的驱逐舰，舰上有联邦德国特色的动力系统，其中包括 4 座"沃霍达格"锅炉以及齿轮传动蒸汽轮机，采用双轴推进，载油量 600 吨。

技术参数	
"汉堡"级导弹驱逐舰（1982 年）	
排水量:	标准排水量 3340 吨，满载排水量 4330 吨
尺寸:	长 133.7 米，宽 13.4 米，吃水深度 5.2 米
动力系统:	齿轮传动蒸汽轮机，功率 72000 马力（53685 千瓦），双轴推进
航速:	36 节（67 千米／时）
航程:	以 13 节（24 千米／时）的速度可航行 11000 千米
武器系统:	2 座 MM 38 型"飞鱼"反舰导弹双联发射装置，3 门 100 毫米口径火炮，4 门双联 40 毫米口径防空火炮，5 具 533 毫米口径鱼雷发射管，以及 2 座 375 毫米口径反潜火箭发射器
电子系统:	1 部 LW-04 对空监视雷达，1 部 DA-08 对海搜索雷达，1 部"凯文·休斯"14/9 型导航雷达，4 个 WM-45 型（100 毫米口径和 40 毫米口径火炮的）炮瞄雷达，1 部 ELA C1BV 型船体安装的声呐
舰载机:	无
人员编制:	284 人

上图：在 1986 年举行的"北方婚礼"演习期间，"汉堡"级导弹驱逐舰"黑森号"在挪威海正从美国海军"锡马隆"级快速加油船"普拉特号"上接受燃料补给

从这些舰只最初的造型上看，完全是传统的装备火炮的驱逐舰，主要武器系统是 4 门 100 毫米口径 L/55 型火炮，艏艉均为 2 座采用背负式布局的炮塔。1974—1977 年，4 艘战舰均得到了现代化改进：锅炉燃烧的是轻型燃油，用 4 座 MM 38 型"飞鱼"反舰导弹发射装置取代了 X 炮位的炮塔。

更进一步的改造是在接下来的第 2 年，当时，4

艘舰全加装了 1 个封闭式舰桥，确保在不良气候下能够更好地操作战舰。后来的改造包括：改造上层建筑和烟囱罩，用 2 对 324 毫米口径轻型反潜鱼雷发射管替代 5 具（3 具在舰艏，2 具在舰艉）533 毫米口径重型反潜鱼雷发射管，用更为现代化的武器替代最初的 4 门双联装 40 毫米口径防空火炮，并且改进了电子系统的稳定性。

上述 4 艘驱逐舰于 1990—1994 年相继退役，由"勃兰登堡"级护卫舰接替。

右图："拜恩号"是第 3 艘"汉堡"级驱逐舰。该舰于 1965 年 7 月建成，1993 年 12 月退役，而后被售出拆解

"吕特晏斯"级导弹驱逐舰
Lütjens Class Guided-Missile Destroyer

1945 年，德国战败后，联邦德国海军从 20 世纪 50 中期开始重新组建。最初的德国海军由于战舰陈旧不堪、人员作战技能落后，导致作战能力和实力极其有限。可是，20 世纪 50 年代末期到 60 年代初期，随着苏联海军实力的急剧提升，西方期待联邦德国海军能够肩负起逐渐增加的与北约组织相关的西欧防御任务。

有限的作战能力

联邦德国海军使用的是已经接近废弃的美国"弗莱彻"级驱逐舰以及德国人自己建造的"汉堡"级驱逐舰，这些战舰的作战能力极其有限，因此在 1964 年 5 月，联邦德国政府和美国政府签署一项协议，向美国购买改进型"查尔斯·F. 亚当斯"级导弹驱逐舰，这就是曾在联邦德国海军服役的著名的 103A 型导弹驱逐舰，也称为"吕特晏斯"级导弹驱逐舰。

技术参数
"吕特晏斯"（103B 型）级导弹驱逐舰
排水量： 标准排水量 3370 吨，满载排水量 4500 吨
尺寸： 长 133.2 米，宽 14.3 米，吃水深度 6.1 米
动力系统： 齿轮传动蒸汽轮机，功率 70000 马力（52190 千瓦），双轴推进
航速： 32 节（59 千米 / 时）
航程： 以 20 节（37 千米 / 时）的速度可航行 8350 千米
武器系统： 1 座"标准"中程防空导弹以及"鱼叉"反舰导弹发射装置，装弹 40 枚；2 座"拉姆"（RAM）近程防空导弹发射装置，装弹 42 枚；2 门 127 毫米口径火炮；1 座 8 联装"阿斯洛克"火箭助推反潜鱼雷发射装置；1 具 3 联装 324 毫米口径鱼雷发射管，配备 Mk 46 型轻型反潜鱼雷
电子系统： 1 台 SPS-523D 搜索雷达，1 台 SPS-40 对空搜索雷达，1 台 SPS-67 对海搜索雷达，2 台 SPG-51 火控雷达，1 台 SPQ-9 型和 SPG-60 型火控雷达，1 套 SATIR1 战斗信息系统，FL-1800S-II 电子支援系统，1 座 Mk 36 型 SRBOC（速散离舰干扰系统）诱饵发射装置，以及 1 个 DSQS-21B 型舰体声呐
舰载机： 无
人员编制： 33 人

上图和右图：按照 20 世纪 60 年代末和 70 年代初的标准，"吕特晏斯"级驱逐舰在防空和反潜方面表现出了极为优异的综合性能和作战能力。"吕特晏斯号"是作为 103 型级战舰的首舰建造而成的，当时该舰是联邦德国现役战舰中作战能力最强的水面主力舰

　　放弃了在联邦德国各个造船厂建造 6 艘"吕特晏斯"级驱逐舰的最初计划之后，1965 年 4 月，美国海军代表联邦德国海军从美国巴斯钢铁公司订购了 3 艘该级战舰。这 3 艘战舰分别于 1966—1967 年开工建造，1967—1969 年下水，1969—1970 年服役，命名为"吕特晏斯号""莫尔德斯号"和"隆美尔号"，吕特晏斯、莫尔德斯和隆美尔 3 人分别是第二次世界大战时没有任何纳粹污点的海军、空军、陆军高级指挥官，因此从政治角度上讲，这是联邦德国政府和北约双方都能够接受的命名。

　　"查尔斯·F. 亚当斯"级驱逐舰原设计用于舰队护航，通过舰载的"鞑靼人"近程 / 中程防空导弹和 RUR–5"阿斯洛克"反潜火箭助推反潜鱼雷，执行防空和反潜任务，这些武器的布局为：单臂防空导弹发射装置安装于战舰的后上方，由 2 套导弹射击指挥雷达提供信息支持，能够同时攻击 2 个空中目标，而"阿斯洛克"反潜火箭发射装置安装于舰艏和舰艉上层建筑中间的空隙内。

改进型

　　这些联邦德国驱逐舰是以经过改进的美国海军"查尔斯·F. 亚当斯"级驱逐舰为基础进行设计的。20 世纪 70 年代末，2 家总部设在基尔的公司——联邦德国海军造船所和霍瓦兹公司同意将这些战舰升级改进成 103B 型标准。1986 年、1984 年、1985 年分别将"吕特晏斯号""莫尔德斯号"和"隆美尔号"升级完毕。升级工作包括将 Mk 13 导弹发射装置升级为能够发射"标准"中程防空导弹以及"鱼叉"反舰导弹的装置，用性能优于模拟计算机的数字计算机对火控系统进行现代化改造，舰桥后方上层建筑被加高，安装了 1 部 SPG–60 和 1 部 SPQ–9 雷达。

　　从 1993 年开始，由于加装了 2 座"拉姆"舰载近程防空导弹发射架，战舰具备了近程防空能力。在 3 艘该级驱逐舰中，"隆美尔号"于 1998 年退役，其他 2 艘也已在 2003 年底退役。

"霍兰德"级和"弗里斯兰"级驱逐舰
Holland and Friesland Classes Destroyers

1948年，荷兰海军订购了12艘反潜驱逐舰，其中6艘在1952年完工，其他6艘在1953—1954年完工。第二次世界大战造成的破坏导致这一计划表无法实现，所以第1批4艘在1954—1955年完工，即"霍兰德"级，这些舰船的推进装置功率为45000马力（33556千瓦），速度为32节（59千米/时）。

这4艘舰船分别是"霍兰德号""泽兰号""北部拉班特号"和"格尔德兰号"，第1艘于1978年被卖给了秘鲁，并改名为"加西亚号"。"加西亚号"于1986年报废，其他3艘分别在1973—1979年报废。

1956—1958年完工的另外8艘"弗里斯兰"级舰船分别是"弗里斯兰号""格罗宁根号""林堡号""上艾瑟尔号""德伦特号""乌特勒支号""鹿特丹号"和"阿姆斯特丹号"。这些舰船的推进装置功率更大，因为最初是为装备6门40毫米防空炮而设计的，而最终仅装备了1门。主导舰船于1979年报废，其他7艘后来更名为"加尔韦斯号""奎因讷斯船长号""博洛涅西上校号""吉斯号""卡斯蒂利亚号""迪茨·康斯坷号"和"维勒号"，它们最终都在1985—1991年报废。

技术参数

"弗里斯兰"级驱逐舰

排水量: 标准排水量2497吨，满载排水量3070吨

尺寸: 长116米，宽11.7米，吃水深度5.2米

动力系统: 2台双轴齿轮减速式蒸汽轮机，功率60000马力（44735千瓦）

航速: 36节（67千米/时）

航程: 以18节（33千米/时）的速度可航行7400千米

武器系统: 2座双联装120毫米高平两用炮；6门40毫米博福斯防空炮；2座4联装375毫米反潜火箭发射器；以及两部深弹投放器

电子系统: 1部LW-02远程监视雷达，1部DA-01中程空中/海面搜索雷达，1部ZW-01雷达，1部WM-45射击控制雷达，170B型船体声呐，以及162型船体声呐

飞机: 无

人员编制: 284人

上图："弗里斯兰"级驱逐舰装备4门120毫米高平两用炮，分别安装于前后2个全自动的雷达控制的炮塔中，指挥塔前面是2门40毫米防空炮以及2座4联装375毫米反潜火箭发射器

左图："上艾瑟尔号"是8艘"弗里斯兰"级驱逐舰中的第4艘，它由荷兰海军订购，威尔顿费吉诺造船厂建造，从1957年10月开始服役

"哈兰"级和"东约特兰"级导弹驱逐舰
Halland and Ostergotland Classes DDG/DD

1948 年，瑞典海军获得批准订购 2 艘"哈兰"级驱逐舰，它们在 1955—1956 年完工，当时它们被称为"哈兰号"和"斯莫兰号"，标准排水量为 2630 吨，长度为 121 米，速度为 35 节（65 千米 / 时），发动机功率为 58000 马力（43251 千瓦），武器装备为 2 座双联装 120 毫米自动火炮，1 座双联装 57 毫米防空炮，六门 40 毫米防空炮，1 座 5 联的和 1 座 3 联的 533 毫米鱼雷发射器，以及 2 座 4 联 375 毫米反潜火箭发射器。另外 2 艘——"拉普兰号"和"韦姆兰号"在 1958 年被取消了。

1967 年，这 2 艘舰船成为苏联之外第 1 批装备反舰导弹（配备 Rb 315 型反舰导弹）的舰船，导弹后来换成了 Rb 08 导弹。经过稳步的逐渐升级之后，2 舰分别于 1982 年和 1985 年退役。

1958—1959 年完工的"东约特兰"级驱逐舰是"东约特兰号""南曼兰号""耶斯特里克兰号"和"海

技术参数	
"东约特兰"级驱逐舰	
排水量： 标准排水量 2150 吨，满载排水量 2600 吨	
尺寸： 长 112 米，宽 11.2 米，吃水深度 3.7 米	
动力系统： 2 台双轴齿轮减速式蒸汽轮机，功率 47000 马力（35045 千瓦）	
航速： 35 节（65 千米 / 时）	
航程： 以 20 节（37 千米 / 时）的速度可航行 5500 千米	
武器系统： 2 座双联装 120 毫米高平两用炮；7 门 40 毫米博福斯防空炮，装备"海猫"导弹系统后减少为 4 门；1 座 6 联的 533 毫米鱼雷发射器；1 门"乌贼"Mk 3 反潜迫击炮；以及 60 枚水雷	
电子设备： 1 部"土星"搜索雷达，1 部 WM-44"海猫"导弹射击控制雷达，1 部 WM-45 火炮射击控制雷达，以及装于船体上的搜索和攻击雷达	
飞机： 无	
人员编制： 244 人	

尔辛兰号"。舰船的主武器和轻型防空武器与"哈兰"级舰船相似，但反潜武器有所不同，从 1963 年开始，船上的 3 门 40 毫米火炮换成了 1 座 4 联装 Rb 07（"海猫"）短程舰空导弹发射器。所有的 4 艘舰船都在 1982—1983 年退役。

下图："斯莫兰号"是第 2 艘"哈兰"级驱逐舰，图中是其晚期的照片，当时它在艉部烟囱后面安装了 1 个反舰导弹发射器

"快速"级驱逐舰
Skoriy Class Destroyer

苏联的"30B工程"或"快速"级驱逐舰研发计划开始于1945年10月，它沿用了更早期的"30工程"或"火力"级驱逐舰的布局、动力系统和武器装备，此举是为了加快设计和建造的速度。这一设计方案于1947年1月获批，它也确定了苏联第一代加外框的全焊船体舰船的技术参数。与"火力号"相比，"快速"级的船体更坚固，唯一的变化就是船体重量增加了50%。为了加快建造，这些舰船被分为101个预制构件的模块，由此第1艘在1年之内就建造完成了。

有缺陷的设计

虽然该设计方案的干舷比更早期的"火力"级驱逐舰高，但在恶劣天气条件下仍会发生浸水现象，这就会导致速度降低，并且很多火炮无法使用。转弯半径被认为过大，因此后来安装了舭龙骨。

20世纪50年代早期，7门37毫米火炮换成了4个双联炮塔，最初安装的重机枪也被换成了2门或6门25毫米火炮，"塔米尔"-5H声呐换成了"佩加斯"-2声呐。

升级

第1批14艘舰船的标准排水量为2316吨，后来的56艘排水量增加了35吨，因为它们采用了改进的雷达，并加固了船体，以避免舰艏浸水导致埋首。

1957年，苏联红海军发布了一份现代化改造的要求，9艘舰船后来按照"31工程"的标准进行了升级，分别按照反潜、防空、反快速攻击艇、巡逻以及情报收集的角色提升相应性能：增加了130毫米火炮射击指挥仪，1套鱼雷发射管；轻型武器变成了5门57毫米防空炮，

技术参数
"快速"级驱逐舰
排水量：标准排水量2316吨，满载排水量3066吨
尺寸：长120.5米，宽12米，吃水深度3.9米
动力系统：2台双轴的齿轮减速式蒸汽轮机，功率60000马力（44735千瓦）
航速：35.5节（66千米/时）
航程：以15.7节（29千米/时）的速度可航行6500千米
武器系统：2座双联装130毫米火炮；1座双联装85毫米防空炮；7门37毫米防空炮；2座5联的533毫米鱼雷发射器；以及52枚深水炸弹或60枚水雷
电子设备：1部Gyus-1B空中搜索雷达，1部Ryf-1海面搜索和射击控制雷达，1部"里丹"-2雷达，1部"信号旗"-2射击控制雷达，以及1门安装于船体上的"塔米尔"-5H声呐
飞机：无
人员编制：286人

指挥塔前部安装了2个RBU 2500反潜火箭发射器。

外贸出口

6艘"30-BA工程"中的舰船分别于1956年、1962年和1968年成对地移交给埃及，7艘30-BK工程被赠送给印度尼西亚（4艘在1959年，1艘在1962年，2艘在1964年）。这些舰船的可居住性有所改善，并且改进了武器装备和雷达。该级舰目前已经无一在役。

下图："30工程"计划中的驱逐舰反映了苏联在第二次世界大战时期关于驱逐舰的最原始想法，该型舰的武器和传感器系统仍相对简单

"科特林"级和"基尔丁"级驱逐舰 / 导弹驱逐舰
Kotlin and Kildin Classes Destroyer/ Guided-Missile Destroyer

苏联的"56号工程"驱逐舰（北约将之命名为"科特林"级）是"41号计划"或"塔林"级驱逐舰的比例缩小版，它们从1951年6月开始建造，满载排水量从3770吨到3150吨不等，速度从36节（67千米/时）提高到39节（72千米/时），巡航航程有所减小，舰载鱼雷发射管口径也减小了，配备稳定系统的双联主炮被改为无稳定器的4联装45毫米防空炮塔。该级别的舰船计划建造110艘，但仅有27艘在1955—1958年期间完工了，另外在1958年完工的4艘成为"56M工程"导弹舰（"基尔丁"级）。

"41号工程"中的舰船有所差别，它们安装了新型的"斯弗拉"-56射击指挥仪，45毫米炮塔采用了菱形布局，从而允许火力集中在中心线上，另外反潜火箭发射器被取消了。

"41号工程"的武器装备和动力平台安装于一个更小的船体之中，这意味着一部分空间必须提升到主甲板之上，所以上部结构中采用了铝镁合金以减少顶部重量。"56号工程"的舰船可能是苏联第一代安装舰艉稳定鳍的舰船。

该级别的第1艘舰船——"平静号"进行的试

技术参数	
"科特林"级（导弹）驱逐舰	
排水量：	标准排水量2662吨，满载排水量3230吨
尺寸：	长126.1米，宽12.7米，吃水深度4.19米
动力系统：	2台双轴齿轮减速式蒸汽轮机，功率72000马力（53685千瓦）
航速：	38节（70千米/时）
武器系统：	2座双联装130毫米高平两用炮；4门4联装45毫米防空炮；2座5联的533毫米鱼雷发射器；以及48枚深水炸弹或50枚水雷
电子设备：	1部Fut-N空中搜索雷达，1部Ryf海面搜索和射击控制雷达，1部安装于船体的"佩加斯"-2声呐
飞机：	无
人员编制：	284人

上图："56K工程"（"舰空导弹科特林"级）改装船型修改了舰艉的结构，安装了1个可以装载多达16枚的SA-N-1舰空导弹（SA-3导弹的原型）发射器

左图："56M工程"（"基尔丁"级）驱逐舰最终的型号在船体艉部安装了SS-N-1反舰导弹发射器，备弹6枚

验暴露出一些问题，但通过采取一些措施克服了这些问题，即把 3 桨叶的螺旋桨换成 4 桨叶的，并将螺旋桨后方的 2 个方向舵换成了位于舰船中心线上的单个方向舵。

1 艘未完工的舰船——"厉害号"在完工时试验了新型的 SS-N-1 反舰导弹，当时 57 号计划或"光辉"级驱逐舰正在研发之中。"厉害号"投入使用后，另外 3 艘也是按照"56M 工程"的标准建造的，均装备 6 枚导弹。这些舰船采用了新的辅助武器，即 4 门 4 联装 57 毫米火炮，2 门替换了前部的 130 毫米炮塔，舰艉还有 1 座，另外两舷还安装了 2 座双联鱼雷发射器。3 艘该级别舰船在 1973—1975 年装备了 SS-N-2

导弹，所有舰船均在 20 世纪 80 年代报废。

变型

12 艘舰船在 1958 年按照"56PLO 改进型反潜标准"进行了改造，它们安装了 1 座鱼雷发射器，深水炸弹被取消，装备了更好的声呐，前后分别增加了 2 座 RBU 2500 和 RBU 600 火箭发射器。另外 9 艘舰船在 1959—1971 年按照 56K 计划（"舰空导弹科特林"级）标准进行了改造，用 SA-N-1 导弹系统取代了舰艉的武器。另 1 艘在 1970 年转移到了波兰。该级别的所有舰船在 1986—1990 年前后退役。

"卡辛"级及"卡辛（改型）"级导弹驱逐舰
Kashin and Kashin（Mod）Classes DDG

世界上率先利用燃气涡轮动力系统的主力舰就是 20 艘"卡辛"级导弹驱逐舰，这 20 艘战舰从 1963 年开始建造，分别由列宁格勒（今圣彼得堡）的日丹诺夫造船厂（1964—1966 年建造 5 艘）和尼古拉耶夫的第 61 公社（北方）造船厂（1963—1973 年建造 15 艘）建造。最后 1 艘该级战舰就是苏联人熟知的 61 型的改进型 61M 型——"镇静号"，北约称 61M 型为"卡辛（改型）"。该舰舰身被加长，电子系统得到更新，安装了 4 枚 P-15M"白蚁"舰对舰导弹，后来这 4 枚导弹被 8 枚"天王星"舰对舰导

弹所替代，另外还有 AK630 型近防武器系统和 1 部可变深度声呐。1973—1980 年，其他 5 艘战舰（"火力号""模范号""天赋号""光荣号"和"守护号"）进行了同样的现代化改装。

右图："卡辛"级导弹驱逐舰是 1964 年和 1973 年建成的世界上第 1 款利用燃气轮机为动力系统的主力战舰，这 20 艘战舰按照其作战性能分为 2 种形式：1 种是不带反舰导弹的"卡辛"级，1 种是带有反舰导弹的"卡辛（改型）"级

技术参数

"卡辛"级导弹驱逐舰

排水量： 标准排水量 4010 吨，满载排水量 4750 吨

尺寸： 长 144 米，宽 15.8 米，吃水深度 4.7 米

动力系统： 燃燃联合动力（COGAG），带 4 台 DE59 型燃气轮机，功率 72025 马力（53700 千瓦），双轴推进

航速： 32 节（59 千米／时）

航程： 以 18 节（33 千米／时）的速度可航行 7400 千米

武器系统： 2 座双联装导弹发射装置，配备 32 枚"波浪"SA-N-1"果阿"防空导弹，只有"伶俐号"装备 1 座导弹发射装置，配备 23 枚"飓风"（北约代号 SA-N-7"牛虻"）防空导弹；2 门双联装 76 毫米口径 AK726 火炮；2 座 250 毫米口径 RPK8 型"西方"（RBU 6000）12 管反潜火箭发射器；1 座 5 联装 533 毫米口径反潜鱼雷发射管装置（"伶俐号"除外），依照各个类型分别装备 20～40 枚水雷

电子系统： "伶俐号"有 1 部"头网 C"3D 雷达，1 部"顶舵"3D 雷达，2 部"顿河礁"导航雷达，8 部"前圆顶"SA-N-7 导弹火控雷达，2 套"监控器"电子对抗措施系统，1 套"高杆 B"敌我识别系统，2 部"枭鸣"炮瞄雷达，1 部高频舰体声呐

电子系统： （其余战舰）有 8 艘战舰装备 1 部"大网"对空搜索雷达，1 部"头网 C"3D 雷达，或者 4 艘战舰装备 2 部"头网 A"型对空搜索雷达，或者"灵敏号"战舰上装备 2 部"头网 C"3D 雷达；2 部"果皮群"防空导弹射击指挥雷达，2 部"顿河礁"或者"顿河 2"型导航雷达，2 部"枭鸣"炮瞄雷达，2 套"监控器"电子对抗措施系统，2 套"高杆 B"敌我识别系统，1 部高频舰体声呐

舰载机： 只有 1 个直升机起降平台

人员编制： 280 人

爆炸事件

1974 年，经过一次灾难性爆炸之后，标准型"奥廖尔号"（原"勇敢号"）战舰沉入黑海。1981 年，"伶俐号"改装成"飓风"防空导弹系统的试验舰，而后加入了黑海舰队的行列。该级另外的一些大型反潜舰分别是"乌克兰共青团号""红色高加索号""红色克里米亚号""果断号""迅速号""敏捷号""大胆号"（1988 年转让给波兰，改名为"华沙号"）、"乖

技术参数

"卡辛（改型）"级导弹驱逐舰

排水量： 满载排水量 4975 吨

尺寸： 长 146.2 米，宽 15.8 米，吃水深度 4.7 米

动力系统： 与"卡辛"级的动力系统配置相同

航速： 31 节（57 千米／时）

武器系统： 4 枚 P-15M 型"白蚁"（北约代号 SS-N-2c"冥河"）反舰导弹，后来由 8 枚"天王星"（北约代号 SS-N-25"弹簧刀"）反舰导弹所取代，2 座双联装"波浪"SA-N-1"果阿"防空导弹发射装置（备弹 32 枚），4 门 30 毫米口径 AK630 舰炮组成的近防武器系统，2 座 250 毫米口径 RPK8 型"西方"12 管反潜火箭发射器，1 座 5 联装 533 毫米口径反潜鱼雷发射管装置

电子系统： 1 部"大网"对空搜索雷达，1 部"头网 C"3D 雷达"火力场"装备 2 部"头网 A"型对空搜索雷达，2 部"顿河礁"导航雷达，2 部"枭鸣"炮瞄雷达，2 部"椴木棰"近防武器系统火控雷达，2 部"果皮群"防空导弹射击指挥雷达，2 套"罩钟"以及 2 套"座钟"电子对抗系统，4 座 16 管干扰物和红外（IR）假目标发射装置，1 部中频舰体声呐，1 部低频可变深度声呐

舰载机： 只有 1 个直升机起降平台

人员编制： 300 人

巧号""灵敏号""才能号""严峻号"和"整齐号"。到 20 世纪末，除了其中 2 艘之外，其余该级战舰全部废毁。

苏联将建造于尼古拉耶夫的 5 艘"卡辛 II"级战舰分成 2 批，第 1 批 3 艘，第 2 批 2 艘交付给印度（分别于 1980—1983 年和 1986—1987 年），在印度，该舰被称作"拉吉普特"级。这 5 艘战舰与苏联的战舰相比有着很大的差异：除了同样的 2 座 76 毫米双联装主炮，4 座"白蚁 R"（北约代号 SS-N-2d 型"冥河"）舰对舰导弹导弹发射装置分成 2 对布置于舰桥的两侧，有 1 个直升机飞行甲板以及 1 个位于舰艉的机库，搭载 1 架"蜗牛"反潜直升机。

下图："卡辛"级驱逐舰非常适于承担防空和反潜任务，2 座双联装防空导弹发射装置提供防空能力，2 座 12 管反潜火箭发射装置和 1 具 PTA-53-61 型 5 联装 533 毫米口径鱼雷发射管装置为其提供反潜能力

"果敢"级驱逐舰
Daring Class Destroyer

8艘"果敢"级驱逐舰是英国在第二次世界大战临近结束阶段设计的，成为战后英国建造的第1批驱逐舰。同大多数的英国驱逐舰相比（与其大致同时代的"战斗"级驱逐舰除外），这几艘舰的舰体稍微加长，作战能力也大大提高，这些战舰反映出英国皇家海军在第二次世界大战中长达6年之久的战斗经验。虽然有些国家也建造了类似尺寸的驱逐舰，但英国海军部在1953年断定：英国这些战舰在本质上属于一种卓有成效的轻型巡洋舰，而非大型驱逐舰。

建造

这8艘战舰分别由7个造船厂建造，分别于1945年12月到1948年7月开始建造，1949年到1952年间下水，在1952年2月到1954年3月服役，被编入2个战斗编队。其中，"优雅号""果敢号""防御者号"（前"天狼星号"）和"愉快号"（前"伊普里斯号"）战舰均配置1个220伏的直流电电气系统，而"引诱号"（前"龙号"）、"金刚石号""罗马月神号"（前"德鲁伊号"）和"公爵夫人号"驱逐舰则安装了1套新的440伏交流电电气系统，该系统成为英国皇家海军标准的舰载电气系统。

1963年开始，英国对"果敢"级驱逐舰进行了现代化改造。早在1958—1959年，位于舰艉的1套533毫米口径5联装鱼雷发射管装置就被拆除了，如今又将另1具5联装鱼雷发射管装置拆掉，同时拆除的还有舰桥两侧的雷达控制STAAG防空火炮（每套配有2门40毫米口径"博福斯"火炮）。最终，4艘配置直流电电气系统的驱逐舰安装了1对性能更可靠的Mk 5双联40毫米"博福斯"炮座。另外4艘使用交流电电气系统的战舰则装备了1对Mk 7型炮座配备单管40毫米口径"博福斯"火炮。

技术参数

"果敢"级驱逐舰

排水量： 标准排水量2830吨，最大限度装载排水量3580吨

尺寸： 长118.8米，宽13.1米，吃水深度4.1米

动力系统： 2台双级减速蒸汽轮机，功率54000马力（40620千瓦），双轴推进

航速： 34.75节（64千米/时）

航程： 以20节（37千米/时）的速度可航行5550千米

武器系统： 3门双联装Mk 3型114毫米口径火炮，2～6门40毫米口径"博福斯"防空火炮，以及1门"鱿鱼"3管反潜迫击炮

电子系统： 1部293型对空搜索和目标指示雷达，1部导航雷达，1部903型4.5火炮的炮瞄雷达，1部或2部262型40毫米口径火炮的炮瞄雷达，1部174/177型船体安装的中程搜索雷达，1部170型船体安装的"鱿鱼"攻击声呐

舰载机： 无

人员编制： 297～330人

驱逐舰升级改造

1963年，"引诱号"进行现代化改进，在舰艉加装一座"海猫"近程舰对空导弹4联装发射装置，使用了计算机控制的MRS8型（Mk 8型中程系统）火控系统。虽然射击试验进行得很成功，但英国海军部还是决定不在"果敢"级驱逐舰上统一使用这套系统，不久后，第1套装置也从"引诱号"上拆除了。

"罗马月神号"和"果敢号"战舰也进行了改进，根据海军上将蒙巴顿的意愿，在其完工后的很短一段时间内，采用了经过改进的向后倾斜且带护套的后烟囱。这种改变使战舰展示出一个全新的、改良的外貌，但同时也限制了舰艉双联装"博福斯"火炮装置的射界，直接影响了射击效果。因此，几年后，这2艘驱逐舰又重新恢复到其他6艘战舰的标准。

这些舰只曾在世界上大部分地方服役过，这些地方都是英国皇家海军的责任辖区。通过使用先进的科学技术，这些战舰的作战能力迅速提升，虽然它们比前一级的战舰体形较大，但依然没有甲板区和足够的空间来加装新型武器和传感器。

替代舰

1964年，"公爵夫人号"驱逐舰租借给澳大利亚皇家海军，顶替澳海军"无畏"级驱逐舰首舰"航行者号"（该舰与澳海军"墨尔本号"航空母舰发生碰撞沉没），但"公爵夫人"这个舰名一直保留了下来，直到1979年被拆解为止。1970年，"引诱号"和"罗马月神号"卖给秘鲁，分别改名为"费雷号"和"帕拉西奥斯号"。1975年，这2艘战舰都进行了改造，加装了1个直升机平台，"罗马月神号"则在1993年解体。目前尚存的"引诱号"驱逐舰的雷达得到了升级，武器装备也得到了改进，包括：6门114毫米口径火炮，2门双联装40毫米口径"博福斯"火炮位于由雷达控制的"布雷达"炮塔中，配备了8枚MM 38型"飞鱼"反舰导弹。

1970—1981年，"金刚石号"成为港口教练舰，另外几艘该级驱逐舰均于20世纪70年代初期被拆解。

"郡"级导弹驱逐舰
County Class Guided-Missile Destroyer（DDG）

为了获得英国财政部的批准，"郡"级战舰被冠以"驱逐舰"的头衔，但实际上，它们并不比导弹巡洋舰逊色多少。该级战舰以波束制导的"海参"防空导弹为基础，配备了英国第一代区域防空导弹系统。英国皇家海军分2批订购该级战舰，1962—1963年建成的第1批4艘分别是："德文郡号""汉普郡号""伦敦号"和"肯特号"。其中，第1艘"德文郡号"在1984年作为靶船被击沉，第3艘"伦敦号"拆掉了"海参"导弹系统之后（该系统如今已全部退役），于1982年卖给巴基斯坦，改名为"雄狮号"。1979—1980年，另外2艘战舰也退出了现役。1966—1970年建成的第2批战舰分别是"法夫号""格拉摩根号""安特里姆郡号"以及"诺福克号"。该级战舰进行了现代化改进，用"飞鱼"舰对舰导弹取代了2门114毫米口径火炮中的1门，此外还取代了反舰能力有限的"海参"Mk 2型导弹系统。

技术参数

"郡2"级导弹驱逐舰

排水量： 标准排水量6200吨，满载排水量6800吨

尺寸： 长158.7米，宽16.5米，吃水深度6.3米

动力系统： 燃蒸联合动力（COSAG）：2台功率30000马力（22370千瓦）的齿轮传动蒸汽轮机，4台功率30000马力（22370千瓦）的G6型燃气蒸汽轮机，双轴推进

航速： 32.5节（60千米/时）

航程： 以28节（52千米/时）的速度可航行6435千米

武器系统： 1座GWS50型MM 38型"飞鱼"反舰导弹发射装置（没有再装填装置），装弹4枚；1座双联装"海参"Mk 2防空导弹发射装置，备弹30枚；1座双联装Mk 6型114毫米口径火炮；2座GWS22型4联装"海猫"防空导弹发射装置，备弹32枚；2门20毫米口径防空火炮；以及2具324毫米口径STWS.1 3型鱼雷发射管，配备12枚Mk 46型反潜鱼雷，仅为"法夫号"和"格拉摩根号"战舰所装备

电子系统： 1部965M型对空搜索雷达，1部992Q型对空搜索和目标指示雷达，1部901型"海参"火控雷达，1部278M型测高雷达，2部904型"海猫"防空导弹射击指挥雷达，1套MRS3型炮瞄系统，1部1006型导航和直升机操纵雷达，1套ADAWS1战斗情报系统，1套电子支援系统，2座"乌鸦座"干扰弹发射装置，1部184型船体安装声呐，1部170B型船体安装攻击声呐，1套182型鱼雷诱饵系统和1部185型水下电话

舰载机： 1架"大山猫"HAS.Mk 2型或3型直升机

人员编制： 471人

拥有非常灵敏的指挥和控制设备的"格拉摩根号"和"安特里姆郡号"参加了1982年的马尔维纳斯群岛战争，其间，"格拉摩根号"被1枚MM 38型"飞鱼"反舰导弹命中，但幸免于难；"安特里姆郡号"被1枚炸弹击中，所幸炸弹并未爆炸。

在智利海军服役

1981年，英国政府开始削减防御预算，"诺福克号"驱逐舰被卖给智利，改名为"普拉特海军上尉号"。此外，对"法夫号"进行了一次改装，没有来得及参加马尔维纳斯群岛战争。接下来，"安特里姆号""格拉摩根号"和"法夫号"分别于1984年、

1986年和1987年驶离英国，卖到了智利，分别改名为"科克兰海军上将号""拉托雷海军上将号"和"布兰科·恩卡拉达海军上将号"。"拉托雷号"在1998年退役，剩余3艘如今进行了改装，用2座以色列制造的8联装"巴拉克I"型防空导弹发射架取代了原先的"海参"防空导弹系统。除了保留1座4联装的"飞鱼"导弹发射装置之外，最初的MM 38型反舰导弹由改进型的MM 40型反舰导弹所替代。"科克兰号"和"布兰科·恩卡拉达号"在舰艉加装了1座机库和1个直升机起降平台，用于搭载2架能发射"飞鱼"导弹的NAS 332SC型"美洲豹"中型直升机。

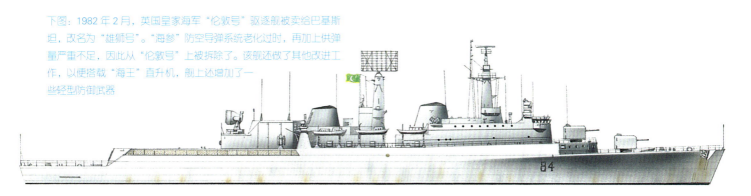

下图：1982年2月，英国皇家海军"伦敦号"驱逐舰被卖给巴基斯坦，改名为"雄狮号"。"海参"防空导弹系统老化过时，再加上供弹量严重不足，因此从"伦敦号"上被拆除了。该舰还做了其他改进工作，以便搭载"海王"直升机，舰上还增加了一些轻型防御武器

82 型导弹驱逐舰
Type 82 Guided-Missile Destroyer（DDG）

英国海军部决定，从20世纪70年代开始，新建造的航空母舰必须配备专业的护卫力量，为其消除来自飞机和潜艇的威胁。因此，英国在"郡"级之后又计划了1个新级别的4艘导弹驱逐舰。这些舰船被命名为82型，并被定为多用途护卫舰系列。CVA-01型在1966年被取消后，82型成为唯一的新武器试验船。

先进的概念

82型驱逐舰融合了先进的思想以及下一代装备。例如，GWS30舰空导弹系统采用垂直装填系统，零长度的发射器发射雷达半主动导弹，其应对多目标的能力大幅提升。烟囱从1个变成2个，最终增加到3个，后加的2个烟囱采用独立的进气口以保证"奥林巴斯"燃气轮机获得充足的空气。

上图：1 架"威塞克斯"直升机从英国皇家海军舰艇"布里斯托尔号"上空飞过。"布里斯托尔号"是 1 艘多功能驱逐舰，唯一的战术缺陷是缺少舰载直升机。这是因为它在设计时被定位为航空母舰护航舰

"布里斯托尔"风格

"布里斯托尔号"是英国皇家海军第一艘围绕替换和维修设计的舰船。虽然比"郡"级将近重 1000 吨，但"布里斯托尔号"所需的船员却少了 70 人。它也是英国第 1 艘从下水时装备英澳联合研制"伊卡拉"反潜导弹系统的战舰，该系统安装于指挥塔前面的 1 个"栅栏"之中。原始的两个 Mk 6 双联炮塔换成了 1 门 114 毫米维克斯 Mk 8 火炮。

该舰的设计围绕着 1 套英－荷联合研制计划展开，旨在在舰桥上安装 1 套综合显示雷达系统，执行空中预警、侦察和空中引导任务。然而，上升的成本导致英国从计划中退出了。与此同时，荷兰人也担心"海标枪"导弹系统的成本和体积。最终综合显示系统被放弃了，"布里斯托尔号"完工时只能配备性能稍逊一些的 965 型（AKE-2）。

全能型战舰

"布里斯托尔号"是一种非常全能的战舰。唯一的不足是缺少直升机机库，由于舰船必须与航空母舰一起行动，因而机库被省略了。完工之后，"布里斯托尔号"被用作了武器装备和各种系统的试验船。

舰船武器系统的核心是 ADAWS2（作战数据自动武器系统 Mk 2），该设备综合运用来自雷达、声呐、惯性导航系统和其他资源的数据，并利用数字计算机对其进行处理。

1991 年，"布里斯托尔号"成为 1 艘海港训练船。

左图：英国皇家海军舰艇"布里斯托尔号"是 1 艘"单端型"舰船，其"海标枪"远程／中程舰空导弹发射器和弹药库均位于上部结构后方，但其 2 个射击控制雷达可以为舰船提供同时锁定 2 个目标能力

"迪凯特"级导弹驱逐舰
Decatur Class Guided-Missile Destroyer

20 世纪 50 年代建造的 18 艘"弗雷斯特·谢尔曼"级火炮驱逐舰主要负责远洋护航任务。这批舰船是美国海军在役的首次采用更强艉部火力（而不是前部）的舰船，它们完工时主要的反潜武器是 2 门 Mk 10/11"刺猬"迫击炮。

1959 年，美国海军决定改造该级别的舰船以获得更强的防空和反潜能力，其中包括引入"鞑靼人"舰空导弹系统。高昂的成本限制了此计划，最终仅改造了 4 艘舰船，即"迪凯特"级，这 4 艘舰船分别是"迪凯特号""约翰·保罗·琼斯号""帕森斯号"和"萨默斯号"。

技术参数
"迪凯特"级导弹驱逐舰
排水量： 满载排水量 4150 吨
尺寸： 长 127.6 米，宽 13.7 米，吃水深度 6.1 米
动力系统： 2 台双轴齿轮减速式蒸汽轮机，功率 70000 马力（52190 千瓦）
航速： 32.5 节（60 千米 / 时）
武器系统： 127 毫米 Mk 42 高平两用炮；Mk 13 单臂发射器，配备 40 枚 RIM-24"鞑靼人"舰空导弹；Mk 16 反潜导弹发射装置，配备 RUR-5A 反潜导弹；2 个 Mk 32 型 3 联发射管，配备 324 毫米反潜鱼雷
电子设备： 1 套 SPS-48 3D 雷达，1 套 SPS-29E 或 SPS-40 空中搜索雷达，1 套 SPS-10B 海面搜索雷达，1 套 SPG-51C 导弹控制雷达，各种射击控制系统；以及 1 套 SQS-23 舰体声呐
人员编制： 333 人～344 人

改装

改装开始于 1965—1966 年，完成于 1967—1968 年。"鞑靼人"系统能每分钟发射 8 枚 RIM-24 导弹，但作战能力由于仅有 1 部 SPG 51C 目标照射雷达（其他所有的美国防空驱逐舰均有 2 部）而受到限制。

这也导致它们在 1982—1983 年过早地进入预备役舰队，随后没过多久就退役了。

左图：美国军舰"约翰·保罗·琼斯号"完工时舷号为 DD-932，但改装成"迪凯特"级导弹驱逐舰之后舷号改为 DDG-32。图中可以很明显地看到格架桅杆和雷达天线

"基德"级导弹驱逐舰
Kidd Class Guided-Missile Destroyer

1978 年，伊朗政府订购了 4 艘改进型"斯普鲁恩斯"级驱逐舰，以组建当时世界上最强大的导弹驱逐舰力量，它们配备有额外防护装甲，具备极强的防空能力以及"斯普鲁恩斯"级已经具备的反潜作战能力。

取消的订单

1979 年，伊朗国王被推翻，霍梅尼政权建立，这导致当时尚处于建造初期的舰船订购被取消。美国海军以 13.53 亿美元接过订单，这些"基德"级舰船在 1981 年 6 月至 1982 年 3 月之间完成。4 艘舰船分别是"基德号""卡拉汉号""斯科特号"和"钱德勒号"，它们两两组合，被分配到大西洋舰队和太平洋舰队。它们的性能也使其成为后来的"提康德罗加"级巡洋舰的先驱，但没有"宙斯盾"雷达和导弹控制系统。

"基德"级舰船拥有 1 个庞大的中央上层结构，顶部 2 座大型的四足格架桅杆，上面安装着天线。舰上装备 2 门 127 毫米火炮，以及 2 座 Mk 26 双臂导弹发射架，配备"标准"SM2-MR 舰空导弹。

过高的运行和维护成本导致它们于 1988—1989 年从美国海军退役。

技术参数

"基德"级导弹驱逐舰

排水量： 标准排水量 6950 吨，满载排水量 9574 吨

尺寸： 长 171.7 米，宽 16.8 米，吃水深度 9.1 米

动力系统： 4 台通用电气公司的双轴 LM2500 燃气轮机，功率 86000 马力（64120 千瓦）

航速： 33 节（61 千米 / 时）

武器系统： 2 门 127 毫米 Mk 45 高平两用炮；2 部 Mk 26 双臂式发射器，配备 52 枚标准的 SM2-MR 舰空导弹以及 16 枚反潜导弹；2 座 4 联装 Mk 141 发射器，配备 8 枚"鱼叉"反舰导弹；2 门 20 毫米 Mk 15"密集阵"近防系统炮塔；以及 2 具 3 联装 Mk 32 发射管，配备 324 毫米 Mk 46 或 Mk 50 反潜鱼雷

电子设备： 1 部 SPS-48E 和 SPS-49（V）5 空中搜索雷达，1 部 SPS-55 空中 / 海面搜索雷达，1 部 SPS-64 导航雷达，2 部 SPG-51 D 舰空导弹控制雷达，1 部 SPG-60 和 SPQ-9A 射击控制雷达；武器控制系统，先进作战指挥系统，电子支援系统，以及安装于舰艏的 SQS-53A 声呐

飞机： 2 架中型直升机

人员编制： 363 人

左图：美国军舰"基德号"在 1981 年 7 月完工时是该级舰的首舰。这幅照片最显著的是舰船前端甲板上安装的 1 门 127 毫米 0.5 口径的高平两用炮，安装在 1 个 Mk 45 炮塔中，后方是 1 座 Mk 26 双臂式导弹发射架

"基林"级和"萨姆纳"级现代化驱逐舰
Gearing and Sumner Class FRAM Destroyers

1958 年，美国海军意识到他们第二次世界大战时期的驱逐舰已经开始老化，因此他们发起了 FRAM（舰队复原和现代化）计划以延长舰船的服役时间，以此避免更换它们而带来的高额成本。当时，美国海军需要 200 多艘驱逐舰，越南战争的爆发导致舰船的建造被耽误，进而削减了当时唯一正在建造的替换船型——"斯普鲁恩斯"级，同时也要求"基林"级一直服役到 20 世纪 80 年代（虽然是后备服役），这比它们计划的退役时间推迟了 10 年。

技 术 参 数
"基林（FRAM I）"级驱逐舰
排水量：标准排水量 2405 吨，满载排水量 3495 吨
尺寸：长 119 米，宽 12.5 米，吃水深度 4.4 米
动力系统：双轴齿轮减速式蒸汽轮机，功率 60000 马力（44736 千瓦）
航速：32 节（59 千米 / 时）
航程：以 20 节（37 千米 / 时）的速度可航行 7400 千米
武器系统：2 座双联装 127 毫米 Mk 38 高平两用炮；1 个 8 联的 Mk 112 发射器，配备 17 枚 RUR-5A 反潜导弹；以及 2 个 3 联的 324 毫米 Mk 32 发射管，配备轻型反潜鱼雷
电子设备：1 部 SPS-29 海面搜索雷达，1 部 SPS-37 或 SPS-40 空中搜索雷达，以及 1 部安装于船体的 SQS-23 声呐
飞机：1 架 DASH 无人反潜直升机
人员编制：310 人

升级计划

2 个计划中成本更高的 FRAM I 计划涉及 75 艘"基林"级驱逐舰。为了使其服役时间延长 8 年，"基林"级（FRAM I）舰船对舰体进行了修缮；1 座 127 毫米炮塔和所有更小口径的火炮都被拆除了；加装"阿斯洛克"反潜火箭和 DASH 反潜无人直升机，3 联的反潜鱼雷发射管以及安装于船体上的 SQS-23 远

右图：美国军舰"诺里斯号"是"基林"级舰队中的 1 艘驱逐舰，它在 1949 年被改装成 1 艘护航驱逐舰，后来又按照 FRAM II 的标准进行了改造。该船于 20 世纪 70 年代早期从美国海军退役，在 1974 年成为土耳其的"科贾特佩号"，最终于 1993 年报废

右图：美国军舰"威廉·M. 伍德号"是"基林"级舰队的 1 艘驱逐舰，在 1953 年成为 1 艘雷达哨舰。它经过了 FRAM I 升级，从而使其在美国海军中一直服役到 1976 年 12 月

程声呐。大约 16 艘 "基林" 级舰船（6 艘雷达哨舰，4 艘前雷达哨舰，以及 6 艘前护航驱逐舰）是按照弱化一些的 "基林" 级（FRAM II）标准改装的。

这些舰船几乎没有保留有效的防空能力，所以后来又尝试增加舰船的防空能力，9 艘计划在越南南部沿海服役的舰船安装了 "海榭树" 短程舰空导弹系统。所有舰船均在 1984 年之前退役。

FRAM II 计划目的是将舰船的服役时间延长 5 年，最终应用到了已经提过的 16 艘 "基林" 级舰船和 32 艘 "萨姆纳" 级舰船，由此而产生的舰船叫作 "萨姆纳" 级（FRAM II）。所有的 3 个 127 毫米炮塔都保留了下来；新安装了 1 个指挥塔，1 个雷达和 1 套电子支援系统；SQS-4 声呐得以改进，并且位置有所前移，另外增加了 1 个可变深度声呐作为补充，

二者共用 1 个信号发生器；船上增加了 Mk 32 轻型反潜鱼雷发射管，以及 1 架 DASH 直升机；2 个 Mk 37 鱼雷发射管采用了漏斗的形状。6 艘护航驱逐舰保留了前方的 Mk 15 "刺猬" 发射器、后方的达什直升机，以及船中的 2 个远程鱼雷发射管；它们还安装了新型的 SQA-23 声呐。依然保留为雷达哨舰的 6 艘舰船仅增加了少量的反潜装备：保留了固定的 "刺猬" 发射器，改进了 SQS-4 声呐、可变深度的声呐，更换了新的舰桥、更大的战斗情报中心以及新的雷达。DASH 直升机最终退役导致舰船没有了远程反潜武器。

从美国退役之后，很多 FRAM 舰船转移到了盟国，主要分布于亚洲、南美洲和南欧。

"查尔斯·F. 亚当斯" 级导弹驱逐舰
Charles F. Adams Class Guided-Missile Destroyer

"查尔斯·F. 亚当斯" 级导弹驱逐舰此前在德国海军和希腊海军服役，德国海军中的是 "吕特晏斯" 级的 "吕特晏斯号" 和 "莫尔德斯号"，希腊海军中是美国海军 "基蒙" 级的 "基蒙号"，"尼尔科斯号" "弗尔明号" 和 "地米斯托克利号"。这些舰船在 1999—2001 年退役，在此之前澳大利亚皇家海军一直使用 "珀斯号" "霍巴特号" 和 "布里斯班号"，这 3 艘舰船在 1989—1992 年退役或转移，而美国海军则一度编制有 23 艘该级别的舰船。

微小变动

这 3 艘新建的变型舰船各不相同，澳大利亚的舰船在船体舯部的反潜火箭发射器换成了 2 座单臂的

"伊卡拉" 反潜导弹发射器，并配备 32 枚导弹；德国的舰船则采用了 "橡胶雨衣" 的布局（组合了烟囱和雷达的桅杆）。美国海军的所有 23 艘舰船均进行了扩展改装，但由于成本因素，最终只改装了 6 艘："科宁厄姆号" "塔特诺尔号" "戈尔兹伯勒号" "本杰明·斯托达特号" "理查德·E. 伯德号" 以及 "沃德尔号"。

设计时考虑了搭载中程舰空导弹和 "阿斯洛克" 反潜火箭，"查尔斯·F. 亚当斯" 级在建造时改进了 "弗雷斯特·谢尔曼" 级的船体，以安装单臂或双臂式 "鞑靼人" 导弹发射架。完工之后，一些舰船在前部烟囱旁边靠近右舷的地方设置了反潜导弹弹药库。经过现代化升级的舰船安装了 1 套由 3 台计算

技术参数

"查尔斯·F.亚当斯"级（美国海军）驱逐舰

排水量： 标准排水量 3370 吨，满载排水量 4526 吨

尺寸： 长 133.2 米，宽 14.3 米，吃水深度 6.1 米

动力系统： 双轴齿轮减速式蒸汽轮机，功率 70000 马力（52200 千瓦）

航速： 31.5 节（58 千米/时）

武器系统： 1 座 Mk 11 双臂发射器（36 枚 RIM-24 "鞑靼人"或 RIM-65C 舰空导弹，以及 6 枚 RGM-84 "鱼叉"反舰导弹）或 1 座 Mk 13 单臂发射器（36 枚 RIM-24 "鞑靼人"或 RIM-66C 舰空导弹，以及 4 枚 RGM-84 "鱼叉"反舰导弹）；3 门或（1966 年之后）2 门 127 毫米 Mk 42 高平两用炮；1 座 8 联的 Mk 16 发射器，配备 8 枚或（某些舰船）12 枚 RUR-5A 火箭助推反潜导弹；以及 2 座 3 联的 324 毫米 Mk 32 发射管，配备 6 枚 Mk 46 轻型反潜鱼雷

电子设备： 1 部 SPS-39A 3D 雷达，1 部 SPS-40B 或 SPS-37 空中搜索雷达，1 部 SPS-10F 海面搜索雷达，2 部 SPG-51C "鞑靼人"射击控制雷达，1 部 SPG-53A 射击控制雷达，1 套 URN-20 或 URN-25 "塔康"导航系统，1 套 WLR-6 电子支援系统，1 套 ULQ-6B 电子支援系统，2 部 Mk 36 箔条干扰火箭发射器，1 部 SQS-23A 舰艏声呐（某些舰船），1 部 SQQ-23 PAIR 船体声呐（某些舰船），以及 1 套 "喇叭"鱼雷诱饵系统

人员编制： 354 人

上图：早期最好的导弹舰船设计方案之———"查尔斯·F.亚当斯"级舰船最初装备 Mk 11 双联装发射器，用于发射 "鞑靼人"舰空导弹。美国军舰 "约翰·金号"是该级别舰船的亚型之一

上图：最后 10 艘 "查尔斯·F.亚当斯"级驱逐舰，包括图中的美国军舰 "西蒙斯号"，均装备 Mk 13 单臂式发射器，这比更早期的 Mk 11 双臂式发射器可靠得多。这种变型舰船吸引力澳大利亚和联邦德国海军的注意

机组成的海军战术数据系统，1 套综合作战系统，以及 "标准" SM2-MR（RIM-66C）导弹。没有进行现代化升级的舰船包括 "查尔斯·F.亚当斯号""约翰·金号""劳伦斯号""克劳德·V.里基茨号""巴尼号""亨利·B.威尔逊号""林德·麦考密克号""托尔斯号""桑普森号""塞勒斯号""罗比森号""赫尔号""布坎南号""伯克利号""约瑟夫·施特劳斯号""西蒙斯号"和 "科克兰号"。

右图：21 世纪初，希腊海军保留了 4 艘 "基蒙"级（"查尔斯·F.亚当斯"）驱逐舰。这些舰船，包括 "弗尔明号"（D 220）在内，都装备 6 枚反舰导弹，并储存在弹药库之中，此外还装有 34 枚标准的 SM1-MR 防空导弹。Mk 13 发射器每分钟能装填、定向和发射 6 枚导弹

苏联的驱逐舰

苏联力量的崛起中，最明显的莫过于苏联海军的扩张。1945 年，苏联海军基本上只是一支沿海力量，后来逐渐发展成为一支强大的远洋舰队，而他们的驱逐舰力量也经历了相似的转变。作战能力超强的苏联新一代战舰给北约提出了一个严重的问题。

西方国家将多种型号的战舰统称为"驱逐舰"。苏联同样拥有种类繁多的舰船，虽然西方国家经常将其称为"驱逐舰"，但苏联人根据不同功能将其划分为不同类别。

苏联的术语"驱逐舰"最初指的是采用传统布局，排水量较小的中小型舰队作战舰艇，例如"快速"级和"科特林"级，不过其设计仍基于第二次世界大战时代的理念，仅在部分方面实现了现代化。然而，20世纪80年代出现的"现代"级驱逐舰的排水量增大了一倍，并且逐渐参与反舰行动。由于吸收了更老旧舰船的功能，它们似乎体现了苏联典型的想法：驱逐舰本质上就是与其他舰船作战的舰型。

当然，也有一些例外。例如，防空导弹型"科特林"级虽然功能发生改变但并未变更分类。"基尔丁"级——曾经在"科特林"级船体上安装了巨大的 SS-N-1 "刷子"反舰导弹，在通常情况下装备的是更小的 SS-N-2c "冥河"导弹。20 世纪 70 年代中期，其分类从"大型导弹舰"改为了"大型反潜舰"。

苏联驱逐舰的第 3 种分类是"大型反潜舰"，该类别包含了西方国家通常认为是"巡洋舰"的"卡拉"级和"金雕"级。这里也有一些反常现象，例如大型反潜舰中最早出现的"卡辛"级仅拥有有限的反潜能力，而"卡辛"级却具有很强的防空作战能力。这些舰船的反潜作战能力都局限于火箭发射器和鱼雷发射管，它们都没有可变深度声呐或直升机。因此，它们的分类可能只是代表它们隶属于一个反潜作战群，而并不代表单舰的性能特点。

实际上，早在 1980 年，有一种驱逐舰大小级别的真正具有反潜作战能力的"大型反潜舰"投入了使用。这就是"无畏"级，还有"现代"级和"卡辛"级，它们分别代表了苏联驱逐舰级别舰船的反潜作战、反水面舰艇作战和防空作战的技术水平。

右图：1艘"肯达"级导弹巡洋舰和1艘装备舰空导弹的"卡辛"级驱逐舰（前景）正在夏威夷沿岸与1艘"鲍里斯·奇利金"级油船演练行进中补给

苏联的首创

直到后来，苏联海军才达到了能够对西方国家构成实质威胁，而不是仅能应对西方国家发展的状态。这一新的临界点的标志就是所谓的"导弹巡洋舰""基洛夫号"开始服役。"基洛夫号"是一种战斗力强大的舰船，它也被认为是与美国"艾奥瓦"级战列舰相似的角色，充当水面作战群的核心，苏联非常强调水面舰船对潜艇行动的支援作用。地理条件要求它们的潜艇必须能穿过某些"咽喉点"，但很显然这些地方会有大量的西方国家兵力守卫。海面战斗群中需要一种角色既能扰乱西方国家舰队的队形，还能在充满威胁的环境中存活下来，同时在有可能的情况下当场扩大苏联反潜行动的范围。因此，苏联人在建造"基洛夫"级舰船的同时，还建造了其补充力量——"光荣"级巡洋舰和"现代"级驱逐舰。

水面战

"现代"级驱逐舰是战后苏联设计的第1艘具备反水面舰艇作战能力的驱逐舰。该级别驱逐舰被分配至北方和太平洋舰队，负责控制至关重要的格陵兰—冰岛—英国缺口和鄂霍次克海缺口；特别是在格陵兰—冰岛—英国缺口，天气因素是舰队面临的最严重问题。它们装备了新一代传感器和武器，它们的使用也需要更高水平的训练。因此，"现代"级驱逐舰的船员都是专业人员，而不是应征士兵。

"现代"级是一种强健的干舷很高的舰船，这些配置很适合在不利天气条件下使用。反潜设备很少，也没有安装可变深度声呐，船体安装的声呐在北海水域中也只是间歇性地使用。

反潜补充力量

"无畏"级反潜驱逐舰是一个有趣的对比。大小上与"现代"级驱逐舰差不多，但其设计理念存在巨

上图：这是"无畏"级驱逐舰的俯瞰图。其主武器是2座4联装SS-N-14"硅石"反潜导弹发射器以及2架卡莫夫Ka-27"蜗牛"直升机，辅助装备包括1套电子系统，2门100毫米防空炮，AK630多管近防炮以及垂直发射的SA-N-9"长手套"舰空导弹

北部巡逻：北大西洋上的反潜行动

该照片是由英国皇家空军"猎迷"海上巡逻机拍摄的，照片中的这艘"科特林"级驱逐舰正在近距离侦察奥克兰群岛沿岸的美国埃索石油公司的石油钻塔，该船是苏联海军情报搜集舰船之一。在恶劣的北海环境条件下，安装于船体的声呐和舰载直升机，至少在一半的时间里无法使用，或者性能大幅降低，但值得注意的是，苏联人集中精力研究出了水下目标定位和进攻的其他方式。他们在很早的时候就在舰船上安装了可变深度声呐以及拖曳式被动阵列，并在它们的使用方面积累了丰富的经验。

由于温度和密度的影响，穿过水流的声能量在管道中传送时有所失真，并倾向于集中在所谓的"汇聚区"中，而这种汇聚区一般会有规律地间隔存在（大约60千米）。1艘安静的舰船拖曳着被动阵列流动，在这个范围内能很容易地定位目标，由于现代化潜艇能够携带反舰导弹，它们还需要装备反潜武器以便第一时间攻击这一范围内的目标。

大的不同。"无畏"级外表看起来非常坚固，它在设计时就考虑在恶劣天气条件下使用，它们冷战时期的特征非常明显，不仅要阻止西方攻击型核潜艇封锁苏联潜艇，还要猎杀西方的弹道导弹战略核潜艇。"无畏"级驱逐舰搭载2架"螺旋"反潜直升机，其舰体设计使得飞行甲板和机库都位于舰艉。甲板本身获得了有用的自由空间，避免了位于拖曳式可变深度声呐收纳舱上方。相比"现代"级，"无畏"级更加陡峭的倾斜舰艏展现出其采用了尺寸更小、频率更高的舰艏声呐。

在主要的"无畏I"型上，主要武器是SS-N-14"硅石"导弹，安装于指挥塔翼桥下方的4联装发射器中。虽然这种武器通常装载常规的自导鱼雷，但如果仅根据来自一个被动式声呐的数据，它们瞄准目标的精度就不够了。

致力于反潜作战的"无畏"级驱逐舰可能需要其他装备局部防御舰空导弹的舰船的支援，因为它仅仅装备了点防御导弹。然而，苏联人没有现代化的防空驱逐舰，最为接近的或许是装备2座防空导弹发射架的"卡辛"级驱逐舰，而该级别最早的一艘在1962年就开始服役了。

苏联舰船的一个特征是它们拥有重型武器。甚至在马尔维纳斯群岛战争之前，苏联人就强调了近防系统的必要性，他们通常有多座30毫米多管近防炮。该级别的所有舰船都装有大型鱼雷发射管，可以用于进攻海面或潜艇目标。大部分苏联驱逐舰都可以布雷。苏联人意识到为了完成自己的任务，舰船必须具备自卫能力，不具备自卫能力的舰船最终都会成为负担。

12

FRIGATE

护卫舰

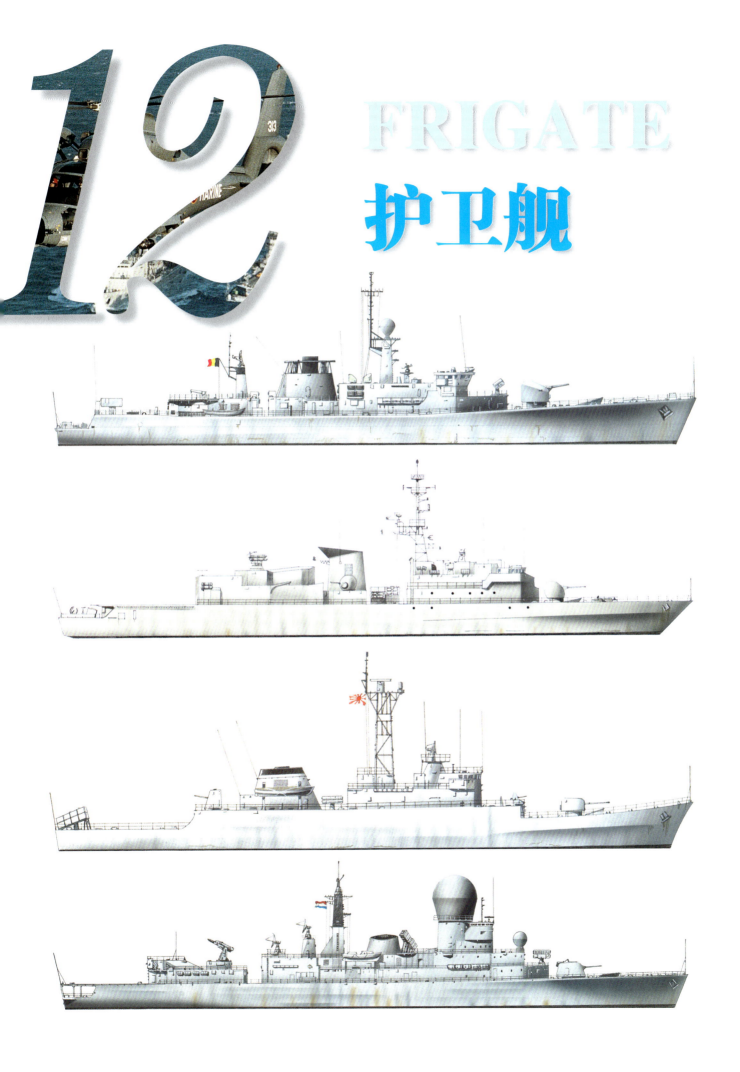

"维林根"级导弹护卫舰
Wielingen Class Guided-Missile Frigate

　　"维林根"级是第二次世界大战后完全由比利时自主设计和建造的第1批战舰。1971年7月，建造计划获得批准。1973年7月，有关研究工作最终完成。1973年10月，比利时订购第1批2艘战舰，1974年开始建造2艘战舰的舰体。随后2艘在1975年开始建造，4艘战舰全部在1978年服役。

　　现役的3艘"维林根"级战舰（"比利时号"已经退役）的基地在泽布勒赫，这是比利时海军最大的3艘水面战舰，也是比利时海军唯一能够远洋航行的护卫舰。这3艘战舰能够全天候作战，装备了沃斯泊公司的稳定器、1部舰体声呐。舰载武器系统和传感器系统来自北约各国，尽量选择了适合该小型战舰所使用的精良装备。动力系统包括1台燃气轮机和2台柴油机，双轴推进，配备有可调螺距螺旋桨。3艘现役战舰分别是："维林根号""维斯特迪普号"和"万德拉尔号"，它们将继续服役到21世纪20年代。

"尼特罗伊"级导弹护卫舰
Niteroi Class Guided-Missile Frigate

1970 年 9 月，巴西向维斯柏·桑尼克诺福特公司（Vosper Thornycroft，以下称 VT）订购了反潜护卫舰和多用途护卫舰。其中，"尼特罗伊"级反潜护卫舰以 Mk 10 型护卫舰作为设计基础，分别在英国和巴西进行建造。4 艘反潜护卫舰分别是"尼特罗伊号""防御号""独立号"和"珠蚌号"，装备了有澳大利亚专门为巴西设计的"布拉尼克"导弹发射系统，能够发射 Mk 46 型鱼雷。另外 2 艘多用途战舰是"立宪号"和"自由号"，这 2 艘战舰类似于反潜护卫舰，但在舰艉加装了 1 门"维克斯"114 毫米口径 Mk 8 型火炮，用来替代"布拉尼克"导弹发射系统。此外，该级战舰还加装有 2 座双联装集装箱式导弹发射装置，位于舰桥和烟囱之间，能够发射 MM 38 型"飞鱼"反舰导弹。由于战舰配备了柴油机和燃气轮机组合动力系统，与先前同样尺寸的战舰相比，不仅更加经济，而且节省人力。战舰配备了 1 套 CAAIS 作战情报系统用来与巴西海军其他战舰（包括航母"圣保罗号"在内）进行反潜和水面攻击协同作战。此外，巴西还对武器和传感器系统进行改进，以创造出性能更优异的防空护卫舰。

教练舰

1981 年 6 月，巴西订购了 1 艘经过改进的"尼特罗伊"级护卫舰"巴西号"，于 1985 年服役，作为巴西海军和商船学院的教练舰。该舰只配备了 1 座轻型防空炮和一些教室，舰艉还有 1 间机库和 1 个着陆平台，可搭载 2 架"超级大山猫"Mk 21 型直升机。

技术参数
"尼特罗伊"级导弹护卫舰（现代化改进型）
排水量： 标准排水量 3200 吨，满载排水量 3707 吨
尺寸： 长 129.2 米，宽 13.5 米，吃水深度 5.5 米
动力系统： 2 台罗尔斯·罗伊斯公司制造的"奥林巴斯"TM3B 燃气轮机，功率 50880 马力（37935 千瓦）；4 台 MTU 16V 956 TB91 柴油机，功率 15760 马力（11752 千瓦），双轴推进
航速： 30 节（56 千米 / 时）
航程： 以 17 节（31 千米 / 时）的速度可航行 9815 千米
武器系统： 2 座双联集装箱式导弹发射装置，配备 4 枚 MM 38 型"飞鱼"反舰导弹；1 座"布莱尼克"导弹发射装置，发射 10 枚导弹，同时携带 Mk 46 型鱼雷；1 座"信天翁"导弹发射装置，发射"蝮蛇"防空导弹；1 门或 2 门 114 毫米口径 Mk 8 型火炮，2 门 40 毫米口径"博福斯"火炮，1 套近防武器系统，1 门"博福斯"375 毫米口径训练用双联火箭发射器，配备 54 枚反潜火箭；2 具 3 联 324 毫米口径 STWS-1 型鱼雷发射管，配备 6 枚 Mk 46 轻型反潜鱼雷
电子系统： 1 部 RAN20 S3L 对空 / 对海搜索雷达替代了 AWS 3 雷达，1 部 TM 1226 对海搜索雷达替代了 ZW06 雷达，1 部斯坎恩特导航雷达，2 部 RTN30X 火控雷达替代了 RTN10X 雷达，1 部 EOS450 光电指挥仪，1 套 CAAIS 400 作战情报系统，1 套 SDR-2/7 或"短剑 B-1B"型电子支援系统替代 RDL-2/3，1 部"天鹅座"或 SLQ-1 型干扰发射台，1 部 EDO 61OE Mod 1 型舰体安装的主动式声呐，1 部 EDO 700E 可变深度声呐
舰载机： 1 架"超级大山猫"Mk 21 型直升机
人员编制： 217 人

右图："尼特罗伊"级多用途护卫舰"自由号"并没有在舰艏装备"布拉尼克"导弹发射系统，这套系统用来发射澳大利亚制造的"依卡拉"火箭（携带 1 枚 Mk 46 型鱼雷），相反，该舰在舰艏装备了 1 门 114 毫米口径火炮（2001 年改装后被拆除），在舰体中段加装了"飞鱼"导弹发射装置

"麦地那"级导弹护卫舰
Madina Class Guided-Missile Frigate

1980 年 10 月，沙特阿拉伯海军从法国订购了 4 艘"麦地那"（F2000 型）级护卫舰，第 1 艘于 1981 年在法国洛里昂船厂开始建造，1983 年下水，1985 年服役，被称为"麦地那号"。另外 3 艘分别是"霍夫号""艾伯哈号"和"塔伊夫号"，于 1982—1983 年在法国滨海拉塞纳的 CNIM 造船厂开始建造，于 1985—1986 年交付。

"麦地那"级战舰设计相当复杂，大量使用了未经战场验证的现代化电子技术。然而，对于年轻的沙特阿拉伯海军来说，这是他们第 1 次见到如此复杂先进的技术。武器系统主要采用法国设备，但反舰导弹是法国和意大利共同研制的"奥托马特"Mk 2 型导弹，这种导弹能够执行远程反舰任务，尤其当 SA365F"海豚"2 型直升机在提供中途制导的情况下，该型导弹的表现将更加优异。

该级战舰在这一敏感地区的出现具有极大的战略意义，引起整个海湾地区产油国的极大兴趣。就作战性能而言，能够与"麦地那"级战舰相匹敌的只有伊拉克当初从意大利订购但最终却因遭到禁运而没有交付的"狼"级护卫舰。

该级战舰的改进

1997—2000 年，"麦地那"级护卫舰由法国舰艇建造局土伦公司负责改进，增加了 1 套法国汤姆逊半导体公司制造的自动处理和战术显示（TAVITAC）战斗数据系统、1 套直升机引导系统、1 部舰体安装的主动式搜索 / 攻击声呐。"麦地那"级护卫舰基地设在沙特西部港口吉达，这些战舰每年仅仅出海数个星期。

技术参数

"麦地那"级导弹护卫舰

排水量： 标准排水量 2000 吨，满载排水量 2870 吨

尺寸： 长 115 米，宽 12.5 米，吃水深度 4.9 米

动力系统： 4 台"皮尔斯蒂克"柴油机，功率 38400 马力（28630 千瓦），双轴推进

航速： 30 节（56 千米 / 时）

航程： 以 18 节（33 千米 / 时）的速度可航行 14825 千米

武器系统： 2 座 4 联装集装箱式导弹发射装置，发射"奥托马特"Mk 2 型反舰导弹；1 座 8 联导弹发射装置，配备 26 枚"响尾蛇"海军防空导弹；1 门 100 毫米口径火炮以及 2 门双联装"布雷达"40 毫米口径防空火炮；4 具单管 533 毫米口径鱼雷发射管，配备 ECAN F17P 反潜鱼雷

电子系统： 1 部 DRBV15 对空 / 对海搜索雷达，1 部"双子星座 II"火控雷达，1 部 DRBC 32 防空导弹射击指挥雷达，2 部 TM 1226 导航雷达，1 套自动处理和战术显示（TAVITAC）战斗情报系统，1 套 DR4000 电子支援系统，2 座"达盖"干扰 / 照明弹发射装置，1 部"刺豚"TSM 2630 舰体安装的声呐，1 部"索雷尔"可变深度声呐

舰载机： 1 架 SA365F"海豚"2 直升机

人员编制： 179 人

下图：这是沙特阿拉伯海军的 1 艘"麦地那"级护卫舰。从法国购买如此先进的战舰是富产石油的阿拉伯国家一种非常典型的军购趋势：购买性能超过现实需求的武器装备

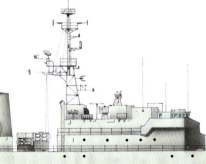

"埃斯梅拉尔达斯" 级轻型导弹巡逻舰

Esmeraldas Class Guided-Missile Corvette（FSG）

从严格意义上讲，"埃斯梅拉尔达斯"级应当被列为轻型巡逻舰，而非小型护卫舰，但由于该级战舰的多用途性能，还是被列为小型护卫舰比较合适。1978年，厄瓜多尔向意大利德尔·第勒尼安公司订购了6艘"埃斯梅拉尔达斯"级战舰，它们的设计基于意大利为利比亚建造的"瓦迪·拉夫"（如今称为"阿萨德"）级战舰，但"埃斯梅拉尔达斯"级装备了功率更大的柴油机，在舰体中段加装了1个直升机着舰平台，在舰桥后面加装了1座防空导弹发射装置。6艘战舰分别是"埃斯梅拉尔达斯号"（CM11）、"玛纳比号"（CM12）、"里奥斯号"（CM13）、"奥鲁罗号"（CM14）、"洛斯·加拉帕戈斯号"（CM15）和"洛哈号"（CM16），在20世纪80年代初期进入厄瓜多尔海军服役，作为该国主要的海上反舰力量。

舰上的直升机平台用于搭载厄瓜多尔海军的1架206B型轻型直升机（贝尔公司制造），执行水面搜索和空海营救任务。该级战舰上装备的反舰导弹系统是射程为65千米的MM40型"飞鱼"导弹，系统共有2组（每组为1部3联集装箱式导弹发射架），位于着舰平台和舰桥之间。防空导弹系统是意大利"信天翁"导弹发射系统，发射"蝮蛇"多用途导弹。仅有的自卫型反潜鱼雷发射管与1套舰体声呐系统配合使用，用于反潜作战。

下图：尽管将厄瓜多尔海军的"埃斯梅拉尔达斯"级战舰分类为轻型导弹巡逻舰更为恰当，但是该级战舰每艘的火力胜过许多小型护卫舰。这些战舰装备有6枚MM40型"飞鱼"反舰导弹、1座4联装"信天翁"防空导弹发射装置，另外还有舰炮和鱼雷

技术参数
"埃斯梅拉尔达斯"级轻型导弹巡逻舰
排水量：标准排水量620吨，满载排水量685吨
尺寸：长62.3米，宽9.3米，吃水深度2.5米
动力系统：4台MTU柴油机，功率24400马力（18195千瓦），4轴推进
航速：37节（69千米/时）
武器系统：6座集装箱式导弹发射装置，发射MM40"飞鱼"反舰导弹；1座"信天翁"导弹发射装置，配备4枚"蝮蛇"防空导弹；1门76毫米口径"奥托·梅莱拉"超轻型火炮以及1门双联装40毫米口径防空火炮；2具3联装324毫米口径ILAS-3鱼雷发射管，配备6枚"怀特黑德"A244/S反潜鱼雷
电子系统：1部RAN10S对空/对海搜索雷达，1部"猎户座"10X火控雷达，1部"猎户座"20X火控雷达，1部3RM20导航雷达，1套IPN20数据信息系统，1套"伽马"电子支援系统，1部"刺豚"舰体安装声呐
舰载机：着舰缓冲垫上仅搭载1架轻型直升机
人员编制：51人

上图："埃斯梅拉尔达斯"级战舰是厄瓜多尔海军主要的水面战舰

"筑后"级护卫舰
Chikugo Class Frigate（FF）

"筑后"级护卫舰在设计和建造时，其设计特点是要降低噪声，减少舰体的振动，它们主要用于环日本本岛沿海的反潜任务。为了促进战舰更有效地实施近海防御反潜任务，这些战舰上改装了1部SQS-35（J）可变深度声呐，将其从1个敞开的小舱室转移到舰艉右舷。这些"筑后"级护卫舰也是世界上最小的能够装备8联装"阿斯洛克"反潜导弹（火箭）发射系统的战舰，但是这些战舰没有装备重复装填装置。舰体中段火箭发射装置首先瞄准目标方向，然后同时发射2枚固体燃料RUR-5A火箭，该火箭携带Mk 46型减速伞式自导鱼雷有效载荷，最大射程达9.2千米。不过日本的RUR-5并不能像美国型一样可选装1000吨爆炸当量的Mk 17核深水炸弹。战舰推进设备包括4台三菱-伯尔梅斯特·维恩 UEV30/40柴油机，在DE215号、DE217号、DE218号、DE219号、DE221号、DE223号和DE225号舰上装备，其余各舰则采用的是4台三菱公司制造的28VBC-38型柴油机。有1部Mk 51型火控指挥仪与舰艉的双联40毫米口径火炮相连。舰体安装的OQS-3声呐美国SQS-23型声呐的按许可证生产型号，该声呐曾经装备于"斯普鲁恩斯"级反潜驱逐舰上。"筑后"级共有11艘护卫舰，分别是：

"筑后号"（DE215）、"绫濑号"（DE216）、"三隈号"（DE217）、"十胜号"（DE218）、"岩濑号"（DE219）、"千岁号"（DE220）、"仁碇号"（DE221）、"天监号"（DE222）、"吉野号"（DE223）、"熊野号"（DE2224）和"熊代号"（DE2225）。

下图：图中的"十胜号"（DE218）正在对夏威夷进行访问。日本新近设计的"筑后"级护卫舰具有强大的反潜能力，但反舰和防空武器装备很差

技术参数

"筑后"级护卫舰

排水量： DE215号和DE220号战舰标准排水量1480吨；DE216～DE219号以及DE221号标准排水量1470吨，（DE222～DE225号）标准排水量1500吨，满载排水量1700～1800吨

尺寸： 长93.1米，宽10.8米，吃水深度3.5米

动力系统： 4台柴油机，功率16000马力（11930千瓦），双轴推进

航速： 25节（46千米／时）

武器系统： 1门双联装76毫米口径Mk 33火炮；1门双联40毫米口径防空火炮；1座"阿斯洛克"反潜导弹（火箭）8联装反潜发射装置，配备8枚火箭；2具324毫米口径68型3联反潜鱼雷发射管，配备Mk 46型鱼雷

电子系统： 1部OPS14对空搜索雷达，1部OPS28对海搜索雷达，1部GCFS1B火控雷达，1部OPS19导航雷达，1套NORL5电子支援系统，1部OQS3舰体声呐，1部SQS-35（J）可变深度声呐

舰载机： 无

人员编制： 165人

"夕张"级导弹护卫舰
Yubari Class Guided-Missile Frigate
（FFG）

　　"夕张"级护卫舰基本上是1977—1978年日本政府批准建造的"石狩"级护卫舰的改进和放大版。与早期设计相比，这些战舰的舰长和舰宽都加大了，不但提高了适航能力，也扩大了战舰的内部空间。日本最初计划建造3艘"夕张"级护卫舰，但20世纪80年代初期，日本政府削减了海军预算，导致建造数量减少到了1艘。在1983—1987年的5年计划期间，日本准备建造3艘改进型的"夕张"级护卫舰，但后来发展成为6艘"阿武隈"级护卫舰。

　　与西方设计相比，虽然"夕张"级战舰没有重型武器装备，也没有直升机升降设备，但该级战舰用于日本周围海域却是非常理想的，因为它们可以在岸基空中力量的掩护下作战。舰上大部分的武器、动力和传感器系统都是在获得外国厂商许可的情况下制造的。动力系统是柴油机和燃气轮机交替组合的方式，配置1台按许可证生产的英国燃气轮机和1台日本产柴油机。由于舰上装备大量的自动化设备，

技术参数
"夕张"级导弹护卫舰
排水量： 标准排水量1470吨，满载排水量1690吨
尺寸： 长91米，宽10.8米，吃水深度3.6米
动力系统： 柴油机和燃气轮机组合，1台川崎公司按罗尔斯·罗伊斯公司许可证生产的"奥林巴斯"TM3B燃气轮机，功率28390马力（21170千瓦）；1台"三菱"6DRV柴油机，功率4650马力（3470千瓦），双轴推进
航速： 25节（46千米/时）
武器系统： 2座4联装导弹发射装置，配备8枚"鱼叉"反舰导弹；1门76毫米口径的"奥托·梅莱拉"速射炮，预留接口可以加装1套20毫米口径"密集阵"近防武器系统；1座375毫米口径"博福斯"4联装反潜火箭发射装置；2具3联装324毫米口径68型反潜鱼雷发射管，配备Mk 46轻型反潜鱼雷
电子系统： 1部OPS-28对海搜索雷达，1部OPS-19导航雷达，1部GFCS1炮瞄雷达，1套NOLQ-6电子支援系统，1座OLT3电子对抗措施系统，2座Mk 36 SRBOC干扰弹发射装置，1部OQS-1型舰体声呐
舰载机： 无
人员编制： 98人

下图："夕张"级是对"石狩"级进行改进的过渡性设计，"夕张号"和"涌别号"的长宽尺寸都加大了，这样更易于操纵武器装备。2座4联装"鱼叉"导弹发射装置为这2艘护卫舰提供了相当可观的反舰能力

这样就将舰员的数量减少到100人以内，这种人员规模对于这种尺寸的战舰是非常理想的。

组成该级导弹护卫舰的有"夕张号"（DE227）和"涌别号"（DE228）。

下图：虽然"夕张"级比先前的"筑后"级护卫舰小，但装备有高度的自动化设备，舰员人数控制在100人以内。这些战舰设计用来在岸基空中力量的掩护下进行作战，并具备一定的防空能力。在必要情况下，该级战舰还能够加装20毫米口径的"密集阵"近防武器系统

"特隆姆普"级导弹护卫舰
Tromp Class Guided-Missile Frigate

虽然"特隆姆普"级被荷兰海军定级为护卫舰，但"特隆姆普号"和"德·鲁伊特尔号"从舰载武器装备和舰型尺寸上看更像是导弹驱逐舰。这2艘战舰均配备有舰队司令住舱，装备有控制和指挥设备，在战争期间可以作为归北约组织东大西洋地区司令部指挥的2个荷兰海军猎潜大队的旗舰。由于安装有舰舷稳定鳍，这些战舰在各类天气条件下都是性能卓越的海上战舰以及良好的武器平台。战舰动力系统采用2台罗尔斯·罗伊斯公司生产的"奥林巴斯"燃气轮机和2台"泰恩"燃气轮机，4台燃气涡轮经过改进后提高了燃气发生器的寿命，并降低了维护费用。舰体内建造了一整套核生化防御装甲区（超压舱），确保战舰在高强度战争中能够正常作战。

防空导弹防御

"特隆姆普"级战舰的主要任务是为猎潜大队提供区域防空导弹防御，对付来袭的敌方飞机和导弹，或者对猎潜大队进行护航。这些战舰还可以执行辅

技术参数
"特隆姆普"级导弹护卫舰
排水量： 标准排水量3665吨，满载排水量4308吨
尺寸： 长138.4米，宽14.8米，吃水深度4.6米
动力系统： 2台罗尔斯·罗伊斯公司生产的"奥林巴斯"TM 313燃气轮机，功率50000马力（37285千瓦）；2台罗尔斯·罗伊斯公司生产的"泰恩"RM1C型燃气轮机，功率8200马力（6115千瓦）；双轴推进
航速： 28节（52千米/时）
武器系统： 2座4联装导弹发射装置，配备8枚"鱼叉"反舰导弹；1座Mk 13"标准"单臂导弹发射装置，配备40枚SM1-MR防空导弹；1座Mk 29型8联装导弹发射装置，配备60枚"北约海麻雀"防空导弹；1门双联装120毫米口径"博福斯"火炮；1套30毫米口径"守门员"近防系统；2门20毫米口径"厄利空"防空火炮；2具324毫米口径Mk 32型3联鱼雷发射管，配备Mk 46型反潜鱼雷
电子系统： 1部SPS-013D雷达，2部ZW-05对海搜索雷达，1部"台卡"1226导航雷达，1部WM-25火控雷达，2部SPG-51C防空导弹射击指挥雷达，1套"西沃科I"数据信息系统，1套"天蛾"电子支援系统，2座"乌鸦座"干扰弹发射装置，1部162型舰体声呐，1部CWE-610舰体声呐
舰载机： 1架SH-14B/C型"大山猫"反潜直升机
人员编制： 306人

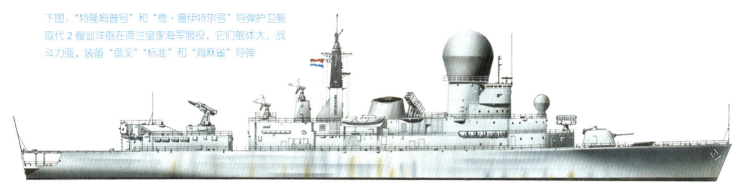

下图："特隆姆普号"和"德·鲁伊特尔号"导弹护卫舰取代2艘巡洋舰在荷兰皇家海军服役，它们舰体大、战斗力强，装备"鱼叉""标准"和"海麻雀"导弹

助反潜和反舰任务。主要舰载武器是1座单臂 Mk 13 "标准" SM1-MR 防空导弹发射装置和1座8联装 "北约海麻雀" 防空导弹发射装置，这是对 Mk 13 型导弹发射装置的火力补充。这些战舰外观的主要

特点是舰艏 SPS-013D 雷达上方安装的一个巨大的塑料雷达天线罩。

1999 年，"特隆姆普号" 退役。2001 年，"德·鲁伊特尔号" 也退出现役。

"科顿埃尔" 级和 "雅各布·冯·赫姆斯科克" 级导弹护卫舰
Kortenaer and Jacob van Heemskerck Classes FFGs

20 世纪 60 年代末期，荷兰批准建造"科顿埃尔"级（Kortenaer）导弹护卫舰（也称"标准"级），用来替代 12 艘"荷兰"级和"弗里斯兰"级反潜驱逐舰。该级战舰的动力系统和动力系统布局均出自"特隆姆普"级战舰的设计，加装了一对舰艉稳定鳍，尽最大可能实现战舰内部系统自动化，从而减少舰员人数。1974 年，荷兰订购了 8 艘"科顿埃尔"级战舰，1976 年又订购了 4 艘。但到了 1982 年，2 艘刚建成的该级战舰被希腊购买，更名为"埃利号"和"利姆诺斯号"。为了填补这 2 艘战舰所留下的空缺，荷兰政府建造 2 艘"雅各布·冯·赫姆斯科克"级（Jacob van Heemskerck）防空型护卫舰，分别是"雅各布·冯·赫姆斯科克号"和"威特·德·威思

号"，计划轮流担当荷兰海军第 3 猎潜大队的指挥舰。这 2 艘舰上的舰载直升机设备被 1 座 Mk 13 "标准"防空导弹发射装置所取代。1986 年，上述 2 舰开始服役。

最早 1 批 10 艘反潜护卫舰分别是："科顿埃尔号""凯勒伯斯号""范·金斯伯格号""班克特号""皮亚特·海恩号""亚伯拉罕·克里森号""菲利普·冯·阿尔蒙德号""布洛斯·冯·特莱斯朗号""让·冯·布拉克号"和"彼得·弗洛里兹号"。其中，"特莱斯朗号"护卫舰至今仍在荷兰海军服役，"克里森号"和"海恩号"在 1997—1998 年分别成为阿拉伯联合酋长国的"阿布扎比号"和"埃米尔号"，其他战舰于 1993—2001 年卖给了希腊（拆除了 30 毫

技术参数

"科顿埃尔"级导弹护卫舰

排水量：标准排水量 3050 吨，满载排水量 3630 吨

尺寸：长 130.5 米，宽 14.6 米，吃水深度 4.3 米

动力系统：2 台罗尔斯·罗伊斯公司生产的"奥林巴斯"TM3B
型燃气轮机，功率 50880 马力（37935 千瓦）；2 台罗
尔斯·罗伊斯公司生产的"泰恩"RM1C 型燃气轮机，
功率 9900 马力（7380 千瓦）；双轴推进

航速：30 节（56 千米 / 时）

航程：以 16 节（30 千米 / 时）的速度可航行 8700 千米

武器系统：2 座 4 联装集装箱式导弹发射装置，配备"鱼叉"反
舰导弹；1 座 Mk 29 型 8 联装导弹发射装置，配备 24
枚"海麻雀"防空导弹；1 门 76 毫米口径火炮；1 套
30 毫米口径"守门员"近防武器；2 具双联 324 毫
米口径鱼雷发射管，配备 Mk 46 型反潜鱼雷

电子系统：1 部 LW-08 对空搜索雷达，1 部 ZW-06 导航雷达，
1 部 WM-25 和 1 部 STIR（监视与目标指示）火控雷
达，1 套 SEWACO II 型数据信息系统，1 套"拉姆西斯"
电子支援系统，2 座诱饵发射器，1 部 SQS-509 舰艏
声呐

舰载机：2 架 SH-14B"大山猫"直升机

人员编制：176 ～ 200 人

技术参数

"雅各布·冯·赫姆斯科克"级护卫舰

（与"科顿埃尔"级护卫舰技术规格基本相同，但存在下列不同）

排水量：标准排水量 3000 吨，满载排水量 3750 吨

武器系统：与"科顿埃尔"级相同，没有装备 76 毫米口径火炮，
但装备了 1 座 Mk 13 单臂导弹发射装置，配备 40 枚"标
准"SM1-MR 防空导弹

电子系统：1 部 LW-08 对空搜索雷达，1 部 SMART 3D 雷达，
1 部"侦察"对海搜索雷达，2 部 STIR（监视与目标
指示雷达）火控雷达，1 部 STIR 180 火控雷达，1 套
SEWACO VI 数据信息系统，1 套"拉姆西斯"电子
支援系统 / 电子对抗系统，2 座 Mk 36 SRBOC 6 管干
扰物 / 红外（IR）照明弹发射装置，1 部 SQS-509 舰
体搜索 / 攻击声呐

舰载机：无

人员编制：176 人

米口径"守门员"近防系统），分别改名为"爱琴海
号""艾德瑞斯号""纳瓦里农号""康图瑞特斯号"
和"波波利纳号"。

右图："班克特号"是进入荷兰皇家海军服役的第 4 艘"科顿埃尔"级护
卫舰。"科顿埃尔"级护卫舰装备有比较均衡合理的武器系统，主要的反
潜武器系统是 2 架"大山猫"直升机。"班克特号"如今在希腊海军服役，
更名为"爱琴海号"

"奥斯陆"级导弹护卫舰
Oslo Class FFG

　　挪威海军"奥斯陆"级护卫舰基于美国"迪利"
级护航驱逐舰发展而来，它们的舰艇干舷高度更高
（以适应挪威的海况），并装备了大量的欧洲建造的
武器系统。挪威海军在 1960 年制订的 5 年计划期间
建造了这些战舰，美国承担其中一半的建造费用。20
世纪 70 年代末，"奥斯陆"级护卫舰经历了一系列

的现代化改进，其中包括加装了"企鹅"Mk 1 型反
舰导弹、1 座"北约海麻雀"防空导弹发射装置以及
Mk 32 反潜自卫型鱼雷发射管。从 20 世纪 80 年代末
开始，这些战舰其他一些装备也进行了改进。

　　作为挪威最大型的水面战舰，"奥斯陆"级护卫
舰主要提供区域反潜力量。为此，该级战舰装备有 1

下图：1995—1996 年，"奥斯陆"级护卫舰的排水量增加了 200 吨，并且安装了 1 部可变深度声呐。"奥斯陆号"是第 1 艘"奥斯陆"级护卫舰。1994 年，该舰因 1 台发动机出现故障而搁浅，在拖航途中在卑尔根港以南海域沉没

技术参数

"奥斯陆"级导弹护卫舰

排水量： 标准排水量 1650 吨，满载排水量 1950 吨

尺寸： 长 96.6 米，宽 11.2 米，吃水深度 4.4 米

动力系统： 齿轮传动蒸汽轮机，功率 20000 马力（14915 千瓦），单轴推进

航速： 25 节（46 千米 / 时）

航程： 以 15 节（28 千米 / 时）的速度可航行 8350 千米

武器系统： 4 座集装箱式导弹发射装置，配备"企鹅"Mk 1 反舰导弹；1 座 Mk 29 型 8 联装导弹发射装置，配备 24 枚 RIM-7M"海麻雀"防空导弹；1 门双联 76 毫米口径 Mk 33 型火炮；1 门 40 毫米口径"博福斯"防空火炮；1 座 6 联装"特尔尼 III"型反潜火箭发射装置；2 具 3 联装 324 毫米口径 Mk 32 鱼雷发射管，配备"黄貂鱼"反潜鱼雷；这些战舰还具备布雷能力

电子系统： 1 部 AWS 9 型对空搜索雷达，1 部 TM 1226 对海搜索雷达，1 部"台卡"导航雷达，1 部 9LV218 Mk 2 和 1 部 Mk 95 火控雷达，1 套 MSI-3100 战斗信息系统，1 套阿果公司 AR-700 电子支援系统，2 座诱饵 / 箔条发射装置，1 部 TSM 2633 舰体组合声呐，1 部可变深度声呐，1 部"特尔尼 III"型主动攻击声呐

舰载机： 无

人员编制： 125 人

座 6 联装火箭发射装置，发射重达 120 千克的"特尔尼 III"型反潜火箭。在发射时，火箭发射装置将会自动垂直竖起，并在 40 秒内自动完成重新装填火箭的工作。这些战舰装备有通过 Mk 32 鱼雷发射管发射的、射程 11 千米、航速可达 45 节（83 千米 / 时）的美国制造的 Mk 46 型音响寻的鱼雷。

5 艘"奥斯陆"级护卫舰分别是"奥斯陆号"（该舰于 1994 年搁浅后在拖航过程中沉没）、"卑尔根号""特隆赫姆号""斯塔万格号"（1999 年封存）和"纳尔维克号"。

下图："奥斯陆"级护卫舰是 20 世纪 50 年代建造的美国海军"迪利"级护航驱逐舰的改进型。为了能在复杂多变的海况条件下更好地操作战舰，挪威海军加高了"奥斯陆"级护卫舰的干舷。图中是"卑尔根号"护卫舰

"格里莎"级小型护卫舰
Grisha Class Light Frigate（FFL）

1968—1974 年，作为小型反潜舰而建造的"格里莎 I"级实际上仅仅建造了 16 艘。与先前的"米尔卡"级和"别佳"级相比，这些战舰提供了一种更专业的反潜能力。随后，在 1974—1976 年，8 艘"格里莎 II"级边境巡逻舰接踵而至，这些战舰用于装备苏联国家安全委员会（克格勃）的海上边境管理局。"格里莎 II"级与"格里莎 I"级的不同点在于，"格里莎 II"级的舰艏装备了 1 座"奥莎 M"防空导弹（北约代号 SA-N-4，"壁虎"）发射装置，取代了第 2 门舰载的双联装 57 毫米口径防空火炮，但没有安装"气枪群"火控雷达。1973—1985 年，"格里莎 III"级护卫舰大批量地装备苏联海军，它们装备 1 部"椴木槌"炮瞄雷达（位于战舰上层建筑后部左侧），取代了先前战舰上使用的"皮手笼"雷达系统。同时，"皮手笼"雷达所占据的空间也被 1 套 30 毫米口径的近防武器系统所占据。20 世纪 80 年代初，1 艘"格里莎 III"级被改装为唯一的"格里莎 IV"级，用于试验"克里诺克"防空导弹系统（北约代号 SA-N-9，"长手套"）。该系列战舰中最后一种是从"格里莎 III"级发展而来的"格里莎 V"级，在舰艉用 1 门 76 毫米口径单管火炮取代了原先战舰上的 1 座 57 毫米口径双联装火炮。

技术参数

"格里莎"级小型护卫舰

排水量： 标准排水量 950 吨，满载排水量 1200 吨

尺寸： 长 71.2 米，宽 9.8 米，吃水深度 3.7 米

动力系统： 1 台燃气轮机，功率 15000 马力（11185 千瓦）；2 台柴油机，功率 16000 马力（11930 千瓦）；双轴推进

航速： 航速 30 节（56 千米／时）

航程： 以 14 节（26 千米／时）的速度可航行 4600 千米

武器系统： 1 部双联导弹发射装置，配备 20 枚"奥莎 M"防空导弹（北约代号 SA-N-4，"壁虎"）；1 门双联 57 毫米口径火炮或者 1 门 76 毫米口径火炮（"格里莎 V"级战舰上装备）；1 套 30 毫米口径近防武器系统（"格里莎 III"级和"格里莎 V"级战舰上装备）；2 座（"格里莎 V"级战舰上装备）或者 1 座 12 管 RBU 6000 型的 250 毫米口径火箭发射装置，配备 120 枚反潜火箭；2 具双联装 533 毫米口径鱼雷发射管，发射反潜鱼雷；2 条导轨用于投放 12 枚深水炸弹，根据各个型号的战舰还可装备 20～30 枚水雷

电子系统： 1 部"曲线支柱"或者 1 部"双支柱"（"格里莎 V"级战舰上装备）或者 1 部"半板"对空搜索雷达，1 部"气枪群"防空导弹射击指挥雷达，1 部"笨海鸥"或者 1 部"椴木槌"炮瞄雷达（"格里莎 III"级和"格里莎 V"级战舰上装备），2 套"监控器"电子对抗系统，1 部"高杆 B"敌我识别系统，1 部"公牛鼻"高频／中频舰体声呐，1 部"麋鹿尾"高频可变深度声呐

舰载机： 无

人员编制： 60～70 人

下图："格里莎 II"级护卫舰仅供苏联国家安全委员会（克格勃）海上边境管理局所使用，现在已全部退役。共建成 2 艘的"格里莎 III"级护卫舰被划归立陶宛，1 艘"格里莎 V"级、1 艘"格里莎 III"级和 2 艘"格里莎 II"级护卫舰被划归乌克兰。"格里莎"级的官方命名为 1124 型"信天翁"级小型护卫舰。仅建造出 1 艘的"格里莎 IV"级护卫舰用于试验 SA-N-9 型防空导弹系统

上图：1 艘"格里莎 I"级护卫舰正在波涛汹涌的海上航行。该艘战舰上没有舰艏声呐圆顶形整流罩，但在驼峰形上层建筑后下方的舱面甲板室内安装了 1 部舰体声呐和 1 部可变深度声呐。到了 21 世纪初期，俄罗斯仅有 23 艘"格里莎"级小型护卫舰尚在服役

"里加"级护卫舰
Riga Class Frigate（FF）

分别在苏联加里宁格勒造船厂、尼古拉耶夫造船厂和共青城造船厂建造的 64 艘（包括出口的 8 艘）"里加"级护卫舰是 6 艘"科拉"级护卫舰的后继舰。苏联将该级战舰定级为巡逻船，实践证明，这是一级设计相当成功的近海防御型战舰。"里加"级战舰成为苏联建造数量最大的水面舰艇，并大量用于出口。苏联前后共转让了 17 艘"里加"级战舰：2 艘转让给保加利亚，5 艘转给民主德国，2 艘转让给芬兰（其中 1 艘改造为布雷舰），还有 8 艘转让给印尼。20 世纪 90 年代初，苏联最后 1 批"里加"级战舰退出现役。

现代化改造

20 世纪 70 年代，一些"里加"级战舰进行了改造，改造内容包括：战舰烟囱两侧各加装了 1 门双联 25 毫米口径防空火炮，与舰桥并列加装了 1 部深水声呐。在加装这些装备之前，该级所有战舰均在舰艏装备了 2 座手动装填式 16 管 RBU 2500 型反潜火箭发射装置，替换原来的单联装 MBU 600 "刺猬"反潜火箭以及 4 座 BMB-2 深水炸弹投掷器。有 1 艘现役战舰还装备了 1 个更高的圆顶盖天线以及"钟"式电子对抗系统，可能是用作试验舰。

技术参数
"里加"级护卫舰
排水量：标准排水量 1260 吨，满载排水量 1510 吨
尺寸：长 91.5 米，宽 10.1 米，吃水深度 3.2 米
动力系统：齿轮传动蒸汽轮机，功率 19985 马力（14900 千瓦）；双轴推进
航速：28 节（52 千米／时）
航程：以 13 节（24 千米／时）的速度可航行 3700 千米
武器系统：3 门 100 毫米口径火炮；2 门双联装 37 毫米口径防空火炮；（一些战舰上装备）2 门双联 25 毫米口径防空火炮；2 座 16 管 1 RBU 2500 型 250 毫米口径火箭发射装置，配备 160 枚反潜火箭；2 个炸弹挂架用于装 24 枚深水炸弹；1 具双联或 3 联 533 毫米口径鱼雷发射管，配备反舰鱼雷；28 枚水雷
电子系统：1 部"细网"对空搜索雷达，1 部"遮阳板 B"，1 部"黄蜂头"火控雷达，1 部"顿河 2"或 1 部"海王星"导航雷达，1 套"高杆 B"敌我识别系统，2 套"方结"敌我识别系统，2 套"监控器"电子对抗系统，1 部高频舰体声呐
舰载机：无
人员编制：175 人

上图：这艘"里加"级护卫舰上的舰员们正在甲板上进行娱乐活动。这类娱乐活动对于在恶劣条件下作战生活的苏联水兵而言是一种放松

下图：如今，"里加"级护卫舰已经退役了。但是在 20 世纪 80 年代，还有相当多的战舰在苏联海军作为教练舰执行辅助性的军事任务

"别佳"级轻型护卫舰
Petya Classes Light Frigates（FFLs）

1961—1964 年，18 艘"别佳I"级护卫舰在加里宁格勒造船厂和共青城造船厂建造出来。从 1964 年开始一直到 1969 年，这 2 家造船厂又开始建造 27 艘"别佳II"级护卫舰。与"别佳I"级不同，"别佳II"级装备 1 具加大型的 5 联装 406 毫米口径反潜鱼雷发射管，取代了原先 2 座舰艉装反潜火箭发射器。另外，2 座舰艏安装的 RBU 2500 火箭发射装置也被装备有自动装填设备的 RBU 6000 型火箭发射系统所替代。这 2 种护卫舰也都装备了水雷投射装置。

改造

从 1973 年开始，8 艘"别佳I"级改造成为"别佳I（改型）"级护卫舰，具体改造项目包括在突起的舰艉舱面甲板室内加装了 1 部中频可变深度声呐系统。后来，有 3 艘护卫舰被改造成教练舰，加装了同样的声呐系统。其中，第 1 艘护卫舰加装了 1 套更大型的可变深度声呐系统，但舰艉没有舱面甲板室；第 2 艘护卫舰在烟囱（在拆除了鱼雷发射管之后）后部安装了 1 个舱面甲板室，装备了 1 座综合型绞车 / 绞盘设备，用于安装 1 部拖曳式无声反潜声呐，或者用于安装 1 部拖曳线阵声呐；第 3 艘

技术参数
"别佳"级轻型护卫舰
排水量： 标准排水量 950 吨，满载排水量 1150 吨；"别佳II"级护卫舰满载排水量 1180 吨
尺寸： 长 81.8 米（"别佳II"级舰长 82.5 米），宽 9.1 米，吃水深度 2.9 米
动力系统： 1 台柴油机，功率 5365 马力（4000 千瓦）；2 台燃气轮机，功率 30000 马力（22370 千瓦）；3 轴推进
航速： 航速 32 节（59 千米 / 时）
航程： 以 10 节（18.5 千米 / 时）的速度可航行 9000 千米
武器系统： 2 门双联装 76 毫米火炮 ["别佳I（改型）"级拖曳式阵列教练舰装备 1 门]；4 座 16 管 RBU 2500 型 250 毫米口径反潜火箭发射装置，配备 320 枚火箭；"别佳II"级和改进型"别佳II"级护卫舰上装备 2 座 12 管 RBU 6000 型 250 毫米反潜火箭发射装置，配备 120 枚火箭；仅在 1 艘"别佳I（改型）"级护卫舰上装备 2 座 16 管 RBU 2500 型火箭发射装置，配备 160 枚火箭；仅在 1 艘"别佳I（改型）"级护卫舰上装备 2 个炸弹架，配备 24 枚或者 12 枚深水炸弹]；1 具 533 毫米 5 联装鱼雷发射管装置（改进型"别佳II"级护卫舰上装备 2 具，改进型"别佳I"级拖曳式阵列教练舰上没有装备），配备 5 枚或者 10 枚反潜鱼雷；不同型号战舰分别装备 20～30 枚水雷（改进型"别佳I"级护卫舰上没有装备）
电子系统： 1 部"细网"或者"支柱线"对空搜索雷达，1 部"枭鸣"炮瞄雷达，1 部"顿河2"导航雷达，1 部"高杆B"敌我识别系统（仅"别佳I"级护卫舰上装备），2 部"方结"敌我识别系统，2 套"监控器"电子对抗系统，1 部舰体安装的声呐，1 部深水声呐（投吊式声呐），（某些战舰上装备）1 部可变深度声呐
舰载机： 无
人员编制： 98 人

上图："别佳"级战舰有时候能够充当间谍船的角色。如图所示，1975 年，当英国皇家海军"鹰号"航空母舰进行训练时，1 艘"别佳II"级护卫舰尾随其后

上图：这是 1 艘未经改进的"别佳I"级轻型护卫舰。通过舰桥前面的 RBU 2500 反潜火箭发射装置以及舰艏上层建筑可以毫不费力地识别出来

下图："别佳 II"级与早期的"别佳 I"级战舰相比，不同之处在于其装备有 1 套强大的反潜武器装备，这套反潜武器包括 RBU 6000 型自动式火箭发射装置以及附加的鱼雷发射管

护卫舰在舰艉加装了 1 个小箱子状建筑，用于安装 1 部拖曳式声呐。1978 年，1 艘"别佳 II"级也改造成了"别佳 II（改型）"级教练舰。这艘"别佳 II"级护卫舰也是沿着"别佳 I（改型）"级的改造路线进行改进的，但加装了一个较小的可变深度声呐舱面甲板室，这就使得战舰保留了布雷能力。

1984 年，苏联海军为其 4 个舰队配备了 7 艘"别佳 I"级和 11 艘"别佳 I（改型）"级护卫舰，以及 3 艘教练舰、23 艘"别佳 II"级以及 1 艘"别佳 II（改型）"级护卫舰（用作教练舰）。后来，有 4 艘"别佳 II"级护卫舰分别转交给越南（3 艘）和埃塞俄比亚（1 艘）。另外，苏联为印度、越南和叙利亚海军建造了 16 艘出口型护卫舰，装备了 1 具 3 联装 533 毫米口径鱼雷发射管以及 RBU 2500 型反潜火箭发射装置。其中，印度海军购买了 12 艘（即"阿纳拉"级战舰），越南 2 艘，叙利亚 2 艘。

"别佳"级战舰在服役的最后阶段（现在已经结束），被苏联海军定级为巡逻船。直到 2003 年，还有几艘"别佳"级护卫舰在印度（尚存 1 艘，即将退役）、叙利亚（2 艘，其中 1 艘已不再运转）和越南（1 艘"别佳 II"级护卫舰）服役。

"米尔卡"级轻型护卫舰
Mirka Classes FFLs

1964—1965 年，加里宁格勒造船厂共建造了 9 艘"米尔卡 I"级护卫舰。紧接着，从 1965 年下半年开始至 1966 年，又建造了 9 艘"米尔卡 II"级护卫舰。这些战舰采用了与早期更为专业的反潜型"别佳"级护卫舰相同的设计，因此最初这些战舰被苏联定级为小型反潜舰。与其他一些被定为小型反潜舰的舰艇一样，该级战舰在 1978 年改称巡逻舰。

战舰退役

如今，部署在俄罗斯波罗的海和黑海舰队的"米尔卡 I"级和"米尔卡 II"级护卫舰已经全部退役。这些"米尔卡"级战舰的动力系统在概念上类似于"别佳"级护卫舰的柴油机和燃气轮机联合动力装置，在战舰执行例行性巡航或护航任务时，这种组合了两种不同类型发动机的动力装置能够确保战舰以适当速度保持长时间的续航力。当战舰准备攻击水下潜航的潜艇时，这种动力装置能够确保战舰以尽可能快的速度迅速接近可疑目标所在位置。

下图：黑海舰队的"米尔卡I"级和"米尔卡II"级护卫舰定期前往地中海中队执行部署任务，为在该地区执勤的具备重要价值的苏联海军水面舰船和许多深水停泊地点提供反潜保护

高平两用炮

　　"米尔卡I"级和"米尔卡II"级护卫舰的特点是装备了1套混合的武器装备，主要是位于前甲板上部和桅杆后部的装于2个双联火炮装置中的4门76毫米口径高平两用炮。这两类战舰的主要区别在于所装备的专用反潜武器不同。"米尔卡I"级护卫舰上装备的反潜武器包括4座250毫米口径12管火箭发射装置，配备反潜火箭（2座发射装置并列排列在舰桥前面，另外2座并列在舰艉2座燃气轮机的侧前方），还有1具5联装反潜鱼雷发射管配置在格栅形天线杆的后部中心区。"米尔卡II"级护卫舰去掉了后部的2座反潜火箭发射装置，目的是在桅杆和上层建筑后部的中央位置加装另外1具5联装反潜鱼雷发射管；这2具鱼雷发射管配备了533毫米口径的电动反潜鱼雷。"米尔卡II"级护卫舰上还装备了1部"支柱线"对空搜索雷达，取代了"米尔卡I"级护卫舰上装备的"细网"对空搜索雷达。

深水声呐

　　后来，几乎所有的"米尔卡I"级和"米尔卡II"级护卫舰都装备了1部深水声呐，加装这部声呐是为了提高战舰在某特定区域的潜艇探测能力，例如在波罗的

技 术 参 数
"米尔卡"级轻型护卫舰
排水量： 标准排水量 950 吨，满载排水量 1150 吨
尺寸： 长 82.4 米，宽 9.1 米，吃水深度 3 米
动力系统： 2 台柴油机，功率 5995 马力（4470 千瓦）；2 台燃气轮机，功率 30980 马力（23100 千瓦）；双轴推进
航速： 35 节（65 千米 / 时）
航程： 以 20 节（37 千米 / 时）的速度可航行 4600 千米
武器系统： 2 门双联装 76 毫米口径火炮；4 座（"米尔卡I"级）或者 2 座（"米尔卡II"级）250 毫米口径 RBU 6000 型 12 管反潜火箭发射装置，配备 240 枚或者 120 枚火箭；1 具（"米尔卡I"级）或者 2 具（"米尔卡II"级）533 毫米口径 5 联装鱼雷发射管，配备 5 枚或者 10 枚反潜鱼雷
电子系统： 1 部"细网"或者（仅在一些"米尔卡II"级护卫舰上装备）1 部"支柱线"对空搜索雷达，1 部"枭鸣"炮瞄雷达，1 部"顿河 2"导航雷达，2 部"高杆 B"敌我识别系统，2 部"方结"敌我识别系统，2 套"监控器"电子对抗系统，1 部舰体声呐，1 部深水声呐
舰载机： 无
人员编制： 98 人

海，因为该地区的海况非常不适合进行反潜作战。

　　"米尔卡"级轻型护卫舰的服役数量一直呈下降趋势，直到 20 世纪 90 年代初期，最后 1 批护卫舰也退出了现役。

右图：黑海舰队的"米尔卡II"级护卫舰

"科尼"级护卫舰 / 导弹护卫舰
Koni Class Frigate/Guided-Missile Frigate

在黑海泽列诺多尔斯克造船厂建造的"科尼"级巡逻船，从建造之初便打算用于出口。只有 1 艘"基莫夫·杨切夫号"被苏联保留下来作为教练舰，培训那些购买了该级战舰的国家的舰员们。"科尼"级分为 2 个截然不同的子类型——"科尼 I 型"级与"科尼 II 型"级。两者的不同之处在于："科尼 II 型"级战舰的烟囱和后部上层建筑之间的空间被 1 个舱面甲板室所占用，该甲板室用于装备空调设备，以改善舰员们在炎热天气中的生活条件。

购买"科尼"级护卫舰的客户有民主德国（"科尼 I 型"中的"罗斯托克号"和"柏林号"）、南斯拉夫（"科尼 I 型"中的"斯普利特号"，后改名为"贝尔格莱德号"，另外 1 艘"波德格里察号"已拆解）、阿尔及利亚（"科尼 II 型"中的"默里特·瑞斯号""拉斯·克力奇号"和"雷斯·科尔夫号"）、古巴（"科尼 II 型"中的"玛丽号"以及 1 艘没有命名的战舰）。南斯拉夫对这些战舰进行了改进，在"奥莎 M"防空导弹（北约代号 SA-N-4，"壁虎"）发射装置艉部的上层建筑两侧加装了 2 座向后发射的导弹发射装置，配备 P-20 反舰导弹（北约代号 SS-N-2c，"冥河"）。此外，在 20 世纪 80 年代中期，南斯拉夫在本国的克拉列维察市铁托造船厂也仿造"科尼"级战舰建造了 2 艘"克特尔"级战舰——"克特尔号"和"塞黑号"，它们与苏联"科尼"级护卫舰原型相比存在着许多结构方面的差异，柴油机的型号也不相同。此外，还有 1 艘"科尼"级战舰以及 1 艘教练舰卖给了印度尼西亚。

技术参数
"科尼"级护卫舰 / 导弹护卫舰
排水量：标准排水量 1440 吨，满载排水量 1900 吨
尺寸：长 96.4 米，宽 12.6 米，吃水深度 3.5 米
动力系统：2 台柴油机，功率 15290 马力（11400 千瓦）；1 台燃气轮机，功率 18000 马力（13420 千瓦）；3 轴推进
航速：27 节（50 千米 / 时）
航程：以 14 节（26 千米 / 时）的速度可航行 2500 千米
武器系统：1 座双联导弹发射装置，配备 20 枚"奥莎 M"（SA-N-4，"壁虎"）防空导弹；2 门双联 76 毫米口径火炮；2 门双联装 30 毫米口径防空火炮；2 座 250 毫米口径 RBU 6000 型 12 管反潜火箭发射装置，配备 120 枚火箭；2 座炸弹架，挂载 24 枚深水炸弹；此外，各型战舰分别装备 20～30 枚水雷
电子系统：1 部"支柱线"对空搜索雷达，1 部"气枪群"防空导弹射击指挥雷达，1 部"枭鸣"炮瞄雷达，1 部"歪鼓"30 毫米口径火炮的火控雷达，1 部"高杆 B"敌我识别系统，2 套"监控器"电子对抗系统，1 部舰体声呐
舰载机：无
人员编制：120 人

上图：民主德国海军拥有 2 艘"科尼 I 型"级护卫舰，分别为"罗斯托克号"（141）和"柏林号"（142）。这 2 艘战舰与其他"科尼"级战舰相比存在着细微差别：没有装备干扰弹发射装置，但用民主德国制造的 TSR333 型导航雷达取代了常用的"顿河 2"雷达

下图：苏联建造的"科尼 I 型"级护卫舰主要用于出口。"科尼 II 型"护卫舰与"科尼 I 型"不同之处在于装备了 1 个附加的上层建筑，用来安装空调系统，以便在热带地区使用

"克里瓦克"级导弹护卫舰
Krivak Classes Guided-Missile Frigates（FFG）

1970年，第1艘采用燃气轮机作为动力装置的"克里瓦克 I"级导弹护卫舰（也称1135型护卫舰或大型反潜舰）加入了苏联海军的序列。1970—1980年，苏联在列宁格勒（今圣彼得堡）的日丹诺夫造船厂、刻赤市的加里宁格勒造船厂和卡米斯－布鲁恩造船厂总共建造了21艘"克里瓦克 I"级护卫舰。1975年，"克里瓦克 II"级护卫舰问世，并于1975—1981年在加里宁格勒造船厂共建造了11艘。"克里瓦克 II"级与"克里瓦克 I"级的不同之处在于装备有单管100毫米口径火炮，取代了"克里瓦克 I"级战舰上装备的双联76毫米口径炮塔，并在舰艉装备了1部更大型的可变深度声呐。20世纪70年代末，"克里瓦克 I"级和"克里瓦克 II"级被重新定级为巡逻舰，这是由于一些西方观察家认为它们的尺寸太小，在不冻水域进行反潜作战的续航力有限。

下图：1艘"杜布纳"级补给油船正在对3艘"克里瓦克"级护卫舰进行燃料补给。其中的2艘"克里瓦克 I"级护卫舰已经过改进，装备了2座导弹发射装置，配备8枚"弹簧刀"反舰导弹（北约代号SS-N-25，"弹簧刀"）

技术参数
"克里瓦克 I"级和"克里瓦克 II"级导弹护卫舰
排水量：标准排水量3100吨，满载排水量3650吨
尺寸：长123.5米，宽14.3米，吃水深度7.3米
动力系统：2台M8K燃气轮机，功率55525马力（41400千瓦）；2台M-62燃气轮机，功率13615马力（10150千瓦）；双轴推进
航速：32节（59千米/时）
航程：以14节（26千米/时）的速度可航行7400千米
武器系统：1座4联装"漏斗口"导弹发射装置，配备RPK-3"暴风雪"（北约代号SS-N-14，"硅石"）反潜导弹；2座双联防空导弹发射装置，配备40枚"奥莎M"（北约代号SA-N-4，"壁虎"）防空导弹；2门双联76毫米口径火炮或者2门100毫米口径火炮（"克里瓦克 I"级战舰上装备）；2座RPK8"西方"RBU 6000型12管反潜火箭发射装置，配备120枚火箭；2具4联装533毫米口径鱼雷发射管，配备反潜鱼雷；依不同型号配备20～40枚水雷
电子系统：1部"头网C"3D雷达，2部"气枪群"防空导弹射击指挥雷达，2部"眼碗"SS-N-14型导弹射击指挥雷达，1部"枭鸣"（"克里瓦克 I"级战舰上装备）或者"莺鸣"（"克里瓦克 II"级战舰上装备）炮瞄雷达，1部"顿河礁"或者"棕榈叶"对海搜索雷达，2套"罩钟"和2套"座钟"电子对抗系统，4座16管PK16干扰弹发射装置，1部"高杆B"或者"盐罐"敌我识别系统，1部"公牛鼻"舰体安装的声呐，1部"马尾"可变深度声呐
舰载机：无
人员编制：194人

新型和改进型

第 1 艘"克里瓦克 III"级战舰于 1984 年中出现在人们的视线中，用来弥补前 2 批战舰可能存在的一些不足之处。该级战舰装备 1 座机库和飞行甲板，用于搭载 1 架卡莫夫 Ka-27 型直升机，取代了原先的舰艉炮塔和"奥莎 M"防空导弹（北约代号 SA-N-4，"壁虎"）发射装置，用 1 门 100 毫米口径炮塔代替了舰艏的 4 联装"漏斗口"反潜导弹（北约代号 SS-N-14，"硅石"）发射装置。原先的可变深度声呐依然保留在舰艉飞行甲板的下面，单装 30 毫米口径 AK630 型近防武器系统配置于机库两侧。此外，原先的"克里瓦克 I"级和"克里瓦克 II"级战舰上所装备的其他反潜武器以及舰艏的"奥莎 M"导弹发射装置也都保留了下来。"克里瓦克 III"级是在卡米斯-布鲁恩造船厂建造的，成为苏联海军，乃至今天的俄罗斯海军标准的反潜护卫舰。"克里瓦克 III"级战舰还大量用于出口。

上图：可以通过 2 门双联装 76 毫米口径舰艉炮塔以及舰艉一个较小的用于安装可变深度声呐的声呐舱，将"克里瓦克 I"级和"克里瓦克 II"级护卫舰区分开来。除了俄罗斯之外，拥有"克里瓦克"级护卫舰的国家还有印度和乌克兰。其中，印度在本书成书时拥有 3 艘改进型的"克里瓦克 III"级护卫舰，并且还将购买 3 艘甚至更多此类护卫舰；乌克兰拥有 1 艘"克里瓦克 III"级护卫舰

上图："克里瓦克 I"级护卫舰"警惕号"（Storozhevoy）正在北大西洋航行，图中的俯视视角可以清晰分辨舰上武器和传感器的布局。该舰表面最为巨大的设备是 4 联装"石英"（Rastrub）（北约编号 SS-N-14）反潜导弹发射器

上图："克里瓦克"级护卫舰舰艏有很长的倾斜度，锚链适当靠前，这样就暴露出了 1 部巨大的舰艏声呐圆顶，用于放置"公牛鼻"中频主动式声呐。一个用于下层搜索的低频可变深度声呐装于舰艉。2003 年，俄罗斯海军还有 15 艘"克里瓦克"级护卫舰在服役

下图："克里瓦克"级护卫舰最适于执行反潜作战任务，在战争时期能够在苏联近海水域有效地对抗北约潜艇的袭击，并能够保护苏联核动力弹道导弹潜艇的安全。请注意图中这艘"克里瓦克 I"级护卫舰舰艏炮塔内所装备的双联装 76 毫米口径火炮

"纳努契卡" 级小型导弹护卫舰

Nanuchka Classes Guided-Missile Corvettes（FSG）

被苏联人定级为小型导弹舰的 17 艘 "纳努契卡 I" 级战舰（或称 1234 型 "牛虻" 级）是 1969—1974 年在列宁格勒（今圣彼得堡）的彼得罗夫斯基造船厂建造的。紧接着从 1977 年开始，改进型的 "纳努契卡 II" 级分别在彼得罗夫斯基造船厂和一个太平洋沿岸造船厂开始建造。1978 年，"纳努契卡 III" 级也出现在人们的视野中，这是一种改进型战舰，装备有 1 门 76 毫米口径火炮以及 1 座 30 毫米口径近防武器系统。

尽管 "纳努契卡" 级战舰有时候能够远离本土海域（例如被部署到北海、地中海和太平洋地区），苏联也有意将这些战舰划入轻型护卫舰的行列，但是考虑到该级战舰的火力情况，西方观察家还是将它们列入近海型小型导弹护卫舰。舰载反舰导弹是 "孔雀石"（北约代号 SS-N-9，"海妖"），该导弹能够携带 1 枚重达 500 千克的高爆弹头或者 1 枚爆炸当量 250000 吨的核弹头，射程超过 110 千米。此外，该型反舰导弹采用了 1 部主动式雷达和 1 部被动式红外探测 / 跟踪系统，该系统具有中段修正的功能，能够引导导弹进行超视距攻击。

技 术 参 数
"纳努契卡" 级小型导弹护卫舰
排水量： 标准排水量 560 吨，满载排水量 660 吨
尺寸： 长 59.3 米，宽 11.8 米，吃水深度 2.6 米
动力系统： 6 台 M-504 柴油机，总功率 26115 马力（19470 千瓦），3 轴推进
航速： 33 节（61 千米 / 时）
航程： 以 12 节（22 千米 / 时）的速度可航行 4000 千米
武器系统： 2 座 3 联装导弹发射装置，配备 "孔雀石"（北约代号 SS-N-9，"海妖"）反舰导弹；1 座双联防空导弹发射装置，配备 20 枚 "奥莎 M"（北约代号 SA-N-4，"壁虎"）防空导弹；1 门双联装 57 毫米口径防空火炮（仅在 "纳努契卡 III" 级战舰上装备）；1 门 76 毫米口径火炮；1 座 30 毫米口径 AK630 型近防武器系统
电子系统：（"纳努契卡 III" 级战舰上装备）1 部 "果皮派" 或者 "板片" 搜索雷达，1 部 "气枪群"，1 部 "低音帐篷" 防空导弹射击指挥雷达和炮瞄雷达，1 部 "纳耶达" 导航雷达，1 套 "高杆" "方结" "柱粉" 以及 "盐罐 A/B" 敌我识别系统，1 套 "足球" 以及 "半帽 A/B" 电子支援系统，4 座 PK 10 型干扰弹发射装置
舰载机： 无
人员编制： 42 人

上图："纳努契卡 I" 级小型护卫舰装备 SS-N-9 型反舰导弹作为主要的武器装备。唯一的 "纳努契卡 IV" 级护卫舰为 "红宝石" 反舰导弹（北约代号 SS-N-26 型）的试验舰

下图："纳努契卡 I" 级小型护卫舰装备 SS-N-9 型反舰导弹作为主要的武器装备。唯一的 "纳努契卡 IV" 级护卫舰作为 "红宝石" 反舰导弹（北约代号 SS-N-26 型）的试验舰，该型导弹通过 2 座 6 联装导弹发射装置进行发射。2003 年时，俄罗斯海军尚有 12 艘 "纳努契卡 III" 级小型护卫舰在役

出口型战舰

1977 年，1 艘"纳努契卡 II"级出口型战舰交付给印度，该舰装备双联装 SS-N-2c"冥河"反舰导弹发射装置，替代了原先的 3 联装"海妖"导弹发射系统。印度前后共购买了 3 艘这种战舰，1999 年和 2000 年，其中的 2 艘退役。阿尔及利亚和利比亚分别向苏联购买了 3 艘和 4 艘"纳努契卡 II"级战舰。1986 年，利比亚在美国空袭中损失了 1 艘。

12 型"罗思赛"级防空护卫舰
Modified Type 12 Rothesay Class Anti-Air Frigate

英国皇家海军经过改进的 12 型防空护卫舰也称"罗思赛"级，重复了"惠特比"级战舰的设计，只是内部某些设计有所改进。这些战舰于 1954—1955 年订购，计划建造 12 艘。"惠特比"级战舰有一个垂直的烟囱，而"罗思赛"级战舰却建成一个稍有斜度的烟囱。但是，如果从其他方面考虑，这两种战舰之间只存在一些细微的外部差别。舰上原来装备有 12 具鱼雷发射管（2 组双联装，8 具单联装），后来出于升级的需要，这些显得多余的鱼雷发射管被拆除了。早期的"罗思赛"级战舰装备 2 门 40 毫米口径"博福斯"防空火炮，安装在 1 座大备弹量的 Mk 2 雷达自动控制的双联装火炮炮架中。在战舰的 Mk 2 型火炮炮架上方安置有 1 个大型舱面甲板室，这样战舰就可以装备 1 套配备"海猫"近程防空导弹的 GWS20 型导弹系统。但是，在此前许多年内，该级战舰都装备了 1 门单联装 40 毫米口径"博福斯"火炮，安装在 1 个手动操作的炮架上。

技术参数
"罗思赛"级防空护卫舰（建造时）
排水量：标准排水量 2150 吨，满载排水量 2560 吨
尺寸：长 112.7 米，宽 12.5 米，吃水深度 3.9 米
动力系统：2 台齿轮传动的蒸汽轮机，功率 30000 马力（22370 千瓦），双轴推进
航速：29 节（54 千米／时）
航程：8370 千米
武器系统：1 门双联 114 毫米火炮，1 门双联 40 毫米口径"博福斯"式防空火炮，2 具双联装以及 8 具单装 533 毫米口径鱼雷发射管，2 门"炼狱"Mk 10 型反潜战追击炮
电子系统：1 部 975 型对海搜索雷达，1 部 293 型对空／对海搜索雷达，1 部目标指示雷达，1 部 974 型导航雷达，1 部 262 型（后来为 903 型）航空引导雷达，1 部 994 型对空／对海搜索雷达，1 部 978 型导航雷达，1 部 170 型攻击声呐，1 部 174/177 型中程搜索声呐，1 部 162 型海底搜索声呐
舰载机：无，但舰上设有停机坪
人员编制：200～235 人

上图：英国皇家海军"福尔摩斯号"护卫舰看起来具有现代化战舰的外观，装备 1 架维斯特兰公司制造的"黄蜂"轻型反潜直升机。该舰是斯万·亨特公司在 1961 年 7 月建造的，是英国皇家海军服役的 9 艘"罗思赛"级护卫舰中的第 4 艘。在后甲板上可以明显地看到 1 门 3 管"炼狱"Mk 10 型反潜迫击炮

上图：英国皇家海军"贝里克号"护卫舰是哈兰德和沃尔夫船厂于1961年建造的，在1986年被用作靶舰

上图：1982年退役的"奥塔哥号"护卫舰是新西兰皇家海军所购买的2艘"罗思赛"级护卫舰中的第1艘

新西兰的战舰

英国人为新西兰皇家海军建造了2艘"罗思赛"级战舰，分别命名为"奥塔哥号"和"塔拉纳基号"。后来，英国取消了建造最后3艘"罗思赛"级战舰的合同，转而建造"利安德"级。英国"罗思赛"级战舰分别是1960—1961年建造的"罗思赛号""伦敦德里号""布赖顿号""福尔摩斯号""雅茅斯号""拉尔号""洛斯托夫特号""贝里克号"和"普利茅斯号"。

由于"利安德"级战舰具有明显的优越性，因此英国对"罗思赛"级战舰进行了大规模改造。其中，最重要的改进措施是加装了1架"黄蜂"轻型直升机，该直升机最初配备Mk 44型（后来是Mk 46型）轻型自动寻的反潜鱼雷。利用这一契机，舰上的火控设备也进行了现代化改进，用MRS3系统取代了原先的Mk 6M系统。改进后的该级战舰外观较以前稍有改变，但其他方面的设计依然保留了下来，

改装后的武器系统包括：2门114毫米口径火炮安装在1座单联炮架中、1座GWS20型4联装导弹发射装置（配备"海猫"防空导弹）、2门20毫米口径火炮以及1门"炼狱"Mk 10型迫击炮。

试验

1978年，"福尔摩斯号"试验安装1部拖曳式阵列声呐。1975—1979年，"伦敦德里号"改造成为1艘海军水面武器研究所的试验舰，并为此拆除了114毫米口径火炮。为了加装1部新型1030型监视与目标指示雷达，该舰将巨大的装甲后桅杆改造成梯状。1980年秋，该舰还加装了1门30毫米口径训练用的"拉登"机关炮。

尽管有些"罗思赛"级护卫舰坚持到马尔维纳斯群岛战争结束，但是1981年英国出台的防务审查报告，却标志着该级战舰的终结。1981—1982年，"洛斯托夫特号"装备了世界上第1部2031（I）型拖曳式阵列声呐。

左图：从战舰线条和总体布置图可以看出，"罗思赛"级战舰实际上是完全重复"惠特比"级护卫舰的设计，又是设计非常成功的"利安德"级护卫舰的前身

改进 12 型 "利安德" 级多用途护卫舰
Improved Type 12 Leander Class General-Purpose Frigate

英国皇家海军总共建造了 26 艘 "利安德" 级多用途护卫舰，这些战舰共分为 3 个类型：8 艘 "利安德" 级 I 型、8 艘 "利安德" 级 II 型和 10 艘 "利安德" III 型。1963 年，该级战舰开始服役之后，经历了一系列的现代化改进工作，致使该级战舰实际上可以分为 6 个子类型。其中，5 艘 "利安德" 级 III 型战舰——"埃塞俄比亚公主号""赫尔迈厄尼号""木星号""锡拉号"和 "卡律布迪斯号" 进行了最彻底的改装，包括加装了 1 套 GWS25 "海狼" 自动点防御导弹以及许多新型传感器系统，使得这些战舰成为功能强大的护卫舰。

经济因素的限制

其余 5 艘 "利安德" III 型战舰的改造计划由于经济原因被迫搁置。其中的 "巴甘地号" 于 1991 年卖给了新西兰，改名为 "惠灵顿号"，与现有的宽舰体形的 "坎特伯雷号" 和标准型的 "怀卡特号" 共同服役。剩下的 4 艘 "利安德" III 型战舰分别是 "阿基里斯号""狄俄墨得斯号""阿波罗号" 和 "阿里阿德涅号"，保留了原先装备的双联装 114 毫米口径火炮和 "海猫" 防空导弹。8 艘 "利安德" II 型战舰理应归类于安装单装 "飞鱼" 导弹的战舰类别

技术参数	
"利安德" 级多用途护卫舰（英国皇家海军 "海狼" 改型）	
排水量：	标准排水量 2500 吨，后来为 2790 吨；满载排水量 2962 吨，后来为 3300 吨
尺寸：	长 113.4 米，宽 13.1 米，吃水深度 4.5 米
动力系统：	2 台齿轮传动蒸汽轮机，功率 30000 马力（22370 千瓦），双轴推进
航速：	27 节（50 千米 / 时）
航程：	以 15 节（28 千米 / 时）的速度可航行 7400 千米
武器系统：	4 座 MM 38 型 "飞鱼" 反舰导弹发射装置；1 座 6 联装 GWS25 防空导弹发射装置，配备 30 枚 "海狼" 防空导弹；2 门 20 毫米口径防空火炮；2 具 3 联装 324 毫米口径 STWS-1 型鱼雷发射管，配备 Mk 46 和 "黄貂鱼" 反潜鱼雷
电子系统：	1 部 967/978 型对空 / 对海搜索雷达，1 部 910 型防空导弹控制雷达和 1 部 1006 型导航雷达，1 套 CAAIS（计算机辅助战斗情报系统）战斗数据系统，1 套 UAA-1 电子支援系统，2 座 "乌鸦座" 干扰弹发射装置，1 部 2016 型舰体声呐，1 部 2008 型水下电话
舰载机：	1 架 "大山猫" HAS.Mk 2 反潜直升机
人员编制：	260 人

技术参数	
"亚尼陆军中校" 级护卫舰	
排水量：	标准排水量 2255 吨，满载排水量 2835 吨
尺寸：	长 113.4 米，宽 12.5 米，吃水深度 4.2 米
动力系统：	2 台齿轮传动蒸汽轮机，功率 30000 马力（22370 千瓦），双轴推进
航速：	28.5 节（53 千米 / 时）
航程：	以 12 节（22 千米 / 时）的速度可航行 8300 千米
武器系统：	2 座 4 联装 "鱼叉" 反舰导弹发射装置；2 座双联装 "辛巴达" 舰载防空导弹发射装置，配备 "西北风" 防空导弹；1 门 76 毫米口径火炮；2 具 3 联装 324 毫米口径 Mk 32 型鱼雷发射管，配备 Mk 46 反潜鱼雷
电子系统：	1 部 LW-03 型对空搜索雷达，1 部 DA-05 型对海搜索雷达，1 部 TM 1229C 导航雷达 1 部 M-45 火控雷达，1 套 "西沃科 V" 数据情报系统，1 套被动式电子支援系统，2 座 "乌鸦座" 干扰弹发射装置，1 部 CWE-610 舰体声呐，1 部 SQR-18A 型拖曳式阵列声呐
舰载机：	1 架 "黄蜂" 或 1 架 NBO-105 型直升机
人员编制：	180 人

左图："艾萨克·斯威尔斯号" 建于 1968 年，是仿造英国 "利安德" 级护卫舰而建造的荷兰海军 6 艘 "冯·斯派克" 级护卫舰的第 5 艘，后来该舰成为印度尼西亚海军的 "卡雷尔·赛特苏图邦号"

左图：1971 年建成的澳大利亚皇家海军"托伦斯号"是 2 艘"天鹅"级护卫舰中的 1 艘。"天鹅"级护卫舰是在澳大利亚建造的一种"利安德"级改进型设计

中，但 II 型战舰又可以细分为 3 种不同的类型，第 1 种包括"克利奥帕特拉号""天狼星号""菲比号"和"智慧神号"，装备有拖曳式线阵声呐和"飞鱼"导弹，在舰艉右舷安装 1 部 2031 型多用途监视和战术拖曳式阵列声呐。另外 4 艘 II 型战舰中的 3 艘分别是"达娜厄号""亚尔古号"和"佩内洛普号"，装备 4 座 MM 38 型"飞鱼"导弹发射装置，替代了 114 毫米口径的 Mk 6 型双联装火炮装置，还装备第 3 座 GWS22"海猫"防空导弹发射装置。"利安德"级 II 型战舰的最后 1 艘"朱诺号"被改造成 1 艘导航教练舰，舰上的"飞鱼"改型导弹发射架被拆除。

8 艘"利安德"级 I 型战舰通过加装 1 座 GWS40"依卡拉"反潜导弹装置，替代了原先的火炮装置，被改造成反潜型战舰。为了补偿战舰在防空能力方面的缺陷，在舰艉机库顶部加装了另外 1 座 GWS22"海猫"导弹发射装置。其中，"黛朵号"在 1991 年卖给了新西兰，改名为"南方号"，而其他 7 艘依然在英国皇家海军服役，分别是"黎明女神号""尤里亚勒斯号""海王星号""水神号""水仙号""阿贾克斯号"和"利安德号"。这 7 艘战舰在英国一直服役到 20 世纪 80 年代末到 90 年代初才被裁掉。

出口海外

除了在英国皇家海军服役的一部分战舰外，许多国家采取直接从英国购买"利安德"级护卫舰的方式或者以许可证方式在本国建造。其中，直接从英国购买的战舰是智利海军的"康迪尔号"和"林其号"；持许可证建造出来的战舰包括澳大利亚皇家海军的"天鹅号"和"托伦斯号"，印度海军的"尼尔吉里号""希姆吉里号""乌代吉里号""杜纳吉里号""塔拉吉里号"和"文迪亚吉里号"，荷兰海军的"冯·斯派克号""冯·加伦号""切克·希德斯号""冯·内斯号""艾萨克·斯威尔斯号"和"埃弗森号"。20 世纪 80 年代末，荷兰海军将这些战舰转让给印度尼西亚海军，更名为"阿迈德·雅尼号""斯拉迈特·瑞亚迪号""尤斯·苏达索号""奥斯华·沙哈安号""阿卜杜拉·佩达纳库苏马号"和"卡雷尔·赛特苏图邦号"。总而言之，上述战舰的

下图：英国皇家海军"仙女座号"是 5 艘宽舰体型"利安德"级护卫舰中的第 1 艘，配备了"海狼"和"飞鱼"导弹，于 1980 年重新服役。改装之后，"仙女座号"和另外 4 艘"利安德"III 型战舰成为"利安德"级战舰中最强大的战舰。然而，由于英国削减国防预算，改进另外 5 艘 III 型战舰的计划被取消了

武器系统和传感器系统均优于英国皇家海军除"海狼"改型外的所有战舰。荷兰通过使用"鱼叉"导弹，将反舰导弹的装备数量增加了1倍。印度设法为其最后2艘该级战舰加装了2架"海王"反潜直升机。

当"利安德"级战舰从英国皇家海军退役之后，许多被卖给其他国家。其中，智利海军购买了"阿基里斯号"和"阿里阿德涅号"，改名为"泽那诺部长号"和"巴塞罗那将军号"；厄瓜多尔海军购买了"佩内洛普号"和"达娜厄号"，改名为"艾罗伊·阿尔法总统号"和"莫兰·瓦尔佛德号"。

21型"亚马逊"级导弹护卫舰
Type 21 Amazon Class Guided-Missile Frigate

21型多用途护卫舰（也称"亚马逊"级）由一家私营造船厂设计建造，用来取代陈旧的41型（也称"美洲豹"级）和61型（也称"索尔兹伯里"级）护卫舰。由于一系列的官僚政治问题，这种私人设计并没有和官方设计结合在一起进行，导致该级战舰尽管便于操纵且深受舰员们的喜爱，但缺乏装备新一代声呐和武器系统的潜力。因此，在后来进行改装时，这些战舰并没有加装新型装备。

马尔维纳斯群岛战争

在1982年马尔维纳斯群岛战争期间，"复仇者

技术参数
"亚马逊"级导弹护卫舰
排水量： 标准排水量2750吨，满载排水量3250吨
尺寸： 长117.04米，宽12.73米，吃水深度5.94米
动力系统： 2台罗尔斯·罗伊斯公司制造的"奥林巴斯"TM3B燃气轮机，功率56000马力（41755千瓦）；2台罗尔斯·罗伊斯公司制造的"泰恩"RM1A型燃气轮机，功率8500马力（6340千瓦）；双轴推进
航速： 32节（59千米/时）
航程： 以17节（31千米/时）的速度可航行7400千米
武器系统： 4座集装箱式导弹发射装置，配备4枚MM 38"飞鱼"反舰导弹（"亚马逊号"和"羚羊号"上没有装备）；1座GWS24型4联装导弹发射装置，配备20枚"海猫"近程防空导弹；1门114毫米口径火炮；2门或4门20毫米口径防空火炮；2具3联装324毫米口径Mk 1型鱼雷发射管，配备Mk 46型和"黄貂鱼"反潜鱼雷
电子系统： 1部992Q型对空/对海搜索雷达，1部978型导航雷达，2部RTN10X型火控雷达，1套CAAIS（计算机辅助战斗情报系统）战斗数据系统，1套UAA-1电子支援系统（某些战舰上装备），2座"乌鸦座"干扰弹发射装置，1部162M型舰体声呐，1部184M型舰体声呐
舰载机： 1架"大山猫"HAS.Mk 2型或者HAS.Mk 3型反潜直升机
人员编制： 正常人员编制为175人，最大人员编制为192人

左图：美国海军"奥利弗·哈泽德·佩里"级护卫舰"本斯·詹姆士号"（最远处）与巴基斯坦海军"沙贾罕号"和"提普苏丹号"护卫舰并肩航行。巴基斯坦海军的"启明星"级护卫舰通过装备LY60N型导弹（"蝮蛇"导弹的仿制品）或者"鱼叉"导弹，取代了原先陈旧的"海猫"防空导弹系统

上图：这是英国皇家海军"埋伏号"护卫舰。该级有多艘舰的上甲板都遭受了严重损伤

左图：这是时运不济的英国皇家海军 21 型护卫舰"羚羊号"。该型护卫舰易于操纵，但缺乏最新式的武器系统

号""激烈号""箭号""羚羊号"和"敏捷号"均部署于主战区，"活跃号"和"埋伏号"则协助进行支援作战，偶尔用舰炮对岸上进行轰击。只有"亚马逊"级的首舰"亚马逊号"当时因在远东而错过了这场战争。1982 年 5 月 21 日，"激烈号"遭到空袭而沉没。两天后，"羚羊号"的舰员在拆除 1 枚未爆炸炸弹的雷管时引爆了炸弹，导致战舰着火并爆炸。

这场战争之后，人们发现剩余的"亚马逊"级

战舰舰体严重破裂。其中，"箭号"不得不从马尔维纳斯群岛缓慢地驶回英国进行整修。当时，所有该级战舰均用钢制内支撑焊接舰体结构，舰体得到了加固，但它们的前途却笼罩在一片乌云中。1993—1994 年，6 艘护卫舰卖给了巴基斯坦，改名为"启明星"级，分别有"启明星号""雄狮号""开伯尔号""巴德尔号""沙贾罕号"和"提普苏丹号"，并且加装了新型导弹。

左图：英国皇家海军 21 型护卫舰"亚马逊号"正在引导"羚羊号"穿越风平浪静的海面，该级战舰装备 4 座"飞鱼"导弹发射装置

22 型 "大刀" 级导弹护卫舰
Type 22 Broadsword Class Guided-Missile Frigate

英国皇家海军成功发展出 "利安德" 级护卫舰之后，计划再建造 26 艘 22 型护卫舰（或称 "大刀" 级），用来作为一种反潜型护卫舰，部署于格陵兰—冰岛—英国之间以对付现代化的高性能核潜艇。如同发生在大多数国家海军的建造计划一样，在防卫经费大幅度削减的情况下，采购规划必然有所改变。第 1 批 4 艘 "大刀" 级护卫舰分别是 "大刀号" "战斧号" "光辉号" 和 "青铜号"。虽然这些战舰定级为护卫舰，实际上比同时代的 42 型驱逐舰还要庞大，它们被指定为护卫舰纯粹出于政治考虑。舰体干舷比驱逐舰的干舷高，采用一种改良的 12 型的设计，能够使战舰在恶劣气候条件下不会明显减速。"光辉号" 和 "大刀号" 在马尔维纳斯群岛战争中表现突出，其中，"光辉号" 是所有参战军舰中第 1 个在战斗中发射 "海狼" 导弹的。

下图：1995—1997 年，第 1 批 4 艘 "大刀" 级护卫舰转让给了巴西。图中是英国皇家海军 "战斧号" 护卫舰，它在转让给巴西之后改名为 "瑞德马克号"。最初计划向巴西出售的护卫舰舰船安装 1 门单管 57 毫米口径火炮，后来改为在舰身两侧各安装 1 门 40 毫米口径火炮

技术参数
"大刀" 级导弹护卫舰（第 1 批次）
排水量： 标准排水量 3500 吨，满载排水量 4400 吨
尺寸： 长 131.06 米，宽 14.78 米，吃水深度 6.05 米
动力系统： 2 台罗尔斯·罗伊斯公司制造的 "奥林巴斯" TM3B 燃气轮机，功率 54600 马力（40710 千瓦）；2 台罗尔斯·罗伊斯公司研制的 "泰恩" RM1A 型燃气轮机，功率 9700 马力（7230 千瓦）；双轴推进
航速： 29 节（54 千米 / 时）
航程： 以 18 节（33 千米 / 时）的速度可航行 8335 千米
武器系统： 4 座集装箱式导弹发射装置，配备 4 枚 MM 38 型 "飞鱼" 反舰导弹；2 座 GWS 25 型 6 联导弹发射装置，配备 60 枚 "海狼" 防空导弹；2 门 40 毫米口径或者 30 毫米口径防空火炮；2 门 20 毫米口径防空火炮；（"光辉号" 和 "黄铜号" 战舰上装备）2 具 3 联装 324 毫米口径 STWS（水下战术武器系统）Mk 1 鱼雷发射管，配备 Mk 46 型和 "黄貂鱼" 反潜鱼雷
电子系统： 1 部 967/968 型对空 / 对海搜索雷达，2 部 910 型 "海狼" 导弹射击指挥雷达，1 部 1006 型导航雷达，1 套 CAAIS（计算机辅助战斗情报系统）战斗数据系统，1 套 UAA-1 电子支援系统，2 座 "乌鸦座" 干扰弹发射装置，2 座 Mk 36 SRBOC（速散离舰干扰系统）干扰弹发射装置，1 部 2016 型舰体声呐，1 部 2008 型水下电话
舰载机： 1 架或 2 架 "大山猫" HAS.Mk 2/3 型或者 HMA.Mk 8 型反潜 / 反舰直升机
人员编制： 正常人员编制 223 人，最大人员编制 248 人

不幸的是，由于设计上的缺陷，22 型战舰不能够在舰艉装备最先进的 2031（Z）型拖曳式阵列声呐，因此英国批准建造 6 艘加长型的"大刀"2 型护卫舰，分别是"拳师号""海狸号""勇敢号""伦敦号""谢菲尔德号"和"考文垂号"。这 6 艘战舰之间也有区别，"勇敢号"装备 1 套罗尔斯·罗伊斯公司制造的 2 台"斯佩"SM1A 型（后来是 SM1C 型）和 2 台"泰恩"RM1C 型燃气轮机，同时率先装备一个放大的飞行平台，能够搭载 1 架"海王"或者"灰背隼"反潜直升机。

鉴于这些战舰在 1982 年马尔维纳斯群岛战争中所取得的巨大成绩，英国又订购了 4 艘改进型的"大刀"级护卫舰，分别是"康沃尔号""坎伯兰号""坎贝尔敦号"和"查塔姆号"。4 艘护卫舰的基本舰体与"大刀"2 型战舰相同，但装备了 8 枚"鱼叉"导弹、1 门单联 114 毫米口径火炮以及 1 套 30 毫米口径"守

上图：第二批次服役的"拳师号"（HMS Boxer）于 1999 年退役。"大刀"级最初被主要用于反潜作战，但同样可以作为编队战术指挥舰（OTC，Officer in Tatical Command）使用。该舰搭载的单架"山猫"直升机通常随舰出动，此外舰上还配置了额外的电子战设备以满足部署需要

门员"近防武器系统。目前，这些战舰依然在英国皇家海军服役，装备了 1 部性能优于 2016 型的 2050 型声呐。

在巴西服役

第 1 批次"大刀"级护卫舰全部卖给了巴西，分别被命名为"格林哈尔希号""杜德伍斯号""伯斯西沃号"和"瑞德马克号"，加装了 1 门 40 毫米口径火炮，并加装了 MM40 型"飞鱼"反舰导弹。1999—2001 年，"伦敦号""拳师号""海狸号""勇敢号"和"考文垂号"护卫舰相继退役。

下图："大刀"级 3 型护卫舰具有非常强大的作战能力，满载排水量为 4800 吨，舰长 148.1 米，具备非常有效的防空、反舰和反潜能力

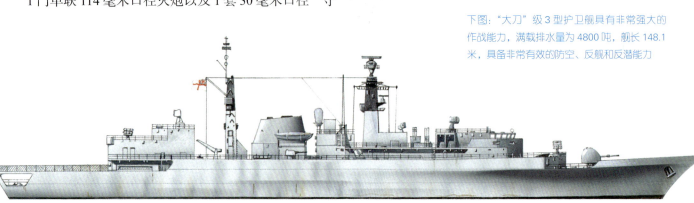

"加西亚"级和"布鲁克"级护卫舰和导弹护卫舰

Garcia and Brooke Classes Frigate and Guided-Missile Frigate

20 世纪 50 年代末期，"加西亚"级反潜护卫舰和"布鲁克"级防空护卫舰被用作第二次世界大战时期驱逐舰的继任者，执行远洋护航任务。上述 2 种战舰由美国海军订购，计划分别建造 10 艘和 6 艘。由于这些护卫舰成本较高，而作战能力有限，因此美国在 1963 财政年度终止了进一步建造"布鲁克"级护卫舰的计划。虽然"加西亚"级战舰已经相当现代化了，但美国海军对这些反潜型护卫舰兴趣不大。"加西亚"级护卫舰分别是"加西亚号""布拉德利号""爱德华·麦克唐纳号""野马号""戴维森号""沃奇号""桑普号""科隆号""艾伯特·大卫号"和"欧卡拉汉号"（1962—1964 年分别在 4 个造船厂开工建造，1964—1967 年完成建造），装备有新型火炮、"鱼叉"反舰导弹和现代化的电子支援系统。"加西亚"级最初编入美国海军后被定级为护航驱逐舰。"加西亚号"和"爱德华·麦克唐纳号"安装了 SQR-15 型拖曳线阵声呐声呐，取代了标准的"兰普斯 I"型反潜直升机。"沃奇号"和"科隆号"装备了 1 套自动化的反潜战术数据系统。同时，从"小鸟号"

技术参数

"加西亚"级（导弹）护卫舰

排水量： 标准排水量 2620 吨，满载排水量 3560 吨

尺寸： 长 126.3 米，宽 13.5 米，吃水深度 4.4 米

动力系统： 齿轮传动蒸汽轮机，功率 35000 马力（26100 千瓦），单轴推进

航速： 27.5 节（51 千米／时）

航程： 以 20 节（37 千米／时）的速度可航行 7400 千米

武器系统： 2 门 127 毫米 Mk 30 火炮；1 座 Mk 16 "阿斯洛克"反潜导弹／火箭 8 联发射装置，配备 8 枚（最初的 5 艘舰装备）或者 16 枚（其余各舰）RUR-5A 火箭；2 具 3 联装 324 毫米口径 Mk 32 型鱼雷发射管，配备 Mk 46 型反潜鱼雷（备弹 12 枚鱼雷）

电子系统： 1 部 SPS-40 型对空搜索雷达，1 部 SPS-10 对海搜索雷达，1 部 SPG-35 火控雷达，1 部 LN66 导航雷达，1 套 WLR-1 电子对抗系统，1 套 WLR-3 电子对抗系统，1 套 ULQ-6 电子对抗系统，1 部 SQS-26 舰艏声呐，1 部 BQR-15 拖曳式声呐（仅"加西亚号"和"爱德华·麦克唐纳号"战舰上装备）

舰载机： 1 架 SH-2F 型 "海妖"直升机（"加西亚号"和"爱德华·麦克唐纳号"战舰上没有装备）

人员编制： 239 ～ 247 人

下图：美国海军"布鲁克号"护卫舰是"布鲁克"级的首舰，从本质上讲源于"加西亚"级远洋护航型护卫舰，该舰用 1 座单臂防空导弹发射装置取代了舰艉 127 毫米口径火炮。1988 年后，该艘战舰一度成为巴基斯坦的"开伯尔号"

开始，以后的战舰均在上层建筑中增设一个用于"阿斯洛克"反潜火箭系统的再装填弹药库，将 RUR–5A 型反潜导弹的备弹量由 8 枚增加到了 16 枚。

防空导弹护卫舰

防空导弹护卫舰分别是"布鲁克号""拉姆齐号""斯科菲尔德号""塔尔伯特号""理查德·L. 佩奇号"和"朱丽叶斯·F. 富尔号"（1962—1967 年分别在 2 家造船厂建造完工），这些战舰与"加西亚"级战舰基本相同，但有细微区别，那就是该级战舰装备有 1 座 Mk 22 导弹单臂发射装置，最初配备 16 枚"鞑靼人"导弹，后来配备相同数量的"标准"SM1–MR 型导弹，该导弹发射装置取代了舰艇 127 毫米火炮。从"塔尔伯特号"开始，以后的战舰上层建筑前部也安装 1 个"阿斯洛克"反潜火箭再装填弹药库。"塔尔伯特号"用于"奥利弗·哈泽德·佩里"级战舰上所装备的武器和传感器的试验舰，后来又改装为原貌。该级战舰唯一的现代化装备就是 1 套 SLQ–32（Ⅴ）2 型电子支援系统，以此取代了原先的电子支援系统。

20 世纪 80 年代末，这些护卫舰纷纷退出美国海军行列。其中，4 艘"加西亚"级护卫舰租借给了巴西，改名为"帕拉那伯克号""帕拉埃巴号""帕拉那号"和"帕拉号"。"加西亚"级和"布鲁克"级各有 4 艘护卫舰租借给了巴基斯坦，改名为"塞弗号""标枪号""斯凯特号""阿斯拉特号""开伯尔号""荷尔蒙号""塔布克号"和"巴德尔号"。后来，由于美国政府拒绝延长租期，巴基斯坦又将这些战舰归还给了美国。

右图和下图：美国海军"布鲁克"级护卫舰"拉姆齐号"的舰艉矗立着 1 个机库，用于搭载 1 架"海妖"直升机，机库和上层建筑之间安装有 1 座 Mk 22 单臂防空导弹发射装置，配备了中程防空导弹

"诺克斯"级护卫舰
Knox Class Frigate

"诺克斯"级护卫舰与"加西亚"级和"布鲁克"级护卫舰类似，只是尺寸稍微加大，从而可以使用非增压式燃烧管锅炉。该型战舰设计于20世纪60年代初期，1969年，首舰（如今通常认为是护卫舰）加入美国海军序列，最后1艘"诺克斯"级护航驱逐舰于1974年交付美国海军，前后共建成46艘。作为专门的反潜战舰，该级护卫舰采用单轴推动，仅配备了1门127毫米口径火炮，因此备受批评。

西班牙的派生型战舰

基于"诺克斯"级护卫舰的设计，西班牙自行建造了5艘改进型，装备了1座Mk 22型导弹发射装置，配备13枚"标准"SM1-MR导弹和3枚"鱼叉"导弹。这些战舰是在美国的援助下建成的，分别是"巴利阿里号""安达路西亚号""加泰罗尼亚号""阿斯图里亚斯号"和"艾斯马度拉号"，装备了2具Mk 25反潜鱼雷发射管（后拆除），同时还装备有2座双联装Mk 32鱼雷发射系统，总共配备22枚Mk 44/46型和19枚Mk 37反潜鱼雷，这些鱼雷存放于舰上的弹药库里。

技术参数
"诺克斯"级护卫舰
排水量：标准排水量3011吨，满载排水量3877吨（第1批26艘舰）或者4250吨（后面的20艘舰）
尺寸：长133.5米，宽14.3米，吃水深度4.6米
动力系统：齿轮传动蒸汽轮机，功率35000马力（26100千瓦），单轴推进
航速：27节（50千米/时）
航程：以20节（37千米/时）的速度可航行8335千米
武器系统：1门127毫米口径Mk 42型火炮；1门20毫米口径Mk 15"密集阵"近防武器系统替代了1座8联装导弹发射装置（该导弹发射装置配备8枚RIM-7"海麻雀"防空导弹）；1座8联装Mk 16"阿斯洛克"反潜导弹/火箭发射装置，配备12枚RUR-5A反潜火箭和4枚"鱼叉"反舰导弹；2具双联装324毫米口径Mk 32型鱼雷发射管，配备22枚Mk 46型反潜鱼雷
电子系统：1部SPS-40B型对空搜索雷达，1部SPS-10型对海搜索雷达，1部SPG-53型火控雷达，1部LN66型导航雷达，1套反潜战术数据系统，1套SRN-15"塔康"战术空中导航系统，1部SQS-26舰艇声呐，1部SQS-35可变深度声呐（34艘战舰装备），后来的所有舰艇均装备了1部SQR-18A拖曳式阵列声呐
舰载机：1架SH-2F型"海妖"直升机
人员编制：283人

从1980年开始，美国"诺克斯"级护卫舰进行了改造。为了提高在恶劣天气条件下的适航能力，升高了舰艏的甲板舷墙和防浪列板。如同"加西亚"级战舰一样，多数"诺克斯"级护卫舰长期进行声呐系统和原型武器系统的舰载试验。最初的32艘护卫舰装备了1座8联装"海麻雀"防空导弹发射装置，但到最后被20毫米口径"密集阵"近防武器系统所取代，46艘该级护卫舰全部装备了该型近防武器系统。"阿斯洛克"反潜

左图：美国海军"法里斯号"护卫舰正驶离南美洲海岸进行军事演习。46艘"诺克斯"级护卫舰被建造成专门的海洋反潜护航型战舰，这些战舰后来提高了抗风浪的能力

右图：曾在美国海军服役的"库克号"护卫舰是由亚方戴尔造船厂于 1971 年 12 月建成的，这是 1 艘"诺克斯"级反潜护卫舰

导弹 / 火箭发射装置的左侧 4 具发射管经过改造，能够发射"鱼叉"反舰导弹。与此同时，该级所有战舰都配备了 1 部 SQR–18A 型拖曳式阵列声呐。在其中的 34 艘"诺克斯"级护卫舰上，这部声呐取代了 1 部在舰艉舱室中安装的 SQS–35A 型可变深度声呐系统。舰上还装备了 1 套 SRN–15"塔康"战术空中导航系统，用于引导直升机，SLQ–32（V）1 型电子支援系统升级为 SLQ–32（V）2 型。为了降低水下辐射噪声，在舰壳和螺旋桨上采用了"普列利 / 马斯科"气泡消声系统。反潜战术数据系统最初装备在"加西亚"级护卫舰上进行评价，在对"诺克斯"级护卫舰进行改装时加装了该系统。截至 1986 年，有 8 艘"诺克斯"级护卫舰被重新分配到海军预备役舰队，顶替那些应该退役的第二次世界大战时期陈旧的驱逐舰。

美国海军"诺克斯"级护卫舰

美国"诺克斯"级护卫舰包括："诺克斯号""罗克号""格雷号""赫伯恩号""科诺尔号""拉思伯恩号""迈耶科德号""西姆斯号""狼号""帕特森号""惠普尔号""诊断器号""洛克伍德号""斯坦号""马文·谢尔德号""弗朗西斯·哈蒙德号""薇兰德号""贝格利号""唐斯号""獾号""布莱克利号""罗伯特·彼利号""哈罗德·依·霍尔特号""特里普号""展开号""瓦勒号""约瑟夫·休斯号""博文号""保罗号""艾尔文号""埃尔默·蒙哥马利号""厨师号""麦坎德利斯号""唐纳德·B. 熊号""勃立顿号""教会号""巴贝号""耶西·L. 布朗号""安斯沃恩号""米勒号""托马斯·C. 哈特号""元旦号""法里斯号""特鲁号""瓦尔迪兹号"和"毛利斯特号"。

20 世纪 90 年代初，"诺克斯"级护卫舰纷纷从美国海军中退出，其中许多战舰转让给了盟友海军。21 世纪初，还有相当多的"诺克斯"级护卫舰依然在埃及（4 艘"达姆亚特"级护卫舰，本书成书时尚存 2 艘）、希腊（3 艘"伊皮鲁斯"级护卫舰，尚存 1 艘）、墨西哥（4 艘"艾伦德"级护卫舰）、泰国（2 艘"佛陀约华朱拉洛"级护卫舰）、土耳其（9 艘"特佩"级护卫舰，本书成书时尚存 6 艘）等国家和地区服役。

下图：美国海军"诺克斯号"战舰（FF–1052）是"诺克斯"级护卫舰首舰。"诺克斯"级护卫舰从先前的"加西亚"级和"布鲁克"级发展而来，后来加装了"鱼叉"反舰导弹和 20 毫米口径"密集阵"近防武器系统，其中，近防武器系统是对抗掠海飞行反舰导弹的最后一道防线

"蔚山"级和"邦格班杜"级导弹护卫舰
Ulsan & Bangabandhu Classes Guided-Missile Frigates

20世纪70年代中期，韩国考虑到他们造船工业的发展以及应对军事威胁，决定在韩国船厂建造一种装备进口武器和电子设备的小型护卫舰。

这就是现代集团建造的9艘"蔚山"级护卫舰的起源，它们分别是"蔚山号""汉城（首尔）号""中南号""马山号""庆书号""姜南号""济州号""釜山号"以及"崇儒号"，它们在1979—1990年建造，1980—1992年下水，1981—1993年服役。它们基于钢制船体，采用铝合金上层建筑，舰船完成时共有3种标准。第1批4艘基本上相似，装备轻型武器——8门厄利空高射炮，装于4个艾默生电气公司的双联炮塔之中，主要针对飞机和快速攻击艇。第5艘——"庆书号"在完工时唯一的区别就是轻型武器，它在3个奥托梅莱拉双联炮塔中装备了6门40毫米自动高射炮，最后4艘采用了组合的艉部炮塔平台，但装备的轻型武器与"庆书号"相同，但海面搜索雷达、目标识别雷达和导航雷达有所不同。

武器整合遇到了一些问题，最后5艘舰船安装了1套"费伦蒂"战斗数据系统。

1998年，孟加拉国向韩国订购了"邦格班杜"级护卫舰，该船由大宇集团建造，满载排水量为2370吨，采用法制皮尔斯蒂克柴油发动机，装备荷兰的雷达，以及欧洲其他国家的电子设备和更轻型的武器。

技术参数
"蔚山"级护卫舰
排水量： 标准排水量1496吨，满载排水量2300吨（从"姜南号"之后标准排水量2300吨）
尺寸： 长102米，宽11.5米，吃水深度3.5米
动力系统： 柴燃联合动力（CODOG），2台LM2500燃气轮机，功率53640马力（39995千瓦），2台双轴MTU 16V538 TB82柴油机，功率5940马力（4430千瓦）
航速： 34节（63千米/时）
航程： 以15节（28千米/时）的速度可航行7400千米
武器系统： 2门76毫米奥托布雷达高平两用炮；4门双联装30毫米EMERLEC-30防空炮；4部双联发射器，配备8枚"鱼叉"反舰导弹；2个3联324毫米发射管，配备Mk 46反潜鱼雷和12枚深水炸弹
电子系统： 1部DA-05空中搜索雷达，1部ZW-06海面搜索雷达，1部SPS-10C导航雷达，1部WM-28或ST 1802射击控制雷达，1部Lirod 2000光电跟踪器，1套WSA 423或"利顿"作战数据系统，1套ULQ-11K电子支援系统，以及1部SLQ-25"女水精"拖曳式鱼雷诱饵
飞机： 无
人员编制： 150人

左图："蔚山"级轻型护卫舰标志着韩国成为一个能够设计和建造战舰的国家，虽然他们的武器、电子设备和发动机全部都是进口的

"帕拉"级（"加西亚"级）护卫舰
Pará（Garcia）Class Frigate

20世纪80年代中期，由于改变的作战需求与刚完工的"奥利弗·哈泽德·佩里"级跨洋护卫舰更为相符，美国海军决定淘汰他们大部分老旧的护卫舰。在这一过程中被选中的就有"加西亚"级护卫舰，虽然它当时相对较新，但已经在一段时间的作战中遭到质疑，因为其单轴的发动机动力不足，导致敏捷性不佳，同时也导致舰船仅受一次攻击就很容易沉没。

1989年，巴西海军租用了4艘该级别舰船。它们分别是"阿尔伯特·大卫号""戴维森号""桑普尔号"和"布兰德利号"，它们分别由洛克希德造船公司、埃文代尔造船厂、洛克希德造船公司以及伯利恒钢铁公司建造，分别于1968年、1965年、1968年和1965年服役。

4艘舰船都在当年的12月抵达巴西，1994年，它们的租期被延长了。在巴西服役期间，这些护卫舰被划分为驱逐舰，并称之为"帕拉"级舰船，分别叫作"帕拉号""帕拉伊巴号""巴拉那号"和"伯南布哥号"。这些舰船组成了第1驱逐舰中队，基地位于里约热内卢附近的尼泰罗伊，事实证明，这处基地难以维持所有舰艇处于完全戒备状态。

技术参数

"帕拉"级护卫舰

排水量： 标准排水量2620吨，满载排水量3560吨

尺寸： 长126.3米，宽13.5米，吃水深度4.4米

动力系统： 1台西屋公司或通用电气公司的单轴蒸汽轮机，功率35000马力（26095千瓦）

航速： 27.5节（51千米/时）

航程： 以20节（37千米/时）的速度可航行7400千米

武器系统： 2门127毫米高平两用炮；1座8联装反潜导弹发射器；2具3联的324毫米发射管，配备Mk 46反潜鱼雷

电子系统： 1部SPS-40B空中搜索雷达，1部SPS-10C海面搜索雷达，1部LN66导航雷达，1部Mk 35射击控制雷达，1套WLR-6/ULQ-6 EW系统，2部Mk 33 RBOC干扰弹发射器，以及1套T Mk 6"喇叭"鱼雷诱饵系统

飞机： 无

人员编制： 286人

机库

自从离开美国，这些舰船几乎没有改变，值得注意的是，最初用于西科斯基SH-3"海王"反潜直升机的机库现在用于更小型的"山猫"直升机，它承担相似的反潜任务，但同时也充当反舰角色。这些舰船最初在美国服役时，"阿尔伯特·大卫号"和"桑普尔号"将它们的直升机飞行甲板改装成了安装SQR-15拖曳式声呐的地方，但该设备在舰船前往巴西之前被拆除了。

下图：曾经以"阿尔伯特·大卫号"的名字为人所知的美国军舰进入巴西服役之后被称为"帕拉号"。这艘舰船于1968年12月19日下水

上图：图中展示的是巴西海军的"帕拉伊巴号"舰船，也就是以前的美国"戴维森号"，图中它正在南美洲北海岸附近的热带水域中航行

这些舰船的速度不是非常快，但也足以胜任反潜角色，而这也是它们首要的任务。主要的远程武器是舰载直升机，而近程作战能力主要依靠 Mk 112 8 联装发射器，用于发射"阿斯洛克"反潜火箭。该发射器位于前部 127 毫米火炮的后方，"帕拉号"和"巴拉那号"上还装有 1 套自动装填系统。

上图：巴西的护卫舰"帕拉那号"——以前的美国军舰"桑普尔号"是在 20 世纪 80 年代晚期从美国海军那里获得的。它于 1989 年 8 月 24 日重新开始服役

左图：该舰曾命名为"布拉德利号"，但今天这艘护卫舰成为巴西海军光荣的一员。"伯南布哥号"于 1989 年 9 月 25 日进入部队服役

FS 1500 级导弹护卫舰
Type FS 1500 Class Guided-Missile Frigate

1980 年，哥伦比亚与一家联邦德国的公司——位于基尔的霍瓦兹造船厂签订合同，委托其设计和建造 4 艘护卫舰。此次的设计结果就是著名的 FS 1500 级舰船的最初起源，该型舰在哥伦比亚海军内部被叫作"海军上将帕迪拉"级。这 4 艘舰船分别叫作"海军上将帕迪拉号""卡尔达斯号""安蒂奥基亚号"和"独立号"，它们都于 1981 年开建，1982—1983 年下水，1983—1984 年开始服役。1999 年，这 4 艘舰船从护卫舰级别重划为轻型护卫舰级别。

由于装备 8 枚 MM 40 "飞鱼"导弹，这 4 艘护卫舰拥有强大的反舰火力。据报道，由于增加了 1

座或者多座"西北风"舰空导弹发射器，它们针对飞机的近程防御能力得到加强，此外，通过换用更大，作战能力更强的贝尔 412 型直升机替换了原始的 MBB（后来是欧洲直升机公司）BO 105CB 直升机，它们的反潜作战能力也大幅提升。这一系列改造要求飞行甲板的长度增加大约 2 米，其艉部边缘靠近"布雷达"双联装炮塔上方，该炮塔采用 2 门 40 毫米博福斯高射炮，是该级舰的主要防空和反小艇火力。

还有报道称舰船的上部结构也有所改变，可能是舰载系统的升级。

1982 年，马来西亚订购了 2 艘相似的舰船，他

<table>
<tr><th colspan="2">技术参数</th></tr>
</table>

"海军上将帕迪拉"级护卫舰

排水量： 标准排水量 1500 吨，满载排水量 2100 吨

尺寸： 长 99.1 米，宽 11.3 米，吃水深度 3.7 米

动力系统： 4 台双轴 MTU 20V1163 TB92 柴油机，功率 23390 马力（17440 千瓦）

航速： 速度 27 节（50 千米 / 时）

航程： 以 18 节（33 千米 / 时）的速度可航行 9250 千米

武器系统： 1 门 76 毫米奥托·布雷达高平两用炮；1 座双联装 40 毫米高平两用炮；2 门双联装 30 毫米防空炮；2 个 4 联装反舰导弹发射器，配备 8 枚 MM 40 "飞鱼"反舰导弹；以及 2 个 324 毫米发射管，配备 A244S 反潜鱼雷

电子系统： 1 部 "海虎" 空中 / 海面搜索雷达，1 部 "古野" 导航雷达，1 部 "卡斯托 II" B 射击控制雷达，2 部 "老人星" 光电跟踪仪，1 套 TAVITAC 作战数据系统，1 套电子战系统，1 部 "达盖" 干扰丝 / 箔条发射器，以及 1 部装于船体的 ASO 4-2 声呐

飞机： 1 架 BO 105CB 直升机，或 1 架贝尔 412 直升机

人员编制： 94 人

们称之为"卡斯图里"级，2 艘分别叫作"卡斯图里号"和"力侨号"。这 2 艘船也是由霍瓦兹造船厂建造的，两者均于 1983 年开建，1984 年 8 月开始服役。尽管它们比在役的（现在充当训练舰船）"拉赫马特号"护卫舰更大，但它们仍然被马来西亚划为轻型护卫舰。

"卡斯图里"级舰船的主要技术参数包括：满载

排水量为 1850 吨，总长度为 97.3 米，推进装置与"海军上将帕迪拉"级相同，速度可达到 28 节（52 千米 / 时）。武器装备有所不同，远程反舰能力主要来源于 2 个双联的发射器，共计 4 枚 MM 40 "飞鱼"导弹。

火炮包括 1 门克勒索 – 卢瓦尔公司的 100 毫米 Mk 2 高平两用炮，1 门 57 毫米博福斯式高平两用炮，4 门 30 毫米自动炮，分别装于 2 个艾默生电气公司的双联炮塔中。反潜作战能力主要来自韦斯特兰 – 黄蜂 HAS.Mk 1 轻型直升机（现在已不再使用）以及 1 门 375 毫米博福斯双管反潜迫击炮，但船上没有机库。

电子设备主要来自荷兰、法国和德国。雷达是 DA-08 空中 / 海面搜索雷达，以及 WM-22 射击控制雷达，后者还有 2 个 LIOD 光电跟踪仪作为其辅助设备。作战数据系统是武器感官控制 MA 系统，电子战能力主要来自 1 套 DR 3000 电子支援系统，以及 2 个 "达盖" 干扰丝 / 箔条发射器，声呐是安装于船体上的 DSQS-21C 声呐。

下图：哥伦比亚的 4 艘 "海军上将帕迪拉" 级轻型护卫舰代表了南美洲西侧国家和加勒比海国家最主要的作战能力

13

AMPHIBIOUS WARSHIP

两栖战舰

"圣女贞德"级直升机母舰
Jeanne d'Arc Class Helicopter Carrier

唯一的"圣女贞德"级舰船于1960年在布雷斯特海军船厂开建，1961年下水，1964年开始服役。虽然在和平时期被用作了158名军官学员的训练舰船，但"圣女贞德"级（R 97）在战时能快速转换，用于两栖进攻和反潜行动，或者用作运兵船。这个直升机平台宽62米，完工时带有大型直升机甲板，1台12218千克升降机位于飞行甲板的艉端。该甲板可以供2架"超黄蜂"重型直升机起降，同时还能容纳另外4架。内部经过一些修改的机库还能再容纳8架直升机。甲板的艉部还有机械、检查与维修工作间，机载武器整备室，以及机载武器弹药库。在执行运输陆战队或运兵任务时，该船内部装有空调的舱室内可以容纳1个700人的携带轻型装备的步兵营。

船上还有1个模块化的作战信息和操作室，外加1个独立的直升机控制塔和1个联合的两栖作战指挥和控制中心。原本还计划在船上安装1套SENIT2作战数据系统，但后来由于成本问题而取消了。烟囱两侧一般各携带2艘车辆人员登陆艇。

在未来，"圣女贞德"级可能会拆除后甲板上的2门100毫米火炮。它的服役期间可能会延长，以便被专业的训练舰船替换，而不是按照计划在2006年由"西北风"级直升机母舰替代。

技术参数	
"圣女贞德"级直升机母舰	
排水量： 标准排水量10000吨，满载排水量13270吨	
尺寸： 长182米，宽24米，吃水深度7.5米	
动力系统： 2台双轴齿轮减速式蒸汽轮机，功率40000马力（29828千瓦）	
航速： 26.5节（49千米/时）	
货物： 3架"海豚"直升机，战时存量则多达8架"超级黄蜂"和"山猫"直升机；4艘车辆人员登陆艇	
武器系统： 2门单装100毫米高平两用炮；2部3联的MM 38"飞鱼"反舰导弹发射架；4挺12.7毫米机枪	
电子设备： 1部DRBV 22D空中搜索雷达，1部DRBV 51空中/海面搜索雷达，1部DRBN 34A导航雷达，3部DRBC 32A射击控制雷达，1套SRN-6"塔康"导航系统，1部SQS-503声呐，1部DUBV 24C主动式船体声呐，2部Syllex电子干扰火箭发射器	
人员编制： 455人（33名军官），外加13名教导员和158名学员	
运兵量： 700人（突击队运输船）	
服役时间： 1964年7月1日	

上图：法国海军的直升机母舰——"圣女贞德号"。它在和平时期被用作训练舰船，但在战时能快速转变为突击舰船或反潜直升机母舰

下图：1964年开始服役的"圣女贞德"级舰船旨在成为1艘两栖作战行动指挥船，用于运输1个营规模的海军陆战队员，或者搭载多达8架的"超级黄蜂"直升机和"山猫"直升机。截至1997年4月，"圣女贞德号"共进行了33个训练巡航，然后进入船坞大范围修理其推进装置。这是舰船继1989年和1990年的2次升级之后第3次大修

"蟾蜍"级坦克登陆舰
Ropucha Class Tank Landing Ship

1974—1978 年，以及 1980—1988 年，被苏军称为大型登陆舰的"蟾蜍 I"级舰船在位于波兰格但斯克的波尔诺克尼船厂进行了批量生产，客户正是苏联海军。该级别舰的舰艏和舰艉都安装了舱门，主要用于滚装船式运用。它采用了常规的坦克登陆舰式的船体，整个车辆甲板面积达到 630 平方米。舰船前部还留出了两块空间，用于安装 122 毫米 BM-21 多管火箭发射器。有些舰船安装了 4 座 4 联装"箭"-2（SA-N-5"圣杯"）舰空导弹发射器，用于补充舰载的 2 座双联装 57 毫米火炮。多层次的上部结构可以在一段时间内容纳 2 个苏联海军步兵大队 230 人的兵力。舰船还能运载 24 辆装甲战车或 450 吨货物，这种运载能力足以允许苏联海军将这些舰船部署于远洋行动。

1990—1992 年，苏联 / 俄罗斯又按照改进的"蟾蜍 II"级设计方案建造了另外 3 艘舰船，它们在

前部安装 1 门 76 毫米火炮，艉部安装 2 门 30 毫米 AK630 火炮。俄罗斯海军中共有这 2 个级别的 16 艘舰船在役，另外还有 2 艘分别于 1979 年和 1996 年转让给了也门和乌克兰。

技术参数
"蟾蜍 I"级（775 计划）
排水量：满载排水量 4400 吨
尺寸：长 112.5 米，宽 15 米，吃水深度 3.7 米
动力系统：2 台双轴柴油机，功率 19230 马力（14340 千瓦）
武器系统：2 门双联装 57 毫米火炮；92 枚水雷；4 座 4 联装"箭"-2 舰空导弹发射器
电子设备：1 套"顿河 2"导航雷达，1 套"支柱曲线"空中搜索雷达，1 套"皮手笼"射击控制雷达，1 套"高杆"或"盐罐"敌我识别系统
人员编制：95 人（7 名军官）
运兵量和运货量：230 名士兵，或 10 辆主战坦克和 190 名士兵，或 24 辆装甲战车和 170 名士兵

下图：所有"蟾蜍"级舰船在外表上差别很小，至少有 5 艘舰船在前甲板的艉端安装了 20 联装的 BM-21 火箭发射器。"蟾蜍"级的士兵 – 车辆运输比例比早期的"短吻鳄"级更高。图中展示的是 1 艘"蟾蜍 I"级舰船，该型号装备了 2 座双联装 57 毫米火炮，射程为 6 千米

"短吻鳄"级坦克登陆舰
Alligator Class Tank Landing Ship

被苏联人划定为大型登陆舰的"短吻鳄"级在加里宁格勒建造，服役时间为1966—1976年。在这段时间内，依据滚装船舰艏和舰艉舱门的设计方案逐渐形成了4种不同的亚型舰船。第1批的2个系列最初主要用于运输，剩下的2个亚型主要用于跨滩进攻行动。

后2种船型安装了40发的122毫米BM-21火箭发射器，主要用于沿岸轰炸。不同亚型的甲板起重机也各不相同：1型有一座起重能力15吨的和2座起重能力5吨的起重机，而2型、3型和4型仅有1座起重能力为15吨的起重机。3型还采用了突起的上部结构，前部的舱面室中安装了火箭发射器；4型与3型相似，但在指挥塔上部结构的中心线位置上安装了2座双联装25毫米防空炮炮塔。

舰船在设计时被要求携带海军步兵营所需的装备，不过该型舰也能长时间搭载1个海军步兵连。除了船体内长91.4米的货舱，船上还有2块甲板区域和1个船舱。车辆停放区域在上部甲板，甲板可搭载BRDM-2装甲车，车上装备了"箭"-1（SA-9"灯笼裤"）舰空导弹，甲板上还可安装履带式ZSU-23-4防空炮系统，这2套装备协同支撑舰船常规的

技术参数
"短吻鳄"级（1171计划）登陆舰
排水量： 标准排水量3400吨，满载排水量4700吨
尺寸： 长113米，宽15.5米，吃水深度4.5米
动力系统： 2台双轴柴油机，功率9000马力（6711千瓦）
航速： 18节（33千米/时）
货物： 通常为20辆坦克和各种货车，或40辆装甲战车
武器系统： 1座双联装57毫米火炮；2座双联装25毫米防空炮（IV型）；1部122毫米BM-21火箭发射器（III型和IV型），配备40枚炮弹；2部4联装"箭"-2舰空导弹发射器
电子设备： 2部"顿-凯"导航雷达，或1部"顿河2"和1部"旋转槽"导航雷达；1部"皮手套"射击控制雷达（某些舰船）；1套"高杆-B"敌我识别系统
人员编制： 100人
运兵量： 正常120人，最多300人

防空武器。

该级别的大部分舰船后来都装备了2套2联装"箭"-2（SA-N-5"圣杯"）近程舰空导弹发射器系统。该级别的舰船一般在西非沿岸、地中海以及印度洋活动，船上通常载有海军步兵部队。

目前，几乎一半的该级别舰船已经报废或停用了，另有1艘于1995年被卖给了乌克兰。

下图：目前只有少量"短吻鳄"级舰船在俄罗斯海军中服役，1艘4型在太平洋舰队，1艘在波罗的海舰队，2艘在黑海舰队。俄罗斯海军将其称之为"獏"级，他们正在使用的有4艘1型，2艘2型，6艘3型和2艘4型

"兰斯洛特爵士"级和"贝德维尔爵士"级后勤登陆舰

Sir Lancelot and Sir Bedivere Classes Landing Ships Logistic

1963 年，"兰斯洛特爵士号"作为"兰斯洛特爵士"级的原型船订购，它被设计用于为英国陆军运输部队、车辆和坦克。该级别剩余的 5 艘——"贝德维尔爵士号""杰伦特爵士号""加拉哈特爵士号""帕西瓦尔爵士号"以及"崔斯特瑞姆爵士号"都在原型船上进行了简单的修改，后来被称为"贝德维尔爵士"级。1970 年，"兰斯洛特爵士"级和"贝德维尔爵士"级都被移交给了皇家海军辅助舰队。

马尔维纳斯群岛

这 6 艘舰船跟随英国皇家海军特遣部队参与了 1982 年的马尔维纳斯群岛战争。"加拉哈德爵士号"和"崔斯特瑞姆爵士号"在 6 月 8 日遭到了阿根廷飞机的攻击。"加拉哈德爵士号"受损过于严重而撤离进入大西洋，但最终还是沉没了。"崔斯特瑞姆爵士号"被抢救回来，并在马尔维纳斯群岛战争剩下的时间里在斯坦利港充当 1 艘居住船。

泰恩舰船修理厂接到任务，要求重建"崔斯特瑞姆爵士号"。它进行了重大改造，长度增加了 7 米以安装 1 块放大的飞行甲板，进而允许舰船起降"支

技术参数	
"圣兰斯洛特爵士"级和"贝德维尔爵士"级登陆舰	
该级别舰船服役时间：	"兰斯洛特爵士号" 1964 年，"加拉哈特爵士"级（原型船）1966 年，"贝德维尔爵士号" 1967 年，"崔斯特瑞姆爵士号" 1967 年，"杰兰特爵士号" 1967 年，"帕西瓦尔爵士号" 1968 年
排水量：	"兰斯洛特爵士号"满载排水量 5550 吨，其余的为 5674 吨
尺寸：	长 125.1 米，宽 19.6 米，吃水深度 4.3 米
动力系统：	2 台双轴柴油机，功率 9400 马力（7010 千瓦）；"兰斯洛特爵士号"功率为 9520 马力（7102 千瓦）
航速：	17 节（31 千米 / 时）
运兵量：	正常 340 人，最多 534 人
货物：	最多 18 辆主战坦克和 32 辆 4 吨级货车，外加 90 吨常规货物；120 吨汽油、石油和润滑油，30 吨弹药（"兰斯洛特爵士号"与此相同，但只有 16 辆主战坦克和 25 辆 4 吨级货车）；所有舰船都有 2 个自推进的浮式平台
飞机：	3 架威塞克斯 HU.Mk 5 直升机，或 2 架"海王"HC.Mk 4 直升机，或 3 架"小羚羊"/"山猫"直升机
武器系统：	2 门 Mk 9 型 40 毫米防空炮，2 门"厄利空"20 毫米防空炮，外加几挺 7.62 毫米多用途机枪，以及多具"吹管"便携式舰空导弹发射器
电子设备：	1 个 1006 型导航雷达
人员编制：	69 人（18 名军官和 51 名士兵）

下图："兰斯洛特爵士"级和"贝德维尔爵士"级后勤登陆舰大体上是相似的。自 1970 年以来，皇家海军辅助舰队就在使用该级别的舰船，后勤登陆舰在马尔维纳斯群岛战争中参与了大量行动。其中 1 艘——"加拉哈特爵士号"于 1982 年 6 月 8 日在布拉夫湾的一次空袭中遭到严重损伤而沉没，而另 1 艘——"崔斯特瑞姆爵士号"则受损过于严重而不得不进行大规模修复

右图：1982年5月，马尔维纳斯群岛战争期间，皇家海军辅助舰队的"贝德维尔爵士号"在"炸弹小港"（圣卡洛斯水域）遭到来自阿根廷"匕首"攻击机的空袭

奴干"直升机。铝制指挥塔换成了钢制结构。舰船还安装了1套新的系统套件，包括1套卫星通信系统和直升机控制雷达。其改装于1985年10月完成。

"兰斯洛特爵士/贝德维尔爵士"级剩余的舰船随后都按照相同的标准进行了改装。该级别剩下的4艘参与了1991年的"沙漠风暴"行动。它们装备了额外的20毫米火炮，导弹诱饵系统和导航设备。

"兰斯洛特爵士/贝德维尔爵士"级在设计时计划用于两栖行动。舰艏和舰艉安装了坡道以用于滚装行动。内部的坡道连接了舰船的2块载货甲板。载货甲板能承载16辆主战坦克，34辆各类车辆，30吨弹药，120吨汽油、燃油和润滑油。2台4.5吨级起重机和1台20吨级起重机辅助装载和卸载。此外，船上还有2个自推进的浮式平台，用作摆渡士兵和车辆的浮桥。

除了在舰艉有1座直升机甲板，舰船的前甲板上还有1座直升机甲板。然而，2个级别的舰船要么没有直升机机库，要么没有维修设施。车辆甲板上可以容纳9架直升机，而坦克和装甲车甲板上还能搭载11架。

至本书完成时还有4艘"兰斯洛特爵士"级和"贝德维尔爵士"级舰船在役——"贝德维尔爵士号""崔斯特瑞姆爵士号""杰兰特爵士号"和"帕西瓦尔爵士号"——再加上1987年新投入使用的"加拉哈特爵士号"，它们以同样的名字替换的原始的那几艘舰船。按照计划，所有这些舰船都将于2004—2005年被替换为"海湾"级后勤登陆舰。

下图：皇家海军舰艇"无畏号"（右）和马尔维纳斯群岛战争老兵"崔斯特瑞姆爵士号"后勤登陆舰（左）正在皇家海军辅助舰队的1艘"树叶"级补给舰两侧加油

"无畏"级两栖船坞登陆舰
Fearless Class Amphibious Transport Dock

　　英国的 2 艘两栖船坞登陆舰——"无畏号"和"勇猛号"此前隶属于第 3 舰队，第 3 舰队主要是皇家海军的大型战舰和海军航空力量。声名狼藉的 1981 年国防审计计划原本打算在 1982 年和 1984 年分别淘汰"勇猛号"（L 11）和"无畏号"（L 10），但国防部在 1982 年 2 月保持了最后一丝清醒，他们决定保留这 2 艘舰船继续服役，它们的价值也在后来的马尔维纳斯群岛战争中体现出来，如果没有它们，英军就不可能通过登陆拿下这些岛屿。

进攻能力

　　"无畏"级舰船的任务是提供两栖进攻行动的运载能力，它们可以作为两栖登陆集群的机降平台和指挥部，其上配有装备齐全的作战指挥室，部队指挥官在里面能部署和控制作战行动所需的海陆空力量。这些舰船还搭载 1 支两栖分遣队，主要由进攻中队组成，具体分为 1 个登陆艇中队，配备 4 艘通用登陆艇（此前型号为 LCM-9）和 4 艘车辆人员登陆艇；1 支两栖海滩部队，其配备有"百夫长"滩头装甲抢救车，用于抢救搁浅的车辆和登陆艇，还有 1 个用于集结准备登上登陆艇的车辆甲板。通用登陆艇能运载 1 辆"酋长"主战坦克或 2 辆"百夫长"主战坦克，或者 4 辆 4 吨级货车或 8 辆拖车，或者 100 吨货物，或者 250 名士兵。车辆人员登陆艇可以运载 35 名士兵或 2 辆拖车。坞舱上方建有 1 个 50.29 米 ×22.86 米的飞行甲板，足以搭载绝大多数北约国家的直升机，如果需要，也能搭载"海鹞"V/STOL 战斗机。船上共有 3 块车辆甲板，1 个用于履带式车辆，如坦克或自行火炮；1 个用于轮式车辆，还有半块留给了拖车使用。

　　舰船足以运载 1 个轻型步兵营，或 1 个携带火

技术参数

"无畏号"（L 10）和"勇猛号"（L 11）登陆舰

排水量：满载排水量 12210 吨

尺寸：长 158.5 米，宽 24.4 米，吃水深度 6.2 米

动力系统：2 台双轴齿轮减速式蒸汽轮机，功率 22000 马力（16405.4 千瓦）

航速：21 节（39 千米 / 时）

货物：最多 20 辆主战坦克，1 辆滩头装甲抢救车，45 辆 4 吨级货车，外加 50 吨货物，或者多达 2100 吨的货物；4 艘通用登陆艇和 4 艘车辆人员登陆艇；5 架威塞克斯 HU.Mk 5 直升机或 4 艘"海王"HC.Mk 4 直升机，外加 3 架"小羚羊"或"山猫"直升机

武器系统：2 座 GWS 20 4 联装"海猫"舰空导弹发射器，2 座双联装厄利空 30 毫米高平两用炮（L 11），2 门厄利空 20 毫米防空炮，不等数量的 7.62 毫米通用机枪和"吹管"便携式舰空导弹发射器；L 10 后来还增加了 2 门 20 毫米 Mk 15"密集阵"近防系统

电子设备：1 部 978 型导航雷达，1 部 994 型空中和海面搜索雷达，1 套 SCOT 卫星通信系统，1 套电子支援系统，内布沃思 / 乌鸦座（Knebworth/Corvus）箔条发射器，1 套 CAAIS 作战室指挥和控制系统

人员编制：617 人（37 名军官，500 名各级士兵，80 名海军陆战队员）

运兵量：正常 330 人，过载 500 人，最多 670 人

服役时间：L 10 于 1965 年 11 月 25 日开始服役，L 11 为 1967 年 3 月 11 日开始服役

下图：1 架"威塞克斯"HU.Mk 5 突击直升机从"无畏号"上起飞。注意坞舱内的 1 艘通用登陆艇，"无畏号"共能搭载 4 艘这种登陆艇。每艘通用登陆艇能运载 2 辆主战坦克，或多达 250 人的部队

上图：在登陆圣卡洛斯之前，皇家海军舰艇"无畏号"向"安特里姆号"发出信号。英军于夜间通过马尔维纳斯海峡，第 1 批登陆部队于 1982 年 5 月 12 日凌晨 4 时登陆圣卡洛斯

炮的皇家海军陆战营。

　　直升机飞行甲板的使用进一步获得了一些轻型车辆装载空间。这些舰船也能充当训练舰船，充当这种角色时，它能携带 150 名受训学员完成为期 9 周的训练。

上图：皇家海军舰艇"无畏号"在 1990 年进行了改装，增加了 2 套"密集阵"近防系统和新型的诱饵发射器。该级别的 2 艘舰船都在 1999—2002 年退役

"蓝岭"级两栖指挥舰
Blue Ridge Class Amphibious Command Ships（LCC）

　　2 艘"蓝岭"级两栖指挥舰是世界范围内首批也是仅有的专为此目的而建造的舰船。美国海军曾计划过建造第 3 艘该级别的舰船（设计之初计划同时用于两栖指挥和舰队指挥），但后来取消了。20 世纪 70 年代后期，由于"克利夫兰"级旗舰巡洋舰的退役，这 2 艘"蓝岭"级舰船也承担了舰队旗舰的职责。美国军舰"蓝岭号"为西太平洋第 7 舰队的旗舰，而"惠特尼山号"则成为大西洋第 2 舰队的旗舰。

　　基本的船体设计和推进装置与"硫黄岛"级两栖攻击舰相似，但机库区域有所增大，用于设置住宿、办公和指挥场所，该舰可搭载最大人员数量为 200 名军官和 500 名士兵。舰船拥有全面的卫星通信、指挥、控制和情报分析设施：两栖指挥信息系统（ACIS）；海军情报处理系统（NIPS）；海军战术数据系统（NTDS），其 AN/UYK–20 和 AN/UYK–7 数字电脑能给出水下、水面和空中战场形势的全面战术图景；Link 11 和 Link 14 自动数据传输系统可以与装备海军战术数据系统的舰船和装备机载战术数据系统（ATDS）的飞机交换战术信息；多间摄像厅和文件出版设施；卫星通信系统，包括 OE82 天线、SSR–1 接收器和 WSC–3 收发器。舰船还能搭载 3 艘人员登陆艇，2 艘人员车辆登陆艇和 1 个 10 米长的

技术参数

"蓝岭号"（LCC-19）和"惠特尼山号"（LCC-20）指挥舰

排水量： 满载排水量 19290 吨

尺寸： 长 189 米，宽 25 米，吃水深度 8.8 米

动力系统： 1 台单轴的齿轮减速式蒸汽轮机，功率 22000 马力（16405.4 千瓦）

航速： 最大速度 23 节（43 千米/时），持续速度 20 节（37 千米/时）

武器系统： 2 门双联装 76 毫米 Mk 33 防空炮（1996—1997 年拆除了）；2 座 Mk 25 "海麻雀" 8 联装点防御导弹系统发射器被换成 2 套 20 毫米 Mk 16 "密集阵" 近防系统

电子设备： 1 个 SPS-48 3D 搜索雷达，1 个 SPS-10 海面搜索雷达，1 个 SPS-40 空中搜索雷达，2 套 Mk 115 导弹发射控制系统，1 套目标识别系统，2 套 Mk 56 火炮射击控制系统，2 个 Mk 35 射击控制雷达，1 套 Mk 36 快速施放金属箔片（RBOC）发射器系统以及相关的电子辅助设备，1 套 URN-20 "塔康" 导航系统

人员编制： LCC-19 为 799 人（41 名军官，外加 758 名士兵），LCC-20 为 516 人（41 名军官，外加 475 名士兵）

旗舰定员： LCC-19 为 250 人（50 名军官，外加 200 名士兵），LCC-20 为 420 人（160 名军官，外加 260 名士兵）

服役时间： LCC-19 是 1970 年 11 月 14 日，LCC-20 是 1971 年 1 月 16 日

人员交通艇，这些小艇携带在舷侧凸出部中的"韦尔金"吊艇柱里，人员从舰船翼侧弹出。舰艉留出了 1 块直升机登陆区域，但船上没有机库或维修设施。船上还有 1 个小型的车库和升降机。在必要的时候，舰船可以将 1 架 SH-3H "海王"通用直升机用作舰船的飞行小队，因此船上还增加了 1 套 Mk 23 目标识别系统（TAS）和"拉姆"（RAM）导弹系统。

上图：两栖登陆的神经中心——指挥舰"蓝岭号"。它是美国第 7 舰队的旗舰，母港在日本横须贺。"惠特尼山号"的基地在弗吉尼亚州的诺福克

下图：增加"密集阵"近防系统之前的美国军舰"蓝岭号"（LCC-19）。该船安装了大量的指挥、控制和通信系统，非常适合充当舰队旗舰的角色

"硫黄岛"级两栖攻击舰
Iwo Jima Class Amphibious Assault Ships Helicopter（LPH）

自 1955 年美国护航航空母舰"西提斯湾号"被改装为 1 艘两栖攻击舰以来，美国海军就一直为美国海军陆战队保留了垂直空运能力。两栖攻击舰的研制初衷是替换建成于第二次世界大战时期的护航航母，它要在舰船中部机库的前后各搭载 1 个美国海军陆战队步兵营。这些舰船是第 1 批专门设计用于

技术参数

"硫黄岛"级

"硫黄岛号"（LPH-2），"冲绳号"（LPH-3），"关岛号"（LPH-7），"的黎波里号"（LPH-10），"新奥尔良号"（LPH-11）和"仁川号"（LPH-12）

排水量： 满载排水量18300吨

尺寸： 长183.7米，宽25.6米，吃水深度7.9米

动力系统： 1台单轴齿轮减速式蒸汽轮机，功率22000马力（16405.4千瓦）

航速： 最大速度23节（43千米/时），持续速度20节（37千米/时）

货物： 共计399.6平方米车辆停放区域；LPH-12 2艘车辆人员登陆艇；机库中最多可容纳19架CH46直升机，甲板上还可容纳7架；24605升MOGAS车用燃料；1533090升JP5航空汽油；1059.8立方米托盘式货物

武器系统： 2座双联装76毫米Mk 33防空炮；2座Mk 25"海麻雀"点防御导弹8联装发射架；2套20毫米Mk 16"密集阵"近防系统

电子设备： 1部SPS-10海面搜索雷达，1部SPS-40空中搜索雷达，1套SPN-10或SPN-43飞机着陆辅助雷达系统，1套Mk 36超级RBOC发射器系统，1套快速施放金属箔片（RBOC）发射器系统以及配套电子支援系统，1套URN-20"塔康"导航系统

人员编制： 652人（47名军官，外加605名士兵）

运兵量： 2090人（190名军官和1900名士兵）

服役时间： LPH-2是1961年8月26日，LPH-3是1962年4月14日，LPH-7是1963年7月20日，LPH-9是1965年1月16日，LPH-10是1966年8月16日，LPH-11是1968年11月16日，LPH-12是1970年6月12日

上图：至本书写作时美国军舰"仁川号"——唯一仍在服役的"硫黄岛"级舰船，现在是1艘水雷战舰船，其上搭载8架MH-53E"海龙"直升机，到1996年时，该舰被改装为反水雷指挥/支援舰

搭载和使用直升机的船型，同时它们也没有弹射器和着陆阻拦装置。飞行甲板可同时供7架CH46"海骑士"直升机或4架CH53"海种马"直升机使用。飞机库净高6.1米，能够容纳19架CH46或11架CH53。常规的舰载机编队由24架CH46、CH53、AH-1和UH-1直升机组成。LPH-2、LPH-3、LPH-11和LPH-12还装有2台可折叠式的22727千克级的甲板边缘起重机，在LPH-7、LPH-9和LPH-10上，起重机起重能力被削减为20000千克级。它们均不搭载登陆艇（除了LPH-12，其吊艇柱上带有2艘车辆人员登陆艇），所以这些舰船对运载的海军陆战队员携带的装备大小作了限制。2台小型升降机能将托盘化货物从货舱运送到飞行甲板，船上还有轻型车辆和牵引式火炮的仓库。

1972—1974年，LPH-9被用作了临时的海上控制舰，其上搭载AV-8A"鹞"式战斗机和SH-3"海王"反潜直升机。回归两栖攻击舰的角色之后，它保留了空地识别和分析中心（ASCAC）以用作试验舰船角色。其他的两栖攻击舰也转隶扫雷战司令部，搭载有美国海军的RH-53扫雷直升机。这些舰船分别于1973年和1974年清扫了越南港口和苏伊士运河的雷区。所有的直升机行动均由位于飞行甲板上的专用指挥和控制中心调度。除了LPH-10，其他两栖攻击舰都装备了与两栖指挥舰相同的卫星通信设备，它们也有与两栖攻击舰相同的300床位的医院单位。4艘两栖攻击舰在大西洋舰队服役。LPH-12后来被永久改装为水雷战舰船，编号为MCS-12。该级别的剩下5艘在1993—1997年退役。

下图："硫黄岛"级两栖攻击舰是世界上第1种专门设计和建造用于使用直升机的船型。每艘两栖攻击舰可以运载1个全副武装的海军陆战队登陆战斗群，1个加强的直升机中队以及辅助人员

"罗利"级和"奥斯汀"级两栖船坞运输舰

Raleigh and Austin Classes Amphibious Transport Docks（LPD）

两栖船坞运输舰是在船坞登陆舰（LSD）的基础上发展而来的，它以减小船坞内尺寸为代价增加士兵和车辆运载空间。两栖船坞式运输舰结合了武装人员运输船（APA）的运兵能力和装备运输船（AKA）的运货能力，其坞舱还具有船坞登陆舰的车辆和登陆艇运输能力。在3艘"罗利"级中，1艘被用作中东司令部旗舰，而"拉萨尔号"则在地中海充当旗舰。

"罗利"级舰船拥有1个长51.2米、宽15.2米的坞舱，这里可以容纳1艘通用登陆艇和3艘机械化登陆艇（LCM-6），或者4艘机械化登陆艇（LCM-8），或者20辆AAV7两栖车辆。此外，直升机甲板上还可以搭载2艘LCM-6或4艘大型人员登陆艇（LCPL），并通过起重机装卸。直升机甲板正好盖住登陆艇停放区域，但船上没有飞机库和维修设施。甲板能供多达6架的CH46直升机在短时间内起降。

舰船使用1套高架的单轨货物转移系统将坞舱中的登陆艇从前部的货舱运送出来。车辆甲板、坞舱和飞行甲板之间通过坡道连接，如果有需要，飞行甲板也可用于停放额外的车辆。当船坞内被占满时，舷侧舱口可提供车辆驶上驶下。

后来的"奥斯汀"级舰船就是"罗利"级的放大版。坞舱尺寸是相同的，但其前方增长了12米以增加运载车辆和货物的能力。1块固定的飞行甲板位于进坞井上方的2个登陆点之间。除了LPD4，所有舰船都安装了可变大小的机库——长为17.7米～19.5米，宽为5.8米～7.3米，如果需要的话长度也可以增加至24.4米。舰船上可搭载多达6架的CH46直升机，不过机库仅能容纳1架通用直升机。"奥斯

技术参数

"罗利"级和"奥斯汀"级运输舰

"罗利号"（LPD1）、"温哥华号"（LPD2）、"奥斯汀号"（LPD4）、"奥格登号"（LPD5）、"德卢斯号"（LPD6）、"克利夫兰号"（LPD7）、"迪比克号"（LPD8）、"丹佛号"（LPD9）、"朱诺号"（LPD12）、"那什维尔号"（LPD13）、"特伦顿号"（LPD14）、"庞塞号"（LPD15）

排水量： LPD1/2满载排水量13900吨；LPD4/6满载排水量15900吨；LPD7/10满载排水量16550吨；LPD11/13满载排水量16900吨；LPD14/15满载排水量17000吨

尺寸：（LPD1/2）长159.1米，宽30.5米，吃水深度6.7米；（LPD4～LPD15）长173.8米，宽30.5米，吃水深度7米

动力系统： 2台齿轮减速式蒸汽轮机，功率24000马力（17896.8千瓦），双轴推进

航速： 最大21节（39千米/时）

旗舰定员： LPD7～LPD13为90人

运兵数量： LPD1～LPD6为930人。LPD7～LPD13为840人。LPD14和LPD15为930人

货物： LPD4～LPD15（LPD1/2数据略有减小）总计1034.1平方米车辆停放车辆；1艘LCU和3艘LCM-6；或者9艘LCM-6或4艘LCM-8或28辆AAV7；616立方米托盘式货物存储空间，或472立方米弹药存储空间；5900升MOGAS车用燃料；368425升航空汽油；17035升AV-LUB燃油；850095升JP5航空汽油

武器系统： LPD1/2有3门76毫米Mk 33防空炮；LPD4/15有2座双联装Mk 33舰炮（现在拆除了）；2套20毫米Mk 16"密集阵"近防系统（所有舰船）

电子设备： 1部SPS-10海面搜索雷达，1部SPS-40空中搜索雷达，1套URN-20"塔康"导航系统，1套Mk 36快速施放金属箔片（RBOC）发射器系统

人员编制： LPD1为413人（24名军官，外加389名士兵），LPD2为410人（23名军官，外加387名士兵），LPD4～LPD15为410～447人（24～25名军官，外加386～442名士兵）

服役时间： 1962—1971年

汀"级舰船运载AAV7两栖车辆的能力增加到28辆，也可以替换为1艘LCU和3艘LCM-6，或者9艘LCM-6，或者4艘LCM-8。LPD7～LPD13都按照两栖中队旗舰规格进行了改装，并扩大了上层建筑的体积。2个级别的舰船都安装了两栖指挥舰上装备

上图：图中为"奥斯汀"级两栖船坞式运输舰"迪比克号"。从1986年开始，该级舰，以及"硫黄岛"级两栖攻击舰一起进行了服役寿命延长计划

的卫星通信系统。5艘"奥斯汀"级舰船在大西洋舰队服务而6艘"罗利"级舰船在太平洋舰队服役。"科罗纳多号"（LPD11）在1980年改造成了1艘指挥舰，临时替换"拉萨尔号"，现在的基地在圣地亚哥；它自1997年开始一直充当一支联合部队的指挥舰。LPD1和LPD2均在1991—1992年退役。

上图：太平洋的1次行动期间，第41"海鹰"轻型反潜直升机中队（HSL-41）的1架SH-60B直升机伴随"丹佛号"前行。6艘"奥斯汀"级舰船现在可以使用"先锋"无人机

右图：美军的"什里夫波特号"与"无畏"级舰船相似，但比其更大，与该级别的其他姊妹舰相似，它也能充当1个两栖中队的旗舰。舰上可装备2门额外的25毫米Mk 38舰炮用于自卫

"新港" 级坦克登陆舰
Newport Class Landing Ships Tanks (LST)

"新港" 级是第二次世界大战之后的坦克登陆舰终极设计版本。该型舰采用常规形舰艏，使其速度达到 20 节（37 千米 / 时），这也是美国两栖舰船所要求的速度。34 吨的铝合金舰艏坡道长度为 34.11 米，跳板承载能力为 75 吨。货物的搬运由 2 台起重机辅助。舰艉坡道直通坦克甲板，可以让 AAV7 直接开进水里。舰艉坡道则可以配合登陆艇和栈桥进行装载。

下甲板

车辆通过 75 吨级跳板桥开进下甲板，或者通过上部结构中的 1 条通道进入直升机甲板后端。船上没有机库或直升机维修设施。船体侧面可以携带 4 个浮动栈桥，并由位于 2 个烟囱进气口后部的 2 台桅杆起重机操纵。如果需要的话，车辆甲板也可以用于装载 500 吨普通货物。船上还有弹药、柴油、MOGAS车用燃料和 AVGAS 航空汽油的存储空间。

在部署的顶峰时期，有 9 艘 "新港" 级在美国大西洋舰队服役，9 艘在太平洋舰队服役，2 艘在海军后备部队服役。20 世纪 90 年代，这些舰船逐渐转让给了澳大利亚（1 艘）、巴西（1 艘）、智利（1 艘）、马来西亚（1 艘）、摩洛哥（1 艘）和西班牙（2 艘）。

技术参数
"新港" 级登陆舰
排水量： 满载排水量 8342 ～ 8450 吨
尺寸： 长 159.2 米，宽 21.2 米，吃水深度 5.3 米
动力系统： 6 台双轴柴油机，功率 16500 马力（12304 千瓦）
航速： 持续速度 20 节（37 千米 / 时）
货物： 共计 1765 平方米车辆停放区域，可以停放 25 辆 AAV7 和 17 辆 2.5 吨级货车，或者 21 辆 M48/M60 主战坦克和 17 辆 2.5 吨级货车，或者 500 吨普通货物；3 艘车辆人员登陆艇和 1 艘大型人员登陆艇；72.3 立方米的弹药储存空间；508900 升航空汽油，27230 升车用燃料；96150 升柴油
武器系统： 2 座双联装 76 毫米 Mk 33 防空炮（后来被换为 1 套 20 毫米 Mk 15 "密集阵" 近防系统）
电子设备： 1 套 SPS-10 海面搜索雷达，1 套 LN66 导航雷达，1 套 Mk 36 SRBOC 发射器
人员编制： 225 人（14 名军官，外加 211 名士兵）
运兵量： 431 人（20 名军官，外加 211 名士兵）
服役时间： 1969—1972 年

下图：美国军舰 "弗雷德里克号" ——美国海军在役的最后 1 艘 "新港" 级舰船，图中它刚完成最终的停泊移位。"弗雷德里克号" 在越南战争和 1991 年的海湾战争中都充分发挥了作用，它最终于 2002 年 10 月退役

下图："新港" 级坦克登陆舰 "费尔法克斯县号" 正与 "硫黄岛" 级两栖攻击舰 "仁川号" 一起航行。"新港" 级舰船上部结构正前方的 1 个坡道连接了坦克下甲板和主甲板。1 条穿过上部结构的车辆通道通往舰船中部的停放区域

右图："新港"级坦克登陆舰正在通过舰艇跳板放下 1 辆中型卡车。该舰为了达到 20 节（37 千米／时）的航速指标而采用了常规舰型，因此无法设置艏门，不过改用跨度达 34.14 米的跳板桥放出登陆部队

下图：在 1 次登陆演习中，美国军舰"新港号"停在岸边，正在放下它的舰艇跳板，以便运载的车辆下船。注意 2 个支撑性起重机转臂的大小

"卡比尔多"级、"托马斯顿"级和"安克雷奇"级船坞登陆舰

Cabildo, Thomaston and Anchorage Classes (LSD)

　　船坞登陆舰是第二次世界大战期间设计用于运输登陆舰和诸如坦克等重型车辆的船型。现在美国海军中已经没有"卡比尔多"级舰船服役了。希腊和西班牙还在使用该级别的舰船。满载排水量达到 9375 吨的"卡比尔多"级船坞登陆舰的坞舱长 103 米，宽 13.3 米，可以搭载 3 艘通用登陆舰，或 18 艘 LCM-6 登陆艇，或 32 辆 LVTP-5/7 两栖登陆车辆。该级别舰船还能运载 1347 吨货物，100 辆 2.5 吨级货车或 27 辆 M48 主战坦克或 11 架直升机。运兵能力限制为长时间搭载 137 人，白天短程航行可运载 500 人。舰船定员为 18 名军官，外加 283 名士兵。

　　舰船最大速度为 15.4 节（29 千米／时），原始的武器装备是数量不等的 40 毫米防空炮。坞舱上方有 1 个直升机平台，但没有机库或维修设施。

上图：2003 年，"持久自由"行动期间的大西洋，从两栖攻击舰"塞班号"上看到的"安克雷奇"级船坞登陆舰"波特兰号"

上图："安克雷奇"级的首舰——"安克雷奇号"正在澳大利亚海岸附近行驶，这是1次向西太平洋的例行部署。这些舰船可以运载3艘通用登陆艇或气垫登陆艇，或者多达48辆AAV7两栖车辆

"托马斯顿"级是战后第1批船坞登陆舰，它主要根据战争的作战经验而设计。坞舱长度为119.2米，宽度为14.6米，可以运载3艘通用登陆艇，或19艘LCM-6，或9艘LCM-8，或48辆AAV7。如果需要的话，甲板前方的1个车辆停放区域还可以容纳30辆AAV7。舰船的吊艇柱上携带2艘车辆人员登陆艇和2艘大型人员登陆艇，但不能装载货物托盘。"托马斯顿"级舰船后来被新型的"惠德贝岛"级替代。

"安克雷奇"级与"托马斯顿"级相似，但区别

技术参数

"托马斯顿"级和"安克雷奇"级登陆舰

"托马斯顿号"（LSD-28）、"普利茅斯岩号"（LSD-29）、"迪法恩斯角号"（LSD-31）、"斯皮格尔丛林号"（LSD-32）、"阿拉莫号"（LSD-33）、"赫米蒂奇号"（LSD-34）和"蒙蒂塞洛号"（LSD-35）；"安克雷奇号"（LSD-36）、"波特兰号"（LSD-37）、"彭萨科拉号"（LSD-38）、"弗农山号"（LSD-39）、"贵希尔堡号"（LSD-40）

排水量： LSD-28/31和LSD-35满载排水量11270吨；LSD-32/34满载排水量12150吨；LSD-36/40满载排水量13700吨

尺寸：（LSD-28～LSD-35）长155.5米，宽25.6米，吃水深度5.8米；（LSD-36～LSD-40）长168.6米，宽25.6米，吃水深度6米

动力系统： 2台齿轮减速式蒸汽轮机，功率24000马力（17896.8千瓦），双轴推进

航速： 最大速度22.5节（42千米/时），持续速度20节（37千米/时）

运货量： LSD-28/35共计975平方米车辆停放区域，LSD-36/40共计1115平方米车辆停放区域；3辆通用登陆艇或19艘LCM-6或LCM-8，或48辆AAV7两栖车辆；85立方米弹药储存空间；4540升航空汽油或车用燃料；147650升柴油

武器系统： 3座双联装76毫米Mk 33防空炮（后来被换成2套20毫米Mk 16"密集阵"近防系统和2门25毫米Mk 38"大毒蛇"舰炮）

电子设备： 1部SPS-10海面搜索雷达，1部SPS-6（LSD-36/40上是SPS-40）空中搜索雷达，1套Mk 36 SRBOC系统及配套的电子支援系统

人员编制： LSD-28/35为331～341人；LSD-36/40为341～345人

运兵量： LSD-28/35为340人，LSD-36/40为376人

服役时间： 1954—1972年

上图："安克雷奇"级船坞登陆舰"弗农山号"和"奥利弗·哈泽德·佩里"级导弹护卫舰"赛德斯号"在日本沿岸并列前行。"弗农山号"是第1艘使用气垫登陆艇的西海岸舰船

左图："托马斯顿"级两栖攻击舰"赫米蒂奇号"。该级别舰船与后来略大一些的"安克雷奇"级船坞登陆舰非常相似。直到2003年，巴西海军还在使用2艘"托马斯顿"级——"西阿拉号"和"里约热内户号"

在于前者的三角桅杆。入坞井主体部分上方是 1 个可移动的直升机登陆平台；该平台的大小增加为 131.1 米 ×15.2 米，可以容纳 3 艘通用登陆艇，或 21 艘 LCM-6，或 8 艘 LCM-8，或 50 辆 AAV7。此外，它还能在甲板上存放 1 艘或 2 艘 LCM-6，吊艇柱上携带 1 艘车辆人员登陆艇和 1 艘大型人员登陆艇。舰船的运兵量也有所增加。

2003 年，3 艘"安克雷奇"级登陆舰（美国军舰"安克雷奇号""波特兰号"和"弗农山号"）仍然在美国海军中服役，2 艘在太平洋舰队服役，1 艘在大西洋舰队服役。

"查尔斯顿" 级两栖货船
Charleston Class Amphibious Cargo Ship

"查尔斯顿"级两栖货船（LKA）被设计用于运载所有重型设备和供给并辅助两栖登陆进攻行动，这也是第 1 次专门设计用于此目的的舰船。以前所有的舰船，无论是两栖货船还是两栖运输船，都是从商船改造而来的。"查尔斯顿"级舰船首次在舰艉安装了 1 个直升机起降平台，但没有机库或维修设备。运兵量限制为 226 人，但在通常情况下可以运载 4 艘 LCM-8、4 艘 LCM-6、2 艘车辆人员登陆艇和 2 艘人员登陆艇。登陆艇和更重型设备由 2 台 78.4 吨级的重型起重机搬运。船上还装有 2 个 40 吨级和 8 个 15 吨级的吊杆。托盘式货物和弹药所用的货舱与大片车辆停放区域在一起。

到 20 世纪 80 年代早期时，5 艘"查尔斯顿"级两栖货船中仅有 1 艘还在使用。这艘舰船被分配到了大西洋舰队，而其他的则两两一组，被分配到大西洋舰队和太平洋舰队的海军预备役舰队。虽然这 4 艘舰船在 20 世纪 80 年代都返回了现役舰队，但该级别的舰船到 1994 年时都退役了。

技术参数
"查尔斯顿"级两栖货船
该级别舰船："查尔斯顿号"（LKA-13）、"达勒姆号"（LKA-14）、"莫比尔号"（LKA-115）、"圣路易斯号"（LKA-116）和"厄尔巴索号"（LKA-117）
服役时间：LKA-113 是 1968 年 12 月 19 日，LKA-114 是 1969 年 5 月 24 日，LKA-115 是 1969 年 9 月 29 日，LKA-116 是 1969 年 11 月 22 日，LKA-117 是 1970 年 1 月 17 日
排水量：满载排水量 18600 吨
尺寸：长 175.4 米，宽 18.9 米，吃水深度 7.7 米
动力系统：1 台蒸汽轮机，功率 19250 马力（14354.7 千瓦），单轴推进
航速：持续速度 20 节（37 千米 / 时）
武器系统：3 座双联装 76 毫米 Mk 33 防空炮；2 套 20 毫米 Mk 16 "密集阵"近防系统
电子设备：1 部 LN66 导航雷达，1 部 SPS-10 海面搜索雷达，1 套 Mk 36 RBOC 干扰丝 / 箔条发射器系统
人员编制：325 人（24 名军官）
运兵量：226 人（15 名军官）

右图：美国军舰"圣路易斯号"（LKA-116），照片拍摄于 1976 年。指挥塔或中央机械控制台上有各种各样的起重机和吊杆

上图：最初准备设计成突击货运船（AKA）的美国军舰"达勒姆号"在 1969 年被重新设计成了 1 艘两栖货船。"查尔斯顿"级的 5 艘舰船是美国海军中第 1 批装备全自动化推进装置的舰艇

上图：拍摄于 1971 年 7 月岘港航拍图展示了两栖货船"达勒姆号"（后方）、坦克登陆舰"弗雷斯诺号"（LST-1182）以及一些民用运输船从越南撤离的场景

"灰鲸"级运输潜艇
Grayback Class Transport Submaring

虽然后来被划分为攻击型潜艇，但美国军舰"灰鲸号"，以及"黑鲈号"最初建造时都是巡航导弹潜艇，在其前部的 2 个机库中携带了 4 枚 SSM-N-8（后来换成了 RGM-6）"轩辕 I"战略巡航导弹。"灰鲸号"以导弹潜艇的角色一直服役至 1964 年 5 月 25 日。原本计划的"黑鲈号"改装由于资金不足而取消了。它随后被改造成了"灰鲸"级运输潜艇，并被命名为 APSS。1968 年 8 月，这一名称又被改为 LPSS（两栖运输潜艇），1975 年出于行政原因又改为 SS（常规攻击潜艇），以此获得美国国会的资金支持。

运输角色

1967 年 11 月至 1969 年 5 月，向运输角色的转变项目在旧金山湾的马雷岛海军船厂展开，其中包括将船体长度从 98.25 米增加至 101.8 米，并为船载的

技术参数
"灰鲸号"（SS-574）潜艇
排水量： 水面 2670 吨，水下 3650 吨
尺寸： 长 101.8 米，宽 8.3 米，吃水深度 5.8 米
动力系统： 3 台柴油发动机，功率 4800 马力（3579.4 千瓦）；2 台双轴电动机，功率 5500 马力（4101.4 千瓦）
航速： 水面 20 节（37 千米／时），水下 16.7 节（31 千米／时）
运货量： 6 艘蛙人运输艇
鱼雷发射管： 艇艏 6 个 533 毫米 Mk 52 发射管，艇艉 2 个 533 毫米发射管
声呐： 1 部 BQS-4 声呐，1 部 BQG-4 声呐（被动式水下射击控制系统）
运兵量： 67 人（7 名军官）
服役时间： 1969 年 5 月 9 日（作为两栖运输潜艇）

67 名士兵准备了饮食和住宿的地方。此外还改造了导弹库以装载蛙人运输艇（SDV），并从这里发射和回收蛙人运输艇以及装备水中呼吸机的潜水员。潜艇指挥塔围壳高度有所增加，另外还安装了 1 套"斯

左图：图中展示的是"灰鲸号"改装为常规攻击潜艇前的状态。球根状的机库以前装载的是4枚"轩辕 I"巡航导弹，它们从指挥塔正前方发射

佩里"BOG-4 被动式水下射击控制系统。

潜艇设计目的是在进攻需从海上靠近的目标时运输突击队或其他兵力。该级别潜艇运输过的部队包括美国陆军的"绿色贝雷帽"特种部队，美国海军的"海豹"突击队（SEAL）以及海军水下爆破组（UDT）。该型艇曾用于清扫通往海滩的航道以及为两栖进攻部队侦察可能的登陆区域。

进攻能力

20 世纪 80 年代早期，"灰鲸"级在美国太平洋舰队中积极活动，基地位于菲律宾群岛的苏比克湾。它保留了其全部的潜艇进攻能力，并装备了射程为

8200 米 /4100 米的 Mk 14 热动力反舰鱼雷，以及射程为 8000 米的 Mk 37 电动反潜鱼雷。由于苏比克湾缺乏支撑设备，它没有装备更现代化的 Mk 48 鱼雷。舰载鱼雷射击控制系统是 Mk 106 Model 12 型。

1982 年，由于产生了真空，5 名美国海军的潜水员在"灰鲸号"的右舷气闸舱中因失压症死亡。鉴于此事件，美国海军对所有深潜系统的设计、操作和训练进行了大量的升级。

"灰鲸号"最终于 1984 年 6 月 16 日退役，1986 年 4 月 13 日在苏比克湾作为靶舰被击沉。

上图："灰鲸号"是当年美国海军最后 5 艘在役常规动力潜艇中的 1 艘。从 20 世纪 60 年代开始，"灰鲸号"一直被美军用作特种部队投送潜艇并参与了许多特种作战行动

左图：运输潜艇可以帮助特种部队在不被检测到的情况下靠近敌方海岸，并减少部队在水中行军的时间。

"渥美"级和"三浦"级坦克登陆舰
Atsumi and Miura Class Landing Ships Tank（LST）

　　虽然由几个大岛和众多小岛组成，但日本在传统上仅拥有相对较少的两栖作战舰艇，原因是这种舰船更适合用于进攻行动，而无法用作防御角色。因此，日本政客极不愿意维持大量的两栖进攻舰船。

　　在装备更强大的"大隅"级之前，日本海上自卫队主要使用2个级别的两栖作战舰船——"渥美"级和"三浦"级。这2种坦克登陆舰都采用了传统的舰艏坡道"抢滩登陆"设计方案。"三浦"级的吨位和尺寸更大，能够运输更多货物。"渥美"级的"根室号"LST 4103，是由日本佐世保重工业公司建造的，建造周期为1972—1977年。"三浦"级是由位于东京的石川岛播磨造船厂建造的，建造周期为1975—1977年。

　　"渥美"级能运载130名士兵和20辆车辆，吊艇柱上可搭载2艘车辆人员登陆艇，舰船中部的甲板上还可容纳第3艘。"三浦"级可以运载190名士兵和1800吨货物，或10辆74式主战坦克，外加吊艇柱上搭载2艘车辆人员登陆艇和甲板上放置2艘LCM-6。机械化登陆艇由移动式高架吊车搬运，其

可折叠的吊臂可以伸出舰船翼侧以将登陆艇放入水中。舰载的地面部队均来自日本陆上自卫队。

技术参数
"渥美"级和"三浦"级登陆舰
名字： "渥美"级为"渥美号""本部号""根室号"；"三浦"级为"三浦号""牧鹿号"和"萨摩号"
排水量： "渥美"级满载排水量2400吨，"三浦"级满载排水量3200吨
尺寸： "渥美"级长89米，宽13米，吃水深度2.6米，"三浦"级长98米，宽14米，吃水深度3米
动力系统： 2台柴油机，功率4400马力（3281.1千瓦），双轴推进
航速： 14节（26千米/时）
运货量： "渥美"级20辆车辆和3艘车辆人员登陆艇。"三浦"级1800吨货物或车辆，或10辆主战坦克，外加2艘车辆人员登陆舰和2艘LCM-6
武器系统： "渥美"级2座双联装40毫米防空炮。"三浦"级1座双联装76毫米Mk 33防空炮，1座双联装40毫米防空炮
人员编制： "渥美"级100人，"三浦"级118人
运兵量： "渥美"级130人，"三浦"级190人
服役时间： "渥美"级为1972—1977年；"三浦"级为1975—1977年

下图：尽管有很多岛屿，但日本没有维持1支有效的两栖作战部队。在很长一段时间内，日本最大的登陆舰艇就是"三浦"级，虽然现在被8900吨级的"大隅"级坦克登陆舰取代了。"三浦"级（如图所示）1次可以登陆190人，以及多达10辆主战坦克。"三浦号"最终于2000年退役，取而代之的是"牧鹿号"（2001年）和"萨摩号"（2002年）

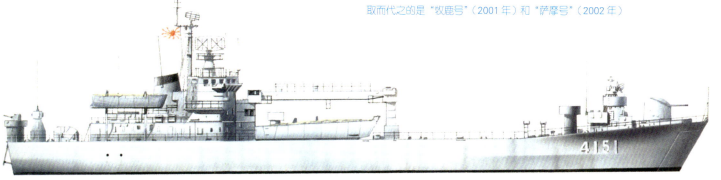

以航空母舰为核心的航母打击群（Carrier Strike Groups，CSG）依旧是美国海军的力量核心，但美军很难拥有他们所期望的、数量达到 12 艘的航母舰队。这张摄于 2017 年的照片中有 3 艘"尼米兹"级航空母舰同框出现，她们分别是——"西奥多·罗斯福号"（CVN-71）、"罗纳德·里根号"（CVN-76）和首舰"尼米兹号"（CVN-68）。这 3 艘航空母舰当时正在西太平洋进行一场罕见的多航母舰队演练，这场演习是美国海军意图应对假想敌海军影响力扩张而在该地区进行的系列演习之一

当代

第二次世界大战过后很长一段时间内，大国的战舰设计都是考虑东西方国家之间的对峙。1982年的马尔维纳斯群岛战争证明，两栖特混舰队仍然是远距离投送兵力的最有效手段之一。

随着冷战在20世纪90年代早期出人意料的结束，海军兵力投送开启了新局面。快速反应成为关键因素，这意味着海军旗舰与其他支援力量最有可能的融合——尤其是空中部队，首要目的就是维护世界范围内动乱地区的稳定。航空母舰仍然是快速反应的核心力量，其多用途舰载机担负起了早期预警、远程打击和短距垂直起降战机（V/STOL）短程作战等行动。

然而，快速反应的1个关键因素是突然性，因此这也成为1个新的考虑因素。今天，为未来部署而设计的战舰将依然保持神秘，但技术的成果已经在实践中证明了自己的价值。

20世纪80年代中期，"5月25日号"航空母舰可以搭载A-4Q"天鹰"攻击机和"超级军旗"战斗机。请注意飞机弹射器上正在弥散的蒸气，这表明飞机刚刚从甲板上起飞

14

CARRIER
航空母舰

"巨像"级航空母舰 "5月25日号"
25 de Mayo Colossus Class Carrier

阿根廷海军航空母舰"5月25日号"原是英国1艘"巨像"级航空母舰，在1948年5月由荷兰购买并加入荷兰皇家海军。1968年4月，该舰的锅炉舱发生重大火灾，接下来进行了耗资巨大的维修。第2年10月，阿根廷购买了该舰。

"5月25日号"安装了费朗蒂公司改进的CAAIS战术数据处理系统和普利西公司的CAAIS控制显示器，以控制舰载机并通过数据链与阿根廷海军的2艘42型驱逐舰上的ASAWS4型作战信息系统进行通信。该舰改装了上层建筑，外观与以往截然不同。1980—1981年，该舰又进行了1次改装，加固了飞行甲板，扩大了甲板容量，用来停放阿根廷采购的"超级军旗"战斗机。

马尔维纳斯群岛战争

到马尔维纳斯群岛战争爆发时，"5月25日号"航空母舰当时并没有搭载"超级军旗"战斗机，对于英国人来说，这简直太幸运了。当时，改建的舰载机大队包括8架A-4Q"天鹰"攻击机、6架S-2E"搜

技术参数

"5月25日号"航空母舰

排水量: 标准排水量15892吨，满载排水量19896吨

尺寸: 长211.3米，宽24.4米，吃水深度7.6米。飞行甲板宽42.4米

动力系统: 双轴推进，蒸汽轮机，输出功率40000马力（29830千瓦）

航速: 24.25节（45千米/时）

武器系统: 9门40毫米口径单管高射炮

电子系统: 1部LW-01和1部LW-02型对空搜索雷达，1部SGR-109型测高雷达，1部DA-02型目标指示器雷达，1部ZW-01型导航/对海搜索雷达，1套URN-20"塔康"系统，1套CAAIS作战信息系统

人员编制: 1000人，另有500名航空人员

索者"反潜机和4架SH-3D"海王"直升机。在战争初期，"5月25日号"拥有举足轻重的地位，阿根廷军队对其寄予厚望。1982年5月2日，该舰准备起飞舰载机进攻英国旗舰，只可惜当时的飞行条件太差，这一打算最终落空。后来，阿根廷导弹巡洋舰"贝尔格拉诺将军号"被击沉，迫使阿根廷人将该艘航空母舰撤退到沿海相对安全的海域，其舰载机只能从岸上起飞作战。

直到阿根廷失去马尔维纳斯群岛后，其余的"超级军旗"战斗机才交付使用，很快上载到"5月25日号"上。这支新的舰载机大队由20架固定翼和4架旋转翼飞机组成，包括8架"超级军旗"战斗机、6架A-4Q"天鹰"攻击机、6架S-2E"搜索者"反潜机和4架AS-61D"海王"直升机。该舰在20世纪90年代几乎没有活动，于1997年正式退役。

左图：马尔维纳斯群岛战争期间，英军潜艇部队的主要攻击目标是"5月25日号"航空母舰，该舰曾是阿根廷海军的旗舰

"夏尔·戴高乐号" 核动力航空母舰
Charles de Gaulle Class Nuclear-Powered Carrier

1980 年 9 月，法国政府批准建造 2 艘核动力航空母舰，用于替换 20 世纪 50 年代服役的"克莱蒙梭"级常规动力航空母舰。然而，法国核动力航空母舰发展计划，饱受政治上的反对和舰载机技术难题的困扰。1989 年 4 月，"夏尔·戴高乐"级核动力航空母舰的首舰"夏尔·戴高乐号"开始铺设龙骨，1994 年 5 月下水，但是直到 2001 年 5 月才正式服役。在此期间，相关的建造预算被再三缩减，再加上建造过程中的一系列失误，使得工程进度一再受阻。甚至到了 2003 年，"夏尔·戴高乐号"仍然未能具备作战能力，而且缺乏 1 支比较适合的舰载机部队。由于海军版本的"阵风"战斗机交付工作延误，致使在该艘航空母舰上起降的只有 1 支由 20 架"超级军旗"战斗机组成的航空大队。此外，一些关键性的舰船尺寸在设计时存在失误，使得"戴高乐号"无法搭载 E-2C "鹰眼"预警机。鉴于这种情况，1999—2000 年，该舰的斜角飞行甲板被加长，此外还增强了防辐射喷淋系统。尽管法国海军一再施压，希望能够再建造 1 艘"戴高乐"级航空母舰（也许

采用常规动力驱动，并命名为"里舍利厄号"或"克莱蒙梭号"），但公众和政界要员们对于这样一项耗资巨大的投资并不看好。

"夏尔·戴高乐号"装备 1 个可容纳 20～25 架飞机（将近舰载机大队飞机总数的一半）的机库，使用与"凯旋"级核动力弹道导弹潜艇相同的核反应堆，装填 1 次燃料可以连续使用 5 年。通过安装 4 对稳定鳍，使得适航能力大大增强。

技术参数
"夏尔·戴高乐号"核动力航空母舰
排水量： 满载排水量 40600 吨
尺寸： 长 261.42 米，宽 64.4 米，吃水深度 8.5 米
动力系统： 2 台 K15 型核反应堆，功率 402145 马力（30 兆瓦）；2 台涡轮发动机，功率 76000 马力（56842.2 千瓦），双轴推进
航速： 28 节（52 千米／时）
舰载机： 40 架飞机，其中包括 24 架"超级军旗"战斗机、2 架 E-2C "鹰眼"电子战飞机、10 架"阵风" M 型战斗机、2 架 SA 365F"海豚"搜救直升机或者 2 架 AS 322"美洲狮"指挥监视与侦察机
火力系统： 4 座"席尔瓦" 8 单元垂直发射系统，发射"紫菀" 15 型防空导弹；2 座"西北风" PDMS 6 联装导弹发射架，发射"西北风"防空导弹；8 门 20 毫米口径 GIAT 机关炮
对抗装置： 4 部"萨格伊" 10 管诱饵发射器，使用 LAD 诱饵和 SLAT 鱼雷诱饵
电子系统： 1 部 DRBJ IIB 型对空搜索雷达，1 部 DRBV 26D "朱庇特"对空搜索雷达，1 部 DRBV 15D 对空对海搜索雷达，2 部 DRBN 34A 型导航雷达，1 部阿拉贝尔 3D 型火控雷达
人员编制： 1150 名舰员，550 名航空人员，50 名旗舰司令部成员，也可搭载 800 名海军陆战队员

左图："夏尔·戴高乐号"航空母舰的岛形上层建筑位于舰体前部，主要用来保护 2 台升降能力达 36 吨的飞机升降机不受天气影响

上图：法国海军"夏尔·戴高乐号"航空母舰安装有 1 对 75 米长的美国生产的 C13F 型弹射器，可弹射起飞重达 23 吨的飞机，飞行甲板还能够起降预警机进行作战

"竞技神"级航空母舰"维拉特号"
Viraat Hermes Class Carrier

"竞技神号"航空母舰于 1944—1953 年在英国本土的造船厂建造，1959 年编入英国皇家海军服役。1982 年，"竞技神号"参加了马尔维纳斯群岛战争，并在其中发挥了重要作用。战争结束 4 年后，"竞技神号"被卖给了印度，经过改装后于 1987 年 5 月编入印度海军服役，更名为"维拉特号"。1999 年 7 月到 2000 年 12 月，"维拉特号"再次进行改装，于 2001 年 6 月重新返回舰队，计划服役到 2010 年，届时另外 1 艘排水量 32000 吨的航空母舰将接替"维拉特号"，后者将搭载常规起降飞机。

自从参加了马尔维纳斯群岛战争以来，"维拉特号"进行了大量的现代化改装，其中包括：用俄制 AK630 型 6 管 30 毫米口径火炮系统取代了老式的"海猫"防空导弹系统（前者未来很有可能被"卡什坦"近防武器系统所取代），更换新型火控系统、搜索和导航雷达、新型甲板降落辅助设备，升级核生化防护

上图：印度海军"维拉特号"航空母舰安装 1 条 12 度倾角的滑跃式飞行甲板，在弹药舱和轮机舱上方安装有防护装甲，能够起降 30 架"海鹞"式战斗机

设施，更换可使用馏出燃料的锅炉。2001 年后，"维拉特号"开始装备以色列 IAI 公司制造的"巴拉克"防空导弹。与"竞技神号"一样，"维拉特号"能够输送 750 名两栖作战人员和 4 艘车辆人员登陆艇，弹

药舱还可以携带 80 枚轻型鱼雷。然而，"维拉特号"有可能提前退役，这是因为印度政府已经与俄罗斯政府达成有关购买"基辅"级航空母舰"戈尔什科夫海军元帅号"的协定。作为配套工程，俄方还将向印度提供一定数量的米格 –29K 型战斗机、更换全通式飞行甲板服务以及总金额 7 亿美元的改装工程。根据计划，"维拉特号"搭载的"海鹞"战斗机也将进行现代化升级，但是随着米格 –29K 型战斗机的到来，这项计划有可能最终搁浅。

技术参数	
"维拉特号"航空母舰	
排水量： 满载排水量 28700 吨	
尺寸： 长 208.8 米，宽 27.4 米，吃水深度 8.7 米	
动力系统： 4 台锅炉，输出功率 77050 马力（56673 千瓦），双轴推进	
航速： 28 节（52 千米／时）	
航程： 以 14 节（26 千米／时）的速度可航行 10460 千米	
舰载机： 12 ~ 18 架"海鹞"飞机，7 架"海王"Mk 42 型直升机或者卡 –28 型直升机，3 架卡 –31 预警直升机	
火力系统： 2 座 8 联装垂发系统，发射"巴拉克"防空导弹；4 门"厄利空"20 毫米口径防空速射火炮，2 门 40 毫米"博福斯"高射炮，4 门 30 毫米口径 AK630 型火炮	
对抗装置： 2 部"乌鸦座"诱饵发射器	
电子系统： 1 部"印度"RAWL–02 Mk 2 型对空搜索雷达，1 部"印度"RAWS 对空对海搜索雷达，1 部"拉什米"导航雷达，1 部"格拉斯比"184M 型舰载主动搜索攻击声呐	
人员编制： 1150 名舰员和航空人员，其中军官 143 人	

左图：印度海军舰队的旗舰——"维拉特号"，自从 1986 年编入印度海军以来，已经进行了安全防护、防御等一系列的现代化改装工程，其中包括装备以色列研制的具备反导能力的"巴拉克"近战导弹防御系统。根据计划，该舰将被 1 艘可起降常规飞机的"维克兰特"级（Vikrant）新型航空母舰所取代

"朱塞佩·加里波第号"反潜航空母舰
Giuseppe Garibaldi ASW Carrier

作为 1 艘使用燃气涡轮发动机动力驱动的直升机航空母舰，"朱塞佩·加里波第号"还能够搭载和起降垂直／短距起降战斗机。该舰飞行甲板长 173.8 米，宽 21 米，安装 6.5 度倾角的滑跃式起飞跳板。飞机机库长 110 米，宽 12 米，高 6 米，可容纳 12 架 SH–3D 型或 EH101 型反潜直升机，或者 10 架 AV–8B 型战斗机和一架 SH–3D 型直升机。如果需要，机库的这种高度还可以容纳 CH47C 型直升机。所搭载的航空联队的飞机数量，最多可以是 18 架直升机（6 架停放在甲板上）或者 16 架 AV–8B 型战斗机。2 台飞机升降机分别安装在岛形上层建筑的前面和后面，甲板上设置了 6 个非常显眼的起降点，专门供直升机起降。

反潜作战

"朱塞佩·加里波第号"专门设计用来为海军旗舰和护航运输队提供反潜作战支援，在此基础上增加了海军和空军作战所需的指挥、控制和通信系统，从而担负起作战舰队旗舰的角色。在紧急情况下，"朱塞佩·加里波第号"还可以搭载和投送 600 人的作战部队执行短期任务。它所装备的武器系统非常广泛，从而能够作为 1 个独立的水面作战单位进行作

战。该艘航空母舰在舰艏位置安装1部主动搜索声呐。为了确保直升机能在恶劣天气下正常作战，"朱塞佩·加里波第号"还专门安装了2对稳定鳍。此外，该艘航空母舰的维护设施非常完善，不但能够满足自身搭载的舰载机联队的需求，还能够为任何1艘护航战舰上的轻型反潜直升机提供服务。

1985年9月，编入现役的"朱塞佩·加里波第号"最初主要用来搭载SH-3C型和AB212型直升机执行突击作战任务。随着意大利政府准许意大利海军装备固定翼飞机，该艘航空母舰开始装备和搭载AV-8B型战斗机。

<table>
<tr><td colspan="2" align="center">技 术 参 数</td></tr>
<tr><td colspan="2">"朱塞佩·加里波第号"反潜航空母舰</td></tr>
<tr><td>排水量：</td><td>标准排水量10100吨，满载排水量13139吨</td></tr>
<tr><td>尺寸：</td><td>长179米，宽30.4米，吃水深度6.7米</td></tr>
<tr><td>动力系统：</td><td>4台菲亚特／通用LM2500型燃气轮机，输出功率80000马力（59655千瓦），双轴推进</td></tr>
<tr><td>航速：</td><td>30节（56千米／时）</td></tr>
<tr><td>舰载机：</td><td>12～18架直升机或者16架AV-8B"海鹞Ⅱ"型战斗机，或者直升机与战斗机混合装备</td></tr>
<tr><td>火力系统：</td><td>8座"奥托·梅莱拉·特瑟奥"Mk 2型反舰导弹发射架；2座8联装"信天翁"发射架，配备48枚"蝮蛇"舰空导弹；3门40毫米口径"布莱达"双管火炮，2具3联装324毫米口径的B-515型鱼雷发射管，可发射Mk 46型反潜鱼雷</td></tr>
<tr><td>对抗装置：</td><td>各种被动式ESM系统，2部SCLAR干扰物投放器，1台DE1160型声呐</td></tr>
<tr><td>电子系统：</td><td>1部SPS-52C型远程3D对空搜索雷达，1部SPS-768型D波段对空搜索雷达，1部SPN-728型I波段对空搜索雷达，1部SPS-774型对空对海搜索雷达，1部SPS-702型对海／目标识别雷达，3部SPG-74型舰炮火控雷达，3部SPG-75型舰空导弹火控雷达，1部SPN-749（Ⅴ）2型导航雷达，1套SRN-15A"塔康"系统（战术空中导航系统），1套IPN-20型战斗数据系统</td></tr>
<tr><td>人员编制：</td><td>通常编制550人，最大编制825人（包括航空人员）</td></tr>
</table>

左图："朱塞佩·加里波第号"航空母舰的防御系统相当强大，装备8座"特瑟奥"Mk 2型反舰导弹发射器和2座8联装"信天翁"导弹发射器，后者配备有48枚"蝮蛇"防空导弹

下图：意大利海军旗舰"朱塞佩·加里波第号"及其航母战斗群是地中海上最强大的海军力量。除了搭载常规舰载机大队执行任务外，该舰同样可以作为两栖突击舰，搭载陆军的CH47C、AB205和A 129直升机执行任务

"库兹涅佐夫"级重型航空巡洋舰
Kuznetsov Class Heavy Aviation Cruiser

严格地讲，"基辅"级航空母舰永远不可能被称为真正的航空母舰。从20世纪60年代开始，飞速发展中的苏联海军开始意识到缺少航空母舰是一种致命的缺陷，尤其对于一支渴望在全球拓展影响力的海军而言更是如此。

于是，苏联海军启动了数项航母发展计划，但无一例外地中途夭折，其中就包括1973年设计的排水量85000吨的核动力航空母舰，该级航空母舰计划搭载60~70架飞机。到了20世纪80年代早期，两项并非十分雄心勃勃的计划开始取得重大进展，其中的"1143.5工程"后来发展成为"库兹涅佐夫"级，而另外一项工程——"1143.7工程"计划发展成为75000吨级的"乌里扬诺夫斯克"级核动力航空母舰，计划搭载60~70架飞机，其中包括改进型的苏-27KM型战斗机和固定翼的雅克-44预警机和反潜巡逻机。但遗憾的是，后面这种核动力航空母舰最终也胎死腹中。

推进系统

起初，西方分析家预测"库兹涅佐夫"航空母舰将拥有一种核动力/蒸汽动力混合推进系统，这一点类似于"基洛夫"级战列巡洋舰和SSV-33型支援和指挥舰。然而，最终建成的"库兹涅佐夫号"航空母舰却令人大跌眼镜，采用的是常规的燃油锅炉推进系统。

"库兹涅佐夫号"虽然与美国海军航空母舰比较相似，但这艘60000吨级的航空母舰却经常被视为那些在北冰洋海底活动的导弹潜艇的附庸，能够对海面、水下和空中目标进行攻击。由于缺乏飞机弹射器，该艘航空母舰起降的战斗机无法携带足够强

右图：与先辈们一样，"库兹涅佐夫号"航空母舰的主要角色是担任反潜作战平台，因此所搭载的主要机型为直升机。然而，苏-27K型"侧卫"截击机为该艘航空母舰提供了相当强大的空战能力

技术参数

"库兹涅佐夫号"重型航空巡洋舰（航空母舰）

排水量： 标准排水量46600吨，满载排水量59400吨

尺寸： 长304.5米，宽67米，机库甲板长183米，吃水深度11米

动力系统： 8台锅炉驱动4台蒸汽轮机，输出功率200000马力（147099千瓦），4轴推进

航速： 29节（54千米/时）

舰载机： 设计搭载雅克-41型短距起飞/垂直降落战斗机和米格-29K型战斗机（但该种机型配置已被取消）；典型舰载机配置为12架苏霍伊公司研制的苏-27K型/33型战斗机，24架卡莫夫公司研制的卡-27/32型通用、反潜、空中预警和导弹制导直升机；未来计划搭载苏-27KUB战斗教练机，还有可能搭载苏-33UB型多用途战斗机

火力系统： 12管垂直发射系统，可发射P-700型"花岗岩"（北约代号SS-N-19"海难"）反舰导弹；24座8联装"匕首"导弹（SA-N-9"长手套"）垂直发射架，可发射192枚防空导弹；8套火炮/导弹混合近距离防空系统，每1部均配备2门30毫米6管加特林火炮和"灰鼬"（SAN-11）导弹；2套RPK5型（UDAV-1）反潜火箭系统，配置60枚反潜火箭

电子系统： 1部"顶盘"（MR-710"弗莱加特"-MA）型3D对空对海搜索雷达，1部MR-320M"蜂鸟"2D搜索雷达，3部"棕榈叶"导航雷达，4部"十字剑"（MR-360"波德卡"）SA-N-9型火控雷达，8部SA-N-11型"热光"火控雷达，1部"捕蝇草"B型飞机控制系统，1套"兹维达"-2型声呐系统，1套"牛轭"（MGK-345）舰体声呐系统，1套"索兹比奇"-BR电子支援/电子对抗系统，2部PK2型干扰物投放器和10部PK10型诱饵发射器

人员编制： 2626人，包括626名航空人员和40名旗语指挥官

大的战斗载荷。

飞行甲板面积 14700 平方米，飞机借助设置在舰艏位置的 12 度倾角滑跃式跳板进行起飞，在飞机制动索的拦阻下实施降落。2 台安装在右舷的升降机将飞机从机库提升到甲板上。根据设计，该艘航空母舰可以起降苏 –27K、米格 –29K 型、雅克 –41 型（后来出现的更重更强大的雅克 –43 型）以及超音速短距起飞 / 垂直降落飞机，但经常随舰出海的固定翼飞机只有苏 –27K（后定型为苏 –33 型）型和苏 –25UTG 型 2 种型号，后者则被作为非武装教练机使用。

该艘航空母舰最初命名为"里加号"，后来相继更名为"勃列日涅夫号"和"第比利斯号"，于 1990 年 10 月最终定名为"库兹涅佐夫海军上将号"。

上图：与"基辅"级航空母舰相比，"库兹涅佐夫"级不仅威力强大，造价更为惊人。鉴于这种情况，在资金上捉襟见肘的俄罗斯海军无法承担起这样 1 艘超级战舰的日常开支，因此在可以预见的未来，俄罗斯是不会再建造此类战舰的

中途夭折的工程

1985 年 12 月，苏联海军开始在尼古拉耶夫建造第 2 艘"库兹涅佐夫"级航空母舰，也就是"库兹涅佐夫号"的姊妹舰，代号为"1143.6 工程"。该舰最初也曾被命名为"里加号"，后更名为"瓦良格号"，于 1988 年 11 月下水。1991 年，俄罗斯国防部停止为该艘航空母舰拨款，并将舰体转交给乌克兰。

下图：就飞行甲板的面积而言，"库兹涅佐夫号"与美国海军的超级航空母舰相比几乎不相上下，但它搭载的舰载机联队的规模却小了许多

"基辅"级航空巡洋舰
Kiev Class Aviation Cruiser

美国海军"北极星"导弹潜艇的服役，促使苏联海军决心发展本国的航空反潜能力。20世纪60年代后期，2艘"莫斯科"级直升机航空母舰先后建成，但性能并不可靠，容量极为有限。1967年，苏联海军开始对"莫斯科"级直升机航空母舰进行改进，这项代号"1143工程"的项目最终发展出"基辅"级，在规模上比"莫斯科"级大出许多。

编入舰队

这批新型航空母舰在黑海沿岸城市尼古拉耶夫的切尔诺莫尔斯基造船厂建造，排水量44000吨的"基辅号"成为该级航空母舰的首舰。然后，苏联海军又建造了3艘同级航空母舰，分别是"明斯克号""新罗西斯克号"和"巴库号"（后来更名为"戈尔什科夫海军上将号"）。其中，由于"巴库号"实施了一系列的改进措施，其中包括1部相控阵雷达、大量的电子战设备和1套增强型指挥与控制系统，因此有时又被视为另外一级航空母舰。1979年，第5艘"基辅"级获准建造，但最终未能动工。

航空巡洋舰

与"莫斯科"级相比，"基辅"级虽然被定级为航空巡洋舰，但更接近于常规的航空母舰，在右舷设置1座巨大的岛形上层建筑，左舷铺设1条斜角飞行甲板。然而，与美国航空母舰不同的是，"基辅"级在舰艏位置配置了威力强大的火力系统，其中就包括P-500型远程核反舰导弹（北约称为SS-N-12"沙箱"导弹）。舰载机联队包括22架雅克-38型"铁匠"垂直起降战斗机、16架卡-25型"荷尔蒙"直升机或者卡-27型"蜗牛"直升机。在16架舰载直升机中，10架执行反潜作战任务，2架执行搜索与救援任务，4架担任导弹制导飞机。在4艘"基辅"级航空母舰之中，没有1艘能够服役到今天。其中，

技术参数

"基辅"级巡洋舰

型号： 反潜／航空巡洋舰

排水量： 标准排水量36000吨（"戈尔什科夫海军上将号"38000吨），满载排水量43500吨（"戈尔什科夫海军元帅号"45500吨）

尺寸： 长274米，宽32.7米，飞行甲板53米，最大吃水深度12米

动力系统： 8台锅炉驱动4台蒸汽轮机，输出功率200000马力（147099千瓦），4轴推进

航速： 32节（59千米／时）

飞机： 12架雅克-38"铁匠"垂直起降飞机和17架Ka-25"激素"或Ka-27"蜗牛"直升机

武器系统： 2座备弹72枚的"风暴"（SA-N-3）导弹发射装置，2座备弹40枚的"奥萨"-M（SA-N-4）型舰空导弹发射装置，4座SA-N-9"长手套"垂直舰空导弹发射装置（"戈尔什科夫海军上将号"配置有192枚导弹，"诺沃罗西斯克号"装有96枚导弹），8具P-500（SS-N-12"沙箱"）反舰导弹发射管发射16枚导弹，4门76毫米舰炮（"戈尔什科夫海军上将号"装有2门单管100毫米舰炮），8套AK630 6管30毫米近防武器系统，2部RBU 6000型反潜火箭发射装置，10具533毫米鱼雷发射管

电子系统： 1部"顶板"对空／海搜索雷达，"蓝天守卫"4型相控阵列雷达（"戈尔什科夫海军上将号"配备），2部"双支柱"对海搜索雷达，3部"棕榈叶"导航雷达，1部"地板活门"、1部"鸢声"、4部"锻木槌"和4部"十字剑"火控雷达，1套"飞行警察"和1套"蛋糕台"飞机控制着舰系统，"马颚""马尾"和各种深水声呐，2部干扰物发射装置和全套电子对抗／电子支援和敌我识别系统

人员编制： 1600人

上图：就本质而言，"基辅"级航空母舰属于航空母舰和巡洋舰的杂交产物，携带着威力强大的导弹系统，能够攻击潜艇、水面舰艇和空中目标

上图：苏联海军的垂直/短距降落飞机母舰——排水量44000吨的"基辅号"，于1976年首次出现在地中海上，这一场面令人震撼

左图：由于缺乏弹射器和降落拦阻装置，"基辅"级航空母舰与美国海军的超级航空母舰相比，在航空作战能力方面明显逊色很多

"基辅号""明斯克号"和"新罗西斯克号"均于1993年退役，后来被卖掉拆解。根据有关协定，1991年退役的"戈尔什科夫海军上将号"在改装了与"库兹涅佐夫"级航空母舰相似的飞行甲板之后，出售给印度海军。

"阿斯图里亚斯王子号" 轻型航空母舰
Principe de Asturias Light Aircraft Carrier

为了替代"迷宫号"航空母舰（美国海军原"独立"级轻型航空母舰"卡伯特号"），从 1986 年起，西班牙海军开始执行 1977 年 6 月 29 日确定的一项造船合同，建造使用燃气轮机动力系统的新型航空母舰。该艘航空母舰由美国纽约吉布斯－考克斯公司设计，在业已取消的美国海军"制海舰"的设计基础上发展而来。它最初被命名为"加利洛·布兰克海军上将号"，但在临近下水之前更名为"阿斯图里亚斯王子号"。该舰在很多方面与英国 3 艘"无敌"级轻型航空母舰相似。

技术参数
"阿斯图里亚斯王子号" 轻型航空母舰
排水量：满载排水量 16700 吨
尺寸：长 195.9 米，宽 24.3 米，吃水深度 9.4 米
动力系统：2 台通用动力公司生产的 LM2500 型燃气涡轮发动机，单台输出功率 46000 马力（34300 千瓦），双轴推进
航速：26 节（48 千米／时）
舰载机：见正文
火力系统：4 套"梅洛卡"12 管 20 毫米口径近防武器系统
电子系统：1 部 SPS-55 型对海搜索雷达，1 部 SPS-52 3D 型雷达，4 部"梅洛卡"火控雷达，1 部 SPN-3SA 型空中控制雷达，1 套 URN-22"塔康"系统（战术空中导航系统），1 副 SLQ-25"水精"拖曳式诱饵，4 台 Mk 36 型干扰物投放器
人员编制：555 人，1 名信号官，208 名航空人员

缓慢的建造进程

"阿斯图里亚斯王子号"航空母舰于 1979 年 10 月 8 日在巴赞公司费罗尔造船厂开始铺设龙骨，1982 年 5 月 22 日下水，1988 年 5 月 30 日编入海军服役。该舰从开始下水到最终服役，前后历时 6 年，这一

右图："阿斯图里亚斯王子号"航空母舰拥有 1 条全通式飞行甲板，在舰船还配置了 1 台滑跃式跳板，以便携带大量载荷的"鹞 II"战斗机起飞

下图：西班牙海军"阿斯图里亚斯王子号"航空母舰的机库位于舰艉，与 2 台飞机升降机之中的 1 台相连接。请注意，该航空母舰侧舷和舰艉 4 套"梅洛卡"近防武器系统，每套系统拥有 12 门 20 毫米口径火炮

过程之所以旷日持久，是因为需要对指挥与控制系统不断改进，以及增加 1 座司令舰桥以满足担当指挥舰的需要。

"阿斯图里亚斯王子号"的飞行甲板长 175.3 米，宽 29 米，舰艉位置安装 1 部 12 度倾角的滑跃式飞行跳板。此外，该舰还配置 2 台飞机升降机，其中 1 台位于舰艉。升降机主要用来将飞机（包括固定翼飞机和偏转翼飞机）从 2300 平方米的机库内提升到飞行甲板上。

为了组建"阿斯图里亚斯王子号"上的舰载机联队，西班牙政府购买了 SH-60B"海鹰"反潜直升机和 EAV-8B（VA.2）"鹞 II"式垂直 / 短距起降多用途飞机（从 1996 年初开始，装备雷达的"鹞 II+"式飞机开始交付）。在通常情况下，该艘航空母舰配置 24 架舰载机，但在紧急情况下，借助飞行甲板上

的停机坪可以增加到 37 架。舰载机的标准配置是：6 ~ 12 架 AV-8B 型战斗机，2 架 SH-60B 型直升机，2 ~ 4 架 AB-212 型反潜直升机，6 ~ 10 架 SH-3H"海王"直升机。

先进的电子系统

"阿斯图里亚斯王子号"航空母舰配置了相当先进的舰载电子系统，其中包括"特里顿"全数字化指挥与控制系统、连接 11 号和 14 号数据链的数据传输 / 接收终端的海军战术显示系统、海空监视雷达、飞机和舰炮控制雷达以及软硬杀伤近防系统。此外，该艘航空母舰搭载了 2 艘车辆人员登陆艇。为了确保恶劣天气条件下的正常航行，还加装了 2 对稳定鳍。

"查克里·纳吕贝特号"轻型航空母舰
Chakri Naruebet Light Aircraft Carrier

在由 12 艘护卫舰、相近数量的轻型护卫舰、快速攻击艇和两栖部队组成的泰国皇家海军的序列中，"查克里·纳吕贝特号"航空母舰是最新锐且最强大的作战舰艇，同时也是东南亚国家装备的首艘航空母舰。该舰由西班牙巴赞公司费罗尔造船厂建造，1994 年 7 月 12 日开始铺设龙骨，1996 年 1 月 20 日下水，1996 年 10 月开始进行海试，1997 年初的几个月在西班牙舰队中进行训练（鉴于上述原因，"查克里·纳吕贝特号"与西班牙海军的"阿斯图里亚斯王子号"航空母舰非常相似）。

"查克里·纳吕贝特号"在 1997 年 8 月抵达泰国后，被编入第 3 海军地区司令部服役，母港设在拉勇港。然而，由于原计划安装的主要防空系统（1

技术参数
"查克里·纳吕贝特号"轻型航空母舰
排水量： 标准排水量 10000 吨，满载排水量 11485 吨
尺寸： 长 182.6 米，宽 22.9 米，吃水深度 6.21 米
动力系统： 2 台燃气涡轮机和 2 台柴油机，输出功率分别为 44233 马力（32985 千瓦）和 11780 马力（8785 千瓦），双轴推进
航速： 26 节（48 千米 / 时）
舰载机： 6 架 AV-8S"斗牛士"固定翼飞机，6 架 S-70B"海鹰"直升机，或者同等数量的"海王"S-76 型或"支奴干"直升机
火力系统： 2 挺 12.7 毫米口径机枪，2 座"西北风"防空导弹发射架
电子系统： 1 部 SPS-32C 型对空搜索雷达，1 部 SPS-64 型对海搜索雷达，1 部 MX1105 型导航雷达，1 部舰载声呐，4 台 SRBOC 诱饵发射器，1 套 SLQ-32 型拖曳式诱饵
人员编制： 舰员 455 人，146 名航空人员，175 名海军陆战队队员

座发射"海麻雀"导弹的 Mk 41 LCHR 型 8 联装垂直导弹发射器和 4 套"密集阵"近防武器系统）未能如期安装，致使该舰在自身防御方面只能依靠射程仅 4000 米的点防空"西北风"红外制导导弹。"查克里·纳吕贝特号"很少执行作战巡航任务，即使是偶尔出海，通常乘坐的也是泰国皇室成员，因此人们很少将其视为 1 艘能够搭载垂直 / 短距起降飞机执行两栖作战任务的航空母舰，而将其看成是 1 艘运行维护费用极其昂贵的皇家游艇。

上图："查克里·纳吕贝特号"航空母舰的侧影。从这幅照片可以看出，泰国皇家海军这艘主力战舰与西班牙海军的"阿斯图里亚斯王子号"航空母舰有着非常明显的相似之处，这是因为两者均是由同 1 家造船厂建造的

下图：泰国海军购买"查克里·纳吕贝特号"航空母舰，是为了满足两栖部队作战的需要。然而，泰国政府所面临的财政困难，制约了该艘航空母舰的进一步发展，使其无法获得足够的防御能力，难以确保其在争议水域的生存能力

"无敌"级轻型航空母舰
Invincible Class Light Aircraft Carrier

1966年，英国取消了"CVA-01舰队航空母舰"（搭载固定翼飞机）的发展计划。鉴于这种情况，英国皇家海军在1967年决定发展一种排水量12500吨、搭载6架"海王"反潜直升机的指挥巡洋舰。对上述这种基本概念进行重新设计之后，设计师们认为发展一种拥有更大甲板面积、可搭载9架直升机的战舰更加有效，于是，一种排水量19500吨的"全通甲板巡洋舰"就这样问世了。事实上，这种所谓的"全通甲板巡洋舰"从本质上讲属于轻型航空母舰，之所以采用这样的称谓，是为了回避当时一些政治上的麻烦，担心被批评这是一种复活航空母舰的做法。尽管如此，设计师们在设计时还是体现出了相当程度的主动性，为未来海军版的"鹞"式垂直/短距起降飞机提前预留出了足够的空间。1975年5月，英国皇家海军正式对外宣布，新型的"全通甲板巡洋舰"将搭载"海鹞"式垂直/短距起降战斗机，这一结果充分体现出了设计师们的先见之明。1973年7月，第1艘"无敌"级航空母舰"无敌号"在维克斯造船厂开工建造，期间没有出现任何延误。1976年5月，英国皇家海军订购了第2艘"无敌"级航空母舰"卓越号"（*Illustrious*），1978年12月定购第3艘"不屈号"（*Indomitable*）。为了照顾公众情绪，英国海军部将"不屈号"更名为"皇家方舟号"（*Ark Royal*）。以上3艘航空母舰分别于1980年7月、1982年7月和1985年11月正式编入舰队服役。

燃气轮机

"无敌"级是世界上最大的燃气轮机动力航空母舰。与此同时，甲板以下所有的设备，包括发动机的所有零部件，都可以轻而易举地拆卸下来进行更

技术参数

"无敌"级轻型航空母舰

排水量： 标准排水量16000吨，满载排水量19500吨

尺寸： 长206.6米，宽27.5米，吃水深度7.3米

动力系统： 4台罗尔斯·罗伊斯公司生产的"奥林匹斯"TN1313型燃气涡轮机，输出功率112000马力（83520千瓦），4轴推进

航速： 28节（52千米/时）

舰载机： 见正文

火力系统： 1座双联装"海标枪"防空导弹发射架，配置22枚导弹；2套20毫米口径"密集阵"近防武器系统（"卓越号"上的"密集阵"系统被"守门员"系统所取代），2门20毫米口径单管防空火炮

电子系统： 1部1022型对空搜索雷达，1部992R型对空搜索雷达，2部909型"海标枪"制导雷达，2部1006型导航/直升机定向雷达，1部184型或者2016型舰艏声呐，1部762型回音探测器，1部2008型水下电话，1套ADAWS5战斗信息数据处理系统，1部UAA-1"阿比·希尔"电子支援系统，2部"乌鸦座"干扰物投放器

人员编制： 舰员1000人，320名航空人员（在紧急情况下可搭载海军陆战队突击队员）

右图："无敌"级航空母舰可以同时搭载固定翼飞机和旋翼机，前者包括各种型号的"鹞"式和"海鹞"式飞机

换和维护保养。在建造期间，"无敌号"和"卓越号"均安装了7度倾角的滑跃式飞行甲板，而"皇家方舟号"则安装了15度倾角的滑跃式飞行甲板。1982年2月，英国宣布将"无敌号"出售给澳大利亚作为直升机母舰，用来取代"墨尔本号"航空母舰，这样一来，英国皇家海军可能只剩下2艘"无敌"级航空母舰了。然而，这项买卖在马尔维纳斯群岛战争结束后就被取消了，因为英国政府认识到，要想在任何时候都能拥有2艘可以作战的航空母舰，首先就必须保持3艘的拥有量，这样可以极大地减轻皇家海军的作战压力。

在"协作"行动中，"无敌号"最初搭载的舰载机为8架"海鹞"战斗机和9架"海王"反潜直升机。经过对战损飞机的补充和重新配置，"无敌号"上的"海鹞"战斗机增加到了11架，"海王"反潜直升机则减少到8架，另外增加了2架专门发射诱饵对付"飞鱼"导弹的"山猫"直升机。然而，这种配置产生了1个比较难以处理的问题，就是由于机库的容积有限，这些额外增加的飞机不得不停放在飞行甲板上。在此情况下，英国造船厂加快了"卓越号"的工程进度，以便早日前往南半球轮换"无敌号"。就这样，马尔维纳斯群岛战争刚一结束，"卓越号"便起航南下了，它搭载着10架"海鹞"战斗机、9架"海王"反潜直升机和2架"海王"预警直升机。为了防御来袭的敌方导弹，"无敌"级轻型航空母舰配置了2套20毫米口径的"密集阵"近防武器系统。此外，该级航空母舰还配置了2门20毫米口径单管防空火炮，用来提高所谓的近距离空中防御能力，但这种做法其实毫无意义。"无敌"级的舰载机标准配置为：5架"海鹞"战斗机，10架"海王"直升机（8架用于反潜作战，2架用于空中预警）。

服役中的"全通式甲板巡洋舰"

从20世纪80年代以来，英国皇家海军一直保持着2艘航空母舰服役，第3艘进行维修保养的舰船轮换部署状态。首先，"无敌号"参照"皇家方舟号"的标准进行了现代化改装，接下来，"卓越号"也进行了同样的改装。从1999年开始，"皇家方舟

上图：英国皇家海军"无敌"级航空母舰的主要远程防空武器是"海标枪"舰对空导弹，从飞行甲板前端侧面的1座双联装导弹发射架进行发射

号"开始进行1次为期2年的整修工程。

近年来，先后有6架英国皇家空军的GR.Mk 7型"鹞"式战斗机搭载在"无敌"级航空母舰上面，执行对地攻击任务。"卓越号"拆除了舰上的"海标枪"导弹发射器，以便腾出更大的空间供飞行和储存弹药之用。1994年，搭载着"海鹞"Mk 2型战斗攻击机的"无敌号"在亚得里亚海海域巡弋，这是该型飞机首次执行作战部署任务。

改进型 "福莱斯特" 级航空母舰
Improved Forrestal Class Aircraft Carrier

"美国号" "星座号" "肯尼迪号" 和 "小鹰号"

事实上，4艘改进型 "福莱斯特" 级航空母舰可以进一步分类为3种类型的航空母舰，它们与前辈们（"福莱斯特" 级）相比有着非常明显的区别，岛形上层建筑更加靠近舰艉。此外，在改进型 "福莱斯特" 级的4部飞机升降机中，有2部位于岛形上层建筑的前部，而 "福莱斯特" 级在这一位置只设置了1部升降机。此外，在岛形上层建筑的后方，还安装了1根格栅雷达天线杆。

"美国号" 航空母舰

1965年1月，"美国号" 服役，它与上一批次（"小鹰号" 和 "星座号"，分别于1961年6月和1962年1月服役）非常相似，事实上，该舰是美国战后建造的唯一安装声呐系统的航空母舰。最后一艘改进型 "福莱斯特" 级航空母舰是 "约翰·F. 肯尼迪号"，该舰在设计上进行了改进，加装了1套原本用于核动力航空母舰的水下防护系统，于1968年9月服役。以上4艘航空母舰均安装了蒸汽弹射器，可携带2150吨航空弹药和738万升航空燃油，用来满足舰载机联队的需要。此外，这些航空母舰在大小尺寸上与 "尼米兹" 级航空母舰比较相似，每支舰载机联队的战术侦察任务通常由数架格鲁曼公司生

技术参数

"约翰·F. 肯尼迪号" 航空母舰

排水量：满载排水量81430吨

尺寸：长320.6米，宽39.60米，吃水深度11.40米，飞行甲板宽76.80米

动力系统：4台蒸汽涡轮机，输出功率28000马力（20900千瓦），4轴推进

航速：32节（59千米/时）

舰载机：根据不同的作战任务组成不同的舰载机联队，通常包括20架F-14 "雄猫" 战斗机，36架F/A-18 "超级大黄蜂" 战斗攻击机，4架EA-6B "徘徊者" 电子战飞机，4架E-2C "鹰眼" 预警机，6架S-3B "海盗" 反潜巡逻机，2架ES-3A "影子" 电子侦察机（持续到1999年），4架SH-60F "海鹰" 直升机，2架HH-60H "救援鹰" 直升机

火力系统：3座8联装Mk 29 "海麻雀" 防空导弹发射架，3套20毫米口径 "密集阵" 近防武器系统，其中2套将被RAM近防武器系统取代

电子系统：1部SPN-64（V）9型导航雷达，1部SPS-49（V）5型对空搜索雷达，1部SPS-48E型3D雷达，1套Mk 23型目标获取系统，1部SPS-67型对海搜索雷达，6部Mk 95型火控雷达，3部Mk 91型导弹火控系统指挥仪，1部SPN-41型雷，1部SPN-43A型雷达，2部SPN-46型 "航空母舰控制着舰系统" 雷达，1套URN-25型 "塔康" 系统，1部SLQ-36型拖曳式鱼雷诱饵，SLQ-32（V）4/SLY-2型电子支援/电子对抗装置，1套水面舰艇鱼雷防御系统，4部Mk 36型干扰物/诱饵投放器

人员编制：舰员2930人（军官155人），航空人员2480人（320名军官）

下图：1999年8月，美国海军航空母舰 "星座号"（近处）和 "小鹰号" 在西太平洋海域参加航空母舰联合演习。根据计划，"星座号" 于2003年退役，它的位置被 "罗纳德·里根号" 所取代，而 "小鹰号" 也将于2008年被CVN-77号航空母舰所取代

产的装备 TARPS 数字化吊舱（"战术空中侦察系统"）的 F-14 "雄猫"战斗机承担。根据规划，F-14 "雄猫"战斗机将被波音公司生产的 F/A-18E/F "超级大黄蜂"战斗攻击机所取代。

　　上述航空母舰均装备了反潜作战分类和分析中心、导航战术定向系统和战术旗舰指挥中心等设备，其中，"美国号"成为第 1 艘装备导航战术指挥（NTDS）系统的航空母舰。与此同时，这些战舰均安装了 OE-82 型卫星通信系统，成为第 1 批能够轻松同时进行舰载机放飞和回收的航空母舰，而这种作战能力对于早期航空母舰来说简直是天方夜谭。在 4 艘改进型"福莱斯特"级航空母舰中，有 3 艘通过了"延长服役期"资格认证，唯独"美国号"未能获得认证，最终在 20 世纪 90 年代初期退役。根据计划，"星座号"和"小鹰号"在美国海军太平洋舰队分别服役到 2003 年和 2008 年，"约翰·F. 肯尼迪号"则将会在大西洋舰队至少服役到 2018 年。

上图：1962 年，"小鹰号"航空母舰正在为"萨姆纳"级驱逐舰"麦克恩号"和"哈里·E. 哈伯德号"进行海上加油，此时距离"小鹰号"编入美国海军太平洋舰队有 1 年之久

下图："美国号"航空母舰（CVA-66）于 1965 年 1 月服役，最初编入美国海军大西洋舰队，在 1968—1973 年曾经 3 次赴东南亚地区执行战斗部署任务。1975 年，该舰经过改进后开始起降 F-14 型战斗机和 S-3 型飞机。1980 年，"美国号"成为第 1 艘装备"密集阵"近防武器系统的航空母舰，并于 1986 年和 1991 年先后参加了空袭利比亚的战斗以及海湾战争

2000 年 4 月，在执行为期 2 个月的西太平洋部署任务期间，美国海军"小鹰号"航空母舰停靠在关岛的阿普拉码头。从 1998 年至今，"小鹰号"成为常驻日本的美国常规动力航空母舰

"企业号" 核动力航空母舰
USS Enterprise（Post-refit）Nuclear-Powered Carrier

世界上第 1 艘核动力航空母舰——"企业号"，于 1958 年开工建造，1961 年 11 月正式服役，是在当时最大规模的 1 艘战舰。"企业号"拥有 8 台 A2W 型压水浓缩铀燃料反应堆，可以产生巨大的推力。然而，"企业号"的昂贵造价，制约了美国海军造舰计划中另外 5 艘同级航空母舰的建造工作。

大规模改装

从 1979 年 1 月到 1982 年 3 月，"企业号"航空母舰进行了 1 次大规模改装，其中包括改建岛形上层建筑，安装新型雷达系统，更换自建成以

下图：1996 年，美国海军航空母舰 "企业号"（最顶端）和 "乔治·华盛顿号"、快速战斗支援舰 "供应号"（中间）以及弹药船 "贝克山号"（底部）成编队队形航行在西地中海海域

技术参数
"企业号" 航空母舰
排水量： 标准排水量 75700 吨，满载排水量 93970 吨
尺寸： 长 342.30 米，宽 40.50 米，吃水深度 10.90 米，飞行甲板宽 76.80 米
动力系统： 4 台蒸汽涡轮机（8 台 A2W 型核反应堆），输出功率 280000 马力（209000 千瓦），4 轴推进
航速： 33 节（61 千米 / 时）
舰载机： 见改进型 "福莱斯特" 级航空母舰
火力系统： 3 座 8 联装 Mk 29 "海麻雀" 防空导弹发射架，3 套 20 毫米口径 "密集阵" 近防武器系统（有可能被 RAM 近防武器系统取代）
电子系统： 1 部 SPN-64（V）9 型导航雷达，1 部 SPS-49（V）5 型对空搜索雷达，1 部 SPS-48E 型 3D 雷达，1 套 Mk 23 型目标获取系统，1 部 SPS-67 型对海搜索雷达，6 部 Mk 95 型火控雷达，3 部 Mk 91 型导弹火控系统指挥仪，1 部 SPN-41 型雷达，1 部 SPN-43A 型雷达，2 部 SPN-46 型 "航空母舰控制着舰系统" 雷达，1 套 URN-25 型 "塔康" 系统，1 部 SLQ-36 型拖曳式鱼雷诱饵，SLQ-32（V）4/SLY-2 型电子预警 / 电子对抗装置，1 套水面舰艇鱼雷防御系统，4 部 Mk 36 型干扰物 / 诱饵投放器
人员编制： 舰员 3215 人（军官 171 人），航空人员 2480 人（358 名军官）

下图：由于舰船推进系统采用了核动力，美国海军"企业号"航空母舰得以搭载足够多的飞机燃油和弹药，确保舰载机联队能够连续12天空中作战，其间不需要进行任何补给

来就一直使用的老式雷达天线等项目。"企业号"配置4部蒸汽弹射器和4台飞机升降机，能够携带2520吨航空弹药和1030万升航空燃油，从而满足舰载机联队的作战需求。与其他美国航空母舰一样，"企业号"的弹药包括爆炸当量10000吨的B61、20000吨的B57、60000吨的B43、100000吨的B61、200000吨的B43、330000吨的B61、400000吨的B43、600000吨的B43和900000吨的B61等各型战术自由下落核炸弹，以及100000吨的"石眼"空对舰核导弹和10000吨的B57型核深水炸弹。此外，还可以根据实际作战需要携带爆炸当量1400000吨的B43型和1200000吨的B28型战略核炸弹。"企业号"上的舰载机联队在规模和构成上与"尼米兹"级的舰载机联队相似，而且装备了相同的反潜作战分类和分析中心、导航战术定向系统和战术旗舰指挥中心等设备。除了OE-82型卫星系统之外，"企业号"还安装了2部英国制造的SCOT卫星通信天线，用来与英国和北约舰队进行沟通。以上2套系统于1976年安装。

上图：在1998年12月的"沙漠之狐"行动期间，美国海军"企业号"航空母舰上的空中交通管制员正在协助引导执行打击任务的战机进出伊拉克领空

"企业号"于本书成书时正在太平洋舰队中服役，并于1991—1994年通过了"延长服役期"资格认证，延长至2014年退役。

下图：2001年9月，"企业号"航空母舰——美国海军年事最高的现役核动力航空母舰，古巴导弹危机的亲历者——正在波斯湾支援"南方守望"行动

"尼米兹"级核动力航空母舰
Nimitz Class Nuclear-Powered Aircraft Carrier

起初，首批 3 艘"尼米兹"级核动力航空母舰主要设计用来替代老式的"中途岛"级航空母舰。作为美国建造的吨位最大、战斗力最强的航空母舰，"尼米兹"级仅安装 2 座核反应堆，这与早期的"企业号"核动力航空母舰的 8 座核反应堆形成了鲜明的对比。"尼米兹"级的弹药库设置在核反应堆中间和前面，这种做法增加了可以利用的内部空间，能够携带 2570 吨的航空武器和 1060 万升的飞机燃油，这些物资足够舰载机联队进行 16 天不间断的飞行作战。此外，该级航空母舰还安装了和"肯尼迪号"完全相同的鱼雷防护装置和电子系统。

飞行甲板

"尼米兹"级航空母舰的 4 台飞机升降机安装在飞行甲板的边缘，其中 2 台位于航空母舰前部，1 台位于右舷岛形上层建筑的后部，1 台位于左舷舰艉处。机库高 7.80 米，所容纳的飞机数量与其他航空母舰相同。但在通常情况下，仅有一半的舰载机停放在机库内，其余舰载机停放在飞行甲板的机位上。飞行甲板面积为 333 米 ×77 米，其中斜角飞行甲板长 237.70 米。"尼米兹"级配置 4 套飞机拦阻索和 1 套拦阻网用于回收舰载机。此外，该级航空母舰还配置了 4 台蒸汽飞机弹射器，其中 2 台安装在舰艏位置，另外 2 台安装在斜角飞行甲板之上。有了这些飞机弹射器，"尼米兹"级每 20 秒就能够起飞 1 架飞机。

舰载机联队

在 21 世纪初期，美国海军 1 个舰载机联队的标准配置为：20 架 F–14D "雄猫"战斗机（承担一定程度的打击任务）、36 架 F/A–18 "大黄蜂"战斗机、8 架 S–3A/B "海盗"、4 架 E–2C "鹰眼"、4 架 EA–6B "徘徊者"、4 架 SH–60F 和 2 架 HH–60H "海鹰"直升机。舰载机联队可以根据不同的作战需要采取不同的机型构成。例如 1994 年在海地附近海域的维和行动中，"艾森豪威尔号"航空母舰上搭载的是 50 架美国陆军直升机，而非通常的舰载机联队。

160.9344 万千米

在标准条件下，"尼米兹"级的 A4W 型核反应堆燃料的使用寿命是 13 年左右，可确保航空母舰行驶 1287440～1609300 千米，而后才更换反应堆燃料。尽管"尼米兹"级航空母舰相对比较新型，但仍

左图：20 世纪 80 年代早期，"艾森豪威尔号"航空母舰与导弹巡洋舰"加利福尼亚号"一起在海上航行。在将近 1/4 世纪内，美国海军"尼米兹"级航空母舰一直保持着世界上最强大战舰的地位

<table>
<tr><td colspan="2" align="center">**技术参数**</td></tr>
<tr><td colspan="2">**"尼米兹"级航空母舰**</td></tr>
<tr><td>**排水量：**</td><td>标准排水量 81600 吨，满载排水量 91487 吨</td></tr>
<tr><td>**尺寸：**</td><td>长 317 米，宽 40.80 米，吃水深度 11.30 米</td></tr>
<tr><td>**飞行甲板：**</td><td>长 332.90 米，宽 76.80 米</td></tr>
<tr><td>**动力系统：**</td><td>2 座 A4W/A1 G 型核反应堆驱动 4 台蒸汽涡轮机，输出功率 280000 马力（209000 千瓦），4 轴推进</td></tr>
<tr><td>**航速：**</td><td>35 节（65 千米／时）</td></tr>
<tr><td>**舰载机：**</td><td>最多可搭载 90 架，但目前的美国海军舰载机联队通常为 78 ～ 80 架</td></tr>
<tr><td>**火力系统：**</td><td>3 座 8 联装"海麻雀"防空导弹发射架，4 套 20 毫米口径"密集阵"近防武器系统，2 具 3 联装 320 毫米口径鱼雷发射管</td></tr>
<tr><td>**电子系统：**</td><td>（首批 3 艘航空母舰）1 部 SPS-48E 型 3D 对空搜索雷达，1 部 SPS-49（V）5 型对空搜索雷达，1 部 SPS-67V 型对海搜索雷达，1 部 SPS-67（V）9 型导航雷达，5 套飞机降落辅助装置（SPN-41 型、SPN-43B 型、SPN-44 型和 2 套 SPN-46 型），1 部 URN-20 型"塔康"系统，6 部 Mk 95 型火控雷达，1 部 SLQ-32（V）4 型电子支援装置，4 部 Mk 36 超级 RBOC 干扰物投放器，1 套 SSTDS 鱼雷防御系统，1 套 SLQ-36"尼克斯"声呐防御系统，1 套 ACDS 战斗数据系统，1 部 JMCIS 战斗数据系统，4 套特高频和 1 套超高频卫星通信系统</td></tr>
<tr><td>**人员编制：**</td><td>舰员 3300 人，航空人员 3000 人</td></tr>
</table>

计划在 2010 年之前进行"延长服役期"整修，希望通过此举能够再增加 15 年的服役期。

作为美国海军主要的兵力投送手段，"尼米兹"级航空母舰频频出现在世界各个热点地区。其中，1975 年 5 月服役的"尼米兹号"（CVN-68）参加了 1980 年的伊朗人质救援行动，在行动中作为美军特种部队的海上基地，但这次行动最终以失败而告终。1981 年，"尼米兹号"上的舰载机联队参加了轰炸利比亚的战斗行动。1987 年，"尼米兹号"从大西洋舰队转隶太平洋舰队，在接下来的 10 年内多次赴波斯湾和亚洲海域执行部署任务。1998 年，"尼米兹号"返回诺福克接受 1 项为期 2 年的燃料更换和大修。

"艾森豪威尔号"

1977 年 10 月，"艾森豪威尔号"（CVN-69）（全称为"德怀特·D.艾森豪威尔号"，文中均为简称）航空母舰编入美国海军大西洋舰队服役，此后先后 8 次赴地中海执行部署任务。1990 年，伊拉克入侵科威特，"艾森豪威尔号"最早对此作出反应。1994 年，"艾克号"（"艾森豪威尔号"的昵称）赴海地周边海域支援维和行动。接下来，该舰又多次赴波斯湾执行部署任务，支援美国在该地区的外交和军事决策。

自从 1982 年编入美国海军太平洋舰队以来，"卡尔·文森号"航空母舰（CVN-70）在太平洋、印度洋和阿拉伯海海域已经多次执行部署任务。"卡尔·文森号"还参加了阿富汗战争，并在其中发挥了重要作用。

下图：停放在美国海军"卡尔·文森号"航空母舰飞行甲板上的飞机数量占到了 1 个舰载机联队的 1/3。在执行打击任务的舰载机之中，绝大多数飞机不但能够进行空对空作战，还能够实施对地攻击

改进型"尼米兹"级核动力航空母舰
Improved Nimitz Class Nuclear-Powered Aircraft Carrier

　　1981年，经过国会山以及五角大楼内部的多次讨论之后，有关订购第1艘改进型"尼米兹"级航空母舰的争论终于尘埃落定。所有6艘改进型"尼米兹"级核动力航空母舰均在关键部位加装了"凯夫拉"防护装甲，并装备了经过改进的舰体防护装置。

规模扩展

　　与基本型"尼米兹"级航空母舰相比，改进型"尼米兹"级的舰宽多出2米，满载排水量超过102000吨（在某些情况下甚至超过106000吨）。在人员编制构成中，舰员3184人（军官203人），舰载机联队人员2800人（军官366人），舰队指挥通信人员70人（军官25人）。

　　该级航空母舰上的战斗数据系统，是以"海麻雀"导弹的海军战术和高级战斗引导系统为研制基础。此外，"尼米兹号"安装了雷声公司研制的SSDS Mk 2 Mod 0型舰艇自卫系统，该系统通过整合和协调舰载武器系统和电子战系统，能够针对来袭的反舰巡航导弹进行自我防护。

电子战

　　雷声公司研制的AN/SLQ-32（V）型电子战系统，借助2套天线系统对敌方雷达的脉冲重复速率、扫描模式、扫描周期和频率进行系统分析，能够探测和发现敌方雷达发射机。该电子战系统通过识别威胁类型和方向，为舰载电子对抗系统提供预警信号和界面。

　　第1艘改进型"尼米兹"级航空母舰是"西奥多·罗斯福号"航空母舰（CVN-71），于1986年10月编入现役，不久后参加了海湾战争。"亚伯拉罕·林肯号"（CVN-72）于1989年11月服

上图：2004年6月26日，1架F-14B"雄猫"战机从美国海军"乔治·华盛顿号"航母的飞行甲板上弹射起飞。这架"雄猫"隶属于负责支援"伊拉克自由"行动的第7航母舰载机联队

下图：在美国海军"西奥多·罗斯福号"航空母舰（CVN-71）的控制中心内，水兵们正在面板上绘制舰船动态图

役，它所执行的第 1 项重大任务就是当皮纳图博火山爆发时，从菲律宾撤运出美国军队。接下来，"乔治·华盛顿号"（CVN-73）、"约翰·C.斯坦尼斯号"（CVN-74）和"哈里·S.杜鲁门号"（CVN-75）分别于 1992 年 7 月、1995 年 12 月和 1998 年相继服役。2001 年，第 6 艘改进型"尼米兹"级航空母舰"罗纳德·里根号"（CVN-76）下水，南希·里根夫人主持了舰船命名仪式。

第 10 艘同时也是最后 1 艘"尼米兹"级航空母舰——CVN-77，该舰将采用一种过渡性设计方案，融合了最新的造船科技，舰员数量将大幅度减少。此外，它还将测试一些新型系统，以便将来应用在下一代新型航空母舰（CVNX）之上。

右图：美国海军"哈里·S.杜鲁门号"（CVN-75）飞行甲板的面积相当于 3 个足球场的大小，所搭载的舰载机联队的规模甚至比一些国家的空军部队还要强大。航空母舰是支撑美国外交政策的强有力的柱石

CVNX 航空母舰
CVNX Aircraft Carrier

为了保持在 21 世纪的远距离力量投送能力，CVNX 级新型航空母舰计划成为美国海军力量发展的核心。美国海军的长期发展目标是以每 5 年建造一艘的速度，总共建造 10 艘新型航空母舰，在现役的"尼米兹"级航空母舰基础之上进行设计，但要进行大幅度的改进，并运用新技术。美国海军希望在降低新型航空母舰建造成本的同时，保持投送大规模兵力的能力，提高航空母舰的抗毁能力、自持能力和机动能力。

纽波特纽斯造船厂

根据 2003 年 7 月的决定，该型航空母舰将由纽波特纽斯造船厂负责建造。CVNX1 目前改称为 CVN-21 级，将在最后 1 艘"尼米兹"级舰完工后开始建造，在 2007 财年订购，在 2014 年具备初始作战能力，并接替 1961 年服役的"企业号"航空母舰。

CVN-21 级航空母舰将安装新型的核动力推进装置，该装置综合了 3 代潜艇核反应堆技术发展而成。使用新型动力装置大大降低了采购、人力、维修和延长使用寿命的成本。CVN-21 级的全部电力将由核反应堆提供，以适应 21 世纪舰载系统技术的要求。新型的电力生产和分发系统是设计重点，从而提高战斗力、抗毁能力和机动能力。

上图：CVNX 级航空母舰的舰体基于"尼米兹"级航空母舰，通过使用新型钢材以减轻重量，提高隐身性能。该幅作品是几种新型舰船设计方案之一

提高抗损毁能力

舰上备用的栅格电子系统将提高损坏控制能力，电气辅助系统将减少维修工作，并能够更加有效地利用电力。维修工作的减少和可靠性的增大将使得 CVN-21 级航空母舰的实用性更强，减少进入造船厂进行维修保养的次数。先进的新型电力装置使得 CVN-21 级能够最大限度地使用先进技术，同时还能调整生产成本和舰员的需求。

过渡标准

紧随过渡性的 CVN-21 级航空母舰之后的是 CVNX2 级航空母舰（有可能改称为 CVN-22 级），CVNX2 级最重要的特点是采用了电磁飞机弹射系统，从而减少了舰员数量和维修保养工作量，降低飞机在发射和回收时对于甲板风力的要求，减少机身的最大负荷，延长使用寿命。与磁悬浮火车所使用的技术相类似，电磁飞机弹射系统不再依靠航空母舰产生的蒸气，在增加能量的同时，减少了航空母舰的重量和体积。

CVNX2 的系统结构提高了舰船操作的灵活性，先进的防护系统加强了舰体抗毁能力。在可能的情况下，舰船操作、居住、锚泊和机动性能可采用商用系统。高级信息管理系统可以自动对弹药从仓库到飞机的装载过程进行控制。CVNX2 的长期发展目标是削减建造总成本和舰员的数量。

力量投送

美国海军在发展 21 世纪航空母舰的问题上以改装和应用高新科技为基础，这种新型的海基战术航空平台将保留"尼米兹"级航空母舰的所有作战能力，通过优化设计结构，最大限度地利用成熟技术削减成本，提高能力。

CVNX 级航空母舰的隐身性能优于现役的航空母舰，但其采用的隐身技术与现有技术相比并没有决定性的差别。

前"海军上将戈尔什科夫"级/"超日王"级航空母舰

Ex-Admiral Gorshkov / Vikrant Class Aircraft Carriers

作为印度跻身"蓝水海军"国家行列的标志，印度海军从1961年便开始使用航空母舰，当时印度从英国购得了排水量19500吨的"竞技神号"，并更名为"维克兰特号"（Vikrant）。在长期使用后，由于该舰过小的舰体已经无法运作更先进的舰载机，且船体老化已经不具备继续进行大规模改造的价值。印度于1986年再度从英国购买了排水量28600吨的"竞技神号"，并将其更名为"维拉特号"，经过改造后，该舰能够搭载12架"海鹞"FRS.Mk 51短距垂直起降（STOVL）战斗机以及7架直升机。1999年，印度"获赠"了原名"海军上将戈尔什科夫号"的"巴库号"，该舰是"基辅"级的4号舰，亦因其与其他同型舰较大的设计差异被称为"改进型基辅"级，工程代号1143.3工程，于1987年1月服役，1994年被封存。由于该舰当时舰况极差且俄罗斯无力进行哪怕是最基本的维护，根据协议安排，印度政府将出资在俄罗斯造船厂对该舰进行修缮和现代化改造。2003年，两国达成协议，将在接下来的3～4年中完成对该舰的现代化改造。该舰上此前安装的苏联时期舰载武器和作战装备因长期封存而基本失效，被全部拆除或更换。

该舰的现代化改造涉及全船70%的部分，改造后将能够搭载1个中队的米格-29K舰载战斗机，安装6套"卡什坦"/"栗树"弹炮合一防空/反导系统，在舰艏设置14度上翘角的滑跃甲板。飞行甲板总长198米，配备3条阻拦索，2部飞机升降机分别能够提升30吨和20吨重的飞机，机库尺寸为130米×22.5米。

此后，印度海军将自主建造2艘航空母舰。原本

技术参数

"改进型基辅"级航空母舰

排水量：满载排水量45400吨

尺寸：长283米，宽51米，吃水深度10米

动力系统：4台GTA 674蒸汽轮机，功率200105马力（149200千瓦），4轴推进

航速：最大航速28节（52千米/时）

航程：以18节（33千米/时）的速度可航行25500千米

武器系统：6座"卡什坦"/"栗树"弹炮合一系统

电子设备：1座"顶板"对空搜索雷达，2部"双支柱"对海搜索雷达，1部导航雷达，1部空中管制雷达，1部Leso rub 11434作战信息系统，1部"巴哈特"电子战系统，2部PK2干扰弹发射器，1部MG 355"马颚"舰体声呐，2部拖曳式鱼雷诱饵

舰载机：30架固定翼飞机和直升机（见正文）

人员编制：1200人，外加人数不详的舰载航空人员

在1989年，印度就提出在科钦造船厂自产航母，并计划在1997年1月取代服役多年的原"维克兰特号"。其国产航母的设计方案得到了法国海军造船厂的设计支持，该级舰排水量将达到28000吨，可以搭载短距垂直起降战斗机或常规弹射阻拦起降（CTOL）战机。1991年，印度海军被勒令放弃建造较大的航空母舰，转而考虑在意大利"加里波第"级航空母舰设计方案基础上建造尺寸与性能类似的轻型航母。但在1999年，印度政府为印度海军的"防空舰"计划注入资金，计划建造1艘满载排水量32000吨、时速32节（59千米/时）、全长超过250米、配备斜角甲板和滑跃起飞甲板的航空母舰，计划搭载36架作战飞机（16架米格-29K和20架直升机），同时配备防空导弹和近防武器系统。印度未来的航空母舰计划，不管是自产、俄制还是其他来源，都显得扑朔迷离。

"安德利亚·多里亚" 级航空母舰
Andrea Doria Class Aircraft Carrier

2000 年 11 月，意大利海军与意大利造船集团签订合同，决定建造 "安德利亚·多里亚号" 轻型航空母舰。2001 年 7 月，舰艏和舰体中部在里瓦·特里格索造船厂开工建造，舰艉在马吉亚诺造船厂开工建造。整艘舰于 2007 年交付使用。

根据设计，该舰具备指挥与两栖作战能力，舰载 145 名司令部参谋人员和 380 名海军陆战队员，也可搭载多达 470 人执行短期作战任务。此外，该舰可搭载 24 辆主战坦克或 60 辆装甲车或 100 辆轮式车辆，车辆通过两处车辆装卸坡道（舰艉和右舷各一）进出舰船，1 台 7 吨和 2 台 15 吨的升降机负责装载和卸载后勤和弹药。

"紫菀" –15 型导弹

该舰最大的优点是战术机动性能好，能够发挥航空母舰的作用，投送兵力或轮式和履带式车辆，支援军事行动和人道主义救援行动。该舰的飞行甲板（有 2 台升降机）可起降固定翼和旋转翼飞机，机库面积 2500 平方米，舰载直升机可快速输送登陆部队，舰上设有 1 间 3 个床位的医务室，备有 X 光和 CT 设备、牙科和实验室。

舰上的垂直发射系统可发射 "紫菀" –15 型舰空导弹，EMPAR 多功能相控阵雷达可同时进行监视、跟踪和火控。舰上还装有 2 门 76 毫米口径奥托·布雷达速射炮和 3 门 25 毫米口径高射炮，以及先进的雷达和电子战系统。

技术参数

"安德利亚·多里亚" 级航空母舰

排水量： 满载排水量 26500 吨

尺寸： 长 234.4 米，宽 39 米，吃水深度 7.5 米

动力系统： 燃燃联合动力（COGAG）4 台 LM2500 蒸汽涡轮，对 2 个轴产生 118000 马力（87980 千瓦）推力

航速： 30 节（56 千米 / 时）

航程： 以 16 节（30 千米 / 时）的速度可航行 13000 千米

武器系统： 4 座 8 联装 "席尔瓦" 垂直发射系统发射 "紫菀" –15 中程舰空导弹，2 门 76 毫米 "超速" 型舰炮和 3 门 25 毫米机关炮

电子系统： 1 部 RAN–40S 或 S–1850M 型远距离对空搜索雷达，1 部 EMPA 对空搜索制导雷达，1 部 SPS–791 对海搜索雷达，1 部 SPN–753G（N）导航雷达，1 部 "吸血鬼" 光电指示仪，1 部 SPN–41 飞机控制雷达，1 套 "水平" 作战数据系统，1 套电子战系统，2 部 SCLAR–H 干扰物 / 诱饵发射装置，1 部 SNA–2000 水雷回避声呐

飞机： 8 架 AV–8B 或 F–35 固定翼飞机和 12 架 EH.101 型直升机

人员编制： 456 人，另有 211 名航空人员

左图：将 2 种海上力量投送概念（攻击舰和航空母舰）合并为 1 艘单舰，未来的 "安德利亚·多里亚" 级舰将是 1 艘远洋多用途舰艇，其改进型设计将会为意大利海军节省大量经费

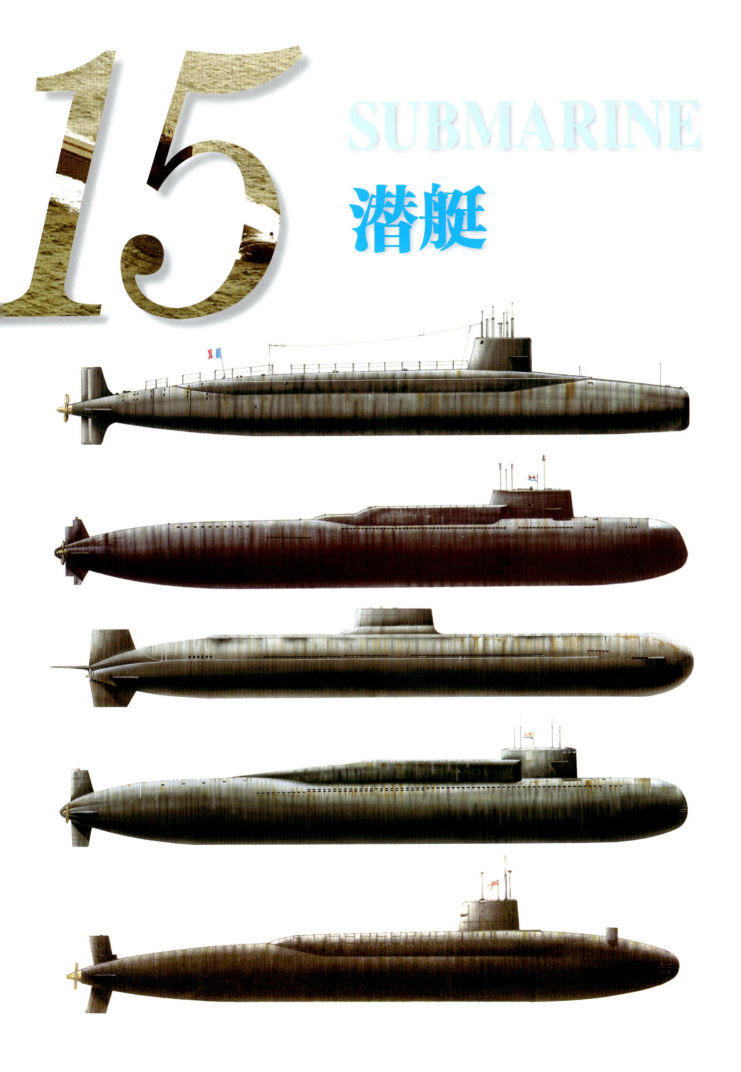

15

SUBMARINE

潜艇

"可畏"级和"不屈"级弹道导弹核潜艇

Le Redoutable and L'Inflexible Classes SSBNs/SNLEs

1963 年 3 月，法国海军第 1 艘弹道导弹核潜艇"可畏号"（*Redoutable*）获准开工。"可畏号"于 1964 年 11 月开工，经过 2 年半的海试之后，最终于 1971 年编入现役。起初，该艘潜艇及其姊妹艇"可怕号"，均装备射程 2400 千米的 2 级固体燃料惯性制导 M1 型潜射弹道导弹，每枚导弹携带 1 个爆炸当量为 500000 吨的核弹头，精度误差仅为 930 米。1974 年，第 3 艘"可畏"级潜艇"敬畏号"服役，装备了经过改进的 M2 型潜射弹道导弹，该型导弹所携带的弹头和命中误差均和 M1 型相同，只不过加装了 1 台功率更强大的 2 级发动机，射程达到 3100 千米。后来，前 2 艘潜艇在进行例行检修时也装备了 M2 型导弹系统。第 4 艘潜艇"坚定号"于 1977 年编入现役，装备了威力更加强大的 M20 型潜射弹道导弹，这种新型导弹不但拥有和 M2 型导弹相同的射程和命中精度，还携带了 1 枚 1200000 吨核当量的新型弹头。更为重要的是，M20 型导弹所携带的干扰物投放突破装置，能够干扰和迷惑敌方的防御雷达系统。最后 1 艘"可畏"级潜艇"雷霆号"建成后，也装备了 M20 型导弹系统。其他 3 艘装备 M2 型导弹的该级潜艇最终也换装了 M20 型导弹系统。从 1985 年开始，法国海军开始建造最后 4 艘"可畏"级潜艇，与此同时，另 1 艘该级潜艇也进行了武器系统升级，装备了"不屈号"潜艇上早已使用的 M4 型

潜射弹道导弹。此外，所有 5 艘都进行了改装，以便携载 SM39 "飞鱼"反舰导弹和"不屈"级潜艇上的声呐装置。自从"可畏号"在 1991 年 12 月退役之后，人们开始将剩余 4 艘潜艇视为"不屈"级潜艇，这

技术参数

"可畏"级潜艇

排水量： 水面 8045 吨，水下 8940 吨

尺寸： 长 128.7 米，宽 10.6 米，吃水深度 10 米

动力系统： 1 座压水式反应堆，2 台蒸汽涡轮机，单轴推进

航速： 水面 18 节（33 千米 / 时），水下 25 节（46 千米 / 时）

下潜深度： 作战潜深 250 米，最大潜深 330 米

武器系统： 16 具导弹发射管，发射 16 枚 M20 型潜射弹道导弹；4 具 533 毫米口径艇艏鱼雷发射管，配备 18 枚 L5 型两用鱼雷和 F17 型反舰导弹

技术参数

"不屈"级潜艇

排水量： 水面 8080 吨，水下 8920 吨

尺寸： 长 128.7 米，宽 10.6 米，吃水深度 10 米

动力系统： 1 座压水式反应堆，2 台蒸汽涡轮机，单轴推进

航速： 水面 20 节（37 千米 / 时），水下 25 节（46 千米 / 时）

下潜深度： 作战潜深 350 米，最大潜深 465 米

武器系统： 16 具导弹发射管，发射 16 枚 M4 型潜射弹道导弹（"不屈号"在 2001 年换装 16 枚 M45 型潜射弹道导弹）；4 具 533 毫米口径艇艏发射管，发射 18 枚 L5 型两用鱼雷、F17 型反舰导弹和 SM39 型"飞鱼"导弹

电子系统： 1 部对海搜索雷达，1 部被动式电子支援系统，1 部 DMUX 5 型水下电话，1 部 DLT D3 型鱼雷和"飞鱼"导弹火控系统，1 部 DSUX 21 型声呐

人员编制： 135 人

下图：1971 年 12 月服役的"可畏号"弹道导弹核潜艇是法国海军的第 1 艘战略导弹潜艇

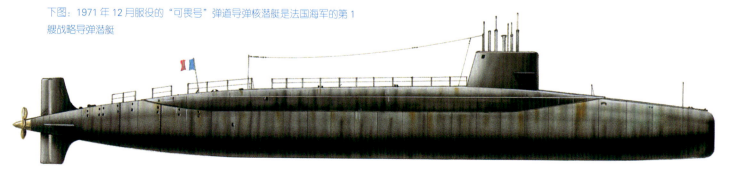

是因为它们与"不屈"级潜艇有着比较相似的流线型轮廓。到了2003年，唯一仍在服役的"可畏"级潜艇是"坚定号"，该艇在1989年换装了M4型导弹，计划在2004年晚些时候退役。另外1艘进行了同样升级的"可畏"级潜艇"雷霆号"于1999年转入预备役。

"不屈"级潜艇

1978年9月，法国海军订购了唯一的"不屈"级潜艇"不屈号"，作为"可畏"级和"凯旋"级中间的过渡型潜艇。"不屈号"保留了"可畏"级潜艇绝大多数的外部特征，但其推进系统、电子系统和武器系统等内部装置与前者相比更加先进。

"不屈号"于1980年3月开工建造，1985年4月具备作战能力，服役到2008年。与所有的法国导弹潜艇一样，"不屈号"也配备了A，B两组艇员，两套人马轮流出海巡逻，从而最大限度地发挥潜艇的作用。这些弹道导弹核潜艇每次出海巡航时间持

上图：法国试图维持在任何时候都有2艘战略核潜艇维持巡航状态的能力，诸如"可怕号"（"可畏"级）在内的战略核潜艇在出港和回港时均会得到海军水面舰艇，潜艇以及反潜机组成的屏护幕的保护以确保安全

续2个月，很少有持续3个月的做法。法国海军所有的弹道导弹核潜艇都部署在布雷斯特附近的长岛基地，在进出港口时受到特别的保护。

2001年4月，"不屈号"成功试射了1枚M45型潜射弹道导弹，该型导弹包含了新一代M51型导弹（计划装备在"凯旋"级弹道导弹核潜艇上）的一些部件。

下图："可畏号"及其姊妹艇的设计和建造工作完全由法国人自行完成，没有从美国那里获得任何帮助。而英国在设计和建造"北极星"导弹潜艇时，则从美国获取了大量的帮助

"凯旋" 级新一代弹道导弹核潜艇

Le Triomphont Class New Generation SSBNs/SNLEs

1986 年 3 月，为了取代 "可畏" 级潜艇，法国海军订购了 "凯旋" 级潜艇，法国人称之为 "SNLE–NG"，即 "新一代弹道导弹核潜艇"。"凯旋号"于 1989 年在瑟堡动工建造，在 1994 年下水，1997 年编入现役。法国最初计划建造 6 艘该级潜艇，但随着冷战的结束，这项计划削减为 4 艘潜艇。与此同时，原定用来装备该级潜艇的 M5 型潜射弹道导弹的发展计划，也由于造价过于昂贵而被放弃。除了现役的 2 艘 "凯旋" 级潜艇携带 M45 型导弹之外，其他潜艇计划装备造价相对低廉的 M51 型潜射弹道导弹。1995 年 2 月，"凯旋号" 潜艇第 1 次从水下发射 M45 型导弹，试验取得成功。每艘 "凯旋" 级潜艇配备了 2 组艇员（a 组和 b 组）。在此前的 "不屈" 级弹道导弹核潜艇中，如今仅剩下 1 艘仍在服役，"凯旋" 级潜艇因此成为法国海军主要的核威慑力量。与前辈们相比，"凯旋" 级潜艇在静音性能上有质的飞跃，这是

技术参数

"凯旋" 级潜艇

排水量： 水面 12640 吨，水下 14335 吨

尺寸： 长 138 米，宽 12.5 米，吃水深度 12.5 米

动力系统： 1 座压水式反应堆；2 台柴油发动机；输出功率 950 马力（700 千瓦）；1 套泵喷射式动力系统；单轴推进

航速： 水下 25 节（46 千米／时）

下潜深度： 500 米

武器系统： 16 枚 M45 型潜射弹道导弹，每枚携带 6 个爆炸当量 150000 吨的再入分弹头；4 具 533 毫米口径发射管，配备 18 枚 L5 型鱼雷或 SM39 型 "飞鱼" 导弹

电子系统： 1 部 "达索" 对海搜索雷达，1 部 "汤姆森·辛特拉"DMUX 多功能被动式艇艏和侧舷阵列声呐，1 部被动式拖曳线阵声呐

人员编制： 111 人

下图：法国海军 "鲁莽号" 潜艇是第 2 艘 "凯旋" 级弹道导弹核潜艇，于 1999 年 12 月编入现役。该艇与首艇 "凯旋号" 目前均携带着 M45 型潜射弹道导弹

右图："凯旋号"于 1995 年夏完成首次试航，"勇猛号"于 1998 年 4 月开始海试，3 号舰"警惕号"于 2003 年 12 月开始海试，而最后 1 艘该级舰（也是第 1 艘从一开始便搭载定型的 M51 潜射弹道导弹的）"可惧号"于 2010 年进入服役

因为设计组当初在设计该级潜艇时，就把降低潜艇噪声作为他们的主要目标，决心将"凯旋"级建成最成功的静音潜艇，即使是最先进的音响传感器也很难探测和跟踪它们。

　　第 2 艘"凯旋"级潜艇"勇猛号"于 1993 年开工，1998 年下水，1999 年 12 月服役。第 3 艘潜艇"警惕号"于 1997 年开工建造，2004 年服役。第 4 艘潜艇"可惧号"于 2000 年 10 月开工，在 2010 年编入舰队服役。M45 型潜射弹道导弹最大射程为 5300 千米，每枚导弹拥有 6 个再入式分弹头，每个分弹头可携带爆炸当量 150000 吨的核装置。除了能够发射 L5 型双用途主动 / 被动自导鱼雷之外，"凯旋"级潜艇还能够从鱼雷管发射 SM39 型"飞鱼"反舰导弹，从而攻击水面目标。在 2010—2015 年，从"可惧号"开始，所有 4 艘"凯旋"级潜艇均装备 M51 型潜射弹道导弹。

"高尔夫"级弹道导弹潜艇
Golf Class SSBN

　　"高尔夫"级是北约对苏联"629 计划"的命名，这是一种装备战术核导弹的常规动力潜艇，共建造 22 艘。"高尔夫"级在 1955 年获得批准，第 2 年"旅馆"级（H 级）潜艇也获得了批准，它们都装备相同的潜艇发射的弹道导弹（SLBM）——R-13 或 SS-N-4。第 1 艘"高尔夫"级于 1960 年在北德文斯克下水，随后的 14 艘也在此地下水，而太平洋舰队的 7 艘是在阿穆尔河畔共青城建造的。这些潜艇

在 1959—1962 年投入使用，服役时间均超过 20 年。K-36 和 K-91 转移到了太平洋舰队；6 艘在波罗的海舰队度过服役晚期时光；K-113 被改装成 1 艘布雷潜艇，于 1974 年退役。其他潜艇在 1980—1991 年退役。

　　K-129 于 1968 年 4 月 11 日在夏威夷西北 1062 千米处沉没，全体船员遇难，具体情形至今仍是机密。苏联人无法定位 K-129，但美国可以。当时，这

些潜艇还不是苏联舰队中最现代化的舰船，但K-129正携带着战术核导弹及相应的指挥设备，外加声呐、雷达和通信系统，这些实际上是一笔巨大的情报财富。该潜艇的打捞——代号为"珍妮弗计划"采用1艘由霍华德·休斯出资支持的特殊建造的63000吨级舰船——"格洛玛勘探者号"。中央情报局和美国海军在1974年9月打捞出这艘潜艇。这次行动高度保密，很多细节至今仍未公开。官方说法是由于起重机吊臂突然折断而没有打捞起整个船体，美国仅得到了一段11.6米长的船体部件以及8名苏联艇员的遗体，遇难艇员的遗骸随后进行了海葬。2枚鱼雷的核弹头被找到，但弹道导弹落到了海底。具体哪些编码被美国破译从未得到确认。

技术参数
"高尔夫"级（"629计划"）常规动力弹道导弹潜艇
排水量：水面 2794吨，水下 3553吨
尺寸：长98.4米，宽8.2米，吃水深度7.85米
动力系统：3台3轴柴油发动机，功率6000马力（4474千瓦）
航速：水面 15节（28千米／时），水下 12.5节（23千米／时）
潜水深度：实际深度260米，最大深度300米
武器系统：（"高尔夫I"级）D-2导弹系统，3枚R-13（SS-N-4）导弹；（"高尔夫II"级）D-4导弹系统，3枚R-21（SS-N-5"萨克"）导弹
电子系统：1套"魔盘"海面搜索雷达，1套"赫克力斯"声呐，1套"菲尼克斯"声呐
人员编制：大约80人

上图："高尔夫"级潜艇的3枚导弹存放在其直立的发射管中，发射管位于指挥塔围壳后部。导弹发射在海面完成

上图："高尔夫"级潜艇的作战控制系统可以随着潜艇位置的变化而自动修正导弹的飞行路线，从而减少发射时间

右图：在22艘装备SS-N-4导弹的"高尔夫I"潜艇中，14艘被改造以装备SS-N-5导弹（"高尔夫II"级也使用该导弹），还有一些按照"629B计划"的标准建造，充当新型液体燃料和固体推进剂导弹系统的试验平台。图中展示的是1艘"高尔夫II"潜艇

"旅馆"级弹道导弹核潜艇
Hotel Class SSBN

苏联的第 1 艘弹道导弹核潜艇被称为"658 计划"，而北约分配的代号为"旅馆"级（H 级）。该级别的第 1 艘舰船于 1958 年 10 月 17 日开建，1960—1962 年在北德文斯克共计完工 8 艘。这些潜艇均在 1988—1991 年退役。它们装备 3 枚 R-13 战术核导弹（西方代号为 SS-N-4），这种导弹长 12 米，在潜艇上直立存放，导致潜艇在指挥塔围壳下方的船底处有一个凸出部。按照后来的标准，这种导弹的射程非常小——仅为 650 千米，所以为了对美国造成威胁，潜艇必须从它们位于巴伦支海的基地出发跨过大西洋。这种潜艇必须浮出水面才能发射导弹，3 枚导弹全部发射共需 12 分钟。1965—1970 年，它们升级安装了 R-21 系统（SS-N-5"萨克"导弹）；这种导弹射程为 1400 千米。

K-55 和 K-178 拆除了它们的潜射弹道导弹，并在太平洋舰队一直服役至退役。其他潜艇则在北海舰队服役。K-145 在 1969—1970 年进行了 1 次大修，而这距离其投入使用仅过去 6 年。艇体长度增加了 13 米，艇体也有所加宽以装备 R-29 潜射弹道导弹（北约称之为 SS-N-8"索弗莱"）。K-40 在 1977 年被改装为通信中继潜艇（苏联没有覆盖全球的长波电台基站，他们依赖通信船传播命令）。

K-19 成为历史上最臭名昭著的苏联核潜艇，在连续几次核反应堆故障辐射船员事件之后，它被戏称为"广岛号"。第 1 次灾难发生于 1961 年 7 月 4 日，当时检测到了反应堆的泄漏。一些艇员明知存在致命危险，仍勇敢地冲入受放射性物质污染的舱室维修故障。事实证明，修理是不可能的，这些船员被带走，潜艇随后被拖进港口。不久之后，8 名船员死于辐射沾染，他们同事中的癌症发病率也高得惊人。1962—1964 年，该艇更换了核反应堆，但 1972 年 2 月 4 日，K-19 在纽芬兰沿岸巡逻时着火了。30 多艘船参与到其营救之中，整个火灾造成 28 名船员死亡。

技术参数
"旅馆"级（"658 计划"）弹道导弹核潜艇
排水量：（"旅馆 II"级）水下 5500 吨
尺寸：长 114 米，宽 9.2 米，吃水深度 7.31 米
动力系统：柴电混合发动机（常规动力型）
航速：水面 18 节（33 千米／时），水下 26 节（48 千米／时）
潜水深度：常规 240 米，最大 300 米
武器系统：（"旅馆 I"级）D-2 导弹系统，配备 3 枚 R-13（SS-N-4）导弹；（"旅馆 II"级）D-4 导弹系统，配备 3 枚 R-21（SS-N-5"萨克"）导弹
电子系统：1 部"魔盘"海面搜索雷达，1 部"赫克力斯"声呐，1 部"菲尼克斯"声呐
人员编制：104 人

2002 年上映了 1 部关于此次灾难的电影《K-19"寡妇制造者"》。这艘命途多舛的潜艇最终于 1991 年退役。1969—1970 年重新整修的唯一"旅馆 III"级潜艇安装了 6 个导弹发射器，用于试验新型的 R-29（SS-N-8"锯蝇"）潜射弹道导弹。

下图："旅馆"级是苏联第 1 艘弹道导弹核潜艇。"旅馆 II"级潜艇将 SS-N-4 导弹换成了 SS-N-5 导弹

"扬基"级（Y级）弹道导弹核潜艇
Yankee Class SSBN

"扬基"级（"667A 计划""宽突鳕"）是苏联建造的第 1 艘现代化弹道导弹核潜艇。很显然，这一级别的潜艇主要是针对美国的"本杰明·富兰克林"级和"拉斐特"级潜艇，这是格鲁乌在 20 世纪 60 年代早期秘密获得的情报。1967—1974 年在北德文斯克和共青城共计建造了 34 艘该级别潜艇，生产顶峰是在 1970 年，当年完工了 10 艘。"扬基"级与后来的"德尔塔"级区别在于"龟背状"导弹舱逐渐增高。1976 年，1 艘"扬基"级潜艇被改装为"扬基 II"级（667AM 计划），原始的 16 个导弹发射管换成了 12 个更大的固体推进剂 R-31（SS-N-17"鹬"）导弹发射管。"扬基 II"级与同样装备 12 枚导弹的"德尔塔 I"级也有所不同，具体表现为"龟背状"导弹舱前向边改成了斜坡状。

按照 SALT 协议，大量"扬基 I"级弹道导弹核潜艇被弱化为潜射弹道导弹运输舰。到 1984 年时，已经有 10 艘进行了这种改造，还有大量正在改造成攻击型核潜艇，即完全拆除船体上的弹道导弹部件。这些潜艇现在都没有服役了。

潜射巡航导弹改装

另外 1 艘 Y 级被改装以装备精度更高的 RK-55"石榴石"（SS-N-21"桑普森"）巡航导弹，该导弹携带 1 枚 200000 吨核弹头，射程为 3000 千米。这

种"扬基"凹口型（Yankee Notch）潜艇曾一度在北部舰队服役。该型艇配备有 35 枚从鱼雷管发射的潜射巡航导弹。

20 世纪 80 年代早期，美国东海岸附近任何时刻都保持着苏联的 3 艘或 4 艘"扬基 I"级潜艇，外加北方舰队中的 1 艘"扬基 II"级潜艇，另外 1 艘保持在巡逻区域自由航行。在太平洋舰队的 9 艘"扬基 I"级潜艇中，2 艘固定地在美国西海岸巡逻，另有 1 艘在巡逻区域自由航行。部署在前沿的"扬基"级潜艇战时任务是摧毁时间敏感区域的目标，例如战略空军司令轰炸机警戒基地以及港口中的航空母舰或弹道导弹核潜艇，另一个角色是尽可能地扰乱美国更高层次的指挥机构以降低随后的洲际弹道导弹打击难度。随后，北约的情报显示，各战区的"扬基"潜艇都转而对付核目标，并与更靠近苏联本土的庇护区域里的潜艇协同行动。这些潜艇替换了更老旧的"旅馆"级和"高尔夫 II"级潜艇。2 艘"扬基"级潜艇被用于研究和发展的角色，1 艘试验了声呐，另 1 艘尝试了支援"大比目鱼"级辅助潜艇的水下行动。

技术参数
"扬基"级（667A 计划）核潜艇
排水量： 水面 7700 吨，水下 9300 吨
尺寸： 长 132 米，宽 11.6 米，吃水深度 8 米
动力系统： 2 台压水冷却反应堆驱动 4 台蒸汽轮机，双轴推进
航速： 水面 13 节（24 千米／时），水下 27 节（50 千米／时）
潜水深度： 实际深度 400 米，最大深度 600 米
武器系统：（"扬基 I"级）16 个 R-27（SS-N-6"塞尔维亚人"）潜射弹道导弹发射器，（"扬基 II"级）12 个 R-31（SS-N-6"鹬"）潜射弹道导弹发射器，（2 个级别）4 个 533 毫米鱼雷发射管和 2 个 400 毫米鱼雷发射管
电子系统： 1 套"魔盘"海面搜索雷达，1 套低频艇艏声呐，1 套中频鱼雷发射控制声呐，甚高频／超高频／特高频（VHF/SHF/UHF）通信系统，1 套甚低频（VLH）拖曳式通信浮标，1 套极低频（ELF）浮动天线，1 套"砖群"电子支援系统，1 套"园林灯"测向天线
人员编制： 120 人

下图：排水量有所增加的唯一一"扬基 II 号"装备了苏联的第一代固体推进剂潜射弹道导弹——R-31（SS-N-17"鹬"）。该潜艇装备 12 枚此种导弹，每枚导弹携带 1 个 500000 吨弹头

左图：由于 1986 年的一次火灾，"扬基 I"级潜艇 K-219 号因导弹发射管起火失事。在那次火灾中，潜艇正在百慕大群岛东侧进行战术巡逻，该艇浮出水面时已经无法拖曳，最终沉没

苏军在 1982 年改造了 1 艘"扬基"级潜艇以试验"钻石 -M"（SS-N-24"蝎子"）超音速巡航导弹，改造之后也被称为"扬基挎斗车号"。

左图：装备 SS-N-6 导弹的"扬基 I"级潜艇是 20 世纪 70 年代早期苏联弹道导弹核潜艇舰队的主要力量。这种潜艇装备 12 枚导弹，每枚导弹携带 1 个 500000 吨弹头

DI/Ⅱ级弹道导弹核潜艇
Delta I and Delta II Class SSBNs

DI 级弹道导弹核潜艇（在苏联被称为"海鳝"级 667B 型潜艇）是比以前的 Y 级更大型的潜艇。最初在北德文斯克，后来在苏联远东共青城建造的 DI 级潜艇，其首艇于 1972 年在北方舰队服役，是当时世界上最大的潜艇。最后的 18 号艇于 1977 年在共青城建成服役。该级在苏联被称为弹道导弹潜艇，紧靠指挥台围壳后分两列布置了 12 具 R-29 导弹（SS-N-8"叶蜂"），使用 D-9 发射管。指挥台围壳布置在艇前面，在围壳两侧布置有升降舵。

DI 级潜艇携带的弹道导弹比 Y 级射程更远，具

上图：D-29"叶蜂"导弹的射程使"德尔塔 1"能够在偏远地区保持持续的巡逻或在停泊的基地内时保持战斗警戒状态

技术参数

DI 级、DII 级核潜艇

排水量：水面 7800 吨，水下 10000 吨（DI 级）；水面 9350 吨，水下 10500 吨（DII 级）

尺寸：长 139 米，宽 12 米，吃水深度 9 米（DI 级）；长 155 米，宽 12 米，吃水深度 9 米（DII 级）

动力系统：压水核反应堆 2 座，52000 马力（38776 千瓦）蒸汽轮机 2 台，双轴推进（DI 级）；压水核反应堆 2 座，55000 马力（41013 千瓦）蒸汽轮机 2 台，双轴推进（DII 级）

航速：水面 12 节（22 千米 / 时），水下 25 节（46 千米 / 时）（DI 级），水面 12 节（22 千米 / 时），水下 24 节（44 千米 / 时）（DII 级）

下潜深度：正常 390 米，最大 450 米

武器系统：R-29（SS-N-8"叶蜂"）潜射弹道导弹发射管 12 具，533 毫米鱼雷发射管 4 具（DI 级）；R-29D 潜射弹道导弹 D-9D 发射管 16 具，533 毫米鱼雷发射管 4 具，400 毫米鱼雷发射管 2 具（DII 级）

电子系统："窥探盘"1 波段对海搜索雷达 1 部，"鲨鱼鳃"低/中频艇壳声呐 1 部，"鼠鸣"高频艇壳声呐 1 部，鱼雷发射控制中频声呐 1 部，高频 / 超高频 / 特高频通信装置，甚低频拖曳通信装置 1 部，超低频（ELF）拖曳浮力天线 1 部，"砖群"ESM（电子对抗）装置 1 部，"公园灯"测向仪 1 部，"活泼泉"卫星导航装置 1 部

人员编制：120 名（DI 级），130 名（DII 级）

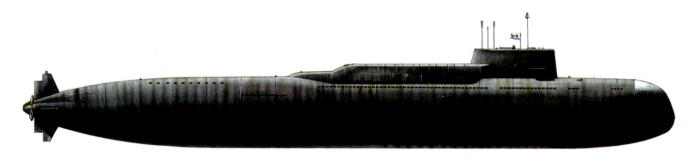

上图：因搭载 16 枚 R-29D 导弹而加长艇体的"DII"级潜艇，1973—1975 年仅在北德文斯克就建造了 4 艘

备在包括巴伦支海、挪威海在内的苏联北极沿岸冰层下持续巡航的能力。这样，DI 级潜艇不需要通过西方布置的水下声响监视系统（SOSUS），就能够把目标纳入射程之内。在冷战时代，苏军设定了 DI 级潜艇在苏联海军基地保护的友好国家海域中展开作战的战术。R-29 导弹内装"托波尔 B"导航装置和"旋风"B 卫星导航装置，当搭载舰以 5 节（9 千米 / 时）航速潜航时，可进行全艇齐射。

DI 级弹道导弹核潜艇于 1973 年配属在以勘察加湾为基地的北方舰队第 41 战略潜艇师，于 1976 年隶属太平洋舰队的第 25 战略潜艇师并开始巡逻。太平洋舰队的舰船原以堪察加为基地，但 20 世纪 90 年代初转移到巴甫洛夫斯克。1991 年有 9 艘在役舰，但根据 1994 年开始执行的第 1 次削减战略武器条约（START I）而全部退役。

到 2002 年，DI 级仅剩 K447 号仍在俄罗斯海军服役。

DII 级潜艇

1972—1975 年，苏军决定在北德文斯克建造 4 艘作为过渡的 DII 级潜艇（"海鳝"M 级 667BD 型潜艇）。其设计基本与 DI 级类似，但增加了 4 具导弹发射管，因此全长增加了 16 米。DII 级搭载改进型 R-29D 导弹，另外采取了包括新型吸音涂层在内的几项降低噪声措施，其 1 号艇于 1975 年 9 月开始在北方舰队服役。DII 级潜艇也根据《第 1 阶段削减战略武器条约》于 1996 年开始退役。

下图：DI 级弹道导弹潜艇的 1 号艇于 1992 年退役，其后 10 年里除留下 1 艘外，其余已全部报废或封存在北冰洋或太平洋沿岸的基地内

"台风"级弹道导弹核潜艇
Typhoon Class SSBN

"台风"级潜艇也被称为 941 型"鲨鱼"级潜艇，是世界上吨位最大的水下舰艇，采用了双体船型设计方案，2 个独立的耐压艇体通过 1 个外层围壳连接起来，增强了抗反潜武器能力。

俄罗斯海军"台风"级潜艇专门用来装备在北极海域作战的北方舰队。该级潜艇配置了经过加固的指挥塔、先进的艇艉方向舵以及可收回的艇艏水平舵，从而可以轻而易举地冲破北极海域某些相对比较薄弱的冰层区。

"鲟鱼"潜射弹道导弹

第 1 艘"台风"级潜艇于 1977 年在北德文斯克造船厂开工建造，1980 年服役，1981 年开始执行作战值班任务。为了装备"台风"级潜艇，第 5 代潜射弹道导弹——R-39 型导弹（北约代号 SS-N-20"鲟鱼"导弹）从 1973 年开始研制。1981—1989 年，苏联海军先后建成 6 艘"台风"级潜艇，组成第 1 核潜艇分舰队，在北方舰队服役，母港设在尼耶尔佩察（Nyerpicha）。第 7 艘"台风"级潜艇始终未能建成。

R-39 型潜射弹道导弹从北极圈内进行发射，可以击中美国大陆任何地方的目标。其中，"台风"级潜艇装备了经过改进的 R-39M 型潜射弹道导弹（北约代号 SS-N-28）。

在 6 艘"台风"级潜艇中，有 2 艘于 1997 年退役，到了 2002 年仅剩下 2 艘仍在服役。曾经有报道称，俄罗斯海军将保留 3 艘该级潜艇服现役，以便

技术参数

"台风"级弹道导弹核潜艇

排水量: 水面 23200 ～ 24500 吨，水下 33800 ～ 48000 吨

尺寸: 长 170 ～ 172 米，宽 23 ～ 23.3 米，吃水深度 11 ～ 11.5 米

动力系统: 2 座 OK-650 型压水式反应堆，输出功率 254800 马力（190000 千瓦）；2 台蒸汽涡轮机，输出功率 50020 马力（37300 千瓦）；双轴推进

航速: 水面 12 ～ 16 节（22 ～ 30 千米/时），水下 25 ～ 27 节（46 ～ 50 千米/时）

下潜深度: 500 米

武器系统: D-19 型导弹发射管，发射 20 枚 R-39 型（北约代号 SS-N-20"鲟鱼"）潜射弹道导弹；2 具 650 毫米口径鱼雷发射管，4 具 533 毫米口径鱼雷发射管，分别发射 RPK7 型"风"（北约代号 SS-N-16"种马"）和 RPK2 型"暴风雪"（北约代号 SS-N-15"海星"），或者 VA-111 型"暴风雪"鱼雷

电子系统: 1 部对海搜索雷达，1 套电子支援系统，1 部低频艇艏声呐，1 套中频鱼雷火控声呐，甚高频/超高频/特高频通信系统，1 部超低频拖曳式浮标，1 根极低频/超低频无线电天线

人员编制: 150 ～ 175 人（50 ～ 55 名军官）

技术参数

R-39 型导弹（北约代号 SS-N-20"鲟鱼"）

类型: 潜射弹道导弹

尺寸: 长 16 米，无弹头长 8.4 米，直径 2.4 米

有效载荷: 2550 千克

航速: 射程 8300 千米，命中误差 500 米

弹头: 10 枚再入大气层分弹头，每枚爆炸当量 200000 吨

动力系统: 3 级固体燃料火箭

制导装置: 天文/惯性导航

下图：俄罗斯海军的"台风"级潜艇根本不需要潜航甚至不必出海便可将其 200 多枚艇载核弹头发射至预定目标。在冷战期间，北方舰队的"台风"级潜艇即使停泊在母港，其潜射导弹也可以攻击美国大陆的任何目标

试验 R–39M 型潜射弹道导弹或者更加新型的"布拉瓦"潜射弹道导弹，但此举违反了《国际合作削减威胁计划》。然而，对于打算用来装备第 4 代"北风之神"级弹道导弹核潜艇的 R–39M 型导弹的真实状态，外界知之甚少。

上图与右图：苏联海军将"台风"级弹道导弹核潜艇视为能够冲破北极冰盖、发起继首轮核交火后的第 2 次致命打击的"末日武器"。尽管俄罗斯竭力试图保留这些"台风"级潜艇，但其庞大的维护保养费用和人力开支，迫使它们不得不在服役中期提前退役

DⅢ/Ⅳ 级弹道导弹潜艇
Delta III/IV Class Ballistic Missile Submarine

尽管苏联人最早从潜艇上进行导弹发射，但他们早期的系统却是短程导弹系统。1967—1974 年，苏联建造了 34 艘 Y 级潜艇，它们显然是根据从美国获取的"本杰明·富兰克林"级潜艇设计方案进行研制的，而且最终成为接下来的 D 级（Delta）潜艇——Y 级潜艇放大版的设计基础。第 1 批装备 12

枚导弹的 D 级潜艇（DI 级）于 1972 年编入舰队服役，不久后，过渡型的 DII 级潜艇也问世了，它们装备了 16 枚导弹。

D3 级弹道导弹潜艇

从 1976 年开始，在苏联海军的战斗序列中又出

现了 667BDR 型弹道导弹潜艇，北约国家称之为 DIII 级潜艇。这些潜艇装备了 R-29R 型导弹系统，这是苏联海军第 1 种海基多弹头导弹系统，北约国家将其称为 SS-N-18 型导弹。先后有 14 艘 DIII 级潜艇在北德文斯克造船厂建成。

在苏联海军北方舰队服役的 DIII 级潜艇组成 1 支潜艇分队，分别驻扎在萨伊达（Sayda）和奥尔耶尼亚（Olyenya）港口。20 世纪 90 年代早期，这些弹道导弹潜艇编入太平洋舰队服役，驻地为堪察加半岛。

667BDRM 型"海豚"潜艇的研发工作从 1975 年 9 月 10 日启动，北约称该型潜艇为 DIV 级。1985 年 12 月，第 1 艘 DIV 级潜艇"K-51 号"编入北方舰队服役。1985—1990 年，先后有 7 艘 DIV 型潜艇在北德文斯克造船厂建成。

DIV 级潜艇的建造工作与"台风"级同步进行，这是为了预防"台风"级一旦研制失利有可能导致的被动局面。就本质而言，DIV 级是 DIII 级的现代化升级版本，有着直径更大的耐压艇体和更长的艇艏部分，排水量增加了 1200 吨，艇身增长 12 米。

DIV 级弹道导弹潜艇

DIV 级潜艇属于 1 种战略平台，设计用来打击敌方的军事设施、工业设施和海军基地。DIV 级潜艇携带 RSM-54 型"马科耶夫"导弹（北约代号 SS-N-23 型"轻舟"），这是一种 3 级液体燃料推进型弹道导弹，利用天文惯性制导，射程达 8300 千米，每枚导弹携带 4～10 个再入大气层分弹头，每个弹头爆炸当量达到 100000 吨，攻击误差不超过 500 米。

此外，该级潜艇还可以发射"诺瓦托尔"反舰导弹（北约代号 SS-N-15"海星"）和 Mk 40 型反舰

技术参数	
667 型"海豚"级或 DIV 级潜艇	
类型：弹道导弹核潜艇	
排水量：水面 13500 吨，水下 18200 吨	
尺寸：长 166 米，宽 12.3 米，吃水深度 8.8 米	
动力系统：2 座压水式反应堆；2 台蒸汽轮机，输出功率 60775 马力（44700 千瓦）；3 台 4290 马力（3200 千瓦）功率涡轮发动机；2 台 1070 马力（800 千瓦）柴油发电机；1 台 1005 马力（750 千瓦）辅助发动机驱动艇艏和艇艉方向舵	
航速：水面 14 节（26 千米／时），水下 24 节（44 千米／时）	
航程：90 天	
下潜深度：作战潜深 300 米，最大潜深 400 米	
发射管：16 具弹道发射管，4 具 533 毫米口径艇艏鱼雷发射管	
武器载荷：16 枚 RSM-54 型"马科耶夫"核弹道导弹（北约代号 SS-N-23"小船"），18 枚鱼雷管发射 PK7 型（北约代号 SS-N-16"种马"）反潜导弹以及 65K 型、SET-65 型和 SAET-60M 型 533 毫米口径鱼雷	
电子系统：1 部"魔盘 I"波段对海搜索雷达，1 部"斯卡特"-BDRM LF 主动／被动声呐，1 部"鲨鱼皮"被动声呐，1 部"佩拉米达"被动超低频拖曳式声呐，1 部主动高频攻击声呐，1 部电子支援／对抗系统，1 套 D/F 雷达预警系统，1 根光导桅杆，1 套卫星／惯性／无线电导航系统，1 套卫星通信系统，2 根极低频／超低频无线电天线	
人员编制：135 人	

上图：尽管俄罗斯海军与其前身苏联海军相比衰弱了许多，但仍然在海上随时保持着一支足够强大的导弹威慑力量

下图：水下排水量达到 16000 多吨的苏联海军"卡尔玛"级潜艇（北约国家称为 D3 级潜艇）1976 年服役，是当时世界上最大型的潜艇

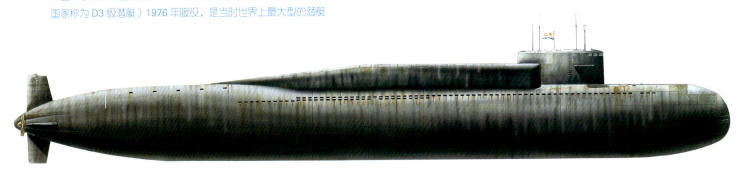

鱼雷，其中，"海星"导弹可携带 1 枚 200000 吨爆炸当量的核弹头，射程 45 千米。

在正常的维护保养条件下，DIV 级导弹潜艇的使用寿命为 20～25 年，但进入 20 世纪 90 年代之后，所有事情都发生了变化。1991 年《第 1 阶段削减战略武器条约》签署时，DIII 级潜艇中有 5 艘在俄罗斯海军北方舰队服役，9 艘在太平洋舰队服役。

俄罗斯曾在 2003 年之前拆除 1 艘 Y 级、5 艘"台风"级和 25 艘各种型号的 D 级弹道导弹潜艇。

截至 1999 年，美国专家帮助俄罗斯人拆除了 1 艘 Y 级和 6 艘 D 级弹道导弹潜艇。与此同时，俄罗斯利用美国的设备自行拆除了另外 5 艘弹道导弹潜艇。

2000 年 6 月，俄罗斯海军对外宣布，仍拥有 5 艘"台风"级、7 艘 DIV 级和 13 艘 DIII 级弹道导弹潜艇，这些潜艇配备 440 枚导弹，共携带 2272 枚核弹头。鉴于俄罗斯海军长期受到经费短缺的困扰，外界对于其中的多数潜艇是否具备适航能力很是怀疑。

然而，俄罗斯海军认为，要想确保国家安全，至少需要保留 12 艘弹道导弹核潜艇。

左图：由于 D 级潜艇仍是俄罗斯国家核威慑力量的中流砥柱，因此受到了比其他任何核潜艇都要高规格的对待，战备状态非常良好

R 级弹道导弹核潜艇
R Class Ballistic Missile Submarines

最初英国的核威慑是由空军的 V 轰炸机承担的。至 20 世纪 50 年代末、60 年代初，随着雷达及地对空武器的进步，由人操纵的轰炸机的脆弱性日益明显，英国国防委员会 1963 年 1 月决定"核威慑应由核潜艇承担"。

1963 年 2 月，英国政府分别向布罗因、法尔南斯等公司下了购买 4 艘"决心"级（Resolution）潜艇的订单。这些潜艇是核动力推进，装备了"北极星"导弹，排水量在 7000 吨以上。从 1968 年起，这种弹道导弹核潜艇（SSBN）就从英国空军 V 轰炸机手中接过了核威慑的任务。

上图："齐瓦莱"弹头的设计可突破莫斯科周边反弹道导弹防御网。1983年，"复仇号"（Revenge）（S27）成为搭载"齐瓦莱"弹头进行巡逻的第2艘弹道导弹核潜艇

技术参数

R 级核潜艇

排水量：水面 7500 吨、水下 8400 吨

尺寸：长 129.5 米，宽 10.1 米，吃水深度 9.1 米

动力系统：1 台压水式核反应堆，2 台蒸汽轮机，单轴推进

航速：水面 20 节（37 千米 / 时），水下 25 节（46 千米 / 时）

潜下深度：正常 350 米，最大 465 米

武器系统："北极星"A3TK 弹道导弹发射管 16 具，533 毫米艇艏鱼雷发射管 6 具

电子系统：1 部 1003 型对海搜索雷达，2007 型声呐，2023 型拖曳阵声呐，电子侦察装置，其他通信装置若干

人员编制：135 人

发射"北极星"

"决心"级借鉴了美国同期核潜艇"拉斐特"（Lafayette）级的许多设计要素，第 1 艘"决心号"（S22）1966 年 9 月下水，次年 10 月开始服役；1968 年初前往佛罗里达进行导弹发射试验，2 月 15 日首次成功发射"北极星"导弹；4 个月后搭载"北极星"A3P 导弹开始了为期 230 天以上的首次巡逻。与法国、美国的弹道导弹核潜艇一样，为了最大限度延长值勤时间，艇员被编成 2 组（称"左舷"队与"右舷"队），每次出航约持续 3 个月。没有航海任务时，艇员们可以休假，或是在第 10 潜艇部队基地接受训练。

继"决心号"后，"反击号"（Repulse）（S23）于 1968 年 9 月、"声望号"（Renown）（S24）于 1968 年 11 月、"复仇号"（Revenge）（S27）于 1969 年 12 月分别服役。1990 年，R 级退役，V 级取而代之。

下图：R 级弹道导弹核潜艇的导弹舱内各区分布是参考的美国海军的设计，但艇体其他部分和装备则由英国设计制造

上图：图为返回法斯兰基地的"声望号"（Renown）（S24）。弹道导弹核潜艇的基地成为反核战争运动的焦点

与 V 级的更替

20 世纪 80 年代，"决心号"4 艘潜艇接受改造，可以搭载英国开发的带有"齐瓦莱"弹头的改进型"北极星"A-TK 导弹。这种"北极星"系统的改进耗资巨大。但 R 级核潜艇急速老化，且英国预测到苏联反导弹能力迅速提高，因此这种改造势在必行。1980 年 7 月，英国政府表示将购买美国制造的"三叉戟 I"（C-4）导弹，1982 年又更改计划，决定购买"三叉戟 II"（D-5）系统。

"前卫"级弹道导弹核潜艇
Vanguard Class SSBN

与其前辈"北极星"导弹潜艇不同的是，英国"前卫"级弹道导弹核潜艇在全新设计的基础上，也汲取了许多早期核潜艇设计的成功之处。

"前卫"级是英国建造的最大吨位的潜艇，同时也是英国皇家海军舰队中第3大吨位的船只。然而，该级潜艇始终披着一层神秘的面纱，即使在冷战结束后的今天，即使在其战略地位逐渐下滑的情况下，有关"前卫"级潜艇的武器系统及巡逻活动的细节仍旧属于高度机密。

下图：英国皇家海军至少有1艘"前卫"级潜艇常年在海上活动，为英国的国家安全提供核威慑能力的保障

技术参数
"前卫"级弹道导弹核潜艇
排水量： 水下 15900 吨
尺寸： 长 149.9 米，宽 12.8 米，吃水深度 12 米
动力系统： 1 座罗尔斯·罗伊斯公司研制的压水式反应堆，2 台通用电气公司研制的涡轮机，输出功率 27490 马力（20500 千瓦）
航速： 水下 25 节（46 千米 / 时）
鱼雷管： 4 具 533 毫米口径鱼雷发射管
导弹系统： 16 枚洛克希德公司研制的"三叉戟"II 型（D5）3 级固体燃料核导弹，每枚导弹可携载 12 个爆炸当量为 100000 ~ 120000 吨的分导再入弹头
电子系统： 1 部 1007 型 I 波段导航雷达，1 套 2054 型合成多频率声呐装置（包括 2046 型拖曳阵列），1 部 2043 型主动 / 被动搜索雷达，1 部 2082 型被动拦截和测距雷达
人员编制： 132 人（14 名军官）

左图：照片中这艘"前卫"级潜艇正在1艘拖船和法国海军1架"云雀III"型直升机的护卫下离港，该艇至少需要数月才能返航

　　所有4艘"前卫"级潜艇——"前卫号""胜利号""警惕号"和"复仇号"，均由维克斯潜艇工程有限公司（如今的BAE系统公司海上分部）在位于坎布里亚郡的造船厂建造，由于艇体过于庞大，造船厂不得不建造了大型船坞等专门的生产设施。事实上，"前卫"级潜艇之所以建造庞大的艇体，主要是为了装备"三叉戟"D5型潜射弹道导弹（每艘计划配备16枚）。然而，在人员编制方面，与此前的"决心"级潜艇（149人）相比，"前卫"级潜艇相对较少（132人）。

转变

　　1996年，"前卫"级潜艇"胜利号"开始携载"三叉戟"潜射弹道导弹执行巡逻任务，这是该级潜艇在

下图："前卫"级潜艇安装了非常先进的搜索和攻击用潜望镜，此外还采用了电视摄像和红外技术等辅助侦察设备

武器系统领域的第1次重大转变（从"北极星"导弹到"三叉戟"导弹）。1998年，战术型的WE177型核自由落体/深水炸弹退出现役，根据英国公布的《战略防御审查报告》，"三叉戟"导弹成为英国核威慑力量库中的唯一成员。此外，按照英国国防大臣的说法，"前卫"级潜艇的"进入战斗状态"的准备时间也从"数分钟"转变为"数天"。

"前卫"级潜艇的导弹装置由16具导弹发射管组成，这是在美国海军"俄亥俄"级弹道导弹核潜艇的24枚导弹发射管的设计基础上发展而来的。"三叉戟"导弹系统由美国洛克希德·马丁公司研制，其中的"三叉戟"D5型导弹属于一种多弹头分导重返大气层系统，每枚导弹携带12枚弹头。

根据美英两国之间的协定，"三叉戟"导弹的维护工作在美国进行，而核弹头的设计、建造和维护等所有工作则由位于英国伯克郡奥尔德玛斯顿村的英国原子武器研发机构负责。

部署

每艘"前卫"级潜艇最多可以携带192枚核弹头，但英国皇家海军坚持这一数量不能超过96枚，通常1艘艇仅装填8枚导弹。自从《战略防御审查报告》公布以来，每艘潜艇可携带的核弹头被进一步减少到48枚，仅装填4枚导弹。尽管英国国防部拒绝就执行巡逻任务的"前卫"级潜艇究竟携带多少枚导弹发表评论，但据人们普遍预测，每枚导弹目前至多携带1枚核弹头。如今，随时都有1艘"前卫"级在执行威慑性巡逻任务，与此同时，另外1艘该级潜艇做好接替的准备。

新型系统

除了拥有新型的战略武器系统之外，"前卫"级潜艇还装备了其他一些新型系统，其中包括罗尔斯·罗伊斯公司研制的压水式反应堆推进系统，以及"虎鱼""旗鱼"等用于中短程防御的鱼雷。"虎鱼"自导鱼雷射程为13～29千米，"旗鱼"鱼雷则能够击中65千米之外的目标。"前卫"级潜艇配置了性能得到大幅度提升的电子对抗装置，以及最先进的攻击和搜索用潜望镜系统。这些潜望镜除了配置传统的光学通道外，还安装了1台电视摄像机和1台热成像仪。

"拉斐特"级弹道导弹核潜艇
Lafayette Class SSBN

从最早的"乔治·华盛顿"级弹道导弹核潜艇开始，美国海军成功建造出了一系列的战略核潜艇，"拉斐特"级也名列其中。当时，紧随"华盛顿"级（1961—1963年建造）之后建造的是"伊桑·艾伦"级潜艇，但"艾伦"级相比"华盛顿"级有着一种得天独厚的优势，那就是"艾伦"级从一开始就是作为"弹道导弹核潜艇"进行建造的，有着非常明确的建造目标。

然而，无论是"华盛顿"级还是"艾伦"级，它们都面临着一种非常明显的战术劣势，在巡逻或作战时将不得不紧贴着苏联海岸线进行，这就是所谓的"莫斯科标准"：由于"北极星"导弹射程的限制，美国海军弹道导弹潜艇必须紧贴着苏联海岸线活动，才能够确保摧毁在莫斯科的目标。例如，即使是拥

上图：在执行威慑性巡逻任务期间，这艘"拉斐特"级潜艇指挥塔上的军官正在用望远镜观察海面上的敌情——敌方舰艇或反潜机

下图：图中这艘"拉斐特"级潜艇正在展示它的 12 具导弹发射管。在 20 世纪 60 年代，"拉斐特"级潜艇是西方国家建造的最大吨位的潜艇，它们代表着一种可怕的核威慑力量

技术参数
"拉斐特"级弹道导弹核潜艇
排水量： 水面 7250 吨，水下 8250 吨
尺寸： 长 129.5 米，宽 10.1 米，吃水深度 9.6 米
动力系统： 1 座 S5W 型压水式反应堆，2 台涡轮机，输出功率 15000 马力（11186 千瓦）
航速： 水面 20 节（37 千米/时），水下 大约 30 节（56 千米/时）
鱼雷管： 4 具 533 毫米口径 Mk 型鱼雷发射管（置于艇艏）
导弹系统： 首批 8 艘潜艇配备"北极星"A2 型导弹（5 艘于 1968—1970 年换装"北极星"A3 型导弹）；接下来的 23 艘潜艇配备"北极星"A3 型导弹；该级潜艇后来全部改装"波塞冬"C3 型导弹，通过 16 具发射管进行投射；1978—1982 年，有 12 艘该级潜艇换装"三叉戟"C4 型导弹
电子系统： 1 套 Mk 113 Mod 9 型鱼雷火控系统，1 部 WSC-3 型卫星通信收发器，1 套 Mk 2 Mod 4 舰载惯性导航系统
人员编制： 140 人

有最远射程的"北极星"A3 型导弹，最远也只能击中 4600 千米处的敌方目标。

建造

"拉斐特"级潜艇的建造工作始于 1963 年，当时第 1 艘"艾伦"级潜艇尚未最终建成。1963—1967 年，美国海军总共建成 31 艘"拉斐特"级潜艇，全部装备"北极星"导弹。起初，"拉斐特"级装备的是射程 2800 千米的"北极星"A2 型导弹。然而，到了 1968 年，该级潜艇中的"詹姆斯·门罗号"第 1 个换装了拥有更远射程的"北极星"A3 型导弹。此外，美国海军曾计划再建造 4 艘"拉斐特"级潜艇，但最终不了了之。1970—1978 年，所有的"拉斐特"级潜艇全部改装了"波塞冬"潜射弹道导弹系统。然后，1978—1983 年，有 12 艘"拉斐特"级潜艇再次进行改装，开始装备"三叉戟"C4 型导弹系统，它们之中的"弗朗西斯·斯科特·基号"于 1979 年 10 月 20 日开始执行首次巡航任务。

尽管"拉斐特"级潜艇的服役生涯从携载"北极星"导弹开始，但最终还是换装了最初设计时计划装备的"波塞冬"导弹系统。在冷战历史上，"拉斐特"级的潜射弹道导弹最早携带"多弹头分导再入载具"，每个载具携带 1 个爆炸当量 500000 吨的弹头。然而，事实证明，"波塞冬"导弹是 1 套麻烦百出的系统，性能不太稳定，容易出现机械故障。尽管如

上图：在很多年里，"拉斐特"级潜艇一直是美国海军战略导弹潜艇部队的中流砥柱，属于一款非常成功的设计

此，该型导弹还是确定了潜射弹道导弹的标准和规格，并促使"三叉戟"系列导弹成为美国海军弹道导弹核潜艇部队唯一的标准装备，一直持续到今天。

就技术角度而言，"拉斐特"级潜艇可以划分为3种不同的类型，彼此间的区别非常细微。最初

的"拉斐特"级包括9艘潜艇；第2类经过改进的"拉斐特"级潜艇"詹姆斯·麦迪逊"级由10艘潜艇组成；第3类改进型的"拉斐特"级潜艇"本杰明·富兰克林"级是3种子型号中吨位最大的，总共建造了12艘。在"詹姆斯·麦迪逊"级潜艇之中，"丹尼尔·布恩号"成为第1艘访问夏威夷的舰队核动力弹道导弹潜艇。

现代化改进

在美国海军战斗序列中，鉴于装备"三叉戟"导弹系统的"俄亥俄"级潜艇源源不断地编入舰队，"拉斐特"级潜艇及其"波塞冬"导弹系统也进行了现代化改进。随着"丹尼尔·布恩号"第1个改装"三叉戟"导弹系统，"拉斐特"级潜艇成为"三叉戟"导弹的1个重要投射平台。

下图：照片中这艘潜艇正准备下潜。水下潜航时间的长短，是衡量核潜艇作战能力的1项重要指标

"乔治·华盛顿"级第一代弹道导弹核潜艇

George Washington Class First-Generation SSBN

1960 年 6 月 28 日，在佛罗里达州卡纳维拉尔角海域，美国海军"乔治·华盛顿号"（George Washington）潜艇进行了世界上首次水下发射弹道导弹试验，2 枚"北极星"潜射弹道导弹间隔数小时相继发射，试验取得圆满成功。弹道导弹核潜艇的这种水下发射能力获得证实之后，立刻成为一种非常重要的核威慑力量。在 40 多年的作战巡逻中，如果说美国海军和英国皇家海军的弹道导弹核潜艇部队从来没有被任何敌人所发现，那显然是夸大其词的说法。然而，探测和定位某 1 艘弹道导弹核潜艇所面临的巨大困难，意味着美国、英国、法国和苏联（今日的俄罗斯）的核潜艇部队可以常年保持戒备状态，随时准备对其他国家的核攻击行为进行报复。

"飞鱼号"攻击型核潜艇

实际上，最初在位于康涅狄格州格罗顿的通用动力公司电船分部动工建造时，"乔治·华盛顿号"

技术参数
"乔治·华盛顿"级弹道导弹核潜艇
排水量： 水面 5959 吨，水下 6709 吨
尺寸： 长 116 米，宽 10.5 米，吃水深度 8.1 米
动力系统： 1 座 S5W 型压水式核反应堆；2 台蒸汽涡轮机，输出功率 15207 马力（11185 千瓦）；单轴推进
航速： 水面 18 节（33 千米 / 时），水下 大约 25 节（46 千米 / 时）
下潜深度： 180 米
武器系统： 16 枚"北极星"A1 型潜射弹道导弹（后来更换为"北极星"A3 型），6 具 533 毫米口径鱼雷发射管
电子系统： 1 部 BQS-4 型声呐，后更换为 BQR-19 型声呐
人员编制： 112 人

弹道导弹核潜艇是作为攻击型核潜艇建造的，并曾被命名为"飞鱼号"。该艇在建造期间被切为两半，插入了一段 39.64 米长的艇体，安装用于储存和发射 16 枚"北极星"A1 型弹道导弹所需的发射管，这

下图："西奥多·罗斯福号"潜艇是美国海军订购的第 3 艘但实际上是第 4 艘下水的"乔治·华盛顿"级潜艇，它和最后 2 艘该级潜艇驻扎在位于马里亚纳群岛的关岛基地

些导弹每枚携带 1 个爆炸当量为 600000 吨的弹头，射程 2200 千米。此外，"乔治·华盛顿"级潜艇从"飞鱼号"潜艇那里继承了 S5W 型核反应堆和 6 具鱼雷发射管。

1959 年 6 月，"乔治·华盛顿"级弹道导弹核潜艇的首艇"乔治·华盛顿号"建成下水。1960 年 11 月 15 日，该艇作为美国海军第 14 潜艇中队中的一员执行首次作战巡逻任务。1966 年，经过改建的"帕特里克·亨利号"潜艇（由电船分部建造，1960 年 4 月下水）换装更加先进的"北极星"A3 型导弹，能够将爆炸当量 200000 吨的弹头投送到 4360 千米开外的地方，同时扩大了潜艇的作战巡逻半径。就这样，"北极星"A3 型导弹很快成为所有"乔治·华盛顿"级潜艇装备的核导弹。

1977 年，美国海军"亚伯拉罕·林肯号"潜艇（在朴次茅斯海军造船厂建造，1961 年 3 月下水）成为第 1 艘完成 50 次作战巡逻任务的弹道导弹核潜艇。然而，截至此时，随着新型弹道导弹核潜艇的相继服役，以及限制战略武器谈判的展开，导致 3 艘该级潜艇被改装成攻击型核潜艇。1982 年，"乔治·华盛

顿号""帕特里克·亨利号"和"罗伯特·李号"潜艇（在弗吉尼亚州诺福克的纽波特纽斯造船厂建造）拆除了"北极星"导弹以及相关系统（包括控制舱），也就在那个时候，上述 3 艘潜艇被重新定级为攻击型核潜艇，但它们缺乏常规动力潜艇所必需的足够数量的鱼雷和大型艇艏声呐。需要指出的是，体积庞大的"乔治·华盛顿"级潜艇尽管航速较慢，但静音性能却要比"飞鱼"级潜艇优异。鉴于这些潜艇已经老化陈旧，无法继续进行改装以携带新型的"波塞冬"C3 型导弹，因此"北极星"导弹发射管被水泥压舱物全部填塞起来。

结局

1985 年，"乔治·华盛顿号"潜艇退役，于 1993 年被拆解。"罗伯特·李号"于 1991 年被拆解，"亚伯拉罕·林肯号"于 1994 年拆解。此外，1961 年下水的"西奥多·罗斯福号"（梅尔岛海军造船厂建造）于 1981 年退役，1995 年拆解。"帕特里克·亨利号"于 1984 年退役，于 1997 年被拆解。有关部门曾考虑对上述潜艇进行改建，以便装备其他武器系统（例如，每具"北极星"导弹发射管可装填 8 枚巡航导弹），但无果而终。

下图：1960 年 11 月，美国海军"乔治·华盛顿"级潜艇"罗伯特·李号"在海上航行。在本张照片上，加装在"飞鱼"级潜艇设计之上的导弹舱清晰可辨

"本杰明·富兰克林"级弹道导弹核潜艇
Benjamin Franklin Class SSBN

就总体外观以及物理和作战性能而言，建造了12艘的"本杰明·富兰克林"级和建造了19艘的"拉斐特"级潜艇非常相似，但两者之间的主要区别在于：与"拉斐特"级相比，"本杰明·富兰克林"级潜艇采用了静音性能更佳的机械装置。因此，美国海军曾提议在1965财政年度的造船计划中再增加4艘"本杰明·富兰克林"级潜艇，使这两种性能相似的潜艇数量达到35艘，从而完成计划中的总数45艘核动力弹道导弹潜艇（包括早期的"伊桑·艾伦"级和"乔治·华盛顿"级潜艇，每级5艘）的目标，最终组建一支下辖5个潜艇中队（每个中队由9艘潜艇组成）的弹道导弹核潜艇部队。然而，这项提议最终被美国国防部部长罗伯特·麦克纳马拉否决了。

为了应对核动力推进系统出现的意外故障，"拉斐特"级和"本杰明·富兰克林"级潜艇均配置了1套小型柴电动力装置，作为应急推进系统。组成"本杰明·富兰克林"级的12艘潜艇包括："本杰明·富兰克林号""西蒙·玻利瓦尔号""卡梅哈梅哈号""乔治·班克罗夫特号""刘易斯和克拉克号""詹姆斯·K.波尔卡号""乔治·C.马歇尔号""亨利·L.斯廷森号""乔治·华盛顿号·卡弗号""弗朗西斯·斯科特·基号""马里亚诺·G.瓦勒杰号"和"威尔·罗杰斯号"。

1963年4月至1965年3月，上述12艘潜艇分别在通用动力公司电船分部（6艘）、纽波特纽斯造船厂（4艘）和梅尔岛海军造船厂（2艘）开工建造，于1964年8月至1966年7月先后下水，并于1965

技术参数

"本杰明·富兰克林"级弹道导弹核潜艇

排水量： 水面 7250 吨，水下 8250 吨

尺寸： 长 129.6 米，宽 10.06 米，吃水深度 9.6 米

动力系统： 1 座 S5W 型压水式反应堆；2 台蒸汽涡轮机，输出功率 15207 马力（11185 千瓦）；单轴推进

航速： 水面 28 节（52 千米/时），水下 大约 25 节（46 千米/时）

下潜深度： 作战潜深 350 米，最大潜深 465 米

武器系统： 16 具导弹发射管，发射 16 枚"波塞冬"C3 型或"三叉戟 I"C4 型潜射弹道导弹；4 具 533 毫米口径鱼雷发射管，配备 12 枚 Mk 48 型反潜/反舰鱼雷

电子系统： 1 部 BPS-11A 型或 BPS-15 型对海搜索雷达，1 套电子支援系统，1 部 BQR-7 型声呐，1 部 BQR-15 型拖曳阵列声呐，1 部 BQR-19 型声呐，1 部 BQR-21 型声呐，1 部 BQS-4 型声呐，大量的通信和导航系统

人员编制： 143 人

上图：本杰明·富兰克林号"

下图：最后建造的 12 艘"拉斐特"级弹道导弹核潜艇被美国海军正式定级为"本杰明·富兰克林"级，这是因为它们在建造时安装了静音性能更优异的推进装置。其中，有 6 艘该级潜艇经过改建之后，用"三叉戟 I"C4型潜射弹道导弹替代了最初装备的"北极星"A3 型潜射弹道导弹

左图：美国海军"本杰明·富兰克林"级潜艇"马里亚诺·G. 瓦勒杰号"装备了远程"三叉戟I"C4型潜射弹道导弹，每枚导弹携带8个再入大气层分弹头

年10月至1967年4月相继服役，被编入美国海军大西洋舰队执行任务，分别驻康涅狄格州新伦敦基地、南卡罗来纳州查尔斯顿基地和苏格兰圣湖基地。1992年7月至1999年1月，除了2艘被改建为攻击型核潜艇和可投送、回收海豹突击队的特种作战潜艇之外，其余10艘"本杰明·富兰克林"级潜艇陆续退役。

武器装备

"本杰明·富兰克林"级潜艇最初建成时装备"北极星"A3型潜射弹道导弹，经过改建后装备更具威力的可携带14个再入大气层飞行器的"波塞冬"C3型导弹（每个飞行器携带W68型弹头），后来又换装了"三叉戟"C4型导弹。

"俄亥俄"级弹道导弹核潜艇
Ohio Class SSBN

作为"本杰明·富兰克林"级和"拉斐特"级弹道导弹核潜艇的继任者，美国海军"俄亥俄"级弹道导弹核潜艇于20世纪70年代初期开始设计，其中，首艇"俄亥俄号"的建造工作于1974年7月由通用动力公司电船分部承接。然而，由于发生在华盛顿特区和造船厂的一系列令人遗憾的问题，使得"俄亥俄号"直到1981年6月才进行第一次海上试航，直到同年11月才最终服役，比原计划延迟了3年。接下来，有关该级潜艇的生产问题得到了解决，建造进度也大大加快。1997年9月，最后1艘

"俄亥俄"级潜艇——"路易斯安那号"也编入现役。在18艘"俄亥俄"级潜艇中，10艘被编入大西洋舰队，8艘编入太平洋舰队，分别装备"三叉戟II"D5型和"三叉戟I"C4型潜射弹道导弹，从1996年开始，"三叉戟I"C4型潜射弹道导弹被更换成"三叉戟"D5型导弹。"三叉戟I"型导弹射程7780千米，携带8个再入大气层载具，每个飞行器携带1枚爆炸当量100000吨的W76型核弹头。比较大型的"三叉戟II"型导弹最多可携带14个再入大气层载具，但在更多情况下携带的再入大气层飞行器为8个，

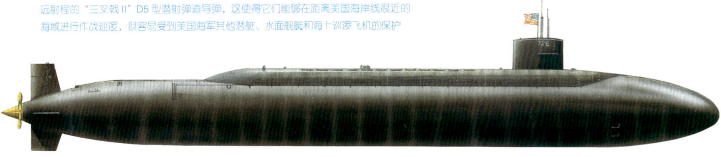

下图：作为美国海军核动力弹道导弹潜艇部队的主力艇型，"俄亥俄"级潜艇携带着超远射程的"三叉戟 II"D5 型潜射弹道导弹，这使得它们能够在距离美国海岸线很近的海域进行作战巡逻，很容易受到美国海军其他潜艇、水面舰艇和海上巡逻飞机的保护

技术参数

"俄亥俄"级弹道导弹核潜艇

排水量： 水面 16764 吨，水下 18750 吨

尺寸： 长 170.69 米，宽 12.8 米，吃水深度 11.1 米

动力系统： 1 座 S8G 型压水式自然循环核反应堆；2 台蒸汽涡轮机，输出功率 60823 马力（44735 千瓦）；单轴推进

航速： 水面 28 节（52 千米／时），水下 25 节（46 千米／时）

下潜深度： 作战潜深 300 米，最大潜深 500 米

武器系统： 24 具导弹发射管，发射 24 枚"三叉戟 I"C4 型和"三叉戟 II"D5 型潜射弹道导弹；4 具 533 毫米口径鱼雷发射管，发射 Mk 48 型反潜／反舰鱼雷

电子系统： 1 部 BPS-15 型对海搜索雷达，1 套 WLR-8（V）型电子支援系统，1 部 BQR-19 型导航声呐，1 部 TB-16 型拖曳阵列声呐，大量的通信和导航系统

人员编制： 155 人

每个飞行器携带 1 枚爆炸当量 475000 吨的 W88 型核弹头。关于"三叉戟 II"型的具体射程迄今仍是一个机密，但人们推测该型导弹要比"三叉戟 I"型多出数百英里。

与早期核动力弹道导弹潜艇的 16 枚潜射弹道导弹的标准配置相比，"俄亥俄"级配置了 24 枚潜射弹道导弹，每 9 年更换 1 次核燃料，每次更换历时 12 个月。"俄亥俄"级潜艇每次的巡航任务持续 70 天，而后是 25 天的部署前准备期，它们这个时候往往与潜艇供应舰停泊在一起，或者就停靠在码头上，进行必要的维护和补给工作。如今，由于装备了远射程的"三叉戟"导弹系统，"俄亥俄"级潜艇执行巡逻任务时，要么在距离美国本土很近的海域活动，要么就在远离所有陆地的大洋深处活动，再加上本身所具备的极其优异的静音性能，几乎所有的反潜手段在它们的面前都会束手无策。

18 艘"俄亥俄"级潜艇中，除了"俄亥俄号"和"路易斯安那号"之外，其他的还有"密执安号""佛罗里达号""佐治亚号""亨利·M. 杰克逊号""亚拉巴马号""阿拉斯加号""内华达号""田纳西号""宾夕法尼亚号""西弗吉尼亚号""肯塔基号""马里兰号""内布拉斯加号""罗得岛号""缅因号"和"怀俄明号"。

下图：美国海军"俄亥俄"级弹道导弹核潜艇有着近似鱼类的流线型艇身，这种简洁的造型和光滑的轮廓，使其成为一种高航速、低静音的优秀潜艇

美国海军"俄亥俄号"超级潜艇
USS Ohio The Ultimate Submarine

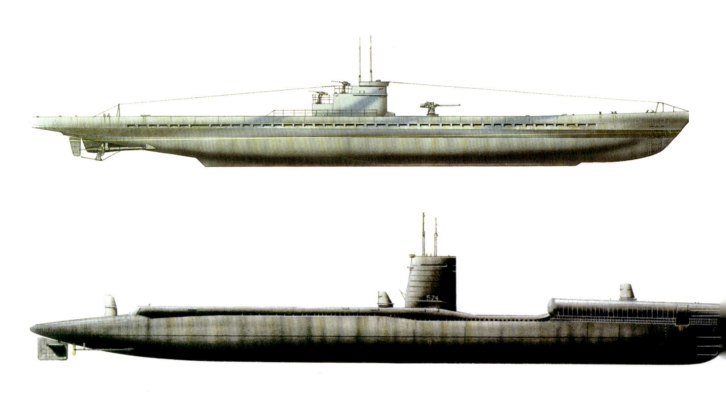

左图：E级（1914年）
英国海军早期，E级潜艇是最具战斗力的潜艇之一。当时年轻气盛的麦克·霍顿及马丁·奈斯密斯等舰长指挥E级潜艇，在北海沿岸和波罗的海打击德国贸易船，在东地中海和马尔莫拉海击毁德国盟国土耳其的舰船，取得了让世人瞩目的战果

在全世界大洋深处秘密潜伏的核弹道导弹潜艇（SSBN）是一种隐蔽性高、具有绝对威慑力的力量，装备着人类史上最具破坏性的武器。半个世纪以米，它是保护东西方两大阵营免于核战争恐怖的盾牌，也是使人们对核战争感到恐怖的根源。

潜艇的发展

潜艇刚问世时，人们一般认为它是用来攻击敌方的作战舰队，但在实战中，潜艇最大的作用是攻击敌方海上交通线及打破敌方制海权。很快，潜艇便成为战略使命的武器，在几十年的时间里，潜艇对战争的影响力得到了令人难以置信的提升。

左图：IX型（1939年）
1941年和1942年，卡尔·邓尼兹海军司令的潜艇使用"狼群"战术，使数百万吨盟军舰船被击沉，切断了被称为英国生命线的大西洋海上交通线。这种远洋潜艇虽然数量不多，却是唯一能够真正承担阿道夫·希特勒战略使命的武器。随后，希特勒把作战范围扩大到墨西哥湾、加勒比海及南美大陆沿岸。但是盟军的反制策略很快取得效果：到1943年，潜艇对盟军的威胁大大减弱

左图："灰鲸号"潜艇（1958年）
20世纪50年代，美国海军考虑通过小型超音速巡航导弹使本国军舰增加核攻击能力。"灰鲸号"潜艇竣工时能够搭载2枚"天狮星"导弹。核武器的出现使战争形式发生了根本改变。但潜艇要发射导弹就必须浮出水面，一旦浮出水面就会成为攻击目标。只有在水下，潜艇才是真正意义上的隐蔽武器

上图：最早的潜射洲际弹道导弹"三叉戟"D-5型导弹具备与陆基弹道导弹同样的精准度，12个弹头能分别命中12000千米以外的目标，误差在90米内

长度比例尺

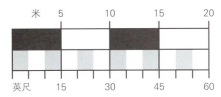

米	5	10	15	20
英尺	15	30	45	60

左图："俄亥俄号"潜艇（1981年）
"北极星"弹道导弹的问世，加快了核潜艇的发展速度。在可以从水下发射导弹的今天，与过去的任何武器系统相比，潜艇的生存能力最强。1981年，当"俄亥俄号"出发执行第一次巡逻任务时，仅仅一艘潜艇搭载的导弹爆炸威力就超过历史上所有战争的爆炸力总和。现在，核潜艇可持续巡逻2个月，具备突破敌方一切防御的能力

"俄亥俄号"内部透视
SSBN-726 Inside the Ohio

至今为止，除俄罗斯的"台风"级以外，美国的"俄亥俄"级潜艇是世界上最大的潜艇，艇内空间全部被功能化利用。导弹舱占了潜艇可利用空间的一半，设置 24 个发射筒，装填约 60 吨重导弹；加上核反应堆系统舱、动力装置系统舱，声呐系统，大量的先进电子装置和防御武器，乘员及补给品的使用空间几乎就没有了。该级潜艇的乘员数量不到同等吨位水面舰艇的一半，他们除了执行任务，就只能在只有床铺和私人物品柜的个人空间里度过 60 天。

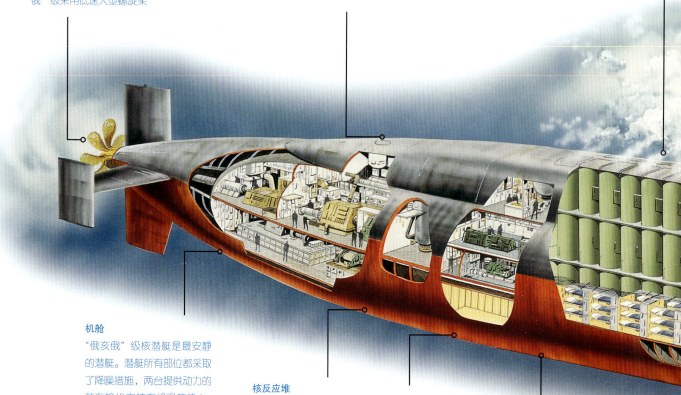

螺旋桨
螺旋桨是现代潜艇组成部分中最大的噪声源。螺旋桨打水的声音很远就能被探测到。为了抑制噪声并获得最大的推进力，"俄亥俄"级采用低速大型螺旋桨

逃生舱口
"俄亥俄"级在水平舵前方和核反应堆后方各有一个加压逃生舱口，与所有的潜艇一样。然而，一旦发生事故，逃生的可能性都很小

导弹发射筒
初期的 SSBN（弹道导弹核潜艇）装备 16 个导弹发射筒，"俄亥俄"级则能够搭载更多，装备了 24 个高性能导弹发射筒。美国因此能用更少数量的潜艇来保持高度威慑力

机舱
"俄亥俄"级核潜艇是最安静的潜艇。潜艇所有部位都采取了降噪措施，两台提供动力的蒸汽轮机安装在绝缘筏垫上，不直接接触艇体，避免了机械噪声通过船体传入水中

核反应堆
"俄亥俄"级潜艇的动力源是 S&G 核反应堆，反应堆提供热能，产生蒸汽，驱动蒸汽轮机。高速航行时，核反应堆系统通过加压水冷却；低速航行时则不使用水泵以免产生噪声，而让水自然流动形成循环冷却

电池
"俄亥俄"级使用核能，一般不需要电能，但也装备了充足的备用电池以备核反应堆发生事故时提供应急动力。电池舱在艇底部，其能量可驱动当时北美一半的车辆

乘员住舱区
潜艇乘员的住舱空间非常小。多数水兵住在"三叉戟"导弹舱旁的住舱里

水平舵

"俄亥俄"级的水平舵安装在指挥台围壳里。与装置在艇艏的水平舵相比，前者低速航行时效果不错，但不能折叠

指挥控制

潜艇的控制操作系统设在指挥台围壳下的舱室里；上甲板由前向后依次为通信室、声呐室、指挥中心和导航中心；下甲板设有数据处理中心、计算机中心、后勤室和导弹控制中心，导弹舱隔壁的右舷后部设有导弹发射控制室

声呐

按美国潜艇的惯例，"俄亥俄"级艇艏为AN/BQQ-6被动声呐阵列的巨大导流罩所占据。潜艇也装备了主动声呐阵列，但基本不使用，因为使用主动声呐阵列就会发出很大声音，暴露自身位置。在理想状况下，被动声呐能够探测到160千米以外的其他舰船，但在海况不好的条件下只能勉强探知到1万米内的敌舰。在这种情况下，"俄亥俄"级要想逃脱探测就只能依靠自身的静音性能

双艇体

我们肉眼所见的其实是潜艇的外层艇体，为了发挥最大功率，这个外壳会设计成流线型，表面覆盖无回声涂层的吸音橡胶材料；实质艇体是内部的耐压壳体。水下300米深处的水压即达到3100千帕，相当于大气压的30倍，艇体在设计上需要保证能轻松承受这样的压力

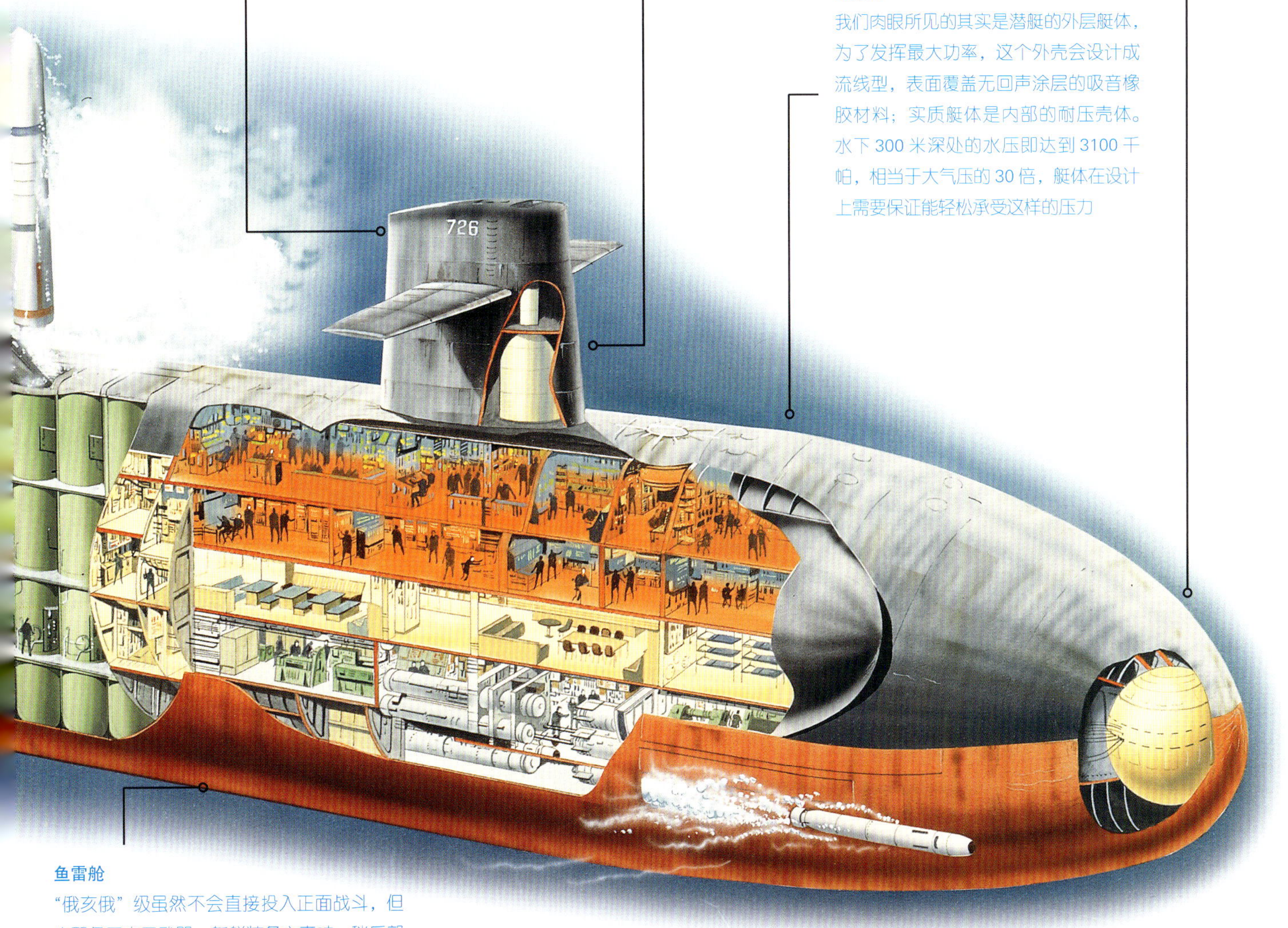

鱼雷舱

"俄亥俄"级虽然不会直接投入正面战斗，但也配备了自卫武器。艇艏装备主声呐，稍后部位装备4具鱼雷发射管，也能用于发射诱饵。发射管与船体外侧之间保持一定角度

技 术 参 数

"俄亥俄"级潜艇

建造厂家： 通用动力公司电船分部

型号： 弹道导弹核潜艇（SSBN）

尺寸： 长 170.69 米，宽 10.06 米，吃水深度 11.01 米

排水量： 水面 16764 吨，水下 18750 吨

动力系统： S8G 自然循环炉（核燃料 9 年更换一次）1 台，燃气轮机 2 台，功率 60900 马力（44800 千瓦），单轴推进

航速： 水面 18 节（33 千米／时），水下 理论航速 20 节（37 千米／时）以上，推测水下实际航速 25 节（46 千米／时）

潜航时间： 实际上无限制。主要因素是乘员的耐久力，巡逻最长时间可达 90 天，储备 6 个月的给养

船体： HY-80 钢，外壳覆盖带消声涂层的吸音橡胶材料

潜航深度： 美国海军公布在 244 米以上，推测通常可达 365.80 米

武器系统： "三叉戟 I"，II 型导弹发射筒 24 个，每个导弹携带装备 100 千吨 W76 弹头的 Mk 4 RV 或装备 W88 可变弹头（45～300 千吨）的 Mk 5 PV 12 枚；鱼雷发射管 4 具，能发射 Mk 48 或 Mk 48 ADCAP，（先进）型鱼雷和 Mk 57MOSS 鱼雷诱饵，埃默森 Mk 2 诱饵发射装置 8 座

发射控制： CC5 Mk 3 战斗数据系统，潜望镜，科尔莫根 82 型 1 台，科尔莫根 152 型 1 台

发射控制： CCS Mk 3 战斗数据系统同，Mk 98 导弹发射系统，Mk 1188 数字化鱼雷发射控制系统

雷达： AN/BPS-15A 海面搜索／导航雷达

ESM： AN/WLR-8（V）5 被动侦察装置，AN/WLR-10 雷达预警系统

导航装置： SINS（舰载惯性导航装置）2 台

声呐： AN/BQQ-6 舰艏被动搜索声呐，AN/BQS-13 球面阵列主动搜索声呐，AN/BQR-15 拖曳阵列声呐，AN/BQQ-9 信息处理机，AN/BQS-15 高频主动／被动声呐，AN/BQR-19 高频导航／冰下航行声呐

人员编制： 军官 14～15 名，水兵 140 名

同型舰服役时间： 俄亥俄 SSBN-726（1981 年 11 月）；密执安 SSBN-727（1982 年 9 月）；佛罗里达 SSBN-728（1983 年 6 月）；佐治亚 SSBN-729（1984 年 2 月）；亨利·M. 杰克逊 SSBN-730（1984 年 10 月）；亚拉巴马 SSBN-731（1985 年 5 月）；阿拉斯加 SSBN-732（1986 年 1 月）；内华达 SSBN-733（1986 年 8 月）；田纳西 SSBN-734（1988 年 12 月）；宾夕法尼亚 SSBN-735（1989 年 9 月）；西弗吉尼亚 SSBN-736（1990 年 10 月）；肯塔基 SSBN-737（1991 年 7 月）；马里兰 SSBN-738（1992 年 6 月）；内布拉斯加 SSBN-739（1993 年 7 月）；罗得岛 SSBN-740（1994 年 7 月）；缅因 SSBN-741（1995 年 7 月）；怀俄明 SSBN-742（1996 年 7 月）；路易斯安那 SSBN-743（1997 年 9 月）

上图：目前美国海军的现役 SSBN（弹道导弹核潜艇）是 18 艘"俄亥俄"级"三叉戟"导弹潜艇。之前 40 多艘搭载"北极星"和"波塞冬"导弹的潜艇已被其取代

"红宝石"级攻击型核潜艇
Rubis Class

1964 年，法国海军开始设计一种排水量 4000 吨的攻击型核潜艇。1968 年，就在建造工作即将开始之前，该项潜艇发展计划被取消。接下来，法国人开始设计一种小型潜艇，它不但以早期的"阿戈斯塔"级柴电动力潜艇的艇身设计为基础，还装备了与"阿戈斯塔"级基本相同的火控、鱼雷发射和声呐探测系统。

最终，在瑟堡建成的这种被称为 SNA72 级的潜艇，是世界各国海军中最小型的攻击型核潜艇，也称"红宝石"级。为了提供潜艇动力，法国人专门研发出 1 套综合性的核反应堆 – 热交换器系统，输出功率为 48 兆瓦，驱动 2 台涡轮交流发电机和 1 台电动机。与"阿戈斯塔"级相比，该级新型潜艇的艇体高度有所增加，从而使得大型攻击型核潜艇典型的 3 层甲板设计能够应用到该级潜艇指挥塔的前部和后部区域。此外，"阿戈斯塔"级潜艇的水平舵设计也被该级新潜艇所采用，从而增加潜艇的水下机动能力。

编入现役

1976 年，第 1 艘"红宝石"级潜艇"红宝石号"在瑟堡开工建造，1983 年 2 月正式服役。紧随其后

技术参数
"红宝石"级攻击型核潜艇

"红宝石"级潜艇： "红宝石号"（S601）、"青玉号"（S602）、"卡萨布兰卡号"（S603）、"碧玉号"（S604）、"紫水晶号"（S605）和"珍珠号"（S606）

排水量： 水面 2385 吨，水下 2670 吨

尺寸： 长 72.1 米，宽 7.6 米，吃水深度 6.4 米

动力系统： 1 座输出功率 64370 马力（48000 千瓦）的压水式反应堆，2 台涡轮交流发电机，单轴推进

航速： 水面 18 节（33 千米／时），水下 25 节（46 千米／时）

下潜深度： 通常潜深 300 米，最大潜深 500 米

鱼雷管： 4 具 550 毫米口径鱼雷发射管（全部置于艇艏）

基本战斗载荷： 10 枚 F17 型有线制导反舰鱼雷或者 L5 mod3 型反潜鱼雷，4 枚 SM.39 型"飞鱼"导弹，或者 28 枚 TSM 35 型沉底水雷

电子系统： 1 部"凯文·休斯"对海搜索雷达，1 部 DMUX 20 型多功能声呐，1 部 DSUV 62C 型被动式拖曳阵列声呐，1 套 ARUR 13/DR 3000U 型电子支援系统

人员编制： 66 人

右图：作为世界上最小的现役核潜艇，"红宝石"级基本上是对常规动力的"阿戈斯塔"级进行了大量改进的核动力版本

下图：法国在核潜艇的发展方面拒绝接受美国的帮助，这种做法使得法国第 1 艘攻击型核潜艇进入舰队服役的时间比英国晚了 20 年

水晶"级潜艇。就这样，大西洋成了上述 6 艘潜艇经常出没的巡逻区域。

根据最初的设计，"红宝石"级潜艇主要执行反水面舰艇作战，自持力（主要受到所能携带的食品量的制约）为大约 45 天。

所有的"红宝石"级潜艇均装备了 F17 型和 L5 型鱼雷，从 20 世纪 80 年代中期开始，又装备了 SM.39 型"飞鱼"潜射反舰导弹。

20 世纪 90 年代初期，法国潜艇的队伍中又增加了 2 艘经过改进的潜艇"紫水晶号"和"珍珠号"，被命名为"紫水晶"级。它们与早期的"红宝石"级潜艇采用相同的基础设计，只不过艇身加长了 2 米，主要用来进行反潜作战。此外，这 2 艘新潜艇还装备了更加先进的声呐和电子装置，静音性能也比早期的潜艇优异。

的是另外 3 艘潜艇"青玉号""卡萨布兰卡号"和"碧玉号"，1984—1987 年相继服役。

法国海军最初计划将这 4 艘"红宝石"级潜艇编成 2 个中队，其中 1 个进驻布雷斯特港口，负责保护那里的弹道导弹核潜艇；另外 1 个中队进驻土伦军港。最终的结果却是，所有该级潜艇全部驻扎土伦军港，与它们一起驻扎在此的还有后继的 2 艘"紫

1989—1995 年，早期的 4 艘"红宝石"级潜艇进行了现代化改进，全部达到了它们的后来者（"紫石英号"和"珍珠号"）的标准。

如今，一种较大吨位的法国海军新型攻击型核潜艇正在发展之中。

"十一月"级攻击型核潜艇
November Class Nuclear-Powered Anti-Shipping Submarine

14 艘 627 型潜艇被北约国家称为"十一月"级潜艇，它们是苏联海军最早 1 批实用化核动力潜艇，从 1958 年开始在北德文斯克造船厂进行建造。与同时代的"鹦鹉螺"级、"海狼"级等美国潜艇相比，苏联建造"十一月"级潜艇主要是为了追求其作战性能而非隐身性能。

"十一月"级潜艇装备核鱼雷，最初的主要任务是尽可能地接近美国港口，将核鱼雷投射到港口之内。然而，"十一月"级潜艇的这一角色很快发生了变化，在其服役生涯的大部分时间内，它们主要用来攻击敌方的航空母舰战斗群，并希望能够直接击中航空母舰本身。

噪声制造者

按照今天的标准，"十一月"级潜艇的噪声非常大，这是由不够合理的艇体线型、老旧的反应堆设计以及潜艇外壳上许多的流水孔导致的。一对可收回的水平舵紧贴着艇艏声呐系统后部进行安装，2 具 406 毫米口径的鱼雷发射管安装在艇艉部。

1958 年 7 月，第 1 艘"十一月"级潜艇"共青团员号"（也称为 K3 号）开始具备作战能力，在 1962 年 7 月成为第 1 艘抵达北极点的苏联潜艇。然而，该艘潜艇在 20 世纪 60 年代发生了 2 次严重反应堆事故，而反应堆事故也成为"十一月"级潜艇的典型特征。

技术参数
"十一月"级攻击型核潜艇
排水量：水面 4200 吨，水下 5000 吨
尺寸：长 109.7 米，宽 9.1 米，吃水深度 6.7 米
动力系统：2 座液态金属或压水式核反应堆，2 台蒸汽涡轮机，双轴推进
航速：水面 15 节（28 千米 / 时），水下 30 节（56 千米 / 时）
下潜深度：作战潜深 214 米，最大潜深 300 米
鱼雷管：8 具 533 毫米口径鱼雷发射管（置于艇艏），2 具 406 毫米口径鱼雷发射管（置于艇艉）
基本战斗载荷：最多可携带 20 枚 533 毫米口径鱼雷，在通常情况下携载 14 枚 533 毫米反舰或反潜鱼雷、6 枚 533 毫米口径核反舰鱼雷（爆炸当量 15000 吨），外加 2 枚 406 毫米口径反舰鱼雷
电子系统：1 部 RLK-101 型搜索雷达，1 部 MG-100 型"阿尔克蒂卡"主动声呐，1 部 MG-10"费尼克斯"被动声呐，1 台 MG-13 型声呐拦截接收机，1 部"拉克"鱼雷探测声呐，1 部水下电话，甚高频 / 超高频通信系统
人员编制：24 名军官，86 名士兵

上图：1970 年 4 月，苏联海军 1 艘"十一月"级核潜艇在不列颠群岛西南海域陷入绝境，照片上的艇员们正在躲避反应堆舱发生的火灾。幸运的是，就在该艘潜艇沉没之前，1 艘苏联海军支援舰将这些艇员从死亡边缘拉了回来

下图：作为苏联研制的第一种核潜艇，"十一月"级潜艇缺乏之后期潜艇通常采用的泪滴状标准艇体。然而，该级潜艇拥有着相当高的航速，所携带的核鱼雷令敌人望而生畏

由于设计缺陷和防护措施低下，"十一月"级核潜艇和E级、H级核潜艇一样，给艇员们造成了非常严重的辐射危害。苏联为此开设了数家专科医院，专门治疗从上述潜艇上面送下来的放射线受害人员。在苏联各级潜艇中，以"十一月"级为代表的这些核潜艇，也因此落下了一个"寡妇加工厂"的诨号。

有4艘该级潜艇因为反应堆发生事故而损毁。其余潜艇在执行作战巡逻任务时，也时不时地发生机械故障之类的事故。

绝大多数的"十一月"级攻击型核潜艇在苏联海军北方舰队服役，有4艘在20世纪60年代前往远东编入太平洋舰队。那些在事故中幸存下来的潜艇，最终在1988—1992年相继退役。

直到今天，除了K3号潜艇被保留下来作为1座纪念馆之外，其他所有该级潜艇都被弃置在俄罗斯的海港内，成为一个个放射源。

"回声"级巡航导弹核潜艇／攻击型核潜艇
Echo Class SSGN/SSN

5艘"回声"级攻击型核潜艇最初于1960—1962年在苏联远东共青城完成建造，当时称之为"659计划"或"回声I"级巡航导弹核潜艇。该潜艇装备6具P-5（SS-N-3c"柚子-B"）巡航导弹发射器，该型导弹主要用于战略打击，而非反舰作战，这是因为该型艇并没有"回声II"型艇上的导弹火控和雷达引导系统。随着苏联弹道导弹核潜艇力量的建立，"回声"级潜艇的需求越来越低，它们在1969—1974年被转换成了"659T计划"攻击型核潜艇。改装拆除了"柚子"发射器，船体增加了镀层和流线型化处理以减小发射器的水下噪声，声呐系统也按照"十一月"级攻击型核潜艇的标准进行了改装。改造后的

下图："回声II"级潜艇的指挥塔围壳前部可以旋转180度以在导弹发射前露出"前片"和"前门"导弹制导雷达天线。船体上的凸起和孔隙使得潜艇在水下噪声非常大

技术参数

"回声II"级巡航导弹／攻击型核潜艇

排水量： 水面 5000吨，水下 6000吨

尺寸： 长 115米，宽 9米，吃水深度 7.5米

动力系统： 1个压水冷却反应堆驱动2台蒸汽涡轮机，功率24010马力（17900千瓦），双轴推进

航速： 水面 20节（37千米／时），水下 25节（46千米／时）

潜水深度： 与"回声"级相同

鱼雷发射管： 与"回声"级相同，除了艇艉仅有2个406毫米发射管

导弹： 8枚P-6（SS-N-3a"柚子-A"）导弹，其中4枚携带1000千克高爆弹头，4枚携带350千吨核弹头；在另外14艘改装船型中是8枚巴扎特（SS-N-12"沙箱"）导弹，与相同的SS-N-3a导弹配合使用

电子系统： "魔盘"海面搜索雷达，"前门／前片"导弹制导雷达，"红灯"电子支援系统，阿提卡-M、菲尼克斯-M和赫克力斯声呐

人员编制： 90人

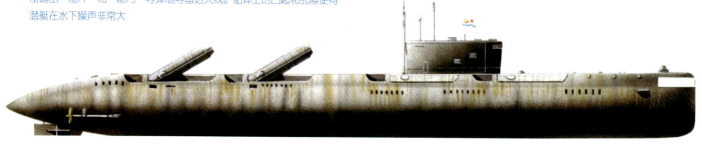

技术参数
"回声 I"级核潜艇
排水量： 水面 4500 吨，水下 5500 吨
尺寸： 长 110 米，宽 9.1 米，吃水深度 7.5 米
动力系统： 1 座压水冷却式反应堆驱动 2 台蒸汽涡轮机，功率 25000 马力（18640 千瓦），双轴推进
航速： 水面 20 节（37 千米 / 时），水下 28 节（52 千米 / 时）
潜水深度： 实际深度 300 米，最大深度 500 米
鱼雷发射管： 6 个 533 毫米发射管（艇艏）和 4 个 406 毫米发射管（艇艉），配备 20 枚 533 毫米鱼雷（16 枚反舰或反潜高爆鱼雷，4 枚反舰 15 千吨核弹头鱼雷）以及 2 枚 406 毫米反舰鱼雷
导弹： 6 枚 P-5（SS-N-3c "柚子"）导弹，携带 1000 千克高爆弹头或 350 千吨核弹头
电子系统： 1 套 "魔盘" 海面搜索雷达，1 套 "赫克力斯" 声呐，1 套 "菲尼克斯" 声呐，1 套 "红灯" 电子支援系统和 1 部水下电话
人员编制： 75 人

上图：大约 29 艘 "回声 II" 级巡航导弹核潜艇进入苏联海军服役，其主要武器是 SS-N-12 "沙箱" 或 SS-N-3a "柚子" 导弹。潜艇的主要缺陷是它们必须浮出水面发射和控制导弹。

潜艇都部署在太平洋舰队服役，1979 年，K-45 在冲绳县沿岸发生火灾而严重受损，不得不拖回符拉迪沃斯托克（海参崴）附近的紧急干船坞。该级别的最后 2 艘在 20 世纪 90 年代早期退役。

"回声 II" 级

接下来的 "675 计划" 或 "回声 II" 级潜艇于 1962—1967 年在北德文斯克（18 艘）和共青城（11 艘）建造，它们是苏联海军的主要反舰导弹潜艇。它们在耐压船体上方携带 8 枚 P-6（SS-N-3a "柚子 -A"）反舰巡航导弹，发射前潜艇必须浮出水面，并将发射器抬升至 25～30 度仰角。指挥塔围壳前部会翻开 180 度以暴露出 2 部导弹制导雷达。所有的 8 枚导弹两两发射共需 30 分钟，然后潜艇必须停留在水面上，直至完成导弹中途修正指令和目标选择指令发送，除非由第三方进行中继引导，如安装了适当系统的图波列夫 Tu-95RT "熊 -D" 侦察机。

从 20 世纪 70 年代中期开始，14 艘 "回声 II" 级潜艇进行了大修，安装了更强大的 "孔雀石" 设计局的 SS-N-12 "沙箱" 反舰巡航导弹。这次改装最明显的特征是指挥塔两侧与其平行的导弹发射器前端增加了两个凸起。

"回声 II" 级潜艇被平均分配到了太平洋舰队和北方舰队。这些潜艇到 20 世纪 80 年代中期时已经过时了，最终在 1989—1994 年退役。

"查理" 级巡航导弹核潜艇
Charlie Class SSGN

第 1 艘 670 型 "鲟鱼" 级或 "查理 I" 级巡航导弹核潜艇于 1967 年在高尔基的内陆船厂下水。在接下来的 5 年里，那里又建造了 10 艘这种潜艇，船首的耐压壳体外部两侧各布置有 1 列 4 具倾斜导弹发射装置。发射管的外部舱门很大，可以适用于 P-120 "孔雀石"（SS-N-9 "女海妖"）中程反舰导弹，但这种水下发射的武器发展的延迟意味着完工的潜艇只能使用短程的 P-70 "紫晶石"（SS-N-7 "星光"）

技术参数
"查理 I"级核潜艇
排水量： 水面 4000 吨，水下 4900 吨
尺寸： 长 95 米，宽 10 米，吃水深度 8 米
动力系统： 1 部压水冷却反应堆驱动 2 台双轴蒸汽涡轮机，功率 15000 马力（11185 千瓦）
航速： 水面 20 节（37 千米／时），水下 24 节（44 千米／时）
潜水深度： 实际深度 400 米，最大深度 600 米
鱼雷发射管： 6 具 533 毫米艇艏发射管，最多配备 12 枚鱼雷，但通常是 4 枚反舰或反潜高爆鱼雷，2 枚反舰 15 千吨核弹头鱼雷，以及 2 枚 SS-N-15"海星"15 千吨级核反潜导弹；或者共计 24 枚 AMD-1000 海底水雷
导弹： 8 枚 P-70"紫晶石"（SS-N-7"星光"）反舰导弹（4 枚装备 500 千克高爆弹头，4 枚装备 200 千吨核弹头）
电子系统： 1 套"魔盘"海面搜索雷达，1 套"鲨鱼齿"低频船首声呐，1 套中频导弹和鱼雷射击控制声呐，1 套"碎砖"（Brick Spit）和 1 套"砖浆"（Brick Pulp）被动式拦截和威胁预警电子支援系统，1 套"圆灯"测向天线，甚高频和超高频通信设备，以及 1 部水下电话
人员编制： 100 人

技术参数
"查理 II"级核潜艇
排水量： 水面 4300 吨，水下 5100 吨
尺寸： 长 103 米，宽 10 米，吃水深度 8 米
动力系统： 1 部压水冷却反应堆驱动 2 台单轴蒸汽涡轮机，功率 15000 马力（11185 千瓦）
航速： 水面 速度可能略低于 20 节（37 千米／时），水下 24 节（44 千米／时）
潜水深度： 实际深度 400 米，最大深度 600 米
鱼雷发射管： 6 个 533 毫米发射管（全部位于艇艏），最多配备 12 枚鱼雷，但通常是 8 枚反舰或反潜高爆鱼雷，2 枚反舰 15 千吨核弹头鱼雷，2 枚 SS-N-15"海星"15 千吨级反潜导弹；或者共计 24 枚 AMD-1000 海底水雷
导弹： 8 枚 P-120'孔雀石'（SS-N-9'女水精'）反舰导弹
电子系统： 1 套"魔盘"海面搜索雷达，1 套"鲨鱼齿"低频船首声呐，1 套中频导弹和鱼雷射击控制声呐，1 套"红灯"电子支援系统，1 套"圆灯"测向天线，甚高频和超高频通信设备，以及 1 部水下电话
人员编制： 98 人

水下发射式反舰导弹，这是从 P-15"白蚁"（SS-N-2"冥河"）海面发射式导弹发展而来的，主要针对高价值的海面目标，如航空母舰发动弹出式突然袭击。

1972—1979 年，6 艘改进型 670M 型（"鳕鱼级"）或"查理 II"级潜艇在高尔基完成建造，它们在尾翼前端的船体上插入了一个 8 米的部件，用于安装更远程的 P-120"孔雀石"反舰导弹的瞄准和发射所需要的电子设备和发射系统。

批量生产

"查理"级潜艇在设计时就考虑批量生产，正是因为这一点才导致最终的设计方案采用 1 个反应堆和 5 叶的主螺旋桨（此外还有 2 具双叶螺旋桨用于低速安静航行），而在此之前，苏联海军更偏好的是双反应堆和双螺旋桨。这种削减成本的措施带来的一个后果就是"查理"级潜艇速度不足，无法有效地跟随高速的水面舰艇战斗群作战。

曾经人们一度认为将有一种装备 P-80"野牛"（SS-N-22"日炙"）导弹的"查理 III"级潜艇，但实际上并没有。导弹发射完后，"查理 I"级和"查理 II"级潜艇都必须返回港口重新装填，虽然辅助鱼雷武器和声呐系统也能提供一定的反舰和反潜能力。最后 1 批该级别的潜艇于 1994 年退役。印度在 1988—1991 年租用了 1 艘"查理 I"级潜艇，他们称之为"查克拉号"，主要用于积累核潜艇的作战经验。

左图：1 艘"查理 I"级巡航导弹核潜艇装备 SS-N-7 型 J 波段雷达自导反舰导弹，导弹装载于 2 排发射管中，发射管艇艏耐压壳体两侧倾斜布置

下图：1967—1981 年，高尔基船厂共建造了 17 艘 2 个亚型的"查理"级巡航导弹核潜艇。"查理"级潜艇主要用于对高价值的海面目标发动导弹突袭，该型艇同时也具备辅助反潜作战能力

"帕帕"级和"奥斯卡"级巡航导弹核潜艇
Papa and Oscar Class SSGNs

1970 年，一艘 661 型（"箭毒木"级）潜艇在苏联北德文斯克的造船厂下水，北约称之为"帕帕"级。该潜艇比同时代的"查理"级巡航导弹核潜艇大很多，并且装备有 10 具导弹发射筒（P–120 "孔雀石"/SS–N–9 "女水精"反舰导弹），它在很多年之内对西方情报机构而言都是一个未解之谜。

答案似乎在 1980 年揭晓，还是同 1 个造船厂，更大型的 949 计划"花岗岩"或"奥斯卡 I"级巡航导弹核潜艇下水。"帕帕"级从 1958 年开始就被构想为巡航导弹发射潜艇的先驱，即采用钛制船体的"阿

技术参数
"帕帕"级核潜艇

排水量： 水面 5200 吨，水下 7000 吨

尺寸： 长 106.9 米，宽 11.5 米，吃水深度 8 米

动力系统： 1 个压水冷却反应堆驱动 2 台蒸汽轮机，功率 80005 马力（59650 千瓦），双轴推进

航速： 水面 20 节（37 千米 / 时），水下 42 节（78 千米 / 时）

潜水深度： 实际深度 400 米，最大深度 600 米

鱼雷发射管： 6 个 533 毫米发射管（全部在艇艏），最多配备 12 枚鱼雷，但通常为 8 枚反舰或反潜高爆弹头鱼雷，2 枚反舰 1.5 万吨核弹头鱼雷，以及 2 枚 SS–N–15 "海星" 1.5 万吨反潜导弹，或者共计 24 枚 AMD–1000 海底水雷

导弹： 10 枚 P–120 "孔雀石"（SS–N–9 "女海妖"）导弹，其中 6 枚携带 500 千克高爆弹头，4 枚携带 20 万吨核弹头

电子系统： 1 套"魔盘"海面搜索雷达，1 套"鲁宾"低频艇艏声呐，1 个中频雷达和导弹射击控制声呐，1 套"碎夸"和 1 套"砖浆"被动式拦截和威胁警报电子支援系统，甚高频 / 超高频通信设备，1 个"圆灯"测向天线，以及 1 套水下电话

人员编制： 82 人

技术参数
"奥斯卡 II"级核潜艇

排水量： 水面 13900 吨，水下 18300 吨

尺寸： 长 154 米，宽 18.2 米，吃水深度 9 米

动力系统： 2 个压水冷却反应堆驱动 2 台蒸汽涡轮机，功率 98000 马力（73070 千瓦），双轴推进

航速： 水面 15 节（28 千米 / 时），水下 28 节（52 千米 / 时）

潜水深度： 实际深度 500 米，最大深度 830 米

鱼雷发射管： 4 个 533 毫米和 2 个 650 毫米发射管（全部在艇艏），最多配备 28 枚 533 毫米和 650 毫米的武器，包括携带 15 千吨核弹头的 SS–N–15 "海星"反潜导弹和携带 200 千吨核弹头的 SS–N–16 "种马"反潜导弹，或者 40 型反潜鱼雷，或者 21 枚海底水雷

导弹： 24 枚 P–700 "花岗岩"（SS–N–19 "海难"）导弹，携带 750 千克高爆弹头或 50 万吨核弹头

电子系统： 1 套"侦察对"（Snoop Pair）或"侦察半"（Snoop Half）海面搜索雷达，1 套"大酒杯"（Punch Bowl）第三方目标追踪雷达，1 套"鲨鱼鳃"（Shark Gill）主动 / 被动式船体搜索和进攻雷达，1 套"鲨鱼肋"（Shark Rib）被动式舷侧阵列声呐，1 套"鼠咆哮"（Mouse Roar）主动式船体攻击声呐，1 套"黑蛳蛇"被动式拖曳阵列声呐，以及 1 套"帽边"（Rim Hat）电子支援系统

人员编制： 107 人

左图："奥斯卡"级巡航导弹核潜艇是当时世界上最大的潜艇，它在很多方面都具有很强大的能力。"库尔斯克号"——"奥斯卡 II"级潜艇中的第 10 艘因 2000 年 8 月潜艇内部的武器爆炸而沉没

尔法"级高速 / 深潜核潜艇。过大的水下噪声决定了它不适合系列生产，所以它成为更先进的巡航导弹核潜艇概念的原型，但动力平台和螺旋桨配置发生了很大的变化。

随后的"查理 II"系列巡航导弹核潜艇安装了导弹系统以测试 P-120 导弹的潜射版本。"奥斯卡"级设计方案引入了更多的改进，其中包括水下发射的 P-700"花岗岩"（SS-N-19"海难"）远程超音速反舰导弹发射管，每侧布置 12 具导弹发射管，并且安装在潜艇指挥塔围壳两侧的耐压壳体上。与其他苏联潜艇相似，"奥斯卡"级潜艇也采用双船体，包括内部的耐压壳体和外部的水动力壳体。两艘"奥斯卡 I"级潜艇为计划的 12 艘 949A 型"安泰"或"奥斯卡 II"级巡航导弹核潜艇铺平道路，后者的船体长度增加了大约 10 米，指挥塔也有所扩大。4 艘在北方舰队服役，2 艘在太平洋舰队服役，并被称为核动力巡航导弹潜艇（PLARK）。本书成书时已经有 2 艘"奥斯卡 I"级潜艇退役封存，另有 4 艘"奥斯卡 II"级潜艇在等待处理。与以前的潜艇相似，"奥斯卡"级潜艇的设计目的同样是美国航空母舰战斗群。

VI 级、VII 级和 VIII 级攻击型核潜艇
Victor I, Victor II and Victor III Class SSNs Nuclear Attack Submarines

被苏联定级为"攻击型核潜艇"（SSN）的 V（"维克多"）级潜艇是世界上速度最快的核潜艇，就速度而言，即使美国的"洛杉矶"级攻击型核潜艇也不能与之匹敌。671 型潜艇（苏联人所熟知的"耶尔西"级）是第 1 种为了追求水下高航速而采用泪滴形艇体设计的苏联潜艇。

与 H 级弹道导弹核潜艇、E 级导弹核潜艇和"十一月"级攻击型核潜艇之后的所有潜艇一样，V 级潜艇配置了 6 具 533 毫米口径鱼雷发射管，其中 2 具用于自身防御，可发射 4 枚 406 毫米口径的反潜鱼雷。

V1 级潜艇与同时代的 C1 级导弹核潜艇

技术参数

VI 级攻击型核潜艇

排水量： 水面 4100 吨，水下 6085 吨

尺寸： 长 92.5 米，宽 11.7 米，吃水深度 7.3 米

动力系统： 2 座 VM-4T PW 型核反应堆；1 台 OK-300 型蒸汽涡轮机，输出功率 30440 马力（22700 千瓦）；1 部 5 叶螺旋桨；2 部双叶螺旋桨

航速： 水面 12 节（22 千米/时），水下 32 节（59 千米/时）

下潜深度： 作战潜深 320 米，最大潜深 396 米

鱼雷管： 6 具 533 毫米口径鱼雷发射管（全部置于艇艏），其中 2 具可发射 406 毫米口径反潜鱼雷

基本战斗载荷： 最多可携带 18 枚 533 毫米口径鱼雷，但通常情况下携带 8 枚 533 毫米反舰或反潜鱼雷；10 枚 406 毫米口径反潜鱼雷；2 枚 533 毫米口径核反舰鱼雷（爆炸当量 15000 吨），或者携带 36 枚 AMD-1000 型沉底水雷

导弹： 2 枚"特萨克拉"核反潜导弹（北约代号 SS-N-15"海星"），爆炸当量 15000 吨

电子系统： 1 部 MRK-50 型"托波尔"对海搜索雷达，1 部低频 MGK-300 型"鲁宾"主动/被动艇艏声呐，1 部 MG-24 型水雷探测声呐，1 部"查利夫"（Zhaliv-P）被动拦截和威胁预警电子支援系统，1 台 MG-14 型声呐拦截接收机，甚高频/超高频通信系统，1 部 MG-29 型"豪斯特"水下电话

人员编制： 100 人

技术参数

VII 级攻击型核潜艇

排水量： 水面 4700 吨，水下 7190 吨

尺寸： 长 101.8 米，宽 10.8 米，吃水深度 7.3 米

动力系统： 与 VI 级潜艇相同

航速： 水面 12 节（22 千米/时），水下 31.7 节（59 千米/时）

下潜深度： 与 VI 级潜艇相同

鱼雷管： 与 VI 级潜艇相同，外加 2 具 650 毫米口径艇艏鱼雷发射管

基本战斗载荷： 与 VI 级潜艇相同，外加 6 枚 650 毫米口径鱼雷

导弹： 与 VI 级潜艇相同

电子系统： 1 部低频 MGK-400 型"鲁宾"主动/被动艇艏声呐，其余系统与 VI 级潜艇相同，外加 1 部"帕拉万"拖曳式超低频通信浮标和 1 台极低频通信天线（应用于"莫尔尼亚"-671 型通信系统）

人员编制： 110 人

技术参数

VIII 级攻击型核潜艇

排水量： 水面 5000 吨，水下 7000 吨

尺寸： 长 107.2 米，宽 10.8 米，吃水深度 7.4 米

动力系统： 与 VI 级潜艇相同

航速： 水面 18 节（33 千米/时），水下 30 节（56 千米/时）

下潜深度： 与 VI 级潜艇相同

鱼雷管： 与 VII 级潜艇相同

基本战斗载荷： 与 VII 级潜艇相同

导弹： 与 VII 级潜艇相同，外加 2 枚"石榴石"巡航导弹（北约代号 SS-N-21"桑普森"）或者 2 枚"暴风雪"（北约代号 SS-N-16"种马"）火箭鱼雷

电子系统： 与 VII 级潜艇相同，外加 1 部"皮森"拖曳式声呐

人员编制： 115 人

（SSGN）和 Y 级弹道导弹核潜艇（SSBN）一起，构成了苏联海军第 2 代核潜艇，安装的都是浓缩铀燃料反应堆。1967 年，第 1 艘 VI 级潜艇 K38 号在列宁格勒（今圣彼得堡）海军部造船厂完工，最后 16 艘 VI 级潜艇 1974 年在这里建成。

VII 级潜艇是 VI 级潜艇的改进版，最初被北约国家称为 U 级潜艇，它们最明显的标志是在指挥塔前面增加了 6.1 米长的艇身，用来放置和安装口径 650 毫米的新一代重型鱼雷及其发射管。第 1 艘 VII 级潜艇是 1972 年在高尔基造船厂开工建造的。C2 级潜艇也在这里建造，与 VII 级轮流进行。高尔基造船厂建造了 4 艘 VII 级潜艇，另外 3 艘则是 1975 年在列宁格勒（今圣彼得堡）海军部造船厂开工建造的。

静默的 V 级潜艇

VIII 级（苏军称其为"狗鱼"级）潜艇的静音性能十分出色。美国海军称呼 VIII 级潜艇为"沃克"级潜艇，因为该级潜艇的静音技术和传感器系统基本上是依靠 20 世纪 70—80 年代的"沃克间谍网"从他国获取的。为了降低噪声，VIII 级敷设了消声涂

下图：这是 1 艘苏联海军 V3 级潜艇，它的上方向舵顶部吊舱是专门用来放置 1 套拖曳声呐线阵的。这种天线是首次出现在苏联潜艇设计之中的。作为远程探测声呐的配套，该级潜艇可以装备 SS-N-15 型和 SS-N-16 型反潜导弹

上图：1974 年，苏联 1 艘 V1 级潜艇穿越马六甲海峡。从照片上可以看到，一些苏联海军水手正在指挥塔上层建筑的表面享受热带地区的太阳浴

层。就静音性能而言，美国海军坦率承认苏联的 VIII 级潜艇与己方的"鲟鱼"级潜艇难分伯仲。

1976 年，第 1 艘 VIII 级潜艇在海军部造船厂下水。1978 年，共青城造船厂在建造完 DI 级潜艇后，也加入了 VIII 级潜艇的生产行列，以每年 2 艘的速度建造生产。1978—1992 年总共有 26 艘 VIII 级潜艇建成。

VIII 级潜艇的上方向舵安装了 1 个吊舱，用于放置 1 套全新的拖曳式声呐线阵。为了处理拖曳阵列声呐和 2 部新型侧翼阵列声呐所获取的数据，水平舵前方的艇身加长了 3 米，专门安装所需要的电子系统。此外，VIII 级潜艇还拥有一对艇艏水平舵，在水下高速航行或者水面航行时，这对水平舵可以收回艇体内部。

所有的 VI 级和 VII 级潜艇均在 1996 年之前退役，一起退役的还有大约 12 艘首批 VIII 级潜艇。

下图：1983 年 11 月，在美国北卡罗来纳州海岸线附近，这艘苏联 VIII 级潜艇出现故障动弹不得，最后不得不被拖带到古巴进行维修。对于西方国家的海军情报部门来说，该事件不啻一笔意外飞来的横财，他们频频出动侦察机对该艇进行全方位侦察拍照。就这样，该艘潜艇成了上镜率最高的苏联海军潜艇

"鲨鱼"级攻击型核潜艇
Akula Class Nuclear-Powered Attack Submarine

采用全钢艇体设计的 971 "鲨鱼" 级潜艇（也称为 "阿库拉" 级潜艇）要比 S 级潜艇更易建造，且造价低廉许多。从本质上讲，"鲨鱼" 级潜艇是多产的 V 级潜艇的继任者。今天，在不断萎缩的俄罗斯海军攻击型核潜艇队伍中，"鲨鱼" 级潜艇几乎占据了半壁江山。第 1 批 7 艘 "鲨鱼" 级潜艇（西方国家称为 "鲨鱼 I" 级）于 1982—1990 年建造，分别被命名为 "美洲狮号" "白鳍豚号" "抹香鲸号" "雪豹号" "鲸鱼号" "黑豹号" 和 "独角鲸号"。另外 5 艘该级潜艇（"海狼号" "海象号" "美洲豹号" "海虎号" 和 "龙号"，建造于 1986—1995 年）被定级为 971U 型潜艇或者 "改进型鲨鱼" 级潜艇。第 13 艘 "鲨鱼" 级潜艇 "野猪号"——被定级为 971M 型或者 "鲨鱼 II" 级潜艇——于 1995 年下水，但是直到 2002 年底仍然未能最终建成。1998—2000 年，"猎豹号" "美

技术参数

"鲨鱼" 级（971 型）核潜艇

排水量： 水面 7500 吨，水下 9100 吨

尺寸： 长 111.7 米，宽 13.5 米，吃水深度 9.6 米

动力系统： 1 座 OK-650B 型压水式反应堆；1 台蒸汽轮机，输出功率 43590 马力（32060 千瓦）；单轴推进

航速： 水面 20 节（37 千米 / 时），水下 35 节（65 千米 / 时）

下潜深度： 最大潜深 450 米

鱼雷管： 4 具 650 毫米口径鱼雷发射管，4 具 533 毫米口径鱼雷发射管

战斗载荷： 3 枚 M10 型潜射巡航导弹（北约代号 SS-N-21 "桑普森"），RPK6/7 型（北约代号 SS-N-16 "种马"）火箭投送核深水炸弹和核鱼雷，VA-111 型 "暴风雪" 水下火箭弹，533 毫米口径 SET-72 型、TEST-71M 型和 USET-80 型鱼雷，650 毫米口径 65-76 型鱼雷，或者 42 枚水雷

电子系统： （俄罗斯研制）"奇布里斯" 对海搜索雷达，"梅德维耶迪斯塔" -945 型导航系统，"莫尔尼亚" -M 型卫星通信系统，"海啸" "基帕里斯" "阿尼斯" "辛兹" 和 "科拉" 通信系统，"帕拉万" 拖曳式超低频接收机，"维斯普莱特斯克" 战斗指向系统，"斯卡特" -3 型主动 / 被动声呐，"鲨鱼" 侧翼阵列声呐，"佩拉米达" 拖曳阵列声呐，MG-70 型水雷探测声呐，"布克塔" 综合电子支援 / 电子对抗系统，2 套 MG-74 型诱饵，MT-70 型声呐拦截接收机，"尼克罗姆" -M 敌我识别系统

人员编制： 62 人（25 名军官）

上图："鲨鱼"级潜艇一个显著的设计特征就是它的高度流线型艇身，这种特征不但降低了水下噪声水平，还大大提升了航行速度

上图："鲨鱼"级潜艇的艇艉垂翼顶端安装了一个巨大的泪滴形吊舱，里面放置了传感器阵列以及"斯卡特"–3型"鲨鱼"主动/被动拖曳式声呐系统

洲狮号"和"海豹号"等另外3艘"鲨鱼"II级潜艇相继下水，但同样未能彻底完工。除此之外，俄罗斯海军曾计划至少再建造另外2艘该级潜艇，但始终未能动工。

不断改进的设计方案

早在20世纪70年代初期，"鲨鱼"级潜艇的设计方案就已经获得批准，但在1978—1980年进行了改进，用来携带"石榴石"对陆攻击巡航导弹（北约代号SS–N–21"桑普森"）。"鲨鱼"级潜艇的问世标志着苏联潜艇设计的巨大进步，在静音性能方面远远胜过了V级以及其他早期的攻击型核潜艇。为了降低潜艇的噪声水平，该级潜艇引进了西方国家的商业降噪技术，此举极大地提升了潜艇的静音性能，而且动摇了北约国家在水下冷战中长期占据的优势地位。此外，"鲨鱼"级潜艇的传感

器系统也得到大幅度改进，通过应用数字技术，探测目标的距离比V级增加了3倍。

"鲨鱼"级潜艇在艇艉垂翼上方配置1个巨大的泪滴形吊舱，里面放置"斯卡特"–3型超低频被动拖曳式声呐。此外，潜艇艉部还安装1个专用逃生舱。改进型的"鲨鱼"级和"鲨鱼II"级潜艇均在艇身外部配置了6具533毫米口径的鱼雷发射管，考虑到这些鱼雷管无法从耐压艇体内部进行重新装填，因此很可能被用来发射"特萨克拉"反潜导弹（北约代号SS–N–15"海星"）。此外，"鲨鱼II"级潜艇的作战潜深也得到了大幅度增加。

4艘"鲨鱼I"级潜艇在20世纪90年代末期退役，剩余的"鲨鱼"级潜艇被分配到北方舰队和太平洋舰队。

"勇士"级和"丘吉尔"级攻击型核潜艇
Valiant and Churchill Classes Nuclear-Powered Attack Submarines

订购于1960年8月的皇家海军舰艇"勇士号"是"勇士"级首艇，该级艇基本上就是放大版的"无畏"级，但采用了英国自研的反应堆和系统，它在

1966年7月完工，这比计划的时间晚了1年，因为当时优先权给予了英国的"北极星"潜射导弹潜艇计划。在其姊妹舰——"厌战号"之后，英国又建

造了3艘改装舰船，即运行噪声更小的"丘吉尔"级，这3艘分别是"丘吉尔号""征服者号"和"勇气号"。

所有潜艇都装备了2001型远程主动/被动式低频声呐，并且安装在最合适的指挥塔围壳上，虽然从20世纪70年代晚期开始，这5艘潜艇在大修中又换上了2020型声呐。它们还安装了卡扣式2026型拖曳阵列低频声呐。潜艇上还装过的其他声呐包括2007型远程被动式声呐以及英、荷、法联合制造的2019型被动/主动式测距和拦截声呐（PARIS）。潜艇还使用过197型被动式测距声呐，用于检测声呐的传输。完工时，这些潜艇的主武器是来自第二次世界大战时期的Mk 8反舰鱼雷，20世纪50年代的有线制导Mk 23反潜鱼雷，以及第二次世界大战时期的Mk 5沉底水雷和Mk 6锚雷。武器装备后来进行了现代化升级，除了Mk 8反舰鱼雷，增加了Mk 24"虎鱼"有线制导双用途鱼雷，"鱼叉"反舰导弹，以及新型的"石鱼"和"海胆"海底水雷。"丘吉尔号"为皇家海军试验了潜射"鱼叉"导弹。在1982年的马尔维纳斯群岛战争中，"征服者号""勇气号"和"勇士号"被部署到禁航区，"征服者号"在1982年5月2日击沉了阿根廷巡洋舰"贝尔格兰诺将军号"。所有5艘潜艇都逐渐转变成反水面舰艇的角色，转而让噪声更小的潜艇执行反潜任务。"勇士号""厌战号""丘吉尔号""征服者号"和"勇气号"分别于1997年、1993年、1990年、1990年和1992年退役。

技术参数	
"勇士"级和"丘吉尔"级攻击型核潜艇	
排水量： 水面 4400 吨，水下 4900 吨	
尺寸： 长 86.9 米，宽 10.1 米，吃水深度 8.2 米	
动力系统： 1个罗尔斯·罗伊斯压水冷却反应堆驱动2台单轴蒸汽涡轮机	
航速： 水面 20 节（37 千米/时），水下 29 节（54 千米/时）	
潜水深度： 实际深度 300 米，最大深度 500 米	
鱼雷发射管： 6个 533 毫米发射管，均在艇艏	
基本载荷： 32枚 Mk 8 和 Mk 24 "虎鱼" 鱼雷，或 64 枚 Mk 5 和 Mk 6 水雷，后来换成 26 枚鱼雷和 6 枚 UGM-84B "鱼叉" 反舰导弹，或 "石鱼" 和 "海胆" 水雷	
电子系统： 1套 1006 型海面搜索雷达，1套 2001 型声呐，1套 2026 型拖曳声呐，1套 2007 型声呐，1套 2019 型声呐，1套 197 型声呐，1个测向天线，1套电子支援系统，1套 DCB 鱼雷射击控制系统，以及 1 部水下电话	
人员编制： 103 人	

上图：皇家海军舰艇"勇士号"大体上就是"无畏"级核潜艇的放大版，它与"北极星"计划中的核潜艇在同一时间建造，两者均采用全英国国产的反应堆和相应的控制系统

下图：5艘"勇士"级和"丘吉尔"级潜艇一直服役到20世纪90年代中期，那时进行了现代化升级，在此之前的20世纪80年代，该型艇均进行了不涉及外观修改的大修

"敏捷"级攻击型核潜艇
Swiftsure Class Nuclear-Powered Attack Submarine

1971 年，英国第二代攻击型核潜艇"敏捷"级潜艇的第 1 艘在巴罗弗内斯的维克斯船厂下水。这艘"敏捷号"潜艇的船体比"勇士"级潜艇更短更宽，以扩大潜艇容积，并提升耐压壳体的强度，以便于在更深水域以更大速度使用；并且指挥塔缩小了，可伸缩的水平舵位于潜艇吃水线之下。"敏捷号"之后又建造了 5 艘姊妹舰，它们分别是"君权号""上乘号""权杖号""斯巴达号"和"辉煌号"。这些潜艇目前既用作旗舰的反潜屏障角色，也由于其机械装置噪声小而执行独立的反舰和反潜任务。它们的声呐基本上与"勇士"级潜艇相同，所有潜艇在常规的整修中都用 2020 型声呐替换了 2001 型声呐。武

技术参数

"敏捷"级攻击型核潜艇

排水量： 水面 4200 吨，水下 4900 吨

尺寸： 长 82.9 米，宽 9.8 米，吃水深度 8.2 米

动力系统： 1 台压水冷却反应堆驱动 2 台单轴蒸汽涡轮机

航速： 水面 20 节（37 千米 / 时），水下 30 节（56 千米 / 时）

潜水深度： 实际深度 400 米，最大深度 600 米

鱼雷发射管： 5 个 533 毫米，均在艇艏

基本载荷： 20 枚 Mk 8 或 Mk 24 "虎鱼"鱼雷，外加 5 枚 UGM-84B 潜射"鱼叉"反舰导弹，或者 50 枚"石鱼"和"海胆"水雷；1998 年之后增加了"战斧"巡航导弹（仅"斯巴达号"和"辉煌号"）

电子系统： 1 个 1006 型海面搜索雷达，1 个 2001 型声呐，1 个 2026 型拖曳声呐，1 个 2007 型声呐，1 个 2019 型声呐，1 个 197 型声呐，1 套电子支援系统，1 套 DCB 鱼雷和导弹射击控制系统，以及 1 部水下电话

人员编制： 97 人

下图与左图："敏捷"级潜艇的潜艇比其前任更小，事实证明它是优秀的反潜平台，特别是在原始的声呐设备升级并且增加了 Mk 24 "虎鱼"重型鱼雷之后。后续的整修还增加了战术武器系统，"旗鱼"鱼雷，改进的诱饵以及"战斧"巡航导弹。"斯巴达号"（左图）还能安装 1 个干式甲板投放舱

器装备削减了 1 个发射管和 7 枚鱼雷，但这种缩减也由于发射管重新装填时间降低为 15 秒而得到弥补。应急电源还是来自相同的 112 块电池组，以及与"勇士"级和"丘吉尔"级相同的柴油发电机和电动机。

1976 年，"君主号"证明了皇家海军在大片浮冰下的反潜作战能力，当时该艇抵达了北极点，这也是一次成功的科学之旅。

"斯巴达号"和"辉煌号"都参与了马尔维纳斯群岛战争。2002 年末，仍有 4 艘该级别潜艇在皇家海军服役，"敏捷号"已于 1992 年退役，当时的整修在其反应堆中发现裂缝。1998 年之后，2 艘该级别潜艇装备了"战斧"巡航导弹。

"特拉法加"级攻击型核潜艇
Trafalgar Class Nuclear-Powered Attack Submarine

"特拉法加"级是在巴罗弗内斯的维克斯船厂建造的英国第 3 代攻击型核潜艇，它基本上就是改进的"敏捷"级潜艇。其首艇——"特拉法加号"于 1981 年下水，并在皇家海军服役至 1983 年 3 月，与"敏捷"级潜艇一起在德文波特海军基地服役。该级别共计 7 艘潜艇，它们分别是"敏捷号""天才号""不倦号""托贝号""锐利号""凯旋号"和"汹涌号"。

针对"敏捷号"的重大改进是降低水下辐射噪声，具体包括更换新的反应堆系统，利用喷水推进系统替换常规的螺旋桨，耐压船体外侧增加覆盖物

下图：照片背景中是"光辉号"航空母舰，"特拉法加号"潜艇正在进入德文波特海军基地，准备停泊在第 2 潜艇中队的锚位

技术参数
"特拉法加"级攻击型核潜艇
排水量： 水面 4800 吨，水下 5300 吨
尺寸： 长 85.4 米，宽 9.8 米，吃水深度 8.2 米
动力系统： 1 部罗尔斯·罗伊斯压水冷却反应堆驱动 2 台单轴蒸汽涡轮机
航速： 水面 20 节（37 千米／时），水下 29 节（54 千米／时）
潜水深度： 实际深度 400 米，最大深度 600 米
鱼雷发射管： 5 具 533 毫米艇艏发射管
基本载荷： 20 枚"旗语"和 Mk 24"虎鱼"鱼雷，5 枚 UGM-84B 潜射"鱼叉"反舰导弹，或者 50 枚"石鱼"和"海胆"水雷；从 1999 年开始增加了"战斧"巡航导弹
电子系统： 1 套 1007 型海面搜索雷达，1 套 2020 型声呐，1 套 2026 型拖曳声呐，1 套 2007 型声呐，1 套 2019 型声呐，1 套电子支援系统，以及 1 套 DCB 鱼雷和导弹射击控制系统
人员编制： 97 人

并在外表面贴上消声瓦，这些措施与苏联的"集束卫士"吸波材料减少噪声的效果差不多。"特拉法加号"是第 1 艘装备 2020 型声呐的潜艇，并被用作先进系统发展测试平台。根据其他报告，潜艇内部布局也进行了重新布置以实现作战行动的合理化和集中化指挥，电子辅助设备／雷达室安放剩余的系统，武器装备和声呐与"敏捷"级潜艇相同，但为搜索和攻击潜望镜加装了热成像仪，197 型声呐不再在该级别潜艇上使用。

"特拉法加"级潜艇全部在皇家海军服役，它们的首要任务是反潜作战，反海面舰艇作战是其辅助角色。该级别潜艇可以发射"战斧 IIIC"巡航导弹。

右图："特拉法加"级潜艇在很多方面与"敏捷"级潜艇相似，它也是英国皇家海军第 1 艘采用消声瓦的潜艇，目的是减少水下辐射噪声

"鹦鹉螺号""海狼号"，以及"鳐鱼"级攻击型核潜艇
USS Nautilus, USS Seawolf and Skate Class Early SSNs

"鹦鹉螺号"是世界上第 1 艘核动力潜艇。它于 1954 年 1 月下水，仅仅 8 个月之后就开始服役。1955 年 1 月，"鹦鹉螺号"发出了 1 份具有历史意义的通信——"正式以核动力航行"。它创造了一系列速度和续航能力的纪录，它也在 1958 年 8 月首次从水下航行到北极，此次共计在冰层下航行 2945 千米，并使北极成为 1 个新的战略要点。1959 年彻底大修

之后，"鹦鹉螺号"被分配到地中海的美国第 6 舰队，在随后的 6 年时间里共计航行 321850 千米。"鹦鹉螺号"与后续的攻击型核潜艇型号一起服役，直至1980 年退役。

第 2 艘核动力潜艇——"海狼号"于 1955 年下水，2 年后开始服役，它在总体设计上与"鹦鹉螺号"相似，但采用了液态钠反应堆，事实证明这种

反应堆并不让人满意，它在 1956 年的首次使用中就出现了蒸汽泄漏。1958—1960 年，该反应堆被换成压水冷却式反应堆。20 世纪 60 年代早期，"海狼号"在美国第 6 舰队服役，这也是第 1 支全核动力舰队，该航母舰队以核动力航母"企业号"和 2 艘核动力巡洋舰为中心而建立。"海狼号"随后转移到了大西洋舰队，1970 年又转移到太平洋舰队，它最终于 1987 年退役。

"鳐鱼"级

这 2 艘单独成级的潜艇之后是 4 艘"鳐鱼"级攻击型核潜艇（"鳐鱼号""剑鱼号""重牙鲷号""海龙号"），它们于 1957—1958 年下水，1957—1959 年服役。它们也是第 1 批为美国海军批量生产的攻击型核潜艇，并使用了在"鹦鹉螺号"和"海狼号"上测试过的某些技术。其中 3 艘参与了北极区的远征探索任务。"鳐鱼号"在 1959 年 3 月开往了北极，测试了冰层最厚时在北极开展行动的可操作性。"鳐鱼号"在冰下将近航行 6440 千米，其间浮出水面 10 次。"重牙鲷号"在 12 个月之后也在这片寒冷的水域航行了 1 次，它携带了新型的科学仪器以对北极盆地进行持续勘探。"鳐鱼号"共航行 17700 千米，其中 9661 千米是在冰下，其间为后续的行动积累了重要信息，包括对西北航道西部尽头的极深水域的探索。1962 年 7 月，"鳐鱼号"返回北极与"海龙号"会合：2 艘潜艇协同在冰下航行，并在 8 月 2 日一起在北极浮出水面。"鳐鱼号"在 1984—1989 年退役，最终在 1995 年完全报废。

技术参数

"鳐鱼"级攻击型核潜艇

该级别的舰船（下水时间）："鳐鱼号"（1957 年），"剑鱼号"（1957 年），"重牙鲷号"（1957 年），"海龙号"（1958 年）

排水量：水面 2550 吨，水下 2848 吨

尺寸：长 102.72 米，宽 8.23 米，吃水深度 8.53 米

动力系统：1 个 S5W 压水冷却式反应堆驱动 1 台双轴蒸汽轮机，功率 15000 马力（11185 千瓦）

航速：水面 15.5 节（29 千米 / 时），水下 18 节（33 千米 / 时）

潜水深度：244 米

鱼雷发射管：8 具 533 毫米 Mk 59 鱼雷发射管（6 具位于艇艏，2 具位于艇艉）

电子系统：1 套 Mk 88 导弹和鱼雷射击控制系统，1 套 WLR-1 对抗系统

人员编制：101 人

上图：美国军舰"海狼号"液态钠冷却的 S2G 反应堆原型艇。这种反应堆是不成功的，最终被 S2Wa 压水冷却式反应堆替代，艇上配备有 2 台蒸汽式涡轮机

右图：这是美国军舰"重牙鲷号"的艇艉视角，它是 4 艘"鳐鱼"级攻击型核潜艇中的第 3 艘。美国海军的第 1 批 6 艘攻击型核潜艇都保留了第二次世界大战时期德国 XXI 型潜艇长而细的船体结构以及双螺旋桨布局

左图："鹦鹉螺号"是世界上第 1 艘核动力军用舰艇，图中展示的是它最初海上试航的情景。S2W 反应堆输出功率为 15000 马力（11185 千瓦），潜艇水下速度为 25 节（46 千米 / 时）。潜艇在艇艏安装了 6 个鱼雷发射管

"鲣鱼" 级攻击型核潜艇
Skipjack Class SSN

虽然建造于 20 世纪 50 年代晚期，5 艘 "鲣鱼" 级攻击型核潜艇服役生涯却很长，在 "洛杉矶" 级潜艇出现之前，它一直是美国海军速度最快的潜艇。第 6 艘——"蝎子号" 的原船体来自美国第 1 艘弹道导弹核潜艇 "乔治·华盛顿号"，它于 1968 年 5 月在亚速尔群岛西南侧失事，艇上 99 人全部遇难，当时它正从地中海向弗吉尼亚州的诺福克航行。该级别潜艇最引人注意的是它首次使用 S5W 反应堆，该反应堆也在随后所有级别的美国核潜艇中使用，直至 "格雷纳·P.利普斯科姆" 级潜艇才换掉此反应堆。

"鲣鱼" 级还引入了经典的泪滴形船体，这也成为英国 "无畏" 级和 "勇士" / "丘吉尔" 级的模板，艇体艉部逐渐变细的结构迫使设计者放弃艇艉鱼雷发射管，并采用单轴推进装置。水平舵迁移到指挥塔中以增强水下可操作性，这一点英国人没有模仿。

除了反应堆和蒸汽涡轮机，所有发动机舱的设备都照原样套用以尽可能降低故障的可能性。

在它们服役的后期，4 艘（"鲣鱼号" "流氓号" "杜父鱼号" 和 "鲨鱼号"）在大西洋舰队服役，1 艘（"斯鲁克号"）在太平洋舰队服役。到 20 世纪 80 年代中期时，这些舰船已经过时了，但除了 "斯鲁克号" 在 1 次营救行动中严重损毁之后在 1986 年退役，其余的都在 1990—1991 年退役。

技术参数	
"鲣鱼" 级攻击型核潜艇	
下水时间：	"鲣鱼号"（1958 年）、"流氓号"（1960 年）、"蝎子号"（1959 年）、"杜父鱼号"（1960 年）、"鲨鱼号"（1960 年）和 "斯鲁克号"（1960 年）
排水量：	水面 3075 吨，水下 3515 吨
尺寸：	长 76.7 米，宽 9.6 米，吃水深度 8.5 米
动力系统：	1 台西屋 S5W 压水冷却式反应堆驱动 2 台蒸汽轮机，功率 15000 马力（11185 千瓦），单轴推进
航速：	水面 18 节（33 千米 / 时），水下 30 节（56 千米 / 时）
潜水深度：	实际深度 300 米，最大深度 500 米
鱼雷发射管：	6 个 533 毫米发射管（全部在艇艏），配备 24 枚 Mk 48 多用途鱼雷或 48 枚 Mk 57 系留水雷
电子系统：	1 个海面搜索雷达，1 个改装的 BQS-4 声呐套件，1 套 Mk 101 鱼雷发射控制系统，以及 1 部水下电话
人员编制：	114 人

上图："鲨鱼号" 正在以 18 节（33 千米 / 时）的最大海面速度航行。"鲣鱼" 级的水下速度为 30 节（56 千米 / 时），因此它也一直被认为是有效的前线作战潜艇

下图：与随后的美国核动力进攻潜艇相比，"鲣鱼" 级潜艇在武器装备和声呐方面有所限制，它们仅装备了 Mk 48 鱼雷和 1 套改进的 BQS-4 声呐系统。由于重新改造的成本过高，"鲣鱼" 级没有装备反潜火箭和拖曳线阵声呐

"特里同号""大比目鱼号"和"白鱼号"雷达哨戒／攻击型核潜艇，巡航导弹攻击型核潜艇／攻击型核潜艇，试验型核潜艇

USS Triton, USS Halibut and USS Tullibee Radar Picket/SSN, SSGN/SSN and Experimental SSN

1958 年开建的"特里同号"于 1960 年在其试航中首次在水下环球航行，当时共用了 60 天 21 小时（航行期间浮出过水面——在乌拉圭沿岸将 1 名生病的船员送到 1 艘海面舰船上）。成就和速度都是显著的——证明了核潜艇环球航行的能力。"特里同号"被认为是 1 艘潜艇哨舰，这是从第二次世界大战作战经验中发展而来的一个概念，但该舰没有存活多久。潜艇采用 2 个核反应堆，从而具备了空前的水下航速，试验中速度超过 30 节（56 千米／时），"特里同号"也能在海面使用，利用雷达和电子支援系统探测美军舰队前方的敌军海空力量。当时甚至还设想由潜艇引导舰载战斗机去实施拦截。除了完善的探测和引导能力，"特里同号"也能潜入水下，并用作常规的潜艇。然而，由于苏联潜艇建造速度处于上风，雷达哨舰的概念被放弃了。"特里同号"在 1962 年被重新分类为 1 艘攻击型核潜艇，装备了 533 毫米鱼雷发射管。它在 1964—1967 年成为大西洋舰队潜艇部队的旗舰，但也随其他 49 艘潜艇一起在 20 世纪 60 年代末期退役了。

"大比目鱼号"巡航导弹核潜艇

仅建造 1 艘的"大比目鱼号"是美国第 1 艘装备导弹的核动力潜艇，它于 1959 年下水。潜艇奇怪的外形是由于尽可能保持主甲板干燥的需要，因为它

技术参数
"大比目鱼号"
排水量：水面 3655 吨，水下 5002 吨
尺寸：长 106.7 米，宽 9 米，吃水深度 6.3 米
动力系统：1 座 S3W 压水冷却式反应堆驱动 2 台蒸汽涡轮机，功率 15000 马力（11185 千瓦），单轴推进
航速：水面 15 节（28 千米／时），水下 28 节（52 千米／时）
武器系统：5 枚'轩辕 I'巡航导弹，5 个 533 毫米 Mk 59 鱼雷发射管（4 个在艇艏，2 个在艇艉）
潜水深度：214 米
人员编制：9 名军官，108 名士兵

上图：美国军舰"白鱼号"是第 1 艘专门设计用于反潜的核动力潜艇，它采用了垂直的鱼背式指挥塔，潜艇艏艉均装有声呐设备

必须浮出水面发射其5枚RGM-6"轩辕I"巡航导弹。"大比目鱼号"在1960年3月进行了第1次测试射击，但新兴的技术很过就过时了，这套系统也在1964年被淘汰。"大比目鱼号"在1965—1967年被改装成1艘普通攻击型核潜艇，并在太平洋舰队执行反潜任务，直至1976年退役。

1958年开建的"白鱼号"排水量更小，在1960年作为反潜潜艇投入使用，并充当了声呐系统、反潜设备和战术的试验平台。它也是第1艘采用涡轮电力的核动力装置，也是"格雷纳·P.利普斯科姆"级潜艇出现之前世界上噪声最小的潜艇，还是第1艘装备艇艏声呐的潜艇。正是由于安装了艇艏声呐，4具533毫米鱼雷发射管被移到了后面。在1965—1968年大修之后，"白鱼号"进入美国第6舰队服役，随后又于1971年返回美国进行进一步的攻击型核潜艇战术评价，并测试PUFFS声呐设备。由于高度自动化，它仅需要50名左右船员。在1988年正式退役之前，它一直在地中海和大西洋之间来回服役。

"大鲹鱼"级攻击型核潜艇
Permit Class SSN

"长尾鲨"级是美国海军首款具备深潜能力、在艇体最佳位置安装先进声呐、在艇体舯部外侧安装具备发射"萨布洛克"（SUBROC）反潜导弹能力的鱼雷发射管，以及机械装置高度消音的攻击型核潜艇，直到20世纪90年代早期，它都是美国攻击型核潜艇部队的重要组成部分。该级艇首艇——"长

下图：美国军舰"石首鱼号"正在海面高速转弯。在水下，潜艇利用与飞机上相似的控制装置"飞行"，将其可操作性和速度达到最佳状态

技术参数

"大鲹鱼"级攻击型核潜艇

排水量： 水面3750吨，水下4311吨。"小梭鱼号"水面3800吨，水下4470吨。"三叶尾鱼号""鳉身鱼号""小鲨鱼号"水面3800吨，水下4642吨

尺寸： 长84.89米。"小梭鱼号"85.9米，"三叶尾鱼号""鳉身鱼号""小鲨鱼号"长89.08米，宽9.6米，吃水深度为8.8米

动力系统： 1个西屋S5W压水冷却式反应堆驱动2台蒸汽轮机，功率15000马力（11185千瓦），单轴推进

航速： 水面18节（33千米/时），水下27节（50千米/时），"小梭鱼号""三叶尾鱼号""鳉身鱼号""小鲨鱼号"分别为18节（33千米/时）和26节（48千米/时）

潜水深度： 实际深度400米，最大深度600米

鱼雷发射管： 4个533毫米Mk 63发射管，安装在舰船中部，有效载荷最初是17枚Mk 48有线制导主动/被动寻的鱼雷和6枚UUM-44A"萨布洛克"反潜导弹，但后来改为15枚Mk 48鱼雷、4枚UGM-84A/C"鱼叉"反舰导弹；另一种可供选择的载荷是46枚Mk 57深水水雷，Mk 60"捕手"水雷或Mk 67水雷

电子系统： 1部BPS-11海面搜索雷达，1部BQQ-2或BQQ-5声呐套件（后来还增加了拖曳阵列声呐），1套Mk 113或Mk 117鱼雷射击控制系统，1套WSC-3卫星通信系统，1套电子支援系统，以及1部水下电话

人员编制： 122～134人

尾鲨号"于 1963 年 4 月 10 日在新西兰沿岸的深潜试验中失事，129 名艇员全部死亡。1960—1966 年，5 家船厂共计建造了 14 艘该级别潜艇（朴次茅斯海军船厂、纽约造船厂、电船公司以及英格尔斯造船厂各建造了 3 艘，马雷岛海军船厂建造了 2 艘）。

该级别潜艇从第 2 艘开始重命名为"大鲹鱼"级。鉴于"长尾鲨号"损失的教训，该级别的最后 3 艘在建造时进行了改造，强化了安全措施，采用更重型的机械装置，艇体长度从 84.89 米增加到 89.08 米，以便于用 BQQ-5 艇艏声呐取代早期潜艇安装的 BQQ-2 系统，指挥塔高度从 4.22 米/4.57 米增加到 6.1 米，前者是更早期潜艇常用的高度。这 3 艘潜艇也成为随后的"鲟鱼"级潜艇的原型。

改变的设计

"小梭鱼号"按照不同的设计方案建造，采用 2 具共轴对转螺旋桨，1 台单轴蒸汽轮机和 1 台反向蒸汽轮机，没有减速齿轮，目的是测试降低机械装置运转噪声的新方法。然而，这套系统没有成功，潜艇最终还是重新安装了标准机械装置。在"小梭鱼号"的改装行动中，原装的 Mk 113 鱼雷射击控制系统和 BQQ-2 声呐套件换成了全数字化

的 Mk 117 射击控制系统和 BQQ-5 声呐套件，并增加了卡扣式拖曳线阵声呐。所有潜艇后来都装备了管式发射版本的"鱼叉"反舰导弹，但没有装备"战斧"巡航导弹。

20 世纪 80 年代晚期，"萨布洛克"潜艇导弹计划被更换为新型的"海长矛"远射反潜导弹，有效载荷是核弹头深水炸弹或反潜鱼雷，但该项目后来被取消了。8 艘"大鲹鱼"级潜艇（"大鲹鱼号""潜水者号""石首鱼号""鳌绿鳕号""座头鲸号""鹤鱼号""三叶尾鱼号""黑线鳕号"）在太平洋舰队服役，5 艘（"小梭鱼号""黑鲹号""鲦鱼号""鲦身鱼号""小鲨鱼号"）在大西洋舰队服役。这些潜艇中的最后 1 艘——"小鲨鱼号"最终于 1996 年从美国海军退役。

下图："大鲹鱼"级（图中展示的是"大鲹鱼号"）安装了新型声呐和武器控制系统，因此它们作为主力潜艇一直服役到 20 世纪 90 年代，随后被"洛杉矶"级所取代

上图：美国海军第一代具备深潜能力、装备先进声呐、艇部鱼雷发射管以及静音机械装置系统的攻击型核潜艇——"潜水者号"是"大鲹鱼"级潜艇的一个缩影，图中展示的是 1963 年它第 1 次在夏威夷沿岸部署的情景

"独角鲸"级攻击型核潜艇
Narwhal Class SSN

"独角鲸"级是专门作为重大新型潜艇技术测试平台而建造的2个级别潜艇中的1个。"独角鲸号"建造于1966—1967年，用于评估S5G自然循环核反应堆平台。该反应堆利用自然对流，而不用多个循环器泵以及相应辅助电气和控制设备，热量通过反应堆冷却剂传递给蒸汽发生器，从而有效减少了常规核动力潜艇低速航行时机械装置辐射噪声的来源。在其他方面，"独角鲸"级与"鲟鱼"级相似，但在常规的整修中重新装备了新型电子设备和导弹（包括"战斧"巡航导弹和"鱼叉"反舰导弹）。"独角鲸号"在大西洋舰队中充当作战力量，一直服役到1999年。

下图：美国军舰"独角鲸号"是自然循环S5G核反应堆的测试平台，这种反应堆利用自然对流，而不用循环气泵将热量传递至蒸汽涡轮机，从而降低潜艇低速航行时机械装置产生的噪声。该型艇服役之初据称是世界上噪声最小的潜艇

技术参数

"独角鲸"级攻击型核潜艇

排水量： 水面 4450吨，水下 5350吨

尺寸： 长95.9米，宽11.6米，吃水深度7.9米

动力系统： 1台通用电气S5G压水冷却反应堆驱动2台蒸汽轮机，功率大约为17000马力（12675千瓦），单轴推进

航速： 水面 18节（33千米/时），水下 26节（48千米/时）

潜水深度： 实际深度400米，最大深度600米

鱼雷发射管： 4个533毫米 Mk 63发射管，安装于舰艏，配备17枚 Mk 48有线制导主动/被动寻的鱼雷和6枚SUBROC反潜导弹（后来改为15枚 Mk 48鱼雷，4枚SUBROC反潜导弹，以及4枚"鱼叉"反舰导弹），或者46枚 Mk 57、Mk 60或 Mk 67水雷；到20世纪80年代时，有效载荷变为11枚 Mk 48鱼雷，4枚"鱼叉"导弹和8枚"战斧"反舰巡航导弹

电子系统： 1台 BPS-11海面搜索雷达，1套 BQQ-2或 BQQ-5声呐套件（后来还增加了拖曳阵列声呐），1套 Mk 113或 Mk 117鱼雷射击控制系统，1套 WSC-3卫星通信系统，1套电子支援系统，以及1部水下电话

人员编制： 120人

"格雷纳·P.利普斯科姆"级攻击型核潜艇
Glenard P. Lipscomb Class SSN

与"独角鲸"级潜艇形成对比的"格雷纳·P.利普斯科姆号"于1971年6月开建，1973年8月下水，这次还是由通用动力电船公司在康涅狄格州的格罗顿市建造，该艇作为两型专用测试平台中的后一型，尺寸较"独角鲸"级有很大幅度放大，它最早评估了电力传动的推进装置平台，这比后来的"白鱼号"试验早了整整10年。

这种推进系统降低了蒸汽涡轮机动力平台的减速器噪声，而噪声问题在美国海军的核动力潜艇舰队中十分常见，"格雷纳·P.利普斯科姆"级潜艇引入了新型的噪声更小的机械装置系统。然而，试验结果也明确表明，系统更大的重量和体积（因而潜艇船体体积也更大）不可避免的副作用就是水下速度比当时美国海军大部分其他攻击型核潜艇的都要低。

进行中的项目

"格雷纳·P.利普斯科姆号"还参与了一个进行中的项目，在大海上实地评估降噪技术，这也是当时流行的反潜措施之一。其中一些概念可以带来非常现实的优势，一些不会降低水下速度的降噪技术很自然地用到了随后的"洛杉矶"级潜艇的设计之中。

"格雷纳·P.利普斯科姆号"随后在太平洋舰队作为完全具备作战能力的作战潜艇服役，直至1989年退役。

右图：虽然低速航行时噪声很小，"格雷纳·P.利普斯科姆号"特殊的推进装置要求使用扩大的船体。这意味着水下航行速度会不可避免地受到影响

技术参数
"格雷纳·P.利普斯科姆"级攻击型核潜艇
排水量： 水面 5800 吨，水下 6840 吨
尺寸： 长 111.3 米，宽 9.7 米，吃水深度 9.5 米
动力系统： 1 个西屋 S5Wa 压水冷却反应堆驱动 2 台蒸汽轮机，单轴推进
航速： 水面 18 节（33 千米／时），水下 24 节（44 千米／时）
潜水深度： 实际深度 400 米，最大深度 600 米
鱼雷发射管： 4 个 533 毫米 Mk 63 发射管，安装于艇体艏部，基本载荷与"独角鲸"级相同
导弹： 最初没有，后来装备了"鱼叉"反舰导弹和"战斧"巡航导弹
电子系统： 与"独角鲸"级相同
人员编制： 120 人

"鲟鱼"级攻击型核潜艇
Sturgeon Class SSN

　　"鲟鱼"级潜艇大体上就是放大和改进版的"大鳔鱼"级／"长尾鲨"级潜艇，但增加了额外的消音设备和电子系统，"鲟鱼"级建造于1965—1974年，是"洛杉矶"级潜艇出现之前世界上建造数量最多的核潜艇型号。与以前的潜艇一样，它们主要用于反潜作战，并装备了标准的美国攻击型核潜艇所用的鱼雷发射管布局，艇体两侧各布置2座向外倾斜的鱼雷发射管。这就使得其雷弹舱比鱼雷发射管位于艇艏的潜艇更加宽敞，并且进出操作室、选择武器、重装发射管也更加方便。该级别的最后9艘加长了船体，因而可以容纳更多电子设备。然而，不为人知的是，这些潜艇主要用于冷战时期最机密的海军情报项目之一。该项目代号为"魔石"，发起于20世纪60年代晚期，主要涉及在对美国不友好国家的

下图：美国军舰"女王鱼号"（SSN-651）在北极区一个名叫"冰间湖"的薄冰区域浮出水面。这种冰层下的反潜巡逻对于搜索苏联弹道导弹核潜艇是至关重要的

技术参数

"鲟鱼"级攻击型核潜艇

排水量： 水面 4266 吨，水下 4777 吨

尺寸： 长89米，除了"射水鱼号""银鱼号""威廉·H.贝茨号""黄貂鱼号""金枪鱼号""鲷鱼号""刺鳍号""L.孟德尔·里弗斯号"和"理查德·B.鲁塞尔号"长92.1米，宽9.65米，吃水深度为8.9米

动力系统： 1个西屋S5W压水冷却式反应堆驱动2台蒸汽轮机，单轴推进

航速： 水面 18节（33千米／时），水下 26节（48千米／时）

潜水深度： 实际深度 400 米，最大深度 600 米

武器系统： 4具533毫米Mk 63鱼雷发射管，安装在艟部，基本载荷是17枚533毫米Mk 48鱼雷和6枚SUBROC反潜导弹（后来改为15枚Mk 48鱼雷，4枚SUBROC导弹和4枚潜射"鱼叉"反舰导弹），或者46枚Mk 57、Mk 60、Mk 67水雷；20世纪80年代晚期，典型载荷包括15枚Mk 48鱼雷，4枚潜射"鱼叉"反舰导弹和4枚"战斧"巡航导弹。SUBROC反潜导弹在1990年正式淘汰。

电子系统： 1部BPS-15海面搜索雷达，1部BQQ-2或BQQ-5声呐套件（后来增加了拖曳式阵列声呐），1套Mk 113或Mk 117鱼雷射击控制系统，1个电子支援系统，1套WSC-3卫星通信系统，以及1部水下电话

人员编制： 121人～134人

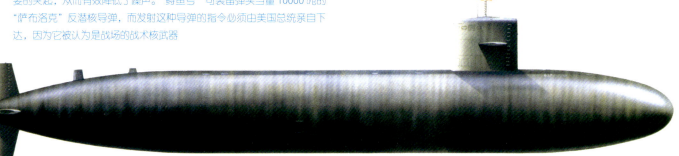

下图：美国军舰"鲟鱼号"（SSN-637）。简洁的外部轮廓没有任何不必要的突起，从而有效降低了噪声。"鲟鱼号"可装备弹头当量10000吨的"萨布洛克"反潜核导弹，而发射这种导弹的指令必须由美国总统亲自下达，因为它被认为是战场的战术核武器

沿岸近距离使用这些潜艇，当然这些都是高度机密的行动。额外的情报收集设备位于特殊的舱室中，并由专为此类行动搭载的美国国家安全局人员操作使用。这些潜艇在行动期间发生了与其他水下或海面舰船碰撞的事件，结果也造成某些美国舰船的损失；仅有1次，"魔石"行动的潜艇在苏联远东领海执行任务时意外搁浅了几个小时。

与"大鳊鱼"级／"长尾鲨"级一样，"鲟鱼"级潜艇也重装上了 Mk 117 射击控制系统和 BQQ-5声呐套件，并装备上了潜射"鱼叉"反舰导弹和"战斧"巡航导弹。共计 22 艘（包括 5 艘"魔石"项目潜艇）在大西洋服役，15 艘（包括剩余的 4 艘"魔石"项目潜艇）在太平洋服役。美国军舰"玳瑁号"和"青花鱼号"以及其他几艘潜艇也都被改装以携带深潜救助艇，在水下救援行动中发射和回收使用。

在大西洋舰队服役的 22 艘"鲟鱼"级潜艇是"鲟鱼号""鲸鱼号""茴鱼号""翻车鱼号""海鳊号""扁鲹号""黑鲉号""撞木鲛号""华脐鱼号""玫瑰鱼号""锹鱼号""海马号""长须鲸号""飞鱼号""海参号""鲹鱼号"以及"帆鱼号"，及"磨石"项目的潜艇"射水鱼号""银鱼号""黄貂鱼号""L.孟德

上图：美国军舰"银鱼号"（SSN-679）——美国海军中 9 艘"魔盘"特种情报收集潜艇中的 1 艘，它主要在对美国"不友好"国家的沿岸附近活动

尔·里弗斯号"以及"理查德·B.拉塞尔号"。太平洋舰队的 15 艘"鳟鱼"级潜艇包括"南欧鳍鱼号""鲱鱼号""金吉鲈号""女王鱼号""河豚号""玉筋鱼号""鲂鱼号""犁头鲛号""玳瑁号""青花鱼号"和"鼓鱼号"，含"磨盘"项目中"威廉·H.贝茨号""金枪鱼号""鲷鱼号"和"刺鳍号"。核动力可以制造空气，并足够很长一段时间里使用，另外由于船体是为最优水下性能而设计的，"鲟鱼"级在整个巡逻期间不需要浮出水面。潜艇的水下速度达到 26 节（48 千米／时），这是相比之下较高的，因为与常规动力舰船不同，它是由蒸汽涡轮机驱动的。驱动的蒸汽由反应堆产生，经锅炉加热后通过 1 个热交换器传递给涡轮机，因此闭环中水的损失达到最小。

左图：美国的常规动力潜艇，如"鲱鱼号"（SSN-647），越来越多地出现在英国水域，因为它们在漫长的巡逻期间，需要在指定的港口进行巡逻间的休息

"鲟鱼号"

1. 螺旋桨
2. 航行灯
3. 方向舵
4. 右舷水平舵
5. 下方向舵
6. 轴
7. 蒸汽轮机
8. 蒸汽管
9. 冷凝器
10. 上发动机舱
11. 下发动机舱
12. 发动机控制区域
13. 冰下导航声呐
14. 后舱口
15. 辅助机械装置 1 号上水平线
16. 辅助机械装置 2 号下水平线
17. 辅助机械装置 3 号下水平线（发电机等）
18. 穿过反应堆区域的管道
19. 反应堆舱，上水平线
20. 反应堆甲板
21. 反应堆舱，下水平线

22. 锅炉
23. 隔板
24. 核反应堆
25. 备用品
26. 空调系统
27. 无线电室
28. 舱口
29. 声呐操作室
30. 指挥舱和作战中心
31. 指挥塔通道
32. 冷冻食品存储处
33. 厨房
34. 餐厅
35. 娱乐室
36. 声呐设备
37. 艇员宿舍
38. 军官舱
39. 辅助机械室（发电机等）
40. 通道
41. 洗衣房
42. 鱼雷舱

43. 鱼雷控制区域
44. 泵房
45. 电池室
46. 压载舱
47. 内壳阀箱
48. 前逃生 / 出入舱口
49. 机械室
50. 救生舱
51. 柴油发动机舱
52. 球体声呐
53. 指挥塔
54. 指挥塔水平面
55. 指挥塔甲板
56. 塔桥
57. BPS-15 搜索雷达
58. 潜望镜
59. 通气管
60. 电子辅助设备桅杆
61. WSC-3 卫星接收器
62. 无线电天线

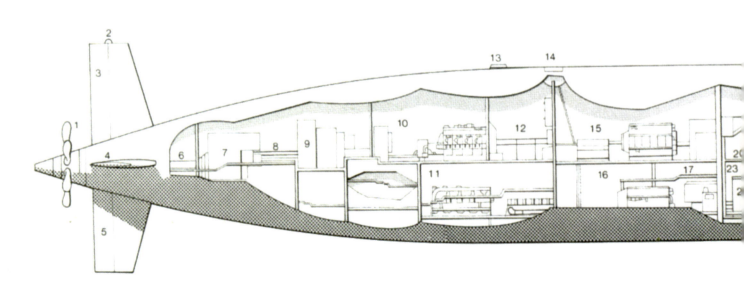

左图：美国军舰"女王鱼号"正
以18节（33千米／时）的最大
速度航行。攻击型核潜艇在巡逻
中几乎不浮出水面或到达潜望镜
深度，一般都保持在深海

船体轮廓

与更早期的急剧变细"高速"船体形成对比，"姆鱼号"在一个类似的船体中部上方有长而低的干舷，这样能提供更大的内部空间。船体外部是平滑的，并且没有什么特别之处，也没有任何凸起，因而减小了噪声。一副大直径螺旋桨围绕着与艇艉十字形方向舵和水平舵相连的一根中心轴旋转。潜艇很少高速航行，因为速度越快噪声越大。

对于大部分巡逻行动，"姆鱼号"都以"闲荡"的速度行驶，不仅是为了减少被检测到的概率，也是为了减少水流和船体噪声对自己的传感器造成的影响。这些传感器包括主动型的、被动型

的以及多用途的。主动声呐不能随意开机，因为这种设备相当于一个信标，可能暴露潜艇的位置，进而引来自动寻的武器的攻击。

美国的设计师认为声呐是最重要的，应该安装在艇上最好的位置。正因如此，"姆鱼"级潜艇的鱼雷发射管不是在正前方，而是在艇体两侧，前端的位置留给了庞大的AN/BQS-6声呐，这是一套带有大量独立传感器的主动型设备，外表是一个直径4.5米的球体。出于侦察功能的考虑，潜艇上还安装了一个AN-BQR-7被动型声呐。

"姆鱼"级潜艇的"牙齿"是艇体舯部的发射管。发射的武器可以依据目标而选择，如全尺寸的Mk 48有线制导鱼雷，这种鱼雷可以自动寻的，并可以打击50千米之外的潜艇或水面目标；潜射"鱼叉"导弹，可用于针对海面目标的"弹跳式"打

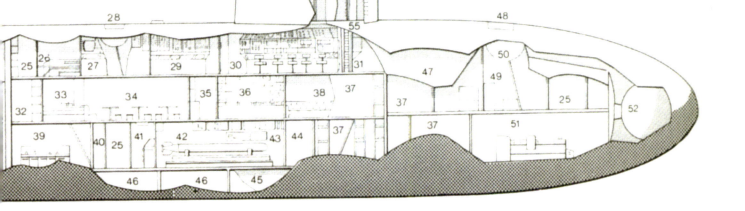

击；带核弹头的"萨布洛克"导弹，用于远距离打击高价值的水下目标；当然可选武器还包括水雷。

左图：美国军舰"扁鲼号"（SSN-653）装备 1 个正方形的 BQR-7 被动型艇艏声呐阵列（在 30 海里至 100 海里之间对浅浮潜艇有效，在 10 海里至 50 海里之间对表面有突起的目标有效，1 海里 =1.852 千米），以及 1 个球形的 BQS-6 主动艇艏阵列，该声呐系统具备海底反射模式和汇聚区模式，在冷战期间曾用于在不友好国家近海执行情报搜集任务

"洛杉矶"级攻击型核潜艇
Los Angeles Class SSN

作为美国海军建造数量最多的一级攻击型核潜艇，"洛杉矶"级潜艇综合了早期"飞鱼"级潜艇的速度优势和"鲟鱼"级潜艇的先进声呐和武器系统。与以往的攻击型核潜艇相比，"洛杉矶"级潜艇的尺寸大幅度增加，主要是为了安装基于 D2G 型反应堆（安装在"班布里奇"级核动力巡洋舰上）发展而来的 S6G 型压水式反应堆。该型反应堆每 10 年重新装填一次燃料。最初，"洛杉矶"级潜艇配置 BQQ-5 型被动 / 主动搜索和攻击声呐系统，但从"圣胡安号"（SSN-751）开始换装 BSY-1 型被动 / 主动搜索和攻击低频声呐系统。"奥古斯塔号"和"夏安号"安装了 1 部 BQG-5D 型宽孔径侧舷阵列声呐。为了进行冰层探测，所有"洛杉矶"级潜艇均安装了 BQS-15 型近距离高频主动声呐。除此之外，该级潜艇还安装了其他一些传感器系统，包括从"圣胡安号"第 1 个开始安装的"水雷和冰层探测规避系统"。同样从"圣胡安号"开始安装的还有潜艇消音瓦，并且将水平舵从潜艇艉部转移到了前部。

技术参数
"洛杉矶"级攻击型核潜艇
排水量： 水面 6082 吨，水下 6927 吨
尺寸： 长 110.34 米，宽 10.06 米，吃水深度 9.75 米
动力系统： 1 座 S6G 型压水式反应堆；2 台蒸汽轮机，输出功率 35479 马力（26095 千瓦）；单轴推进
航速： 水面 18 节（33 千米 / 时），水下 32 节（59 千米 / 时）
下潜深度： 作战潜深 450 米，最大潜深 750 米
鱼雷管： 4 具 533 毫米口径鱼雷发射管，配备包括 Mk 48 型鱼雷在内共 26 枚鱼雷；潜射"鱼叉"和"战斧"导弹；（从 SSN-719 号潜艇开始）12 具外置"战斧"战术巡航导弹发射管（目前携带的是"战斧"C 型和 D 型战术巡航导弹）
电子系统： 1 部 BPS-15 型对海搜索雷达，1 部 BQQ-5 型或 BSY-1 型被动 / 主动搜索和攻击低频声呐，1 套 BDY-1/BQS-15 型声呐天线，1 部 TB-18 型被动拖曳阵列声呐，1 套水雷冰层探测规避系统
人员编制： 133 人

出色的实战表现

凭借所装备的先进的电子系统，"洛杉矶"级潜艇成为一级非常出色的反潜作战平台。尽管在冰岛附近的一次水下角逐中，1 艘苏联潜艇依靠较高的水下速度，非常轻松地摆脱了 1 艘"洛杉矶"级潜艇

上图：在 1 次海上试航中，美国海军"伯明翰号"攻击型核潜艇正在进行紧急上浮科目训练，大量海水从潜艇艇体中急剧地涌流出来。在通常情况下，潜艇通过有选择地逐一排空压载水舱，可以实现 1 次正常的上浮动作。照片中这艘潜艇在 1999 年退役

左图：美国海军"科珀斯·克里斯蒂城号"攻击型核潜艇正驶往哥伦比亚港口喀塔纳。位于照片右侧的是该艘潜艇的艇长，站在他前方的是观察员和导航员

的跟踪。然而，对于苏联设计的大多数核动力潜艇，"洛杉矶"级潜艇有着相当高的探测和跟踪成功率。"洛杉矶"级潜艇上先进的 BQQ-5 型系统曾成功地探测到 2 艘苏联 V 级潜艇并与它们保持很长一段时间的接触。

该级潜艇装备了 1 套威力非常强大的武器系统，其中的"战斧"战术巡航导弹的射程在 900～1700 千米之间。如今，该型导弹的最新版本是"战斧"C 型和 D 型战术巡航攻击导弹，前者可携带 1 枚 454 千克的弹头，后者能够将弹药载荷投送到 900 千米外的目标区。此外，还可以用 318 千克重的聚能装药弹头替代标准配置的高爆弹头。为了克服弹药储量有限的问题，从"普罗维登斯

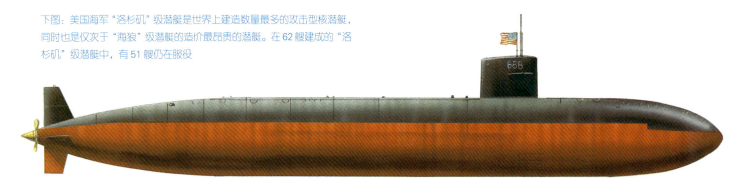

号"潜艇（SSN-719）开始，所有该级潜艇均安装了1套垂直发射系统。在该套系统中，用来发射"战斧"导弹的发射管安装在声呐天线后面的耐压艇体外部。尽管"战斧"巡航导弹可以携带核弹头，但在实战中很少这样做。

此外，"洛杉矶"级潜艇还可以携带533毫米口径的Mk 48型主动/被动自导鱼雷。该型鱼雷配置1个267千克的弹头，应用有线制导，主动模式射程达50千米，被动模式时也有38千米。每艘"洛杉矶"级潜艇可携带26枚Mk 48型鱼雷，或者携带14枚Mk 48型鱼雷和12枚"战斧"战术巡航导弹。从服役至今，"洛杉矶"级潜艇先后参加了海湾战争、科索沃战争和阿富汗战争，实战使用效果颇为出色。更为重要的是，该级潜艇始终没有中断在冰层下面的作战行动，2001年中时，"斯克兰顿号"潜艇（SSN-756）曾冲破北极冰盖浮出水面。至本书成书时，已经有11艘"洛杉矶"级潜艇退出现役。

"海狼"级攻击型核潜艇
Seawolf Class SSN

美国海军"海狼"级潜艇是世界上性能最先进但同时又是造价最昂贵的攻击型核潜艇。在计划建造的12艘该级潜艇中，首艇"海狼号"于1989年开工建造，是30年以来美国设计的一级完全新型的潜艇。1991年，整个"海狼"级潜艇的项目总预算造价预计达到336亿美元，占到整个海军建设预算的25%，因此成为美国海军有史以来最昂贵的造舰项目。当时，美国海军曾打算再建造17艘"海狼"级潜艇，但是随着苏联的解体和冷战的结束，美国的政治家们开始质疑是否有必要继续发展这种造价高昂的超级静音潜艇。最终，"海狼"级潜艇的发展

技术参数

"海狼"级攻击型核潜艇

排水量： 水面 8080 吨，水下 9142 吨

尺寸： 长 107.6 米，宽 12.9 米，吃水深度 10.7 米

动力系统： 1 座 S6W 型压水式反应堆驱动蒸汽涡轮机，输出功率 38770 千瓦

航速： 水面 18 节（33 千米/时），水下 35 节（65 千米/时）

下潜深度： 487 米

鱼雷管： 8 具 660 毫米口径鱼雷发射管，50 枚"战斧"巡航导弹和 Mk 48 型鱼雷，或者 100 枚水雷

电子系统： 1 部 BPS-16 型导航雷达，1 部 BQQ-5 型声呐系统（配置艇艏球形主动/被动声呐阵列），TB-16 型和 TB-29 型监视和战术拖曳阵列声呐，1 部 BQS-24 型主动近程探测声呐

人员编制： 134 人

计划在建造到第 3 艘时就戛然而止了，代之以对现有的 51 艘"洛杉矶"级潜艇进行更新换代。

自 1945 年至 20 世纪 80 年代中期，美国海军长期占据着对于苏联海军的技术优势地位，但后来这种优势被逐渐削弱。美国海军之所以设计和建造"海狼"级潜艇，正是为了重新恢复这种技术优势。根据设计，"海狼"级潜艇的下潜深度比现役任何一种美国潜艇都要大，并且能在北极的冰盖下面作战。与此前使用 HY-80 型钢材建造的潜艇相比，"海狼"级潜艇在建造时采用了 HY-100 型钢材，这种钢材曾经用在 20 世纪 60 年代的实验型深潜器上，质地非常优异。此外，为了连接艇体的不同部分，"海狼"级还应用了新型的焊接材料。"海狼"级潜艇最重要的优势在于其无与伦比的静音性能，即使以很高的战术速度航行也毫不逊色。在通常情况下，为了躲避被动式声呐阵列的探测，绝大多数潜艇需要将航速至少降低到 5 节（9 千米／时）左右，而"海狼"级则不然，它们即使以 20 节（37 千米／时）的速度航行，也很难被敌方发现。

静音性能

美国海军曾经这样描述"海狼"级潜艇极其优异的静音性能：其静音性能是改进型"洛杉矶"级潜艇的 10 倍，是早期"洛杉矶"级潜艇的 70 倍。

上图：1996 年 9 月，美国海军"海狼"级潜艇首艇"海狼号"进行海上试航。"海狼"级是世界上最安静的潜艇

此外，美国海军甚至做出一种更加令人瞠目结舌的比较：1 艘"海狼"级潜艇即使以 25 节（46 千米／时）航速行进，它所产生的噪声也比 1 艘停靠在码头的"洛杉矶"级潜艇要小。然而，在"海狼"级潜艇的建造和海试期间，由于消声瓦剥落等原因，还是出现了一些噪声方面的问题。

"海狼"级潜艇的双层甲板鱼雷舱内配置 8 具鱼雷发射管，能够同时对付多个目标。如今，"海狼"级潜艇昔日的目标——抛锚在摩尔曼斯克和符拉迪沃斯托克（海参崴）港口内的苏联核潜艇，正在日复一日地逐渐锈蚀，而"海狼"级凭借着出色的隐身接敌性能，越发受到美国海军的珍爱和器重。2001 年 12 月，第 3 艘同时也是最后 1 艘的"海狼"级潜艇"吉米·卡特号"服役，它的艇身加长了 30.5 米，专门用来搭载蛙人输送艇和战斗蛙人，8 名蛙人及其作战装备通过 1 间内置气闸舱投送。

武器系统

3 艘"海狼"级潜艇均能够发射"战斧"式战术对地攻击巡航导弹，同时还配置了 8 具 660 毫米口径的鱼雷发射管，可携带总数 50 枚的鱼雷和导弹，或者可携带 100 枚水雷。据信，该级潜艇未来将能够

携带、投射和回收无人水下航行器。"海狼"
级潜艇装备了非常先进的电子系统，其中包
括1套BSY-2型声呐系统（由1部主动或
被动声呐阵列和1部宽孔径被动侧翼声呐阵
列组成）、TB-16型和TB-29型监视和战术
拖曳阵列、1部BPS-16型导航雷达和1部雷
声公司研制的Mk 2型武器控制系统。此外，
该级潜艇还配置了包括WLY-1型先进鱼雷
诱饵系统在内的电子对抗系统。

　　"海狼"级潜艇有着强大的机动能力，
并且为未来的武器系统升级提前预留出了足
够的空间。尽管拥有威力强大的武器系统、
极其优异的静音性能以及先进的电子装置，
但"海狼"级潜艇迄今尚未参加过真正的
战斗。

左图：美国海军"海狼"级潜艇是世界上造价最昂贵的攻击型
核潜艇，仅压水式反应堆项目的研究费用就超过了10亿美元。
在"海狼"级潜艇设计中，艇艏水平舵可以收回，从而大大提
升了潜艇突破北极冰层上浮的能力

"机敏"级攻击型核潜艇
Astute Class Nuclear-Powered Attack Submarine

　　英国国防部为皇家海军订购的"机敏"级是攻击
型核潜艇。设计这种型号是为了替换在1974—1981
年服役的5艘"敏捷"级攻击型核潜艇，这5艘潜艇

也到了服役生涯的终点。国防部发出邀请在1994年
7月进行投标，先建造最初的3艘，未来可能再建造
2艘，1995年12月，英国航宇－马可尼公司（现在

的英国 BAE 系统公司）被选为总承包商。首批订货是 3 艘潜艇，这也是原始邀请投标中所确定的，但英国国防部后来宣布，当时他们计划再订购 3 艘潜艇，于 2012—2014 年投入使用。

"机敏"级潜艇的性能参数大体上延续了第 2 潜艇中队的"特拉法加"级（第 1 批次）潜艇的特点，该中队在德文波特的皇家海军基地服役。设计要求包括增加 50% 的武器携带能力，并显著降低辐射噪声。设计方案最终变成了完全现代化的"特拉法加"级潜艇，但舰鳍更长，并采用 2 部泰利斯公司的潜望镜（最初是皮尔金顿公司的 CM010 光纤光电潜望镜，这种潜望镜的桅杆不必穿过艇体）。

作为主承包商，BAE 系统公司在巴罗造船厂建造了第 1 批"机敏"级潜艇。第 1 块钢板在 1999 年下刀切割，预制构件的制造使得第 1 艘潜艇在 2001 年 1 月得以开建，第 1 艘最终于 2005 年完工。

第 1 批的 3 艘

第 1 批 3 艘"机敏"级潜艇分别命名为"机敏号""埋伏号"和"机巧号"，按照时间表分别于 2008 年、2009 年和 2010 年开始服役。

潜艇的核心电子系统是阿勒尼亚·马可尼公司研发的 ACMS（"机敏"作战管理系统），它实际上是当时正在服役的大部分英国潜艇所使用的 SMCS（潜艇指挥系统）的改进版本。ACMS 从声呐和其他传感器接收数据，利用先进的算法和数据处理手段，实时展示命令控制台的图像。

合乎要求的作战软件在 2002 年 7 月完成。整合

技术参数

"机敏"级攻击型核潜艇

排水量： 水面 6500 吨，水下 7200 吨

尺寸： 长 97 米，宽 10.7 米，吃水深度 10 米

动力系统： 1 座罗尔斯·罗伊斯 PWR 2 核反应堆，驱动 2 台阿尔斯通蒸汽涡轮机，通过一根传动轴驱动泵喷式推进器

航速： 水下 29 节（54 千米／时）；续航距离仅受反应堆原料的限制

武器系统： 6 个 533 毫米发射管，全部在艇艏，配备 36 枚"旗鱼"线导鱼雷，"鱼叉"反舰导弹，"战斧"陆地攻击巡航导弹，以及水雷，这几种武器的比例取决于战术需要

电子系统： 1 套海面搜索和导航雷达，1 套 ACMS 战斗数据系统，1 套 UAP 4 电子支援系统，以及 1 套 2076 型综合声呐套件（包括可收放的拖曳线阵声呐）

人员编制： 98 人，外加可再搭载 12 人

到 ACMS 中的是斯特罗恩和亨肖设计的武器操作和发射系统（WHLS）。

"机敏"级潜艇主要的远程武器系统是雷神公司（最初是通用电气公司）的"战斧"Block III 对陆攻击巡航导弹和波音公司（最初是麦克唐纳 – 道格拉斯公司）的潜射"鱼叉"反舰导弹，它们都携带高爆弹头，而不携带核弹头，并且都由 533 毫米鱼雷发射管发射。"战斧"导弹所用的惯性导航系统升级了地形轮廓匹配系统，以此获得更精确的远程导航能力，Block III 导弹也有改进，如升级的推进装置，加强的末端制导，以及由于安装了 GPS 接收器而提升的导航能力。潜射"鱼叉"反舰导弹是一种亚音速掠海导弹，射程超过 129 千米，并且具备主动的雷达末段制导。

下图："机敏"级攻击型核潜艇被设计用于替换"敏捷"级潜艇，其显著特征是噪声小，武器负载大，以及核反应堆芯寿命长

传感器设备

除了上文提到的导弹，鱼雷是该型艇的首要近程攻击武器，"机敏"级潜艇安装 6 个 533 毫米鱼雷发射管，还将装备上"旗鱼"鱼雷，水雷则是备选武器。潜艇共能携带 36 枚鱼雷和导弹。BAE 系统公司的"旗鱼"鱼雷是一种主动 / 被动式寻的有线制导武器，携带 1 个先进的聚能装药战斗部，以 60 节（111 千米 / 时）速度发射时射程为 65 千米。

潜艇的对抗设备包括雷卡尔 UAP 4 电子支援系统和诱饵，前者使用非穿透性的泰利斯光电和麦克塔格特 – 斯科特桅杆。国防部还要求在"机敏"级、"特拉法加"级和"敏捷"级潜艇上安装一种新的通信频带电子支援（CESM）系统。设计这套系统是为了保证潜艇具备先进的拦截、识别、定位以及监听各个频段通信信号的能力。

"机敏"级潜艇装备了 I 波段导航雷达，但实际作战中更具重要性的是泰利斯（原马可尼声呐分部）的 2076 型声呐系统，该系统整合了主动 / 被动式搜索和攻击雷达套件，艇艏声呐、侧舷声呐和拖曳线阵声呐。4 艘"特拉法加"级潜艇在改造中也装备了这种声呐套件。阿特拉斯水文公司还为其提供了 DESO 25 高精度回声测深器，该设备可探测深度达到 10000 米。2 部泰利斯 CM010 光电桅杆上搭载了热成像仪，微光夜视仪和彩色 CCD 摄像机，桅杆的主要设备是由麦克塔格特 – 斯科特公司生产的。雷声公司为潜艇提供了跟踪者敌我识别（SIFF）应答器系统。

先进的动力平台

这款大型潜艇所需的巨大动力由罗尔斯·罗伊斯 PWR 2 核反应堆提供，推进装置则是 2 台阿尔斯通（最初是通用电气公司）单轴涡轮机，驱动 1 台罗尔斯·罗伊斯泵喷推进器。该推进器的转子叶片围绕 1 根固定的导管转动以提供"喷射"式推进。潜艇还装备 2 台柴油交流发电机，以及 1 台紧急驱动电动机，驱动 1 个可伸缩的辅助螺旋桨。数字式综合控制系统，以及相应的仪器系统均是由 CAE 电子公司提供，主要用于掌舵、入潜、深度控制以及综合平台管理。

PWR 2 是为"前卫"级"三叉戟"潜射弹道导弹潜艇研制的第 2 代压水冷却核反应堆（PWR）。当时的大部分 PWR 所能提供的能量可供潜艇环游地球 20 次，但使用 H 型堆芯的 PWR 2 提供的能量大约是其两倍。PWR 2 的关键元素是巴高克公司的反应堆压力容器，主冷却泵来自通用电气公司和威尔集团，保护和控制设备来自西门子普莱塞公司和泰恩自动化公司。

"弗吉尼亚"级攻击型核潜艇
Virginia Class Nuclear-Powered Attack Submarine

美国海军的"弗吉尼亚"级攻击型核潜艇，也被叫作新型攻击潜艇，被认为是一种先进的"秘密"型号，它具备在深海区域以反潜角色完成多重任务的能力，也能在浅水区域完成所有类型的沿海任务。似乎有些奇怪的是，"弗吉尼亚"级潜艇的设计时间紧跟"海狼"级之后，而"海狼"级在设计时就是为了取

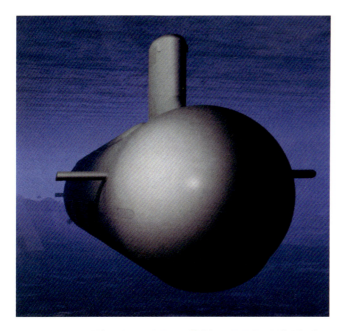

上图：在沿海区域使用时，"弗吉尼亚"级潜艇可用于运送特种部队的士兵，其装载鱼雷的位置可以容纳 40 名士兵（携带所有装备）

技术参数

"弗吉尼亚"级攻击型核潜艇

排水量： 水下 7800 吨

尺寸： 长 114.9 米，宽 10.4 米，吃水深度 9.3 米

动力系统： 1 座通用电气公司的 S9G 核反应堆驱动 2 台蒸汽轮机，功率 40000 马力（29825 千瓦），单轴推进

航速： 水下 34 节（63 千米 / 时），续航能力仅受反应堆原料限制

武器系统： 4 个 533 毫米发射管，配备 26 枚 Mk 48 ADCAP 6 型有线制导鱼雷，和（或）"鱼叉"反舰导弹，或者 Mk 67 Mobile 和（或）Mk 60 "捕手" 水雷，以及 12 个垂直发射管，配备 12 枚 "战斧" 对陆攻击导弹

电子系统： 1 部 BPS-16 导航雷达，1 套 CCSM 作战数据系统，1 套 WLQ-4（Q）电子支援系统，1 套 WLY-1 声学对抗系统，14 具外部和 1 具内部对抗措施发射装置，以及 1 套先进声呐套件，其中包括 1 套主动 / 被动型船首阵列，2 套被动型大孔径翼侧阵列，主动型龙骨和船鳍阵列，以及 TB-16 和 TB-19 拖曳阵列

人员编制： 134 人

代"洛杉矶"级潜艇，其第 1 艘于 1997 年开始服役。然而，"海狼"级投入使用后没多久就发现其成本太高，并且在美国军舰逐步转为民用的背景下，它的功能也略显不足，当时来自苏联的主要威胁已经消除，新的世界秩序下需要以成本更低的方式去完成低风险的实际任务。因此，美国海军需要一种比"海狼"级潜艇小的新一代攻击型核潜艇。

通用动力电船公司是新型潜艇的主要设计方，美国国防部将第 1 艘和第 3 艘潜艇交于此公司设计和建造，即"弗吉尼亚号"和"夏威夷号"，分别于 1999 年和 2001 年开建，于 2006 年和 2008 年投入使用。诺斯罗普·格鲁曼的纽波特纽斯公司得到了第 2 艘和第 4 艘的建造合同，即"得克萨斯号"和"北卡罗来纳号"。它们分别于 2000 年和 2002 年开建，2007 年和 2009 年投入使用。建造实际上是合作完成的，电船公司制造艇体分段主要框架，纽波特纽斯公司建造艇艏和艇艉分段，以

及插入艇体内的 3 个分段；每个公司都为其最终完工的潜艇制造反应堆平台模块。

船体在结构上包括集成的配件，搭载两个标准宽度的设备以便于主体系统的安装、维护、修理和升级。设计方案还包括独立的甲板结构模块：例如，指挥舱作为一个独立的模块直接安装在带减震垫的基座上，控制系统以触摸屏电脑为主，潜艇的方向和俯仰通过一具带有 4 个按钮的"操纵杆"进行控制。

"弗吉尼亚"级潜艇还要求声波标记图不大于噪声极小的"海狼"级潜艇，所以它使用了新型的吸声材料、独立的甲板结构，以及新型泵喷推进装置。

指挥和控制

C³I（指挥、控制、通信和情报）系统由洛克希德 – 马丁公司海军电子和监控系统 – 水下系统公司

右图：在制海任务中，"弗吉尼亚"级潜艇的首要武器是 Mk 48 鱼雷，它可以携带 26 枚此种鱼雷

领导的团队负责。该系统基于开放的系统架构，整合了全部的潜艇战术系统（传感器、对抗措施、导航和武器控制）。武器控制系统是雷神公司 CCS Mk 2 作战系统的改进版本。武器的发射装置由 12 个"战斧"潜射巡航导弹垂直发射管和 4 个 533 毫米鱼雷发射管组成。后者也被用于发射 26 枚 Mk 48 ADCAP 6 型有线制导重量级鱼雷以及 UGM–84 潜射"鱼叉"反舰导弹。此外，Mk 60"捕手"水雷也能由鱼雷发射管发射。

每艘潜艇都装备诺斯罗普·格鲁曼公司的 WLY–1 声学对抗系统，它能为射击控制系统提供距离和方位数据，潜艇还装备洛克希德马丁公司的安装在桅杆上的 BLQ–10 电子支援系统。

针对沿海区域作战行动，潜艇上 1 个内置的气闸舱为其提供特种作战能力。该气闸舱还能容纳 1 艘小型潜艇，如诺斯罗普·格鲁曼公司的先进海豹输送系统（ASDS）可以为潜艇增加特种部队力量。

多功能声呐

水下作战角色的主要传感器是声呐套件，其中包括 1 套 BQQ–10 声学数据处理系统，1 个主动/被动型艇艏声呐阵列，2 座大型侧舷被动探测阵列，下颌与围壳主动声呐阵列，1 个 TB–16 拖曳阵列，以及 1 个 TB–29A 细线型拖曳阵列。海面导航能力由于安装 BPS–16 雷达而得到增强。该级别的所有潜艇都装备了 1 对 BVS–1 通用模块化桅杆（universal modular mast，UMM），这种桅杆不穿过船体，因此它们没有安装传统的光学潜望镜。安装在模块化桅杆上的传感器包括微光电视摄像机和热成像摄像机，还有 1 个激光测距仪。UMM 是由科尔摩根与其意大利次承包商——卡桑尼合作生产的。

波音公司研制的远程水雷侦察系统（LMRS）包括 2 个自动的无人操纵的水下机器人，每个机器人长 6 米，机器人手臂长 18 米，另外还有相关的配套电子设备。

潜艇的推进系统核心是通用电气公司的 S9G 压水冷却式反应堆，其堆芯几乎与潜艇在同一时间开始设计，因此潜艇没有再加燃料的问题了。来自反应堆的蒸汽驱动 1 对蒸汽轮机，通过 1 根传动轴将动力传送到泵喷式推进器。

"支持者"级和"维多利亚"级常规动力潜艇
Upholder and Victoria Classes Patrol Submarines

为了满足英国皇家海军关于建造一级继"奥伯龙"级之后的柴电动力潜艇的需求，维克斯造船工程有限公司发展出了 2400 型潜艇，也称之为"支持者"级潜艇。和绝大多数新型潜艇一样，"支持者"级潜艇也把设计重点放在了自动控制和标准化两个方面，从而减少潜艇对于人力的需求。1983 年，英国皇家海军订购了第 1 艘"支持者"级潜艇，该艇于 1990 年 6 月建成。接下来，英国皇家海军又在 1986 年订购了另外 3 艘该级潜艇，这些潜艇于 1991—1993 年相继建成。最初，英国皇家海军计划订购 12 艘"支持者"级潜艇，但由于经费缩减等因素，这一数字被陆续修改成10艘和9艘。到了20世纪90年代初期，随着冷战的结束，英国皇家海军最终决定订购4艘"支持者"级潜艇。

为了降低辐射噪声水平，使其比原有的已经非常安静的"奥伯龙"级潜艇还要低，"支持者"级潜艇采用了非常先进的降噪技术。此外，该级潜艇还提高了潜艇电池组的充电速度，缩短充电时间，从而尽可能地减少潜艇桅杆部分暴露在水面的时间。为了克服鱼雷发射所导致的稳定性问题以及对于潜艇速度和机动能力的限制，该级潜艇采用了一套完全自动化的武器操作控制系统。

1994年，"支持者号""隐形号""厄休拉号"和"独角兽号"潜艇从英国皇家海军舰队中退出，于1998年被加拿大政府买走，更名为"维多利亚"级（Victoria）潜艇，并于2000年开始在加拿大皇家海军服役。上述4艘潜艇分别更名为"奇库蒂米号""维多利亚号""科纳布鲁克号"和"温莎公爵号"。

技术参数
"维多利亚"级常规动力潜艇
排水量：水面 2168 吨，水下 2455 吨
尺寸：长 70.3 米，宽 7.6 米，吃水深度 5.5 米
动力系统：2 台"瓦伦塔"16SZ 型柴油发动机，输出功率 3670 马力（2700 千瓦）；1 台通用电气公司制造的电动机，输出功率 5472 马力（4025 千瓦）；单轴推进
航速：水面 12 节（22 千米／时），水下 20 节（37 千米／时）
航程：以 8 节（15 千米／时）的速度可航行 14805 千米
下潜深度：作战潜深 300 米，最大潜深 500 米
武器系统：6 具 533 毫米口径鱼雷发射管（全部置于艇艏），配备 18 枚 Mk 48 Mod 4 型有线制导主动／被动自动寻的两用鱼雷；原来预备的水雷和潜射型"鱼叉"反舰导弹已被拆除，有可能增加防空能力
电子系统：1 部 1007 型导航雷达，1 部 2040 型被动艇艏声呐，1 部 2007 型被动侧舷阵列声呐，1 部 MUSL 被动拖曳阵列声呐，1 部"雷布拉斯科普"火控系统，1 部 AR900 电子支援系统，2 部 SSE 型诱饵发射器
人员编制：53 人

右图：20世纪90年代初期，随着苏联解体和冷战结束，英国皇家海军"支持者"级潜艇在服役很短时间后就被封存了，后来被加拿大皇家海军买走

下图：由于经费限制和国际形势变化等原因，"支持者"级潜艇最终只建造了4艘，从1990年开始编入英国皇家海军服役，装备了"旗鱼"鱼雷和 UGM-84B 型"鱼叉"潜射反舰导弹等先进武器

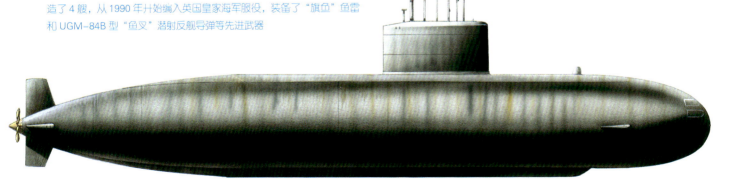

"锡舒马尔"级常规动力潜艇
Shishumar Class Patrol Submarine

1981年12月，印度政府与霍瓦兹－德意志造船股份有限公司达成一项潜艇生产合同。根据合同，这家总部设在基尔的德国公司将为印度建造4艘209-1500型常规动力潜艇，即"锡舒马尔"级潜艇（属于设计最成功的209型潜艇的改进型）。其中，首批2艘潜艇将在德国建造，另外2艘潜艇的建造工作将在印度孟买的马扎冈造船厂进行，德国公司届时将提供技术支援和咨询服务。1984年，印度政府宣布将在马扎冈造船厂再建造2艘"锡舒马尔"级潜艇，这样一来，印度海军拥有的"锡舒马尔"级潜艇的数量将达到6艘。然而，由于印度海军的发展观念发生变化，该项建造计划在20世纪80年代后期终止。1988年，有消息透露，印度政府与霍瓦兹－德意志造船股份有限公司的合作关系将随着第4艘潜艇的建成而告结束。

印度海军先后在1992年和1997年重新评估了这项决定，最终于1999年决定执行"75计划"，从法国购买3艘"鲉鱼"级潜艇。

印度海军的4艘"锡舒马尔"级潜艇分别是"锡

下图：1500型潜艇是从209型潜艇发展而来的最大吨位的潜艇。德国人设计和建造的209型潜艇是一级非常成功、使用时间相当长的潜艇，先后出口到阿根廷、巴西、智利、哥伦比亚、厄瓜多尔、希腊、印度尼西亚、秘鲁、韩国、土耳其和委内瑞拉等国

技术参数
"锡舒马尔"级常规动力潜艇
排水量： 水面 1600 吨，水下 1850 吨
尺寸： 长 64.4 米，宽 6.5 米，吃水深度 6 米
动力系统： 4 台 MTU 12V493 AZ80 型柴油发动机，输出功率 2447 马力（1800 千瓦）；1 台西门子公司制造的电动机，输出功率 4664 马力（3430 千瓦）；单轴推进
航速： 水面 11 节（20 千米 / 时），水下 22 节（41 千米 / 时）
航程： 以 8 节（15 千米 / 时）的速度可航行 14825 千米
下潜深度： 作战潜深 260 米
武器系统： 8 具 533 毫米口径鱼雷发射管（全部置于艇艏），配备 14 枚 AEG SUT 型有线制导鱼雷；可搭载一定数量的水雷
电子系统： 1 部"卡里普索"对海搜索雷达，1 部 CSU83 型主动 / 被动声呐，1 部 DUUX5 型被动测距声呐，1 套"雷布拉斯科普"Mk 1 型火控系统，1 套 AR700 型或"海上岗哨"电子支援系统，C303 型音响诱饵
人员编制： 40 人

舒马尔号""尚库什号""沙尔基号"和"尚库尔号"。在德国建造的第 1 批 2 艘潜艇，分别于 1982 年 5 月和 9 月开工建造，1984 年 12 月和 5 月下水，1986 年 9 月和 11 月最终建成。在印度建造的最后 2 艘潜艇，则于 1984 年 6 月和 1989 年 9 月分别开工，1989 年 9 月和 1992 年 3 月下水，1992 年 2 月和 1994 年 5 月最终建成。

"锡舒马尔"级潜艇在本质上属于 1 款常规潜艇，其最显著的操作特征在于装备了 1 套 IKL 公司设计的救生系统，该系统有 1 个完整的救生球，能够容纳潜艇上所有的 40 人，可承受和艇体同样大的压力，内部的空气储量可供逃生人员使用 8 个小时，并且配备了呼救通信装置。

艇艏鱼雷发射管

8 具鱼雷发射管全部安装在艇艏位置，还额外配备了 6 枚鱼雷供再次装填使用。装填这些鱼雷管的标准武器是德国制造的 AEG SUT 型有线制导鱼雷，采用主动 / 被动制导方式，携带 250 千克重的高爆弹头。此外，该型鱼雷在航速为 23 节（43 千米 / 时）时的

射程为 28 千米，航速为 35 节（65 千米／时）时的射程为 12 千米。根据最初的规划，第 5 艘和第 6 艘该级潜艇在建成时将携带和发射反舰导弹（该项建造计划中途夭折），而现有的 4 艘潜艇则不具备此能力。

1999 年，"锡舒马尔号"潜艇开始进行中期整修和改装工程，加装法国制造的"埃勒多尼"声呐和印度研制的战斗数据系统。此外，其他 3 艘该级潜艇也将根据各自建成的时间顺序进行整修。

左图："锡舒马尔"级潜艇给印度海军增加了有效的作战能力，同时也为现代潜艇作战方面积累了富贵经验

"科林斯"级常规动力潜艇
Collins Class Patrol Submarine

为了发展一种可以替代老式的"奥伯龙"柴电动力潜艇的新型潜艇，澳大利亚皇家海军在 20 世纪 80 年代初决定，购买一系列由外国设计但在澳大利亚造船厂进行建造的潜艇，以满足这种需求。最后，澳大利亚皇家海军选择了瑞典考库姆公司设计的 471 型潜艇，1987 年，澳大利亚潜艇公司与考库姆公司潜艇签订生产 6 艘该型潜艇的合同，在澳大利亚南部阿德莱德进行建造，这就是澳大利亚皇家海军中的"科林斯"级潜艇。在该项合同中，还包括建造另外 2 艘潜艇的选择条款，但澳大利亚人最终没有做出这样的选择。

1989 年 6 月，"科林斯"级潜艇的零部件开始制造。其中，第 1 艘潜艇的艇艏和中间艇体在瑞典建造，而后运送到澳大利亚阿德莱德，与当地建造的艇体进行组装。1990 年 2 月到 1995 年 5 月，6 艘"科林斯"级潜艇陆续铺设龙骨，于 1993 年 8 月到 2001 年 11 月相继下水，1996 年 7 月到 2003 年先后建成，

技术参数
"科林斯"级常规动力潜艇
排水量：水面 3051 吨，水下 3353 吨
尺寸：长 77.8 米，宽 7.8 米，吃水深度 7 米
动力系统：3 台 V18B/14 型柴油发动机，输出功率 6118 马力（4500 千瓦）；1 台施奈德公司制造的电动机，输出功率 7444 马力（5475 千瓦）；单轴推进
航速：水面 10 节（18.5 千米／时），水下 20 节（37 千米／时）
航程：水面以 10 节（18.5 千米／时）的速度可航行 21325 千米
下潜深度：作战潜深 300 米
武器系统：6 具 533 毫米口径鱼雷发射管（全部置于艇艏），配备 22 枚鱼雷或者导弹；或者 44 枚水雷
电子系统：1 部 1007 型导航雷达，1 部 Scylla 声呐（配置主动／被动艇艏和被动翼侧阵列），1 部"卡里瓦拉""纳拉马"或者 TB-23 型被动拖曳阵列声呐，1 套波音／罗克韦尔数据系统，1 套 AR740 型电子支援系统，2 台 SSE 诱饵投放器
人员编制：42 人

分别命名为"科林斯号""法恩库布号""沃勒号""德杰诺克斯号""希安号"和"兰金号"。

"科林斯"级潜艇采用从美国购买的武器装备和火控／战斗系统，其中的火控／战斗系统在发展期间

艇身表面全部加装了消音瓦，还安装了英国制造的泰利斯公司的光电潜望镜系统，由CK43型搜索潜望镜和CH93型攻击潜望镜组成。该级潜艇的武器发射管全部安装在艇艏位置，能够发射Mk 48 Mod 4型重型鱼雷或者UGM–84B型"鱼叉"潜射反舰导弹，配备的鱼雷或导弹总数为22枚。如果不携带鱼雷或导弹，则可以携带44枚水雷。Mk 48 Mod 4型有线制导鱼雷属于一种主动/被动两用自导鱼雷，可携带1枚267千克重的弹头，射程可达38千米（航速为55节，即102千米/时）或50千米（航速为40节，即74千米/时）。在空气涡轮泵的作用下，发射管将鱼雷或导弹投射出去。

和服役初期屡屡出现问题，声呐系统则应用法国技术以及澳大利亚本国的技术。正如前面提到的那样，由美国波音公司和罗克韦尔公司开发的火控/战斗系统长期饱受各种问题的困扰，直到该系统被雷声公司研制的CCSMk 2型系统完全取代之后，"科林斯"级潜艇才能够真正称得上完全具备作战能力。除"科林斯号"之外，其他该级潜艇进行了改装，不但在

该级潜艇先后接受了大量的升级改进工作，用来增强其可靠性和静音能力。如今，澳大利亚皇家海军考虑为其加装1套"斯特灵"AIPS系统，为此已经从瑞典购买了1套试验装备。

"海豚"级常规动力潜艇
Dolphin Class Patrol Submarine

为了替代 3 艘逐渐老化的 206 型潜艇（于 1999—2000 年退役），以色列海军在 1988 年做出决定，购买 2 艘由德国 IKL 公司的 212 型潜艇改进而来的"海豚"级潜艇，也称之为 800 型潜艇。凭借美国承诺提供的"对外军售基金"，以色列与利顿公司下属的英格尔斯造船厂签订潜艇建造合同，将在霍瓦兹－德意志造船股份有限公司和蒂森北海公司进行建造。

1989 年 7 月，该笔基金终于启用。1990 年 1 月，潜艇生产合同开始生效。但好景不长，由于 1991 年海湾战争爆发前的资金压力，该项合同在同年 11 月被中止。1991 年 4 月，随着德国资金的注入，建造合同再次启动。1994 年 7 月，以色列决定购买第 3 艘同级潜艇。

1992 年 4 月，用于建造该级潜艇的第 1 块钢材正式切割。3 艘潜艇于 1994 年 10 月、1995 年 4 月和 1996 年 12 月相继开工建造，并于 1999 年 7 月、1999 年 11 月和 2000 年 7 月最终建成，分别被命名为"海豚号""巨人号"和"泰库马号"。

3 艘"海豚"级与 212 型相似，唯一不同之处在于潜艇内部的 1 个"湿—干"气闸舱，主要供蛙人离开和再次进入潜艇时使用。此外，该级潜艇有可能装备了对付直升机的"特里顿"防空导弹系统。

技术参数

"海豚"级常规动力潜艇

排水量： 水面 1640 吨，水下 1900 吨

尺寸： 长 57.3 米，宽 6.8 米，吃水深度 6.2 米

动力系统： 3 台 MTU 16V396 SE84 型柴油发动机，输出功率 4303 马力（3165 千瓦）；1 台西门子公司制造的电动机，输出功率 3930 马力（2890 千瓦）；单轴推进

航速： 水面 11 节（20 千米／时），水下 20 节（37 千米／时）

航程： 水面以 8 节（15 千米／时）的速度可航行 14825 千米，水下以 8 节（15 千米／时）的速度可航行 780 千米

下潜深度： 作战潜深 350 米

武器系统： 6 具 533 毫米口径鱼雷发射管，4 具 650 毫米口径鱼雷发射管（全部置于艇艏），所配备的弹药数量见正文

电子系统： 1 部"艾尔塔"对海搜索雷达，1 部 CSU 90 型主动／被动艇身声呐，1 部 PRS-3 型被动测距声呐，1 部 FAS-3 型被动翼侧阵列声呐，1 套 ISUS 90-1 型鱼雷火控系统，1 部"泰恩麦克斯"4CH（V）2 型电子支援系统

人员编制： 30 人

武器装备

"海豚"级潜艇主要的反舰和反潜武器是 16 枚 STN DM2A4 型有线制导鱼雷，携带 1 枚 260 千克重的弹头，在主动模式下射程 13000 米（在 35 节，即 65 千米／时的航速下），被动模式下射程达 28000 米（在 23 节，即 43 千米／时的航速下）。在不携带鱼雷的情况下，该级潜艇可以携带 NT 37E 鱼雷，还可以发射 5 枚 UGM-84C 型潜射"鱼叉"反舰导弹，或者发射由以色列设计和制造的携带常规弹头的巡航导弹。除了 6 具 533 毫米口径的鱼雷管之外，"海豚"级还配置了 4 具 650 毫米口径发射管，用于投射蛙人输送艇。如果稍做改造，这些发射管可以当作常规鱼雷发射管使用。

3 艘"海豚"级潜艇被漆成了青绿色，此举是为了降低其在水深较浅的中东水域的可见度，确保航行安全。

左图：3 艘"海豚"级潜艇为以色列海军提供了强大的巡航导弹威慑能力、封锁能力、监视能力以及蛙人投送能力

"西约特兰"级常规动力潜艇
Västergötland Class Patrol Submarine

20世纪70年代晚期，瑞典海军开始考虑建造一种新型常规动力潜艇，用来替代建造于20世纪50年代晚期到60年代早期的"德雷肯"级潜艇，同时补充建造于20世纪60年代下半叶但于20世纪90年代后期卖给新加坡海军作为教练艇的"海蛇"级潜艇。"西约特兰"级潜艇就这样应运而生了，1978年4月，瑞典海军与考库姆公司签订了相关的建造合同。

"西约特兰"级潜艇采用单层艇体设计，艇艉X形控制界面综合了方向舵和水平舵的功能。此外，潜艇所配置的1部CK38型光电搜索潜望镜（皮尔金顿公司研制）还具备夜视能力。4艘"西约特兰"级潜艇于1987—1990年相继服役。在建造过程中，考库姆公司负责建造艇身中间部分，艇艏和艇艉部分则由卡尔斯克鲁纳公司建造。

由于波罗的海海域水深较浅，水下音响情况非常复杂，因此设计师们在设计"西约特兰"级潜艇时对静音性能予以特别的关注，在艇身表面敷设一层消音涂料，降低潜艇对主动声呐脉冲的反射程度。所有的鱼雷发射管均安装在艇艏位置，533毫米口径的鱼雷发射管有6具，400毫米口径的鱼雷发射管有3具，全部用来发射有线制导鱼雷。其中，那些口径大的发射管用来发射FFV 613型被动式自动寻的反舰鱼雷，携带240千克重的弹头，射程20千米（在45节，即83千米/时的航速下）；口径小的发射管用来发射FFV431/451型主动/被动自动寻的反潜鱼雷，携带45千克重的聚能装药弹头，射程20千米（在25节，即46千米/时的航速下）。

最后2艘"西约特兰"级潜艇的艇身加长了10米，用来安装斯特灵公司制造的"不依赖空气动力系统"，从而使水下续航能力达到14天。此外，最早的2艘该级潜艇有可能租借给丹麦海军使用，丹麦在此之前已经从瑞典得到了1艘"内肯"级潜艇。

技术参数	
"西约特兰"级常规动力潜艇	
排水量：	水面 1070 吨，水下 1143 吨
尺寸：	长 48.5 米，宽 6.06 米，吃水深度 5.6 米
动力系统：	2 台海德莫拉公司研制的 V12A/15-Ub 型柴油发动机，输出功率 2230 马力（1640 千瓦）；1 台施奈德公司研制的电动机，输出功率 1835 马力（1350 千瓦）；单轴推进
航速：	水面 10 节（18.5 千米/时），水下 20 节（37 千米/时）
下潜深度：	作战潜深 300 米
武器系统：	6 具 533 毫米口径鱼雷发射管（置于艇艏），配备 12 枚鱼雷；3 具 400 毫米口径鱼雷发射管，配备 6 枚鱼雷（置于艇艏）；外置吊舱携带 48 枚水雷
电子系统：	1 部"特尔玛"对海搜索雷达，1 部导航雷达，1 部 CSU 83 型主动/被动艇身声呐，1 部被动翼侧阵列声呐，IPS-17（"瑟萨布"900A）型鱼雷火控系统，AR-700-S5 型或 CS3071 型电子支援系统
人员编制：	28 人

上图：1990 年 1 月服役的"东哥特兰号"潜艇是最后建成的 1 艘"西约特兰"级潜艇，如今正在进行现代化改进。首批 2 艘该级潜艇有可能租借给丹麦海军使用

下图：瑞典海军"西约特兰"级潜艇共建成 4 艘："西约特兰号""哈尔辛兰号""南曼兰号"和"东约特兰号"

"基洛"级常规动力潜艇
Kilo Class Patrol Submarine

　　877型柴电动力潜艇（也称"华沙女人"级）就是西方所熟知的"基洛"级潜艇，该型潜艇设计于20世纪70年代早期，用于苏联海军基地、海岸设施以及海上航线的反潜和反舰防御作战，并执行海上巡逻和监视任务。该潜艇最初由西伯利亚东部的共青城造船厂建造，但后来改在苏联西部的下诺夫哥罗德市和列宁格勒（今圣彼得堡）的海军造船厂进行建造。该潜艇属于中等航程潜艇，第1艘原型潜艇于1979年下水，1982年完工。

苏联裁减"基洛"级潜艇

　　苏联海军总共建造了大约24艘"基洛"级潜艇，截至21世纪早期，俄罗斯海军已经裁掉了其中的15

技术参数
"基洛"级（4B型）潜艇
排水量： 水面2325吨，水下3076吨
尺寸： 长73.8米，宽9.9米，吃水深度6.6米
动力系统： 2台输出功率为3650马力（2720千瓦）的柴油机和1台输出功率为5900马力（4400千瓦）的电动机
航速： 水面10节（18.5千米/时），水下17节（31千米/时）
航程： 通气管状态以8节（15千米/时）的速度可航行11125千米，水下以3节（5560米/时）的速度可航行740千米
下潜深度： 作战潜深为240米
鱼雷管： 6具533毫米口径鱼雷发射管（全部置于艇艏），配备18～24枚鱼雷，预留1座近程防空导弹发射装置
电子系统： 1部"魔盘"搜索雷达，1部"鲨鱼齿"/"鲨鱼鳍"主动式/被动式艇体声呐，1部"鼠叫"主动攻击型艇体声呐，1套MVU-110EM型或者MVU-119EM型鱼雷火控系统，1套"乌贼头"或"砖浆"电子支援系统
人员编制： 52人

右图：1986—2000年，印度共购买了10艘"基洛"级潜艇。这就是众所周知的"兴都库什"级潜艇。继第1艘以此命名的潜艇交货之后，印度将这些潜艇分别装备于第11潜艇中队（其4艘潜艇基地设在维沙卡帕特南市）和第10潜艇中队（其6艘潜艇基地设在孟买）。有5艘潜艇加装了3M54型"阿尔法"（北约代号SS-N-27型）潜射型主动式雷达自动寻的巡航导弹，该导弹具有超音速攻击的飞行阶段，射程可达180千米

下图：在共青城以及其他2家造船厂建造的"基洛"级柴电动力潜艇的设计方案源于航程较远的T级潜艇。尽管该级潜艇的蓄电池组在较热环境下会出现许多问题，但对于北非、中东和远东地区等国的出口量还是相当可观的

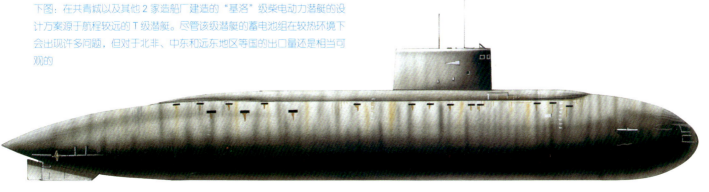

上图：波兰购买了 1 艘 877E 型潜艇，其印刷体字母下面标明购买时间是在 1986 年 7 月。该潜艇被波兰海军命名为"奥泽尔号"，基地设在格丁尼亚（波兰北部的一个港口城市）

上图：早期的"基洛"级潜艇由于高昂的维护修理费用而退出了现役，从俄罗斯海军的现役名单中消失了

艘，只留下 9 艘潜艇继续使用，北方舰队和太平洋舰队分别拥有 3 艘和 4 艘，波罗的海舰队和黑海舰队各拥有 1 艘。其中，黑海舰队的那艘潜艇正在换装泵喷系统的改造。

　　在设计上，"基洛"级潜艇是 T 级潜艇的改进型，在壳体外型方面进行了改进。即使如此，与同时代的西方潜艇相比，该型潜艇只能处于中等水平。苏联人制造的该型潜艇共有 4 个改型：877 型基准型；

具有改进火控系统的 877K 型；在 2 个发射管配备线导鱼雷配套装置的 877M 型以及体形稍长的 4B 型。这些潜艇使用大功率柴油发动机，1 台电动机缓慢旋转以降低噪声，1 个自动化数据系统为 2 个同步拦截设备提供火控数据。这些潜艇先后出口到阿尔及利亚（2 艘）、印度（10 艘）、伊朗（3 艘）、波兰（1 艘）和罗马尼亚（1 艘）。在这些出口型的潜艇当中，一些是推进系统和火控系统经过改进的 636 型潜艇。

"图皮"级常规动力潜艇
Tupi Class Patrol Submarine

　　1984 年，巴西与德国的霍瓦兹－德意志造船股份有限公司签订合同制造 6 艘"图皮"级潜艇，该型艇属于 209-1400 型。第 1 艘潜艇在德国的基尔港建造，剩下的 5 艘潜艇在巴西里约热内卢建造。由于财政方面的限制，导致巴西将自己建造的潜艇数量由 5 艘削减到了 3 艘，2 艘作为"图皮"级标准型潜艇

的改进型"蒂库纳"级潜艇还远在建造日程表之外。"蒂库纳号"潜艇的建造交货日期由 2000 年延迟到了 2005 年，而建造"塔普亚号"潜艇的工作则被暂时搁浅了。

　　巴西于 1988 年建成了 1 个铀浓缩工厂，并宣布将建造 1 艘攻击型核潜艇，但这个计划只是处于设计

技术参数

"图皮"级潜艇

该级别的潜艇：包括"图皮号""坦莫艾号""蒂姆比拉号"和"塔帕乔号"

排水量：水面 1400 吨，水下 1550 吨

尺寸：长 61.2 米，宽 6.2 米，吃水深度 5.5 米

动力系统：4 台输出功率为 2414 马力（1800 千瓦）的 MTU 12V 493 AZ80 型柴油机和 1 台输出功率为 4595 马力（3425 千瓦）的西门子电动机，单轴推进

航速：水面／柴油机通气管状态航行时的航速为 11 节（20 千米／时），水下为 21.5 节（40 千米／时）

航程：水面以 8 节（15 千米／时）的速度可航行 15000 千米，水下以 4 节（7400 米／时）的速度可航行 740 千米

下潜深度：250 米

武器系统：8 具 533 毫米口径的鱼雷发射管，可总共配备达 16 枚 Mk 24 1 型或 2 型"虎鱼"线导鱼雷或者巴西康萨伯 IPqM 研究所的反潜鱼雷

电子系统：1 部"卡里普索"导航雷达，1 套 DR-4000 电子支援系统，1 部 CSU 83/1 型艇体安装的被动式探测／攻击声呐

人员编制：30 人

阶段，并没有真正付诸实施。"蒂库纳"级潜艇称得上是处于巴西海军老式的反潜潜艇和巴西未来的第 1 艘攻击型核潜艇之间的过渡型艇。

巴西的鱼雷

　　"图皮"级潜艇能够从莫坎格岛的阿米拉特·卡斯特罗·席尔瓦海军基地里约热内卢军港出发，横穿海湾作战。这就要依靠那些装备精良，能够同时携带英国 Mk 24 型"虎鱼"鱼雷和由巴西康萨伯 IPqM 研究所研制的鱼雷改进而成的反潜鱼雷。8 枚鱼雷装载于鱼雷发射管中，潜艇上还有 8 枚备弹。"虎鱼"是一种线导主动寻的式鱼雷，在主动寻的模式下，航速为 35 节（65 千米／时），射程为 13 千米；在被动寻的模式下，航速 24 节（44 千米／时），射程 29.6 千米。IPqM 研究所制造的该种反潜鱼雷采用自航式发射系统，航速为 45 节（83 千米／时），

上图："坦莫艾号"潜艇在巴西境内建造，是"图皮"级的第 2 艘潜艇，该艘潜艇的建造工作持续了 8 年，终于在 1994 年 12 月建造成功

射程可达 18.5 千米。

　　"蒂库纳"级潜艇体形较大，其下潜排水量为 2425 吨，人员编制为 39 人。按照设计，该型潜艇的自持力为 60 天，设计还可携带 MCF-01/100 型声磁水雷（由巴西康萨伯 IPqM 研究所制造）以替代部分鱼雷。

上图：巴西"图皮"级潜艇普遍具有良好的性能。据悉，这些潜艇装备的鱼雷还将升级为先进的"博福斯"2000 型鱼雷

下图：S30 号是德国人设计的"图皮"级潜艇的首艇。"图皮号"潜艇建造于德国，1989 年 5 月建成交付巴西，随之而来的是 3 艘巴西人自己建造的潜艇

212A 型常规动力潜艇
Type 212A Patrol Submarine

20 世纪 80 年代开始，世界各国海军对于采用"不依赖空气动力系统"所创造出来的一种具有真正意义的"潜在水下的潜艇"的兴趣与日俱增，这种潜艇要比使用传统动力的潜艇更具优势。

1988—1989 年，德国在 205 型潜艇上尝试安装了 1 套"不依赖空气动力系统"，然后将这一技术转用到 1 艘新建成的具有高度流线型外形的潜艇之上，这艘潜艇从设计之初就使用了"不依赖空气动力系统"——1 套以西门子 PEM（聚合电解膜）燃料电池技术为基础的混合燃料电池/电池组推进设备。1992 年，ARGE212 设计组〔霍瓦兹 – 德意志造船股份有限公司联合蒂森北海工厂，由吕贝克工程事务所（IKL）提供支援〕完成了 212A 型潜艇最初的设计方案，于 1994 年 7 月获准建造该级别最初的 4 艘潜艇。可是，直到 1998 年 7 月才切下第 1 块钢板，原因是该公司为了对原先意大利所订购的 2 艘艇进行一些必要的改造工作（其中包括改善艇内居住环境、

技术参数

212A 型潜艇

排水量： 水面 1450 吨，水下 1830 吨

尺寸： 长 55.9 米，宽 7 米，吃水深度 6 米

动力系统： 1 台输出功率为 4245 马力（3165 千瓦）的 MTU 柴油机和 1 台输出功率为 3875 马力（2890 千瓦）的电动机，单轴推进

航速： 水面 12 节（22 千米/时），水下 20 节（37 千米/时）

航程： 水面以 8 节（15 千米/时）的速度可航行 14805 千米

鱼雷发射管： 6 具 533 毫米口径鱼雷发射管全装于艇艏，配备 12 枚 DM2A4 型线导鱼雷

电子系统： 1 部 1007 型导航雷达，1 部 DBQS-40 型被动式测距和侦听声呐，FAS-3 型舷侧式和被动拖曳式阵列声呐，MOA3070 型或者 ELAK 型水雷探测声呐，MSI-90U 型武器控制系统，FL1800 型电子支援系统，TAU2000 型鱼雷诱饵发射系统

人员编制： 27 人

右图："212 型"级潜艇一些关键的设计特征有指挥塔上的下潜水平舵、艇艉的 X 形操纵舵面和装有 7 个弯刀形桨叶的螺旋桨

下图：德国海军的 U31 号潜艇完成组装后驶离造船厂。"212"型潜艇最显著的特征是其装备的"不依赖空气动力系统"以及流线型的外形

加大下潜深度等），从而延缓了计划的进度。

4 艘德国潜艇（也许将来的编制可能是 8 艘）的编号从 U-31 号到 U-34 号，它们以德意志造船股份有限公司与蒂森北海工厂生产的前后舱为基础进行建造，而且，4 艘潜艇也是在上述两个工厂里轮流制造出来的。

该型潜艇以 1 个局部双壳体结构为基础进行设计，在这个壳体中，内径尺寸较大的前舱通过 1 个设有燃料电池舱的锥形舱段与内径尺寸较小的后部舱段（装有 2 个液氧箱和 1 个氢气箱）相连接。仅仅依靠这些燃料电池，水下推进器就能够确保潜艇最大航速为 20 节（37 千米 / 时），最低航速为 8 节（15千米 / 时）。

意大利有 2 艘潜艇（其中第 1 艘被命名为"塞尔瓦托号"）由芬坎泰里公司在穆吉亚诺船厂进行建造，于 2005—2006 年完工。从本质上讲，这 2 艘潜艇与德国 212A 型潜艇非常类似。

上图：由西门子和霍瓦兹 - 德意志造船股份有限公司研制的"不依赖空气动力系统"能够提高潜艇的水下续航力。照片中这艘潜艇所装备的攻击潜望镜由蔡司公司制造

214 型常规动力潜艇
Type 214 Patrol Submarine

希腊和韩国订购的 214 型潜艇基本上是 209 型潜艇的改进型，该级潜艇采用线型更优秀的外层艇体，能够降低航行阻力，因此潜艇的行踪就更加隐秘。此外，该级潜艇还装备了以西门子聚合电解膜（PEM）为基础的 212A 型潜艇的"不依赖空气动力系统"，该系统的燃料电池技术远胜于瑞典潜艇上使用的"斯特灵"系统。每艘潜艇均装有 2 套 PEM 燃料电池组，每个电池组产生 161 马力（120 千瓦），单独利用这 2 套燃料电池所转化的能量可使潜艇水下连续航行 14 天。

1998 年 10 月，希腊政府宣布：希腊海军准备购买 4 艘 214 型潜艇，并将它们命名为"凯特索尼斯"

技术参数

214 型潜艇

排水量：水面 1700 吨，水下 1980 吨

尺寸：长 65 米，宽 6.3 米，吃水深度 6 米

动力系统：2 台输出功率为 8475 马力（6320 千瓦）的 MTU 16V396 型柴油机和 1 台西门子大功率电动机，其输出功率未加详细说明，单轴推进

航速：水面 12 节（22 千米 / 时），水下 20 节（37 千米 / 时）

下潜深度：400 米

鱼雷发射管：8 具 533 毫米口径的鱼雷发射管全装于艇艏，配备 16 枚 STN 阿特拉斯公司的鱼雷和"鱼叉"反舰导弹

电子系统：1 部导航雷达，1 部艇艏声呐，1 部舷侧阵列声呐和 1 部拖曳式阵列声呐，1 套 ISUS 90 武器控制系统，1 套电子支援系统，1 套"瑟茜"鱼雷诱饵发射系统

人员编制：27 人

管为 8 具（其中包括 4 具可发射"鱼叉"反舰导弹的发射管），优于 212A 型潜艇的 6 具。214 型艇体采用了新型材料，这样下潜深度更深。虽然这两种潜艇都使用了与蔡司公司类似的光电潜望镜，但在电子系统方面存在着细微的差别。

2000 年 12 月，韩国国防部经过选择，最终决定选择德国 214 型潜艇来充当其计划组建的第 2 潜艇中队所需的 3 艘潜艇，而没有选择法国的"鮋鱼"级（当时，俄罗斯也打算向韩国出售 3 艘"基洛"级潜艇）。韩国国防部授予了现代重工公司承接这些新潜艇的合同，而没有选择大宇造船公司以及曾为韩国建造过 9 艘"张保皋"级潜艇（即德国 209-1200 型）的海军工程公司。

该级潜艇采用德国所提供的技术援助和技术设备进行建造，分别于 2007 年、2008 年和 2009 年完工。

级潜艇。基尔的霍瓦兹公司将负责建造第 1 艘潜艇，根据当时的计划，这艘潜艇于 2003 年 12 月下水，于 2005 年开始服役。希腊造船所的斯卡拉曼加造船厂负责建造另外 3 艘潜艇。希腊的 4 艘潜艇分别是"凯特索尼斯号""佩帕尼罗利斯号""派皮诺斯号"以及"马特劳佐斯号"。214 型与 212A 型潜艇的区别在于：214 型潜艇的下潜舵位于艇壳的前部，而不是位于指挥围壳上，艇艉采用更为传统的操纵舵面（升降与方向舵，而非 X 形布局）。214 型潜艇的艇艏鱼雷发射

"涡潮"级常规动力潜艇
Uzushio Class Diesel Attack Submarine

20 世纪 50 年代，随着冷战紧张局势的加剧，促使美国及其盟国允许它们从前的敌人德国和日本重整军备。日本在战后首先重建的海上力量是海上保安厅，随后又组建了人们所熟知的海上自卫队，这一命名的目的是强调其纯粹的防御性质，因此日本

海上自卫队最重要的任务是进行反潜作战。

反潜训练

潜艇最好的防御手段往往就是加强己方的潜艇。日本海上自卫队的第 1 艘潜艇是从美国获得的前"小

技术参数
"涡潮"级潜艇
类型： 柴油动力常规动力潜艇
排水量： 标准水面 1850 吨，水下 3600 吨
尺寸： 长 72 米，宽 9.90 米，吃水深度 7.50 米
动力系统： 2 台川崎公司制造的 V8/V24-30 型柴油机，在水面航行状态下输出功率为 3600 马力（2685 千瓦），潜航状态下输出功率为 7200 马力（5369 千瓦）
航速： 水面 12 节（22 千米/时），水下 20 节（37 千米/时）
下潜深度： 正常下潜深度为 200 米
鱼雷发射管： 6 具 533 毫米口径鱼雷发射管，位于艇体舯部
基本载荷： 18 枚鱼雷，通常包括自导鱼雷
人员编制： 80 人

上图：日本"涡潮"级潜艇"矶潮号"正驶进港口。20 世纪 70 年代建造的"涡潮"级潜艇是日本当时在役潜艇的基础性力量

地降低了航行阻力。由于在艇艏安装了声呐阵列天线，使得鱼雷发射管只能安装在艇体中段，这种布局模式也是模仿美国海军的。

双壳体结构

　　采用 NS-63 型高强度、高张力钢材制成的"涡潮"级潜艇是双壳体结构，下潜深度超过了 200 米。这些潜艇装有一定数量的自动控制装置，尤其是使用了一种类似于潜艇自动驾驶仪的设备，该设备兼有自动调整下潜深度并能保持航行方向的功能。

　　在"涡潮"级潜艇的基础上，发展出了性能提升、体形加大的"夕潮"级潜艇。直到 20 世纪 90 年代，随着"春潮"级潜艇的出现和服役，这些"涡潮"级潜艇才逐步退出现役。

鲨鱼"级潜艇。紧接着，到 20 世纪 50 年代末出现了一些小型的近海作战潜艇。20 世纪 60 年代末，又出现了 5 艘体形较大的"大潮"级潜艇。就这样，自第二次世界大战结束以来，日本再度组建起了潜艇部队。这些潜艇在设计上都很保守，它们的主要职责是充当反潜训练的假想敌。

　　1971—1978 年服役的 7 艘"涡潮"级潜艇标志着日本潜艇的性能向前飞跃了一大步。由于受到美国潜艇设计的影响，这几艘日本潜艇都具有与美国"大青花鱼号"潜艇相似的泪滴形艇体，从而最大限度

下图：美国"大青花鱼号"潜艇的具有革新意义的泪滴形潜艇外形对于日本第 1 艘真正意义上的现代化潜艇——"涡潮"级潜艇的影响很大

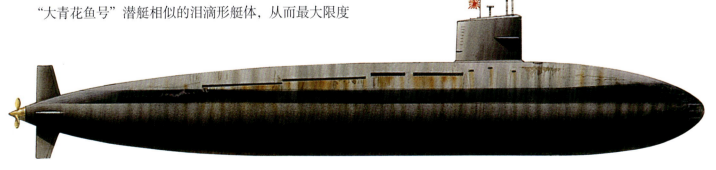

"夕潮"级常规动力潜艇
Yuushio Class Diesel Attack Submarine

20世纪80年代以来，10艘"夕潮"级潜艇宛如日本海上自卫队潜艇部队的脊梁。本来，"夕潮"级潜艇只是泪滴形"涡潮"级潜艇体形放大的版本，但是，"夕潮"级潜艇与前者最大的不同点在于下潜性能更好、下潜深度更深。20世纪90年代，当新型"春潮"级潜艇开工建造时，"涡潮"级潜艇才开始退役。

艇艏声呐

除了双壳体结构外，这些"夕潮"级潜艇还紧紧追随美国海军核常规动力潜艇的惯例，那就是安装1部艇艏声呐阵列天线，在艏部呈一定外倾角布置鱼雷发射管。1980年，该级第1艘潜艇"夕潮号"（SS573）开始服役，接下来，"望潮号"（SS574）、"濑户潮号"（SS575）、"冲潮号"（SS576）、"滩潮号"（SS577）、"滨潮号"（SS578）、"秋潮号"（SS579）、"竹潮号"（SS580）、"雪潮号"（SS581）和"幸潮号"（SS582）

右图：当"望潮号"潜艇靠近码头时，艇员们正准备系统

下图：日本"夕潮号"正在进行紧急上浮训练。从1996年开始，该级潜艇的首艇"夕潮号"被用作教练潜艇

技术参数

"夕潮"级常规动力潜艇

排水量： 标准水面 2200 吨，水下 2730 吨

尺寸： 长 76 米，宽 9.90 米，吃水深度 7.50 米

动力系统： 2 台输出功率为 3400 马力（2535 千瓦）的柴油机，1 台电动机，单轴推进

航速： 水面 12 节（22 千米/时），水下 20 节（37 千米/时）

下潜深度： 作战潜深 275 米

鱼雷发射管： 6 具 533 毫米口径鱼雷发射管，位于艇体艏部

基本载荷： 18～20 枚鱼雷和反舰导弹

电子系统： 1 部 ZPS-6 型对海搜索雷达，1 部 ZQQ-5 型艇艏声呐，1 部 SQS-36（J）型声呐，1 部 ZQR-1 型拖曳式阵列声呐，1 套 ALR 3-6 型电子支援系统

人员编制： 75 人

相继服役。

　　从"滩潮号"潜艇开始，"夕潮"级潜艇上开始携带美国潜艇上通常装备的"鱼叉"反舰导弹。而且，除"夕潮号"潜艇外，该级所有其他潜艇都装备了"鱼叉"反舰导弹。此外，该级别的所有潜艇均装备89型主动/被动式两用鱼雷，该型鱼雷的最大航速为55节（102千米/时），最大攻击射程为50千米。

　　该级潜艇装备的电子系统均采用当时最新型的设计，其中包括ZQQ-5型艇艏声呐（是美国BQS-4型的改进型）以及ZQR-1型拖曳式阵列天线（类似于美国的BQR-15型阵列天线）。"夕潮号"于1996年退居二线，成为1艘教练艇。

最后1艘"夕潮"级潜艇

　　"夕潮"级最后1艘潜艇于1989年开始服役。当时，新一代"春潮"级潜艇最初的3艘已经开工建造，首艇"春潮"在1990年12月底服役。继"春潮号"之后，"夏潮号""早潮号""荒潮号""若潮号"和"冬潮号"相继服役。1997年，"朝潮号"潜艇也编入现役。每当1艘"春潮"级潜艇投入服役之时，就有1艘"涡潮"级潜艇退出现役。

　　"春潮"级潜艇采用与"夕潮"级潜艇相同的基本设计，但其整体尺寸较"夕潮"级潜艇稍大。设计师们将更多的注意力集中到了如何降低艇内噪声方

上图：20世纪90年代中期，日本第2艘"夕潮"级潜艇"望潮号"对美国太平洋舰队基地珍珠港进行友好访问，该艘潜艇正徐徐驶进港口

面，而该级别潜艇所有的艇体表面均布置有消声瓦。由于该级潜艇的耐压壳体更结实，这就意味着其作战下潜深度更深，增加到大约300米。

　　"朝潮号"是"春潮"级的最后1艘潜艇，该潜艇完全属于一种改进型设计。由于增加了自动化控制系统，艇员人数从74人减少到了71人。

左图：虽然深受美国海军潜艇设计习惯的影响，但当"春潮"级潜艇于1990年服役时，日本潜艇已经开始主要使用自制的系统和设备了

"亲潮"级常规动力潜艇
Oyashios Class Diesel Attack Submarine

1998年开始服役的"亲潮号"潜艇是日本海上自卫队5艘先进的柴油常规动力潜艇中的第1艘，这些新型潜艇是20世纪50年代日本海上自卫队成立以来，其军事装备彻底更新的例证。

日本第一代武器系统通常是从美国获取的二手装备。不过到20世纪60年代，日本工业已经从第二次世界大战的废墟上面重新恢复起来。就这样，到了第2阶段，可以看到美制武器装备或者日本持美国许可证生产的武器装备安装到了日本建造的武器平台上。

全日本化

从20世纪70年代末开始，日本防卫省和海上自卫队所使用的系统越来越多地出自日本人自己之手。这些系统处处都以美国和欧洲现代化的设计为基础，日本人不惜巨额花费来改良这些系统，使它们比原始系统性能优越得多。

"亲潮"级潜艇装备了日本自行设计的雷达和电子系统。该级潜艇的声呐系统基于美国的设计，但已经过改进，符合日本人的要求。从外观上看，"亲潮"级潜艇与上述的日本潜艇相比外观稍微有些改变。经过改变的潜艇外壳使这些潜艇看起来与英国核潜艇有几分相像。

"亲潮"级潜艇也采用了先前"春潮"级潜艇的双壳体结构和消声瓦技术，但装备了大型的舷侧声呐阵列天线，探测能力增强。有消息称，这种设计导致"亲潮"级比"春潮"级的排水量有所增加。

技术参数
"亲潮"级常规动力潜艇
排水量： 水面2700吨，水下3000吨
尺寸： 长81.70米，宽8.90米，吃水深度7.90米
动力系统： 2台川崎公司12V25S型柴油机，输出功率为5520马力（4100千瓦）；2台富士电动机；单轴推进
航速： 水面12节（22千米/时），水下20节（37千米/时）
下潜深度： 作战潜深300米，最大下潜深度500米
鱼雷发射管： 6具533毫米口径鱼雷发射管，位于潜艇舯部
基本载荷： 20枚89型鱼雷和"鱼叉"反舰导弹
电子系统： 1部ZPS-6型对海搜索雷达，1部ZQQ-5B型艇艏声呐，左右弦弦侧式声呐阵列天线，1部ZQR-1（BQR-15）型拖曳式阵列天线，1台ZLR7型电子支援系统设备
人员编制： 69人

上图："亲潮号"潜艇性能类似于大多数的核潜艇。虽然该级潜艇比核潜艇航速慢、续航力小，但其柴油电动机的动力装置使其比1艘核潜艇安静得多

左图：1998年服役的"亲潮号"是日本近30年来第1艘具有与众不同的艇身造型和水平舵的潜艇

未来发动机

此时，川崎重工已开始进行使用"斯特林""不依赖空气动力系统"和燃料电池方面的试验，他们甚至打算将这些装置用在紧随其后的"亲潮"级潜艇之上。众所周知，这些系统可使潜艇潜航的时间更长。因此该系统也会出现在日本下一级潜艇上。

"亲潮"级潜艇建成之后，将取代较老的"夕潮"级潜艇。日本防卫省认为，针对未来的世界形势，日本需要的作战潜艇数量为 12～14 艘。根据当前的建造计划，日本所需的作战潜艇中大部分将是"亲潮"级潜艇。

"乌拉"级常规动力潜艇
Ula Class Patrol Submarine

20 世纪 90 年代后期，随着最后 6 艘"科本"级潜艇退役，挪威海军只剩下了 6 艘"乌拉"级柴电动力潜艇，它们分别为"乌拉号""乌瑞号""乌特瓦尔号""乌索格号""乌兹坦因号"和"乌齐拉号"。除了第 2 艘潜艇外，早期的"齿根"级潜艇曾经使用过这些名字（5 艘英国的 U 级潜艇，挪威海军在 1943—1946 年从英国买进，1955—1956 年进行过改进，20 世纪 60 年代初退役）。

如今的"乌拉"级潜艇原计划用于沿海作战，因此它们的尺寸相当小，下潜深度也很有限，大约仅有 250 米。

德国建造

1982 年 9 月 30 日，挪威政府从位于联邦德国埃姆登的蒂森北海造船厂订购了"齿根"级潜艇，这就是挪威政府和联邦德国政府之间的一项合作计划——"210 工程"。合同规定，挪威政府可以选择再建造 2 艘该级潜艇，但挪威人始终没有兑现这一选项。

虽然这些潜艇是在 1 家联邦德国造船厂建造的，但也听取了挪威专家的一项意见，那就是：潜艇的部分耐压壳体舱段由挪威 1 家工厂制造，然后用船运到埃姆登，将其与德国制造的潜艇舱段连接起来。这些潜艇于 1987 年 1 月至 1990 年 6 月先后开工，于 1988 年 7 月至 1992 年 4 月下水，于 1989 年 4 月到 1992 年 4 月相继服役。

虽然潜艇大部分艇体和所有动力系统均在德国制造，但它们是集法国、德国和挪威的系统于一身的潜艇。潜艇基本的指挥和武器控制系统是挪威制造的（鱼雷发射控制系统为康斯博公司的 MSI-90U 型，该系统于 2000—2005 年进行升级）。声呐采用

技术参数

"齿根"级常规动力潜艇

排水量： 水面 1040 吨，水下 1150 吨

尺寸： 长 59 米，宽 5.4 米，吃水深度 4.6 米

动力系统： 2 台 MTU 16V396 SB83 型柴油机，输出功率为 2695 马力（2010 千瓦）；1 台西门子电动机，输出功率 6000 马力（4474 千瓦）；单轴推进

航速： 水面 11 节（20 千米／时），水下 23 节（43 千米／时）

航程： 水面以 8 节（15 千米／时）的速度可航行 9250 千米

下潜深度： 250 米

鱼雷发射管： 8 具 533 毫米口径鱼雷发射管（全装于艇艏），配备 14 枚 DM2A3"鲤鱼"线导主动式／被动式自动寻的双功能鱼雷

电子系统： 1 部 1007 型对海搜索和导航雷达，1 部被动式舷侧阵列声呐，1 部主动式／被动式截击、搜索、攻击声呐，1 部"海狮"电子支援系统

人员编制： 21 人

左图："乌齐拉号"是挪威海军建造的6艘"齿根"级潜艇中的最后1艘，该艇于1992年4月服役

法国和德国的技术，其中，法国汤姆逊公司的低频被动式舷侧阵列声呐，以能够显著降低流动噪声的压电聚合体技术为基础进行研制。而阿特拉斯电子公司的CSU83型中频主动/被动截击、搜索、攻击声呐采用德国的技术。该级潜艇另一个值得注意的特点是：设计过程中，为了简化在耐压壳体上的开孔，使用了卡桑尼·泰丁公司的标准尺寸的非穿透式潜望镜，并使用蔡司公司的光学潜望镜。

服役生涯

自从服役以后，人们发现"乌拉"级潜艇动力系统存在严重的噪声问题，这对于潜艇作战是主要的障碍，这是因为，敌人要想探测到潜在水底的潜艇，最主要的方法就是通过潜艇发出的声音进行探测。这些潜艇经历了相当有趣的历程，都有具体的记载。例如，1989年，"乌拉号"在进行试验时被1枚训练用鱼雷击中，艇体损坏；1991年3月，"乌瑞号"在一次入坞事故中受损，接下来又在1992年2月发生一次控制舱火灾。

"哥特兰"级常规动力潜艇
Götland Class Patrol Submarine

瑞典政府与考库姆公司曾在1986年10月签订了一项设计合同，计划用常规动力潜艇来取代老式的"海蛇"级潜艇。1990年3月，瑞典政府与考库姆公司签订建造A19级潜艇的合同，该级潜艇也称为"哥特兰"级潜艇，其设计方案源于"西约特兰"级。"哥特兰"级潜艇共建造了3艘，分别被命名为"哥特兰号""厄普兰号"和"哈兰德号"，但另外的2艘潜艇的制造计划还没有获得结果。1991年9月，

在第1艘潜艇开始建造之前，原方案临时搁浅，重新修改了原来的设计，使用"不依赖空气动力系统"，该系统是一款使用液态氧和柴油燃料的热气机，这样能够大幅度提高潜艇水下作战的性能。艇体设计也比原计划加长了7.5米，用来加装2套"不依赖空气动力系统"，同时预留出一定空间为今后加装另外2套系统做准备。事实证明，这种做法是非常必要的。通过安装上述系统，潜艇能够在水下以5节（9

千米／时）航速巡航数周之久，其间不必浮出水面通气。

这些潜艇于 1992—1994 年开始建造，1995—1996 年下水，1996—1997 年开始服役。由于艇体加长，致使其排水量增加了 200 吨。这种设计的另一先进之处在于艇内安装了 1 部有光导发光传感器的潜望镜，这个装置是唯一的穿透耐压壳体的天线杆。由于使用了消声瓦技术，更减弱了这些潜艇在水下的信号。

鱼雷装备

鱼雷发射管全部安装于艇艏，其中包括 4 具 533 毫米口径的鱼雷发射管，其下部有 2 具 400 毫米口径鱼雷发射管。口径较大的 4 具鱼雷发射管能够发射 613 型被动式鱼雷或（2000 年以后使用的）62 型主动／被动鱼雷，采用有线制导，613 型鱼雷携带 1 个重达 240 千克的高爆弹头，在 45 节（83 千米／时）

技术参数
"哥特兰"级潜艇
排水量： 水面 1240 吨，水下 1494 吨
尺寸： 长 60.4 米，宽 6.2 米，吃水深度 5.6 米
动力系统： 2 台"海德穆拉"V12A-15-Ub 型柴油机，输出功率为 6480 马力（4830 千瓦）；2 套考库姆公司 V4-275RMk 2 型"斯特林""不依赖空气动力系统"；1 台施耐德集团公司研制的电动机，输出功率为 1810 马力（1350 千瓦）；单轴推进
航速： 水面 10 节（18.5 千米／时），水下 20 节（37 千米／时）
鱼雷发射管： 4 具 533 毫米口径鱼雷发射管，2 具 400 毫米口径鱼雷发射管全装于艇艏，配备 12 枚 Tp 613 型或 Tp 62 型线导反舰鱼雷以及 6 枚 Tp 432/451 型线导反潜鱼雷
电子系统： 1 部"斯坎恩特"导航雷达，1 部 CSU 90-2 型被动式搜索和攻击声呐，带艇艏和舷侧阵列天线，1 套 IPS-19 鱼雷发射控制系统，1 套"外套 S"电子支援系统
人员编制： 25 人

航速的情况下射程为 20 千米；而 62 型鱼雷携带 1 个重达 250 千克的高爆弹头，在 20～50 节（37～93 千米／时）航速的情况下射程为 50 千米。此外，潜艇还可以携带 12 枚 Tp47 型水雷以代替这些重型鱼雷，

上两图：于 1997 年 5 月服役的"厄普兰号"是瑞典考库姆造船厂所建造的 3 艘"哥特兰"级潜艇中的第 2 艘

左图："哥特兰"级潜艇是性能非常可靠的潜艇，它们为瑞典提供了相当有效的海岸防御能力

这些水雷在沉底之前将会自行漂游到预定地点。此外，潜艇还可以通过1个外挂的环状吊舱附加携带48枚水雷。2具口径较小的鱼雷发射管能够一前一后装填有线制导的Tp 432/451型主动/被动反潜鱼雷，每枚鱼雷能携带一个重达45千克的高爆弹头，25节（46千米/时）航速下射程可达20千米。

左图：由于艇内机械装置产生的噪声很小，艇体外部又安装有消声瓦，所以"哥特兰"级潜艇的水下噪声非常小，很难被探测到

"张保皋"级常规动力潜艇
Chang Bogo Class Patrol Submarine

　　直到20世纪80年代，韩国海军在大量使用从美国购买的二手水面舰艇的同时，全力开发更先进的舰船。临近20世纪80年代末期，韩国人的这种努力终于取得了成效，军方订购了大量性能更先进的舰船。

　　在这些新型舰船之中，有首批购自联邦德国的209-1200型潜艇，它们被韩国定级为"张保皋"级潜艇，下潜深度为250米。

　　韩国第1批潜艇订单是在1997年底签署的，采购量为3艘，第1艘潜艇由德国霍瓦兹公司建造，另外2艘潜艇则是从德国以散件形式送到韩国，由韩国大宇公司在玉浦进行组装。1989年10月和1994年1月，韩国在原合同的基础上又分别追加了3艘潜艇，由韩国建造。这样一来，整个"张保皋"级潜艇由"张保皋号""李舜臣号""崔茂宣号""朴葳号""李从茂号""郑运号""李纯信号""罗大用号"以及"李

技术参数
"张保皋"级常规动力潜艇
排水量： 水面 1100 吨，水下 1285 吨
尺寸： 长 56 米，宽 6.2 米，吃水深度 5.5 米
动力系统： 4 台 MTU 12V 396SE 柴油机，输出功率 3810 马力（2840 千瓦），驱动 4 台交流发电机；1 台电动机，输出功率 4595 马力（3425 千瓦）；单轴推进
航速： 水面 11 节（20 千米／时），水下 22 节（41 千米／时）
航程： 水面以 8 节（15 千米／时）的速度可航行 13900 千米
下潜深度： 250 米
鱼雷发射管： 8 具 533 毫米口径鱼雷发射管（全装于艇艏），配备 14 枚 SUT Mod 2 型线导主动式／被动式自导鱼雷或者 28 枚水雷
电子系统： 1 部导航雷达，1 部 CSU 83 型艇身安装的被动式搜索攻击声呐，1 套 ISUS 83 型鱼雷发射控制系统，1 套"阿尔戈"电子支援系统
人员编制： 33 人

亿祺号"组成。这些潜艇在1989—1997年开始建造，1992—2000年相继下水，1993年开始服役，最后1艘也于2001年编入舰队。

与土耳其潜艇类似

韩国这些潜艇通常与土耳其的 6 艘"阿提莱"级潜艇外形相似，其突出特点在于都按照相同标准装备了德国的传感器和武器系统。8 具 533 毫米口径鱼雷发射管，全部装于艇艏，配备有线导鱼雷配套装置，配备 14 枚北方技术系统公司生产的 SUT Mod 2 型鱼雷，这些鱼雷均属于线导式鱼雷，采用主动式 / 被动式自主寻的，能够携带 1 个重达 260 千克的高爆弹头，航速为 23 节（43 千米 / 时）时的最大射程为 28 千米，航速为 35 节（65 千米 / 时）时的最大射程为 12 千米。此外，还可以携带 28 枚通过鱼雷发射管投射的水雷，以取代鱼雷。

上图：1996 年 2 月，大宇公司建成"朴葳号"潜艇，这是韩国海军第 4 艘"张保皋"级常规动力潜艇。韩国潜艇的服役计划是"33"制，即：将 9 艘潜艇平均分配给韩国的 3 个舰队，未来可能装备经过改进的美国诺斯罗普公司研制的 NP37 型鱼雷

从 21 世纪初期开始，韩国对早期这些潜艇进行了改进。尽管外界对于具体细节尚不清楚，但确信其现代化改造内容有可能包括将艇体加长到 1400 型潜艇的长度，大约 62 米；同时，其浮航和潜航的排水量也将分别增至 1455 吨和 1585 吨。此外，还将装备使用鱼雷发射管发射的 UGM-84 "鱼叉"反舰导弹，以提高其对抗水面舰只的能力。甚至，它们还有可能加装 1 个拖曳式阵列声呐，以提高探测水下潜艇的能力。

"圣克鲁兹"级常规动力潜艇
Santa Cruz Class（TR 1700）Attack Submarine

20 世纪 90 年代，阿根廷海军最重要的潜艇——2 艘"圣克鲁兹"级柴油电动潜艇是早期不稳定历史时期的产物。1977 年 11 月，阿根廷海军与蒂森北海船厂签订合同，订购 2 艘 TR 1700 型潜艇，潜艇在联邦德国建造，部件的供应以及另外 4 艘潜艇的建造均由位于阿根廷首都布宜诺斯艾利斯的阿斯蒂洛

技术参数

"圣克鲁兹"级潜艇

排水量： 水面 2116 吨，水下 2264 吨

尺寸： 长 66 米，宽 7.3 米，吃水深度 6.5 米

动力系统： 4 台 MTU 16V652 MB81 柴油发动机，功率为 6705 马力（5000 千瓦）；1 台西门子单轴 1HR4525 电动机，功率为 8850 马力（6600 千瓦）

航速： 水面 15 节（28 千米/时），水下 25 节（46 千米/时）

航程： 水面以 8 节（15 千米/时）的速度可航行 22250 千米

潜水深度： 实际深度 270 米

武器系统： 6 个 533 毫米艇艏发射管，配备 22 枚 SST-4 或 Mk 37 有线制导鱼雷，或者 34 枚水雷

电子系统： 1 套"卡吕普索 IV"导航雷达，1 套"辛巴达"射击控制系统，1 套"海哨兵 III"电子支援系统，1 个 CSU 3/4 主动/被动型搜索和攻击声呐，以及 1 个 DUUX 5 被动型测距声呐

人员编制： 29 人

斯·多梅克·加西亚船厂负责。

按照阿根廷海军最初的计划所构想的，在阿根廷建造的潜艇还包括另外 2 艘 TR 1700 型潜艇和 2 艘更小一些的 TR 1400 型潜艇。1982 年，然而，最终签订的合同规定仅在阿根廷建造 6 艘 TR 1700 型潜艇，而没有 TR 1400 型潜艇。

在联邦德国建造的 2 艘潜艇是"圣克鲁兹号"和"圣胡安号"，它们分别于 1982 年 9 月和 1983 年 6 月下水，1984 年 10 月和 1985 年 11 月投入使用。然而，在阿根廷建造的几艘潜艇遇到了问题，按照计

划在 1996 年完工的 2 艘——"圣达非号"和"圣地亚哥-德尔埃斯特罗号"仅分别完工了 52% 和 30%。1996 年 2 月，船厂被卖掉了，这 2 艘已经建造的部分也被拆解，拆下来的部件用于联邦德国建造的 2 艘潜艇的配件。同样的命运还降落到了联邦德国交付的最后 2 艘潜艇，它们准备在阿根廷完成总装，但最终都没有开工。

TR 1700 型潜艇是当时相当先进的理念，它水下速度很大，入潜深度也超过当时大部分潜艇。标准的续航时间是 30 天，但最大可达到 70 天。潜艇还为鱼雷发射管配备了 1 套自动化再装填系统，这套系统为鱼雷发射管重新装填一遍弹药仅需 50 秒。该潜艇还能在特种部队行动中运载和投送少量突击队员。

"圣克鲁兹号"和"圣胡安号"的基地都在马德普拉塔，这里是阿根廷海军小型潜艇部队的大本营。1999 年 9 月至 2001 年，"圣克鲁兹号"进行了 1 次"中年"升级，由于当时经济状况允许，阿根廷还计划在阿根廷的贝尔格拉诺港对"圣胡安号"进行同样的升级。升级中最重要的是更换潜艇的主电动机，并升级声呐系统的主动/被动型测距声呐。

TR 1700 型潜艇携带的鱼雷是德国 SST-4 和美国 Mk 37 有线制导鱼雷，前者携带 1 枚 260 千克弹头，在 35 节（65 千米/时）或 23 节（43 千米/时）的速度下射程分别为 12 千米或 28 千米，后者弹头重量为 150 千克，24 节航速下射程为 8 千米。

下图：TR 1700 型潜艇是 1 个卓有成效的设计方案，6 艘这种潜艇的服役带来的成就是让阿根廷海军拥有了一支南美洲标准下的强有力的进攻力量

"鲉鱼" 级常规动力潜艇
Scorpene Class Attack Submarine

"鲉鱼"级潜艇是由法国船舶工程公司（DCN）和西班牙的伊扎尔船厂（以前的巴桑船厂）联合研制的，智利订购的前2艘——"希金斯号"和"卡雷拉号"分别在法国和西班牙建造，分别于2005年和2006年开始服役，取代以前的2艘"奥伯龙"级潜艇。马来西亚海军在2002年6月也订购了2艘"鲉鱼"级潜艇，这2艘在法国和西班牙完工后分别于2007年和2008年开始服役。法国和印度也在2005年10月达成协议，在位于孟买的国有马扎冈造船有限公司为印度建造6艘"鲉鱼"级潜艇，技术支持来自法国船舶工程公司和泰利斯集团。这些潜艇在2010—2015年完工，并装备SM.39"飞鱼"潜射反舰导弹。

智利海军订购的"鲉鱼"级潜艇没有装备拖曳阵列声呐，而是采用了侧舷阵列声呐。6个533毫米艇艏鱼雷发射管在通常情况下可以发射德国SUT鱼雷，F172型鱼雷以及Mk 48鱼雷，在智利服役的潜艇还能发射"黑鲨"184鱼雷以及SM.39"飞鱼"反舰导弹。发射管还拥有齐射功能，并装备1套借助空气涡轮泵的自动排水系统。潜艇的武器载荷包括18枚鱼雷和导弹，或者30枚水雷，武器的操作和装填都是全自动的。

作战系统

潜艇的作战指挥系统包括1套SUBTICS（潜艇战术综合作战系统），以及6个多功能控制台和1个中央战术平台。SUBTICS包括1套指挥和战术数据处理系统，1套武器控制系统，以及1套综合声传感器套件，后者还与空中／海面监测声呐和导航系统相关联。

潜艇的管理均在指挥舱中完成。潜艇拥有高度自动化水平和系统监测性能，全自动的方向舵、水平舵和推进控制器，集中的实时危险监测，如渗漏、着火和毒气，以及水下航行安全的设备监测。潜入水下后，"鲉鱼"级潜艇的辐射噪声很小，这不仅能

技 术 参 数
"鲉鱼"级（智利版本的标准）潜艇
排水量： 水下 1668 吨
尺寸： 长66.4米，宽6.2米，吃水深度5.8米
动力系统： 4台MTU 16V396 SE84柴油发动机，功率3005马力（2240千瓦）；1台施耐德电动机，功率3810马力（2840千瓦），单轴推进
航速： 水面12节（22千米／时），水下20节（37千米／时）
航程： 水面以8节（15千米／时）的速度可航行12000千米
潜水深度： 实际大于300米
武器系统： 6个533毫米艇艏发射管，配备18枚"黑鲨"184鱼雷
电子系统： 1套导航雷达，1套SUBTICS射击控制系统，1套阿尔戈AR 900电子支援系统，以及1套安装于艇体的主动／被动型搜索和攻击声呐
人员编制： 31人

提升潜艇的探测器有效探测范围，也能缩短自身的被发现距离。较低的噪声水平得益于非常先进的符合流体力学原理的艇体，艇艏像青花鱼鱼头，艇体外部几乎没有突出物，而拥有最优化的螺旋桨，悬吊式甲板，并且尽可能为所有设备配备衬垫，并且为噪声最大的系统准备了双层弹性支座。

该系列潜艇还配备1套"不依赖空气推进系统"。

下图："鲉鱼"级潜艇拥有很多特殊的性能，并且能在建造中或改装中进一步强化，它还使用了AIP（不依赖空气推进系统）

"春潮"级常规动力潜艇
Harushio Class Attack Submarine

自20世纪50年代建立以来，日本海上自卫队就一直强调建立一支大规模的先进潜艇力量，以提供摧毁可能的海上入侵力量的能力。

前期大多数级别的潜艇仅建造了1艘或2艘，这使其具备了初步的防御能力，并积累了当时的潜艇技术，此后日本海上自卫队将"大潮"级潜艇作为首款批量建造的潜艇，5艘该级别的潜艇在1965—1969年投入使用。随后是7艘"涡潮"级潜艇在1971—1978年投入使用，最后是10艘"夕潮"级潜艇在1978—1988年投入使用。

到20世纪80年代中期，"涡潮"级潜艇已经过时，日本海上自卫队开始计划下一个型号。"夕潮"级作为"涡潮"级的改进型号，升级了电子设备，提高了潜水性能，与此类似，新型的"春潮"级潜艇在"夕潮"级的基础上做了进一步改进，安装了拖曳线阵声呐，并增加了降噪措施。该级别的其他特征还包括无线电天线，艇体与指挥塔的消声涂层以及双层壳体。

该计划在1986年获得批准，建造速度为每年1艘，因此"春潮号""夏潮号""早潮号""荒潮号""若潮号""冬潮号"以及"朝潮号"均在1990年11月

技术参数
"春潮"级潜艇
排水量： 水面 2450 吨，水下 2750 吨
尺寸： 长 77 米，宽 10 米，吃水深度 7.7 米
动力系统： 2 台川崎重工 12V25/25S 柴油机，功率 5525 马力（4120 千瓦），2 台富士电动机，功率 7200 马力（5370 千瓦）
航速： 水面 12 节（22 千米／时），水下 20 节（37 千米／时）
潜水深度： 实际深度 350 米
武器系统： 6 个 533 毫米发射管，均在艇艏，配备 20 枚 89 型有线制导主动／被动寻航鱼雷和 80 型反潜鱼雷，以及"鱼叉"反舰导弹
电子系统： 1 个 ZPS 6 海面搜索和导航雷达，1 套射击控制系统，1 套 ZLR 3-6 电子支援系统，1 个装在船体上的 ZQQ 5B 主／被动型搜索和攻击声呐，以及 1 套 ZQR 1 被动型拖曳阵列
人员编制： 75 人

至1997年3月之间投入使用。所有潜艇均在神户建造，制造商为三菱重工（4艘）和川崎重工（3艘）。

"朝潮号"在完工时具备较高的自动化水平，尤其是机械和通气控制系统，另外潜艇还略微增加了排水量，因而可容纳船员数量也增加到71人。潜艇还装备了1套遥控潜望镜观察系统。2001年，潜艇的长度增加了10米以安装"斯特林"空气独立推进系统，为后来的日本潜艇评估该系统。

左图："春潮"级潜艇采用独特的泪滴形船体，外部没有多余的部件，因而大幅提高了潜水深度

下图："春潮"级柴电混合动力潜艇主要用作近海防御，从1998年开始，"亲潮"级潜艇也加入此角色，当时日本计划在2006年之前共计建造9艘该级别潜艇

16

驱逐舰

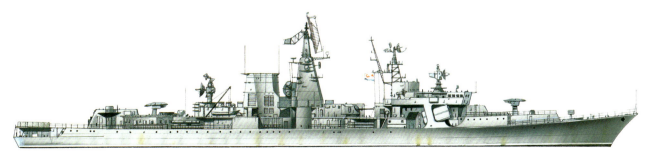

"布朗海军上将"级导弹驱逐舰

Almirante Brown Class Guided-Missile Destroyer

阿根廷最初计划装备 6 艘"梅科"360 型导弹驱逐舰，其中 4 艘在阿根廷境内建造。在该级战舰设计中，计划安装模件化系统，每套武器和传感器系统作为 1 个单独的标准模块装载在舰上，方便用替代系统或新系统对其进行替换，而不必对战舰进行常规的改造。

1978 年 12 月，阿根廷政府同联邦德国的帝森·莱茵钢铁公司和布隆·福斯船厂签订最后协议，在联邦德国建造 4 艘战舰，分别是："布朗海军上将号""阿根廷号""巾帼英雄号"和"萨兰迪号"。4 艘战舰分别在 1983—1984 年服役，统称为"布朗海军上将"级驱逐舰。在马尔维纳斯群岛战争期间，这

下图：请注意"巾帼英雄号"驱逐舰舰艏左舷的 4 联装"飞鱼"反舰导弹发射装置，舰上最初装备的反舰导弹可能经过改进，换装了 MM 40 Block II 型反舰导弹。此外，该舰的第 2 座 4 联装导弹发射装置位于舰体中段

技术参数

"布朗海军上将"级导弹驱逐舰

排水量： 标准排水量 2900 吨，满载排水量 3360 吨

尺寸： 长 125.9 米，宽 14 米，吃水深度 5.8 米

动力系统： 罗尔斯·罗伊斯公司的燃气轮机；2 台"奥林巴斯"TM3B 型发动机，输出功率为 50000 马力（37280 千瓦）；2 台"泰恩"RM1C 型发动机，输出功率 9900 马力（7380 千瓦）；双轴推进

航速： 30.5 节（56 千米 / 时）

武器系统： 2 座 4 联装 MM 40"飞鱼"舰对舰导弹发射装置；1 座"信天翁"8 联装导弹发射装置，配备 24 枚"蝮蛇"防空导弹；1 门 127 毫米口径火炮；4 门双联装 40 毫米口径防空火炮；2 门 20 毫米口径火炮；以及 2 具 3 联装 324 毫米口径 ILAS3 型鱼雷发射管，配备 18 枚"怀特黑德"A244 反潜鱼雷

电子系统： 1 部 DA-08A 对空 / 对海搜索雷达，1 部 ZW-06 导航雷达，1 部 STIR（监视与目标指示雷达）火控雷达，1 套德国通用电力德律风根公司研制的电子支援系统，2 座"斯科拉尔"和 2 座"达盖"诱饵发射装置，1 部 DSQS-21BZ 型主动式舰体声呐

舰载机： 1 架或 2 架 AS555 型"非洲狐"直升机

人员编制： 200 人

些战舰正在修建中，当时英国罗尔斯·罗伊斯公司的"奥林巴斯"和"泰恩"燃气涡轮机遭到了短期禁运。

1996 年，"布朗海军上将"级战舰搭载了"非洲狐"直升机以提高反潜能力，同时还具备了超地平线反舰能力。

与"阿根廷号"最接近的姊妹舰是尼日利亚海军在 1977 年订购的"阿拉度号"，这是当时世界上第 1 艘具有模块结构的战舰，它与"阿根廷号"不同之处在于采用"奥托马特"Mk 2 反舰导弹、1 架"大山猫"Mk 89 型直升机以及 1 套柴燃联合动力系统。外界对于该舰的状况知之甚少。

上图：阿根廷海军"布朗海军上将"级导弹驱逐舰"萨兰迪号"，该舰甲板上停放的是 1 架"云雀"直升机。阿根廷海军曾声称，"萨兰迪号"的服役对于提高整个海军战斗力意义重大。"布朗海军上将"参加了 1990 年的海湾战争

下图：1979 年，阿根廷在决定订购 6 艘体形较小的"梅科"140 型护卫舰（即阿根廷本土建造的"埃斯波拉"级）之后，修改了 1978 年的"梅科"360 型驱逐舰的订单，订购数量从 6 艘减为 4 艘。本书成书时，4 艘"梅科"360 型驱逐舰均在服役，基地设在德塞阿多港，它们还能用作旗舰使用

"易洛魁"级导弹驱逐舰
Iroquois Class Guided-Missile Destroyer

1968 年，加拿大订购 4 艘"易洛魁"级战舰作为反潜驱逐舰，它们分别是"易洛魁号""休伦号""阿萨帕斯卡号"和"阿尔冈琴号"，是在 1963 年停建的 8 艘装备"鞑靼人"防空导弹的"部落"级多用途护卫舰的基础上发展而来。这些战舰依然保留了与"部落"级战舰相同的舰体设计、尺寸和基本特征，但提高了反潜能力，例如装备了 3 部声呐，配置 1 个直升机起降甲板和 1 个直升机机库，能够停放 2 架 CH124A 型"海王"反潜直升机，该型直升机可装备 1 挺 12.7 毫米口径机枪，并用 1 套电子支援/前视红外（ESM/FLIR）系统替代舰上最初装备的反潜设备。其他武器系统还包括：意大利制造的 127 毫米口径"奥托·梅莱拉"轻量型主炮，2 座 4 联装导弹发射装置，用来发射美国制造的"海麻雀"防空导弹（该防空导弹发射系统能缩回进舰艇上层建筑的 1 个小舱室内）。另外，舰上还有荷兰和美国制造的电子系统以及 1 门英国制造的反潜迫击炮。此外，舰上还有使用广泛的 Mk 10 型"地狱"3 联装反潜迫击炮。

作为一级能够搭载直升机的新型驱逐舰，1982 年，"休伦号"曾试图打算安装"海麻雀"导弹垂直发射系统，但并没有成为现实。于是，该级驱逐舰在 1986 年用 1 套 Mk 41 型垂直发射系统取代了"地狱"反潜迫击炮，配备 29 枚"标准"SM2-MR 中程/远程防空导弹。此外，还用性能更先进的现代化系统改进原来的舰载电子系统。这些经过改进的战舰，

技术参数

"易洛魁"级导弹驱逐舰

排水量： 满载排水量 5300 吨

尺寸： 长 129.84 米，宽 15.24 米，吃水深度 4.72 米

动力系统： 组合燃气轮机或燃气轮机方式（COGOG），带 2 台普拉特和惠特尼公司的 FT4A2 型燃气涡轮发动机，输出功率为 50000 马力（37280 千瓦）；2 台阿里森公司 570-KF 型燃气涡轮发动机，输出功率为 12700 马力（9470 千瓦）。均为双轴推进

航速： 27 节（50 千米/时）

航程： 以 15 节（28 千米/时）的速度可航行 8370 千米

武器系统： 1 座 Mk 41 型垂直发射系统，配备 29 枚"标准"SM2-MR Block III 型防空导弹；1 门 76 毫米口径超快速火炮；1 套 20 毫米口径 Mk 15"密集阵"近防武器系统；以及 2 具 3 联装 Mk 32 型 324 毫米口径鱼雷发射管，配备 12 枚 Mk 46 型反潜鱼雷

电子系统： 1 部 SPS-502 对空搜索雷达，1 部 SPQ-501 对海搜索雷达，2 部"探险者"导航雷达，2 部 SPG-501 火控雷达，1 套 SLQ-501 CANEWS（加拿大海军电子战系统）电子支援系统，1 套 Nulka 电子对抗系统，4 座屏蔽诱饵发射装置，SLQ-25"水精"鱼雷诱饵，以及 2 部 SQS-510 组合式舰体声呐和可变深度声呐

舰载机： 2 架 CH124A 型"海王"反潜直升机

人员编制： 255 人

防空和反潜能力大幅度提高。后来，还用 76 毫米口径"超速"型主炮替代了最初的主炮，并辅以 1 套单管 Mk 15 型"密集阵"近防武器系统。

反潜直升机

由于舰上搭载有反潜直升机，这些战舰装载了主动式音响自导 Mk 44 型鱼雷和主动式/被动式音响自导 Mk 46 型鱼雷。飞机甲板上安装了 1 套"熊阱"系统。据当时预测，"易洛魁"级战舰至少服役到 2010 年。

下图：1972 年 7 月，"易洛魁号"导弹驱逐舰服役，它将与 3 艘姊妹舰作为加拿大海军的主力反潜平台一直服役到 21 世纪 20 年代。如今，"易洛魁"级战舰已经达到其设计重量的极限，最初装备的海军版 AIM-7E"麻雀"防空导弹已被"标准"SM2-MR 导弹取代

"乔治·莱格"和"卡萨尔"级导弹驱逐舰
Georges Leygues & Cassard Guided-Missile Destroyers

　　7艘"乔治·莱格"级作为法国海军的反潜护卫舰配备有相当豪华的装备。第1批3艘舰分别为："乔治·莱格号""迪普莱克斯号"和"蒙卡尔姆号"，于1971年获准建造，1974—1975年开始建造，分别于1979年、1981年和1982年服役。第2批4艘舰分别是"让·德·维埃纳号""普里毛居特号""拉莫特·毕盖号"和"拉图什特威尔号"，于1984—1990年建造完工并加入舰队。根据原定的30年服役期限，第1批3艘战舰在2009—2012年退役。

　　最初的2艘"乔治·莱格"级驱逐舰装备MM 38型掠海飞行"飞鱼"反舰导弹，其他几艘则装备了射程更远的MM 40型反舰导弹。为了提供防空能力，这几艘舰上各安装1座8联装"响尾蛇"防空导弹发射架，最后1批4艘战舰还能够装备2座"辛巴达"双联装"西北风"导弹发射架，以代替2门20毫米口径防空火炮。"乔治·莱格"级战舰的最初4艘也升级了防空武器系统装备2座发射"西北风"防空导弹的"萨德尔"6联装防空导弹发射架和2门30毫米口径"布雷达"/"毛瑟"火炮。

　　"乔治·莱格"级战舰的主要任务是打击敌方潜艇，所以携带有1部多用途声呐，并且装备了从2具固定式鱼雷发射管发射的L5型反潜鱼雷。这些反潜鱼雷具有主动式/被动式自动导引头，射程仅为9千米，有如此近的射程，就不会出现误击本国潜艇的情况。这些战舰除"乔治·莱格号"外都搭载有2架"大山猫"Mk 4型直升机，机上配备Mk 46或Mu 90反潜鱼雷。其中，"乔治·莱格号"因机库改为训练用途，所以没有搭载直升机。这些直升机能够追踪和监控潜艇的联络信号。

技术参数
"卡萨尔"级导弹驱逐舰
排水量： 满载排水量5000吨
尺寸： 长139米，宽14米，吃水深度6.5米
动力系统： 4台皮尔斯蒂克公司的V280型柴油机，输出功率为43200马力（32214.2千瓦），双轴推进
航速： 29节（54千米/时）
航程： 以18节（33千米/时）的速度可航行15186千米，以24节（44千米/时）的速度可航行8890千米
武器系统： 8枚MM 40型"飞鱼"反舰导弹；1座Mk 13 Mod 5型防空导弹发射装置，发射SM1-MR型"标准"防空导弹，备弹40枚；2座"马特拉·萨德尔"6联装导弹发射装置，发射"西北风"防空导弹；1门100毫米口径火炮；以及2门20毫米口径"厄利空"对空速射火炮
防御系统： 2座10管干扰物/照明弹发射装置，达索公司LAD投掷式干扰物，"水精"拖曳式鱼雷诱饵
电子系统： 法国汤姆逊半导体公司DRBJ 11B型和3D型对空搜索雷达，DRBV 26C型对空/对海搜索雷达，1部雷卡公司DRBN 34A型导航雷达，1部法国汤姆逊半导体公司DRBC 33A型火控雷达炮瞄雷达，2部雷声公司SPS-51C型火控雷达导弹射击指挥雷达，汤姆森-辛特拉公司研制的DUBA 25A型舰体安装主动式搜索和攻击声呐（"卡萨尔号"上装备），"让·巴尔号"舰上装备DUBV 24C型声呐
舰载机： 1架AS 565MA型"黑豹"直升机
人员编制： 244人

右图："让·德·维埃纳号"最初安装的100毫米口径主炮位于舰桥前部，功能强大的DBRV 26A型对空搜索雷达安置在主桅杆的前方

左图：这是"卡萨尔"级导弹驱逐舰中的"让·巴尔号"，上面搭载的是1架"黑豹"直升机

"卡萨尔"级驱逐舰

2艘"卡萨尔"级驱逐舰——"卡萨尔号"和"让·巴尔号"，在建造时的舰体设计与"乔治·莱格"级相同，但动力装置采用柴柴联合动力，而非柴燃联合动力。当然，这2艘舰的武器装备也与"乔治·莱格"级完全不同，这是因为法国海军认定这2艘属于防空护卫舰。正因为这2艘战舰担任此种任务，所以装备有40枚SM1-MR"标准"远程防空导弹，这些从1座单装Mk 13型导弹发射装置发射的雷达半主动防空导弹最大射高为183000米，最大射程为46千米，飞行速度为马赫数2。"标准"导弹未来将被"紫苑"30型导弹所取代。"卡萨尔"级战舰主要的反舰导弹是MM 40型"飞鱼"导弹。此外，这2艘战舰还搭载1架AS 565MA型"黑豹"直升机，该机并非用于反潜作战，而用于反舰作战。

"拉其普特"和"德里"级导弹驱逐舰
Rajput and Delhi Classes Guided-Missile Destroyers

20世纪70年代，印度海军从苏联订购了5艘"卡辛II"级改进型导弹驱逐舰，这就是印度的"拉其普特"级驱逐舰。这5艘战舰于1977—1986年在苏联的尼古拉耶夫市（今属乌克兰）建造，1980—1988年服役。1993—1994年，该级战舰的电子对抗设备进行了改进，但原计划在乌克兰的协助下对这些电子对抗设备进行更进一步的现代化改进的方案最终搁浅。因此，印度海军希望俄罗斯帮助其改进电子系统。

印度媒体2002年报道，1艘"拉其普特"级驱逐舰加装了印俄合资制造的"布拉莫斯"导弹，并在海上进行了第1次试射。该型导弹射程300千米，根据设计可携带1枚核弹头。

这5艘战舰主要的舰载反舰导弹是P-20M型导

弹（北约代号 SS-N-2D 型，"冥河"），这是 1 枚巨大的亚音速红外导弹，射程为 83 千米，能够携带 1 枚重达 513 千克的弹头。"兰吉特号"和"蓝维杰伊号"经过改装后准备装备"天王星"反舰导弹（北约代号 SS-N-25，"弹簧刀"）。这些战舰上装备的"波浪"SA-N-1 型"果阿"防空导弹射程为 31.5 千米，射高 22860 米。这 5 艘战舰均在舰艏装备 1 门双联装 76 毫米口径火炮，而"拉其普特号""拉纳号"和"兰吉特号"上还装备有 4 门双联装 30 毫米口径火炮，"蓝维尔号""蓝维杰伊号"上装备了 4 座 6 管 30 毫米口径近防武器系统。

"德里"级（Delhi）

这是当时印度所建造的最大型驱逐舰——"德里"级驱逐舰的建造工作因为苏联的解体、黑海海军造船厂被独立的乌克兰接管而延迟。"德里号"1987 年开始建造，1991 年下水，但在接下来的整整 6 年间都没有服役。"迈索尔号"于 1999 年服役，"孟买号"于 2001 年服役。这些战舰是装载多国装备的平台，例如俄罗斯制造的"飓风"防空导弹、加拿大的声呐设备、荷兰的雷达以及法国和意大利制造的电子系统。

由于原计划用作特种部队的指挥舰，所以 3 艘"德里"级均配备编队指挥系统，并能在核生化沾染区内持续作战。"德里"级设计了大型挡焰板，可能是为原本计划装备的"马斯基特"导弹（北约代号 SS-N-22，"日炙"）准备的。不过该型舰最终装备的是"天王星"导弹（北约代号 SS-N-25，"弹簧刀"），这是 1 种主动式雷达寻的舰对舰导弹，射程为 130 千米，弹头重达 145 千克。战舰安装有 4 座 4 联装导弹发射装置，每隔几秒就能够发射 1 枚导弹。

"德里"级驱逐舰装备的是"克什米尔"防空导弹的出口型——"飓风"导弹（北约代号 SA-N-7，"牛虻"），这种速度为马赫数为 3 的半主动式自动寻的导弹在攻击飞机时的最大射程为 25 千米，拦截导弹时的最大射程为 12.5 千米。该导弹能够携带 1 枚重达 70 千克的弹头。舰载火控雷达能够同时跟踪 12 个目标。有关报道称，印度计划给"德里"级和

技术参数

"德里"级导弹驱逐舰

排水量： 满载排水量 6700 吨

尺寸： 长 163 米，宽 17 米，吃水深度 6.5 米

动力系统： 2 台"萝尔亚"M36E 型燃气涡轮发动机，输出功率为 64000 马力（47725 千瓦），双轴推进

航速： 2 节（3700 米 / 时）

航程： 以 18 节（33 千米 / 时）的速度可航行 7242 千米

武器系统： 16 枚"天王星"（北约代号 SS-N-25"弹簧刀"）反舰导弹，2 座"飓风"（北约代号 SA-N-7，"牛虻"）防空导弹发射装置，1 门 100 毫米口径火炮，4 门 6 管 30 毫米口径火炮，5 具 533 毫米口径鱼雷发射管

防御系统： 印度"阿贾恩塔"电子战设备，TQN-2 型干扰发射机，PK2 诱饵发射装置

电子系统： 1 部"半板"对空 / 对海和印度信号公司的对海搜索雷达，1 部"板片"火控雷达（反舰导弹射击指挥雷达），1 部"前圆顶"火控雷达（防空导弹射击指挥雷达），1 部"鸢鸣"火控雷达（100 毫米口径炮瞄雷达）以及 1 部"椴木棰"火控雷达（30 毫米口径炮瞄雷达），印度国产的舰体安装的声呐（"德里号""迈索尔号"舰上安装），加登·里奇造船工程公司的舰体安装主动式搜索可变深度声呐，1 部拖曳式阵列声呐（"孟买号"战舰上安装）

舰载机： 1 架"海王"直升机或 2 架高级轻型直升机（ALH）

人员编制： 360 人

上图："拉其普特号"以其特有的天线架向人们展示出苏联战舰设计的传统。该级战舰上通常搭载 1 架 Ka-28 型"蜗牛"直升机

下图：锚泊在港口的"德里号"导弹驱逐舰。可以清楚地看到主桅顶端的"半板"对空搜索雷达，舰桥下方的 4 座"巨蜥"反舰导弹发射装置同样清晰可见

"拉其普特"级战舰装备以色列研制的"巴拉克"防空导弹，用来攻击掠海飞行的导弹。目前，"德里"级装备4门6管30毫米近防火炮，用来拦截掠海导弹。"德里"级驱逐舰搭载1架"海王"Mk 42型反潜直升机或2架"先进轻型直升机"（ALH）进行反潜作战。

"勇敢"级导弹驱逐舰
Audace Class Guided-Missile Destroyer

"大胆号"和"勇敢号"在1968年开始建造，于1971年下水，于1972年开始服役。这些战舰是以先前的"无畏"级驱逐舰为基础进行设计的，是装备反舰导弹、防空导弹和反潜鱼雷的通用型驱逐舰。除此之外，这些战舰还能够搭载2架装备鱼雷的反潜直升机，虽然也能支持EH101型直升机作业，但通常搭载的是AB212反潜直升机。

"勇敢"级驱逐舰在建造时原准备在2座单炮塔中配备2门127毫米口径火炮，但后来这2艘舰均装备了1座意大利塞莱尼亚公司制造的8联装"信天翁"导弹发射装置，发射半主动式雷达寻的"蝮蛇"要塞防御导弹以替代火炮，从Mk 13型导弹发射装

技术参数
"勇敢"级导弹驱逐舰
排水量： 4400吨
尺寸： 长136.6米，宽14.2米，吃水深度4.6米
动力系统： 2台输出功率为73000马力（54436千瓦）的涡轮机，双轴推进
航速： 34节（63千米/时）
航程： 以20节（37千米/时）的速度可航行4828千米
武器系统： 4座双联"特赛奥"Mk 2反舰导弹发射装置；1座Mk 13导弹发射装置，发射SM1-MR"标准"防空导弹（装弹40枚）；1座8联"信天翁"导弹发射装置，发射"蝮蛇"防空导弹；1门127毫米口径火炮，3门76毫米口径舰炮（"大胆号"战舰上装备）；1门（"大胆号"战舰上装备）或4门（"勇敢号"）76毫米口径"超快速"火炮；2具324毫米口径鱼雷发射管，配备Mk 46型反潜鱼雷。
防御系统： 2座"布雷达"20管干扰物发射装置，1套SLQ-25"水精"舰艇鱼雷诱饵
电子系统： 1部SPS-52C型和1部SPS-768型对空搜索雷达，1部SPS-774型对空/对海搜索雷达和1部SPQ-2D型对海搜索雷达，1部SPG-76型和1部SPG-51型火控雷达，1部CWE610型舰体安装的主动式搜索/攻击声呐
舰载机： 2架AB212型反潜直升机或2架EH101型直升机
人员编制： 380人

左图："勇敢"级导弹驱逐舰最初计划建造5艘，但最终只建成了2艘。其中，"大胆号"携带1门76毫米口径的"超快速"火炮（可用于反导弹作战）和3门低射速76毫米口径火炮

置中发射的 SM1-MR "标准" 防空导弹能够在远程打击空中威胁。

反舰武器

该级战舰主要的反舰导弹是 "奥托·梅莱拉" / "马特拉·特赛奥" Mk 2 型掠海飞行导弹，射程为 180 千米，航速为马赫数 0.9，弹头重达 210 千克。4 座双联装反舰导弹发射装置安装于舰体中段，每 2 座成对角分列在战舰的左右舷。火炮系统包括位于舰艏炮塔中的 1 门 "奥托·梅莱拉" 127 毫米口径火炮，攻击飞机的射程为 7 千米，攻击水面目标的射程为 23 千米。另外，这 2 艘驱逐舰均装备 4 门 76 毫米口径 "奥托·梅莱拉" 火炮，其中，"勇敢号" 装备了 "超速" 火炮，"大胆号" 则装备了同一口径的组合式 "超速" 型和标准型的组合。

1988 年，"大胆号" 进行了现代化改造，"勇敢号" 也于 1991 年进行了现代化改造，拆去了舰艉的鱼雷发射管。这 2 艘战舰均加装了先进的电子战设备。1992 年，上述 2 舰是第一批搭载 EH101 直升机的战舰。

"德·拉·彭尼" 级导弹驱逐舰
De la Penne Class Guided-Missile Destroyer

"阿尼莫索号" 和 "阿迪门托索号" 导弹驱逐舰分别于 1986 年和 1988 年开始建造，在 1989 年和 1991 年分别下水，于 1993 年同时服役。在服役前 1 年，意大利海军决定用第二次世界大战期间意大利海军的 2 位英雄为其重新命名，于是，"阿尼莫索" 和 "阿迪门托索号" 更名为 "德·拉·彭尼号" 和 "米姆贝利号"。

当北约部队在波斯尼亚参战期间，上述 2 艘多用途驱逐舰在亚德里亚海海域执行警戒任务。2000 年，该级战舰加装了 "奥托·梅莱拉" / "马

特拉·米拉斯" 反潜系统，弹头为 1 枚 Mk 46 或 Mu 90 型鱼雷，射程为 55 千米。这 2 艘战舰主要的反舰装备是 "特赛奥" Mk 2 型反舰导弹，这是一种掠海飞行的导弹，射程为 180 千米，弹头战斗部重达 210 千克。根据计划，这种导弹将被具备雷达 / 红外

右图："德·拉·彭尼号" 驱逐舰停泊在悉尼码头。这些战舰舰体均安装了 "凯夫拉" 装甲。舰桥前部是 8 联装 "蝮蛇" 导弹发射装置

技术参数

"德·拉·彭尼"级导弹驱逐舰

排水量： 标准排水量 4300 吨，满载排水量 5400 吨

尺寸： 长 147.7 米，宽 16.1 米，吃水深度 8.6 米

动力系统： 柴燃联合动力（CODOG）；2 台菲亚特公司燃气涡轮发动机，输出功率为 54000 马力（40267.8 千瓦）；加上 2 台 GMT 公司柴油机，输出功率为 12600 马力（9395.8 千瓦）；双轴推进

航速： 31 节（57 千米／时）

航程： 以 18 节（33 千米／时）的速度可航行 12964 千米

武器系统： 4 枚或 8 枚"奥托·特赛奥"Mk 2（2 座或 4 座双联装）反舰导弹；1 座 Mk 13 型导弹发射装置，发射 SM1-MR 型"标准"防空导弹；1 座"信天翁"Mk 2 型防空导弹（SAM）发射装置，发射"蝮蛇"防空导弹；1 座奥托·梅莱拉／马特拉·米拉斯反潜导弹发射装置，配备 Mk 46 Mod 5 型或 Mu 90 型鱼雷；2 具 3 联装 B-515 型 324 毫米口径鱼雷发射管，配备 Mk 46 型鱼雷；1 门"奥托·梅莱拉"127 毫米口径火炮；3 门奥托·梅莱拉 76 毫米口径超快速火炮

电子对抗设施： 2 座 CSEE 公司"萨盖"干扰物发射装置，1 套 SLQ-25"水精"反鱼雷系统

电子系统： 1 部 SPS-52 型远程对空搜索雷达，1 部 SPS-768 型对空搜索雷达，1 部 SPS-774 型对空／对海搜索雷达，1 部 SPS-702 型对海搜索雷达，4 部 SPG-76 型火控雷达，2 部 SPG-51G 型火控雷达，1 部 SPN-748 导航雷达，1 部 DE1164 型低频舰艏和可变深度声呐

舰载机： 2 架 AB212 型反潜直升机，1 架 SH-3D 型或 EH101 型直升机

人员编制： 377 人

寻的，射程为 300 千米的"特赛奥"Mk 3 型导弹所取代。此外，这 2 艘战舰还装备 1 门"奥托·梅莱拉"127 毫米口径舰艏主炮，3 门"奥托·梅莱拉"76 毫米口径超快速型火炮作为副炮。该级战舰还安装了 6 具 324 毫米口径鱼雷发射管，配备射程达 11 千米的 Mk 46 型鱼雷。这 2 艘战舰还能够搭载 1 架 AB212 型反潜直升机、SH-3D"海王"或 EH101 型远程反潜直升机。

防空武器

为了执行防空任务，这些导弹驱逐舰总共装备了 40 枚 SM1-MR"标准"防空导弹，使用 1 座单臂导弹发射装置。这 2 艘战舰经过升级后还可以装备 SM2"标准"防空导弹和 1 座带再装填装置的"信天翁"Mk 2 型 8 联装导弹发射装置，后者用于点防空，配备"蝮蛇"半主动式雷达寻的防空导弹，备弹 16 枚。"蝮蛇"导弹的射程为 13 千米，射速为马赫数 2.5。

"村雨"级导弹驱逐舰
Murasame Class Guided-Missile Destroyer

1991 财政年度，日本川岛播磨重工业公司的东京造船厂开始为日本海上自卫队建造 9 艘"村雨"级战舰。该级战舰究竟是导弹驱逐舰还是大型护卫舰，这是一个值得争议问题，但毋庸置疑的是，该型舰显然是一款护航舰艇，是日本海上自卫队的重要组成部分。第 1 艘"村雨"级战舰"村雨号"（DD101）在 1993 年开始建造，于 1996 年服役。

"村雨"级是多用途驱逐舰，日本人在该舰的设计阶段投入了相当大的精力，尽最大可能地改善舰载自动化操作系统。这种努力的结果是将舰员人数减少到了 165 人，这样就有助于改善舰员的住舱环境。战舰动力系统采用 4 台燃气涡轮机，最大航速为 30 节（56 千米／时）甚至更高，巡航速度为 18 节（33 千米／时），航程可达 8350 千米。

技 术 参 数

"村雨"级导弹驱逐舰

该级别战舰： "村雨号"（DD101）、"春雨号"（DD102）、"夕立号"（DD103）、"雾雨号"（DD104）、"电号"（DD105）、"五月雨号"（DD106）、"雷号"（DD107）、"曙号"（DD108）以及"有明号"（DD109）

排水量： 标准排水量4400吨，最大排水量5200吨

尺寸： 长150.8米，宽17米，吃水深度5.2米

动力系统： 2台通用电气公司的LM2500型燃气涡轮发动机，输出功率为86000马力（64120千瓦）；1台罗尔斯·罗伊斯公司"斯佩"SM1C型燃气涡轮发动机，输出功率为27000马力（20130千瓦）；双轴推进

航速： 30节（56千米/时）

武器系统： 1套Mk 41型反潜火箭（"阿斯洛克"反潜火箭）垂直发射系统，DD101～DD108号舰上均安装有2组8联发射单元模块，"有明号"舰上安装有4组8联发射单元模块；1套16联Mk 48导弹垂直发射系统，发射RIM-7M"海麻雀"防空导弹；8枚SSM-1B"鱼叉"反舰导弹；1门76毫米口径"奥托·梅莱拉"轻型舰炮；2套20毫米口径"密集阵"Mk 15近防武器系统装置；2套324毫米口径Mk 32 Mod 14型3联装鱼雷发射管，配备Mk 46 Mod 5型反潜鱼雷

电子系统： 1部OPS-28对海搜索雷达，1部OPS-243D对空搜索雷达，1部OPS-2导航雷达，2部2-31型火控雷达，1部URN-25"塔康"无线电信标，1部MkXII型敌我识别系统，1部OQS-5船体安装的主动式搜索声呐，1部OQR-1型TACTASS（甚低频战术拖曳线阵声呐）拖曳式阵列被动搜索声呐，4部Mk 36 Mod 12型干扰／照明弹诱饵，1部SLQ-25"水精"拖曳式反鱼雷诱饵

舰载机： 1架SH-60J型"海鹰"直升机

人员编制： 165人

上图：DD109号就是"有明号"驱逐舰，它是日本海上自卫队的最后1艘"村雨"级驱逐舰，同时也是装备最强大的1艘导弹驱逐舰

美国制造的武器系统

日本三菱重工同美国洛克希德·马丁公司签订合同，为"村雨"级战舰安装并调试主要的武器装备，这就是著名的Mk 41导弹垂直发射系统。该发射系统安装于舰艏甲板的下面，能够发射多种类型的导弹，但只装备了垂直发射的"阿斯洛克"反潜火箭。在最初的8艘"村雨"级战舰上，每艘均装备2套8联装发射单元模块，但日本政府后来决定在第9艘该级战舰"有明号"（DD109）上再加装2套发射单元模块，这样舰上就有了4套发射单元模块。

具有16个发射单元的Mk 48型导弹垂直发射系统装置在舰身中段，该系统装载RIM-7M"海麻雀"舰对空导弹。1门76毫米口径"奥托·梅莱拉"主炮位于前甲板导弹垂直发射系统装置的前部，8枚"鱼叉"反舰导弹位于舰艇中段，能够发射Mk 46 Mod 5型反潜鱼雷的6具鱼雷发射管也安装在舰艇中

段。同时，舰上安装2套20毫米口径近防武器系统作为自卫武器，其中一套位于舰桥前面，另一套在直升机库上部。

每艘"村雨"级战舰均装备1个舰艉直升机起降点和1座机库，因此，它们都能够搭载、停放、保养并操作1架SH-60J反潜直升机。

日本通过新的法律，可以动用武装力量打击恐怖主义，日本海上自卫队据此派遣战舰到印度洋执行非战斗性军事支援任务。2001年11月9日，"雾雨号"和另外2艘战舰前往印度洋海域，负责收集印度洋航线上的有关信息和情报。

2002年11月，美国与日本联合举行"利剑2003"演习，包括"有明号"在内的许多海上自卫队战舰参加了这场针对地区性冲突的双边军事演习，"有明号"当时被编入美国海军第7舰队的"小鹰号"航母战斗群。

"初雪"级导弹驱逐舰
Hatsuyuki Class Guided-Missile Destroyer

自从 20 世纪 50 年代重建武装力量以来，日本水面舰艇的发展一直有着自己的风格，其中，建造了 12 艘的"初雪"级驱逐舰是 20 世纪 70 年代末日本政府批准为海上自卫队建造的具有自己风格的战舰。"初雪"级驱逐舰采用燃气涡轮机作为动力系统，综合应用防空、反舰和反潜传感器。为了减轻重量，最初 7 艘该级战舰的舰桥结构和水线以上部分在建造时均采用了铝合金材料，后面几艘则采用了钢材，这就使得排水量比前 7 艘稍有增加。第 1 艘"初雪"级战舰于 1979 年 3 月开始建造，1980 年 11 月下水，1982 年 5 月服役。最后 1 艘该级战舰在 1984 年开始建造，1987 年服役。1992 年，"白雪号"（DD123）成为第 1 艘加装 20 毫米口径"密集阵"近防武器系统的战舰，在整个 20 世纪 90 年代期间，其他几艘该级战舰先后装备了这种射程短但能够快速反应的反导弹系统。该级最后 3 艘战舰还进行了其他方面的改进工作，其中包括采用加拿大的"熊阱"直升机着陆系统，以及现代化的电子对抗设备。1999 年，"岛雪号"（DD133）改作教练舰（TV 35）。目前，该舰的直升机机库内还增设了 1 个讲堂。

下图：日本"初雪"级驱逐舰"矶雪号"（DD127），装备"鱼叉"反舰导弹和"阿斯洛克"反潜火箭（火箭助推反潜鱼雷），用来执行反舰和反潜任务

技术参数

"初雪"级导弹驱逐舰

该级导弹驱逐舰： 有"初雪号"（DD122）、"白雪号"（DD123）、"峰雪号"（DD124）、"泽雪号"（DD125）、"滨雪号"（DD126）、"叽雪号"（DD127）、"春雪号"（DD128）、"山雪号"（DD129）、"松雪号"（DD130）、"濑户雪号"（DD131）、"朝雪号"（DD132）

排水量： 标准排水量为 2950 吨。从 DD129 号舰开始，以后的战舰标准排水量为 3050 吨。满载排水量为 3700 吨。从 DD129 号舰开始，以后的战舰满载排水量为 3800 吨

尺寸： 长 130 米，宽 13.6 米，吃水深度 4.2 米，其中 DD129～DD132 号吃水深度为 4.4 米

动力系统： 组合燃气轮机和燃气轮机；2 台罗尔斯·罗伊斯公司的"奥林巴斯"TM3B 型燃气涡轮发动机，输出功率为 49000 马力（36535 千瓦）；2 台罗尔斯·罗伊斯公司"泰恩"RM1C 型燃气涡轮发动机，输出功率为 9900 马力（7380 千瓦）；双轴推进

航速： 30 节（56 千米/时）

航程： 以 20 节（37 千米/时）的速度可航行 12975 千米

武器系统： 2 座 4 联装"鱼叉"反舰导弹发射装置，1 座 Mk 29 型"海麻雀"防空导弹发射装置，1 座 Mk 112 型 8 联装"阿斯洛克"反潜火箭，1 门 76 毫米口径奥托·梅莱拉轻型舰炮，2 门 Mk 15 型 20 毫米口径"密集阵"近防武器系统，2 座 3 联装 68 型 324 毫米口径鱼雷发射管并配备 Mk 46 Mod 5 型反潜鱼雷

电子系统： 1 部 OPS-14B 对空搜索雷达，1 部 ORS-18 对海搜索雷达，1 部 T2-12A 型反舰导弹射击指挥雷达以及 2-21/21A 型炮瞄雷达，1 部 OQS-4ASQS-23 舰艇安装的主动式搜索/攻击声呐，某些战舰上还安装有 1 部 OQR-1 型 TACTASS（甚低频战术拖曳线阵声呐）被动式声呐，Mk 36 型 SRBOC 干扰物/照明弹发射装置

舰载机： 1 架 SH-60J"海鹰"直升机

人员编制： 195～200 人

"初雪"级驱逐舰属于多用途战舰，装备有稳定鳍。它们所装备的主要反舰武器是"鱼叉"导弹，射程大约为130千米，采用掠海飞行弹道，携带1个重达227千克的弹头，射速为马赫数0.9。为了攻击潜艇，该级战舰还装备了"阿斯洛克"反潜火箭系统（火箭助推反潜鱼雷），该系统能够发射1枚Mk 46型自导鱼雷，射程可达9千米。"初雪"级并没有

上图："朝雪号"（DD132）是倒数第2艘"初雪"级驱逐舰。根据建造计划，该艘战舰是由5个相关造船厂之中的住友造船厂负责建造的

装备远程防空武器，这是因为其建造之初就是要在美国或日本空军力量的掩护下专门对付来自海上和水下的威胁。这些战舰所装备的"海麻雀"防空导弹射程为15千米，而"密集阵"则是一种典型的点防御系统，用于拦截和摧毁来袭反舰导弹。

"朝雾"级导弹驱逐舰
Asagiri Class Guided-Missile Destroyer

1985—1988年，日本开始建造8艘"朝雾"级导弹驱逐舰，这些战舰在1988—1991年服役。如同"初雪"级驱逐舰一样，虽然这些"朝雾"级战舰装备1套功能强大的点防空系统，能够击毁来袭的导弹和飞机，但它们按照计划主要用于攻击水面或水下目

右图："朝雾"级驱逐舰的主桅杆的原始位置正好位于烟囱的后方，4个燃气涡轮所产生的大量废气从这些烟囱中排出，因此主桅杆的位置很不恰当

技术参数

"朝雾"级导弹驱逐舰

战舰： 包括"朝雾号"（DD157）、"山雾号"（DD152）、"夕雾号"（DD153）、"天雾号"（DD154）、"滨雾号"（DD155）、"濑户雾号"（DD156）、"泽雾号"（DD157）和"海雾号"（DD158）

排水量： 标准排水量3500吨，满载排水量4200吨

尺寸： 长137米，宽14.6米，吃水深度4.5米

动力系统： 4台罗尔斯·罗伊斯公司制造的"斯佩"SM1A型燃气涡轮机，输出功率为53000马力（39515千瓦），双轴推进

航速： 30节（56千米/时）

武器系统： 2座4联装"鱼叉"反舰导弹发射装置；1座Mk 29"海麻雀"防空导弹8联装发射装置，带弹20枚；1座8联Mk 112型火箭发射装置，发射带有Mk 46鱼雷的"阿斯洛克"反潜火箭；1门76毫米口径"奥托·梅莱拉"型火炮；2门20毫米口径Mk 15型"密集阵"近防武器系统；2具68型324毫米口径3联鱼雷发射管，配备Mk 46型反潜鱼雷

电子系统： 1部OPS-14C型（或者使用DD155号舰上的OPS-24型）对空搜索雷达，1部OPS-28C型（或者使用DD153－154号舰上的OPS-28Y型）对海搜索雷达，1部2-22型炮瞄雷达，1部2-12G型（或使用DD155号舰上的2-12E型）防空导弹射击指挥雷达，1部OQS-4A型船体安装的主动式搜索/攻击声呐，1部OQR-1拖曳线阵声呐，2座SRBOC（速散离舰干扰系统）6管干扰/照明弹发射装置，1部SLQ-51"水精"或4型拖曳式反鱼雷诱饵

舰载机： 1架SH-60J型"海鹰"直升机

人员编制： 220人

上图："朝雾"级驱逐舰的武器精良、装备良好，用来进行反潜和反舰作战。"朝雾号"（DD151）是8艘该级驱逐舰中的第1艘

标。这些战舰所装备的主要反舰导弹是"鱼叉"中程反舰导弹，其主要的反潜武器是Mk 46 Mod 5型轻型自导鱼雷，该鱼雷或者通过鱼雷发射管发射，或者由舰载直升机发射。在服役初期，这些战舰均搭载1架HSS-2B"海王"直升机，但目前这些直升机被SH-60J"海鹰"直升机所取代。

"朝雾"级驱逐舰曾经遭受了一系列由于设计失误所导致的损失：战舰烟囱里排出的高温废气损坏了主桅杆上的电子系统，并且产生非常明显的红外信号。因此，设计人员不得不升高主桅杆，并且将其向左舷偏移。前部烟囱也向左舷偏移，后部烟囱则向右舷偏移。这些均是对后4艘该级战舰所采取的改进措施，它们在刚刚建成时就进行了改造。此外，这些战舰还装备有先进的电子系统，其中包括舰载直升机的数据自动传输系统，这一系统后来又加装到了日本较早期的战舰上。

下图：主桅杆和后部烟囱经过改正后的布局，从中可以看出主桅杆向左舷偏移，而后部烟囱则向右舷偏移。图中所示是"夕雾号"（DD153）

"榛名"和"白根"级反潜驱逐舰
Haruna and Shirane Class Anti-Submarine Warfare Destroyers

"榛名"级及其改进型"白根"级是世界上第 1 批专门用于搭载和操作 3 架大型"海王"反潜直升机的驱逐舰级别舰艇。"榛名"级和"白根"级均装备了强大的反潜武器系统，但在防空和反舰系统方面却比同时代大多数的西方战舰逊色了许多。

为了弥补这些不足，"榛名"级和"白根"级均在 20 世纪 80 年代末和 90 年代初期进行了改装，加装了 20 毫米口径"密集阵"近防武器系统和"海麻雀"导弹系统，以提升战舰的防空和反导弹能力。

"榛名"级驱逐舰包括"榛名号"（DD141）和"比睿号"（DD142），这 2 舰分别于 1973 年和 1974 年建造成功，采用整体性设计的上层建筑。雷达天线杆和烟囱组合（人们所熟知的"橡胶雨衣"）均向左进行了偏移，为机库里的第 3 架直升机留出空间。

技术改进

接下来的"白根"级驱逐舰——"白根号"（DD143）和"鞍马号"（DD144），分别于 1980 年和 1981 年服役。这 2 艘战舰具有 2 座断开的上层建筑，带有 2 件"橡胶雨衣"，其中 1 件在主上层建筑顶部向左前方偏移，另 1 件位于分离式机库顶部向右后方偏移。这 2 艘驱逐舰与以前战舰相比体形较大，于 20 世纪 90 年代初期加装了 1 部拖曳线阵声呐。

技 术 参 数

"白根"级反潜驱逐舰

排水量： 标准排水量 5200 吨，满载排水量 6800 吨

尺寸： 长 158.8 米，宽 17.5 米，吃水深度 5.3 米

动力系统： 齿轮传动的蒸汽轮机，输出功率为 70000 马力（52200 千瓦）；双轴推进

航速： 32 节（59 千米 / 时）

舰载机： 3 架三菱 - 西科斯基公司 SH-60J"海鹰"反潜直升机

武器系统： 1 座 8 联装"阿斯洛克"Mk 112 型反潜导弹发射装置（24 枚导弹，携带 Mk 46 型轻型鱼雷）；2 具 68 型 324 毫米口径 3 联反潜鱼雷发射管，配备 Mk 46 Mod 5 型反潜鱼雷；2 门 FMC 型 127 毫米口径单管火炮；1 座 8 联"海麻雀"防空导弹发射装置；2 套 20 毫米口径"密集阵"近防武器系统

电子系统： 1 部 OPS-12 3D 雷达，1 部 OPS-28 对海搜索雷达，OFS-2D 导航雷达，"信号"公司的 WM-25 型导弹射击指挥雷达，2 部 72 型炮瞄雷达，1 部 ORN-6C 型"塔康"战术空中导航系统，1 套多用途电子支援系统以及 1 套电子对抗 / 诱饵设备，1 部 OQS-101 舰艏装声呐，1 部 SQR-18A 被动拖曳线阵声呐，1 部 SQS-35（J）主动式 / 被动式可变深度声呐

上图：1973 年，"榛名号"反潜驱逐舰建成，能够搭载 3 架直升机，使得该舰成为当时功能最强大的反潜驱逐舰之一

下图："白根号"建成于 20 世纪 80 年代初期，可以通过其 2 个"橡胶雨衣"（雷达天线杆和烟囱组合）将 2 艘"白根"级驱逐舰与先前的"榛名"级驱逐舰区分开来

舰载直升机

为了确保直升机能够在恶劣天气情况下安全降落，这2艘战舰装备了加拿大的"熊阱"直升机降落系统。这些战舰均装备了用于气幕降噪系统以降低战舰动力系统在水下所产生的辐射噪声。气幕降噪系统是一种位于机舱下部和舰体上部的连续的细小气泡帘，能够产生很多泡沫从而充当消音层。

"太风刀"级和"旗风"级防空驱逐舰
Tachikaze and Hatakaze Class Anti-Air Warfare Destroyers

20世纪70年代初期，日本海上自卫队为了提升其中程区域防空导弹的性能，从1973年起在3年内着手建造了3艘"太风刀"级驱逐舰，分别是"太风刀号"（DDG168）、"朝风号"（DDG169）和"泽风号"（DDG170），分别于1976年、1979年和1982年开始服役。

导弹装备

每艘"太刀风"级战舰均装备1座Mk 13型单臂导弹发射装置，发射"标准"SM1-MR型导弹，能够攻击50千米以外的飞机目标。"标准"SM1-MR导弹能够在40～18000米高空拦截飞机和导弹。

2门高平两用舰炮在防空的同时还能够攻击海面目标。20世纪80年代，这些战舰通过加装Mk 13导弹发射装置发射的"鱼叉"反舰导弹，提升了对海攻击能力。3艘战舰还装备了"密集阵"近防武器系统。

按照设计，这些战舰几乎是专门的防空作战平台，没有装备直升机设备，其反潜武器也仅局限于"阿斯洛克"反潜火箭和Mk 46型自卫鱼雷。为了节省建造费用，"太风刀"级采用了可搭载直升机的"榛名"级反潜驱逐舰的动力系统。

"太风刀"级最后1艘驱逐舰建成后不久，日本就开始着手建造舰体稍大的"旗风"级防空驱逐舰的头2艘——"旗风号"（DDG171）和"岛风号"（DDG172），分别于1986年和1988年服役。

"旗风号"和"岛风号"装备与"太风刀"级驱逐舰类似的武器装备，但与"太风刀"级驱逐舰相

· 技术参数 ·

"太风刀"级防空驱逐舰

排水量： DDG168和DDG169标准排水量3850吨，满载排水量4800吨；DDG170标准排水量3950吨，满载排水量4800吨

尺寸： 长1430米，宽14.3米，吃水深度4.6米

动力系统： 齿轮传动蒸汽轮机，输出功率70000马力（52200千瓦），双轴推进

航速： 32节（59千米/时）

武器系统： 1座单臂Mk 13型导弹发射装置，能够发射"标准"SM1中程防空导弹以及"鱼叉"反舰导弹（共备弹40枚）；2门单管127毫米口径火炮；2套20毫米口径"密集阵"近防系统；1座8联装"阿斯洛克"反潜火箭发射装置，仅DDG170安装有装填装置；2具3联装68型324毫米口径反潜鱼雷发射管，配备6枚Mk 46 Mod 5型鱼雷

电子系统： 1部SPS-52B/C 3D雷达，1部OPS-110对空搜索雷达，1部OPS-160型对海搜索雷达（DDG170上安装OPS-28型雷达），2部SPG-51C导弹射击指挥雷达，2部72型炮瞄雷达，2套卫星通信系统，1套全面电子对抗设备，4座Mk 36型干扰物发射装置，1部OQS-3A舰体声呐

人员编制： 250～270人

左图：这是刚刚服役不久的"太风刀"级驱逐舰"朝风号"。最初 2 艘"太风刀"级驱逐舰编入驻横须贺的第 64 驱逐舰分队，"泽风号"则属于驻佐世保的第 62 驱逐舰分队

下图：体形更为庞大的"太风刀"级驱逐舰"旗风号"隶属于驻横须贺的第 61 驱逐舰分队。"岛风号"的基地位于舞鹤，属于第 63 驱逐舰分队

比，它们的外形尺寸有所增加，舰身加长了 8 米，排水量大约增加了 700 吨，这就意味着这 2 艘战舰能够装备 2 座 4 联装"鱼叉"导弹发射装置，因此 Mk 13 发射架的弹药库能够全部装填防空导弹。这些战舰还有直升机平台，能够搭载 1 架 SH-60J 型"海鹰"直升机。

"金刚"级防空驱逐舰
Kongou Class Advanced Anti-Air Warfare Destroyer

最近 40 年来，日本海上自卫队将主要精力放在防空和反潜作战方面。20 世纪 80—90 年代，为了应对周边与日俱增的军事力量，日本新型"金刚"级导弹驱逐舰应运而生并开始服役。这些防空型战舰到目前为止也是亚洲地区性能最好的。

"宙斯盾"系统

以美国海军"阿利·伯克"级驱逐舰为基础建造

出来的日本"金刚"级驱逐舰采用民用而非军用建造标准。该型舰吨位比美军舰艇稍大，采用轻量化的改进型"宙斯盾"防空系统。"宙斯盾"系统是 1 个将武器、雷达和火控融为一体的完整高效的系统，能够指挥舰队的水上和水下作战。

日本自卫队在 1987 年财政年度提出建造"金刚号"（DDG173）驱逐舰的计划，该舰于 1993 年服役。接下来，"雾岛号"（DDG174）在 1995 年服役，

技术参数
"金刚"级高级防空驱逐舰
排水量：标准排水量 7250 吨，满载排水量 9485 吨
尺寸：长 1610 米，宽 21 米，吃水深度 6.2 米
动力系统：4 台通用电气公司的 LM2500 型燃气轮机，输出功率为 102160 马力（76210 千瓦），双轴推进
航速：30 节（55 千米／时）
武器系统：2 座 Mk 41 导弹垂直发射系统装置，共配备 90 枚"标准"SM2-MR 防空导弹和"阿斯洛克"反潜火箭；2 座 4 联装"鱼叉"导弹发射装置；1 门"奥托·梅莱拉"127 毫米口径小型火炮；2 套 Mk 15 型"密集阵"近防武器系统；2 具 3 联装 HOS 302 型鱼雷发射管，配备 Mk 46 Mod 5 型反潜鱼雷
电子系统：1 部 SPY-1D 型相控阵对空三坐标雷达，采用 4 面天线阵；1 部 OPS28 对海搜索雷达；1 部 OPS20 导航雷达；3 部 SPG-62 火控雷达；1 套"宙斯盾"战斗数据系统；1 套 WSC-3 卫星通信（SATCOM）系统；1 套 SQQ-28 直升机数据传输设备；1 套全面电子对抗系统／电子支援系统／电子战设备；1 部 OQS102 舰艇安装的主动式声呐；1 根 OQR2 被动拖曳式阵列天线
人员编制：307 人

上图："金刚号"驱逐舰

上图："金刚"级驱逐舰同与其联系紧密的"阿利·伯克"级战舰相比具有 1 个更长的直升机起降甲板，但它们与美国驱逐舰一样，并没有配备供直升机长期驻舰的设备

"妙高号"（DDG175）在 1996 年服役，"鸟海号"（DDG176）在 1998 年服役。"金刚"级与美国"伯克"级驱逐舰主要的外形区别是："金刚"级舰艉有长度更大的平甲板，这就使得该级战舰更易于起降尺寸与 SH-60J"海鹰"直升机相仿或更大的直升机。

"金刚"级驱逐舰是日本防御体系中一个重要环节，它们先进的远程防空性能已经远远超出保护舰队的需要，而上升到保护日本国家安全的层次了。尽管日本的《国家防御计划大纲》声称要降低日本自卫队的规模，但同时却又主张扩充反恐能力。如今，全世界都认识到防空能力在反恐战争中是一种至关重要的能力。

"卡拉"级大型反潜舰
Kara Class Large Anti-Submarine Ship

1971—1977 年，苏联尼古拉耶夫北方造船厂建造了 7 艘"尼古拉耶夫"级（北约称为"卡拉"级）战舰，打算用来增加苏联海军的深海反潜能力。苏联将这些具有巡洋舰尺寸的战舰定级为大型反潜舰，认为其功能与驱逐舰相似。

就本质上讲，"卡拉"级是"金雕 II"级战舰的放大版，动力系统由蒸汽动力改成了燃气涡轮动力，并且改进了防空和反潜能力。"卡拉"级战舰在

1973—1980 年编入海军，主要在黑海舰队服役，同时也在地中海分舰队和太平洋舰队服役。由于装备了大量的指挥与控制设备，"卡拉"级经常担当猎潜大队的旗舰。

燃气轮机排气烟囱的高度超过了其他上层建筑。舰艉设有 1 个直升机着陆缓冲垫，一部分机库凹进飞行甲板的下面。在装载反潜直升机时，需要将机库顶部舱口盖和舱门打开，然后将直升机推进机库，通过 1 个升降机将直升机向下放置到甲板上。

核装备

该级战舰所装备的"风暴"（北约代号 SA-N-3，"高脚杯"）防空导弹和"漏斗口"（北约代号 SS-N-14，"硅石"）反潜导弹具备辅助反舰能力，"风暴"导弹能够携带 1 个 25000 吨当量核弹头，以替代常规的重达 150 千克的高爆弹头。在冷战最鼎盛时期，人们有理由相信苏联所有战舰均装备有双重能力的武器系统，当战舰出海时，所携带的导弹之中至少有 25% 的导弹装备了核弹头。

苏联解体后，"尼古拉耶夫号"转交给了乌克兰，1994 年在印度拆毁。20 世纪 90 年代末，"奥查科夫号"继续留在太平洋舰队服役。20 世纪 90 年代末，"刻赤号"进行了改装，这是"卡拉"级唯一目前尚在服役的战舰，并在黑海舰队担当旗舰。

试验舰

"亚速号"成为新一代可垂直发射的 SA-N-6 型防空导弹的试验舰，并且装备了"顶罩"火控雷达。该舰在一座"风暴"导弹发射装置和"前灯"导弹火控雷达被新系统替换之后，就留在了黑海舰队。"彼得罗巴洛夫斯克号"继续留在太平洋舰队服役，但很可能要被拆解，而"塔什干号"早已退役。"符拉迪沃斯托克（海参崴）号"继续留在黑海服役。

下图：由于"卡拉"级所担负的主要是反潜任务，因此被定级为驱逐舰，但事实上该级战舰是一种巡洋舰级别的大型战舰，装备有重型武器和通用武器

技术参数

"卡拉"级大型反潜舰

类型：大型反潜舰

排水量：标准排水量 8200 吨，满载排水量 9700 吨

尺寸：长 173 米，宽 18.60 米，吃水深度 6.70 米

动力系统：燃燃联合动力（COGAG），燃气轮机，输出功率 120000 马力（89484 千瓦），双轴推进

航速：34 节（63 千米／时）

舰载机：1 架 Ka-27 "蜗牛"反潜直升机

武器系统：2 座 4 联装"漏斗口"（北约代号 SS-N-14，"硅石"）反潜导弹发射装置，带弹 8 枚；2 座双联装"风暴"（北约代号 SA-N-3 "高脚杯"）防空导弹发射装置，带弹 72 枚。"亚速海号"除外，该舰上除了装有 1 套"风暴"防空导弹发射系统外，还装有 1 套"堡垒"（北约代号 SA-N-6，"雷鸣"）防空导弹系统，带弹 24 枚；2 座双联装"奥莎 M"（北约代号 SA-N-4，"壁虎"）防空导弹发射装置，带弹 40 枚；2 门双联 76 毫米口径舰炮；4 门 30 毫米口径 AK630 6 管近防武器系统；2 座 12 管 RBU 6000 反潜火箭发射装置；2 座 RBU 1000 型反潜火箭发射装置

电子系统：1 部 MR-700F 型"鳞皮牛肝菌""平面屏"3D 对空搜索雷达，1 部 MR-310U "安加拉 M""顶网 C"3D 搜索雷达，2 部"顿河礁"或者"棕榈叶"导航雷达，2 部"霹雳"公司的"前灯 B"SA-N-3 和 SS-N-14 火控雷达，2 部 MPZ-301 "气枪群"SA-N-4 火控雷达，2 部"枭鸣"76 毫米口径火控雷达，2 部"椴木棒"近防武器系统火控雷达（炮瞄雷达），1 部"高杆 A"和"高杆 B"敌我识别系统，1 部"边球"电子支援系统，1 套"钟"系列或者 1 套"酒桶"电子对抗系统，1 部 MG-332 型舰体声呐，1 部 MG-325 "织女星""马尾"可变深度声呐

人员编制：525 人

上图：1 艘正在航行之中的"卡拉"级巡洋舰，可以看出舰上装备的搜索、导航和火控雷达与导弹、火炮混合在一起，这种令人眼花缭乱的混乱布局是 20 世纪 70—80 年代苏联海军大型战舰的显著特点

"基洛夫"级大型导弹巡洋舰
Kirov Class Large Guided-Missile Cruiser

1977 年 12 月，"基洛夫号"在列宁格勒（今圣彼得堡）的波罗的海造船厂下水。该舰在 1980 年编入苏联海军，苏联人称其为导弹巡洋舰，而美国人称其为核动力导弹巡洋舰。该舰在制造之初曾计划用于探测和攻击能够发射导弹的敌方潜艇，在装备了 P-700 型"花岗岩"远程反舰导弹之后，该舰成为 1 艘功能更强大的战舰。从外观和火力装备上看，"基洛夫号"更像是 1 艘战列巡洋舰，而非 1 艘普通的导弹巡洋舰。

核动力/蒸汽动力

"基洛夫号"动力系统的独特之处在于它是一种核动力和蒸汽动力组合系统，2 座核反应堆与燃油锅炉结合起来，将核反应堆装置中所制造的蒸汽进一步过度加热，以增大动力系统的功率输出，从而确保战舰能够持续地高速航行。

导弹的"庄园"

该舰大部分的武器系统位于大型上层建筑的前部，舰艉用于安装动力系统和 1 个下甲板直升机库，该机库通过 1 个起重机抬升之后能够通向飞行甲板。

技术参数
"基洛夫"级导弹巡洋舰

排水量： 标准排水量 24300 吨，满载排水量 26500 吨

尺寸： 长 252 米，宽 28.50 米，吃水深度 10 米

动力系统： 2 座 KN-3 压水核反应堆（PWR）以及 2 座蒸汽锅炉，输出功率为 140000 马力（102900 千瓦），双轴推进

航速： 30 节（56 千米/时）

舰载机： 3 架 Ka-25 或 Ka-27 直升机

武器系统： 20 枚"花岗岩"（北约代号 SS-N-19，"海难"）反舰导弹；12 座 8 联"堡垒"（北约代号 SA-N-6，"雷鸣"）防空导弹发射装置；16 座"刀刃"（SA-N-9，"长手套"）8 联装导弹发射装置，带弹 128 枚；2 座双联装"奥莎 M"（SA-N-4，"壁虎"）防空导弹发射装置，带弹 40 枚；2 门 130 毫米口径火炮；6 座"卡什坦"（CADS-N-1）组合 30 毫米口径（AK630/SA-N-11，"灰鼬"）火炮/导弹近防武器系统；1 座"漏斗口"（北约代号 SS-N-14，"硅石"）双联装反潜导弹发射装置，带弹 16 枚；1 座 12 管 RBU 6000 反潜火控发射装置；2 座 6 管 RBU 1000 反潜火箭发射装置；2 具 5 联装 533 毫米口径反潜鱼雷发射管，发射 40 型鱼雷或者"维约加"（北约代号 SS-N-15，"海星"）反潜导弹

电子系统： 1 部"顶对"3D 雷达，1 部"顶舵"3D 雷达，2 部"顶罩"SA-N-6 导弹火控雷达，2 部"气枪群"SA-N-4 火控雷达，3 部"棕榈叶"导航雷达，1 部"莺鸣"130 毫米口径火控雷达（炮瞄雷达），2 部"眼碗"SS-N-14 火控雷达，4 部"椴木棰"近防武器系统火控雷达，1 套"边球"电子支援系统，10 套"钟"系列电子对抗系统，4 套"酒桶"电子对抗系统，1 部"多项式"低频舰艏声呐，1 部"马尾"中频可变深度声呐

人员编制： 727 人

左图：1992 年重新命名为"拉扎列夫海军上将号"的"伏龙芝号"在苏联海军太平洋舰队服役。从装备的大量指挥和通信设备可以看出，该舰以前经常用作舰队的旗舰

左图：苏联"基洛夫"级导弹巡洋舰是第二次世界大战结束以来世界上最大型的水面战舰，该级战舰在前甲板舱口下面携带有重型武器装备。但是，由于维修和保养费用极其昂贵，该级战舰很少在海上活动

机库能够容纳多达 5 架由卡莫夫公司制造的 Ka-25 "荷尔蒙"或 Ka-27 "蜗牛"直升机，但通常装载 3 架直升机。

上述"Ka"系列直升机综合了反潜能力和导弹制导／电子侦察能力。在导弹制导／电子侦听方面，直升机能够为 20 枚飞行速度为马赫数 2.5 的"花岗岩"（北约代号 SS-N-19，"海难"）反舰巡航导弹提供目标数据，这些导弹安装在下甲板前部的导弹发射管中。

位于 SS-N-19 型导弹发射架前部的 12 套垂直发射的"堡垒"（北约代号 SA-N-6）导弹系统能够提供近距离防空能力，1 套"奥莎 M"导弹（SA-N-4，"壁虎"）、6 套 30 毫米口径近防武器系统以及 1 门 130 毫米口径火炮为战舰提供了低空近程防御能力。该舰主要的反潜武器是 1 座能够重复装填的双联装"漏斗口"（北约代号 SS-N-14，"硅石"）反潜导弹发射装置、1 部安装在舰艉的可变深度低频声呐和 1 部舰艏低频声呐。后来，该舰又装备了 10 枚能够携带鱼雷的"瀑布"导弹（北约代号 SS-N-16，"种马"）。

旗舰

"基洛夫"级的巨大空间可用于安装大量的指挥与控制设备和卫星通信装置，从而使得这些战舰能够作为舰队的旗舰。苏联海军还曾打算将它们作为特混舰队的指挥舰，专门用来护卫航空母舰。

1974—1989 年，苏联开工建造 5 艘"基洛夫"级战舰，但最后只建成 4 艘。最初，这些战舰是以布尔什维克革命英雄命名的，但随着苏联的解体，这些战舰被重新命名。"乌沙科夫海军上将号"（原"基洛夫号"）由于核反应堆事故在 20 世纪 90 年代大部分时间内毫无作为，后来被拆解用来向其他战舰提供零部件。"拉扎列夫海军上将号"（原"伏龙芝号"）已经退役多年了，它的最终命运也是被拆解。"纳希莫夫海军上将号"（原"加里宁号"）在 1994 年进行了改装，但从 1997 年起 3 年多没有出海航行了。到 2001 年底，"纳希莫夫号"是唯一尚在现役名册中的"基洛夫"级战舰。"彼得大帝号"于 1989 年下水，但直到 1998 年也没有建造成功，后来在完成海上试验之后不久就停用了。由于缺乏资金，第 5 艘"库兹涅佐夫号"在下水之前就被拆解了，俄罗斯海军后来把这个舰名用在了航空母舰上。

下图："基洛夫"级在战时的主要任务是用携带核弹头的"花岗岩"导弹来摧毁美国海军的航母战斗群

"光荣"级导弹巡洋舰
Slava Class Missile Cruiser

"光荣"级导弹巡洋舰继"卡拉"级之后被建造出来，于1983年在黑海海域首次亮相。该舰最初被西方情报界称为 BlackCom I 级，也就是后来人们所熟知的"克拉辛那"级，但按照首舰命名的习惯被称为"光荣"级。"光荣号"（现称"莫斯科号"）于1976年在尼古拉耶夫造船厂开始建造，1979年下水，经过大量试验之后于1983年服役。截至1990年，"光荣"级已有3艘在服役，第4艘正在建造之中。

水面作战

为了建造一种比"基洛夫"级战列巡洋舰花费较少、规模较小的战舰，苏联决定建造主要执行水面作战任务的"光荣"级战舰，因此被定级为导弹巡洋舰。尽管这些战舰拥有大量具有防空和反潜能力的武器装备，但其所装备的主要武器装备是16枚P-500"玄武岩"（北约代号 SS-N-12，"沙箱"）反舰导弹。

设计特点

从"光荣"级战舰的舰体可以看出，它的设计源于"卡拉"级大型反潜舰，增加了战舰长度以便留出空间装备新的武器系统。此外，这种比"卡拉"级更大的尺寸也提高了战舰稳定性，同时还可以增加雷达天线杆的高度。装备的两个烟囱能够彻底排出燃气涡轮推进系统所产生的废气。

曾有报道称，"光荣"级战舰在建造时使用了大量的易燃材料，此外，舰上的损管系统也设计得不够完善。

最初人们以为苏联计划建造8～20艘这样的巡洋舰，以替代退役的"肯达"级和"金雕"级战舰。但

技术参数
"莫斯科号"（原"光荣号"）导弹驱逐舰
类型： 导弹巡洋舰
排水量： 标准排水量10000吨，满载排水量12500吨
尺寸： 长186米，宽21.50米，吃水深度7.60米
动力系统： 4台主燃气涡轮机和2台辅助燃气涡轮机，输出功率为108000马力（79380千瓦），双轴推进
航速： 32节（59千米/时）
舰载机： 1架 Ka-27"蜗牛"反潜直升机.
武器系统： 8座双联装"玄武岩"（北约代号 SS-N-12，"沙箱"）反舰导弹发射装置，8座8联装"堡垒"（北约代号 SA-N-6型，"雷鸣"）防空导弹发射装置，2座双联装"奥莎 M"（SA-N-4型，"壁虎"）防空导弹发射装置（带弹36枚），1门双联装130毫米口径火炮，6座30毫米口径 AK630型6管近防武器系统，2座12管 RBU 6000反潜火箭发射装置，2具五联装533毫米口径反潜鱼雷发射管
电子系统： 1部 MR-800沃施科德"顶对"3D 对空搜索雷达，1部 MR-700弗雷盖特"顶舵"3D 对空/对海搜索雷达，3部"棕榈叶"导航雷达，1部"角距"（"正门 C"SS-N-12）火控雷达，2部 MPZ-301（"气枪群"SA-N-4）火控雷达，1部波浪"顶罩"（SA-N-6）火控雷达，1部"莺鸣"130毫米口径火控雷达（炮瞄雷达），3部"椴木棰"近防武器系统配备火控雷达，1套"边球"电子支援系统设备，1套"穿腕"卫星通信（SATCOM）系统，1部 MG-332 Tigan-2T"公牛角"低频声呐，1部白金"马尾"可变深度声呐
人员编制： 480～520人

右图：16具"玄武岩"（北约代号 SS-N-12型，"沙箱"）导弹发射管占据了"光荣号"甲板的较大位置。这些飞行速度马赫数1.7的导弹具有核攻击能力，射程超过550千米

是，后来的俄罗斯海军没有足够的资金用来建造如此昂贵的战舰，因此只建造了 4 艘。

在 20 世纪 90 年代大部分时间里，"莫斯科号"一直在进行改装，以期恢复到黑海舰队旗舰的水平。第 2 艘"乌斯季诺夫元帅号"1986 年服役，编入北方舰队。然而，自 20 世纪 90 年代中期以来，该舰一直在进行大修。1989 年，"瓦良格号"受命调往太平洋舰队服役。第 4 艘战舰于 1990 年下水，被命名为"罗勃夫上将号"，但没有完全建成就转交给了乌克兰海军。2000 年，该舰被命名为"乌克兰号"，依然没有建造完善。但是，如果资金到位的话，该舰有可能成为乌克兰海军舰队的旗舰。

上图：1983 年，"光荣号"（如今的"莫斯科号"）首次驶入地中海。如同大部分大型战舰的命运一样，对于资金短缺的俄罗斯海军来说，功能强大的"光荣"级巡洋舰维护费用太昂贵，难以维持其正常运转

"现代"级驱逐舰
Sovremenny Class Destroyer

"现代"级（956 型"萨雷奇"级）采用了派生自"金雕 II"级巡洋舰的舰体设计，计划用于提供水面打击能力，并能够保护其他战舰免遭空中攻击和战舰攻击。即便如此，人们仍然认为"现代"级是反舰专家，配合"无畏"级反潜舰使用。

日丹诺夫造船厂（后更名为北方造船厂）共建造了 20 艘"现代"级驱逐舰，另外 3 艘被裁减或取消。第 1 艘"现代号"1977 年开始建造，1980 年 12月服役。从"动荡号"（1992 年 2 月服役）开始，该级战舰就被称为 956A 型，其特点是改进了武器系统和电子战系统。目前，除了 1 艘"激烈号"尚待完工外，在俄罗斯海军服现役的"现代"级驱逐舰从 17艘减少到了 4 艘，其中 3 艘为 956A 型。

水面战舰

苏联将该级战舰分类为驱逐舰最初装备有火箭 /

冲压式喷气发动机作为推动系统的 P-80 型"野牛"导弹，后来在 956A 型战舰上，该导弹被射程较远的P-270"马斯基特"导弹所替代。P-80 型导弹是一种

下图：剩下几艘"现代"级战舰目前分别在俄罗斯波罗的海舰队（"坚持号"和"动荡号"）、北方舰队（"不惧号"）和太平洋舰队（"激烈号"）服役

上图：尽管设计时就考虑了进行搭配使用，俄罗斯海军却往往为了维持"无畏"级的运作而牺牲"现代"级的经费和配件，其原因主要在于"无畏"级的推进系统性能更为可靠

下图："现代"级驱逐舰在吨位尺寸上与美国海军"宙斯盾"级战舰相仿。"现代"级战舰装备的主要武器是"日炙"反舰导弹，为此特意配置了2座4联装发射装置，分别位于舰桥前部两侧

技术参数

956型"现代"级驱逐舰

排水量：标准排水量6600吨，满载排水量7940吨

尺寸：长156米，宽17.3米，吃水深度6.5米

动力系统：2台GTZA-674型增压蒸汽轮机，输出功率为99500马力（73130千瓦），双轴推进

航速：33节（61千米/时）

舰载机：1架Ka-27"蜗牛A"反潜直升机

武器系统：2座4联装"白蛉"（北约代号SS-N-22，"晒斑"，又称"日炙"）反舰导弹发射装置（没有再装填装置）；2座单臂回转式"飓风"（北约代号SA-N-7，"牛虻"）防空导弹发射装置（备弹44枚）；2门双联装AK130 130毫米口径火炮；4座AK630 6管30毫米口径近防武器系统装备；2座RBU 1000反潜火箭发射器；带火箭48枚；2具双联装533毫米口径反潜鱼雷发射管以及30～50枚水雷

电子系统：1部"顶盘"3D对空搜索雷达，3部"棕榈叶"对海搜索雷达，1部"音乐台"反舰导弹火控雷达，2部"椴木棰"近防武器系统火控雷达，1部"莺鸣"130毫米口径火控雷达，6部"前圆顶"防空导弹火控雷达，2套"罩钟"和2套"座钟"电子对抗系统，2座PK2和8座PK10诱饵发射装置，"公牛角"和"鲸舌"舰体声呐，2套"轻球"战术导航系统

人员编制：296～344人

掠海飞行导弹，低空飞行，速度为马赫数2.2（是"鱼叉"导弹射速的3倍），战斗部为320千克的高爆弹头或是200000吨当量的核弹头。这2种弹头均可以携带在北约所称的SS-N-22"晒斑"导弹（又称"日炙"）上。防空能力由飞行速度马赫数为3的"飓风"（北约代号SA-N-7，"牛虻"）防空导弹系统提供，该导弹射程为44千米，最大飞行高度为15000米。在舰艏和舰艉的2个舰台甲板上安装有防空导弹发射装置，备弹总数达44枚。956A型战舰装备了可用同样导弹发射装置发射的"施基利"导弹（北约代号SA-N-12，"刺猬"）。

上图："现代"级开苏联海军伸缩式机库先河。该级战舰是世界上第1艘装备全自动双管130毫米口径AK130型舰炮的战舰，火炮安装在舰艏和舰艉，备弹2000发，射速35～45发/分，射程为29.5千米

"无畏"级反潜驱逐舰
Udaloy Class ASW Destroyer

　　"无畏 I"级（1155 型"军舰鸟"）被称为大型反潜舰。该级战舰的建造计划始于 1972 年，2 艘"无畏"级战舰——"无畏号"和"库拉科夫海军中将号"在 1982 年具备战斗力。以"克里瓦克"级为基础建造出来的"无畏 I"级战舰原打算用作远程反潜平台，该级战舰具备海上补给能力，能够为水面特混舰队补充给养。该系列共建造了 12 艘。目前，有 7 艘尚在服役，这些战舰的部分维护费是通过削减"现代"级数量得到的。

　　"无畏 I"级战舰装备有 2 座 2 联装"漏斗口"（北约代号 SS–N–14，"硅石"）导弹发射装置，其独特的双机库系统连同直升机飞行甲板一起位于舰艉，搭载 2 架 Ka–27"蜗牛 –A"型反潜直升机。附加的反潜装备包括 1 部用于防空的"多项式"主动 / 被动式搜索 / 攻击声呐系统。另外，"无畏 I"级战舰还装备有 8 座旋转垂直发射的"克里诺克"（北约代号 SA–N–9，"长手套"）导弹发射装置，配弹 64 枚。这些导弹能够在距离 12 千米、飞行高度为 3～12192 米的范围内攻击空中目标。

技术参数
1155 型"无畏 I"级反潜驱逐舰
排水量：标准排水量 6700 吨，满载排水量 8500 吨
尺寸：长 163.5 米，宽 19.3 米，吃水深度 7.5 米
动力系统：燃燃联合动力（COGAG）2 台 M62 燃气涡轮机，输出功率为 13600 马力（10 兆瓦）；2 台 M8KF 燃气涡轮机，输出功率为 55500 马力（40.8 兆瓦）
航速：29 节（54 千米 / 时）
舰载机：2 架 Ka–27"蜗牛 –A"反潜直升机
武器系统：2 座 4 联装"漏斗口"（北约代号 SS–N–14，"硅石"）反潜导弹发射装置（没有再装填装置），8 座"刀刃"（SA–N–9，"长手套"）防空导弹发射装置（带弹 64 枚），2 门 100 毫米口径火炮，4 座 AK630 近防武器系统（6 管 30 毫米口径火炮），2 座 RBU 6000 反潜火箭发射器，2 具 4 联装 533 毫米口径鱼雷发射管以及布雷轨，配备水雷 26 枚
电子系统：1 部"双支柱"对空搜索雷达，1 部"顶盘"3D 对空搜索雷达，3 部"棕榈叶"对海搜索雷达，2 部"眼碗"SS–N–14 型火控雷达，2 部"十字剑"SA–N–9 火控雷达，1 部"莺鸣"100 毫米口径火炮火控雷达（炮瞄雷达），2 部"椴木棰"近防武器系统火控雷达，2 部"圆屋"塔桥战术导航系统，2 部"盐罐"敌我识别系统，1 套"防蝇纱 B"和 2 套"蝇钉 B"舰载机进场控制系统，2 台"座钟"干扰发射机，2 部"足球 B"以及 2 部"酒杯"电子支援系统 / 电子对抗系统，6 部"半杯"激光警报器，2 座 PK2 和 10 座 PK10 诱饵发射装置，1 部"马颚"低频 / 中频舰艇声呐，1 部"马尾"中频可变深度声呐
人员编制：220 ～ 249 人

右图："无畏 I"级战舰装有 8 座 8 联装旋转垂直发射的"刀刃"导弹发射装置，配弹 64 枚。这些导弹能够在距离 12 千米、飞行高度为 3～12192 米的范围内攻击空中目标

下图：与先前的"克里瓦克 I"级和"克里瓦克 II"级战舰相比，"无畏 I"级战舰装备了便于操纵直升机的设备、有限的声呐装备以及改进的防空系统

改进型"无畏"级

1艘"无畏 II"（115.I 型"弗雷盖特"）级改进型战舰于 1995 年服役。这种战舰设计产生更全面的作战能力，换装 2 座 4 联装 P-270"白蛉"反舰导弹（北约代号 SS-N-22，"日炙"），以替代"漏斗口"导弹发射装置。用于自卫的武器增加了 2 套"卡什坦"（CADS-N-1）组合火炮 / 导弹近防武器系统，每套系统配备 2 门 6 管 30 毫米口径火炮和 89M87/9M88 防空导弹（北约代号 SA-N-11，"灰鼬"）。此外，该级战舰还装备了 1 门新型的 130 毫米口径双联火炮，同时反潜能力由"维约卡"导弹（北约代号 SS-N-15，"海星"）确保。虽然计划还要建造 2 艘这种战舰，但实际上只有 1 艘"恰巴年科海军上将号"被编入北方舰队。

上图：苏联的"无畏 I"级可以看作能与美国"斯普鲁恩斯"级旗鼓相当的驱逐舰，由于其武器装备的重点在于反潜，这就使得其反舰和防空能力受限。这种不足在"无畏 II"级上得以改进，"恰巴年科海军上将号"就装备了超音速反舰导弹

上图："无畏 I"级主要部署在俄罗斯海军北方舰队（"北莫尔斯克号""哈尔拉莫夫海军上将号"和"列夫琴科海军上将号"）和太平洋舰队（"沙波什尼科夫元帅号""潘捷列耶夫海军上将号""维诺格拉多夫海军上将号"和"特里布兹海军上将号"）

42 型驱逐舰
Type 42 Class Destroyer

20 世纪 60 年代，在首舰"布里斯托尔号"建成之后，82 型驱逐舰停止建造。在此情况下，42 型驱逐舰应运而生，主要作为防空型驱逐舰。

42 型驱逐舰是英国皇家海军主要的防空平台，能够为其他战舰提供全面区域防空能力，此外还具备一定的反舰能力。在设计之初，该舰采用了尽可能小型的舰体，但通过安装大量的自动控制设备以减少人员编制，降低舰员工作量。第 1 艘战舰"谢菲尔德号"在 1971 年下水，其余战舰直到 1985 年才全部完工。此外，英国还为阿根廷建造了 2 艘该级驱逐——"大力士号"和"圣特立尼达号"，于 1981 年服役。

子类型

42 型驱逐舰共建成 3 批，第 2 批战舰与最初的第 1 批战舰类似，但使用了 1 套改进的传感器组件，其中包括 1022 型远程对空搜索雷达。对于第 3 批战舰，人们通常因其首舰的名字而称之为"曼彻斯特"级，这批战舰的舰体加宽加长了。这些额外的空间让战舰能够加装一些武器系统，并能够加大武器射界。加长的舰体能够给飞行甲板留出额外的空间。

在 1982 年的马尔维纳斯群岛战争中，42 型驱逐舰的表现颇为突出。当时，阿根廷海军也装备了英国制造的 2 艘 42 型战舰，因此为了便于区别，英国

上图：包括"埃克塞特号"（D89）在内的42型驱逐舰在英国皇家海军服役到2006年，之后，剩余的11艘42型驱逐舰将以每6个月退役1艘的速度逐步退出舰队

技术参数

42型驱逐舰（第1、2批）
排水量：标准排水量3500吨，满载排水量4100吨
尺寸：长125米，宽14.3米，吃水深度5.8米
动力系统：2台罗尔斯·罗伊斯公司制造的"奥林巴斯"TM3B燃气轮机，输出功率50000马力（37300千瓦）；2台罗尔斯·罗伊斯公司"泰恩"RM1C燃气轮机，输出功率9900马力（7400千瓦）；双轴推进
航速：29节（54千米/时）
舰载机：1架"大山猫"HAS·Mk3或者HMA·Mk8直升机
武器系统：1座"海标枪"导弹双联装发射装置（备弹22枚），1门"维克斯"114毫米口径火炮，2门或4门"厄利空"20毫米口径防空火炮，2套20毫米口径"密集阵"近防武器系统，2具双联装324毫米口径Mk3鱼雷发射管
电子系统：1部1022型对空搜索雷达，1部996型对空/对海搜索雷达，1部1007型和1008型导航雷达，2部9091型火控雷达，1部2050或2016型舰体声呐
人员编制：253人（24位军官）

皇家海军的42型驱逐舰在舰体周围均涂上了巨大的黑边。共有5艘英国皇家海军42型驱逐舰参加了这次战争，分别是："考文垂号""谢菲尔德号""加的夫号""埃克塞特号"和"格拉斯哥号"，它们为航母特混舰队提供了防空能力。1982年5月4日，"谢菲尔德号"被阿根廷1枚"飞鱼"导弹击沉。20天后，"考文垂号"被3枚炸弹击沉。

从42型战舰在南大西洋战争的实践中可以汲取很多的经验教训。最重要的是，英国皇家海军认识到必须装备1套近防武器系统，用来保护战舰免遭低空飞行飞机和掠海飞行导弹的攻击。最后，这些战舰安装了20毫米口径火炮系统，同时还加装了干扰诱饵。此外，还配备了996型雷达以及1套改进型的"海标枪"导弹控制系统。

1990—1991年"海湾战争"期间，42型驱逐舰的表现出色。当时，42型驱逐舰的舰载"大山猫"直升机装备了"海上大鸥"反舰导弹，从英国皇家海军"格洛斯特号"和"加的夫号"上起飞，成功击毁了一些伊拉克小型战船和防空高炮。其中，"格洛斯特号"取得1个巨大的成功，当时该舰探测到1枚正瞄准美国海军"密苏里号"战列舰的伊拉克"蚕"式导弹，成功将其摧毁。

"海湾战争"结束后，在接下来的科索沃战争期间，42型驱逐舰负责在亚得里亚海海域协助执行海上禁运任务。此外，"南安普敦号"和"利物浦号"还参与了蒙特塞拉特岛和东帝汶群岛的人道主义救援行动，"格拉斯哥号"在东帝汶参加了联合国维和部队。

下图：由于42型驱逐舰能够执行防空任务，英国皇家海军3艘航空母舰在每次出海部署时均配备1艘42型驱逐舰

45 型驱逐舰
Type 45 Class Destroyer

英国皇家海军的 42 型驱逐舰最终被 45 型驱逐舰所取代，后者将是自第二次世界大战结束以来英国皇家海军所使用的最大规模的水面战舰。45 型驱逐舰装备了大量的防空武器，防空能力比 42 型优越许多。

英国、法国、意大利 3 国曾经共同参与"地平线计划"的发展，打算建造新型战舰来替代 42 型战舰，但该计划因为延期最终被取消。当时，美国海军欲向英国皇家海军出租 5 艘装备"宙斯盾"系统的"提康得罗加"级巡洋舰，但遭到拒绝。1999 年，英国皇家海军决定发展 45 型级战舰。第 1 艘该级驱逐舰"勇敢号"于 2007 年服役。

下图：皇家海军"勇敢号"，45 型驱逐舰首舰

技术参数
45 型驱逐舰
排水量：满载排水量 7350 吨
尺寸：长 152.4 米，宽 21.2 米，吃水深度 5.3 米
动力系统：综合电力推进系统，2 台罗尔斯·罗伊斯公司 WR-21 燃气涡轮交流发电机，2 台柴油发电机，2 台电动机
航速：29 节（54 千米／时）
舰载机：1 架"大山猫"HMA·Mk 8 直升机或者 1 架"灰背隼"HM·Mk 1 型直升机
武器系统：2 座 4 联装"鱼叉"导弹发射装置，6 座 A50 导弹垂直发射装置，"帕姆斯"防空导弹系统并配备 16 枚"紫菀"15 型和者 32 枚"紫菀"30 型导弹，1 门"维克斯"114 毫米口径舰炮，2 门 30 毫米口径防空火炮，2 套 20 毫米口径"密集阵"近防武器系统
电子系统：1 套数据链系统（包括 11、16、22 号数据链），1 套卫星通信系统，1 套"协同作战能力"网络系统，1 套 GSA 8/GPEOD 武器控制系统，1 部 S1850M 对空／对海搜索雷达，1 部桑普森公司的监视／火控雷达，1 部 MFS-7000 型舰艇安装的声呐
人员编制：187 人（还可以增加 38 人）

在 45 型驱逐舰的设计中，融入了英国中途退出的"地平线计划"的一些特点，包括上层建筑内部造型以及 1 套"帕姆斯"防空导弹系统，该系统能够加强 45 型驱逐舰的防空能力，并能发射"紫菀"30 型舰空导弹，射程为 80 千米。此外，该导弹系统能够拦截具有二次攻击能力的高性能导弹，吓阻各种当前和潜在的空中威胁。此外，45 型战舰还能够应付单枚或多枚导弹的威胁。除"帕姆斯"防空导弹系统之外，45 型战舰还有望配备"战斧"式巡航导弹。

传感器系统

45 型战舰总造价比 42 型战舰低，但个别备件的价格可能稍高一些。该级战舰的舰员和军官编制数量将会减少。该战舰将装备 1 套多用途传感器系统，其中，1 部 S1850M 雷达将提供大范围远程搜索能力，1 部 MFS-7000 舰艏声呐将加强水下控测的功能。此外，"桑普森"多功能雷达系统综合了监视和跟踪双重能力，可加强对防空作战的控制，还能够探测、跟踪敌方飞机和导弹，同时对己方舰载武器系统进行制导。"作战管理系统"能控制舰上所有传感器，通过"全方位综合通信系统"实现同其他战舰和卫星系统的通信。

水面舰艇鱼雷防御系统对战舰提供保护。此外，

该级战舰还着手组建 1 个由 60 人组成的皇家海军陆战队突击队，并配备 1 架支援飞机。尽管 45 型战舰最初准备搭载 1 架"大山猫"直升机，但最终搭载了 1 架英国皇家海军的"灰背隼"直升机。45 型战舰将采用创新的 WR-21 型燃气涡轮发动机，能够有效地节约燃料和费用。其中，发动机使用了 1 套综合电气推进系统，去掉了变速箱，提升了燃料效率。

人员编制

该型舰从设计阶段就为内部空间留足了"增长余量"，人员编制将为 190 人左右，视情况还可以增加到 235 人。该战舰还配备有专业人员预定铺位，供执行某种特殊使命的人员居住，例如执行人道主义救援等。

英国皇家海军共建造 6 艘 45 型驱逐舰。2009 年，继"果敢号"之后，"不屈号"和"钻石号"也将开工建造。继最初 3 艘该级战舰之后还计划建造 3 艘，分别为"龙号""保卫者号"和"邓肯号"。皇家海军将最初的建造合同授予马可尼电子系统公司（今天的英国 BAE 系统公司），由其担任总承包商，所有 45 型驱逐舰将在该公司所属的亚罗造船厂组装和下水。

"斯普鲁恩斯"级反潜驱逐舰
Spruance Class ASW Destroyer

"斯普鲁恩斯"级驱逐舰是美国海军第 1 批采用燃气涡轮机动力系统的大型战舰，共 31 艘。这些战舰的最初定位是反潜战驱逐舰，用于打击高速潜艇。但在 20 世纪 80 年代，24 艘该级战舰装备了 1 套能够发射"战斧"和"鱼叉"导弹的 61 单元导弹垂直发射系统，从而具备了非常重要的反舰和对陆攻击能力。

"斯普鲁恩斯"级战舰的体形比先前的驱逐舰大很多，按模块化标准设计，便于安装和拆卸各种武器、设备和传感器系统。大概设计者认为这是战舰

技术参数

"斯普鲁恩斯"级反潜驱逐舰

排水量： 满载排水量 8200 吨

尺寸： 长 171.70 米，宽 16.80 米，吃水深度 8.80 米

动力系统： 4 台通用电气公司 LM2500 燃气涡轮，输出功率为
80000 马力（59655 千瓦），双轴推进

航速： 33 节（60 千米／时）

舰载机： 2 架 SH-60B（SH-60R）"海鹰"直升机

武器系统： 1 座 Mk 41 导弹垂直发射系统，发射"战斧"导弹；2
座 4 联装"鱼叉"导弹发射装置；1 座 8 联装"海麻
雀"防空导弹装置（带弹 24 枚）；2 套 Mk 15"密集
阵"20 毫米口径近防武器系统；2 门 127 毫米口径火
炮；1 座 8 联装 Mk 112"阿斯洛克"反潜火箭发射器；
2 具 3 联装 324 毫米口径 Mk 32 型反潜鱼雷发射管，
配备 Mk 46 型鱼雷

电子系统： 1 部 SPS-40E 对空搜索雷达，1 部 SPS-55 对海搜索雷达，
1 部 SPG-60 火控雷达，1 部 SPQ-9A 火控雷达，1 部
SLQ-32（V）2 电子支援系统设备，2 座 Mk 36 型干
扰物发射装置，1 部 SQS-53 舰艏声呐，1 部 SQR-19
拖曳式声呐

人员编制： 320～350 人

"基德"级驱逐舰

类似于早期的"斯普鲁恩斯"级，但存在以下不同：

武器系统： 2 座双联装 Mk 26 型"标准"SM1-ER 型防空导弹
／"阿斯洛克"反潜火箭发射装置（配备 50 枚"标准"
导弹、16 枚"阿斯洛克"反潜火箭以及 2 枚教练弹）

电子系统： 包括 1 部 SPS-48C 3D 雷达，1 部 SPS-49 型对空搜索
雷达，2 部 SPG-51D 型"标准"导弹射击指挥雷达

未来的发展方向。与传统舰船建造技术不同，该级
战舰的制造也采取模块化组装的方式，美国人将该
种舰体分为几段，在造船厂的不同部门制造，然后
在船台上将几段舰体焊接到一起。虽然"斯普鲁恩
斯号"在 1975 年 9 月开始服役，但该级战舰的建造
工作一直持续到 20 世纪 80 年代初期。

舰载直升机

该级战舰建成时，可搭载 2 架卡曼公司制造的
SH-2D/F"海妖"直升机（配备"兰普斯"Mk 1 轻
型机载多用途系统）。不过现在主要的反潜系统是
SH-60B 型直升机，该型直升机延伸了舰载武器和传
感器的作战范围，使之超出了地平线的范围。SH-
60B 型直升机被改进后，成为速度更快的 SH-60R
型，该型机除了用于反潜外，还担负炮火测点定位、
超地平线瞄准、医疗撤运、运输以及搜索与救援行
动等任务。

船员居住的舒适度是保证战舰战斗力的关键因
素，该级战舰配备有休闲娱乐设备，包括 1 间舰员
休息室、1 台 ATM 自动取款机、1 个健身房、1 间教
室以及 1 家商店。

"斯普鲁恩斯"级驱逐舰设计的使用寿命为 30
年，但 7 艘并没有加装"战斧"导弹垂直发射系统
的该级驱逐舰只服役了 20 年就退役了。

1974 年，伊朗政府向美国订购了 6 艘装备防空
导弹的"斯普鲁恩斯"级驱逐舰，用于在波斯湾和印
度洋服役。伊斯兰革命运动爆发后，1979 年伊朗取

左图："斯普鲁恩斯"级驱逐舰与第二次世界大战时期的巡洋舰大小相当，
这为加装新型武器系统和战舰升级留出了足够的空间

下图：这是在 1978 年服役不久的"斯普鲁恩斯"级
驱逐舰"格拉斯号"（DD974）。如今，搭载在该舰上
的卡曼公司制造 SH-2D 型反潜直升机已被西科斯基
公司 SH-60B 型直升机取代了。截至 2012 年，SH-
60R 型将取代现役的 SH-60B 型直升机

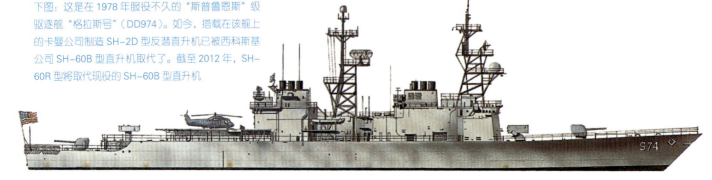

消了 2 艘战舰的订单，正在建造的 4 艘战舰也由美国海军接管，被重新命名为"基德"级。这是几艘装备强大的多用途驱逐舰，美国海军曾经非正式地称它们为"阿亚图拉"级，分别将其命名为"基德号"（DDG993）、"加勒汉号"（DDG994）、"斯科特号"（DDG995）和"钱德勒号"（DDG996）。

"提康德罗加"级防空巡洋舰
Ticonderoga Class AEGIS Air Defenc Cruiser

美国海军"提康德罗加"级防空巡洋舰最初被定级为驱逐舰，1980 年被重新定级为巡洋舰，舷号为 CG47。其设计以"斯普鲁恩斯"级为基础，经过数年改进，已发展成为当代最先进的巡洋舰。与同等性能的其他战舰相比，"提康德罗加"级巡洋舰造价低廉，是可以大量建造的先进区域防空平台。美国最初计划建造 28 艘，里根政府将这一数量增加到了 30 艘，后来又削减到了 27 艘。

"提康德罗加"级是第 1 批装备"宙斯盾"系统的水面战舰。"宙斯盾"系统是目前世界上技术最完善、最先进的防空系统，能够通过快速反应火力和干扰抑制手段摧毁来袭导弹，可以消除美国海军战斗群所面临的任何空中威胁。该系统在操纵己方飞机的同时，还能对以本舰为中心的半球区域进行连续扫描监视、目标探测和跟踪，且能够为 1 个战斗群的所有战舰提供统一的指挥与控制平台。"宙斯盾"系统的核心是 SPY-1A 型雷达。2 对相控阵雷达能够自动探测和跟踪 322 千米之外的空中目标。

第 1 批"提康德罗加"级 5 艘战舰装备 2 座双联 Mk 26 导弹发射装置，发射"标准"SM2-MR 导弹。这些导弹能够在高强度的电子对抗环境中对付高科技战机以及低空、高空、水面和水下发射反舰导弹的饱和攻击。从"邦克山号"（CG52）开始，2 座 Mk 26 型导弹发射装置连同弹药库均被 2 座 Mk

技术参数

"提康德罗加"级防空巡洋舰

排水量： 满载排水量 9960 吨

尺寸： 长 172.80 米，宽 16.80 米，吃水深度 9.50 米

动力系统： 4 台通用电气公司 LM2500 燃气涡轮，持续总功率为 80000 马力（59655 千瓦），双轴推进

航速： 30 节（56 千米 / 时）

舰载机： 2 架西科斯基公司 SH-60B 型"海鹰"多用途直升机

武器系统： 2 座 Mk 41 导弹垂直发射系统，配备"标准"SM2-MR、"战斧"巡航导弹以及"阿斯洛克"导弹；2 座 4 联装"鱼叉"反舰导弹发射装置；在前 5 艘战舰上，2 座双联"标准"SM2-ER/"阿斯洛克"防空导弹 / 反潜导弹发射装置（配备 68 枚"标准"导弹和 20 枚"阿斯洛克"导弹）；2 门 Mk 45 型 127 毫米口径火炮；2 座 Mk 15 型 20 毫米口径"密集阵"近防武器系统装备；2 具 3 联装 324 毫米口径 Mk 32 反潜鱼雷发射管装置，配备 Mk 46 型鱼雷

电子系统： 4 部 SPY-1A"宙斯盾"相控阵雷达天线，以后的 15 艘战舰上装备的是 SPY-1B 型雷达，1 部 SPS-49 对空搜索雷达，1 部 SPS-55 对海搜索雷达，1 套 SPQ-9A 舰炮火控系统，4 部 SPG-62"标准"导弹射击指挥雷达 / 照明雷达，1 套 SLQ-32 电子支援系统设备，4 座 Mk 36 型干扰物发射装置，1 部 SQS-53 声呐以及 1 套 SQR-19 战术拖曳式阵列声呐系统

人员编制： 364 人

41 型导弹垂直发射装置所取代，这个具有 122 个发射单元的导弹垂直发射系统能够发射"标准"导弹、"鱼叉"导弹、"阿斯洛克"导弹和"战斧"巡航导弹，能够攻击空中、水面和水下目标，为后面的战舰提供强大的防护。

美国海军"提康德罗加号"于 1983 年服役，最后 1 艘该级战舰"罗亚尔港号"于 1994 年服役。该

级巡洋舰主要用来支援和保护航母战斗群和两栖攻击大队，还用来执行封锁和护航任务。从 1983 年黎巴嫩冲突开始，一直到 2001 年美军"战斧"巡航导弹轰炸阿富汗，在美国海军大部分的作战中，人们到处能够看到该级战舰的身影。

上图：在"斯普鲁恩斯"级驱逐舰的基础上设计的"提康德罗加号"巡洋舰及其姊妹舰被人批评说是"头重脚轻"。然而，从 1983 年起，这些战舰在美国海军大部分的作战行动中声名显赫

左图：2001 年 10 月，1 枚舰载"战斧"巡航导弹射向阿富汗境内的目标。这些导弹为"提康德罗加"级巡洋舰提供了攻击距海岸数百英里的内陆目标的能力

"阿利·伯克"级通用驱逐舰
Arleigh Burke Class AEGIS General-Purpose Destroyer

"阿利·伯克"级导弹驱逐舰采用燃气轮机动力系统，以取代"孔茨"级导弹驱逐舰以及"莱西"级和"贝尔纳普"级导弹巡洋舰。

最初美国是想建造 1 艘造价比"提康德罗加"级低廉、作战性能稍差的巡洋舰，但在多次设计调整后，结果发展出了一款功能极其强大的多用途战舰——"阿利·伯克"级导弹驱逐舰，它配备有非常先进的武器及防御系统。

隐形战舰

"阿利·伯克号"（DDG51）是按照美国海军的隐身要求设计，采用隐身技术以减少雷达反射横截

面的第 1 艘大型驱逐舰，最初是为了对付苏联的飞机、导弹和潜艇，如今，这艘强大的驱逐舰在高威胁地区执行各种防空、反潜、反舰和攻击作战任务。

高速舰体

"阿利·伯克"级导弹驱逐舰的舰体造型新颖，水线以上舰体呈 V 形，这种舰型具有极佳的抗风稳定性能，能在恶劣海况下高速航行；舰体主要采用钢结构，以铝制桅杆减少桅杆顶部重量，所有机舱和设备控制舱都覆盖着"凯芙拉"装甲。

值得一提的是，"阿利·伯克"级是美国海军第一款完全能在核生化环境下作战的美军战舰，舰员们的战位都在密闭的舰体和上层建筑内。

"宙斯盾"雷达

"阿利·伯克"级导弹驱逐舰装备"宙斯盾"系统，用来对抗美国海军舰队和平时期所面临的所有现实的及潜在的导弹威胁。

传统的机械式旋转雷达发现目标，主要通过天线对各个阵面发射单元进行 360 度相位扫描，在此过程中当雷达波束碰到目标时，就能够"看到"这个目标。然后分派 1 个单独跟踪雷达去跟踪目标。"宙斯盾"系统则以 AN/SPY-1D 型相控阵雷达为核心，将很多种雷达功能整合到 1 个系统当中，在压制敌人电子对抗措施方面具有独到的优势。SPY-1D 型雷达的 4 个固定式辐射阵列能够同时向各个方向发射电磁能量波，能够连续不断地搜索、跟踪上百个目标，与 Mk 99 火控系统导引垂直发射的"标准"导弹配合，可以在很远的距离截击敌机和导弹。在防御方面，该级战舰升级了"密集阵"近防武器系统。

该级战舰唯一的缺点是：虽然第一批 28 艘战舰配置了飞行甲板，能够搭载 1 架西科斯基公司研制的 SH-60 型直升机，但最初设计没有在舰上为直升机提供机库。第 3 批经过改进的"阿利·伯克"级

技术参数

"阿利·伯克"级驱逐舰

排水量： 标准排水量 8300 吨，满载排水量 9200 吨

尺寸： 长 142.10 米，宽 18.30 米，吃水深度 7.60 米

动力系统： 4 台通用电气公司制造的 LM2500 燃气涡轮，持续总功率为 105000 马力（78330 千瓦），双轴推进

航速： 32 节（59 千米 / 时）

舰载机： 1 座直升机起降甲板，2 架西科斯基公司的 SH-60 型直升机，从 DDG79 开始装备 SH-60R 型直升机

武器系统： 2 座 4 联装"鱼叉"反舰导弹发射装置（装备在第 1 批 25 艘战舰），2 座 Mk 41 导弹垂直发射系统（第 1 批 25 艘战舰上混装了 90 枚"标准"SM2-MR 防空导弹、"阿斯洛克"导弹和"战斧"反舰导弹，后来这些战舰上总共混装了 96 枚导弹），1 门 127 毫米口径火炮，2 套 20 毫米口径"密集阵"近防武器系统（仅在第 3 批"Flight IIA"型战舰上装备"改进型海麻雀"），2 具 3 联装 324 毫米口径 Mk 32 反潜鱼雷发射管（配备 Mk 46/50 鱼雷）

电子系统： 2 对（4 部）SPY-1D"宙斯盾"雷达，1 部 SPS-67 对海搜索雷达，1 部 SPS-64 导航雷达，3 部 SPG-62"标准"导弹射击指挥雷达，1 套 SLQ-32 电子支援系统设备，2 座 Mk 36 型干扰物发射装置，1 部 SQS-53C 舰艏声呐，1 部 SQR-19 拖曳式阵列声呐

人员编制： 303 ~ 327 人

上图：美国海军驱逐舰"阿利·伯克号"（DDG 51）是以第二次世界大战时期美国海军英勇善战、功勋卓著的驱逐舰舰长的名字命名的

右图：美国海军"拉塞尔号"（DDG59）是第 9 艘"阿利·伯克"级驱逐舰，于 1995 年 5 月开始服役。同该级所有战舰一样，"拉塞尔号"配置了 1 整套能在核生化环境下作战的舰员保护系统，该舰上层建筑表面呈一定角度内倾，因此舰体具有隐身效果

"Flight IIA 型"驱逐舰则装备了 1 座直升机库，导弹垂直发射系统也增加了发射单元，配备 1 门新型 127 毫米口径火炮，通信系统也得到改进。

美国海军计划在 2004 年之前建造 57 艘"伯克"级驱逐舰来装备部队，但由于国会预算草案削减经费，导致战舰建造进度表推迟到了 2008 年。

"七省"级导弹驱逐舰
De Zeven Provincien Class Guided-Missile Destroyer（DDG）

位于弗利辛恩市的皇家斯凯尔特修造船厂为荷兰海军建造了 4 艘"七省"级防空导弹驱逐舰，第 1 批 2 艘具备指挥能力（旗舰）的战舰是作为 2 艘"特隆姆普"级护卫舰的接任者建造的，第 2 批 2 艘战舰不具备指挥能力，是作为 2 艘"雅各布·冯·赫姆斯科克"级护卫舰的继任者而建造的。"七省号"于 1995 年 2 月订购，于 2002 年 4 月服役；"特隆姆普号"于 2003 年 3 月服役；"德·鲁伊特尔号"于 2002 年 4 月下水，2004 年开始服役；"埃弗森号"2003 年下水，2005 年开始服役。

这些战舰是德国、荷兰和西班牙 3 国所发起的计划的产物。这样，德国和西班牙分别建造了 3 艘"萨克森"级和 4 艘"阿瓦罗·迪·巴赞"级护卫舰，同时荷兰建造"七省"级战舰。该级战舰的设计具有隐身特点，以减少雷达波、热、声音、电磁信号的反射面积。同时，把重要的系统分割为若干个独立的舱段，各个系统之间有一定的绝缘，留出了空余部分，具有动力配电系统，舱体构造相对于传统舰船而言能够承受更强的爆炸冲击和抗断裂能力，提高了战舰生存力。为了确保战舰在核生化环境中生存，战舰内部构造又细分为 2 个主水密舱和 1 个水下密闭舱。

3 种导弹

该级战舰作战能力的核心部分就是由泰利

技术参数
"七省"级导弹驱逐舰
排水量：满载排水量 6048 吨
尺寸：长 144.2 米，宽 18.8 米，吃水深度 5.2 米
动力系统：2 台罗尔斯·罗伊斯公司"斯佩"SM1C 燃气涡轮，输出功率为 52300 马力（38995 千瓦）和 2 台 16V 26 ST 型柴油机，输出功率为 13600 马力（10140 千瓦），双轴推进
航速：28 节（52 千米／时）
航程：以 18 节（33 千米／时）的速度可航行 9250 千米
武器系统：8 枚"鱼叉"反舰导弹，1 座 40 个发射单元的 Mk 41 导弹垂直发射系统配备"标准"SM2-MR 导弹和"改进型海麻雀"防空导弹，1 门 127 毫米口径火炮，2 套 30 毫米口径近防武器系统，2 门 20 毫米口径火炮，2 具双联 324 毫米口径 Mk 32 鱼雷发射管，配备 Mk 46 反潜鱼雷
电子系统：1 部 SMART-L3D（三坐标）雷达，1 部 APAR（有源相控阵雷达）对空／对海搜索和火控雷达，1 部"侦察员"对海搜索雷达，1 部"天狼星"光电指挥仪，1 套"西沃科"XI 型战斗数据系统，1 部"佩刀"电子支援系统／电子对抗系统，SBROC 干扰物发射器，1 部 DSQS-24C 声呐
舰载机：1 架"大山猫"或 NFH90 型直升机
人员编制：204 人

斯（荷兰）船舶公司（原荷兰信号公司）所改进的 SEAWACO XI 型战斗数据系统。近程防空导弹系统是由雷声导弹系统公司领导的 1 个国际组织负责改进的"改进型海麻雀"导弹，该导弹通过半主动雷达制导和定向火箭发动机进行助推，所以射程更大，飞行速度更快，机动性能更好。中程防空导弹系统由雷声公司制造的射程 70 千米、飞行速度马赫数为

上图："七省"级导弹驱逐舰桅杆配置了 APAR 雷达（有源相控阵雷达）的 4 部平板阵列，位于球形雷达天线罩中的卫星通信天线侧面

上图："七省"级导弹驱逐舰的燃气涡轮机和柴油机所产生的废气通过向外倾斜的烟囱排放出去

2.5、半主动雷达制导的"标准"SM2-MR IIIA 导弹承担。"改进型海麻雀"导弹和"标准"SM2-MR 导弹都是由 1 套 40 个发射单元的 Mk 41 导弹垂直发射系统进行发射的。5 座 8 联装导弹发射装置连同发射筒盖几乎与主炮后面的前甲板表面齐平。位于桅杆后方升起的甲板上"鱼叉"导弹系统提高了战舰的反舰能力。

战舰主炮是 1 门 127 毫米口径"奥托·布雷达"L/54 火炮，2 座 30 毫米口径泰利斯（荷兰）船舶公司制造的"守门员"近防武器系统为战舰提供最后一道反导防线，2 座火炮中的 1 座位于桅杆正前面，1 座位于直升机库顶部。战舰上还装备 2 门 20 毫米口径"厄利空"火炮（位于桅杆左右侧）。2 具配备了 24 枚 Mk 46 Mod 5 鱼雷的 324 毫米口径 Mk 32 型双联鱼雷发射管（分布于战舰左右两舷）负责战舰的近程反潜防御任务。1 架"大山猫"直升机（2007

年起由体形更大的 NFH90 型直升机接替）担当较远程的反潜作战任务，该直升机装载于舰艉飞行平台（配置 1 套 DCN 型操纵系统）正前方的 1 个机库中。

先进的雷达设备

战舰的雷达设备也是由泰利斯船舶荷兰公司提供的：位于机库上方的 SMART-L 雷达提供 3D（三坐标）对空搜索；围绕在桅杆 4 周的 APAR 有源相控阵雷达提供对空／对海搜索信号，并具有"标准"SM2-MR 导弹火控能力；位于桅杆前面的"侦察"LPI（低截获概率）雷达提供对海搜索。泰利斯（荷兰）公司生产的其他一些重要元件还有位于舰桥上方的"天狼星"远程红外搜索和跟踪系统，以及"瞭望台"光电对海监视系统。

声呐系统是阿特拉斯电子公司提供的 DSQS-24C 型舰艏安装的主动式搜索和攻击声呐。

对于战舰的推进系统，应当指出其富有特色的柴燃联合动力（CODOG）系统，该系统具有2个独立部分：2台罗尔斯·罗伊斯公司"斯佩"SM1C燃气涡轮，高速运转时每台的输出功率为26150马力（19495千瓦）；2台斯托克·惠特希尔公司的16V 26 ST型柴油机，在经济巡航状态时每台输出功率为6800马力（5070千瓦）。2个变速箱位于1个单独的输送舱中。战舰上还有2个变距式螺旋桨和2个方向舵，也能够确保战舰的稳定性。

右图：图中的F802号战舰是"七省"级导弹驱逐舰的首舰。该级战舰的机库空间很大，足够容纳1架NFH90型直升机，机库还装备有1部SMART-L雷达以及1套近防武器系统

"玉浦"级导弹驱逐舰
Okpo Class Guided-Missile Destroyer（DDG）

韩国海军正在进行一项规模庞大、前后相承的驱逐舰造舰计划（KDX），分为3个阶段进行，建造3种不同吨位的舰型：排水量3800吨的KDX-1级、排水量5000吨的KDX-2级以及排水量7000吨或超过7000吨的KDX-3级驱逐舰，分别从1998年、2004年和2007—2008年开始服役。在战舰尺寸、传感器系统和武器系统方面，每级战舰均比上一级战舰更高、更先进。根据KDX-1计划，将建造3艘"玉浦"级导弹驱逐舰，接下来进一步建造KDX-2级和KDX-3级战舰。"玉浦"级的建造标志着韩国海军从沿海防卫型海军向远洋海军的过渡迈出了重要的第一步。

"玉浦"级的设计进度有点缓慢：第一艘战舰原计划1992年开工建造，但实际上直到1995才开始。该级战舰主要用于为实施海上打击、反潜和两栖军事力量提供护航，担任防空和反潜任务。因此，"玉浦"级驱逐舰（由于大宇造船厂在玉浦市建造这些战舰，这些战舰因此被命名为"玉浦"级）是配备有先进的声呐和武器系统的多用途水面战斗舰艇。"玉浦"级最初计划建造10艘，后来韩国为了集中力量建造KDX-2型战舰压缩了计划，最终减为3艘，它们是："广开土大王号""乙支文德号"和"杨万春号"，分别于1998年、1999年和2000年开始服役。

这些战舰装备优良，在多重威胁环境中既能进

左图："玉浦"级首舰"广开土大王号"

该级战舰装备大量由美国和欧洲制造的传感器系统、武器系统、火控系统和动力系统。从美国输入的装备主要是"海麻雀"近程防空导弹、"鱼叉"反舰导弹、1套反潜鱼雷发射系统和1部对空搜索雷达，从欧洲输入的武器装备主要有127毫米口径火炮、近防武器系统、"超级大山猫"反潜直升机，输入的传感器系统主要有对海搜索和火控雷达、1部声呐。战舰上的1座机库和飞行甲板可以搭载2架直升机。

行单舰作战，又能够编入战斗群作战。鉴于这种情况，战舰控制系统和武器系统方面具有高度综合、高度自动控制的特点，能够有效地胜任所有条件下的现代海上战斗。

该级战舰推进系统采用柴燃联合动力，配备2台燃气涡轮机和2台柴油机分别用于高速战斗航行和远程巡航。战舰动力系统控制台、电气设备控制台、战舰损伤管制控制台和火警探测控制台均位于中央控制站内。

技术参数

"玉浦"级导弹驱逐舰

排水量： 满载排水量3855吨

尺寸： 长135.4米，宽14.2米，吃水深度4.2米

动力系统： 2台美国通用电气公司制造的LM2500燃气涡轮机，输出功率58200马力（43395千瓦）；2台MTU 20V 956 TB92型柴油发动机，输出功率为7995马力（5960千瓦）；双轴推进

航速： 30节（56千米/时）

航程： 为18节（33千米/时）的速度可航行7400千米

武器系统： 2座4联装导弹发射装置，配备"鱼叉"远程超音速反舰导弹；1座Mk 48 Mod 2型导弹垂直发射系统，发射RIM-7P型"海麻雀"防空导弹；1门127毫米口径"奥托·布雷达"火炮；2套30毫米口径"守门员"近防武器系统；2具3联装324毫米口径Mk 32型鱼雷发射管，配备Mk 46型反潜鱼雷

电子系统： 1部SPS-49（V）5对空搜索雷达，1部MW-08对海搜索雷达，1部SPS-55M导航雷达，2部STIR 180火控雷达，1套SSCS舰载卫星通信系统Mk 7战斗数据系统，1套阿果公司电子支援系统/电子对抗系统，4座"达盖"Mk 2型干扰物发射装置，1套SLQ-25"水精"鱼雷诱骗系统，1部DSQS-21BZ型舰体安装的主动式搜索声呐，1部大宇公司制造的被动拖曳式阵列声呐

舰载机： 2架"超级大山猫"反潜直升机

人员编制： 170人

上两图：在直升机机库上方，从前向后依次配置1部SPS-49（V）5对空搜索雷达、1部STIR 180型火控雷达以及1套30毫米口径"守门员"近防武器系统，"鱼叉"反舰导弹发射装置位于烟囱后面

"地平线"级导弹驱逐舰
Horizon Class Guided-Missile Destroyer

"地平线"级导弹驱逐舰的项目于1993年由法国、意大利和英国3国联合发起，英国在1999年4月退出该项目。此项目标是设计和建造适合执行防空任务的新一代驱逐舰，但同时也要具备反舰和反潜能力，以便于舰船能应对履行更大范围内的任务：协同航母战斗群参加防空行动，或者支援武器装备薄弱甚至没有武器的船只，或者作为独立的作战力量执行出行动。

按照计划，2对"地平线"级舰船在2006—2009年进入法国海军和意大利海军服役。法国的2艘——"福尔班号"和"骑士保罗号"由法国船舶建造局在洛里昂船厂建造，分别于2006年和2008年投入使用，它们将替换"絮弗伦号"和"迪凯纳号"，这2艘按照计划是接替"卡萨尔号"和"让·巴尔号"的。意大利的2艘由菲坎铁瑞造船厂在莱里奇建造，分别于2007年和2009年投入使用，它们在某些细节上与法国那2艘有所区别，如阿古斯塔/韦斯特兰EH.101直升机，武器装备的细节，以及某些电子系统。意大利还有很大可能再订购2艘该级别舰船。

舰船防空能力的核心是PAAMS（主防空导弹系

技术参数

"地平线"级（法国型）驱逐舰

排水量： 满载排水量6700吨

尺寸： 长150.6米，宽19.9米，吃水深度4.8米

动力系统： 柴燃联合动力：2台LM2500燃气涡轮机，功率57660马力（42990千瓦）；2台法制皮尔斯蒂克12A 6STC柴油机，功率10410马力（7760千瓦）

航速： 29节（54千米/时）

航程： 以18节（33千米/时）的速度可航行13000千米

武器系统： 2门76毫米"超速"高平两用炮；4座双联发射架，配备8枚MM 40"飞鱼"反舰导弹；1套PAAMS（E）舰空导弹系统，其中包括6个8联的"席尔瓦"A50垂直发射单元，配备48枚"紫菀"15中程舰空导弹和"紫菀"30远程舰空导弹；2套"萨德尔"6联发射器，配备"西北风"短程舰空导弹；以及2个配备12枚MU 90反潜鱼雷的发射器

电子系统： 1套DRBV 27 Astral空中/海面搜索雷达，1套EMPAR侦察和射击控制雷达，1套海面搜索雷达，1套NA 25射击控制雷达，导航雷达，2套"吸血鬼"光电瞄准系统，1套CMS作战数据系统，1套ACOM或SIC 21跟踪指挥支援系统，1套SIGEN电子战系统，2个NGDS箔条/诱饵发射器，1个DUBV 23船体声呐，以及1套SLAT鱼雷诱饵系统

飞机： 1架NH90直升机

人员编制： 190人，最多可容纳230人

统），配备2种"紫菀"舰空导弹，分别用于中程和远程防御。舰船的前甲板上嵌装了"席尔瓦"A50垂直发射系统，其中大约能装备48枚舰空导弹。目标探测和跟踪能力来源于多功能相控阵雷达，它安装在角锥状前桅杆前面的近似球体的雷达天线罩中，此天线罩里还装有卫星通信系统的天线、光电火控系统和海面搜索雷达。另一个角锥状桅杆（其上也装有光电火控系统，

左图：意大利的"地平线"级防空护卫舰"安德烈亚·多里亚号"。2010年上半年，该舰被部署到南美水域，以支持意大利对巴西的潜在国防出口项目

在意大利上的那两艘上换成了 RTN25X 射击控制雷达）前方和直升机机库前方的桅杆安装着 DRBV 27（S1850M）空中／海面搜索雷达。意大利的 2 艘还在前桅杆的背面安装了 1 个独立的光学瞄准器。

法国的 2 艘装备 4 座双联装发射器，配备 MM 40 "飞鱼"反舰导弹，而意大利的 2 艘装备 2 个 4 联发射器和特西奥 Mk 2 系统，配备 8 枚 "奥托马特" Mk 3 导弹。法国和意大利的舰船都在指挥塔前面并排安装 1 对 76 毫米奥托·布雷达超快速舰炮，但意大利舰船在机库上方安装了第 3 个此种炮塔，而

法国舰船在同一地方安装的是 "西北风" 短程舰空导弹发射器。

近距离防御能力来自 2 门机关炮——法国和意大利舰船上分别是 20 毫米的 GIAT 舰炮和 25 毫米厄利康高射炮。

更短的角锥状桅杆之间是 1 个更高的桅杆，其上安装着电子战系统的天线，法国舰船上安装的是 SIGEN 系统，而意大利舰船上安装的是 JANEWS 系统。2 国的舰船都使用了法国研制的 SENIT8 作战数据系统。

"高波"级导弹驱逐舰
Takanami Class Guided-Missile Destroyer

日本海上自卫队对其 1996—2002 年投入使用的 9 艘 "村雨"级驱逐舰性能大体上满意，但他们意识到该级别驱逐舰的防空能力和反潜能力有限，因为它们的 16 枚 "海麻雀" 中程舰空导弹和 16 枚 "阿斯洛克" 反潜火箭使用了 2 套不同的垂直发射系统。"村雨" 级起源于成本过高的 "金刚" 级导弹驱逐舰，"金刚" 级装备了轻量级的美国 "宙斯盾" 防空系统，其中包括 SPY-1D 3D 空中搜索雷达和 SM2 舰空导弹，分别装于 29 单元和 61 单元的 Mk 41 垂直发射系统中（前后各 1 套）；射击控制系统使得舰船能同时应对 3 个目标。

延迟的项目

美国公开 "宙斯盾" 技术的退役以及舰船成本的上升导致日本政府将 "金刚" 级驱逐舰缩减至 4 艘。这导致舰队防空力量的不足，所以日本海上自

技术参数
"高波"级驱逐舰
排水量: 标准排水量 4605 吨，满载排水量 5150 吨
尺寸: 长 151 米，宽 17.4 米，吃水深度 5.3 米
动力系统: 柴燃联合动力：2 台罗尔斯·罗伊斯 SM1C 燃气涡轮机，功率 41630 马力（31040 千瓦）；2 台 LM2500 柴油机，功率 43000 马力（32020 千瓦）
航速: 30 节（56 千米／时）
武器系统: 1 门 127 毫米奥托·布雷达舰炮；2 门 20 毫米 Mk 15 密集阵近防武器系统；2 座 4 联装发射器，配备 8 枚 SSM-1B 反舰导弹；1 套 Mk 41 垂直发射系统，配备 32 枚 "海麻雀" 中程舰空导弹和垂直发射的 "阿斯洛克" 反潜火箭；以及 2 个 3 联的 324 毫米发射管，配备 68 型反潜鱼雷
电子系统: 1 个 OPS-24 3D 侦察雷达，1 个 OPS-28D 海面搜索雷达，2 个 FCS 3 射击控制雷达，1 个 OPS-20 导航雷达，1 套 OYQ-103 反潜武器射击控制系统，1 套 OYQ-7 作战数据系统，1 套 NOLQ-2/3 电子战系统，4 个 Mk 36 SRBOC 箔条／干扰丝发射器，1 个主动型搜索和攻击型船体声呐，1 个 OQR-1 拖曳阵列被动型声呐，以及 1 个 SLQ-25 "女水精" 鱼雷诱饵
飞机: 1 架三菱／西科斯基 SH-60J "海鹰" 直升机
人员编制: 175 人

卫队获批采购一种成本更低的替代品，即后来的"村雨"级。虽然其武器装备与"朝雾"级相似，但其导弹（"海麻雀"舰空导弹和"阿斯洛克"反潜武器）储存在垂直发射系统之中，并从这里发射。大量"隐蔽性"特征包括圆角化和向内倾角的上层结构，更高的自动化水平也降低了操纵的难度。

进一步强化

由于很显然"村雨"级还可以进一步改进，它们在指挥塔前部区域增加了 1 套 32 单元的 Mk 41 垂直发射系统，该系统可同时适配"海麻雀"导弹和垂直发射型的 RUM-139 反潜火箭，这就是后来更强大的"高波"级。此外，导弹射击控制系统也进一步改进（2 套 FCS 3 系统取代了"村雨"级同时应对 2 个目标的 2-31 型系统），并用 1 套更新的系统替换了 OQS-5 低频主动型搜索和攻击舰体声呐。

最初的 2 艘在 1998 年获得批准，分别由住友和三菱建造，2003 年正式投入使用，即"高波号"和"大波号"。另外 2 艘分别于 2000 年和 2001 年获得批准，并由石川岛播磨重工和三菱建造。第 1 艘于 2005 年完工，即"涟波号"。第 5 艘于 2006 年完工。

块状上层结构

与日本其他现代化战舰一样，"高波"级驱逐舰也采用了矮而结实的上层结构布局（这是重视隐身设计的重要标志），指挥塔后面有 1 个高高的四方格架桅杆。桅杆向前的 1 面安装了很多电子设备的天线，从下往上依次包括 OPS-24 三维空中搜索雷达，SQQ-28 直升机数据传输器，以及 OPS-28D 海面搜索雷达。指挥塔上方和直升机机库上方是 2 套 FCS 3 射击控制雷达的天线。

火炮武器为 1 门 127 毫米奥托·布雷达 L/54 舰炮（发射 32 千克炮弹，射程为 23 千米，射速为每分钟 45 发），安装在前甲板上的炮塔之中，外加 2 门 20 毫米 Mk 15 "密集阵"近防武器系统，主要用于近距离防御反舰导弹和飞机。这些近防武器系统炮塔位于指挥塔前面和直升机机库尾部上方，2 个位置都相对较高，因此可为这些快速反应武器提供尽可能大的射界，而这些武器可以独立作战，射速可达 3000 发 / 分，最大有效射程约 1510 米。

"高波"级驱逐舰的远程反舰作战能力来自 8 枚 SSM-1B 主动雷达制导反舰导弹。该型导弹由日本自行研制，均可以携带 1 个 225 千克弹头，采用亚音速掠海弹道，射程可达 150 千米。导弹存储在位于第 2 个烟囱前面的 2 个 4 联的发射器中，分别向左舷和右舷发射。

3 种鱼雷型号

首要的反潜武器仍然是垂直发射型"阿斯洛克"，它与 OYQ-103 射击控制系统联合使用，能将其有效载荷——1 枚 Mk 46 NEAPtip 声自动引导轻量级鱼雷发射到 10 千米远的地方。然而，舰船还搭载了 1 件更远程的反潜利器，即西科斯基 SH-60K "海鹰"直升机。该飞机可携带 Mk 46 鱼雷到达更远的地方。针对潜艇袭击的近程自卫能力来自 2 个 3 联的 68 型 324 毫米发射管，舰体两侧各安装 1 个，它们也能发射携带 44 千克弹头的 Mk 46 鱼雷，射程为 11 千米，速度为 40 节（74 千米 / 时）。

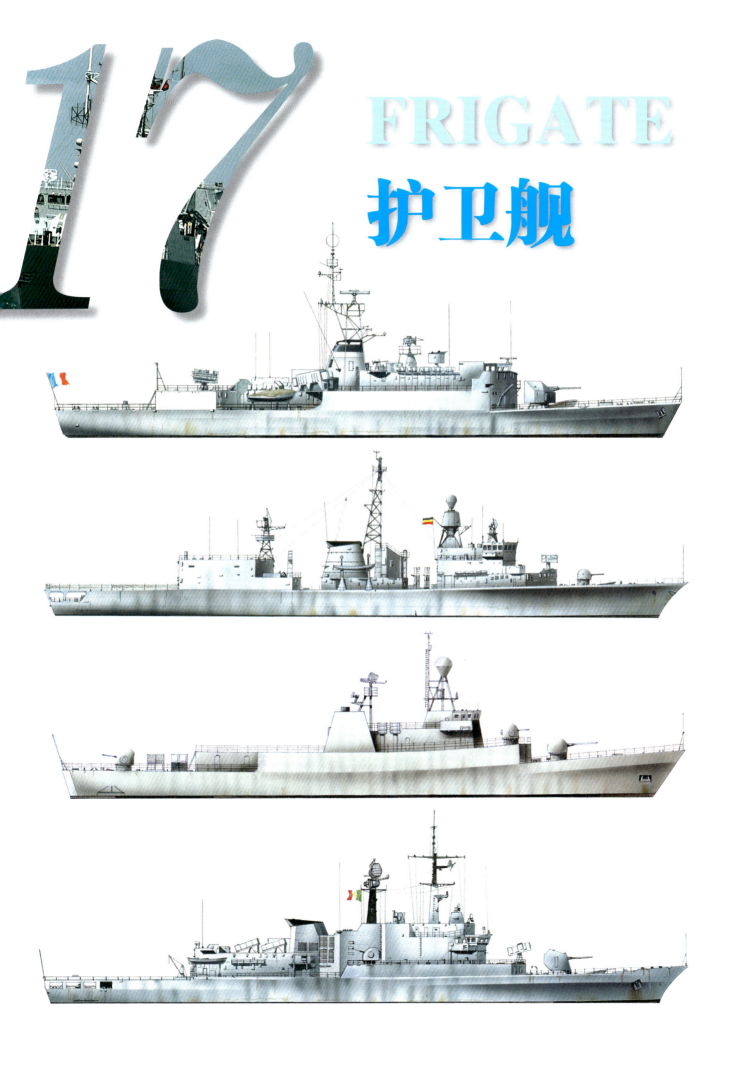

17

FRIGATE
护卫舰

"安扎克" 级护卫舰
Anzac Class Frigate

1989 年 11 月，澳大利亚政府同澳大利亚海事工程联合公司签订了建造 10 艘 "安扎克" 级导弹护卫舰的合同，其中 8 艘为澳大利亚皇家海军建造，2 艘为新西兰皇家海军建造。该级战舰以德国布隆和沃斯公司建造的 "梅科" 200 型护卫舰为设计基础，采用一种模块化设计，允许分段施工建造，具体分工是：在澳大利亚的纽卡斯尔和新西兰的旺阿雷建造模块，然后运至澳大利亚墨尔本威廉斯镇的川斯菲尔德造船厂（如今称亚特尼克斯防务系统公司）进行总装。模块化设计也促进了现代化装备的改进，可以将 1 个现有的模块拆掉，由 1 个能够适应新型装备的新型模块来取代，这些新型装备包括许多新型制导武器和更为先进的声呐设备。

"安扎克" 级护卫舰与 "梅科" 200 型护卫舰的主要区别在于 "安扎克" 级护卫舰采用单轴动力装置，应澳大利亚军方的要求，主炮口径由 76 毫米增加到 127 毫米。

澳大利亚皇家海军的 8 艘 "安扎克" 级护卫舰从 1996 年 5 月到 2006 年 3 月全部建造完成，分别是 "安扎克号" "阿润塔号" "瓦拉曼塔号" "斯图亚特号" "帕拉马塔号" "巴拉纳塔号" "图文巴号" 和 "佩思号"，而新西兰海军的 2 艘 "安扎克" 级护卫舰分别于 1997 年 7 月和 1999 年 12 月服役，被命名为 "德·卡哈号" 和 "德·玛娜号"。

技 术 参 数
"安扎克" 级护卫舰
排水量： 满载排水量 3600 吨
尺寸： 长 118 米，宽 14.8 米，吃水深度 4.35 米
动力系统： 1 台通用电气公司 LM2500 型燃气涡轮机，输出功率为 30170 马力（22495 千瓦）；2 台 MTU 12V1163 TB83 型柴油机，输出功率为 8840 马力（6590 千瓦）；单轴推进
航速： 27 节（50 千米 / 时）
航程： 以 18 节（33 千米 / 时）的速度可航行 11105 千米
武器系统： 1 门 127 毫米口径火炮；1 座 8 联装导弹垂直发射系统，配备 8 枚 "海麻雀" 或 "1 坑 4 弹"，配备 32 枚 "改进型海麻雀" 防空导弹；2 具 3 联装 324 毫米口径鱼雷发射管，配备 Mk 46 反潜鱼雷
电子系统： 1 部 SPS-49（V）8 型对空搜索雷达，1 部 9LV 453 TIR 型对空 / 对海搜索雷达，1 部 9600 ARPA 型导航雷达，1 部 9LV453 型火控雷达，1 套 9LV 453 Mk 3 战斗数据系统，1 部 9LV 453 光电指挥仪，1 部 "赛普特 A" 和 PST-1720 "特雷贡" 10 型电子支援系统，1 座诱饵发射装置，1 个 SLQ-25A 型拖曳式鱼雷诱饵，1 部 Spherion B 型舰体安装的主动声呐
舰载机： 1 架 S-70B 或者 SH-2G 型直升机
人员编制： 163 人

上图：澳大利亚皇家海军 "阿润塔号" 护卫舰最初被命名为 "阿伦特号"，是澳大利亚第 2 艘 "安扎克" 级护卫舰。最初的 2 艘护卫舰在改装时加装了 "改进型海麻雀" 防空导弹，最后 6 艘护卫舰在建造时就装备了该型防空导弹

左图：于 1996 年 5 月服役的澳大利亚皇家海军 "安扎克号" 战舰是第 1 艘 "安扎克" 级护卫舰，通过现代化升级成为非常先进的导弹护卫舰

"哈利法克斯"级导弹护卫舰
Halifax Class FFG

1977年12月，加拿大政府决定订购计划建造的20艘能够搭载直升机的护卫舰之中的最初6艘，迫切需要用它们来更换其陈旧的护航和反潜护卫舰。这项计划被搁置了很长时间，直到1983年6月，加拿大政府才最终将第1批6艘战舰的建造合同交给新布伦瑞克省的圣约翰造船公司。"哈利法克斯"级护卫舰的设计是由圣约翰造船公司和帕拉马赫电子公司（即如今的加拿大劳拉公司）共同参与的。此外，在总数为12艘的战舰（其中包括1987年12月订购的第2批6艘护卫舰）之中，有3艘舰委托了魁北克省伦左和索拉尔海运工业公司（即如今的米尔·戴维公司）建造。

这12艘"哈利法克斯"级护卫舰于1987年3月至1995年4月开工建造，在1988年4月至1995年11月下水，于1992年6月至1996年9月编入加拿大海军服役，分别是："哈利法克斯号""范库弗峰号""魁北克乡村号""多伦多号""女王号""卡尔加里号""蒙特利尔号""弗雷德里克顿号""温尼伯号""夏洛特敦号""圣约翰号"和"渥太华号"。

在造舰计划的设计和实施阶段，加拿大为增强战舰的隐身性能做了大量的努力，例如燃气涡轮机采用了减震安装，还使用了1套"德雷斯贝尔"红外抑制系统。即使如此，对第1批战舰的试验结果表明其噪声依然高于预期的噪声水平，主要是航速较高的缘故，但这些问题如今已得到解决。目前，人们普遍认为这些战舰在各种海况条件下特别安静（噪声小），航行稳定性好。

这些战舰能够在舰艉搭载1架大型直升机（舰上有1座机库、1个飞行平台以及1套由英达尔研制的RAST操作系统），这架大型直升机通常是CH124A型反潜直升机或是装备吊放声呐的CH124B型直升机，这是原先西科斯基公司生产的老式S-61"海王"直升机的改进型。

技术参数
"哈利法克斯"级导弹护卫舰
排水量： 满载排水量4770吨
尺寸： 长134.7米，宽16.4米，吃水深度7.1米
动力系统： 2台通用电气公司制造的LM2500型燃气涡轮机，输出功率为47494马力（35412千瓦）；1台皮尔斯蒂克20 PA6 V 280型柴油机，输出功率为8800马力（6560千瓦）；双轴推进
航速： 29节（54千米/时）
航程： 以13节（24千米/时）的速度可航行17620千米
武器系统： 2座4联装导弹发射装置，配备8枚"鱼叉"反舰导弹；1套"海麻雀"防空导弹系统；1门57毫米口径火炮；1门20毫米口径"密集阵"近防系统；2具双联装324毫米口径鱼雷发射管，配备Mk 46反潜鱼雷
电子系统： 1部SPS-49（V）5型对空搜索雷达，1部"海长颈鹿"HC150型对空/对海搜索雷达，1部1007型导航雷达，2部SPG-503STIR 1.8型火控雷达，1套UYC-501 SHINPADS（舰载综合处理和显示系统）作战数据系统，1套SLQ-501加拿大海军电子战系统，1套"拉姆西斯"SLQ-503型电子支援系统，1部诱饵发射装置，1部SLQ-25拖曳式鱼雷诱饵，1部SQS-510舰体安装的主动，1部SQR-501 CANTASS（加拿大拖曳列阵声呐系统）拖曳式阵列声呐
舰载机： 1架CH124型直升机
人员编制： 215人，包括17名航空人员

下图："哈利法克斯"级护卫舰的舰部高耸着1座机库和1个飞行平台，用于搭载1架CH124型"海王"直升机。机库上方安装着1套雷达控制的"密集阵"Mk 15型近防武器系统，装备有1门20毫米口径6管火炮

为了提高加拿大海军进行海洋作战所需的非常重要的反潜能力，这些战舰从 2006 年起进行改进，加装了 1 部综合型拖曳式主动 / 被动声呐系统。在防空武器系统方面，在 2004 年加装了 1 套"改进型海麻雀"防空导弹系统以提高防空能力，该系统将取代现有的 Mk 48 型 8 联装垂直发射系统（配备 16 枚 RIM–7P "海麻雀"防空导弹）。鉴于舰上装备的雷达火控系统在面对现代化电子对抗方面的作战性能有限，在 2002 年，该火控系统改进成为"维斯坎"14 型光电火控系统。

加拿大海军将 7 艘"哈利法克斯"级护卫舰部署在大西洋沿岸，剩下 5 艘（分别为"范库弗峰号""里贾纳号""卡尔加里号""温尼伯号"和"渥太华号"）部署在太平洋沿岸。

上图：虽然计划拖延的时间很长，在海上试验期间又发现了噪声问题，但"哈利法克斯"级导弹护卫舰最终发展成为一种非常优秀的海上巡逻舰。图中这艘战舰就是加拿大皇家"里贾纳号"护卫舰

下图：照片中这艘战舰是加拿大皇家海军护卫舰"范库弗峰号"。"哈利法克斯"级护卫舰虽然仅仅装备了轻型火炮系统（1 门 57 毫米口径"博福斯"式 SAK Mk 2 型火炮），却具有良好的反舰和反潜能力

"特提斯"级护卫舰
Thetis Class Frigate

丹麦需要发展一种新型护卫舰来更换老式的、体形相对较小的"伯尔休斯之号"级护卫舰，在格陵兰群岛和法罗群岛周围以及北海海域执行海上巡逻和渔业保护任务。1986年，丹麦政府同英国格拉斯哥造船厂签订合同，要求对方研究确定该新型舰艇的具体参数。1987年中，丹麦政府将战舰设计合同交给德温哥海洋咨询公司，最终设计出了斯坦弗莱克斯3000型战舰，并在设计中提出了通用性概念。与较早期的14艘斯坦弗莱克斯300型战舰（即"佛莱维佛斯肯"级大型多功能巡逻/攻击和猎雷/布雷艇）相比，斯坦弗莱克斯3000型战舰的通用性能（标准模块化）稍差一些。

1987年10月，丹麦政府从丹麦的斯文堡船厂订购了4艘"特提斯"级护卫舰（即斯坦弗莱克斯3000型），于1988年10月至1991年1月开工建造，在1989年7月至1991年10月下水，于1991年7月至1992年11月服役，它们被分别命名为"特提斯号""波塞冬号""瓦德伦号"和"伯尔休斯之号号"。这些战舰提高了抗风能力，稳定性好，而且具有能

够进行改装的接口设备，一旦需要，可以加装武器装备或声呐系统。"特提斯"级护卫舰类似于德国布隆·福斯公司建造的"梅科"级战舰，它们的共同特点是将新型装备安装到具有标准尺寸的模块化集装箱中。

"特提斯"级护卫舰的舰体得到了加固，具有破冰能力，能够突破厚达1米的

技术参数

"特提斯"级护卫舰

排水量： 标准排水量2600吨，满载排水量3500吨

尺寸： 长112.5米，宽14.4米，吃水深度6米

动力系统： 3台伯尔梅斯特·维恩公司制造的柴油机，输出功率为10800马力（8050千瓦），单轴推进

航速： 20节（37千米/时）

航程： 以15.5节（29千米/时）的速度可航行15770千米

武器系统： 1门76毫米口径火炮，1门或2门20毫米口径火炮，两条深水炸弹投掷滑轨

电子系统： 1部AWS 6型对空/对海搜索雷达，1部斯坎恩特公司"米尔"对海搜索雷达，1部FR1505DA型导航雷达，1部9LVMk 3型火控雷达，1部9LV200 Mk 3型光电指挥仪，1套"特尔玛"战术数据系统，1套"短剑"电子支援系统，1套"蝎式"电子对抗措施，2座"海蚊"式诱饵发射装置，1部C-Teck舰体声呐，1部TSM 2640"鲑鱼"可变深度声呐

舰载机： 1架维斯特兰公司的"大山猫"Mk 91直升机

人员编制： 可达72人

左图："特提斯号"是丹麦海军4艘"特提斯"级护卫舰中的第1艘，非常适用于执行渔业资源和专属经济区保护的任务。该型设计能够进行改进，使其具有装备更先进的武器和声呐系统的潜力。"特提斯号"与其他3艘姊妹舰的不同之处在于其舰艇经过改造，装有声波发生器与接收器

冰层进行航行，双壳体结构使得吃水深度增加了 2 米。另外，战舰在建造时也考虑到了一定的"隐身能力"，特别显著的证据就是其锚链设备、系船柱和绞盘均位于上甲板下方。这些战舰装备 1 套完整的直升机操纵系统（有 1 座机库和 1 个飞行平台），通常搭载 1 架维斯特兰公司生产的"大山猫"轻型直升机，飞行平台的尺寸和强度足够起降 1 架大型直升机，例如维斯特兰公司的"海王"直升机以及奥古斯塔－维斯特

兰公司的"灰背隼"式直升机。机库两侧都保留了标准开口，预留给充气硬壳快艇使用。

"特提斯"级护卫舰非常适于执行渔业资源和专属经济区保护的任务，而不太适于进行高强度的作战行动。"特提斯"级护卫舰平时远离格陵兰岛进行地震测量，舰艉经过改造能够装备 1 部拖曳线阵声呐和一部气动式发声器。4 艘舰全部进行改进，装备 1 部更为现代化的对空搜索雷达和 1 套防空导弹系统。

"花月"级导弹护卫舰
Floréal Class Guided Missile Frigate

法国海军的 6 艘"花月"级舰船被划为轻型巡逻护卫舰，具备跨洋巡逻能力，计划在作战强度较低的近岸海域服役。因此，为了降低建造和操作成本，这些护卫舰是按照商船，而不是海军标准建造的，其主要特色包括稳定器和空调系统，后者允许舰船在法国领土不同区域使用，如在安的列斯群岛部署 1 艘，印度洋和太平洋基地各有 2 艘。该级别的最后 1 艘则留在法国西北的布雷斯特。

1989 年 1 月、1990 年 1 月和 1991 年 1 月分别订购了 2 艘该级别舰船。它们的名字均按照法国共和历的月份命名，即"花月号""牧月号""雪月号""风月号""葡萄月号"和"芽月号"，它们均在 1992—1994 年投入使用。

试验表明，这些舰船可以达到预期的 50 天续航时间，而航程则比预期的更大。尽管它们长度相对较短，但操作起来非常方便，并且能够在 5 级海况下起降直升机。漏斗型设计方案改善了飞行甲板上方的气流。海外部署的舰船做了进一步改进，增加的 1 个尾部货舱可以容纳 100 吨货物，或者搭载多达 240 名海军陆战队员。

技术参数
"花月"级导弹护卫舰
排水量：标准排水量 2600 吨，满载排水量 2950 吨
尺寸：长 93.5 米，宽 14 米，吃水深度 4.3 米
动力系统：CODAD（柴柴联合动力），4 台法制皮尔斯蒂克 PA6L 280 双轴柴油发动机，功率 8825 马力（6580 千瓦）
航速：20 节（37 千米 / 时）
航程：以 15 节（28 千米 / 时）的速度可航行 18500 千米
武器系统：1 门 100 毫米 68 型 CADAM 高平两用炮，2 门 20 毫米 GIAT（可以替换为 1 个或 2 个"辛巴达"双联发射器，配备"西北风"短程防空导弹），以及 2 个发射 MM 38"飞鱼"反舰导弹的双联发射器
电子系统：1 个 DRBV 21A 空中 / 海面搜索雷达，2 个 DRBN 34A 雷达（分别用于导航和直升机控制），1 个"那吉尔"光电瞄准装置，1 套 ARBR 17 或 ARBG 1 电子支援系统，以及 1 个或 2 个"达盖"Mk 2 干扰丝和箔条发射器
飞机：1 架欧洲直升飞机公司的 AS 565MA"美洲豹"直升机，并且有相应的机库设施；或者 1 架欧洲直升飞机公司的 AS 332F"超级美洲豹"直升机，但无法装入机库
人员编制：86 人，外加 24 名陆战队员

2 枚"飞鱼"导弹让舰船具备了更大范围的反舰作战能力，计划使用的是 MM 40 版本的"飞鱼"导弹，但出于成本的考虑实际使用了射程稍小一些的 MM 38 版本。火炮武器是中型和轻型武器的混合，有效的短程防空能力来自备选的"西北风"舰空导

弹发射器。搭载的"超级美洲豹"直升机对该型护卫舰而言有些过大。

1998年，摩洛哥订购了2艘相似的舰船——"穆罕默德五世号"和"哈桑二世号"，它们均装备了76毫米奥托布雷达高平两用炮，并在2002—2003年投入使用。

右图：F735是6艘"花月"级护卫舰中的最后1艘——"芽月号"，它于1994年5月投入使用。"芽月号"的基地位于布雷斯特，而该级别的其余5艘均散布在法国海外领地

"九头蛇"级（梅科200HN）导弹护卫舰
Hydra Class（Meko 200HN）Guided Missile Frigate

来源于1988年4月的1个采购决议，希腊海军的4艘"九头蛇"级护卫舰是在葡萄牙"瓦斯科·达·伽马"级舰船基础上研制的，配备稳定鳍的梅科200HN型舰船，这4艘舰船分别是"九头蛇号""斯皮特塞号""普萨拉号"和"萨拉米斯号"。第1艘是由设计者——布洛姆和沃斯公司在汉堡建造的，其他3艘是由斯卡拉曼格造船厂于1990—1997年在希腊建造的，这4艘护卫舰在1992—1998年投入使用。

该型舰具备高性能的抗冲击能力，具有良好的射击控制和传感器稳定性，并且具备良好的抵抗爆炸能力。船体采用高强度钢材料，舰船分成12个水密隔舱，彼此之间几乎独立，并且有专用的设备将各个舱室的数据传送至1套西门子公司的海军自动控制系统。舰船的作战管理系统采用的是泰利斯荷兰公司（以前的荷兰信号设备公司）的STACOS Mod 2

技术参数

"九头蛇"级导弹护卫舰

排水量： 标准排水量2710吨，满载排水量3350吨

尺寸： 长117米，宽14.8米，吃水深度6米

动力系统： 柴燃联合动力，包括2台60000马力（44735千瓦）的LM2500燃气涡轮机和2台10420马力（7770千瓦）的MTU 20V956柴油机

航速： 31节（57千米/时）

航程： 以16节（30千米/时）的速度可航行7600千米

武器系统： 1门127毫米高平两用炮；2门20毫米"密集阵"近防系统；2个4联发射器，配备8枚"鱼叉"反舰导弹；1套Mk 48垂直发射系统，配备16枚"海麻雀"短程/中程舰空导弹；2个324毫米3联Mk 32发射管，配备Mk 46反潜鱼雷

电子系统： MW-08空中搜索雷达，DA-08空中/海面搜索雷达，台卡2690 BT导航雷达，ARPA导航雷达，2个STIR射击控制雷达，1套STACOS 2型作战数据系统，1套AR 700/Telegon 10/APECS II EW系统，4个Mk 36 SRBOC箔条和干扰丝发射器，1套SQS-56/DE1160声呐系统（包括装于船体上的主动/被动拖曳阵列声呐），以及1个SLQ-25"女水精"拖曳鱼雷诱饵

飞机： 1架西科斯基S-70B-6"爱琴海之鹰"直升机

人员编制： 173人，外加16名军官

上图：所有"九头蛇"级舰船都采用2套机械系统并排布置的布局，废气从2个动力舱上方的烟囱向上排出

上图："斯皮特塞号"于1996年10月完工，它是第1艘在希腊建造的"九头蛇"级护卫舰，舰船的某些预制组件是在德国制造的

型系统。武器装备包括"鱼叉"反舰导弹和垂直发射的"海麻雀"舰空导弹，127毫米 Mk 45 高平两用炮，20毫米近防武器系统，324毫米 Mk 46 反潜鱼雷，最后这种鱼雷通过2个 Mk 32 3联发射管发射。对抗措施包括 SLQ-25"女水精"鱼雷诱饵和4个 Mk 36 箔条发射器，后者与阿尔戈 AR 700 电子支援系统和阿尔戈 APECS 雷达干扰系统配合使用。

泰利斯荷兰公司的 DA-08 远程空中/海面雷达的天线安装在主桅杆顶端，而该公司的 MW-08 中程空中搜索雷达的天线则位于舰船中部的烟囱前部的桅杆塔楼上，该公司的 STIR 射击控制雷达采用锥形

天线，一个位于主桅杆中部，面向舰艏，另一个位于桅杆塔楼，面向舰艉。舰船装备的声呐是雷神公司的 SQS-56DE1160 系统，包括舰体声呐和可变深声呐组件。

"九头蛇"级护卫舰均采用双轴推进系统，动力系统均是柴燃联合动力装置。每根驱动轴配备1台 MTU 20V956 TB82 柴油机，1台通用电气 LM2500-30 燃气涡轮机，1台带离合器的减速箱，以及1台 3S 离合器，共同驱动1个埃谢尔威斯公司的可调整螺距螺旋桨。推进系统的控制使用西门子公司技术。

"布拉马普特拉河"级导弹护卫舰
Brahmaputra Class Guided Missile Frigate

印度海军长期以来一直关注从英国设计的"利安德"级护卫舰衍生而来的舰船。1972—1981年，6艘"加宽型利安德"级舰船投入使用，印度海军称之为"尼尔吉里"级，随后在1982—1988年，3艘船体更长更宽的"戈达瓦里河"级舰船投入使用，它们能搭载2架"海王"直升机。这些舰船还首次在

西式船体上安装了苏联的武器和传感器。

印度海军在革新的道路上越走越远，最终的成果就是3艘16A型或"布拉马普特拉河"级护卫舰，它们分别命名为"布拉马普特拉河号""贝特瓦河号"和"比阿斯号"，它们由位于加尔各答的加登里奇造船工程有限公司建造。

技术参数
"布拉马普特拉河"级导弹护卫舰
排水量：满载排水量 4450 吨
尺寸：长 126.5 米，宽 14.5 米，吃水深度 4.5 米
动力系统：2 台"博帕尔"蒸汽涡轮机，功率 30000 马力（22370 千瓦），双轴推进
航速：27 节（50 千米/时）
航程：以 12 节（22 千米/时）的速度可航行 8350 千米
武器系统：1 门 76 毫米奥托布雷达高平两用炮；4 门 30 毫米 AK360 密集阵近防系统炮塔，4 座 4 联发射器，配备 16 枚 Kh-35 "天王星"（SS-N-25）反舰导弹；1 座"三叉戟"短程舰空导弹发射器；以及 2 个 3 联 ILAS 3 324 毫米发射管，配备 A 244S 反潜鱼雷
电子系统：LW-08/RAWL（PLN 517）空中搜索雷达，RAWS 03（PFN 513）空中/海面搜索雷达，导航和直升机控制雷达，3 个 76 毫米/30 毫米"海上卫士"射击控制雷达，"阿帕尔纳"反舰导弹射击控制雷达，IPN-10 作战数据系统，INS-3（Ajanta 和 TQN-2）电子对抗系统，2 个箔条/干扰丝发射器，装于船体的 APSOH（Spherion）主动型搜索和攻击声呐，以及一套 Graseby 738 拖曳式鱼雷诱饵
飞机：2 架"海王"中型直升机，或者 1 架"海王"直升机和 1 架 HAL "猎豹"轻型直升机
人员编制：313 人（包括直升机机组人员）

这些舰船的建造进度非常缓慢：第 1 艘在 1989 年开始建造，但直到 2000 年 4 月才投入使用；最后 1 艘到 2005 年 7 月才完工。

船体基本上就是加长版的"戈达瓦里河"级船体，装备相似的双轴推进系统（但采用的是印度制造的蒸汽涡轮机），但电子设备均是欧洲和印度的。它们还用 SS-N-25 取代了 SS-N-2 反舰导弹，并且采购允许的情况下还可装备"三叉戟"舰空导弹系统。

上图："布拉马普特拉河"级舰船的机库可容纳 2 架装备反舰导弹或反潜鱼雷的中型直升机

左图："布拉马普特拉河"级护卫舰携带 16 枚 SS-N-25 反舰导弹，前甲板上安装 4 个 4 联发射器，"三叉戟"舰空导弹系统安装在其后面的甲板舱中

"拉法耶特"级导弹护卫舰
La Fayette Class Guided-Missile Frigate

"拉法耶特"级护卫舰最初被定级为轻型护卫舰，但后来于 1992 年被重新分类为"拉法耶特"级护卫舰。这是一种多用途护卫舰，分别订购于 1988 年 7 月（最初的 3 艘）和 1992 年 9 月（最后的 3 艘，但后来又削减了 1 艘）。这 5 艘战舰都是由法国舰艇建造局在洛里昂船厂建造的，于 1996 年 3 月至 2001 年 10 月期间服役，分别命名为"拉法耶特号""絮库夫号""库伯特号""阿克尼特号"（原称"若雷居贝里号"）和"盖普拉特号"。

"拉法耶特"级是为完成多种使命而设计建造的，

技术参数

"拉法耶特"级导弹护卫舰

排水量：满载排水量 3700 吨

尺寸：长 124.2 米，宽 15.4 米，吃水深度 5.9 米

动力系统：4 台"皮尔斯蒂克"12 PA6 V280 STC 型柴油机，输出功率为 21110 马力（15740 千瓦），4 轴推进

航速：25 节（46 千米/时）

航程：以 12 节（22 千米/时）的速度可航行 16675 千米

武器系统：2 座 4 联装导弹发射装置，配备 MM 40 "飞鱼" Block2 型反舰导弹；1 座 8 联装"海响尾蛇" CN2 防空导弹发射装置，配备 VT1 防空导弹（"拉法耶特号"上装备"海响尾蛇" EDIR 导弹发射装置，配备 8 枚 V3 型防空导弹，有可能被 1 套 SAAM 导弹垂直发射系统所取代，配备 16 枚"紫苑" 15 型防空导弹）；1 门 100 毫米口径火炮；2 门 20 毫米口径火炮

电子系统：1 部 DRBV 15C "海虎" Mk 2 型对空/对海搜索雷达，1 部"北河二" 2J 型炮瞄雷达，1 部"响尾蛇"防空导弹火控雷达（可能被"阿拉贝尔"防空导弹取代），2 部 DRBN 34A 导航雷达，1 套 CTM 雷达/红外火控系统，1 套 TDS90 型光电火控系统，1 套 TAVITAC 2000 型战斗数据系统，1 套 ARBR 17 或者 ARBR 21 和 1 套 ARBG 1 "西贡"电子支援系统，1 套 ARBB 33 电子对抗系统，2 座"达盖" Mk 2 型诱饵发射装置

舰载机：1 架 AS565MA "黑豹"或者 NH90 型直升机

人员编制：163 人

上图：照片中是"拉法耶特"级导弹护卫舰"盖普拉特号"。"拉法耶特"级护卫舰最显著的设计特点就是其简洁明快的线条，能够将雷达反射率减少至最低程度，从而降低了战舰被雷达探测发现的概率

包括处理危机、保护法国领海及法国海外领土。这些战舰还能编入 1 个基于 1 艘航空母舰和（或）两栖战舰而组成的特混舰队之中。任务的多样性要求战舰具备稳定发展的武器和传感器系统，这就要求建造 1 个模块化接口，以便进行改进和现代化改造，同时这样也是为了迎合出口市场的需要。截至 21 世纪初期，法国总共出口了 15 艘"拉法耶特"级护卫舰（3 艘为改进的标准型"利雅得"级，出口到沙特阿拉伯等国和地区）。

隐身性能

每艘"拉法耶特"级护卫舰均由大约 70 块标准模块组成，其中有 2 块是大型动力系统模块，用于装备柴油机。许多模块都是在技术基地预制的，在船台上进行组装。该型战舰在设计上非常重视电磁隐身和音响隐身，发动机安装时采用减震浮筏基座，以减少噪声。舰体和上层建筑两侧内倾大约为 10 度，甲板舷墙向前倾斜遮蔽了主炮的基座，桅杆和上层建筑均涂有雷达电磁波吸收涂料，前甲板和后甲板涂有合成的雷达电磁波吸收涂层，将战舰上的小艇隐藏进舰体中段舱门之后，更加增强了这种"光洁"的上层建筑的隐身效果。

"拉法耶特"级护卫舰最初装备的武器装备和声呐系统非常适于进行海外巡逻，目前的反潜能力得到了大幅改进，并装备了更加现代化的武器和声呐系统。此外，通过装备 1 套新型的防空导弹系统，该级战舰的防空能力也大大提高。

左图："絮库夫号"于 1997 年服役，是第 2 艘"拉法耶特"级多功能护卫舰。请注意前甲板上的 100 毫米口径火炮

"代斯蒂安那·多尔夫" 级导弹护卫舰

'D' Estienne d'Orves' Class Guided-Missile Frigate

承担近岸护航任务的 17 艘 "代斯蒂安那·多尔夫" 级导弹护卫舰于 1976 年 9 月至 1984 年 5 月期间服役，曾被定级为性能有限的小型护卫艇，后被定级为轻型护卫舰。这些战舰还能够用于执行侦察任务、训练任务以及海外 "展示" 的任务，为此需要搭载 1 支包括 1 名军官和 17 名士兵的海军步兵部队。自从服役以来，法国先后卖给阿根廷海军 3 艘该型战舰（"德鲁蒙德号" "吉欧利克号" 和 "格兰维尔号"），其中有 2 艘最初是被南非订购的，但由于联合国的禁运而无法向南非交货，最终法国撤销了这项与南非的出售合同，转卖给阿根廷，只有第 3 艘舰是专门为阿根廷建造的。在 1982 年的马尔维纳斯群岛战争中，阿根廷海军的 3 艘该级战舰参加了战斗。1982 年 4 月 3 日，"吉欧利克号" 由于遭受英国海军陆战队的火力攻击而轻度受损，需要将该战舰拖进干船坞，对舰体和武器装备进行为期 3 天的修理。

1972 年，第 1 艘 "代斯蒂安那·多尔夫" 级护卫舰在洛里昂海军造船厂开工建造，1976 年服役。据统计，共有 17 艘 "代斯蒂安那·多尔夫" 级战舰先后服役。2000 年 10 月，有 6 艘卖给了土耳其，在布雷特斯港经过改装后于 2002 年 7 月交付。此外，

下图："布拉松少校号" 被定级为近岸护卫舰，是 "代斯蒂安那·多尔夫" 级之中较晚服役的 1 艘战舰。所有的 "代斯蒂安那·多尔夫" 级战舰均具有发射 "飞鱼" 导弹的能力。本书成书时尚有 9 艘正在法国服役，其余各艘分别卖给了阿根廷（3 艘，被称为 "德鲁蒙德" 级）和土耳其（6 艘，被称作 "布鲁克" 级）

技术参数

代斯蒂安那·多尔夫级导弹护卫舰

舰名： "代斯蒂安那·多尔夫号"（F781）、"阿姆特·迪恩维勒号"（F782）、"德罗古号"（F783）、"迪特罗亚特号"（F784）、"让·穆林号"（F785）、"孔泰尔·马特·安奎迪尔号"（F786）、"皮姆丹中校号"（F787）、"二等兵比翰号"（F788）、"勒·赫纳夫中尉号"（F789）、"拉瓦尔中尉号"（F790）、"诶米涅少校号"（F791）、"勒尔上士号"（F792）、"布拉松少校号"（F793）、"贾科布准尉号"（F794）、"度库因少校号"（F795）、"比罗少校号"（F796）和 "柏安少校号"（F797）

排水量： 标准排水量 1175 吨，满载排水量 1250 吨，后来的战舰满载排水量为 1330 吨

尺寸： 长 80 米，宽 10.3 米，吃水深度 5.3 米

动力系统： 2 台皮尔斯蒂克公司制造的 12PC2V400 型柴油机，输出功率为 11000 马力（8205 千瓦），双轴推进 [（F791 号装备 2 台皮尔斯蒂克公司制造的 12PA6280BTC 型柴油机，输出功率为 14400 马力（10740 千瓦）]

航速： 23.5 节（44 千米 / 时）

航程： 以 15 节（28 千米 / 时）的速度可航行 8350 千米

武器系统： （F781 号、F783 号、F786 号和 F787 号上装备）2 座单联装导弹发射装置，配备 MM 38 "飞鱼" 舰对舰导弹；或者（F792 ~ F797 号上装备）4 座单联导弹发射装置，配备 MM 40 型 "飞鱼" 舰对舰导弹；1 座 "辛巴达" 双联装导弹发射装置，配备 "西北风" 近程防空导弹；1 门 100 毫米口径火炮；2 门 20 毫米口径防空火炮；1 座 375 毫米口径克勒索·卢瓦尔工业公司研制的 Mk 54 型 6 联装火箭发射装置，配备反潜火箭（F789 ~ F791 号战舰上装备）；4 具鱼雷发射管，配备 4 枚 L3 型或者 L5 型鱼雷

电子系统： 1 部 DRBV 51A 对空 / 对海搜索雷达，1 部 DRBC 32E 炮瞄雷达，1 部 DRBN 32 导航雷达，1 套 "织女星" 火控系统，1 部 "熊猫" 光电指挥仪，1 套 ARBR 16 电子支援系统，2 座 "达盖" 诱饵发射装置，1 部 DUBA 25 舰体声呐

人员编制： 连同海军陆战队员共 108 人

还有 2 艘从法国海军的舰艇名单中删除了。剩下共有 9 艘，其中 6 艘母港为布雷斯特港，另外 3 艘基地设在土伦港。根据最初的计划，最早服役的 3 艘该级护卫舰于 1996 年退役，剩余 14 艘也将逐年退役，截至 2004 年全部完成。但由于该计划暂缓执行，这些战舰从 2009 年起开始退役。

右图："代斯蒂安那·多尔夫"级是由一些舰型较小但非常实用的近岸护卫舰组成。但在法国服役的该型战舰日益减少，有 6 艘卖给了土耳其

"勃兰登堡"级导弹护卫舰
Brandenburg Class Guided-Missile Frigate

"勃兰登堡"级导弹护卫舰也称 123 型护卫舰，计划一对一地替换 4 艘较早的"汉堡"级驱逐舰（在 20 世纪 90 年代上半叶全部退役）。这些新型护卫舰最初被定级为"德意志"级，于 1989 年 6 月订购，在德国 4 个造船厂建造，以 1988 年 10 月所选定的布隆·福斯公司的设计为基础。这些战舰分别是位于汉堡的布隆·福斯公司建造的"勃兰登堡号"，位于基尔的霍瓦兹公司建造的"石勒苏益格·荷尔斯泰因号"，位于爱登的蒂森北海工厂建造的"（拜恩）巴伐利亚号"和位于不来梅的伏尔肯–帝森造船厂建造的"梅克伦堡·沃尔波米尔恩号"，分别在 1992—1993 年开工，1992—1995 年下水，1994—1996 年服役，目前组成第 6 护卫舰中队，基地设在德国北部

上图：虽然 3 艘"萨克森"级防空护卫舰（124 型）即将到来，但"勃兰登堡"级护卫舰是目前德国最先进的水面战舰

技术参数

"勃兰登堡"级导弹护卫舰

排水量： 满载排水量 4900 吨

尺寸： 长 138.9 米，宽 16.7 米，吃水深度 6.8 米

动力系统： 2 台通用电气公司研制的 LM2500SA-ML 型燃气涡轮机，总输出功率为 51000 马力（38025 千瓦）和 2 台 MTU 20V956 TB92 型柴油机，总输出功率为 11065 马力（8250 千瓦），双轴推进

航速： 29 节（54 千米 / 时）

航程： 以 18 节（33 千米 / 时）的速度可航行 7400 千米

武器系统： 2 座双联 MM 38 型"飞鱼"反舰导弹发射装置；1 套 Mk 41 导弹垂直发射系统配备 16 枚"北约海麻雀"中程防空导弹；2 座 Mk 49 型 21 个发射单元的导弹发射装置，配备"拉姆"近程防空导弹；1 门 76 毫米口径"奥托·梅莱拉"火炮；2 门 20 毫米口径莱茵金属公司的防空火炮（将由 2 门 27 毫米口径"毛瑟"火炮所取代）；2 具 324 毫米口径 Mk 32 型双联装鱼雷发射管，配备 Mk 46 反潜鱼雷（将由 Mu90 型"冲击"鱼雷取代）

电子系统： 1 部 LW-08 型对空搜索雷达，1 部 SMART3D 对空 / 对海搜索雷达，2 部 STIR 180 型火控雷达，2 部"原始射线路径"导航雷达，1 套 MWCS（水雷战控制系统）武器火控系统，1 部 WBA 光电指挥仪，1 套 SATIR 战斗数据系统，1 套 FL1800S 电子支援系统，2 座 SCLAR 诱饵发射装置，1 部 DSQS-23BZ 型舰体安装的主动，1 部 LFASS 拖曳线阵声呐

舰载机： 2 架"大山猫"Mk 88 型或者"大山猫"Mk 88A 型直升机

人员编制： 218 人

上图："勃兰登堡号"是 4 艘"勃兰登堡"级多用途护卫舰中的第 1 艘。在其舰桥前部区域装备有 1 套导弹垂直发射系统，配备中程防空导弹，1 座瞄准式导弹发射装置用于发射近程防空导弹，以及 1 门 76 毫米口径火炮

港市威廉港。

"勃兰登堡"级护卫舰是一种综合型设计，采用了布隆·福斯公司设计的如今被证明非常优良的"梅科"（多用途标准护卫舰概念）系统的模块化结构，同时在排水量更小的 8 艘 122 型"不来梅"级导弹护卫舰的基础上进行了实用的改进，采用了"不来梅"级战舰的动力系统。由于"勃兰登堡"级导弹护卫舰尺寸较大，所以航速相对较慢。这些战舰全部采用钢结构，并且综合采用了当前的"隐身"概念，采用稳定鳍，能够作为特混舰队的指挥舰与主力。每艘战舰还能够配备 1 艘硬式充气艇，以备登船人员使用。

主炮位于前甲板上，2 套防空导弹系统分别位于上层建筑的前部和后部，舰上搭载 2 架直升机。

"不来梅"级导弹护卫舰
Bremen Class Guided-Missile Frigate

在以燃气涡轮机作为动力装置的荷兰海军"科顿艾尔"级护卫舰的设计基础上，德国建造出了8艘"不来梅"级（即人们熟知的122型）护卫舰，取代了老旧的已经退役的"弗莱彻"级（119型）驱逐舰和"科隆"级（120型）护卫舰。"不来梅"级战舰的舰体连同动力系统先在5个造船厂（次级承包商）进行建造，然后将它们拖运到主承包商不来梅·伏尔铿造船厂安装电子系统和武器系统。在1976年德国政府正式批准建造"不来梅"级护卫舰之后，1977年德国政府开出了第1艘该级战舰的订单。"不来梅号"护卫舰最终于1982年5月服役。

这些战舰舰艉装备有舰艉稳定鳍，舰体和螺旋桨上装备了美国的"普莱利/马斯克"气泡匿声系统，以降低机舱中产生的辐射噪声。舰上还装备了1套完整的核生化防护密闭系统。2座21个发射单元的"滚转体导弹"发射装置，发射"拉姆"点防空导弹，采用被动雷达/主动红外制导能力。1993—1996年，上述2座导弹发射装置在改装期间安装于机库顶部。舰上搭载的2架反潜直升机是"大山猫"Mk 88/88A

技术参数
"不来梅"级护卫舰（或称122型护卫舰）
排水量: 标准排水量2900吨，满载排水量3680吨
尺寸: 长130米，宽14.5米，吃水深度6.5米
动力系统: 2台通用电气公司LM2500燃气涡轮机，总输出功率为51600马力（38478千瓦）；2台MTU 20V TB92型柴油机，总输出功率为10400马力（7755千瓦）；双轴推进
航速: 30节（56千米/时）
航程: 以18节（33千米/时）的速度可航行7400千米
武器系统: 2座4联装导弹发射装置，配备8枚"鱼叉"反舰导弹；1座Mk 29型8联装导弹发射装置，配备16枚RIM-7M"海麻雀"防空导弹；2座21个发射单元的导弹发射装置，配备"拉姆"防空导弹；1门76毫米口径火炮；2具双联装Mk 32型324毫米口径鱼雷发射管，配备Mk 46型（后来是Mu 90型）反潜鱼雷
电子系统: 1部TRS-3D/32对空/对海搜索雷达，1部3RM20型导航雷达，1部WM-25/STIR雷达火控系统，1部WBA光电指挥仪，1套SATIR战术数据系统，1套FL 1800S-II电子支援系统/电子对抗系统，4座Mk 36 SRBOC诱饵发射装置，1部SLQ-25"水精"拖曳式鱼雷诱饵，1部DSQS-21BZ（BO）舰船声呐
舰载机: 2架"大山猫"Mk 88/88A型反潜直升机
人员编制: 219人

型，该直升机与英国皇家海军装备的"大山猫"直升机的不同之处在于装备有1部"邦迪克斯"DASQ-18

左图："爱登号"是建成的第3艘"不来梅"级多用途护卫舰，它所装备的主要反潜武器是2架"大山猫"直升机

下图："不来梅"级以荷兰的"科顿艾尔"级战舰的设计为基础，包括8艘多功能护卫舰。这些战舰的舰桥前部装备有1门76毫米口径火炮和1座"海麻雀"中程防空导弹发射装置，舰桥后部装备有2座"鱼叉"反舰导弹发射装置，舰艉搭载2架直升机，并装备有2座"拉姆"点防空弹发射装置

型主动吊放声呐，配合Mk 46型和Mk 54型自导鱼雷以及深水炸弹使用。为了确保这些直升机能够在恶劣天气情况下正常飞行，"不来梅"级战舰均配备了"熊阱"着陆系统。

8艘"不来梅"级护卫舰分别是"不来梅号""萨克森号""莱茵普法尔兹号""爱登号""科隆号""卡尔斯鲁厄号""奥格斯堡号"和"吕贝克号"，一直服役到21世纪。

"埃斯波拉"级导弹护卫舰
Espora Class Guided-Missile Frigate

作为阿根廷海军的现代化造舰计划的一部分，1979年8月，阿根廷同联邦德国布隆·福斯公司签订合同，建造6艘装备导弹的"梅科"140A16型战舰（1种基于葡萄牙海军"霍奥·科蒂尼奥"级战舰设计的轻型护卫舰），计划由持许可证在恩塞纳达·里约·圣地亚哥的AFNE造船厂建造，这就是人们熟知的"埃斯波拉"级。该计划由于阿根廷在1982年马尔维纳斯群岛战争中的失败以及由此引发的经济衰退而受到严重影响，因此，首舰"埃斯波拉号"直到1985年7月才进入现役，随后的"罗萨莱斯号""斯皮罗号"和"帕克号"等3艘护卫舰分别于1986年、1987年和1990年服役。最后的2艘"罗宾逊号"和"戈梅斯·罗卡号"分别于1985年和1986年下水，但迟迟未能建造完工，直到2000年和2002年才最终服役。第1批3艘舰和最后1批3艘

技术参数
"埃斯波拉"级（MEKO 140型）导弹护卫舰
排水量: 标准排水量1470吨，满载排水量1700吨
尺寸: 长91.2米，宽11.1米，吃水深度3.4米
动力系统: 2台"皮尔斯蒂克"柴油机，输出功率为20385马力（15200千瓦），双轴推进
航速: 27节（50千米/时）
航程: 以18节（33千米/时）的速度可航行7400千米
武器系统: 4座集装箱式MM 38"飞鱼"反舰导弹发射装置；1门76毫米口径火炮和2门双联装40毫米口径防空火炮；2具3联装324毫米口径ILAS 3鱼雷发射管，配备12枚"怀特黑德"A244/S反潜鱼雷
电子系统: 1部DA-05型对空/对海搜索雷达，1部TM 1226型导航雷达，1套WM-22/41火控系统，1套"西沃科"作战信息系统，1套RQN-3B/TQN-2X电子支援系统/电子对抗系统，1部ASO-4舰体安装的搜索/攻击声呐
舰载机: 1架SA319B型"云雀III"直升机或者AS 555型"非洲狐"直升机
人员编制: 93人

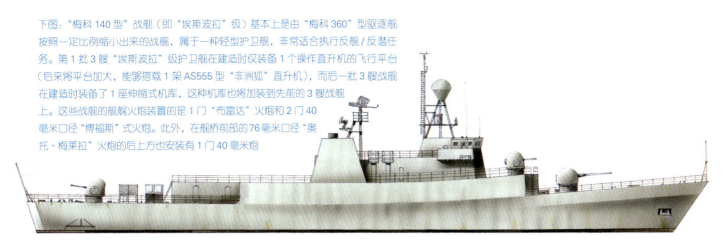

下图："梅科 140 型"战舰（即"埃斯波拉"级）基本上是由"梅科 360"型驱逐舰按照一定比例缩小出来的战舰，属于一种轻型护卫舰，非常适合执行反舰 / 反潜任务。第 1 批 3 艘"埃斯波拉"级护卫舰在建造时仅装备 1 个操作直升机的飞行平台（后来将平台加大，能够搭载 1 架 AS555 型"非洲狐"直升机），而后一批 3 艘战舰在建造时装备了 1 座伸缩式机库，这种机库也将加装到先前的 3 艘战舰上。这些战舰的舰艉火炮装置的是 1 门"布雷达"火炮和 2 门 40 毫米口径"博福斯"式火炮。此外，在舰桥前部的 76 毫米口径"奥托·梅莱拉"火炮的后上方也安装有 1 门 40 毫米炮

舰的区别在于，前者仅在舰体中段装备 1 个直升机着陆平台，而后者装备有 1 个伸缩式机库可以长时间搭载 1 架轻型直升机。如果经费允许的话，可以对前 1 批 3 艘战舰进行改装，加装这种伸缩式机库。

虽然"埃斯波拉"级护卫舰主要承担近岸水域巡逻和渔业巡逻任务，但它们还是取代了阿根廷从美国购买的一些第二次世界大战时期的老式驱逐舰。战舰主要装备反潜和反舰武器系统，舰艇装备的 4 座 MM 38"飞鱼"集装箱式导弹发射装置可以被 8 枚发射重量较轻但射程更远的 MM 40"飞鱼"反舰导弹所取代，阿根廷通常将这些 MM 40"飞鱼"导弹装备在 4 艘"梅科"360 型"布朗海军上将"级驱逐舰上。

尽管阿根廷海军的"埃斯波拉"级战舰主要设计用来进行近岸作战，但它是一种可以用于未来海战的潜在的进攻力量。

这些战舰的基地位于贝尔格拉诺港。1990—

1991 年海湾战争期间，"斯皮罗号"和"罗萨莱斯号"曾经加入多国联合舰队。然而，它们的主要任务依然是保护阿根廷水域。

上图："罗萨莱斯号"是在里约圣地亚哥的 AFNE 船厂建造的，虽然在 1983 年已经下水，但由于财政问题一直拖延到 1986 年才服役。"埃斯波拉"级最后 2 艘战舰可能装备不同的电子战系统

"萨克森"级导弹护卫舰
Sachsen Class Guided-Missile Frigate

"萨克森"级护卫舰（或称 124 型）是以"勃兰登堡"级（或称 123 型）的设计为基础，但是"萨克森"级提升了隐身性能，能够降低敌方雷达和声学探

测设备的发现概率。德国海军迫切需要用"萨克森"级护卫舰取代已经快要退役的"吕特晏斯"级导弹驱逐舰，以便承担起防空任务。1993 年，德国政府同

技术参数

"萨克森"级（124型）导弹护卫舰

排水量： 5600吨

尺寸： 长143米，宽17.4米，吃水深度4.4米

动力系统： 1台燃气涡轮机，输出功率为35514马力（26483千瓦）；2台柴油机，总输出功率为20128马力（15009千瓦）；双轴推进

航速： 29节（54千米/时）

武器系统： 2座4联装导弹发射装置，配备8枚"鱼叉"反舰导弹；1套Mk 41导弹垂直发射系统，配备32枚"标准"SM2和"改进型海麻雀"中程防空导弹；2座点防空导弹发射装置，配备42枚"拉姆"防空导弹；1门76毫米口径火炮；2座3联装Mk 32型324毫米口径鱼雷发射管，配备MU 90鱼雷

电子系统： 1部SMARTL 3D雷达，1部"阿帕"多功能相控阵对空/对海搜索雷达，1套"西沃科FD"作战数据系统，1套FL 1800S-II电子支援系统/电子对抗系统，1部主动攻击声呐，1部主动拖曳式阵列声呐

舰载机： 2架NFH90或者"大山猫"Mk 88A直升机

人员编制： 255人

布隆·福斯公司、荷兰皇家斯凯尔特造船厂以及巴赞（如今是伊扎尔）造船厂签署了谅解备忘录，要求建造"萨克森"级护卫舰。该设计是由德国和荷兰共同参与的，以一套通用主要防空作战系统为基础，采用"标准"SM2型中程防空导弹和"改进型海麻雀"中程防空导弹。

1996年6月，德国政府签订了建造3艘124型护卫舰的合同，计划还可能订购第4艘，暂时将其命名为"图林根号"，但是建造第4艘的计划最后被放弃了。因此，"萨克森"级战舰是由3艘舰组成的，分别是"萨克森号""汉堡号"和"黑森号"，由汉堡的布隆·福斯公司、基尔的霍瓦兹公司和爱登的蒂森北海工厂建造而成，分别于1999年2月、2000年9月和2002年7月开工建造，1999年12月、2002年3月和2003年3月下水，2003年12月、2004年12月和2005年12月服役。

舰上装备的主要防空导弹是位于舰桥前部的Mk 41型导弹垂直发射系统，配备多达32个可发射"标准"SM2导弹和"改进型海麻雀"中程防空导弹的垂直发射单元。2座21个发射单元的"拉姆"近程防空导弹发射装置承担点防空任务，而反舰能力则由"鱼叉"导弹承担，2架直升机和2具鱼雷发射管负责提供反潜作战能力，配备轻型鱼雷。战舰上层建筑顶部四周安装有泰利斯公司AMPAR多功能相控阵对空/对海搜索雷达的4部天线。

左图：在"萨克森"级护卫舰众多的设计特征中，最显著之处就是提高了隐身性能，只要有可能就采用向内或向外成一定角度的表面取代垂直面，从而降低电磁反射

下图：舰艉2个向外倾斜的烟囱后面的锥形塔上安装有SMART-L型三坐标对空搜索雷达天线，用于发射主要防空导弹的Mk 41导弹垂直发射系统与舰桥正前方的甲板齐平

"狼"级和"西北风"级导弹护卫舰

Lupo and Maestrale Classes Guided-Missile Frigate（FFG）

由亚德里亚海海军联合造船厂（如今称芬坎特里造船公司）设计并建造的4艘意大利海军"狼"级护卫舰分别是"狼号""飞马座号""珀尔修斯号"和"大熊座"。截至2003年，仅有"飞马座号"还在服役。"狼"级护卫舰主要用于执行运输队护航任务，如果需要的话，可以通过加装舰对舰导弹为战舰提供反舰能力。舰体由14个水密舱段构成，还装有减摇鳍。为了减少舰员，使用了1套高度自动化的动力装置，这套动力装置分成4个独立舱段，分别安装辅助设备、燃气涡轮机模块、减速器以及柴油发电机设备。舰上还配备了1座伸缩式机库，用于搭载1架AB212型反潜直升机，在对水面导弹舰只进行攻击时还可以增加1架直升机。

"狼"级战舰在意大利海军广泛服役，其改进型战舰还向委内瑞拉、秘鲁和伊拉克等国出口，它们具有固定的机库结构，防空导弹发射装置没有再装填装置。委内瑞拉购买了6艘"狼"级，分别是"马瑞斯卡尔·苏伯雷号""布里昂海军上将号""乌尔达尼塔将军号""索布雷特将军号""萨洛姆将军号"和"加西亚海军上将号"。秘鲁购买了4艘战舰，分别是"迈利顿·卡尔瓦加尔号""韦拉维森西奥号""蒙特罗号"和"马里亚特古伊号"。伊拉克总共订购了4艘该级战舰，分别是"黑廷号""特卡尔号""艾

技术参数

"狼"级导弹护卫舰

排水量： 标准排水量2208吨，满载排水量2525吨

尺寸： 长113.2米，宽11.3米，吃水深度3.7米

动力系统： 2台通用电气公司 / 菲亚特公司制造的LM2500燃气涡轮机，总输出功率为50000马力（37285千瓦）；2台GMT公司制造的柴油机，总输出功率为10000马力（7457千瓦），双轴推进

航速： 35节（65千米 / 时）

武器系统： 8座双联装"特瑟奥"导弹发射装置，配备16枚"奥托马特"Mk 2型反舰导弹；1座Mk 29型8联装导弹发射装置，发射RIM-7M型"海麻雀"或者"蝮蛇"防空导弹；1门127毫米口径火炮；2门双联40毫米口径"布雷达"防空火炮；2具3联装324毫米口径Mk 32鱼雷发射管，配备Mk 46反潜鱼雷

舰载机： 1架AB212型反潜直升机

电子系统： 1部RAN 10S对空搜索雷达，1部SPQ-2F对海搜索雷达，1部SPS-702对空搜索 / 目标指示雷达，1部RTN10X火控雷达，2部RTN20X炮瞄雷达，1部Mk 95防空导弹射击指挥雷达，1部SPN-748导航雷达，1套IPN20战斗数据系统，1套主动和1套被动式电子支援系统，2座"斯科尔"20管干扰物发射器，1部DE1160B舰体声呐，1部SLQ-25"水精"拖曳式鱼雷诱饵

人员编制： 185人

下图："西北风"级护卫舰的航速比同时代大部分西方国家的护卫舰要快（但比"狼"级航速慢），该级战舰全面装备了现代化的反潜技术设备，其中包括1部舰体声呐和1部拖曳式可变深度声呐。还一些声呐系统已经得到改进。"西北风"级护卫舰分别是"西北风号""格雷卡尔风号""西南风号""热风号""阿里瑟奥号""欧罗巴号""埃斯佩罗号"和"泽费罗号"

上图："佩尔瑟奥号"是编入意大利海军服役的第3艘"狼"级导弹护卫舰，可以看出该舰舰艏显眼的127毫米主炮。"狼"级护卫舰总共建造了多达18艘

尔·雅穆克号"和"艾尔·加迪西亚号"，但伊拉克最终并没有得到这4艘战舰。1990年，由于入侵科威特，联合国对伊拉克进行制裁，因为付款问题导致伊拉克取消了订购。最终，上述4艘战舰留在意大利海军服役，定级为舰队巡逻船，分别重新命名为"炮手号""飞行员号""狙击兵号"和"掷弹兵号"。

武器系统

意大利海军的"狼"级护卫舰上装备的主要反舰导弹是"奥托马特"Mk 2型导弹，该导弹携带1个由意大利制造的SMA主动雷达导引头，并具备掠海飞行能力。如今，舰上的"奥托马特"导弹发射装置升级为双联装，作战能力得到加强。为了充分利用舰载导弹的超视距功能，该级战舰采用了舰载直升机，用于进行飞行中段制导。

"西北风"级导弹护卫舰

拥有8艘护卫舰的"西北风"级就本质而言是"狼"级战舰的发展型，在减少武器装备的同时，更加注重反潜性能。"西北风"级的舰长和舰宽均比先前的"狼"级要大，这样舰艉就能提供足够的空间用于装备1座固定式机库和1部可变深度声呐。战舰采取了许多改进措施，使得战舰更适于航行和居住，并且还增加了空间用来搭载另外1架轻型直升机。但是，战舰上装备的导弹减少了12枚，而且由于战舰的排水量增加，导致航速减少近3节（5560米/时）。雷声公司的可变深度声呐采用与舰体声呐相同的频率，在地中海错综复杂的反潜条件下，可变深度声呐为这些战舰提供了能够在温跃层下使用的重要性能。为了进一步提高战舰的反潜性能，舰载AB212型反潜直升机装备了"邦迪克斯"ASQ-13B型主动吊放声呐。"西北风"级战舰上装备的反潜武器是美国制造的Mk 46型或者Mk 54型反潜鱼雷。不过，该型舰仍主要装备Mk 46型鱼雷。另外，还在舰艉直升机起降甲板下方装备了2具固定式鱼雷发射管，配备射程25千米、口径533毫米的"怀特黑德改型"A184型线导鱼雷，该型鱼雷航速为36节（67千米/时），能够攻击水面和水下目标。1994年，意大利决定对舰体声呐和可变深度声呐系统进行改进，在提高声呐系统性能的同时，还使其具备水雷探测能力。此外，战舰上还加装了1部拖曳式低频线阵声呐。

"莱丘"级导弹护卫舰
Lekiu Class Guided-Missile Frigate
（FFG）

"耶巴特号"是马来西亚皇家海军的旗舰。1994年11月，该舰在英国格拉斯哥市的亚罗造船厂（如今是英国 BAE 海军系统公司）开工建造，比其姊妹舰"莱丘号"开工晚了 5 个月。"莱丘"级订购于1992年，虽然最初这些战舰定级为轻型护卫艇，但后来被改为轻型护卫舰。"耶巴特号"和"莱丘号"于1997年8月服役。

战舰主要的武器装备是最新型的 MM 40 Block 2型"飞鱼"掠海飞行反舰导弹，该导弹的发射装置是2 座 4 个发射单元的发射装置，位于舰体中段的雷达天线杆之间。这 2 个导弹发射装置安装于固定支架上，1 座朝右，1 座朝左。在导弹发射前，事先给导弹设定好导弹射程和目标方位数据等参数，导弹在其惯性飞行阶段依赖已经设定好的射程和目标方位数据飞行，通过主动式单脉冲导引头对导弹飞行的末端制导。

战舰防御系统是另一种武器装备，这就是在

技术参数

"莱丘"级导弹护卫舰

排水量： 标准排水量 1845 吨，满载排水量 2390 吨

尺寸： 长 105.5 米，宽 12.8 米，吃水深度 3.6 米

动力系统： 4 台 MTU 柴油机，输出功率为 33300 马力（24500 千瓦），4 轴推进

航速： 28 节（52 千米／时）

武器系统： 8 枚 MM 40 "飞鱼"反舰导弹；1 套 16 个发射单元的导弹垂直发射系统，配备"海狼"防空导弹；1 门 57毫米口径"博福斯"火炮；2 门 MSI 30 毫米口径火炮；2 具 3 联装 B515 324 毫米口径鱼雷发射管，配备"黄貂鱼"反潜鱼雷

电子系统： 1 部 DA08 型对空搜索雷达，1 部"海长颈鹿"对海搜索雷达，1 部雷卡公司的"台卡"导航雷达，2 部马可尼公司的 1802 型火控雷达，1 部"斯菲利恩"舰体声呐，1 套"纳蒂斯"F 和 Y 链战斗数据系统，1 部"门特"电子支援系统，1 部"弯刀"电子对抗系统，1 部"海妖"拖曳式鱼雷诱饵，2 座"超级路障"12 管干扰发射器

舰载机： 1 架"超级大山猫"300 系列直升机

人员编制： 146 人

下图：虽然"莱丘号"（30）是该级舰的首舰，但作为马来西亚海军旗舰的"耶巴特号"（29）的地位比前者要高，因此使用"29"作为舷号。上述 2 艘战舰是马来西亚海军舰艇中体形最大、功能最强的水面战舰

1982 年马尔维纳斯群岛战争首次亮相的"海狼"防空导弹。该导弹的射速为马赫数 2.5，可以拦截来袭敌军导弹和飞机。16 个英国 BAE 系统公司的导弹垂直发射装置位于舰桥的正前方和 57 毫米口径"博福斯"火炮的后方。

反潜设备

由于增加了反潜鱼雷、全套声呐设备以及 1 架

反潜直升机（6 艘"莱丘"级战舰均装备 1 架"超级大山猫"直升机，取代了原先搭载的维斯特兰公司制造的"黄蜂"直升机），对于这种尺寸的战舰来说，这种舰载装备显得极其沉重。从历史经验可以看出，如果往 1 艘很小的战舰中填塞过多的武器装备，在战斗中往往导致失败。这种鱼龙混杂的武器系统引发了一系列的问题。该级战舰在 2000 年全部进入马来西亚海军服役。

"卡雷尔·多尔曼"级导弹护卫舰
Karel Doorman Class Guided-Missile Frigate（FFG）

荷兰皇家海军"卡雷尔·多尔曼"级多用途护卫舰建造于 1985—1991 年，于 1991—1995 年服役。"卡雷尔·多尔曼"级导弹护卫舰共建造了 8 艘，它们分别是："卡雷尔·多尔曼号""威廉·冯·德尔·扎恩号""特杰尔克·海德斯号""冯·阿姆斯特尔号""亚伯拉罕·冯·德尔·哈尔斯特号""冯·内斯号""冯·加伦号"和"冯·斯派克号"。由于这些战舰装备有舰对舰导弹、防空导弹、反潜鱼雷以及 1 架反潜直升机，因此它们才是名副其实的多用途战舰。该级战舰在设计时注重降低雷达截面积和红外信号，拥有广泛的核生化防护措施，能够在核生化污染区执行作战任务。

荷兰海军这些护卫舰频繁参与北约的军事演习，还参加美国海军在加勒比海的反毒品行动，并且代表联合国在地中海和亚得里亚海执行维和任务。1991 年，这些战舰参加了"沙漠风暴"行动。战舰动力系统采用柴燃联合动力（CODOG），这种动力模式不仅能够提升航程，同时降低了作战消耗：巡航时采用柴油机动力，高速航行时采用燃气涡轮机

技术参数
"卡雷尔·多尔曼"级
排水量：满载排水量 3320 吨
尺寸：长 122.3 米，宽 14.4 米，吃水深度 4.3 米
推进系统：柴燃联合动力（CODOG），2 台罗尔斯·罗伊斯"斯佩"燃气轮机，功率 33800 马力（25214 千瓦），两台斯托尔克柴油机，功率 9790 马力（7303 千瓦），双轴推进
航速：30 节（燃气轮机），21 节（巡航柴油机）
武器系统：2 座 4 联装"鱼叉"反舰导弹发射架，1 部 Mk 48 垂发系统，16 枚"海麻雀"防空导弹，1 门 76 毫米 Mk 100 高平两用舰炮，1 部"守门员"30 毫米近防系统，2 门 20 毫米高炮，2 座双联装 Mk 32 鱼雷发射管，用于发射 Mk 46 轻型反潜鱼雷
电子设备：1 座 SMART 对空对海搜索雷达，1 座"侦察兵"对海搜索雷达，1 座 LW-08 对空搜索雷达，2 部 STIR 火控雷达，1 座荷兰电信 1226 导航雷达，1 部 DSBV 61 拖曳声呐（后更换为 ATAS 声呐），1 部 PHS-36 舰壳声呐，APECS II 电子战 / 电子支援系统，1 部 SLQ-25"水精"拖曳式鱼雷诱饵，2 部 Mk 36 SRBOC6 管箔条发射器
舰载机：1 架 SH-14D"山猫"反潜直升机
人员编制：156 人

动力。战舰采用全自动化控制，并提高了抗摇摆能力。

战舰上装备的主要反舰导弹是 Block1C 型"鱼

叉"导弹。另外，舰载"海麻雀"防空导弹垂直发射系统与希腊"梅科"级导弹护卫舰和加拿大"哈利法克斯"级导弹护卫舰的导弹垂直发射系统相类似。

如今，荷兰海军正在讨论如何对这些战舰进行更进一步的现代化改进，其中可能包括加装1部低频主动雷达。从2007年起，荷兰使用的20架"大山猫"直升机将逐步被NH90型直升机替代。"大山猫"直升机携带2枚Mk 46鱼雷、1部吊放式声呐和前视红外设备。

现代化改造

1992年1月至1994年中期，荷兰海军对"卡雷尔·多尔曼"级战舰进行了一系列的现代化改进，安装了1套新型的"斯瓦克"8（A）型系统（即传感器系统、武器系统和指挥系统），该系统到了1994年又被升级为8（B）型。此外，该级战舰在安装DSBV 61型拖曳式阵列声呐的同时，还安装了1套"阿派克斯II"电子战系统。其他一些新型系统还包括1部"艾尔斯坎"红外探测器，安装在机库的顶部。1993年，该部红外探测器最早安装在"威廉·冯·德尔·扎恩号"战舰上用于试验，后来逐步扩展到该级所有战舰。这部探测器为30毫米口径"守门员"近防武器系统提供有关目标的数据。除此之外，Mk 36型SRBOC干扰物发射器能够将热焰弹和干扰物投放到4千米处。更新的装备包括1997年装备的1套超高频卫星通信系统，以及1部安装在舰桥顶部的"侦察"雷达。从1998年开始，该级战舰进行安装4部主动拖曳线阵声呐的试验，接下来，荷兰海军为许多战舰订购了该型声呐。另外，还在战舰的隐身能力方面做了大量的改进工作。

"瓦斯科·达·伽马"级（梅科200）导弹护卫舰
Vasco da Gama Class（Meko 200）Guided-Missile Frigate

葡萄牙海军的3艘"瓦斯科·达·伽马"级导弹护卫舰包括"瓦斯科·达·伽马号"，"阿尔瓦雷斯·卡布拉尔号"和"柯第里尔号"，总体来看，它们与澳大利亚、希腊、新西兰和土耳其海军使用的"梅科200"型护卫舰关系密切。起源于一个联邦德国财团的兴趣，该级别舰船在1986年7月被订购，并由汉堡的博姆和沃斯公司（第1艘）和基尔的霍瓦兹船厂（其余2艘）在1989年开始建造，1989—1990年下水，1991年1月、5月和11月投入使用，当时它们是葡萄牙最强大的水面舰艇。葡萄牙负责承担此项目40%的费用，其他北约国家（其中美国提供了"密集阵"近防武器系统，鱼雷系统和大多数导弹的费用）负责剩余费用。

舰船都采用钢结构，并安装了稳定鳍以降低海上航行时的颠簸和翻滚。出于反潜角色的考虑，舰船上设计了供2架轻型直升机使用的机库和飞行甲板，并安装了1套海上供给系统以增强反潜作战能力，其他强化措施还包括拖曳阵列声呐和1套"海麻雀"舰空导弹垂直发射系统。所有舰船都在21世纪初进行了现代化改造。

技术参数

"瓦斯科·达·伽马"级

排水量： 标准排水量 2700 吨，满载排水量 3300 吨

尺寸： 长 115.9 米，宽 14.8 米，吃水深度 6.1 米

动力系统： 柴燃混合动力：2 台 LM2500 燃气涡轮机，功率 53000 马力（39515 千瓦）；2 台 MTU 12V1163 TB83 柴油机，功率 8840 马力（6590 千瓦）

航速： 32 节（59 千米/时）

航程： 以 18 节（33 千米/时）的速度可航行 9100 千米

武器系统： 100 毫米克勒索－卢瓦尔 CADAM 高平两用炮；20 毫米"密集阵"近防系统，2 门 20 毫米舰炮，2 个 4 联发射器（配备 8 枚"鱼叉"反舰导弹），1 座 8 联发射器（配备"海麻雀"舰空导弹），以及 2 个 324 毫米 3 联装发射管（配备 Mk 46 反潜鱼雷）使用

电子系统： 1 套 MW-08 空中搜索雷达，1 套 DA-08 海面搜索雷达，1 套 1007 型导航雷达，2 套 STIR 射击控制雷达，1 套作战数据系统，1 套阿尔戈 AR 700/APECS II 电子战系统，两个 Mk 36 SRBOC 箔条/干扰丝发射器，1 个 SQS-510（V）主动式船体声呐，以及 1 个 SLQ-25"女水精"拖曳鱼雷诱饵

飞机： 2 架韦斯特兰"超级山猫"Mk 95 直升机

人员编制： 182 人，其中包括 16 名直升机人员和 16 名军官

上图："阿尔瓦雷斯·卡布拉尔号"于 1991 年 5 月完工，它是葡萄牙海军 3 艘能力强大的小型"瓦斯科·达·伽马"级护卫舰中的第 2 艘

"阿武隈"级导弹护卫舰
Abukuma Class Guided Missile Frigate

日本海上自卫队（日本海军的正式名称）没有在其战舰中使用"护卫舰"这一分类，反而他们更偏爱用"护航驱逐舰"来表示那些保护商船活动和海上力量（特别是两栖作战部队）免受海面舰船和潜艇攻击的舰船。日本海上自卫队认为这些舰船仅需有限的防空能力，因为它们主要集中在日本本土周围活动，他们认为这里在盟友的空中力量掩护下具备战术优势。

总体而言，日本海上自卫队仅采购了少量护航驱逐舰，其最大规模的是"筑后"级——共计 11 艘，该级别舰船标准排水量为 1500 吨，于 1970—1976 年投入使用，但从 20 世纪 90 年代开始逐渐退役，最后 1 艘于 2002 年退役。

技术参数

"阿武隈"级护卫舰

排水量： 标准排水量 2000 吨，满载排水量 2550 吨

尺寸： 长 109 米，宽 13.4 米，吃水深度 3.8 米

动力系统： 柴燃联合动力：2 台罗尔斯·罗伊斯 SM1A 燃气涡轮机，功率 26650 马力（19870 千瓦）；2 台三菱 S12U-MTK 柴油机，功率 6000 马力（4475 千瓦）

航速： 27 节（50 千米/时）

武器系统： 1 门 76 毫米奥托·布雷达高平两用炮，1 门 20 毫米"密集阵"近防系统，1 座 8 联装 ASROC 反潜导弹发射器，以及 2 座 3 联的 324 毫米反潜鱼雷发射管

电子系统： 1 个 OPS-14C 空中搜索雷达，1 个 OPS-28C/D 海面搜索雷达，1 个 2-21 型射击控制雷达，1 套 OYQ-6 作战数据系统，1 套电子战系统，2 个 Mk 36 SRBOC 箔条/干扰丝发射器，以及 1 个 OQS-8 主动型船体声呐

飞机： 无

人员编制： 120 人

新的级别

然而，从 20 世纪 80 年代开始，日本海上自卫队越来越要求一种更大型、作战能力更强的护航驱逐舰，由此而诞生的就是"阿武隈"级。该级别舰船包括"阿武隈号""神通号""大淀号""川内号"和"利根号"（这些名字都是第二次世界大战时期的巡洋舰名字），这 6 艘舰船分 3 次订购，每次订购 2 艘，分别于 1988—1991 年开建，于 1988—1991 年下水，于 1989—1993 年投入使用。"阿武隈"级护航驱逐舰主要是为了补充日本在役的另外 3 艘护航驱逐舰（"石狩号"满载排水量为 1450 吨，与其相关但略大一些的"夕张号"和"涌别号"满载排水量为 1690 吨），其构造也较为常规，采用柴油联合动力推进配置，武器装备和声呐设备也与以前的舰船相似。然而，它采取了一些隐身设计，如上部结构的平面向内倾斜，上部结构的转角也变成了圆形的。

简单的概念

虽然平甲板船体本身及其电子设备大部分都是日本制造的，但推进装置则是英日联合制造的发动机，武器装备来自美国和意大利。大型的角锥状方格桅杆搭载着 OPS-14C 空中搜索雷达和 OPS-28C 或 OPS-28D 海面搜索雷达的天线，而 2-21 型射击控制雷达的天线安装在指挥塔上方。

武器装备布局采用的是典型的日本护航驱逐舰布局。从舰艏到舰艉，依次包括 1 门 76 毫米奥托·布雷达多功能舰炮，它安装于舰艏，拥有良好的射击范围；位于 2 个烟囱中间的训练用的可提高的 Mk 112 8 联发射器，配备 ASROC 反潜武器；两个 324 毫米 68 型 3 联发射管，配备 Mk 46 NEARtip 声自动引导反潜鱼雷，后甲板舱两侧各 1 个；2 个 4 联发射器，配备"鱼叉"远程反舰导弹（由左舷和右舷发射），位于后甲板舱上方；20 毫米密集阵近防系统炮塔，位于舰艉，它与舰艏的奥托布雷达多功能舰炮一样具有良好的射击视野。"鱼叉"导弹发射器前方还有 1 个相对较小的雷达天线罩，1 套卫星通信系统的天线安装在其中，甲板上还留出了大片空间用于后期改造时安装 SQR-19A 拖曳线阵声呐。船上没有直升机的空间，虽然当时一度认为舰船的防空能力可以通过装备德美联合研制的 RIM-116 RAM 短程舰空导弹来增强，但显然该计划最终未能付诸实施。

"英勇"级导弹护卫舰
Valour Class Guided Missile Frigate

"梅科 A-200"型护卫舰的独特属性包括高于平均水平的载荷／排水量比率，"隐蔽性"设计方案，先进的推进系统，以及开放式模块体系架构的作战系统。

南非在 1999 年 12 月订购了 4 艘该级别护卫舰。这 4 艘"英勇"级护卫舰分别是"阿玛托拉号""伊山德瓦那号""斯皮恩科普号"和"门基号"，它们都是德国建造的。"阿玛托拉号"于 2003 年 11 月交付南非使用，"伊山德瓦那号""斯皮恩科普号"和"门基号"分别于 2004 年 3 月、2004 年 6 月和 2005 年早期交付南非。

隐身设计包括交替成角度的船体平板以避免大块的平板区域，船身避免出现直角，甲板和上层结构整齐化处理，最后一点包括拆除最初的"梅科"设

<table>
<tr><td colspan="2">技 术 参 数</td></tr>
</table>

"英勇"级护卫舰

排水量： 满载排水量 3445 吨

尺寸： 长 121 米，宽 16.3 米，吃水深度 4.4 米

动力系统： CODAG-WARP 动力：1 台 LM2500 燃气涡轮机，功率 26820 马力（19995 千瓦），驱动 1 个喷水式推进器；2 台 MTU 16V1163 TB93 柴油机，功率 16095 马力（12000 千瓦），驱动 2 部螺旋桨

航速： 大于 27 节（50 千米 / 时）

武器系统： 1 门 76 毫米奥托布雷达高平两用炮；2 门 35 毫米加农炮，装于 1 个双联炮塔之中；2 个 4 联的发射器，配备 8 枚 MM 40 "飞鱼" 反舰导弹；2 套 8 管垂直发射系统，配备 "民族之矛" 短程舰空导弹；以及 2 个双发 324 毫米发射管，配备反潜鱼雷

电子系统： 1 套 MRR 空中 / 海面搜索 3D 雷达，2 套雷乌泰克 ORT 射击控制雷达，1 套导航雷达，1 套直升机控制雷达，2 套雷乌泰克 EORT 光学瞄准器，1 套 CMS 作战数据系统，1 套 "格里泰克"（Grintek）电子战系统，2 套箔条 / 干扰丝发射器，以及 1 套 "金克利"（Kingklip）主动型船体声呐

飞机： 1 架韦斯特兰 "超级大山猫" 直升机

人员编制： 120 人

计方案中指挥塔的翼桥，并采用完整的指挥塔外壳。取消烟囱降低了大约 75% 的热学信号，热的废气通过 1 个水平的管道排出，同时在废气到达吃水线之前利用海水为其降温。

4 艘 "英勇" 级护卫舰被最优化为防空者的角色，它们将装备非洲防务系统公司制造的作战管理系统和导航子系统，该公司也负责舰船的水下系统，包括声呐和鱼雷。舰船集成的海康（Seacom）通信系统基于双余度高度光纤网络和模块化软硬件架构。

武器装备

舰船的主武器是 2 个 4 联的发射器，配备 8 枚 MM 40 "飞鱼" 反舰导弹，还有 2 套垂直发射系统，配备 "民族之矛" 舰空导弹，该导弹射程达到 12 千米，并装有惯性中途导引系统和红外末制导系统，携带装有主动型近炸引信的 23 千克弹头。

76 毫米奥托·布雷达舰炮与南非海军近海巡逻舰艇所用的型号相同，其炮塔采用了雷乌泰克（Reutech）雷达系统公司为其设计的 1 套新型电力驱动系统，取代了原始的液压系统。舰上还有 1 座 35DPG 双用途炮塔，配备 2 门 35 毫米机关炮：通过多普勒炮口初速雷达和高速数字化初速测量程序，火控计算机根据炮弹速度通过 25 发短点射足以在 2500 米处摧毁巡航导弹，在 1500 米处摧毁高速导弹。该型舰装备了雷乌泰克雷达系统公司研发的 RTS 6400 光电雷达追踪系统：在恶劣的天气条件下，追踪系统对战斗机目标的探测范围超过 25 千米。双频段的热成像传感器整合了人眼安全的激光测距仪。

该型舰采用柴燃联合 – 喷水 / 螺旋桨联合动力系统（Combined Diesel and Gas–Water Jet and Refined Propeller：CODAG-WARP）。2 台 MTU 16V1163 TB93 柴油机驱动可变距螺旋桨，巡航速度超过 20 节（37 千米 / 时）；1 台 LM2500 燃气轮机驱动喷水推进系统，最大速度超过 27 节（50 千米 / 时）。

左图："阿玛托拉号" 是 4 艘 "英勇" 级护卫舰中的 1 艘，图中它正在进行海上航行试验。该级别舰船于 1999 年 12 月签订合同，第 1 艘于 2003 年秋季交付使用

"亚维兹" / "巴巴罗斯" 级导弹护卫舰

Yavuz & Barbaros Classes Guided-Missile Frigates

土耳其于 1987—1989 年和 1995—2000 年分别购买了 2 批共 8 艘 "雅瓦兹" 级和 "巴巴罗斯" 级轻型护卫舰，2 级分别是以 "梅科" 200 型和改进型 "梅科" 200 型规格建造的。

第 1 批 4 艘舰于 1982 年订购，满载排水量为 2919 吨，采用柴柴联合动力（CODAD），4 台 MTU 20V1163 TB93 柴油机输出功率 29935 马力（22320 千瓦），双轴推进，最大航速 27 节（50 千米 / 时）。"亚维兹号"（F-240）由布洛姆 - 福斯集团建造，"特格莱斯号"（F-241），由霍瓦兹 - 德意志（HDW）船厂建造，"法蒂赫号"（F-242）与 "闪电号"（F-243）则由土耳其格尔库克船厂建造。第 2 批 4 艘舰则分别于 1990 年和 1992 年成对订购，采用了改进型设计 [如使用柴燃联合动力（CODOG）以取得更大的航程]，"巴巴罗斯号" 和 "萨里黑斯号" 由布洛姆 - 福斯集团建造，"奥陆克雷斯号" 和 "克迈尔雷斯号" 则由土耳其格尔库克船厂建造。

武器配置

2 级舰的武器配置相似，但第 1 批 2 艘 "巴巴罗斯" 级将烟囱后方用于发射 "海麻雀" 中近程舰空导

弹的 Mk 29 型箱式发射架更换为了 Mk 41 垂发系统 [用于发射 "阿斯派德"（"蝮蛇"）舰空导弹]，并即将换装 "改进型海麻雀" 导弹，此外 "巴巴罗斯" 级还加装了更为完善的指挥系统，改进型雷达以及 NBC（核生化）防护套件。

2 级舰搭载的直升机都能携带并发射 "海上大鸥" 轻型反舰导弹，舰上则设置有 8 枚 "捕鲸叉" 反舰导弹。

技术参数
"巴巴罗斯" 级护卫舰
排水量： 满载排水量 3380 吨
尺寸： 长 118 米，宽 14.8 米，吃水深度 4.3 米
推进系统： 柴燃联合动力（CODOG），2 台 LM2500 燃气轮机，功率 60000 马力（44735 千瓦），2 台 MTU 20V1163 TB93 柴油机，功率 11775 马力（8780 千瓦），双轴推进
航速： 最大航速 32 节（59 千米 / 时）
航程： 以 18 节（33 千米 / 时）的速度可航行 7600 千米
武器系统： 1 座 127 毫米炮，3 座 25 毫米 "海上卫士" 近防武器系统，2 座 4 联装 "鱼叉" 反舰导弹发射架，1 座 "阿斯派德"（"蝮蛇"）导弹发射架（备弹 24 枚），2 座 3 联装 324 毫米鱼雷发射管，发射 Mk 46 轻型反潜鱼雷
电子系统： 1 座 AWS 9 三坐标对空搜索雷达，1 座 "海豚" 对空 / 对海搜索雷达，1 座或 2 座 STIR 防空导弹火控雷达，1 座 TKMu 反舰导弹 / 舰炮火控雷达，2 座近防武器系统火控雷达，1 部 Decca 2690 导航雷达，1 部 STACOS 作战信息系统，1 套 "短剑" / "弯刀" 电子战系统，2 座 Mk 36SRBOC 箔条 / 热焰弹发射器，1 部 SQS-56 舰壳声呐，1 部 SLQ-25 "水精" 拖曳鱼雷诱饵
舰载机： 1 架阿古斯塔（贝尔）AB.212 反潜直升机
人员编制： 187 人外加 9 名航空人员

左图：建成于德国的 "巴巴罗斯号" 是土耳其海军的第 1 艘 "改进型 '梅科' 200" 型导弹护卫舰

"不惧"级导弹护卫舰（1154型）
Neustrashimy Class Project 1154 Guided-Missile Frigate

"不惧号"导弹护卫舰在加里宁格勒的杨塔尔造船厂建造，于1993年1月服役，是新世纪初唯一尚在服役"不惧"级（1154型）导弹护卫舰。"不惧"级护卫舰原计划建造4艘或者更多，其中的第2艘于1991年下水，但该舰尚未建成就被宣布报废，打算拆解后卖掉，用来抵偿造船厂的债务。1993年，第3艘战舰的舰体尚未彻底建成就匆匆下水了，此举的目的是腾出船坞的空间用来修理挪威的商船。很显然，这艘战舰也被废弃了。

"不惧"级设计用来弥补"克里瓦克"级（或称1135型）导弹护卫舰的不足，并用作"格里莎"级（或称1124型）轻型护卫舰的后继舰。该级战舰以"克里瓦克III"级战舰的设计为基础，尺寸上稍微加大，传感器和武器系统（包括1架多用途舰载直升机）都有所改进，专门执行反潜、反舰作战以及特混舰队和运输队的护航任务。

该级战舰的特点是舰体较长，相应的前部干舷较高，舰艇侧壁急剧倾斜，以降低铁锚对舰艇顶部造成损坏的概率。舰艇末端上部的侧壁向外倾斜，这样就最大限度地降低了冲击力，减少舰艇上浪。此外，战舰还敷设有舱底龙骨和舰艉稳定器以减少颠簸，提高战舰的航行稳定性和抗风浪性能。

导弹系统

战舰上装备有1套导弹/鱼雷发射系统，配备6枚"瀑布"反潜导弹（北约代号SS-N-16，"种马"）或者反潜鱼雷，并且还准备装备（实际并没有装备）4座4联装导弹发射装置，配备16枚"天王星"反舰巡航导弹（北约代号SS-N-25，"弹簧刀"）。"克

技术参数
"不惧"级导弹护卫舰
排水量： 标准排水量3450吨，满载排水量4250吨
尺寸： 长131.2米，宽15.5米，吃水深度4.8米
动力系统： 2台总输出功率为48620马力（36250千瓦）的燃气涡轮机，2台总输出功率为24210马力（18050千瓦）的燃气涡轮机，双轴推进
航速： 30节（56千米/时）
航程： 以16节（30千米/时）的速度可航行8350千米
武器系统： 1门100毫米口径火炮；4座用于发射SS-N-25反舰导弹的4联装导弹发射装置；4套8联装导弹垂直发射系统，配备SA-N-9防空导弹；2套CADS-N-1型30毫米口径火炮和SA-N-11型近程防空导弹组合近防系统；6具533毫米口径鱼雷发射管，配备SS-N-16型反潜导弹和/或反潜鱼雷；1座RBU 12000型反潜火箭发射器，2条水雷滑轨
电子系统： 1部"顶盘"3D监视雷达，2部"棕榈叶"导航雷达，1部"十字剑"防空导弹射击指挥雷达，1部"莺鸣B"反舰导弹/火炮控制雷达，2条"钟冠"数据链，2套"盐罐"和4套"箱吧"敌我识别系统，8套电子支援系统/电子对抗系统，10座干扰物/诱饵发射装置
舰载机： 1架卡莫夫公司生产的Ka-27直升机
人员编制： 210人

右图："不惧号"拥有非常优美的舰体，舰艇末端的倾斜面、船侧外倾以及高干舷有助于在恶劣天气下减少战舰受到海水和浪花的撞击程度

上图："不惧号"导弹护卫舰的舰桥前部区域装备3种武器，分别是1门100毫米口径火炮，4座SA-N-9型防空导弹垂直发射装置与甲板齐平，另外还有1座RBU 12000型火箭发射装置

"里诺克"防空导弹系统包括4组8联装SA-N-9"长手套"防空导弹垂直发射模块，这些模块配置在舰载的100毫米口径AK100火炮的后方。近程防空武器系统是"佩剑"/"卡什坦"对空武器系统，该系统包括1套指挥系统和2个CADS-N-1发射单元，每个单元装备2门30毫米加特林（备弹6000发），8枚9M311（SA-N-11）"灰鼬"防空导弹的发射装置，1部"热闪"火控雷达，1部"热点"光电指挥仪。

反潜武器

舰载反潜武器是1具RBU 12000型10管反潜火箭发射器，安装在升高了的甲板上，位于4座"克里诺克"导弹发射装置的正后方，用于发射反潜和反鱼雷火箭，火箭通过1部升降机从弹药库中供给。1架卡莫夫公司生产的Ka-27"蜗牛"舰载直升机担当远距离反潜攻击任务，该直升机拥有1个占据了舰艉整个甲板宽度的起降平台，还配备1座机库，机库位于后部上层建筑内部，起降平台的正前方。

"康沃尔"级（第3批22型）导弹护卫舰
Cornwall Class（Type 22 Batch 3）Guided-Missile Frigate

22型导弹护卫舰是英国皇家海军在20世纪后期所实施的规模庞大的建造计划之一，该级战舰总共建造了16艘。第1批4艘"大刀"级（或称22型）

于1979—1981年服役，1995—1997年全部卖给了巴西。接下来，英国建造了6艘"拳师"级（或称"第2批22型"），于1984—1988年服役，这些战舰的舰

体加长，并装备 1 部 2031Z 型拖曳式阵列声呐。英国最后建造了 4 艘"康沃尔"级（或称第 3 批 22 型战舰），这些战舰以第 2 批 22 型战舰的舰体和动力系统为基础，在操作上进行了很大的改进。

作为"利安德"级的后继舰，22 型护卫舰最初只有荷兰和英国装备，这种护卫舰计划用于远洋护航作战，最适于担当反潜任务。而且，这些战舰具有强大的近程防空能力，能够应对掠海飞行反舰导弹的威胁。第 3 批 22 型战舰在 1982 年底订购，用来顶替当年在马尔维纳斯群岛战争中被击沉的战舰。借此机会，英国研制改进型的第 2 批 22 型战舰，加装了经过改进的指控设备（其中包括为战术指挥官和旗舰预留了铺位，虽然正常的人员编制为 250 人，但最大人员编制可达 301 人），并加装了新型的反舰导弹，恢复了原来在第 1 批和第 2 批 22 型战舰上所装备的 114 毫米火炮。此外，这些战舰还采用近防武器系统作为对付敌方飞机和导弹攻击的最后一道防线。

新型的武器装备要求对战舰的整体布局设计进行改进，这样就能够在前甲板上安装 1 门中等口径的火炮，在轮机舱的正后方适当位置横向安置 2 座 4 联装"鱼叉"反舰导弹（该导弹性能优于先前战舰上装备的"飞鱼"反舰导弹）发射装置，并且能将"守门员"近防武器系统装备于"鱼叉"导弹发射装置的后上方，使得该武器系统具有良好的前向和侧向射界。这些战舰装备了 CACS-5 型战斗数据系统，

技术参数
"康沃尔"级护卫舰

排水量：标准排水量 4200 吨，满载排水量 4900 吨

尺寸：长 148.1 米，宽 14.8 米，吃水深度 6.4 米

动力系统：2 台罗尔斯·罗伊斯公司制造的"斯佩"SM1A 型燃气涡轮机，总输出功率为 29500 马力（21995 千瓦）；2 台罗尔斯·罗伊斯公司制造的"泰恩"RM3C 型燃气涡轮机，输出功率为 10680 马力（7965 千瓦）；双轴推进

航速：30 节（56 千米 / 时）

航程：以 18 节（33 千米 / 时）的速度可航行 8375 千米

武器系统：1 门 114 毫米口径火炮；2 座 4 联装"鱼叉"反舰导弹发射装置；2 座 6 联装"海狼"近程防空导弹发射装置；2 门 30 毫米口径火炮；1 座 30 毫米口径近防系统；2 具 3 联装 324 毫米口径鱼雷发射管，配备"黄貂鱼"轻型鱼雷

电子系统：1 部 967/968 型对空 / 对海搜索雷达，1 部 2008 型对海搜索雷达，1 部 1008 型导航雷达，2 部 911 型防空导弹射击指挥雷达，2 部"海人马座"光电指挥仪，1 套 UAT1 电子支援系统，1 套 675（2）型电子对抗系统，4 座"海蚊"诱饵发射器，1 套 CACS-5 战斗数据系统，1 部 2050 型舰体声呐，1 部 2031 型拖曳式阵列声呐

舰载机：1 架或 2 架维斯特兰公司"大山猫"HMA.Mk 3/8 型直升机

人员编制：250 人

取代了先前战舰上所装备的 CACS-1 型战斗数据系统，并装备了 Mk 8 型 114 毫米口径火炮，该火炮通过舰桥上方并排安装的 2 部 GSA8B"海人马座"光电指挥仪（电视和红外成像和激光测距）进行控制，

下图：第 3 批 22 型战舰拥有比较平衡的攻击武器和电子系统，并具有良好的可居住性和适航性，能够长期作战。这些战舰还可以搭载高级指挥官及其参谋部，这样就可以承担指挥舰的任务

主要执行海岸炮击任务。

　　"康沃尔"级是第 1 批配置 30 毫米口径"拉登"近程防空和反快艇火炮的英国皇家海军战舰，这种火炮取代了自第二次世界大战以来一直被世界各国奉为标准的 40 毫米口径"博福斯"火炮。

"康沃尔"级的 4 艘战舰

　　4 艘"康沃尔"级护卫舰是按照第 3 批护卫舰命名的，以便将它们与第 2 批护卫舰区分开来，4 艘护卫舰分别是在亚罗造船厂（建造 2 艘）、加梅尔·拉伊尔德造船厂和斯万·亨特造船厂建造的，完工后分别命名为"康沃尔号""坎伯兰号""坎贝尔敦号"和"查塔姆号"，分别于 1988 年 4 月、1989 年 6 月、1989 年 5 月和 1990 年 5 月服役。"康沃尔"级的 4 艘战舰与第 2 批中唯一被英国皇家海军保留下来的

"谢菲尔德号"一起组成英国第 2 护卫舰中队，基地设在德文郡港。

直升机设备

　　舰上的远距离反潜直升机设备尺寸很大，足够容纳和起降 1 架维斯特兰公司研制的"海王"中型直升机，但实际上，这些战舰的标准配置是搭载 2 架维斯特兰公司"大山猫"轻型直升机。并且，这些战舰经过改进后加装了 1 部 2050 型舰体安装的搜索和攻击声呐，取代了原先的 2016 型声呐设备，改进了电子战系统，提高了"海狼"近程防空导弹的战斗性能，并相应地改进了 1 部雷达，加装了 1 部光电跟踪仪并换装新型引信，确保导弹具有更好的低空拦截性能。

23 型或"公爵"级导弹护卫舰
Type 23 or Duke Class Guided-Missile Frigate（FFG）

　　虽然 22 型护卫舰（也称"大刀""拳师""康沃尔"级）无疑是性能卓越的反潜战舰，但造价非常昂贵。鉴于这种情况，英国海军部计划建造一种造价较低的护卫舰，并装备性能比 2050 型舰体安装主动式搜索 / 攻击声呐性能更优越的 2031Z 型拖曳式线阵声呐。

　　这一计划的结果是建造出了 23 型（或称"公爵"级）护卫舰，该战舰随后改进了一些武器装备，包括装备了 2050 型和 2031Z 型声呐，1 架中型直升机，该直升机比 2 架轻型直升机性能更为优越，并提高了战舰的通用性能，舰艏舰艉各安装 1 套"海狼"防空导弹发射架。当护卫舰的设计进入最后阶段时，

该防空导弹垂直发射系统也进入试验阶段，因此最终选定垂直发射型号，而放弃了先前的 GWS25 型轻型导弹发射装置。英国海军通过对马尔维纳斯群岛战争海战的实战分析，决定加强战舰的射击预警能力，提高战舰的损毁管制能力。

　　"公爵"级共有 16 艘，其中 12 艘在亚罗造船厂建造，另外 4 艘在斯万·亨特造船厂建造。这些战舰于 1985—1999 年开工建造，1987—2000 年下水，1990—2002 年服役，分别为"诺福克号""阿盖尔号""兰喀斯特号""马尔伯勒号""铁公爵号""蒙默思郡号""蒙特罗斯号""威斯敏斯特号""诺森伯兰郡号""里士满号""索默塞特号""格拉夫顿

技术参数

"公爵"级（23型）导弹护卫舰

排水量： 标准排水量 3500 吨，满载排水量 4200 吨

尺寸： 长 133 米，宽 16.1 米，吃水深度 7.3 米

动力系统： 柴电燃联合动力（CODLAG）4 台输出功率为 2025 马力（1510 千瓦）的"帕克斯曼·瓦伦塔"12CM 型柴油发电机，驱动 2 台通用电气公司的输出功率为 4000 马力（2980 千瓦）的电动机；2 台罗尔斯·罗伊斯公司的"斯佩"SM1A 或者"威斯敏斯特"RM1C 型燃气涡轮机，输出功率为 31100 马力（23190 千瓦），双轴推进

航速： 28 节（52 千米/时）

航程： 以 15 节（28 千米/时）的速度可航行 14485 千米

武器系统： 2 套 4 联装导弹发射装置，配备 8 枚"鱼叉"反舰导弹；2 套 GWS26 导弹垂直发射系统，配备 32 枚"海狼"防空导弹；1 门 114 毫米 Mk 8 火炮；2 门 DS 30B 型 30 毫米口径防空火炮；2 具双联装 324 毫米鱼雷发射管，配备"黄貂鱼"反潜鱼雷

电子系统： 1 部 996（I）型对空/对海搜索雷达，1 部 1008 型对海搜索雷达，1 部 1007 型导航雷达，2 部 911 型防空导弹射击指挥雷达，1 部 GSA8B/GPEOD 光电指挥仪，1 套 DNA 战斗数据系统，1 套 UAT 和 675（2）型电子对抗系统，4 座"海蚊"6 管诱饵发射装置，1 个 2070 型鱼雷诱饵，1 部 2050 型舰体声呐，1 部 2031Z 型拖曳式阵列声呐

舰载机： 1 架"大山猫"HMA.Mk 3/8 或者"灰背隼"HM.Mk 1 直升机

人员编制： 181 人

上图：英国皇家海军"铁公爵号"是根据惠灵顿公爵而命名的。该舰的后段安装有 1 座机库和 1 个大型直升机飞行平台

上图：英国皇家海军"格拉夫顿号"护卫舰是由亚罗造船厂在克莱德建造而成，于 1997 年服役。其显著特点是舰上装备的 114 毫米火炮和 4 座 8 枚"鱼叉"导弹发射装置

号""萨瑟兰郡号""肯特号""波特兰号"和"圣·奥尔本号"。

静音操作

23 型护卫舰使用拖曳式声呐，战舰动力装置的静音性能的好坏至关重要，因此采用了一种独特的柴电动机（以柴油发动机发电）和燃气涡轮机联合的动力系统（柴电燃联合动力），以柴电动机作为动力时用于静音航行，"斯佩"燃气涡轮机用于战舰高速航行。柴电燃联合布局降低了变速箱的噪声，发电机配置在吃水线以上，能够减少辐射噪声。

该战舰还具有综合的静音、红外线和电磁等方面的隐身设计。

第 1 批战舰在建成时并没有装备原计划要安装的 CACS-4 作战指挥系统，而装备了该指令系统的后继者——DNA 1 系统。DNA 1 系统从 1995 年开始进行改进，后来发展成为 DNA5 标准型。最初的 6

右图："公爵"级护卫舰的一个主要特征是将战舰经过修整后的舰体和上层建筑的电磁辐射信号降到最低限度

艘战舰装备了 UAF-1 电子支援系统，但后来的战舰建成后装备的是 UAT 系统，最初这 6 艘战舰的 UAF-1 系统也被升级为 UAT 系统。"公爵"级护卫舰均装备了 675（2）型或者是"蝎"式电子对抗系统。

英国皇家海军的战舰升级计划提高了"海狼"防空导弹系统的战斗性能（改进了导弹引信，改进了雷达和其他光电跟踪设备），用 2087 型主动声呐替代了 2031Z 型被动声呐，加装了 Mk 8 Mod 1 型火炮和水面舰艇鱼雷防御系统，并且在其中的 7 艘舰上装备了"协同作战能力"系统。

上图："公爵"级护卫舰特别"安静"（隐身效果显著），这是因为它们尽最大可能地降低了音响、热和电磁信号

"奥利弗·哈泽德·佩里"级导弹护卫舰
Oliver Hazard Perry Class Guided-Missile Frigate（FFG）

在现代美国海军中，"奥利弗·哈泽德·佩里"级导弹护卫舰是建造数量最多的大型战舰，该级战舰设计用来接替"诺克斯"级远洋护航型护卫舰，不过重点承担防空任务，反潜与反舰作战则作为次要任务承担。

人们批评该级战舰有着与"诺克斯"级战舰相同的缺点，那就是只有 1 个螺旋桨和 1 部"主要武器"（1 座 Mk 13 型导弹发射装置）。相反，该舰的 Mk 92 型火控系统具有 2 个通道（2 个独立的制导雷达），此外还装备有 2 套附加的 325 马力（242 千瓦）功率的发动机 / 螺旋桨装置，如果战舰的主动力系统受损，这 2 个附加的动力装置能够让战舰以 6 节（11 千米 / 时）的速度返回。虽然战舰上装备的是 SQS-

56 型舰体近程声呐，但其主要的反潜声呐则是 SQR-19 型拖曳式阵列声呐。

战斗系统

荷兰研制的 Mk 92 火控系统是该舰战斗系统的一个组成部分，该火控系统非常适合于执行摧毁突然出现的来袭导弹的任务。选用意大利制造的 76 毫米口径火炮，是因为在承担中 / 近距离防空任务时，该型火炮的性能优于美国海军标准的口径 127 毫米的 L/54 型火炮。

考虑到造价问题，许多先前的"奥利弗·哈泽德·佩里"级护卫舰并没有进行改装，也没有用 2 架"兰普斯 III"型多用途直升机取代最初的 2 架"兰普

斯I"型直升机。战舰弹药库上方布置有铝合金装甲，机电舱上方用的是钢质装甲，至关重要的电子系统和指令设备舱上均布置有"凯芙拉"装甲。

Mk 13型导弹发射装置的弹药库只能够存放"标准"防空导弹和"鱼叉"反舰导弹，因此，战舰的反潜能力只有依靠Mk 46型鱼雷和"兰普斯"直升机。

许多早期的"奥利弗·哈泽德·佩里"级护卫舰转交给了美国的盟国，其中，有7艘转让给了土耳其，其中1艘用于拆用配件，4艘转让给埃及，1艘转交巴林，1艘转交波兰，后来于2002年又向波兰和土耳其转交了1批战舰。到21世纪初，该级战舰现存33艘尚在美国海军服役。

在服役生涯的巅峰时期，该级战舰是由"奥利弗·哈泽德·佩里号""马克·因内里号""瓦兹沃斯号""邓肯号""克拉克号""乔治·菲利普号""塞缪尔·埃利奥特·莫里森号""约翰·H.塞德斯号""艾斯托欣号""克利夫顿·布拉格号""约翰·阿·莫尔号""安特里姆郡号""弗赖特雷号""法里恩号""刘易斯·B.普勒号""杰克·威廉姆斯号""科普兰号""加勒利号""马龙·S.泰斯达尔号""布恩号""斯蒂芬·W.格罗韦斯号""里德号""斯塔克号""约翰·L.霍尔号""加莱特号""奥布里·菲奇号""安德伍德号""克罗姆林号""库尔茨号""柯南道尔号""哈

技术参数

"奥利弗·哈泽德·佩里"级导弹护卫舰

排水量： 标准排水量2769吨，满载排水量3638～4100吨

尺寸： 搭载"兰普斯I"型直升机的战舰长为135.6米，搭载"兰普斯III"型直升机的战舰长为138.1米，宽13.7米，吃水深度4.5米

动力系统： 2台通用电气公司制造的LM2500型燃气涡轮机，输出功率为40000马力（29830千瓦），单轴推进

航速： 29节（54千米／时）

航程： 以20节（37千米／时）的速度可航行8370千米

武器系统： 1座Mk 13型单臂导弹发射装置，配备36枚"标准"SM1-MR舰对空导弹和4枚"鱼叉"反舰导弹；1门76毫米口径Mk 75火炮；1套20毫米口径Mk 15"密集阵"近防武器系统；2具3联装324毫米Mk 32型反潜鱼雷发射管，配备24枚Mk 46或者Mk 50型反潜鱼雷

电子系统： 1部SPS-49（V）4或5型对空搜索雷达，1部SPS-55对海搜索雷达，1部STIR火控雷达，1套Mk 92火控系统，1套URN-25"塔康"战术导航系统，1套SLQ-32（V）2电子支援系统，2座Mk 36 SBROC 6管干扰物发射器，1部SQS-56型舰体声呐，（从"安德伍德号"开始装备）1部SQR-19拖曳线阵声呐

舰载机： "兰普斯"2架SH-2F"海妖"直升机或"兰普斯"III型SH-60B型"海鹰"直升机

人员编制： 176～200人

下图：美国海军导弹护卫舰"麦克拉斯基号"（FFG-41）在加利福尼亚州圣迭戈附近参加军事演习，该舰正在低速航行。该舰最初装备的1个直升机机库后来改装成2个彼此相邻的机库。2架SH-60B型"兰普斯"III型直升机在正常配置的情况下能够携带AGM-119B型"企鹅"反舰导弹，从而提高战舰有限的反舰能力

里布尔顿号""麦克拉斯基号""克拉克林号""萨奇号""德维尔特号""雷恩茨号""尼古拉斯号""范德格里夫特号""罗伯特·G.布拉德利号""泰勒号""加里号""卡尔号""哈韦斯号""福特号""埃尔洛德号""辛普森号""鲁本·詹姆斯号""塞缪尔·B.罗伯特号""卡夫曼号""罗德尼·M.戴维斯号"和"英格拉姆号"组成。

其他的"奥利弗·哈泽德·佩里"级导弹护卫

舰还有澳大利亚皇家海军的 6 艘"阿德莱德"级护卫舰，它们是"阿德莱德号""堪培拉号""悉尼号""达尔文号""墨尔本号"和"纽卡斯尔号"（最后 2 艘是在澳大利亚建造的）。西班牙拥有 6 艘在本国建造的"圣母玛利亚"级护卫舰："圣母玛利亚号""维多利亚号""纳曼西亚号""雷纳·索菲阿克斯·亚美利加号""纳瓦拉号"和"加纳利亚号"。

下图：虽然"奥利弗·哈泽德·佩里"级导弹护卫舰遭到众多非议，但后来证明它们无论在稳定地增加排水量还是在提高装备、增加人员编制方面都非常成功。在服役过程中，这些战舰也显示出非常强大的攻击能力。本图中的是该级战舰的首舰

"阿瓦罗·迪·巴赞"级护卫舰
Alvaro de Bazán Class Destroyer Frigate

20 世纪 80 年代初期，西班牙海军确定有必要建造一种多用途护卫舰以执行护航任务。1983 年，西班牙决定主动参与未来的 NFR-90 护卫舰建造工作。NFR-90 计划是北约 8 个成员方共同开发建造的一种通用战舰。然而，由于众多国家的参与，需求的不同产生了巨大分歧，最终导致 NFR-90 计划在 1989 年宣告破产。鉴于这种情况，西班牙决定发展自己的 F-100 型护卫舰，用来保护远征部队，执行反潜、远程防空和反导弹任务。这些战舰还装备有指挥设备，可以担当旗舰。

先进的设计

F-100 型护卫舰设计出于西班牙要求发展 1 艘高科技战舰的愿望，具备国家工业高度投入的特点，因此西班牙海军在确定、选择、修正武器系统方面拥有高度的自主权。1994 年，西班牙与德国、荷兰签署协议共同开发 F-100 型护卫舰。与 NFR-90 计划不同的是，这项协议只涉及 3 个国家合作设计战舰的事宜，而不涉及建造工作或相关武器系统。

西班牙伊扎尔造船厂负责建造所有该级战舰，其中将有 4 艘在 2006 年之前加入服役。第 1 艘"阿瓦

罗·迪·巴赞号"于 2000 年 10 月下水，2002 年 9 月服役。第 2 艘舰"朱安·博本海军上将号"于 2002 年下水，剩下的 2 艘分别为"布拉兹·迪·黎洛号"和"曼迪兹·努尼兹号"，于 2003 年 6 月之前开始建造。

这些战舰将装备美国洛克希德·马丁海军电子和监视系统公司制造的 SPY-1D 该系统（美国海军已经装备的"宙斯盾"系统），该系统能够探测和攻击来自空中、水面和潜艇的威胁。"宙斯盾"系统的核心是 AN/UYK-43/44 计算机系统，该系统能够调整"宙斯盾"系统的处理能力，而且与舰载武器控制系统、指挥和决策系统相连接。由于使用了 1 部多功能相控阵 AN/SPY-1 型雷达，"宙斯盾"系统能够同时跟踪监视数百个目标，并提供"火控"跟踪。诺斯罗普·格鲁曼公司诺盾系统分部制造了"宙斯盾"系统的 AN/SPS-67G/H 波段对海搜索雷达。此外，该战舰还装备了性能可靠的 11 号数据链（战术数据系统）用来与西班牙海军其他战舰进行通信。

F-100 级的武器系统

F-100 级的舰载武器系统非常强大，其中包括波音公司制造的"鱼叉"反舰导弹，射程为 120 千米，战斗部重 220 千克采用主动雷达和红外复合制导系统。对空防御系统采用雷声公司研制的"改进型海麻雀"导弹，区域防空能力由雷声公司的"标准"SM2-MR 导弹提供，该导弹被整合入了"宙斯盾"系统。

技术参数
"阿瓦罗·迪·巴赞"级护卫舰
排水量： 满载排水量 5853 吨
尺寸： 长 146.7 米，宽 18.6 米，吃水深度 4.9 米
动力系统： 2 台通用电气公司 LM2500 燃气轮机，额定功率为 47328 马力（34800 千瓦）；2 台巴赞－卡特彼勒柴油机，额定功率为 12240 马力（9000 千瓦）；双轴推进
航速： 28 节（52 千米/时）
舰载机： 1 架 SH-60B "海鹰" LAMPS III 型直升机，还可以附加 1 架"火力侦察兵"无人机
武器系统： 8 枚"鱼叉II"型导弹，1 套 Mk 41 垂直发射系统配备"标准"SM2-MR 导弹（带弹 32 枚）以及"改进型海麻雀"导弹（带弹 64 枚），1 门 127 毫米口径 Mk 45 火炮，1 门"梅罗卡"20 毫米近防系统，2 门"厄利空"20 毫米口径防空火炮，2 门双联 Mk 32 固定式鱼雷发射管并配备 323 毫米口径鱼雷（装备 24 枚 Mk 46 鱼雷），2 门反舰迫击炮
电子系统： 1 套洛克希德公司的"宙斯盾"系统，1 套 11 号和 16 号"数据链"系统，1 套卫星通信系统，1 套海上指挥和控制信息系统，1 部 SPS-67 对海搜索雷达，2 部 SPG-62 火控雷达，1 套 SQR-4 直升机数据链，1 部 DE1160 低频声呐，1 部主动双基阵拖曳式阵列声呐
人员编制： 250 人（35 名军官）

"标准"SM2-MR 导弹射程为 70 千米，飞行速度为马赫数 2.5。除此之外，该舰还装备 1 门 127 毫米口径 Mk 45 型火炮用于对岸炮击和反舰攻击。"多纳"雷达/光电火控系统用来控制火炮的射击，该系统包括 K 波段雷达、跟踪雷达、红外系统、视频系统和激光测距仪。舰上还有 1 套 FABA 公司（伊扎尔造船厂 FABA 系统部）的"梅罗卡"2B 型武器系统担任近防武器系统，配有 12 门 20 毫米口径火炮。此

左图："火力侦察兵"无人机部署在 F-100 级护卫舰上，该无人机装备 1 部激光指示和测距仪和 1 套监视设备，能够将实时信息传达给舰上指挥官。图片中就是"阿瓦罗·迪·巴赞号"护卫舰

外，反潜／反舰能力由 2 具 Mk 32 型双联鱼雷发射管提供，配备 Mk 46 型轻型鱼雷。

探测能力

雷声公司研制的 DE1160 型主动和被动声呐系统能够提供探测潜艇的能力。F-100 级战舰的电子对抗系统包括 4 部西皮坎·海柯尔公司制造的 Mk 36 型 SRBOC（超快舷外散布干扰系统）干扰金属箔条和诱饵发射装置，还有 1 套 SLQ-25 "水精" 拖曳式鱼雷诱饵系统。

该战舰还配置 1 条长 26.4 米的飞行甲板，能够搭载 1 架西科斯基公司制造的 SH-60B 型 "海鹰" 直升机。西班牙海军向西科斯基公司订购了 6 架 "海鹰" 直升机，将其定级为 HS.23 型，第 1 架直升机已于 2001 年 12 月交货。这些直升机配备了 "地狱火" 空地导弹和前视红外系统，还能够投放 AN/SQQ-28 LAMPS III 型声呐浮标用来探测潜艇。

2002 年 8 月，西班牙海军宣布打算购买诺斯罗普·格鲁曼公司的 "火力侦察兵" 偏转翼无人机，该型无人机将会提升舰载制导武器对陆攻击时的精确瞄准能力。

18

AMPHIBIOUS WARSHIP

两栖战舰

"暴风"级船坞登陆舰
Ouragan Class Landing Ship Dock(TCD/LSD)

　　法国海军"暴风"级船坞登陆舰既可用作两栖战舰，又能够用作后勤运输船。这些战舰装备1个长约120米的坞舱，坞舱门尺寸为14米宽，5.5米高。坞舱能够搭载2艘重670吨的全负荷的坦克登陆艇，其中，1艘登陆艇能够装载11辆轻型坦克，或者11辆卡车，或者5辆履带登陆车，或者装载18艘机械化登陆艇（每艘能够装载1辆重达30吨的载重卡车或运货汽车）。坞舱的上方是1个长36米的6段可拆卸式直升机飞行甲板，能够起降1架SA321G型"超级大黄蜂"重型直升机或3架SA 319B通用型"云雀Ⅲ"直升机。如果需要的话，还能够加装1个长90米的临时甲板，这条甲板也能够装载载重卡车或运货汽车，但是，这个临时甲板会减少坞舱

下图：法国海军"暴雨号"船坞登陆舰上有1座封闭式旗舰舰桥，该舰曾在南太平洋核试验任务期间担任海上司令部

技术参数
"暴风号"（L9021）和"暴雨号"（L9022）登陆舰
服役时间： L9021舰于1965年6月1日开始服役，L9022于1968年4月1日开始服役
排水量： 标准排水量5800吨，满载排水量8500吨
尺寸： 长149米，宽23米，吃水深度5.4米
动力系统： 2台输出功率为8600马力（6413千瓦）的柴油机，双轴推进
航速： 17节（31千米/时）
作战物资： 作为后勤运输舰时，载重量为1500吨，可装载两艘坦克登陆舰，或者总数达8艘的运货平底驳船或18艘机械化登陆艇，外加3艘车辆人员登陆舰
武器系统： 2座马特拉机械公司"辛巴达"双联装导弹发射装置，发射"西北风"防空导弹，4门单管40毫米口径博福斯防空炮（其中2门后来被"布雷达"/"毛瑟"30毫米口径火炮所替代）
电子系统： 1部DRBN 32型导航雷达，1部DRBV 51A型对空/对海搜索雷达，1部SQS-17声呐（L9021号战舰装备）
人员编制： 211人（10名军官和201名士兵）
陆战队员： 正常人数为349人（14位军官和335名士兵），人数最多为470人

的登陆艇搭载数量。如果该级战舰在作为后勤运输船时使用了额外的甲板，那么总的载货能力就变成了 1500 吨，所搭载的物资包括：或是 18 架"超级大黄蜂"直升机、80 架"云雀 III"直升机，或是 120 辆 AMX-10 型或 84 辆轻型水陆两用运货汽车，或是 340 辆轻型通用汽车，或是 12 艘重达 50 吨的驳船。该级战舰典型的装载物资可能包括 1 艘重达 380 吨的坦克登陆艇、4 艘 56 吨重的运货平底驳船、10 辆 AMX-10RC 装甲车以及 21 辆运输车，或者 150～170 辆的运输车（不装载登陆艇）。战舰上有 1 个永久性的直升机平台，能够停放 4 架"超黄蜂"直升机或者 10 架"云雀 III"直升机，该平台位于右舷舰桥区域旁边。2 台起重能力为 35 吨的起重机用于装载重型装备。战舰上还装备有指挥设备，因此战舰可以用作两栖部队的旗舰。此外，战舰上还设有一个大型修理和维护车间，对舰载设备进行日常维护。在正常条件下，陆战队的铺位能够供 349 人居住，用于短距离输送时可以保障 470 人。另外，战舰甲板上还能够搭载 3 艘车辆人员登陆舰。

上图："暴风号"战舰上设置有 1 个司令舰桥，该舰用作法国在南太平洋上进行核试验任务的浮动司令部。"暴风号"战舰既可以用作两栖战舰，又可以作为后勤运输舰，能够容纳半个海军陆战营的兵力（349 人）。此外，该舰典型的直升机装载包括 3 架或 4 架"超黄蜂"直升机，或者 10 架"云雀 III"直升机。如今，该战舰很少搭载"超黄蜂"直升机了，经常搭载的是"超级美洲豹"或"美洲豹"直升机（用于作战搜索与援救行动）

核试验任务

"暴雨号"（L9022）被分派到法国太平洋核试验中心担当往返于法国的后勤运输舰，同时还担任核试验中心的浮动指挥部。1993 年，"暴风"级的 2 艘战舰还加装了 2 座双联装"辛巴达"导弹发射架，用来发射"西北风"防空导弹。此外，该级战舰还装备了新型搜索雷达。

"暴雨号"和"暴风号"（L9021）已经延长了服役期限，顶替它们的是 2 艘排水量为 20000 吨级的"西北风"级多用途两栖攻击舰。

"闪电"级船坞登陆舰
Foudre Class Landing Ship Dock（TCD/LSD）

回溯至 20 世纪 60 年代，多年以来，法国海军的两栖作战能力一直依赖于 2 艘船坞登陆舰，这就是"暴风号"和"暴雨号"。与英国所确立的防卫措施不同的是，法国承认其陈旧的船坞登陆舰有着很大的局限性，因此于 1984 年订购了 1 种新型战舰，这种战舰集平底驳船式登陆运输舰（TCD）和船坞登陆舰（LSD）2 种功能于一身。"闪电号"（L9011）于 1986 年在布雷斯特海军造船厂开工建造，于 1988 年下水，1990 年服役。其姊妹舰"热风号"（L9012）于 1994 年批准建造，1994 年开工建造，1996 年下水，1998 年服役。

"闪电"级战舰计划搭载法国快速反应部队（用新型职业化部队替代了 20 世纪征兵制下的部队）的一个机械化营，还能够担当后勤补给舰。一种典型的装载方式是：1 艘 380 吨重的大型坦克登陆艇（CDIC），法国建造了 2 艘这样的坦克登陆艇，用于协同"闪电"级战舰作战；4 艘运货平底驳船和 1 艘

技术参数

"闪电"级船坞登陆舰

舰名： "闪电号"（L9011），"热风号"（L9012）

服役日期： L9011 于 1990 年 12 月 7 日服役，L9012 于 1998 年 12 月 21 日开始服役

排水量： 满载排水量 12400 吨，超载排水量 17200 吨

尺寸： 长 168 米，宽 23.5 米，吃水深度 5.2 米，超载时的吃水深度为 9.2 米

动力系统： 2 台"皮尔斯蒂克"V400 型柴油机，输出功率为 20800 马力（15511 千瓦），双轴推进

航速： 21 节（39 千米／时）

作战物资： 2 艘大型坦克登陆舰，或 10 艘运货平底驳船，或 1 艘大型坦克登陆舰和 4 艘运货平底驳船，以及装载 1800 吨的装备

武器系统： 2 座马特拉"辛巴达"导弹发射装置，发射"西北风"防空导弹；"闪电号"装备 1 门 40 毫米口径"博福斯"式火炮和 2 门 20 毫米口径防空火炮，"热风号"装备 3 门 30 毫米口径"布雷达"／"毛瑟"防空火炮

电子系统： 1 部 DRBV 21A "火星"对空／对海搜索雷达，1 部雷卡公司"台卡"2459 对海搜索雷达，1 部雷卡公司"台卡"RM 1229 型导航雷达，1 部"萨吉姆公司"VIGU－105 型火控系统，"锡拉库斯"型卫星通信战斗数据系统

人员编制： 215 人（17 名军官）

海军陆战队员： 467 名

左图：双联装"辛巴达"导弹发射装置能够发射"西北风"红外自导导弹，为"闪电"级战舰提供了射程达 4 千米的防空能力

56吨重的机械化登陆艇；10辆AMX-10RC装甲车以及总数达50辆的其他车辆。如果不装载登陆艇，"闪电"级能够装载200辆车。该型舰坞舱长122米，宽14米，能够容纳1艘重达400吨的舰艇。起重机的起重能力为52吨（"闪电号"）或者38吨（"热风号"），便于装载重型装备。

在人员方面，"闪电"级战舰能够容纳467名海军陆战队员（还装载1880吨装备），或在紧急情况下，最多能够运送1600名海军陆战队员。当所乘载的舰员和海军陆战队员为700人时，"闪电"级船坞登陆舰的自持力为30天。

这2艘多用途型战舰均装备有指控设备和医疗设备，包括2个手术室和47张病床。"热风号"战舰能够被视作1个标准的野战医院。

直升机作战

在面积约为1450平方米的直升机起降甲板上有2个小型的降落场，坞舱上方可拆卸式遮蔽甲板上还有1个小型降落场。该型舰能够停放2架"超级大黄蜂"直升机或者4架AS332F型"超级美洲豹"直升机。"热风号"上的直升机起降甲板最大距离地向后扩展，与车库顶齐平，使得起降甲板的面积扩大到1740平方米。

从20世纪90年代末起，"闪电号"原定装备与"热风号"相同的防空火炮，但最终2舰的装备仍有区别。2座马特拉机械公司的"辛巴达"双联装轻型发射装置用来发射"西北风"红外点防空导弹，对抗近战威胁和掠海飞行导弹，这2座导弹发射装置位于舰桥的两侧。"热风号"装备3门"布雷达"/"毛瑟"30毫米口径火炮，而"闪电号"没有装备这种火炮，而是依靠舰桥前面的1门40毫米口径"博福斯"火炮和2门GIAT 20F2型20毫米口径火炮。此外，这2艘舰还装备了2挺12.7毫米口径机枪。1997年，2舰均加装了1部萨吉姆公司制造的光电火控系统，而且还准备加装1套达索电子公司的电子支援系统/电子对抗系统。这2艘战舰的基地均设在土伦港，编入法国快速反应部队服役。1999年，"热风号"被派往东帝汶执行军事任务。

"圣·乔治奥"级两栖船坞运输舰

San Giorgio Class Amphibious Transport Dock（LPD）

"圣·乔治奥"级两栖船坞运输舰的航空母舰型飞行甲板上能够搭载 3 架 SH-3D "海王"直升机或 1 架 EH101 "灰背隼"直升机，或 5 架 AB212 型直升机，每艘能够运送 1 个营的意大利步兵。"圣·乔治奥号"（L9892）和"圣·马可号"（L9893）均配置有舰艏舱门，用于两栖登陆作战，但"圣·圭斯托号"（L9894）上没有装备。3 艘战舰的舰艉坞舱中可容纳 3 艘机械化登陆艇。"圣·乔治奥号"和"圣·马可号"分别于 1985 年和 1986 年开工建造，直到 1991 年，意大利才订购舰体稍大的"圣·圭斯托号"。前 2 艘舰均于 1987 年下水，分别于 1987 年和 1988 年开始服役。"圣·圭斯托号"在 1993 年下水（由于意大利工业动荡导致工程延期），最终于 1994 年开始服役。由于船体加长，并增加了人员铺位，结果导致该舰比前 2 艘重出近 300 吨。"圣·马可号"是由意大利政府的民政部门投资建造的，因此，该舰虽然归意大利海军调派，但为执行灾害救助工作配备了专业设备。

现代化改造

从 1999 年起，这些战舰最初装备的 20 毫米口

技术参数	
"圣·乔治奥"两栖船坞运输舰	
舰名：	"圣·乔治奥号"（L9892）、"圣·马可号"（L9893）、"圣·圭斯托号"（L9894）
服役时间：	L9892 于 1987 年 10 月 9 日开始服役，L9893 于 1988 年 3 月 18 日开始服役，L9894 于 1994 年 4 月 9 日开始服役
排水量：	满载排水量 7665 吨（"圣·圭斯托号"为 7950 吨）
尺寸：	长 133.3 米；"圣·圭斯托号"长为 137 米，宽 20.5 米，吃水深度 5.3 米
动力系统：	2 台柴油机，输出功率为 16800 马力（12527.8 千瓦），双轴推进
航速：	21 节（39 千米 / 时）
作战物资：	36 辆装甲人员输送车或者 30 辆中型坦克加上坞舱中装载的 2 艘机械化登陆艇和 2 艘或者 3 艘车辆人员登陆艇，1 艘大型人员登陆艇
武器系统：	1 门"奥托·梅莱拉"76 毫米口径火炮，2 门"厄利空"25 毫米口径火炮
电子系统：	1 部 SPS-72 型对海搜索雷达，1 部 SPN-748 型导航雷达，1 部 SPG-70 型火控雷达
人员编制：	163 人（"圣·圭斯托号"为 196 人）
海军陆战队：	400 名

上图："圣·圭斯托号"和"圣·马可号"两栖船坞运输舰停靠在码头，甲板上面搭载着 SH-3D 型和 AB212 型直升机。请注意其用于装载车辆人员登陆艇的左舷舷台

左图：意大利海军"圣·马可号"两栖船坞运输舰的甲板上装载着中型卡车，其舰艉的坞舱长 20.5 米，宽 7 米，能够容纳 2 艘机械化登陆艇。"圣·乔治奥"级两栖船坞运输舰的基地设在布林迪西，归属意大利第 3 海军师

径火炮被 25 毫米口径"厄利空"火炮取代，同时，"圣·乔治奥号"拆除了 76 毫米口径火炮，其车辆人员登陆艇的位置也从挂艇架移至左舷舷台。并且，该舰的直升机起降甲板加长，以便并列停放 2 架 EH101 型和 2 架 AB212 型直升机。舰艏舱门也被拆除了，"圣·马可号"也将进行类似的现代化改进工作。

战舰提供了 4 个小型降落场、1 台 30 吨的起重机和两台 40 吨的移动式起重机，用于装载 64.6 吨的机械化登陆艇。典型的装载方法应当包括 1 个 400 人的步兵营，加上 30～36 辆装甲人员输送车或者 30 辆中型坦克，还能装载 2 艘（装于挂艇架上）或 3 艘（装于左舷舷台上）车辆人员登陆艇。

"大隅"级两栖船坞运输舰 / 坦克登陆舰
Oosumi Class Amphibious Transport Dock/Landing Ship Tank

自称是"两栖船坞运输舰 / 坦克登陆舰"的日本"大隅"级战舰酷似一艘航空母舰，成为自 1945 年以来实力不断增强的日本海上力量的象征。由于这些战舰具有舰艉坞舱和起降甲板，因此非常像成比例缩小的美国大型多用途攻击舰，而非日本人声称的坦克登陆舰。

1990 年，日本政府批准建造"大隅号"，但直到 1995 年 12 月才在三井公司所属的玉野造船厂开工建造。最初的建造图纸只向外界展示出战舰最终完工时的一半尺寸，这种做法类似于意大利的"圣·乔治奥"级两栖船坞运输舰。"大隅号"于 1996 年下水，1998 年服役。接踵而至的是同一造船厂建造的"下北号"。第 3 艘"国东号"在日立公司的舞鹤造船厂建造，此外，日本已经计划在该造船厂建造第 4 艘"大隅"级。

"大隅"级战舰设计用来运送 1 个满编营的陆战队和 1 个坦克连，因此，该级战舰完全符合近年来

技术参数
"大隅"级两栖船坞运输舰 / 坦克登陆舰
排水量： 标准排水量 8900 吨
尺寸： 长 178 米，宽 25.8 米，吃水深度 6 米
动力系统： 2 台三井公司制造的柴油机，输出功率为 27600 马力（20580 千瓦），双轴推进
航速： 22 节（41 千米／时）
武器系统： 2 套"密集阵"近防武器系统
电子系统： 1 部 OPS-14C 型对空搜索雷达，1 部 OPS-28D 型对海搜索雷达，1 部 OPS-20 型导航雷达
运送兵力： 330 名陆战队员，10 辆 90 型坦克或者 1400 吨物资，2 艘气垫登陆艇
舰载机： 1 个飞行平台用于停放 2 架 CH47J "支努干"直升机
人员编制： 135 人

右图：日本计划建造 4 艘"大隅"级两栖船坞运输舰 / 坦克登陆舰，"下北号"是其中的第 2 艘，该舰兼有两栖船坞运输舰和坦克登陆舰的功能，还有 1 个舰艉坞舱

日本政府向印度洋和环太平洋地区投射兵力的既定国策。每艘"大隅"级战舰的防御武器仅限于2套"密集阵"近防武器系统（每套系统均配备1门6管加特林机关炮），当该级战舰编入1个海军特混舰队中作战时，舰队中其他战舰的首要任务就是保护"大隅"级的安全。

"鹿特丹"级和"加利西亚"级两栖船坞运输舰

Rotterdam & Galicia Classes Amphibious Transport Dock

由荷兰和西班牙造船厂合作建造的该级战舰，被荷兰海军称为"鹿特丹"级（Rotterdam），被西班牙海军称为"加利西亚"级（Galicia）。"鹿特丹号"和"加利西亚号"均于1996年开工建造，分别于1997年和1998年服役。"卡斯蒂利亚号"于1997年开工，于2000年开始服役。按计划，荷兰海军第2艘该级战舰"约翰·德·维特号"于2007年开始服役。

该级战舰设计运送1个营的海军陆战队兵力以及相关的作战和支援车辆。由于这些战舰在舰艉装备有1个大型坞舱，所以能够在各种恶劣天气条件下进行登陆艇和直升机作战。该级战舰装载了极其广泛的医疗设备，包括1间治疗室、1间手术室和医学实验室，已经执行过多次人道主义紧急救援任务。

技术参数	
"鹿特丹"级和"加利西亚"级两栖船坞运输舰	
排水量：	标准排水量12750吨，"鹿特丹"级满载排水量为16750吨，"加利西亚"级满载排水量为13815吨
尺寸：	"鹿特丹"级舰长为166米，"加利西亚"级舰长为160米，舰宽均为25米，吃水深度5.9米
动力系统：	4台柴油发电机带动2台电动机，输出功率为16320马力（12170千瓦），双轴推进
航速：	19节（35千米/时）
航程：	以12节（22千米/时）的速度可航行11125千米
武器系统：	（"鹿特丹"级）2套30毫米口径的"守门员"近防武器系统，4门20毫米口径火炮；（"加利西亚"级）2门20毫米口径"梅罗卡"近防武器系统
电子系统：	1部DA-08型对空/对海搜索雷达，1部"侦察"对海搜索雷达
运送兵力：	611名陆战队队员，33辆坦克或者170辆装甲人员输送车，6艘车辆人员登陆艇，或者4艘通用登陆艇，或者4艘机械化登陆艇
舰载机：	6架NH90型直升机或4架EH101型直升机
人员编制：	113人

下图："鹿特丹"级和"加利西亚"级两栖船坞运输舰的舰艉坞舱上方有1个大型区域用于直升机起降作战，下面的坞舱里停放登陆艇。照片中这艘战舰是荷兰海军的"约翰·德·维特号"两栖船坞运输舰，它的舰体比"鹿特丹号"更长更宽，因此也就具有1个更大型的直升机起降甲板

此外，为了运送军队及其军事装备，这些战舰在弹药库中额外装载一些海军军械设备（包括总数达 30 枚的鱼雷），支援远离母港的特混舰队的作战。

西班牙和荷兰海军的"加利西亚"级和"鹿特丹"级两栖船坞运输舰的舰载防御武器有所不同，各自装备本国制造的近防系统，其中，"加利西亚"级装备的是"梅罗卡"近防火炮，而"鹿特丹"级则采用"守门员"系统。另外，2 型舰均配备多门 20 毫米口径火炮。

上图："鹿特丹号"是位于弗利辛恩德的皇家斯凯尔特船厂负责建造的，该舰能够运送 1 个海军陆战队满编营及其必需的武器装备

"伊万·罗戈夫"级两栖船坞运输舰
Ivan Rogov Class Amphibious Transport Dock

被苏联定级为大型登陆艇的"伊万·罗戈夫号"于 1976 年在加里宁格勒造船厂下水。1978 年，该舰作为苏联所建造的最大的两栖战舰服役。第 2 艘"亚历山大·尼古拉耶夫号"在 1979 年开工建造，于 1983 年完工。第 3 艘"米特罗凡·莫斯卡连科号"于 1985 年开工，1990 年完工。第 4 艘没有完成建造。最初 2 艘舰分别于 1996 年和 1997 年退役，其中 1 艘有可能进行全面检修，而后卖给印度尼西亚。

该级战舰能够装载 1 个海军步兵加强营登陆队及其装甲人员输送车、其他车辆以及 10 辆 PT-76 型轻型水陆两用坦克。另外一种装载方案就是装载 1 个海军步兵坦克营。这些战舰在苏联两栖战舰设计中是一种非常独特的设计，它们既有 1 个坞舱，还有 1 个直升机起降甲板和机库，这就使得战舰不但能够通过舰艏舱门和跳板执行传统的滩头攻击任务，还能够通过综合使用直升机、登陆艇、气垫船和水陆两用车辆来执行远距离登陆任务。

技术参数
"伊万·罗戈夫"级两栖船坞运输舰
排水量：标准排水量 8260 吨，满载排水量 14060 吨
尺寸：长 157.5 米，宽 24.5 米，吃水深度 6.5 米
动力系统：2 台燃气涡轮机，输出功率为 39995 马力（29820 千瓦），双轴推进
航速：19 节（35 千米／时）
航程：以 14 节（26 千米／时）的速度可航行 13900 千米
武器系统：1 座双联装导弹发射装置，配备 20 枚 SA-N-4"壁虎"防空导弹；1 门双联装 76 毫米口径火炮，4 座 30 毫米口径 ADG-630 型近防系统，2 座 SA-N-5 型 4 联装导弹发射装置，2 座 122 毫米口径火箭发射器
电子系统：1 部"顶板 A"3D 雷达，2 部"顿河礁"或"棕榈叶"导航雷达，2 部"牌箱"光学指挥仪，1 部"枭鸣"76 毫米口径火炮的炮瞄雷达，1 部"气枪群"SA-N-4 导弹射击指挥雷达，2 部"椴木槌"近防武器系统火控雷达，1 部"盐罐 B"敌我识别系统，3 套"罩钟"电子支援系统，2 套"座钟"电子对抗系统，20 部诱饵投放装置，1 部"鼠尾"可变深度声呐
运送兵力：522 名陆战队队员，典型装载为 20 辆主战坦克或 20 辆装甲人员输送车和卡车、2500 吨物资以及 3 艘气垫船或 6 艘机械化登陆艇
舰载机：4 架 Ka-29"蜗牛"直升机
人员编制：239 人

装载能力

舰艏舱门和跳板提供了进入战舰前下部的车辆停放甲板的通道。更多的车辆能够搭载在上甲板的舰艇中段区域，可以通过液力传动的方式操作跳板，使其通向舰艏舱门和坞舱使车辆进入中段区域。车辆甲板本身就可以直接导向一个长79米、横断面宽13米的坞舱。浮舱能够容纳2艘预先装载的"天鹅"级气垫船和1艘满载145吨的"麝鼠"级机械化登陆艇，或者3艘"格斯"级运兵气垫船。

战舰上提供了小型直升机平台，1个位于坞舱的前上部，1个位于后上部，每个平台均配备有飞行指挥台。2个小起降平台均通向结构结实的上层建筑，上层建筑中有1个可容纳5架卡莫夫公司Ka-25"荷尔蒙C"通用直升机的机库，这5架直升机后来被4架Ka-29型直升机所取代。

海军步兵的住舱位于上层建筑内部，里面还有车辆和直升机工作间。右舷上层建筑的正前方是1个高大的舱面船室，其顶部安装了1套122毫米口径火箭发射系统，2座安装于可转动和俯仰基座上的20管火箭发射器分别位于舰体两侧。火箭为攻击艇提供对岸密集火力覆盖的能力。1门双联装的76毫米口径炮塔配置在前甲板，采用升降式双臂发射架发射的SA-N-4防空导弹和4门30毫米口径近防武器系统配置在主上层建筑顶部，用来提供防空能力。广泛的指挥、控制和监视设备可满足该级战舰担当两栖部队旗舰的需求。

本书成书时，太平洋舰队的2艘"伊万·罗戈夫"级战舰已经退役，只剩下唯一的"米特罗凡·莫斯卡连科号"尚在北方舰队服役，母港设在北莫尔斯克。

"阿尔比昂"级两栖船坞运输舰
Albion Class Landing Platform Dock（LPD）

英国皇家海军的2艘攻击舰"无畏号"和"决心号"于1962年开工建造。当时，根据英国保守党政府关于结束英国皇家海军陆战队两栖作战能力的决定，这2艘战舰于1981年被裁掉。保守党这项决定对阿根廷政府在1982年马尔维纳斯群岛的行动起到了重要作用。在此情况下，这2艘战舰再次被启用，并在作战中扮演了极其重要的角色。又过了10年，直到1991年海湾战争爆发时，这2艘战舰已经很陈旧了，英国政府才批准将其更换掉。尽管这样，2艘"阿尔比昂"级两栖船坞运输舰直到1998年和

技术参数

"阿尔比昂"级两栖船坞运输舰

排水量：满载排水量 19560 吨，超载排水量 21500 吨

尺寸：长 176 米，宽 29.9 米，吃水深度 6.7 米

动力系统：以柴油发电机带动 2 台电动机，双轴推进

航速：20 节（37 千米 / 时）

航程：以 14 节（26 千米 / 时）的速度可航行 14825 千米

武器系统：2 套 30 毫米口径"守门员"近防系统和 2 门双联装 20 毫米口径防空火炮

电子系统：1 部 996 型对空 / 对海搜索雷达，1 部对海搜索雷达和两部导航雷达，1 套 ADAWS2000 型战斗数据系统，1 套 UAT-1/4 电子支援系统和 8 座"海蚊"诱饵发射器

运送兵力：305 名或者（超载时）710 名海军陆战队员，6 辆"挑战者 2"型坦克或者 30 辆装甲人员输送车，4 艘通用登陆艇和 4 艘车辆人员登陆艇

舰载机：2 架 /3 架中型直升机

人员编制：325 人

上图："阿尔比昂"级攻击舰是由英国宇航系统公司（也称 BAE 系统公司，即以前的维克斯公司）建造的，由于缺少技术工人，完工时间稍微有些延迟

左图："阿尔比昂号"和"壁垒号"是英国皇家海军的两栖船坞运输舰，它们的出现使得英国皇家海军陆战队的两栖攻击能力实现了巨大的飞跃

2000 年才分别开工建造，当时，为了保持"无畏号"战斗力，已经将"决心号"拆解作为零配件了。2000 年 11 月，"无畏号"的轮机舱发生了一次大火，即使在那时，该舰还在正在爆发内战的塞拉利昂执行维和任务。这也证明了依赖 1 艘服役生涯长达 40 年之久的陈旧战舰是非常危险的。如果要让"无畏号"继续服役，另需 2200 万英镑的经费，于是"无畏号"在 2002 年 3 月退出了现役。

2001 年 9 月 11 日，在美国发生的大规模恐怖袭击事件，加速了总造价 4.29 亿英镑的英国皇家海军战舰替代计划的进程，同时美国还要求发展在每次军事行动中进行两栖作战的能力。英国皇家海军"阿尔比昂号"两栖船坞运输舰于 2001 年 3 月下水，距离预定的服役期——2002 年 3 月只剩下 1 年时间。英国皇家海军"壁垒号"于 2001 年 11 月下水，但该舰的工作人员都转移到"阿尔比昂号"上，以便加快其工程进度。

"阿尔比昂"级两栖船坞运输舰比"无畏号"和"决心号"的体形更大，作战能力更强，是英国进一步提升两栖作战能力的一个重要表现。这些战舰将同新型直升机母舰"海洋号"和 4 艘"海湾"级登陆舰（后勤运输舰）一起服役。"海湾"级登陆舰计划用来替代"贝德维尔爵士"级大型登陆舰。"阿尔比昂"级所装备的广泛使用的指挥与控制系统对于英国皇家海军和皇家海军陆战队来说是一个巨大的飞跃。

"阿尔比昂"级战舰值得注意的一点就是柴电动力推进系统，这是该系统首次用在英国水面战舰上。这样，只需要老式两栖船坞运输舰上 2/3 的工程技术人员，就可以满足该级战舰的需要。此外，通过运用自动控制和新技术，将舰员编制由原来的 550 人减少到了 325 人。"阿尔比昂"级战舰上装备的 4 艘新型的 LCU Mk 10 型滚装登陆艇能够装载 1 辆"挑战者 2"型主战坦克。

"塔拉瓦"级两栖攻击舰
Tarawa Class Amphibious Assault Ships

　　美国海军"塔拉瓦"级大型多用途攻击舰集直升机母舰、两栖船坞运输舰、两栖指挥舰和两栖货物运输舰的功能于一身。该级战舰最初计划建造9艘，但由于越南战争的结束以及美国削减防务预算，最终决定建造5艘。1971—1978年，英格尔斯造船厂依靠多种造舰技术建造了这批战舰。

　　战舰各个边大约有2/3处都是垂直的，这是为了最大限度地增加物资可利用的空间。1座长82米、宽24米的机库以及6.1米的船舱天花板位于舰艉相同尺寸的坞舱上方。有2台升降机为机库工作。1台位于左舷，运送能力为18182千克；另1台是中央升降机，位于舰艉，起重能力更大，为36364千克。5部载货能力为1000千克的升降机将坞舱、车辆甲板、货舱、机库甲板连接在一起。前面3个升降机用于车辆甲板，使用了1套传送带系统。后面2个升降机（位于传送带的另一端）用于坞舱，坞舱上1

上图：在南加利福尼亚海岸附近举行的两栖作战演习中，美国海军第5突击艇部队的1艘气垫登陆艇正将海军陆战队队员和物资运送到"佩勒利乌号"两栖攻击舰上

下图：作为美国海军陆战队重型空运能力的中流砥柱，1架CH53E"超级种马"直升机正降落在"拿骚号"两栖攻击舰上，该舰当时正在加拿大新斯科舍省附近海域活动。在5个现役的直升机中队中，具有3台发动机的CH53E"超级种马"直升机能够从外部吊起任何1架美国海军陆战队的战术喷气机或1辆轻型装甲车

上图：2002年9月，美国海军"塞班岛号"两栖攻击舰（最前面）与"庞塞号"两栖船坞运输舰（居上）正在同时接受来自补给油船"帕图森特号"（居中）的海上加油

上图：这是美国海军"贝洛伍德号"两栖攻击舰在1987年所拍摄的照片。该舰在舰艉右舷位置依然装备着1门Mk 45型火炮，这种全自动127毫米口径火炮每3秒钟就能射击1次，能将1枚重达30千克的炮弹发射至24000米开外。火炮主要用于对海岸进行轰击，同时还能用来攻击飞机

个悬挂式货运单轨系统负责将货盘提升到登陆艇和机库甲板上。1块成一定角度的斜板从机库一直通向直升机起降甲板上，这样就能够直接装载直升机。

车辆停放舱

坞舱前部（通过斜板将坞舱和直升机起降甲板连接起来）是车辆甲板，这些甲板通常可以容纳160辆履带式车辆、火炮、卡车连同40辆AAV7A1型两栖突击输送车。坞舱能够容纳4艘通用登陆艇，或者2艘通用登陆艇和2艘LCM8机械化登陆艇，或者17艘LCM6型机械化登陆艇，能够确保4艘通用登陆艇和8辆AAV7A1型两栖突击人员输送车同时从坞舱下水。这些战舰通常通过1个大型起重机在下水甲板上装载2艘LCM6型机械化登陆艇和2艘大型人员登陆艇。机库里能够停放26架CH46E"海上骑士"或者19架CH53D"海上种马"/CH53E"超级种马"直升机，但正常搭载的航空大队数量是12架CH46E"海上骑士"直升机、6架CH53D/E型直升机、4架AH-1W型"超级眼镜蛇"武装直升机和2架UH-1N"双休伊"通用直升机；或者搭载6架CH46E型、9架CH53D/E、4架AH-1W和2架UH-1N型直升机。舰上还搭载AV-8"鹞"式系列

左图：1艘攻击舰的主要作用是在最短时间内将突击队输送上岸，经过特殊训练的突击队搭乘两栖突击车辆投入战斗。这是在1次模拟进攻纽芬兰岛的演习中，1辆AAV7A1型两栖突击车从美国海军"拿骚号"两栖攻击舰上驶下，在海滩登陆。在冷战时期，经常进行此类实战训练演习以提高战斗技能。两栖突击车是海军陆战突击队的心脏，"塔拉瓦"级两栖攻击舰装载了40辆两栖突击车

"gator navy"：美国海军两栖攻击能力

　　5艘"塔拉瓦"级两栖攻击舰是美国海军两栖攻击舰部队的中坚力量，它们也被称为"gator navy"（"大鳄"）。虽然这些战舰已经有些老化，但时至今日，美国海军仅订购1艘"黄蜂"级战舰来顶替"塔拉瓦号"。与此同时，"塔拉瓦号"也将取代"仁川号"执行专门的水雷战任务。照片是在"合成联合旗舰–96"演习中，美国海军"拿骚号"两栖攻击舰进行夜间军事行动的现场。其中，1架CH46直升机准备夜间起飞（第一行左图），1辆海军陆战队的轻型装甲车在两栖作战开始前正从"拿骚号"的坞舱驶回1艘登陆艇上（第一行右图）。"塔拉瓦"级战舰还积极参与军事战斗行动，正下方第二行的照片是1998年12月，1架AV-8B型战斗机正在位于波斯湾的"塔拉瓦号"两栖攻击舰甲板上滑行，准备前去执行自1998年11月开始在伊拉克南部禁飞区实施的"南方守望"行动。

飞机和OV-10"野马"固定翼式飞机，其中，AV-8"鹞"式飞机是1种垂直/短距起降战斗机，OV-10"野马"是1种短距离起降观察/攻击机。舰上有1个面积为464.5平方米的适应性训练教室，用于对所搭乘的1个1900人的海军陆战队加强营进行可控环境下的训练。

　　作为1个两栖作战大队的旗舰，"塔拉瓦"级大

型多用途两栖攻击舰装备有战术两栖作战数据系统，用来对该两栖大队的飞机、武器、传感器和登陆艇进行指挥与控制。此外，舰上还装备了与两栖指挥舰相同的卫星通信系统和数据自动传输系统。有2艘"塔拉瓦"级大型多用途两栖攻击舰被分配到美国海军大西洋舰队，另外3艘则编入太平洋舰队。

"惠德贝岛"级和"哈珀斯·费里"级登陆舰

Whidbey Island and Harpers Ferry Class Landing Ships

在"安克雷奇"级战舰的基础上，美国海军建造出了"惠德贝岛"级（Whidbey Island）登陆舰，用于替代"托马斯"级两栖船坞登陆舰。第1艘"惠德贝岛号"在1981年开工建造。1988年，该级战舰的建造计划从8艘增加到了12艘，最后4艘战舰形成一个子级——"哈珀斯·费里"级（Harpers Ferry）两栖船坞登陆舰，提高了货运能力。该级两栖船坞登陆舰取代了陈旧的 LSD 28 级两栖船坞登陆舰，后者在20世纪80年代结束了服役生涯。

装载气垫船

"惠德贝岛"级两栖船坞登陆舰是第1种被设计成能搭载气垫登陆艇的战舰。气垫登陆艇在静水海况下能够装载60吨的有效载荷，以超过40节（74千米/时）的速度航行，使得两栖突击作战的距离更远，并能突击多种类型的海滩。"惠德贝岛"级的坞

下图：美国海军"惠德贝岛"级两栖船坞登陆舰不但拥有巨大的货物空间，还配备了非常高效的自卫武器系统。图上所示是"古斯通山号"，舰号为 LSD44

技术参数
"惠德贝岛"级和"哈珀斯·费里"级登陆舰
排水量：满载排水量15726吨（LSD41-48），或者16740吨（LSD49-52）
尺寸：长185.8米，宽25.6米，吃水深度6.3米
动力系统：4台柴油发动机，输出功率为33000马力（24608千瓦），双轴推进
航速：22节（41千米/时）
航程：以18节（时速33千米）的速度可航行8000海里（14816千米）
作战物资："惠德贝岛"级拥有141.6立方米的空间，其用于存放一般物资，1161平方米的平面空间用于停放车辆（其中包括坞舱中4艘预先装载的气垫船）；"哈珀斯·费里"级登陆舰拥有1914立方米的物资存放空间，其中1877平方米的平面空间用于存放运输卡车，但仅能够装载2～3艘气垫登陆艇
武器系统：2门通用动力公司的6管20毫米口径"密集阵"Mk 15型近防系统，2门25毫米口径 Mk 38火炮，8挺或更多12毫米口径机枪
电子对抗措施：4座 SRBOC 6管 Mk 36型干扰物发射装置，1套 AN/SLQ-25"水精"声响鱼雷诱饵，AN/SLQ-49干扰物浮标，AN/SLQ-32雷达报警/干扰发射台/诱骗系统
电子系统：1部 AN/SPS-67对海搜索雷达，1部 AN/SPS-49对空搜索雷达，1部 AN/SPS-64导航雷达
舰载机：2架 CH53"海上种马"直升机（仅有1个直升机起降平台）
人员编制：22名军官和391名士兵
海军陆战队员：402名，最多可搭乘627名

上图：美国海军 1 艘"惠德贝岛"级两栖船坞登陆舰从舰艉坞舱上卸载 1 艘气垫登陆艇。在这艘舰上，通常用于停放 CH53 型直升机的直升机甲板上堆积着各种物资

舱尺寸为 134.1 米长，15.2 米宽，能够容纳 4 艘气垫登陆艇，这种性能优于任何两栖突击舰。

"惠德贝岛"级的 2 种战舰子集之间最明显的区别在于"哈珀斯·费里"级仅装备 1 台起重机。此外，"惠德贝岛"级（LSD41—48）的"密集阵"近防武器系统配置在舰桥顶部，而"哈珀斯·费里"级的近防武器系统则位于上层建筑的前下部。

战舰的自卫能力

1993 年 6 月，"惠德贝岛号"试验了快速反应作战能力系统。1987 年 5 月 17 日，在伊拉克使用"飞鱼"导弹攻击美国海军"斯塔克号"战舰后，美国海军开始高度重视在战舰上综合使用 RIM—116A 型导弹、"密集阵"近防武器系统和 AN/SLQ—32 电子战系统。如今，所有"惠德贝岛"级战舰上全部装备了这套由上述几种系统组成的"舰艇自卫系统"。

"惠德贝岛"级战舰通常借助 4 艘气垫登陆艇、21 艘机械化登陆艇或 3 艘通用登陆艇运送 1 个海军陆战队营。还可以选择另外 1 种方案：乘坐 64 辆 AAV7A1 型两栖履带式装甲人员输送车登陆。"哈珀斯·费里"级所装载的登陆艇数量较少：2 艘气垫船、9 艘机械化登陆艇或者 1 艘通用登陆艇。舰上除了装备硬杀伤防御的防空、反导弹的火炮和导弹外，还采用了广泛的被动防御措施。舰上有 1 套功能强大的电子支援系统，配以能够"诱导"来袭导弹的干扰火箭。此外，AN/SLQ—49 型干扰浮标在中等海况条件下的有效性能够持续数小时，这是因为该型浮标能够产生比战舰更强的雷达信号。"水精"诱饵系统对来袭的鱼雷具有同样的效果。

第 1 批 2 艘"惠德贝岛"级战舰的造价超过 3 亿美元。最后 4 艘战舰平均造价为 1.5 亿美元。1996 年，有关数据表明，1 艘"惠德贝岛"级战舰每年的使用和维护费用大约为 2000 万美元。

"黄蜂"级两栖攻击舰
Wasp Class Amphibious Assault Ship

"黄蜂"级战舰是世界上吨位最大的两栖攻击舰，为美国海军提供了全球范围内无法匹敌的攻击敌方海岸的能力。"黄蜂"级还是世界上第1批专门设计成用来同时装载AV-8B"鹞II"战斗机和气垫登陆艇的两栖攻击舰。最后3艘该级战舰建成后，其平均造价高达7.5亿美元。美国在2010年部署12支两栖戒备大队，第1艘"塔拉瓦"级战舰已服役35年。

"黄蜂"级是从"塔拉瓦"级改进而来的两栖攻击舰，这些战舰具有基本相同的舰体和技术设备。指挥、控制和通信中心位于舰体内部，这样不容易丧失作战能力。为了便于人员和车辆的登陆和回收作业，这些战舰的压载水舱可以容纳大约15000吨的海水，用来平衡战舰的吞吐能力。

"黄蜂"级可以装载一支2000人的海军陆战队远征军，通过搭载的登陆艇将海军陆战队员输送上岸，或者通过直升机将他们直接投送到内陆地区（即"垂直包围"战术）。每艘"黄蜂"级战舰的甲板面积为81米×15.2米，能够装载3艘气垫登陆艇或者

下图：除了能够投射一支强大的空中力量之外，"黄蜂"级两栖攻击舰还能够投送3艘气垫登陆艇或者12艘机械化登陆艇

技术参数

"黄蜂"级两栖攻击舰

排水量： 41150吨

尺寸： 长253.2米，宽31.8米，吃水深度8.1米

动力系统： 2台齿轮传动式蒸汽轮机，输出功率为70000马力（33849千瓦），双轴推进

航速： 22节（41千米/时）

航程： 以18节（33千米/时，20米/秒）的速度可航行17594千米

作战物资： 2860立方米用于存放一般物资，外加1858平方米的平面空间用于存放车辆

舰载机： 部署的数量取决于所担负的任务，但能装载AV-8B战斗攻击机和AH-1W、CH46、CH53型以及UH-1N型直升机

武器系统： 2座雷声公司生产的Mk 29型8联装防空导弹发射装置，发射"海麻雀"雷达半主动防空导弹；2座通用动力公司生产的Mk 49型导弹发射装置，发射RIM-116A型红外/被动雷达点防空导弹；3座通用动力公司生产的20毫米口径6管"密集阵"Mk 15火炮（LHD 5-7号舰上仅装备2门），4门25毫米口径Mk 38火炮（LHD 5-7号舰上装备3门）以及4挺12.7毫米口径机枪

电子对抗措施： LQ-49干扰物浮标，AN/SLQ-32雷达预警/干扰发射台/诱骗系统

电子系统： 1部AN/SPS-52型对空搜索雷达或者AN/SPS-48型对空搜索雷达（后来的战舰装备），1部AN/SPS-49型对空搜索雷达，1部SPS-67型对海搜索雷达，导航和火控雷达，1套AN/URN 25型"塔康"战术空中导航系统

人员编制： 1208人

海军陆战队员： 1894名

右图：在支援"持久自由"行动期间，美国海军"黄蜂号"通用两栖攻击舰（LHD1）正在航行途中接受"供应号"补给舰的海上加油。"黄蜂号"所搭载的飞机包括 AV-8B 型攻击机和 CH53"超级种马"直升机

12 艘机械化登陆艇。舰上总共能够装载 61 辆 AAV7A1 型两栖突击车，其中，坞舱上存放 40 辆，上部车辆存放舱能够容纳 21 辆。

　　飞行甲板上设置 9 个直升机起降点，总共可停放 42 架 CH46"海上骑士"直升机；该级战舰还可以搭载 AH-1"海眼镜蛇"攻击直升机或其他运输直升机，例如 CH53E"超级种马"、UH-1N 型"双休伊"或者是多用途型 SH-60B"海鹰"直升机。"黄蜂"级战舰在执行作战任务时能够起降 6～8 架 AV-8B"鹞 II"战斗机，最多能够搭载 20 架。战舰上有 2 台飞机升降机，1 台位于舰艇中段左侧，另 1 台位于上层建筑的右后侧。这些战舰在通过巴拿马运河时，必须将这些升降机向舷内折叠。

舰载机联队

　　舰载机联队根据所担负的任务进行编组。"黄蜂"级两栖攻击舰的功能类似于航空母舰，在执行制海任务时能够搭载 20 架 AV-8B 战斗机和 6 架反潜直升机。进行两栖攻击时，1 支典型的舰载机联队是由 6 架 AV-8B、4 架 AH-1W 攻击直升机、12 架 CH46"海上骑士"直升机、9 架 CH53E 型"超级种马"直升机或者 1 架"超级种马"直升机和 4 架 UH-1N 型"双休伊"直升机组成。作为另一种选择方案，该级战舰可以仅搭载 42 架 CH46 型"海上骑士"直升机。

　　"黄蜂"级战舰还可以搭载一支各要素构成均衡的机械化部队，其中包括 5 辆 M1A2"艾布拉姆斯"主战坦克、25 辆 AAV7A1 型两栖突击车、8 辆 M109 型 155 毫米口径自行火炮、68 辆卡车和 12 辆支援车辆。"黄蜂"级战舰能够向岸上输送各种装备和车辆。在船舱内部，单轨输送车以每分钟 183 米的速度将货物从货舱运至坞舱，坞舱通过舰艉舱门朝大海敞开。

　　每艘战舰上还设有 1 家 600 个床位的医院，总共有 6 个手术室，这样一来就降低了两栖特混舰队对于岸上医疗设备的依赖性。

　　从 20 世纪 90 年代中期开始，"黄蜂"级战舰逐步替换了许多老旧的大型多用途攻击舰。其中，"巴丹号"是使用预先装备技术和标准模块化施工技术建造而成的。建造人员将各个组件组合在一起拼出了 5 个舰体和上层建筑模块，然后将这些模块在陆地上连接起来。采用这种施工技术，战舰有 3/4 的部分是在下水后完成的。此外，"巴丹号"还是第 1 艘可以容纳女性舰员和海军陆战队员的两栖攻击舰，战舰上总共提供了 450 名女军官、士兵和海军陆战队员的铺位以及其他生活设施。

"圣安东尼奥"级两栖船坞运输舰
San Antonio Class Amphibious Transport Docks

根据计划，12 艘 LPD17 级两栖船坞运输舰（也称"圣安东尼奥"级）将最终替代以下 3 种两栖战舰：LPD4 级两栖船坞运输舰、LSD36 级两栖船坞登陆舰和坦克登陆舰，此外还包括两栖货船（2002 年已经退役），总共是 41 艘战舰。此举不仅仅是对日益老化的两栖战舰部队进行现代化改造，而且大大节省战舰的维护费用以及削减舰员人数。但是，第 1 批 3 艘战舰的造价远远超出了预算，LPD17 级实际造价将超过 8 亿美元，而估计造价是 6.17 亿美元。为了节省经费，美国海军采取了各种措施，其中包括加装 1 部商业用对海搜索雷达（AN/SPS-73）。设计过程中运用了模拟仿真计算机程序，这样可以对许多设计方案进行试验，而不必建造原型设备。此外，"圣安东尼奥"级还将建成 1 艘真正供男女军人生活和战斗使用的战舰。

下图：美国海军的 LPD17 级两栖船坞运输舰在设计方面并没有特别引人注目的外形特征。在这幅刻意绘制出来的效果图中，1 架 MV-22 "鱼鹰"倾转翼飞机正停放在飞行甲板上

技术参数

"圣安东尼奥"级两栖船坞运输舰

排水量： 满载排水量 25300 吨

尺寸： 长 208.4 米，宽 31.9 米，吃水深度 7 米

动力系统： 4 台柴油机，输出功率为 40000 马力（29828 千瓦），双轴推进

航速： 22 节（41 千米 / 时）

航程： 未知

货舱面积： 货舱 708 立方米，位于甲板下方，车辆甲板面积 2323 平方米

武器系统： 1 套 Mk 41 型导弹垂直发射系统，配备 2 套 8 联装"海麻雀"系统和 64 枚导弹；2 座通用动力公司的 Mk 31 "拉姆"导弹发射装置，2 门"大毒蛇"Mk 46 型 30 毫米近防火炮，2 挺 Mk 26 型 12.7 毫米口径机枪

电子对抗措施： 4 部 Mk 36 型 SRBOC 干扰物发射装置，1 套"纳尔卡"火箭发射的悬停假目标干扰系统，AN/SLQ-25 "水精"音响寻的鱼雷诱饵，AN/SLQ-32A 型雷达预警 / 干扰 / 诱骗系统

电子系统： 1 部 AN/SPS-48 型对空搜索雷达，1 部 AN/SPS-73 型对海搜索雷达，1 部 AN/SPQ-9 型火控雷达，1 部导航雷达和 1 部声呐

舰载机： 2 架 CH53 "海上种马" / "超级种马"直升机，或 4 架 CH46 "海上骑士"直升机，或 2 架 MV-22 "鱼鹰"倾转翼飞机，或 4 架 UH-1N "双休伊"直升机

人员编制： 32 名军官，465 名士兵

海军陆战队员： 699 人，最多 800 名

三位一体

1993 年，美国海军批准建造 LPD17 级两栖船坞运输舰，建造工作因为选择建造商引发的争论而延期，但第 1 艘该级战舰"圣安东尼奥号"按计划在 2003 年加入舰队。

美国海军陆战队已经发展出"三位一体"作战概念，LPD17 级是第 1 种从设计开始就能够容纳所有 3 种运输工具的攻击舰，这 3 种运输工具分别是 MV-22 型"鱼鹰"倾转翼飞机、气垫登陆艇和两栖突击车（装甲人员输送车）。该级战舰能够将海军陆战队投送到大约 320 千米的内陆纵深地带，使得"濒海作战"的范围远远超出人们以前的想象。该级战舰能够容纳 2 艘气垫登陆艇或者 1 艘通用登陆艇和 14 辆两栖突击车。坞舱和舰艉的设计类似于"黄蜂"级，但上层建筑侧面成一定角度，以减少雷达辐射信号。战舰上有 1 家拥有 24 张床位的医院，2 个手术室，伤员容量为 100 名。防御武器系统将包括 1 套"舰艇自卫防御系统"，LPD17 级战舰建成时就装备了这种系统。

LPD17 级战舰能够同时搭载 4 架 CH46 "海上骑士"直升机或者 2 架 MV-22 "鱼鹰"倾转翼飞机。甲板上能够停放 4 架 MV-22，机库里至少还能容纳 1 架。还有一可供选择的方案：机库容纳 1 架 CH53E 型、2 架 CH46 型直升机或者 2 架 UH-1 型直升机。LPD17 级的车辆搭载量是老式的 LPD4 级的 2 倍。由于减少了雷达反射截面积，以及采用了先进的计算机系统对于防御武器进行协调，使得战舰在必要时能够单独执行军事行动。当然，战舰通常是两栖戒备大队的一个组成部分。"圣安东尼奥号"是美国海军第 1 艘装备光纤舰载广域网的战舰，该网络将全舰的机电系统、传感器系统、武器系统连接在一起，为作战指挥中心提供完整的实时数据。

2002 年 9 月 7 日，在美国纽约世贸中心遭受袭击近 1 年时，美国海军部长戈登·英格兰宣布第 5 艘"圣安东尼奥"级战舰被命名为"纽约号"。

"西北风"级两栖攻击舰
Mistral Class Amphibious Assault Ship

2000 年底，法国海军向海军建造部下属的布雷斯特造船厂和大西洋商业造船厂联合订购了"西北风"级两栖攻击舰"西北风号"和"雷电号"。这 2 艘舰分别于 2004—2005 年和 2005—2006 年建成，法国海军根据多用途两栖攻击舰的标准把它们划归为两栖攻击舰，它们将在两栖作战行动和多国两栖作战行动中用作指挥平台和船坞登陆舰，同时也可执行非军事行动，例如非战斗撤运和人道主义援助。

根据计划，2 艘"西北风"级两栖攻击舰将用来替代于 1965 年和 1968 年服役的"暴风号"和"暴雨号"，与在 1990 年和 1998 年先后服役的"闪电号"

技术参数
"西北风"级两栖攻击舰
排水量：满载排水量 20670 吨
尺寸：长 199 米，宽 32 米，吃水深度 8 米
动力系统：4 台柴油发电机向 2 台可 360 度旋转的推进器和 1 台舰艏推进器提供 20397 马力（15210 千瓦）的动力
航速：19 节（35 千米／时）
航程：以 15 节（28 千米／时）的速度可航行 20400 千米
武器系统：2 座 6 联装"西北风"短程舰空导弹发射器，2 座 30 毫米舰炮，4 挺 12.7 毫米机枪
电子系统：1 部 MRR3D 对空／对海搜索雷达，2 部 RACAL 导航雷达，2 部光学指挥仪和 1 部 SIC21 指挥支援系统
飞机：多达 16 架 NH90 直升机或"美洲狮"直升机
运兵能力：450 人的部队和 60 辆装甲战车或者 230 辆其他车辆
人员编制：160 人

上图：2艘"西北风"级两栖攻击舰于2005年和2006年替代2艘"暴风"级船坞登陆舰，从而提高法国海军的两栖作战能力

和"非洲热风号"并肩作战。

　　为了将建造费用控制在预算范围之内，这2艘军舰于2002年开始按照民用标准进行建造，舰身前部和住宿舱模块在圣纳泽尔由大西洋造船厂建造，中部和后部（作战部和装载部）则由法国舰艇建造局负责建造。此外，法国舰艇建造局负责把几部分船体组装到一起。该级舰将作为两栖旗舰，舰上配备通信装备和法国－北约数据链系统，该系统可使该级舰与英国、荷兰、意大利和西班牙军舰之间进行密切的联合作战。

　　"西北风"级舰采取全通式甲板设计，该舰在舰尾和上层建筑后方各有1台起重机，可连接机库甲板和飞行甲板，飞行甲板上面有6个直升机起降点。船艉船坞可装载美军的气垫登陆艇和新型机械化登陆艇。

　　每艘舰均配备1所拥有63张床位的医院，并且可以配备更多的野战医院设备。

下图：2011年8月20日，暂时脱离针对利比亚的国际行动后，"西北风号"启程离开马耳他瓦莱塔

"坚忍"级船坞登陆舰 / 坦克登陆舰
Endurance Class Landing Platform Dock/Landing Ship Tank

20 世纪 90 年代早期，新加坡决定提高其现代化两栖攻击能力，于 1994 年 9 月从新加坡海事科技公司的 BANOI 造船厂订购了 4 艘"坚忍"级两栖战舰，分别命名为"坚忍号""坚持号""坚决号"和"坚强号"。它们于 1997—1998 年开始建造，于 1998—2000 年陆续下水，在 2000 年 3 月至 2001 年 4 月最终建成。这 4 艘舰具备船坞登陆舰和坦克登陆舰的功能，部署在樟宜基地，组成了新加坡海军第 191 中队。

该级舰采用美国滚装船设计，在舰艉和舰艏各有 1 个斜坡跳板，舰艉斜坡跳板采用全宽度设计，舰艏斜坡跳板安装在开放式的舰艏后部。内部有 1 个中承式桥面，使车辆可以通过 3 个液压斜坡在甲板间移动。

舰坞井位于船后部，上方是 1 个大型直升机甲板。船坞井可容纳 4 艘通用登陆艇，更多的船岸运输也可通过吊艇柱上挂载的 4 艘车辆人员登陆艇进行。机库在直升机甲板前方，可容纳 2 架"超级美洲狮"

技术参数	
"坚忍"级两栖登陆舰	
排水量：	满载排水量 8500 吨
尺寸：	长 141 米，宽 21 米，吃水深度 5 米
动力系统：	2 台 RUSTON16RK270 型柴油发动机可向 2 个传动轴提供 12000 马力（8950 千瓦）动力
航速：	15 节（28 千米 / 时）
航程：	以 12 节（22 千米 / 时）的速度可航行 7440 千米
武器系统：	2 座"辛巴达"型双联装"西北风"短程舰空导弹发射架，1 门 76 毫米速射炮，5 挺 12.7 毫米机枪
电子系统：	1 部 EL/M-2238 对空 / 对海搜索雷达，1 部 1007 型导航雷达，2 部 NAJIR2000 型光学指挥仪，1 部 RAN1101 电子战系统，2 部"盾牌"III 型诱饵发射器
飞机：	2 架"超级美洲狮"直升机
运兵能力：	350 人的部队，或者 18 辆坦克，或者 20 辆车辆或者 4 艘车辆人员登陆艇
人员编制：	65 人

中型运输直升机。机库门的两边各有 1 台起吊能力 25 吨的起重机。

舰船自身的防御作战主要依靠 1 对双联装"西北风"导弹发射装置和 1 门安装在舰桥前部的 76 毫米速射炮，其中，导弹发射架配置在舰体两舷，分别安装在吊艇柱上方和中间。以色列的"巴拉克"垂直舰空导弹发射系统可依据具体任务需求在改装时加装。

左图：作为 4 艘"坚忍"级两栖攻击舰的首舰，"坚忍号"的吨位虽然较小，但具备船坞登陆舰和坦克登陆舰的功能，可在远东海域执行短距离或中距离作战任务

"海洋"级两栖攻击舰
Ocean Class Landing Platform Helicopter

英国皇家海军"海洋号"两栖攻击舰的建造计划最早在 1987 年制订，1991 年授权维克斯造船厂担任主合同商负责建造。"海洋号"是 1 艘直升机攻击航空母舰，于 1994 年 5 月开始建造，1995 年 10 月下水，1996 年采用自身动力航行至巴罗，1998 年 9 月正式服役。

"海洋号"是在"无敌"级轻型航空母舰的设计基础上，对上层建筑和动力装置进行改装之后而发展出来的，为英国皇家海军提供了现代化的直升机运载和攻击能力。同样，"海洋号"可配备 1 个直升机中队（突击运输或攻击）和 1 个完整的海军陆战队突击队及其所有车辆、武器、弹药和其他装备。该舰最多可装载 20 架的"鹞"式垂直／短距起降飞机，但不能装载这些固定翼飞机所需的必要装备和物资。

舰上的直升机甲板面积大且坚固，设置了 6 个直升机起降点，可停放波音公司生产的"支努干"双旋翼直升机。根据设计，该舰将装备双管 20 毫米舰炮，作为最后一道防线对敌方来袭飞机及其他小型飞行器进行防御，但该型舰炮通常不安装，而且有可能被 20 毫米单管舰炮替代。

技 术 参 数
"海洋"级两栖攻击舰
尺寸： 长 203.4 米，宽 34.4 米，吃水深度 6.6 米
动力系统： 2 台特西拉·瓦萨公司的 12 PC26V400 柴油发动机，18600 马力（13690 千瓦），双轴推进
航速： 19 节（35 千米／时）
航程： 以 15 节（28 千米／时）的速度可航行 14805 千米
武器系统： 4 门双管 20 毫米舰炮和 3 套 20 毫米"密集阵"Mk 15 型近防武器系统
电子系统： 1 部 996 型对海／对空搜索雷达，2 部 1007 型对海搜索／导航雷达，1 部 ADAWS2000 战斗数据系统，1 部 UAT 电子战系统，8 部"海蚊蚋"诱饵发射器
飞机： 12 架"海王"HYC Mk 4 或"灰背隼"直升机，6 架"山猫"或"阿帕奇"直升机
载运能力： 常规装载 972 名兵员，或满载 1275 名兵员，40 辆车、4 艘车辆人员登陆艇
人员编制： 285 名舰员和 206 航空人员

右图："海洋号"主要依靠"密集阵"近防系统抗击敌方反舰导弹

图书在版编目（CIP）数据

战舰百科全书：从第二次世界大战到当代：全2册/（英）罗伯特·杰克逊（RobertJackson）主编；张国良，西风译.—杭州：浙江大学出版社，2024.4

书名原文：THE ENCYCLOPEDIA OF WARSHIPS

ISBN 978-7-308-24754-2

Ⅰ.①战… Ⅱ.①罗… ②张… ③西… Ⅲ. ①战舰－普及读物 Ⅳ.①E925.6-49

中国国家版本馆CIP数据核字（2024）第058527号

浙江省版权局著作权合同登记图字：11-2023-279

战舰百科全书：从第二次世界大战到当代：全2册

［英］罗伯特·杰克逊（Robert Jackson） 主编 张国良 西 风 译 徐玉辉 审校

责任编辑 钱济平
责任校对 陈 欣
责任印制 范洪法
装帧设计 西风文化
出版发行 浙江大学出版社
（杭州市天目山路148号 邮政编码310007）
（网址：http://www.zjupress.com）
排 版 西风文化工作室
印 刷 北京文昌阁彩色印刷有限责任公司
开 本 880mm×1230mm 1/16
印 张 42
字 数 1200千
版 印 次 2024年4月第1版 2024年4月第1次印刷
书 号 ISBN 978-7-308-24754-2
定 价 398.00元（全2册）

浙江大学出版社市场运营中心联系方式（0571）88925591；http://zjdxcbs.tmall.com.

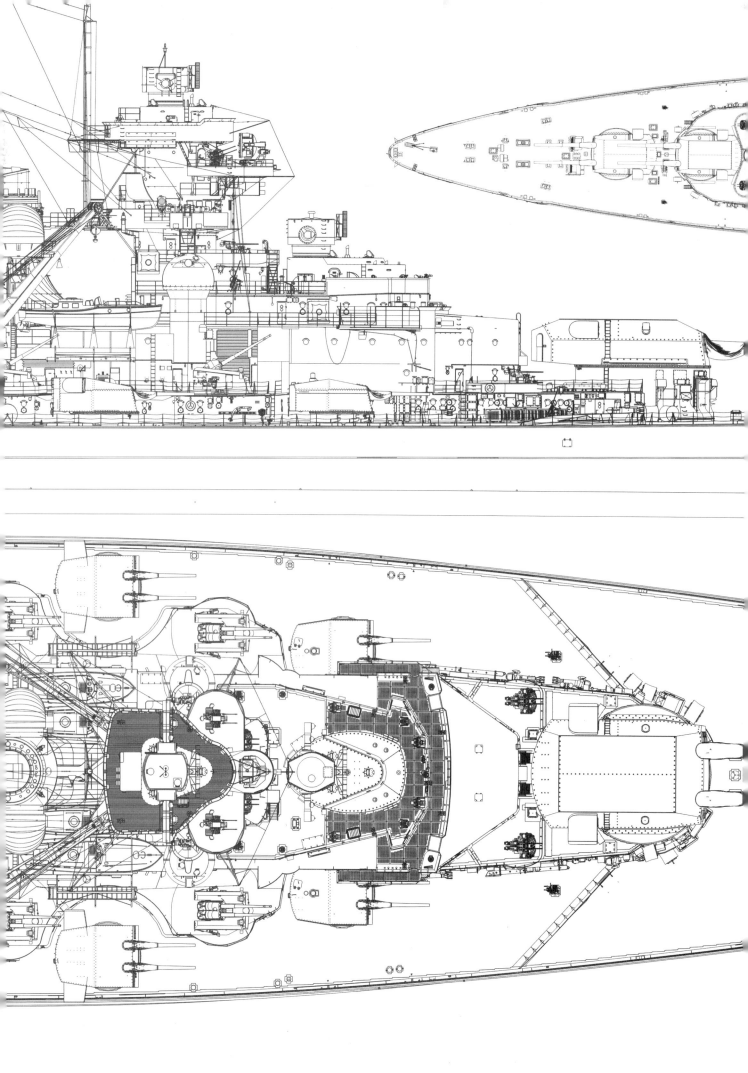